Nymphalid Butterflies of the World
Eggs, Larvae, Pupae, Adults and Host Plants

世界のタテハチョウ図鑑

卵・幼虫・蛹・成虫・食草

手代木 求 著

北海道大学出版会

Nymphalid Butterflies of the World:
Eggs, Larvae, Pupae, Adults and Host Plants

はじめに

2003年10月5日，アマゾン源流地域・ペルー山中の民家でついに熱望していたチョウの姿を見た。

ベアタミイロタテハ *Agrias beatifica*——この世で最も美しいと思われる自然の美術作品である。かねてよりぜひ見てみたいと思っていたこのチョウの幼虫，それが実現したこの運命の瞬間があったことを感謝する。

夕刻の山道を車で1時間弱の走行の後，運行が不能の道になり，そこから先は自分の足だけが頼りとなる。

熱帯の夜は駆け足でやってくる。辺りはすっかり薄暗くなっていた。車を降り，突き当たりの斜面を登り，現地のガイドの案内の下に目的地に向かう。暗闇はしだいに広がりジャングルのなかはよりいっそう暗く，足元の確認さえおぼつかない。

折しも満月に近い月齢であったのか，月光がこうこうと辺りを照らし始め，ジャングル内を漏れくる光の下に歩を進めることができた。

こうして40分程度歩いた末に1軒の民家にたどりついた。ガイドの家だ。それは家というにはあまりにも簡易すぎる。家のなかは土間になっていて，生活必需品と思われるものさえもほとんどなかった。

幼虫はその家のなかで飼われていた。私はここで10日余り，この幼虫と生活を共にすることになる。

ペルーの旅行は冒険と感動の連続であった。豊かな自然とその荒廃の対比，群がるチョウのざわめき，人々の厚い心遣い，そのどれもが強い印象となって刻まれている。

タテハチョウ科の多様性や進化の妙への憧憬は，ついに南米まで足を運ばせる結果となった。しかしそれでも足跡はピンポイントでしかない。人生には時間をはじめ，経済力や精神力・体力，政治的背景，情報といった目的達成のための必要条件があまりにも限られすぎている。そんななかで本書に網羅した幼生期を垣間見た。

書名に『世界』を付すのはおこがましいが，それでもここまでたどりつけたのは世界の，日本の豊かさがあったからだと思う。自然の豊かさ，文明の豊かさ，人々の心の豊かさ，

ベアタミイロタテハの幼虫が飼われていた民家。庭にはその成虫が飛来する。炊事の時間なのだろうか，青い煙が立ち昇る。

そのような豊かさに本書は支えられた。

残念ながらこの豊かさはけっして永遠のものではないように思う。いや今やその危機に直面している。ここペルーでも人家の周囲一帯はかなりの広さで農作物が栽培され，またその周囲は広範囲に森林が伐採されているのを目の当たりにし，チョウの姿を見ることもままならない。しかし我々がその恩恵に浴していることを思うとき，これを咎めることはできない。限りある地球のなかでは解決はまた新たな問題につながる。極めて難しいことだが，要は人間とチョウが共存できるような地球環境を維持することである。

人の心の豊かさも世界的にはたくさんの課題を残している。旅をして人と向き合うとき，人の感情の根底は誰も同じであることに気づく。ペルーの山中で接した人々の優しさを忘れることができない。

本書の中心的課題は幼生期による分類と系統の類推である。

近年分子系統学が発展してタテハチョウ科の系統の概略はほぼ把握されているようである。この分野が幼生期の事実の証明をしている，あるいは逆に幼生期はそれを側面で支える・実証する分野であるように思われる。

幼生期はその形質が誰でも肉眼で容易に理解できるところに大きな長所があり，本書の最大の価値はそこにあると思われる。

幼生期は成虫の採集とか収集といった楽しみ方とはまた別の魅力がある。その容姿は芸術的であり，生きざまは神秘的である。

残念ながらここではアフリカ地区をはじめ，系統的にぜひ取り上げたい分類群が欠けている。何度か挑戦を試みたのだがついになしえなかったのである。これを解決するにはもう一度の人生をやり直してもまだ足りないかもしれない。機会があったらぜひ再挑戦したいと思う。そのときもあの日滞在したペルーの民家からは青い煙が立ち昇っていて欲しいと願うところだが，それは過去の事実であるだけでよい。人には等しく未来の幸福を追求する権利がなくてはならない。

本書は多くの方々に支えられて日の目を見たことを表明する。

まず多年にわたり多方面からご支援をいただいた最大の師・五十嵐　邁博士が本書出版前に他界されたことを述べなければならない。謹んでご冥福をお祈りし，本書を御霊に捧げる。

次に絶えず資料や情報の提供にご協力をいただいた最良の友人，原田基弘氏とアメリカ在住のKeith Wolfe氏を明記する。

さらにここにお力添いをいただいた方々のご芳名を記し，深甚な謝意を捧げる(ABC順，敬称略)。

Andrew Neild(イギリス)，青木俊明，新井久保，麻生紀章，粟野雄大，Chin Boon Tat(マレーシア)，伊達常雄，David Goh(マレーシア)，David Quispe(ペルー)，江田　茂，深田晋一，福田晴夫，五十嵐昌子，伊勢崎真司，伊藤邦昭，Ivan Callegari(ペルー)，岩野秀俊，Jorge Bizarro(ブラジル)，Jose Tapia(ペルー)，勝山礼一朗，刈谷啓三，柏原建樹，加藤義臣，木村春夫，岸田泰則，北村　實，北山猛保，近藤春彦，久保快哉，栗山定，丸山　清，増井暁夫，松田英仁，松香宏隆，松永吉明，松沢春雄，向山幸男，長瀬博彦，中　秀司，成田和男，新津修平，西山保典，大木　隆，大野義昭，大塚一壽，Pedro Arimas(フィリピン)，羅　錦吉(台湾)，斉藤光太郎，関　康夫，柴田洋昭，Stephen Hall(イギリス)，杉浦具子，鈴木知之，高倉忠博，高波雄介，程　德喜(台湾)，寺　章夫，手束喜洋，徳永威久，築山　洋，露木繁雄，渡辺康之，山田成明，矢後勝也，山口進，山口就平，山里静佳，吉田良和，吉本　浩，財団法人進化生物学研究所，日本大学生物資源科学部

そして礎を築いていただいた吉田眞日出，緒方正美，白水　隆の恩師の御霊に本書完成を報告する。

2015年9月14日　Ambonへの採集旅行の朝に

手代木　求

世界のタテハチョウ図鑑

―― 卵・幼虫・蛹・成虫・食草 ――

目　次

旅で出会った人々

①絶大な協力者 Keith Wolfe 氏 (California, USA, 2002)。②道案内人 Yusuf 少年。まだ子供でもこの地方では喫煙をする (Ambon, Indonesia, 2006)。③ David 夫妻。誠実な人柄で極めて協力的，十数日の宿泊を許してくれた (Rio Venado, Satipo, Peru, 2005)。④雨宿りのために立ち寄った山間の学校。給食の時間であった。著者の隣に腰をかけて食べ始めた少年。「おいしいか?」と尋ねると「おいしい」と答えた。インゲン豆の煮物であった (Santa Roza, Satipo, Peru, 2003)。⑤ニューギニアの森のなかで出会ったよく日焼けした少年。パプアコムラサキの写真を見せて「このチョウを知っているか?」と尋ねたら「知らない」と答え，飴をあげると再び森のなかに消えた (Timika, Indonesia, 2009)。⑥メナドから来たという家族。愛嬌たっぷりの女の子が声をかけてきた。翌年訪れたときにはこの家は廃屋となっていた (Timika, Indonesia, 2009)。⑦著者の懐かしい思いから学校があるとすぐに立ち寄ってみたくなる。露店からパンを買い込んで「寄贈」という形でのぞかせてもらった。先生と子供たちが声をそろえて「グラシアス」(Satipo, Peru)。⑧最強のガイド Jose Tapia 君。理解力があり多大の協力をしてくれた。その功績は大きい。後方にあるのは彼のバイク。これに乗せられてペルーの山々を駆けずり回った。ときに横転・急停車，またあるときは車との正面衝突。彼の唯一の欠点はスピード狂であったことだ。帰路の途中でヘビを見つけた。すぐにヘビに挑戦。自慢げにポーズをとる (Satipo, Peru, 2003)。

扉：① *Prothoe australis hewitsoni* 4齢幼虫 (Timika, Indonesia)，② *Doleschalia melana melana* ？ 終齢幼虫 (Seram, Indonesia)，③ *Lexias aeropa aeropa* ？ 蛹 (Seram, Indonesia)，④ *Symbrenthia hippoclus hippoclus* 蛹 (Seram, Indonesia)，⑤ *Cethosia cydippe chrysippe* 蛹 (Australia)

目　次

I　幼生期図版篇

II　幼生期写真篇

III　成虫標本写真篇

IV　食草写真篇

V 解説篇

総　論

各　論

本書の利用にあたって

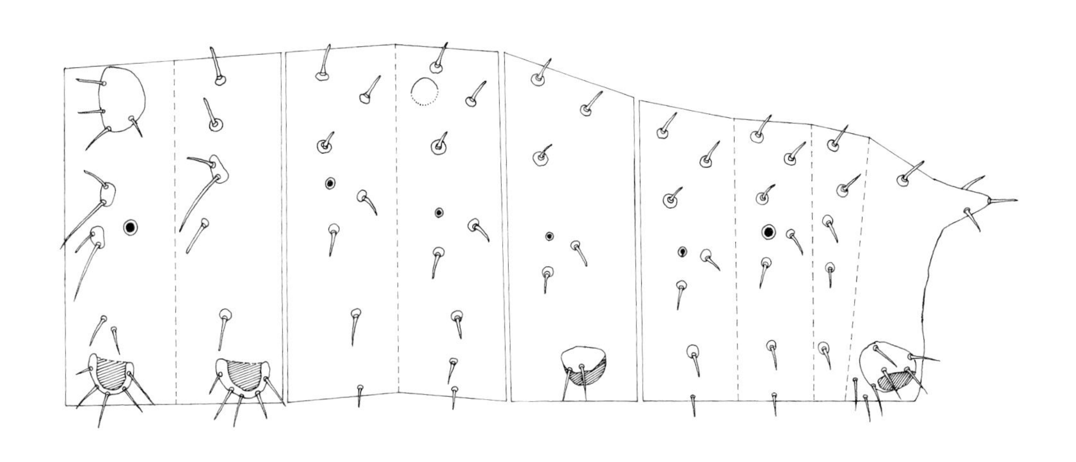

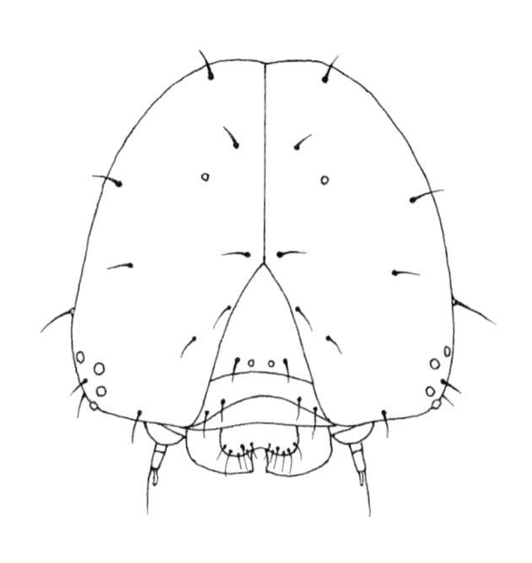

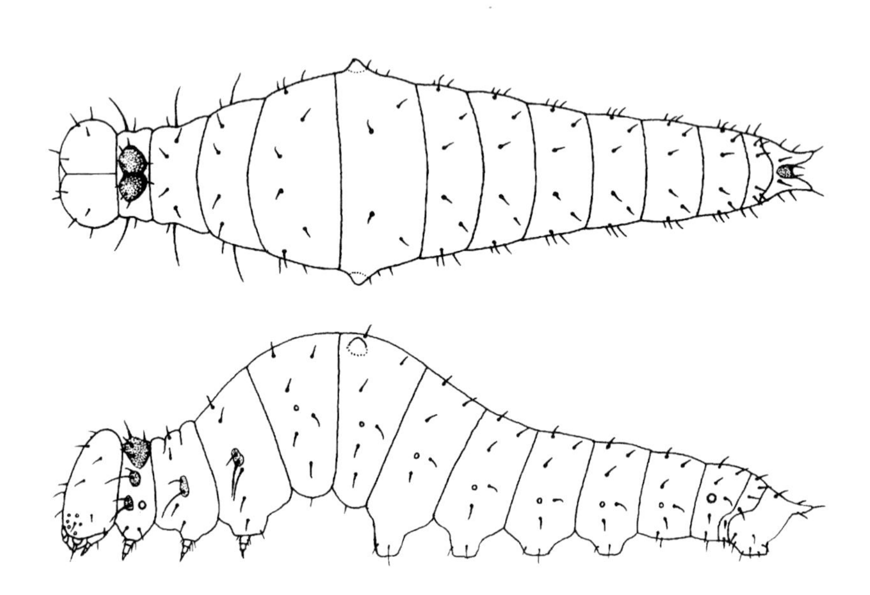

扉：
ベアタアグリアス　*Agrias beatifica beata*　1齢幼虫刺毛配列模式図
頭部刺毛配列図
扉裏：
ベアタアグリアス　*Agrias beatifica beata*　1齢幼虫刺毛配列図

[全篇に関わること]

1．本書の構成は以下の各篇からなっている。
①幼生期図版篇，②幼生期写真篇，③成虫標本写真篇，④食草写真篇，⑤-1 解説篇[総論]，⑤-2 解説篇[各論](①〜④の収録内容については表2の「プレート内容」を参照)。

2．図版・写真の配列は，解説篇[各論]の種の配列順を基本とした。しかし，大きさや数の関係上，この原則とは異なる場合がある。

3．本図鑑には，9亜科，32族，さらに現在確認されているそれらに含まれるすべての属および主要な種・亜種を収録した。

4．全体の分類体系については，Harvey(1991)やWahlberg(webサイト nymphalidae，2010)などを主に，新熱帯区はLamas(2004)による一部変更，さらに著者の幼生期による見解を加えて設定した。それに含められる属を網羅すると表2のようである。(　)内は著者調査によるその属に含められる種数であるが，種の決定をはじめとした分類上の問題があるので，一例とする。

5．亜種の設定は個人的主観が強く，生物学的には問題を含む場合もある。このことを考慮して，本文解説では，原則として，亜種については言及していない。しかし，カラープレートに収録した個体については，亜種名まで表記した。幼生期図版篇では，幼虫の齢期で，あるいは幼虫と蛹で産地が異なる場合は注記した。成虫標本写真篇では(　)内に記した産地の種・亜種名を表記した。解説篇では写真や図版に産地が書かれているものについて産地の亜種名を表記した。解説篇[各論]では，幼生期図版篇に掲載したものについてのみ「○○産亜種○○で記載した」と記した。またフタオチョウ，ヒイロキノハタテハ，ウラナミキノハタテハ，リュウキュウミスジ，アメリカコムラサキについては，それぞれの亜種について解説を行った。

6．和名は学術的な権限も拘束ももたない。世界的には無意味でもある。しかし，あえてカラー図版に収録した属・種のすべてに和名を付した。これは，理解しやすいことやなじみやすいこと，特にその属・種の形象化を図るのに有意性があるからである。当然主観的であり個人的な見解の相違が大きいことを前提におく。なお，特に細分化されている亜種や群については，和名を付していない場合もある。チョウの和名については古今の歴史において諸問題がある。例えば，①「墨流し(すみながし)」，「曙(あけぼの)」，「茜(あかね)」，「瑠璃(るり)」，「褄(つま)」といった美しい表現とされる大和言葉が今や古語に近いことなどである。②和名には色彩名を使う場合が多いが，日本語の特色として日常で使用する色彩の語彙が少なく，的を射た色彩用語，さらに響きのよい語調に限りがある。③古来植物の和名には蔑視的扱いとも思えるものが多く，個人的には不適切さや違和感を覚えるものもある。チョウの場合は美しいものの象徴でもあるので表現もその方を重視したい。また差別用語の使用を避けなくてはならない。④和洋折衷の和名はかなり流通して便宜的であるが，それはやはり和名ではない。⑤命名する語彙量に限界がありしだいに命名が困難になり，重複や無理・矛盾が生じる。⑥命名の基本であるが，生物の名前は万国共通の「学名」で理解するのが理想である。ただ実際は万国共通であるといっても日常どの世界でも流通しているものではなく，さらに発音の違いがあれば世界共通語にはならないことを経験上感じる。

7．寄主植物である被子植物の分類は，APG(Angiosperm Phylogeny Group，被子植物系統発生グループ)植物分類体系による。学名は，以下のように扱った。科名は総論で掲載しているので割愛した。日本に分布している植物については，①和名と学名を併記すると非常に煩雑になること，②研究者により分類(学名)についての考え方が異なること，③植物図鑑やインターネットで学名の知見を手軽に知ることができること，④本書の中心はタテハチョウであること，の理由により学名表記を割愛した。

8．出典は，文献による場合は「Lamas(2004)」のように記した。インターネットからの場合は，webサイト名やアドレスを記載した。

[幼生期図版篇]

1．記号の意味は以下の通りである。数字は，幼虫齢数(例えば，5(終)は5(終)齢幼虫)である。Pは蛹。Oは卵。Hは頭部。Sは棘状突起。*Rは資料を参考に作図したもの。

2．図の大きさは実物の大きさと比例していない。蛹は頭部を上に配置して全体を統一している。

[幼生期写真篇]

幼生期の自然状態における状態や飼育過程中の習性を撮影したもので，絵画図示と異なり種特有の形態を維持している。齢数を記述していない場合は終齢である。

[成虫標本写真篇]

1．各属について少なくても1種(♂♀にはこだわらずに)を収録した。収録にあたっては，幼生期記載の個体や日本に標本の少ないものなどを選んだ。

2．配列は原則として左から右へ→上から下へとした。

3．記号などの意味は以下の通りである。(　)内は標本の採集国名または島嶼名。♂はオス，♀はメス。V(verso)は翅の裏面，表面(recto)については記入していない。＊は借用標本の所有者を表し，正式名は以下の通りである(ABC順，敬称略)。新井：新井久保，伊達：伊達常雄，江田：江田　茂，原田：原田基弘，五十嵐：五十嵐邁，刈谷：刈谷啓三，柏原：柏原建樹，北山：北山猛保，向山：向山幸男，中：中　秀司，Neild：Andrew Neild，日大：日本大学生物資源科学部，大木：大木　隆，進化研：財団法人進化生物学研究所，寺：寺　章夫，徳永：徳永威久，山田：山田成明，P(picture)：著者絵画。

[食草写真篇]

植物もチョウなどと同様に標本が記録保存や同定に有用である。しかし植物としての形態理解をするには自然状態に存在する状態が有効であるので努めて現地撮影の記録をし，一部を図示した。ただし種の同定には至らない例が多い。現地で接する植物は圧倒的な量であるので，チョウの幼虫の食餌としては種の同定以前に科や属の掌握・理解が重要である。

[解説篇]

1.「総論」と「各論」からなっている。
2.「総論」では，①タテハチョウ科の概要，②幼生期形態学の意義，③幼生期，④成虫，について生活史を中心に概説した。
3.「各論」は，タテハチョウ科に所属する全亜科・族(亜族)・属(亜属)・種の順に記載し，幼生期における分類形質を根拠に解説した。
4. 亜科・族(亜族)・属(亜属)の解説は分類学的知見を中心とし，解説項目は知見の有無や必要に応じて取捨選択した。
5. 種の解説は原則的に，以下の解説項目順になっている。①和名，②幼生期図版篇・幼生期写真篇，成虫標本写真篇，食草写真篇での収録頁，③学名，④幼生期細密描写図についての情報，⑤分類学的知見，⑥成虫，⑦卵，⑧幼虫，⑨蛹，⑩食草，⑪分布に関する知見。ただし知見がない場合は記載していない。

表1 本書収録したタテハチョウ科(系統群抜粋)の全属と含まれる種数(全2,451種)

クビワチョウ亜科 Calinaginae Moore, 1857 (4)
クビワチョウ属 *Calinaga* Moore, 1857 (4)
フタオチョウ亜科 Charaxinae Guenée, 1865 (319)
フタオチョウ族 Charaxini Guenée, 1865 (194)
シロフタオチョウ属 *Polyura* Billberg, 1820 (21)
チャイロフタオチョウ属 *Charaxes* Ochsenheimer, 1816 (173)
マルバネタテハ族 Euxanthini Rydon, 1971 (6)
マルバネタテハ属 *Euxanthe* Hübner, [1819] (6)
オナガフタオチョウ族 Pallini Rydon, 1971 (4)
オナガフタオチョウ属 *Palla* Hübner, [1819] (4)
ヤイロタテハ族 Prothoini Roepke, 1938 (4)
ルリオビヤイロタテハ属 *Prothoe* Hübner, [1824] (3)
ヤイロタテハ属 *Agatasa* Moore, [1899] (1)
キノハタテハ族 Anaeini Reuter, 1896 (89)
キノハタテハ亜族 Anaeina Reuter, 1896 (81)
ヒイロキノハタテハ属 *Anaea* Hübner, 1819 (1)
ウラナミキノハタテハ属 *Fountainea* Rydon, 1971 (8)
ヒメルリキノハタテハ属 *Cymatogramma* Doubleday, [1849] (10)
ルリキノハタテハ属 *Memphis* Hübner, 1819 (45)
ベニモンキノハタテハ属 *Annagrapha* Salazar & Constantino, 2001 (5)
トガリルリオビキノハタテハ属 *Rydonia* Salazar & Constantino, 2001 (2)
ルリオビキノハタテハ属 *Polygrapha* Staudinger, [1887] (1)
オナシキノハタテハ属 *Pseudocharaxes* Salazar, 2001 (1)
トガリキノハタテハ属 *Zikania* Salazar & Constantino, 2001 (1)
ムラサキキノハタテハ属 *Muyshondtia* Salazar & Constantino, 2001 (1)
オオキノハタテハ属 *Coenophlebia* C. & R. Felder, 1862 (1)
カナエタテハ属 *Consul* Hübner, [1807] (4)
シロオビカナエタテハ属 *Hypna* Hübner, [1819] (1)
トガリコノハ亜族 Zaretidina Rydon, 1971 (8)
トガリコノハ属 *Zaretis* Hübner, [1819] (5)
ベニモンコノハ属 *Siderone* Hübner, [1823] (2)
ヒスイタテハ属 *Anaeomorpha* Rothschild, 1894 (1)
ルリオビタテハ族 Preponini Rydon, 1971 (22)
ヘリボシルリモンタテハ属 *Noreppa* Rydon, 1971 (1)
ルリオビタテハ属 *Archaeoprepona* Fruhstorfer, 1915 (8)
ミイロルリオビタテハ属 *Prepona* Boisduval, [1836] (7)
ミイロタテハ属 *Agrias* Doubleday, 1844 (6)
コムラサキ亜科 Apaturinae Boisduval, 1840 (82)
マドタテハ属 *Dilipa* Moore, 1857 (2)
イチモンジマドタテハ属 *Lelecella* Hemmig, 1939 (1)
ヒメマドタテハ属 *Thaleropis* Staudinger, 1871 (1)
モンキコムラサキ属 *Euapatura* Ebert, 1971 (1)
アメリカコムラサキ属 *Asterocampa* Röber, 1916 (4)
タイワンコムラキ属 *Chitoria* Moore, [1896] (6)
キミスジコムラサキ属 *Herona* Doubleday, [1848] (2)
マレーコムラサキ属 *Eulaceura* Butler, 1872 (2)
アフリカコムラサキ属 *Apaturopsis* Aurivillius, 1898 (3)
ヒョウマダラ属 *Timelaea* Lucas, 1883 (5)
ヒメコムラサキ属 *Rohana* Moore, [1880] (6)
コムラサキ属 *Apatura* Fabricius, 1807 (4)
ミスジコムラサキ属 *Mimathyma* Moore, [1896] (4)
キゴマダラ属 *Sephisa* Moore, 1882 (4)
エグリゴマダラ属 *Euripus* Doubleday, 1848 (3)
ナンベイコムラサキ属 *Doxocopa* Hübner, [1819] (15)
ゴマダラチョウ属 *Hestina* Westwood, 1850 (4)
マネシゴマダラ属 *Hestinalis* Bryk, 1938 (5)
オオムラサキ属 *Sasakia* Moore, [1896] (2)
シロタテハ属 *Helcyra* Felder, 1860 (7)
パプアコムラサキ属 *Apaturina* Herrich-Schaeffer, 1864 (1)
スミナガシ亜科 Pseudergolinae Jordan, 1898 (9)
スミナガシ属 *Dichorragia* Butler, [1869] (3)
ルリボシスミナガシ属 *Stibochiona* Butler, [1869] (3)
カバイロスミナガシ属 *Pseudergolis* Felder & Felder, [] [1867] (2)
ジャノメスミナガシ属 *Amnosia* Doubleday, 1849 (1)
イシガケチョウ亜科 Cyresitinae Guenée, 1865 (46)
イシガケチョウ属 *Cyrestis* Boisduval, 1832 (22)
ヒメイシガケチョウ属 *Chersonesia* Distant, 1883 (7)
ツルギタテハ属 *Marpesia* Hübner, 1818 (17)
イチモンジチョウ亜科 Limenitidinae Behr, 1864 (815)
ミスジチョウ族 Neptini Newman, 1870 (264)
ミスジチョウ属 *Neptis* Fabricius, 1807 (154)
キンミスジ属 *Pantoporia* Hübner, 1819 (17)
ウラキンミスジ属 *Lasippa* Moore, 1898 (11)
ミナミオオミスジ属 *Phaedyma* Felder, 1861 (10)
スジグロミスジ属 *Aldania* Moore, 1896 (2)
ヒイロタテハ属 *Cymothoe* Hübner, [1819] (69)
キオビタテハ属 *Harma* Doubleday, [1848] (1)
ベニホシイチモンジ族 Chalingini Morishita, 1996 (2)
ベニホシイチモンジ属 *Chalinga* Moore, 1898 (2)
イチモンジチョウ族 Limenitidini Behr, 1864 (200)
オオイチモンジ属 *Limenitis* Fabricius, 1807 (7)
イチモンジチョウ属 *Ladoga* Moore, [1898] (13)
キボシイチモンジ属 *Patsuia* Moore, [1898] (1)
スジグロイチモンジ属 *Litinga* Moore, [1898] (3)
アオオビイチモンジ属 *Sumalia* Moore, [1898] (4)
ムラサキイチモンジ属 *Parasarpa* Moore, 1898 (5)
チャイロイチモンジ属 *Moduza* Moore, 1881 (11)
ヒメチャイロイチモンジ属 *Tarattia* Moore, 1898 (4)
セレベスチャイロイチモンジ属 *Lamasia* Moore, [1898] (1)
タイワンイチモンジ属 *Athyma* Westwood, [1850] (41)
ヒメイチモンジ属 *Pandita* Moore, 1857 (1)
ツマジロイチモンジ属 *Lebadea* Felder, 1861 (3)
アメリカイチモンジ属 *Adelpha* Hübner, [1819] (85)
スミナガシイチモンジ属 *Kumothales* Overlaet, 1940 (1)

ホソチョウモドキ属 *Pseudacraea* Westwood, [1850] (19)
ミスジチョウモドキ属 *Pseudoneptis* Snellen, 1882 (1)
イナズマチョウ族 Adoliadini Doubleday, 1845 (345)
ベニホシイナズマ属 *Euthalia* Hübner, 1819 (51)
インドイナズマ属 *Symphaedra* Hübner, 1818 (1)
シロオビイナズマ属 *Bassarona* Moore, [1897] (8)
トビイロイナズマ属 *Dophla* Moore, [1880] (1)
コイナズマ属 *Tanaecia* Butler, 1869 (32)
オスアカミスジ属 *Abrota* Moore, 1857 (3)
ヒョウモンイナズマ属 *Neurosigma* Butler, [1869] (1)
ウスグロイチモンジ属 *Auzakia* Moore, [1898] (1)
モンキオオイナズマ属 *Euthaliopsis* Neervoort van de Poll, 1896 (1)
オオイナズマ属 *Lexias* Boisduval, 1832 (15)
ホシボシアフリカイナズマ属 *Hamanumida* Hübner, [1819] (1)
シロモンアフリカイナズマ属 *Aterica* Boisduval, 1833 (2)
アミメイナズマ属 *Catuna* Kirby, 1871 (5)
ルリアミメイナズマ属 *Cynandra* Schatz, [1887] (1)
ニセヒョウモン属 *Pseudargynnis* Karsch, 1892 (1)
アフリカイチモンジ属 *Euptera* Staudinger, 1891 (10)
アフリカヒロオビイチモンジ属 *Pseudathyma* Staudinger, [1891] (5)
トラフボカシタテハ属 *Bebearia* Hemming, 1960 (60)
ボカシタテハ属 *Euphaedra* Hübner, [1819] (74)
ヒメボカシタテハ属 *Euriphene* Boisduval, 1847 (56)
オナガボカシタテハ属 *Euryphaedra* Staudinger, 1891 (1)
ミヤビボカシタテハ属 *Harmilla* Aurivillius, 1892 (1)
トガリボカシタテハ属 *Euryphura* Staudinger, [1891] (13)
フジイロボカシタテハ属 *Crenidomimas* Karsch, 1894 (1)
トラフタテハ族 Parthenini Reuter, 1896 (4)
トラフタテハ属 *Parthenos* Hübner, [1819] (3)
ヒカゲタテハ属 *Bhagadatta* Moore, [1898] (1)
ドクチョウ亜科(ヒョウモンチョウ亜科) Heliconiinae Swainson, 1822 (497)
ヒョウモンチョウ族 Argynnini Swainson, 1833 (107)
ヒョウモンチョウ亜族 Argynnina Butler, 1867 (53)
ギンガヒョウモン属 *Issoria* Hübner, [1819] (5)
リュウセイヒョウモン属 *Kuekenthaliella* Reuss, 1921 (5)
コヒョウモン属 *Brenthis* Hübner, 1819 (3)
ウラベニミドリヒョウモン属 *Pandoriana* Warren, 1942 (1)
ミドリヒョウモン属 *Argynnis* Fabricius, 1807 (1)
メスグロヒョウモン属 *Damora* Nordmann, 1851 (1)
オオヤマヒョウモン属 *Childrena* Hemming, 1943 (2)
ツマグロヒョウモン属 *Argyreus* Scopoli, 1777 (1)
ウラギンスジヒョウモン属 *Argyronome* Hübner, [1819] (3)
クモガタヒョウモン属 *Nephargynnis* Shirozu & Saigusa, 1973 (1)
ウラギンヒョウモン属 *Fabriciana* Reuss, 1920 (11)
アメリカギンボシヒョウモン属 *Speyeria* Scudder, 1872 (15)
ギンボシヒョウモン属 *Mesoacidalia* Reuss, 1926 (4)
ヒメヒョウモン亜族 Boloriina Warren et al., 1946 (40)
ホソバヒョウモン属 *Clossiana* Reuss, 1920 (29)
ヒメヒョウモン属 *Boloria* Moore, 1900 (10)
シベリアホソバヒョウモン属 *Proclossiana* Reuss, 1926 (1)
アンデスヒョウモン亜族 Yrameina Reuss, 1926 (5)
アンデスヒョウモン属 *Yramea* Reuss, 1920 (5)
ヒョウモンホソチョウ亜族 Pardopsina (1)
ヒョウモンホソチョウ属 *Pardopsis* Trimen, 1887 (1)
アメリカウラベニヒョウモン亜族 Euptoietina Simonsen, 2006 (8)
アメリカウラベニヒョウモン属 *Euptoieta* Doubleday, 1848 (8)
ネッタイヒョウモン族 Vagrantini Pinratana & Eliot, 1996 (51)
タイワンキマダラ属 *Cupha* Billberg, 1820 (9)
ツマグロネッタイヒョウモン属 *Cirrochroa* Doubleday, [1847] (16)
ソロモンキマダラ属 *Algiachroa* Parsons, 1989 (1)
ウラベニヒョウモン属 *Phalanta* Horsfield, [1829] (6)
オナガヒョウモン属 *Vaglans* Hemming, 1934 (1)
ダイトウキスジ属 *Algia* Herrich-Schäffer, 1864 (3)
チャイロタテハ属 *Vindula* Hemming, 1934 (4)
ビロードタテハ属 *Terinos* Boisduval, [1836] (8)
アフリカビロードタテハ属 *Lachnoptera* Doubleday, [1847] (2)
アフリカウラベニヒョウモン属 *Smerina* Hewitson, 1874 (1)
ドクチョウ族 Heliconiini Swainson, 1822 (71)
ウラギンドクチョウ属 *Agraulis* Boisduval & Le Conte, [1835] (1)
チャイロウラギンドクチョウ属 *Dione* Hübner, [1819] (3)
タカネドクチョウ属 *Podotricha* Michener, 1942 (2)
アサギドクチョウ属 *Philaethria* Billberg, 1820 (7)
チャイロドクチョウ属 *Dryas* Hübner, [1807] (1)
フトオビドクチョウ属 *Dryadula* Michener, 1942 (1)
ヒメドクチョウ属 *Eueides* Hübner, 1816 (12)
ドクチョウ属 *Heliconius* Kluk, 1802 (40)
キボシドクチョウ属 *Neruda* Turner, 1976 (3)
ホソスジドクチョウ属 *Laparus* Billberg, 1820 (1)
ハレギチョウ族 Cethosiini Harvey, 1991 (13)
ハレギチョウ属 *Cethosia* Fabricius, 1807 (13)
ホソチョウ族 Acraeini Boisduval, 1833 (255)
ホソチョウ属 *Acraea* Fabricius, 1807 (182)
パプアホソチョウ属 *Miyana* Fruhstorfer, [1914] (2)
ヒメナンベイホソチョウ属 *Abananote* Potts, 1943 (5)
ベニモンナンベイホソチョウ属 *Altinote* Potts, 1943 (15)
ナンベイホソチョウ属 *Actinote* Hübner, [1819] (26)
アフリカホソチョウ属 *Bematistes* Hemming, 1935 (25)
カバタテハ亜科 Biblidinae Boisduval, 1833 (287)
カバタテハ族 Biblidini Boisduval, 1833 (32)
アカヘリタテハ属 *Biblis* Fabricius, 1807 (1)
ウスズミタテハ属 *Mestra* Hübner, [1825] (1)
シラホシウスズミタテハ属 *Archimestra* Munroe, 1949 (1)
カバタテハ属 *Ariadne* Horsfield, [1829] (14)
ルリカバタテハ属 *Laringa* Moore, 1901 (2)
アフリカカバタテハ属 *Eurytela* Boisduval, 1833 (4)
ニセコミスジ属 *Neptidopsis* Aurivillius, 1898 (2)
キマダラカバタテハ属 *Byblia* Hübner, [1819] (2)
シロシタカバタテハ属 *Mesoxantha* Aurivillius, 1898 (2)
シロモンカバタテハ属 *Vila* Kirby, 1871 (3)
ミツボシタテハ族 Epicaliini Guenee, 1865 (83)
ミツボシタテハ属 *Catonephele* Hübner, [1819] (11)
アケボノタテハ属 *Nessaea* Hübner, [1819] (4)
シロオビムラサキタテハ属 *Sea* Hayward, 1950 (1)
ヨツボシタテハ属 *Cybdelis* Boisduval, [1836] (3)
ジャノメタテハ属 *Eunica* Hübner, [1819] (40)
テングタテハ属 *Libythina* Godart, 1819 (1)
ルリミスジ属 *Myscelia* Doubleday, 1844 (9)
スミレタテハ属 *Sallya* Hemming, 1964 (14)
カスリタテハ族 Ageronini Doubleday, 1847 (28)
カスリタテハ属 *Hamadryas* Hübner, 1806 (20)
シロイチモンジタテハ属 *Ectima* Doubleday, [1848] (4)

ウラベニタテハ属 *Panacea* Godman & Salvin, [1883] (3)
ベーツタテハ属 *Batesia* C. & R. Felder, 1862 (1)
キオビカバタテハ族 Epiphilini Jenkins, 1987 (34)
アカネタテハ属 *Asterope* Hübner, 1819 (7)
シロモンタテハ属 *Pyrrhogyra* Hübner, [1819] (6)
キオビカバタテハ属 *Epiphile* Doubleday, 1844 (14)
モンキムラサキタテハ属 *Bolboneura* Godman & Salvin, 1877 (1)
ツマグロカバタテハ属 *Temenis* Hübner, 1819 (3)
ヒメツマグロカバタテハ属 *Nica* Hübner, [1826] (1)
クロカバタテハ属 *Peria* Kirby, 1871 (1)
ウズモンタテハ属 *Lucinia* Hübner, [1823] (1)
ウラニシキタテハ族 Eubagini Burmeister, 1878 (39)
ウラニシキタテハ属 *Dynamine* Hübner, [1819] (39)
ウズマキタテハ族 Callicorini Orfila, 1952 (71)
ミツモンタテハ属 *Antigonis* Felder, 1861 (1)
ベニモンウズマキタテハ属 *Paulogramma* Dillon, 1948 (1)
ムラサキウズマキタテハ属 *Catacore* Dillon, 1948 (1)
ウズマキタテハ属 *Callicore* Hübner, [1819] (20)
ウラモジタテハ属 *Diaethria* Billberg, 1820 (10)
アカオビウラモジタテハ属 *Cyclogramma* Doubleday, 1849 (2)
ウラスジタテハ属 *Perisama* Doubleday, [1849] (31)
ウラテンタテハ属 *Mesotaenia* Kirby, 1871 (2)
ハギレタテハ属 *Orophila* Staudinger, [1886] (2)
アカモンタテハ属 *Haematera* Doubleday, [1849] (1)
ヒオドシチョウ亜科 Nymphalinae Rafinesque, 1815 (442)
オリオンタテハ族 Coeini Scudder, 1893 (6)
ルリフタオチョウモドキ属 *Baeotus* Hemming, 1939 (4)
オリオンタテハ属 *Historis* Hübner, [1819] (2)
ヒオドシチョウ族 Nymphalini Rafinesque, 1815 (95)
ウラナミタテハ亜族 Coloburiina (6)
ウラナミトガリタテハ属 *Pycina* Doubleday, [1849] (1)
ウラナミタテハ属 *Colobura* Billberg, 1820 (2)
ウラジャノメタテハ属 *Smyrna* Hübner, [1823] (2)
ヒメウラナミタテハ属 *Tigridia* Hübner, [1819] (1)
キミスジ亜族 Symbrenthiina (33)
サカハチチョウ属 *Araschnia* Hübner, 1819 (8)
キミスジ属 *Symbrenthia* Hübner, 1819 (15)
カザリタテハ属 *Mynes* Boisduval, [1832] (10)
ヒオドシチョウ亜族 Nymphalina (66)
ヒオドシチョウ属 *Nymphalis* Kluk, 1780 (5)
エルタテハ属 *Roddia* Korshunov, 1995 (1)
コヒオドシ属 *Aglais* Dalman, 1816 (5)
クジャクチョウ属 *Inachis* Hübner, [1819] (1)
キタテハ属 *Polygonia* Hübner, [1819] (14)
ルリタテハ属 *Kaniska* Moore, [1899] (1)
アカタテハ属 *Vanessa* Fabricius, 1807 (11)
モンキアカタテハ属 *Bassaris* Hübner, 1821 (2)
ヒメアカタテハ属 *Cynthia* Fabricius, 1807 (9)
ナンベイアカタテハ属 *Hypanartia* Hübner, [1821] (14)
アフリカアカタテハ属 *Antanartia* Rothschild & Jordan, 1903 (3)
アサギタテハ族 Victorinini Scudder, 1893 (11)
アサギタテハ属 *Siproeta* Hübner, 1823 (3)
シロモンタテハ属 *Metamorpha* Hübner, [1819] (1)
ルリオビトガリタテハ属 *Napeocles* Bates, 1864 (1)
アメリカタテハモドキ属 *Anartia* Hübner, [1819] (5)
アフリカコノハチョウ属 *Kallimoides* Shirozu & Nakanishi, 1984 (1)
タテハモドキ族 Junoniini Reuter, 1896 (80)
タテハモドキ属 *Junonia* Hübner, [1819] (29)
オナガタテハモドキ属 *Kamilla* Collins & Larsen, 1991 (2)
アフリカタテハモドキ属 *Precis* Hübner, 1819 (14)
メスアカムラサキ属 *Hypolimnas* Hübner, [1819] (25)
キオビコノハ属 *Yoma* Doherty, 1886 (2)
コノハシンジュタテハ属 *Salamis* Boisduval, 1833 (3)
シンジュタテハ属 *Protogoniomorpha* Wallengren, 1857 (5)
ソトグロカバタテハ族 Rhinopalpini (2)
ソトグロカバタテハ属 *Rhinopalpa* C. & R. Felder, 1860 (1)
ヒメタテハモドキ属 *Vanessula* Dewitz, 1887 (1)
コノハチョウ族 Kallimini Doherty, 1886 (23)
コノハチョウ属 *Kallima* Doubleday, [1849] (10)
ルリアフリカコノハチョウ属 *Mallika* Collins & Larsen, 1991 (1)
ジャノメコノハ属 *Catacroptera* Karsch, 1894 (1)
イワサキコノハ属 *Doleschallia* C. & R. Felder, 1860 (10)
ヒョウモンモドキ族 Melitaeini Newman, 1870 (226)
ベニホシヒョウモンモドキ亜族 Euphydryina Higgins, 1978 (13)
ベニホシヒョウモンモドキ属 *Euphydryas* Scudder, 1872 (13)
アメリカコヒョウモンモドキ亜族 Phyciodina Higgins, 1981 (87)
ナミモンヒメヒョウモンモドキ属 *Antillea* Higgins, [1959] (2)
アメリカコヒョウモンモドキ属 *Phyciodes* Hübner, 1819 (11)
ヒメコヒョウモンモドキ属 *Phystis* Higgins, 1981 (1)
キマダラコヒョウモンモドキ属 *Anthanassa* Scudder, 1875 (16)
ホソオビコヒョウモンモドキ属 *Dagon* Higgins, 1981 (3)
ブラジルコヒョウモンモドキ属 *Ortilia* Higgins, 1981 (9)
キコヒョウモンモドキ属 *Tegosa* Higgins, 1981 (14)
アルゼンチンコヒョウモンモドキ属 *Tisona* Higgins, 1981 (1)
マダラコヒョウモンモドキ属 *Eresia* Boisduval, [1836] (20)
イチモンジコヒョウモンモドキ属 *Castilia* Higgins, 1981 (13)
ナミスジコヒョウモンモドキ属 *Telenassa* Higgins, 1981 (8)
シロオビコヒョウモンモドキ属 *Janatella* Higgins, 1981 (3)
カバイロコヒョウモンモドキ属 *Mazia* Higgins, 1981 (1)
ベニモンヒョウモンモドキ亜族 Gnathotrichina Kons, 2000 (4)
ベニモンヒョウモンモドキ属 *Gnathotriche* C. & R. Felder, 1862 (2)
ナミモンヒョウモンモドキ属 *Higginsius* Hemming, 1964 (2)
アメリカヒョウモンモドキ亜族 Chlosynina Kons, 2000 (35)
ジャマイカヒョウモンモドキ属 *Atlantea* Higgins, [1959] (4)
ゴイシヒョウモンモドキ属 *Poladryas* Bauer, 1975 (1)
アメリカヒョウモンモドキ属 *Chlosyne* Butler, 1870 (23)
ヒメアメリカヒョウモンモドキ属 *Thessalia* Scudder, 1875 (3)
マメヒョウモンモドキ属 *Microtia* Bates, 1864 (1)
キマダラヒョウモンモドキ属 *Dymasia* Higgins, 1960 (1)
メキシコヒョウモンモドキ属 *Texola* Higgins, [1959] (2)
ヒョウモンモドキ亜族 Melitaeina Newman, 1870 (87)
ヒョウモンモドキ属 *Melitaea* Fabricius, 1807 (87)

［課　　題］

1．タテハチョウ科の概念として，巻頭で示したように蛹化形式が垂蛹のチョウ類すべてをタテハチョウ科とした場合，帯蛹形式のチョウ類を含めたチョウ類全体とそれぞれが均質なレベルのカテゴリーに分類されているかという再検討が必要である。

幼生期に共有する形質からテングチョウ科，マダラチョウ科，そしてタテハチョウ科としてそれぞれを独立させ，アゲハチョウ科やシロチョウ科と並列に扱うのが妥当と考える。

2．タテハチョウ科の各亜科で問題と考えられる部分がある。スミナガシ亜科とイシガケチョウ亜科，イチモンジチョウ亜科とドクチョウ亜科，コムラサキ亜科とほかの亜科，コノハチョウ分岐群などの分化経過やカバタテハ亜科・オリオンタテハ族の分類的位置の確認を幼生期の形質でさらに追究する。

3．幼生期による確認ができなかった(不十分な)ために本書では記載ができなかった属が残されており，それらの分類上の位置を確定する必要がある。

［表現の方法］

近年の刊行物は圧倒的に写真撮影による表現が多い。しかし本書の中核を占める幼生期形態のほとんどは絵画表現による。

思うに人は物を絵で見ているのではないだろうか。人は自分の価値観で物を見て判断・認識しているように思う。つまりそれぞれの主観で物をとらえ，ときに自身の欲求や追究を都合のよい映像で構成する。写真は真実を写し，さらに芸術的領域に及ぶというが，人の心の中の映像を表現することはない。本書の絵で表現したわけがその辺りにあったように思われる。

表2　幼生期図版篇・幼生期写真篇・成虫標本篇・食草写真篇の内容一覧

［1．幼生期図版篇］

頁	番号	亜　科	族	種　名	
3	1	クビワチョウ亜科		クビワチョウ	*Calinaga buddha formosa*
4	2①	フタオチョウ亜科	フタオチョウ族	フタオチョウ(台湾産亜種)	*Polyura eudamippus formosanus*
5	2②	〃	〃	フタオチョウ(日本産亜種)	*eudamippus weismanni*
5	3	〃	〃	ヒメフタオチョウ	*narcaeus meghaduta*
6	4	〃	〃	ヒロオビコフタオチョウ	*arja arja*
6	5	〃	〃	シロモンコフタオチョウ	*hebe chersonesus*
7	6	〃	〃	ルリオビフタオチョウ	*Polyura schreiber schreiber*
7	7	〃	〃	セレベスチャイロフタオチョウ	*Charaxes affinis affinis*
7	8	〃	〃	チャイロフタオチョウ	*bernardus bernardus*
8	9	〃	〃	キオビフタオチョウ	*solon lampedo*
8	10	〃	〃	セレベスクギヌキフタオチョウ	*Polyura cognatus cognatus*
8	11	〃	〃	フィリピンチャイロフタオチョウ	*Charaxes amycus negrosensis*
8	12	〃	〃	ヨコヅナフタオチョウ	*eurialus eurialus*
8	13	〃	ヤイロタテハ族	ルリオビヤイロタテハ	*Prothoe franck uniformis*
8	14	〃	〃	ヤイロタテハ	*Agatasa calydonia calydonia*
9	15①	〃	キノハタテハ族	ヒイロキノハタテハ(アリゾナ州産亜種)	*Anaea troglodyta andria*
9	15②	〃	〃	ヒイロキノハタテハ(テキサス州産亜種)	*troglodyta aidea*
10	16	〃	〃	ウラナミキノハタテハ	*Fountainea eurypyle confusa, F. e. eurypyle*
10	17	〃	〃	ベニモンウラナミキノハタテハ	*nessus nessus*
10	18	〃	〃	ヒメルリキノハタテハ	*Cymatogramma pithyusa pithyusa*
11	19	〃	〃	ルリキノハタテハ	*Memphis acidalia arachne*
11	20	〃	〃	ルリモンキノハタテハ	*basilia drucei*
11	21	〃	〃	オナシルリキノハタテハ	*phantes vicinia*
12	22	〃	〃	アオネキノハタテハ	*moruus morpheus*
12	23	〃	〃	ミヤマルリキノハタテハ	*lyceus lyceus ?*
12	24	〃	〃	シロオビカナエタテハ	*Hypna clytemnestra negra*
13	25	〃	〃	トガリコノハ	*Zaretis itys itys*
13	26	〃	〃	ベニオビコノハ	*Siderone galanthis thebais*
14	27	〃	ルリオビタテハ族	ウラスジルリオビタテハ	*Archaeoprepona demophon muson*
14	28	〃	〃	ルリオビタテハ	*amphimachus symaithus*
15	29	〃	キノハタテハ族	カナエタテハ	*Consul fabius divisus*
15	30	〃	ルリオビタテハ族	ムモンルリオビタテハ	*Prepona pheridamas ?*
15	31	〃	〃	ムラサキルリオビタテハ	*laertes*
15	32	〃	〃	ミイロタテハ	*Agrias claudina lugens*
16	33	〃	〃	ベアタミイロタテハ	*beatifica beata*
17	34①	コムラサキ亜科		アメリカコムラサキ(フロリダ州産亜種)	*Asterocampa clyton flora*
	34②	〃		アメリカコムラサキ(テキサス州産亜種)	*clyton texana*
17	35	〃		シロモンアメリカコムラサキ	*leilia leilia*
18	36	〃		タイワンコムラサキ	*Chitoria chrysolora chrysolora*
19	37	〃		キオビコムラサキ	*fasciola fasciola*
19	38	〃		ウスイロコムラサキ	*Herona sumatrana dusuntua*

頁	番号	亜　科	族	種　名	
20	39	コムラサキ亜科		ヒョウマダラ	*Timelaea albescens formosana*
21	40	〃		ヒメコムラサキ	*Rohana parisatis staurakius*
21	41	〃		ユーラシアコムラサキ	*Apatura iris iris*
22	42	〃		コムラサキ	*Apatura metis substituta*
22	43	〃		ミスジコムラサキ	*Mimathyma chevana leechii*
23	44	〃		キゴマダラ	*Sephisa chandra androdamas*
23	45	〃		エグリゴマダラ	*Euripus nyctelius euploeoides*
24	46	〃		ウラギンコムラサキ	*Doxocopa linda mileta*
24	47	〃		ナンベイコムラサキ	*agathina agathina*
24	48	〃		キオビナンベイコムラサキ	*elis fabaris*
25	49	〃		キモンコムラサキ	*pavon theodora*
25	50	〃		ミイロニジコムラサキ	*lavinia lavinia ?*
26	51	〃		ルリモンコムラサキ	*cyane cyane*
26	52	〃		ニジコムラサキ	*laurentia cherubina*
27	53	〃		ゴマダラチョウ	*Hestina persimilis viridis*
27	54	〃		アカボシゴマダラ	*assimilis assimilis*
27	55	〃		オオムラサキ	*Sasakia charonda formosana*
28	56	〃		イナズマオオムラサキ	*funeblis funeblis*
28	57	〃		パプアコムラサキ	*Apaturina erminia*
29	58	〃		シロタテハ	*Helcyra superba takamukui*
29	59	〃		アサクラコムラサキ	*plesseni plesseni*
30	60	スミナガシ亜科		スミナガシ	*Dichorragia nesimachus formosanus*
30	61	〃		カバイロスミナガシ	*Pseudergolis wedah chinensis*
30	62	〃		セレベスカバイロスミナガシ	*avesta avesta*
31	63	〃		ルリボシスミナガシ	*Stibochiona nicea subucula*
31	64	〃		ジャノメスミナガシ	*Amnosia decora decora*
32	65	イシガケチョウ亜科		スジグロイシガケチョウ	*Cyrestis maenalis negros*
32	66	〃		イシガケチョウ	*thyodamas kumamotensis*
33	67	〃		ジャノメイシガケチョウ	*strigata strigata*
33	68	〃		ヒロオビイシガケチョウ	*acilia acilia*
34	69	〃		ツルギタテハ	*Marpesia petreus damicorum*
35	70	イチモンジチョウ亜科	ミスジチョウ族	フィリピンミスジ	*Neptis mindorana ilocana*
35	71	〃	〃	フタスジチョウ	*rivularis magnata*
36	72①	〃	〃	リュウキュウミスジ(ボルネオ産亜種)	*hylas sopatra*
36	72②	〃	〃	リュウキュウミスジ(マレーシア産亜種)	*hylas papaja*
37	73	〃	〃	エグリミスジ	*leucoporos cresina*
37	74	〃	〃	コミスジ	*sappho intermedia*
37	75	〃	〃	ミスジチョウ	*philyra excellens*
38	76	〃	〃	オオミスジ	*alwina kaempferi*
38	77	〃	〃	ホシミスジ	*pryeri pryeri*
38	78	〃	〃	タケミスジ	*Pantoporia venilia venilia*
39	79	〃	〃	キンミスジ	*hordonia hordonia*
39	80	〃	〃	ウラキンミスジ	*Lasippa heliodore dorelia*
39	81	〃	ベニホシイチモンジ族	ベニホシイチモンジ	*Chalinga pratti pratti*
40	82	〃	イチモンジチョウ族	オオイチモンジ	*Limenitis populi jezoensis*
40	83	〃	〃	アメリカオオイチモンジ	*archippus archippus*
41	84	〃	〃	イチモンジチョウ	*Ladoga camilla japonica*
41	85	〃	〃	アサマイチモンジ	*glorifica glorifica*
41	86	〃	〃	ムラサキイチモンジ	*Parasarpa dudu jinamitra*
42	87	〃	〃	タイワンホシミスジ	*Ladoga sulpitia tricula*
43	88	〃	〃	チャイロイチモンジ	*Moduza procris milonia*
43	89	〃	〃	ヤエヤマイチモンジ	*Athyma selenophora ishiana*
44	90	〃	〃	メスグロイチモンジ	*nefte subrata*
44	91	〃	〃	アカスジイチモンジ	*libnites libnites*
44	92	〃	〃	シロミスジ	*perius perius*
45	93	〃	〃	タイリクイチモンジ	*ranga obsolescens*
45	94	〃	〃	タイワンイチモンジ	*cama zoroastres*
46	95	〃	〃	ミヤマアメリカイチモンジ	*Adelpha alala negra*
46	96	〃	〃	ミズイロアメリカイチモンジ	*serpa diadochus*
46	97	〃	〃	シロオビアメリカイチモンジ	*iphiclus iphiclus*
47	98	〃	〃	ツマキアメリカイチモンジ	*californica californica*
47	99	〃	〃	ワイモンアメリカイチモンジ	*capucinus capucinus*
48	100	〃	〃	ベニオビアメリカイチモンジ	*mesentina mesentina*
48	101	〃	〃	ヒメアメリカイチモンジ	*cocala cocala*
48	102	〃	〃	アカオビアメリカイチモンジ	*irmina tumida*
49	103	〃	〃	ホソオビアメリカイチモンジ	*jordani jordani*

頁	番号	亜　科	族	種　名	
49	104	イチモンジチョウ亜科	イチモンジチョウ族	ウフキアメリカイチモンジ	*Adelpha cytherea cytherea*
49	105	〃	〃	フトオビアメリカイチモンジ	*malea aethalia*
50	106	〃	〃	アメリカイチモンジ属の１種①	*Adelpha* sp.1
50	107	〃	〃	アメリカイチモンジ属の１種②	*Adelpha* sp.2
50	108	〃	トラフタテハ族	トラフタテハ	*Parthenos sylla lilacinus*
51	109	〃	イナズマチョウ族	ベニホシイナズマ	*Euthalia lubentina goertzi*
52	110	〃	〃	タカサゴイチモンジ	*formosana formosana*
53	111	〃	〃	スギタニイチモンジ	*thibetana insulae*
54	112	〃	〃	クロイナズマ	*alpheda liaoi*
54	113	〃	〃	ヤシイナズマ	*kardama kardama*
55	114	〃	〃	トビイロイナズマ	*Dophla evelina magama*
56	115	〃	〃	ルリヘリコイナズマ	*Tanaecia cocytina puseda*
57	116	〃	〃	キベリコイナズマ	*lepidea cognata*
57	117	〃	〃	サトオオイナズマ	*Lexias pardalis jadeitina*
58	118	〃	〃	ヤマオオイナズマ	*dirtea merguia*
59	119	ドクチョウ亜科	ヒョウモンチョウ族	ヒョウモンチョウ	*Brenthis daphne rabdia*
59	120	〃	〃	コヒョウモン	*ino mashuensis*
59	121	〃	〃	ミドリヒョウモン	*Argynnis paphia geisha*
60	122	〃	〃	メスグロヒョウモン	*Damora sagana liane*
60	123	〃	〃	オオヤマヒョウモン	*Childrena childreni childreni*
60	124	〃	〃	ツマグロヒョウモン	*Argyreus hyperbius hyperbius*
61	125	〃	〃	ウラギンスジヒョウモン	*Argyronome laodice japonica*
61	126	〃	〃	オオウラギンスジヒョウモン	*ruslana lysippe*
61	127	〃	〃	クモガタヒョウモン	*Nephargynnis anadyomene midas*
62	128	〃	〃	ウラギンヒョウモン	*Fabriciana adippe pallescens*
62	129	〃	〃	オオウラギンヒョウモン	*nerippe nerippe*
63	130	〃	〃	アメリカオオヒョウモン	*Speyeria cybele leto*
64	131	〃	〃	ウラベニアメリカオオヒョウモン	*nokomis apacheana*
64	132	〃	〃	ウスムラサキアメリカヒョウモン	*hydaspe purpurascens*
64	133	〃	〃	ギンボシヒョウモン	*Mesoacidalia aglaja fortuna*
65	134	〃	〃	ロッキーホソバヒョウモン	*Clossiana epithore epithore*
65	135	〃	〃	カナダホソバヒョウモン	*bellona bellona*
65	136	〃	〃	アサヒヒョウモン	*freija asahidakeana*
66	137	〃	〃	ミヤマヒョウモン	*euphlosyne umbra*
66	138	〃	〃	カラフトヒョウモン	*iphigenia sachaliensis*
66	139	〃	〃	ホソバヒョウモン	*thore jezoensis*
67	140	〃	〃	アメリカウラベニヒョウモン	*Euptoieta claudia daunius*
67	141	〃	〃	オオアメリカウラベニヒョウモン	*hegesia meridiania*
68	142	〃	ネッタイヒョウモン族	タイワンキマダラ	*Cupha erymanthis erymanthis*
68	143	〃	〃	ウラベニヒョウモン	*Phalanta phalantha luzonica*
69	144	〃	〃	ヒメチャイロタテハ	*Vindula dejone erotella*
69	145	〃	〃	チャイロタテハ属の１種	sp.
70	146	〃	〃	ビロードタテハ	*Terinos terpander robertsia*
71	147	〃	ドクチョウ族	ウラギンドクチョウ	*Agraulis vanillae incarnata*
72	148	〃	〃	チャイロウラギンドクチョウ	*Dione juno miraculosa*
72	149	〃	〃	タカネドクチョウ	*Podotricha telesiphe telesiphe* ?
72	150	〃	〃	チャイロドクチョウ	*Dryas iulia moderata, D. i. alcionea*
73	151	〃	〃	キマダラヒメドクチョウ	*Eueides isabella eva*
73	152	〃	〃	アカオビヒメドクチョウ	*aliphera aliphera*
74	153	〃	〃	ベニモンドクチョウ	*Heliconius melpomene*
74	154	〃	〃	チャマダラドクチョウ	*hecale*
75	155	〃	〃	シロモンドクチョウ	*wallacei flavescens*
75	156	〃	〃	モンキドクチョウ	*sara sara*
76	157	〃	〃	フタモンドクチョウ	*erato phyllis*
76	158	〃	ハレギチョウ族	シロモンハレギチョウ	*Cethosia cydippe chrysippe*
77	159	〃	〃	ハレギチョウ	*biblis perakana*
77	160	〃	ホソチョウ族	ウスバホソチョウ	*Acraea andromacha andromacha*
78	161	〃	ハレギチョウ族	キオビハレギチョウ	*Cethosia hypsea hypsina*
78	162	〃	〃	メスキハレギチョウ	*cyane euanthes*
79	163	〃	ホソチョウ族	ホソチョウ	*Acraea issoria formosana*
80	164	〃	〃	ベニモンナンベイホソチョウ	*Altinote dicaeus callianira*
80	165	〃	〃	ベニスジナンベイホソチョウ	*negra demonica*
80	166	〃	〃	キマダラナンベイホソチョウ	*Actinote pellenea equatoria*
81	167	カバタテハ亜科	カバタテハ族	アカヘリタテハ	*Biblis hyperia aganisa*
82	168	〃	〃	ヒマカバタテハ	*Ariadne merione tapestrina*
82	169	〃	〃	カバタテハ	*ariadne ariadne*

頁	番号	亜科	族	種名	
83	170	カバタテハ亜科	カバタテハ族	ウスズミタテハ	*Mestra dorcas amymone*
83	171	〃	ミツボシタテハ族	ミズイロタテハ	*Nessaea hewitsonii hewitsonii ?*
84	172	〃	〃	メキシコミツボシタテハ	*Catonephele mexicana mexicana*
84	173	〃	〃	マルバネミツボシタテハ	*acontius acontius*
85	174	〃	〃	ミツボシタテハ	*numilia esite*
85	175	〃	〃	ヒメジャノメタテハ	*Eunica monima modesta*
86	176	〃	〃	クロジャノメタテハ	*malvina malvina*
86	177	〃	〃	ウラマダラジャノメタテハ	*chlororhoa chlororhoa*
87	178	〃	〃	コジャノメタテハ	*clytia clytia*
87	179	〃	〃	ムラサキジャノメタテハ	*orphise orphise*
87	180	〃	〃	ジャノメタテハ属の１種	sp.
88	181	〃	〃	シラホシルリミスジ	*Myscelia cyaniris cyaniris*
89	182	〃	〃	ルリミスジ	*ethusa ethusa*
90	183	〃	カスリタテハ族	コケムシカスリタテハ	*Hamadryas februa ferentina*
90	184	〃	〃	ウラベニカスリタテハ	*amphinome mexicana*
91	185	〃	〃	カスリタテハ	*iphthime iphthime*
91	186	〃	〃	ルリモンカスリタテハ	*laodamia laodamia*
92	187	〃	〃	ウラベニタテハ	*Panacea prola amazonica*
92	188	〃	キオビカバタテハ族	ツマグロカバタテハ	*Temenis laothoe laothoe*
93	189	〃	〃	シロモンタテハ	*Pyrrhogyra neaerea hypsenor*
93	190	〃	〃	ヒメツマグロカバタテハ	*Nica flavilla sylvestris*
93	191	〃	〃	クロカバタテハ	*Peria lamis lamis*
94	192	〃	ウラニシキタテハ族	ヒメウラニシキタテハ	*Dynamine artemisia glauce*
94	193	〃	〃	オオウラニシキタテハ	*aerata aerata*
95	194	〃	〃	ミドリウラニシキタテハ	*postverta mexicana*
95	195	〃	〃	シロウラニシキタテハ	*agacles agacles*
96	196	〃	ウズマキタテハ族	ベニオビウズマキタテハ	*Callicore cynosura cynosura*
96	197	〃	〃	ルリモンウズマキタテハ	*lyca aegina*
96	198	〃	〃	ヒメベニウズマキタテハ	*pygas thamyras*
97	199	〃	〃	ウラモジタテハ	*Diaethria clymena peruviana*
97	200	〃	〃	ヒロオビウラモジタテハ	*neglecta neglecta*
97	201	〃	〃	ムラサキウラスジタテハ	*Perisama philinus descimoni ?*
98	202	〃	〃	ブラジルウラモジタテハ	*Diaethria candrena candrena*
98	203	ヒオドシチョウ亜科	オリオンタテハ族	オリオンタテハ	*Historis odius odius*
99	204	〃	ヒオドシチョウ族	ウラナミタテハ	*Colobura dirce dirce*
99	205	〃	〃	オオウラナミタテハ	*annulata annulata*
100	206	〃	〃	ウラジャノメタテハ	*Smyrna blomfildia datis*
100	207	〃	〃	サカハチチョウ	*Araschnia burejana strigosa*
100	208	〃	〃	アカマダラ	*levana obscura*
101	209	〃	〃	キミスジ	*Symbrenthia lilaea formosana*
102	210	〃	〃	ヒメキミスジ	*hypselis sinis*
102	211	〃	〃	モルッカキミスジ	*hippoclus hippoclus*
103	212	〃	〃	ヒオドシチョウ	*Nymphalis xanthomelas japonica*
103	213	〃	〃	キベリタテハ	*antiopa asopos*
103	214	〃	〃	エルタテハ	*Roddia l-album samurai*
104	215	〃	〃	コヒオドシ(ヒメヒオドシ)	*Aglais urticae connexa*
104	216	〃	〃	クジャクチョウ	*Inachis io geisha*
105	217	〃	〃	キタテハ	*Polygonia c-aureum c-aureum*
105	218	〃	〃	シータテハ	*c-album hamigera*
106	219	〃	〃	コガネキタテハ	*satyrus satyrus*
106	220	〃	〃	クエスチョンマークキタテハ	*interrogationis interrogationis*
107	221	〃	〃	ルリタテハ	*Kaniska canace drilon*
107	222	〃	〃	アカタテハ	*Vanessa indica indica*
108	223	〃	〃	ヒメアカタテハ	*Cynthia cardui cardui*
108	224	〃	〃	ナンベイアカタテハ	*Hypanartia lethe lethe*
109	225	〃	アサギタテハ族	アサギタテハ	*Siproeta stelenes biplagiata*
109	226	〃	〃	シロスジタテハ	*epaphus epaphus*
110	227	〃	〃	ウスイロアメリカタテハモドキ	*Anartia jatrophae luteipicta*
110	228	〃	〃	ベニモンアメリカタテハモドキ	*fatima fatima*
111	229	〃	タテハモドキ族	タテハモドキ	*Junonia almana almana*
111	230	〃	〃	アオタテハモドキ	*orithya wallacei*
111	231	〃	〃	クロタテハモドキ	*iphita horsfieldi*
112	232	〃	〃	ウスイロタテハモドキ	*atlites atlites*
112	233	〃	〃	ジャノメタテハモドキ	*lemonias lemonias*
113	234	〃	〃	アメリカタテハモドキ	*coenia coenia*
113	235	〃	〃	マングローブタテハモドキ	*genoveva neildi*

頁	番号	亜　科	族	種　名	
114	236	ヒオドシチョウ亜科	タテハモドキ族	メスアカムラサキ	*Hypolimnas misippus misippus*
114	237	〃	〃	ヤエヤマムラサキ	*anomala anomala*
114	238	〃	〃	ジャノメムラサキ	*deois panopion*
115	239	〃	〃	リュウキュウムラサキ	*bolina bolina*
115	240	〃	〃	ルリオビムラサキ	*alimena eremita*
116	241	〃	〃	セレベスムラサキ	*diomea diomea*
117	242	〃	〃	ミイロムラサキ	*pandarus pandarus*
118	243	〃	アサギタテハ族	シロモンタテハ	*Metamorpha elissa pulsitia*
118	244	〃	コノハチョウ族	ソトグロカバタテハ	*Rhinopalpa polynice stratonice*
119	245	〃	〃	ムラサキコノハチョウ	*Kallima limborgii amplirufa*
119	246	〃	〃	コノハチョウ	*inachus eucerca*
120	247	〃	〃	セラムコノハ	*Doleschallia hexophthalmos hexophthalmos*
120	248	〃	〃	イワサキコノハ	*bisartide pratipa*
121	249	〃	ヒョウモンモドキ族	シロモンベニホシヒョウモンモドキ	*Euphydryas chalcedona chalcedona*
121	250	〃	〃	キマダラベニホシヒョウモンモドキ	*editha quino*
122	251	〃	〃	アメリカコヒョウモンモドキ	*Phyciodes mylitta mylitta*
122	252	〃	〃	フチグロコヒョウモンモドキ	*cocyta selenis*
123	253	〃	〃	キマダラアメリカコヒョウモンモドキ	*graphica vesta*
123	254	〃	〃	キマダラコヒョウモンモドキ	*Anthanassa texana texana*
124	255	〃	〃	キコヒョウモンモドキ	*Tegosa claudina claudina*
124	256	〃	〃	イチモンジコヒョウモンモドキ	*Castilia myia myia*
125	257	〃	〃	ホソバイチモンジコヒョウモンモドキ	*angusta angusta*
125	258	〃	〃	キモンナミスジコヒョウモンモドキ	*Telenassa teletusa burchelli*
126	259	〃	〃	ゴイシヒョウモンモドキ	*Poladryas minuta arachne*
126	260	〃	〃	ヒメアメリカヒョウモンモドキ	*Thessalia theona thekla*
127	261	〃	〃	フチグロアメリカヒョウモンモドキ	*Chlosyne nycteis nycteis*
127	262	〃	〃	メスグロアメリカヒョウモンモドキ	*palla australomontana*
128	263	〃	〃	キモンアメリカヒョウモンモドキ	*lacinia adjutrix*
128	264	〃	〃	キオビアメリカヒョウモンモドキ	*californica californica*
128	265	〃	〃	ベニモンアメリカヒョウモンモドキ	*janais janais*
129	266	〃	〃	コヒョウモンモドキ	*Mellicta ambigua niphona*
129	267	〃	〃	ウスイロヒョウモンモドキ	*Melitaea protomedia protomedia*
129	268	〃	〃	ヒョウモンモドキ	*scotosia scotosia*
130	269	フタオチョウ亜科	マルバネタテハ族	シロモンマルバネタテハ	*Euxanthe wakefieldi*
130	270	〃	ヤイロタテハ族	モンキヤイロタテハ	*Prothoe australis hewitsoni*
130	271	〃	ルリオビタテハ族	ミイロルリオビタテハ	*Prepona deiphile brooksiana*
131	272	イチモンジチョウ亜科	ミスジチョウ族	オオヒイロタテハ	*Cymothoe lucasii*
131	273	〃	〃	キイロタテハ	*alcimeda*
131	274	〃	イチモンジチョウ族	ホソチョウモドキ	*Pseudacraea boisduvali*
131	275	〃	〃	ミスジチョウモドキ	*Pseudoneptis bugandensis*
132	276	〃	イナズマチョウ族	キオビルリボカシタテハ	*Euphaedra neophron*
132	277	〃	〃	シロモンアフリカイナズマ	*Aterica galane*
132	278	〃	〃	ニセヒョウモン	*Pseudargynnis hegemone*
133	279	〃	トラフタテハ族	パプアトラフタテハ	*Parthenos tigrina cynailurus*
133	280	ドクチョウ亜科	ホソチョウ族	ヘリグロアフリカホソチョウ	*Bematistes vestalis*
134	281	ヒオドシチョウ亜科	ヒオドシチョウ族	パプアカザリタテハ	*Mynes geoffroyi*
134	282	〃	タテハモドキ族	ヘンシンタテハモドキ	*Precis octavia*
134	283	〃	タテハモドキ族	オオシンジュタテハ	*Protogoniomorpha parhassus*
135	284	フタオチョウ亜科	ルリオビタテハ族	ヘリボシルリモンタテハ	*Noreppa chromus*
135	285	コムラサキ亜科		アフリカコムラサキ	*Apaturopsis cleochares*
135	286	〃		モンキコムラサキ	*Euapatura mirza*
136	287	ヒオドシチョウ亜科	ヒオドシチョウ族	ハワイアカタテハ	*Vanessa tameamea*
136	288	〃	〃	カリフォルニアヒメアカタテハ	*Cynthia annabella*
136	289	〃	〃	モンキアカタテハ	*Bassaris itea*
136	290	〃	〃	モーリシャスアカタテハ	*Antanartia borbonica*
248	291	フタオチョウ亜科	フタオチョウ族	モルッカフタオチョウ	*Polyura pyrrhus pyrrhus*
248	292	フタオチョウ亜科	フタオチョウ族	ヨコヅナフタオチョウ	*Charaxes eurialus eurialus*
248	293	イチモンジチョウ亜科	ミスジチョウ族	リュウキュウミスジ(日本産亜種)	*Neptis hylas luculenta*
248	294	イチモンジチョウ亜科	ミスジチョウ族	モルッカミスジ	*Phaedyma amphion amphion*
248	295	ヒオドシチョウ亜科	ヒョウモンモドキ族	プエルトリコヒョウモンモドキ	*Atlantea tulita tulita*
248	296	ヒオドシチョウ亜科	ヒョウモンモドキ族	ツマグロブラジルコヒョウモンモドキ	*Ortilia liriope liriope*

[2. 幼生期写真篇]

頁	亜科/属/種
139	ベアタミイロタテハ *Agrias beatifica beata*
140	フタオチョウ亜科 Charaxinae
141	ナンベイコムラサキ属 *Doxocopa*
142	イチモンジチョウ亜科 Limenitidinae
143	ドクチョウ亜科 Heliconiinae
144	カバタテハ亜科 Biblidinae I
145	カバタテハ亜科 Biblidinae II
146	ヒオドシチョウ亜科 Nymphalinae

[3. 成虫標本写真篇]

頁	亜　科	族	図 示 し た 属
149	クビワチョウ亜科		クビワチョウ属 *Calinaga*
	フタオチョウ亜科	フタオチョウ族	シロフタオチョウ属 *Polyura*
150	フタオチョウ亜科	〃	シロフタオチョウ属 *Polyura*
151	〃	〃	チャイロフタオチョウ属 *Charaxes*
152	〃	〃	チャイロフタオチョウ属 *Charaxes*
153	〃	〃	チャイロフタオチョウ属 *Charaxes*
154	〃	マルバネタテハ族	マルバネタテハ属 *Euxanthe*
		オナガフタオチョウ族	オナガフタオチョウ属 *Palla*
155	〃	ヤイロタテハ族	ルリオビヤイロタテハ属 *Prothoe*, ヤイロタテハ属 *Agatasa*
156	〃	キノハタテハ族	ヒイロキノハタテハ属 *Anaea*, ウラナミキノハタテハ属 *Fountainea*
157	〃	〃	ヒメルリキノハタテハ属 *Cymatogramma*, ルリキノハタテハ属 *Memphis*, ベニモンキノハタテハ属 *Annagrapha*
158	〃	〃	トガリルリオビキノハタテハ属 *Rydonia*, オナシキノハタテハ属 *Pseudocharaxes*, ルリオビキノハタテハ属 *Polygrapha*, トガリキノハタテハ属 *Zikania*, ムラサキキノハタテハ属 *Muyshondtia*
159	〃	〃	シロオビキノハタテハ属 *Hypna*, カナエタテハ属 *Consul*
160	〃	〃	オオキノハタテハ属 *Coenophlebia*, トガリコノハ属 *Zaretis*, ベニモンコノハ属 *Siderone*
161	〃	〃	ヒスイタテハ属 *Anaeomorpha*
		ルリオビタテハ族	ヘリボシルリモンタテハ属 *Noreppa*, ルリオビタテハ属 *Archaeoprepona*
162	〃	〃	ミイロルリオビタテハ属 *Prepona*
163	〃	〃	ミイロルリオビタテハ属 *Prepona*
164	〃	〃	ミイロルリオビタテハ属 *Prepona*
165	〃	〃	ミイロタテハ属 *Agrias*
166	〃	〃	ミイロタテハ属 *Agrias*
167	〃	〃	ミイロタテハ属 *Agrias*
168	〃	〃	ミイロタテハ属 *Agrias*
169	〃	〃	ミイロタテハ属 *Agrias*
170	コムラサキ亜科		マドタテハ属 *Dilipa*, イチモンジマドタテハ属 *Lelecella*, ヒメマドタテハ属 *Thaleropis*, アメリカコムラサキ属 *Asterocampa*, タイワンコムラサキ属 *Chitoria*, キミスジコムラサキ属 *Herona*
171	〃		マレーコムラサキ属 *Eulaceura*, ヒョウマダラ属 *Timelaea*, ヒメコムラサキ属 *Rohana*, コムラサキ属 *Apatura*, ミスジコムラサキ属 *Mimathyma*, キゴマダラ属 *Sephisa*
172	〃		ナンベイコムラサキ属 *Doxocopa*
173	〃		ゴマダラチョウ属 *Hestina*, マネシゴマダラ属 *Hestinalis*
174	〃		オオムラサキ属 *Sasakia*
175	〃		パプアコムラサキ属 *Apaturina*, モンキコムラサキ属 *Euapatura*, アフリカコムラサキ属 *Apaturopsis*
176	〃		エグリゴマダラ属 *Euripus*, シロタテハ属 *Helcyra*
177	スミナガシ亜科		カバイロスミナガシ属 *Pseudergolis*, ルリボシスミナガシ属 *Stibochiona*, ジャノメタテハ属 *Amnosia*
178	〃		スミナガシ属 *Dichorragia*
179	イシガケチョウ亜科		イシガケチョウ属 *Cyrestis*, チビイシガケチョウ属 *Chersonesia*, ツルギタテハ属 *Marpesia*
180	イチモンジチョウ亜科	ミスジチョウ族	ミスジチョウ属 *Neptis*, キンミスジ属 *Pantoporia*, ミナミオオミスジ属 *Phaedyma*, スジグロミスジ属 *Aldania*, ウラキンミスジ属 *Lasippa*
181	〃	ベニホシイチモンジチョウ族 イチモンジチョウ族	ベニホシイチモンジ属 *Chalinga*, イチモンジチョウ属 *Ladoga*, オオイチモンジ属 *Limenitis*
182	〃	イチモンジチョウ族 イナズマチョウ族	ムラサキイチモンジ属 *Parasarpa*, ウスグロイチモンジ属 *Auzakia*, アオオビイチモンジ属 *Sumalia*, キボシイチモンジ属 *Patsuia*, スジグロイチモンジ属 *Litinga*

頁	亜　科	族	図示した属
183	イチモンジチョウ亜科	イチモンジチョウ族	チャイロイチモンジ属 *Moduza*, ヒメチャイロイチモンジ属 *Tarattia*, セレベスチャイロイチモンジ属 *Lamasia*
184	〃	〃	タイワンイチモンジ属 *Athyma*, ヒメイチモンジ属 *Pandita*
185	〃	〃	アメリカイチモンジ属 *Adelpha*
186	〃	ミスジチョウ族	キオビタテハ属 *Harma*, ヒイロタテハ属 *Cymothoe*
		イチモンジチョウ族	スミナガシイチモンジ属 *Kumothales*, ホソチョウモドキ属 *Pseudacraea*, ミスジチョウモドキ属 *Pseudoneptis*
187	〃	〃	ツマジロイチモンジ属 *Lebadea*
		トラフタテハ族	トラフタテハ属 *Parthenos*, ヒカゲタテハ属 *Bhagadatta*
188	〃	イナズマチョウ族	ベニホシイナズマ属 *Euthalia*
189	〃	〃	トビイロイナズマ属 *Dophla*, ベニホシイナズマ属 *Euthalia*, シロオビイナズマ属 *Bassarona*, コイナズマ属 *Tanaecia*
190	〃	〃	インドイナズマ属 *Symphaedra*, オスアカミスジ属 *Abrota*, モンキオオイナズマ属 *Euthaliopsis*, ヒョウモンイナズマ属 *Neurosigma*, オオイナズマ属 *Lexias*
191	〃	〃	オオイナズマ属 *Lexias*
192	〃	〃	ホシボシアフリカイナズマ属 *Hamanumida*, シロモンアフリカイナズマ属 *Aterica*, アフリカイチモンジ属 *Euptera*, ルリアミメイナズマ属 *Cynandra*, アフリカシロオビイチモンジ属 *Pseudathyma*, アミメイナズマ属 *Catuna*, ニセヒョウモン属 *Pseudargynnis*
193	〃	〃	トラフボカシタテハ属 *Bebearia*, ボカシタテハ属 *Euphaedra*
194	〃	〃	ボカシタテハ属 *Euphaedra*, ヒメボカシタテハ属 *Euriphene*, オナガボカシタテハ属 *Euryphaedra*, トガリボカシタテハ属 *Euryphura*, フジイロボカシタテハ属 *Crenidomimas*, ミヤビボカシタテハ属 *Harmilla*
195	ドクチョウ亜科	ヒョウモンチョウ族	コヒョウモン属 *Brenthis*, アフリカヒョウモン属 *Issoria*, チベットヒョウモン属 *Kuekenthaliella*, アンデスヒョウモン属 *Yramea*, ウラギンヒョウモン属 *Fabriciana*, メスグロヒョウモン属 *Damora*
196	〃	〃	ウラギンスジヒョウモン属 *Argyronome*, クモガタヒョウモン属 *Nephargynnis*, アメリカギンボシヒョウモン属 *Speyeria*, ギンボシヒョウモン属 *Mesoacidalia*, ツマグロヒョウモン属 *Argyreus*
197	〃	〃	オオヤマヒョウモン属 *Childrena*, ウラベニミドリヒョウモン属 *Pandoriana*, ミドリヒョウモン属 *Argynnis*
198	〃	〃	ホソバヒョウモン属 *Clossiana*, ヒメヒョウモン属 *Boloria*, シベリアヒョウモン属 *Proclossiana*, アメリカウラベニヒョウモン属 *Euptoieta*
199	〃	〃	ヒョウモンホソチョウ属 *Pardopsis*
		ネッタイヒョウモン族	タイワンキマダラ属 *Cupha*, ソロモンキマダラ属 *Algiachroa*, ツマグロネッタイヒョウモン属 *Cirrochroa*
200	〃	〃	ウラベニヒョウモン属 *Phalanta*, オナガヒョウモン属 *Vaglans*, ダイトウキスジ属 *Algia*, チャイロタテハ属 *Vindula*
201	〃	〃	ビロードタテハ属 *Terinos*, アフリカビロードタテハ属 *Lachnoptera*, アフリカヘリグロヒョウモン属 *Smerina*
202	〃	ドクチョウ族	アサギドクチョウ属 *Philaethria*, タカネドクチョウ属 *Podotricha*, チャイロウラギンドクチョウ属 *Dione*, フトオビドクチョウ属 *Dryadula*, ウラギンドクチョウ属 *Agraulis*, チャイロドクチョウ属 *Dryas*
203	〃	〃	ヒメドクチョウ属 *Eueides*, キボシドクチョウ属 *Neruda*, ホソスジドクチョウ属 *Laparus*, ドクチョウ属 *Heliconius*
204	〃	ハレギチョウ族	ハレギチョウ属 *Cethosia*
205	〃	〃	ハレギチョウ属 *Cethosia*
206	〃	ホソチョウ族	ホソチョウ属 *Acraea*, アフリカホソチョウ属 *Bematistes*, パプアホソチョウ属 *Miyana*, ヒメナンベイホソチョウ属 *Abananote*, ベニモンナンベイホソチョウ属 *Altinote*, ナンベイホソチョウ属 *Actinote*
207	カバタテハ亜科	カバタテハ族	アカヘリタテハ属 *Biblis*, カバタテハ属 *Ariadne*, ルリカバタテハ属 *Laringa*, アフリカカバタテハ属 *Eurytela*, ニセコミスジ属 *Neptidopsis*, シラホシウスズミタテハ属 *Archimestra*, キマダラカバタテハ属 *Byblia*, シロシタカバタテハ属 *Mesoxantha*, ウスズミタテハ属 *Mestra*, シロモンカバタテハ属 *Vila*
208	〃	アケボノタテハ族	ミツボシタテハ属 *Catonephele*, アケボノタテハ属 *Nessaea*, シロオビムラサキタテハ属 *Sea*, スミレタテハ属 *Sallya*
209	〃	〃	ジャノメタテハ属 *Eunica*, ヨツボシタテハ属 *Cybdelis*, ルリミスジ属 *Myscelia*, テングタテハ属 *Libythina*
210	〃	カスリタテハ族	カスリタテハ属 *Hamadryas*, シロイチモンジタテハ属 *Ectima*, ウラベニタテハ属 *Panacea*, ベーツタテハ属 *Batesia*
211	〃	キオビカバタテハ族	アカネタテハ属 *Asterope*, シロモンタテハ属 *Pyrrhogyra*, キオビカバタテハ属 *Epiphile*, モンキムラサキタテハ属 *Bolboneura*, ヒメツマグロカバタテハ属 *Nica*, ツマグロカバタテハ属 *Temenis*, クロカバタテハ属 *Peria*, ウズモンタテハ属 *Lucinia*

頁	亜　科	族	図示した属
212	カバタテハ亜科	ウラニシキタテハ族	ウラニシキタテハ属 *Dynamine*
		ウズマキタテハ族	ミツモンタテハ属 *Antigonis,* アカオビウラモジタテハ属 *Cyclogramma,* ベニモンウズマキタテハ属 *Paulogramma,* ムラサキウズマキタテハ属 *Catacore,* ウズマキタテハ属 *Callicore*
213	〃	〃	ウズマキタテハ属 *Callicore*
214	〃	〃	アカモンタテハ属 *Haematera,* ウラモジタテハ属 *Diaethria,* ハギレタテハ属 *Orophila,* ウラテンタテハ属 *Mesotaenia,* ウラスジタテハ属 *Perisama*
215	ヒオドシチョウ亜科	オリオンタテハ族	オリオン属 *Historis,* ルリフタオチョウモドキ属 *Baeotus*
		ヒオドシチョウ族	ウラナミトガリタテハ属 *Pycina,* ヒメウラナミタテハ属 *Tigridia,* ウラナミタテハ属 *Colobura,* ウラジャノメタテハ属 *Smyrna*
216	〃	〃	サカハチチョウ属 *Araschnia,* キミスジ属 *Symbrenthia,* カザリタテハ属 *Mynes,* ヒオドシチョウ属 *Nymphalis,* エルタテハ属 *Roddia*
217	〃	〃	コヒオドシ属 *Aglais,* クジャクチョウ属 *Inachis,* キタテハ属 *Polygonia,* ルリタテハ属 *Kaniska*
218	〃	〃	アカタテハ属 *Vanessa,* モンキアカタテハ属 *Bassaris,* ヒメアカタテハ属 *Cynthia,* アフリカアカタテハ属 *Antanartia,* ナンベイアカタテハ属 *Hypanartia*
219	〃	アサギタテハ族	アメリカタテハモドキ属 *Anartia,* シロモンタテハ属 *Metamorpha,* アサギタテハ属 *Siproeta,* ルリオビトガリタテハ属 *Napeocles*
220	〃	タテハモドキ族	タテハモドキ属 *Junonia,* アフリカタテハモドキ属 *Precis*
221	〃	〃	メスアカムラサキ属 *Hypolimnas*
222	〃	〃	メスアカムラサキ属 *Hypolimnas*
223	〃	〃	メスアカムラサキ属 *Hypolimnas*
224	〃	〃	キオビコノハ属 *Yoma,* オナガアフリカコノハチョウ属 *Kamilla,* コノハシンジュタテハ属 *Salamis,* シンジュタテハ属 *Protogoniomorpha*
225	〃	コノハチョウ族	コノハチョウ属 *Kallima*
226	〃	〃	イワサキコノハ属 *Doleschallia,* ジャノメコノハ属 *Catacroptera,* アフリカコノハチョウ属 *Kallimoides,* ルリアフリカコノハチョウ属 *Mallika,* ヒメコハクタテハ属 *Vanessula,* ソトグロカバタテハ属 *Rhinopalpa*
227	〃	ヒョウモンモドキ族	ベニホシヒョウモンモドキ属 *Euphydryas,* コヒョウモンモドキ属 *Mellicta,* ヒョウモンモドキ属 *Melitaea,* ゴイシヒョウモンモドキ属 *Poladryas,* ヒメアメリカヒョウモンモドキ属 *Thessalia*
228	〃	〃	アメリカヒョウモンモドキ属 *Chlosyne,* キマダラヒョウモンモドキ属 *Dymasia,* メキシコヒョウモンモドキ属 *Texola,* マメヒョウモンモドキ属 *Microtia,* ジャマイカヒョウモンモドキ属 *Atlantea,* ナミモンヒメヒョウモンモドキ属 *Antillea,* ナミモンヒョウモンモドキ属 *Higginsius,* ベニモンヒョウモンモドキ属 *Gnathotriche*
229	〃	〃	ヒメコヒョウモンモドキ属 *Phystis,* アメリカコヒョウモンモドキ属 *Phyciodes,* ナミスジコヒョウモンモドキ属 *Telenassa,* キマダラコヒョウモンモドキ属 *Anthanassa,* ホソオビコヒョウモンモドキ属 *Dagon,* ブラジルコヒョウモンモドキ属 *Ortilia*
230	〃	〃	アルゼンチンコヒョウモンモドキ属 *Tisona,* キコヒョウモンモドキ属 *Tegosa,* マダラコヒョウモンモドキ属 *Eresia,* イチモンジコヒョウモンモドキ属 *Castilia,* シロオビコヒョウモンモドキ属 *Janatella,* カバイロコヒョウモンモドキ属 *Mazia*

[4. 食草写真篇]

頁	科　名
233	コショウ科 Piperceae，モニミア科 Monimiaceae，バンレイシ科 Annonaceae
234	クスノキ科 Lauraceae，トウツルモドキ科 Flagellariaceae，サルトリイバラ科 Smilaceae，アワブキ科 Sabiaceae，オオバヤドリギ科 Loranthaceae
235	ノボタン科 Melastomataceae，オトギリソウ科 Guttiferae，マメ科 Fabaceae
236	マメ科 Fabaceae
237	トウダイグサ科 Euphorbiaceae
238	トウダイグサ科 Euphorbiaceae
239	トケイソウ科 Passifloraceae
240	トゥルネラ科 Turneraceae，ヤナギ科 Saliceae
241	コカノキ科 Erythroxylaceae，キントラノオ科 Malpighiaceae
242	クワ科 Moraceae，アサ科 Cannabaceae
243	イラクサ科 Ulticaceae
244	カンラン科 Burseraceae，ムクロジ科 Sapindaceae
245	キツネノマゴ科 Acanthaceae
246	アカネ科 Rubiaceae
247	キク科 Asteraceae

I
幼生期図版篇

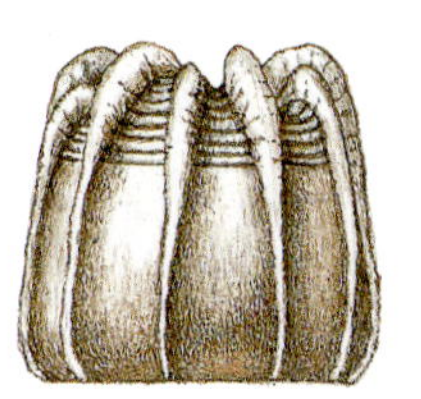

扉：*R
ヒメベニウズマキタテハ　*Callicore pygas* (Godart, [1824])
扉裏：カバタテハ亜科終齢幼虫　*R　上から
ルリモンキオビカバタテハ　*Epiphile orea* (Hübner, [1823])
アカネタテハ　*Asterope markii* Hewitson, 1857
ルリモンヨツボシタテハ　*Cybdelis mnasylus* Doubleday, [1844]
シロオビムラサキタテハ　*Sea sophronia* (Godart, [1824])
ハガタウズマキタテハ　*Callicore sorana* (Godart, 1832)

1　クビワチョウ *Calinaga buddha formosana* Fruhstorfer, 1908

2①　フタオチョウ（台湾産亜種）*Polyura eudamippus formosanus*（Rothschild, 1899）

2②　フタオチョウ（日本産亜種）*Polyura eudamippus weismanni*（Fritze, 1894）

3　ヒメフタオチョウ *Polyura narcaeus meghaduta*（Fruhstorfer, 1908）

4　ヒロオビコフタオチョウ *Polyura arja arja*（C. & R. Felder, [1867]）

5　シロモンコフタオチョウ *Polyura hebe chersonesus*（Fruhstorfer, 1898）

6 ルリオビフタオチョウ *Polyura schreiber schreiber*（Godart, [1824]）

7 セレベスチャイロフタオチョウ *Charaxes affinis affinis* Butler, [1866]

8 チャイロフタオチョウ *Charaxes bernardus bernardus*（Fabricius, 1793）

9　キオビフタオチョウ *Charaxes solon lampedo*（Hübner, [1823]）

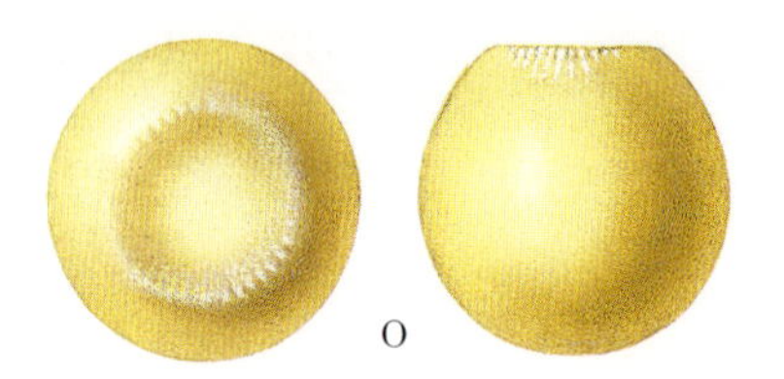

10　セレベスクギヌキフタオチョウ
Polyura cognatus cognatus
Vollenhoven, 1861

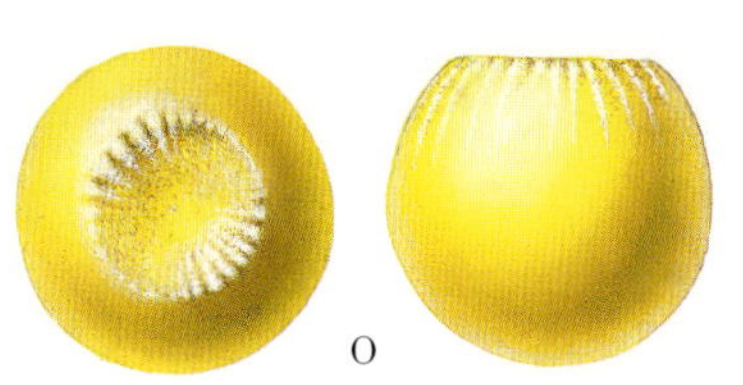

11　フィリピンチャイロフタオチョウ
Charaxes amycus negrosensis
Schöder & Treadaway, 1982

12　ヨコヅナフタオチョウ
Charaxes eurialus eurialus（Cramer, [1775]）

13　ルリオビヤイロタテハ *Prothoe franck uniformis* Butler, 1885

14　ヤイロタテハ *Agatasa calydonia calydonia*（Hewitson, 1855）

15①　ヒイロキノハタテハ（アリゾナ州産亜種）*Anaea troglodyta andria* Scudder, 1875

15②　ヒイロキノハタテハ（テキサス州産亜種）*Anaea troglodyta aidea*（Guérin-Méneville, [1844]）

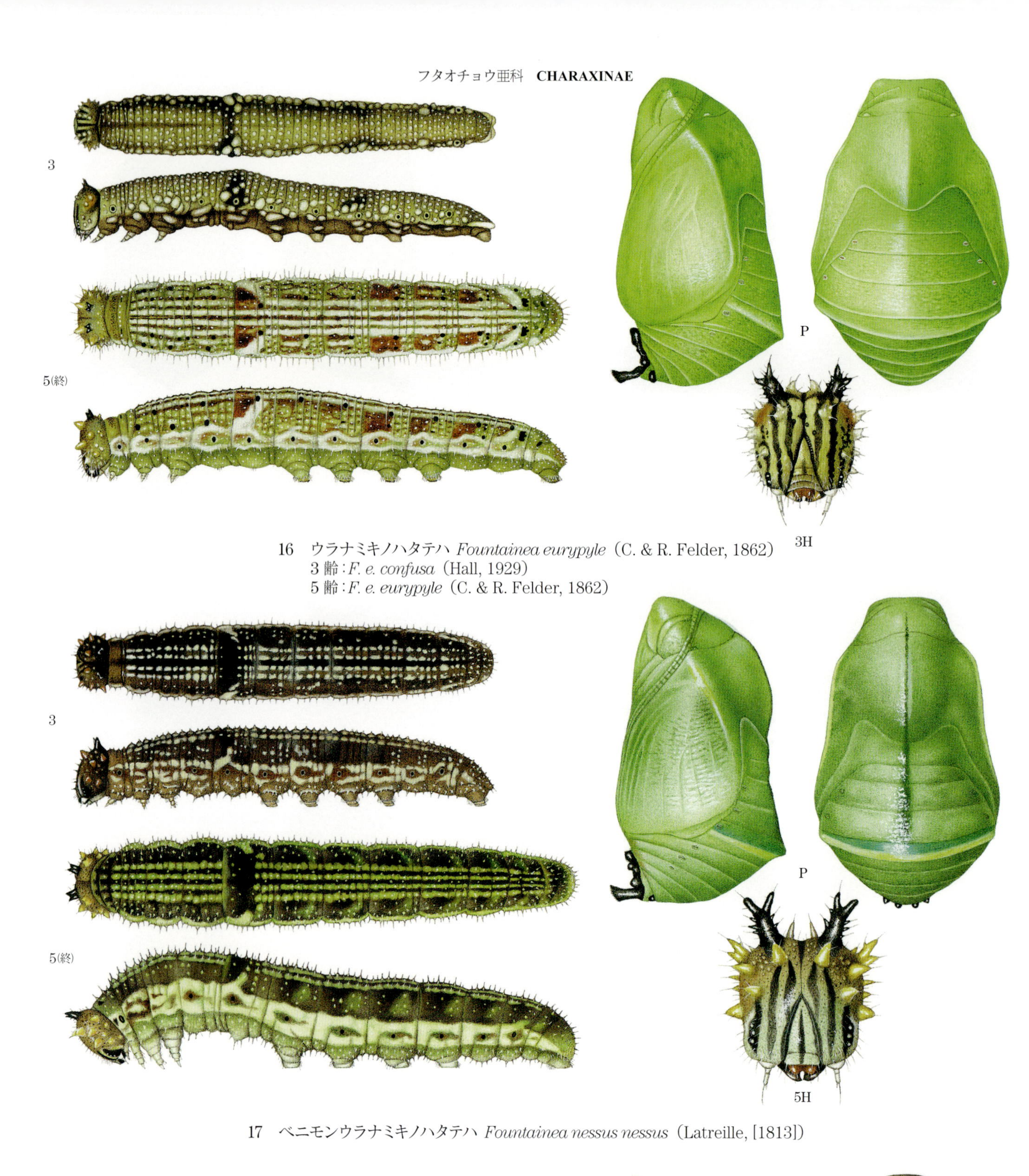

16　ウラナミキノハタテハ *Fountainea eurypyle*（C. & R. Felder, 1862）
3齢：*F. e. confusa*（Hall, 1929）
5齢：*F. e. eurypyle*（C. & R. Felder, 1862）

17　ベニモンウラナミキノハタテハ *Fountainea nessus nessus*（Latreille, [1813]）

18　ヒメルリキノハタテハ *Cymatogramma pithyusa pithyusa*（R. Felder, 1869）

19　ルリキノハタテハ *Memphis acidalia arachne*（Cramer, 1775）

20　ルリモンキノハタテハ *Memphis basilia drucei*（Staudinger, 1887）

21　オナシルリキノハタテハ *Memphis phantes vicinia*（Staudinger, 1887）

22　アオネキノハタテハ *Memphis moruus morpheus*（Staudinger, [1886]）

23　ミヤマルリキノハタテハ *Memphis lyceus lyceus*（Druce, 1877）?

24　シロオビカナエタテハ *Hypna clytemnestra negra* C. & R. Felder, 1862

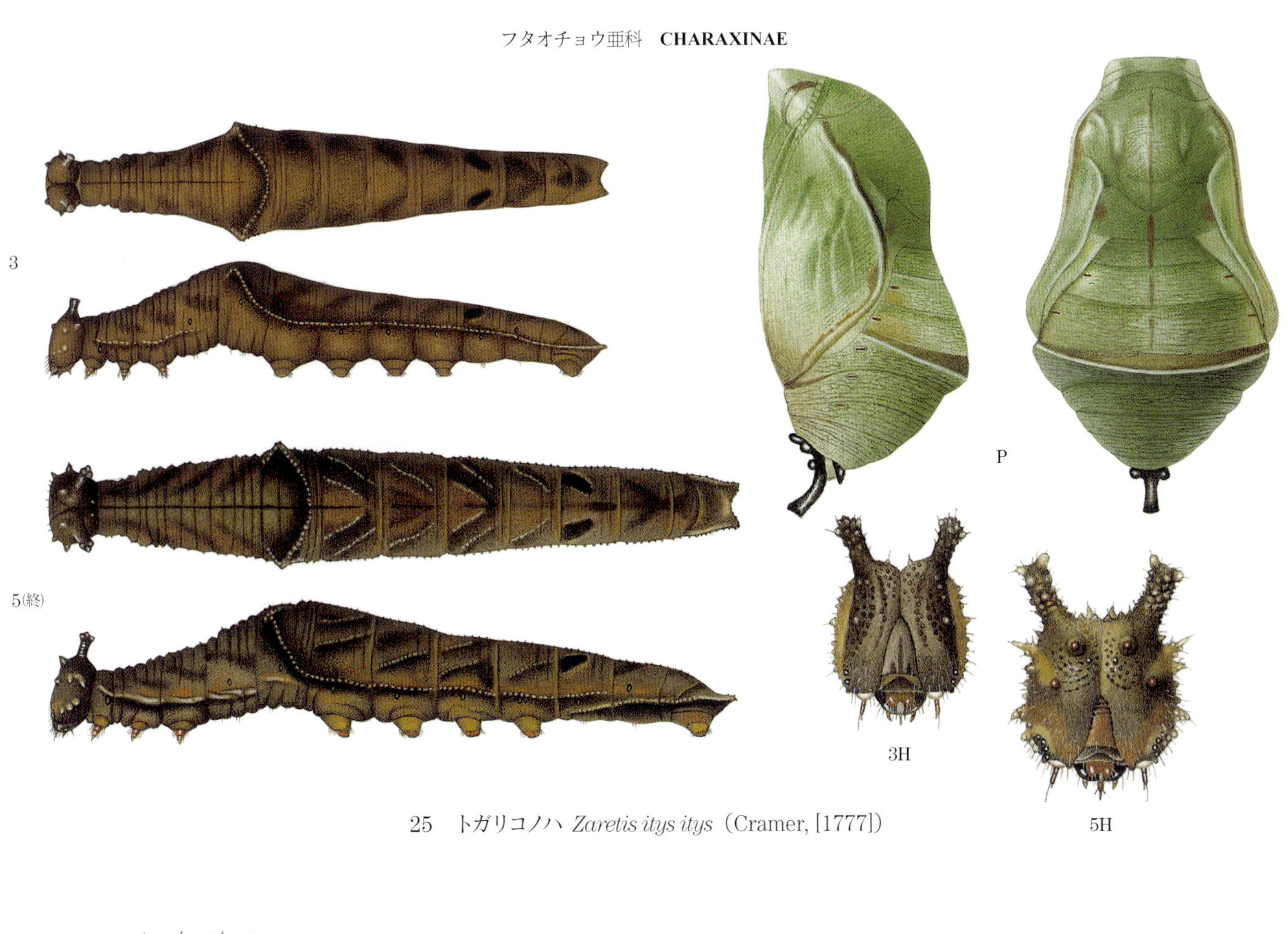

25　トガリコノハ *Zaretis itys itys*（Cramer, [1777]）

26　ベニオビコノハ *Siderone galanthis thebais*　C. & R. Felder, 1862

27　ウラスジルリオビタテハ *Archaeoprepona demophon muson*（Fruhstorfer, 1905）

28　ルリオビタテハ *Archaeoprepona amphimachus symaithus*（Fruhstorfer, 1916）

29　カナエタテハ *Consul fabius divisus*（Butler, 1874）

30　ムモンルリオビタテハ *Prepona pheridamas*（Cramer, 1777）? *R

31　ムラサキルリオビタテハ *Prepona laertes*（Hübner, [1811]）*R

32　ミイロタテハ *Agrias claudina lugens* Staudinger, 1886

33　ベアタミイロタテハ *Agrias beatifica beata* Staudinger, [1885]

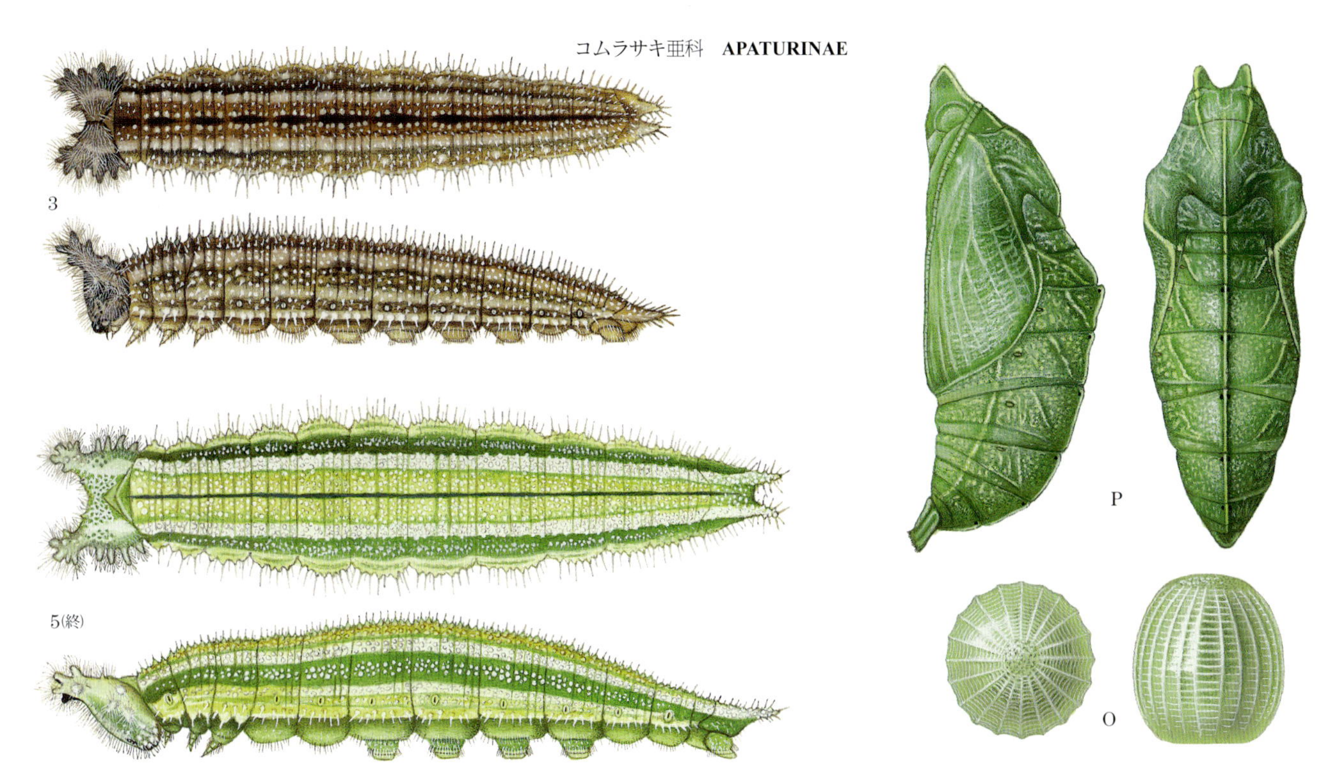

34 ①　アメリカコムラサキ（フロリダ州産亜種）*Asterocampa clyton flora*（Edwards, 1876）

34 ②　アメリカコムラサキ（テキサス州産亜種）*Asterocampa clyton texana*（Skinner, 1911）

35　シロモンアメリカコムラサキ *Asterocampa leilia leilia*（Edwards, 1874）

36　タイワンコムラサキ *Chitoria chrysolora chrysolora*（Fruhstorfer, 1908）

37　キオビコムラサキ *Chitoria fasciola fasciola*（Leech, 1890）

38　ウスイロコムラサキ *Herona sumatrana dusuntua* Corbet, 1937

39 ヒョウマダラ *Timelaea albescens formosana* Fruhstorfer, 1908

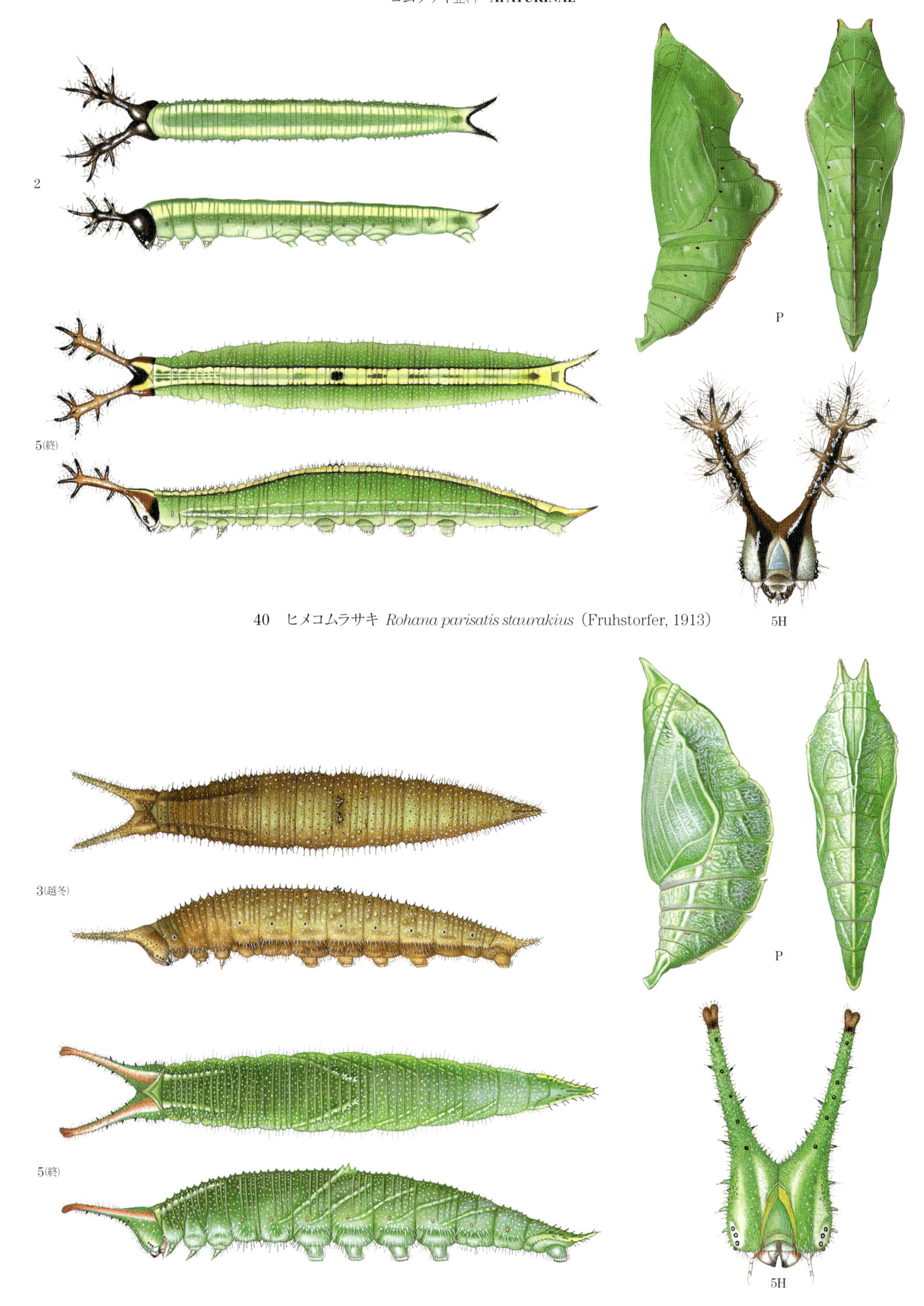

40　ヒメコムラサキ *Rohana parisatis staurakius*（Fruhstorfer, 1913）

41　ユーラシアコムラサキ *Apatura iris iris*（Linnaeus, 1758）

42　コムラサキ *Apatura metis substituta* Butler, 1873

43　ミスジコムラサキ *Mimathyma chevana leechii* Moore, 1896

44　キゴマダラ *Sephisa chandra androdamas* Fruhstorfer, 1908

45　エグリゴマダラ *Euripus nyctelius euploeoides* C. & R. Felder, [1867]

46　ウラギンコムラサキ *Doxocopa linda mileta*（Boisduval, 1870）

47　ナンベイコムラサキ *Doxocopa agathina agathina*（Cramer, [1777]）

48　キオビナンベイコムラサキ *Doxocopa elis fabaris* Fruhstorfer, 1907

49　キモンコムラサキ *Doxocopa pavon theodora*（Lucas, 1857）

50　ミイロニジコムラサキ *Doxocopa lavinia lavinia*（Butler, 1866）?

51　ルリモンコムラサキ *Doxocopa cyane cyane*（Latreille, [1813]）

52　ニジコムラサキ *Doxocopa laurentia cherubina*（C. & R. Felder, 1867）

53　ゴマダラチョウ *Hestina persimilis chinensis*（Leech, 1890）

54　アカボシゴマダラ *Hestina assimilis assimilis*（Linnaeus, 1758）

55　オオムラサキ *Sasakia charonda formosana* Shirôzu, 1963

56　イナズマオオムラサキ *Sasakia funebris funebris*（Leech, 1891）

57　パプアコムラサキ *Apaturina erminia*（Cramer, [1779]）

58　シロタテハ *Helcyra superba takamukui* Matsumura, 1919

59　アサクラコムラサキ *Helcyra plesseni plesseni*（Fruhstorfer, 1913）

60　スミナガシ *Dichorragia nesimachus formosanus* Fruhstorfer, 1909

61　カバイロスミナガシ *Pseudergolis wedah chinensis* Fruhstorfer, 1912

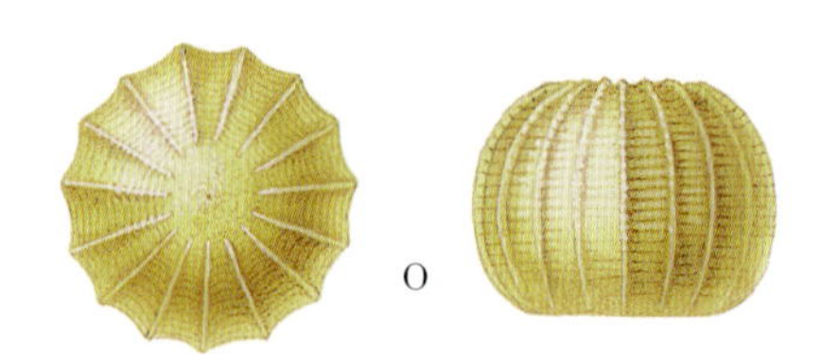

62　セレベスカバイロスミナガシ *Pseudergolis avesta avesta* R. Felder [1867]

63　ルリボシスミナガシ *Stibochiona nicea subucula* Fruhstorfer, 1898

64　ジャノメスミナガシ *Amnosia decora baluana* Fruhstorfer, 1894

65　スジグロイシガケチョウ *Cyrestis maenalis negros* Martin, 1903

66　イシガケチョウ *Cyrestis thyodamas kumamotensis* Matsumura, 1929

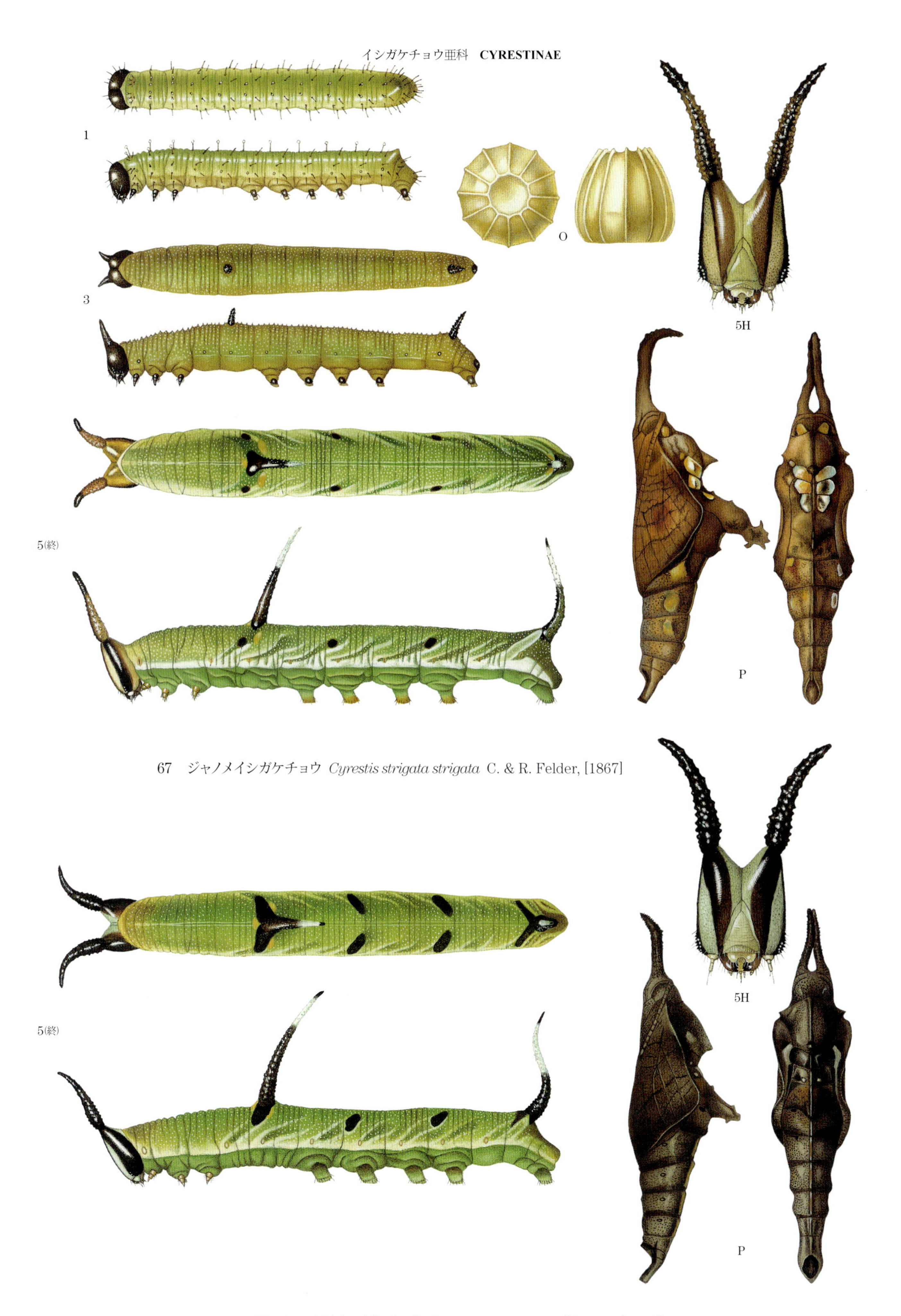

67　ジャノメイシガケチョウ *Cyrestis strigata strigata* C. & R. Felder, [1867]

68　ヒロオビイシガケチョウ *Cyrestis acilia acilia* (Godart, [1824])

69 ツルギタテハ *Marpesia petreus damicorum* Brévignon, 2001

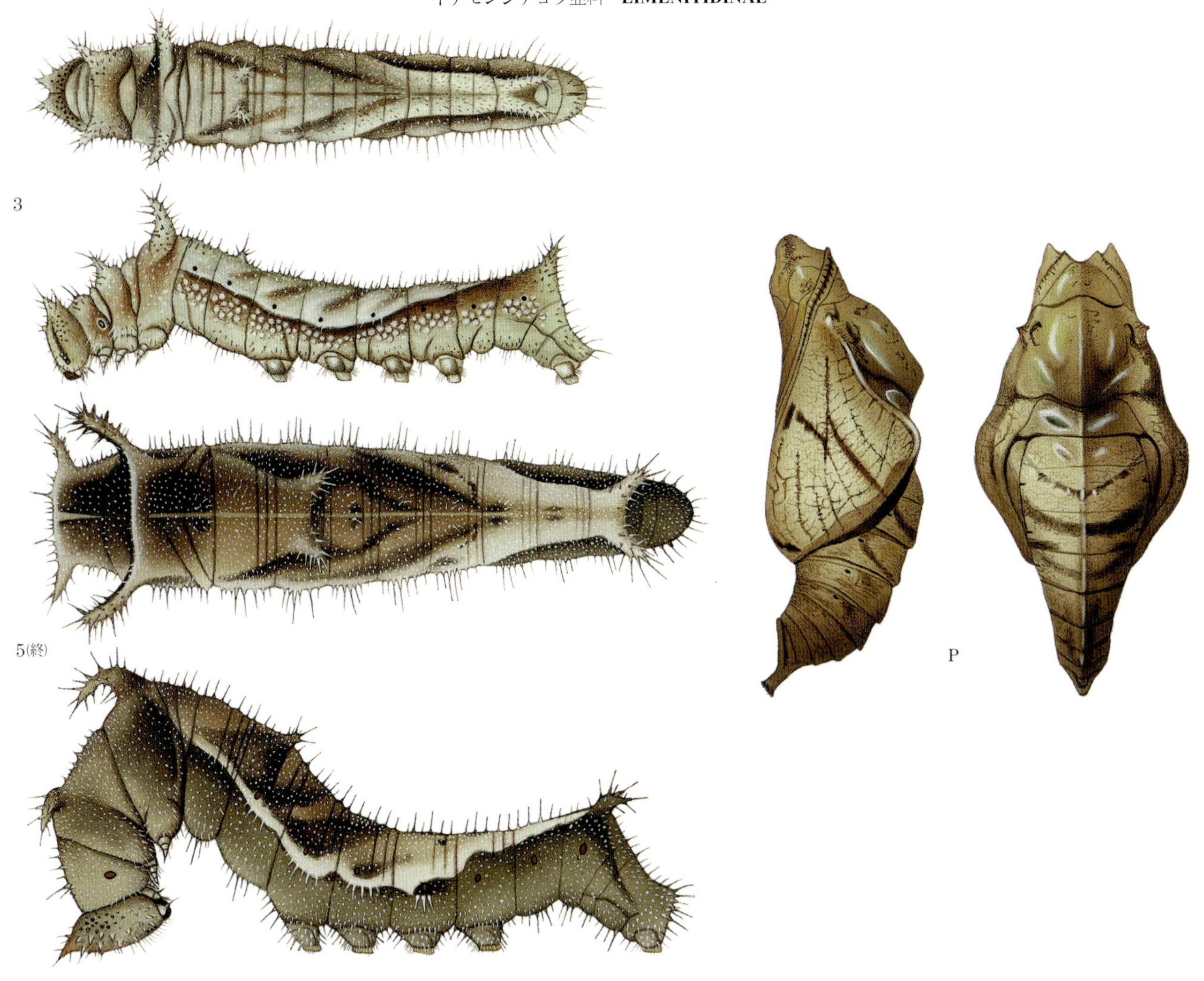

70　フィリピンミスジ *Neptis mindorana ilocana* C. & R. Felder, 1863

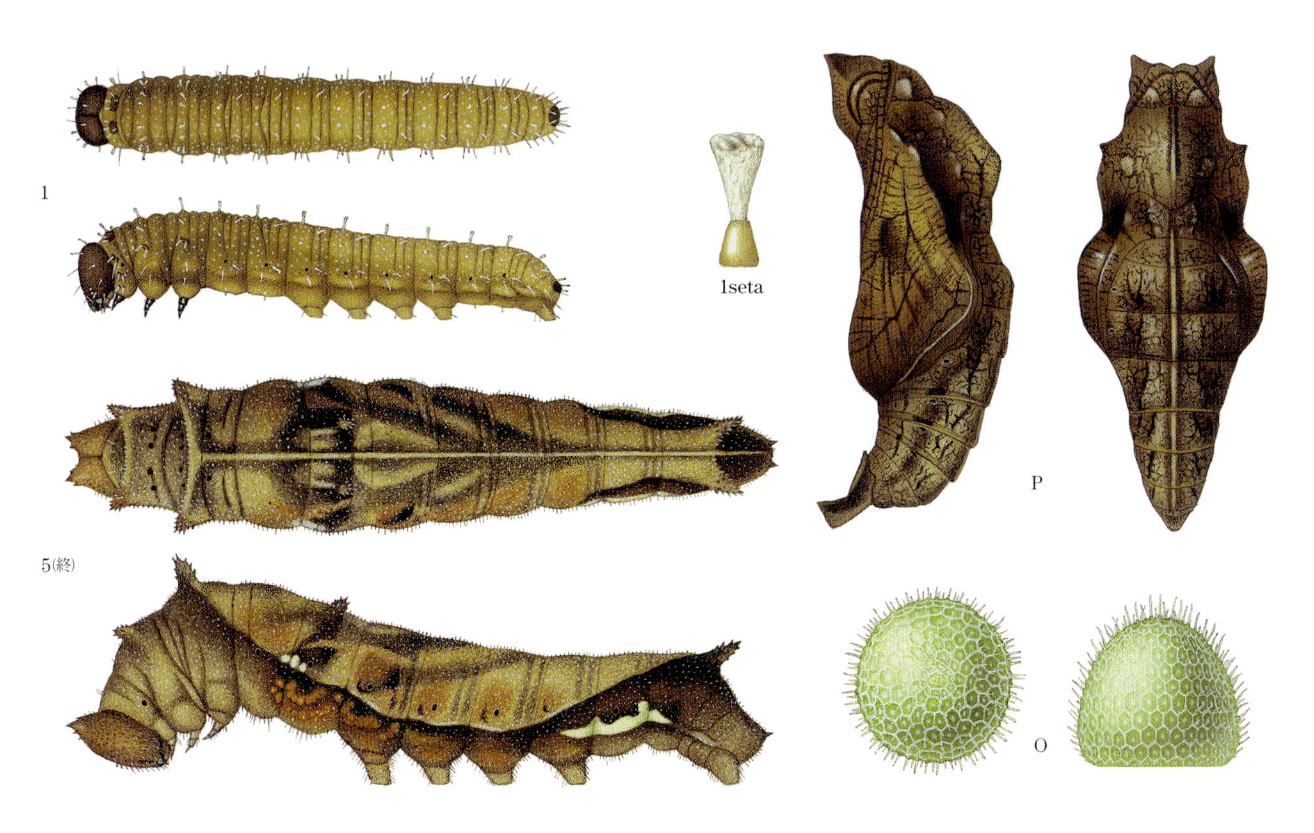

71　フタスジチョウ *Neptis rivularis magnata* Heyne, [1895]

72①　リュウキュウミスジ（ボルネオ島産亜種）*Neptis hylas sopatra* Fruhstorfer, 1907

72②　リュウキュウミスジ（マレーシア産亜種）*Neptis hylas papaja* Moore, [1875]

73　エグリミスジ *Neptis leucoporos cresina* Fruhstorfer, 1908

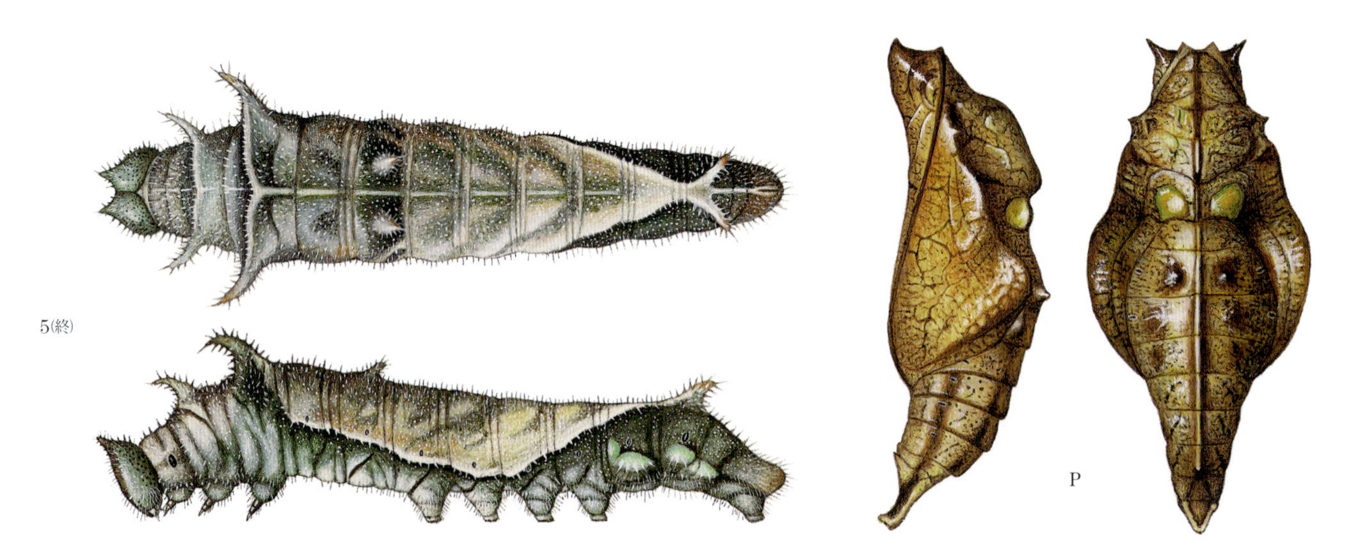

74　コミスジ *Neptis sappho intermedia* Pryer, 1877

75　ミスジチョウ *Neptis philyra excellens* Butler, 1878

76　オオミスジ *Neptis alwina kaempferi*（de L'Orza, 1869）

77　ホシミスジ *Neptis pryeri pryeri* Butler, 1871

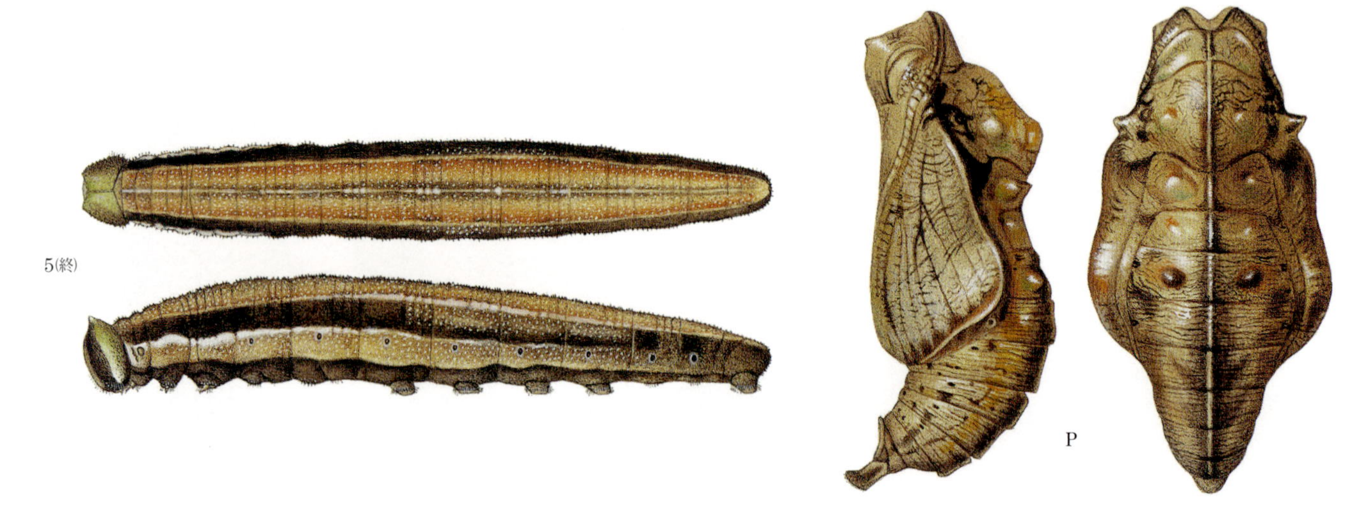

78　タケミスジ *Pantoporia venilia venilia*（Linnaeus, 1758）

79　キンミスジ *Pantoporia hordonia hordonia*（Stoll, [1790]）

80　ウラキンミスジ *Lasippa heliodore dorelia*（Bulter, 1879）

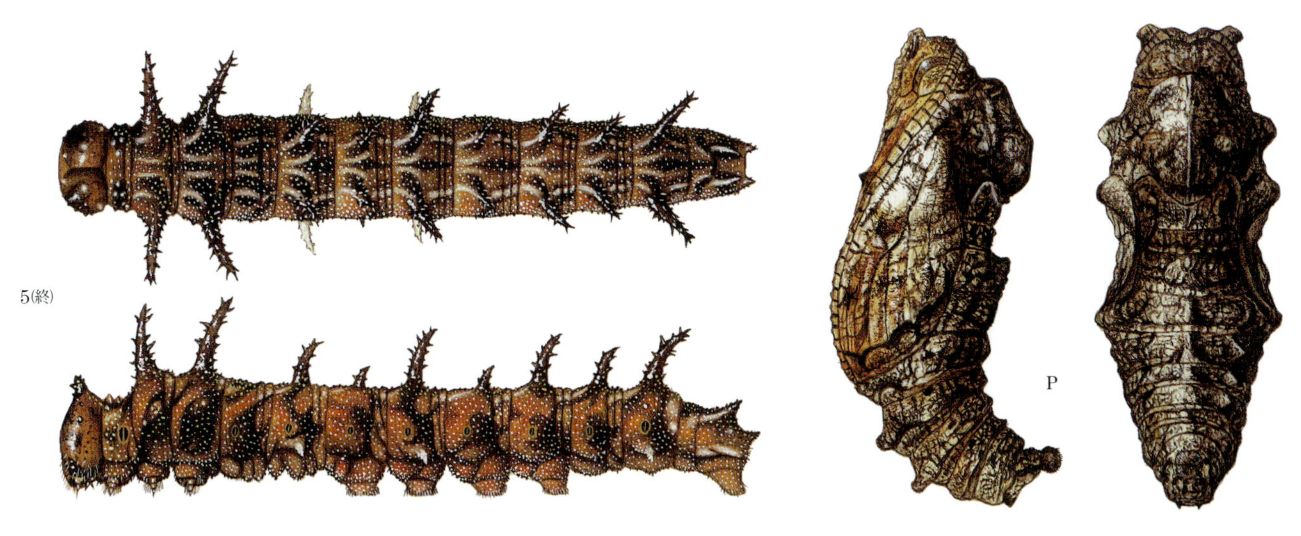

81　ベニホシイチモンジ *Chalinga pratti pratti*（Leech, 1890）

82　オオイチモンジ *Limenitis populi jezoensis* Matsumura, 1919

83　アメリカオオイチモンジ *Limenitis archippus archippus*（Cramer, [1779]）

84　イチモンジチョウ *Ladoga camilla japonica*（Ménétriès, 1857）

85　アサマイチモンジ *Ladoga glorifica glorifica*（Fruhstorfer, 1909）

86　ムラサキイチモンジ *Parasarpa dudu jinamitra*（Fruhstorfer, 1908）

87　タイワンホシミスジ *Ladoga sulpitia tricula*（Fruhstorfer, 1908）

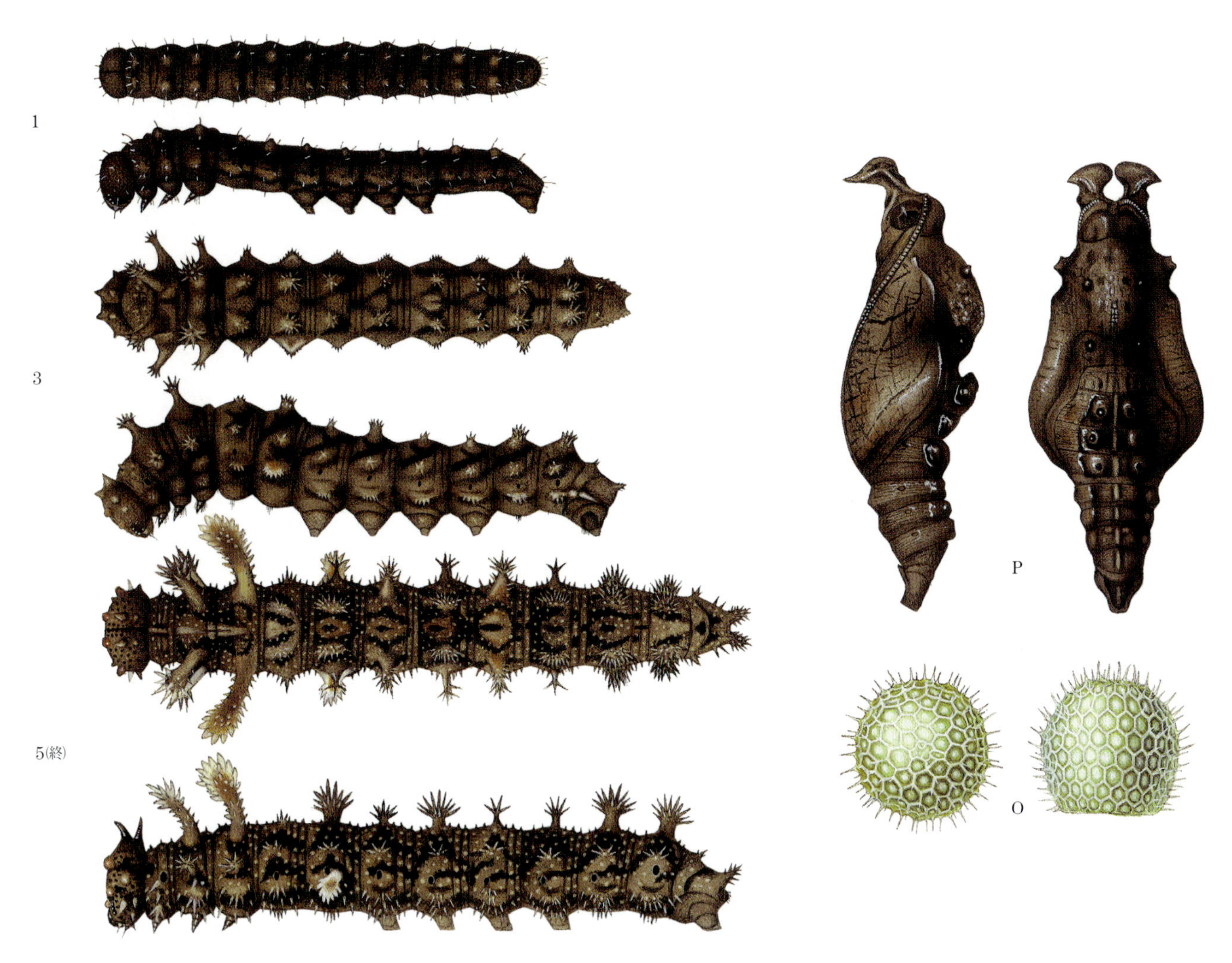

88 チャイロイチモンジ *Moduza procris milonia* Fruhstorfer, 1906

89 ヤエヤマイチモンジ *Athyma selenophora ishiana* Fruhstorfer, 1899

90　メスグロイチモンジ *Athyma nefte subrata* Moor, 1858

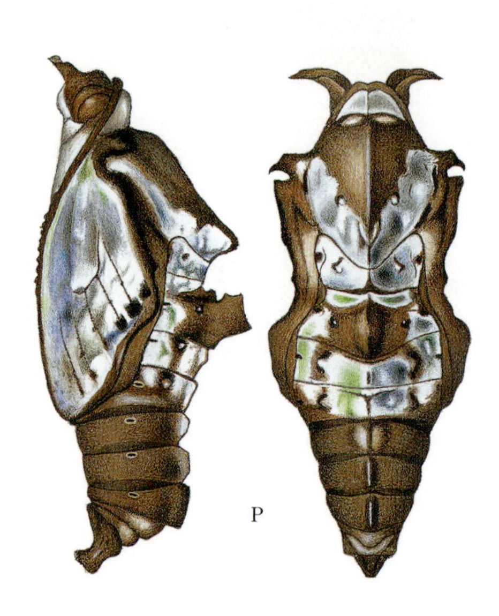

91　アカスジイチモンジ *Athyma libnites libnites*（Hewitson, 1859）

92　シロミスジ *Athyma perius perius*（Linnaeus, 1758）

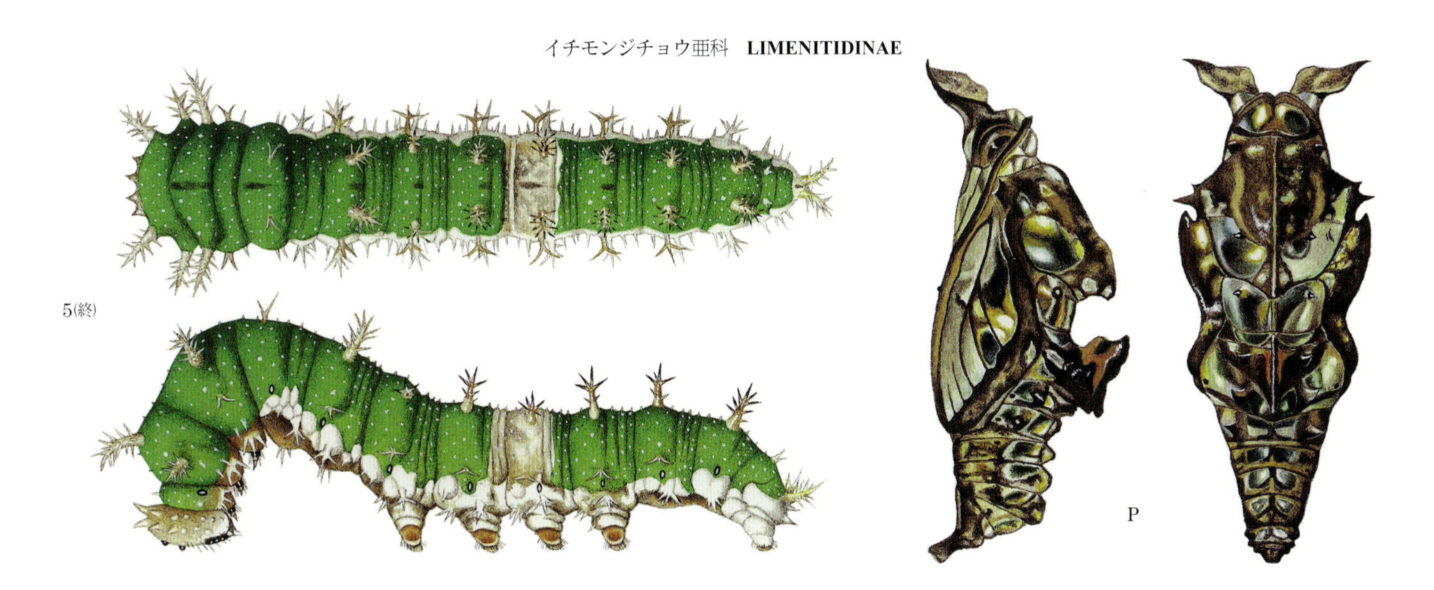

93　タイリクイチモンジ *Athyma ranga obsolescens*（Fruhstorfer, 1906）

94　タイワンイチモンジ *Athyma cama zoroastres* Butler, 1877

95　ミヤマアメリカイチモンジ *Adelpha alala negra*（C. & R. Felder, 1862）

96　ミズイロアメリカイチモンジ *Adelpha serpa diadochus* Fruhstorfer, 1915

97　シロオビアメリカイチモンジ *Adelpha iphiclus iphiclus*（Linnaeus, 1758）

98　ツマキアメリカイチモンジ *Adelpha californica californica*（Butler, 1865）

99　ワイモンアメリカイチモンジ *Adelpha capucinus capucinus*（Walch, 1775）

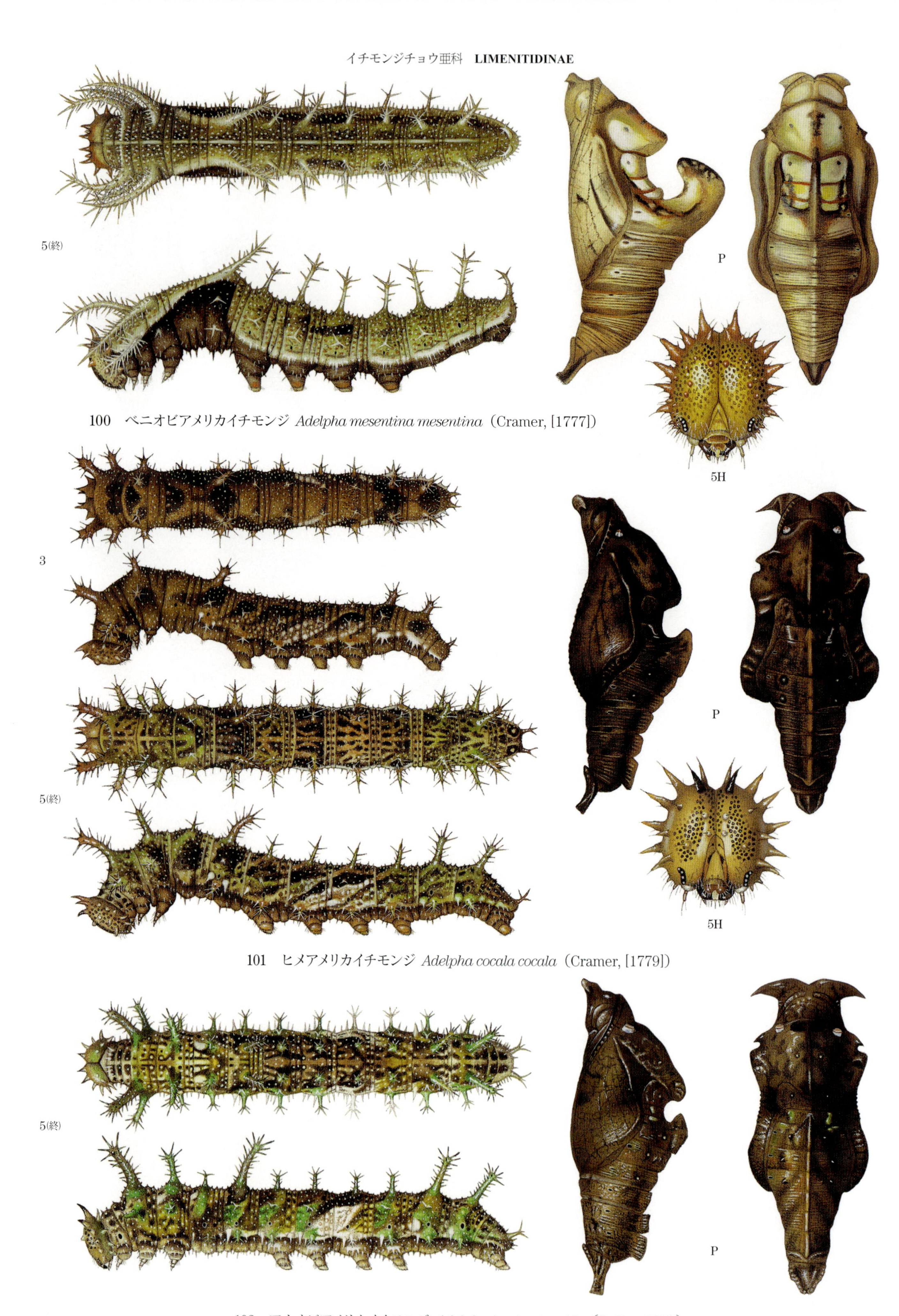

100　ベニオビアメリカイチモンジ *Adelpha mesentina mesentina*（Cramer, [1777]）

101　ヒメアメリカイチモンジ *Adelpha cocala cocala*（Cramer, [1779]）

102　アカオビアメリカイチモンジ *Adelpha irmina tumida*（Butler, 1873）

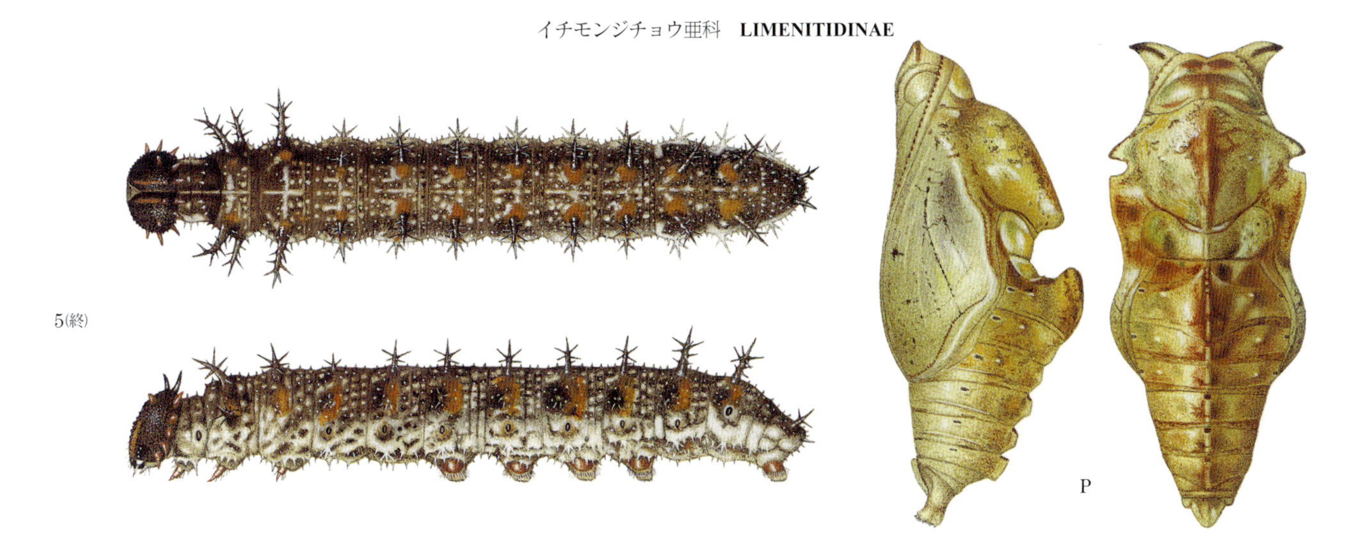

103　ホソオビアメリカイチモンジ *Adelpha jordani jordani* Fruhstorfer, 1913

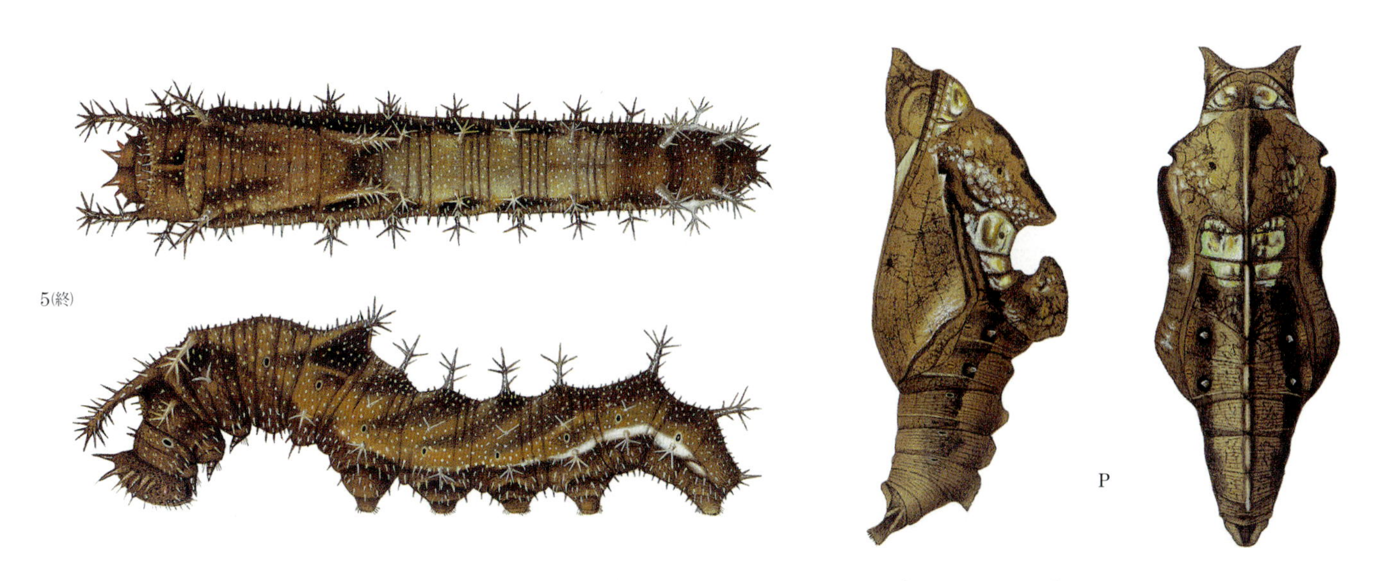

104　ウラキアメリカイチモンジ *Adelpha cytherea cytherea*（Linnaeus, 1758）

105　フトオビアメリカイチモンジ *Adelpha malea aethalia*（C. & R. Felder, [1867]）

106　アメリカイチモンジ属の１種①　*Adelpha* sp. 1

107　アメリカイチモンジ属の１種②　*Adelpha* sp. 2

108　トラフタテハ　*Parthenos sylla lilacinus* Butler, 1879

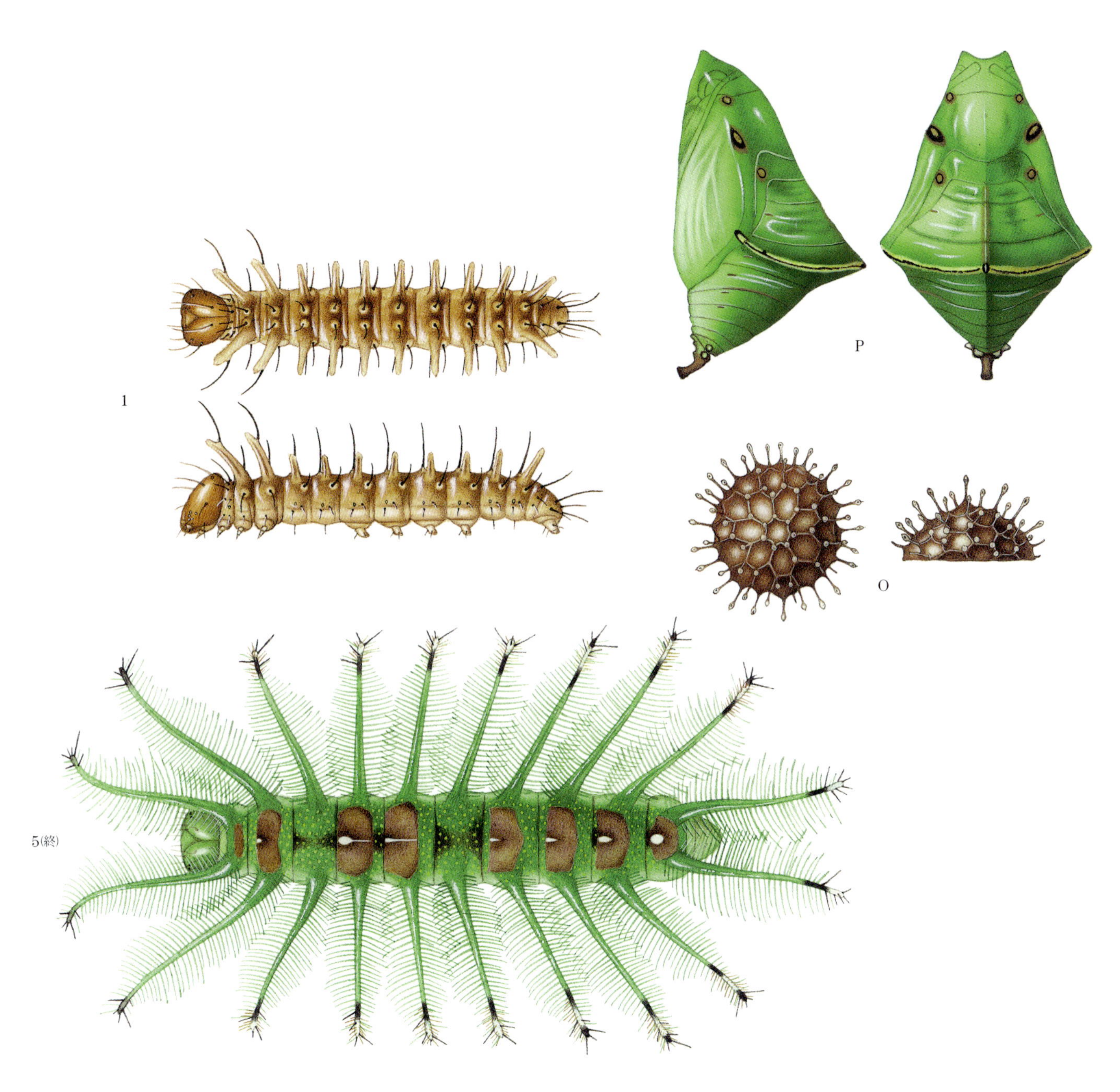

109　ベニホシイナズマ *Euthalia lubentina goertzi* Jumalon, 1975

110　タカサゴイチモンジ *Euthalia formosana formosana* Fruhstorfer, 1908

111　スギタニイチモンジ *Euthalia thibetana insulae* Hall, 1930

112　クロイナズマ *Euthalia alpheda liaoi* Schröder & Treadaway, 1982

113　ヤシイナズマ *Euthalia kardama kardama*（Moore, 1859）

114 トビイロイナズマ *Dophla evelina magama* (Fruhstorfer, 1913)

115　ルリヘリコイナズマ *Tanaecia* (*Cynitia*) *cocytina puseda* (Moore, [1858])

116　キベリコイナズマ *Tanaecia* (*Cynitia*) *lepidea cognata* (Moore, [1897])

117　サトオオイナズマ *Lexias pardalis jadeitina* (Fruhstorfer, 1913)

118 ヤマオオイナズマ *Lexias dirtea merguia*（Tytler, 1926）

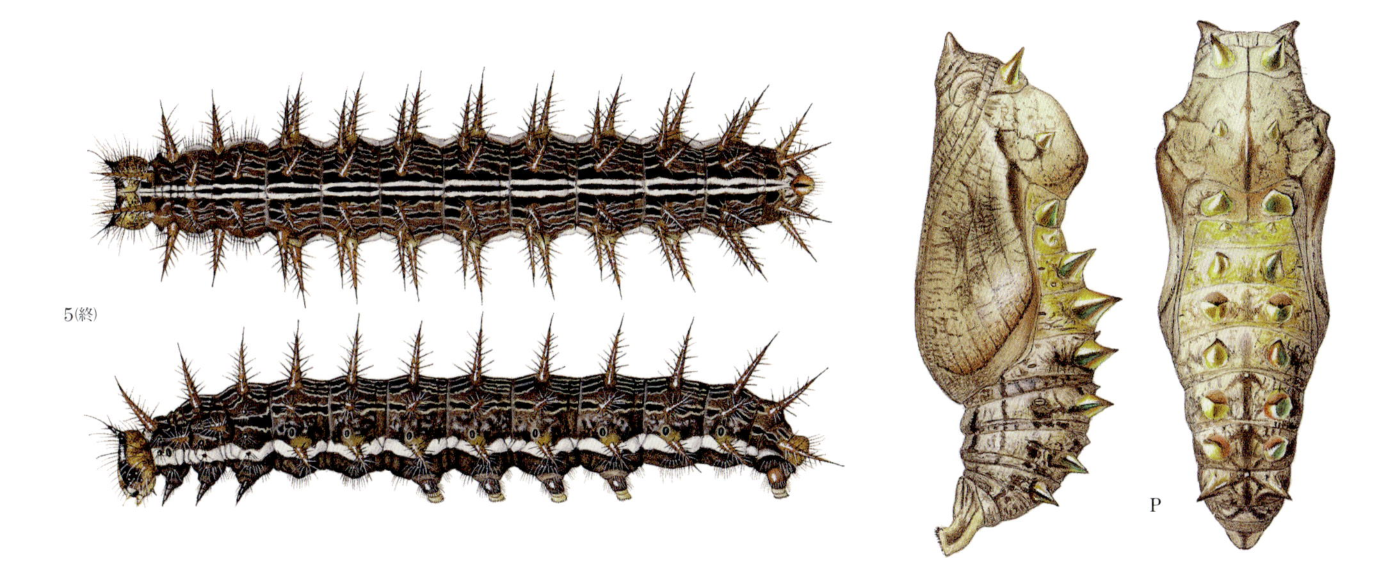

119　ヒョウモンチョウ *Brenthis daphne rabdia* Butler, 1877

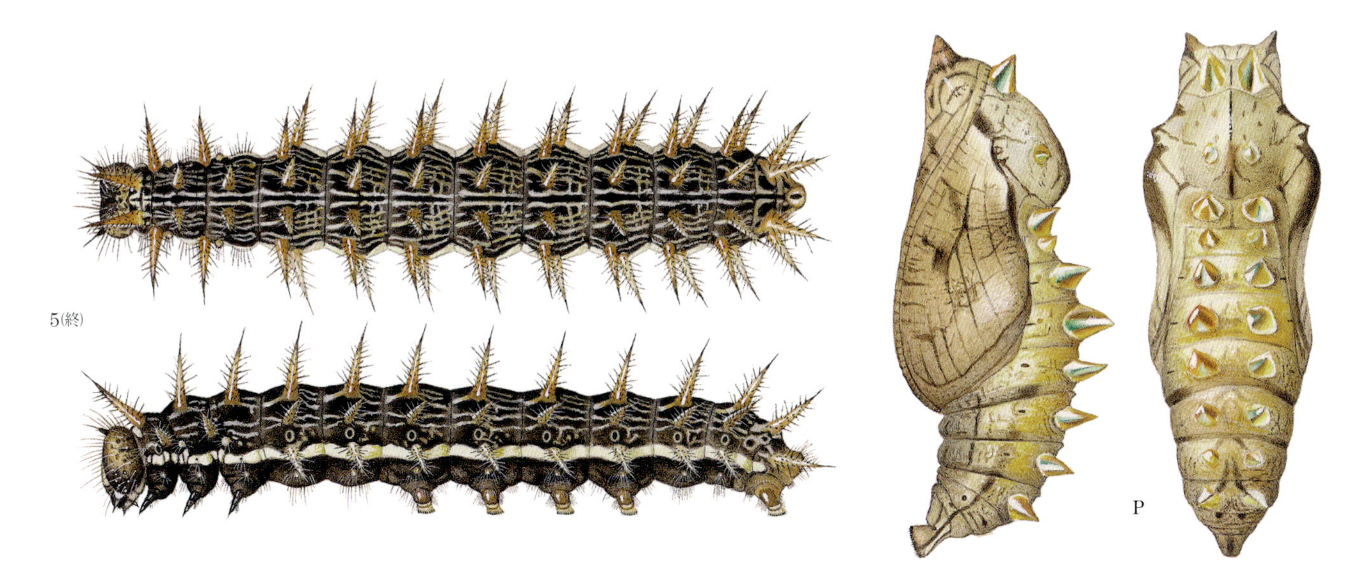

120　コヒョウモン *Brenthis ino mashuensis*（Kono, 1931）

121　ミドリヒョウモン *Argynnis paphia geisha* Hemming, 1934

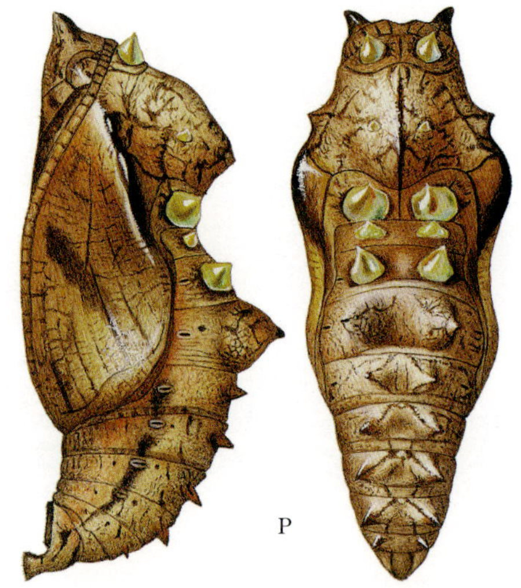

122　メスグロヒョウモン *Damora sagana liane*（Fruhstorfer, 1907）

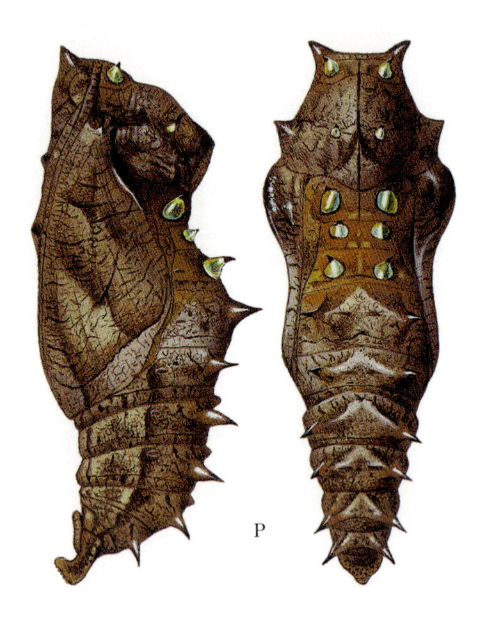

123　オオヤマヒョウモン *Childrena childreni childreni*（Gray, 1831）

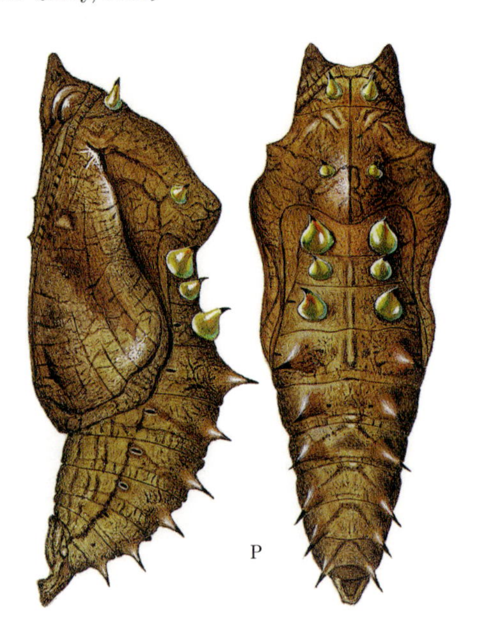

124　ツマグロヒョウモン *Argyreus hyperbius hyperbius*（Linnaeus, 1763）

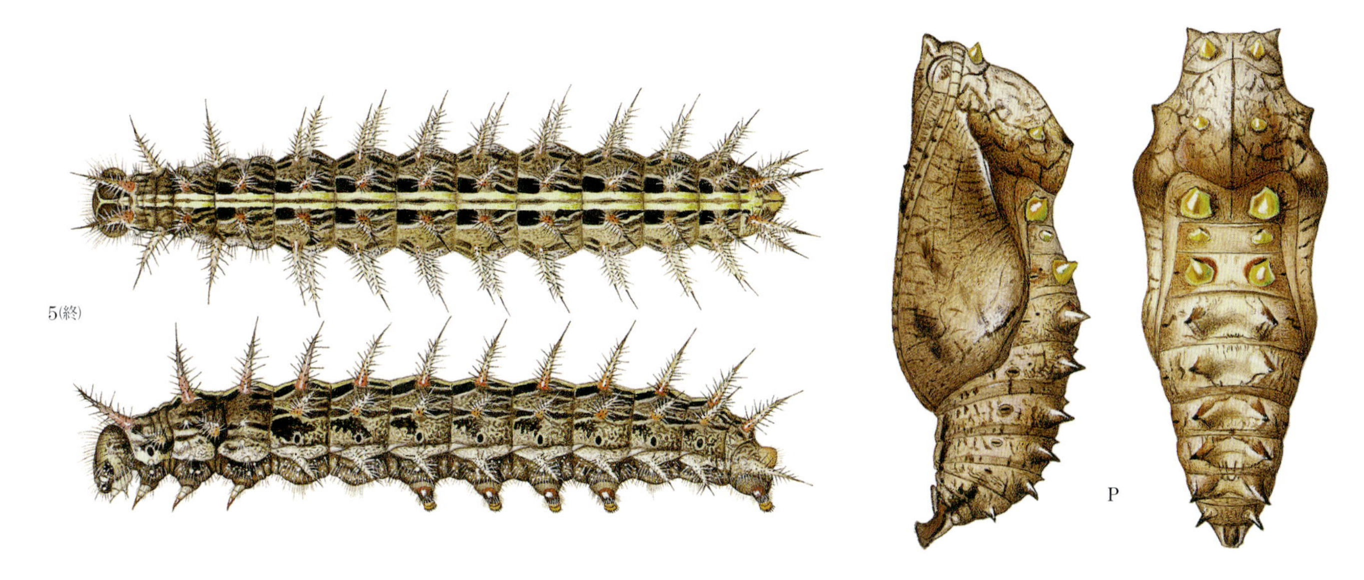

125　ウラギンスジヒョウモン *Argyronome laodice japonica*（Ménétriès, 1857）

126　オオウラギンスジヒョウモン *Argyronome ruslana lysippe*（Janson, 1877）

127　クモガタヒョウモン *Nephargynnis anadyomene midas* Butler, 1866

128　ウラギンヒョウモン *Fabriciana adippe pallescens*（Butler, 1873）

129　オオウラギンヒョウモン *Fabriciana nerippe nerippe*（C. & R. Felder, 1862）

130　アメリカオオヒョウモン *Speyeria cybele leto*（Behr, 1862）

1

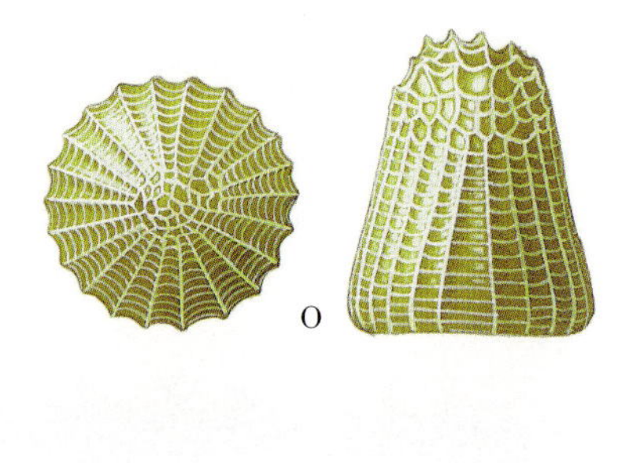

O

131　ウラベニアメリカオオヒョウモン *Speyeria nokomis apacheana*（Skinner, 1918）

5(終)

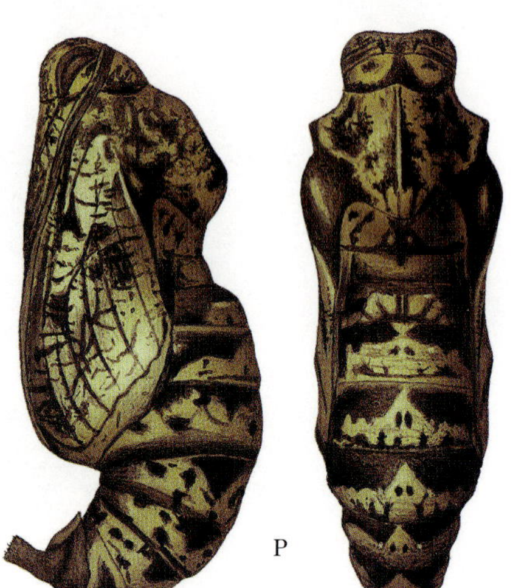

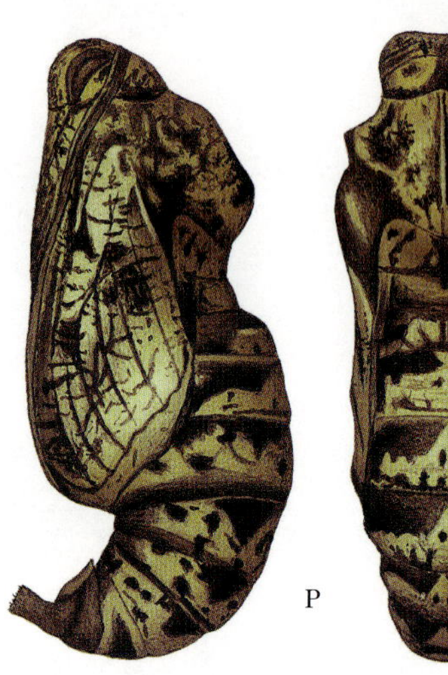

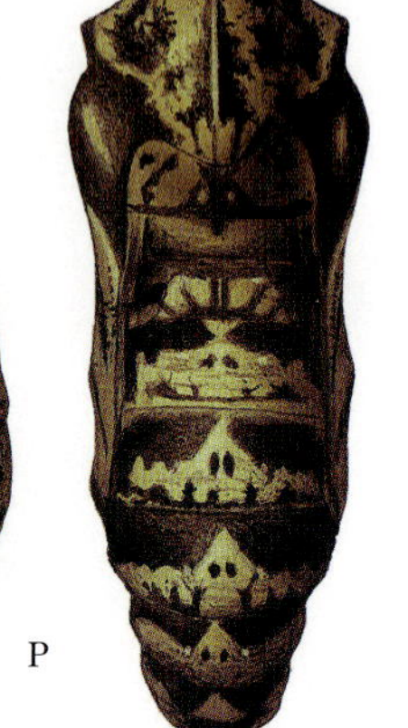

P

132　ウスムラサキアメリカヒョウモン *Speyeria hydaspe purpurascens*（Edwards, 1877）

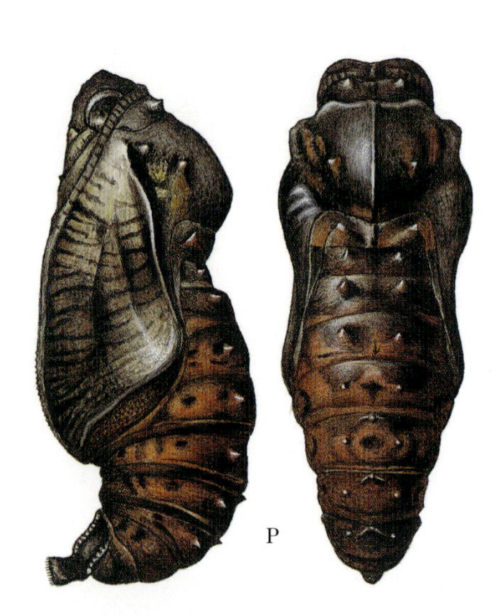

P

133　ギンボシヒョウモン *Mesoacidalia aglaja fortuna*（Janson, 1877）

134 ロッキーホソバヒョウモン *Clossiana epithore epithore* (Edwards, 1864)

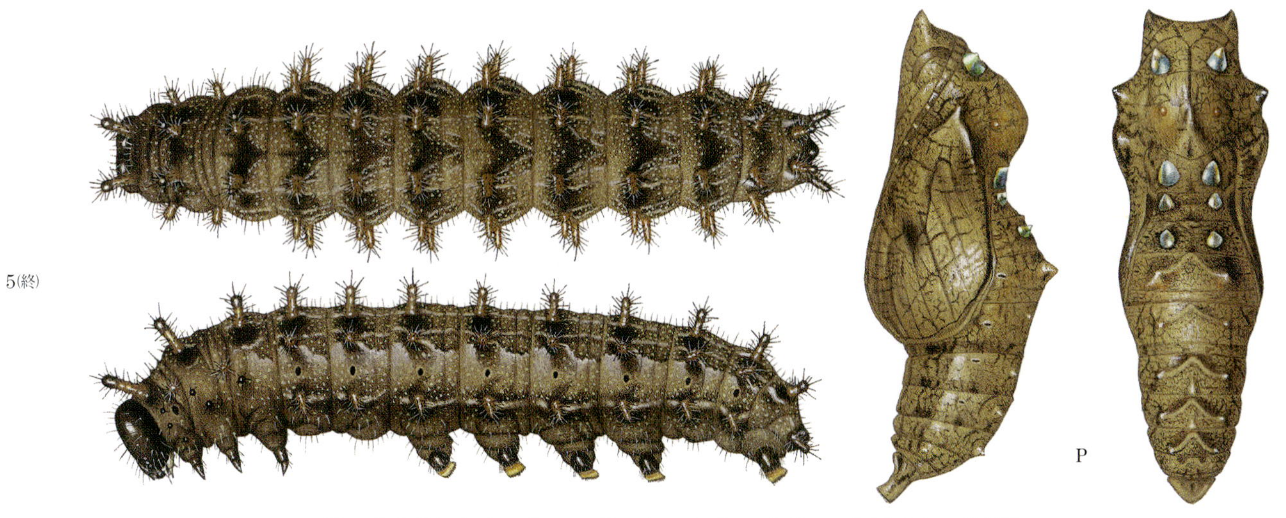

135 カナダホソバヒョウモン *Clossiana bellona bellona* (Fabricius, 1775)

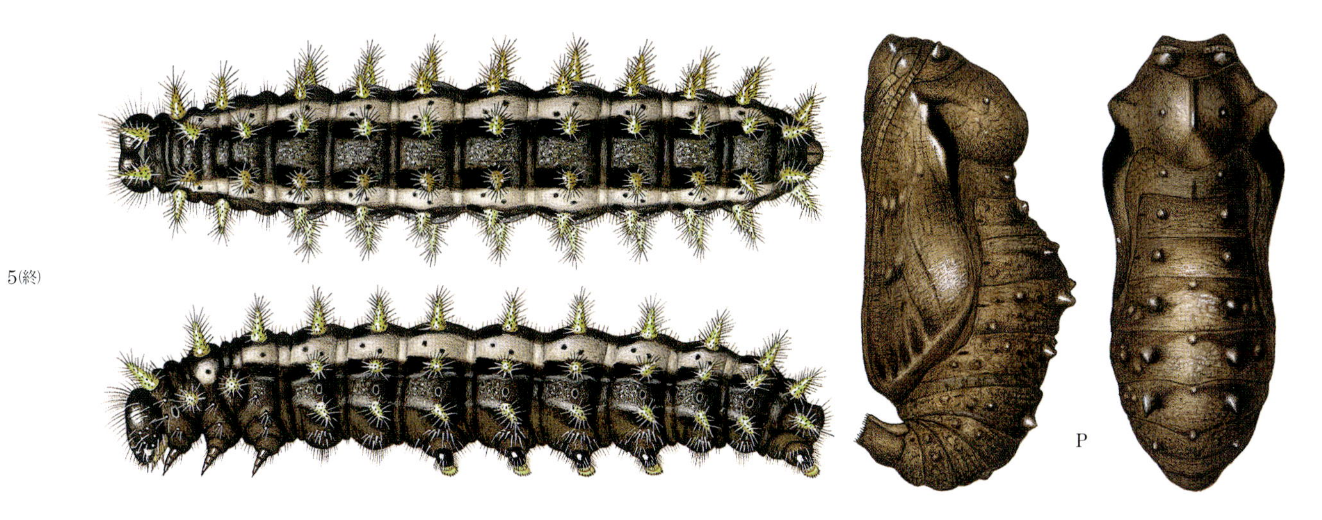

136 アサヒヒョウモン *Clossiana freija asahidakeana* (Matsumura, 1926) *R

137 ミヤマヒョウモン *Clossiana euphrosyne umbra*（Seitz, [1909]）

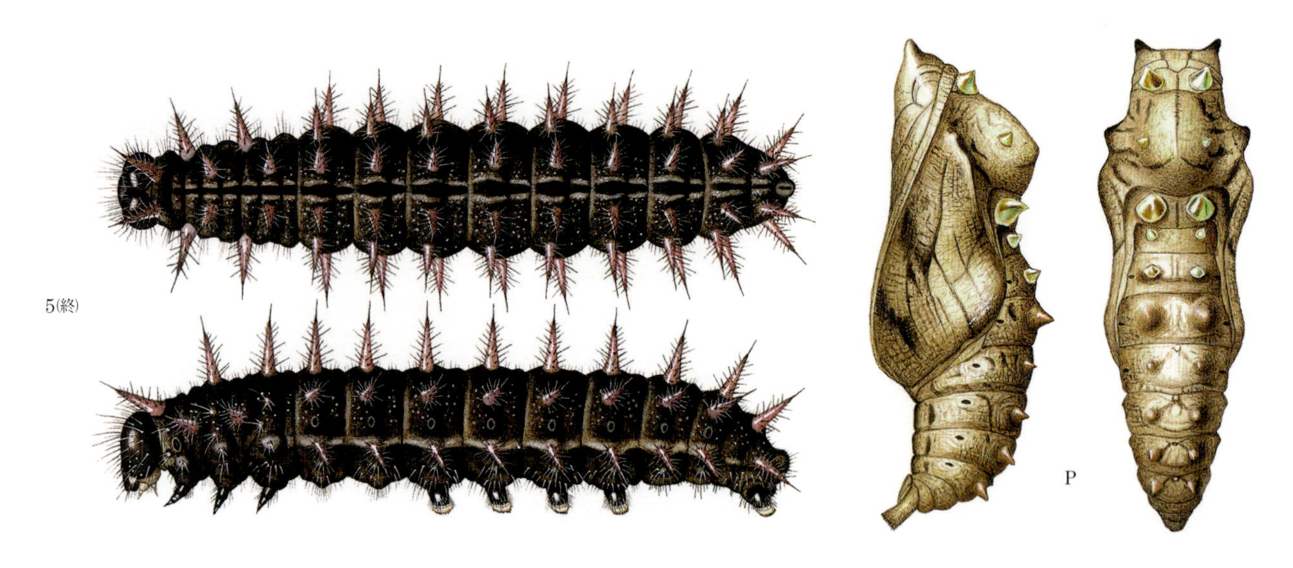

138 カラフトヒョウモン *Clossiana iphigenia sachaliensis*（Matsumura, 1911）

139 ホソバヒョウモン（ヒメカラフトヒョウモン）*Clossiana thore jezoensis*（Matsumura, 1919）

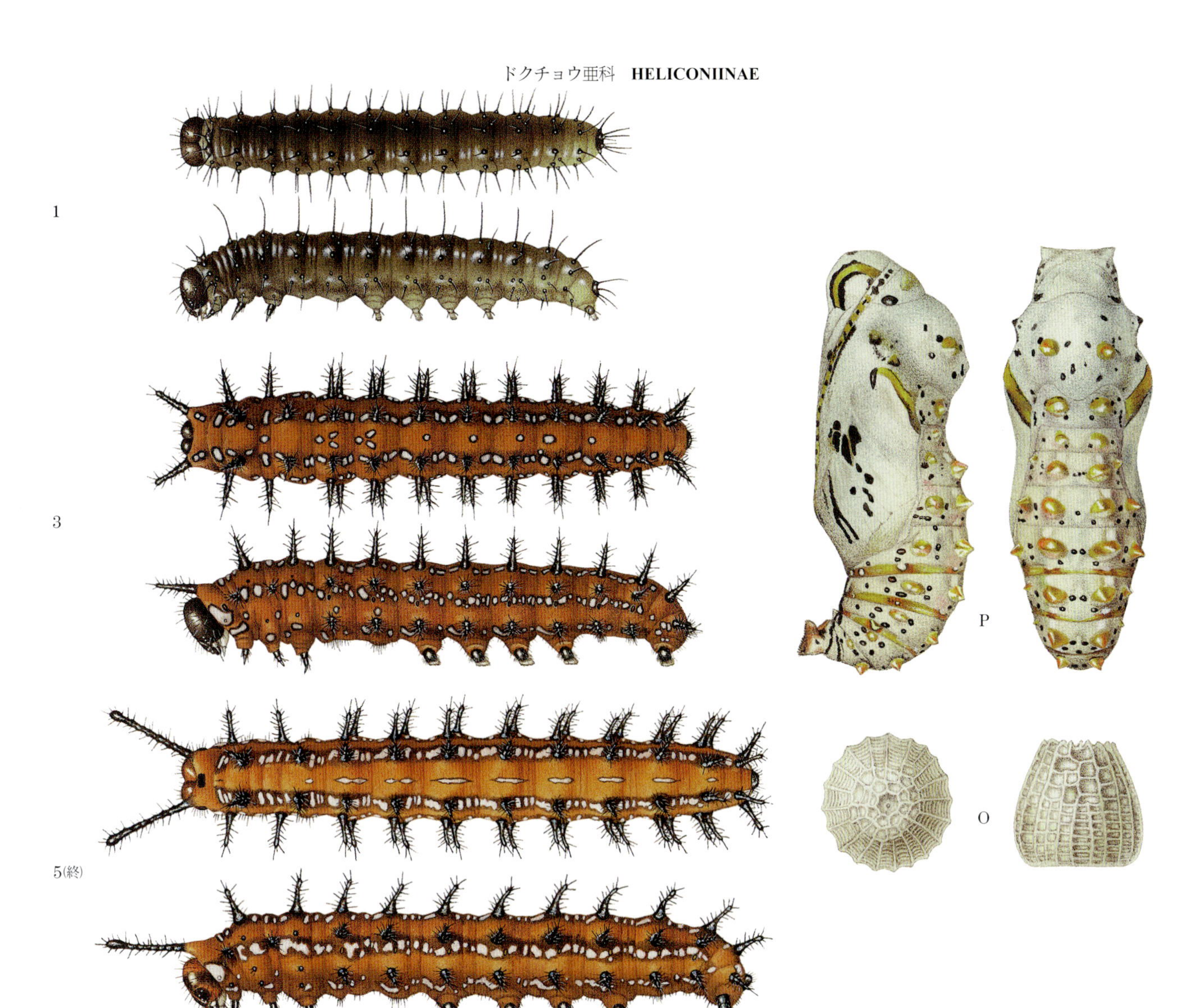

140　アメリカウラベニヒョウモン *Euptoieta claudia daunius*（Herbst, 1798）

141　オオアメリカウラベニヒョウモン *Euptoieta hegesia meridiania* Stichel, 1938

142　タイワンキマダラ *Cupha erymanthis erymanthis*（Drury, [1773]）

143　ウラベニヒョウモン *Phalanta phalantha luzonica* Fruhstorfer, 1906

144　ヒメチャイロタテハ *Vindula dejone erotella*（Butler, 1879）

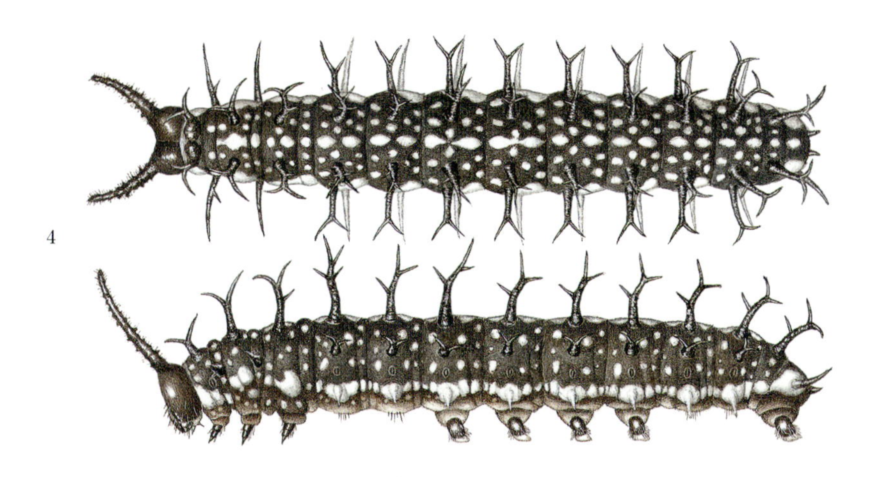

145　チャイロタテハ属の１種 *Vindula* sp.

146　ビロードタテハ *Terinos terpander robertsia*（Butler, 1867）

147　ウラギンドクチョウ *Agraulis vanillae incarnata*（Riley, 1926）

148　チャイロウラギンドクチョウ *Dione juno miraculosa* Hering, 1926

149　タカネドクチョウ *Podotricha telesiphe telesiphe*（Hewitson, 1867）?

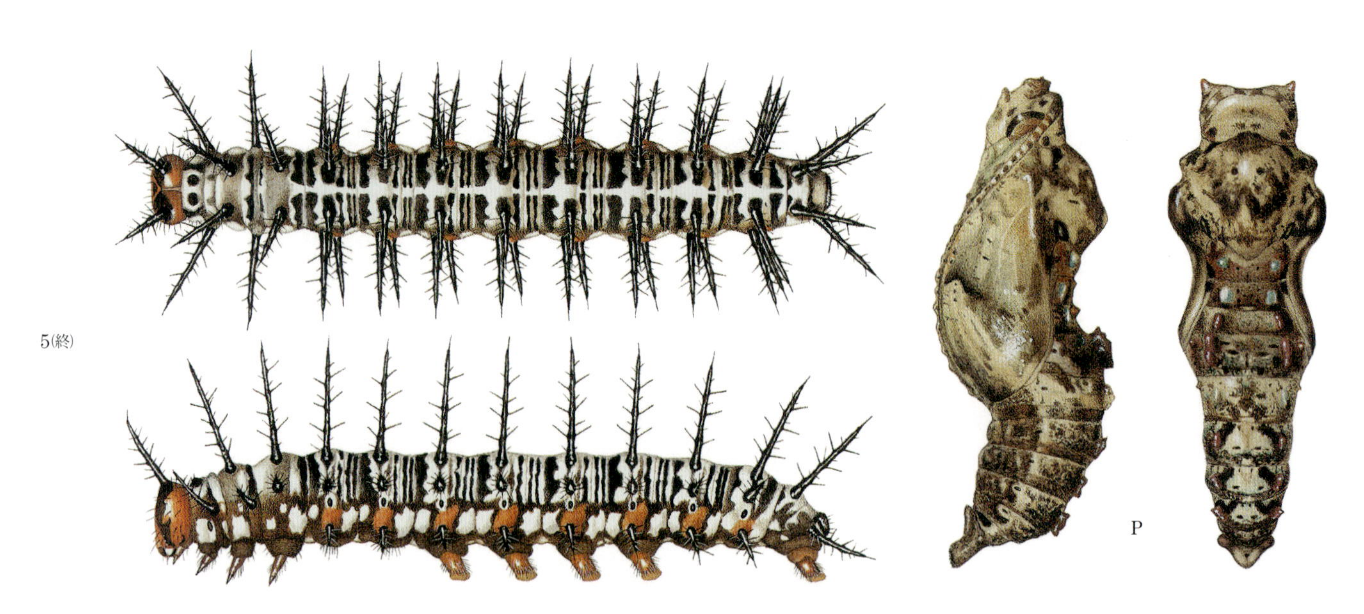

150　チャイロドクチョウ *Dryas iulia*（Fabricius, 1775）
幼虫：*D. i. moderata*（Riley, 1926）
蛹：*D. i. alcionea*（Cramer, 1779）

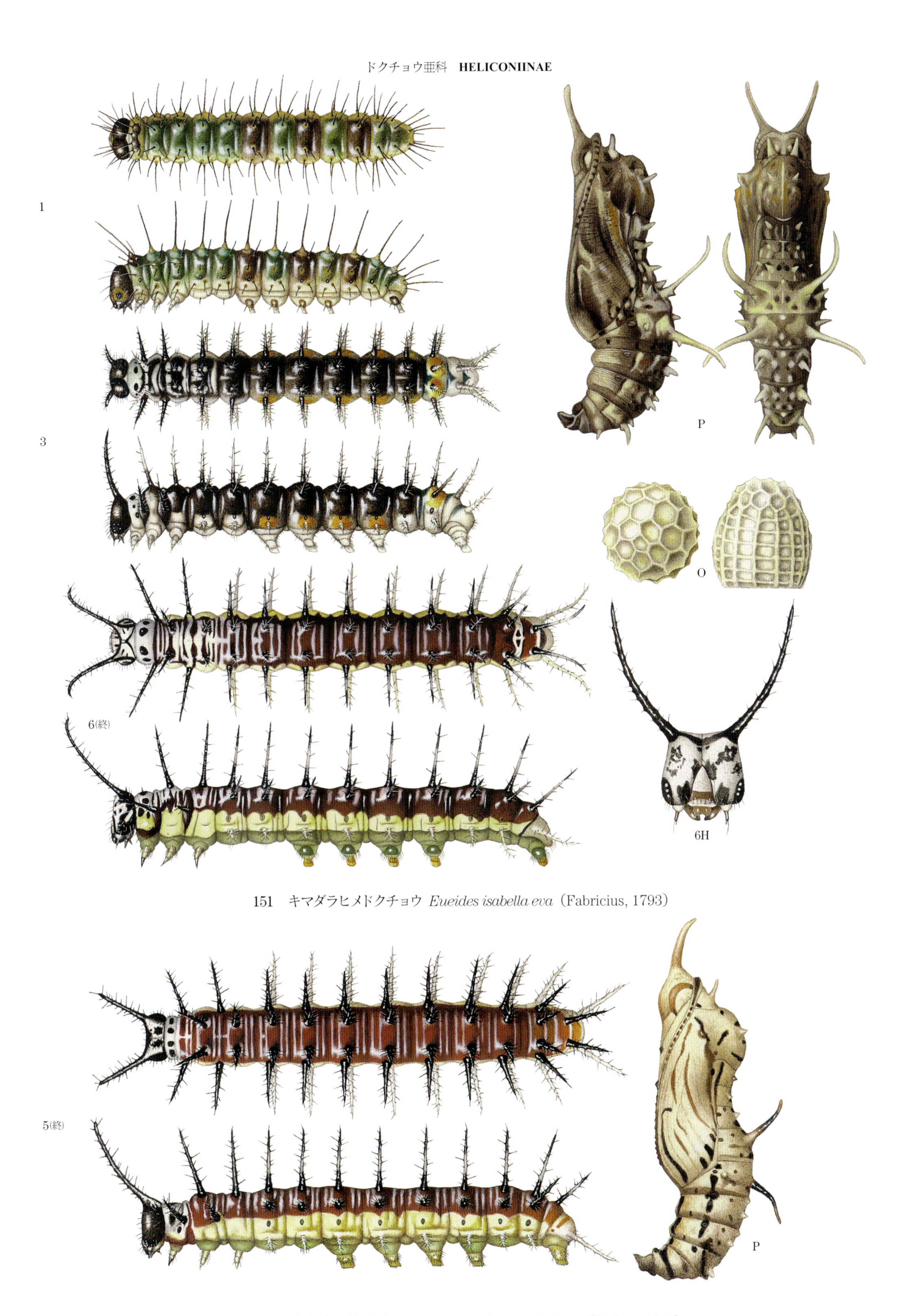

151　キマダラヒメドクチョウ *Eueides isabella eva*（Fabricius, 1793）

152　アカオビヒメドクチョウ *Eueides aliphera aliphera*（Godart, 1819）

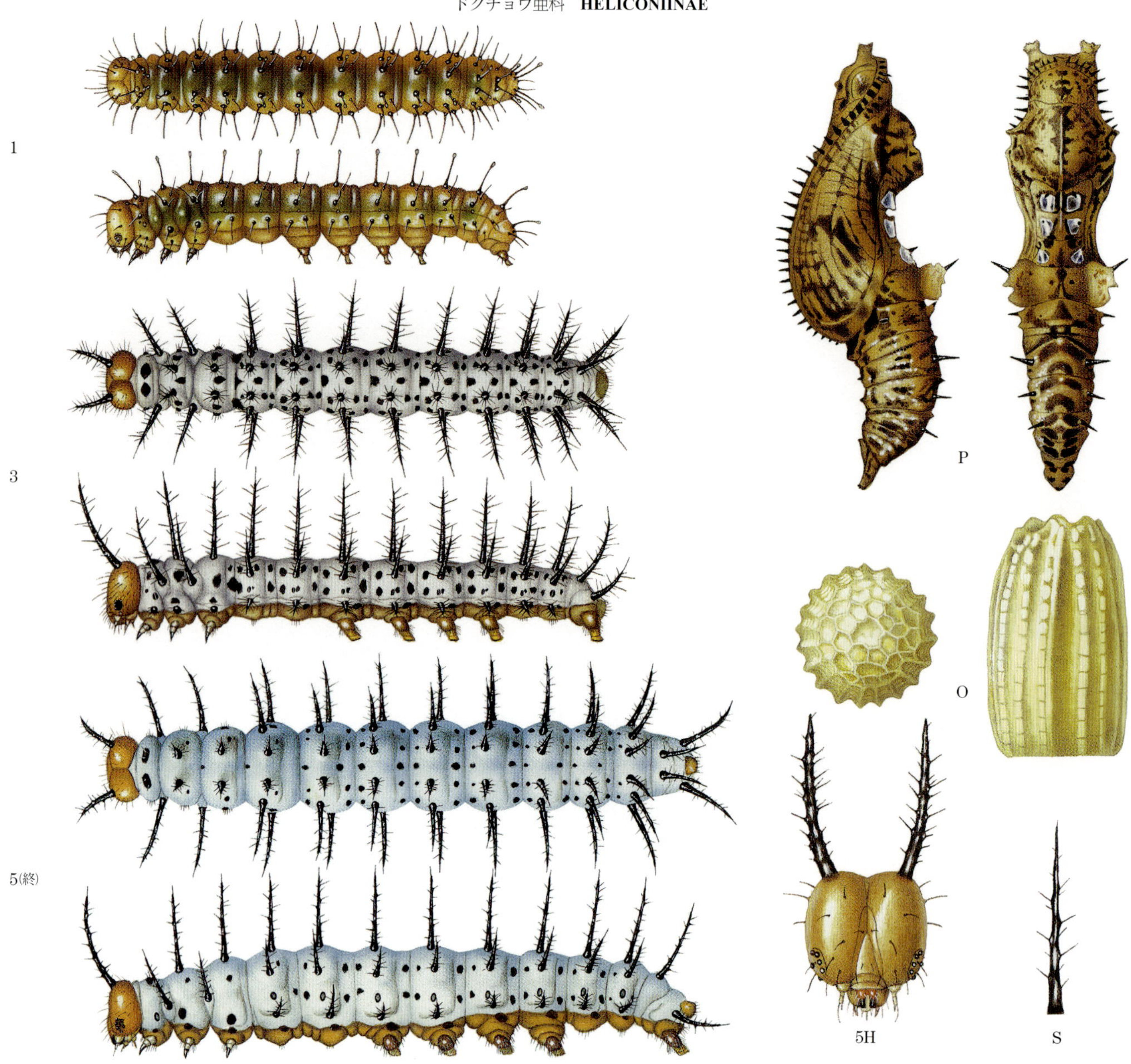

153　ベニモンドクチョウ *Heliconius melpomene*（Linnaeus, 1758）

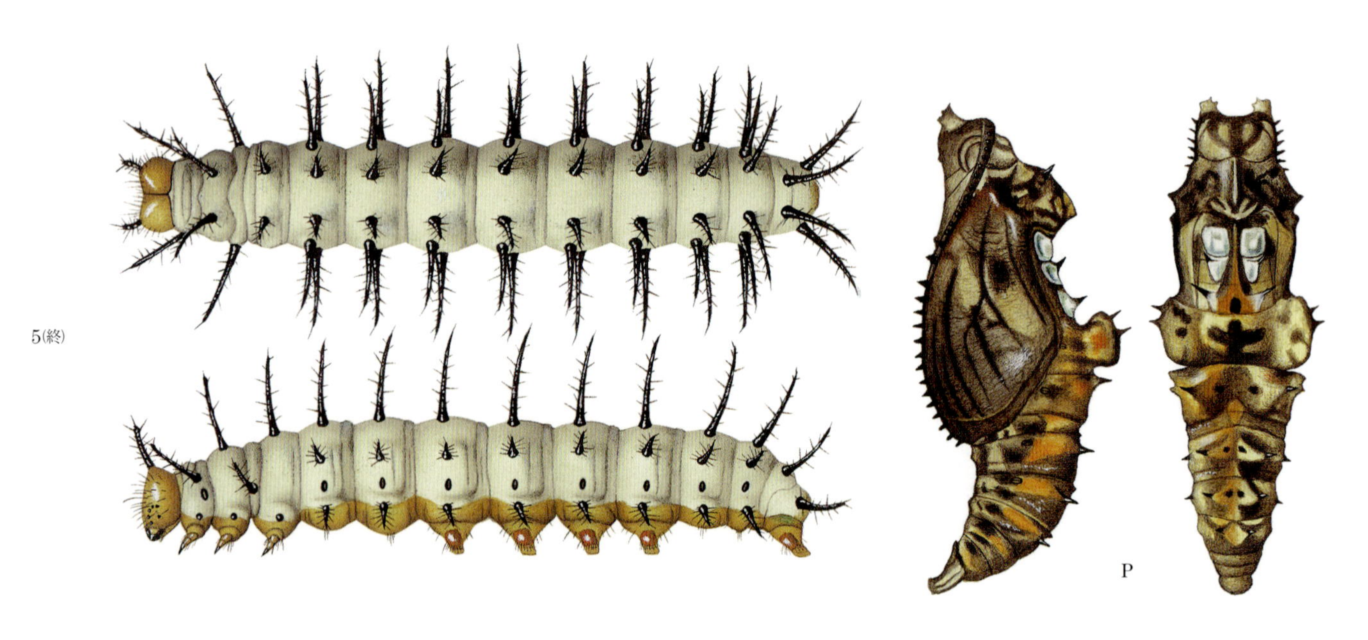

154　チャマダラドクチョウ *Heliconius hecale*（Fabricius, 1775）

155　シロモンドクチョウ *Heliconius wallacei flavescens* Weymer, 1891

156　モンキドクチョウ *Heliconius sara sara*（Fabricius, 1793）

157　フタモンドクチョウ *Heliconius erato phyllis*（Fabricius, 1775）

158　シロモンハレギチョウ *Cethosia cydippe chrysippe*（Fabricius, 1775）

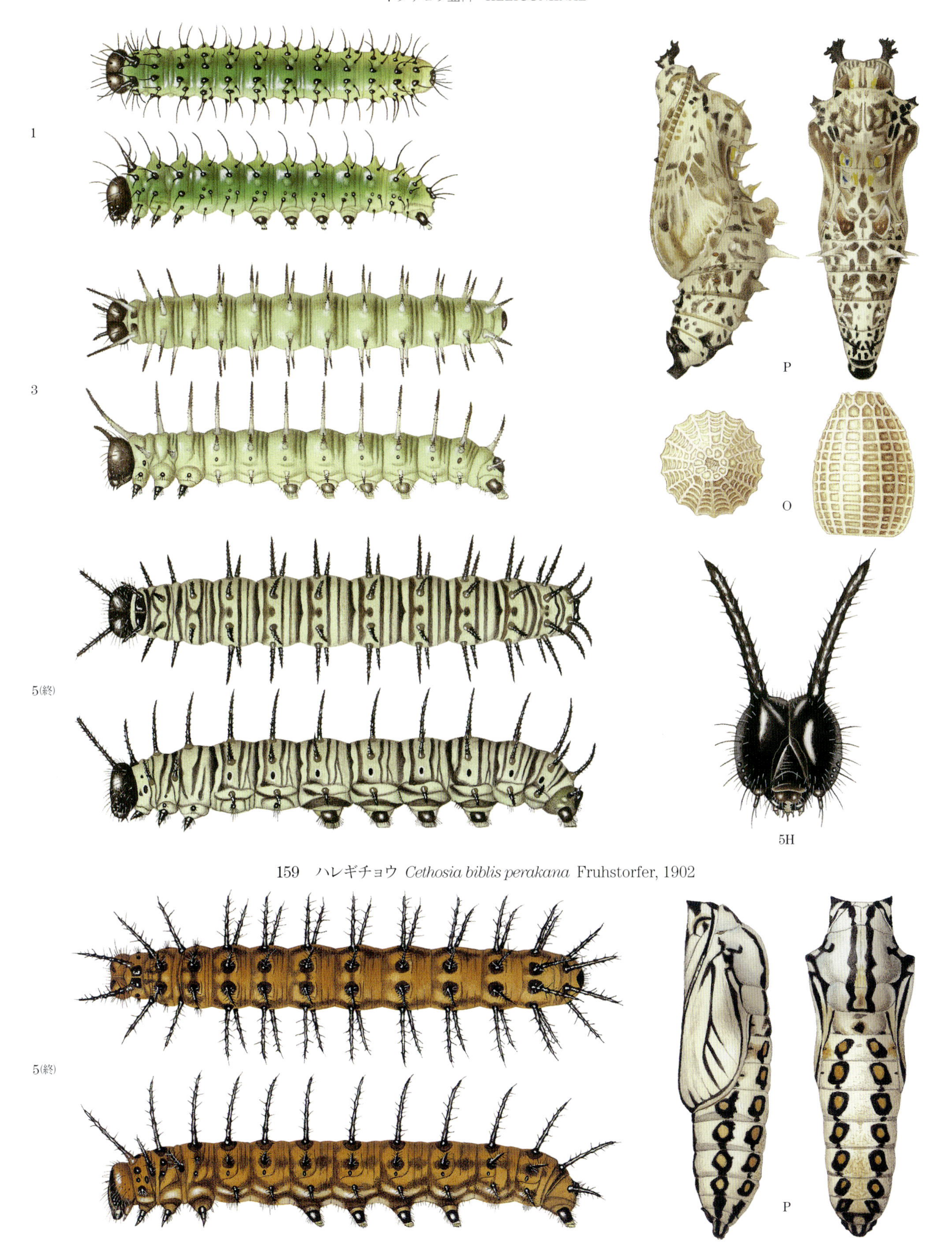

159　ハレギチョウ *Cethosia biblis perakana* Fruhstorfer, 1902

160　ウスバホソチョウ *Acraea andromacha andromacha*（Fabricius, 1775）

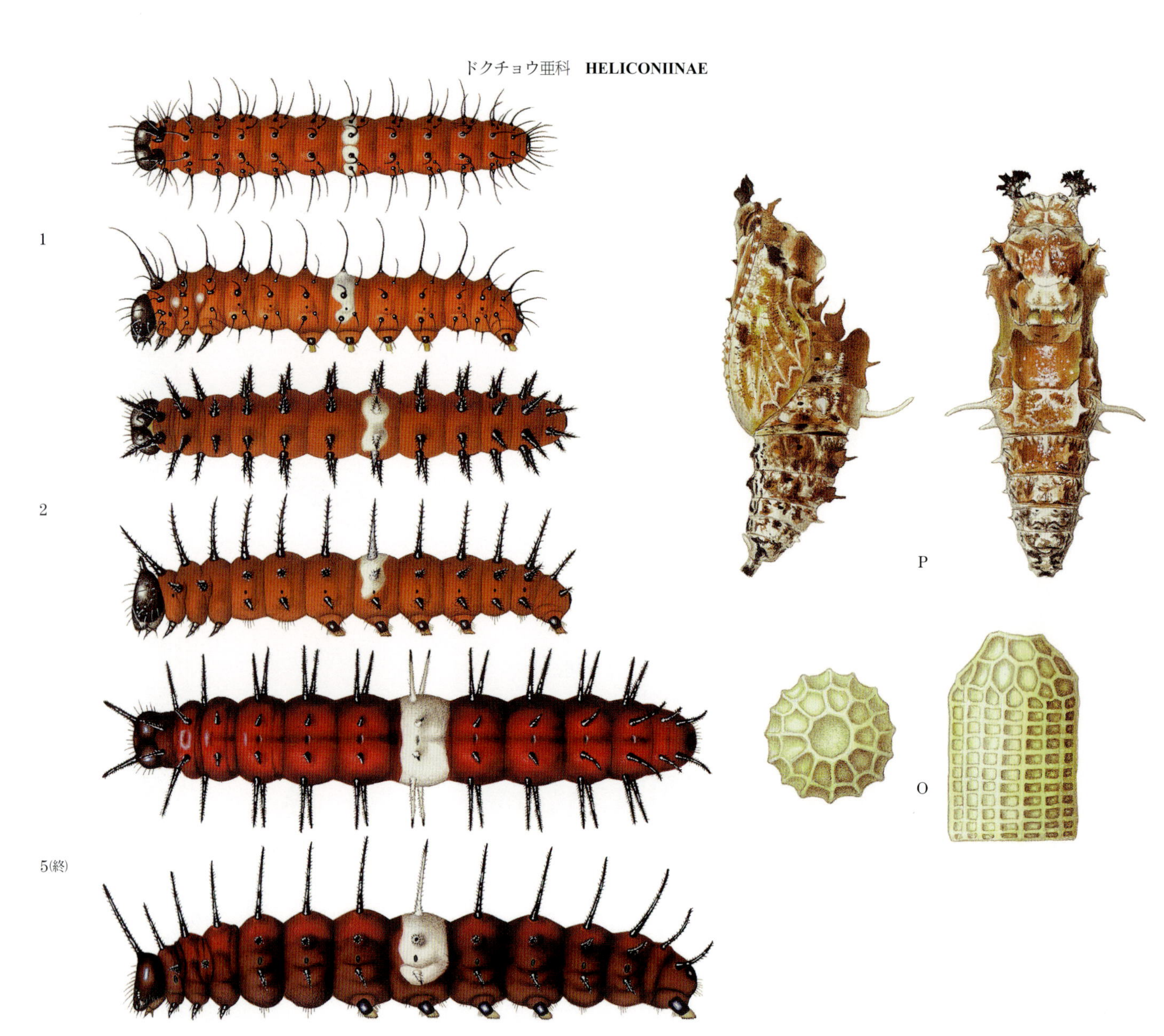

161　キオビハレギチョウ *Cethosia hypsea hypsina* C. & R. Felder, [1867]

162　メスキハレギチョウ *Cethosia cyane euanthes* Fruhstorfer, 1912

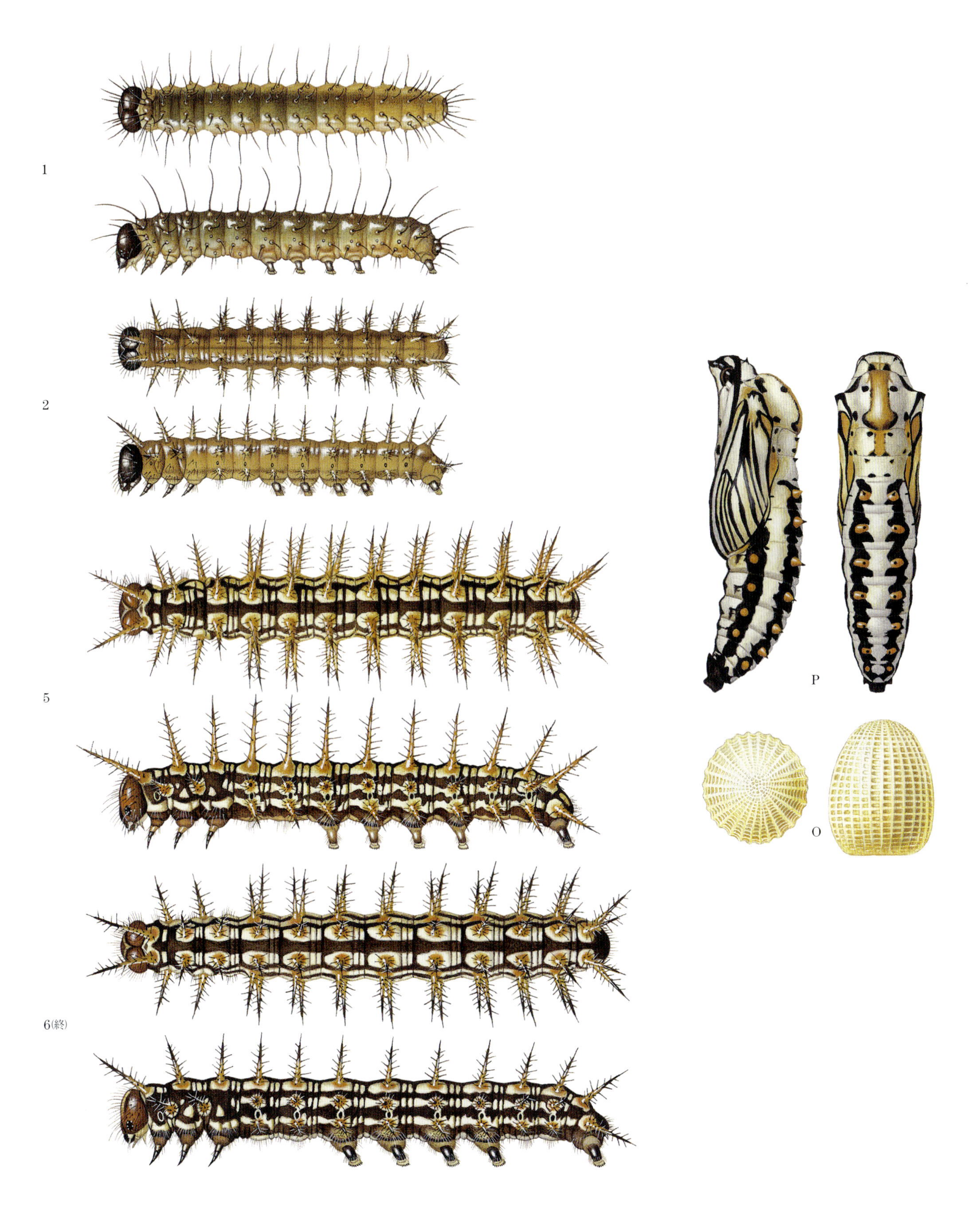

163 ホソチョウ *Acraea issoria formosana* (Fruhstorfer, 1912)

164　ベニモンナンベイホソチョウ *Altinote dicaeus callianira*（Geyer, 1837）

165　ベニスジナンベイホソチョウ *Altinote negra demonica*（Hopffer, 1874）

166　キマダラナンベイホソチョウ *Actinote pellenea equatoria*（Bates, 1864）

167　アカヘリタテハ *Biblis hyperia aganisa* Boisduval, 1836

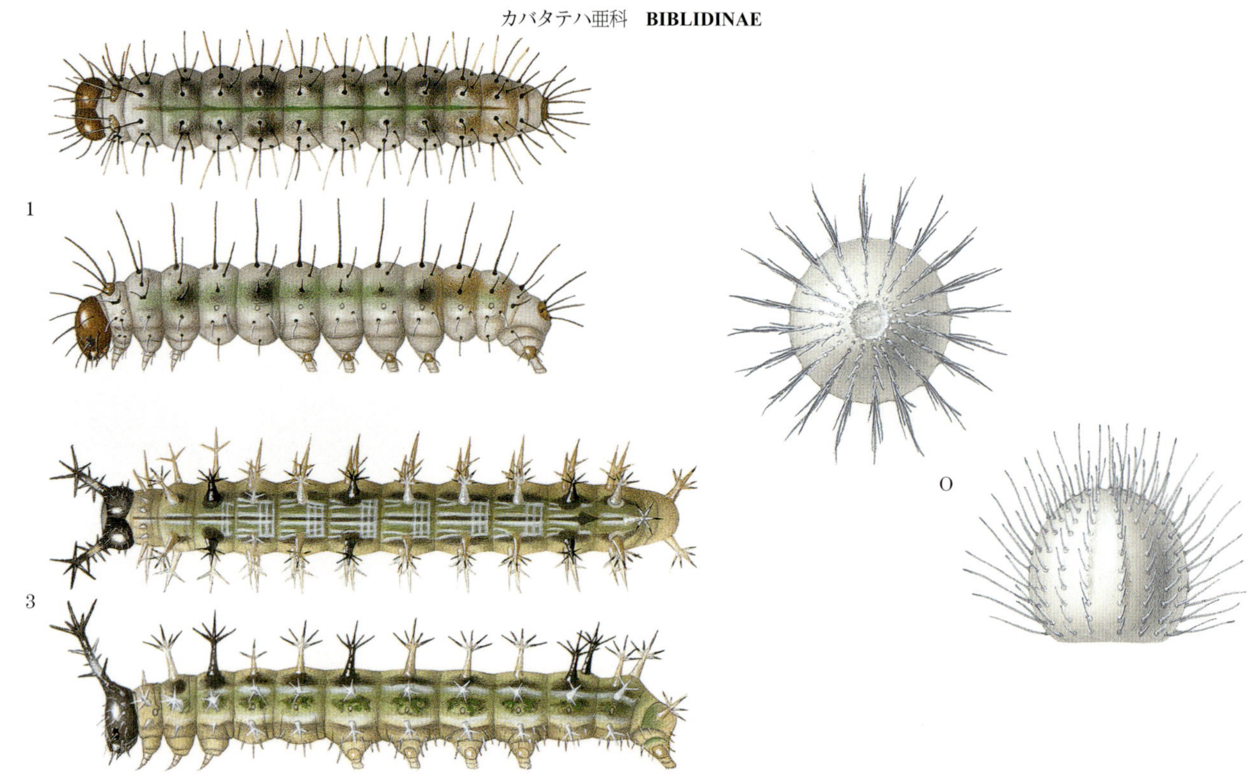

168　ヒマカバタテハ *Ariadne merione tapestrina*（Moore, 1884）

169　カバタテハ *Ariadne ariadne ariadne*（Linnaeus, 1763）

170　ウスズミタテハ *Mestra dorcas amymone*（Ménétriès, 1857）

171　ミズイロタテハ *Nessaea hewitsonii hewitsonii*（C. & R. Felder, 1859）?

172　メキシコミツボシタテハ *Catonephele mexicana mexicana* Jenkins & Maza, 1985

173　マルバネミツボシタテハ *Catonephele acontius acontius*（Linnaeus, 1771）

174　ミツボシタテハ *Catonephele numilia esite*（R. Felder, 1869）

175　ヒメジャノメタテハ *Eunica monima modesta* Bates, 1864

176　クロジャノメタテハ *Eunica malvina malvina* Bates, 1864

177　ウラマダラジャノメタテハ *Eunica chlororhoa chlororhoa* Salvin, 1869

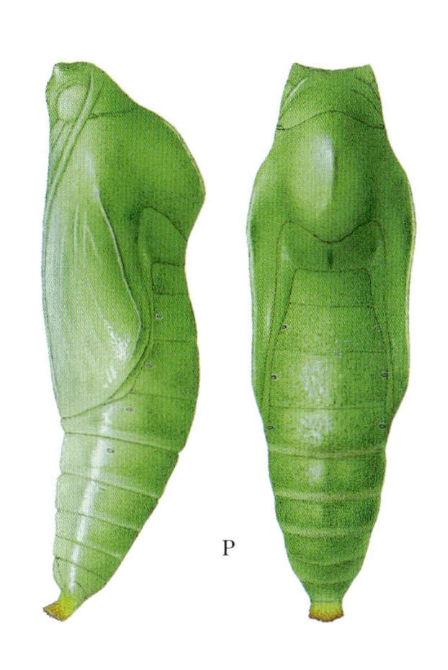

178　コジャノメタテハ *Eunica clytia clytia*（Hewitson, 1852）

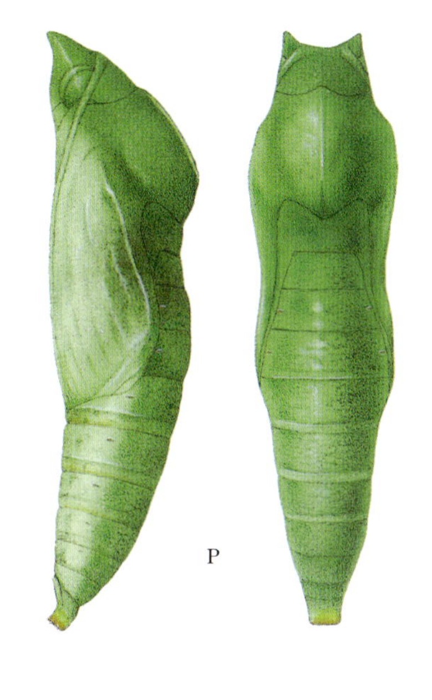

179　ムラサキジャノメタテハ *Eunica orphise orphise*（Cramer, [1775]）

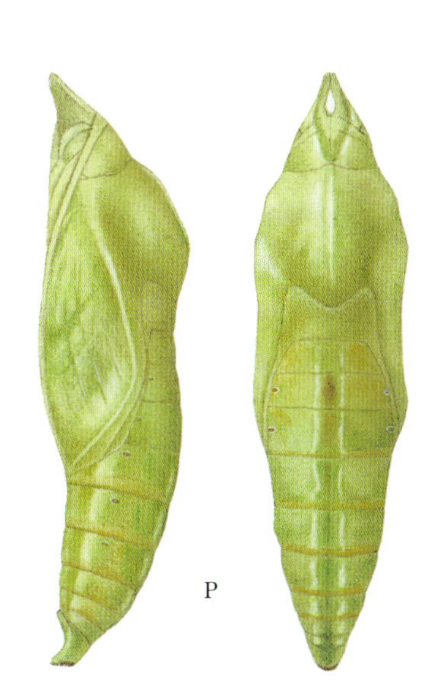

180　ジャノメタテハ属の１種 *Eunica* sp.

181 シラホシルリミスジ *Myscelia cyaniris cyaniris* Doubleday, [1848]

182　ルリミスジ *Myscelia ethusa ethusa*（Doyère, [1840]）

183　コケムシカスリタテハ *Hamadryas februa ferentina*（Godart, [1824]）

184　ウラベニカスリタテハ *Hamadryas amphinome mexicana*（Lucas, 1853）

185　カスリタテハ *Hamadryas iphthime iphthime*（Bates, 1864）

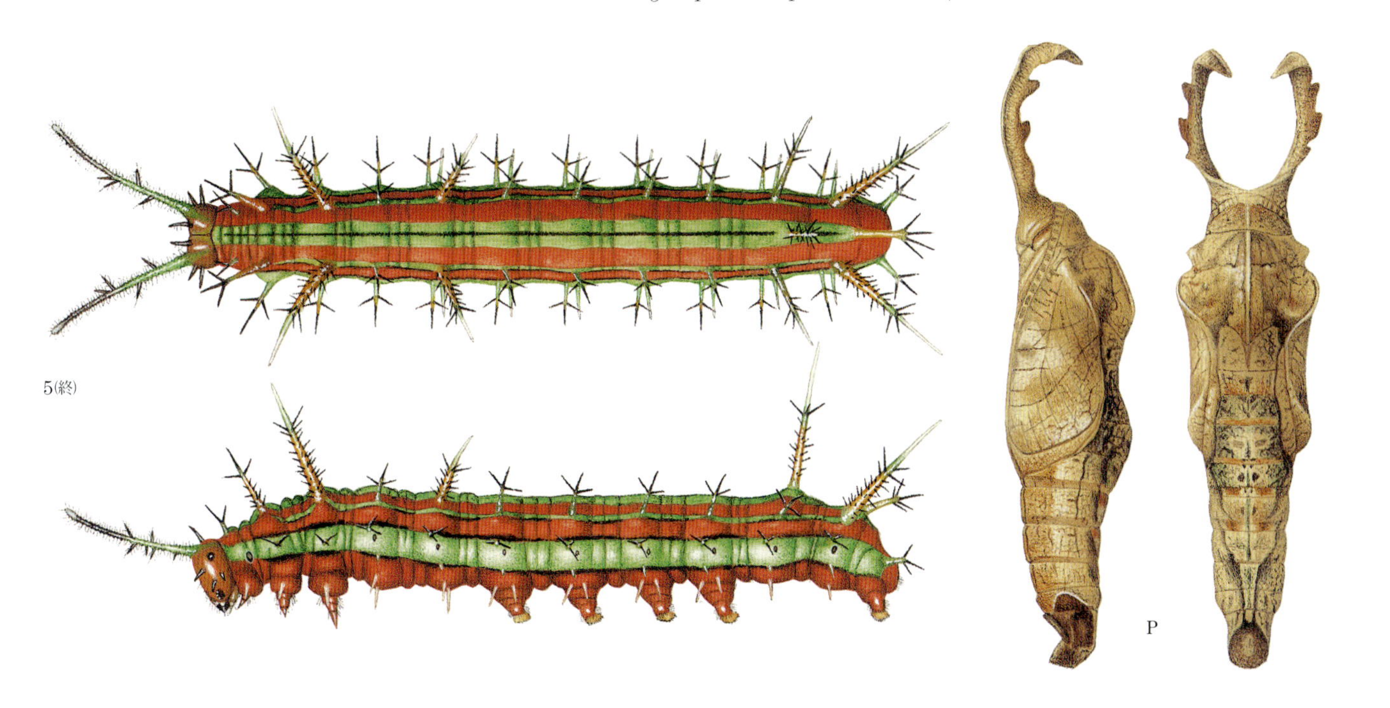

186　ルリモンカスリタテハ *Hamadryas laodamia laodamia*（Cramer, [1777]）

187　ウラベニタテハ *Panacea prola amazonica* Fruhstorfer, 1915

188　ツマグロカバタテハ *Temenis laothoe laothoe*（Cramer, [1777]）

189　モンシロタテハ *Pyrrhogyra neaerea hypsenor* Godman & Salvin, [1884]

190　ヒメツマグロカバタテハ *Nica flavilla sylvestris* Bates, 1864

191　クロカバタテハ *Peria lamis lamis*（Cramer, [1779]）

192　ヒメウラニシキタテハ *Dynamine artemisia glauce*（Bates, 1865）

193　オオウラニシキタテハ *Dynamine aerata aerata*（Butler, 1877）

194　ミドリウラニシキタテハ *Dynamine postverta mexicana* d' Almeida, 1952

195　シロウラニシキタテハ *Dynamine agacles agacles*（Dalman, 1823）

196　ベニオビウズマキタテハ *Callicore cynosura cynosura*（Doubleday, [1847]）

197　ルリモンウズマキタテハ *Callicore lyca aegina*（C. & R. Felder, 1861）

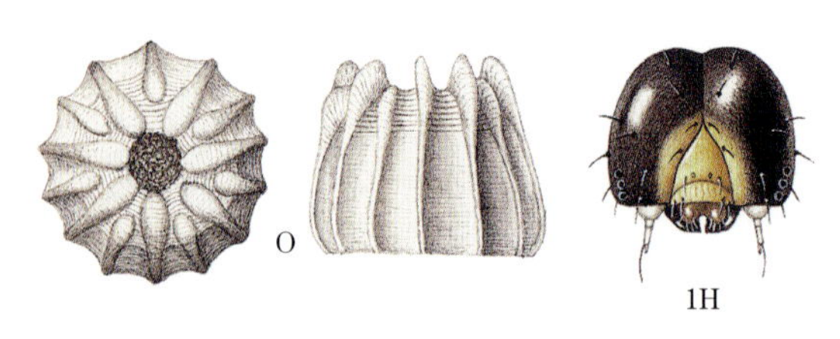

198　ヒメベニウズマキタテハ *Callicore pygas thamyras*（Ménétriès, 1857）

199　ウラモジタテハ *Diaethria clymena peruviana*（Guenée, 1872）

200　ヒロオビウラモジタテハ *Diaethria neglecta neglecta*（Salvin, 1869）

201　ムラサキウラスジタテハ *Perisama philinus descimoni* Mast de Maeght, 1995 ?

202　ブラジルウラモジタテハ *Diaethria candrena candrena*（Godart, [1824]）

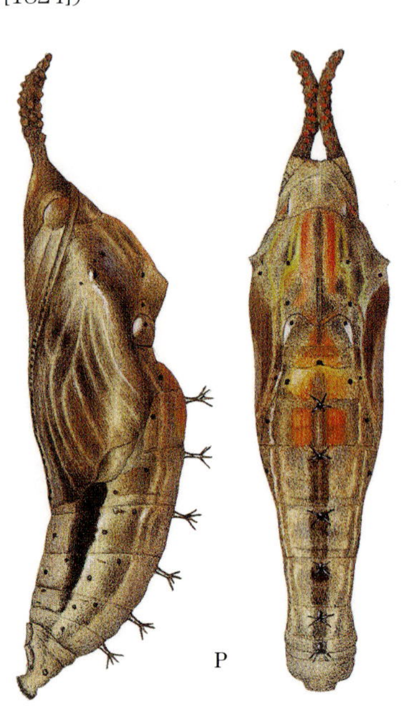

203　オリオンタテハ *Historis odius odius*（Fabricius, 1775）

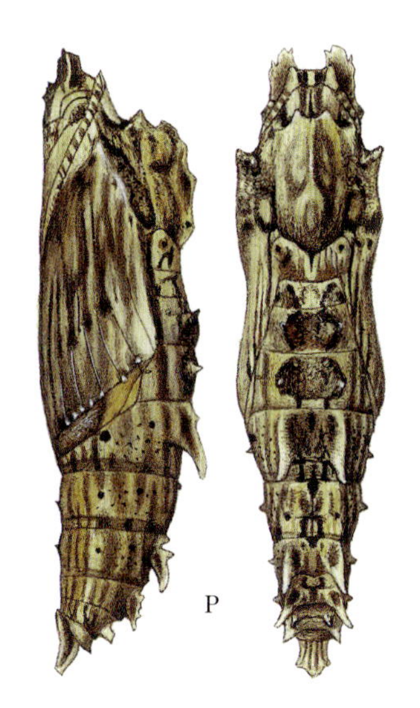

204　ウラナミタテハ *Colobura dirce dirce*（Linnaeus, 1758）

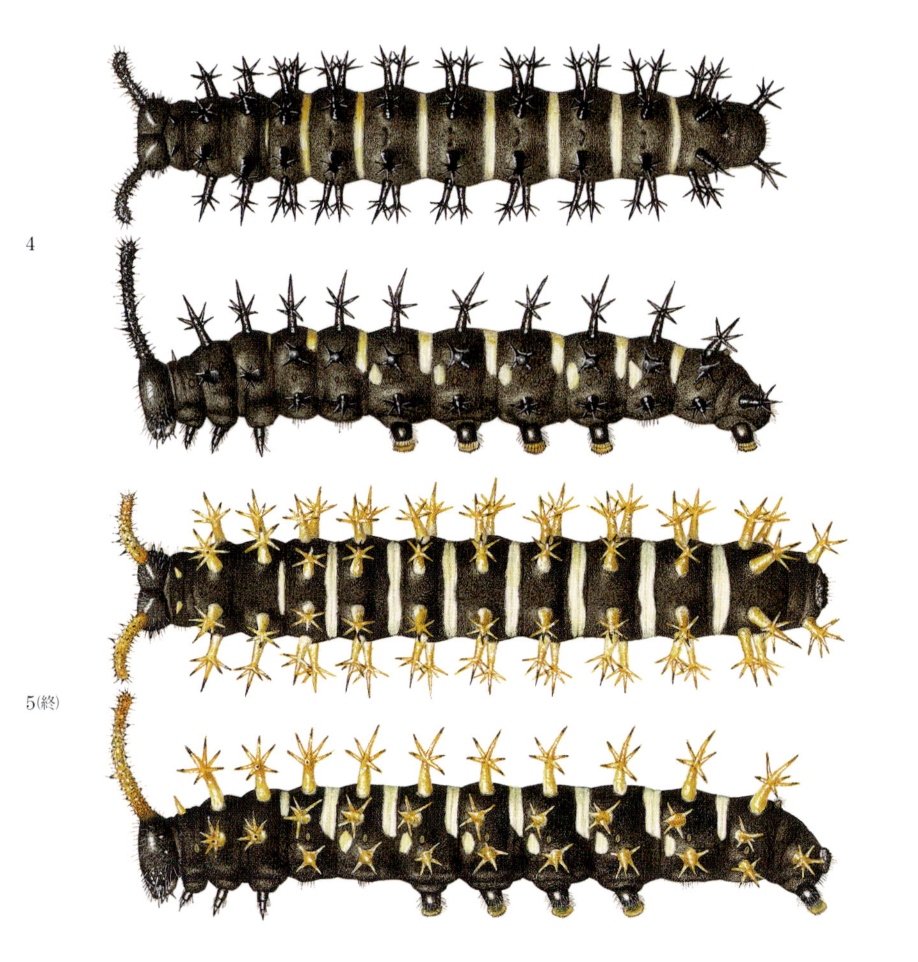

205　オオウラナミタテハ *Colobura annulata annulata* Willmott, Constantino & Hall, 2001

206　ウラジャノメタテハ *Smyrna blomfildia datis* Fruhstorfer, 1908

207　サカハチチョウ *Araschnia burejana strigosa* Butler, 1866

208　アカマダラ *Araschnia levana obscura* Fenton, 1882

209 キミスジ *Symbrenthia lilaea formosana* Fruhstorfer, 1908

210　ヒメキミスジ *Symbrenthia hypselis sinis* de Nicéville, 1891

211　モルッカキミスジ *Symbrenthia hippoclus hippoclus*（Cramer, [1779]）

212　ヒオドシチョウ *Nymphalis* (*Nymphalis*) *xanthomelas japonica* (Stichel, 1902)

213　キベリタテハ *Nymphalis* (*Euvanessa*) *antiopa asopos* (Fruhstorfer, 1909)

214　エルタテハ *Roddia l-album samurai* (Fruhstorfer, 1907)

215　コヒオドシ（ヒメヒオドシ）*Aglais urticae connexa*（Butler, [1882]）

216　クジャクチョウ *Inachis io geisha*（Stichel, 1908）

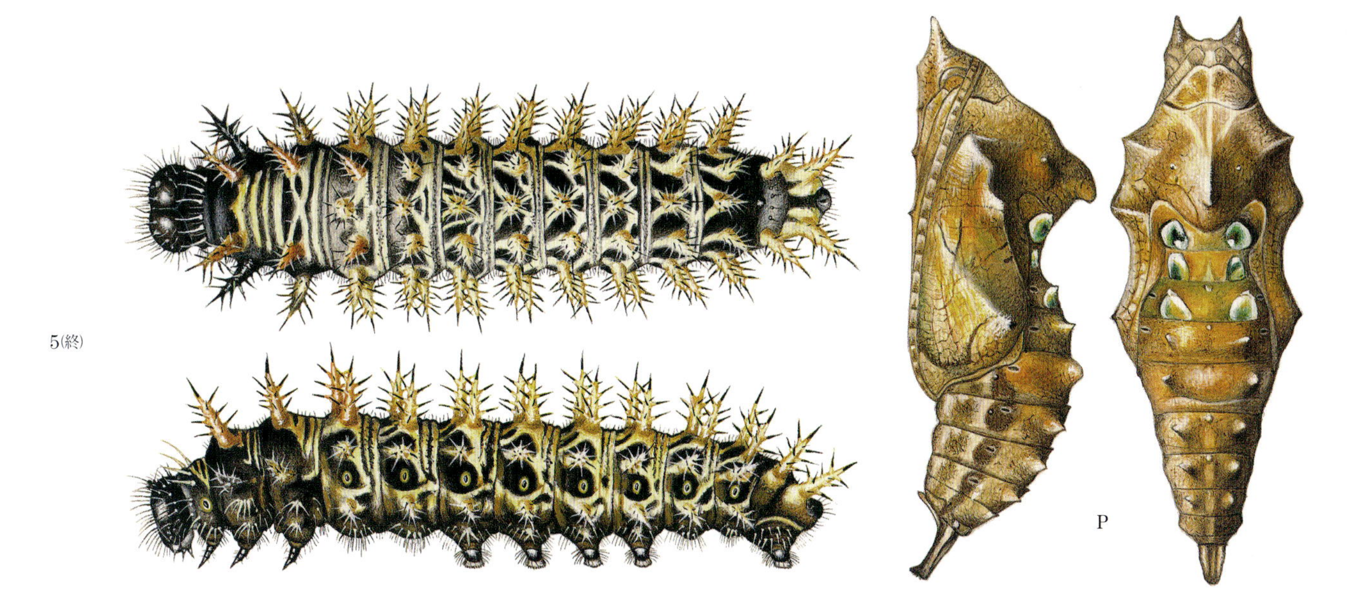

217　キタテハ *Polygonia c-aureum c-aureum*（Linnaeus, 1758）

218　シータテハ *Polygonia c-album hamigera*（Butler, 1877）

219　コガネキタテハ *Polygonia satyrus satyrus*（Edwards, 1869）

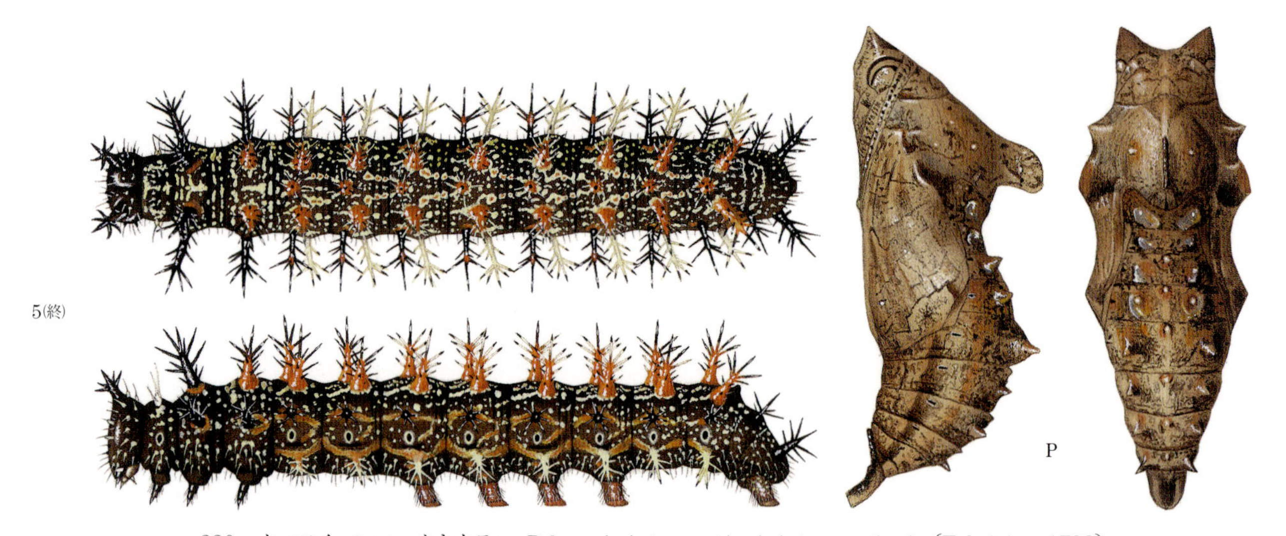

220　クエスチョンマークキタテハ *Polygonia interrogationis interrogationis*（Fabricius, 1798）

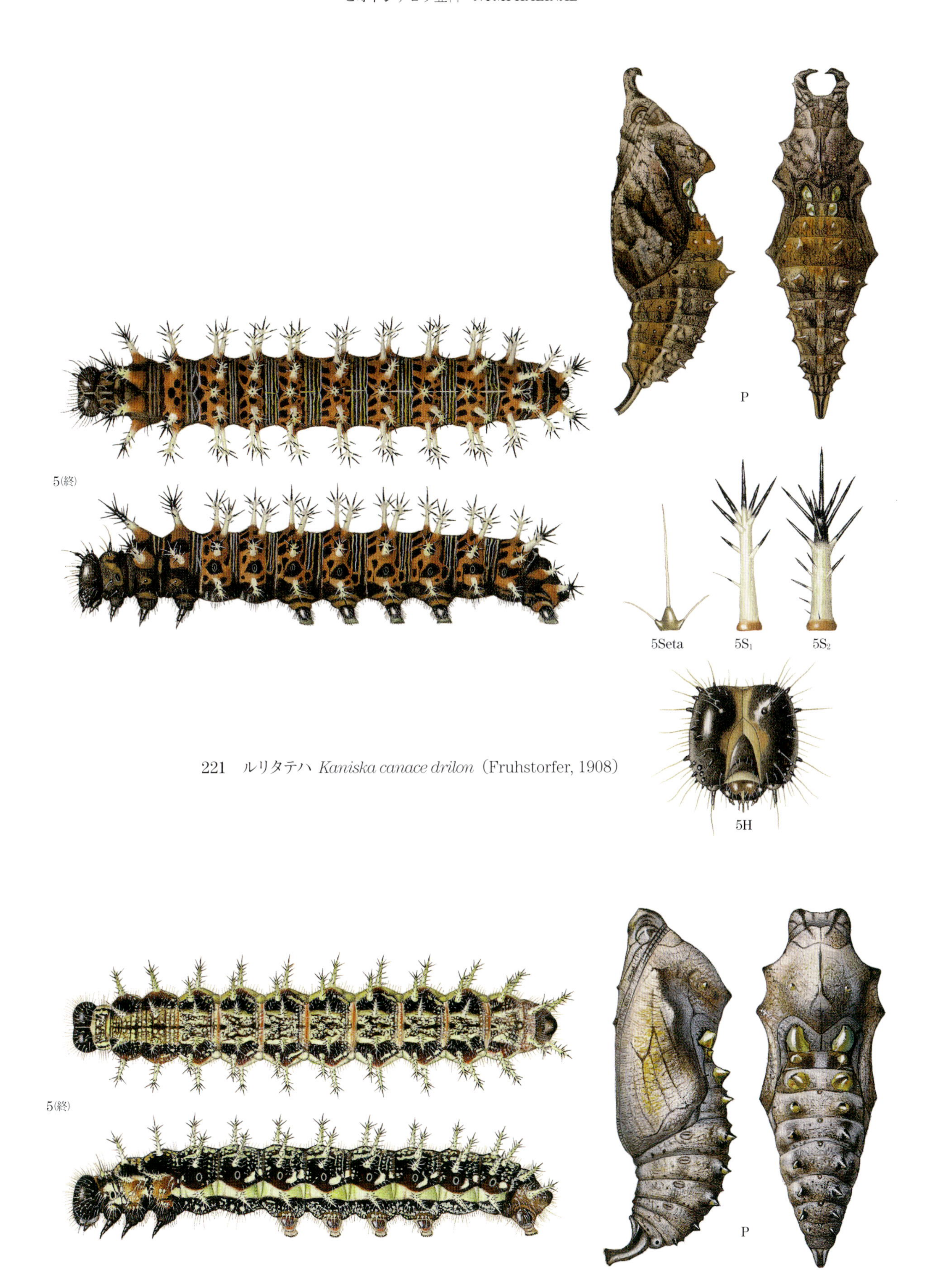

221　ルリタテハ *Kaniska canace drilon*（Fruhstorfer, 1908）

222　アカタテハ *Vanessa indica indica*（Herbst, 1794）

223　ヒメアカタテハ *Cynthia cardui cardui*（Linnaeus, 1758）

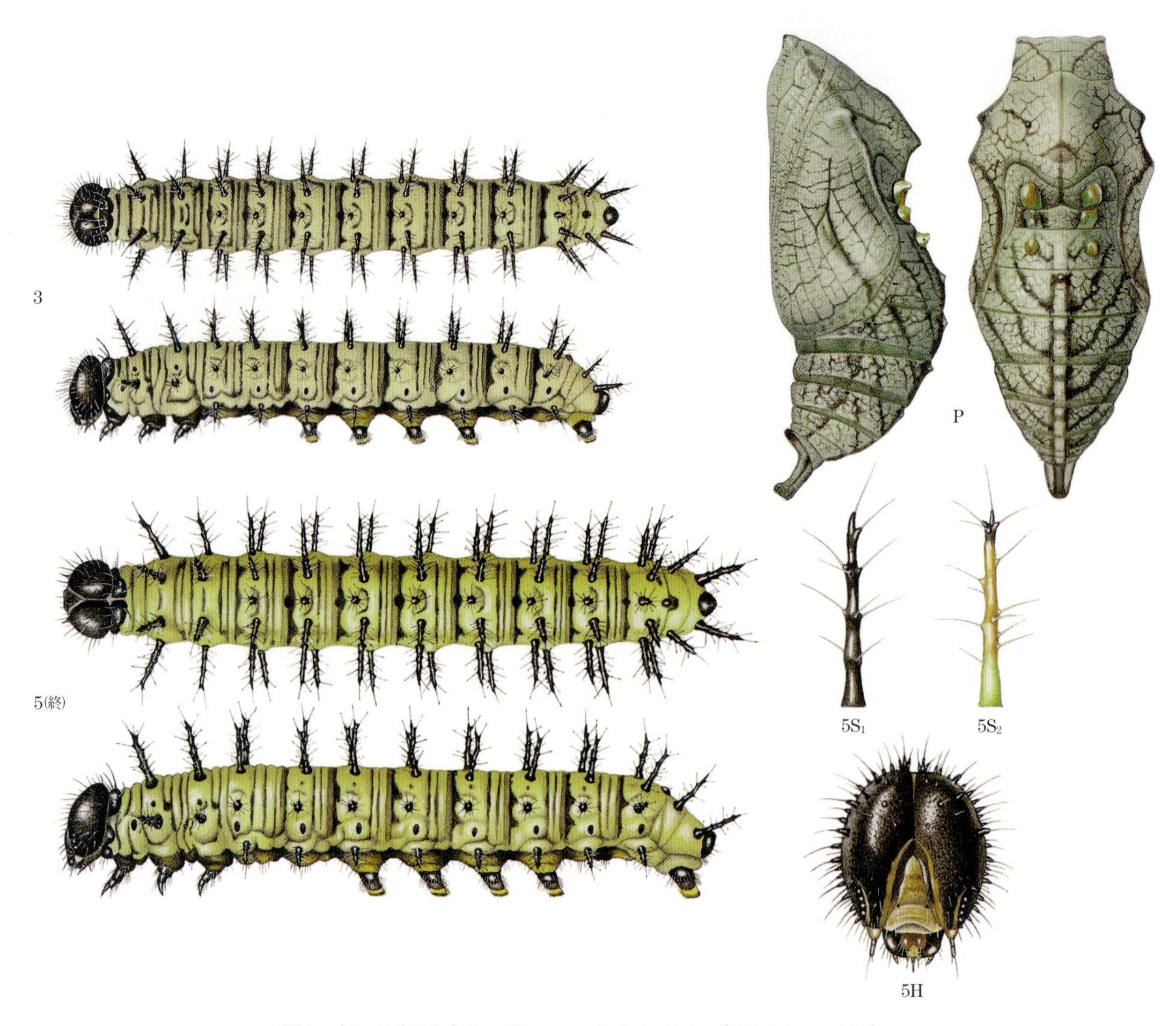

224　ナンベイアカタテハ *Hypanartia lethe lethe*（Fabricius, 1793）

225　アサギタテハ *Siproeta stelenes biplagiata*（Fruhstorfer, 1907）

226　シロスジタテハ *Siproeta epaphus epaphus* Latreille, [1813]

227　ウスイロアメリカタテハモドキ *Anartia jatrophae luteipicta* Fruhstorfer, 1907

228　ベニモンアメリカタテハモドキ *Anartia fatima fatima*（Fabricius, 1793）

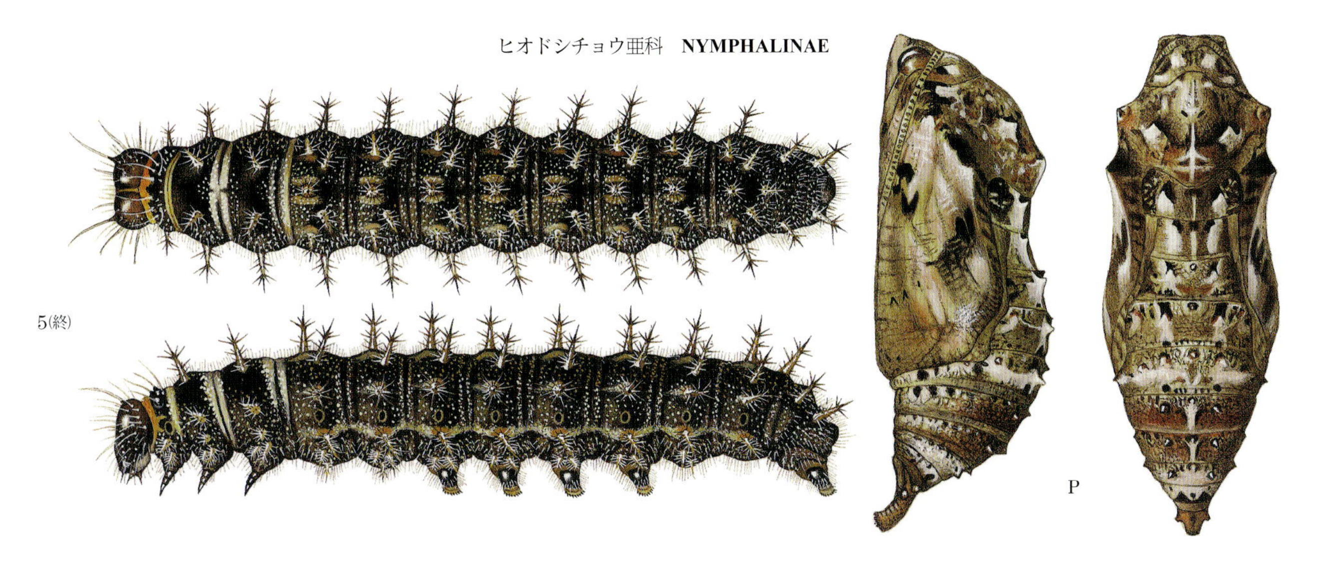

229　タテハモドキ *Junonia almana almana*（Linnaeus, 1758）

230　アオタテハモドキ *Junonia orithya wallacei* Distant, 1883

231　クロタテハモドキ *Junonia iphita horsfieldi* Moore, [1899]

232　ウスイロタテハモドキ *Junonia atlites atlites*（Linnaeus, 1763）

233　ジャノメタテハモドキ *Junonia lemonias lemonias*（Linnaeus, 1758）

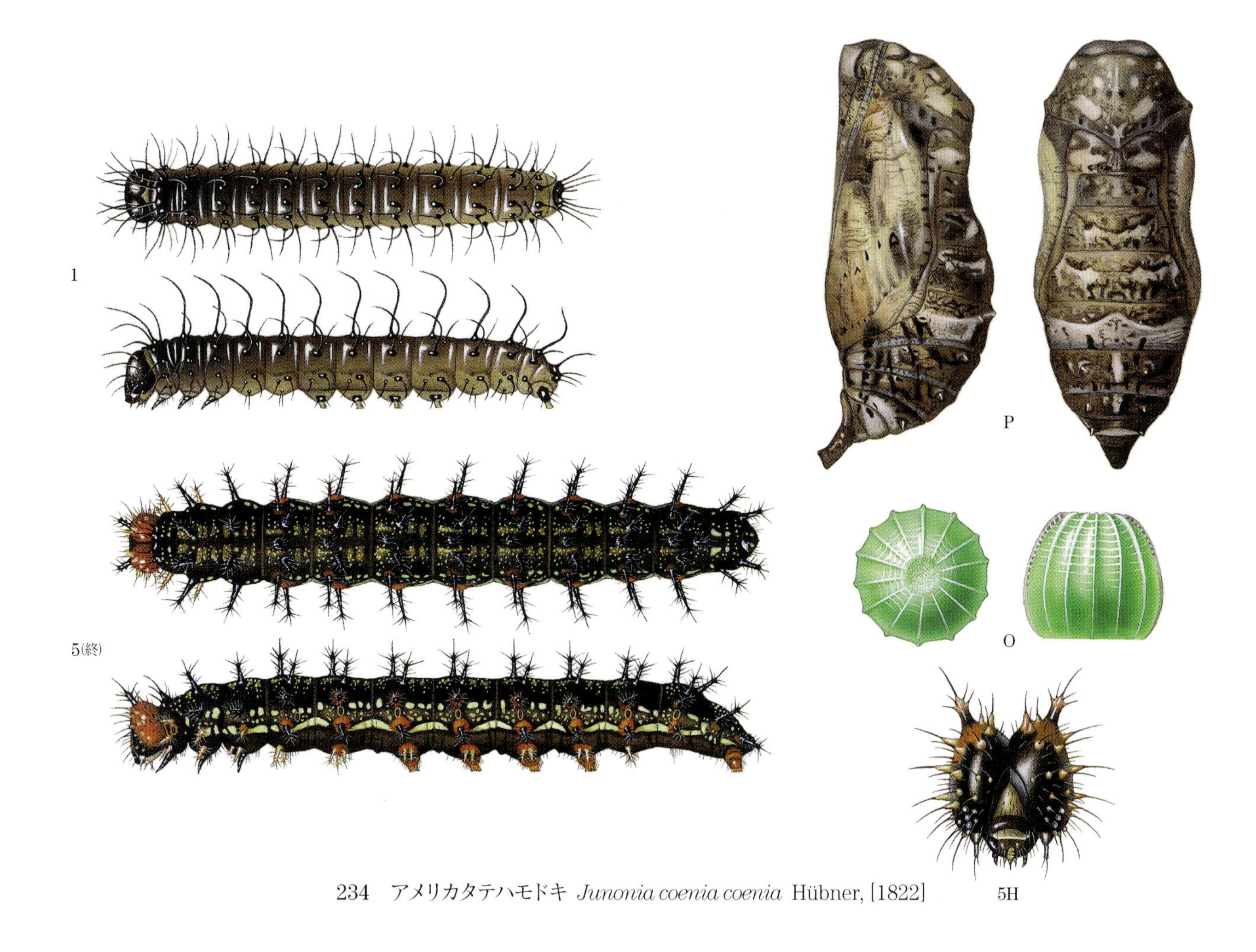

234　アメリカタテハモドキ *Junonia coenia coenia* Hübner, [1822]

235　マングローブタテハモドキ *Junonia genoveva neildi* Brévignon, 2004

236　メスアカムラサキ *Hypolimnas misippus misippus*（Linnaeus, 1764）

237　ヤエヤマムラサキ *Hypolimnas anomala anomala*（Wallace, 1869）

238　ジャノメムラサキ *Hypolimnas deois panopion* Grose-Smith, 1894

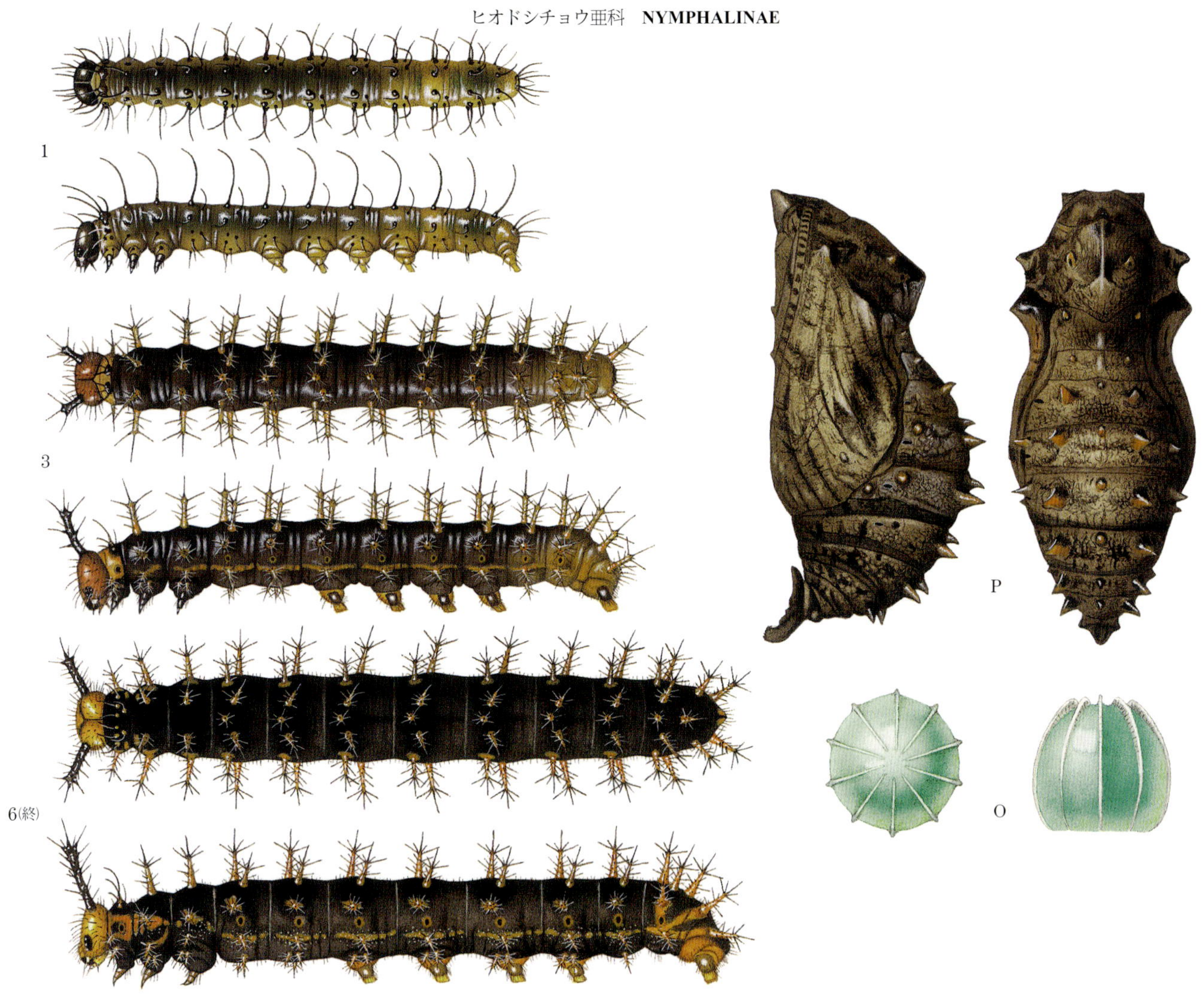

239　リュウキュウムラサキ *Hypolimnas bolina bolina*（Linnaeus, 1758）

240　ルリオビムラサキ *Hypolimnas alimena eremita* Butler, 1883

241　セレベスムラサキ *Hypolimnas diomea diomea* Hewitson, 1861

242　ミイロムラサキ *Hypolimnas pandarus pandarus*（Linnaeus, 1758）

243　シロモンタテハ *Metamorpha elissa pulsitia* Fox & Forbes, 1971

244　ソトグロカバタテハ *Rhinopalpa polynice stratonice*（C. & R. Felder, [1867]）

245　ムラサキコノハチョウ *Kallima limborgii amplirufa* Fruhstorfer, 1898

246　コノハチョウ *Kallima inachus eucerca* Fruhstorfer, 1898

247　セラムコノハ *Doleschallia hexophthalmos hexophthalmos*（Gmelin, 1790）

248　イワサキコノハ *Doleschallia bisaltide pratipa* C. & R. Felder, 1860

249　シロモンベニホシヒョウモンモドキ *Euphydryas chalcedona chalcedona*（Doubleday, [1847]）

250　キマダラベニホシヒョウモンモドキ *Euphydryas editha quino*（Behr, 1863）

251　アメリカコヒョウモンモドキ *Phyciodes mylitta mylitta*（Edwards, 1861）

252　フチグロコヒョウモンモドキ *Phyciodes cocyta selenis*（Kirby, 1837）

253　キマダラアメリカコヒョウモンモドキ *Phyciodes graphica vesta*（Edwards, 1869）

254　キマダラコヒョウモンモドキ *Anthanassa texana texana*（Edwards, 1863）

255　キコヒョウモンモドキ *Tegosa claudina claudina*（Eschscholtz, 1821）

256　イチモンジコヒョウモンモドキ *Castilia myia myia*（Hewitson, 1864）

257　ホソバイチモンジコヒョウモンモドキ *Castilia angusta angusta*（Hewitson, [1868]）

258　キモンナミスジコヒョウモンモドキ *Telenassa teletusa burchelli*（Moulten, 1909）

259　ゴイシヒョウモンモドキ *Poladryas minuta arachne*（Edwards, 1869）

260　ヒメアメリカヒョウモンモドキ *Thessalia theona thekla*（Edwards, 1870）

261　フチグロアメリカヒョウモンモドキ *Chlosyne nycteis nycteis*（Doubleday, [1847]）

262　メスグロアメリカヒョウモンモドキ *Chlosyne palla australomontana* Emmel & Mattoon, 1998

263 キモンアメリカヒョウモンモドキ *Chlosyne lacinia adjutrix* (Scudder, 1875)

264 キオビアメリカヒョウモンモドキ *Chlosyne californica californica* (Wright, 1905)

265 ベニモンアメリカヒョウモンモドキ *Chlosyne janais janais* (Drury, [1782])

266　コヒョウモンモドキ *Melitaea* (*Mellicta*) *ambigua niphona* (Butler, 1878)

267　ウスイロヒョウモンモドキ *Melitaea* (*Cinclidia*) *protomedia protomedia* (Ménétriès, 1858)

268　ヒョウモンモドキ *Melitaea* (*Cinclidia*) *scotosia scotosia* Butler, 1878

269　シロモンマルバネタテハ *Euxanthe wakefieldi*（Ward, 1873）*R

270　モンキヤイロタテハ *Prothoe australis hewitsoni* Wallace, 1869

271　ミイロルリオビタテハ *Prepona deiphile brooksiana* Godman & Salvin, 1889 *R

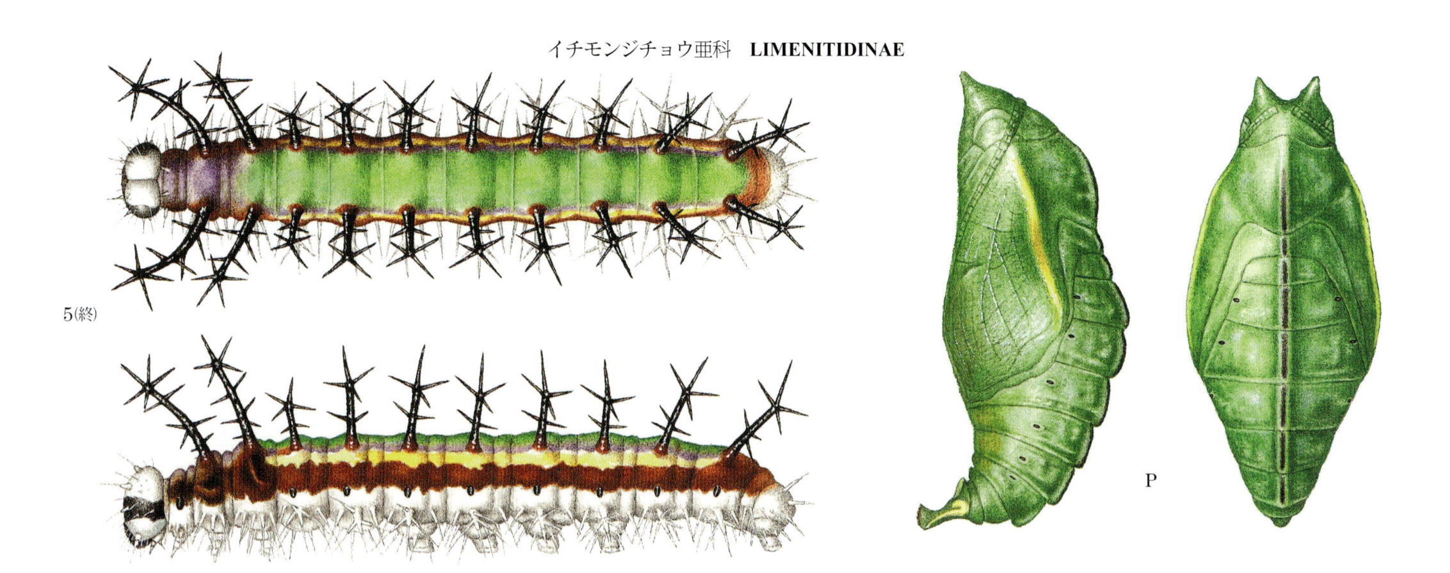

272　オオヒイロタテハ *Cymothoe lucasii*（Doumet, 1859）*R

273　キイロタテハ *Cymothoe alcimeda*（Godart, [1824]）*R

274　シロモンホソチョウモドキ *Pseudacraea lucretia*（Cramer, [1725]）*R

275　ミスジチョウモドキ *Pseudoneptis bugandensis* Stoneham, 1935 *R

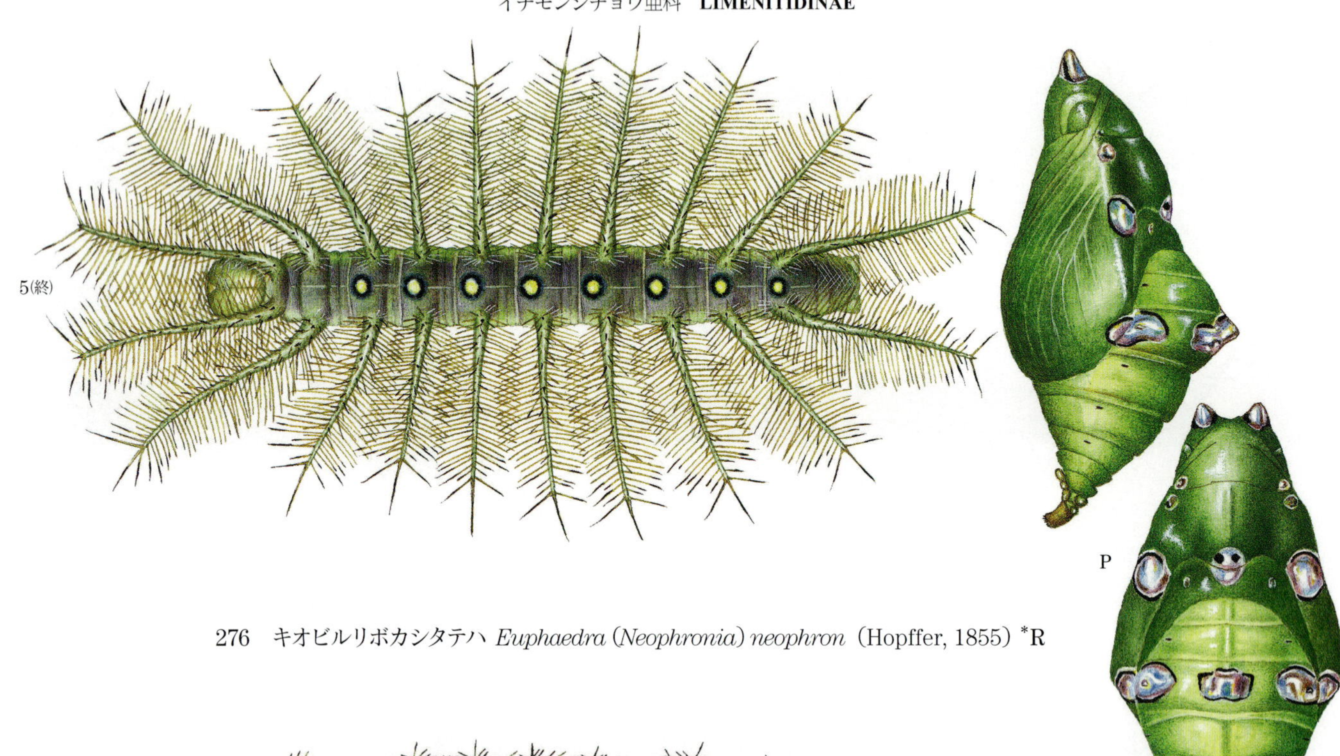

276　キオビルリボカシタテハ *Euphaedra* (*Neophronia*) *neophron* (Hopffer, 1855) *R

277　シロモンアフリカイナズマ *Aterica galene* (Brown, 1776) *R

P

278　ニセヒョウモン *Pseudargynnis hegemone* (Godart, 1819) *R

279　パプアトラフタテハ *Parthenos tigrina cynailurus* Fruhstorfer, 1915

280　ヘリグロアフリカホソチョウ *Bematistes vestalis*（C. & R. Felder, 1865）*R

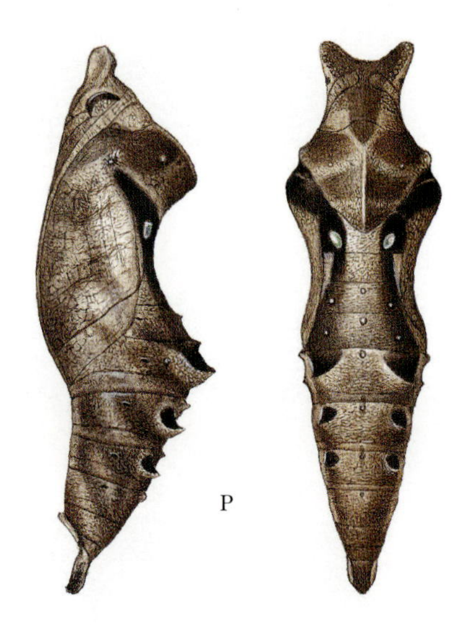

281　パプアカザリタテハ *Mynes geoffroyi guerini* Wallace, 1869 *R

282　ヘンシンタテハモドキ *Precis octavia*（Cramer, [1777]）*R

283　オオシンジュタテハ *Protogoniomorpha parhassus*（Druce, 1782）*R

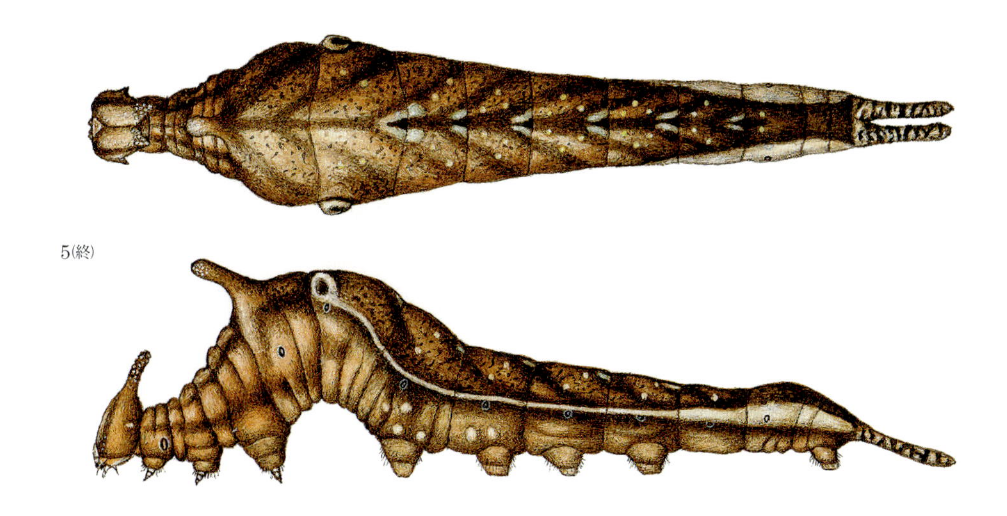

284　ヘリボシルリモンタテハ *Noreppa chromus*（Guérin-Méméville, [1844]）*R

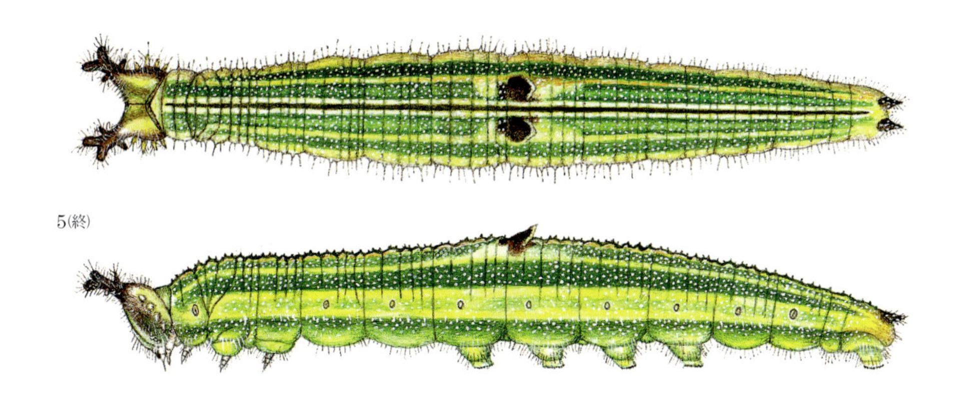

285　アフリカコムラサキ *Apaturopsis cleochares*（Hewitson, 1873）*R

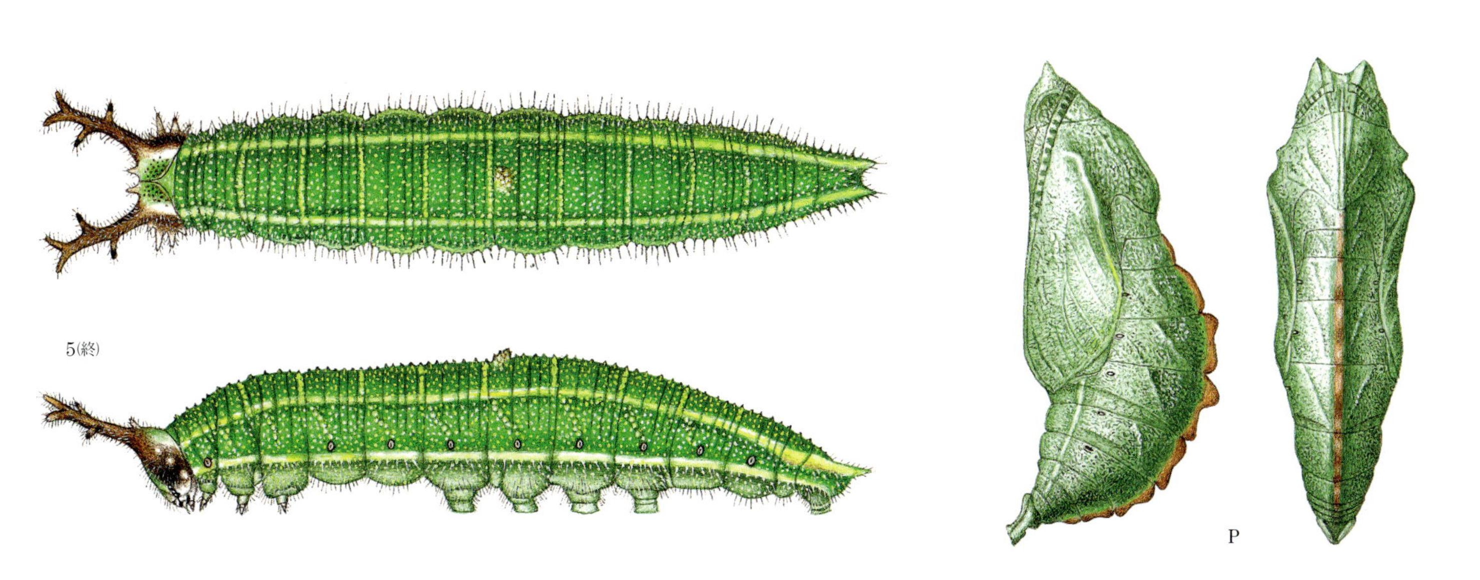

286　モンキコムラサキ *Euapatura mirza* Ebert, 1971 *R

287　ハワイアカタテハ *Vanessa tameamea*（Eschscholtz, 1821）*R

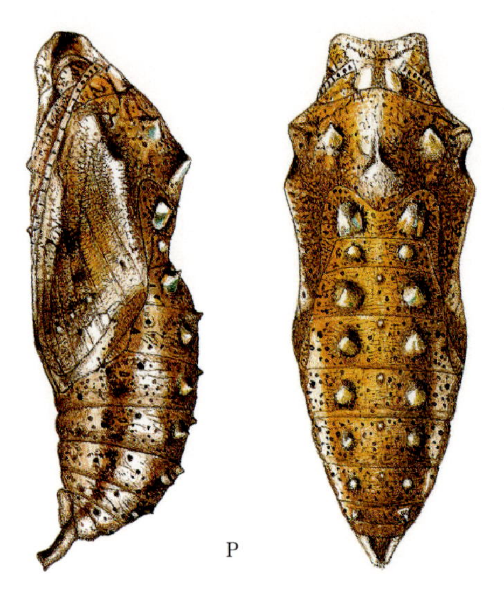

288　カリフォルニアヒメアカタテハ *Cynthia annabella*（Field, 1971）*R

289　モンキアカタテハ *Bassaris itea*（Fabricius, 1775）*R

290　モーリシャスアカタテハ *Antanartia borbonica*（Oberthür, 1879）*R

II
幼生期写真篇

扉：
①～④キンイチモンジ　*Pantoporia consimilis stenopa*　5(終)齢幼虫と蛹 (Timika, Indonesia)
⑤～⑧パプアキオビコノハ　*Yoma algina netonia*　5(終)齢幼虫と蛹 (Timika, Indonesia)
⑨⑩　ベニオビアメリカタテハモドキ　*Anartia amathea amathea*　5(終)齢幼虫 (Satipo, Peru)
⑪⑫　ルリオビトガリタテハ　*Napeocles jucunda*　蛹？ (Satipo, Peru)
扉裏：
①～④イワサキタテハモドキ　*Junonia hedonia zelima*　5(終)齢幼虫と蛹 (Timika, Indonesia)
⑤　ルリキノハタテハ　*Memphis acidalia arachne*　5(終)齢幼虫 (Satipo, Peru)
⑥　ホソチョウ　*Acraea issoria vestoides*　5(終)齢幼虫 (Bali, Indonesia)
⑦　ムラサキウラスジタテハ　*Perisama philinus descimoni*　5(終)齢幼虫 (Satipo, Peru)
⑧　オオウラナミタテハ　*Colobura annulata annulata*　5(終)齢幼虫 (Satipo, Peru)
⑨　アメリカウラベニヒョウモン　*Euptoieta claudia daunius*　5(終)齢幼虫
⑩　アカオビヒメドクチョウ　*Eueides aliphera aliphera*　5(終)齢幼虫 (Satipo, Peru)
⑪⑫モルッカムラサキ　*Hypolimnas antilope antilope*　蛹 (Seram, Indonesia)
⑬　カスリタテハ　*Hamadryas iphthime iphthime*　4齢幼虫 (Satipo, Peru)

捕獲した♀

強制採卵

寄主植物 *Erythroxylum* sp.(Satipo,Peru)

卵

1齢幼虫

2齢幼虫

3齢幼虫

4齢幼虫

5(終)齢幼虫(背面)

5(終)齢幼虫(側面)

蛹（側面）

蛹（背面）

蛹（腹面）

生息地(Rio Venado,Satipo,Peru)

前蛹

成虫の羽化

ベアタミイロタテハ ***Agrias beatifica beata*** **Staudinger, 1886** の幼生期

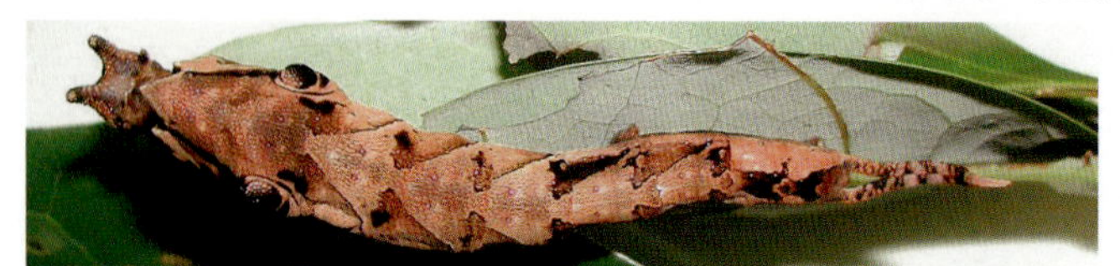
ルリオビタテハ *Archaeoprepona amphimachus symaithus* (Satipo,Peru)

カナエタテハ *Consul fabius divisus* (Satipo,Peru)

ベニオビコノハ *Siderone galanthis thebais* (Satipo,Peru)

ベニモンウラナミキノハタテハ *Fountainea nessus nessus* (Satipo,Peru)

ルリオビタテハ

トガリコノハ

シロオビカナエタテハ

ベニモンウラナミキノハタテハ

ウラナミキノハタテハ

オナシルリキノハタテハ

ヒメルリキノハタテハ

アオネキノハタテハ

ウラスジルリオビタテハ *Archaeoprepona demophon muson* (Satipo,Peru)

シロオビカナエタテハ *Hypna clytemnestra negra* (Satipo,Peru)

トガリコノハ *Zaretis itys itys* (Satipo,Peru)

ウラナミキノハタテハ *Fountainea eurypyle eurypyle* (Satipo,Peru)

ヒメルリキノハタテハ *Cymatogramma pithyusa pithyusa* (Satipo,Peru)

ルリモンキノハタテハ *Memphis basilia drucei* (Satipo,Peru)

アオネキノハタテハ *Memphis moruus morpheus* (Satipo,Peru)

ヒメルリオビタテハ (Shima,Peru)

ルリオビキノハタテハ，アミドンミイロタテハ (Shima,Peru)

ベニモンウラナミキノハタテハ 4齢幼虫と食痕・巣 (Calabaza,Peru)

トガリコノハ 3齢幼虫と食痕 (Satipo,Peru)

フタオチョウ亜科 Charaxinae の幼生期

発生地（Calabaza,Peru 標高 1,800m）

キオビコムラサキ（Satipo,Peru）

ニジコムラサキ（Satipo,Peru）

ウラギンコムラサキ *Doxocopa linda mileta*（Satipo,Peru）

枝上のミイロニジコムラサキ *Doxocopa lavinia*？4齢幼虫（Calabaza,Peru）

ナンベイコムラサキ *Doxocopa agathina agathina*（Satipo,Peru）

ルリモンコムラサキ *Doxocopa cyane cyane*（Satipo,Peru）

ニジコムラサキ *Doxocopa laurentia cherubina*（Satipo,Peru）

葉裏に潜むルリモンコムラサキ（Calabaza,Peru）　ウラギンコムラサキ

キオビコムラサキ　ナンベイコムラサキ　ルリモンコムラサキ　ニジコムラサキ

ナンベイコムラサキ属 **Doxocopa** の幼生期

アメリカイチモンジ属の1種① *Adelpha* sp.1 (Satipo,Peru)

ベニオビアメリカイチモンジ *Adelpha mesentina mesentina* (Satipo,Peru)

アメリカイチモンジ属の1種② *Adelpha* sp.2 (Satipo,Peru)

フトオビアメリカイチモンジ *Adelpha malea aethalia* (Satipo,Peru)

エグリミスジ *Neptis leucoporos cresina* (Templer Park,Malaysia)

フトオビアメリカイチモンジ *Adelpha malea aethalia* (Satipo,Peru)

ベニオビアメリカイチモンジ (Satipo,Peru)

ワイモンアメリカイチモンジ *Adelpha capucinus capucinus* (Satipo,Peru)

ミズイロアメリカイチモンジ *Adelpha serpa diadochus* (Satipo,Peru)

タケミスジ *Pantoporia venilia venilia* (Ambon,Indonesia)

ウラキンミスジ (Tapah,Malaysia)

ムラサキイチモンジ *Parasarpa dudu jinamitra* (Taiwan)

ワイモンアメリカイチモンジ

ベニオビアメリカイチモンジ

ミズイロアメリカイチモンジ

トビイロイナズマ (Laos)

サトオオイナズマ (Chiang Mai,Thailand)

イチモンジチョウ亜科 **Limenitidinae** の幼生期

チャイロドクチョウ *Dryas iulia moderata* (Satipo,Peru)

タカネドクチョウ *Podotricha telesiphe telesiphe*?（Calabaza,Peru）

カナダホソバヒョウモン *Clossiana bellona bellona* (Markhan Fauquier county,USA)

葉裏のシロモンハレギチョウ *Cethosia cydippe chrysippe* (Cairns,Australia)

群棲するモンキドクチョウ *Heliconius sara sara* 4齢幼虫 (Satipo,Peru)

葉裏のモンキドクチョウ *Heliconius sara sara* 終齢幼虫 (Satipo,Peru)

ドクチョウ属の1種 *Heliconius* sp. (Satipo,Peru)

ヒメチャイロタテハ *Vindula dejone erotella*（Tapah,Malaysia）

シロモンハレギチョウ

キマダラヒメドクチョウ *Eueides aliphera aliphera* (Satipo,Peru)

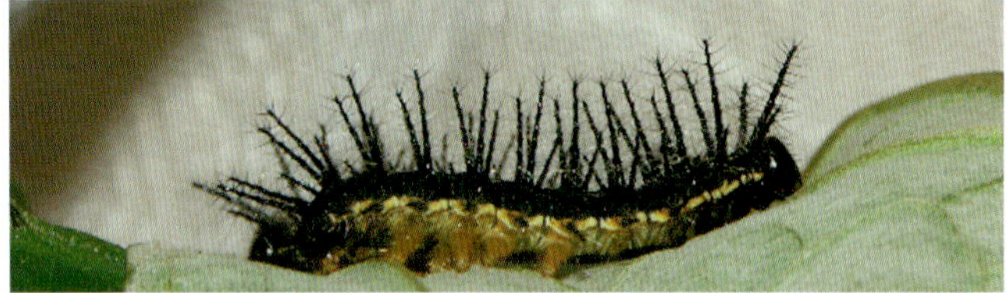
ベニスジナンベイホソチョウ *Altinote negra demonica* (Satipo,Peru)

ベニスジナンベイホソチョウ *Actinote negra demonica* 卵と孵化した幼虫 (Satipo,Peru)

群棲するチャイロウラギンドクチョウ *Dione juno miraculosa* 4齢幼虫 (Satipo,Peru)

ドクチョウ亜科 Heliconiinae の幼生期

アカヘリタテハ *Biblis hyperia laticlavia* (Satipo,Peru)

ルリミスジ *Myscelia ethusa ethusa* (Texas,USA)

ウラマダラジャノメタテハ *Eunica chlororhoa chlororhoa* (Satipo,Peru)

コジャノメタテハ *Eunica clytia clytia* (Satipo,Peru)

ムラサキジャノメタテハ *Eunica orphise orphise* (Satipo,Peru)

ジャノメタテハ属の1種 *Eunica* sp. (Satipo,Peru)

クロジャノメタテハ *Eunica malvina malvina* (Satipo,Peru)

ミズイロタテハ *Nessaea hewitsonii hewitsonii*? (Satipo,Peru)

ミツボシタテハ *Catonephele numilia esite* (Satipo,Peru)

マルバネミツボシタテハ *Catonephele acontius acontius* 4齢幼虫 (Satipo,Peru)

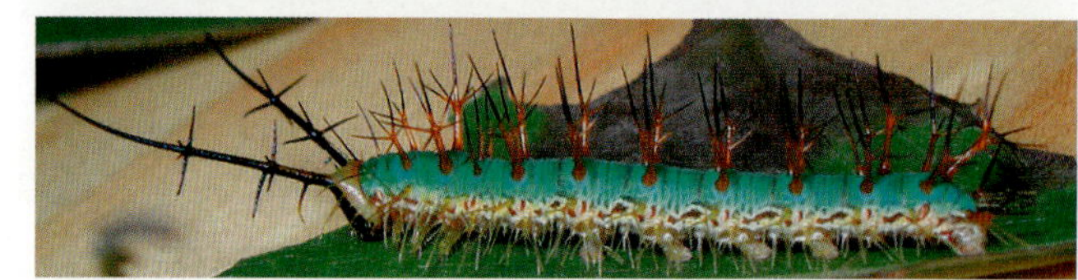
マルバネミツボシタテハ *Catonephele acontius acontius*　終齢幼虫 (Satipo,Peru)

ツマグロカバタテハ *Temenis laothoe laothoe* (Satipo,Peru)

ヒメツマグロカバタテハ *Nica flavilla sylvestris* (Satipo,Peru)

クロカバタテハ *Peria lamis lamis* 4齢幼虫 (Satipo,Peru)

クロカバタテハ *Peria lamis lamis*　終齢幼虫 (Satipo,Peru)

ルリモンカスリタテハ *Hamadryas laodamia laodamia* (Satipo,Peru)

ウラベニタテハ *Panacea prola amazonica* (Satipo,Peru)

カバタテハ亜科 **Biblidinae** の幼生期 I

ヒメウラニシキタテハ *Dynamine artemisia glauce* (Satipo,Peru)

ルリモンウズマキタテハ *Callicore lyca aegina* (Satipo,Peru)

ウラモジタテハ属の1種 *Diaethria* sp. (Satipo,Peru)

ベニオビウズマキタテハ *Callicore cynosura cynosura* (Satipo,Peru)

ウラモジタテハ *Diaethria clymena peruviana* (Satipo,Peru)

マルバネミツボシタテハ

ミツボシタテハ

ルリミスジ

ジャノメタテハ属の1種

コジャノメタテハ

ツマグロカバタテハ

ウラマダラジャノメタテハ

コジャノメタテハ *Eunica clytia clytia* の食痕 (Satipo, Peru)

ヒメジャノメタテハ

クロカバタテハ

ルリモンウズマキタテハ

ベニオビウズマキタテハ

ムラサキウラスジタテハ *Perisama philinus descimoni*？の食痕 (Calabaza,Peru)

ベニオビウズマキタテハ

ツマグロカバタテハ

ルリモンカスリタテハ *Hamadryas laodamia laodamia* (Satipo,Peru)

カバタテハ亜科 **Biblidinae** の幼生期Ⅱ

キマダラコヒョウモンモドキ *Anthanassa texana texana* (Texas,USA)

ホソバイチモンジコヒョウモンモドキ *Castilia angusta angusta* (Satipo,Peru)

シロモンベニホシヒョウモンモドキ *Euphydryas chalcedona chalcedona* (California,USA)

キモンナミスジコヒョウモンモドキ *Telenassa teletusa burchelli* (Satipo,Peru)

ルリタテハ *Kaniska canace drilon* (Taiwan)

クエスチョンマークキタテハ *Polygonia interrogationis interrogationis* (Washington,USA)

ミイロムラサキ *Hypolimnas pandarus pandarus* (Seram,Indonesia)

ルリオビムラサキ *Hypolimnas alimena eremita* (Papua,Indonesia)

シロスジタテハ *Siproeta epaphus epaphus* (Calabaza,Peru)

シロモンタテハ *Metamorpha elissa pulsitia* 4齢幼虫 (Satipo,Peru)

オリオンタテハ *Historis odius odius* 4齢幼虫 (Satipo,Peru)

セラムコノハ *Doleschallia hexophthalmos hexophthalmos* (Seram,Indonesia)

ウラナミタテハの卵

ナンベイアカタテハ *Hypanartia lethe lethe* 幼虫と巣 (Satipo,Peru)

群棲するモルッカキミスジ *Symbrenthia hippoclus hippoclus* 3齢幼虫 (Ambon,Indonesia)

群棲するオオウラナミタテハ *Colobura annulata annulata* 4齢幼虫 (Satipo,Peru)

ヒオドシチョウ亜科 **Nymphalinae** の幼生期

Ⅲ

成虫標本写真篇

扉：
①セラムチャイロイチモンジ　*Moduza staudingeri staudingeri* ♀ (Seram, Indonesia)
②ナカグロミスジ　*Athyma* (*Tacoraea*) *asura aei* ♀ (Palawan, Philippines) ＊五十嵐
③ホシボシフタオチョウ　*Charaxes durnfordi staudingeri* ♂ (Java) ＊五十嵐
④セレベスイチモンジ　*Athyma* (*Tacola*) *eulimene badoura* ♂ (Sulawesi, Indonesia) ＊五十嵐
⑤パプアムラサキ　*Hypolimnas pithoeka pithoeka* ♂ (Papua New Guinea) ＊五十嵐
⑥ペリクレスミイロタテハ　*Agrias pericles pericles* ♂ (Brazil) ＊新井
扉裏：
①ヒメホソチョウモドキ　*Pseudacraea warburgi warburgi* ♂ (Central Africa Republic) ＊江田
②ミカドフタオチョウ　*Charaxes imperialis albipunctus* ♂ (R.C. Africa)
③フィリピンチャイロフタオチョウ　*Charaxes amycus amycus* ♂ (Luzon, Philippines) ＊五十嵐
④パプアトラフタテハ　*Parthenos tigrina cynailurus* ♀ (Timika, Indonesia)
⑤セレベスイナズマチョウ　*Euthalia amanda amanda* ♀ (Sulawesi, Indonesia)
⑥カグヤコムラサキ　*Mimathyma ambica ambica* ♂ (Kashmir, India) ＊五十嵐
⑦モルッカムラサキ　*Hypolimnas antilope antilope* ♀ (Ambon, Indonesia)

クビワチョウ
Calinaga buddha formosana
♂（Taiwan）

クビワチョウ
C. b. formosana
♂（Taiwan）V

クビワチョウ
C. b. formosana ♀（Taiwan）

クビワチョウ
C. b. buddha ♂（India）＊進化研

ソトグロクビワチョウ
C. davidis davidis ♂（China）＊進化研

カバシタクビワチョウ
C. sudassana sudassana ♂（Thailand）＊日大

ヒロオビコフタオチョウ
Polyura arja arja ♂（Thailand）

ヒロオビコフタオチョウ
P. a. arja ♀（Thailand）

ヒロオビコフタオチョウ
P. a. arja ♀（Thailand）V

シロモンコフタオチョウ
P. hebe chersonesus ♂（Malaysia）

シロモンコフタオチョウ
P. h. fallax ♀（Java）＊向山

シロモンコフタオチョウ
P. h. fallax ♀（Java）V＊向山

ヒメフタオチョウ
Polyura narcaeus meghaduta ♂ (Taiwan)＊進化研

ヒメフタオチョウ
P. n. menedemus ♀ (China)＊原田

ウスイロフタオチョウ
P. dolon magniplagus ♂ (Nepal)＊進化研

フタオチョウ
P. eudamippus formosana ♀ (Taiwan)＊進化研

フタオチョウ
P. e. nigrobasalis ♂ (Thailand)

モルッカフタオチョウ
P. pyrrhus pyrrhus ♀ (Ambon)＊進化研

フィジーフタオチョウ
P. caphontis caphontis ♂ (Fiji)＊進化研

セレベスクギヌキフタオチョウ
P. cognatus cognatus ♀ (Sulawesi)

クギヌキフタオチョウ
P. dehanii sulthan ♀ (Sumatera)＊新井

チャイロフタオチョウ
Charaxes bernardus bernardus ♂（China）*原田

チャイロフタオチョウ
C. b. bernardus ♂（China）V *原田

チャイロフタオチョウ
C. b. crepax ♂（Malaysia）

チャイロフタオチョウ
C. b. bernardus ♀（China）

セレベスチャイロフタオチョウ
C. affinis affinis ♀（Sulawesi）

セレベスチャイロフタオチョウ
C. a. affinis ♂（Sulawesi）V

キオビフタオチョウ
C. solon sulphureus ♂（Thailand）

セレベスチャイロフタオチョウ
C. a. affinis ♂（Sulawesi）

キオビフタオチョウ
C. s. lampedo ♂（Negros）V

キオビフタオチョウ
C. s. lampedo ♂（Negros）

ヨコヅナフタオチョウ
Charaxes eurialus eurialus ♂（Ambon）

ヨコヅナフタオチョウ
C. e. eurialus ♀（Ambon）＊進化研

オスルリフタオチョウ
C. mars mars ♂（Sulawesi）

オスルリフタオチョウ
C. m. mars ♀（Sulawesi）

オスジロフタオチョウ
C. nitebis nitebis ♀（Sulawesi）

キベリフタオチョウ
C. orilus orilus ♂（Timor）＊江田

パプアチャイロフタオチョウ
C. latona gigantea ♂（Papua New Guinea）＊新井

オウゴンフタオチョウ
Charaxes fournierae fournierae ♂ (Gabon)＊江田

オウゴンフタオチョウ
C. f. fournierae ♀ (Gabon)＊江田

ルリモンフタオチョウ
C. smaragdalis smaragdalis ♀ (C. Africa)

ツマキヒメフタオチョウ
C. kahldeni kahldeni ♀ (Zimbabwe)＊進化研

マルオヒメフタオチョウ
C. zoolina zoolina ♀ (Zimbabwe)＊進化研

シロムクフタオチョウ
C. hadrianus hadrianus ♀ (Cameroon)

オオフタオチョウ
C. andranodorus andranodorus ♀ (Madagascar)＊進化研

マダラマルバネタテハ
Euxanthe eurinome ansellica ♂ (C. Africa)*進化研

マダラマルバネタテハ
E. e. ansellica ♀ (C. Africa)*進化研

チャモンマルバネタテハ
E. trojanus trojanus ♀ (C. Africa)*進化研

シロスジマルバネタテハ
E. crossleyi crossleyi ♂ (C. Africa)*進化研

オナガフタオチョウ
Palla publius centralis ♂ (C. Africa)*進化研

ホソオビオナガフタオチョウ
P. ussheri ussheri ♂ (C. Africa)*進化研

ホソオビオナガフタオチョウ
P. u. ussheri ♀ (C. Africa)*進化研

ルリオビオナガフタオチョウ
P. violinitens violinitens ♂ (C. Africa)*進化研

ルリオビオナガフタオチョウ
P. v. violinitens ♀ (C. Africa)*進化研

ルリオビヤイロタテハ
Prothoe franck franck ♂ (Java)＊向山

ルリオビヤイロタテハ
P. f. franck ♂ (Java) V＊向山

ルリオビヤイロタテハ
P. f. franck ♀ (Java)＊向山

ルリオビヤイロタテハ
P. f. uniformis ♂ (Malaysia)＊進化研

ルリオビヤイロタテハ
P. f. semperi ♂ (Samar)

モンキヤイロタテハ
P. australis mafalda ♂ (Papua New Guinea)＊進化研

ヤイロタテハ
Agatasa calydonia chrysodonia ♂ (Mindanao)＊向山

ヤイロタテハ
A. c. calydonia ♂ (Malaysia)

ヤイロタテハ
A. c. calydonia ♂ (Malaysia) V

ヤイロタテハ
A. c. calydonia ♀ (Malaysia)

ヒイロキノハタテハ
Anaea troglodyta andria ♂ (USA)

ヒイロキノハタテハ
A. t. andria ♂ (USA) V

ヒイロキノハタテハ
A. t. andria ♀ (USA)

ヒイロキノハタテハ
A. t. aidea ♂ (USA)

ヒイロキノハタテハ
A. t. aidea ♀ (USA)

ヒイロキノハタテハ
A. t. cubana ♂ (Cuba) ＊進化研

ツマムラサキウラナミキノハタテハ
Fountainea ryphea phidile ♂ (Brazil) ＊新井

ムラサキウラナミキノハタテハ
F. nesea nesea ♂ (Ecuador) ＊北山

ウラナミキノハタテハ
F. eurypyle eurypyle ♂ (Peru)

ウラナミキノハタテハ
F. e. eurypyle ♂ (Peru) V

ウラナミキノハタテハ
F. e. eurypyle ♀ (Peru)

ベニモンウラナミキノハタテハ
F. nessus nessus ♂ (Peru)

ベニモンウラナミキノハタテハ
F. n. nessus ♂ (Peru) V

ベニモンウラナミキノハタテハ
F. n. nessus ♀ (Peru)

ヒメルリキノハタテハ
Cymatogramma pithyusa pithyusa ♂ (Peru)

ヒメルリキノハタテハ
C. p. pithyusa ♂ (Peru) V

アオモンヒメルリキノハタテハ
C. arginussa onophis ♂ (Peru)

ルリキノハタテハ
Memphis acidalia arachne ♀ (Peru)

ルリキノハタテハ
M. a. arachne ♀ (Peru)

ルリキノハタテハ
M. a. arachne ♀ (Peru)

ルリキノハタテハ
M. a. arachne ♀ (Peru) V

オナシルリキノハタテハ
M. phantes vicinia ♂ (Peru)

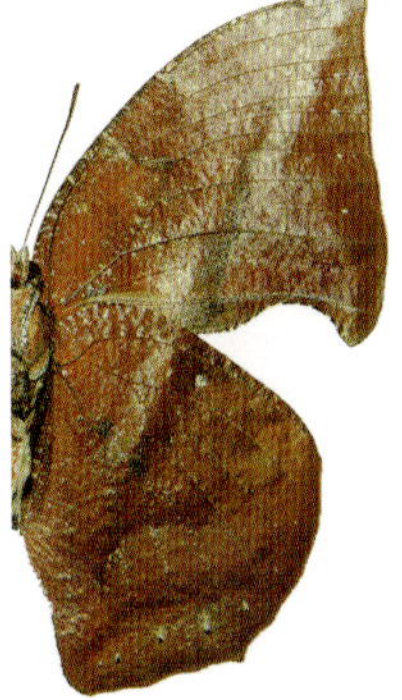
オナシルリキノハタテハ
M. p. vicinia ♂ (Peru) V

オナシルリキノハタテハ
M. p. vicinia ♀ (Peru)＊新井

マルバネルリキノハタテハ
M. mora montana ♂ (Peru)

オオルリキノハタテハ
M. laura caucana ♂ (Colombia)＊新井

オオルリキノハタテハ
M. l. caucana ♀ (Colombia)＊新井

アオネキノハタテハ
M. moruus morpheus ♂ (Peru)

アオネキノハタテハ
M. m. morpheus ♂ (Peru) V

ルリモンキノハタテハ
M. basilia drucei ♂ (Peru)

ルリモンキノハタテハ
M. b. drucei ♂ (Peru) V

ベニモンキノハタテハ
M. (Annagrapha) anna anna ♂ (Peru)

ルリヘリキノハタテハ
M. (A.) polyxo polyxo ♂ (Peru)

トガリルリオビキノハタテハ
Memphis (*Rydonia*) *falcata falcata* ♂ (Brazil) ＊北山

トガリルリオビキノハタテハ
M. (*R.*) *f. falcata* ♂ (Brazil) V＊新井

ルリオビキノハタテハ
Polygrapha cyanea cyanea ♂ (Peru)

ルリオビキノハタテハ
Polygrapha c. cyanea ♂ (Peru) V

ルリオビキノハタテハ
Polygrapha c. cyanea ♀ (Peru) ＊江田

ルリオビキノハタテハ
Polygrapha c. cyanea
♀ (Peru) V＊江田

オナシキノハタテハ
Polygrapha (*Pseudocharaxes*) *xenocrates punctimarginale*
♂ (Brazil) ＊新井

オナシキノハタテハ
Polygrapha (*P.*) *x. punctimarginale*
♂ (Brazil) V＊新井

オナシキノハタテハ
Polygrapha (*P.*) *x. xenocrates*
♂ (Peru) ＊寺

トガリキノハタテハ
P. (*Z.*) *s. suprema* ♂ (Brazil)
＊近藤撮影

トガリキノハタテハ
Polygrapha (*Zikania*) *suprema suprema* ♀ (Brazil)
＊近藤撮影

ムラサキキノハタテハ
Polygrapha (*Muyshondtia*) *tyrianthina tyrianthina*
♂ (Peru)

ムラサキキノハタテハ
P. (*M.*) *t. tyrianthina*
♂ (Peru) V

カナエタテハ
Consul fabius divisus ♂（Peru）

カナエタテハ
C. f. divisus ♂（Peru）V

カナエタテハ
C. f. castaneus ♀（Brazil）＊新井

ムラサキカナエタテハ
C. panariste jansoni ♂（Mexico）＊江田

ムラサキカナエタテハ
C. p. panariste ♂（Ecuador）＊北山

ムラサキカナエタテハ
C. p. jansoni ♀（Mexico）＊江田

ツマグロカナエタテハ
C. electra electra ♂（Mexico）＊北山

シロオビカナエタテハ
Hypna clytemnestra negra ♂（Peru）

シロオビカナエタテハ
H. c. huebneri ♀（Brazil）＊新井

シロオビカナエタテハ
H. c. huebneri ♀（Brazil）V＊新井

オオキノハタテハ
Coenophlebia archidona archidona ♂ (Peru) ＊新井

ウスイロトガリコノハ
Zaretis isidora isidora ♀ (Brazil) ＊新井

チャイロトガリコノハ
Z. syene syene ♀ (Peru) ＊日大

トガリコノハ
Z. itys itys ♀ (Peru)

トガリコノハ
Z. i. itys ♂ (Peru) V

ベニオビコノハ
Siderone galanthis thebais ♂ (Peru) ＊新井

ベニオビコノハ
S. g. thebais ♂ (Peru) V ＊新井

ベニモンコノハ
S. syntyche mars ♂ (Peru)

ベニオビコノハ
S. g. galanthis ♂ (Brazil) ＊新井

ベニオビコノハ
S. g. thebais ♀ (Ecuador) ＊大木

ベニオビコノハ
S. g. thebais ♀ (Ecuador) V ＊大木

ヒスイタテハ
Anaeomorpha splendida splendida ♂ (Peru) ＊新井

ヒスイタテハ
Anaeomorpha s. splendida ♂ (Peru) V＊新井

ウラキルリオビタテハ
Archaeoprepona. licomedes licomedes ♂ (Peru) V

ヘリボシルリモンタテハ
Noreppa chromus chromus ♂ (Peru)

ヘリボシルリモンタテハ
N. c. chromus ♂ (Peru) V

ウラキルリオビタテハ
Archaeoprepona licomedes licomedes
♂ (Peru)

ウラスジルリオビタテハ
Archaeoprepona demophon thalpius
♂ (Brazil)＊新井

ウラスジルリオビタテハ
Archaeoprepona d. thalpius
♂ (Brazil) V＊新井

ウラスジルリオビタテハ
Archaeoprepona d. thalpius
♀ (Brazil)＊新井

メキシコルリオビタテハ
Archaeoprepona phaedra aelia ♂ (Mexico)＊江田

ルリオビタテハ
Archaeoprepona amphimachus symaithus ♂ (Peru)

ルリオビタテハ
Archaeoprepona a. symaithus ♂ (Peru) V

ミイロルリオビタテハ
Prepona deiphile escalantiana ♂ (Veracruz, Mexico) ＊江田

ミイロルリオビタテハ
P. d. brooksiana ♂ (Puebla, Mexico) ＊江田

ミイロルリオビタテハ
P. d. brooksiana ♀ (Puebla, Mexico) ＊江田

ミイロルリオビタテハ
P. d. neoterpe ♂ (Peru)

ミイロルリオビタテハ
P. d. neoterpe ♂ (Peru) V

ミイロルリオビタテハ
P. d. diaziana ♀ (Chiapas, Mexico) ＊江田

ミイロルリオビタテハ
P. d. xenagolas ♂ (Bolivia)

ミイロルリオビタテハ
P. d. xenagolas ♂ (Bolivia) ＊江田

ミイロルリオビタテハ
P. d. lambertoana ♂ (Michoacán, Mexico) ＊江田

ミイロルリオビタテハ
P. d. garleppiana ♂ (Bolivia) ＊新井

ミイロルリオビタテハ
P. d. deiphile ♂ (Brazil) ＊新井

ムラサキルリオビタテハ
Prepona laertes laertes ♂ (Satipo, Peru)

ムラサキルリオビタテハ
P. l. laertes ♂ (Satipo, Peru) V

ムラサキルリオビタテハ
P. l. demodice ♂ (Atalaya, Peru)

ムラサキルリオビタテハ
P. l. louisa ♂ (Venezuela)＊北山

ムラサキルリオビタテハ
P. l. octavia ♀ (Mexico)＊進化研

ムモンルリオビタテハ
P. pheridamas pheridamas ♂ (Brazil)＊新井

ムモンルリオビタテハ
P. p. pheridamas ♂ (Brazil) V＊新井

ヒメルリオビタテハ
P. dexamenus dexamenus ♂ (Colombia)＊進化研

ヒメルリオビタテハ
P. d. dexamenus ♂ (Peru) V

ウラジャノメルリオビタテハ
P. werneri werneri ♂ (Ecuador)＊大木

ウラジャノメルリオビタテハ
P. w. werneri ♂ (Ecuador) V＊伊達

コルリオビタテハ
Prepona pylene jordani ♂ (Ecuador)＊大木　*P. p. jordani* ♂ (Ecuador) V＊大木

コルリオビタテハ
P. p. pylene ♀ (Brazil)＊進化研

コルリオビタテハ
P. p. eugenes ♂ (Peru)＊進化研　*P. p. eugenes* ♂ (Peru) V＊進化研

コルリオビタテハ
P. p. gnorima ♂ (Venezuela)＊進化研

ベニモンルリオビタテハ
P. praeneste confusa ♂ (Satipo, Peru)

ベニモンルリオビタテハ
P. p. abrupta ♀ (Iquitos, Peru)＊進化研

ベニモンルリオビタテハ
P. p. buckleyana ♂ (Bolivia)

ベニモンルリオビタテハ
P. p. buckleyana ♀ (Bolivia)＊新井

ミイロタテハ
Agrias claudina lugens ♂ (Satipo, Peru)

ミイロタテハ
A. c. lugens ♀ (Satipo, Peru)

ミイロタテハ
A. c. lugens ♂ (Satipo, Peru)

ミイロタテハ
A. c. lugens ♂ (Satipo, Peru) V

ミイロタテハ
A. c. sardanapalus ♂ (Amazonas, Brazil) *新井

ミイロタテハ
A. c. annetta ♂ (Santa Catarina, Brazil) *新井

ミイロタテハ
A. c. croesus ♂ (Para, Brazil) *新井

ミイロタテハ
A. c. godmani ♂ (Mato Grosso, Brazil) *新井

アエドンミイロタテハ
Agrias aedon rodriguezi ♂ (Mexico) ＊江田

アエドンミイロタテハ
A. a. rodriguezi ♂ (Mexico) V＊江田

アエドンミイロタテハ
A. a. rodriguezi ♀ (Mexico) ＊江田

アエドンミイロタテハ
A. a. aedon ♂ (Colombia) ＊江田

ナルシスミイロタテハ
A. narcissus narcissus ♂ (Amazonas, Brazil) ＊新井

ナルシスミイロタテハ
A. n. narcissus ♂ (Amazonas, Brazil) V＊新井

ナルシスミイロタテハ
A. n. tapajonus ♂ (Para, Brazil) ＊新井

ナルシスミイロタテハ
A. n. tapajonus ♀ (Para, Brazil) ＊新井

ナルシスミイロタテハ
A. n. stoffeli ♂ (Venezuela) ＊江田

ナルシスミイロタテハ
A. n. stoffeli ♀ (Venezuela) ＊江田

アミドンミイロタテハ
Agrias amydon oaxacata ♂ (Oaxaca, Mexico)＊江田

アミドンミイロタテハ
A. a. oaxacata ♀ (Oaxaca, Mexico)＊江田

アミドンミイロタテハ
A. a. philatelica ♂ (Chiapas, Mexico)＊江田

アミドンミイロタテハ
A. a. philatelica ♀ (Chiapas, Mexico)＊江田

アミドンミイロタテハ
A. a. amydon ♂ (Colombia)＊進化研

アミドンミイロタテハ
A. a. aristoxenus ♂ (Peru)

アミドンミイロタテハ
A. a. aristoxenus ♂ (Peru) V

アミドンミイロタテハ
A. a. aristoxenus ♂ (Peru)

ペリクレスミイロタテハ
A. pericles ferdinandi ♂ (Mato Grosso, Brazil)＊江田

ペリクレスミイロタテハ
A. p. rubella ♂ (Amazonas, Brazil)＊新井

ペリクレスミイロタテハ
A. p. rubella ♂ (Amazonas, Brazil) V＊新井

ペリクレスミイロタテハ
Agrias pericles phalcidon ♂ (Para, Brazil) ＊新井

ペリクレスミイロタテハ
A. p. phalcidon ♂ (Para, Brazil) ＊新井

ペリクレスミイロタテハ
A. p. phalcidon ♀ (Para, Brazil) ＊新井

ペリクレスミイロタテハ
A. p. fournierae ♂ (Amazonas, Brazil) ＊新井

ペリクレスミイロタテハ
A. p. excelsior ♂ (Tonantins, Brazil) ＊新井

ペリクレスミイロタテハ
A. p. excelsior ♂ (Tonantins, Brazil) ＊新井

ペリクレスミイロタテハ
A. p. fournierae ♀ (Amazonas, Brazil) ＊新井

ペリクレスミイロタテハ
A. p. fournierae ♀ (Amazonas, Brazil) ＊新井

ベアタミイロタテハ
Agrias beatifica beatifica ♂ (Ecuador) ＊新井

ベアタミイロタテハ
A. b. beatifica ♂ (Ecuador) V＊新井

ベアタミイロタテハ
A. b. beata ♂ (Satipo, Peru)

ベアタミイロタテハ
A. b. beata ♂ (Satipo, Peru) V

ベアタミイロタテハ
A. b. beata ♀ (Satipo, Peru)

ベアタミイロタテハ
A. b. beata ♀ (Satipo, Peru) V

ベアタミイロタテハ
A. b. stuarti ♂ (Iquitos, Peru) ＊新井

ベアタミイロタテハ
A. b. stuarti ♂ (Iquitos, Peru) V＊新井

ベアタミイロタテハ
A. b. stuarti ♀ (Iquitos, Peru) ＊新井

ヒューウィトソンミイロタテハ
A. hewitsonius hewitsonius ♂ (Brazil) ＊新井

ヒューウィトソンミイロタテハ
A. h. hewitsonius ♂ (Brazil) V＊新井

ヒューウィトソンミイロタテハ
A. h. hewitsonius ♀ (Brazil) ＊新井

オウゴンマドタテハ
Dilipa morgiana morgiana ♂ (Nepal) ＊向山

オウゴンマドタテハ
D. m. morgiana ♀ (Nepal) V＊進化研

マドタテハ
D. fenestra fenestra ♂ (Korea) ＊向山

マドタテハ
D. f. fenestra ♂ (Korea) V＊向山

イチモンジマドタテハ
Lelecella limenitoides limenitoides
♂ (China) ＊向山

イチモンジマドタテハ
L. l. limenitoides
♂ (China) V＊向山

ヒメマドタテハ
Thaleropis ionia ionia
♂ (Iraq) ＊五十嵐

ヒメマドタテハ
T. i. ionia ♂ (Iraq) V＊五十嵐

ヒメマドタテハ
T. i. ionia ♀ (Iraq) ＊五十嵐

エノキコムラサキ
Asterocampa celtis celtis
♂ (USA) ＊進化研

アメリカコムラサキ
A. clyton texana ♂ (USA)

アメリカコムラサキ
A. c. texana ♀ (USA)

キオビアメリカコムラサキ
A. idyja argus ♀ (Mexico) ＊大木

タイワンコムラサキ
Chitoria chrysolora chrysolora ♂ (Taiwan)

タイワンコムラサキ
C. c. chrysolora
♀ (Taiwan)

シロオビコムラサキ
C. sordida vietnamica ♂ (Laos) ＊北山

キオビコムラサキ
C. fasciola fasciola ♂ (China)

キオビコムラサキ
C. f. fasciola ♀ (China)

キミスジコムラサキ
Herona marathus marathus ♀ (India)

ウスイロコムラサキ
H. sumatrana dusuntua ♀ (Malaysia) ＊原田

マレーコムラサキ
Eulaceura osteria kumana
♂ (Singapore)＊北山

マレーコムラサキ
E. o. nicomedeia ♀ (Sumatera)
＊進化研

チュウゴクヒョウマダラ
Timelaea maculata maculata ♂ (China)＊進化研

ヒョウマダラ
T. albescens formosana
♀ (Taiwan)

ヒメコムラサキ
Rohana parisatis staurakius
♂ (China)

ヒメコムラサキ
R. p. staurakius
♂ (China) V

ヒメコムラサキ
R. p. staurakius
♀ (China)

ユーラシアコムラサキ
Apatura iris kansuensis
♂ (China)＊五十嵐

ユーラシアコムラサキ
A. i. kansuensis
♂ (China) V＊原田

カグヤコムラサキ
Mimathyma ambica ambica ♂ (India)

カグヤコムラサキ
M. a. martini ♂ (Sumatera)＊進化研

ユーラシアコムラサキ
A. i. iris ♀ (Germany)

ミスジコムラサキ
M. chevana leechii ♂ (China)

ミスジコムラサキ
M. c. leechii
♂ (China) V

ミスジコムラサキ
M. c. leechii ♀ (China)

キゴマダラ
Sephisa chandra androdamas ♂ (Taiwan)＊原田

キゴマダラ
S. c. androdamas ♂ (Taiwan) V＊原田

キゴマダラ
S. c. androdamas ♀ (Taiwan)＊原田

ウラギンコムラサキ
Doxocopa linda linda ♂ (Peru)

ウラギンコムラサキ
D. l. linda ♂ (Peru) V

ウラギンコムラサキ
D. l. mileta ♀ (Brazil) *新井

メキシコウラギンコムラサキ
D. laure griseldis ♂ (Peru)

ナンベイコムラサキ
D. agathina agathina ♂ (Peru)

ナンベイコムラサキ
D. a. agathina ♂ (Peru) V

ナンベイコムラサキ
D. a. vacuna ♀ (Brazil) *新井

キモンコムラサキ
D. pavon pavon ♂ (Peru)

キモンコムラサキ
D. p. theodora ♀ (USA)

マネシナンベイコムラサキ
D. zunilda felderi ♂ (Peru)

マネシナンベイコムラサキ
D. z. felderi ♀ (Peru)

マネシナンベイコムラサキ
D. z. felderi ♀ (Peru) V

ミイロニジコムラサキ
D. lavinia lavinia ♂ (Peru)

ルリモンコムラサキ
D. cyane cyane ♂ (Peru)

ルリモンコムラサキ
D. c. cyane ♂ (Peru) V

ルリモンコムラサキ
D. c. cyane
♀ (Peru) *中

キオビナンベイコムラサキ
D. elis elis ♂ (Peru)　*D. e. elis* ♂ (Peru) V

キオビナンベイコムラサキ
D. e. elis ♀ (Peru)

ニジコムラサキ
D. laurentia cherubina ♂ (Peru)

ニジコムラサキ
D. l. cherubina ♀ (Peru)

ニジコムラサキ
D. l. laurentia ♀ (Brazil) *新井

ゴマダラチョウ
Hestina persimilis chinensis ♂ (China)

ゴマダラチョウ
Hestina p. chinensis ♀ (China)

ゴマダラチョウ
Hestina p. seoki ♀ (Korea)＊五十嵐

カバシタゴマダラ
Hestinalis nama namida ♂ (Sumatera)＊北山

アカボシゴマダラ
Hestina assimilis formosana ♂ (Taiwan)

アカボシゴマダラ
Hestina a. assimilis ♀ (China)＊原田

アカボシゴマダラ
Hestina a. assimilis ♀ (Korea)

ミンダナオゴマダラ
Hestinalis waterstradti waterstradti ♂ (Mindanao)＊北山

スジグロゴマダラ
Hestina nicevillei nicevillei ♂ (China)＊進化研

ルソンゴマダラ
Hestinalis dissimilis dissimilis ♂ (Luzon)＊北山

セレベスゴマダラ
Hestinalis divona divona ♂ (Sulawesi)

セレベスゴマダラ
Hestinalis d. divona ♀ (Sulawesi)＊進化研

オオムラサキ
Sasakia charonda formosana ♂ (Taiwan)＊向山

オオムラサキ
S. c. formosana ♂ (Taiwan) V

オオムラサキ
S. c. coreana ♂ (Korea)＊五十嵐

オオムラサキ
S. c. yunnanensis ♂ (Vietnam)＊五十嵐

オオムラサキ
S. c. coreana ♀ (China)＊原田

イナズマオオムラサキ
S. funebris funebris ♂ (China)＊原田

イナズマオオムラサキ
S. f. funebris ♀ (China)＊原田

イナズマオオムラサキ
S. f. funebris ♀ (China) V＊原田

パプアコムラサキ
Apaturina erminia papuana
♂ (Papua New Guinea) ＊新井

パプアコムラサキ
Apaturina e. papuana
♂ (Papua New Guinea) V＊向山

パプアコムラサキ
Apaturina e. papuana ♀ (Papua New Guinea) ＊新井

パプアコムラサキ
Apaturina e. papuana
♂ (Papua, Indonesia) ＊向山

パプアコムラサキ
Apaturina e. erminia
♂ (Seram) ＊向山

パプアコムラサキ
Apaturina e. erminia ♂ (Seram) V
＊向山

アフリカコムラサキ
Apaturopsis cleochares cleochares
♂ (C. Africa) ＊江田

アフリカコムラサキ
Apaturopsis c. cleochares
♂ (C. Africa) V＊江田

アフリカコムラサキ
Apaturopsis c. cleochares
♂ (C. Africa) ＊進化研

パプアコムラサキ
Apaturina e. erminia ♀ (Seram) ＊向山

モンキコムラサキ
Euapatura mirza mirza ♂ (Turkey) ＊江田

モンキコムラサキ
E. m. mirza ♂ (Iraq) ＊五十嵐

モンキコムラサキ
E. m. mirza ♀ (Iraq) ＊五十嵐

モンキコムラサキ
E. m. mirza ♀ (Iraq) V＊五十嵐

エグリゴマダラ
Euripus nyctelius clytia
♂ (Negros)

エグリゴマダラ
E. n. clytia ♂ (Negros) V

エグリゴマダラ
E. n. euploeoides ♀ (Malaysia)

エグリゴマダラ
E. n. nyctelius ♀ (Thailand)＊進化研

アカネエグリゴマダラ
E. consimilis eurinus
♂ (Thailand)＊進化研

スダレエグリゴマダラ
E. robustus robustus ♂ (Sulawesi)

スダレエグリゴマダラ
E. r. robustus ♀ (Sulawesi)

アサクラコムラサキ
Helcyra plesseni plesseni
♂ (Taiwan)

アサクラコムラサキ
H. p. plesseni ♀ (Taiwan) V＊向山

シロタテハ
H. superba takamukui ♂ (Taiwan)＊原田

シロタテハ
H. s. takamukui
♂ (Taiwan) V＊原田

アサクラコムラサキ
H. p. plesseni ♀ (Taiwan)＊向山

シロタテハ
H. s. takamukui ♀ (Taiwan)＊原田

セレベスシロタテハ
H. celebensis celebensis ♂ (Sulawesi)

セレベスシロタテハ
H. c. celebensis ♂ (Sulawesi) V

カバイロスミナガシ
Pseudergolis wedah chinensis ♂ (China)＊原田

カバイロスミナガシ
P. w. chinensis ♂ (China) V＊原田

カバイロスミナガシ
P. w. chinensis ♀ (China)＊原田

セレベスカバイロスミナガシ
P. avesta avesta ♂ (Sulawesi)

セレベスカバイロスミナガシ
P. a. avesta ♀ (Sulawesi)＊向山

ルリボシスミナガシ
Stibochiona nicea subucula ♂ (Malaysia)

ルリボシスミナガシ
S. n. nicea ♀ (China)＊向山

ルリカザリスミナガシ
S. coresia coresia ♂ (Java) V＊向山

ルリカザリスミナガシ
S. c. coresia ♂ (Java) V＊向山

ルリカザリスミナガシ
S. c. coresia ♀ (Java)＊向山

ルリカザリスミナガシ
S. c. kannegieteri ♂ (Sumatera)＊向山

ウスベニカザリスミナガシ
S. schoenbergi schoenbergi ♂ (Borneo)＊向山

ウスベニカザリスミナガシ
S. s. schoenbergi ♂ (Borneo) V＊向山

ウスベニカザリスミナガシ
S. s. schoenbergi ♀ (Borneo)＊向山

ジャノメスミナガシ
Amnosia decora decora ♂ (Java)＊向山

ジャノメスミナガシ
A. d. decora ♂ (Java) V＊向山

ジャノメスミナガシ
A. d. decora ♀ (Java)＊向山

スミナガシ
Dichorragia nesimachus formosanus ♂ (Taiwan)

スミナガシ
D. n. nesimachus ♂ (China)＊原田

スミナガシ
D. n. nesimachus ♀ (China)＊原田

スミナガシ
D. n. mannus ♂ (Java)＊向山

スミナガシ
D. n. pelurius ♂ (Sulawesi)

スミナガシ
D. n. pelurius ♂ (Sulawesi) V

スミナガシ
D. n. peisistratus ♀ (Luzon)＊向山

スミナガシ
D. n. deiokes ♂ (Malaysia)

ヒメスミナガシ
D. nesseus nesseus ♂ (China)＊進化研

オジロスミナガシ
D. ninus ninus ♂ (Seram)＊向山

オジロスミナガシ
D. n. ninus ♀ (Seram)＊向山

ジャノメイシガケチョウ
Cyrestis strigata strigata ♂ (Sulawesi)

ジャノメイシガケチョウ
Cyrestis s. strigata
♂ (Sulawesi) V

アフリカイシガケチョウ
Cyrestis camillus camillus
♂ (São Tomé and Prinsipe) ＊北山

アフリカイシガケチョウ
Cyrestis c. elegans
♀ (Madagascar) ＊進化研

スジグロイシガケチョウ
Cyrestis maenalis martini
♂ (Sumatera) ＊北山

スジグロイシガケチョウ
Cyrestis m. martini
♂ (Sumatera) V ＊北山

スジグロイシガケチョウ
Cyrestis m. maenalis
♀ (Luzon) ＊北山

ヒメイシガケチョウ
Chersonesia rahria rahria
♂ (Malaysia)

ヒメイシガケチョウ
Chersonesia r. rahria
♂ (Malaysia) V

ヒメイシガケチョウ
Chersonesia r. rahria ♀ (Malaysia) ＊北山

ヒロオビイシガケチョウ
Cyrestis acilia acilia
♂ (Sulawesi)
Cyrestis a. acilia
♂ (Sulawesi) V

ヒロオビイシガケチョウ
Cyrestis a. acilia
♀ (Sulawesi) ＊北山

ヒロオビイシガケチョウ
Cyrestis a. harterti
♂ (Halmahera) ＊北山

ウスイロヒメイシガケチョウ
Chersonesia risa risa ♀ (Thailand) ＊進化研

ヘリグロイシガケチョウ
Cyrestis paulinus paulinus
♂ (Seram)

ヘリグロイシガケチョウ
Cyrestis p. paulinus
♂ (Seram) V

ヘリグロイシガケチョウ
Cyrestis p. mantilis
♂ (Sulawesi)

オナシヒメイシガケチョウ
Chersonesia peraka peraka
♀ (Thailand) ＊進化研

ムラサキツルギタテハ
Marpesia marcella marcella ♂ (Peru)

ツルギタテハ
M. petreus damicorum ♂ (USA)

ツルギタテハ
M. p. damicorum ♂ (USA) V

ツルギタテハ
M. p. rheophila ♀ (Peru)

リュウキュウミスジ
Neptis hylas papaja ♂ (Malaysia)

リュウキュウミスジ
N. h. hylas ♀ (Taiwan)

リュウキュウミスジ
N. h. hylas ♀ (Taiwan) V

ホソスジコミスジ
N. clinia apharea ♂ (Sumatera)＊北山

フィリピンミスジ
N. mindorana ilocana ♂ (Negros)

フィリピンミスジ
N. m. ilocana ♂ (Negros) V

フィリピンミスジ
N. m. ilocana ♂ (Luzon)＊北山

シロモンコミスジ
N. alta alta ♂ (Tanzania)＊日大

エグリミスジ
N. leucoporos cresina ♂ (Singapore)＊向山

エグリミスジ
N. l. cresina ♀ (Singapore)＊向山

フタスジチョウ
N. rivularis magnata ♂ (Mongolia)

フタスジチョウ
N. r. magnata ♀ (Mongolia)

キンミスジ
Pantoporia hordonia hordonia ♂ (Malaysia)

キンミスジ
Pantoporia. h. hordonia ♂ (Malaysia) V

タケミスジ
Pantoporia venilia venilia ♂ (Ambon)

タケミスジ
Pantoporia v. venilia ♀ (Ambon)

モルッカミスジ
Phaedyma amphion amphion ♂ (Seram)

カバシタミスジ
Aldania imitans imitans ♂ (China)＊向山

ミナミオオミスジ
Phaedyma columella singa ♂ (Malaysia)

スジグロミスジ
A. raddei raddei ♀ (Korea)＊進化研

ウスグロウラキンミスジ
Lasippa monata monata ♀ (Sumatera)＊進化研

ウラキンミスジ
L. heliodore dorelia ♀ (Malaysia)

ウラキンミスジ
L. h. dorelia ♀ (Malaysia) V

シロオビウラキンミスジ
L. illigera illigera ♀ (Luzon)＊進化研

ベニホシイチモンジ
Chalinga pratti pratti ♂ (China)＊原田

ベニホシイチモンジ
C. p. pratti ♂ (China) V＊原田

ベニホシイチモンジ
C. p. pratti ♀ (China)＊原田

ホソオビイチモンジ
C. elwesi elwesi
♂ (China)＊向山

ホソオビイチモンジ
C. e. elwesi ♂ (China) V＊向山

タイワンホシミスジ
Ladoga sulpitia sulpitia
♂ (China)

タイワンホシミスジ
Ladoga s. tricula ♀ (Taiwan)

タイワンホシミスジ
Ladoga s. sulpitia
♀ (China) V

クロオオイチモンジ
Limenitis ciocolatina ciocolatina ♂ (China)＊向山

クロオオイチモンジ
Limenitis c. ciocolatina ♂ (China) V＊向山

クロオオイチモンジ
Limenitis c. ciocolatina ♀ (China)＊進化研

アメリカオオイチモンジ
Limenitis archippus archippus ♂ (USA)　*Limenitis a. archippus* ♂ (USA) V

アメリカオオイチモンジ
Limenitis a. archippus ♂ (USA)＊徳永

アメリカオオイチモンジ
Limenitis a. archippus ♀ (USA)＊徳永

オオイチモンジ
Limenitis populi szechwanica ♂ (China)＊向山

フトオビオオイチモンジ
Limenitis weidemeyerii weidemeyerii ♂ (USA)＊徳永

ツマキオオイチモンジ
Limenitis lorquini lorquini ♀ (USA)＊徳永

ムラサキイチモンジ
Parasarpa dudu jinamitra ♂ (Taiwan)

ムラサキイチモンジ
Parasarpa d. jinamitra ♂ (Taiwan) V

ムラサキイチモンジ
Parasarpa d. jinamitra ♀ (Taiwan)

ムラサキイチモンジ
Parasarpa d. bockii ♂ (Sumatera) *日大

キオビムラサキイチモンジ
Parasarpa houlberti houlberti
♂ (Thailand) *日大

オオキオビムラサキイチモンジ
Parasarpa zayla zayla ♂ (Bhutan) V *進化研

ウスグロイチモンジ
Auzakia danava danava ♂ (Thailand) *進化研

ウスグロイチモンジ
A. d. danava ♀ (Assam) *進化研

ウスグロイチモンジ
A. d. albomarginata ♂ (Sumatera) *進化研

アオオビイチモンジ
Sumalia daraxa theda ♂ (Sumatera) *向山

キボシイチモンジ
Patsuia sinensium sinensium
♂ (China) *向山

キボシイチモンジ
Patsuia s. sinensium ♂ (China) V *向山

スジグロイチモンジ
Litinga mimica mimica ♂ (China) *向山

スジグロイチモンジ
L. m. mimica ♂ (China) V *向山

スジグロイチモンジ
L. m. mimica ♀ (China) *進化研

チャイロイチモンジ
Moduza procris procris
♂（Thailand）

チャイロイチモンジ
M. p.procris
♂（Thailand）V

チャイロイチモンジ
M. p. procris
♀（China）＊向山

チャイロイチモンジ
M. p. calidosa
♂（Sri Lanka）＊向山

チャイロイチモンジ
M. p. aemonia
♂（Nias）＊向山

アミメチャイロイチモンジ
M. nuydai nuydai ♂（Luzon）＊向山

ヒメチャイロイチモンジ
Tarattia lysanias lysanias
♂（Sulawesi）＊進化研

ムモンチャイロイチモンジ
M. lycone lycone ♂（Sulawesi）＊進化研

フィリピンチャイロイチモンジ
M. pintuyana pintuyana ♂（Mindanao）＊日大

トラフチャイロイチモンジ
M. jumaloni jumaloni ♂（Negros）＊向山

シロオビチャイロイチモンジ
M. urdaneta urdaneta ♂（Luzon）＊日大

セレベスチャイロイチモンジ
Lamasia lyncides lyncides ♂（Sulawesi）

セレベスチャイロイチモンジ
L. l. lyncides ♂（Sulawesi）V

セレベスチャイロイチモンジ
L. l. lyncides ♀（Sulawesi）＊進化研

タイワンイチモンジ
Athyma cama zoroastres ♂ (Taiwan)

タイワンイチモンジ
A. c. zoroastres ♂ (Taiwan) V

タイワンイチモンジ
A. c. zoroastres ♀ (Taiwan)

タイワンイチモンジ
A. c. cama ♂ (Thailand)

フトオビルソンイチモンジ
A. saskia saskia ♂ (Luzon)＊向山

シロモンルソンイチモンジ
A. arayata arayata ♂ (Luzon)＊向山

メスグロイチモンジ
A. nefte mathiola ♂ (Borneo)

メスグロイチモンジ
A. n. mathiola ♂ (Borneo) V

メスグロイチモンジ
A. n. subrata ♀ (Thailand)＊向山

タイリクイチモンジ
A. ranga obsolescens ♂ (China)
A. r. obsolescens ♂ (China) V

タイリクイチモンジ
A. r. obsolescens ♀ (China)＊向山

アカスジイチモンジ
A. libnites libnites ♂ (Sulawesi)

ヒメイチモンジ
Pandita sinope sinope
♂ (Sumatera)＊向山

ヒメイチモンジ
P. s. sinope
♀ (Sumatera)＊進化研

ヒメイチモンジ
P. s. imitans ♂ (Nias)＊向山

シロモンイチモンジ
A. punctata punctata ♂ (China)＊向山

ツマキアメリカイチモンジ
Adelphia californica californica ♂ (USA)

ツマキアメリカイチモンジ
A. c. californica ♀ (USA)＊徳永

ミズイロアメリカイチモンジ
A. serpa diadochus ♂ (Peru)

ミズイロアメリカイチモンジ
A. s. diadochus ♂ (Peru) V

ミヤマアメリカイチモンジ
A. alala negra ♂ (Peru)　*A. a. negra* ♂ (Peru) V

ミヤマアメリカイチモンジ
A. a. negra ♀ (Peru)

シロオビアメリカイチモンジ
A. iphiclus iphiclus ♂ (Peru)

シロオビアメリカイチモンジ
A. i. iphiclus ♂ (Peru) V

ウラキアメリカイチモンジ
A. cytherea. cytherea ♀ (Peru)

ウラキアメリカイチモンジ
A. c cytherea ♂ (Peru) V

ホソオビアメリカイチモンジ
A. jordani jordani ♀ (Peru)

ホソオビアメリカイチモンジ
A. j. jordani ♀ (Peru) V

アカオビアメリカイチモンジ
A. irmina tumida ♂ (Peru)　*A. i. tumida* ♂ (Peru) V

ワイモンアメリカイチモンジ
A. capucinus capucinus ♀ (Peru)

ワイモンアメリカイチモンジ
A. c. capucinus ♀ (Peru) V

ヒメアメリカイチモンジ
A. cocala cocala ♀ (Peru)

ヒメアメリカイチモンジ
A. c. cocala ♀ (Peru) V

フトオビアメリカイチモンジ
A. malea aethalia ♀ (Peru)

フトオビアメリカイチモンジ
A. m. aethalia ♀ (Peru) V

ベニオビアメリカイチモンジ
A. mesentina mesentina ♀ (Peru)

ベニオビアメリカイチモンジ
A. m. mesentina ♂ (Peru) V

キオビタテハ
Harma theobene theobene
♂ (C. Africa)＊新井

キオビタテハ
H. t. theobene
♀ (C. Africa)＊進化研

ヒイロタテハ
Cymothoe coccinata bergeri
♀ (C. Africa)＊進化研

シロテンヒイロタテハ
C. e. excelsa ♀ (C. Africa)＊進化研

ムモンヒイロタテハ
C. euthalioides euthalioides
♂ (Cameroon)＊北山

シロテンヒイロタテハ
C. excelsa excelsa ♂ (C. Africa)＊進化研

スミナガシイチモンジ
Kumothales inexpectata inexpectata
♂ (Afrotropical)＊P.

オスジロキイロタテハ
C. caenis caenis ♂ (Cameroon)＊新井

オオキイロタテハ
C. fumana fumana ♂ (Cameroon)＊北山

シロモンホソチョウモドキ
Pseudacraea lucretia protracda
♂ (Tanzania)＊日大

マダガスカルホソチョウモドキ
Pseudacraea imerina imerina
♂ (Madagascar)＊進化研

ミスジチョウモドキ
Pseudoneptis bugandensis ianthe
♂ (Cameroon)＊北山

ホソチョウモドキ
Pseudacraea boisduvali trimenii ♂ (Tanzania)＊日大

ホソチョウモドキ
Pseudacraea boisduvali trimenii ♀ (Madagascar)＊進化研

ツマジロイチモンジ
Lebadea martha martha ♂ (Thailand)

ツマジロイチモンジ
L. m. paulina ♀ (Palawan) ＊向山

トラフタテハ
Parthenos sylla lilacinus ♂ (Malaysia)

トラフタテハ
P. s. borneensis ♀ (Borneo)

トラフタテハ
P. s. borneensis ♀ (Borneo) V

トラフタテハ
P. s. cyaneus ♀ (Srilanka) ＊向山

トラフタテハ
P. s. salentia ♀ (Sulawesi) ＊向山

ソトグロトラフタテハ
P. aspila aspila ♀ (Papua New Guinea) ＊新井

ヒカゲタテハ
Bhagadatta austenia austenia ♂ (Thailand) ＊日大

ベニホシイナズマ
Euthalia lubentina goertzi ♂ (Negros)

ベニホシイナズマ
E. l. goertzi ♀ (Negros)＊向山

クロイナズマ
E. alpheda liaoi ♂ (Negros)

クロイナズマ
E. a. liaoi ♀ (Negros)

ニジオビイナズマ
E. duda duda ♂ (Nepal)＊進化研

タカサゴイチモンジ
E. formosana formosana ♂ (Taiwan)

タカサゴイチモンジ
E. f. formosana ♀ (Taiwan)＊向山

スギタニイチモンジ
E. thibetana uraiana ♂ (Taiwan)

スギタニイチモンジ
E. t. uraiana ♀ (China)＊原田

トビイロイナズマ
Dophla evelina bolitissa ♂ (Sulawesi)

トビイロイナズマ
D. e. annamita ♀ (Laos)

トビイロイナズマ
D. e. annamita ♀ (Laos) V

シロオビイナズマ
Bassarona teuta teuta ♂ (Laos)＊北山

ヤシイナズマ
Euthalia kardama kardama
♂ (China)

ヤシイナズマ
E. k. kardama
♀ (China)＊原田

オオルリオビイナズマ
B. durga durga ♂ (Nepal)＊進化研

ルリオビコイナズマ
Tanaecia calliphorus calliphorus
♂ (Luzon)＊進化研

トガリルリヘリコイナズマ
T. (*Cynitia*) *godartii mara*
♂ (Sumatera)＊進化研

ルリヘリコイナズマ
T. (*C.*) *cocytina puseda*
♂ (Malaysia)

ルリヘリコイナズマ
T. (*C.*) *c. puseda*
♀ (Malaysia)＊向山

シロモンコイナズマ
T. howarthi howarthi ♀ (Negros)

キベリコイナズマ
T. (*C.*) *lepidea flaminia* ♀ (Vietnam)

キベリコイナズマ
T. (*C.*) *l. flaminia* ♀ (Vietnam) V

インドイナズマ
Symphaedra nais nais
♂ (Nepal)＊向山

インドイナズマ
S. n. nais
♂ (Nepal) V＊向山

オスアカミスジ
Abrota ganga formosana
♂ (Taiwan)

オスアカミスジ
Abrota ganga pratti
♀ (China)＊進化研

モンキオオイナズマ
Euthaliopsis aetion philomena
♂ (Papua, Indonesia)＊向山

モンキオオイナズマ
E. a. aetion ♀ (Aru)＊向山

モンキオオイナズマ
E. a.aetion ♀ (Aru) V＊向山

ヒョウモンイナズマ
Neurosigma siva nonius ♂ (Thailand)＊日大

ヒョウモンイナズマ
N. s. nonius ♀ (Thailand)＊日大

キオビオオイナズマ
Lexias aeropa paisandrus ♂ (Obi)＊進化研

ダイオウイナズマ
L. satrapes satrapes ♂ (Luzon)＊進化研

ダイオウイナズマ
L. s. amlana ♀ (Negros)

サトオオイナズマ
Lexias pardalis dirteana ♂ (Malaysia)

サトオオイナズマ
L. p. dirteana ♂ (Malaysia) V

サトオオイナズマ
L. p. borneensis ♀ (Borneo) ＊向山

ヤマオオイナズマ
L. dirtea montana ♂ (Sumatera) ＊向山

ヤマオオイナズマ
L. d.montana ♂ (Sumatera) V ＊向山

ヤマオオイナズマ
L. d. palawana ♀ (Palawan) ＊向山

クロオオイナズマ
L. albopunctata borealis ♂ (Laos) ＊進化研

ルリヘリオオイナズマ
L. aegle miyatai ♂ (Lombok) ＊進化研

ヒカルゲンジオオイナズマ
L. hikarugenzi hikarugenzi ♂ (Luzon) ＊向山

チャイロオオイナズマ
L. aeetes phasiana ♂ (Sulawesi)

チャイロオオイナズマ
L. a. phasiana ♀ (Sulawesi)

ホシボシアフリカイナズマ
Hamanumida daedalus daedalus
♂ (Tanzania) *日大

ホシボシアフリカイナズマ
H. d. daedalus ♀ (S. Africa) *進化研

ホシボシアフリカイナズマ
H. d. daedalus ♀ (Tanzania) V *進化研

シロモンアフリカイナズマ
Aterica galene galane ♂ (Cameroon) *北山

シロモンアフリカイナズマ
A. g. galene ♀ (Cameroon) *北山

シロモンアフリカイナズマ
A. g. galene ♀ (Cameroon) V *北山

シロモンアフリカイナズマ
A. g. galene ♀ (C. Africa) *進化研

シロモンマダガスカルイナズマ
A. rabena rabena ♂ (Madagascar) *進化研

アフリカイチモンジ
Euptera ituriensis ituriensis
♂ (Afrotropical) *P.

ルリアミメイナズマ
Cynandra opis opis
♂ (Cameroon) *北山

ルリアミメイナズマ
Cynandra o. opis
♂ (Cameroon) V *北山

アフリカヒロオビイチモンジ
Pseudathyma plutonica plutonica
♂ (Afrotropical) *P.

アミメイナズマ
Catuna crithea crithea
♂ (Cameroon) *北山

アミメイナズマ
Catuna c. crithea
♂ (Cameroon) V *北山

ニセヒョウモン
Pseudargynnis hegemone hegemone
♂ (Uganda) *進化研

ニセヒョウモン
Pseudargynnis h. hegemone
♂ (Uganda) V *進化研

ツマグロトラフボカシタテハ
Bebearia (Apectinaria) plistonax plistonax
♂ (Cameroon)＊新井

ツマグロトラフボカシタテハ
B. (A.) p. plistonax ♂ (Cameroon) V＊新井

ヒョウマダラボカシタテハ
B. (A.) sophus sophus ♀ (C. Africa)＊進化研

ナミヘリトラフボカシタテハ
B. (A.) cocalia continentalis ♂ (Cameroon)＊北山

ナミヘリトラフボカシタテハ
B. (A.) c. continentalis ♀ (Cameroon)＊新井

ナミヘリトラフボカシタテハ
B. (A.) c. continentalis ♂ (C. Africa)＊進化研

セネガルトラフボカシタテハ
B. (A.) senegalensis senegalensis
♂ (W. Africa)＊進化研

セネガルトラフボカシタテハ
B. (A.) s. senegalensis
♂ (W. Africa) V＊進化研

フタエシロモンボカシタテハ
Euphaedra (Radia) imitans imitans
♂ (C.Africa)＊進化研

ルリオビボカシタテハ
E. (Euphaedrana) harpalyce harpalyce
♂ (Cameroon)＊北山

アカモンボカシタテハ
E. (E.) themis themis
♂ (C. Africa)＊進化研

ヘリモンボカシタテハ
E. (E.) ruspina ruspina
♂ (Cameroon)＊北山

コガネボカシタテハ
Euphaedra (*Euphaedrana*) *adonina spectacularis*
♂ (C. Africa) ∗進化研

コガネボカシタテハ
Euphaedra (*E.*) *a. spectacularis* ♀ (C. Africa) ∗進化研

ウスアオコガネボカシタテハ
Euphaedra (*E.*) *piriformis piriformis*
♂ (C. Africa) ∗進化研

シロモンボカシタテハ
Euphaedra (*Xypetana*) *hewitsoni sumptuosa*
♂ (Cameroon) ∗北山

ヒメボカシタテハ
Euriphene atossa atossa
♀ (C. Africa) ∗進化研

キオビボカシタテハ
Euphaedra (*E.*) *losinga losinga* ♂ (Cameroon) ∗新井

ヒメボカシタテハ
Euriphene a. atossa ♀ (C. Africa) V∗進化研

ナマリボカシタテハ
Euphaedra (*E.*) *albofasciata albofasciata*
♂ (C. Africa) ∗進化研

オナガボカシタテハ
Euryphaedra thauma thauma
♂ (Afrotropical) ∗P.

トガリボカシタテハ
Euryphura achlys achlys ♀ (Malawi) ∗江田

フジイロボカシタテハ
Crenidomimas concordia concordia
♂ (Afrotropical) ∗P.

ミヤビボカシタテハ
Harmilla elegans elegans
♂ (Afrotropical) ∗P.

ミヤビボカシタテハ
H. e. elegans
♂ (Afrotropical) V∗P.

コヒョウモン
Brenthis ino tigroides ♀ (China)＊進化研

ギンガヒョウモン
Issoria lathonia lathonia ♂ (Nepal)＊進化研

ギンガヒョウモン
I. l. isaeoides ♂ (China)＊向山

ギンガヒョウモン
I. l. isaeoides ♂ (China) V＊向山

リュウセイヒョウモン
Kuekenthaliella gemmata gemmata
♂ (Nepal)＊向山

リュウセイヒョウモン
K. g. gemmata
♂ (Nepal) V＊向山

ミドリリュウセイヒョウモン
K. mackinnonii mackinnonii
♂ (Nepal) V＊進化研

ヒメリュウセイヒョウモン
K. eugenia vega
♀ (Russia) V＊進化研

アンデスヒョウモン
Yramea cytheris siga ♂ (Chile)＊進化研

アンデスヒョウモン
Y. c. siga ♀ (Argentina)＊大木

ホソバアンデスヒョウモン
Y. lathonioides lathonioides
♂ (Chile) V＊進化研

ホソバアンデスヒョウモン
Y. l. lathonioides ♂ (Chile) V＊進化研

インドウラギンヒョウモン
Fabriciana kamala kamala ♂ (Nepal)＊進化研

インドウラギンヒョウモン
F. k. kamala ♂ (Nepal) V＊向山

ウラギンヒョウモン
F. adippe bischoffi ♂ (Kazakhstan)＊進化研

ヒメウラギンヒョウモン
F. niobe demavendis ♂ (Afghanistan)
＊進化研

マダラウラギンヒョウモン
F. argyrospilata argyrospilata
♂ (Afghanistan)＊進化研

マダラウラギンヒョウモン
F. a. argyrospilata ♂ (Afghanistan) V＊進化研

オオウラギンヒョウモン
F. nerippe mumon ♀ (Korea)＊進化研

メスグロヒョウモン
Damora sagana liane ♂ (Japan)

メスグロヒョウモン
D. sagana sagana ♀ (China)＊向山

ウラギンスジヒョウモン
Argyronome laodice laodice
♂（India）＊進化研

ウラギンスジヒョウモン
A. l. laodice
♂（India）V＊進化研

クモガタヒョウモン
Nephargynnis anadyomene ella
♂（Russia）＊進化研

クモガタヒョウモン
N. a. ella
♀（Russia）＊進化研

ウラベニアメリカオオヒョウモン
Speyeria nokomis nokomis ♂（USA）＊徳永

ウラベニアメリカオオヒョウモン
S. n. nokomis ♂（USA）V＊徳永

ウラベニアメリカオオヒョウモン
S. n. nokomis ♀（USA）＊徳永

アメリカオオヒョウモン
S. cybele charlotti ♂（USA）＊徳永

アメリカオオヒョウモン
S. c. charlotti ♂（USA）V＊徳永

アメリカオオヒョウモン
S. c. charlotti ♀（USA）＊徳永

アメリカオオヒョウモン
S. c. leto ♀（USA）

ダイアナオオヒョウモン
S. diana diana ♂（USA）＊向山

ウスムラサキアメリカヒョウモン
S. hydaspe purpurascens ♂（USA）

ギンボシヒョウモン
Mesoacidalia aglaja gigasvitatha
♂（China）＊進化研

ギンボシヒョウモン
M. a. gigasvitatha
♂（China）V＊進化研

ツマグロヒョウモン
Argyreus hyperbius sagada
♂（Luzon）＊進化研

ツマグロヒョウモン
A. h. hyperbius ♀（Hong Kong）＊向山

オオヤマヒョウモン
Childrena childreni childreni ♂（China）

オオヤマヒョウモン
C. c. childreni ♀（China）

オオヤマヒョウモン
C. c. childreni ♀（China）V

ウラベニミドリヒョウモン
Pandoriana pandora pandora
♂（Spain）＊進化研

ウラベニミドリヒョウモン
P. p. pandora
♂（Turkmenistan）＊進化研

ウラベニミドリヒョウモン
P. p. pandora
♀（Turkmenistan）＊進化研

ウラベニミドリヒョウモン
P. p. pandora
♀（Turkmenistan）V＊進化研

ミドリヒョウモン
Argynnis paphia formosicola ♂（Taiwan）＊進化研

ミドリヒョウモン
A. p. geisha ♂（Japan）

ロッキーホソバヒョウモン
Clossiana epithore epithore ♂ (USA)

ロッキーホソバヒョウモン
C. e. epithore ♂ (USA) V

ハクトウヒメヒョウモン
C. angarensis hakutozana
♂ (N. Korea) *進化研

アムールヒョウモン
C. selenis chosensis ♂ (N. Korea) *進化研

カナダホソバヒョウモン
C. bellona bellona ♂ (USA)

カナダホソバヒョウモン
C. b. bellona ♂ (USA) V

カナダホソバヒョウモン
C. b. bellona ♀ (USA)

ヨーロッパホソバヒョウモン
C. selene thalia ♂ (Sweden) *進化研

ヒメヒョウモン
Boloria pales pales ♂ (Russia) *進化研

ウスイロヒメヒョウモン
B. napaea altaica
♂ (Russia) *進化研

ウスイロヒメヒョウモン
B. n. altaica ♂ (Russia) V *進化研

ウスイロヒメヒョウモン
B. n. altaica ♀ (Russia) *進化研

ヒメヒョウモン
B. p. palina
♂ (India) *進化研

ヒメヒョウモン
B. p. palina
♂ (India) V *進化研

シベリアホソバヒョウモン
Proclossiana eunomia eunomia
♂ (Russia) *進化研

シベリアホソバヒョウモン
P. e. eunomia
♀ (Russia) *進化研

シベリアホソバヒョウモン
P. e. eunomia
♀ (Russia) V *進化研

アメリカウラベニヒョウモン
Euptoieta claudia daunius ♂ (USA)

アメリカウラベニヒョウモン
E. c. daunius ♂ (USA) V

アメリカウラベニヒョウモン
E. c. claudia ♀ (Mexico) *進化研

オオアメリカウラベニヒョウモン
E. hegesia meridiania ♂ (Mexico) *新井

オオアメリカウラベニヒョウモン
E. h. meridiania ♂ (Mexico) V *新井

オオアメリカウラベニヒョウモン
E. h. meridiania ♀ (Brazil) *新井

ヒョウモンホソチョウ
Pardopsis punctatissima punctatissima
♂ (S. Africa) ＊進化研

ヒョウモンホソチョウ
P. p. punctatissima
♀ (Madagascar) ＊進化研

ヒョウモンホソチョウ
P. p. punctatissima
♀ (Madagascar) V ＊進化研

セレベスキマダラ
Cupha arias celebensis ♂ (Sulawesi)

モルッカキマダラ
Cupha lampetia lampetia ♂ (Ambon)

ハルマヘラキマダラ
Cupha myronides myronides ♂ (Halmahera) ＊進化研

ソロモンキマダラ
Algiachroa woodfordi woodfordi
♂ (Santa Isabel) ＊五十嵐

ホソバツマグロネッタイヒョウモン
Cirrochroa emalea emalea ♂ (Malaysia)

ホソバツマグロネッタイヒョウモン
Cirrochroa e. emalea ♂ (Malaysia) V

ルリヘリネッタイヒョウモン
Cirrochroa semiramis semiramis ♂ (Sulawesi) ＊進化研

ルリヘリネッタイヒョウモン
Cirrochroa s. semiramis ♀ (Sulawesi) ＊日大

ルリヘリネッタイヒョウモン
Cirrochroa s. semiramis ♀ (Sulawesi) ＊進化研

チャイロネッタイヒョウモン
Cirrochroa tyche mithila
♂ (Thailand) ＊進化研

ツマグロネッタイヒョウモン
Cirrochroa orissa orissa ♂ (Malaysia)

ミイロネッタイヒョウモン
Cirrochroa regina myra
♂ (Papua, Indonesia) ＊向山

ルリネッタイヒョウモン
Cirrochroa imperatrix imperatrix ♂ (Biak) ＊向山

クロスジウラベニヒョウモン *Phalanta alcippe alcesta* ♂ (Malaysia)

ウラベニヒョウモン *P. phalantha aethiopica* ♂ (Tanzania) *日大

ウラベニヒョウモン *P. p. columbina* ♀ (China) *進化研

マダガスカルウラベニヒョウモン *P. madagascariensis madagascariensis* ♂ (Madagascar) *進化研

アフリカウラベニヒョウモン *P. eurytis eurytis* ♂ (C. Africa) *進化研

オナガヒョウモン *Vagrans egista brixia* ♂ (Luzon) *北山

オナガヒョウモン *Vagrans e. offaka* ♂ (Papua, Indonesia) *向山

オナガヒョウモン *Vagrans e. creaghana* ♀ (Borneo) *進化研

パプアキスジ *Algia felderi felderi* ♂ (Obi) *進化研

ダイトウキスジ *A. fasciata fasciata* ♂ (Borneo) *進化研

ダイトウキスジ *A. f. fasciata* ♂ (Thailand) *進化研

ダイトウキスジ *A. f. fasciata* ♀ (Borneo) *進化研

チャイロタテハ *Vindula erota erota* ♂ (Thailand)

チャイロタテハ *Vindula e. erota* ♂ (China) *進化研

ヒメチャイロタテハ *Vindula dejone erotella* ♂ (Malaysia)

ヒメチャイロタテハ *Vindula d. dejone* ♀ (Bohol) *向山

オオチャイロタテハ *Vindula arsinoe arsinoe* ♂ (Ambon)

オオチャイロタテハ *Vindula a. arsinoe* ♂ (Ambon) V

ソロモンオオチャイロタテハ *Vindula sapor sapor* ♀ (Solomon) *進化研

ビロードタテハ
Terinos terpander robertsia ♂ (Malaysia)

ビロードタテハ
T. t. robertsia ♂ (Malaysia) V

ビロードタテハ
T. t. robertsia ♀ (Malaysia) *北山

ロミオビロードタテハ
T. romeo romeo ♂ (Panai) *向山

ロミオビロードタテハ
T. r. romeo ♀ (Panai) *向山

カバシタビロードタテハ
T. clarissa lucia ♂ (Palawan) *向山

カバシタビロードタテハ
T. clarissa malayana ♀ (Thailand) *進化研

クロビロードタテハ
T. taxiles angurium ♂ (Sula) *進化研

アフリカビロードタテハ
Lachnoptera anticlia anticlia ♂ (C. Africa) *進化研

アフリカビロードタテハ
L. a. anticlia ♂ (C. Africa) V *進化研

アフリカヘリグロヒョウモン
Smerina manoro manoro ♂ (Afrotropical) *P.

アサギドクチョウ
Philaethria dido dido ♂ (Peru)

アサギドクチョウ
Philaethria d. dido ♂ (Peru) V

タカネドクチョウ
Podotricha telesiphe telesiphe ♂ (Peru)

タカネドクチョウ
Podotricha t. telesiphe ♂ (Peru) V

スジグロチャイロドクチョウ
Dione moneta moneta ♂ (Peru)

スジグロチャイロドクチョウ
Dione m. moneta ♂ (Peru) V

チャイロウラギンドクチョウ
Dione juno miraculosa ♀ (Peru)

チャイロウラギンドクチョウ
Dione j. miraculosa ♀ (Peru) V

フトオビドクチョウ
Dryadula phaetusa phaetusa ♂ (Brazil) *新井

ウラギンドクチョウ
Agraulis vanillae incarnata ♂ (USA)

ウラギンドクチョウ
A. v. incarnata ♀ (USA)

ウラギンドクチョウ
A. v. incarnata ♀ (USA) V

チャイロドクチョウ
Dryas iulia alcionea ♂ (Peru)

チャイロドクチョウ
Dryas i. alcionea ♂ (Peru) V

チャイロドクチョウ
Dryas i. alcionea ♀ (Peru)

アカオビヒメドクチョウ
Eueides aliphera aliphera
♂ (Peru)

メキシコヒメドクチョウ
E. lineata lineata
♀ (Mexico) ＊大木

キマダラヒメドクチョウ
E. isabella hippolinus ♂ (Peru)

キマダラヒメドクチョウ
E. i. eva ♀ (Belize)

アカスジドクチョウ
Heliconius xanthocles melior ♂ (Peru)

キボシドクチョウ
Neruda aoede eurycleia ♂ (Brazil) ＊新井

ホソスジドクチョウ
Laparus doris doris ♂ (Peru)

チャマダラドクチョウ
H. hecale novatus ♂ (Brazil) ＊新井

シロモンドクチョウ
H. wallacei flavescens ♂ (Peru)

シロモンドクチョウ
H. w. flavescens ♀ (Peru)

ウスグロドクチョウ
H. hecalesia hecalesia
♂ (Brazil) ＊新井

ウスグロドクチョウ
H. h. eximius ♂ (Ecuador) ＊児山

ベニモンドクチョウ
H. melpomene ♀ (?)

ベニモンドクチョウ
H. m. amaryllis ♂ (Colombia) ＊新井

フタモンドクチョウ
H. erato favorinus ♂ (Peru)

フタモンドクチョウ
H. e. favorinus ♀ (Peru)

イチモンジドクチョウ
H. telesiphe cretacea ♂ (Peru)

モンキドクチョウ
H. sara sprucei ♂ (Peru)

モンキドクチョウ
H. s. sprucei ♀ (Peru)

ハレギチョウ
Cethosia biblis perakana ♂ (Malaysia)

ハレギチョウ
C. b. perakana ♂ (Malaysia) V

ハレギチョウ
C. b. picta ♂ (Sulawesi)

メスキハレギチョウ
C. cyane euanthes ♂ (Thailand)

メスキハレギチョウ
C. c. euanthes ♂ (Thailand) V

ヒメハレギチョウ
C. penthesilea methypsea ♂ (Malaysia)

キオビハレギチョウ
C. hypsea hypsea ♂ (Borneo)＊進化研

キオビハレギチョウ
C. h. hypsina ♀ (Malaysia)

キオビハレギチョウ
C. h. hypsina ♀ (Malaysia) V

アカガネハレギチョウ
C. luzonica pariana ♂ (Negros)

ムラサキハレギチョウ
C. myrina ribbei ♂ (Peleng)＊向山

ムラサキハレギチョウ
Cethosia myrina myrina ♂ (Sulawesi)

ムラサキハレギチョウ
C. m. myrina ♀ (Sulawesi)＊向山

シロモンハレギチョウ
C. cydippe cydippe ♂ (Ambon)

シロモンハレギチョウ
C. c. iphigenia ♀ (Buru)＊向山

シロモンハレギチョウ
C. c. insulata ♂ (Kai)＊向山

シロモンハレギチョウ
C. c. insulata ♀ (Kai)＊向山

ルリハレギチョウ
C. lamarcki lamarcki ♂ (Timor)＊向山

ルリハレギチョウ
C. l. lamarcki ♀ (Timor)＊進化研

シロオビハレギチョウ
C. obscura antippe
♂ (New Britain)＊向山

シロオビハレギチョウ
C. o. antippe
♀ (New Britain)＊向山

シロオビハレギチョウ
C. o. gabrielis
♀ (Admiralty)＊進化研

キベリハレギチョウ
C. leschenaultii leschenaultii
♂ (Timor)＊五十嵐

ホソチョウ
Acraea issoria formosana ♂ (Taiwan)

ホソチョウ
Acraea i. formosana ♂ (Taiwan) V

ホソチョウ
Acraea i. issoria ♀ (China) ＊原田

キシタヒメホソチョウ
Acraea circeis circeis ♂ (Cameroon) ＊北山

ホソバクロホシホソチョウ
Acraea niobe niobe ♂ (São Tomé) ＊北山

ウスバホソチョウ
Acraea andromacha andromacha ♀ (Australia)

クロホシホソチョウ
Acraea medea medea ♀ (São Tomé) ＊北山

チャマダラアフリカホソチョウ
Bematistes excisa excisa ♂ (Cameroon) ＊北山

コゲチャマダラアフリカホソチョウ
B. umbra macarioides ♂ (Cameroon) ＊北山

パプアホソチョウ
Miyana meyeri meyeri ♂ (Papua New Guinea) ＊新井

モルッカホソチョウ
M. moluccana doherthyi ♀ (Sulawesi) ＊日大

ヒメナンベイホソチョウ
Abananote erinome erinome ♂ (Peru)

ベニモンナンベイホソチョウ
Altinote dicaeus callianira ♂ (Peru)

ベニモンナンベイホソチョウ
Altinote d. callianira ♀ (Peru)

アオツヤホソチョウ
Altinote ozomene cleasa ♂ (Ecuador) ＊大木

ベニスジナンベイホソチョウ
Altinote negra demonica ♂ (Peru)

キマダラナンベイホソチョウ
Actinote pellenea equatorial ♂ (Peru)

オオキイロナンベイホソチョウ
Actinote thalia thalia ♂ (Peru)

アカヘリタテハ
Biblis hyperia laticlavia ♂ (Peru)

アカヘリタテハ
Biblis h. laticlavia ♂ (Peru) V

アカヘリタテハ
Biblis h. laticlavia ♀ (Peru)

アカヘリタテハ
Biblis h. aganisa ♀ (Mexico)

カバタテハ
Ariadne ariadne ariadne ♂ (Malaysia)

カバタテハ
Ariadne a. ariadne ♀ (Malaysia)

ヒマカバタテハ
Ariadne merione tapestrina ♂ (Thailand)
*北山

ハイイロカバタテハ
Ariadne enotrea suffusa ♂ (C. Africa)
*進化研

ルリカバタテハ
Laringa castelnaui castelnaui
♂ (Malaysia)

ウスグロカバタテハ
L. horsfieldii glaucescens
♂ (Thailand)*進化研

イチモンジアフリカカバタテハ
Eurytela hiarbas hiarbas
♂ (C. Africa)*進化研

イチモンジアフリカカバタテハ
E. h. hiarbas ♀ (C. Africa)*進化研

ニセコミスジ
Neptidopsis ophione ophione
♂ (C. Africa)*江田

ハギレニセコミスジ
N. fulgurata fulgurata ♂ (Madagascar)
*進化研

ハギレニセコミスジ
N. f. fulgurata ♂ (Madagascar) V*進化研

キオビアフリカカバタテハ
E. dryope dryope ♂ (C. Africa)*進化研

シロホシウスズミタテハ
Archimestra teleboas teleboas ♂ (Hispaniola)
*北山

キマダラカバタテハ
Byblia anvatara crameri
♂ (C. Africa)*進化研

キマダラカバタテハ
Byblia a. crameri ♂ (Cameroon) V*新井

ヒメキマダラカバタテハ
Byblia ilithyia ilithyia ♂ (C. Africa)
*進化研

シロシタカバタテハ
Mesoxantha ethosea ethosea
♂ (Afrotropical)*P.

ウスズミタテハ
Mestra dorcas apicalis
♂ (Brazil)*新井

ウスズミタテハ
Mestra d. amymone
♀ (USA)

シロモンカバタテハ
Vila emilia sinefascia ♂ (Peru)

メキシコミツボシタテハ
Catonephele mexicana mexicana ♂ (Mexico)

メキシコミツボシタテハ
C. m. mexicana ♂ (Mexico) V

メキシコミツボシタテハ
C. m. mexicana ♀ (Mexico)

トガリミツボシタテハ
C. chromis chromis ♂ (Peru)

マルバネミツボシタテハ
C. acontius acontius ♂ (Peru)　*C. a. acontius* ♂ (Peru) V

マルバネミツボシタテハ
C. a. acontius ♀ (Peru)

ミツボシタテハ
C. numilia esite ♂ (Peru)　*C. n. esite* ♂ (Peru) V

ミズイロタテハ
Nessaea hewitsonii hewitsonii ♂ (Peru)　*N. h. hewitsonii* ♂ (Peru) V

ミツボシタテハ
C. n. penthia ♀ (Brazil) ＊新井

アケボノタテハ
N. obrinus faventia ♂ (Brazil) ＊新井

シロオビムラサキタテハ
Sea sophronia sophronia
♂ (Venezuela) ＊A. Neild

シロオビムラサキタテハ
Sea s. sophronia
♂ (Venezuela) V＊A. Neild

シロオビムラサキタテハ
Sea s. sophronia
♀ (Venezuela) ＊A. Neild

ウスグロスミレタテハ
Sallya amazoula amazoula
♀ (Madagascar) ＊進化研

ツマグロスミレタテハ
Sallya madagascariensis madagascariensis
♂ (Madagascar) ＊進化研

クロスミレタテハ
Sallya occidentalium occidentalium
♂ (Cameroon) ＊北山

ムラサキスミレタテハ
Sallya amulia amulia
♂ (Cameroon) ＊北山

ムラサキスミレタテハ
Sallya a. amulia
♂ (Cameroon) V＊北山

スミレタテハ
Sallya pechueli pechueli
♂ (C. Africa) ＊進化研

スミレタテハ
Sallya p. pechueli
♀ (C. Africa) ＊進化研

ヒメジャノメタテハ
Eunica monima modesta ♂ (USA)

ヒメジャノメタテハ
E. m. modesta ♂ (USA) V

ヒメジャノメタテハ
E. m. modesta ♀ (USA) ＊大木

ヒメジャノメタテハ
E. m. monima ♂ (Peru)

ネオンジャノメタテハ
E. alcmena flora ♂ (Peru)

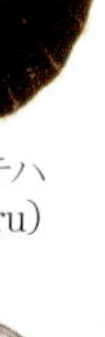

トガリムラサキジャノメタテハ
E. sydonia caresa ♂ (Peru)

ウラマダラジャノメタテハ
E. chlororhoa chlororhoa ♂ (Peru)　*E. c. chlororhoa* ♂ (Peru) V

ウラマダラジャノメタテハ
E. c. chlororhoa ♀ (Peru)

クロジャノメタテハ
E. malvina malvina ♂ (Peru)

クロジャノメタテハ
E. m. malvina ♂ (Peru) V

クロジャノメタテハ
E. m. malvina ♀ (Peru)

ムラサキジャノメタテハ
E. orphise orphise ♂ (Peru)

ムラサキジャノメタテハ
E. o. orphise ♂ (Peru) V

ムラサキジャノメタテハ
E. o. orphise ♀ (Peru)

コジャノメタテハ
E. clytia clytia ♂ (Peru)

コジャノメタテハ
E. c. clytia ♀ (Peru)

ルリモンヨツボシタテハ
Cybdelis mnasylus thrasylla ♂ (Peru)

ルリミスジ
Myscelia ethusa ethusa ♂ (USA)

ルリミスジ
M. e. ethusa ♀ (USA)

テングタテハ
Libythina cuvierii cuvierii ♀ (Brazil)
＊大木

ルリツヤミスジ
M. orsis orsis ♂ (Brazil) ＊新井

シラホシルリミスジ
M. cyaniris cyaniris ♂ (Mexico)

シラホシルリミスジ
M. c. cyaniris ♂ (Mexico) V

シラホシルリミスジ
M. c. cyaniris ♀ (Mexico)

コケムシカスリタテハ
Hamadryas februa ferentina ♂ (Belize)

コケムシカスリタテハ
H. f. ferentina ♂ (Belize) V

コケムシカスリタテハ
H. f. ferentina ♀ (Belize)

カスリタテハ
H. iphthime iphthime ♂ (Peru)

カスリタテハ
H. i. iphthime ♀ (Peru)

カスリタテハ
H. i. iphthime ♀ (Peru) V

ルリカスリタテハ
H. velutina velutina ♂ (Brazil) ＊新井

メキシコカスリタテハ
H. atlantis lelaps ♂ (Mexico) ＊大木

ヒメカスリタテハ
H. chloe daphnis ♂ (Peru)

ルリモンカスリタテハ
H. laodamia laodamia ♀ (Mexico)

シロイチモンジタテハ
Ectima thecla thecla ♂ (Brazil) ＊北山

シロイチモンジタテハ
E. t. thecla ♀ (Brazil) ＊大木

ウラベニタテハ
Panacea prola amazonica ♂ (Peru)

ウラベニカスリタテハ
H. a. amphinome ♀ (Brazil) ＊新井

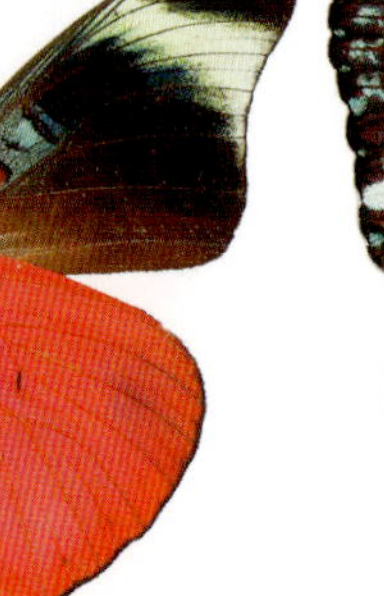

ウラベニタテハ
P. p. amazonica ♂ (Peru) V

ウラベニカスリタテハ
H. amphinome amphinome ♂ (Brazil)
H. a. amphinome ♂ (Brazil) V

ベーツタテハ
Batesia hypochlora hypochlora ♂ (Peru)

ベーツタテハ
B. h. hypochlora ♀ (Peru)

ベーツタテハ
B. h. hypochlora ♀ (Peru) V

ムラサキアカネタテハ
Asterope batesii batesii ♂ (Brazil) ＊新井

ムラサキアカネタテハ
A. b. batesii ♂ (Brazil) V＊新井

アカネタテハ
A. markii markii ♂ (Brazil) ＊新井

ルリアカネタテハ
A. degandii adamsi ♂ (Peru) ＊新井

サファイアアカネタテハ
A. sapphira sapphira
♂ (Brazil) ＊新井

サファイアアカネタテハ
A. s. sapphira
♀ (Brazil) ＊新井

オオルリアカネタテハ
A. leprieuri philotima ♂ (Peru)

オオルリアカネタテハ
A. l. philotima ♀ (Peru) ＊新井

オオルリアカネタテハ
A. l. philotima
♀ (Peru) V＊新井

モンシロタテハ
Pyrrhogyra neaerea argina ♂ (Peru)

モンシロタテハ
Pyrrhogyra n. argina ♂ (Peru) V

ヒメモンシロタテハ
Pyrrhogyra crameri hagnodorus ♂ (Peru)

ツマグロキオビカバタテハ
Epiphile lampethusa lampethusa
♂ (Peru) ＊北山

ルリモンキオビカバタテハ
E. orea negrina ♂ (Peru)

ミスジキオビカバタテハ
E. boliviana boliviana ♂ (Peru)

モンキムラサキタテハ
Bolboneura sylphis lacandona
♂ (Mexico) ＊大木

ヒメツマグロカバタテハ
Nica flavilla sylvestris ♂ (Peru)　*N. f. sylvestris* ♂ (Peru) V

ヒメツマグロカバタテハ
N. f. flavilla ♀ (Brazil) ＊大木

ツマグロカバタテハ
Temenis laothoe laothoe
♂ (Peru)

ツマグロカバタテハ
T. l. laothoe ♀ (Peru) ＊新井

ベニオビツマグロカバタテハ
T. pulchra amazonica
♂ (Brazil) ＊新井

クロカバタテハ
Peria lamis lamis ♂ (Peru)　*P. l. lamis* ♂ (Peru) V

クロカバタテハ
Peria l. lamis
♀ (Ecuador) ＊北山

ウズモンタテハ
Lucinia cadma sida
♂ (Cuba) ＊進化研

ウズモンタテハ
L. c. torrebia ♂ (Dominica) ＊山田　*L. c. torrebia* ♂ (Dominica) V＊山田

ウズモンタテハ
L. c. torrebia
♀ (Dominica) ＊山田

シロウラニシキタテハ
Dynamine agacles agacles
♂（Peru）

シロウラニシキタテハ
D. a. agacles ♂（Peru）V

オオシロウラニシキタテハ
D. myrrhina myrrhina
♂（Peru）

オオシロウラニシキタテハ
D. m. myrrhina ♂（Paraguai）
＊日大

ヒメウラニシキタテハ
D. artemisia glauce
♂（Peru）

ヒメウラニシキタテハ
D. a. glauce ♀（Peru）

ヒメウラニシキタテハ
D. a. glauce
♀（Peru）V

ミドリウラニシキタテハ
D. postverta mexicana ♂（Belize）

ミドリウラニシキタテハ
D. p. mexicana
♂（Belize）V

ミドリウラニシキタテハ
D. p. postverta ♀（Brazil）
＊新井

オオウラニシキタテハ
D. aerata aerata ♂（Peru）

オオウラニシキタテハ
D. a. aerata ♂（Peru）V

オオウラニシキタテハ
D. a. aerata ♀（Peru）

ウスアオウラニシキタテハ
D. tithia tithia
♂（Brazil）＊新井

ルリウラニシキタテハ
D. gisella gisella
♂（Brazil）＊新井

ミツモンタテハ
Antigonis pharsalia pharsalia
♂（Ecuador）＊北山

ミツモンタテハ
A. p. pharsalia
♂（Ecuador）V＊北山

アカオビウラモジタテハ
Cyclogramma pandama pandama
♂（Mexico）＊大木

アカオビウラモジタテハ
Cyclogramma p. pandama
♂（Mexico）V＊大木

ベニモンウズマキタテハ
Paulogramma pyracmon peristera
♂（Peru）

ベニモンウズマキタテハ
P. p. pujoli
♂（Argentina）＊進化研

ムラサキウズマキタテハ
Catacore kolyma pasithea
♂（Ecuador）＊北山

ムラサキウズマキタテハ
Catacore k. kolyma ♂（Peru）

ムラサキウズマキタテハ
Catacore k. kolyma ♂（Peru）V

ヒメアオシタウズマキタテハ
Callicore hystaspes hystaspes
♂（Paraguay）＊進化研

コウズマキタテハ
Callicore hydaspes hydaspes
♂（Paraguay）＊進化研

ベニオビルリウズマキタテハ
Callicore hesperis hesperis ♂（Peru）

ベニオビルリウズマキタテハ
Callicore h. hesperis ♂（Peru）V

ベニオビウズマキタテハ
Callicore cynosura cynosura
♂（Peru）

ベニオビウズマキタテハ
Callicore c. cynosura
♂（Peru）V

ベニオビウズマキタテハ
Callicore c. cynosura
♀（Peru）＊北山

アカオビウズマキタテハ
Callicore astarte selima
♂（Brazil）＊江田

アカオビウズマキタテハ
Callicore a. selima
♂（Brazil）V＊江田

ベニオオモンウズマキタテハ
Callicore texa sigillata ♂（Peru）

フトベニオビウズマキタテハ
C. felderi felderi ♂（Colombia）＊進化研

ハガタウズマキタテハ
C. sorana sorana ♂（Brazil）＊新井

ハガタウズマキタテハ
C. s. sorana ♂（Brazil）V＊新井

ヒメベニウズマキタテハ
C. pygas concolor ♂（Argentina）＊進化研

ヒメベニウズマキタテハ
C. p. eucale ♂（Brazil）＊江田

モンキムラサキウズマキタテハ
C. casta casta ♂（Mexico）＊進化研

モンキムラサキウズマキタテハ
C. c. casta ♀（Mexico）＊江田

ヒメベニウズマキタテハ
C. p. cyllene ♂（Peru）

ルリモンウズマキタテハ
C. lyca aegina ♂（Peru）

ルリモンウズマキタテハ
C. l. aegina ♂（Peru）V

ルリモンウズマキタテハ
C. l. aegina ♀（Bolivia）＊北山

ミイロウズマキタテハ
C. patelina patelina ♂（Mexico）
＊刈谷

ミイロウズマキタテハ
C. p. patelina ♂（Mexico）V
＊刈谷

ミイロウズマキタテハ
C. p. patelina ♀（Mexico）＊刈谷

キモンウズマキタテハ
C. eunomia eunomia ♂（Peru）＊進化研

キオビムラサキウズマキタテハ
C. excelsior michaeli ♂（Brazil）＊新井

キオビムラサキウズマキタテハ
C. e. michaeli ♂（Brazil）V＊新井

キオビムラサキウズマキタテハ
C. e. pastazza ♂（Peru）＊進化研

オオアカネウズマキタテハ
C. arirambae arirambae ♂（Brazil）＊刈谷

オオアカネウズマキタテハ
C. a. arirambae ♂（Brazil）V＊刈谷

オオアカネウズマキタテハ
C. a. arirambae ♀（Brazil）＊刈谷

アカモンタテハ
Haematera pyrame pyrame ♂ (Peru)

アカモンタテハ
H. p. pyrame ♂ (Peru) V

ヒロオビウラモジタテハ
Diaethria neglecta neglecta ♂ (Peru)

ヒロオビウラモジタテハ
D. n. neglecta ♂ (Peru) V

ヒロオビウラモジタテハ
D. n. neglecta ♀ (Peru)

ウラモジタテハ
D. clymena peruviana ♂ (Peru)

ウラモジタテハ
D. c. peruviana ♂ (Peru) V

ウラモジタテハ
D. c. peruviana ♀ (Peru)

ウラモジタテハ
D. c. consobrina ♂ (Colombia) *進化研

ムラサキウラモジタテハ
D. eluina lidwina ♂ (Peru)

ムラサキウラモジタテハ
D. e. lidwina ♂ (Peru) V

ブラジルウラモジタテハ
D. candrena candrena ♂ (Brazil) *新井

ブラジルウラモジタテハ
D. c. candrena ♂ (Brazil) V *新井

ブラジルウラモジタテハ
D. c. candrena ♀ (Brazil) *新井

ハギレタテハ
Orophila diotima diotima ♂ (Bolivia) *北山

ハギレタテハ
O. d. diotima ♂ (Bolivia) V *北山

ハギレタテハ
O. d. cecidas ♂ (Peru)

ハギレタテハ
O. d. cecidas ♂ (Peru) V

ウラテンタテハ
Mesotaenia vaninka doris ♂ (Peru)

ウラテンタテハ
M. v. doris ♂ (Peru) V

オオウラスジタテハ
Perisama bomplandii bomplandii ♂ (Colombia) *進化研

オオウラスジタテハ
P. b. albipennis ♂ (Peru)

オオウラスジタテハ
P. b. albipennis ♂ (Peru) V

キウラスジタテハ
P. oppelii eminens ♂ (Peru)

キウラスジタテハ
P. o. eminens ♂ (Peru) V

ムラサキウラスジタテハ
P. philinus descimoni ♂ (Peru)

ムラサキウラスジタテハ
P. p. descimoni ♂ (Peru) V

ナミウラスジタテハ
P. morona morona ♂ (Peru)

ナミウラスジタテハ
P. m. morona ♂ (Peru) V

フタウラスジタテハ
P. comnena comnena ♂ (Peru)

フタウラスジタテハ
P. c. comnena ♂ (Peru) V

オリオンタテハ
Historis odius odius ♂ (Peru)

オリオンタテハ
H. o. odius ♂ (Peru) V

オリオンタテハ
H. o. odius ♀ (Peru)＊新井

ヒメオリオンタテハ
H. acheronta acheronta ♂ (Peru)

ウラナミトガリタテハ
Pycina zamba zamba ♂ (Venezuela)
＊A. Neild

ウラナミトガリタテハ
P. z. zamba ♂ (Venezuela) V
＊A. Neild

ヒメウラナミタテハ
Tigridia acesta fulvescens
♂ (Peru)

ルリフタオチョウモドキ
Baeotus baeotus baeotus ♂ (Peru)

ウラナミタテハ
Colobura dirce dirce
♂ (Peru)

ウラナミタテハ
C. d. dirce
♂ (Peru) V

オオウラナミタテハ
C. annulata annulata
♂ (Peru)＊北山

オオウラナミタテハ
C. a. annulata
♂ (Peru) V＊北山

ウラジャノメタテハ
Smyrna blomfildia datis
♂ (Mexico)

S. b. datis
♂ (Mexico) V

ウラジャノメタテハ
S. b. blomfildia ♀ (Brazil)＊新井

メキシコウラジャノメタテハ
S. karwinskii karwinskii
♂ (Guatemala)＊進化研

メキシコウラジャノメタテハ
S. k. karwinskii
♂ (Guatemala) V＊進化研

サカハチチョウ
Araschnia burejana burejana ♂ (Japan)

オオサカハチチョウ
A. davidis davidis ♂ (China) ＊向山

キミスジ
Symbrenthia lilaea formosana ♂ (Taiwan)

S. l. formosana ♂ (Taiwan) V

キミスジ
S. l. formosana ♀ (Taiwan)

キミスジ
S. l. lucianus ♂ (Malaysia)

モルッカキミスジ
S. hippoclus hippoclus ♂ (Seram)

モルッカキミスジ
S. h. hippoclus ♂ (Seram) V

ヒメキミスジ
S. hypselis sinis ♀ (Malaysia)

ヒメキミスジ
S. h. sinis ♀ (Malaysia) V

ゴシキキミスジ
S. hippalus hippalus ♂ (Sulawesi) ＊向山

ゴシキキミスジ
S. h. hippalus ♂ (Sulawesi) V ＊向山

オナガキミスジ
S. intricata intricata ♂ (Sulawesi)

ハルマヘラカザリタテハ
Mynes plateni plateni ♂ (Halmahera) ＊北山

ハルマヘラカザリタテハ
M. p. plateni ♂ (Halmahera) V ＊北山

ハルマヘラカザリタテハ
M. p. plateni ♀ (Halmahera) ＊北山

パプアカザリタテハ
M. geoffroyi ogulina ♂ (Papua New Guinea) ＊向山

パプアカザリタテハ
M. g. ogulina ♂ (Papua New Guinea) V ＊向山

キベリタテハ
Nymphalis (Euvanessa) antiopa hyperborea ♀ (USA) ＊徳永

エルタテハ
Roddia l-album j-album ♀ (USA) ＊進化研

コヒオドシ
Aglais urticae turcica ♂ (Mongol)＊向山

コヒオドシ
A. u. urticae ♂ (England)＊向山

コルシカコヒオドシ
A. ichnusa ichnusa ♀ (Sardegna)＊江田

ヒマラヤコヒオドシ
A. ladakensis ladakensis ♂ (Nepal)＊向山

クジャクチョウ
Inachis io io ♀ (Norway)＊進化研

クエスチョンマークキタテハ
Polygonia interrogationis interrogationis ♂ (USA)＊進化研

クエスチョンマークキタテハ
P. i. interrogationis ♀ (USA)

クエスチョンマークキタテハ
P. i. interrogationis ♀ (USA) V

オオキタテハ
P. gigantea gigantea ♂ (China)＊原田

コガネキタテハ
P. satyrus satyrus ♂ (USA)

コガネキタテハ
P. s. satyrus ♂ (USA) V

コガネキタテハ
P. s. satyrus ♀ (USA)

ルリタテハ
Kaniska canace drilon ♂ (Taiwan)

ルリタテハ
K. c. drilon ♂ (Taiwan) V

ルリタテハ
K. c. benguetana ♂ (Luzon)＊北山

ルリタテハ
K. c. benguetana ♀ (Mindoro)＊北山

ルリタテハ
K. c. haronica ♂ (Ceylon)＊向山

ルリタテハ
K. c. javanica ♂ (Java)＊向山

ルリタテハ
K. c. javanica ♀ (Java)＊向山

ルリタテハ
K. c. maniliana ♂ (Borneo)＊進化研

ハワイアカタテハ
Vanessa tameamea tameamea ♂（Hawaii）＊向山

ハワイアカタテハ
V. t. tameamea ♂（Hawaii）V＊向山

ハワイアカタテハ
V. t. tameamea ♀（Hawaii）＊進化研

ヨーロッパアカタテハ
V. atalanta atalanta ♂（USA）＊向山

ジャワアカタテハ
V. dejeani dejeanii ♂（Mindanao）＊児山

ジャワアカタテハ
V. d. dejeanii ♀（Bali）＊向山

スマトラアカタテハ
V. samani samani ♂（Sumatera）＊向山

ヒメアフリカアカタテハ
V. abyssinica vansomereni
♂（C. Africa）＊進化研

アフリカアカタテハ
V. hippomene hippomene
♀（C. Africa）＊進化研

オナガアフリカアカタテハ
Antanartia. delius delius
♂（C. Africa）＊進化研

ブラジルヒメアカタテハ
Cynthia braziliensis braziliensis
♂（Brazil）＊新井

モンキアカタテハ
Bassaris itea itea ♂（New Zealand）＊向山

モンキアカタテハ
B. i. itea ♂（New Zealand）V＊向山

モンキアカタテハ
B. i. itea ♀（Australia）＊新井

マルマドナンベイアカタテハ
Hypanartia celestia celestia
♂（Peru）＊江田

タカネナンベイアカタテハ
H. dione dione ♂（Peru）

ナンベイアカタテハ
H. lethe lethe ♂（Peru）

ナンベイアカタテハ
H. l. lethe ♀（Peru）

ナンベイアカタテハ
H. l. lethe ♀（Peru）V

シロモンタテハ
Metamorpha elissa pulsitia ♂ (Peru)

シロモンタテハ
M. e. pulsitia ♀ (Peru)

ベニモンアメリカタテハモドキ
Anartia fatima fatima ♂ (USA)

アサギタテハ
Siproeta stelenes meridionalis ♂ (Peru)

アサギタテハ
S. s. biplagiata ♀ (Mexico)

ベニモンアメリカタテハモドキ
A. f. fatima ♀ (USA)

ベニオビアメリカタテハモドキ
A. amathea roeselia ♂ (Brazil) *新井

シロスジタテハ
S. epaphus epaphus ♂ (Peru)

シロスジタテハ
S. e. epaphus ♀ (Peru)

ウスイロアメリカタテハモドキ
A. jatrophae luteipicta ♀ (USA)

ルリオビトガリタテハ
Napeocles jucunda jucunda ♂ (Peru)

ルリオビトガリタテハ
N. j. jucunda ♀ (Brazil) *新井

ウスイロタテハモドキ
Junonia atlites atlites ♀ (Negros)
クロタテハモドキ
J. iphita horsfieldi ♀ (Malaysia)
ジャノメタテハモドキ
J. lemonias lemonias ♀ (Thailand)
ジャノメタテハモドキ
J. l. lemonias ♀ (Thailand) V
アオタテハモドキ
J. orithya metion ♂ (Borneo)
アオタテハモドキ
J. o. metion ♂ (Borneo) V
アオタテハモドキ
J. o. metion ♀ (Borneo)
キオビタテハモドキ
J. terea terea ♂ (Cameroon) ＊北山
アメリカタテハモドキ
J. coenia coenia ♂ (USA)
アメリカタテハモドキ
J. c. coenia ♀ (USA)
マングローブタテハモドキ
J. genoveva neildi ♀ (USA)
ルリボシタテハモドキ
J. hierta cebrene ♂ (Cameroon) ＊北山
ルリモンタテハモドキ
J. oenone oenone ♂ (Cameroon) ＊北山
ルリモンタテハモドキ
J. o. oenone ♀ (Cameroon) ＊北山
クロスジタテハモドキ
J. stygia stygia ♂ (Tanzania) ＊進化研
クロモンタテハモドキ
J. goudoti goudoti
♀ (Madagascar) ＊進化研
シロモンタテハモドキ
J. erigone tristis ♀ (Papua New Guinea)
＊向山
イワサキタテハモドキ
J. hedonia hedonia
♂ (Ambon)
アンデスタテハモドキ
J. vestina vestina ♂ (Peru)
アンデスタテハモドキ
J. v. vestina ♀ (Peru)
トガリアフリカタテハモドキ
Precis pelarga pelarga ♂ (Tanzania) ＊日大
ヘンシンタテハモドキ
P. octavia octavia
♂ (Cameroon) ＊新井
コウモリタテハモドキ
P. eurodoce eurodoce
♀ (Madagascar) ＊進化研
コウモリタテハモドキ
P. e. eurodoce ♀ (Madagascar) ＊江田

リュウキュウムラサキ
Hypolimnas bolina bolina ♂ (Borneo)

リュウキュウムラサキ
H. b. nerina ♂ (Australia)

リュウキュウムラサキ
H. b. nerina ♂ (Australia) V

リュウキュウムラサキ
H. b. pallescens ♂ (Tonga)

リュウキュウムラサキ
H. b. philippensis ♀ (Negros)

リュウキュウムラサキ
H. b. lisianassa ♀ (Ambon) *日大

リュウキュウムラサキ
H. b. lisianassa ♀ (Ambon) *進化研

リュウキュウムラサキ
H. b. bolina ♀ (Sulawesi)

リュウキュウムラサキ
H. b. bolina ♀ (Malaysia)

リュウキュウムラサキ
H. b. pallescens ♀ (Fiji) *日大

リュウキュウムラサキ
H. b. pallescens ♀ (Tonga)

リュウキュウムラサキ
H. b. pallescens ♀ (Tonga)

リュウキュウムラサキ
H. b. pallescens ♀ (Tonga)

セレベスムラサキ
Hypolimnas diomea diomea ♂ (Sulawesi)

セレベスムラサキ
H. d. diomea ♀ (Sulawesi)

セレベスムラサキ
H. d. diomea ♀ (Sulawesi)

セレベスムラサキ
H. d. diomea ♀ (Sulawesi) V

スンバワムラサキ
H. sumbawana takizawai ♂ (Flores)＊五十嵐

ルリオビムラサキ
H. alimena eremita
♂ (Papua, Indonesia)

ルリオビムラサキ
H. a. eremita
♂ (Papua, Indonesia) V

ルリオビムラサキ
H. a. eremita
♀ (Papua, Indonesia)

ルリオビムラサキ
H. a. lamia
♂ (Australia)

ルリオビムラサキ
H. a. lamia
♀ (Australia)

ジャノメムラサキ
H. deois panopion
♂ (Papua, Indonesia)

ジャノメムラサキ
H. d. panopion
♀ (Papua, Indonesia)＊向山

ジャノメムラサキ
H. d. divina
♀ (Papua New Guinea)＊向山

ジャノメムラサキ
H. d. tydea
♂ (Bacan)＊向山

ジャノメムラサキ
H. d. tydea
♀ (Bacan)＊向山

ミイロムラサキ
Hypolimnas pandarus pandarus ♂ (Ambon)

ミイロムラサキ
H. p. pandarus ♀ (Seram)

オオシロモンムラサキ
H. usambara usambara ♂ (Tanzania)＊江田

シロモンムラサキ
H. dinarcha dinarcha ♀ (C. Africa)＊進化研

ルリスジムラサキ
H. salmacis salmacis ♂ (C. Africa)＊江田

シロスジムラサキ
H. monteironis monteironis ♂ (C. Africa)＊進化研

ハガタムラサキ
H. dexithea dexithea ♀ (Madagascar)＊進化研

オオルリオビムラサキ
H. antevorta antevorta ♀ (Tanzania)＊江田

キオビコノハ
Yoma sabina sabina ♂ (Papua New Guinea)＊新井

パプアキオビコノハ
Y. algina netonia ♀ (Papua New Guinea)＊向山

オナガタテハモドキ
Kamilla cymodoce cymodoce ♂ (Cameroon)＊北山

オナガタテハモドキ
K. c. cymodoce ♀ (Cameroon)＊北山

キベリコノハシンジュタテハ
Salamis augustina augustina ♀ (Réunion)＊進化研

ムラサキコノハシンジュタテハ
S. cacta cacta ♀ (C. Africa)＊進化研

ルリシンジュタテハ
Protogoniomorpha temora temora ♀ (Cameroon)＊北山

シンジュタテハ
P. anacardii anacardii ♂ (Cameroon)＊新井

シンジュタテハ
P. a.duprei ♀ (Madagascar)＊日大

オオシンジュタテハ
P. parhassus parhassus ♂ (Cameroon)＊北山

ムラサキコノハチョウ
Kallima limborgii amplirufa ♂ (Malaysia)

ムラサキコノハチョウ
K. l. amplirufa ♂ (Malaysia) V

ムラサキコノハチョウ
K. l. amplirufa ♀ (Malaysia) *向山

メスシロオビコノハチョウ
K. paralekta paralekta ♂ (Java) *向山

メスシロオビコノハチョウ
K. p. paralekta ♀ (Java) *向山

アオオビコノハチョウ
K. spiridiva spiridiva ♂ (Sumatera) *向山

アオオビコノハチョウ
K. s. spiridiva ♀ (Sumatera) *向山

ウスアオコノハチョウ
K. philarchus philarchus ♂ (Ceylon) *向山

イワサキコノハ
Doleschallia bisaltide pratipa ♂ (Malaysia)

イワサキコノハ
D. b. pratipa ♂ (Malaysia) V

イワサキコノハ
D. b. australis ♀ (Java) ＊向山

モルッカコノハ
D. melana melana ♀ (Seram)

セラムコノハ
D. hexophthalmos hexophthalmos ♀ (Seram)

ジャノメコノハ
Catacroptera cloanthe cloanthe ♂ (Tanzania) ＊進化研

ジャノメコノハ
C. c. ligata ♀ (Cameroon) ＊新井

ヒメコハクタテハ
Vanessula milca milca ♂ (Afrotropical) ＊P.

アフリカコノハチョウ
Kallimoides rumia kassaiensis ♂ (Cameroon) ＊北山

アフリカコノハチョウ
K. r. kassaiensis ♀ (Cameroon) ＊北山

ルリアフリカコノハチョウ
Mallika jacksoni jacksoni ♂ (Afrotropical) ＊P.

ソトグロカバタテハ
Rhinopalpa polynice eudoxia ♂ (Malaysia)

ソトグロカバタテハ
R. p. eudoxia ♂ (Malaysia) V

ソトグロカバタテハ
R. p. megalonice ♂ (Sulawesi)

キマダラベニホシヒョウモンモドキ
Euphydryas (*Occidryas*) *editha quino* ♂ (USA)

キマダラベニホシヒョウモンモドキ
E. (*O.*) *e. quino* ♀ (USA)

マダラベニホシヒョウモンモドキ
E. (*Hypodryas*) *maturna maturna* ♂ (Georgia) *進化研

マダラベニホシヒョウモンモドキ
E. (*H.*) *m. coreanica* ♀ (N. Korea) *進化研

クロテンベニホシヒョウモンモドキ
E. (*Eurodryas*) *aurinia banghaasi* ♂ (Russia) *進化研

クロテンベニホシヒョウモンモドキ
E. (*E.*) *a. laeta* ♂ (N. Korea) *進化研

シロモンベニホシヒョウモンモドキ
E. (*O.*) *chalcedona chalcedona* ♂ (USA)

シロモンベニホシヒョウモンモドキ
E. (*O.*) *c. chalcedona* ♀ (USA)

シロモンベニホシヒョウモンモドキ
E. (*O.*) *c. chalcedona* ♀ (USA) V

ベニホシヒョウモンモドキ
E. (*Euphydryas*) *phaeton phaeton* ♂ (USA) *進化研

コヒョウモンモドキ
Melitaea (*Mellicta*) *ambigua ambigua* ♂ (N. Korea)

ヨーロッパコヒョウモンモドキ
M. (*M.*) *athalia hyperborea* ♂ (N. Korea) *進化研

ウスグロヒョウモンモドキ
M. (*Cinclidia*) *diamina hebe* ♂ (N. Korea) *進化研

フチグロヒョウモンモドキ
M. (*Didymaeformis*) *didyma didyma* ♂ (Afghanistan) *進化研

ヒョウモンモドキ
M. (*C.*) *scotosia scotosia* ♂ (China) *進化研

ゴマヒョウモンモドキ
M. (*D.*) *persea dogsoni* ♂ (Afghanistan) *進化研

ゴイシヒョウモンモドキ
Poladryas minuta arachne ♂ (USA)

ゴイシヒョウモンモドキ
P. m. arachne ♀ (USA)

ゴイシヒョウモンモドキ
P. m. arachne ♀ (USA) V

ヒメアメリカヒョウモンモドキ
Thessalia theona thekla ♂ (USA)

ヒメアメリカヒョウモンモドキ
T. t. thekla ♀ (USA)

クロヒョウモンモドキ
Chlosyne hippodrome hippodrome ♂ (Mexico)

キモンアメリカヒョウモンモドキ
C. lacinia adjutrix ♀ (USA)

ベニモンアメリカヒョウモンモドキ
C. janais gloriosa ♂ (Mexico) ＊大木

キオビアメリカヒョウモンモドキ
C. californica californica ♀ (USA)

メスグロアメリカヒョウモンモドキ
C. palla australomontana
♂ (USA)

メスグロアメリカヒョウモンモドキ
C. p. australomontana
♂ (USA) V

メスグロアメリカヒョウモンモドキ
C. p. australomontana
♀ (USA)

アメリカヒョウモンモドキ
C. gabbii gabbi
♂ (USA) ＊徳永

キマダラヒョウモンモドキ
Dymasia dymas dymas
♂ (Mexico)
D. d. dymas
♂ (Mexico) V

メキシコヒョウモンモドキ
Texola elada elada
♂ (Mexico) ＊柏原
T. e. elada
♂ (Mexico) V＊柏原

マメヒョウモンモドキ
Microtia elva horni
♂ (Mexico) ＊大木
M. e. horni
♀ (Mexico) ＊大木

キューバヒョウモンモドキ
Atlantea perezi perezi ♂ (Cuba) ＊進化研

キューバヒョウモンモドキ
Atlantea p. perezi ♂ (Cuba) V＊進化研

キューバヒョウモンモドキ
Atlantea p. perezi ♀ (Cuba) ＊進化研

ナミモンヒメヒョウモンモドキ
Antillea pelops pelops
♂ (Dominica) ＊山田
Antillea p. pelops
♂ (Dominica) V＊山田

ナミモンヒョウモンモドキ
Higginsius fasciata fasciata
♂ (Peru) ＊進化研
H. f. fasciata
♂ (Peru) V＊進化研

イチモンジヒョウモンモドキ
Gnathotriche exclamationis exclamations
♂ (Neotropical) ＊P.

ムモンヒメコヒョウモンモドキ
Phystis sp. ♂（Peru）＊北山

ヒメコヒョウモンモドキ
Phystis simois pratti
♂（Peru?）＊進化研

ヒメコヒョウモンモドキ
Phystis simois pratti
♂（Peru?）V＊進化研

アメリカコヒョウモンモドキ
Phyciodes mylitta mylitta ♂（USA）＊徳永

アメリカコヒョウモンモドキ
Phyciodes m. mylitta ♂（USA）V＊徳永

アメリカコヒョウモンモドキ
Phyciodes m. mylitta ♀（USA）＊徳永

フチグロコヒョウモンモドキ
Phyciodes cocyta selenis ♂（USA）

フチグロコヒョウモンモドキ
Phyciodes c. selenis ♂（USA）V

キマダラアメリカコヒョウモンモドキ
Phyciodes graphica vesta ♂（USA）

モンキナミスジコヒョウモンモドキ
Telenassa jana jana ♂（Peru）

キモンナミスジコヒョウモンモドキ
T. teletusa burchelli ♂（Peru）

キモンナミスジコヒョウモンモドキ
T. t. burchelli ♀（Peru）

キモンナミスジコヒョウモンモドキ
T. t. burchelli ♀（Peru）V

キマダラコヒョウモンモドキ
Anthanassa texana texana ♀（USA）

キマダラコヒョウモンモドキ
A. t. texana ♀（USA）V

ナミスジマダラコヒョウモンモドキ
A. frisia taeniata ♂（Peru）＊北山

キホソオビコヒョウモンモドキ
Dagon catula catula ♂（Bolivia）
＊大木

オソオビコヒョウモンモドキ
D. pusilla pusilla ♂（Bolivia）
＊北山

オソオビコヒョウモンモドキ
D. p. pusilla ♂（Peru）V

ブラジルコヒョウモンモドキ
Ortilia orthia orthia ♂（Brazil）
＊新井

キブラジルコヒョウモンモドキ
O. dicoma dicoma ♂（Brazil）
＊新井

キブラジルコヒョウモンモドキ
O. d. dicoma ♂（Brazil）
＊新井

アルゼンチンコヒョウモンモドキ
Tisona saladillensis clarior
♂ (Bolivia)＊進化研

アルゼンチンコヒョウモンモドキ
Tisona s. clarior
♂ (Bolivia) V＊進化研

マダラキコヒョウモンモドキ
Tegosa orobia orobia ♂ (Brazil)＊新井

キコヒョウモンモドキ
Tegosa claudina claudina
♂ (Peru)

キコヒョウモンモドキ
Tegosa c. claudina ♂ (Peru) V

キコヒョウモンモドキ
Tegosa c. claudina ♀ (Peru)

マダラコヒョウモンモドキ
Eresia datis datis ♂ (Peru)

シロボシコヒョウモンモドキ
E. polina polina ♂ (Peru)

ホソバコヒョウモンモドキ
E. lansdorfi lansdorfi ♂ (Brazil)＊新井

ナンベイホソチョウモドキ
E. actinote actinote ♀ (Peru)

ホソバイチモンジコヒョウモンモドキ
Castilia angusta angusta ♀ (Peru)

ホソバイチモンジコヒョウモンモドキ
C. a. angusta ♀ (Peru) V

マネシコヒョウモンモドキ
C. perilla perilla ♂ (Peru)

マネシコヒョウモンモドキ
C. p. perilla ♀ (Peru)

イチモンジコヒョウモンモドキ
C. myia myia ♂ (Mexico)

イチモンジコヒョウモンモドキ
C. m. myia ♂ (Mexico) V

イチモンジコヒョウモンモドキ
C. m. myia ♀ (Mexico)

シロオビコヒョウモンモドキ
Janatella leucodesma leucodesma ♂ (Venezuela)＊北山

シロオビコヒョウモンモドキ
J. l. leucodesma ♂ (Venezuela) V＊北山

カバイロコヒョウモンモドキ
Mazia amazonica cocha ♂ (Colombia)＊北山

カバイロコヒョウモンモドキ
M. a. cocha ♂ (Colombia) V＊北山

Ⅳ
食草写真篇

扉：
上左　*Cupha prosope* の食草　ヤナギ（イイギリ）科（Timika, Indonesia）
上右　パプアカザリタテハ　*Mynes geoffroyi* の食草　イラクサ科の *Dendrocnide* sp.（Timika, Indonesia）
下左　ヒロオビイシガケチョウ　*Cyrestis acilia* の食草　クワ科（Timika, Indonesia）
下右　キンイチモンジ　*Pantoporia consimilis* の食草　マメ科（Timika, Indonesia）
扉裏：
上左　ミヤマルリキキノハタテハ　*Memphis lyceus* の食草（Satipo, Peru）
上右　フトオビアメリカイチモンジ　*Adelpha malea* の食草（Satipo, Peru）
下　　ロミオビロードタテハ　*Terinos romeo* の食草　*Casearia grewiaefolia*（Ponai, Philippines）（北村實氏提供）

1　*Piper* sp.(Peru)

2　*Piper* sp.(Peru)

3　*Piper* sp.(Peru)

1　*Piper* sp.
ペルーにはコショウ科が多く見られ，どこにでも優勢的に繁茂している。本種は典型的な心臓形の葉で鈍鋸歯がある。葉は長さが30 cm程度の大型であるが地這性で地表に生じている個体を見る。林下に生じるが個体数はあまり多くない。
［チョウ］アオネキノハタテハ。

2　*Piper* sp.
林縁の明るい場所に普通に生じる。葉は卵形で先端は鋭先形，葉柄は長い。
［チョウ］ルリキノタテハ。

3　*Piper* sp.
林下に生じ地表を這うような個体を見る。葉は長い心臓形で30 cmに及ぶ。やや肉厚で個体数は多くない。
［チョウ］ルリキノハタテハ属と思われるが確認していない。

コショウ科 PIPERCEAE

コショウ目。コショウ属とサダソウ属などの8属2,000種を含み，主として熱帯に分布する。

4　*Molinedia clavigeria* (Brazil)

4　*Mollinedia clavigeria*
常緑低木で葉はやや厚みがあり皮針形で浅い鋸がある。寒さには割合強く冬期間でも東京の野外で越冬が可能である。
［チョウ］ウラスジルリオビタテハ。

モニミア科 MONIMIACEAE

クスノキ目に属しクスノキ科に近縁である。20前後の属と200程度の種を含み南半球に分布している。

5　Annonaceae ? (Peru)

6　*Desmos chinensis* (Malaysia)

7　*Friesodielsia* sp. ? (Malaysia)

5　Annonaceae ?
ペルーの民家で植栽されていたものである。バンレイシ科と思われる。
［チョウ］ホソオビアメリカイチモンジ。

6　*Desmos chinensis*
林縁ややや明るい林のなかに生じる。葉は薄手で光沢があり互生して羽状になる。蔓性で先端の幼葉は鉤状に曲がり他物に引っかかるようにして上方に伸びて行く。野外から採取してきて植栽するのは困難で多くの個体が枯死した。
［チョウ］ヤイロタテハ。ほかにミカドアゲハ類も利用している。

7　*Friesodielsia* sp. ?
前種と同所に生じる。蔓性で他物を頼りながら伸びるが前種のような鉤状の葉はない。前種よりもやや厚みのある葉で羽状に多数がつくようなことはない。
［チョウ］ルリオビヤイロタテハ。

バンレイシ科 ANNONACEAE

モクレン目。モクレン科に近縁である。主として熱帯に分布して120属2,000種以上を有する。

1　*Persea americana* (Sulawesi)

2　クスノキ科？(Peru)

3　*Cinnamomum* sp.(Peru)

1　*Persea americana*
スラウェシ島で見かけたが栽培（アボカド）されている個体だと思われる。
［チョウ］セレベスチャイロフタオチョウ。
2　クスノキ科？
ペルーで発見したがクスノキ科と思われる。5〜6 m の高さがあり，高木と思ったが実際は根元より直径が 10 cm にも満たない枝状の幹が数本分枝していたものであった。葉は長さが 50 cm 以上にも及ぶ大型で成葉はかさかさした感じで硬い。カカオの葉に似ている。個体数は少ないようであった。
［チョウ］ウラスジルリオビタテハ。
3　*Cinnamomum* sp.
日本のクスノキによく似ている。5〜6 m の大きな木も見るが 1 m に満たないような幼木がよく見られ，幼虫はそのような個体からも発見できる。葉はクスノキ同様の芳香がある。
［チョウ］ルリオビタテハ。

クスノキ科 LAURACEAE

クスノキ目。東南アジアに多い常緑高木で 55 属 2,500 種を含む。葉に芳香を含む種が多い。

4　*Flagellaria indica* ? (Ambon)

4　*Flagellaria indica* ?
タケ類またはショウガ科のような印象がある。
［チョウ］タケミスジ。

トウツルモドキ科 FLAGELLARIACEAE *Flagellaria*

サンアソウ目。単子葉植物のつる性多年草で外観はイネ科に似る。東南アジアからアフリカに 1 属 4 種が分布する。

5　*Smilax* sp. (Taiwan)

5　*Smilax* sp.
葉の先端はやや尖る卵形で平滑，光沢がある。種々に斑入りの個体がある。蔓性でマレーシア辺りで見る種類は極めて大型になる。
［チョウ］ルリタテハ。

サルトリイバラ科 SMILACEAE

ユリ目に属し多様な形態の種類がある。蝶の食性の対象として若干利用されているがタテハチョウ科では例外的。

6　*Meliosma squamulata* (Taiwan)

6　*Meliosma squamulata*
台湾中部に自生していた個体で 3 m 程度の高さであった。成長が早く新梢は 1 年で 2 m 以上伸びるが枝は比較的もろく折れやすい。葉は倒卵形で先端は尖り荒い鋸歯がある。長さは 20 cm 程度の大型のもある。
［チョウ］スミナガシ。

アワブキ科 SABIACEAE

APG ではアワブキ目とされることがある。アジア，アフリカ，アメリカの熱帯に分布し 4 属 70 種を有する。

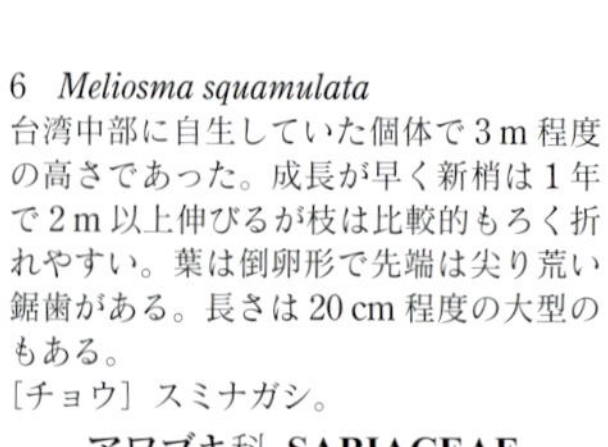

7　*Scurrula* sp.(Negros)

7　*Scurrula* sp.
樹木の高い位置に寄生する。葉は卵形で肉厚，成葉は硬い。花期は黄色･赤色の 2 色の花が目立つ。切り枝は水揚げが悪くすぐに葉が落下する。
［チョウ］ベニホシイナズマ。

オオバヤドリギ科 LORANTHACEAE

ビャクダン目。温帯から熱帯に 77 属 940 種を含み寄生または半寄生生活をしている。

1　*Melastoma* sp.(Malaysia)

2　*Miconia* sp. ? (Peru)

3　ノボタン科 (Peru)

4　*Miconia* sp. ? (Peru)

5　*Pternandra echinata*(Malaysia)

1　*Melastoma* sp.
マレーシアでは林道ぞいなどでよく見かけ，園芸種のような5弁の淡紅色の花をつけている。葉は3～5本の顕著な縦脈があり茎とともに粗毛で覆われる。常緑低木でどこでも群生している。
[チョウ] ルリヘリコイナズマ。
2　*Miconia* sp. ?
ペルーの林縁などに普通に見られる。葉は長楕円形で全縁，先端は尖る。葉はかさかさした感じで枝全体が野放図に広がっている。
[チョウ] ミズイロアメリカイチモンジ。
3　ノボタン科
伐採された跡に生じる低木。葉は前種よりも細長く柔らかい。
[チョウ] アメリカイチモンジ属の1種。種を確認できなかった。
4　*Miconia* sp. ?
林道の周囲や伐採地跡などに生じる低木。葉は光沢があり3本の顕著な縦脈がある。
[チョウ] ミズイロアメリカイチモンジ。
5　*Pternandra echinata*
マレーシア Tapah の近郊の山道で見かけた。葉は漸先形で3本の縦脈が顕著で高さ2～3 m の低木。群生していることが多い。
[チョウ] ウラキンミスジ。

ノボタン科 MELASTOMATACEAE

フトモモ目に属し，200属4,000種が南米を中心に分布する。園芸種もあるが野生では目立たない種が多い。

6　*Cratoxylum* sp.(Malaysia)

7　*Cratoxylum* sp.(Malaysia)

6　*Cratoxylum* sp.
林縁や明るい林内に幼木からせいぜい3～4 m 程度の大きさの個体を見る。葉は互生し新葉はやや赤みを帯びる。
[チョウ] ヤマオオイナズマ。
7　*Cratoxylum* sp.
林内の明るいところなどに生じ，前種よりも小型で葉も小さい。
[チョウ] サトオオイナズマ。

オトギリソウ科 HYPERICACEAE

キントラノオ目。9属560種以上を含み草本から高木までがあり葉に油点があるのが特徴である。

8　*Inga* sp. (Peru)

9　*Albizzia* sp.(Malaysia)

10　*Acacia* sp. (Thailand)

8　*Inga* sp.
ペルーでは林内や民家近くの雑木林などでよく見られる高木。マメ科特有の偶数羽状複葉で翼がついているのが特徴。
[チョウ] 記録からムラサキルリオビタテハを含むミイロルリオビタテハ属が食べる可能性がある。シロチョウ科の *Phoebis philea* も利用する。
9　*Albizzia* sp.
日本のネムノキに極めて似ている。マレーシア Tapah では林のなかでよく見かけ5～6 m に成長している。
[チョウ] シロモンコフタオチョウ。その他のシロフタオチョウ属も利用している可能性がある。
10　*Acacia* sp.
伐採地跡や林縁に見られ，ほかの植物のなかから蔓を伸ばして成長し2～3 m まで成長する。茎に顕著な棘があり衣服や捕虫網に引っかかることが多い。
[チョウ] キンミスジ。

マメ科 FABACEAE

マメ目。花の形態により3亜科に大別されることもあるが，APG では広義でとらえている。700前後の属に15,000前後の種を含み，キク科に次ぐ大きな科である。

1　マメ科 (Malaysia)

2　マメ科 ?(Peru)

3　マメ科 ?(Peru)

4　マメ科 (Ambon)

5　マメ科 (Peru)

1　マメ科
マレーシア Tapah の近郊ではよく見かける小型のマメ科で蔓性，他物に巻きついて生育する。
［チョウ］リュウキュウミスジ。
2　マメ科？
ペルーの樹林内空き地に生じている本種を見た。マメ科と思われる。1 枚の葉の長さは 15 cm 以上に及ぶ大型植物で高さは 4～5 m に達している。蔓性かどうかは不明だが高木に属するものではない。
［チョウ］現地の人の確認ではムラサキルリオビタテハ。
3　マメ科？
前種が生じる近い場所で発見したが同種ではないようである。葉はさらに大きく長さが 30 cm に及び，蔓性で樹林の間を縫うようにして伸びる。葉のつき方はマメ科の特徴をもつ。
［チョウ］前種同様に現地の人の確認ではムラサキルリオビタテハ。
4　マメ科
アンボンとセラムで比較的多くの個体を見た。葉は互生し奇数羽状複葉で明らかにマメ科であろう。蔓性で生育の様子はフジに似る。1 枚の葉の長さは 5～10 cm でフジ程度の大きさである。
［チョウ］現地の人はヨコヅナフタオチョウの食樹という。しかしこの植物を使って人工採卵を試みたが産卵に至らず寄主植物としての確認はなしえなかった。2015 年，モルッカミスジの寄主として確認。
5　マメ科
ペルーでは明るい林縁でよく見かけた。葉が長楕円形である以外は日本のフジと外形や大きさ，生育の様子がよく似ている。
［チョウ］現地の人の確認ではムラサキルリオビタテハ。

マメ科 **FABACEAE**

1 *Croton* sp.(Peru)　2 *Croton* sp.(Peru)　3 *Croton* sp.(Peru)　4 *Croton texensis* (USA)

5 *Alchornea* sp.(Peru)　6 *Alchornea* sp.(Peru)　7 *Dalechampia* sp.(Peru)　8 *Cnesmone javanica* (Malaysia)

9 *Tragia granduligera* (USA)　10 *Dalechampia scandens* (Peru)　11 *Dalechampia triphylla* (Costa Rica)

1 *Croton* sp.
表記の属と思われる。林縁などに生じる大型で蔓性，4 m 以上に伸長しているのを見る。成葉は硬く全縁で長さが 30 cm 以上にも達し，長い葉柄がある。
［チョウ］オナシルリキノハタテハ，ウラナミキノハタテハなど。

2 *Croton* sp.
3〜5 m 程度の大きさの個体を見る。側枝を繁茂させ葉は長さが 20 cm に達し心臓形をしている。葉は柔らかく芳香がある。6 月に見た個体の多くに花をつけていた。
［チョウ］シロオビカナエタテハ，ウラナミキノハタテハなど。

3 *Croton* sp.
標高が 1,800〜2,000 m 程度のところで見られた。林縁や川ぞいの明るいところに生じ，5 m 前後の個体が多い。葉は心臓形，やや黄褐色を帯びた緑色でかさかさした感じがする。
［チョウ］ベニモンウラナミキノハタテハなど。ほかにガのシャクガモドキガ科 *Macrosoma* sp.。

4 *Croton texensis*
高さが 30 cm 程度で箒状に生育する 1 年草。秋に種子を生じ翌春発芽する。瓦礫の間などでもよく繁茂する。葉・茎・実などの全草に芳香がある。
［チョウ］ヒイロキノハタテハ。与えればウラナミキノハタテハも食べる。

5 *Alchornea* sp.
陽地に進出するのが早い植物でペルーでは個体数が多い。表記の属と思われる。3 m 程度の大きさの個体をよく見かける。葉は卵形で縁には鋸歯があり一見「クワ」の葉を思わせる。
［チョウ］マルバネミツボシタテハ。与えればミツボシタテハも食べる。

6 *Alchornea* sp.
前種とよく似ているが葉柄が赤いので識別できる。川の縁などに生じ，ペルー・Satipo では前種に比べてはるかに少ない。
［チョウ］ミツボシタテハなど。

7 *Dalechampia* sp.
D. triphylla もしくはその近縁種または *Tragia* と思われる。葉は心臓形で葉縁は波状。林のなかの木漏れ日の当たるところに生じ，ほかの植物に巻きついて伸長する。
［チョウ］アカヘリタテハ，オオウラニシキタテハ，ヒメウラニシキタテハなど。

8 *Cnesmone javanica*
伐採地跡などの丈の低い草本植物のなかに生じる。せいぜい 50 cm 程度の大きさの蔓性である。葉は細長い心臓形，葉や茎に毛状の刺を生じ触れると痛い。
［チョウ］カバタテハなど。

9 *Tragia granduligera*
小型の蔓性植物。葉は卵形で鋸歯があり，長さは 2〜3 cm 程度で小さい。葉や茎には毛状の刺を生じ，触れると激しい痛みを生じる。
［チョウ］アカヘリタテハなど。

10 *Dalechampia scandens*
表記の種と思われる。7 よりもより開けた環境に生じる。蔓性，葉は深く 3 裂する。
［チョウ］カスリタテハ属の各種，アカヘリタテハ，ウラニシキタテハ属なども食べる。

11 *Dalechampia triphylla*
7 と同種または近縁種。食草として利用した機会はない。

トウダイグサ科 EUPHORBIACEAE

キントラノオ目。世界の全域に分布し 335 属 7,500 種以上を含む。木本が多い。葉や茎を切ると白色の乳液を出す種類が多く有毒である。包や葉に観賞価値のある種類があり観葉植物として栽培されることがある。

1 *Glochidion* sp.(Malaysia)

2 *Gymnanthes lucida* (USA)

3 トウダイグサ科 (Peru)

4 トウダイグサ科 (Peru)

5 トウダイグサ科 (Peru)

6 トウダイグサ科 (Peru)

7 トウダイグサ科 (Peru)

8 トウダイグサ科 (Peru)

9 *Plukenetia* sp. ?(Peru)

1 *Glochidion* sp.（APGではコミカンソウ科）
明るい林内に生じる低木。葉は全縁の卵形，やや厚手で互生羽状複葉につく。
［チョウ］メスグロイチモンジなど。
2 *Gymnanthes lucida*
葉は皮針形で冬季も落葉することはない。低木で栽培下では生育が遅いように感じられる。食草として使用の機会はなかった。
［チョウ］フロリダでは *Eunica tatila*。
3 トウダイグサ科
高木で葉は漸先形で長さは40 cmにも及び長大，新葉の展開は速い。葉は対生につき，葉脈は平行に走り葉縁で波状に融合する特徴があり識別は容易。
［チョウ］ジャノメタテハ属の1種。
4 トウダイグサ科
林縁の明るいところに生じる低木で葉は互生し托葉がある。新葉は橙色みを帯びる。
［チョウ］ウラマダラジャノメタテハ。飼育ではコジャノメタテハも食べる。
5 トウダイグサ科
成葉は硬く濃い緑色であるが新葉は赤み帯びた黄緑色。葉は輪生状に7〜10出し，折ると白い乳液が滲出する。林内に生じる低木。
［チョウ］コジャノメタテハなど。
6 トウダイグサ科
林内に生じる低木。ペルーでは個体数は多くないようだった。葉は細長く20 cm程度で成葉は硬い。
［チョウ］ジャノメタテハ属の近縁種。種の確認をなしえなかった。
7 トウダイグサ科
川ぞいなどで見かける。新葉は一斉に展開し柔らかく，折ると乳液が滲出する。現地では一見ヤナギのような感じがする。
［チョウ］クロジャノメタテハ。
8 トウダイグサ科
二次林の明るい環境に生じ，3 m程度の個体をよく見る。葉は3出複葉，新葉は柔らかく展開は速い。
［チョウ］ムラサキジャノメタテハ。
9 *Plukenetia* sp. ?
林縁に生じる蔓草。葉は長目の心臓形で長さは7 cm前後，柔らかく光沢がある。
［チョウ］ミズイロタテハと思われる。

1 *Adenia heterophylla* (Australia)

2 *Adenia* sp.(Borneo)

3 *Adenia* sp.(Borneo)

4 トケイソウ科 (Seram)

5 *Passiflora* sp.(Peru)

6 *Passiflora foetida* (Sulawesi)

7 *Passiflora* sp.(Peru)

8 *Passiflora* sp.(Peru)

9 *Passiflora coccinea* (Peru)

10 *Passiflora biflora*(Peru)

11 *Passiflora edulis* (Peru)

1 *Adenia heterophylla*
葉の長さが 15 cm くらいになる蔓性，ほかの植物などに寄りかかるようにして新梢を伸ばす。
［チョウ］シロモンハレギチョウなど。

2 *Adenia* sp.
葉は心臓型，光沢があり柔らかい。林の空き地などに生じる蔓性草本。
［チョウ］キオビハレギチョウなど。

3 *Adenia* sp.
葉は心臓系で先端が尖る。葉の支脈が目立ち前種より大型，茎はかなり太くなる。
［チョウ］トラフタテハなど。

4 トケイソウ科
林縁の他の植物に混じて生じる。葉は 3 裂して光沢があり柔らかい。
［チョウ］トラフタテハといわれる。

5 *Passiflora* sp.
ペルーの 1,800 m 程度の高地に生じる。林縁の草地的環境に生じる。
［チョウ］ドクチョウ属であるが種名は確認しえなかった。

6 *Passiflora foetida*
葉は三裂掌状で鋸歯がある。蔓性で分枝しながら 3 m くらいに伸びる。開花した後に図示のような特徴的な実をつける。葉・茎とも軟毛が生じる。樹木などの光を遮るものがない草地的環境を好む。
［チョウ］ムラサキハレギチョウ，*Acraea violae* など。

7 *Passiflora* sp.
地表を這うようにして生じる。葉は浅く 3 裂し濃淡の斑入りのような斑紋がある。
［チョウ］チャイロドクチョウなど。

8 *Passiflora* sp.
高地に生じる蔓性で 3 m 以上に伸びているのを見る。葉は 3 裂し先端は尖る。花は橙色で目立つが筒状で開き切らない。
［チョウ］タカネドクチョウと思われる。

9 *Passiflora coccinea*
葉は不規則に浅裂する長楕円形でやや厚みがある。花は大きくあざやかな橙赤色で自然のなかでは際立って目立つ。ドクチョウ類の食草であるとともに吸蜜植物ともなっている。
［チョウ］アカオビヒメドクチョウなど。

10 *Passiflora biflora*
葉は先端が欠けたように 2 裂し特徴的である。花は直径が 5 cm 程度であまり大きくなく白色。林縁の樹木の枝などを頼りに成長する蔓性。
［チョウ］フタモンドクチョウなど。

11 *Passiflora edulis*
観賞用あるいは果樹として栽培していることが多い。葉は深く 3 裂してやや湾曲し柔らかい。花は大きく白色で中心が濃紫色，柱頭やおしべが立ち上がり観賞価値が高い。
［チョウ］チャイロウラギンドクチョウ，キマダラヒメドクチョウなど。

トケイソウ科 PASSIFLORACEAE

キントラノオ目に属し，特に中南米とアフリカに多くの種類が産する。29 属 1,540 種あまりがあり，花が美しく園芸種も多い。

1 *Turnera ulmiforia* (USA)

1 *Turnera ulmiforia*
草本で葉は卵形，明瞭な鋸歯がある。光沢のある黄色の5弁花を連続的に開花させ観賞価値が高い。
［チョウ］オオアメリカウラベニヒョウモン。

トゥルネラ科 TURNERACEAE

キントラノオ目。トケイソウ科に近縁で10属120種を含む。亜熱帯・熱帯に分布しほとんどが草本である。

2 *Hydnocarpus* sp. ?(Malaysia)

3 ヤナギ科 (Australia)

4 ヤナギ科 (Peru)

5 *Zuelania* sp. ?(Peru)

6 *Casearia sylvestris* (Peru)

7 *Casearia* sp. ?(Peru)

2 *Hydnocarpus* sp. ?
密林内に生じ，高木になると思われる。新梢の生育は早く葉はすぐに硬化する。新葉のみが利用される。葉はほぼ全縁で光沢があり側脈が明瞭。
［チョウ］ビロードタテハ。
3 ヤナギ科
Xylosma または *Homalium* かあるいはその近縁属と思われる。低木で葉は小さい。赤みを帯びた新葉が展開するがチョウはそれのみを利用する。林縁の明るい環境に生じる。
［チョウ］オナガヒョウモン。
4 ヤナギ科
次種などと同属あるいはその近縁属と思われる。ペルー Satipo で林縁の伐採地跡に生じていた1個体だけを見たのみ。3 m くらいの若木で葉は柔らかく新葉は赤みを帯びる。
［チョウ］トガリコノハ。
5 *Zuelania* sp. ?
Casearia かもしれない。次種より大型の高木で葉もはるかに大きい。樹林内に生じる。
［チョウ］トガリコノハ。
6 *Casearia sylvestris*
ペルー Satipo の低山帯でよく見かける。4~5 m の個体もあるが幼木が多い。葉は互生し羽状複葉，弱い鋸歯があり黄緑色。次種より葉が硬くかさかさした感じである。
［チョウ］トガリコノハ，ベニオビコノハ。
7 *Casearia* sp. ?
前種に似ているが葉はより軟質である。個体数は前種より少ない。
［チョウ］トガリコノハ。

ヤナギ科 SALICACEAE

キントラノオ目。図示の植物はすべて新エングラー体系ではイイギリ科に属するもので側系統的な扱いになる。
54属1,200種を含み，うち500種弱がヤナギ連で旧北区に分布，その他は主として熱帯地方に分布する。

1　*Erythloxylum coca* (Peru)

2　*Erythloxylum* sp.(Peru)

3　*Erythloxylum* sp.(Peru)

4　*Erythloxylum* sp.(Peru)

1　*Erythloxylum coca*
ペルー山間部では栽培された個体をときどき見かける。葉から成分を抽出し飲料として利用され高山病の予防になるといわれ，その乾燥葉は一般にも市販されている。葉の裏の両側に2本の縦条が走るのが特徴である。
［チョウ］ミイロタテハ属が利用するかどうかは未確認である。
2　*Erythloxylum* sp.
前種とよく似ているが葉質がやや薄手に感じる。野外でたまに見かける。
［チョウ］前種同様ミイロタテハ属が利用するかどうかは未確認である。
3　*Erythloxylum* sp.
ペルー Satipo で局所的に見られた。葉は長さが50 cm以上にもなる大型，やや厚みがありゴムノキのような印象がある。葉の付け根に褐色のかさかさした托葉がついているのでコカノキ科であることがわかる。
［チョウ］現地の人がミイロタテハの幼虫を発見している。
4　*Erythloxylum* sp.
ペルー Satipo の近郊ではよく見かける。樹高は10 m以上にも達すると思われるが幹はせいぜい直径が10 cm程度で太くはならない。葉は前種をかなり小型にした感じで長さは7～10 cm程度である。
［チョウ］ベアタミイロタテハ。

コカノキ科 ERYTHROXYLACEAE

アマ目。*Erythroxylum* と *Nectaropetalum* など4属250種を含む。
このなかで *Erythroxylum coca* および *E. novogranatense* は葉にコカインを含むがほかは一般に利用されることはない。

5　*Malpighia glabra* (USA)

5　*Malpighia glabra*
本種は果樹の「アセロラ」であり栽培される。葉は倒卵形で密生する。淡紅色の5弁花を付け実は熟すると紅色になり食用とする。
[チョウ]ウラスジルリオビタテハの記録がある。チョウの寄主植物としては重要ではない。

キントラノオ科 MALPIGHIACEAE

キントラノオ目に属し中南米の熱帯雨林地帯に75属1,300種を含む常緑低木である。

1 *Ficus* sp. (Peru)

2 *Ficus aurea* (USA)

3 *Streblus* sp. ? (Sulawesi)

4 *Cecropia* sp. (Peru)

1 *Ficus* sp.
ペルーで確認したイチジク属 *Ficus*。寄主植物となっているかどうかは未確認であまり見かけることはなかった。
［チョウ］ツルギタテハ属の種が食べるものと思われる。
2 *Ficus aurea*
アメリカ合衆国テキサス産の個体。栽培種のゴムノキの小型種のようである。寄主としての確認はしていない。
［チョウ］ツルギタテハの食樹とされる。
3 *Streblus* sp. ?
スラウェシ島中部で確認，イチジク属よりも葉は小型で鋸歯があり，表面はざらついていてニレ科のような印象もある。川ぞいや林縁に見られる低木。
［チョウ］ジャノメイシガケチョウおよびヒロオビイシガケチョウの終齢幼虫がついていた。
4 *Cecropia* sp.（または独立の科とされたこともある。現在はイラクサ科におかれ，その分類位置の変更が多い。）
新熱帯区を代表する樹種で伐採地跡などにはほかの植物に先んじて生じる。成長は早くたくさんの高木を見る。枝分かれは少なくまっすぐと天に向かうようにして伸長し6～8裂した大きな葉は特徴的である。枝は中が空洞でアステカアリが棲むことや葉がナマケモノの食物となるということで有名である。挿し木で容易に増殖できる。
［チョウ］ベニオビアメリカイチモンジ，*Adelpha lycorias* などのナンベイイチモンジ類，オリオンタテハ，ウラナミタテハなど。

クワ科 MORACEAE

バラ目に属し 55 属 1,200 種を含む。低～高木で葉は互生し欠刻のある種もある。多くの種類が亜熱帯から熱帯に分布する。

5 *Trema* sp.(Peru)

6 ハルニレ (Japan)

7 *Gironniera* sp. (Malaysia)

8 *Celtis formosana* (Taiwan)

9 *Celtis pallida* (USA)

10 *Celtis iguanae* ? (Peru)

5 *Trema* sp.
ペルーで見られるウラジロエノキで陽地に生じる低木を多く見る。高木は見ていないが 5～7 m 程度の大きな個体もよく見かける。葉はエノキよりもやや細長く，1 本の枝に互生しながら密生する。表面はざらつき小鋸歯状，裏面が白みを帯びることはない。
［チョウ］ペルーではウラモジタテハ，ナンベイアカタテハ。
6 ハルニレ
図示は日本産のハルニレだが分布は千島から中国に及ぶ。ニレ属はケヤキ属とともに APG ではニレ科に含められる。
［チョウ］日本ではシータテハ，海外ではカグヤコムラサキ，ミスジコムラサキなどのウラギンコムラサキ属。
7 *Gironniera* sp.
葉はほとんど鋸歯のない全縁の卵形で表面に微毛がある。他に無毛の別種も同所的分布をし，どちらも高木になると思われる。ムクノキ属に近縁である。
［チョウ］エグリミスジ。マレーコムラサキも食べると思われる。
8 *Celtis formosana*
日本産のエノキに似ているがそれよりもやや葉が硬質で現地では通常冬季に落葉することがない。
［チョウ］オオムラサキ，アカボシゴマダラをはじめとした多くのコムラサキ亜科の食性の対象となる。
9 *Celtis pallida*
北米の南部から中米に分布する低木のエノキ。分枝が多く鋭い棘を生じる。葉は長さが 5 cm 程度で小さく鈍鋸歯状，冬季に落葉することはない。寒さには強く東京の野外で越冬が可能である。
［チョウ］アメリカコムラサキ，キモンコムラサキなど北米に棲息するコムラサキ亜科。
10 *Celtis iguanae* ?
ペルーで見た唯一のエノキで大きな河川の周囲に生じる。分類上の正確な位置は未確認で *Celtis* というのは亜属のカテゴリーでは異なると思われる。葉の感じは日本のエノキと似ていて野外で見かけてもエノキの 1 種ということがわかる。大きな違いは棘を生じることで前種と共通する。野外では 10 m 以上にも及ぶ高木を見るが，幹が太く成長していることはなく根元から枝状の幹部が分岐しているだけである。翌年には前年よりも小さくなっていることもあり，本種は木本というよりも草本的性質があるのかもしれない。年間を通して結実しているようだがその橙色の実は日本産エノキと変わらない印象を受ける。東京の野外では越冬が不可能だった。
［チョウ］ペルーではナンベイコムラサキのすべてが本種に依存していた。

アサ科 CANNABACEAE

バラ目。15 属 200 種を含み低～高木である。熱帯地方と北半球温帯に多くの種類の自生がある。葉は互生し鋸歯がある。チョウの食性の対象として重要である。

1　ヤナギイチゴ (China)

2　*Dendrocnide* sp. (Australia)

3　*Boehmeria* sp. (Peru)

4　*Urera* sp.(Peru)

5　*Dendrocnide* sp. (Seram)

6　キミズ (Borneo)

7　*Boehmeria macrophila* (China)

8　*Elatostema* sp. (Malaysia)

9　*Elatostema* sp. (Sulawesi)

10　*Elatostema* sp. (Seram)

11　*Pipturus argenteus* (Australia)

12　*Oreocnide trinervia* (Borneo)

1　ヤナギイチゴ
冬季間の寒さにはやや弱く地上部が枯れることがあるが翌春には萌芽して2m以上に伸長する。台湾のホソチョウは食べるが中国産は食べなかった。
［チョウ］カバイロスミナガシ。
2　*Dendrocnide* sp.
林下に生じる。葉や茎にはイラクサ特有の毒刺を生じ，触れると激しい痛みを生じる。
［チョウ］パプアカザリタテハ。
3　*Boehmeria* sp.
やや湿潤な明るいところに生じる。形態そのものは日本産の同属と似ているが高さが3～4mに及び，葉もはるかに大きい。
［チョウ］ナンベイアカタテハ。
4　*Urera* sp.
林縁などの陽光の射すところに生じる。葉や茎には鋭い刺を生じるが触れただけでは痛みは感じられない。しかし刺の先端が皮膚内に突き刺さると激しい痛みや腫れを生じる。3m以上に生育する大型のイラクサ科で大量の実をつけた個体を見ることがある。
［チョウ］ウラジャノメタテハ。
5　*Dendrocnide* sp.
セラムの山地林床に生じ，高さが1m程度に達する。葉や茎には毒をもった綿毛を密生する。あまり標高の低いところには見られない。
［チョウ］*Mynes doubledayi* と思われる。
6　キミズ
樹林下に生じる小型の種。地表を這うようにして伸びる。日本にも自生しているという。日本で栽培すると春になって気温が高くなる頃に花芽が分化される。
［チョウ］ジャノメスミナガシ，ヒメキミスジ。
7　*Boehmeria macrophila*
寒さには強く冬季間でも緑葉を残し，茎は木質化して翌年枝を繁茂させる。
［チョウ］ルリボシスミナガシ。
8　*Elatostema* sp.
形態は日本のウワバミソウによく似る。同様に湿潤な地に生じ，渓流のほとりなどに多い。
［チョウ］ヒメキミスジ。
9　*Elatostema* sp.
スラウェシ島では至るところの湿潤な林下に生じていた。草本だが茎が枝分かれして上方に盛んに伸長する
［チョウ］セレベスムラサキ。
10　*Elatostema* sp.
セラム島の林床に群生している。ウワバミソウの仲間で巨大である。
［チョウ］ミイロムラサキと思われる。
11　*Pipturus argenteus*
明るい林縁などに生じる低木。葉や茎に刺はない。日本産の同属にはオオイワガネがあるが形態がやや異なる。
［チョウ］パプアカザリタテハ。
12　*Oreocnide trinervia*
イラクサ科とは思えない高木に成長する。しかし花の形態で明らかに本科に属することがわかる。成葉は硬くカシ類を思わせるものがある。
［チョウ］ウスベニカザリスミナガシ。

イラクサ科 ULTICACEAE

バラ目。温帯から熱帯に広く分布し42属700種を含み，草本から高木まで多様である。葉や茎に刺を生じ，触れると痒みをともなうことで知られる。

1 *Bursera simaruba* (USA)

1 *Bursera simaruba*
葉は全縁の卵形，長さは 7～10 cm 程度でやや肉厚，ツバキのような印象がある。フロリダ半島では高木が林立する。
［チョウ］ヒメジャノメタテハ。

カンラン科 BURSERACEAE

APG ではムクロジ目に属する。熱帯に産し常緑の低～高木，8 属 540 種以上を含む。

2 *Serjania brachicarpa* (USA)

3 *Serjania* sp.(Peru)

4 *Serjania* sp.(Peru)

5 *Urvillea ulmacea* (USA)

6 ムクロジ科 (Peru)

7 ムクロジ科 (Peru)

8 ムクロジ科 (Peru)

9 ムクロジ科 (Peru)

10 ムクロジ科 (Peru)

11 *Allophylus* sp.(Peru)

2 *Serjania brachicarpa*
葉は浅裂五出葉の蔓性，冬季も生育を続ける。秋季に開花するが栽培では結実することはなかった。
［チョウ］ウズマキタテハ亜族の対象となると思われるが飼育下でブラジルウラモジタテハが食べて成長した例のみ。
3 *Serjania* sp.
基本的な形態は前種に似るが葉には著しい光沢がある。林縁に生じるがあまり見かけない。
［チョウ］ルリモンウズマキタテハ。
4 *Serjania* sp.
前種に似るが葉はやや小さい。1,500 m 以上の高地に分布するようで林縁の草地的環境に生じる。
［チョウ］キウラスジタテハと思われる。
5 *Urvillea ulmacea*
Serjania の属に似ているが葉はやや薄手で三出葉。
［チョウ］ウズマキタテハ亜族の対象となると思われる属であるがその事実は確認していない。
6 ムクロジ科
2 回三出複葉の蔓性で前 4 種より大型，成葉は硬い。
［チョウ］写真ではツマグロカバタテハとほかに 1 種ウズマキタテハ属の 2 齢幼虫がついていた。

7 ムクロジ科
前種と同種かもしれない。林縁などで普通に見かける。
［チョウ］ツマグロカバタテハ，ヒメツマグロカバタテハ。
8 ムクロジ科
基本的な形態は前種と同じだが極めて大型で茎は太く 5 m 以上に伸びているのを見る。茎に刺のある近縁種も見かける。
［チョウ］シロモンタテハ属の 1 種。新葉を利用する。
9 ムクロジ科
皮針形三出葉，1 枚の葉の長さは 5～7 cm 程度。つる性であるがあまり長く延びているのを見ない。ペルーではあまり個体数は多くない。
［チョウ］クロカバタテハ。
10 ムクロジ科
前種に似ているが五出葉，葉は大きく蔓はかなり伸長する。伐採地跡の明るい空間に生じることが多いが個体数はあまり多くはない。
［チョウ］ベニオビウズマキタテハ。
11 *Allophylus* sp.
5 m 程度に成長した個体を見るがあまり大きくない低木のような個体が多い。三出複葉で中央の葉が特に大きく長さが 15 cm 程度の大きさになる個体もある。葉はやや厚手であまり硬くはない。
［チョウ］ペルーの現地ではよく食痕を見かけたが幼虫そのものは発見できなかった。ヒメベニウズマキタテハと思われる。

ムクロジ科 SAPINDACEAE

ムクロジ目。主として亜熱帯，熱帯地方に広く分布し 140 属 2,000 種程度を含む。低～高木で蔓性の種も多い。葉は互生し羽状，2 回羽状，あるいは三出葉。

1　キツネノマゴ科 (Malaysia)

2　*Asystasia* sp.(Australia)

3　*Gendarussa* sp.(Malaysia)

4　キツネノマゴ科 (Peru)

5　*Strobilanthes collinus*(Penang)

6　*Ruellia* sp. (Borneo)

7　キツネノマゴ科 (Peru)

8　*Sanchezia peruviana* (Peru)

9　*Pseuderanthemum* sp.(Seram)

10　*Blechum brownei* (USA)

11　キツネノマゴ科 (Peru)

12　キツネノマゴ科 (Peru)

1　キツネノマゴ科
ハグロソウを大きくしたような形態で林床に生じる。高さが1 m程度の草本。
[チョウ] イワサキコノハ。
2　*Asystasia* sp.
明るい草地的環境あるいは林縁の草本植物群落内に生じる。草丈は50 cm程度で白い小さな花をつける。
[チョウ] ルリオビムラサキ，リュウキュウムラサキ。
3　*Gendarussa* sp.
明るい2次林に生じ，同種または近縁の種は人家の生垣などに利用されている。葉は漸先形でたくさんの茎を分枝する。
[チョウ] ムラサキコノハチョウなど。
4　キツネノマゴ科
やや高地の林縁に生じる。高さは2 m以上に達し，葉は長楕円形で先端は尖る。
[チョウ] シロスジタテハ。
5　*Strobilanthes collinus*
林床に生じる大型のキツネノマゴ科。葉は厚手で大きく長楕円形鋸歯がある。根元から株別れするとともにたくさん分枝し先端に花芽を分化させて淡紅色の花をつける。
[チョウ] ムラサキコノハチョウ，クロタテハモドキ。
6　*Ruellia* sp.
明るい草地的環境に見られる。葉は細長く，密生する。青紫色のやや大きな花を咲かせ観賞価値が高い。
[チョウ] タテハモドキ。
7　キツネノマゴ科
陽光の注ぐ湿地に密生する草本植物のなかに混じって群落をつくる。オギノツメに似た感じである。
[チョウ] ベニオビアメリカタテハモドキ。
8　*Sanchezia peruviana*
林縁に生じる極めて大型のキツネノマゴ科である。葉は卵形で浅い鋸歯があり50 cm以上の長さになり多肉植物のような厚みと感触をもつ。十分生育すると紅色の包をもった花穂をつけ雄大な印象を与える。
[チョウ] シロモンタテハ。
9　*Pseuderanthemum* sp.
林縁に生じる極めて大型草本植物でキツネノマゴ科と認めがたいが，幼苗は本科内の印象がある。
[チョウ] セラムコノハ。
10　*Blechum brownei*
路肩のような最も丈の低い植物で構成される草地に生じる。葉は卵形で先端は尖り，花は白色，小さくて目立たない。
[チョウ] ベニオビアメリカタテハモドキなど。
11　キツネノマゴ科
背丈の低い植物群落内に生じる小型の植物。茎の先端に花穂をつけ，白く小さな花を咲かせる。
[チョウ] キコヒョウモンモドキ。
12　キツネノマゴ科
林縁に生じ高さが2 m以上にもなる大型草本。葉は黄緑色で淡い感じがし，全体に綿毛が密生している。淡紅色の花をつける。
[チョウ] ホソバイチモンジコヒョウモンモドキ，キモンナミスジコヒョウモンモドキ。

キツネノマゴ科 ACANTHACEAE

シソ目に属しほとんどが中南米やアジアの熱帯地方に分布する。草本から木本を含み230属4,000種に及ぶ。葉は対生につき花が観賞価値の高い種類もある。

1　アカネ科 (Malaysia)　2　*Uncaria* sp. ?(Seram)　3　アカネ科 (Peru)
4　*Sabicea* sp.(Peru)　5　アカネ科 ?(Peru)　6　アカネ科 ?(Peru)
7　アカネ科 ?(Peru)　8　*Pentagonia* sp. (Peru)　9　*Uncaria* sp.(Peru)

1　アカネ科
明るい林内で見かける。葉は対生し全縁卵形で先端が尖る。成葉は硬いが幼虫は成葉を利用する。
[チョウ] チャイロイチモンジ。
2　*Uncaria* sp. ?
セラムの深い林内で発見した。葉は対生し薄く柔らかい。林縁に生じるほかの植物の間を縫って蔓を伸ばし，2〜3 m の長さになる。葉の付け根に鉤型の刺を生じる。
[チョウ] 他地域でタイワンイチモンジ属が利用している。
3　アカネ科
林縁に生じる蔓性で茎はやや木質化している。葉は漸先形でやや細長く 10 cm 程度の長さがある。側脈が明瞭で葉質は硬い。
[チョウ] ヒメアメリカイチモンジ。
4　*Sabicea* sp.
林縁や山道のやや開かれた明るいところに生じる。葉は対生し卵形で長さは 5 cm 程度，蔓性で多くの場所で見かける。
[チョウ] ウラキンアメリカイチモンジ。
5　アカネ科？
高さが 2〜3 m 程度の若木を見るが高木になると思われる。葉は巨大で長さが 30 cm 以上になり葉や茎の全体に綿毛が密生している。葉は対生するがアカネ科に属するかどうか不明である。
[チョウ] アメリカイチモンジ属の 1 種。種を確認できなかった。
6　アカネ科？
林縁に生じる。葉は漸先形で図示のように斑入りの状態であるがこれは 2 次的なものと考えられる。成葉は硬い。
[チョウ] アメリカイチモンジ属の 1 種。種を確認できなかった。
7　アカネ科？
葉は細長く長さが 7〜8 cm 程度，鋸歯が顕著である。林内に生じる低木と思われるがあまり見かけなかった。
[チョウ] アメリカイチモンジ属の 1 種。種を確認できなかった。
8　*Pentagonia* sp.
高木で葉の長さは 30 cm 以上に及ぶ。葉は対生し新葉は柔らかいが早期に硬化する。
[チョウ] ヒメアメリカイチモンジ，アカオビアメリカイチモンジ。
9　*Uncaria* sp.
林縁や伐採地跡に生じる。やや蔓性で葉は長さが 5 cm 程度，対生し基部には近縁種同様の鉤型の刺を 2 本生じる。
[チョウ] シロオビアメリカイチモンジ。

アカネ科 RUBIACEAE

リンドウ目に属し 600 属 10,000 種以上を含む。葉は単葉で対生か輪生する。

1　キク科 (Sulawesi)

2　*Mikania* sp.(Peru)

3　キク科 (Peru)

4　キク科 (Peru)

1　キク科
高さが1m程度の草本，葉縁は鈍鋸歯状で先端が垂れ下がる。花柄が湾曲していて日本のボロギク類のような印象がある。
［チョウ］リュウキュウムラサキ。

2　*Mikania* sp.
伐採地や空き地などに真っ先に侵入して繁茂しペルーでは至るところで見かける。葉は特徴のある三角形鉾型で日本のキクイモのような姿に生育する。高さは3m程度に達し先端に黄色いキク科特有の集合花を付ける。
［チョウ］ベニスジナンベイホソチョウ。

3　キク科
傾斜のある陽光地などに生じる草本。葉は鋭先形で小波形の鋸歯がある。多数の分枝があり先端に白い小さな花をつける。
［チョウ］ベニモンナンベイホソチョウ。

4　キク科
群生し高さは1m程度の草本。葉は卵形でほとんど鋸歯はなくやや肉厚な感じがある。先端に淡い青紫色の花をつける。
［チョウ］キマダラナンベイホソチョウと思われる。

キク科 ASTERACEAE

キク目に属し，双子葉綱のなかでは最も進化した科とされる。950属20,000種以上を含む大きな科である。

イラクサ科とホソチョウ *Acraea issoria* 幼虫 (Bali, Indonesia)

トケイソウ科 *Adenia* sp. とパプアトラフタテハ *Parthenos tigrina* 幼虫 (Timika, Indonesia)

クワ科 *Ficus* sp. とヒロオビイシガケチョウ *Cyrestis acilia* 幼虫 (Timika, Indonesia)

291　モルッカフタオチョウ *Polyura pyrrhus pyrrhus*（Linnaeus, 1758）

292　ヨコヅナフタオチョウ *Charaxes eurialus eurialus*（Cramer, [1775]）

293　リュウキュウミスジ（日本産亜種）
Neptis hylas luculenta Fruhstorfer, 1907

294　モルッカミスジ *Phaedyma amphion amphion*（Linnaeus, 1758）

295　プエルトリコヒョウモンモドキ *Atlantea tulita tulita*（Dewitz, 1877）*R

296　ツマグロブラジルコヒョウモンモドキ *Ortilia liriope liriope*（Cramer, [1775]）*R

V
解　説　篇
【総論】

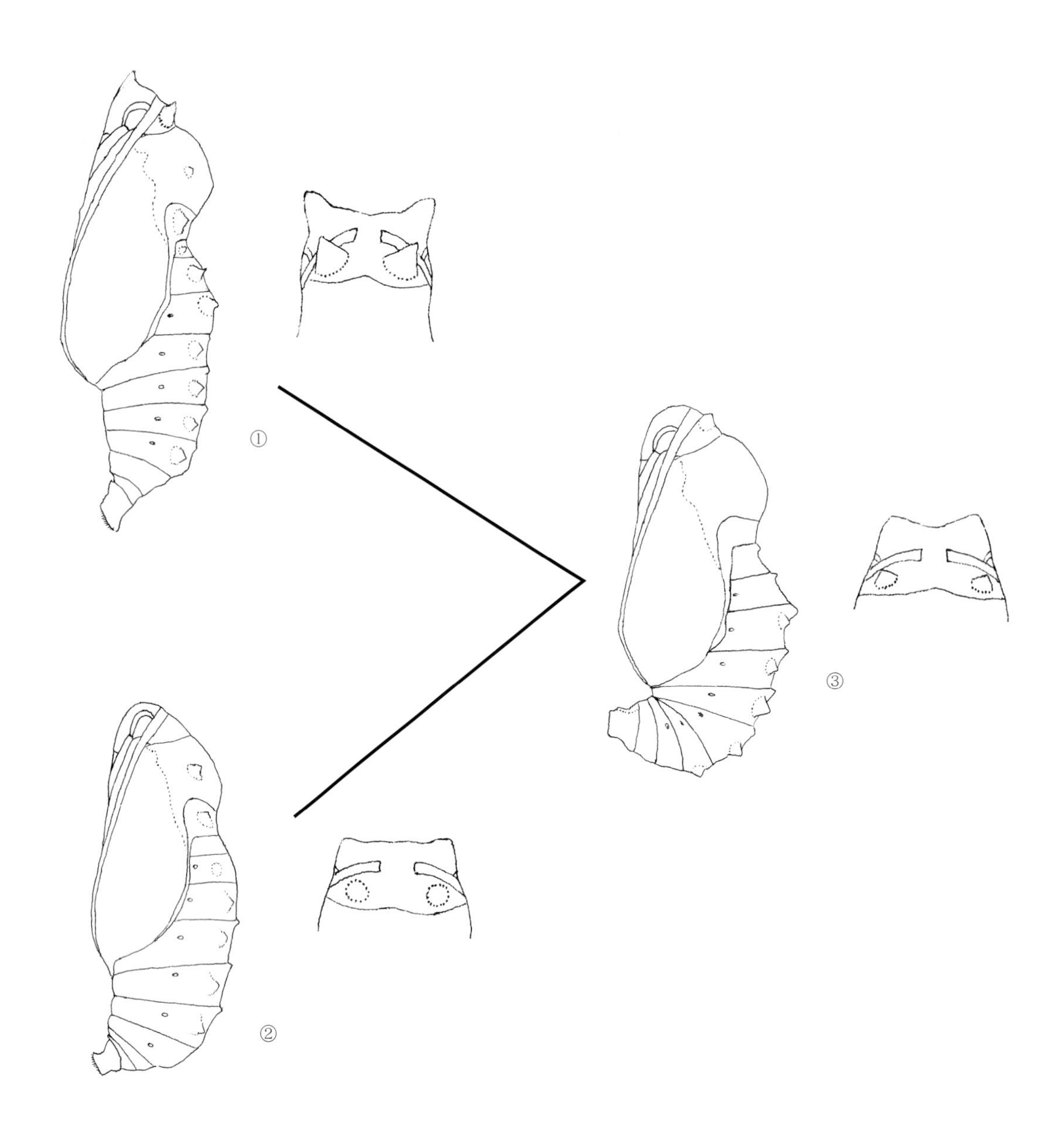

扉：
大河アマゾン上流地域（2002年）
扉裏：
アサヒヒョウモンの属は？（ヒメヒョウモン亜族 Boloriina の蛹側面と頭部背面）
①ホソバヒョウモン属 *Clossiana*
②ヒメヒョウモン属 *Boloria*
③アサヒヒョウモン

タテハチョウ科の概要

1. タテハチョウ科の範囲

「タテハチョウ科とは何か」それが本書の究極のテーマであり，それを幼生期から追究する。

1990年代になり従来のタテハチョウ科の範囲が再考されるようになった。結果的には分類体系が広義でとらえられるようになり，次のような分類(Harvey, 1991)が一般化してきた。ここでは幼生期が考慮されている。

タテハチョウ科 Nymphalidae

- ・ヒオドシチョウ亜科 Nymphalinae
- ・ドクチョウ亜科 Heliconiinae
- ・イチモンジチョウ亜科 Limenitidinae
- ・フタオチョウ亜科 Charaxinae
- ・コムラサキ亜科 Apaturinae
- ・モルフォチョウ亜科 Morphinae
- ・フクロウチョウ亜科 Brassolinae
- ・ジャノメチョウ亜科 Satyrinae
- ・クビワチョウ亜科 Calinaginae
- ・マダラチョウ亜科 Danainae
- ・テングチョウ亜科 Libytheinae

つまり幼生期からみれば蛹化の形式が垂蛹である種がすべてタテハチョウ科という範囲でくくられる。そしてそれぞれの種はこのなかの亜科のどれかに含まれ，各亜科は並列に扱われている。

従来の比較生物学に加えて近年は分子系統学が盛んになり，その客観的な結果に支えられてタテハチョウ科の概念はいささか変貌してきた。

Wahlberg(2010)によるタテハチョウ科の系統の概念は次のようである。

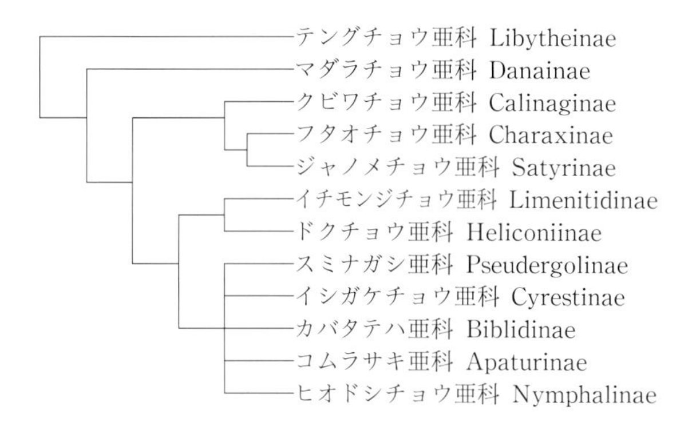

また Freitas & Brown(2004)は幼生期および成虫の形態から分析を試みている。これらを総合すると大局的には次のような構成の下に成り立っているというのがタテハチョウ科の概念である。

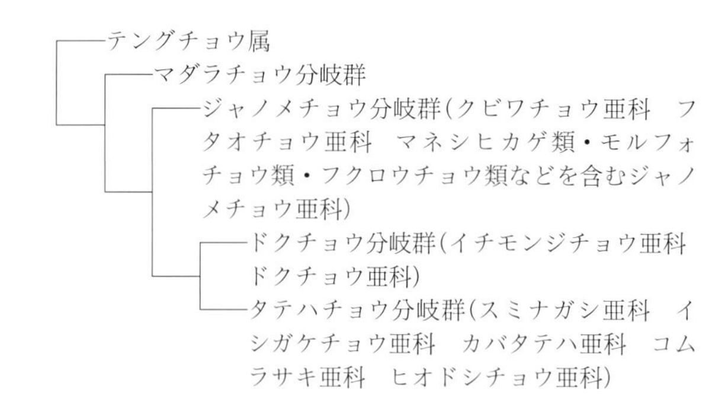

本書で扱ったタテハチョウ科の範囲は従来の日本の分

テングチョウ亜科
Libythea narina (Sulawesi)

マダラチョウ亜科 *Idaeopsis klassika* (Seram)

ワモンチョウ亜科 *Discophora necho* (Borneo)

フクロウチョウ亜科 *Opsiphanes cassina* (Belize)

モルフォチョウ亜科 *Morpho zephyritis* (Peru)

ジャノメチョウ亜科
Pedaliodes socorrae (Peru)

図1　広義のタテハチョウ科

類と一致しているようだが，それはテーマの結論としてのタテハチョウ科ではない。特にフタオチョウ亜科およびクビワチョウ亜科は従来の分類とは異なり，ジャノメチョウ分岐群の1群であるとされる。

本書は幼生期(形態，生態など)を重視した情報で分子系統学の解析を支持する点も多いが，それはすべてではなく解釈が困難な部分もあり，また当然絶対性はない。したがって課題を残しながら本書はタテハチョウ科のなかから次の内容を扱った。結果的にはタテハチョウ科のなかの抜粋という形になっている。

タテハチョウ科 Nymphalidae

- クビワチョウ亜科 Calinaginae
- フタオチョウ亜科 Charaxinae
- コムラサキ亜科 Apaturinae
- スミナガシ亜科 Pseudergolinae(＝カバイロスミナガシ亜科)(＝Dichorraginae)
- イシガケチョウ亜科 Cyrestinae(＝ツルギタテハ亜科 Marpesinae)
- イチモンジチョウ亜科 Limenitidinae
- ドクチョウ亜科 Heliconiinae(＝ヒョウモンチョウ亜科 Argynninae)
- カバタテハ亜科 Biblidinae(＝アカヘリタテハ亜科)(＝Ariadnae)(＝アフリカカバタテハ亜科 Eurytelinae)
- ヒオドシチョウ亜科 Nymphalinae(＝タテハチョウ亜科)

真実はできるだけ多くの情報から判断した方がよい。幼生期の形態的形質や行動的形質はその立証としての一端を担うことができ，特にそれらの情報は目で確認でき，誰にも直感的に理解しやすいという大きな特徴がある。

頭書のねらいを踏まえ，その結論を導き出す鍵が幼生期の形態や生活史にあることを期待し，それを本書の中核とする。

2. タテハチョウ科分類体系の階層

そのチョウが全動物のなかのどの階層に位置づけられるかを北米テキサス産の *Chlosyne theona* で示す(表3)。

3. タテハチョウ科生物地理学上の蝶相

チョウが新しい地に飛来し，産卵・発生を繰り返し，その地に定着するには次のような条件を満たしていることが必要である。

①生息環境(食物，活動場所の構造など)
②競争種との優位性
③気候的要因(温度，湿度，光など)，化学的要因(水，化学物質など)

チョウ(鱗翅)目の化石出現年代は中生代ジュラ紀とされるが，その出現があり上記の条件を満たし，さらに地史・古気候などの条件が加わり，種分化を繰り返しながら現在の分布に至ったと考えられる。

3.1 タテハチョウ科の地理区

生物の種構成は地理的に特徴があり，動物の場合は地球上を6つの動物地理区に大別し，各地理区を4つの亜区に分ける。チョウは翅があるので自力で飛翔したり気流に流されたりしてかなり長距離を移動するため，ほかの動物とは若干の相違があり，次のように大きく4つ，全北区とインド・オーストラリア区は，さらにそれぞれ2つに分けられる。昆虫全体としてはこれに「ハワイ区」と「マダガスカル区」を加えることもあるが，タテハチョウ科ではその必要は特にない。

(1)全北区 Holarctic Region

2つに分けるが特に顕著な蝶相の差はない。

(1)-1 旧北区 Palearctic Region
(1)-2 新北区 Nearctic Region

(2)インド・オーストラリア区 Indo-Australian Region

2つに分けられて類似しているが，同族内の属が顕著に2分されることがある。

(2)-1 東洋区 Oriental Region
(2)-2 オーストラリア区(オセアニア区)Australian Region

(3)新熱帯区 Neotropical Region

(4)アフリカ熱帯区(エチオピア区)Afrotropical Region

表3 *Chlosyne theona* を例としたタテハチョウ科分類体系の階層

	カテゴリー category(語尾)		タクソン taxon	
階級構造	Kingdom	界	Animalia	動物界
	Phylum	門	Arthropoda	節足動物門
	Subphylum	亜門	Mandibulata	大顎亜門
	Superclass	上綱	Hexapoda	六脚上綱
	Class	綱	Insecta	昆虫綱
	Subclass	亜綱	Ectognatha	外顎亜綱
	Superorder	上目	Holometabola	完全変態上目
	Order	目	Lepidoptera	チョウ目(鱗翅目)
	Suborder	亜目	Ditrysia	二門亜目
	Superfamily	上科(-oidea)	Papilionoidea	アゲハチョウ上科
	Family	科(-idae)	Nymphalidae	タテハチョウ科
	Subfamily	亜科(-inae)	Nymphalinae	ヒオドシチョウ亜科
	Tribe	族(-ini)	Melitaeini	ヒョウモンモドキ族
	Subtribe	亜族(-ina)	Melitaeina	ヒョウモンモドキ亜族
	Genus	属	*Chlosyne*	アメリカヒョウモンモドキ属
	Subgenus	亜属	*Thessalia*	メキシコヒョウモンモドキ亜属
	Species	種	*theona*	メキシコヒョウモンモドキ種
	Subspecies	亜種	*bollii*	テキサス産亜種

Chlosyne (*Thessalia*) *theona bollii*

3.2 各地理区を特徴づける蝶相

3.2.1 旧北区

「地中海沿岸亜区」,「ヨーロッパ亜区」,「シベリア亜区」,「満州・ヒマラヤ亜区」の4亜区に細分されることもある。分布的には種の違いは指摘できるが顕著な差ではない。

クビワチョウ属，コムラサキ属や特に2種のオオムラサキ属を含むコムラサキ亜科，イチモンジチョウ属とその近縁属，ヒメヒョウモン属，コヒョウモン属などを含むヒョウモンチョウ類，属に含まれる種数の少ないヒオドシチョウ族など。

3.2.2 新北区

旧北区と似ているがヒョウモンモドキ類(ベニホシヒョウモンモドキ属，アメリカヒョウモンモドキ属，アメリカコヒョウモンモドキ属)，キタテハ属，オオイチモンジ属，それにヒョウモンチョウ類のアメリカギンボシヒョウモン属は種数も多く旧北区にない特色がある。コムラサキ類はアメリカコムラサキ属のみで種数も少ない。

3.2.3 東洋区

種数は爆発的に増え内容も豊かである。フタオチョウ亜科のシロフタオチョウ属，ヤイロタテハ属，ルリオビヤイロタテハ属の3属，シロタテハ属，エグリゴマダラ属などのコムラサキ亜科の各属，イチモンジチョウ亜科では多数の種を含むミスジチョウ属，タイワンイチモンジ属，チャイロイチモンジ属，トラフタテハ属などの各属，イナズマチョウ族などほかの地区にない特徴がある。ヒョウモンチョウ亜科はネッタイヒョウモン族の内容が豊かであるが，旧北区に分布するヒョウモンチョウ族はほとんど分布しない。さらにイシガケチョウ属，ヒメイシガケチョウ属，スミナガシ亜科は本地区が分布の中心である。タテハモドキ属などのタテハモドキ類やコノハチョウ類も種類が多い。

3.2.4 オーストラリア区

種数は多くないが個性的な種が多い。フタオチョウ亜科やコムラサキ亜科でもそのことがいえるが，パプアコムラサキ属は1属1種でこの地区のみに分布する。イチモンジチョウ亜科ではキンミスジ属，ミナミオオミスジ属など，ヒオドシチョウ亜科では他地区に分布しないカザリタテハ属や大型のメスアカムラサキ属，色彩の豊かなネッタイヒョウモン族がこの地区を代表する。

3.2.5 新熱帯区

多数の種が生息する地区で，ほかの地区には見られない属がほとんどである。また大型で極彩色で彩られていることも特徴であり，モルフォチョウやフクロウチョウが著名である。フタオチョウ亜科ではミイロタテハ属，ミイロルリオビタテハ属をはじめ多数の属と種があり，コムラサキ亜科のナンベイコムラサキ属，イシガケチョウ属の代置属とでもいえるツルギタテハ属，イチモンジチョウ亜科のアメリカ(ナンベイ)イチモンジ属などは本地区の代表で，またカバタテハ亜科は圧倒的な内容と種数を誇る。しかし，ヒオドシチョウ亜科はヒョウモンモドキ族が発展している以外は内容が乏しく，スミナガシ亜科はまったく分布を欠く。ドクチョウ亜科は本地区特有のホソチョウ族のナンベイホソチョウ属などとドクチョウ族を含み発展して種類が多い。

3.2.6 アフリカ熱帯区(エチオピア区)

本地区も特徴的なチョウが多い。まずフタオチョウ亜科は特有のマルバネタテハ属やオナガフタオチョウ属を含み，特にチャイロフタオチョウ属は他地区に群を抜いて数多くの種が分布する。ただし東洋区に分布するシロフタオチョウ属を欠く。イシガケチョウ亜科は1種とコムラサキ亜科は3種のみ，スミナガシ亜科は分布しない。しかしイチモンジチョウ亜科は実に多様で，東洋区のそれとはやや系統が異なる。イナズマチョウ族も多数の属を含む。カバタテハ亜科も特徴的な種を産し，タテハモドキ類のメスアカムラサキ属やアフリカタテハモドキ属，アフリカコノハチョウ属，ルリアフリカコノハチョウ属，シンジュタテハ属の類など多彩である。ヒョウモンチョウ亜科ではホソチョウ属が大発展をしているが，ほかの属では貧相である。

3.2.7 ハワイ区

ハワイ諸島ではタテハチョウが4種程度しか生息していないためこの区の特徴を述べることは不可能である。唯一，ハワイアカタテハが特産種である。

3.2.8 マダガスカル区

チョウではこの区はエチオピア区に包含され，この区に限定された特殊な傾向はない。しかし種のレベルではマダガスカルオオフタオチョウやハガタムラサキなどの顕著な特徴をもつ例が見られる。

幼生期形態学の意義

生物を類別する際には，体のある部分を比較したり行動や生活様式などを識別の対象としたりして判断する。特に目的とする種の同定や分類をするときは，それぞれの個体の体の部分を分類形質(taxonomic character)としてその形質状態(character state)を検討する。

タテハチョウ科幼生期の形質には次のような特徴があり，その個々の分類形質は幼生期形態学の重要な指標となる。

形態学的特性

発育段階の多様性

チョウは完全変態をする昆虫である。したがって卵，幼虫，蛹の異なった幼生期発育段階から考察でき，より分類の精度を高めることができる。

分類単位内での安定性

幼生期形態の重要な意義は，ここにある。

従来，分類の指標となっていたのは，成虫の色彩・斑紋や翅形であった。これらの形質は，最も簡便な種の識別の指標であり，多くの場合妥当性がある。しかし，不完全でもあった。その後，外部生殖器形態による分類が重要視され，より正確な分類が行われるようになった。平行して幼生期が解明され，その形態的・生態的特徴から分類はさらに精度を高め，高次分類では成虫よりも重要視されているといえる。

その例を示す。

Aの左はコムラサキ亜科，右はイチモンジチョウ亜科の成虫である。一見極めて似ていて(色彩を含め)近縁種のようである。Bはその幼虫である。これは明らかに近縁種には見えない。

一方Cの左はヒオドシチョウ亜科のアサギタテハ *Siproeta stelenes*，右は同属のシロスジタテハ *Siproeta epaphus* の成虫である。これは一見著しく色彩・斑紋が違い近縁種とは思えない。しかしこれらの蛹であるDを比較するとよく似ていることがわかる。結論をいうと，左と右は極めて近縁種である。2種のそれぞれの幼虫も極似している。

Eは従来，上記2種と同じアサギタテハ属 *Siproeta* とされていたが，その後の研究によって近縁ではあるが属としては別に扱い，別属のシロモンタテハ属 *Metamorpha* に変更された。蛹の形態は上記の2種よりかなり差があることがわかり，やや異質なことが容易に判断できる。幼虫も同様にやや顕著な相違(特に色彩・斑紋)がある。

このように幼生期形態は成虫の翅の形や色彩・斑紋よりも種の違いやその関連を確実に表していることがわかる。特にタテハチョウ科ではそのことが視覚を通して確認しやすく，幼生期の形態形質はその種の分類や系統を考察する上で極めて重要な指標になる。

一般にタテハチョウ科内ではすでに種分化が進んでいて形態に顕著な特徴が現れているので次の3項目については好例が少ないが，詳細は必要に応じて種の解説で取り上げる。

(1)生理学的特性

発生回数や分布と環境条件などの違いから別種とされる場合がある。

(2)生態学的特性

生息場所，食性，発生時期などによって棲み分けをする近似種や同胞種がいる。

(3)行動学的特性

幼虫の造巣習性，食痕をつくる習性，摂食行動などの違いは分類の指標となる。タテハチョウ科では重要な形質である。

例えばカバタテハ亜科は一般に顕著な糞鎖(frass chain)をつくるが，カバタテハ族やウラニシキタテハ族などはこれをつくらない。本2族は形態でも特有の特徴をもっているが，行動の違いが分類の指標になっている。

A　ニジコムラサキ *Doxocopa laurentia cherubina* ♀ (Peru)　ワイモンアメリカイチモンジ *Adelpha capucinus capucinus* ♀ (Peru)

B　ニジコムラサキ *Doxocopa laurentia cherubina*　ワイモンアメリカイチモンジ *Adelpha capucinus capucinus*

C　アサギタテハ *Siproeta stelenes stelenes* (Peru)　シロスジタテハ *Siproeta epaphus epaphus* (Peru)

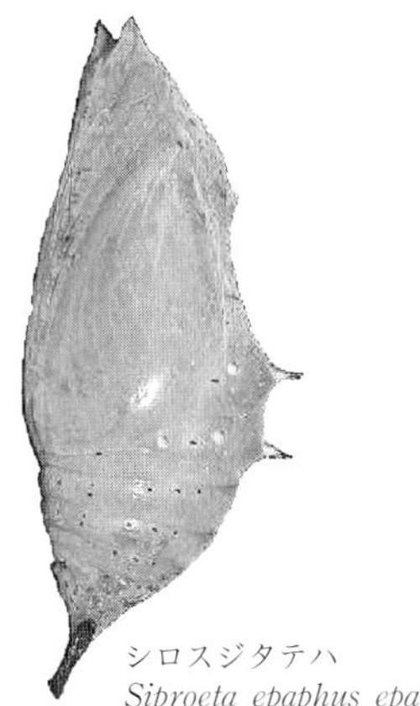

D　アサギタテハ *Siproeta stelenes stelenes*　シロスジタテハ *Siproeta epaphus epaphus*

E　シロモンタテハ *Metamorpha elissa pulsitia* (Peru)

図2　形態学的形質による分類の例

幼生期

1. 卵

1.1 卵の概形

タテハチョウ科の卵(egg, ovum)の概形は球形を基本形とし，円錐形ないし紡錘形の範囲にあり，卵底は平面で，通常，寄主植物(食餌植物 foodplant，食草・食樹 host plant など)の葉面に付着する。卵殻は長期にわたって卵期を過ごす種はいないので(ヒョウモンチョウ亜科など一部で例外もある)比較的柔軟に見える。一般に表面は隆起条(rib)で覆われ，頂点には精孔(micropyle)があり，その周辺より放射状に卵底に向かって縦条が走る。また，縦条をつなぐ横条があり，分類群により縦条と横条の交差がさまざまな形態を織りなす。その表面構造は，卵殻を形成する濾胞細胞の形や配列によるものだが，この隆起条の存在の意義は卵本体の構造維持や呼吸などに役立っているものと考えられる。分類群により隆起条がさらに発達した形となったり針状の突起を生じたりする。これらは卵の産下後直ちに形成される。色彩は白・黄から緑色までが多いが，幼虫が孵化した後の卵殻は透明であることからこの色彩は卵殻と卵黄膜・細胞膜・細胞質の間に生じるものと考えられる。胚発生が進んで幼虫体が形成され漿膜が形成されると色彩が変化することもあり，しだいに頭部などの幼虫体が透視できる。

卵の大きさは種類によって異なるとともに個体や季節などによって若干の変異がある。ヒョウモンチョウ亜科やヒオドシチョウ亜科のタテハモドキ族のように多数を産卵する種では成虫の大きさに比べて卵は小さい。

卵の形態は分類の指標となる。しかし肉眼観察の範囲ではほかの科，あるいはチョウ(鱗翅)目全体として見ると必ずしも絶対的なものではなく，系統性もややあいまいなので幼虫や蛹の形態よりも考察上の安定性・統一性を欠く。

1.2 各亜科の形態の特徴

1.2.1 クビワチョウ亜科

概形は円錐形に近い。縦条と横条が密に交差し，ほかに似た分類群はない。色彩は白色。

1.2.2 フタオチョウ亜科

概形はほぼ球形で平滑，著しい隆起条はない。産卵後経過すると上面が平面になったりやや凹んだりしてくることがある。色彩は黄白色から緑色の範囲内。

1.2.3 コムラサキ亜科

概形はほぼ半球形で顕著な 20 本前後の縦条が走る。色彩は緑色系が主。

1.2.4 スミナガシ亜科

コムラサキ亜科に似て 15 本程度の縦条がある。色彩は白色。

1.2.5 イシガケチョウ亜科

概形は上面が裁断された紡錘形，顕著な縦条が走り，上面でリング状に連結する。色彩は黄色ないし黄緑色。

1.2.6 イチモンジチョウ亜科

概形はほぼ半球形。縦条と横条は六角形・蜂の巣状に交差し，その交点より針状の突起を生じる。この特徴は本亜科ではほとんど例外を見ない。この六角形(一部で乱れる)の隆起条の意義は不確かだが，球体の表面を覆う形として数学・力学上では機能的であると思われ，蜂の巣，亀甲など自然界ではその例が多く，図形の基本としてサッカーボールの構造(五角形と六角形の組み合わせ)を思わせる。この交点から生じる針状突起は成虫母体内では突出することがないが，産下直後外気に触れてしだいに膨出してくる。

色彩は，白・黄・緑色を主とし，さらに黒褐色に及ぶ。

1.2.7 ドクチョウ亜科

概形は半球形で分類群により卵高が著しく高い。縦条と横条が顕著で格子状に交差し，上面では交差し合ったり消滅したりする。色彩は黄色が多い。

1.2.8 カバタテハ亜科

概形は半球形だが，分類群により多様な変異を示す。すなわち，縦条上に針状の長い突起を有するもの，上面に特徴のある彫刻様の隆起を装うなど，変化に富み造形品のようである。色彩は白・黄から淡緑色。

1.2.9 ヒオドシチョウ亜科

概形は半球形で顕著な縦条が走る，縦条は上面で鋭い

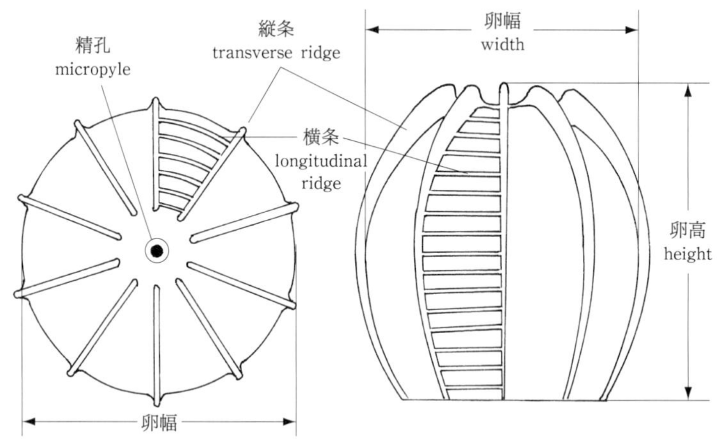

図3　タテハチョウ科卵の部分名称

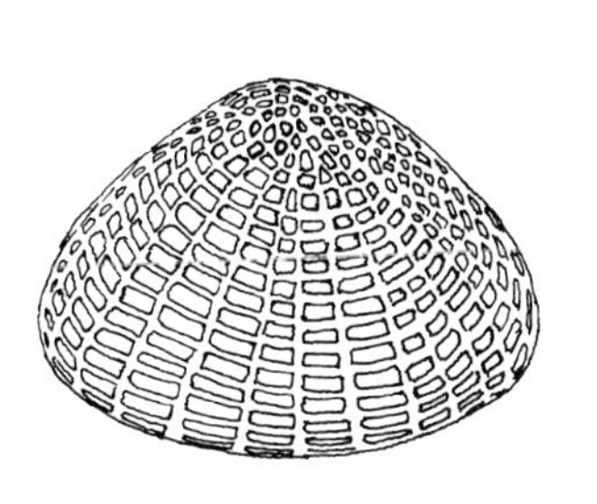

クビワチョウ亜科クビワチョウ
Calinaga buddha

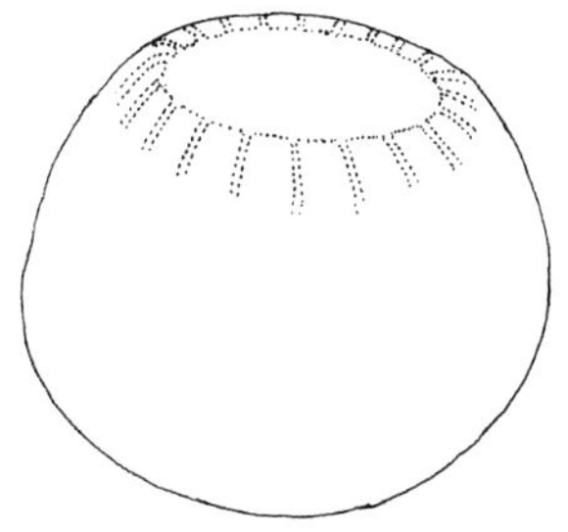

フタオチョウ亜科キオビフタオチョウ
Charaxes solon

コムラサキ亜科エグリゴマダラ
Euripus nyctelius

スミナガシ亜科スミナガシ
Dichorragia nesimachus

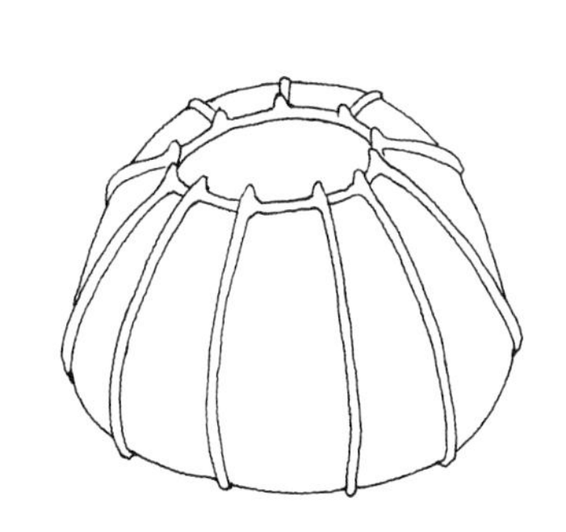

イシガケチョウ亜科スジグロイシガケチョウ
Cyrestis maenalis

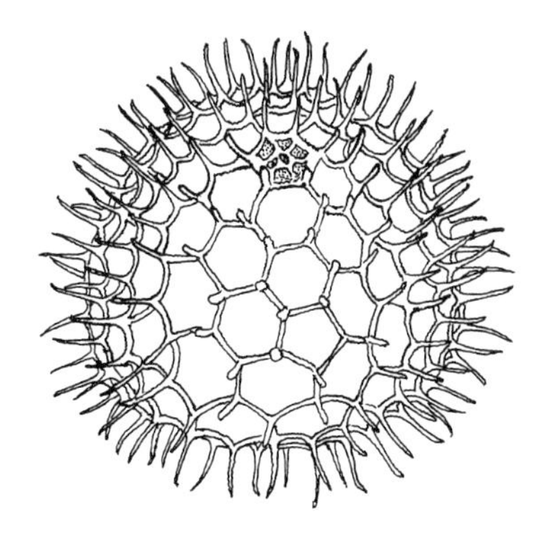

イチモンジチョウ亜科タイワンホシミスジ
Ladoga sulpitia

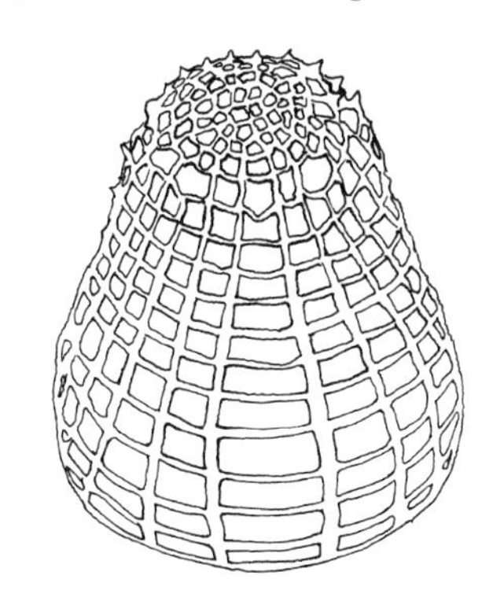

ドクチョウ亜科ウラベニアメリカオオヒョウモン
Speyeria nokomis

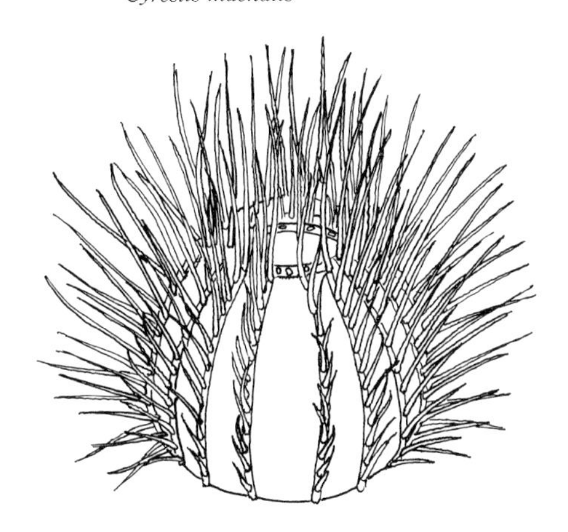

カバタテハ亜科1アカヘリタテハ
Biblia hyperia

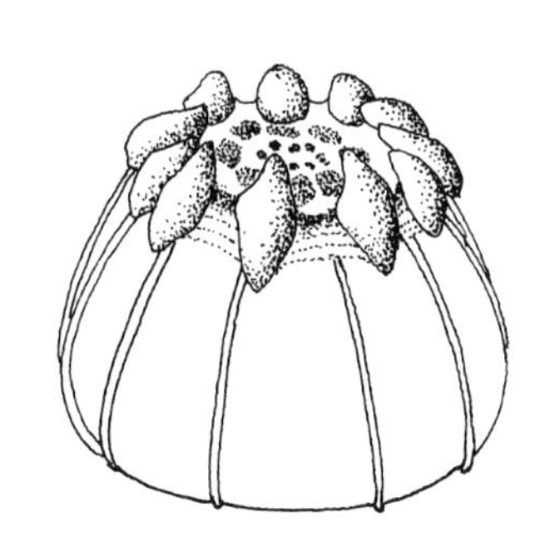

カバタテハ亜科2シラホシルリミスジ
Myscelia cyaniris

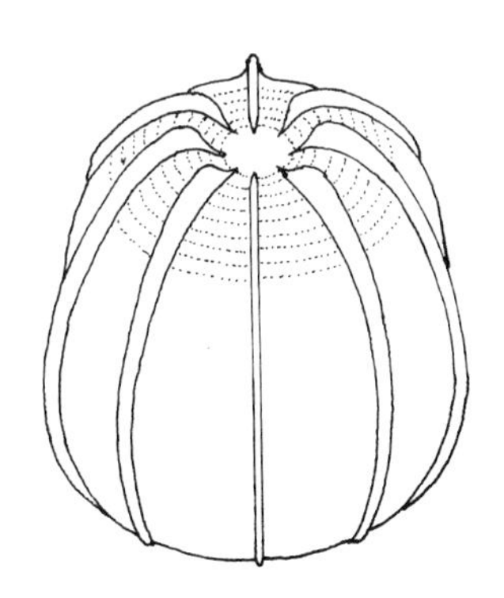

ヒオドシチョウ亜科ヒメキミスジ
Symbrenthia hypselis

図4　タテハチョウ科9亜科の卵

稜を形成する。横条も密に存在するが弱く目立たない。構造的にはコムラサキ亜科に似ているが，より卵高が高く，縦条ははるかに少なく10本以内であることが多い。
色彩は緑色系が多い。

1.3　形態の分類

概観で分類すると次のようであるが前述したように系統性やタテハチョウ科として特有な特徴というものは把握しにくい。卵は幼虫・蛹と異なった生成過程によるものと思われる。

1.3.1　円錐形

縦条と横条が密に交差する。クビワチョウ亜科が挙げられる。

1.3.2　球　形

(1)ほとんど条を欠き平滑(上面はやや凹むことがある)である。フタオチョウ亜科(多くのジャノメチョウ亜科)が挙げられる。
(2)蜂の巣状，針状突起を有する。イチモンジチョウ亜科が挙げられる。
(3)長い毛状突起を有する。カバタテハ亜科1が挙げられる。
(4)縦条を有する。以下のように細分化される。
　①縦条が上面で輪状に融合。イシガケチョウ亜科が挙げられる。
　②縦条の数が多い。
　　(A)色彩は白色系。スミナガシ亜科が挙げられる。
　　(B)色彩は緑色系。コムラサキ亜科が挙げられる。
　③縦条の数が少ない。
　　(A)縦条は鋭い稜をなす。ヒオドシチョウ亜科が挙げられる。

(B)縦条は上面で変化のある彫刻模様を形成する。
カバタテハ亜科 2 が挙げられる。

1.3.3　長 卵 形

顕著な横条を有し縦条と交差する。ドクチョウ亜科(シロチョウ科やマダラチョウ科に類似する)が挙げられる。

2. 幼　　虫

2.1　外部形態

2.1.1　特　　徴

チョウは有翅亜綱の内翅類(完全変態のグループ)に属し，幼虫(larva，複数形は larvae，外翅類の場合は若虫または仔虫 nymph)は蛹や成虫と著しく異なった形態をしている。特に昆虫に特徴的な翅が外部から認めることができない(外翅類は成虫芽が体外にある)。幼虫の体は外骨格といわれる皮膚で覆われ，内部には運動を司る筋肉が付着している。皮膚は硬いクチクラ(cuticle)と表皮からなるが，幼虫の場合は伸縮性があって比較的柔軟である。

チョウは「多脚型幼虫 polypod larva」に含まれ，3 対の胸脚のほかに 5 対の腹脚(腹節末端の尾脚を含め)をもつ。完全気門型で各節に気門をもつ(中・後胸，第 9・10 腹節を除く)。

タテハチョウ科は基本的に以上のような形態の上に，後述する種々の刺毛(seta，複数形は setae，または剛毛)，頭部突起(horn)や棘状突起(scoli，複数形は scolus)が生じ，その形態にはほかの科にない発展的多様性が見られる。

色彩も多様でその多くはメラニン色素による黒褐色，またはカロチノイドとビリンの色素の共存による緑色が多い。そのほか赤色や青色，黄色などの斑紋を加えるが色素のはたらきによる。一部に構造色によるものも含まれる。色調や斑紋の大小などには個体変異が多く，またアメリカコムラサキのように地理的変異がある例，シロタテハのように環境に原因すると考えられる緑色と褐色の 2 型の例，コムラサキ属のように翌春摂食後に体色を褐色から緑色に変化させる例など多様である。色彩は形態とともに生活史戦略上に有意な結果獲得したものと考えられる。

2.1.2　各部形態

すべての昆虫の体は頭部(head)，胸部(thorax)，腹部(abdomen)の 3 部分から構成される。しかし，幼虫期においては明確な違いのある頭部に比べ，胸部と腹部は連結していて一見大きな形態差がないようなので合わせて胴部として表現することもある。しかし，胸部には脚が存在し，特に成虫期では中・後胸に著しく重要な働きをする翅が生じることで腹部との大きな相違が内在する。

(1)頭部(頭蓋 head capsule)

頭部は複数の節(segment)が密に融合し，硬いクチクラで構成されている。

1 齢幼虫はフタオチョウ亜科の一部を除いて突起を生じることはなく丸みをもつ。

1 齢幼虫は亜科により特徴のある刺毛(一次刺毛)および点刻(pore)(一次点刻)を生じ，分類の指標の 1 つとなる。その数と位置はどの亜科も大きな違いはないが，形状や長さの違いは顕著である。一般に頭頂には長い刺毛を生じ，その数は分類群によって若干異なる。そのほか，副前頭に 2 本，前頭に 1 本(と 1 個の点刻)，頭楯に 2 本の短い刺毛を生じる。

2 齢以降の幼虫の頭頂には角状の突起を生じる種が多く，加齢とともに長大化する。また，刺毛の数も同様に増加する。大型の角状突起のほか，大小さまざまな突起を生じる種が多い。

頭部の大きさ(頭幅の大きさで測定)や形は亜科や族で異なる。

頭部構造で重要な部分を挙げると次のようである。

①頭部突起

亜科によってしばしば著しく発達する。自己防衛に何らかの働きをしていると考えられる。角状に発達していることが多いが，この特徴はチョウ目におけるタテハチョウ科の特色の 1 つである。

②口　器

複雑な構造を示し，さまざまな部分からなる。幼虫の最も重要な活動である摂食を行う。頭部の大小は口器(mouth part)に起因すると考えられ，硬い葉を食べる種は一般に大きく，大腮(mandible)は鎌状の構造をしている。

③そ の 他

視覚を司る 6 個の側単眼(stemma，複数形は stemmata，その範囲を集合区 ocularium。成虫の複眼に当たる)，糸を出す吐糸管(spinneret)，臭覚を司る触覚(antenna)などは重要である。光感覚，臭覚，触覚など幼虫の感覚については観察が困難である。聴覚器官については確認しえないがキベリタテハの幼虫は大きな音で体を震わせる反応をする。これは聴覚というより空気の振動を感受したのかもしれない。

(2)胸部(thorax)

胸部は頭部に続くがその間は頸部(cervix，neck)で連結する。この部分の前胸脚周辺には橙色をした咽頭突起(adenosma)があり，この部分を膨張させて刺激臭を発散する。フタオチョウ亜科やモルフォチョウ類，ドクチョウ亜科などで見られ，高級脂肪酸を分泌しアリの忌避作用があるといわれる。

胸部は前胸(prothorax)，中胸(mesothorax)，後胸(metathorax)の 3 節に区分されるが，それぞれが個性的な相違を示す。特に前胸は相違が著しい。すなわち，背面に顕著な前胸背板(硬皮板または背盾板 prothoracic shield)を有し，そこから基本的に 4 本の 1 次刺毛を生じ特に 1 齢幼虫で顕著。また，対をなす硬皮板から刺毛を生じ，側面に 3 対(1 対 2 本)を有する。2 齢以降の幼虫は側面に棘状突起を生じる種が多く，ヒョウモンチョウ亜科などでは前胸背板側方(亜背線部)にも 1 対を生じる。胸部では唯一気門(spiracle)を有する節である。

中胸と後胸はほぼ類似している。この部位に気門はないが成虫の翅に相当する翅芽が存在し，成虫(蛹)はこの 2 節から翅を生じる。2 齢幼虫以降は亜背部から基線にかけて顕著な棘状突起を生じる(背中線に生じることはない)。さらに 2 次刺毛を生じ，齢を重ねるごとにその数を増加させる。

胸部の 3 つの節の上腹線と基線の間には 1 対の脚(胸脚 thoracic leg)を生じ，あらゆる行動を率先して行う。成虫の脚とは相同である。5 節からなり先端は 1 本の爪

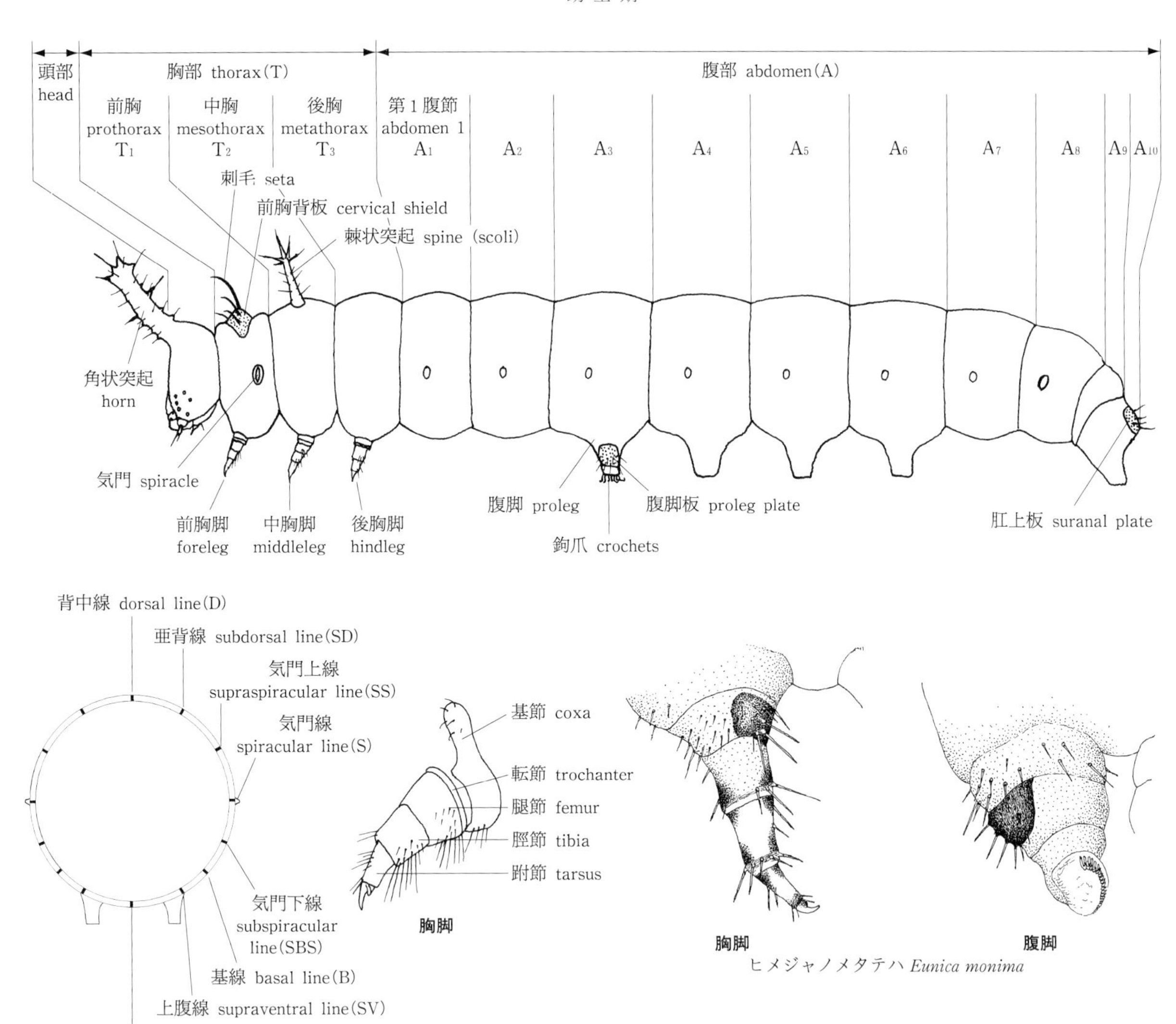

図5　タテハチョウ科幼虫の部分名称

となって内側を向き，摂食のときには哺乳類の手のような働きをすることがある。

(3)腹部(abdomen)

腹部は10節に区分され，第3〜6腹節，および最後端の第10腹節には腹脚(proleg)がある。腹脚の先端には鉤爪(clochet)が存在し，その数や配列様式は幼虫の齢数や分類群により異なる。また，第1〜8腹節には気門を生じる。

腹脚は胸脚と異なり，伸縮自在で関節は認められない。幼虫体の移動や固定で重要な働きをする。

第1・2腹節はほぼ同じだが，2齢幼虫以降に生じる棘状突起の配列・数が若干異なる種がある。背中線にも棘状突起を生じる種が存在することはタテハチョウ科の形態観察上重要である。

腹脚の生じる第3〜6腹節はキタテハ属の1次刺毛，イシガケチョウ亜科の一部やコムラサキ亜科において突起の有無があるなど若干の例外を除いてどの節も相同である。基本的には第1・2腹節に同じだが，腹脚の生じる部位で刺毛や棘状突起の増減がある。

第7腹節および第8腹節は基本的には第1・2腹節と近似しているが，背中線に棘状突起を有する種ではその位置と数が異なり重要な分類の指標となる部位である。

第9腹節は特徴がある。すなわち，ほかの節に比べ小さく前後の節に融合しているように見えること，気門を生じないこと，1齢幼虫の刺毛と2齢幼虫以降に生じる棘状突起の数がほかの節に比べ著しく異なることである。タテハチョウ科の場合この部位に棘状突起を生じるか否かは分類の重要な指標にもなる。

第10腹節も同様にほかの節との違いが大きい。すなわち排泄口や尾脚(腹脚 anal proleg)がある。背面には肛上板(subanal plate)を有し，1齢幼虫ではそこに通常4対の顕著な1次刺毛を生じる。ジャノメチョウ分岐群ではこの部分に二叉の突起(caudae, tail)を生じ基本的な高次分類の指標となる。この側方に2齢以降の幼虫では棘状突起を生じる種が多く，その数は1対でそれ以上はない。タテハチョウ科の幼虫(カバタテハ亜科など)と収斂と思える新熱帯区に分布するヤママユガ科の *Automeris*, *Dirphia*, *Molippa* などの属は背中線部位を含めて合計3本を生じ，基本的な系統の相違となっている。第10節の腹脚は，ほかの腹脚と若干構造や刺毛の数が異なる。

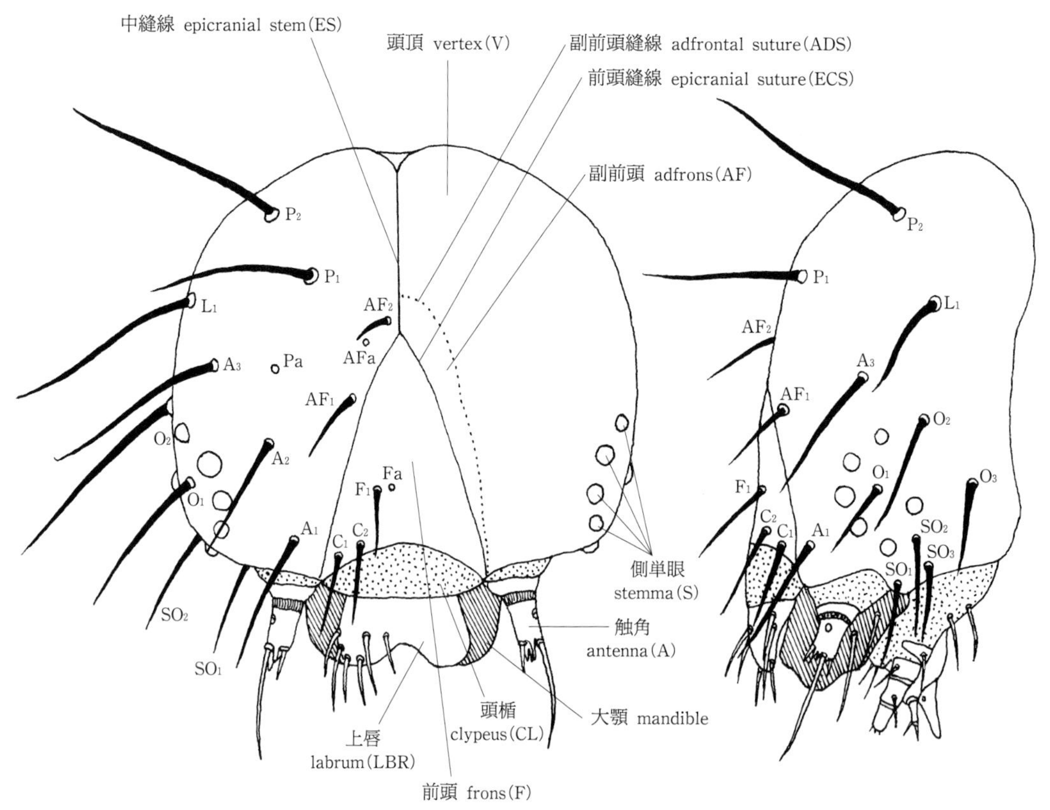

1 齢幼虫頭部の刺毛配列 （コガネキタテハ *Polygonia satyrus*）

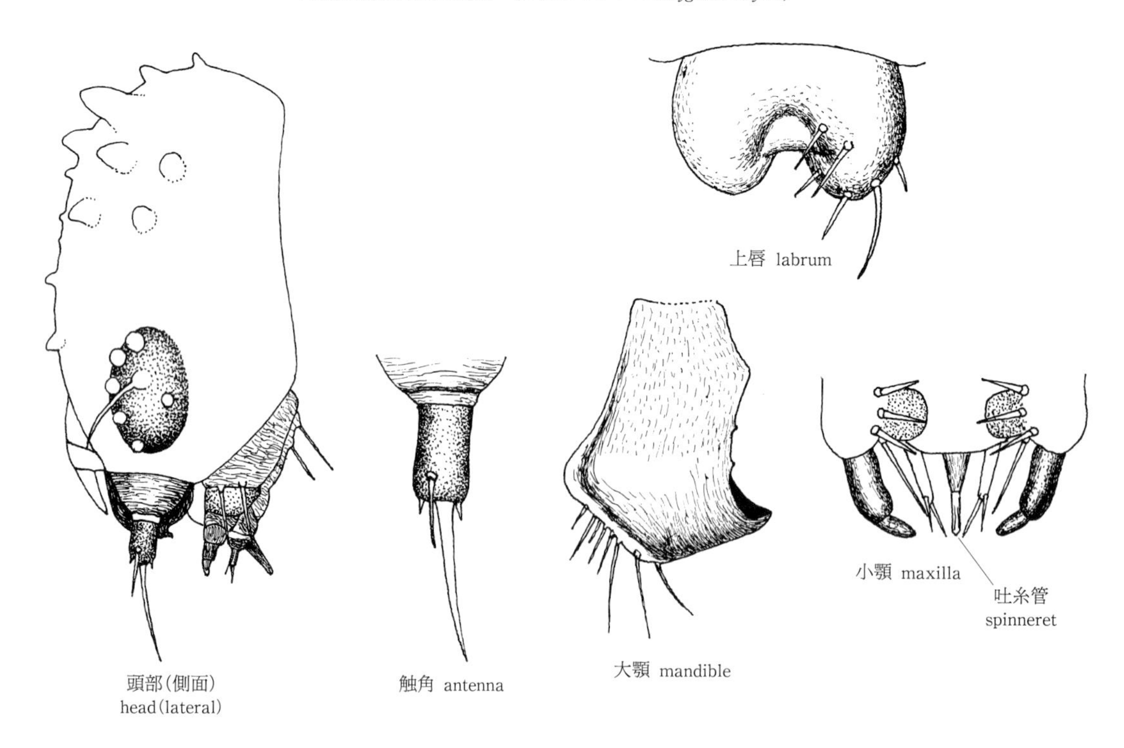

頭部形態 ヒメジャノメタテハ *Eunica monima* 終齢幼虫

図６ タテハチョウ科幼虫の頭部部分名称

(4)内部形態

幼虫の主たる行動は摂食であり，そのため内部形態はその効率的な処理や摂取に即した構造になっている。それらの主要な組織や器官には次のようなものがある。

(1)筋肉組織(摂食や歩行，体形維持，血液循環など)

(2)器官

①消化器官(前腸，中腸，後腸)

②呼吸器官

③中枢神経系

④内分泌器官(アラタ体，前胸腺，エノサイト)

⑤排出器官(マルピーギ管)

⑥生殖器官(精巣・卵巣)

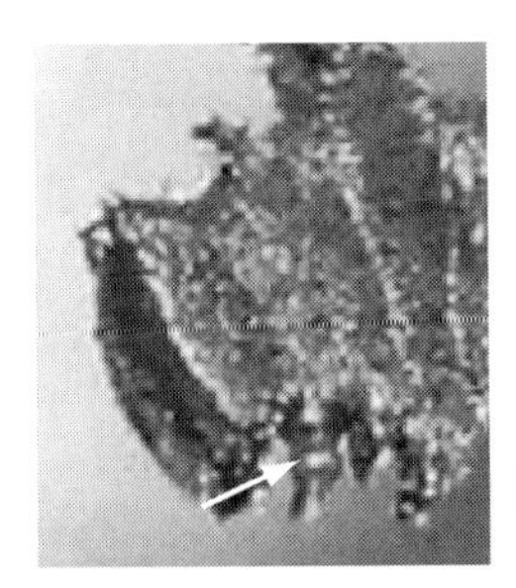

図7　ミスジチョウ族の咽頭突起(写真内白い矢印)(Keith Wolfe氏私信, 2007)

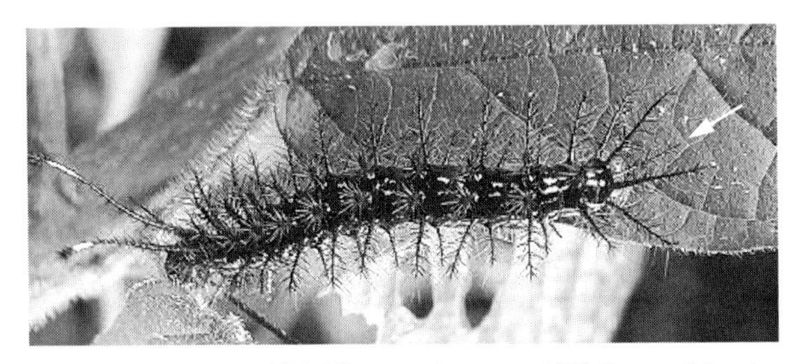

図8　タテハチョウ科を思わせるヤママユガ科Saturniidaeに属する幼虫*Automeris* sp.(Peru)。腹部の最後の節にタテハチョウ科では2本の棘状突起を生じるが，このガの場合3本である。

(3)そのほか(脂肪体組織，絹糸腺，翅芽など)

2.2　1齢幼虫とその刺毛

幼虫の頭部・胴部の体表には刺毛を生じるが，一般に1齢幼虫に生じるそれを1次刺毛といい，2齢以降に加算される刺毛と区別され分類上の意義がある。種により基本的な配列の刺毛のほかにも加わることもあり，一般に2次刺毛とされる。これはキタテハ属(L列刺毛)などで観察できる。しかし，1次刺毛と2次刺毛の区別は判然とせず，2齢期以降に生じるそれと識別も困難で，またその意義も解釈しにくいので，本書では1齢幼虫に生じる基本的な刺毛配列による刺毛を1次刺毛と呼び，主として2齢期以降の幼虫に加算される刺毛を2次刺毛(または単に刺毛)と記してある。この場合の1次刺毛は，2齢幼虫初期ではその存在が比較的容易にほかの刺毛(2次刺毛)と識別できる場合が多く，1齢幼虫と同位置に分布している。3齢以降はしだいに2次刺毛と渾然として判別しにくくなる。

1次刺毛の配列様式(chaetotaxy)は基本的にどの種にも共通した部分がある。しかし，種によりその配列(刺毛の生じる数や位置)やその形状などを総合するとかなりの相違をもっている

1齢幼虫の刺毛のように発生の初期段階にある諸形質は分類学上重要な指標となり古来重視されてきた。それらを精査し分類的結論を出すには専門的な知識や経験が要求されるが，その特徴は高次分類で重要である。

1齢幼虫に生じる刺毛と2齢以降の幼虫に生じる棘状突起は相同(homology)ではない。一見，1齢幼虫の刺毛がやがて棘状突起に変化するように感じるが，刺毛と棘状突起はまったく別の形質である。このことは，日齢を経たタテハチョウ亜科1齢幼虫の表皮下に2齢期に生じる棘状突起が透過して肉眼で観察でき，これらには相同関係がないことがわかる。もちろん位置も同等でない。

2齢以降の幼虫の背中線に棘状突起が生じることはタテハチョウ科の特徴であるが，1齢幼虫の背中線に刺毛が生じることはない。このことは1齢幼虫の刺毛と2齢以降の幼虫に生じる棘状突起が相同でないことの根拠でもある。

すべての昆虫には刺毛が生じているが，タテハチョウ科の特に1齢幼虫における刺毛の存在の意義は不明である。生活史戦略上どのように有利なのかを観察をする機会は少ない。イシガケチョウやヒョウモンチョウの仲間，あるいはカバタテハ亜科のウラニシキタテハ属はその先端に球状の液体を付着させている。その液球に1齢越冬のヒョウモンチョウ類の幼虫はゴミを，ウラニシキタテハ属は糞を付着させているが何かの偽装的効果があるのかもしれない。これらはシロチョウ科やドクチョウ類で確認された化学物質メイオレン類(mayolens)を含むと思われ，アリの忌避作用が考えられる。

1次刺毛の数や配列は基本的にどの亜科でも共通する部分が多いことは前述したが，その若干の違いや特に形状の違いは分類上の指標となる。以下各亜科の概略を述べる。

2.2.1　クビワチョウ亜科

頭部・胴部ともに生じる刺毛は短く無色で目立たない。

2.2.2　フタオチョウ亜科

刺毛は黒褐色(または無色)で短く目立たない。族により刺毛の生じている顆粒状硬皮板は白色でやや明瞭，2，3齢幼虫もこの部分がやや目立つ。

2.2.3　コムラサキ亜科

全体的な形態は上記2亜科の範囲内，刺毛は無色で一般に短いがやや長めの属もある。

2.2.4　スミナガシ亜科

刺毛は黒褐色で短く目立たない。第8腹節亜背線部は突出するが，その頂点にD_1刺毛が生じる。

2.2.5　イシガケチョウ亜科

前亜科同様に黒褐色で短く目立たない。第8腹節背線部の突起には刺毛を生じない。

2.2.6　イチモンジチョウ亜科

亜科により異なる。ミスジチョウ亜科，イチモンジチョウ亜科は無色で短く，先端が丸みをもったり扇状に広がったりする。トラフタテハは気門下線列で配列がやや異なり次に属するヒョウモンチョウ族に共通すると思われる部分がある。イナズマチョウ族は黒色で比較的長い。イナズマチョウ族では中胸および後胸背面の突起先端にD_2刺毛を生じ，その基部にSD_1刺毛が生じる。通常のSD_2刺毛を失っている。

2.2.7　ドクチョウ亜科

ヒョウモンチョウ族は気門下線列の数が多く分類群により一定でない。ハレギチョウ族は前胸背板部から1対

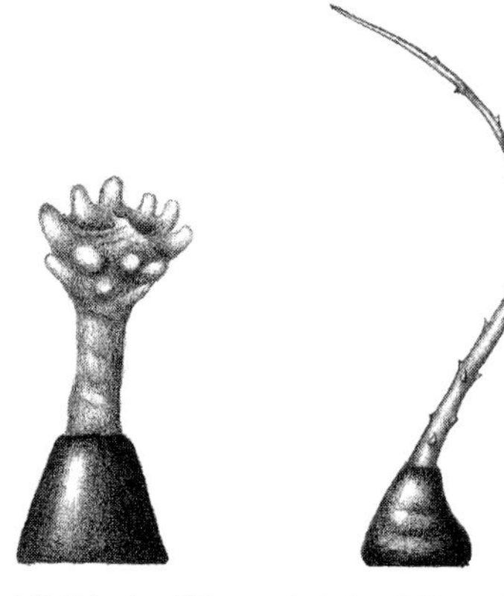

図9　コムラサキ亜科(左)とヒオドシチョウ亜科(右)の1齢幼虫の刺毛

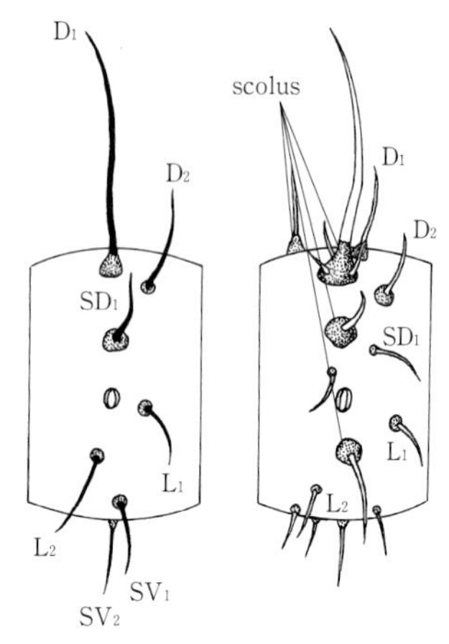

図10　ヒオドシチョウ *Nymphalis* (*Nymphalis*) *xanthomelas* の1齢幼虫(左)と2齢幼虫(右)の第1腹節の1次刺毛

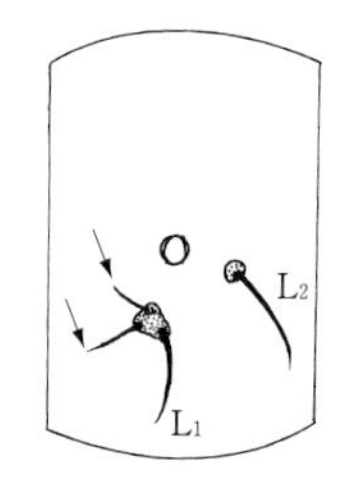

図11　キタテハ *Polygonia c-aureum* の1齢幼虫第1腹節の2次刺毛

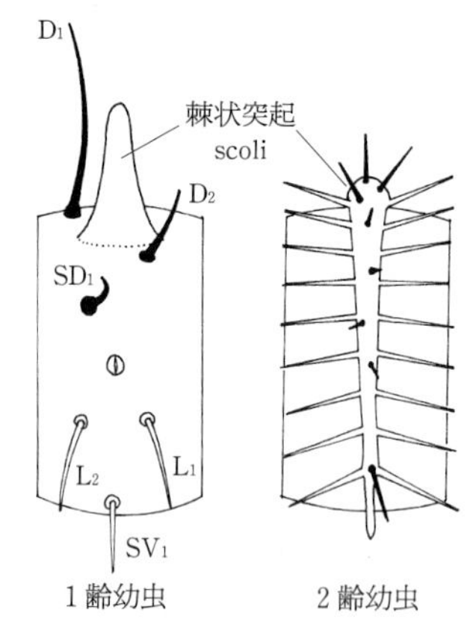

図12　イチモンジチョウ亜科イナズマチョウ族スギタニイチモンジ *Euthalia thibetana* の第1腹節の刺毛と棘状突起の分布位置。1齢幼虫の突起が亜背線上(D_1・D_2刺毛の中間)にあることから，本族棘状突起は亜背線上より生じていることがわかる。

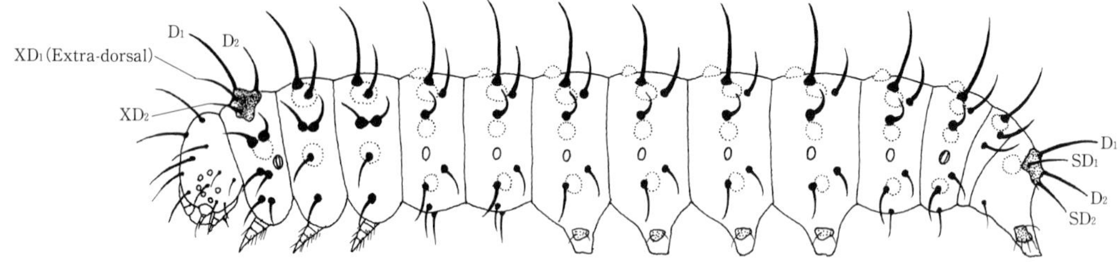

図13　ルリタテハ *Kaniska canace* の1齢幼虫の刺毛配列と棘状突起原基(点線)の位置

の突起を生じ，刺毛もその突起から生じる。ヒョウモンチョウ族，ドクチョウ族は亜背線部の先端に液球をつけて球状を示す。

2.2.8　カバタテハ亜科

形状や長さは族によりさまざまだが，配列や数は次のヒオドシチョウ亜科とほぼ共通する。

2.2.9　ヒオドシチョウ亜科

黒褐色で長い。その形状はヒオドシチョウ族では直線的だが，コノハチョウ族では頭部方向に強く湾曲する。ソトグロカバタテハは前胸背面に突起を生じ形状も特異，D_1 刺毛はすべて突起先端より生じる。ヒョウモンモドキ族はヒオドシチョウ族と同様。

2.3　2～終齢幼虫

2齢から終齢までの幼虫の形態は原則として相同である。

この期のタテハチョウ科は文頭に示した「頭部または腹部，もしくはその双方に棘状の分枝をもつ突起を有する」が大きな特徴である。

それぞれの亜科で顕著な特徴をもち，高次分類は容易である。詳細は後述する。

2.3.1　クビワチョウ亜科

頭部には棍棒状の顕著な突起をもち，胴部は前後が細く中央部で膨らみ末端には二叉突起を生じる。胴部に突起を生じることはなくジャノメチョウ亜科のクロコノマ属などに類似する形態である。胴部は緑色で多数の微小硬皮板が散在し肉眼では顆粒を散布したように見える。その先端から短い刺毛が生じる。

2.3.2　フタオチョウ亜科

異なった2型(異族)があり，兜状の角状突起をもち胴

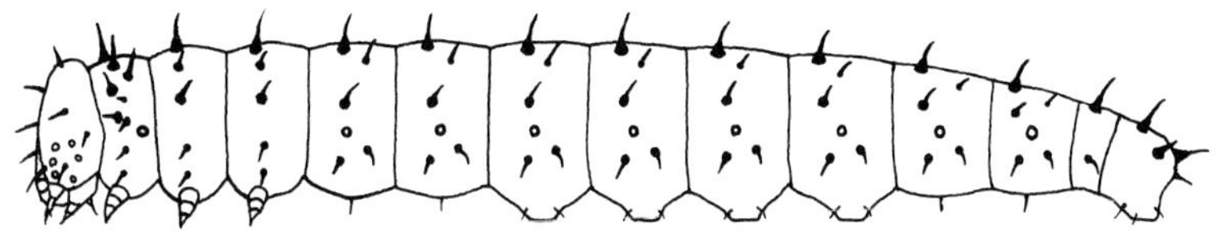

クビワチョウ *Calinaga buddha*

図14　クビワチョウ亜科の1齢幼虫の刺毛配列

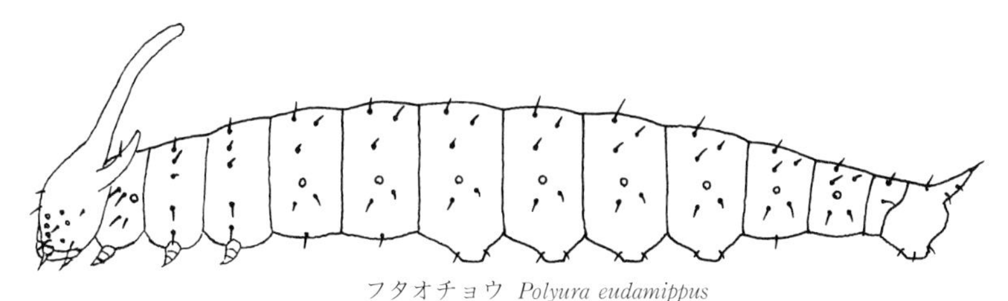

フタオチョウ *Polyura eudamippus*

図15　フタオチョウ亜科の1齢幼虫の刺毛配列

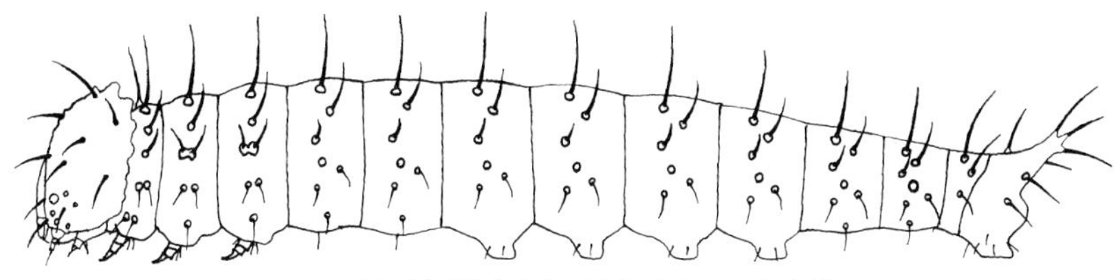

シロモンアメリカコムラサキ *Asterocampa leilia*

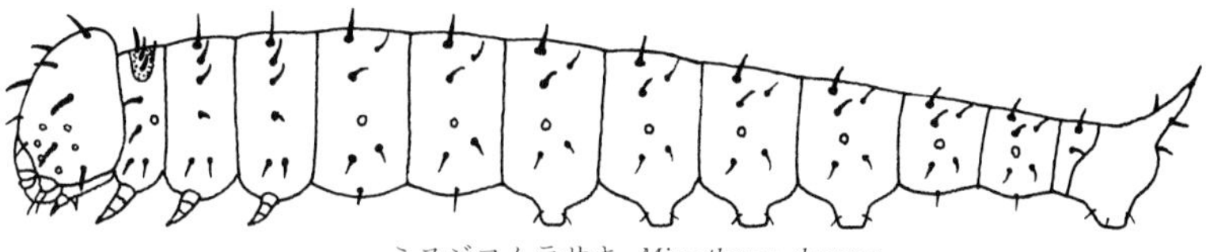

ミスジコムラサキ *Mimathyma chevana*

図16　コムラサキ亜科の1齢幼虫の刺毛配列

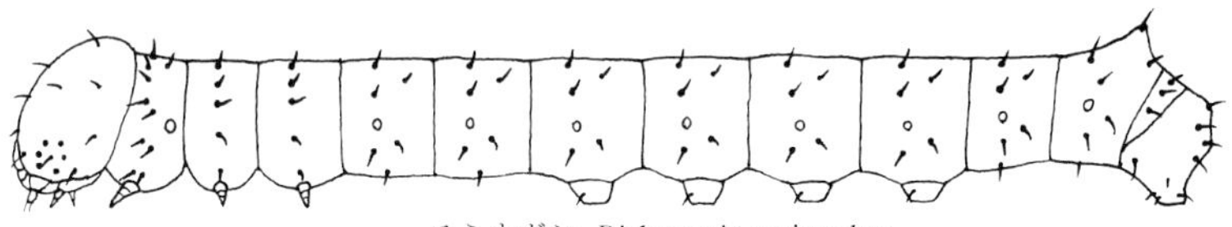

スミナガシ *Dichorragia nesimachus*

図17　スミナガシ亜科の1齢幼虫の刺毛配列

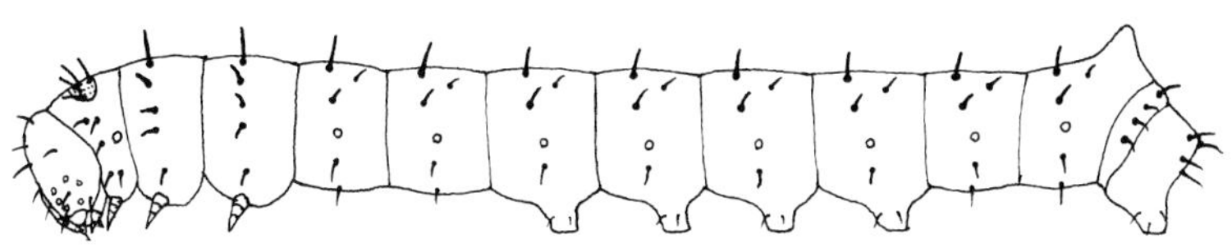

スジグロイシガケチョウ *Cyrestis maenalis*

図18　イシガケチョウ亜科の1齢幼虫の刺毛配列

部は緑色で前亜科に等しいグループ，および短い角状突起をもち胴部が褐色系で胸部が膨らんだグループに二大別される。形態上の相違が著しく，亜科の下位のカテゴリーでは異なった分類群と思われる。

2.3.3　コムラサキ亜科

胴部の形態は前2亜科同様，頭部には分枝した大型の角状突起をもつ。背面には1対以上の鱗片状突起をもつ種が多い。頭部前額をつねに食草面に伏せていることはフタオチョウ亜科と顕著に違った習性である。

2.3.4　スミナガシ亜科

頭部には1対の顕著な角状突起をもち胴部はほぼ一様な太さもしくは中央部が膨らむなど属による相違がある。4属が含まれるが形態的にはそれぞれがかなり異質である。

2.3.5　イシガケチョウ亜科

基本的にはスミナガシ亜科に似ているが背線上に円錐状の突起を生じる。

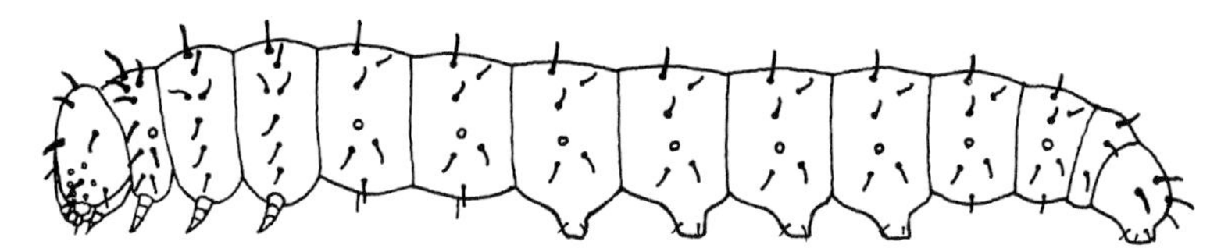

タイワンホシミスジ *Ladoga sulpitia*

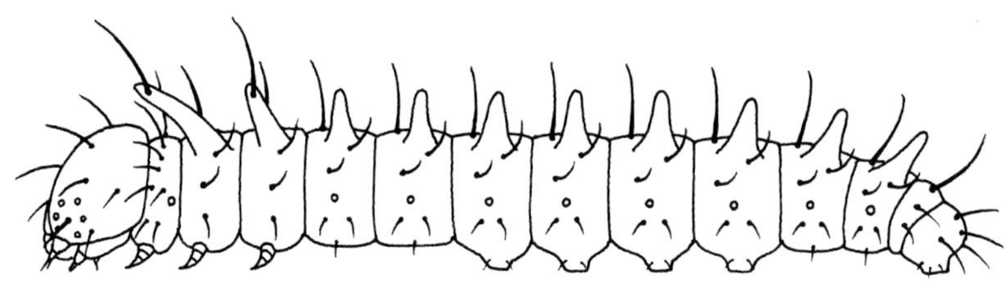

スギタニイチモンジ *Euthalia thibetana*

図19　イチモンジチョウ亜科の1齢幼虫の刺毛配列

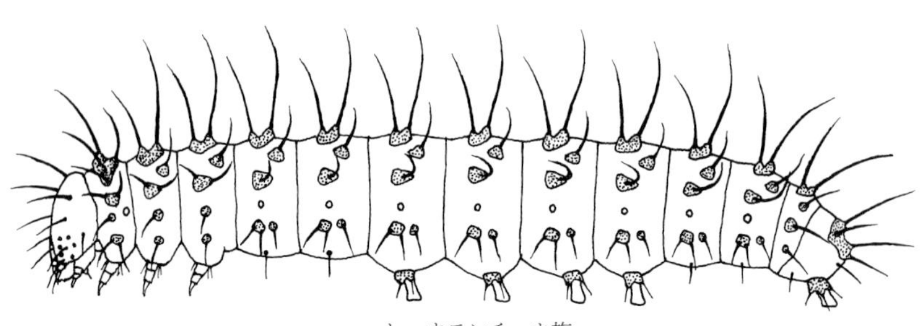

ヒョウモンチョウ族
ウラベニアアメリカオオヒョウモン *Speyeria nokomis*

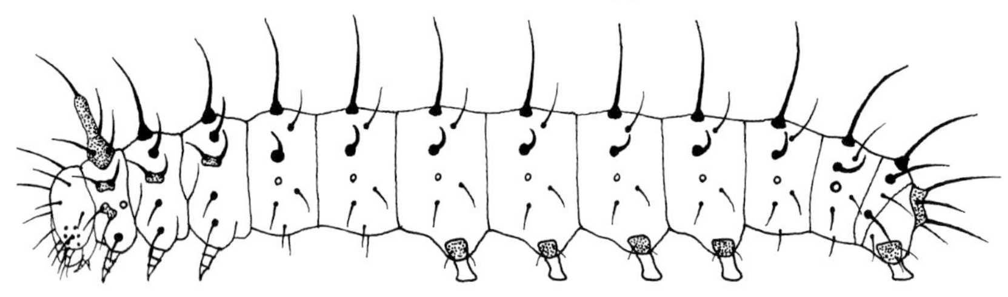

ハレギチョウ族
キオビハレギチョウ *Cethosia hypsea*

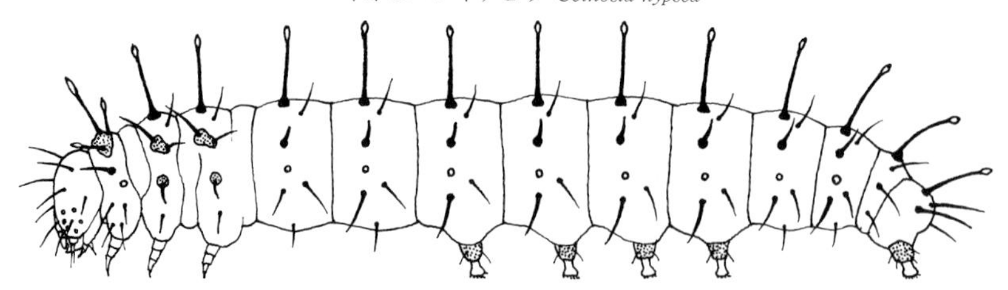

ドクチョウ族
ベニモンドクチョウ *Heliconius melpomene*

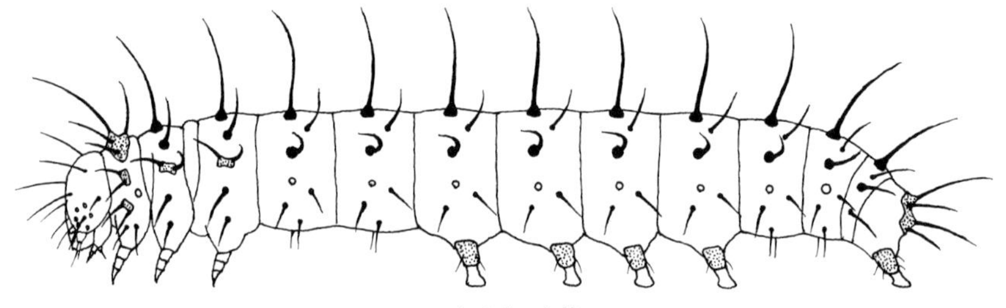

ホソチョウ族
ホソチョウ *Acraea issoria*

図20　ドクチョウ亜科の1齢幼虫の刺毛配列

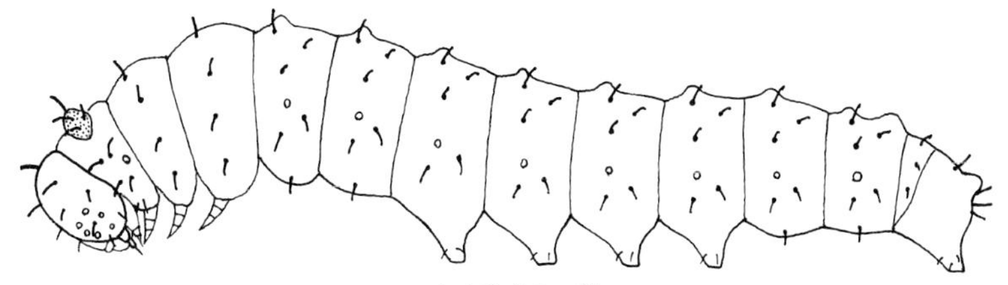

カスリタテハ族
コケムシカスリタテハ *Hamadryas februa*

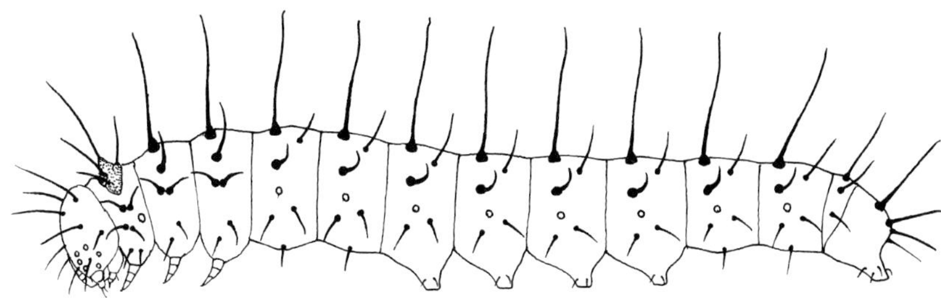

アカヘリタテハ族
アカヘリタテハ *Biblis hyperia*

図21　カバタテハ亜科の1齢幼虫の刺毛配列

2.3.6　イチモンジチョウ亜科

族により異なった形態である。ミスジチョウ族は体の各節で突起の発達度が異なり，その数も少ないことが多いが，イチモンジチョウ族はそれよりも発達し，特に亜背線部で顕著である。頭部突起も同様に後者が発達している。トラフタテハ族はイチモンジチョウ族に似ている。イナズマチョウ族は極めて特異で，頭部に突起を生じることがなく，10対の羽状突起が水平に生じる。

2.3.7　ドクチョウ亜科

ほぼ円筒形の胴部で体の各節には背中線を除いて棘状突起を規則的に配列する。頭部に突起を生じる群もある。

2.3.8　カバタテハ亜科

前亜科同様に各節に背中線を含めて規則的に棘状突起を配列する。頭部には長大な角状突起を生じ，コムラサキ亜科のように頭部前額を食草葉面に伏せて静止している。

2.3.9　ヒオドシチョウ亜科

一見，ドクチョウ亜科やカバタテハ亜科に似ているが，体に生じる棘状突起の分布は異なる。頭部の突起の発達度は分類群によりさまざまである。

2.4　棘状突起

2.4.1　用　　語

タテハチョウ科2齢以降の幼虫の体表に生じる棘状の突起には，日本では一般に「棘状突起」(あるいは「棘瘤」)という用語を当てている。世界的にはscoli，spine，branchなどが使用される。

この「棘状突起」という用語を文字の上で解釈してみたとき，タテハチョウ科幼虫に生じるそれはもはや「突起」といった単純な形質のものでもなく，「棘状」というよりは「枝状」に多数の小突起が分岐している。機能的にも「突起」以上の働きがあると考えられる。特にその形状や配列はタテハチョウ科の分類では重要な意義をもつ。

しかし適切な用語，特になじみやすい用語として一般化するのも困難なので，前後を問わず従来の用語「棘状突起」を使用する。

2.4.2　考察上の価値

生物を肉眼あるいは顕微鏡などの補助的な器具を用いてその分類形質を考察したとき，見かけ上の形質状態でその種を分類することにはしばしば誤りを生じる。かつてチョウの分類が成虫の翅の形や斑紋で行われていたときがそうであったように，分類を見かけで判断することは主観によっても異なり適切でないことがある。

しかし，そうであっても生物を見かけ上の形質形態でその種(形態的種)の分類や系統性を考察するのはあながち間違いではないし，アマチュアにとっては最も簡便で取りかかりやすい方法である。重要なことは対象とする分類形質が分類や系統性を考察する上で生物学的な妥当性があるということである。その判断は極めて難しいが，多角度から考察してほぼそのように考えられる場合は有効である。諸問題はあるが，過去の比較生物学的方法や最近の分子分類学研究と照合し，タテハチョウ科幼虫の全体の形態，特に形態学的形質として体表に生じる棘状突起は分類や系統を考察する上で極めて有意性があると判断した。またこの棘状突起はタテハチョウ科内では共有派生形質(synapomorphy)と考えられる。つまり，形質の状態となる棘状突起の形状・数・分布などは系統や分類を考察する上で重要な指標となる。ただし取り上げる形質の位置や形状，発達度などの何を重要とするかの判断によっては分類の結果が異なるので注意が必要である。

2.4.3　科の範囲

肉眼で容易に観察できるいわゆる「棘状突起」は「頭部」と「胴部(胸部・腹部)」のどの体節にも生じる。この段階で蛹化の形式が垂蛹(広義のタテハチョウ科)のなかからテングチョウ亜科およびマダラチョウ亜科をここで述べるタテハチョウ科の範囲外とし，それぞれを独立した科と考える。それを除けば頭部または胴部もしくはその両方に棘状(角状)突起を生じ，タテハチョウ科の範囲内とする。

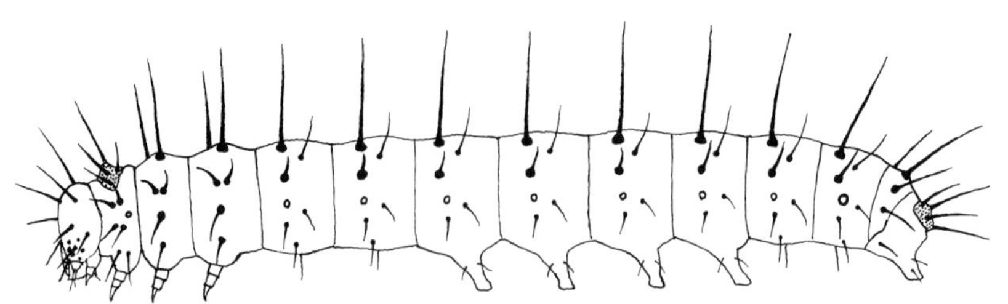

ヒオドシチョウ族
ヒメキミスジ *Symbrenthia hypselis*

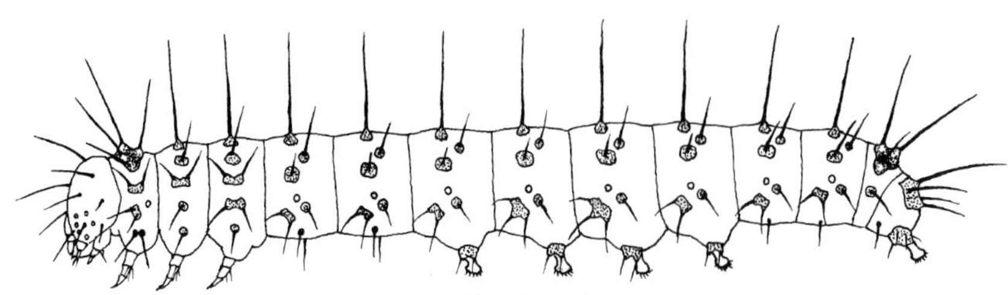

ヒオドシチョウ族
コガネキタテハ *Polygonia satyrus*

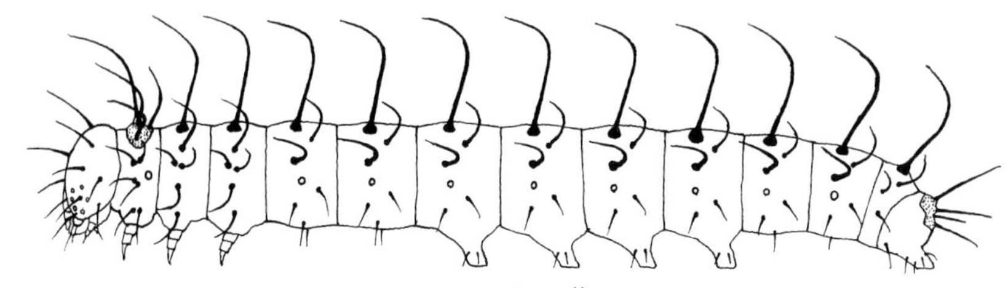

コノハチョウ族
イワサキコノハ *Doleschallia bisaltide*

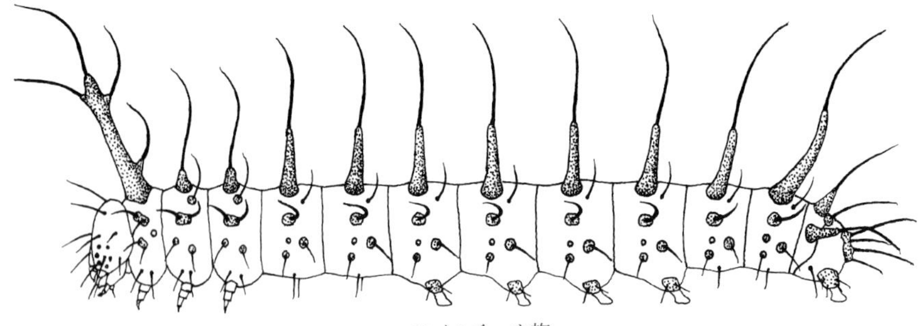

コノハチョウ族
ソトグロカバタテハ *Rhinopalpa polinice*

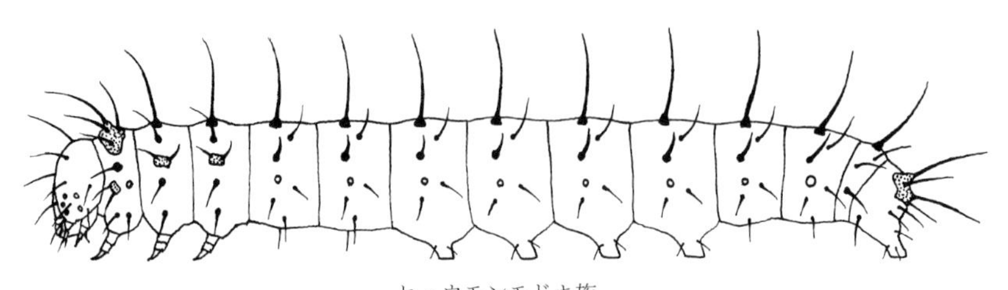

ヒョウモンモドキ族
シロモンベニホシヒョウモンモドキ *Euphydryas chalcedona*

図22　ヒオドシチョウ亜科の1齢幼虫の刺毛配列

```
┌─────アゲハチョウ科　ほか
│
│  ┌──テングチョウ科
└──┼──マダラチョウ科
   └──タテハチョウ科
```

テングチョウ科およびマダラチョウ科を含めれば分類単位は上科(Superfamily)と科(Family)の中位のカテゴリーに設定される。

2.4.4　形　　状

(1)頭部突起

フタオチョウ亜科の1部は1齢より，ほかは2齢以降の幼虫の頭部に生じる。通常，1対が発達し，哺乳類の角を思わせるものもあり角状突起という表現をしている。ほかに短い小突起を複数対生じる。

タテハチョウ科の大きな特徴の1つとして頭部に角状

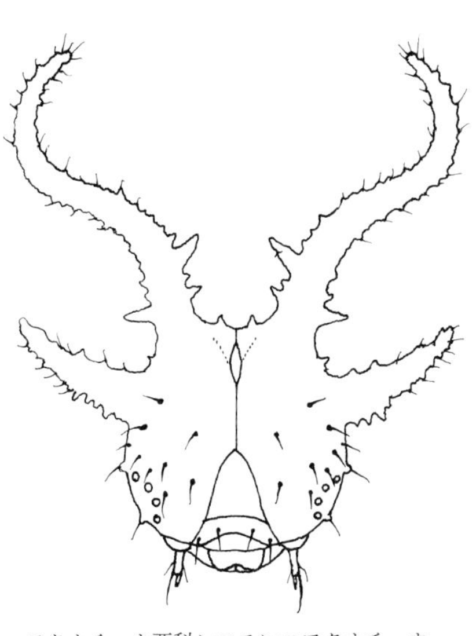

フタオチョウ亜科シロモンコフタオチョウ
Polyura hebe

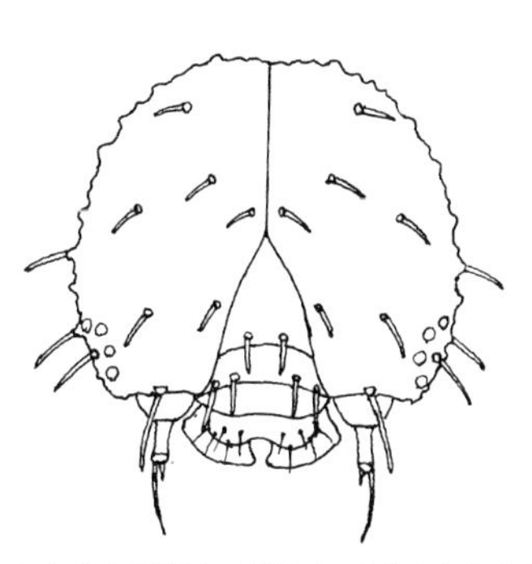

コムラサキ亜科キオビナンベイコムラサキ
Doxocopa elis

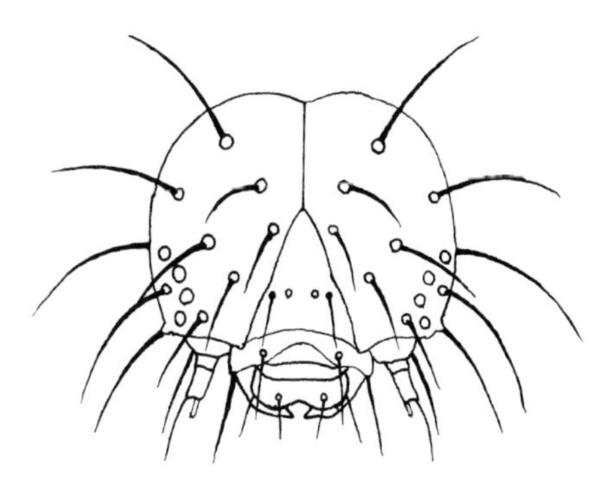

ドクチョウ亜科ミヤマヒョウモン
Clossiana euphrosyne

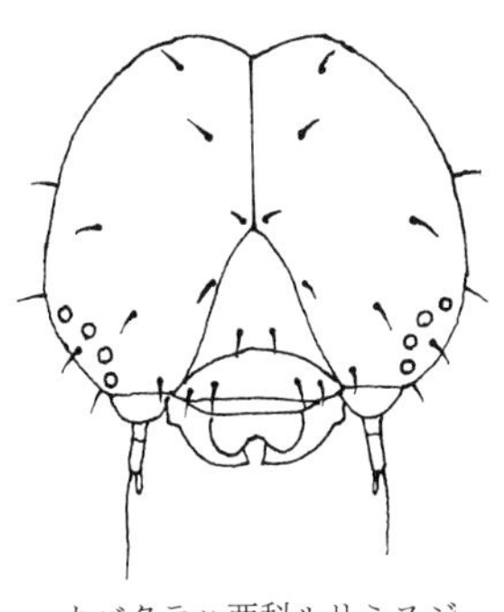

カバタテハ亜科ルリミスジ
Myscelia ethusa

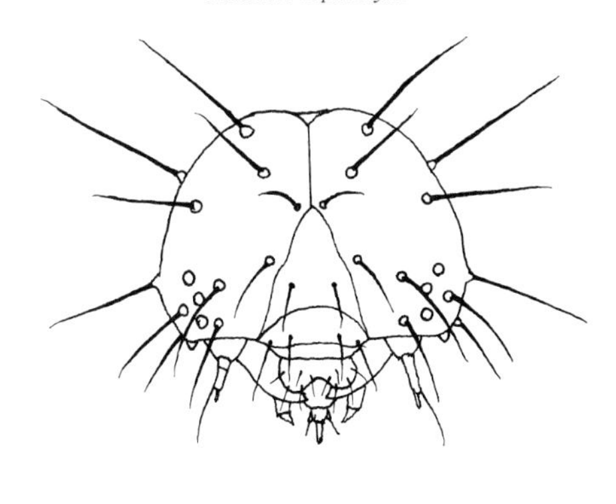

ヒオドシチョウ亜科コガネキタテハ
Polygonia satyrus

図23　1齢幼虫頭部

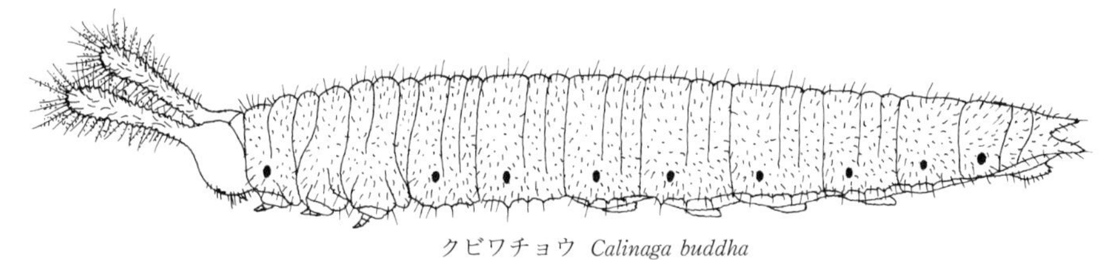

クビワチョウ *Calinaga buddha*

図24　クビワチョウ亜科の終齢幼虫

突起(頭部突起 head horn)を有する種が多いことが挙げられるが，分類群によっては極めて長大である。

チョウ(鱗翅)目の幼虫(特にガ類)はしばしば体の各節に棘状の突起(後述)を有し，ときに有毒物質を分泌している種もある。これは生じる位置や形態は異なるが一見タテハチョウ科と見紛う。しかしそのような種でも頭部にタテハチョウ科のような角状の突起をもつ種はほとんど存在しない。タテハチョウ科のこの頭部の異常に発達した角状の突起は本科の明確な分類的位置を証明する1つになっている。ただし例外もあり絶対性はない。

①フタオチョウ亜科

フタオチョウ族，マルバネフタオチョウ族……極めて発達し兜状。1齢期より生じることではほかに例がない。ただ，ほかのフタオチョウ亜科に含まれる族では1齢期に生じることはないため，1齢期に角状突起をもつことは系統性にそれほどの重要な意味をもっていないと考えることもできる。

②上記外のフタオチョウ亜科を含めたジャノメチョウ分岐群……1対の棒状・角状

③コムラサキ亜科……鹿角状

④スミナガシ亜科，イシガケチョウ亜科……湾曲棒状

⑤イチモンジチョウ亜科……円錐状

ミスジチョウ族……大型1対

イチモンジチョウ族，トラフタテハ族……複数対

イナズマチョウ族……無

⑥ドクチョウ亜科……無〜1対

ヒョウモンチョウ族……無または微小突起

ネッタイヒョウモン族……1対

ドクチョウ族……1対

ホソチョウ族……無

⑦カバタテハ亜科……長大な角状突起

ウラニシキタテハ族……例外で無

⑧ヒオドシチョウ亜科……無〜1対

ヒオドシチョウ族……小突起

アサギタテハ族，タテハモドキ族，コノハチョウ族……短〜長突起

ヒョウモンモドキ族……無

形態の共通性からまとめると次のようであるが，分類の指標となることはあっても必ずしも系統的な関連はない。

①無〜(未)発達……ドクチョウ亜科とヒオドシチョウ亜科の一部

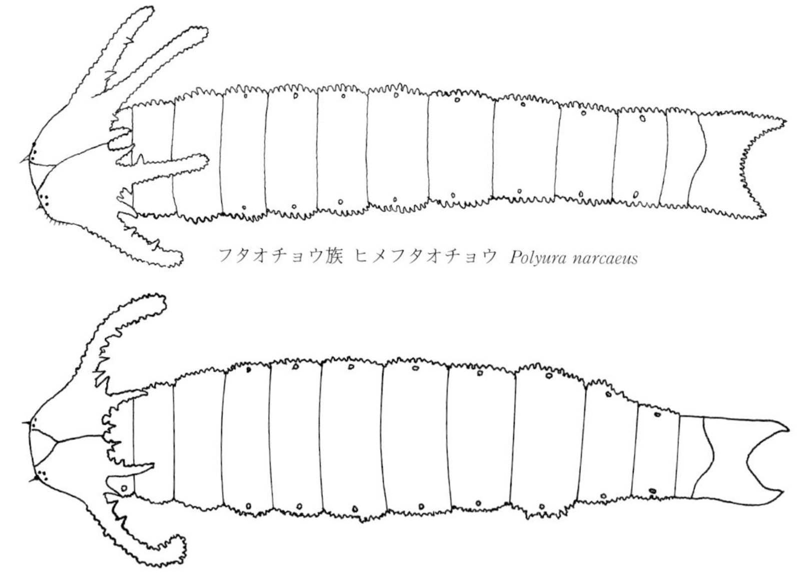

フタオチョウ族 ヒメフタオチョウ *Polyura narcaeus*

マルバネフタオチョウ族 シロモンマルバネタテハ *Euxanthe wakefieldi*

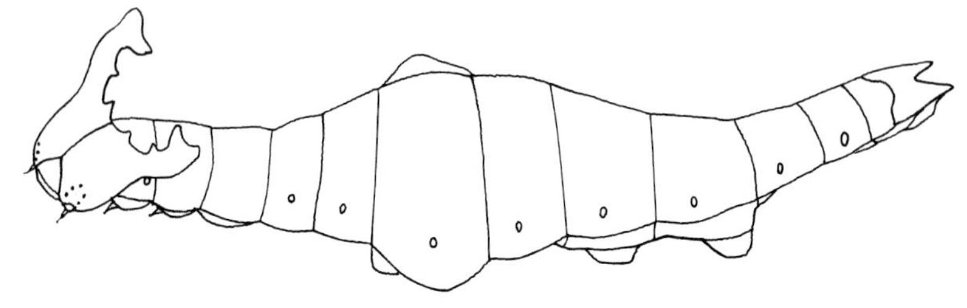

オナガフタオチョウ族 ホソオビオナガフタオチョウ *Palla ussheri*

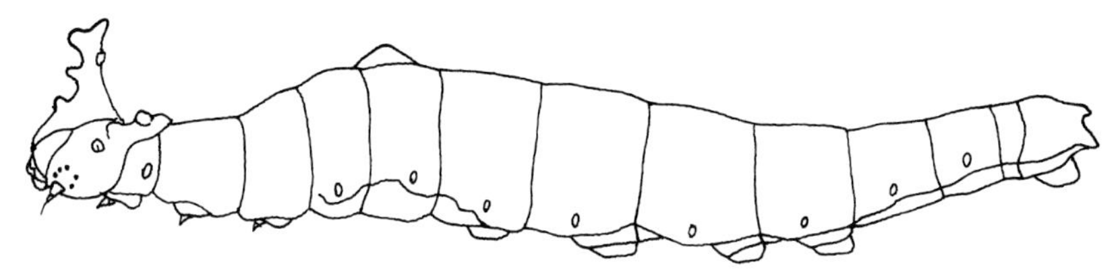

ヤイロタテハ族 ルリオビヤイロタテハ *Prothoe franck*

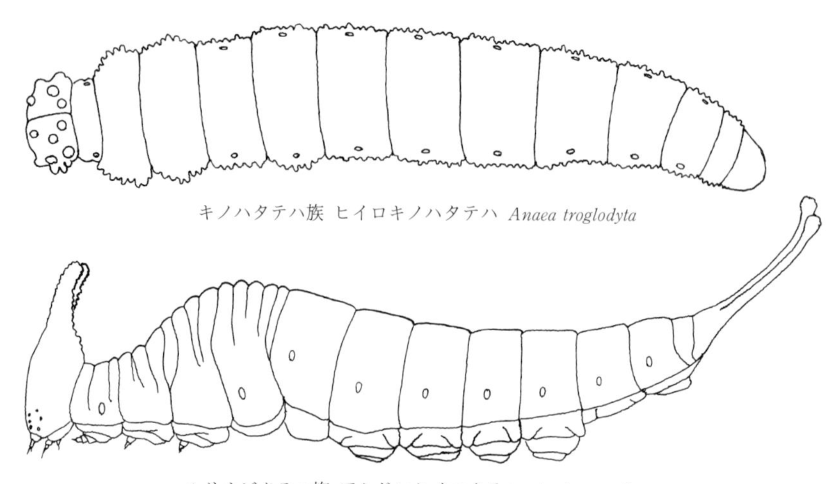

キノハタテハ族 ヒイロキノハタテハ *Anaea troglodyta*

ルリオビタテハ族 アミドンミイロタテハ *Agrias amydon*

図25　フタオチョウ亜科の終齢幼虫

②小……フタオチョウ亜科一部，イチモンジチョウ亜科
③長大……クビワチョウ亜科，スミナガシ亜科，イシガケチョウ亜科
④発達し鹿角状……コムラサキ亜科，カバタテハ亜科
⑤発達し兜状……フタオチョウ亜科一部

(2)胴部突起

一般に2齢以降の幼虫胴部に生じる。生じる位置と数は分類の指標として重要である。腹部末端(第10腹節または尾端)に生じる1対の二叉突起は1齢期から生じ，ジャノメチョウ群との関連が考えられる。突起には発達度の差があるが，「発達」という内容には「大きさ」と

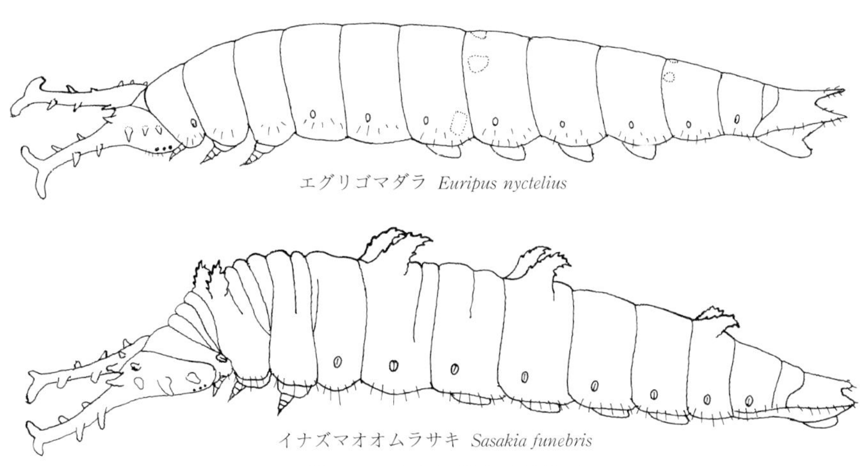

エグリゴマダラ *Euripus nyctelius*

イナズマオオムラサキ *Sasakia funebris*

図 26　コムラサキ亜科の終齢幼虫

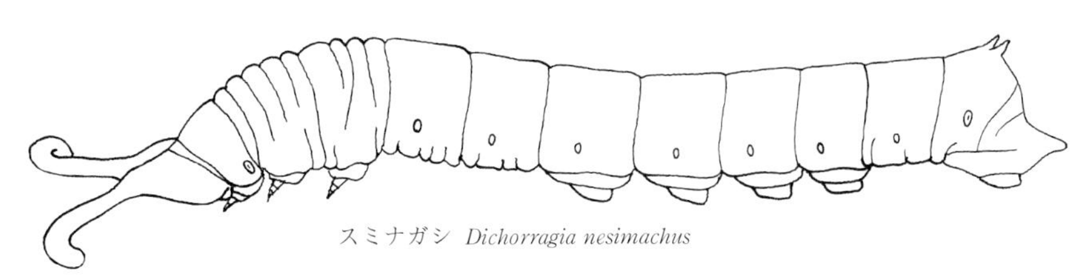

スミナガシ *Dichorragia nesimachus*

図 27　スミナガシ亜科の終齢幼虫

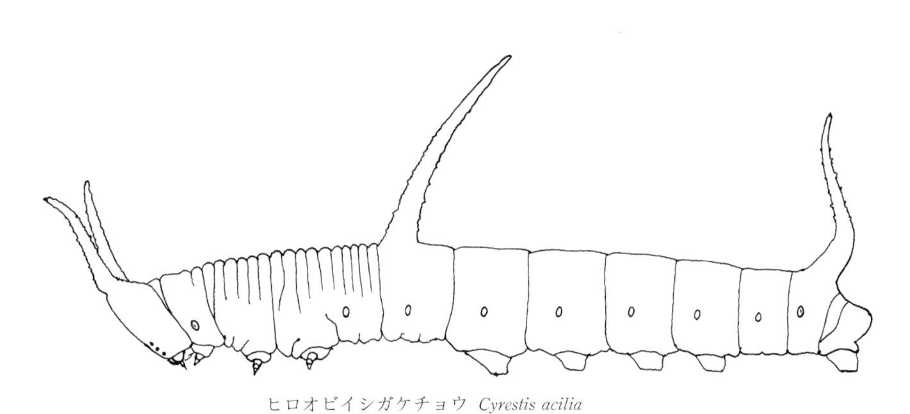

ヒロオビイシガケチョウ *Cyrestis acilia*

ツルギタテハ *Marpesia petreus*

図 28　イシガケチョウ亜科の終齢幼虫

「形状の多様さ」を含む。幼虫をよく観察すると(特に拡大鏡を使って)どれを棘状突起といったらよいか，あいまいな形状がある。その発達の程度の段階を述べると，

①硬皮板から刺毛を生じる。

②硬皮板が大きく発達し複数の刺毛を生じる。

③硬皮板が棘状に伸長し複数の刺毛を生じる。

④さらに小突起の枝分かれがある。

⑤主軸に分枝した多数の小突起を生じる。

という相違があり，どこから考察上分類形質としての対象とするのか判断しにくいところがある。本書では④からを棘状突起とするが，「分布の原則」や「形質の相同性」も考慮して棘状突起と認める場合もある。

棘状突起の分布(生じる位置と数)はタテハチョウ科の分類の指標として最も重要で，その詳細は別項で述べる。

2.4.5　胴部上の分布

⑴形状と分布の状態

①未発達突起を体の一部に分布し，特に亜科内での統一性はない：

ジャノメチョウ亜科，クビワチョウ亜科，フタオチョウ亜科，コムラサキ亜科，スミナガシ亜科，イシガケチョウ亜科

②発達した棘状突起を体全体に規則的に分布する：

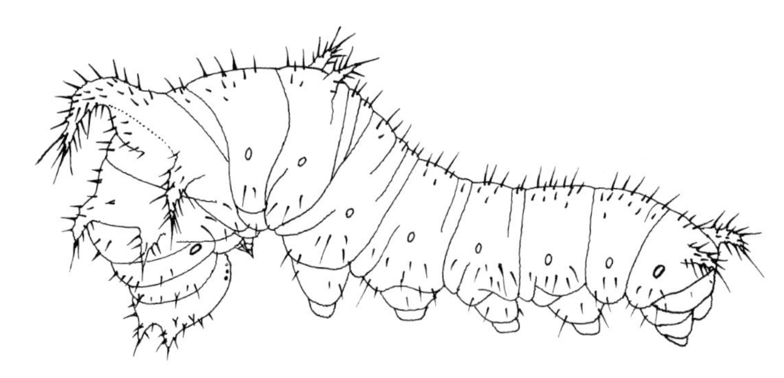

ミスジチョウ族 フィリピンミスジ *Neptis mindorana*

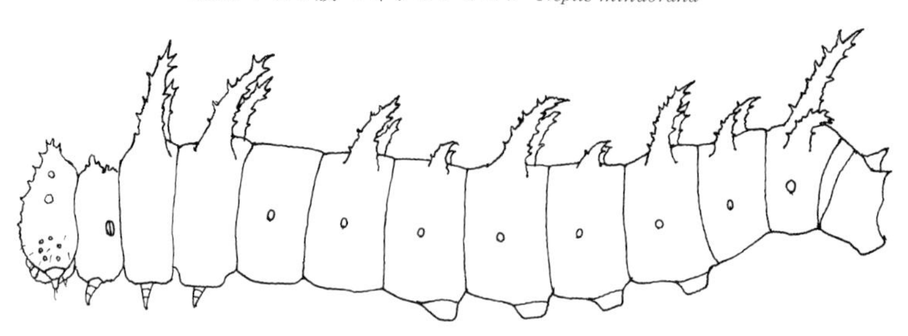

ベニホシイチモンジ族 ベニホシイチモンジ *Chalinga pratti*

イチモンジチョウ族 ツマキアメリカイチモンジ *Adelpha californica*

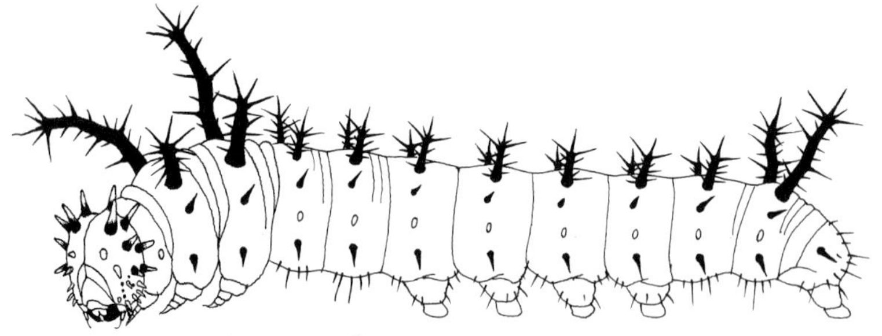

トラフタテハ族 トラフタテハ *Parthenos sylla*

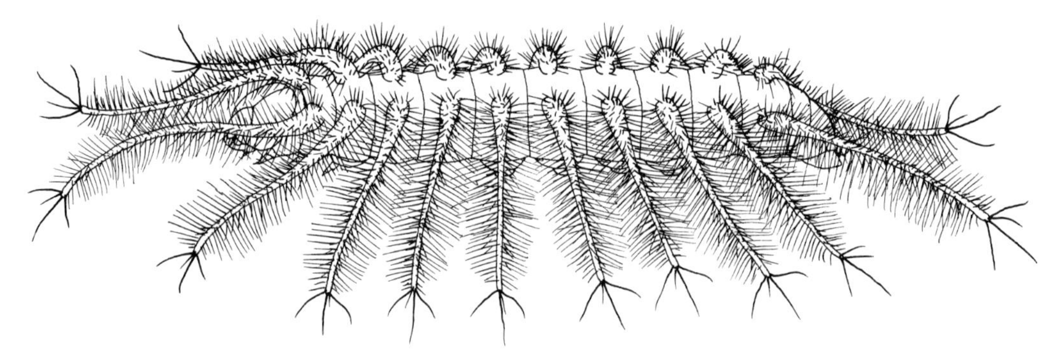

イナズマチョウ族 ヤマオオイナズマ *Lexias dirtea*

図29　イチモンジチョウ亜科の終齢幼虫

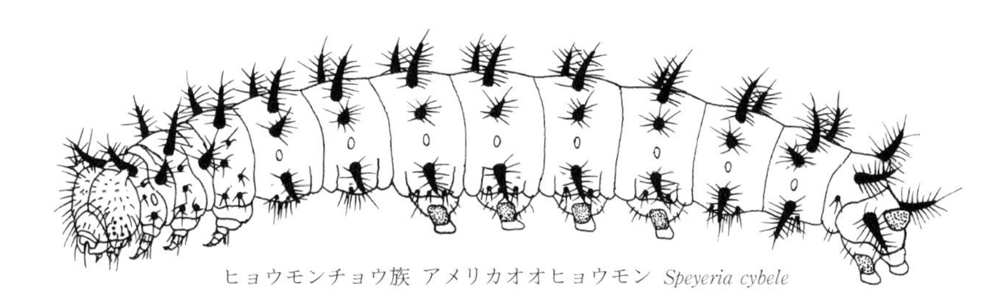

ヒョウモンチョウ族 アメリカオオヒョウモン *Speyeria cybele*

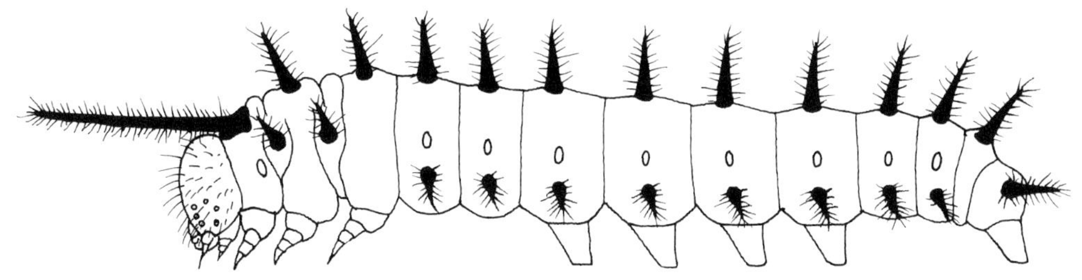

ヒョウモンチョウ族 ヒョウモンホソチョウ *Pardopsis punctatissima*

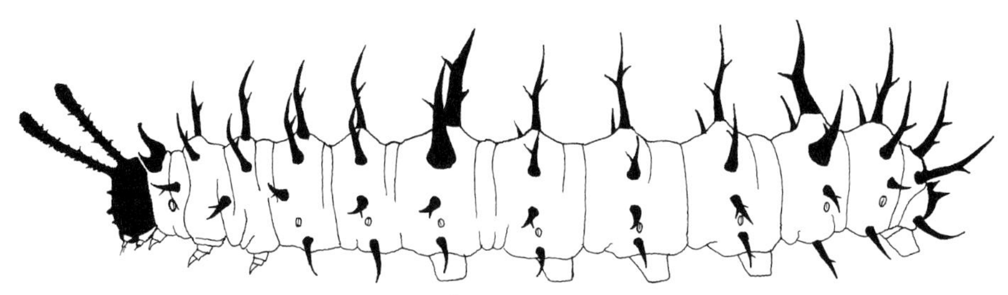

ネッタイヒョウモン族 ヒメチャイロタテハ *Vindula dejone*

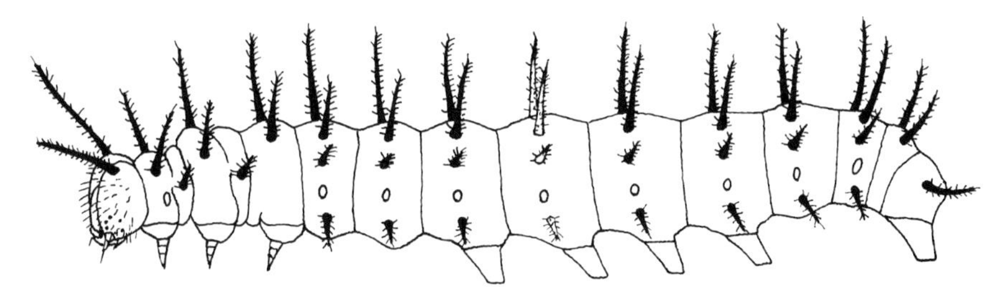

ハレギチョウ族 キオビハレギチョウ *Cethosia hypsea*

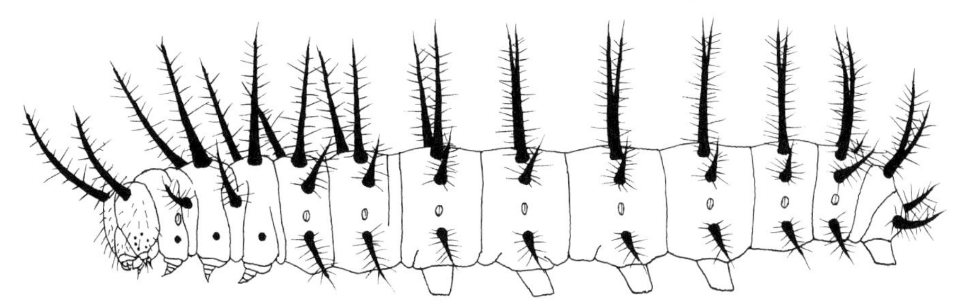

ドクチョウ族 ベニモンドクチョウ *Heliconius melpomene*

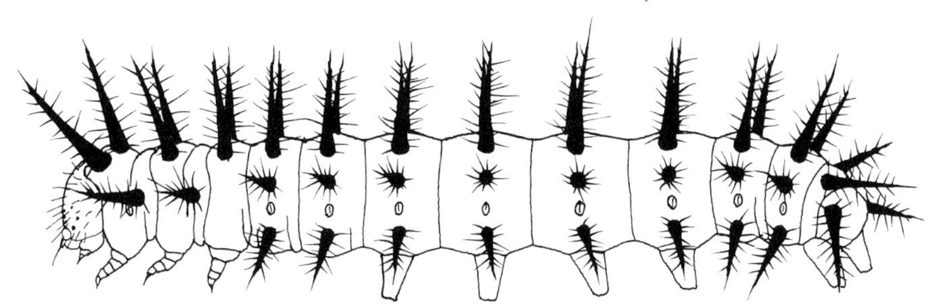

ホソチョウ族 ホソチョウ *Acraea issoria*

図 30 ドクチョウ亜科の終齢幼虫

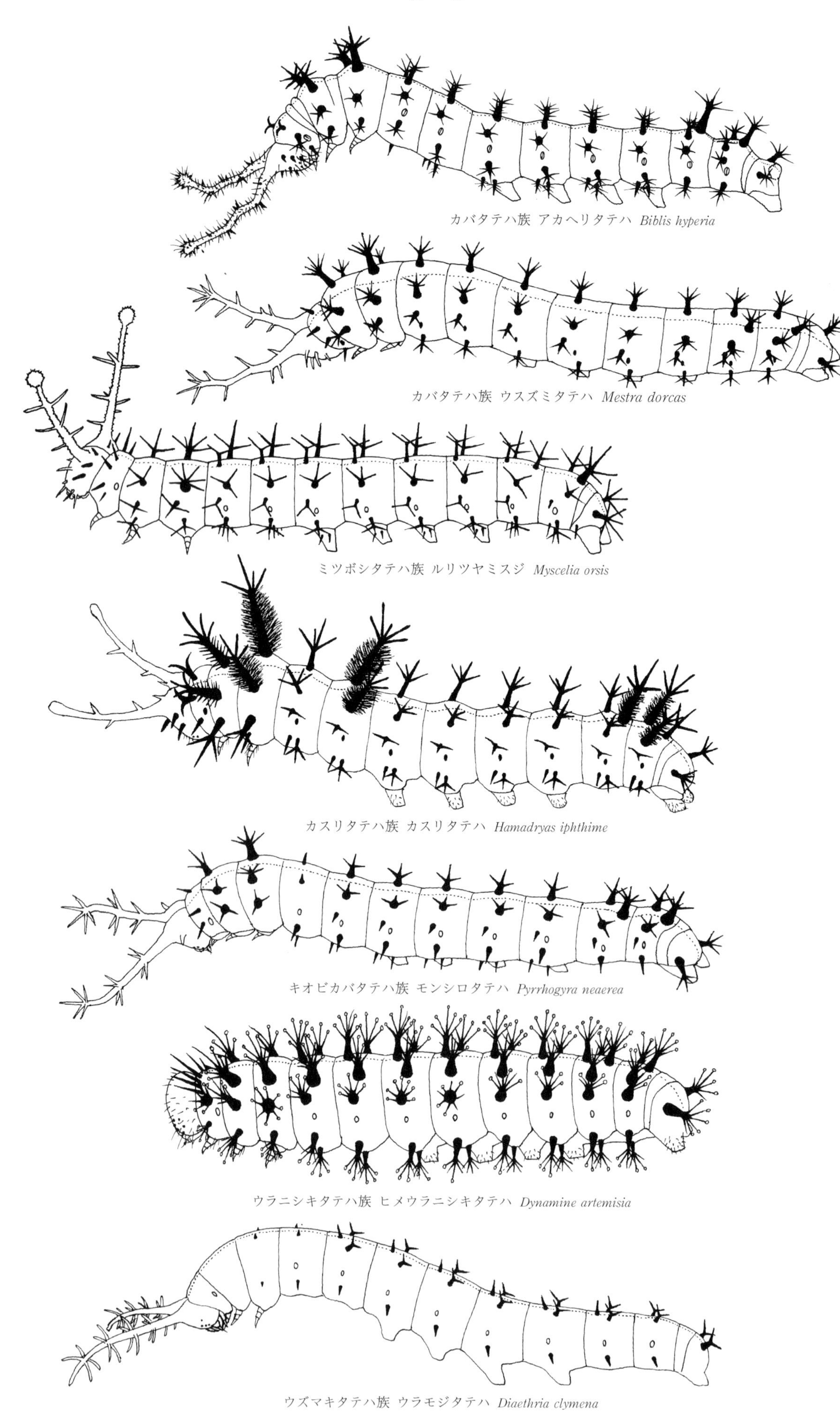

図31 カバタテハ亜科の終齢幼虫(点線は背中線を表す)

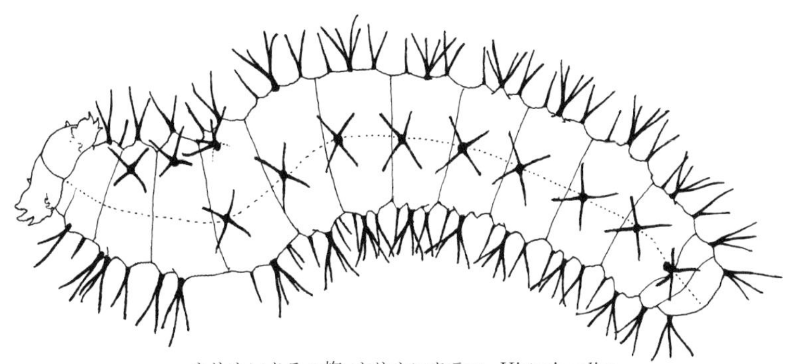

オリオンタテハ族 オリオンタテハ *Historis odius*

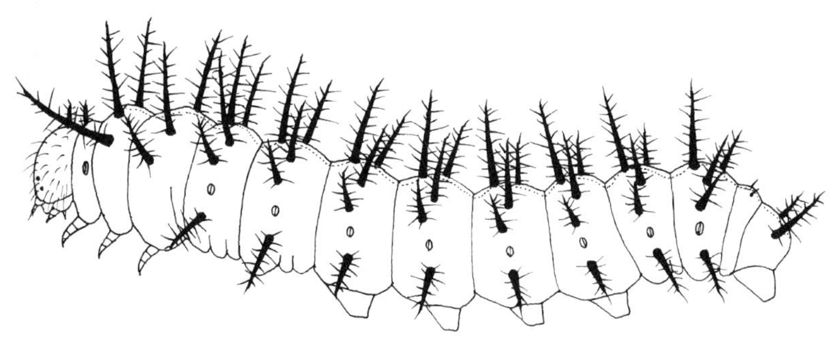

ヒオドシチョウ族 ヒメキミスジ *Symbrenthia hypselis*

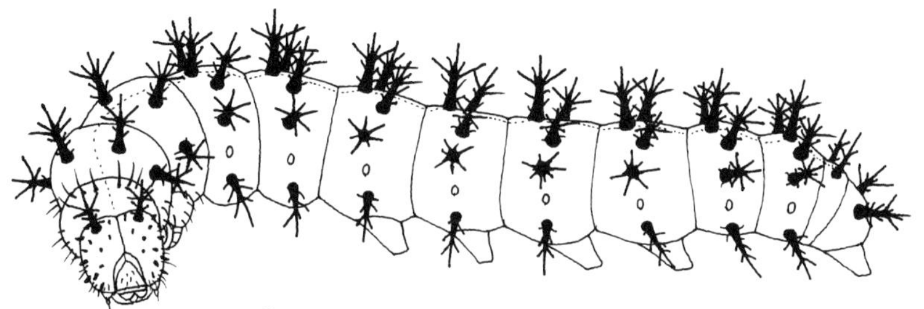

ヒオドシチョウ族 クエスチョンマークキタテハ *Polygonia interrogationis*

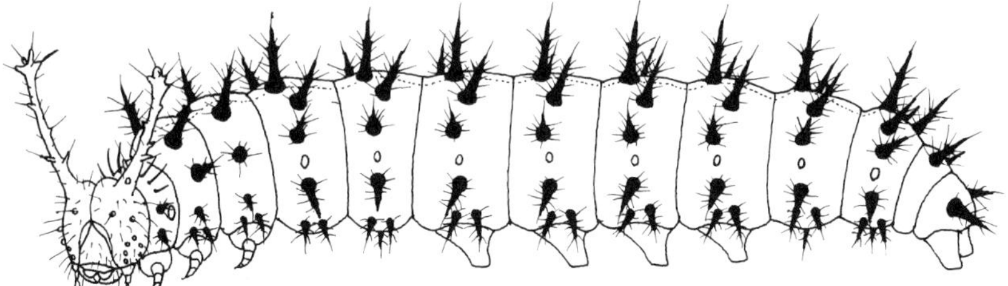

タテハモドキ族 オオシンジュタテハ *Protogoniomorpha parhassus*

コノハチョウ族 ソトグロカバタテハ *Rhinopalpa polinice*

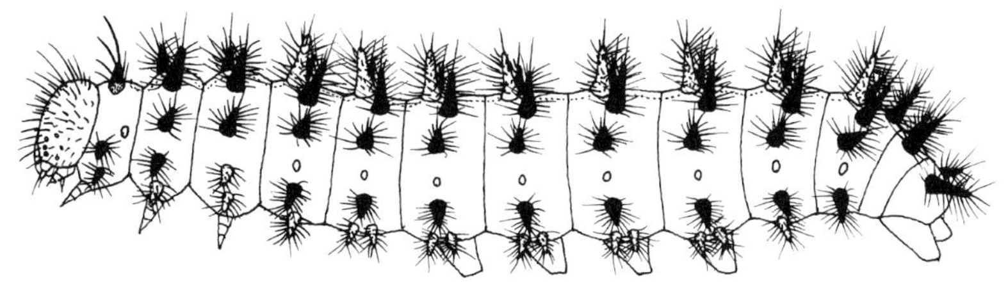

ヒョウモンモドキ族 シロモンベニホシヒョウモンモドキ *Euphydryas chalcedona*

図32 ヒオドシチョウ亜科の終齢幼虫

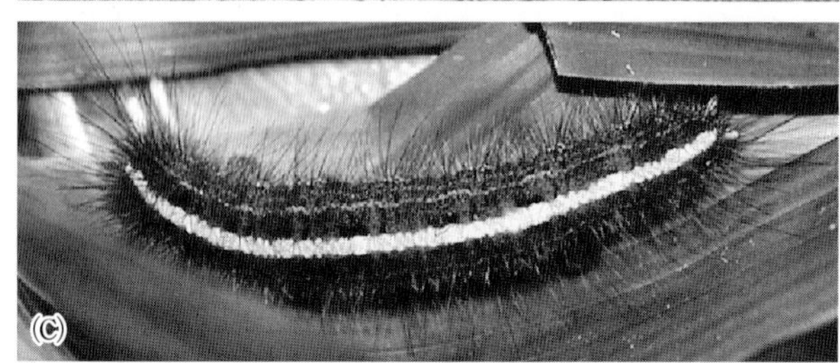

図 33　棘状突起を有しない広義のタテハチョウ科の幼虫。(A)テングチョウ類 *Libythea lepita*(Japan)(鈴木知之氏提供)，(B)マダラチョウ類 *Mechanitis polymnia*(Belize)，(C)ワモンチョウ類 *Discophora necho*(Borneo)，(D)モルフォチョウ類 *Morpho helenor*(Belize)，(E)フクロウチョウ類 *Caligo atreus*(Costa Rica)，(F)ジャノメチョウ類 *Melanitis constantia*(Seram)

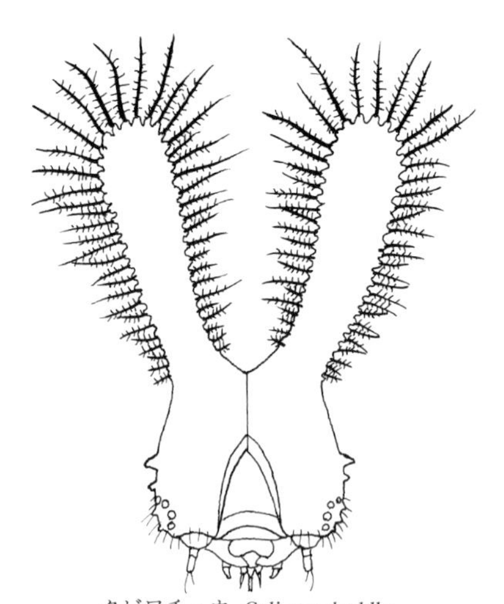

クビワチョウ *Calinaga buddha*

図 34　クビワチョウ亜科終齢幼虫頭部

イチモンジチョウ亜科，ドクチョウ亜科，カバタテハ亜科，ヒオドシチョウ亜科

このことから

- A群(ジャノメチョウ亜科，クビワチョウ亜科，フタオチョウ亜科，コムラサキ亜科，スミナガシ亜科，イシガケチョウ亜科)
- B群(イチモンジチョウ亜科，ドクチョウ亜科，カバタテハ亜科，ヒオドシチョウ亜科)

のように2分類する。

(2) 1齢期より生じる腹部末端部(第10腹節)の1対の二叉状突起

この突起はドクチョウ亜科やヒオドシチョウ亜科に生じる1対の棘状突起とは同じ形質(相同)のものではない。その根拠は1齢幼虫で確認できる。フタオチョウ亜科やコムラサキ亜科の1齢幼虫第10腹節末端二叉突起にはその先端を含めて1次刺毛が生じている。つまりこの部分は，ほかの亜科における肛上板に相当する部分と考えることができる。ドクチョウ亜科やヒオドシチョウ亜科は2齢期以降の幼虫にこの肛上板の外側に棘状突起を生じる。このことから二叉突起と2齢以降の幼虫に生じる棘状突起は相同でないといえる。また棘状突起が1齢期幼虫に生じることがないこともそれを裏づける。

2齢になると肛上板の存在は不明確になり，1対の二叉突起のみが発達する。この突起は明らかに肛上板から

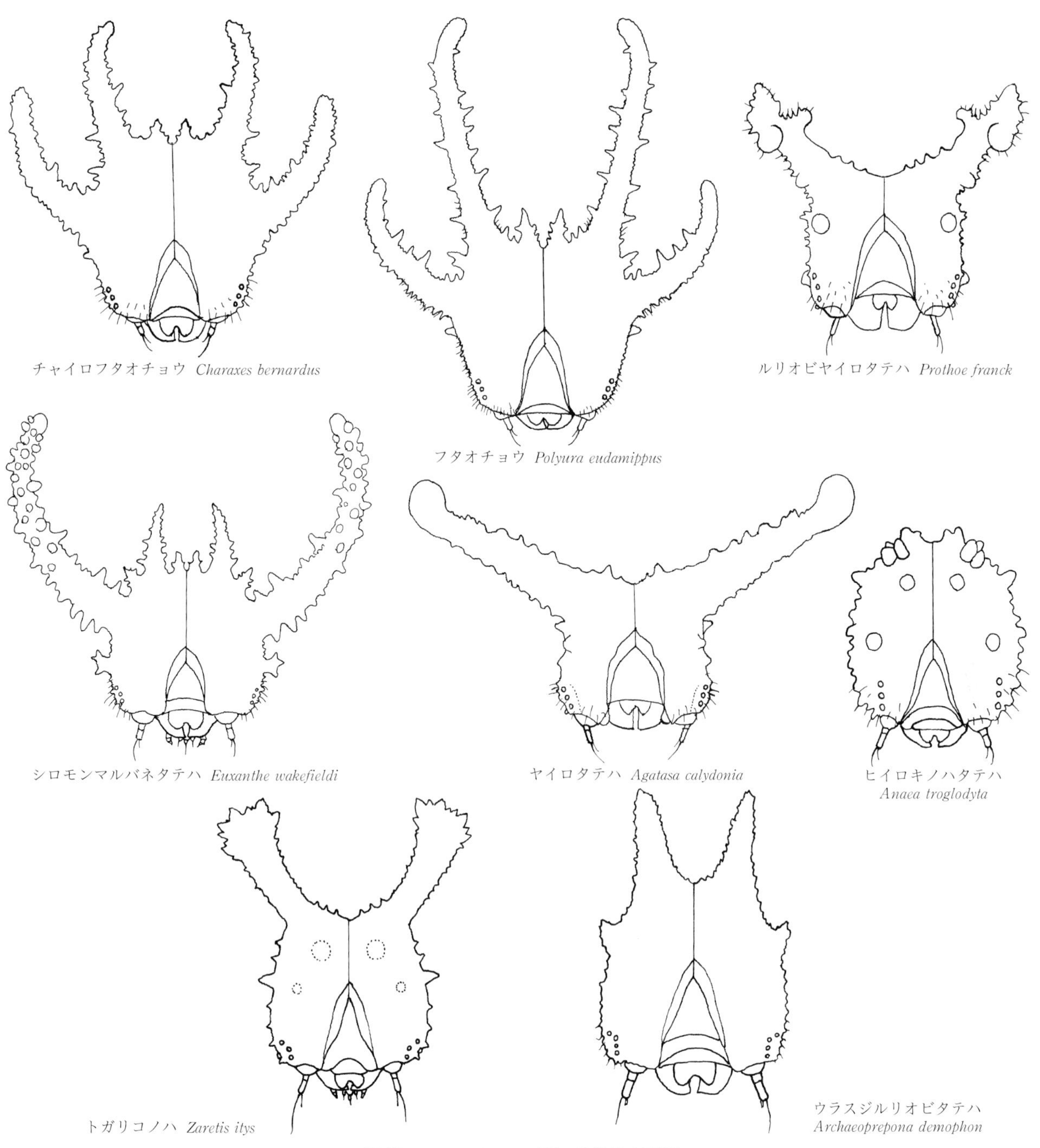

図35 フタオチョウ亜科の終齢幼虫頭部

派生したものである。

この二叉突起が1齢期から生じる亜科にはモルフォチョウ類やワモンチョウ類，フクロウチョウ類を含むジャノメチョウ亜科，クビワチョウ亜科，フタオチョウ亜科，コムラサキ亜科がある。

この突起の形態的な意義としては，ショウガ目食のジャノメチョウ亜科では隠蔽的効果があったり頭部との類似に何らかの護身的効果が考えられたりするが，フタオチョウ亜科やコムラサキ亜科では不確定である。

チョウ(鱗翅)目全体においては，共有祖先形質(symplesiomorphy)と思われ，その根拠として

①突起が以上の亜科すべてに生じているわけではなく，フタオチョウ類のなかのキノハタテハ族やワモンチョウ類のメダマチョウ属などにはこの突起がない。

②逆に系統的に遠いアゲハチョウ科アオスジアゲハ族やシロチョウ科のアサギシロチョウ属にも生じ，これらの事実から基本的には祖先形質であり，必ずしも系統的な関連を意味するものではないと思われる。

しかしタテハチョウ科という「科」のカテゴリー内では，以上の亜科(ジャノメチョウ亜科，クビワチョウ亜科，フタオチョウ亜科，コムラサキ亜科)には次の意義があると考えられる。

①分類上共有相同の形質であり，発生学的には分類の指標としての価値がある。

②「ほかのタテハチョウ亜科」のなかにこの二叉突起を有する種はまったく存在せず(2齢期以降に相似的な突起を生じる種はある)，このことも重要な意義があり，これらの亜科の二叉突起の系統的な有意性が認められる。

Heterocampinaeを含めたシャチホコガ科に属す

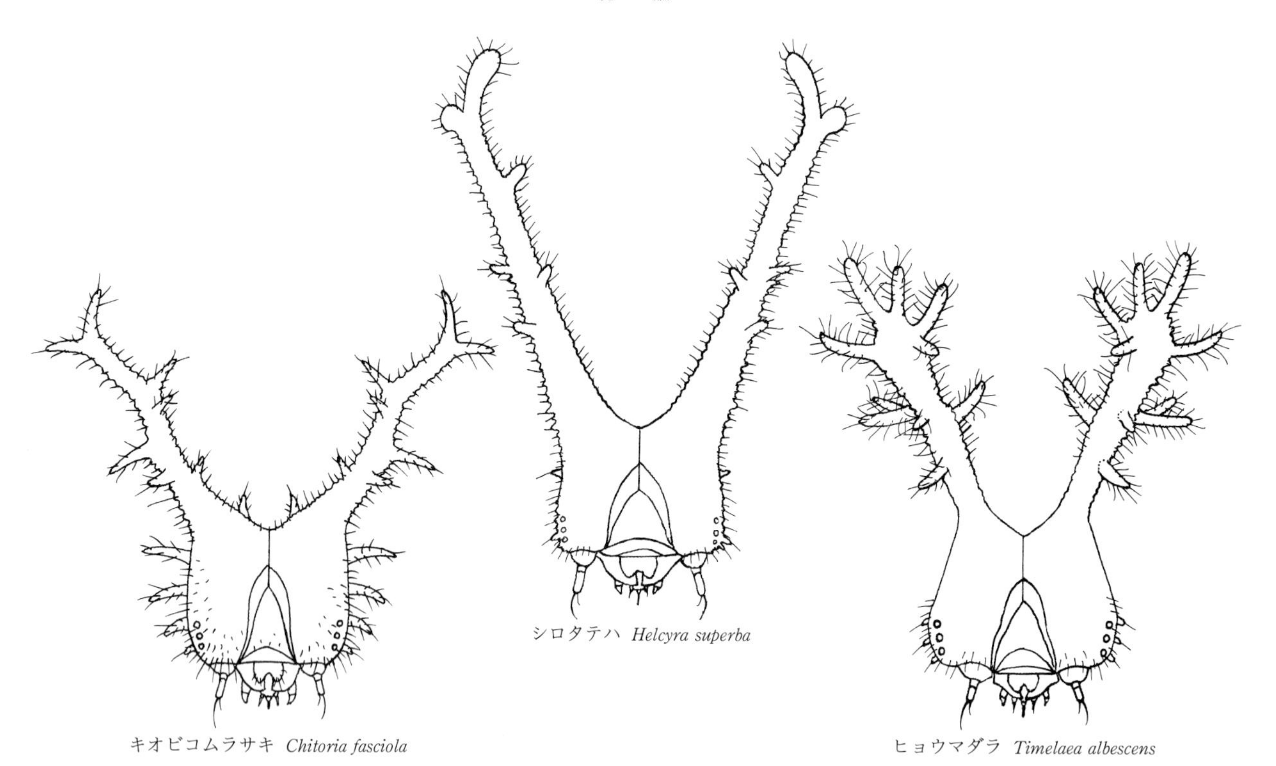

図 36　コムラサキ亜科の終齢幼虫頭部

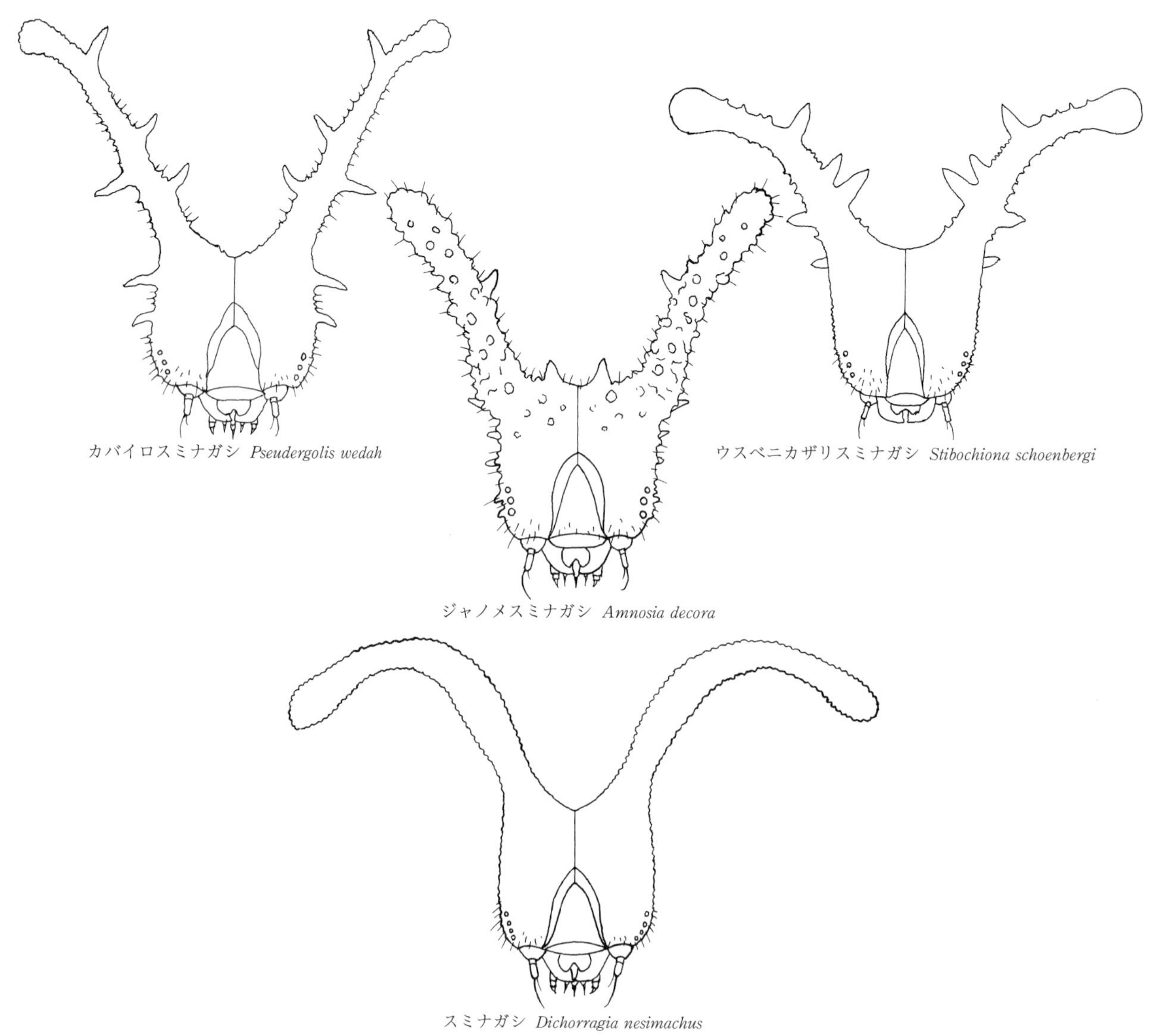

図 37　スミナガシ亜科の終齢幼虫頭部

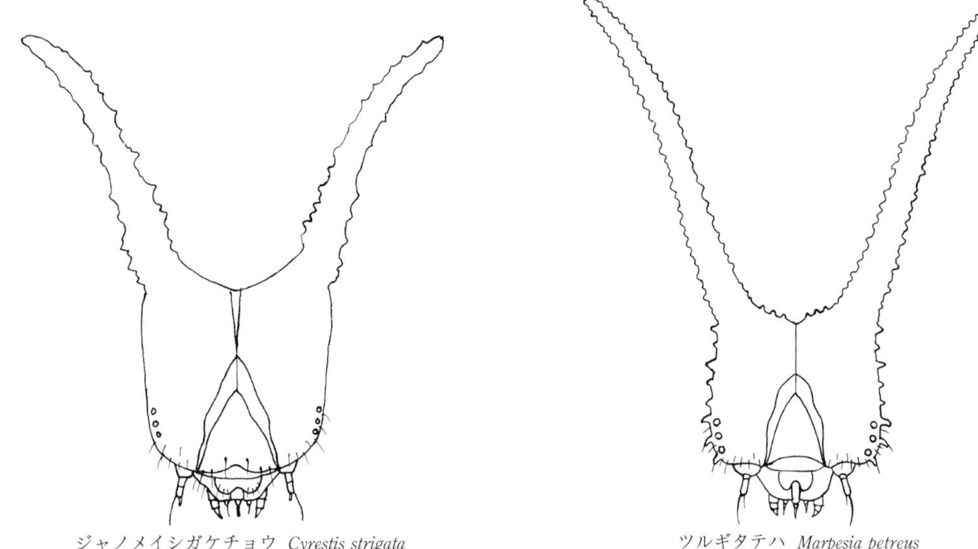

図 38　イシガケチョウ亜科の終齢幼虫頭部

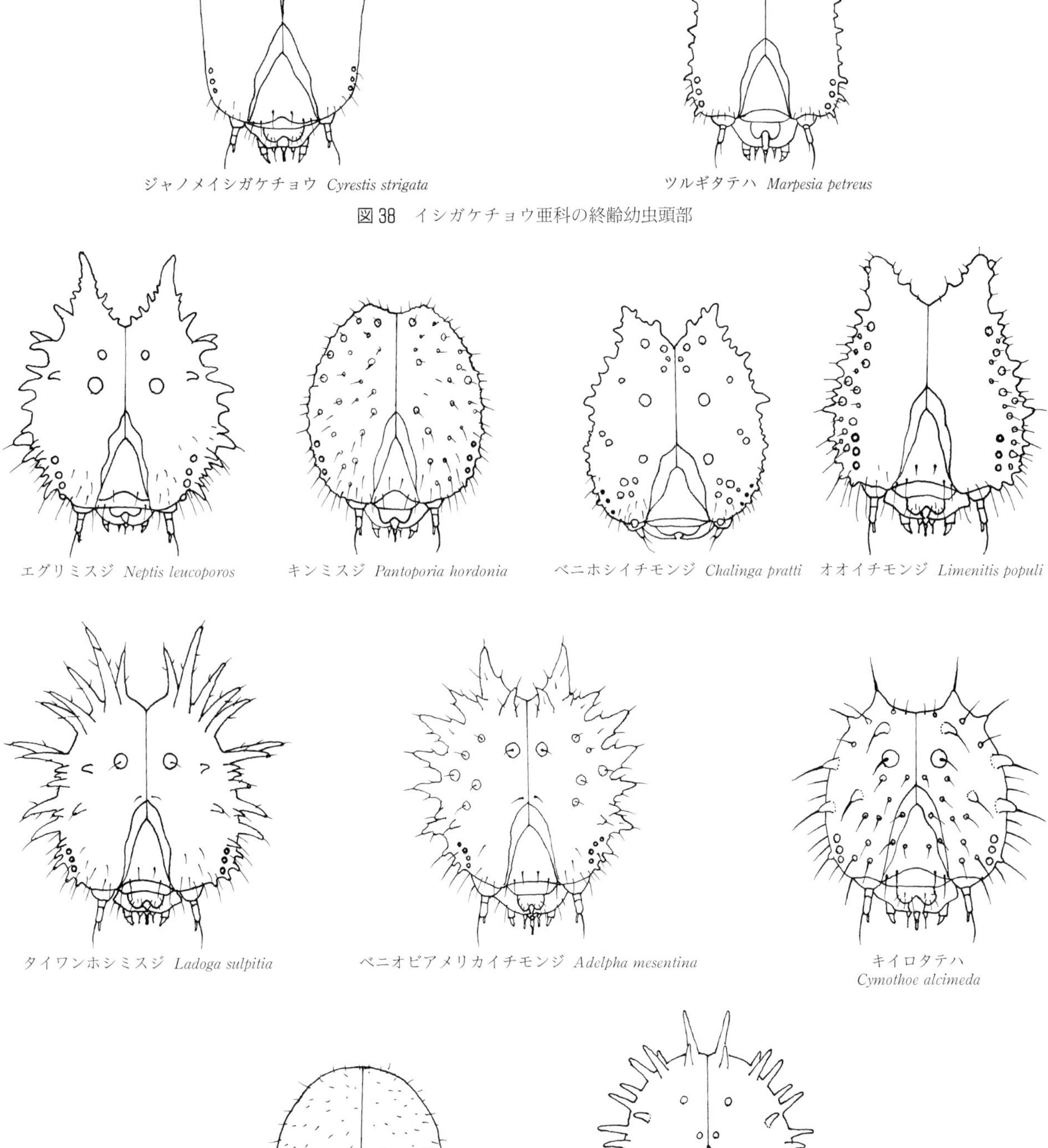

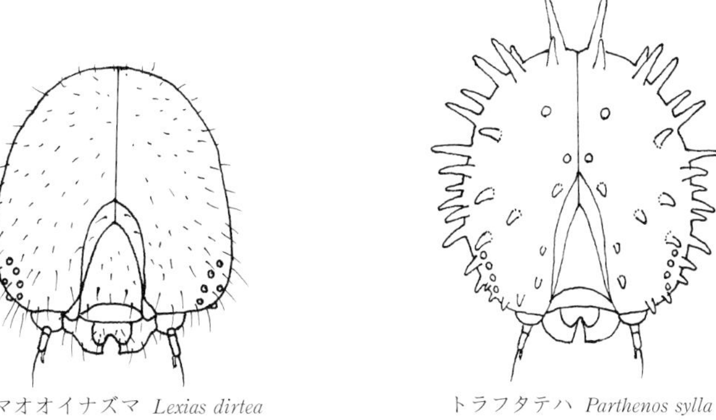

図 39　イチモンジチョウ亜科の終齢幼虫頭部

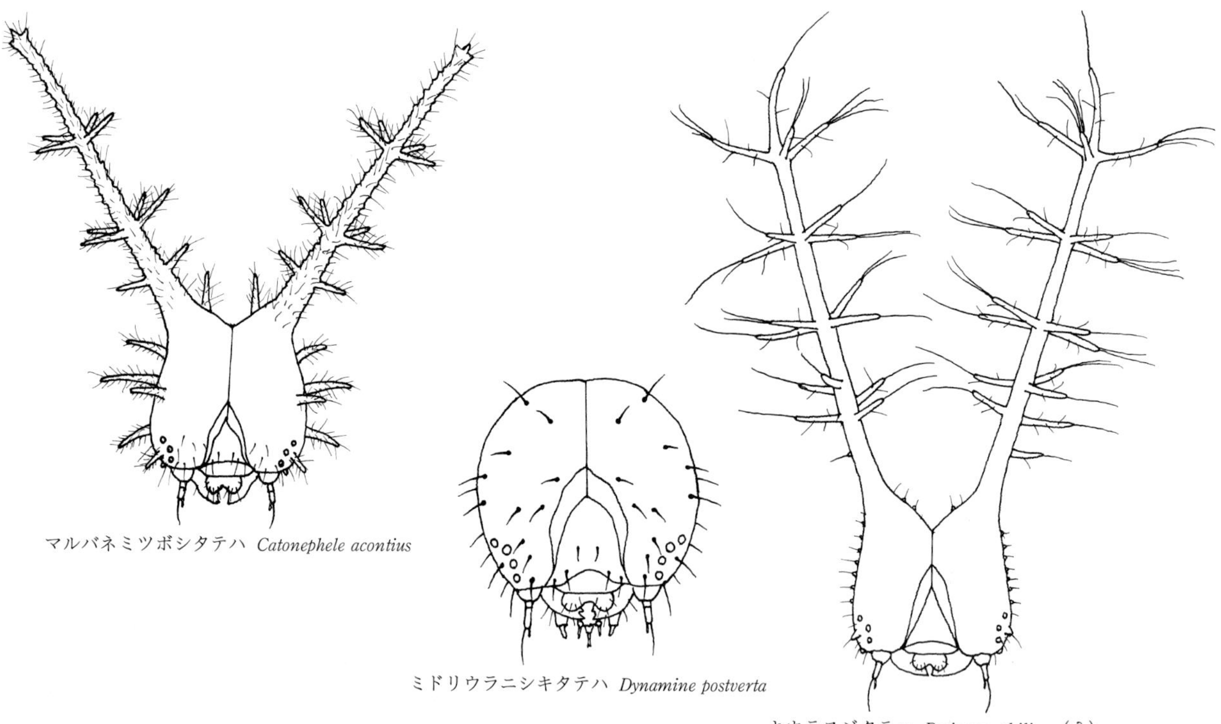

図40　カバタテハ亜科の終齢幼虫頭部

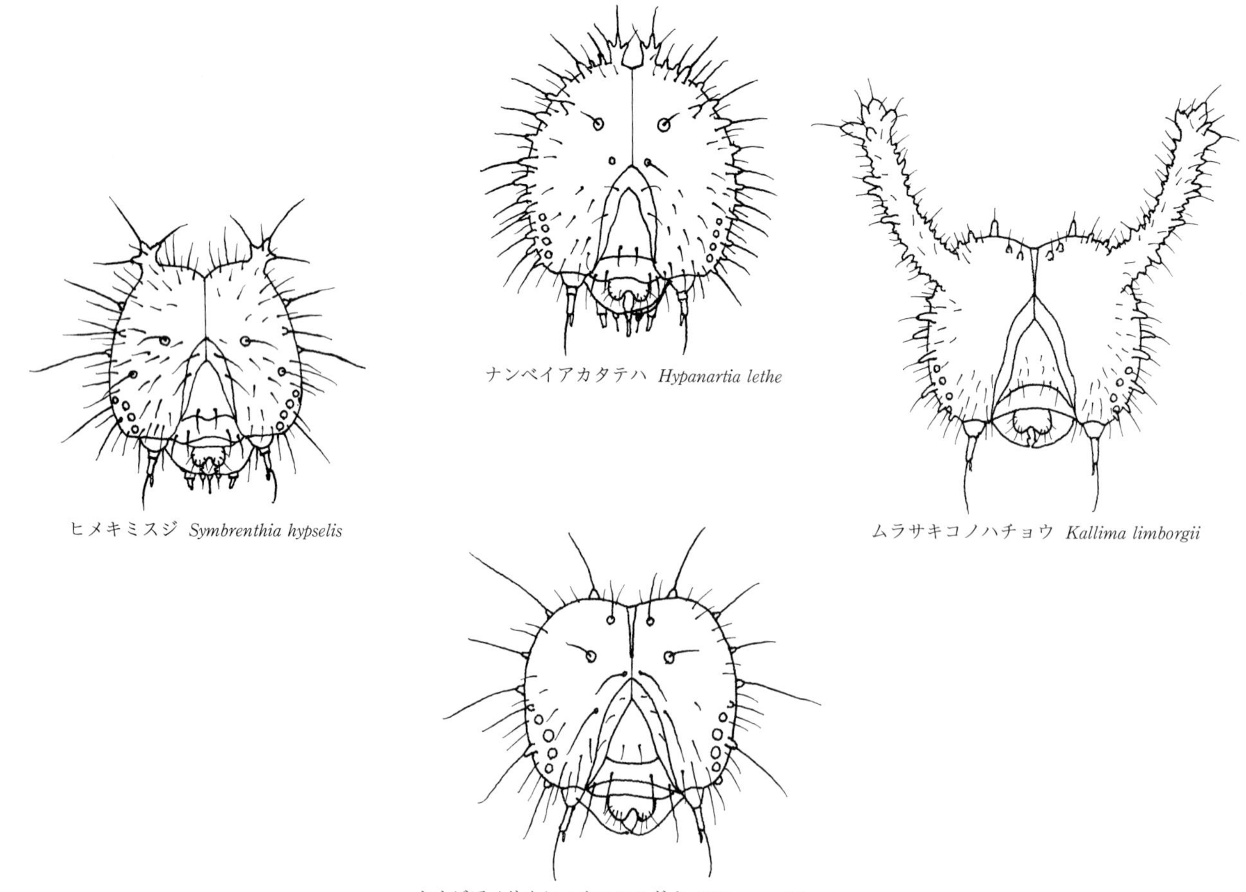

図41　ヒオドシチョウ亜科の終齢幼虫頭部

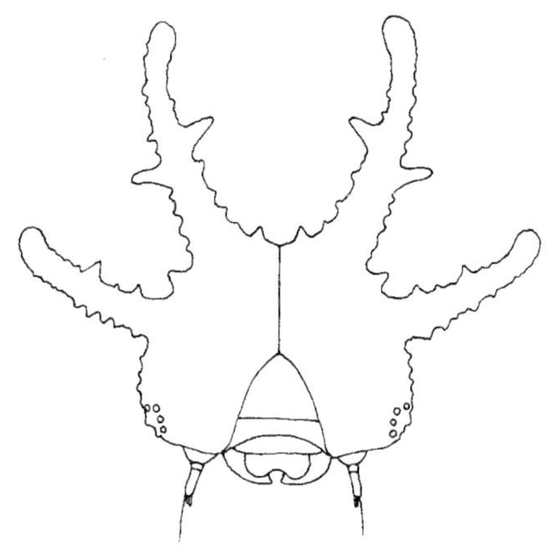

フタオチョウ族 セレベスチャイロフタオチョウ
Charaxes affinis

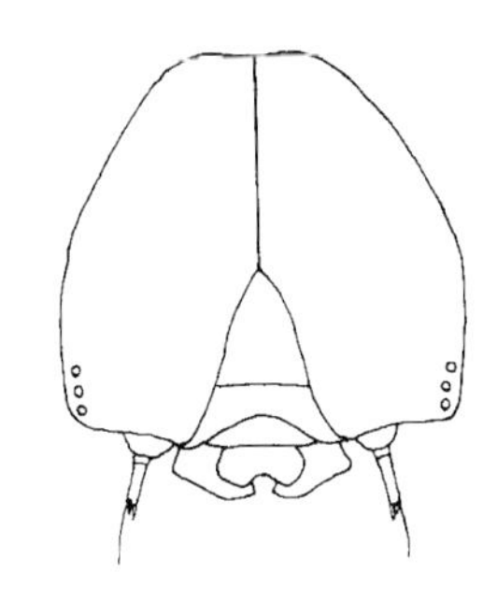

ルリオビタテハ族 ウラスジルリオビタテハ
Archaeoprepona demophon

図 42 フタオチョウ亜科 2 族の 1 齢幼虫頭部

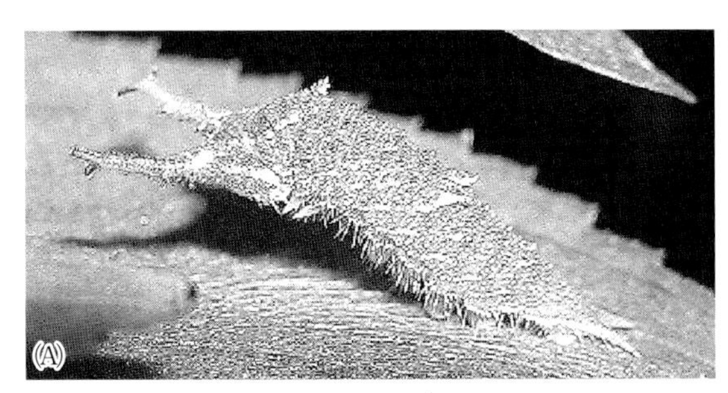

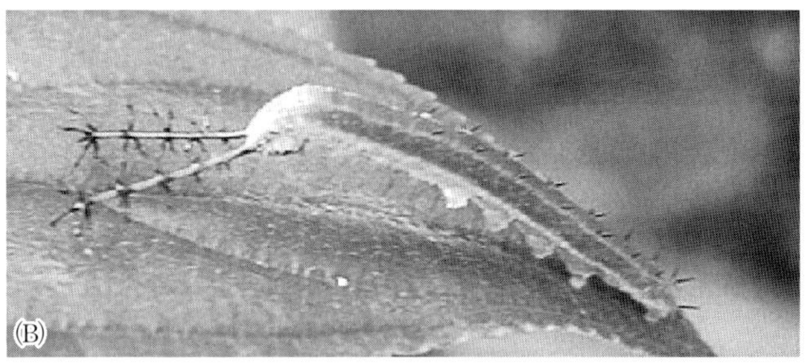

図 43 この 2 亜科の頭部形態は哺乳類のシカを思わせる角状突起，頭頂側面に長い円錐状突起を並列するという共通点をもつ。静止時の習性・形態を含め系統的に何らかの関連があると思われる。(A)ゴマダラチョウ *Hestina persimilis japonica* (Japan)，(B)ウラモジタテハ *Diaethria clymena peruviana* (Peru)

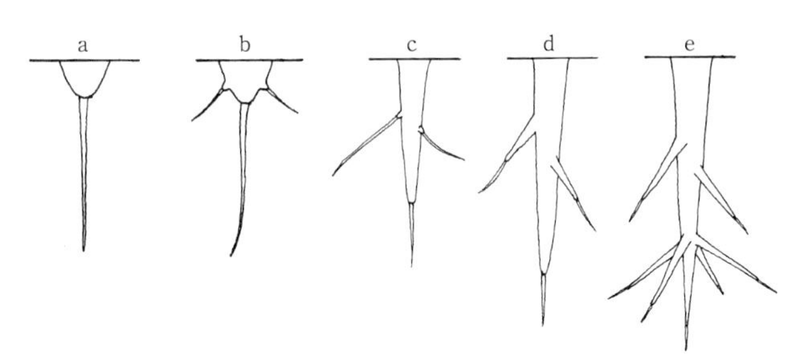

図 44 突起の発達段階

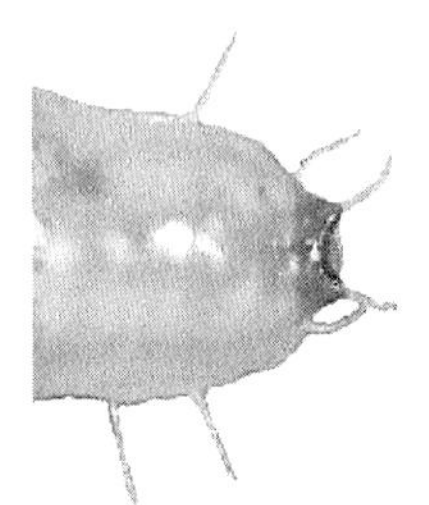

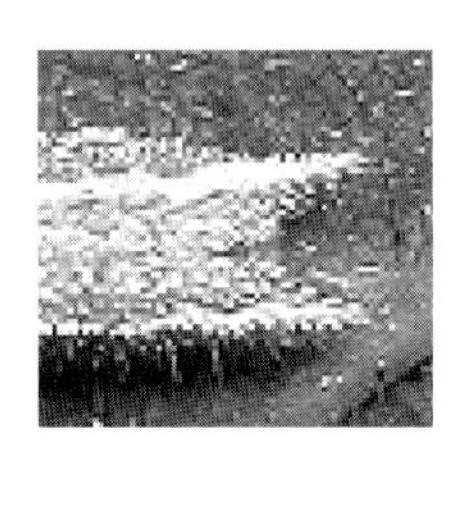

図 45 アメリカコムラサキ *Asterocampa clyton texana* (USA)（左：1 齢幼虫，右：終齢幼虫）。1 齢幼虫は肛上板先端が二叉突起になり，その部分に刺毛が生じている。

る仲間には，しばしば発達した二叉突起を生じているように見える種があるが，これは第 10 腹節腹脚（尾脚）でありまったく相同のものではない。

③アゲハチョウ科やシロチョウ科では前述のように相同と思われる形質を有する群があるが，これらの亜科とは明らかに別系統群に所属するもので，二叉突起は平行現象（parallelism）の発現で系統上の関連を考慮する必要はない。

④キノハタテハ族やメダマチョウ属など同群にありながら二叉突起を有しない種群は潜在共有派生形質（underlying synapomorphy）の例と考える。

このことから以上の 4 亜科を同根とした仮説を立て，それを前提にほかの部分の形質で検討する。

コムラサキ亜科は胸部から腹部の背面に特徴的な突起を有する（例外あり）。それらは未発達で不連続であるが，分類形質である突起の存在という観点では重視される。つまりほかの 3 亜科とは系統上の隔たりがあると考える。

このことからこれらの亜科の関係は

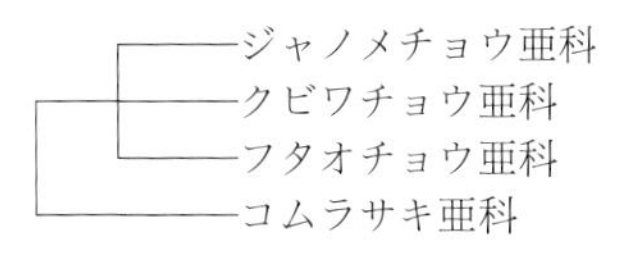

またはジャノメチョウ亜科，クビワチョウ亜科，フタオチョウ亜科の姉妹群（adlphotaxa）関係を考慮すると

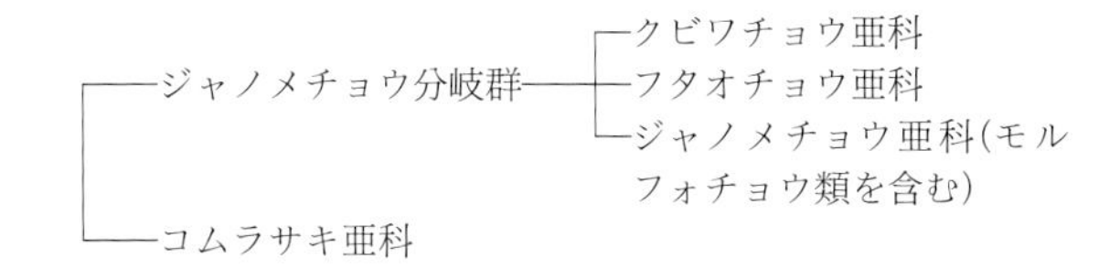

が成立する。

図 46　シロスジタテハ *Siproeta epaphus epaphus* の全形（Peru）

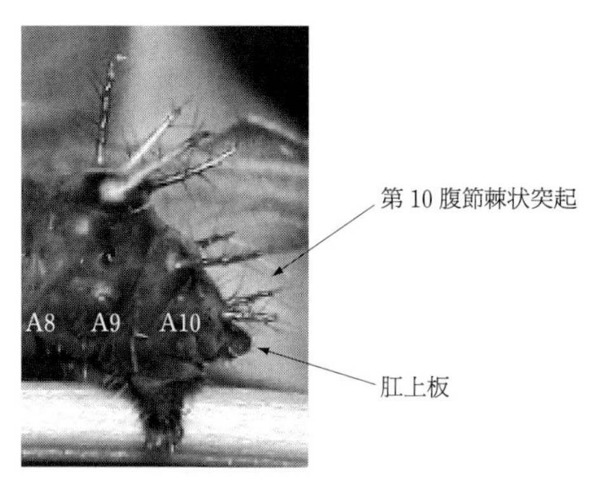

図 47　シロスジタテハ *Siproeta epaphus epaphus* の第 8〜10 腹節の棘状突起の位置。肛上板の外側に棘状突起を生じる。

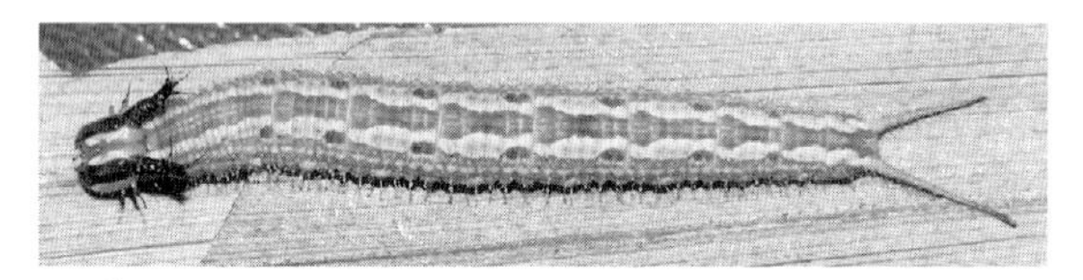

図 48　ジャノメチョウ亜科メスジロマネシヒカゲ *Elymnias agondas*（Papua, Indonesia）。フタオチョウ亜科などと基本的形態は同じ。

図 49　3 亜科に見られる二叉突起

さらにタテハチョウ科全体からみれば，

```
    ┌──ジャノメチョウ分岐群（各亜科）
┌───┤
│   └──コムラサキ亜科
└──────ほかのタテハチョウ亜科
```

コムラサキ亜科の特色（背面の突起配列）を重視すると

```
┌──ジャノメチョウ分岐群
├──コムラサキ亜科
└──ほかのタテハチョウ亜科
```

が成立する。

上記のようにコムラサキ亜科がジャノメチョウ分岐群の 1 つと考えた例としては，先に述べた幼生期を考慮した Freitas & Brown（2004）がある。

しかし最近の分子系統学の解析結果ではコムラサキ亜科はジャノメチョウ分岐群とは別の系統で，ヒオドシチョウ亜科とクラスターを形成する例（三枝，2001a）や並列に扱う例（Wahlberg, 2010）がある。それが正しいとすると

```
┌──────ジャノメチョウ分岐群
│   ┌──コムラサキ亜科
└───┤
    └──ほかのタテハチョウ亜科
```

という関係が成り立つ。

成虫の分類体系と幼虫とでは異なることもあるが，それらはまったく別の（形態）変換系列（transformation series）に属する形質をもっているためと考えられ，一方の結果が結論にはならないといえよう。特に比較生物学と分子系統学の結果の違いには慎重な再確認が必要と考える。

腹部末端二叉突起の形質の系統上の意義についてはさらに検討の余地があり確たる結論をえない。これまでこの二叉突起を重要な分類形質として考えてきたが，近年の報告からそれは必ずしも分類上の決定的な形質にはなっていないことが考えられる。二叉突起や頭部角状突起は祖先形質とされている例もある。形態は擬態などでも考えられたように個体の内面的な系統を司るものではなく，しばしば「縫いぐるみ」のような外面的な存在であることも再確認する必要がある。

本書では幼生期形態を重視した事実から結論を導き出そうとしているが，さらに次のような形質も系統を考察する上では重要である。

クビワチョウ亜科とフタオチョウ亜科はジャノメチョウ亜科と姉妹群を形成する，またはジャノメチョウ亜科に包含されているという考えで帰結してもよいと思われるが問題を残す。この 2 科にはジャノメチョウ亜科から逸脱している部分があるからである。モルフォチョウ族にも該当する種があるが，進化上種分化の重要な要因と考えられる幼虫の食性を考慮すれば，フタオチョウ亜科・クビワチョウ亜科の幼虫の食性は双子葉植物食でありジャノメチョウ亜科の単子葉植物食（APG ツユクサ類）とは一線を引く。このことからもこの 2 亜科がジャノメ

チョウ亜科に含まれるとしてもほかのジャノメチョウ類単系統の姉妹群であり特異な分類的位置にあることは確かである。ただしAPG植物分類体系では単子葉植物と双子葉植物の違いは分類上正対するほどの観点にはなっていないので，これらの食性から系統性を関連づけることは早計となる。

次に棘状突起が未発達の群で残ったスミナガシ亜科とイシガケチョウ亜科について考察する。

⑶背中線上のみ

イシガケチョウ亜科。ほかに例がない形状と分布で特徴があるが，これを除けばスミナガシ亜科とともに胴部各節に顕著な棘状突起を生じないことから前記A群の範疇と考える。背中線列のみの不規則な分布の例はガ類やチョウのフクロウチョウ類にも見られ，この突起の系統上の重要な意味はないように思われる。

⑷第8腹節のみ1対

スミナガシ亜科。イシガケチョウ亜科とは1齢幼虫形態・幼虫頭部突起・胴部の形態，幼虫・成虫の習性などで強い関連をもち，この2亜科は亜科のカテゴリーでクラスターを形成していると考える。Wahlberg *et al.* (2003b)の研究も同じである。ただし最近の分子系統学からの解析ではこのことを支持するような報告はない。

以上を総合して未確定ではあるが幼生期の特に形態を重視した各亜科の系統的な構成を次のように考える。

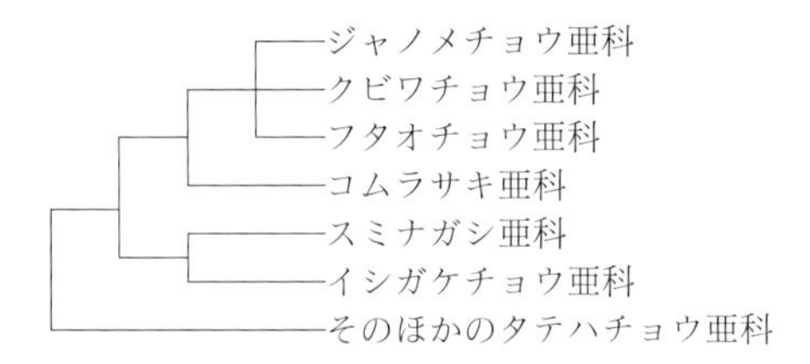

⑸そのほかのタテハチョウ亜科

以上の亜科とは異なり胸部および腹部に顕著な棘状突起を生じるそのほかのタテハチョウ亜科には次の4亜科がある。

①イチモンジチョウ亜科
②ドクチョウ亜科
③カバタテハ亜科
④ヒオドシチョウ亜科

この4亜科は腹部背線列の分布でさらに2大別できる。

ⓐ背(中)線列を欠く……イチモンジチョウ亜科，ドクチョウ亜科

ⓑ背(中)線列に生じる(胸部の背中線列に生じることはない)……カバタテハ亜科，ヒオドシチョウ亜科

2.4.6 腹部棘状突起の分布

分布の位置から分類の考察が有効と考えられるのはイチモンジチョウ亜科，ドクチョウ亜科，カバタテハ亜科，ヒオドシチョウ亜科の顕著に発達した亜科である。これらの亜科のそれらの形質状態には形態傾斜(morphocline)が見られる(ただし，以下第9・10腹節を考慮しない)。

⑴背(中)線上

①生じない……イチモンジチョウ亜科，ドクチョウ亜科

背線上に棘状突起を分布しないということでこの2亜科は共通している。亜科のカテゴリーでクラスターを形成すると考える。

イチモンジチョウ亜科
ドクチョウ亜科

ただし頭部形態，胴部棘状突起の発達度，卵や蛹の形態，さらに生態・行動を考慮に入れるとこの2亜科の相違は大きく，棘状突起の分布でこの2亜科が姉妹群にあると即断することには多少の抵抗を感じる。しかしイチモンジチョウ亜科のトラフタテハ属やアフリカ産のなかにはその形態や食性が中間的位置のミッシング・リンク的存在にある例もあり，二者の姉妹群関係を証明しているようにも感じる。

②生じる……カバタテハ亜科，ヒオドシチョウ亜科

この2亜科は背線にも棘状突起を生じることで共通し，分布の原則から次の関係が成立する。

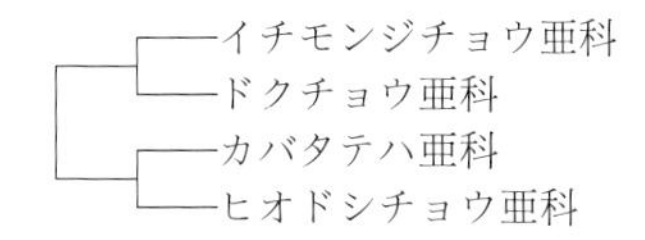

ただしこのカバタテハ亜科，ヒオドシチョウ亜科を比較して精査すると

①分布の位置が異なる(第7・8腹節，気門線より腹中線の範囲で)。

②ほかの位置で分布の有無がある(カバタテハ亜科は第9腹節の棘状突起を欠く)。

③突起の形状にもかなりの違いがある(カバタテハ亜科は主軸の先端のみに分枝，ヒオドシチョウ亜科は主軸全体に分枝)。

④ほかの位置での発達度が異なる(カバタテハ亜科では気門下線より下方で発達せず，分布は変則的)。

これらのことは2科における棘状突起のすべて(形状，分布など)が相同ではないことを意味し，したがってこの2亜科の近縁度は低いと考える。

カバタテハ亜科の分類的位置は一定ではなかった。以前はイチモンジチョウ亜科のなかに含められていたこともあった。幼虫全体や棘状突起の形態は一見似ているが，背中線における分布では明らかに異なっている。コムラサキ亜科に関連するという解析もあり，そのことの形態上の類似点については前述した。分子系統学では現在のところヒオドシチョウ亜科との関連はないとされている。

現段階では，

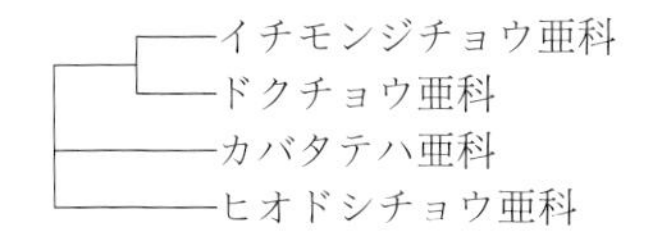

と考える。

問題となるのはオリオンタテハ族である。この族はカバタテハ亜科とともにイチモンジチョウ亜科に含められた分類(Harvey, 1991)もあり，また形態や生態の分類形質がカバタテハ亜科に相同と思われる部分も観察される。

この族は種数も少なく幼生期についての知見も少ないので確実ではないが，所属する属間でも形態は一定でないようである。背線上および第9腹節の分布が属によって異なりオリオンタテハ族という族を構成するための共

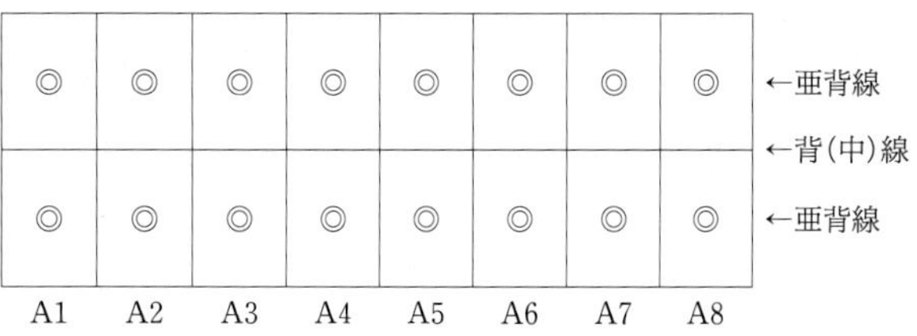

図50　イチモンジチョウ亜科とドクチョウ亜科の突起の分布

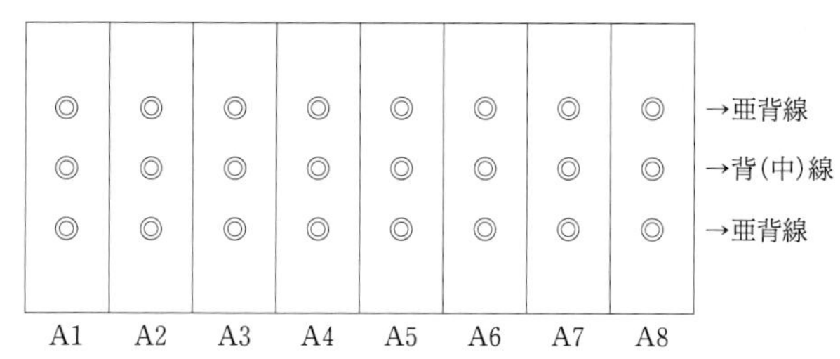

図51　カバタテハ亜科とヒオドシチョウ亜科の背(中)線上の突起の分布

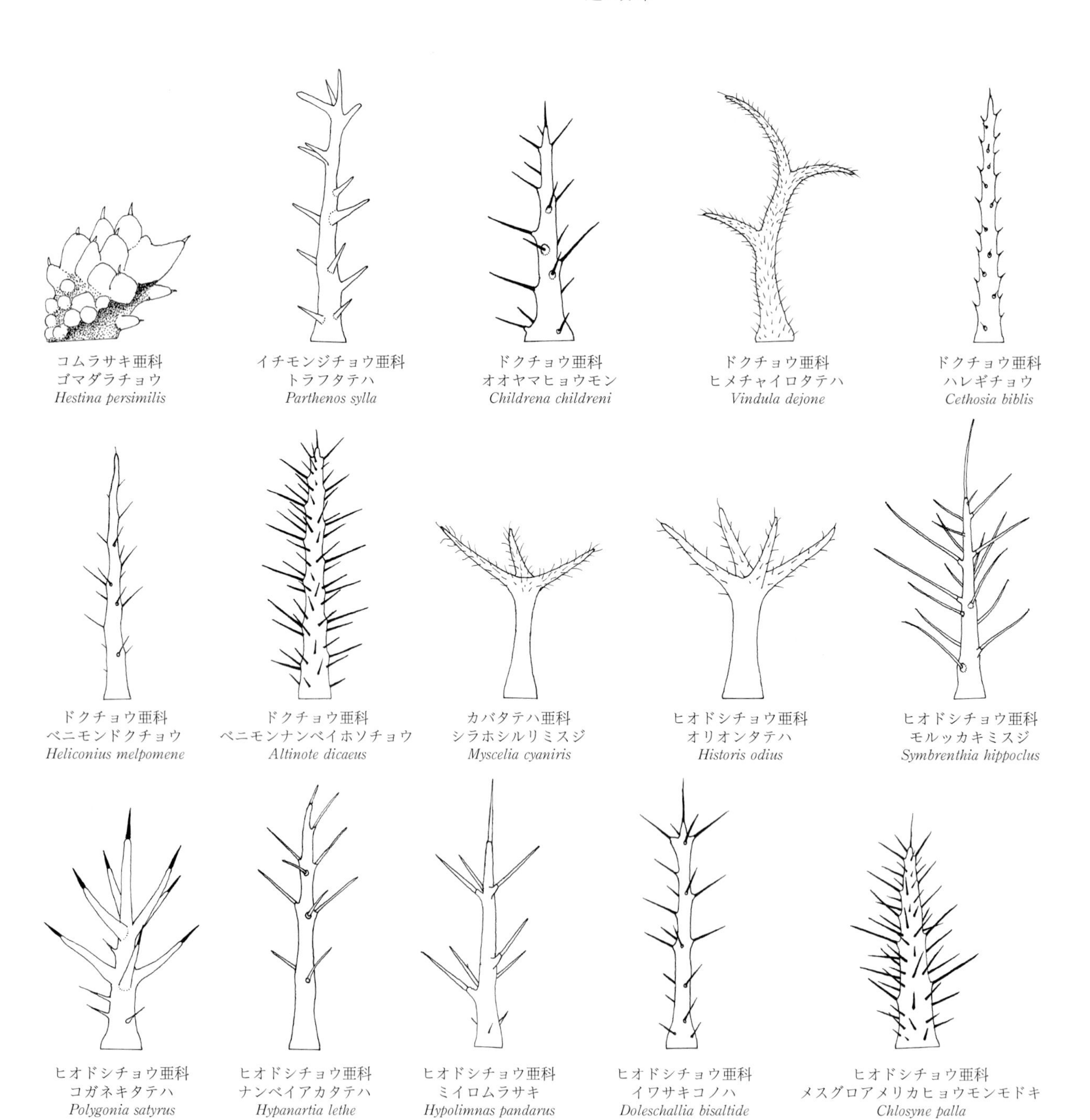

図52　タテハチョウ科の棘状突起の形態

図53　イチモンジチョウ亜科とドクチョウ亜科は背(中)線上に突起を生じることはない(点線は背線部位)。(A)シロモンドクチョウ *Heliconius wallacei flavescens* (Peru)，(B)ベニオビアメリカイチモンジ *Adelpha mesentina mesentina* (Peru)

有形質がない。最近は分子系統学の解析からヒオドシチョウ亜科に包含されたり，一部の種を分離してオリオンタテハ族としたりする例もある。

(2)前胸背面部または前胸背板上

①生じない……ヒオドシチョウ亜科(刺毛のみ)

②未発達……イチモンジチョウ亜科，カバタテハ亜科

③生じる……ヒオドシチョウ亜科のソトグロカバタテハ属，ドクチョウ亜科

(3)亜背線上での発達度

①体の各節で大小の差(一般に胸部では大きく，第1腹節ではほかよりも小さいなど)がある……イチモンジチョウ亜科，カバタテハ亜科，ヒオドシチョウ亜科

②差がない……ドクチョウ亜科

(4)気門上線上での発達度

①発達しない……イチモンジチョウ亜科，カバタテハ亜科

②発達する……ヒオドシチョウ亜科，ドクチョウ亜科

(5)特定線列消滅

①亜背線列のみに生じ，ほかは消滅……イチモンジチョウ亜科の一部で不規則，イチモンジチョウ亜科イナズマチョウ族

②気門上線列消滅……ドクチョウ亜科ヒョウモンチョウ族のヒョウモンホソチョウ属，ヒオドシチョウ亜科ハワイアカタテハ

(6)全体的な発達度

①発達しない……イチモンジチョウ亜科のミスジチョウ族

②やや発達する……そのほかのイチモンジチョウ亜科

③発達する……カバタテハ亜科，ヒオドシチョウ亜科，ドクチョウ亜科

(7)同亜科内での発達度の差(数を含む)

①ある……イチモンジチョウ亜科，カバタテハ亜科，ヒオドシチョウ亜科

②ほとんどない……ドクチョウ亜科

以上の各項目は分類の重要な指標となる。

(8)分布の欠如

これまでのところ，クジャクチョウ，ハワイアカタテハおよびタカネナンベイアカタテハのみを確認しているが，ヒオドシチョウ族にありながら背線列の突起を欠く。ほかに，近縁のヒオドシチョウやキベリタテハでは発達が悪く，一部の節で欠く。これはヒオドシチョウ亜科の極性(polarity)と考えられ，進化の一過程であると思われる。この分布を欠くことによってクジャクチョウの系統性が異なるということではなく，もちろんドクチョウ亜科と関連するということでもない。これらの幼虫は集合性があり多数が密接しあって生活していることによる生活上の有利性の極性と考える。

アフリカ産のヒョウモンチョウ族ヒョウモンホソチョウは気門上線列の分布を欠く。この例は本種以外にない。この欠如の意義は不明だが明らかに系統の違いを示す。

2.4.7　棘状突起の有意性

(1)コムラサキ亜科の突起

コムラサキ亜科の突起について追加補説する。本亜科も突起を有するが，その発現状態は3分別することができる。

①突起を生じない(斑紋のみ)……ナンベイコムラサキ属，ヒメコムラサキ属など

②亜背線に生じる……オオムラサキ属，ウラギンコムラサキ属など多数

③背線に生じる……シロタテハ属，キミスジコムラサキなど

コムラサキ亜科の突起の形状と分布はイチモンジチョウ亜科のミスジチョウ族に類似した部分もあるが，イチモンジチョウ・ドクチョウ・ヒオドシチョウ・カバタテハの4亜科とは異質であり，同質の分類形質として論じることはできないと考える。ここでは前述した範囲の内容を結論とする。ただし，この突起が上記4科と発生的に相同であるという確証があれば分子系統学の解析の正

図54　シャクガモドキの1種 *Macrosoma* sp. の幼虫(Peru)。一見同所性のナンベイコムラサキ属 *Doxocopa* に似ている形式の形態である。

図55　ガの1種(Peru)。頭部突起など一見ナンベイコムラサキ属 *Doxocopa* の2齢幼虫に似て食性も同様でエノキ類。ただし尾端に二叉突起をもつことはない。

図56　シロオビカナエタテハ *Hypna clytemnestra negra* (Peru)。やや不規則な配列の針状突起が生じる。フタオチョウ亜科では例外で，系統的な意味がないと考える。

当性が理解できる。特に背線にも分布する一部の群があることは重視すべきである。

前述したように形態が系統的には「縫いぐるみ」的存在であれば，形質またはその状態で判断するのはしばしば誤りがあり，ここで示したコムラサキ亜科の系統は否定されることにもなる。

(2)系統上の関連がない突起

同じ分類群のなかでも例外的に突起を有する種がある。フクロウチョウ族の *Caligo* や *Eryphanis* などに生じる背線上の針状突起，ジャノメチョウ亜科の *Euptychia*, *Ragadia*, *Erites*, *Acrophthalmia* などウラナミジャノメ族の鱗片状突起，フタオチョウ亜科のシロオビカナエタテハの針状突起，イシガケチョウ亜科の背線上の突起などはその規則性のない配列から系統的な意味のない突起であると考える。同様な例はガの仲間でも多く，突起(棘状を含む)そのものは祖先形質として存在し，その形態や配列に規則的な傾斜が生じたのが本項で論じるタテハチョウ科であると推測する。

2.4.8　幼生期形態上の各亜科の系統

以上をまとめるとタテハチョウ科の範囲と構成は次のようになる。

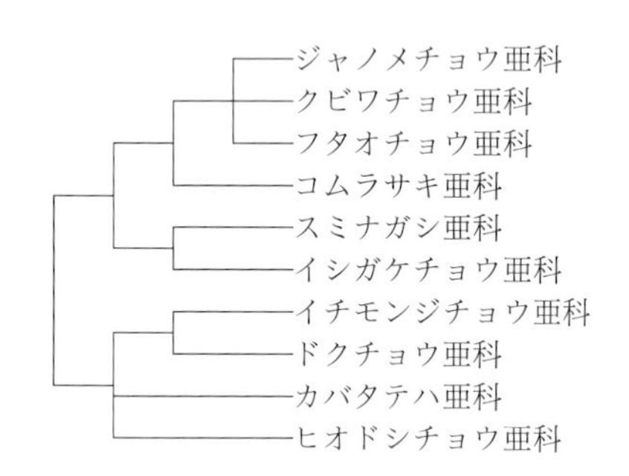

2.4.9　亜科のレベル

以上に述べた「棘状突起の分布」で考察してきたジャノメチョウ，クビワチョウ，フタオチョウ，コムラサキ，スミナガシ，イシガケチョウ，イチモンジチョウ，ドクチョウ，カバタテハ，ヒオドシチョウのそれぞれの群を亜科のカテゴリーで扱う。

2.4.10　機能

頭部や胴部の突起が生活史戦略上どのように有利にはたらいているのか，その結果の集積はあまり見られない。しかし，刺毛同様「不要の長物」的存在でないことは確かであり，生存上有利に働いていたからこそ現生種としての存在がある。実験などによってある程度の有用性は確かめられると思うし，行動の観察ではいくつかの有利な働きが認められている。

(1)頭部角状突起

フタオチョウ亜科，スミナガシ亜科，イシガケチョウ亜科，コムラサキ亜科，カバタテハ亜科，ヒオドシチョウ亜科の一部で特に発達する。2頭が鉢合わせになったときこの突起を使って争う様子が観察される。一種の縄張り争いのための道具のようにも感じられ，孤立性・占有性の強い種に特に発達する。

(2)胴部棘状突起

分枝する鋭い突起は明らかに護身的な有効性があると思われ，実際手で触れたりするとかなり痛い。ドクチョウ類やホソチョウ類のなかには突起分枝の基部に青酸化合物を分泌する細胞があるという。リュウキュウムラサキも突起の先端から軽いアレルギー反応を起こす物質を分泌するということだが，ガの幼虫の場合のように被害をもたらすほどの顕著な反応の実例は報告されていない。ただ捕食者に対する防御的効果は確実にあると考えられる。先端に粘着性の液球を付着する種(カバタテハ亜科のウラニシキタテハ属)があるが，観察上は糞を付着させて擬態を装っているように見える。

2.5　棘状突起の形質状態(分布)

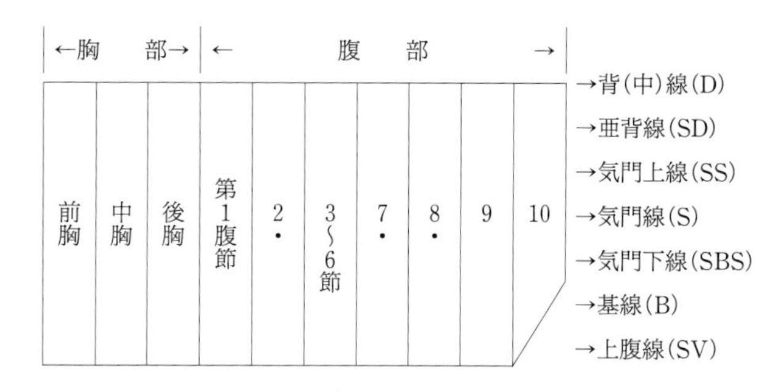

図57　棘状突起分布の模式図と名称。◎大形突起(複数分枝した突起)，○小形突起，・気門

2.5.1　棘状突起分布の位置

1齢幼虫では生じる刺毛が名称をもっていて，どの節のどの位置に分布しているか明白になっている。しかし従来，2齢以降の幼虫に生じる棘状突起には名称もなく，どの位置に生じているかその状態の表示についてはあまり明白にされていなかった。また棘状突起の形態や大きさはさまざまであるが，それを模式図として規則的な図式化や記号化の試みはほとんどない。

棘状突起は決まった位置に分布し，その配列は分類上きわめて重要である。本書では，その名称を次のように提案して用いる。

①背線上棘状突起：D 突起
②亜背線上棘状突起：SD 突起
③気門上線上棘状突起：SS 突起
④気門線上棘状突起：S 突起
⑤気門下線上棘状突起：SBS 突起
⑥基線上棘状突起：B 突起
⑦上腹線上棘状突起：SV 突起

次に各節に生じる棘状突起がどの位置にあるかを確認

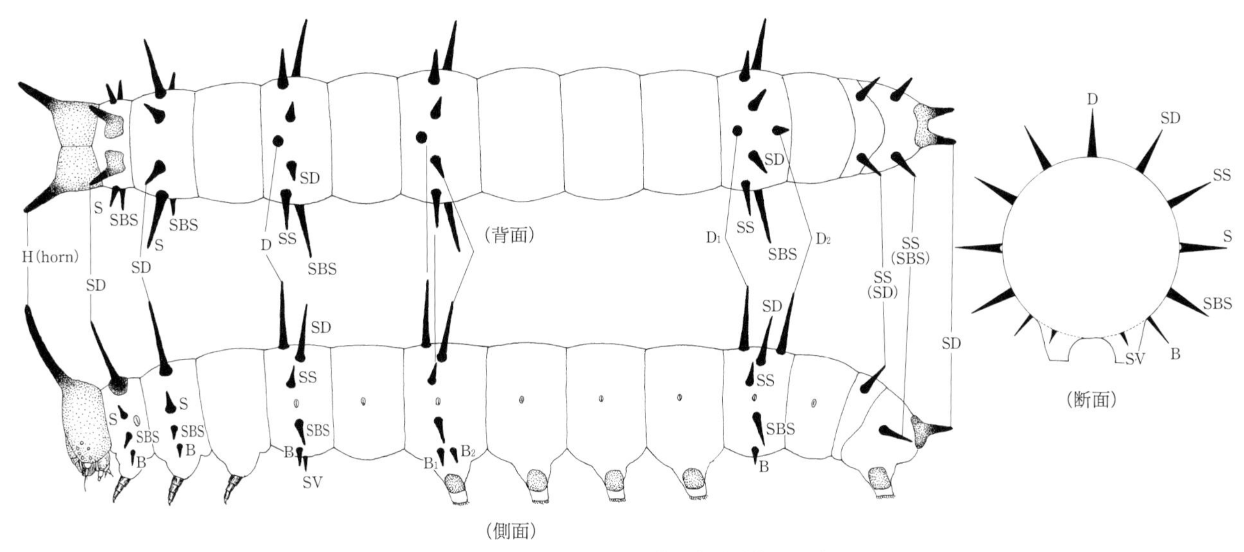

図 58　タテハチョウ科幼虫の棘状突起の分布

する。

このとき幼虫を静止させたときの見かけ上の位置で判断するのではなく，幼虫の発生学上の棘状突起の位置の相同性から考察することが大切である。ただこれは幼虫の胸部と腹部の相違，特に第 9・10 腹節ではほかの節と構造が異なって的確な判断は難しい。

胸部における分布の位置はかなり確定が難しいが，明瞭な亜背線部位 SD 突起を除くと中・後胸の大型突起は気門線上 S 突起に存在すると考える。根拠としては多くの例でこの部位には腹部の気門線上の斑紋が現れることによる(*Poladryas arachne* 図参照)。

背(中)線上 D 突起に分布する棘状突起については問題ない。これは胸部および第 9・10 腹節に分布することはない。

腹部の第 7・8 節の分布は分類上重要である。亜背線上の分布を確認する。

図 59 と 60 の 2 種の幼虫(ゴマダラヒョウモンモドキ，シロスジタテハ)を見ると背面に色彩が異なる顕著な棘状突起の列がある。これは亜背線列である。この例から中胸から第 8 腹節に至るこれらの棘状突起は発生上相同で亜背線上(SD 突起)に分布すると考える。この端的な例はイナズマチョウ族の配列を見れば自明である。

腹部第 1～8 節は気門がありその分布の位置は問題がない。第 9 腹節と第 10 腹節は判断が難しい。

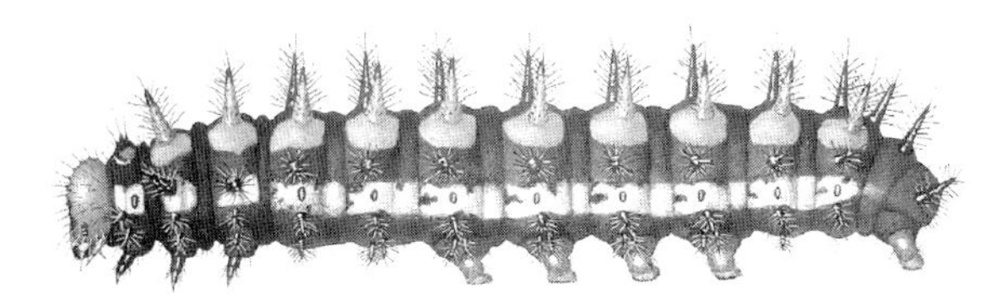

図 59　ゴイシヒョウモンモドキ *Poladryas minuta arachne* 胸部の棘状突起には腹部の気門線上と同様の斑紋が生じている。

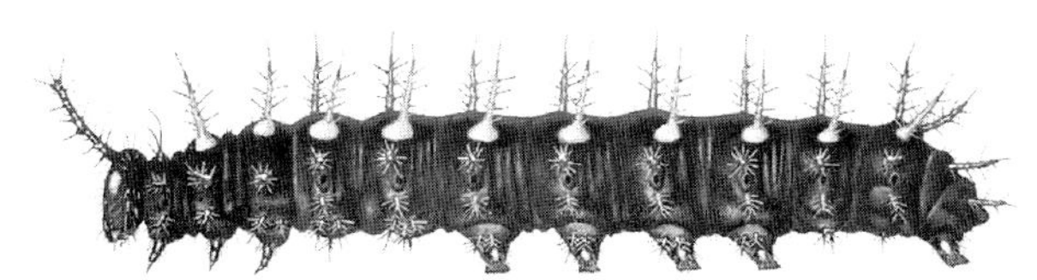

図 60　シロスジタテハ *Siproeta epaphus epaphus*

第 9 腹節では，

①上記理由により基本的には亜背線列以外と考えられるが，

②ドクチョウ亜科では亜背線列に連続している。斑紋でもその関連が認められる。したがってこの亜科では亜背線列(SD 突起)に分布しているように見える。

③ヒオドシチョウ亜科内では，それよりもやや側方に広がり亜背線列ではなく気門上線列(SS 突起)に連続しているように見える。

④そのほかの亜科では一般にこの部位の棘状突起は発達が弱いかあるいは欠くこともあり，確定しにくい。

判断が難しいが総合するとこの位置の分布は亜科によって若干異なる。

第 10 腹節でも同様の考えが成立する。

①図 64 のアカオビヒメドクチョウの幼虫は第 10 腹節の棘状突起が白色で気門下線列と同じ色彩であるので，第 10 腹節の棘状突起は気門下線列(SBS 突起)に分布すると考える。

②しかし同じ色彩でない分類群も多く断定しにくい。ヒオドシチョウ亜科では気門下線より上方の位置にあるように見え，棘状突起先端部の向きからも気門下線列とは相同でないようである。

③イチモンジチョウ亜科やカバタテハ亜科では複雑な棘状突起を生じその詳細を確定しにくいが，基本的に肛上板に派生するものと 2 次的に生じたドクチョウ亜科やヒオドシチョウ亜科に順じるものの複合であろう。

④ジャノメチョウ亜科，クビワチョウ亜科，フタオ

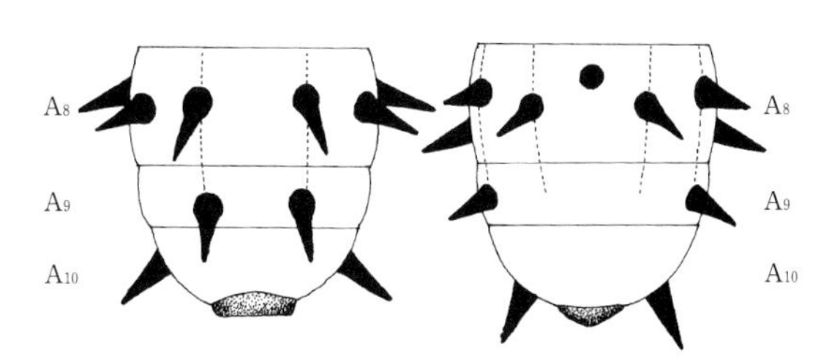

図 61　ドクチョウ亜科(左)とヒオドシチョウ亜科(右)における A_8～A_{10}上の棘状突起分布

図62　ドクチョウ亜科とヒオドシチョウ亜科の第9・10腹節上の棘状突起分布(背面)。(A)フタモンドクチョウ *Heliconius erato phyllis* (Peru)，(B)クエスチョンマークキタテハ *Polygonia interrogationis interrogationis* (USA)。(A)は亜背線上に，(B)はそれよりも外側(気門上線上)に位置する。

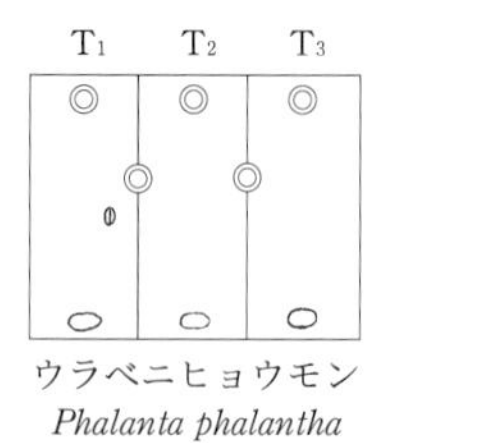

ウラベニヒョウモン *Phalanta phalantha*　ムラサキコノハチョウ *Kallima limborgi*

図63　ドクチョウ亜科とヒオドシチョウ亜科の胸部棘状突起分布

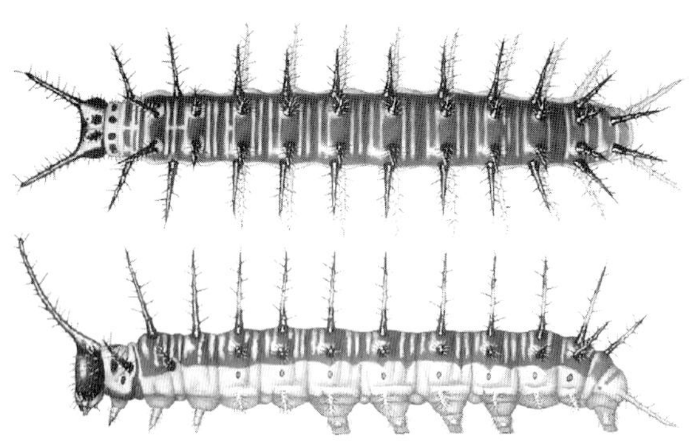

アカオビヒメドクチョウ *Eueides aliphera aliphera*

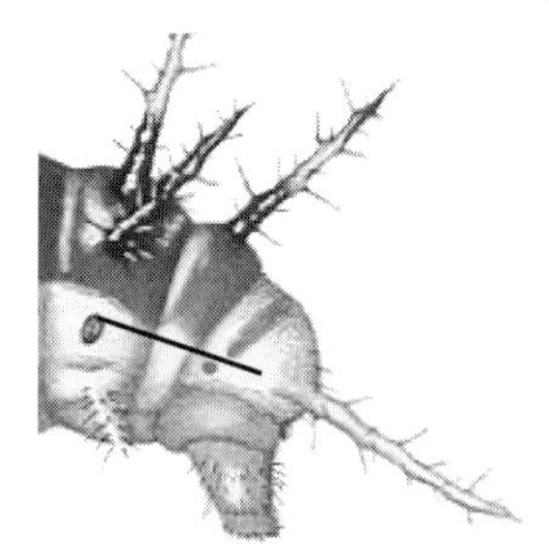

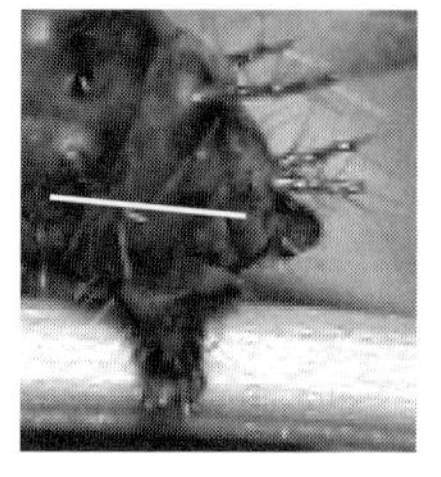

アカオビヒメドクチョウ *Eueides aliphera aliphera*　シロスジタテハ *Siproeta epaphus epaphus*

図64　第10腹節の棘状突起は，アカオビヒメドクチョウ *Eueides lineata* では気門下線列(黒線)に，シロスジタテハ *Siproeta epaphus* では気門下線列(白線)より背面側に位置する。

チョウ亜科，コムラサキ亜科に生じる突起はこれとは発生上形質が異なり，前項で述べたように肛上板に派生するもの(SD)である。

2.5.2　各亜科における分布の模式図

分布とほかの形質から「亜科」から「族」のカテゴリーを分類する。

(1)クビワチョウ亜科

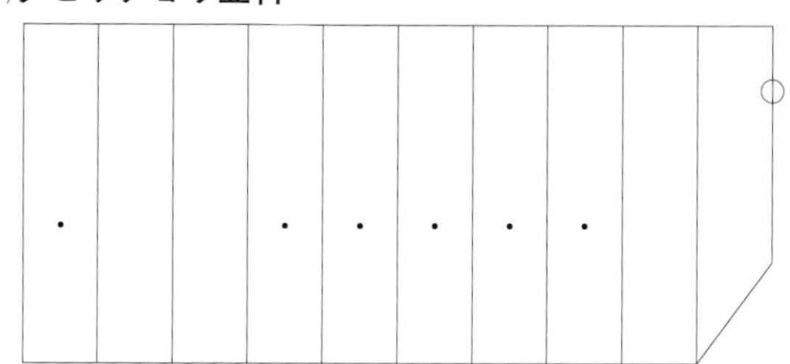

図65　クビワチョウ亜科の棘状突起分布の模式図。クビワチョウ亜科は第10腹節に1対のSD突起をもつのみ，ジャノメチョウ亜科との差はない。これらは近縁の亜科に共通の特徴でもある。頭部に大型角状突起を生じる。

(2)フタオチョウ亜科

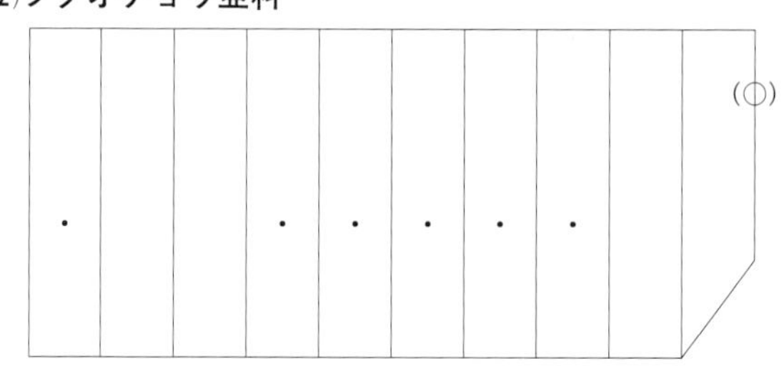

図66　フタオチョウ亜科の棘状突起分布の模式図。フタオチョウ亜科も前亜科同様。ただし，胴部末端の二叉突起は消滅したり異常に発達したりする。頭部に角状突起を生じる。

①フタオチョウ族

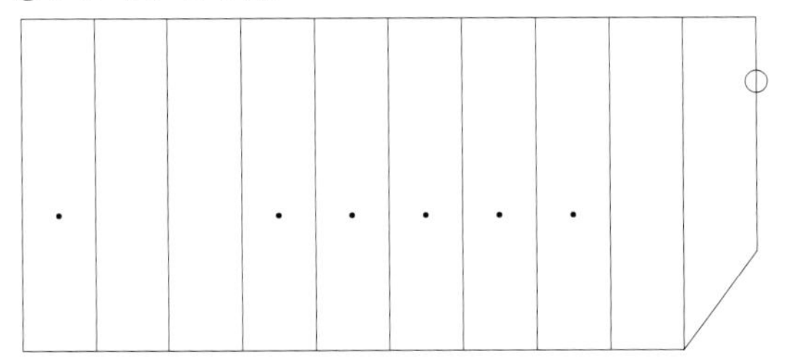

図 67　フタオチョウ族の棘状突起分布の模式図。1 対の二叉突起。頭部に発達した角状突起を生じる。

②マルバネタテハ族

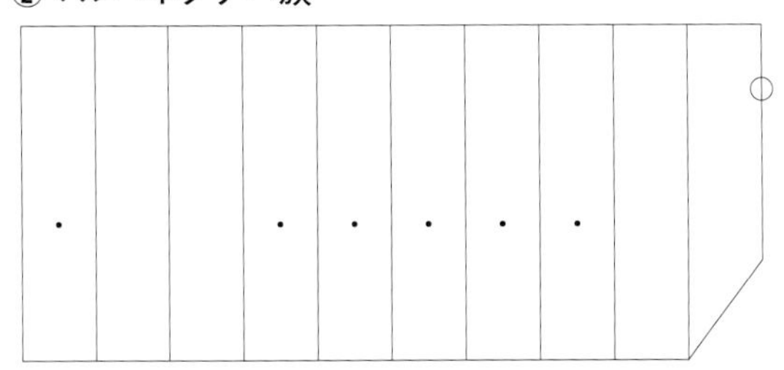

図 68　マルバネタテハ族の棘状突起分布の模式図。基本的にフタオチョウ族に同じ。頭部突起および胴部全体の形態が細部で異なる。

③オナガフタオチョウ族

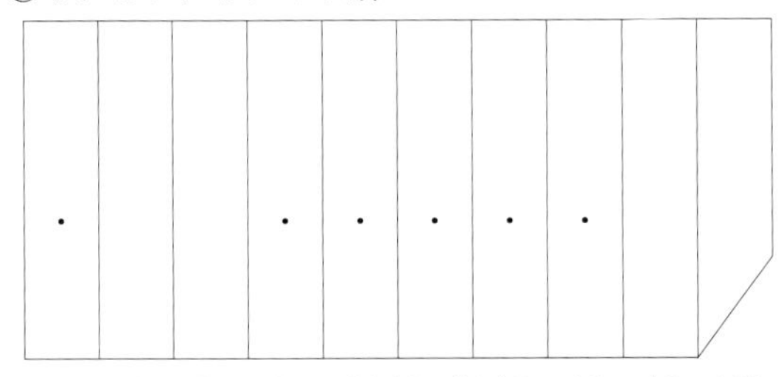

図 69　オナガフタオチョウ族の棘状突起分布の模式図。腹部末端に痕跡程度の二叉突起を生じる。頭部に短い突起を生じる。

④ヤイロタテハ族

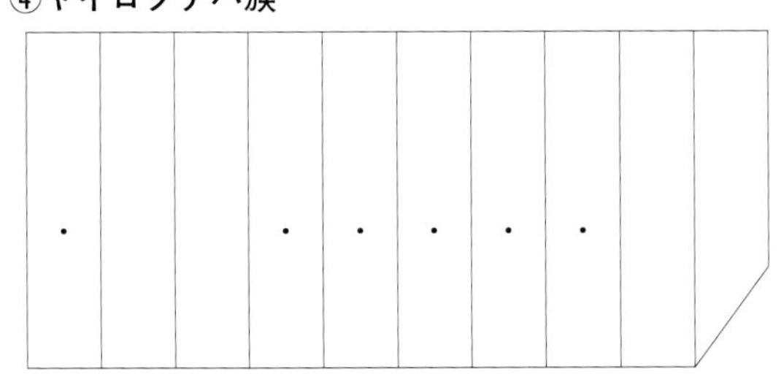

図 70　ヤイロタテハ族の棘状突起分布の模式図。オナガフタオチョウ族とほぼ同様。

⑤キノハタテハ族

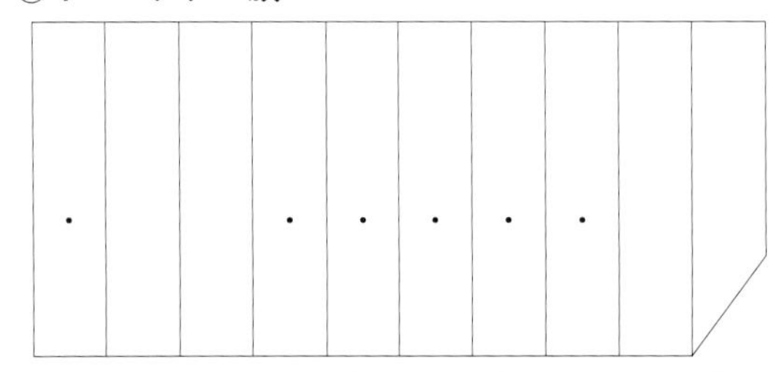

図 71　キノハタテハ族の棘状突起分布の模式図。オナガフタオチョウ族に似ている。腹部末端に二叉突起を有しないか発達が弱い。頭部突起はあまり発達しない。

⑥ルリオビタテハ族

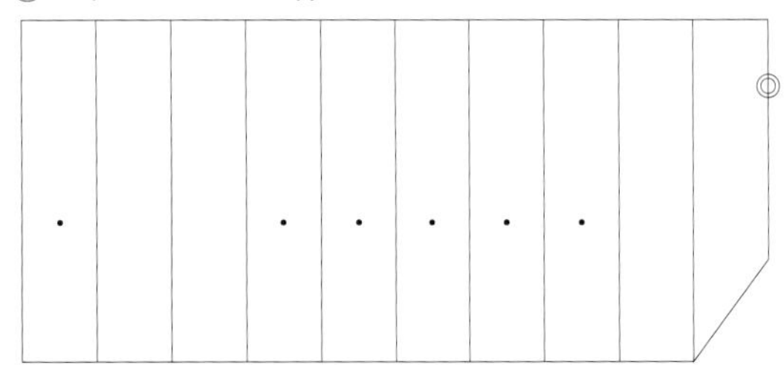

図 72　ルリオビタテハ族の棘状突起分布の模式図。腹部末端の二叉突起は極めて発達して長い。頭部突起は短い。

(3)コムラサキ亜科

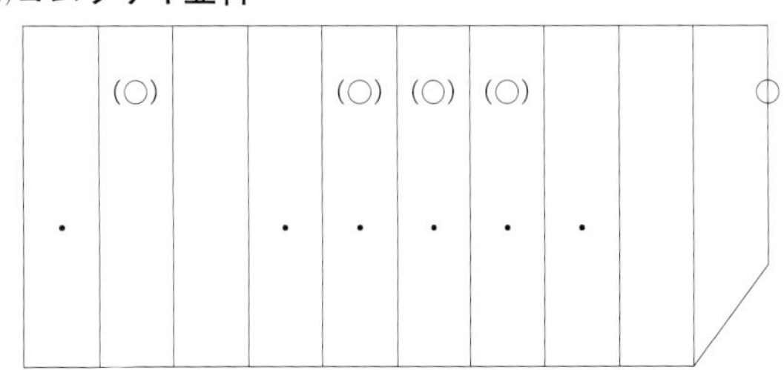

図 73　コムラサキ亜科の棘状突起分布の模式図。腹部末端に二叉突起を生じる。背面の突起は種により変化が多く，まったく突起を生じない種から斑紋のみを生じる種，さらに数対の突起を有する種まで多様である。ただし，突起の形質や分布は以降の亜科と異なる。一般に第 4 腹節に 1 対の突起を生じることが多い。背中線に生じる種もある。頭部に発達した角状突起を生じる。

(4)スミナガシ亜科

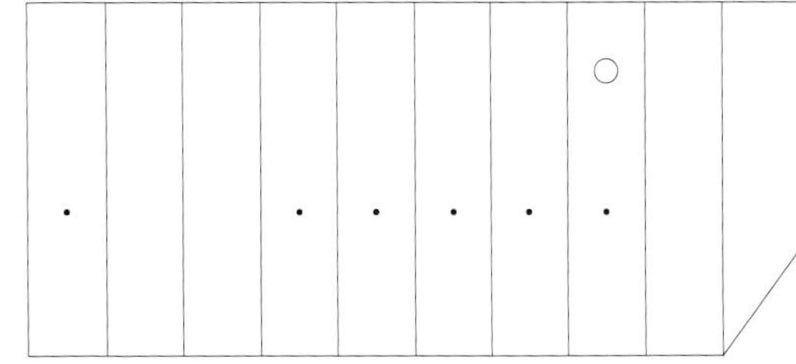

図 74　スミナガシ亜科の棘状突起分布の模式図。スミナガシ亜科は第 8 腹節亜背線に 1 対の小突起(SD 突起)を生じるのみ。頭部に 2 齢期より長大な突起を生じる。

⑸イシガケチョウ亜科

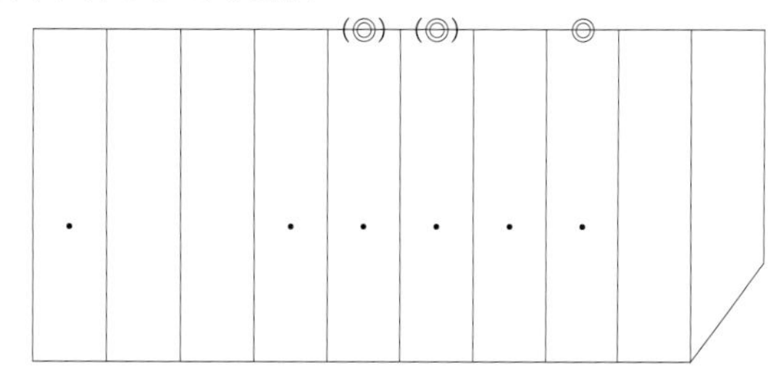

図 75　イシガケチョウ亜科の棘状突起分布の模式図。イシガケチョウ亜科は体の外形がスミナガシ亜科に似るが背中線列にのみ発達した突起 D を生じる。数は 2 または 4 本で属によって異なる。頭部に 2 齢期より長大な突起を生じる。

⑹イチモンジチョウ亜科

イチモンジチョウ亜科は突起の配列や形状が多様であるが共通することは，①背線上に分布を欠く，②突起の大きさや形状が各節で異なる，③前胸，第 9 腹節に突起を欠く，④気門上線より下方では突起があまり発達しない，など。

①ミスジチョウ族

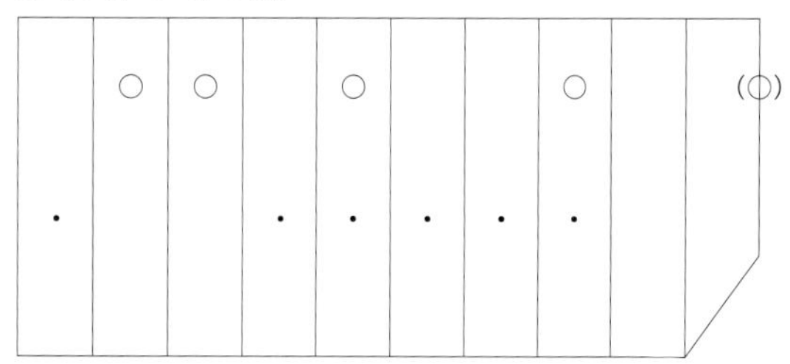

図 76　ミスジチョウ族の棘状突起分布の模式図。亜背線に 1 対の突起を生じるほかは目立った突起を生じない。突起の発達は弱く，形状はコムラサキ亜科に似る部分がある。頭部は二叉に分かれる。

②イチモンジチョウ族

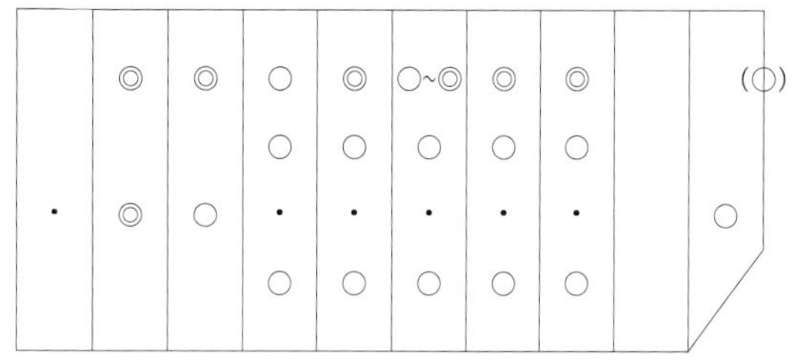

図 77　イチモンジチョウ族の棘状突起分布の模式図。ミスジチョウ族よりもはるかに突起の発達がよい。その形状や発達の程度は属によって異なり，細分の指標となる。頭部には多数の円錐状突起が生じる。

③トラフタテハ族

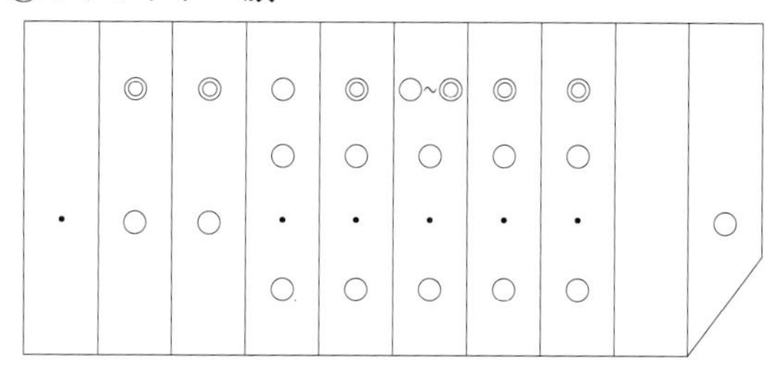

図 78　トラフタテハ族の棘状突起分布の模式図。イチモンジチョウ族に似ているが，亜背線の突起のみ発達し，ほかの位置では発達が弱い。頭部はイチモンジチョウ族に似る。

④イナズマチョウ族

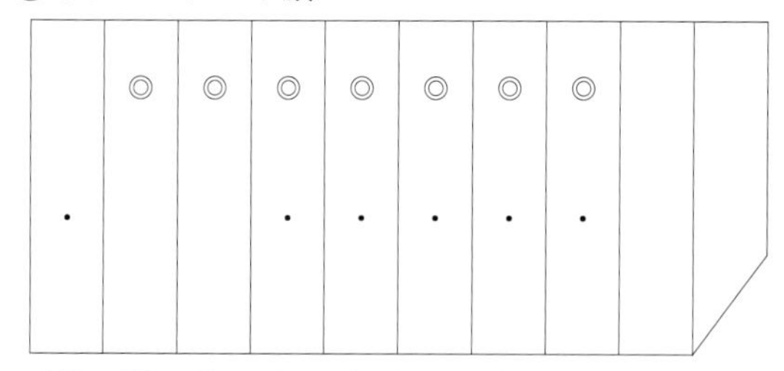

図 79　イナズマチョウ族の棘状突起分布の模式図。極めて特徴的で，亜背線に羽毛状の長大な突起が生じる。しかしほかの部位には生じない。頭部には突起を有しない。

⑺ドクチョウ亜科

本科の特徴(基本形)は，①背中線に突起を欠く(イチモンジチョウ亜科に同じ)，②前胸亜背線に突起を生じる，③中胸・後胸の気門線に生じる突起は著しく前縁寄り(節間膜 intersegmental membrane)に生じる，④突起はよく発達しどの節でも大きさは一様である，⑤どの族も大きな相違はない(蛹はかなり異なる)。

①-1 ヒョウモンチョウ族

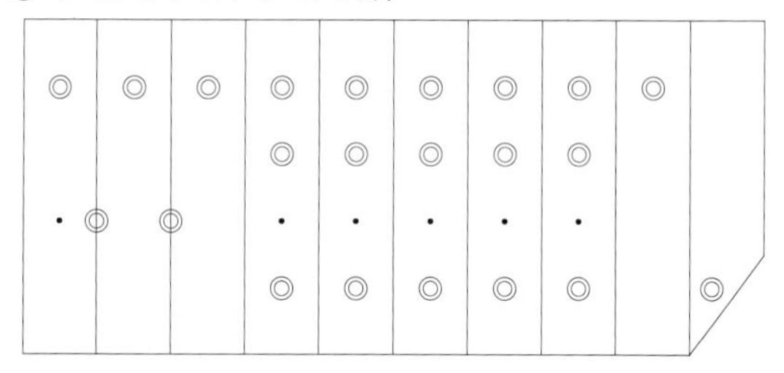

図 80　ヒョウモンチョウ族の棘状突起分布の模式図。本亜科の基本形である。

①-2 ヒョウモンホソチョウ亜族

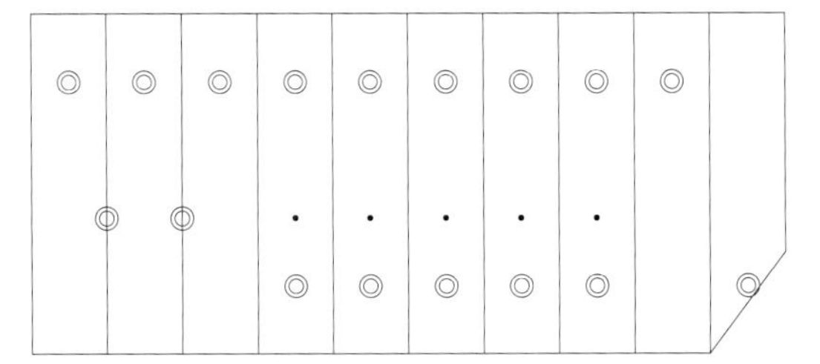

図 81　ヒョウモンホソチョウ亜族の棘状突起分布の模式図。腹部気門上線の突起列を欠くことでタテハチョウ科では例外。

②ネッタイヒョウモン族

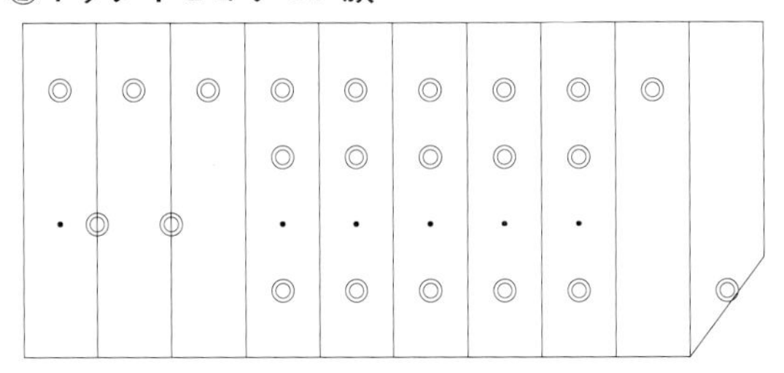

図 82　ネッタイヒョウモン族の棘状突起分布の模式図。基本形である。ヒョウモンチョウ族に比べ著しく突起が発達する。

③ドクチョウ族

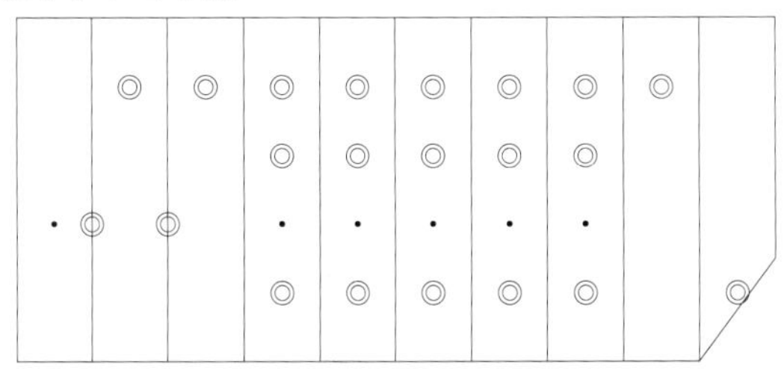

図 83　ドクチョウ族の棘状突起分布の模式図。ほとんどの属が前胸亜背線の突起を欠くことは本亜科の例外。

④ハレギチョウ族

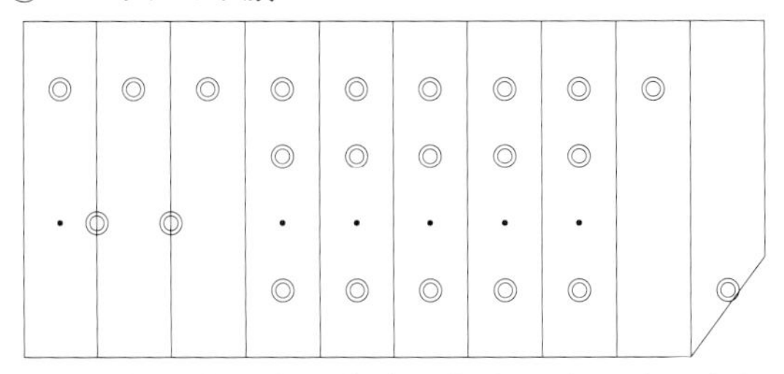

図 84　ハレギチョウ族の棘状突起分布の模式図。基本形である。ただし 1 齢期にも前胸亜背線に突起を生じることで例外。

⑤ホソチョウ族

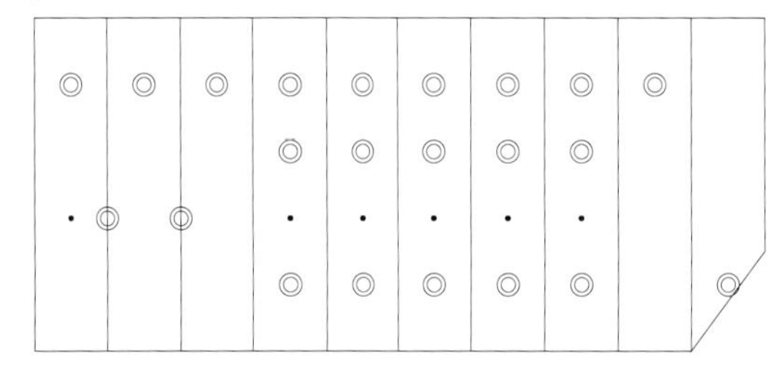

図 85　ホソチョウ族の棘状突起分布の模式図。基本形である。

(8)カバタテハ亜科

カバタテハ亜科は前イチモンジチョウ亜科と似たような形質をもつが，背中線に突起を生じることで著しく異なる。その点では次のヒオドシチョウ亜科に似ているが，配列はヒオドシチョウ亜科とは異なった独特な部分がある。特に第 7・8 腹節背線上では明白な相違がある。特定の節で著しく大型化し特徴のある突起を生じる種がある。気門上線列から腹線に向かっては族ごとに多様でやや規則性を欠く。頭部突起はウラニシキタテハ族を除き著しく発達する。

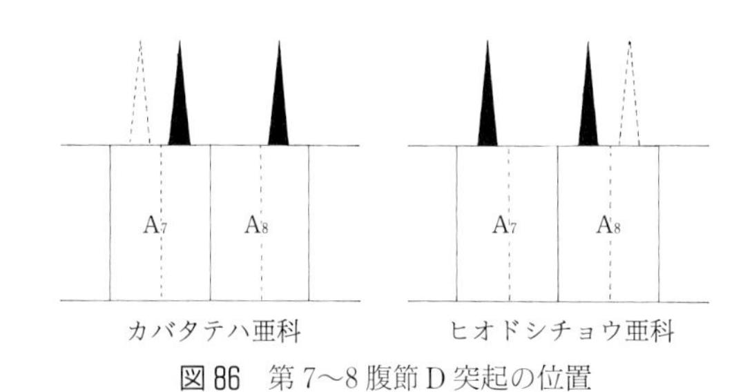

図 86　第 7〜8 腹節 D 突起の位置

A7　A8　A9

図 87　カバタテハ亜科の棘状突起分布の模式図。第 7 腹節背中線の後縁寄り D には必ず生じる。前縁寄り D に生じる属もある。第 8 腹節背中線の後縁寄り D には必ず生じるが前縁寄り D に生じることはない。第 9 腹節に生じることはない。

①カバタテハ族

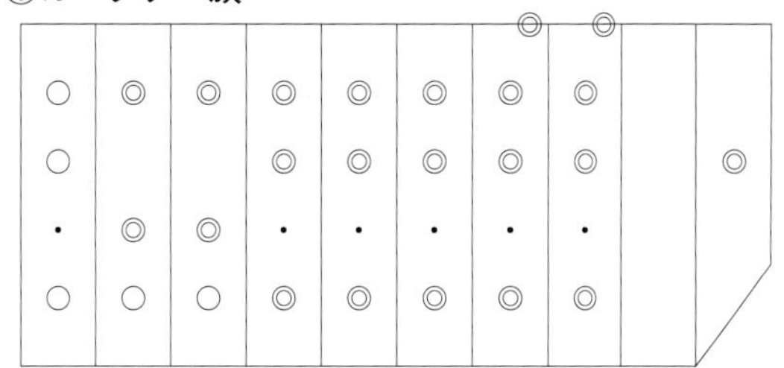

T1　T2　T3　A1　A2 A3～A6 A7　A8　A9　A10

図 88　カバタテハ族の棘状突起分布の模式図。カバタテハ亜科の基本形とする。

②ミツボシタテハ族

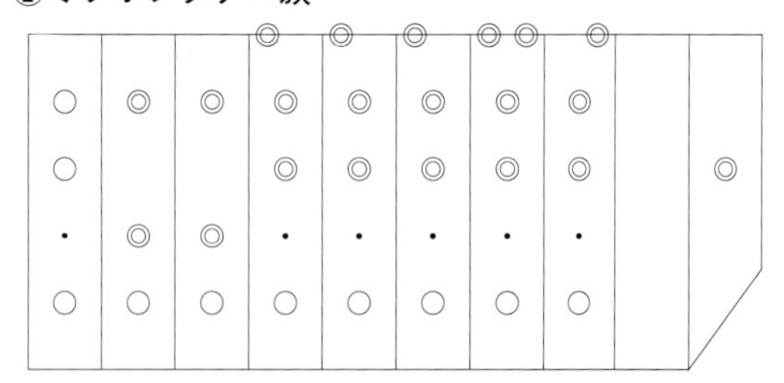

T1　T2　T3　A1　A2 A3～A6 A7　A8　A9　A10

図 89　ミツボシタテハ族の棘状突起分布の模式図。カバタテハ族の腹部第 1～7 節背中線 D に突起が加わる。気門下線列では属によって多様でやや統一性を欠く。

③カスリタテハ族

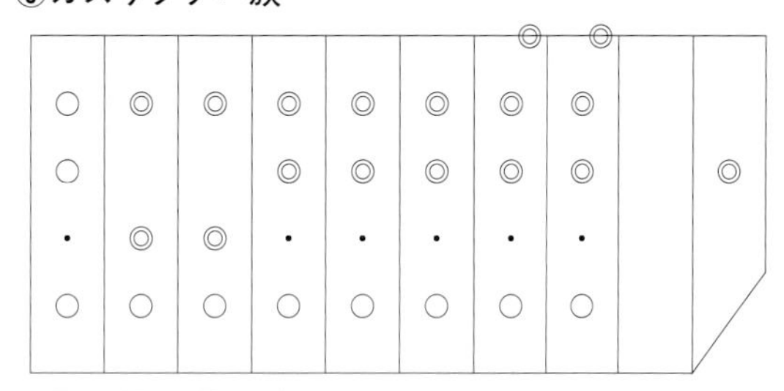

T1　T2　T3　A1　A2 A3～A6 A7　A8　A9　A10

図 90　カスリタテハ族の棘状突起分布の模式図①。2 つの型がある。基本形。

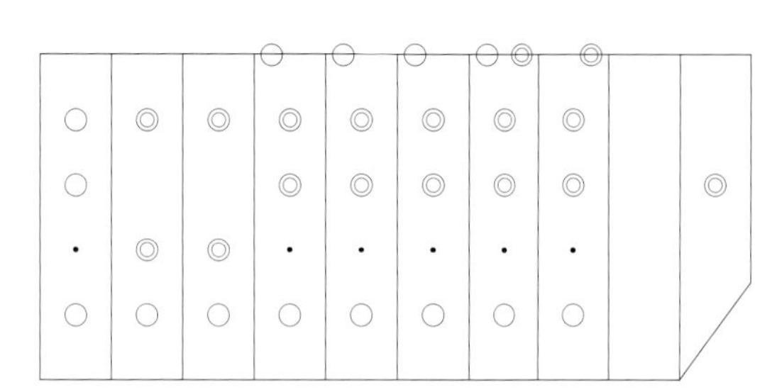

T1　T2　T3　A1　A2 A3～A6 A7　A8　A9　A10

図 91　カスリタテハ族の棘状突起分布の模式図②。ミツボシタテハ族と同様。

④キオビカバタテハ族

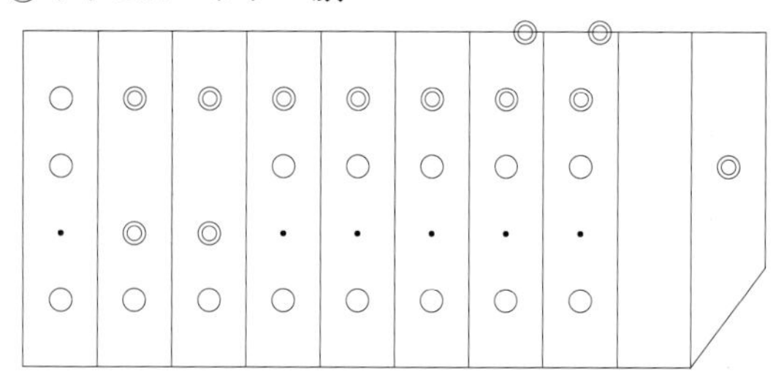

T1　T2　T3　A1　A2 A3～A6 A7　A8　A9　A10

図 92　キオビカバタテハ族の棘状突起分布の模式図。ほぼ基本形。

⑤ウラニシキタテハ族

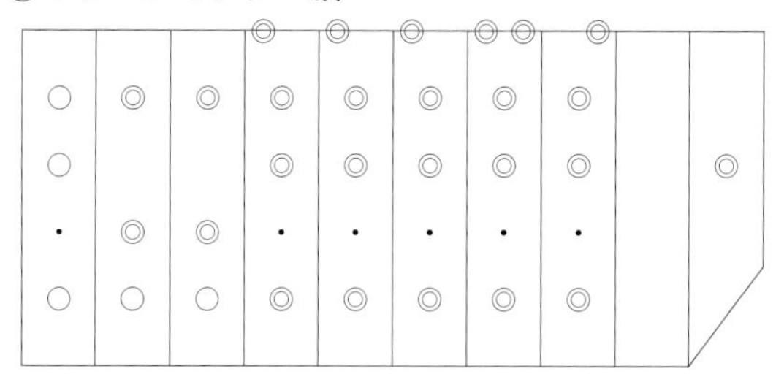

T1　T2　T3　A1　A2 A3～A6 A7　A8　A9　A10

図 93　ウラニシキタテハ族の棘状突起分布の模式図。アケボノタテハ族と同様。ただし突起の形状が著しく異なる。頭部に角状突起を生じない。

⑥ウズマキタテハ族

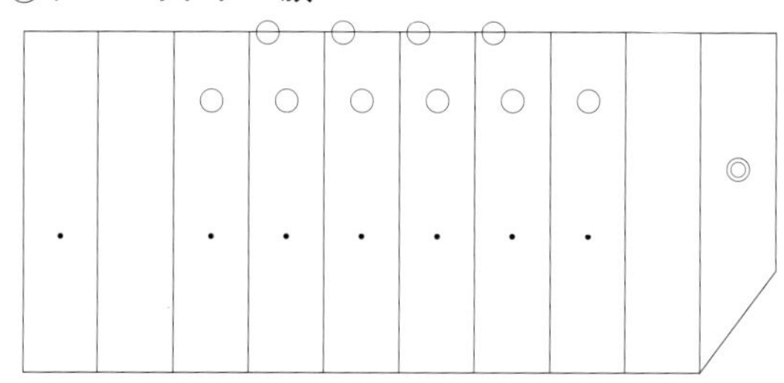

T1　T2　T3　A1　A2 A3～A6 A7　A8　A9　A10

図 94　ウズマキタテハ族の棘状突起分布の模式図。第 10 腹節を除き著しく突起の発達が弱い。突起の発達度は属によって若干異なる。

(9)ヒオドシチョウ亜科

大きな特徴は，D 突起を生じることである。分布の位置については前述。前胸背面には突起を欠き，刺毛のみを生じる。

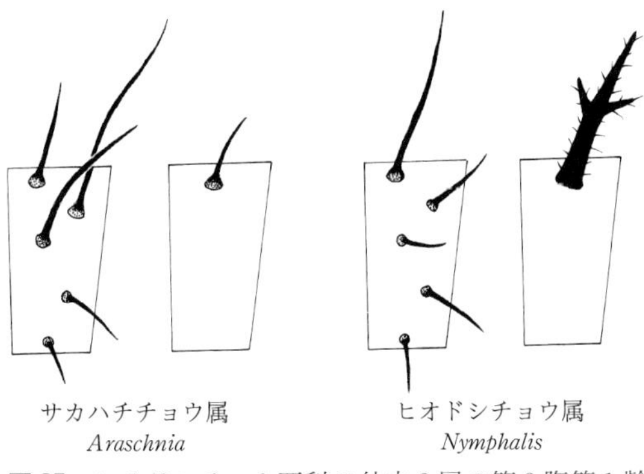

図 95　ヒオドシチョウ亜科の幼虫 2 属の第 9 腹節 1 齢幼虫刺毛配列および 2〜終齢幼虫棘状突起分布。左：1 齢幼虫，右：終齢幼虫

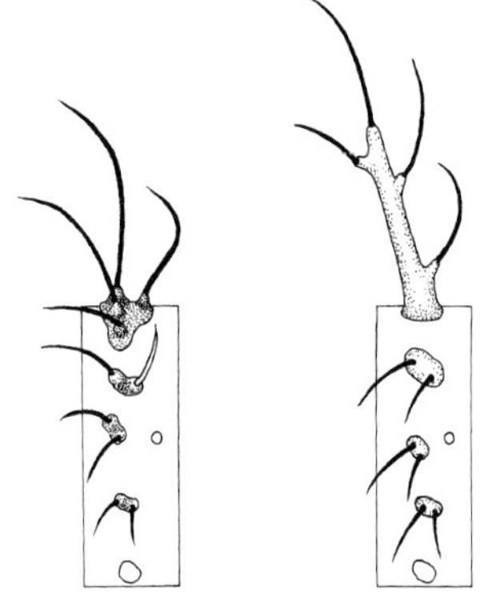

図 96　コノハチョウ族の 2 属の 1 齢幼虫前胸刺毛配列

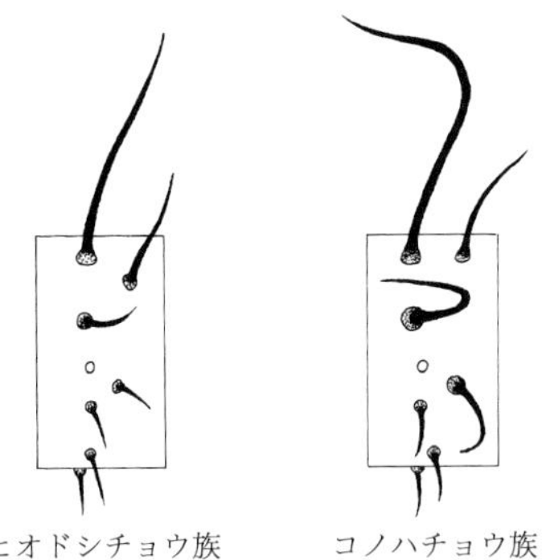

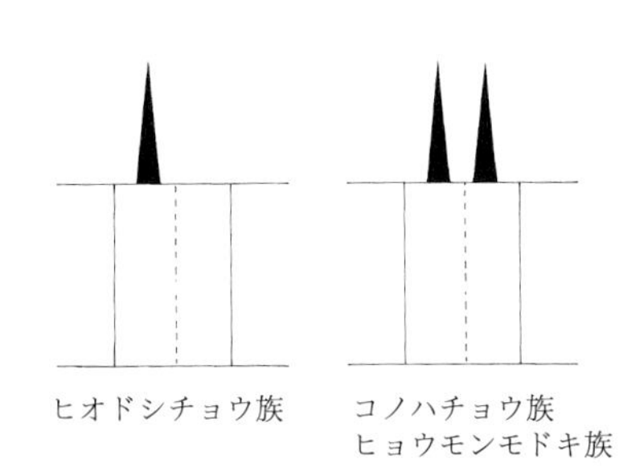

図 97　ヒオドシチョウ亜科の 1 齢幼虫刺毛配列および 2〜終齢幼虫背中線棘状突起分布（第 8 腹節）

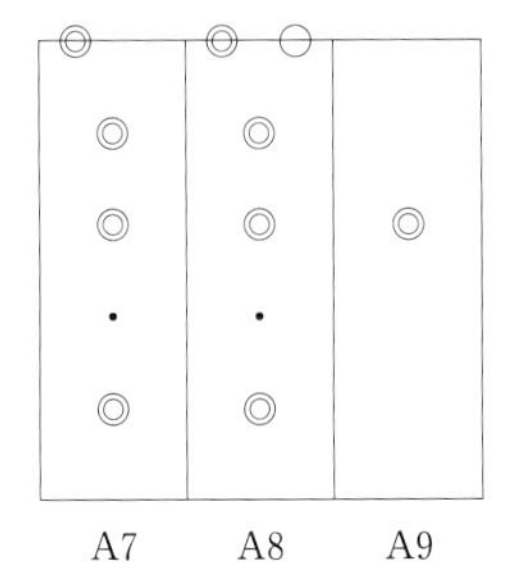

図 98　ヒオドシチョウ亜科の棘状突起分布の模式図。第 7 腹節背中線の前縁寄りには必ず生じるが後縁寄りに生じることはない。第 8 腹節背中線の前縁寄りには必ず生じる。後縁寄りに生じる族（コノハチョウ族など）もある。第 9 腹節気門上線（SS）に生じる（キミスジ亜族を除く）。

②-1 ヒオドシチョウ族キミスジ亜族

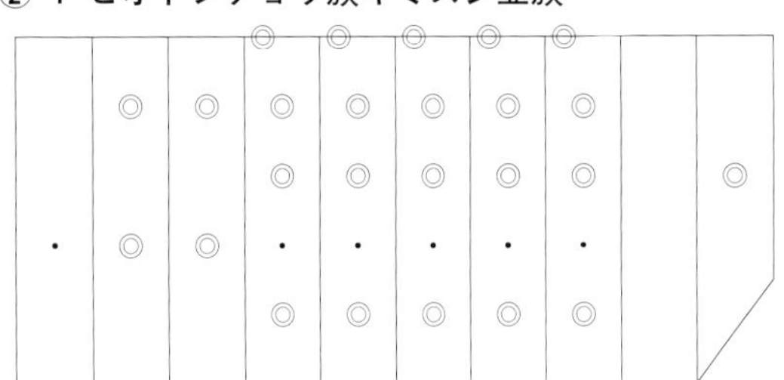

図 100　キミスジ亜族の棘状突起分布の模式図。第 9 腹節に突起（SS）を生じない（この特色によりここでは亜族 Symbrenthina として扱う）。ほかの特徴はヒオドシチョウ亜族と同様。

①オリオンタテハ族

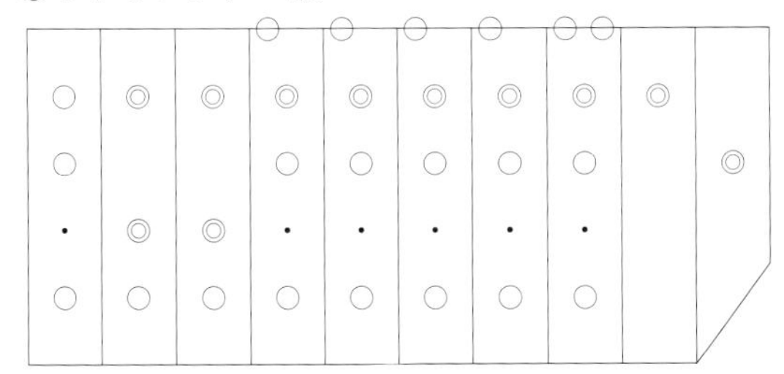

図 99　オリオンタテハ族の棘状突起分布の模式図。突起の数や分布は種によって異なり画一的でない。図はオリオンタテハ *Historis odius* の例。

②-2 ヒオドシチョウ族ヒオドシチョウ亜族

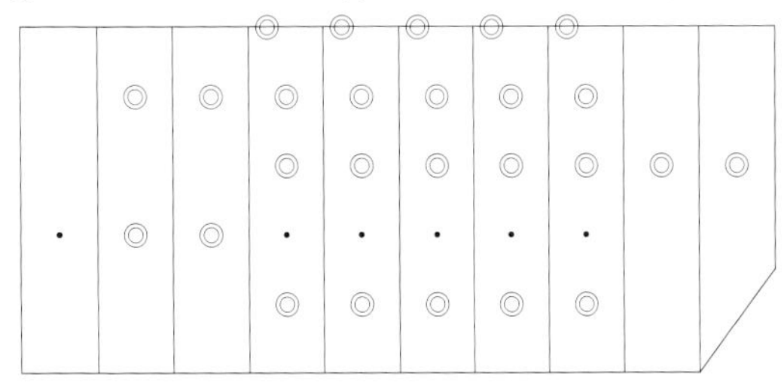

図 101　ヒオドシチョウ亜族の棘状突起分布の模式図。第 9 腹節に突起（SS）を生じる。

③コノハチョウ族

本書ではそれぞれを族として扱っているが，棘状突起の分布ではいずれも相違はない。ここではコノハチョウ族としてまとめる。ただしソトグロカバタテハ *Rhinopalpa polynice* は若干異なり，ここでは別族として扱った。

アサギタテハ亜族／タテハモドキ亜族／コノハチョウ亜族

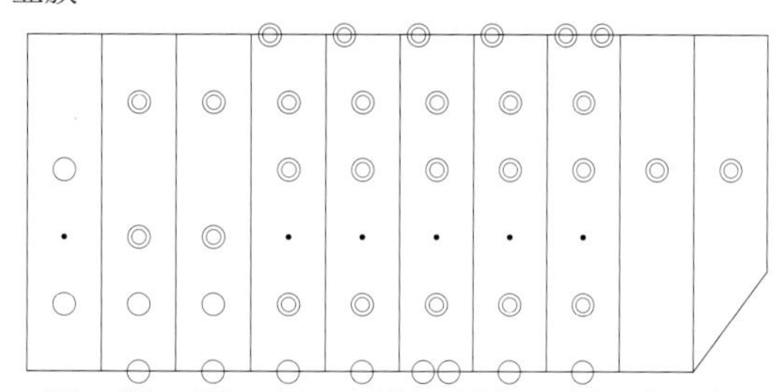

図 102　コノハチョウ族の棘状突起分布の模式図。第8腹節背中線に2本の突起を生じる。また基線列Bにも小突起を生じる。

④ソトグロカバタテハ族

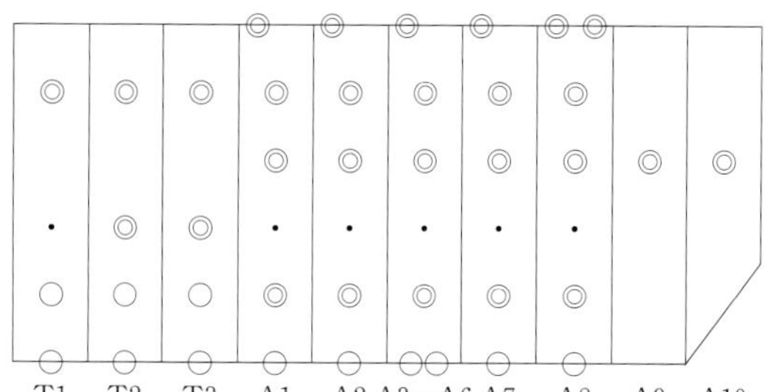

図 103　ソトグロカバタテハ族の棘状突起分布の模式図。基本的に前族と同様だが，前胸亜背線にも突起を生じることで異なり，ここでは族 Rhinopalpini として扱う。この突起は1齢期より生じる。

⑤ヒョウモンモドキ族

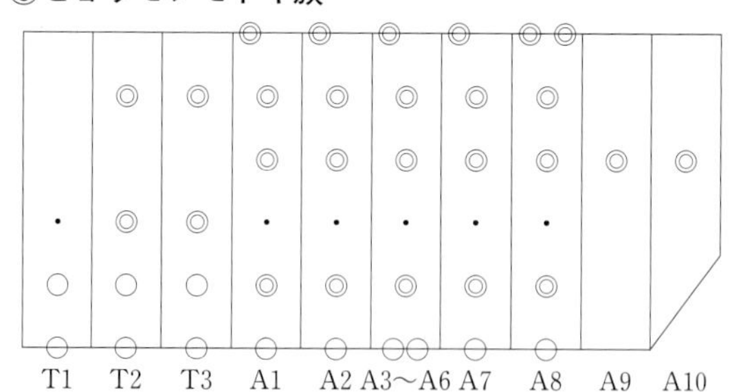

図 104　ヒョウモンモドキ族の棘状突起分布の模式図。コノハチョウ族に基本的に同じ。しかし突起の形状は異なる。亜族によって多少分布の違いがある。

2.5.3 棘状突起の分布による族の検索

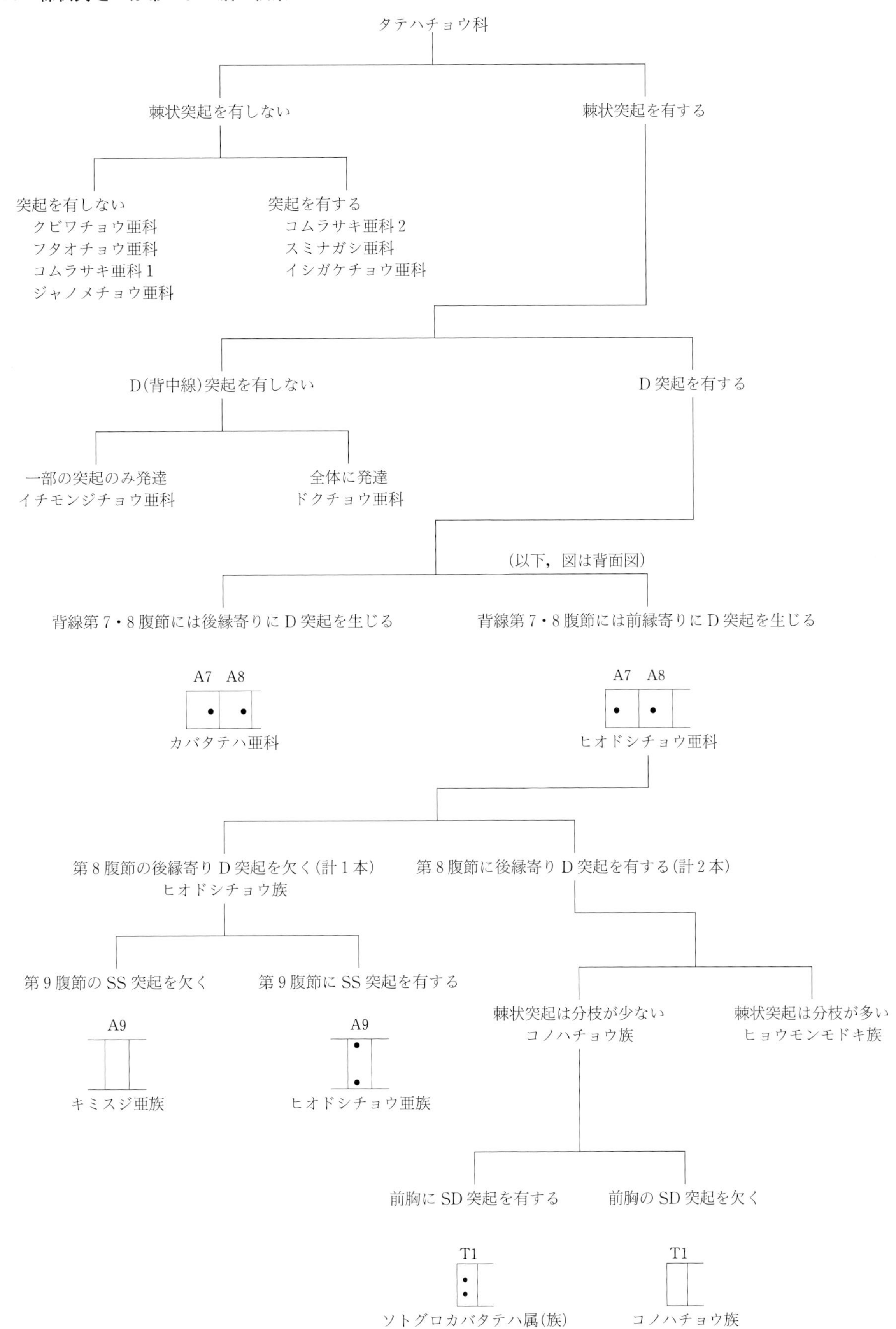

2.5.4　分類の指標

前項までの段階でタテハチョウ科は族(Tribe)のカテゴリーまでを分類できる。それぞれがかなり大きな特徴をもっているので判断が困難なことはない。以上を要約すれば族は分類形質の数量の差で確定できるという結論をえる。

次に属(Genus)における分類の指標を示す。

このカテゴリーは形態がかなり近似していることも多く，細部に着眼しないと識別が難しい分類群もある。基本的には体の各部分の形状の差と色彩・斑紋がその識別となる。属のカテゴリーの特徴は，

①「族」に比較し基本的形態および数量上の差がないので客観的な判断はより困難になるが，着眼点は各部の形態で，個体の大きさを含め，体の各部分の形状の差がある。

②色彩と斑紋の相違が大きい。

③分類群により形質差に違いがある。例えばスミナガシ亜科は属の差が他の亜科の族の差程度に大きい(基本的形態の相違がある)と感じられる。本来であれば族を設定し，そのなかに現生の属を所属させる体系にすべきであるが，亜科内の種類数が少ないために設定が不成立である。

④幼虫が近似している場合は蛹に形態差が現れる場合が多い。

⑤幼虫の食性として選択する寄主植物の分類上の相違がある。

さらに種のカテゴリーでは主として色彩斑紋の違いが分類の大きな指標となる。ただしたいていの種では多少～微妙な体の部分の形状の差をともなうことが多い。例えば，

①頭部突起の形状(形や大きさ，分枝の状態など)。

②胴部の膨らみや長さ(より太い，細長い，中央部で膨らむなど)。

③棘状突起の形状(棘状突起の大きさや変化の量，数の増減など)。

色彩斑紋の相違に加え，以上のような相違から種の形態差が確認できる。亜種はさらに色彩・斑紋のわずかな

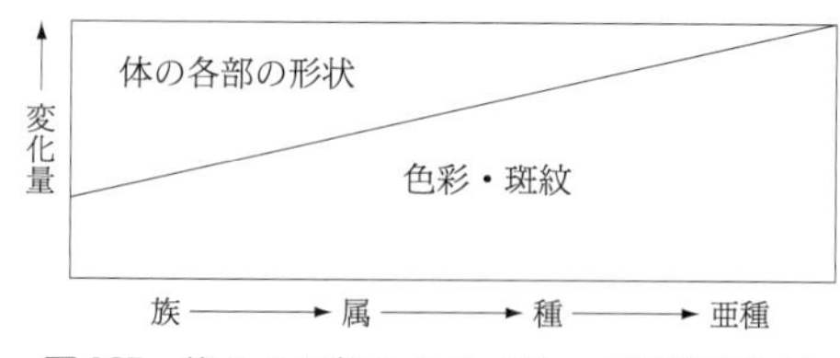

図105　族より下位のカテゴリーの形態変化量

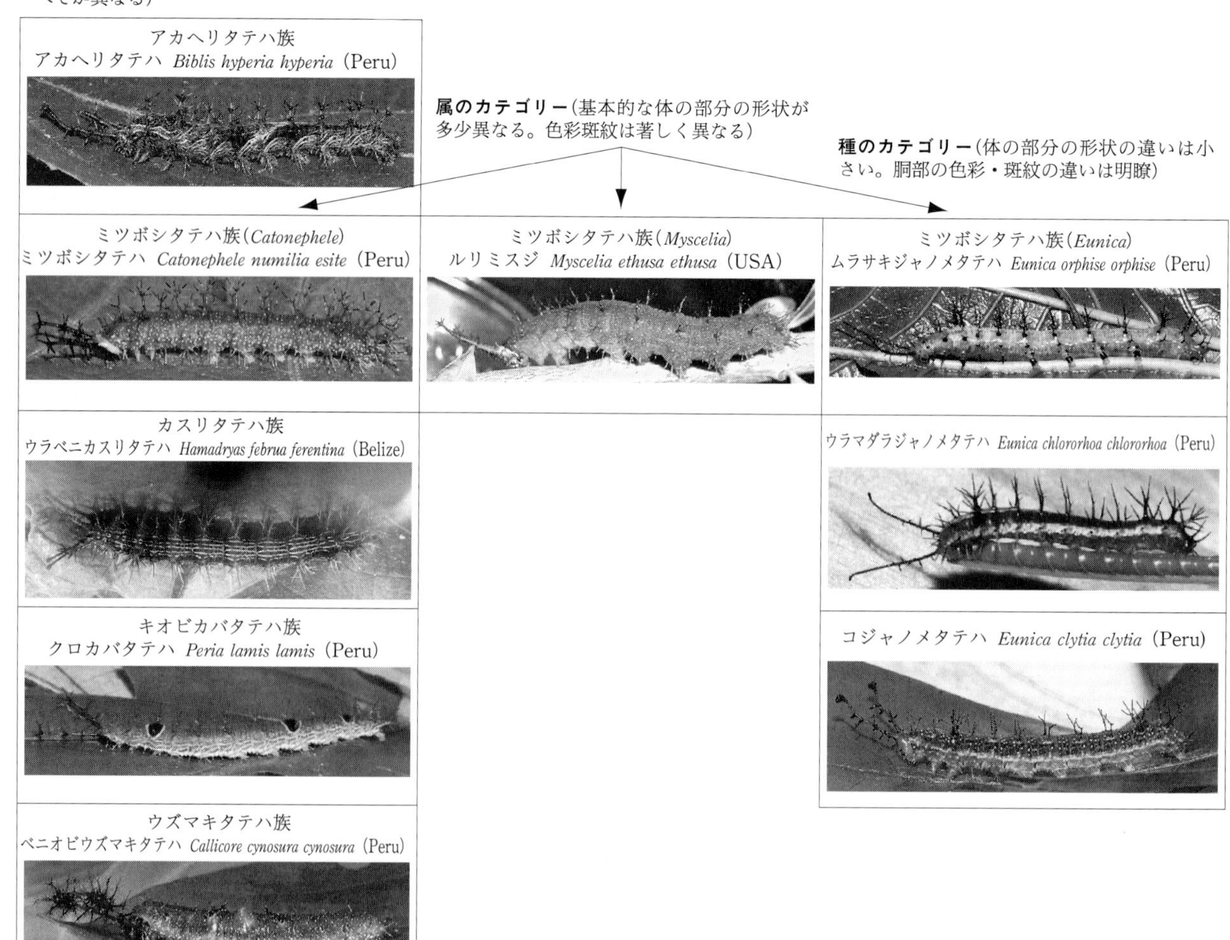

図106　カバタテハ亜科の族・属・種の形態の差異

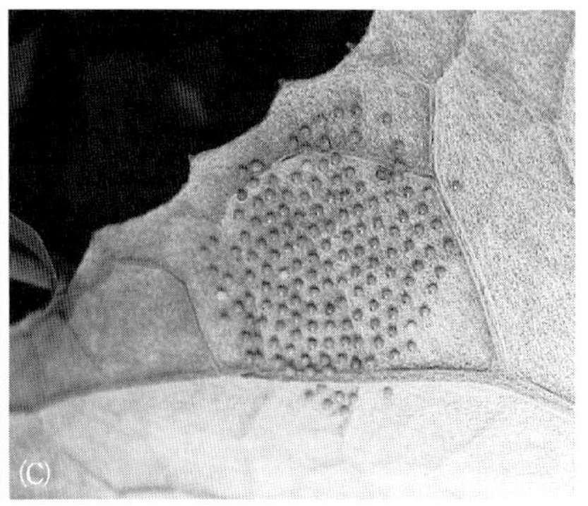

図107　卵のさまざまな産下状態。(A)葉裏に産下したルリオビタテハ *Archaeoprepona amphimachus symaithus* の卵(Peru)，(B)アメリカコムラサキ *Asterocampa clyton texana* の卵塊(USA)，(C)平面状に産下したベニスジナンベイホソチョウ *Altinote negra demonica* の卵群(Peru)

違いになるが，正確には遺伝子量や地理的隔離機構，分化後の経過時間などの追究が必要で，判断はより難しくなり，下位タクサに関わる判断は研究者の主観に相違が生じる。

2.6　生育の過程

2.6.1　卵の産下状態

産卵(oviposition，egg-laying)は種の維持として♀にとって重要な行動である。その行動様式はさまざまで産下された状態では1卵ずつが一般的であるが，複数の場合は次のような形式がある。

(1)平面状

ホソチョウ族など多くの例があり，寄主植物葉面上に平面に卵を産下して卵群をつくる。

(2)多層状

多数が産下された卵塊の状態。不規則なヒョウモンモドキ族などのほかに幾何学的な立体(＝直方体)のアメリカコムラサキなどがある。

(3)柱状

卵を重ねて産下する。サカハチチョウ属やカスリタテハ属などに見られる。

産卵回数はさまざまなようで1度で終える種もあると思われるが，連続的・継続的に行われることが多い。ホソチョウ属のウスバホソチョウは卵塊を産下した後に数日の断続期間をおいて複数回産卵を繰り返した。

そのほか巻いた葉のなかに産卵するコムラサキ亜科キゴマダラ属，植物の蔓やクモの糸などに産下する例もある。

2.6.2　卵期と孵化

産下された卵は受精卵であれば胚子の発生が開始され孵化に至るが，その間を卵期という。卵期は早い場合は2日程度で，一般に6〜8日が多い。温度の影響もあるが，遺伝的なもので食性の対象が新葉に限る種は一般に期間が短い。ヒョウモンチョウ族のなかには卵期が1カ月以上に及んで越冬するが，その間卵内で幼虫体が形成され，しばしば孵化して1齢幼虫態で越冬することも多い。

孵化(eclosion，hatching)は卵殻破砕器(卵歯)で卵殻を破って出てくる。多くの種は卵殻の上部を円弧状に食い破り蓋を押し上げるようにして出てくるが，側面に孔を開けて脱出してくる種もある。

2.6.3　摂　食

孵化した幼虫は残っている卵殻を食べる種が多いが，食べない種もある。その意義は確かではないが，卵殻を食べた場合にはそうでない場合よりもその後の生育が優位に働くという報告もある。その後は産下場所を離れ早期に摂食を開始する。葉裏に移り，生活の拠点とする種類も多い。葉の表皮をかじり，葉肉を食べて葉裏の表皮を残す種や葉縁にたどりついてそこから摂食を開始するなど，種によって摂食方法が異なるが，一般に規則的な食痕を残しながらしだいに摂食範囲を広げる。

幼虫は摂食を終了すると静止(quiescence)しているがこのリズムは種によって異なり，短時間で交互に行われたり摂食は主として夜間にのみ行われたりする種もある。

タテハチョウ科はすべて植食性で，植物の葉から摂取する栄養素はアミノ酸をはじめとして一般の動物とほぼ同様である。人工飼料もタテハチョウ科ではかなり有効性がある。必ずしも生葉だけが食性の対象ではない場合もあり，イチモンジチョウ亜科では積極的に枯れ込んだ葉を食べる。

摂取する植物(主として葉)の生育状態で栄養素が異なり，結果的にチョウの形態(特に口器および頭部)の違いや生育速度，休眠などへの影響がある。

タテハチョウ科の寄主植物が有毒な化合物を含む例が多いのも特色である。コカ科，トウダイグサ科，ムクロジ科，トケイソウ科，ゴマノハグサ科などがその好例だが，幼虫はそれを代謝・解毒する仕組みを進化させたり，毒性を弱めるための習性を備えたりして対処している。またそれらの化合物に対して抵抗性をもち，外敵に対しては自衛手段として有効に働いていると考えられる。タテハチョウ科間の寄主植物が互いに毒草である場合はミューラー型擬態(Müllerian mimicry)とされ，互いに共

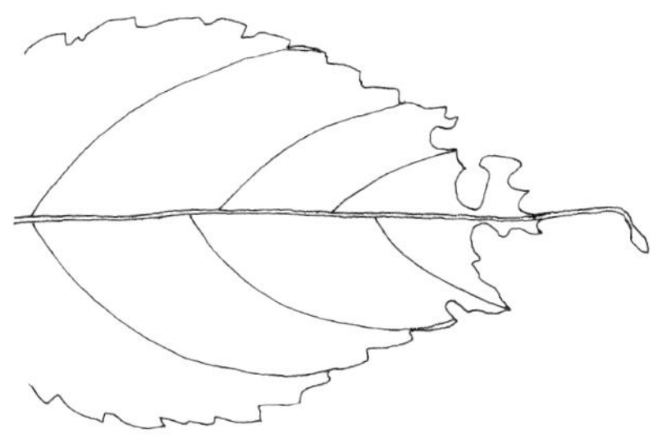

図108　クビワチョウ *Calinaga buddha* の1齢幼虫の食痕

擬態種(co-mimic)となっている例が多い。ただしこれらの擬態とされている種の生存上の有利性については疑問に感じられることもあり，単なる収斂のようにも思える。

2.6.4　静止の姿勢

幼虫は摂食の後はかなりの時間静止している。この間幼虫は種，特に属で独特の姿勢を保持して静止していることが多い。この時間帯は最も外敵に対して無防備となるが，その個性的な姿勢が防衛の意義をもつのかもしれない。

(1)体の背面方向を湾曲させる

コムラサキ亜科のタイワンコムラサキ属のようなS字状，ルリタテハのようなC字状などがある。字形的にはその逆方向もありその意義については不明で，幼虫の気まぐれのようにも感じる。

(2)体の側面方向を湾曲させる

多くの種で見られ，コムラサキ亜科，スミナガシ亜科，イシガケチョウ亜科，イチモンジチョウ亜科，ヒオドシチョウ亜科のなかには体を屈曲させてさらに腹部末端を跳ね上げたり，頭部前額を葉面に伏せたりたりして1つの行動学的形質となっている。

コムラサキ亜科，スミナガシ亜科，およびカバタテハ亜科は頭部前額面を強く伏せて食草の葉面に接している。ジャノメチョウ亜科のクロヒカゲ族にもこの傾向がある。これは系統的な形質として意義があるのかもしれない。これをスミナガシの幼虫の成育過程からみると1齢では頭部前額をやや上に(フタオチョウ型)，3齢ではほぼ前方に(一般型)，終齢では完全に下方に伏せる(コムラサキ型)という一連の形質状態の傾斜があり，葉面に伏せるという行動は極性であると考えられる。種分化の過程を思わせるがその証明には至らない。

(3)頭部前額を上方に向けて静止する

コムラサキ亜科やカバタテハ亜科とは逆にフタオチョウ亜科やマネシヒカゲ属，フクロウチョウ類などは頭部前額部を上方に向けて静止する。頭部や腹部の基本的な形態はよく似ている。

(4)胸部を持ち上げる

コムラサキ亜科とカバタテハ亜科は腹脚で体を支えて胸部を持ち上げていることも多く，この姿勢も系統性の関連があるのかもしれない(前述)。

(5)胸部〜腹部を強く屈曲させる

フタオチョウ亜科のキノハタテハ族，ルリオビタテハ族の1齢からの習性で腹部第1・2節を中心に強く曲げて静止する。ルリオビタテハ族にはこの部分にヘビの頭部・眼に似た斑紋があり，この部分が膨らんで擬態しているように見える。

(6)体を巻きつける

同様にフタオチョウ亜科のルリオビタテハ族に見られる。終齢幼虫は食草の小枝などに静止し，体全体を小枝に巻きつけるようにして静止している。背面の蛇の目模様と関連してヘビへの行動擬態を思わせる。

(7)葉の中脈に静止

イチモンジチョウ亜科のイナズマチョウ族は食草の葉の中脈に体をまっすぐにして静止している。背線を貫く縦条が葉脈に同調して全貌を見失わせる効果がある。

(8)静止時の体の上下

フタオチョウ亜科のフタオチョウ族およびコムラサキ

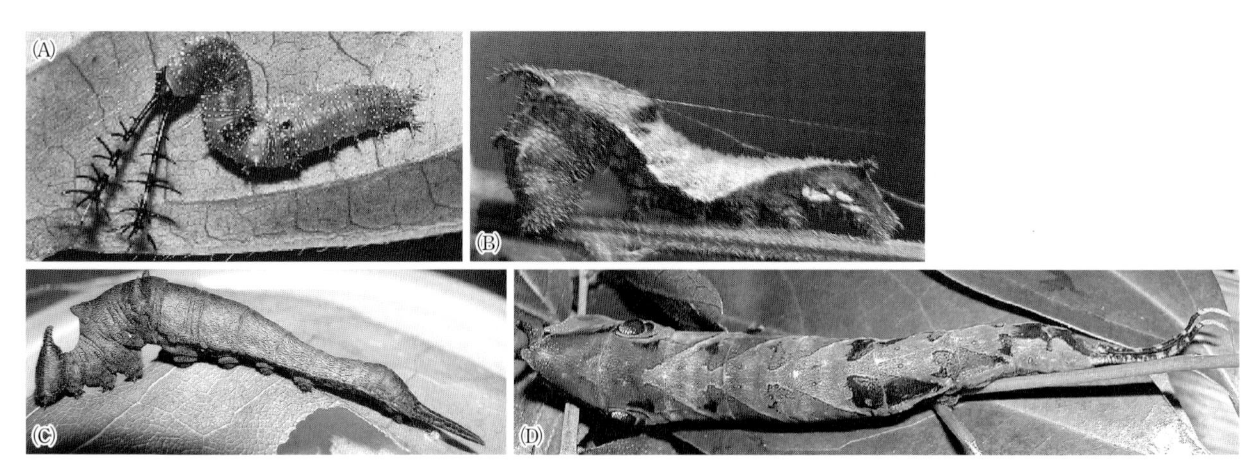

図109　静止の姿勢さまざま。(A)ベニオビウズマキタテハ *Callicore cynosura cynosura* 3齢幼虫(Peru)の静止姿勢，(B)リュウキュウミスジ *Neptis hylas papaja* 終齢幼虫(Malaysia)の静止姿勢，(C)胸部から腹部前方を強く屈曲させるウラスジルリオビタテハ *Archaeoprepona demophon muson*(Peru)，(D)蛇のような斑紋のルリオビタテハ *Archaeoprepona amphimachus symaithus* 終齢幼虫(Peru)

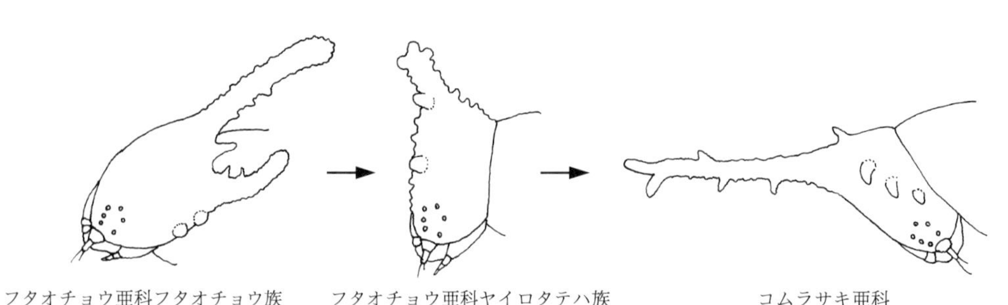

図110　幼虫の頭部角度の違い

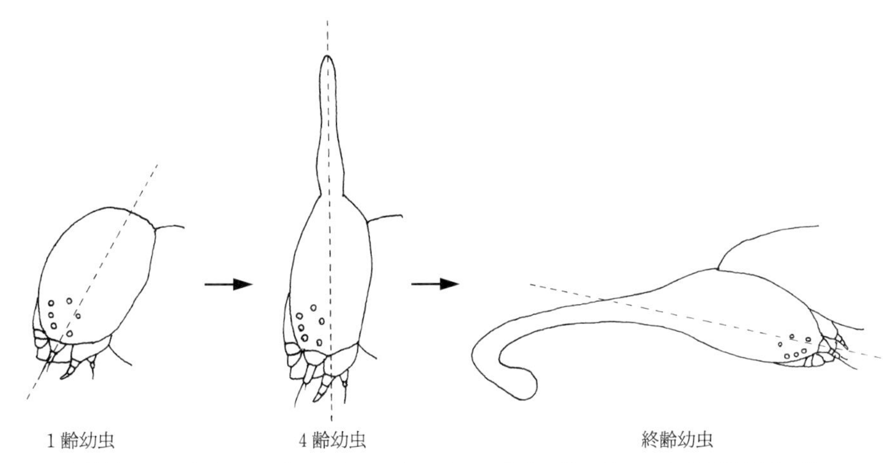

図111　スミナガシ *Dichorragia nesimachus* の幼虫の齢の違いによる頭部角度の違い

亜科は常に頭部方向を上にして静止しているが，フタオチョウ亜科のヤイロタテハ族，キノハタテハ族，ルリオビタテハ族などはつねに頭部を下にして静止している。後者は糞鎖をつくる習性があるが，それとの関連は不明である。

2.6.5　排泄(出)

幼虫は消化吸収されたものが水分しかないのではないかと思われるくらいに大量の糞(frass)を排泄(excretion)する。このなかには老廃物，有毒成分，水分，二酸化炭素などが含まれる。タテハチョウ科の習性としてこの糞を利用することは大きな特色である(造巣性)。幼虫が衰弱したり病気にかかったりすると水分が多くなる。また前蛹期前もこの傾向がある。羽化直後には大量の排尿があり，成虫の体重が大きく減少する。タテハチョウ科の場合は赤色(色素オモクロームによる)をしている例が多いのでよく知られている。

2.6.6　休　　眠

環境条件の悪化にともない特に摂食活動が困難または不可能な状態になる以前に回避する手段として休眠(diapause)がある。長日・短日といった光周期や温度のほかに食草の質に影響を受けることもあり，一般に晩秋に越冬態勢に入る。逆に年1化の種でも人為的に新葉を与え続けるとそのまま成虫まで進行することがある。温帯のタテハチョウ科はグループによって越冬ステージが異なる。

2.6.7　移　　動

幼虫が移動するのは摂食のための場合がほとんどであるが，外敵に遭遇したり縄張り(静止位置)内に侵入者があったりしたようなときにも移動をする。

移動(歩行活動)は幼虫の体の構造(形態)と関連があり，活動の多い種では腹脚の機能が発達している。特に草本植物を食性の対象とする種ではその傾向があり，ヒョウモンチョウ類やタテハモドキ類に見られる。一方，フタオチョウ亜科やコムラサキ亜科などは木本植物を食べ，一般にその量が多いので移動の必要がなく，1カ所(1枚の葉)に台座をつくり静止していることが多い。それらの種ではしばしば食痕をつくり，その部位に静止していることが多く，摂食はその周辺の葉に限られる。しかし移動活動の少ない種でも蛹化前にはその場を離れてかなりの距離を移動する。

2.6.8　脱　　皮

幼虫は一定期間生育を終了すると1，2日間摂食を休止し，静止したまま眠(moulting)に入る。この間に体内では次の齢の幼虫体が形成される。この期で顕著なのは前胸が著しく膨らむことである。これは内部に次の齢の頭部が形成されているからである(頭部内に次の齢の頭部が形成されることはない)。

新たな表皮が形成されると筋肉の運動とともに体液や空気で圧力をかけて旧表皮を脱皮線から破り，腹部後方に表皮を寄せ集めるようにして徐々に脱皮(ecdysis)が行われる。やがて頭部より新しい幼虫体が現れてくる。

タテハチョウ科は棘状突起を備えることが多いが，脱皮中，突起はもちろん頭部や硬皮板なども軟体の状態で表皮に包まれている。色彩もほとんど白色である。脱皮が完了すると幼虫はしばらく静止したまま，力んで体内のあらゆる部分に体液を送っているように見える。それはあたかも風船を膨らますような感じである。棘状突起などは徐々に膨らみ，やがて一通りの形状を示す。形が完成した後も幼虫は静止したままである。しだいに本来の色彩が定着し，表皮の硬化が進行する。

図113はキベリコイナズマとミツボシタテハの脱皮の経過を現している。後者の場合AからBに至るまでに2分間，その後4分を経てCの状態になる。

2.6.9　齢　　数

齢期(stadium)と齢(instar)は多くの場合遺伝的に決まっているが，同じ種でも一定していなかったり，生活環境の相違で異なったりする場合がある。

齢数はタテハチョウ科の場合5齢が原則であるが例外もある。特に休眠との関連が強いと考えられ，休眠の条件である光周期，温度，なかでも食草のステージに影響を受けて休眠の過程が加わると齢数が延長する。

図112　前胸に4齢期の頭部が形成されたミヤマアメリカイチモンジ *Adelpha alala negra* の3齢幼虫(Peru)

図113　キベリコイナズマ *Tanaecia lepidea cognata*(上)とミツボシタテハ *Catonephele numilia esite*(下)の脱皮経過

(1) 5齢未満

イチモンジチョウ亜科にみられたが，観察の誤りも否定できない。アカボシゴマダラとゴマダラチョウの雑交で生じた F_1 が4齢で小さな蛹および成虫になった。

(2) 5齢以上

蛹化するために十分な成育条件が満たされていない場合に多い。主として適切な食餌の質・量および生育中の適温不足と考えられ，齢が促進されて6〜8齢に及ぶ。その間に低温期の休眠があるのが一般的。オオムラサキや旧北区のヒョウモンモドキ類など多くの例があり，通常でも齢数は6齢以上に及び，半ば遺伝的な傾向を示す。しかし人工的に温度や食餌の条件を変えて好適環境を整えると通常の齢数よりも少ない段階で蛹化に至ることがあり，遺伝性は流動的である。

これに比べ遺伝的に確定されていると考えられるのにタテハモドキなどコノハチョウ族に所属する種があり，好条件と思われ飼育下でも6，7齢が終齢である。

2.6.10　造 巣 性

幼虫は自ら巣をつくってその中に隠れたり外敵から逃れたりする。

タテハチョウ科のつくる「巣(shelter，nest)」は大きく3タイプに分けられる。

(1)葉を綴る

アカタテハの仲間(アカタテハ属，ヒメアカタテハ属，ナンベイアカタテハ属)は葉を綴ってその中に潜んでいる。イチモンジチョウ亜科などの越冬巣もこれに準じる。

(2)葉脈や葉を残す

ミスジチョウ属は嚙み込んだ葉を中脈に残す。さらに(1)をつくることもある。

(3)造成する

さらに進むと積極的に自衛のための「巣，すまい」に相当するものをつくる。本書では「食痕」と簡単な表現をしていること以外にその形状から「棒状突起」「伸長物」「糞塔」などいろいろな表現がある。一般に糞を鎖状につないでつくることが多いので糞鎖(ふんさ)(frass chain)といわれる。また同時に葉に嚙み痕を入れたり嚙み切って葉を吊るしたりする。これを「カーテン」などの表現もあるが，カーテンというよりは「暖簾(のれん)」の形状に近い。幼虫はこのような手段で自ら護衛のための環境をつくる。

いくつかの造成パターンやプロセスがある。

①スミナガシ型

中脈を残しその先端に嚙み切った葉片をつなぐ。糞でつくるのではないので正確には糞鎖ではない。

②イチモンジチョウ型

中脈を残しその先端に移動して糞を先へ先へとつなぐようにして排泄する。さらに食痕の基部に糞をまとめて置き，幼虫体の替え玉として利用する。

③キノハタテハ型

②と完成した状態は同じであるが糞は自分の口で受け取って吐糸でつないでつくる。

さらに偽装のために嚙み込んで残った枯葉を吊るすなどの手段が付加される。種の解説で詳細を述べる。

糞で伸長物をつくる糞鎖の働きや効果については不明なことが多いが，アリの忌避効果があるという観察もある(Keith Wolfe氏私信，2006)。食物として利用した有毒植物の糞にはアリが忌避する毒性物質が含まれていることは容易に推測できる。付近の葉を嚙み切ってつないで残しておく習性のある種は明らかに隠蔽効果がある。ときに何かの原因でこの糞鎖が破壊されたり，外敵が侵入して追い払われたりしたようなときは適切な位置に再度つくり直すことが多い。しかしこの場合は葉の中脈付近を嚙み切って中脈を残すだけで糞をつないでつくるようなことはなく，単に擬似的なものである。またこの習性は2齢期までででそれ以降にこの習性は消滅する。

糞鎖に執着する習性は強いがこれは幼虫の物理的な感触に対する嗜好のようで，人工的に食草の葉の中脈だけを残した擬似糞鎖をつくっておくと幼虫はそこに静止して落ち着く。

図114　ナンベイアカタテハ *Hypanartia lethe lethe* 幼虫の巣(Peru)

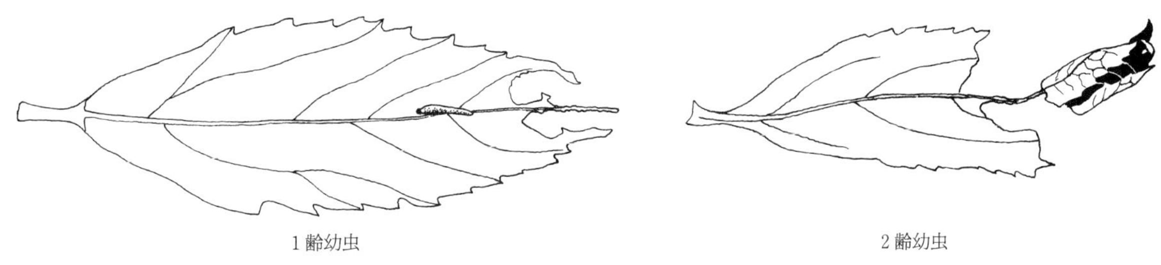

図115　フタスジチョウ *Neptis rivularis* の食痕と巣

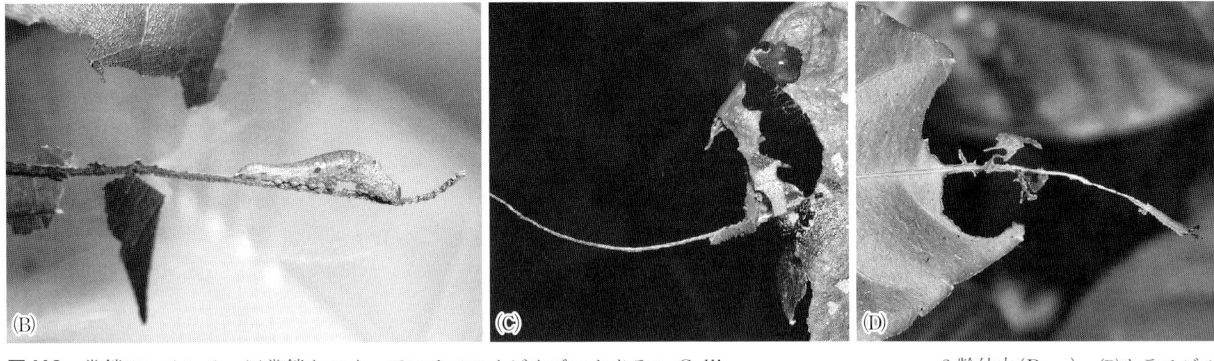

図116　糞鎖のいろいろ。(A)糞鎖をつくっているベニオビウズマキタテハ *Callicore cynosura cynosura* 2齢幼虫(Peru)，(B)ウラスジルリオビタテハ *Archaeoprepona demophon muson* 2齢幼虫の糞鎖と葉片(Peru)，(C) *Adelpha* sp. の糞鎖と糞のダミー(Peru)，(D)カバタテハ亜科の糞鎖(Peru)

造巣性の1つと考えられる糞鎖をつくるこの習性は，タテハチョウ科の系統上では断続的なところがあり，同じフタオチョウ亜科やカバタテハ亜科，イチモンジチョウ亜科内でもその習性の有無がある。必ずしも系統上の関連のない共有祖先形質の1つと思われるが，チョウ(鱗翅)目では本書で取り上げたタテハチョウ亜科内に限られている特異な習性の一環である。

2.6.11　集 合 性

2.6.1で述べたようにタテハチョウ科のなかには多数の卵を狭い空間に産下する種が多い。卵間の距離はさまざまで卵塊の状態であったりまばらであったりする。卵塊状態の種は幼虫が集合して生活することが多い。卵塊で産下される優位性もあるが必ずしも肯定できるものでもなく，卵塊内の幼虫が孵化脱出できない例も見られる。逆に外側の卵は内部の卵を保護する立場になることも考えられる。幼虫が集合することによって体温の上昇があり，摂食活動が促進され，よって生育が順調に進むという報告もある。この集団から切り離して単独で飼育すると摂食刺激が停止し生育が阻止される種もある。

この習性はドクチョウ族，ホソチョウ族，ヒオドシチョウ族，ヒョウモンモドキ族などに顕著に見られるが，コムラサキ亜科のように属または種によってかなり異なることもある。一般に終齢になるとこの集合性が弱くなるが，なかには蛹化も狭い範囲で行われる種類もある。

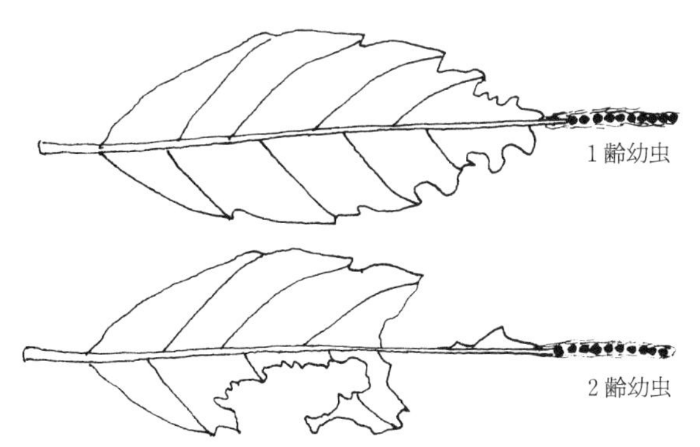

図117　ブラジルウラモジタテハ *Diaethria candrena* の幼虫の食痕

2.6.12　防衛戦略

防御能力の乏しい幼虫期は天敵や病原菌によって生育を阻止されたり，死に至ったりする機会は多い。寄生蜂や寄生蝿の捕食寄生虫(parasitoid)の攻撃を受けた例はよく目にする。

その防御としては体の構造の一環としての棘状突起を備えたり忌避物質を分泌または直接口中より吐出したりする。毒性のある植物を食べて体内に毒を蓄積している場合も多く，成虫はベイツ型やミューラー型の擬態をす

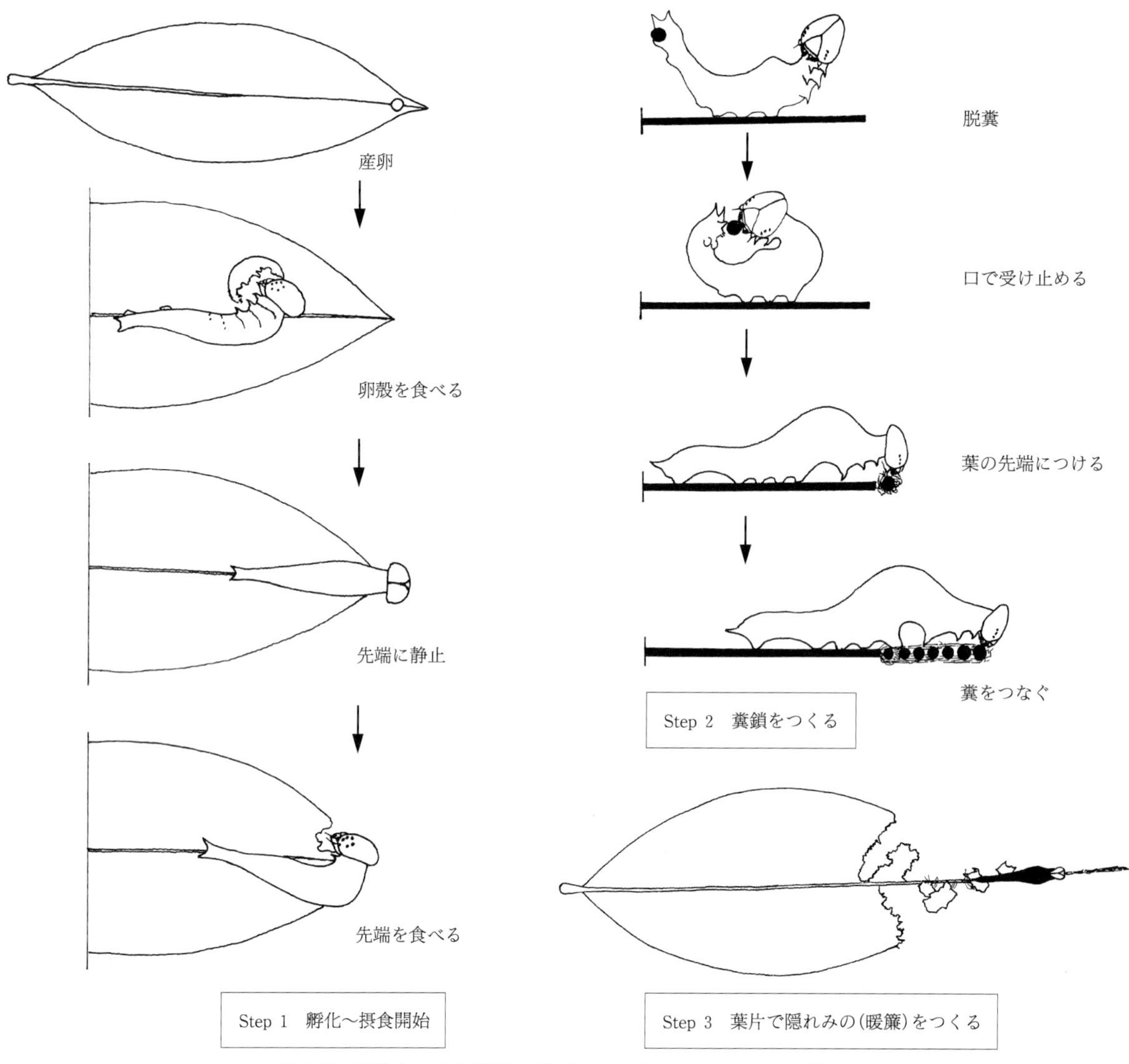

図 118　糞鎖をつくる過程(ベアタミイロタテハ *Agrias beatifica*)

る。ルリオビタテハ族が形態や色彩に加えて振動などの刺激で体を揺する動作も，ヘビなどへの動作擬態と考えられる。特に新熱帯区に生息する種類(カバタテハ類など)の幼虫は斑紋が原色の色彩で構成されていたり，金属光沢のある小斑点をちりばめられたり，頭部前額周囲が真紅色の斑紋が存在するなどが見られ，それらは警戒色と考えられる。幼虫や蛹は環境に溶け込むような色彩や形態で隠蔽的異物擬態の例であると思われる。

これらの積極的な防衛のほかにキノハタテハ類のヒイロキノハタテハやキベリタテハの成虫，それにガ類の幼虫には摂食刺激に対し擬死を装うことあるが，本科の幼虫の擬死行動の観察例は少なく，メスグロアメリカヒョウモンモドキが外的刺激に対して食草から落下したときに行うのを観察している程度である。

図 119　ベニモンナンベイホソチョウ *Altinote dicaeus callianira* 3 齢幼虫の群居生活(Peru)

2.6.13　共　生

タテハチョウ科のなかにはほかの生物(アリやアブラムシなど)と共生している種はない。また微生物と共生関係をもっていることもないと思われる。しかし細菌による不利益と思われる影響を受けている例が知られている。特にウォルバキア属による性比異常を引き起こす例はよく知られている。リュウキュウムラサキの例が多く，ホソチョウ属にも見られる。

2.6.14　蛹　化

最終段階の齢数の幼虫はそれ以前の齢数期の幼虫と基本的に同じ形態であるが，色彩や斑紋はしばしば異なることが多い。何よりも生育比がどの齢数よりも大きく圧倒的に増大する。そしてある段階で摂食を停止し消化管に残った内容物を排泄した後，適切な蛹化場所を探し求めて盛んに歩き回る(wondering)。やがてその場所を決定するとその部分に吐糸をして台座をつくる。かなり念入りに行われるようである。これが終了すると台座のほぼ中央部に幼虫の尾脚(第 10 腹節腹脚)を移動させ，その

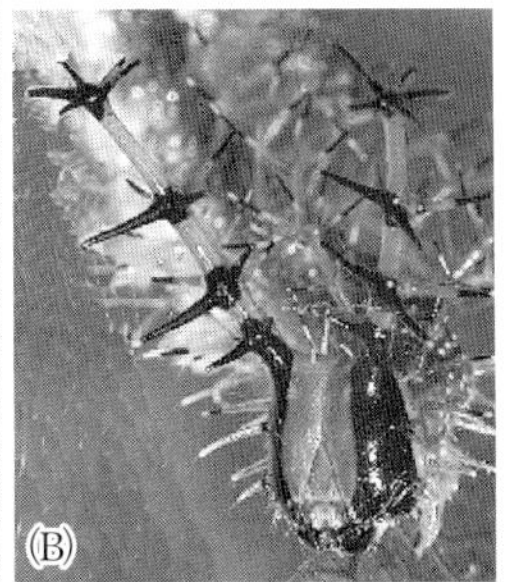

図120 捕食寄生虫による攻撃とそれに対する防衛。(A)寄生されたツマグロカバタテハ *Temenis laothoe laothoe* 終齢幼虫(Peru)，(B)頭部前額周辺が赤い警戒色のミツボシタテハ *Catonephele numilia esite* 終齢幼虫(Peru)，(C)体から寄生蝿の幼虫が出てくるトガリコノハ *Zaretis itys itys* 終齢幼虫(Peru)

鉤爪を台座にかけて下垂する。この幼虫を前蛹(prepupa)という。下垂したままの前蛹は病気に罹患した幼虫のように見えるが体内では劇的な変化が起こり，多くの組織や器官が崩壊したり新しいものにつくり変えられたりしている。

前蛹期は1，2日程度で終了し，次の蛹の段階に進行する。前蛹体からの脱出は胸部背面から行われ，ほぼ全体が脱出したところで前蛹殻を退けるようにして第10腹節先端部(懸垂器)を台座へと滑らす。その先端の鉤爪が台座に接した段階でこの行動は終了するが，この間落下しないために懸垂器の基部にある瘤状突起(projection)を幼虫の脱皮殻内側の安全帯(safety band)に架けている。懸垂後しばらくは腹部をねじるようにして脱皮殻を落下させる。これらの動作が終了すると蛹体は台座にぶら下がった状態で外骨格の硬化が始まる。

3. 蛹

3.1 蛹の外形

昆虫の蛹は基本的には成虫と同じ構造になっている。

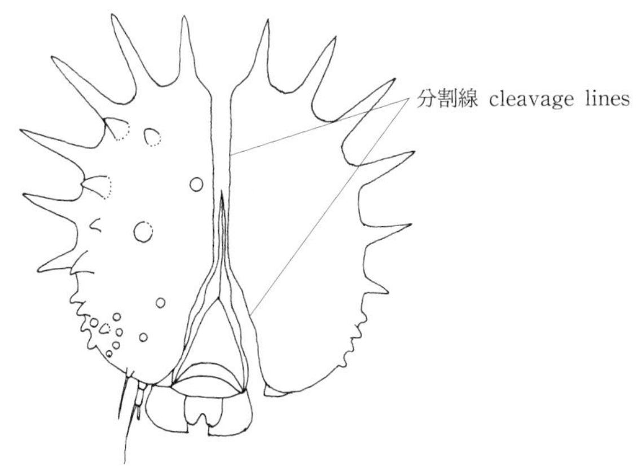

図121 タテハチョウ科蛹化時の頭蓋分割（ワイモンアメリカイチモンジ *Adelpha capucinus*）

チョウ目の蛹(pupa，複数はpupae)は付属肢や翅が体と密着した被蛹(obtect pupa)で，幼虫と成虫の中間的発育段階というよりも成虫に近い形態に見える。一方，タテハチョウ科は体表に大小さまざまな突起を生じるが，これは幼虫期の棘状突起と相同である場合が多く，幼虫の名残も有する。体全体が硬い皮膚で覆われ，運動機能をもたない。したがって摂食や移動などの活動を停止する。ただ腹部の節間(ceinture articulaire)のみ伸縮が可能で，体を左右に振ることができる。特にコムラサキ亜科で顕著で，接触刺激に対して激しく体を振る。頭部と胸部には，成虫器官の原基となる触覚，口器，複眼，胸脚，前翅が現れ，腹部には気門，外部生殖器原基，懸垂器(cremaster)が見られる。

チョウの蛹は帯蛹(cingulate pupa)と垂蛹(adherent pupa)に大別できるが(ほかに繭)，タテハチョウ科は例外なく垂蛹の形式をとる。つまり，懸垂器先端部を吐糸に掛けて吊り下がっている状態である。本書では図示の統一化を図るため頭部を上にした状態で図示しているが，自然状態では一般にこの図の上下を逆さにした状態となっている。したがってこの図の形式に違和感を覚えるかもしれないが，タテハチョウ科の蛹は頭部が下向きという概念も正確には誤りである。つまりこの状態は完全に下向きではなく，やや～著しくある一定の角度を維持している。

この垂蛹は広義のタテハチョウ科の例外のない特徴であり，近年はジャノメチョウ類やマダラチョウ類，テングチョウ類を含めてすべてをタテハチョウ科として扱っていることが多いことはすでに述べた。

最後の体節である第10腹節は懸垂器を形成するが，その基部には1対の瘤状突起がある。前述したが，これは蛹化するための脱皮の際，懸垂器が台座に掛かるまでの間，脱皮殻と蛹本体を連結して落下を防ぐ働きがあり，垂蛹の分類群(広義のタテハチョウ科)にとっては重要な部位であり，フタオチョウ族などでは特に発達して肉眼で観察できる。

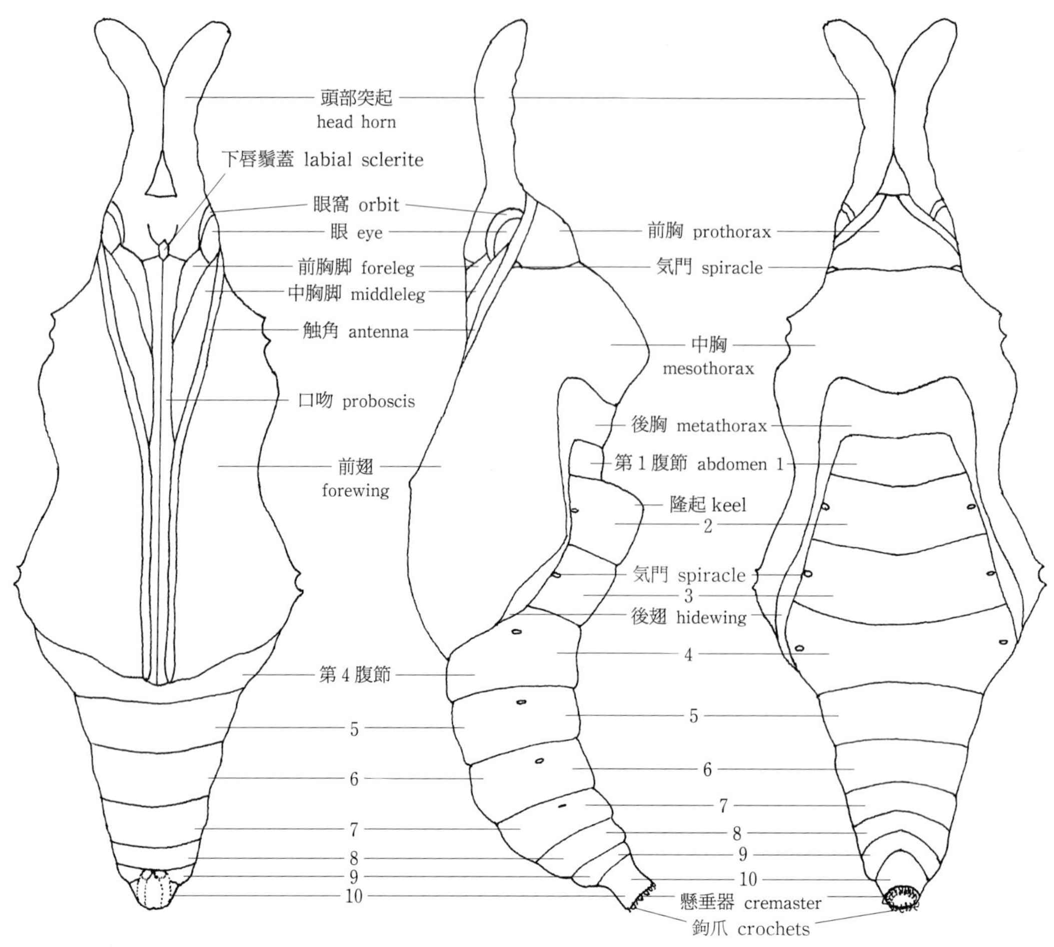

図122　タテハチョウ科蛹の部分名称（コケムシカスリタテハ *Hamadryas februa*）

一般に頭部には1対の突起をもちしばしば発達する分類群があるが，幼虫期に長大な角状突起を有する種が必ずしも蛹でその傾向が継続されるとは限らない。背面から見ると翅部の中央が湾曲したバイオリン型からやや張り出した菱形で，特に腹部背面各節にさまざまな突起をもつことが多い。この突起は幼虫期の棘状突起の配列と相同だが大きさは必ずしも比例するものではなく，亜背部の突起列が発達する例が多い。

タテハチョウ科は前胸脚が発達しないため中胸脚が複眼に接すること(♂において著しい)，後翅が腹部第4節で前翅の下に隠れることも大きな特徴である。タテハチョウ科成虫の多くが前後翅外縁に鋸歯状の切り込みをもつが，蛹にこのような特徴は認められず，これは蛹体内で翅の一部が欠除しながら形成された結果であるといわれる(アポトーシス apoptosis)。

蛹の胸部背面や腹部に微細な刺毛を生じる種(カバタテハ亜科など)もある。

色彩は緑色系また褐色系が多く，クビワチョウやカバタテハ亜科の一部ではこの両方にまたがる多型発現がある。また濃淡や斑紋では個体変異が多い。幼虫の場合と同様に色素によるが種により銀色，金色などの光の干渉による構造色斑紋を装う。あまり複雑な斑紋はなく，微細な亀裂模様で覆われる。蛹の色彩や構造色は羽化後に消滅してしまう。

蛹の外形は幼虫に比べれば比較的単純な形といえるだろう。基本的には周囲の環境や植物(特に寄主植物)などに対する擬態または隠蔽のために選択された形質によって形成されていったように思われる。したがって蛹の色彩や形は自衛手段のために何らかの意義があると考えられる。人間から見れば極めて目立つ金または銀色に輝く斑紋も同意義であり，その反射が蛹自身を隠蔽する効果があると推測する。

このように蛹は幼虫よりも2次的に獲得した形質で形成された要素が多いこと，それも各分類群ごとに特徴が強いことで，形態から大まかな分類はできても系統的な関連などは幼虫よりも規則性に欠ける。

3.2　各亜科の特徴

3.2.1　クビワチョウ亜科

全体が丸みの強いラグビーボール状で突起はなく，懸垂器が発達する。一見マダラチョウ科を思わせ，またジャノメチョウ科やフタオチョウ亜科にも似ている。色彩は緑色系および褐色系で個体変異が多い。

3.2.2　フタオチョウ亜科

全体としてラグビーボール状で，クビワチョウ亜科よりは突出部が多い。頭部突起は一般に発達が弱い。懸垂器が発達し，瘤状突起が顕著で目立つ。色彩は緑色系が多く目立った斑紋は少ない。

3.2.3　コムラサキ亜科

形態的特徴は幼虫とともに非常にまとまった亜科であり，明瞭にほかの亜科と識別できる。すなわち，やや扁平で背中線が左右接合して稜をなし，大きな弧を描く。

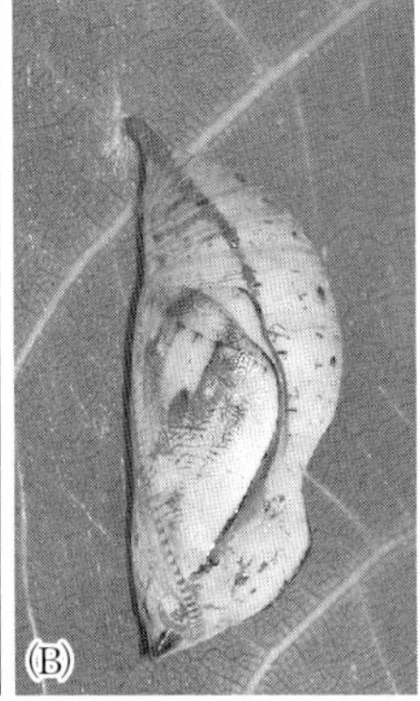

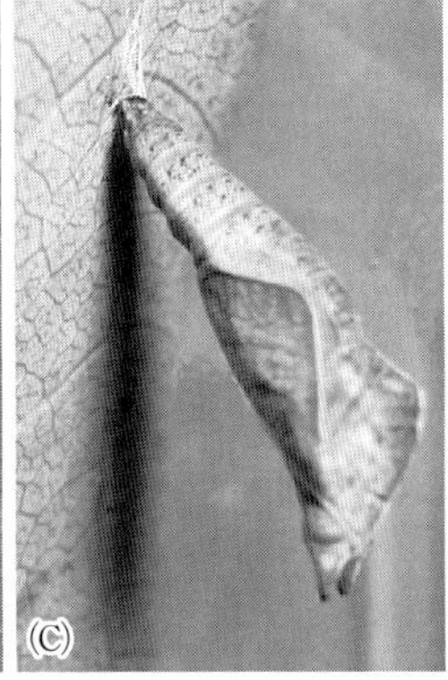

図 123 蛹化姿勢のさまざま。Ⓐ帯蛹 *Ornithoptera tithonus* (Papua, Indonesia) とⒷ垂蛹 セラムコノハ *Doleschallia hexophthalmos hexophthalmos* (Seram), Ⓒ斜めに下垂するのはカバタテハ亜科の特徴 ヒメジャノメタテハ *Eunica monima modesta* (USA), Ⓓ上部ガラス壁面に蛹化した状態。蛹化面と平行になるアメリカコムラサキ *Asterocampa clyton texana* (USA)

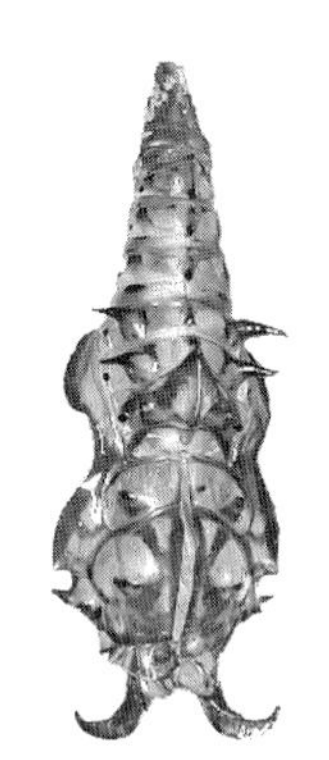

図 124 羽化後には色彩を失うミズイロアメリカイチモンジ *Adelpha serpa diadochus* の蛹(Peru)。羽化前(左)と羽化後(右)

頭部突起はやや顕著。色彩は緑色系で，多くの種が白色粉末を散布したような状態である。その全形と色彩は植物の葉を思わせる。接触刺激に対しての反応は敏感で激しく体を震わせる。

3.2.4 スミナガシ亜科

種数が少なく共通の特徴を見つけにくいが，いずれも枯葉状の形態である。幼虫の形態は似ていても蛹が著しく異なっていることから現生種は過去に多様化した種の一部の末裔のように推測できる。体表の突出が多く特異な形態である。色彩は褐色系が多い。

3.2.5 イシガケチョウ亜科

ややスミナガシ亜科に共通した枯葉状蛹(イシガケチョウ属，チビイシガケチョウ属)と紡錘形で棘状の突起をもつ蛹(ツルギタテハ属)に2大別できる。頭部突起はいずれも発達する。色彩は緑色系と褐色系がある。

3.2.6 イチモンジチョウ亜科

背面から見るとバイオリンを思わせる。分類群により頭部突起が著しく発達したり，腹部背面に弧を描く突起を生じたりするなど特徴が多い。色彩は褐色系が多く，一部が緑色系，翅部や腹部背面に顕著な金〜銀色に輝く斑紋を装うことが多い。一方トラフタテハ族はフタオチョウ亜科とコムラサキ亜科の折衷のような形であったり，イナズマチョウ族は三角形回転体状であったりするなど族によってかなりの相違がある。

3.2.7 ドクチョウ亜科

ヒオドシチョウ亜科に比較的似て各節に鋭い突起をもつことが多く，しばしば強く発達する。族によりかなりの差がありヒョウモンチョウ族はヒオドシチョウ亜科に似ているが，ハレギチョウ族やドクチョウ族では特徴的な突起を備える。またホソチョウ族は全体に細めで背面にのみ鋭い突起を生じる。色彩は黄褐色を基礎にイチモンジチョウ亜科のように金・銀の斑紋を装うことが多い。ドクチョウ族やホソチョウ族には白色に黒色斑紋を装う種も多い。

3.2.8 カバタテハ亜科

イチモンジチョウ亜科に似ているが，背面に円弧状の突起を生じることはない。頭部突起が発達することが多く体表に微毛を生じる。色彩は緑色系，褐色系などさまざまである。

本亜科の著しい特徴は懸垂器の鉤爪部分が背面方向に向いているため，懸垂付着部と直交に近い形で懸垂することである。

3.2.9 ヒオドシチョウ亜科

やや長めの体形で頭部をはじめ，各節に幼虫と相同の突起を生じる。その形状は属によって多様である。色彩は褐色系が多く，緑色系は少ない。黒色の斑紋や黄金色に輝く斑紋をもつ種もある。

4. 幼虫の食草

4.1 寄主植物の分類上の位置

タテハチョウ科の食性の対象はすべて植物に限られる食植性(phytophagy)で，そのほとんどが葉である。それらの植物(コケ植物を除いた植物である維管束植物)の分類上の内容は次のようである。なおシダ植物(Pteridophyta)および裸子植物(Gymnospermae)以外の被子植物(Angiospermae)の分類はAPG植物分類体系による。

4.1.1 シダ植物門

ジャノメチョウ亜科に若干存在するのみ。

4.1.2 種子植物

(1)裸子植物門

唯一例外としてマツ科のマツ属を食べるイチモンジチョウ亜科ベニホシイチモンジ属の2種があるのみ。た

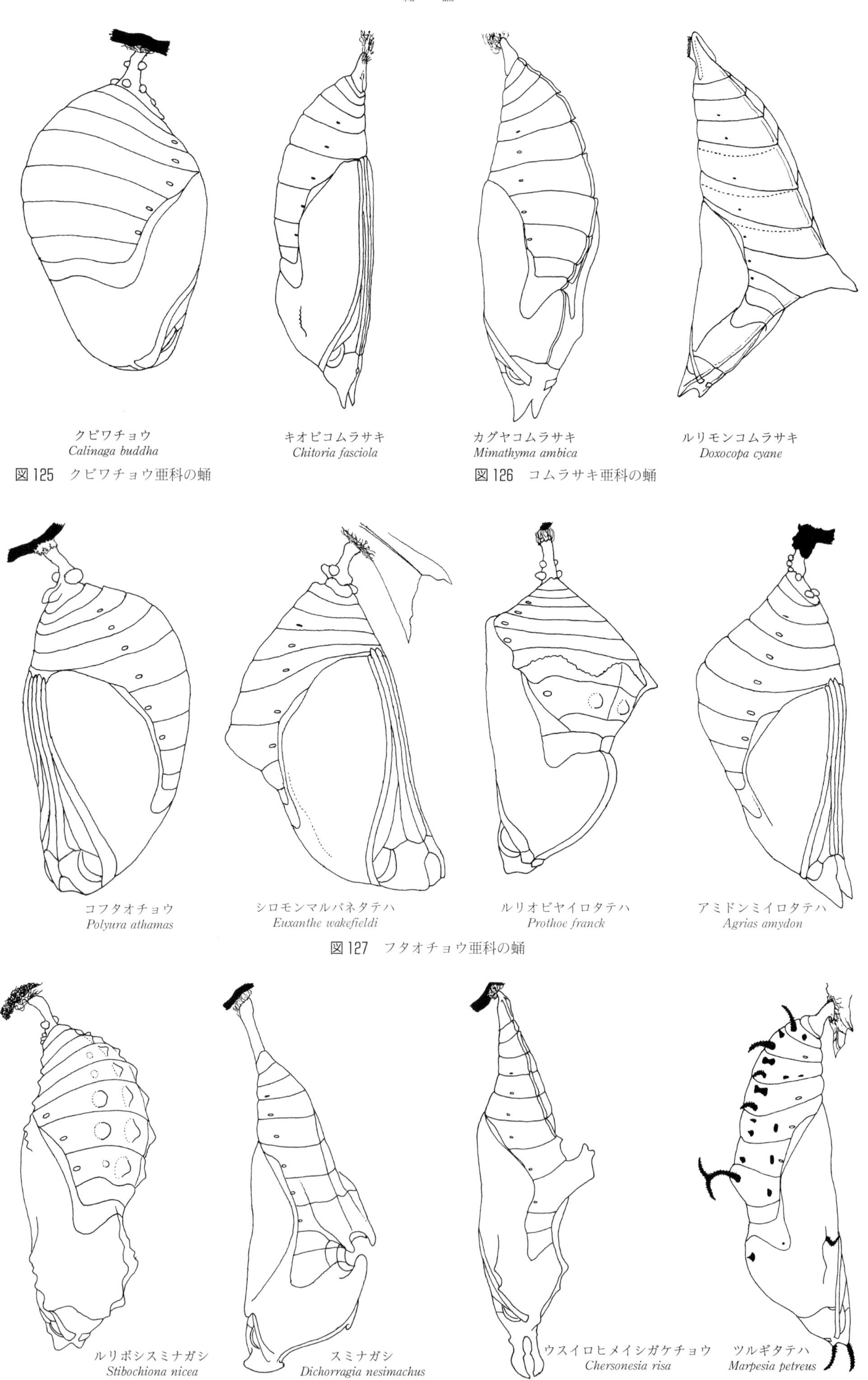

図 125　クビワチョウ亜科の蛹

図 126　コムラサキ亜科の蛹

図 127　フタオチョウ亜科の蛹

図 128　スミナガシ亜科の蛹

図 129　イシガケチョウ亜科の蛹

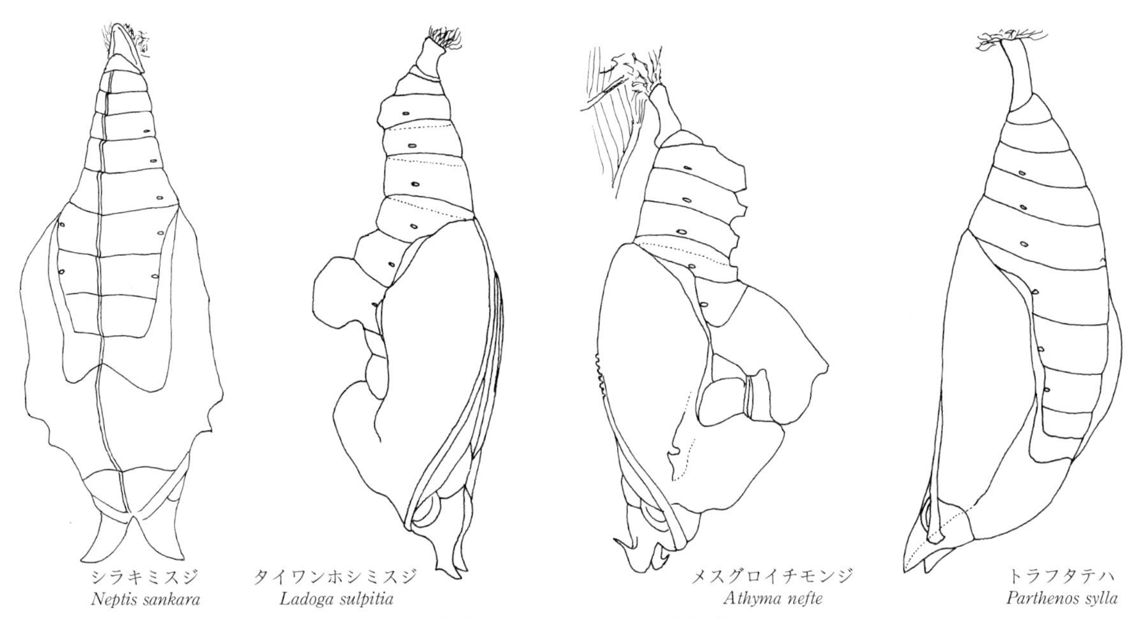

図130　イチモンジチョウ亜科の蛹

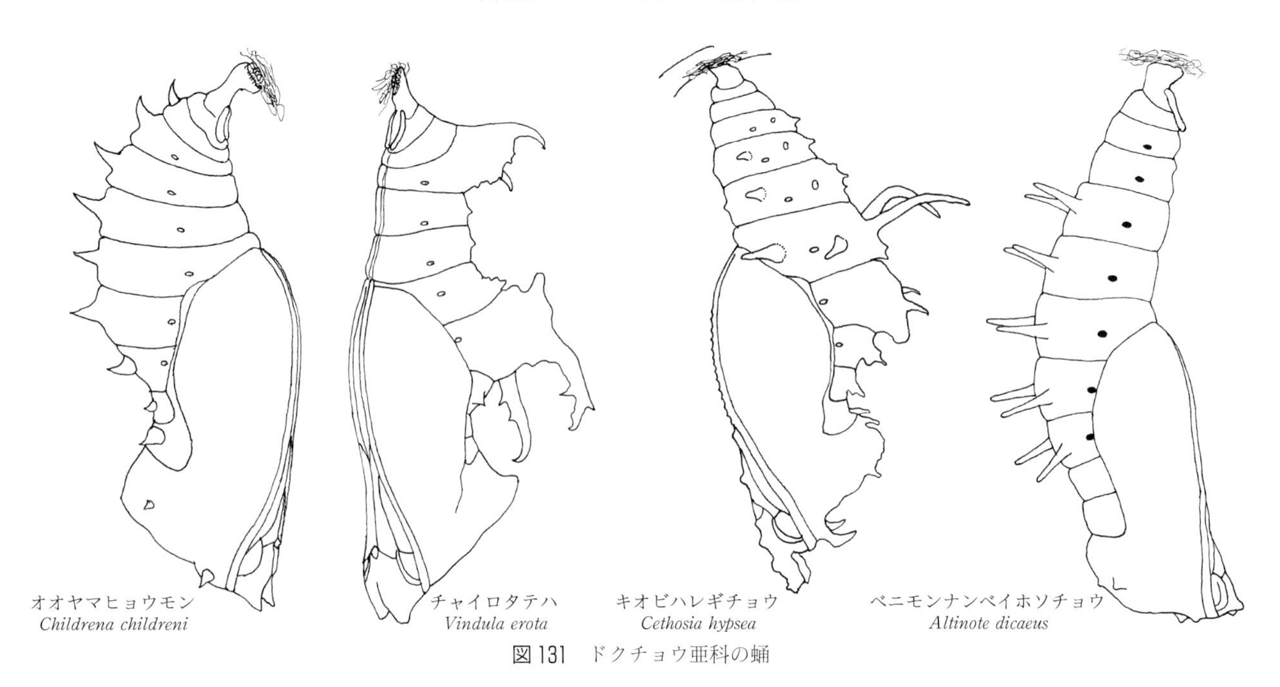

図131　ドクチョウ亜科の蛹

だしチョウ目のなかでは食性の対象とする例が多い。

⑵被子植物門

①単子葉類，ツユクサ類

ルリタテハは単子葉類ユリ目サルトリイバラ科を食べるが，これも同族の他種と極端に異なった食性である。しかしユリ目はチョウ全体として必ずしも例外の寄主植物ではなく，数科にわたり重要な食性の対象となっている。

ツユクサ類イネ目イネ科を食べるフタオチョウ属，ミスジチョウ属がある。ヤシ目ヤシ科はイチモンジチョウ亜科のイナズマチョウ族に利用されている。一見タケ類のようなイネ目トウツルモドキ科が唯一イチモンジチョウ亜科のタケミスジに利用されていることが確認されている。イネ科，ヤシ科などを主食性とするジャノメチョウ亜科との種分化に関連した祖先的形質の発現ではないかと思われる。

②その他

新エングラー植物分類体系で双子葉植物綱とされていた植物はタテハチョウ科の主要食性の対象である。この分類では古生花被植物(離弁花)亜綱と合弁花植物亜綱に分類されるが特に2者の選択の偏りはなく，多くの科にわたり食餌植物として利用されている。維管束植物以外のコケ植物は，ほかのチョウの科では食性の対象となっている例もあるが，タテハチョウ科では例外の記録もないと思われる。

4.2　他科との食性の共有性

4.2.1　セセリチョウ科

日本産ではスミナガシとアオバセセリのアワブキ科アワブキ属など顕著な例がある。イネ科植物は断片的な例のみだが，そのほかではかなり重なりが見られる。

4.2.2　アゲハチョウ科

アゲハチョウ科の主要な食餌植物であるモクレン類の

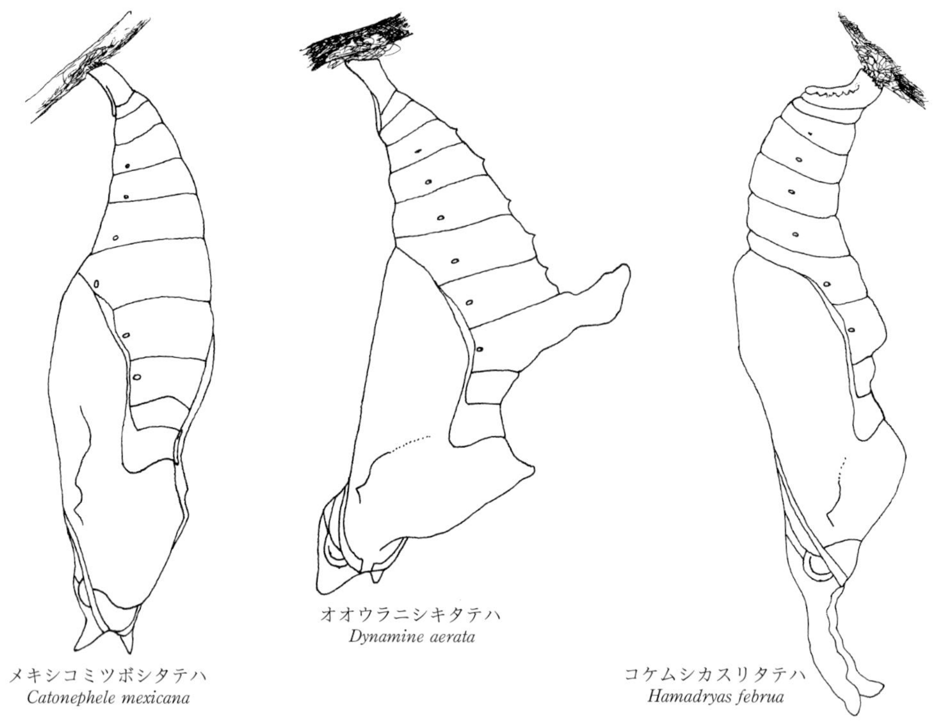

図 132　カバタテハ亜科の蛹

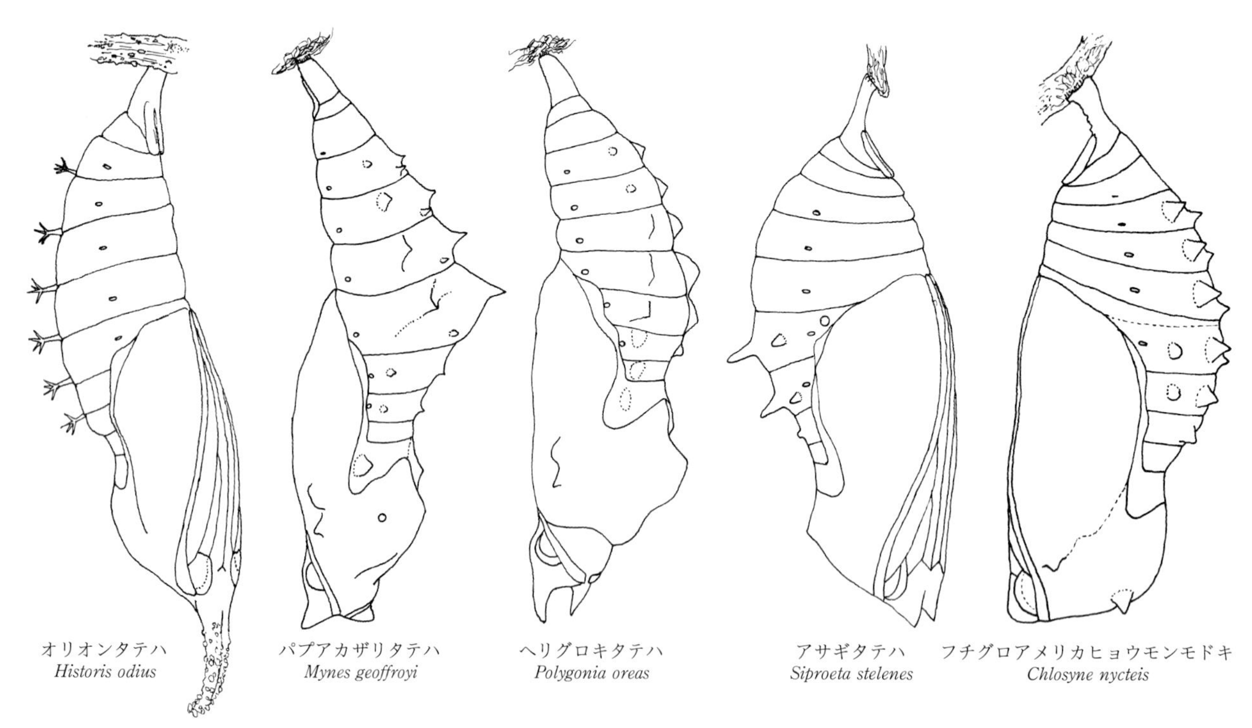

図 133　ヒオドシチョウ亜科の蛹

コショウ目は新熱帯区のキノハタテハ属が利用するが同目のウマノスズクサ科は食性の対象となっていない。モクレン類に属するクスノキ目のクスノキ科やモクレン目のバンレイシ科，モクレン科などはタテハチョウ科の一部の重要な食性の対象である。ムクロジ目ミカン科は例外の記録を除き，対象となっていない。

4.2.3　シロチョウ科

シロチョウ科で重要な食餌植物であるアブラナ目アブラナ科や同目のフウチョウソウ科は対象となっていないが，一方，マメ目マメ科およびビャクダン目オオバヤドリギ科はタテハチョウ科の重要な食性の対象である。

4.2.4　シジミチョウ科

ブナ目ブナ科，マメ科，ムクロジ目ムクロジ科，バラ目クロウメモドキ科，オオバヤドリギ科など，そのほか細部で重なる部分が多い。

4.2.5　シジミタテハ科

本科はサクラソウ科，ヤブコウジ科，フトモモ目フトモモ科，リンドウ目アカネ科などを食べることが確認されているが，科内での食性調査は不完全である。一部では重なりが見られる。

4.2.6　テングチョウ科

コムラサキ亜科の主食餌植物であるバラ目アサ科のエ

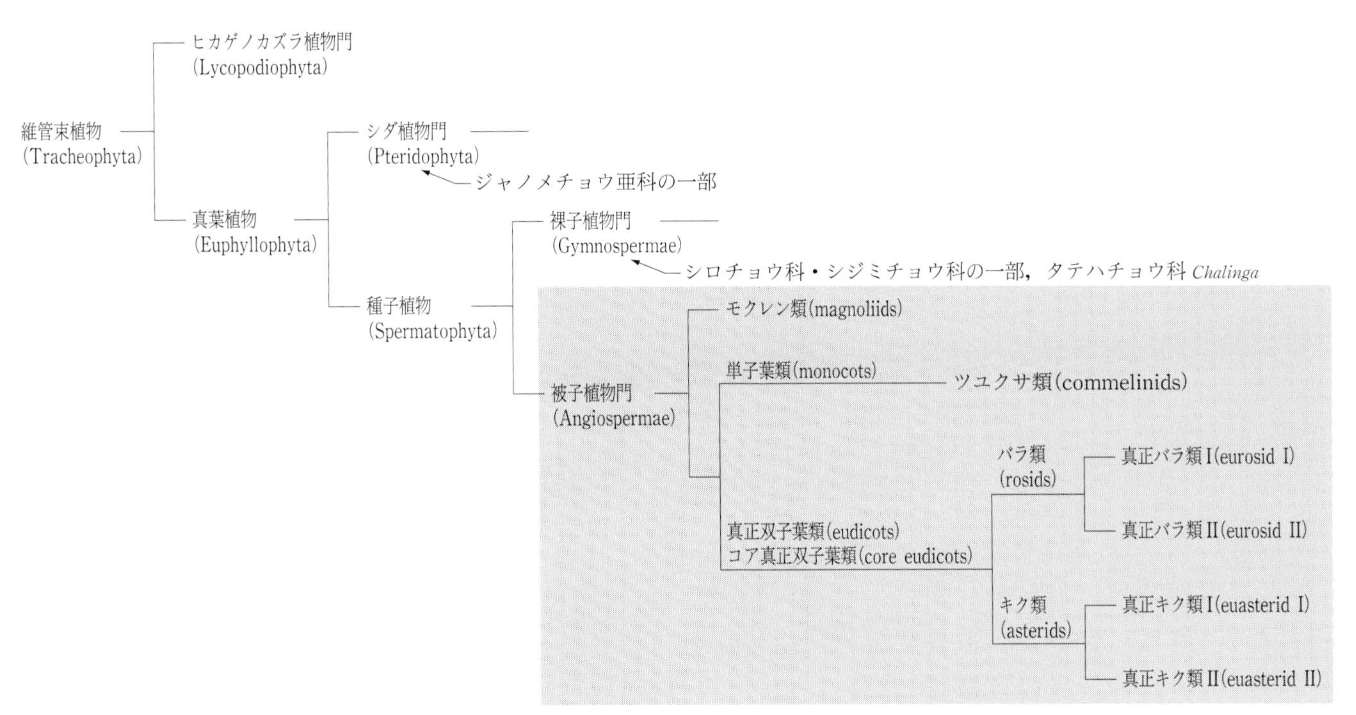

図134　被子植物の分類体系(Wikipedia より)とタテハチョウ科の食性の対象

ノキ属が共通している。

4.2.7　マダラチョウ科

バラ目クワ科など一部に共通するが，本科の主要な食性であるリンドウ目キョウチクトウ科，ナス目ナス科は例外を除き対象となっていない。

4.2.8　ジャノメチョウ亜科，モルフォチョウ亜科など

イネ科，ヤシ科，マメ科，ムクロジ科など内容的に多くの点で共有している。

4.3　食性の範囲(寄主範囲)

4.3.1　1種のみに限る(狭食性または単食性)

自然状態でただ1種類の植物以外に食べないタテハチョウ科はいないのではないかと思われる。同種内で生息場所が異なれば食性の対象となる植物の種も若干異なるのが通例である。ただしヤイロタテハのように現在までにただ1種類の植物バンレイシ科の *Desmos chinensis* しか確認されていないような例は少なくない。

4.3.2　1属のみの複数種を食べる

一般的な食性の傾向である。

(1)コムラサキ亜科のエノキ属，ニレ科ニレ属，ブナ科コナラ属などで，その植物の属内では複数の種を食べる。

(2)スミナガシ亜科内でもその傾向が見られる。

(3)イシガケチョウ亜科のクワ科イヌビワ属。

(4)ドクチョウ科ヒョウモンチョウ族の多くはキントラノオ目スミレ科のスミレ属，ドクチョウ族はキントラノオ目トケイソウ科のトケイソウ属などを食べる。

4.3.3　1科内の複数属を食べる

これも例が多い。例えばブラジルウラモジタテハはムクロジ科の *Allophylus* や *Serjania* など複数の属を摂食している。

4.3.4　複数の科にわたって食べる

フタオチョウ族ヒメフタオチョウはアサ科のウラジロエノキ属やマメ科のネムノキ属を含め，複数の科にわたって食べる。ほかにも例は比較的多い。

4.3.5　多数の科にわたる(広食性)

上記よりもさらに多岐にわたる類縁の離れた植物の科を食べる。タテハチョウ科では少ないがヒメアカタテハ，リュウキュウムラサキなどはその代表である。

4.4　選択される植物の共通性

4.4.1　被子植物が多い

タテハチョウ科のそれぞれの種が出現した時代とその背景にある植物環境の関係によるものと思われる。

4.4.2　亜科または族，属により食性の基本的な傾向(基本的食性)がある

(1)クビワチョウ亜科

クワ科

(2)フタオチョウ亜科

多様であるがマメ科，クスノキ科とその近縁の科，ムクロジ科など

(3)コムラサキ亜科

アサ科

(4)スミナガシ亜科

バラ目イラクサ科

(5)イシガケチョウ亜科

クワ科

(6)イチモンジチョウ亜科

マメ科，アカネ科

(7)ドクチョウ亜科

スミレ科，キントラノオ目ヤナギ科(イイギリ科を含む)，トケイソウ科

(8)カバタテハ亜科

・キントラノオ目トウダイグサ科，ムクロジ科

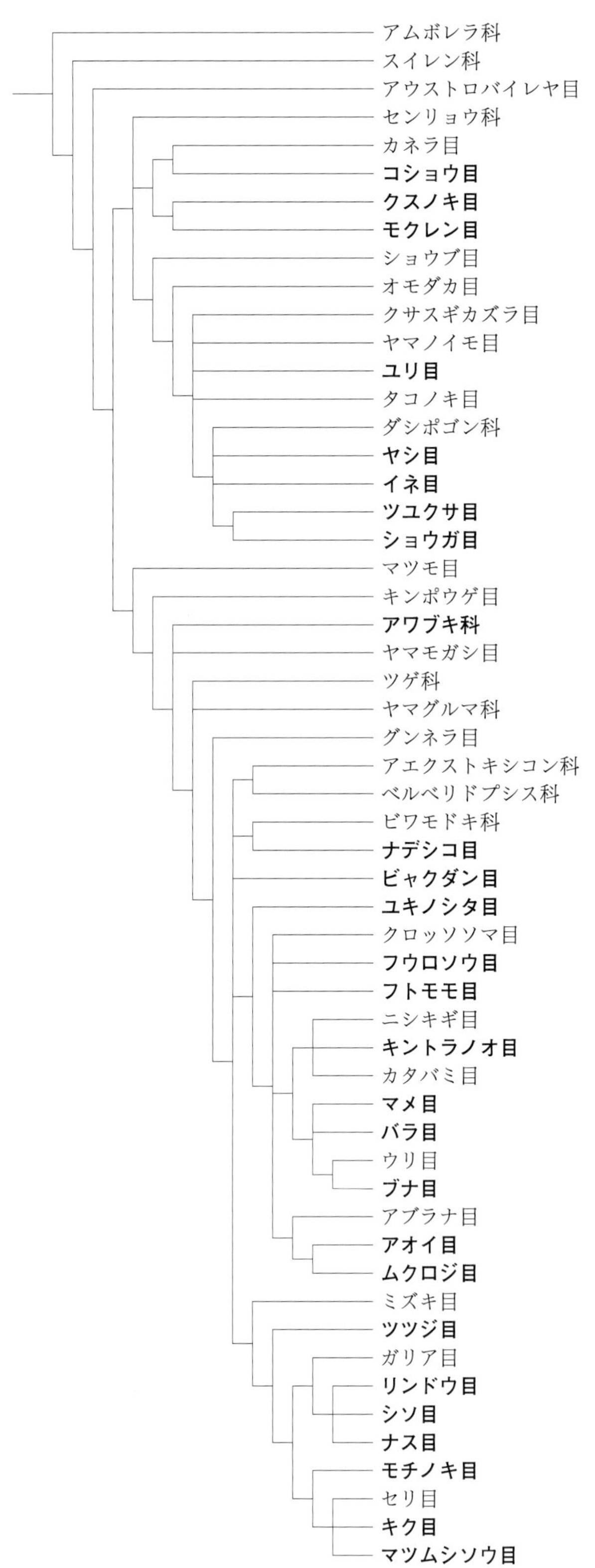

図135　APG 植物分類体系(Wikipedia より)とタテハチョウ科の寄主植物の対象(**太字**)

(9)ヒオドシチョウ亜科

- ヒオドシチョウ族はイラクサ科
- コノハチョウ族とヒョウモンモドキ族はシソ目キツネノマゴ科

4.4.3　選択の平行現象

異なった系統のタテハチョウ科間に選択の平行現象がある。

(1)フタオチョウ亜科とカバタテハ亜科＝トウダイグサ科とムクロジ科

トウダイグサ科とムクロジ科はほかのタテハチョウ科の亜科では食性の対象外であるが，フタオチョウ亜科とカバタテハ亜科では重要な寄主植物となっている。

(2)ヒオドシチョウとコムラサキ亜科＝アサ科とヤナギ科

ヒオドシチョウはアサ科(およびニレ科)とヤナギ科の両科を食べるが，コムラサキ亜科は基本的にアサ科，コムラサキ属においてヤナギ科。

(3)コノハチョウ族とヒョウモンモドキ族＝キツネノマゴ科とシソ目オオバコ科

コノハチョウ族とヒョウモンモドキ族の多くがキツネノマゴを基本食性とするが，同時にオオバコ属へと食性を広げる。

4.5　同属不適性・異属適性

同じ属の植物でも食べなかったり，食べても生育が遅れたりする場合(同属不適性)でも，異なった属(科・族)の植物では良好な摂食の対象となる場合がある(異属適性)。近縁の植物よりも遠縁の植物に適応するという一筋縄では推定できない食性の発展が見られる。ヒオドシチョウ族に見られる。植物体の化学的含有成分によるものと思われる。

(1)キタテハ属のコガネキタテハは野外でアサ科のカラハナソウを食べているが，同属のカナムグラでは蛹まで育てることができない。ところが一方ではイラクサ科のイラクサ属の1種を好適な食草としている。

(2)日本産のキベリタテハはブナ目カバノキ科のダケカンバを食べるが，同属のシラカンバを通常食べない。しかしヤナギ科のバッコヤナギは良好な食性の対象となる。

(3)リュウキュウムラサキはその飛躍的な例である。

4.6　基本食性の逸脱(食性転換)

従来の基本的な食性から，現在は新しい食性を獲得したと考えられる。

(1)単子葉類に依存

イネ科を食べるアフリカのフタオチョウ属 *Charaxes boueti* や *C. macclounii*，ヤシ科を食べるイナズマチョウ族のアフリカ産トラフボカシタテハ属や中国産ヤシイナズマなどの食性はジャノメチョウ亜科に共通する。このことは前述したように，祖先種の食性に関連すると推定される。これらの幼虫は近縁種と若干見かけ上の形態を異にし，全体的に寄主植物(単子葉類)に擬態した形態になっている。

(2)コムラサキ亜科

イチモンジマドタテハ属のカバノキ科，キゴマダラ属のブナ科，コムラサキ属のヤナギ科，マネシゴマダラ属のイラクサ科など。

ほかのほとんどのコムラサキ亜科はアサ科を食べる。

(3)スミナガシ亜科

スミナガシ亜科はイラクサ科が基本的食性と考えられるが，スミナガシのみ例外的なアワブキ科に依存している。

(4)イチモンジチョウ亜科

ホソオビイチモンジ属の2種については前述。

(5)カバタテハ亜科ウズマキタテハ族，キオビカバタテハ族

カバタテハ亜科の多くはトウダイグサ科であるが本族はムクロジ科を選ぶ。ムクロジ科を食べる種は少ないがフタオチョウ亜科のマルバネタテハ属に見られる。

(6)ヒオドシチョウ属

ヤナギ科，カバノキ科を食べる。

(7)ルリタテハ

前述の通り。

(8)コノハチョウ族・ヒョウモンモドキ族

オオバコ科へと進出している。

4.7 代用食，人工飼料

日本産では代用食についてもよく研究されていて，寄主植物の同属内では代用食となる可能性が大きい。またタテハチョウ科近縁種間では類似の食性を示すことが多く，飼育下では摂食することが多い。一部の種では人工飼料が開発されている。

4.8 寄主植物

幼虫の食物は一般に植物で，寄主植物(host plant)というが，一般に同好者間では植物の大小にかかわらず，なじみやすい「食草」という用語を使うことが多い。またその植物が草ではなく木の場合は「食樹」という用語で置き換えられることもある。しかし，植物学上「草」と「木」を分別することは必ずしも適正でない場合もあり，「低木(灌木)」,「高木(喬木)」,「蔓性植物」などの用語はあるが，実際に自然状態で見る植物に必ずしも適切に該当しない。それを回避して「食餌植物(food plant)」として総合した用語もあるが,「寄主植物」とともにややなじみにくい感じがする。本書ではあいまいではあるが以上のすべての用語を使用し，特に「食草」を多用する。

それらの植物の属名を以下に網羅する。

裸子植物門
球果植物目
マツ科 Pinaceae(マツ属 *Pinus*)
被子植物門
被子植物 Angiosperms
モクレン類 Magnoliids
コショウ目 Piperales
　コショウ科 Piperaceae(コショウ属 *Piper*)
クスノキ目 Laurales
　クスノキ科 Lauraceae(*Aniba*, タブノキ属 *Persea*, クスノキ属 *Cinnamomum*, ハマビワ属 *Litsea*, *Alseodaphne*, *Eusideroxylon*, シナクスモドキ属 *Cryptocarya*, *Nectandra*, *Ocotea* など)
　モニミア科 Monimiaceae(*Molinedia*)
モクレン目 Magnoliales
　バンレイシ科 Annonaceae(バンレイシ属 *Annona*, *Desmos*, *Friesodielsia* など)

単子葉類 Monocots
ユリ目 Liliales
　ユリ科 Liliaceae(ホトトギス属 *Tricyrtis* など)
　サルトリイバラ科 Smilacaceae(シオデ属 *Smilax* など)

ツユクサ類 Commelinids
ヤシ目 Arecales
　ヤシ科 Arecaceae(シュロ属 *Trachycarpus*, ナツメヤシ属 *Phoenix*, *Borassus*, ココヤシ属 *Cocos*, *Hyphaene* など)
イネ目 Poales
　イネ科 Poaceae(ホウライチク属 *Bambusa*, *Oxytenanthera* など)
　トウツルモドキ科 Flagellariaceae(トウツルモドキ属 *Flagellaria*)

真正双子葉類 Eudicots
　アワブキ科 Sabiaceae(アワブキ属 *Meliosma*)

コア真正双子葉類 Core eudicots
ユキノシタ目 Saxifragales
　マンサク科 Hamamelidaceae(*Eustigma* など)
　ユキノシタ科 Saxifragaceae(ユキノシタ属 *Saxifraga* など)
ビャクダン目 Snatalales
　オオバヤドリギ科 Loranthaceae(オオバヤドリギ属 *Scurrula*, マツグミ属 *Taxillus* など)
ナデシコ目 Caryophyllales
　ヒユ科 Amaranthaceae(ツルノゲイトウ属 *Alternanthera*, イノコズチ属 *Achyranthes* など)
　タデ科 Poligonaceae(タデ属 *Polygonum* など)
　スベリヒユ科 Portulacaceae(スベリヒユ属 *Portulaca* など)

バラ類 Rosids
真正バラ類Ⅰ Eurosids Ⅰ(マメ類 Fabiids)
キントラノオ目 Malpighiales
　バターナット科 Caryocaraceae(*Caryocar*)
　クリソバラナス科 Chrysobalanaceae(*Hirtella* など)
　コカ科 Erythroxylaceae(コカ属 *Erythloxylum*)
　トウダイグサ科 Euphorbiaceae(*Dalechampia*, *Tragia*, *Cnesmone*, *Gymnanthes*, ハズ属 *Croton*, アカメガシワ属 *Mallotus*, *Manihot*, トウゴマ属 *Ricinus*, *Adelia*, *Alchornea*, *Plukenetia*, シラキ属 *Sapium*, *Excoecaria*, *Maprounea*, *Macaranga*, *Caryodendron*, エノキグサ属 *Acalypha* など)
　コミカンソウ科 Phyllanthaceae(ヤマヒハツ属 *Antidesma*, カンコノキ属 *Glochidion*)
　フミリア科 Humiriaceae(*Vantanea*)
　オトギリソウ科 Hypericaceae(*Cratoxylum*)
　テリハボク科 Calophyllaceae(*Mammea*, *Calophyllum* など)
　フクギ科 Clusiaceae(フクギ属 *Garcinia*)
　キントラノオ科 Malpighiaceae(*Malpighia*)
　オクナ科 Ochnaceae(*Ouratea*, クイイナ科 Quiinaceae：*Quiina* を含む)
　トケイソウ科 Passifloraceae(トケイソウ属 *Passiflora*, *Adenia* など)
　トゥルネラ科 Turneraceae(*Turnera*)
　ヤナギ科 Salicaceae(ヤナギ属 *Salix*, ヤマナラシ属 *Populus*；以下は新エングラー体系によるイイギリ科 Flacourtiaceae：*Casearia*, *Zuelania*, *Ryania*, *Laetia*, *Davyalis*, *Buchnerodendron*, *Flacourtia*, *Homalium*, *Trimeria* など)
　アカリア科 Achariaceae(*Rawsonia*, *Hydnocarpus*, *Kiggelaria* など)
　スミレ科 Violaceae(スミレ属 *Viola*, *Rinorea*, *Hybanthus* など)
マメ目 Fabales
　マメ科 Fabaceae(*Inga*, ネムノキ属 *Albizia*, *Afzelia*, *Pithecellobium*, *Parkia*, *Adenanthera*, アカシア属 *Acacia*, *Desmanthus*, ナツフジ属 *Millettia*, *Psophocarpus*, トビカズラ属 *Mucuna*, ハギ属 *Lespedeza*, *Dalbergia*, *Andira* など)
ブナ目 Fagales
　カバノキ科 Betulaceae(カバノキ属 *Betula*, ハシバミ属 *Corylus* など)
　ブナ科 Fagaceae(コナラ属 *Quercus*, マテバシイ属 *Lithocarpus* など)

バラ目 Rosales
　アサ科 Cannabaceae(エノキ属 *Celtis*, ウラジロエノキ属 *Trema*, *Gironniera*, カラハナソウ属 *Humulus* など)
　クワ科 Moraceae(イチジク属 *Ficus*, クワ属 *Morus*, *Streblus* など)
　クロウメモドキ科 Rhamnaceae(ネコノチチ属 *Rhamnella*, *Ventilago* など)
　バラ科 Rosaceae(シモツケ属 *Spiraea*, サクラ属 *Prunus*, リンゴ属 *Malus*, ナシ属 *Pyrus* など)
　ニレ科 Ulmaceae(ニレ属 *Ulmus* など)
　イラクサ科 Urticaceae(*Oreocnide*, イラクサ属 *Urtica*, カラムシ属 *Boehmeria*, ヤナギイチゴ属 *Debregeasia*, サンショウソウ属 *Pellionia*, ミズ属 *Pilea*, *Archiboemeria*, オオバヒメマオ属 *Pouzolzia*, ウワバミソウ属 *Elatostema*, ヌノマオ属 *Pipturus*, *Australina*, *Obetia*, *Urera*, ムカゴイラクサ属 *Laportea*, *Fleurya*, *Poikilospermum*, *Dendrocnide*, クワクサ属 *Paurouma*, *Cecropia* など)

真正バラ類II Eurosids II(アオイ類 Malviids)
フウロソウ目 Geraniales
　メリアントゥス科 Melianthaceae(*Bersama*)
フトモモ目 Myrtales
　シクンシ科 Combretaceae(*Combretum*, *Quisqualis*)
　ノボタン科 Melastomataceae(ノボタン属 *Melastoma*, *Astronia*, *Miconia*, *Pternandra* など)
　フトモモ科 Myrtaceae(*Eugenia*, *Psidium*, *Campomanesia* など)
アオイ目 Malvales
　アオイ科 Malvaceae(キンゴジカ属 *Sida*, *Grewia* など)
　フタバガキ科 Dipterocarpaceae(*Shorea*)
ムクロジ目 Sapindales
　ウルシ科 Anacardiaceae(*Anacardium*, マンゴー属 *Mangifera* など)
　カンラン科 Burseraceae(*Bursera*)
　ミカン科 Rutaceae(サルカケミカン属 *Toddalia*)
　ムクロジ科 Sapindaceae(*Serjania*, *Deinbollia*, *Paullinia*, *Blighia*, *Urvillea*, フウセンカズラ属 *Cardiospermum*, *Allophylus*, *Lecaniodiscus*, *Schleichera*, カエデ属 *Acer* など)

キク類 Asterids
ツツジ目 Ericales
　カキノキ科 Ebenaceae(カキノキ属 *Diospyros*)
　ツツジ科 Ericaceae(ガンコウラン属 *Empetrum*)
　アカテツ科 Sapotaceae(*Englerophytum*, *Chrysophyllum*, *Mimusops*, *Manilkara*, *Pacystela*, *Sideroxylon* など)
　ツバキ科 Theaceae(ツバキ属 *Camellia*, ナツツバキ属 *Stewartia*, ヒサカキ属 *Eurya* など)

真正キク類I Euasterids(シソ類 Lamiids)
リンドウ目 Genitianales
　キョウチクトウ科 Apocynaceae(*Landolphia*)
　アカネ科 Rubiaceae(コンロンカ属 *Mussaenda*, カギカズラ属 *Uncaria*, *Chassalia*, サンタンカ属 *Ixora*, *Wendlandia*, *Sabicea*, *Pentagonia* など)
シソ目 Lamiales
　キツネノマゴ科 Acanthaceae(*Blechum*, *Ruellia*, キツネノマゴ属 *Justicia*, オギノツメ属 *Hygrophila*, イセハナビ属 *Strobilanthes*, *Lepidagathis*, *Barleria*, *Asystasia*, *Mellera*, *Isoglossa*, *Mimulopsis*, *Pseuderanthemum*, *Brillantasia*, *Phaulopsis*, *Avicennia*, *Oplonia* など)
　シソ科 Lamiaceae(*Coleus*, ヤマハッカ属 *Plectranthus*, *Plastostoma*, *Pycnostachys*, *Solenostemon*, クサギ属 *Clerodendrum* など)
　モクセイ科 Oleaceae(モクセイ属 *Osmanthus*, ヒトツバタゴ属 *Chionanthus* など)
　オオバコ科 Plantaginaceae(オオバコ属 *Plantago*, *Penstemon*, クワガタソウ属 *Veronica*, クガイソウ属 *Veronicastrum*, *Collinsia*, *Besseya* など)
　ゴマノハグサ科 Scrophulariaceae(*Castillea* など)
　ハエドクソウ科 Phrymaceae(ミゾホオズキ属 *Mimulus* など)
　クマツヅラ科 Verbenaceae(イワダレソウ属 *Lippia* など)
ナス目 Solanales
　ヒルガオ科 Convolvulaceae(*Bonomia*, サツマイモ属 *Ipomoea* など)

真正キク類II Euasterids II(キキョウ類 Campanuliids)
モチノキ目 Aquifoliales
　モチノキ科 Aquifoliaceae(モチノキ属 *Ilex*)
キク目 Asterales
　キク科 Asteraceae(*Rudbeckia*, シオン属 *Aster*, ヒマワリ属 *Helianthus*, キオン属 *Senecio*, アキノキリンソウ属 *Solidago*, ムカシヨモギ属 *Erigeron*, ブタクサ属 *Ambrosia*, オナモミ属 *Xanthium*, フジバカマ属 *Eupatorium*, *Viguiera*, *Chrysothamnus*, *Machaeranthera*, *Silybum*, ヒレアザミ属 *Carduus*, *Mikania* など)
マツムシソウ目 Dipsacales
　スイカズラ科 Caprifoliaceae(スイカズラ属 *Lonicera* など)
　レンプクソウ科 Adoxaceae(ガマズミ属 *Viburnum* など)
　オミナエシ科 Valerianaceae(オミナエシ属 *Patrinia*, カノコソウ属 *Valeriana*)

5. 幼生期から見た諸問題

5.1 定義に関する問題

蛹化形式が垂蛹の蝶類をすべてタテハチョウ科とした場合，帯蛹形式の蝶類を含めた蝶類全体とそれぞれが均質なレベルのカテゴリーに分類されているかということは再検討の必要がある。

幼生期に共有する形質からテングチョウ科，マダラチョウ科そしてタテハチョウ科として独立させ，アゲハチョウ科やシロチョウ科と並列に扱うのが妥当ではないかと考える。

5.2 位置づけに関する問題

幼生期各論で述べたが未解決あるいは問題と考えられる部分がある。以下に記す。

5.2.1 亜　科

(1)スミナガシ亜科とイシガケチョウ亜科

スミナガシ亜科とイシガケチョウ亜科は姉妹群であると考えるが，分子系統学の解析ではそのようではなくまったく別な系統になっている例もある。

(2)スミナガシ亜科とコムラサキ亜科

幼生期形態では大きな違いがあり共通点は少ない。また幼虫の習性でも同様である。

(3)イシガケチョウ亜科とイチモンジチョウ亜科

幼生期の形態が著しく異なる。一方，幼虫の造巣性などの共通点はあり，同じ系統とされる例もある。しかし形態的には異なったグループと考える。

(4)イチモンジチョウ亜科とドクチョウ亜科

幼生期形態の原則から2亜科の基本的な関連性を認めるが，ほかの形態や習性では著しく異なる部分が多い。観点を変えて検討する余地がある。

(5)コムラサキ亜科

最も難しい位置である。本書ではジャノメチョウ亜科との関連でとらえたがそのように位置づける報告例は少ない。特に分子分類学ではヒオドシチョウ亜科とクラスターを形成するような報告もあるが幼生期からは首肯できない部分である。もしこのことが事実なら見かけ上の幼生期の分類形質は共有原始形質であり，したがって幼生期形態からの考察は困難または正当性を欠くこととなる。

(6)カバタテハ亜科

ほかの亜科とは異なった位置であるとともに，一見似ているヒオドシチョウ亜科ともまた異なった位置にある。以前はイチモンジチョウ亜科内の1グループとされたこともあるが基本的な違いがあり，共有する形質も少ない。

5.2.2 オリオンタテハ族(Coeini)の位置

ヒオドシチョウ亜科に含められているがカバタテハ亜科の要素もある。幼生期が十分解明されていないので詳細は今後の課題である。Wahlberg(2006)では従来のCoeiniが系統の異なる2群に分けられている。

5.2.3 コノハチョウ分岐群

コノハチョウ群は，①アサギタテハ族(Victorini)，②タテハモドキ族(Junonini)，③コノハチョウ族(Kallimini)，④ヒョウモンモドキ族(Melitaeini)の4族に分けられる。幼生期から検討すると，アサギタテハ族は相違が大きいがタテハモドキ族とコノハチョウ族は明確な差が見られない。逆にコノハチョウ族とヒョウモンモドキ族は近縁度が高い割に形態や生態では距離があるように感じる。形質の視点を変えるなどの再検討が必要である。

5.2.4 属の確認

次の属は幼生期による確認ができなかった(不十分な)ために分類上の位置が確実でない。今後の課題である。

(1)フタオチョウ亜科：オナガフタオチョウ属(*Palla*)，ベニモンキノハタテハ属(*Annagrapha*)，ルリヘリキノハタテハ属(*Rydonia*)，オナシキノハタテハ属(*Pseudocharaxes*)，トガリキノハタテハ属(*Zikania*)，ムラサキキノハタテハ属(*Muyshondtia*)，オオキノハタテハ属(*Coenophlebia*)，ヒスイタテハ属(*Anaeomorpha*)，ルリモンタテハ属(*Noreppa*)

(2)コムラサキ亜科：パプアコムラサキ属(*Apaturina*)，モンキコムラサキ(*Euapatura*)，アフリカコムラサキ属(*Apaturopsis*)

(3)イチモンジチョウ亜科：ウスグロイチモンジ属(*Auzakia*)，ヒメイチモンジ属(*Pandita*)，キオビアフリカイチモンジ属(*Harma*)，スミナガシイチモンジ属(*Kumothales*)，ヒョウモンイナズマ属(*Neurosigma*)，アミメイナズマ属(*Catuna*)，ルリアミメイナズマ属(*Cynandra*)，ニセヒョウモン属(*Pseudargynnis*)，アフリカイチモンジ属(*Euptera*)，アフリカヒロオビイチモンジ属(*Pseudathyma*)，ボカシタテハ属(*Euphaedra*)，トラフボカシタテハ属(*Bebearia*)，ヒメボカシタテハ属(*Euriphene*)，オナガボカシタテハ属(*Euryphaedra*)，フジイロボカシタテハ属(*Crenidomimas*)，キオビボカシタテハ属(*Harmilla*)，トガリボカシタテハ属(*Euryphura*)

(4)ドクチョウ亜科：ギンガヒョウモン属(*Issoria*)，リュウセイヒョウモン属(*Kuekenthaliella*)，アンデスヒョウモン属(*Yramea*)，ウラベニミドリヒョウモン属(*Pandorina*)，ヒメヒョウモン属(*Boloria*)，シベリアヒョウモン属(*Proclossiana*)，ヒョウモンホソチョウ属(*Pardopsis*)，ソロモンキマダラ属(*Algiachroa*)，オナガヒョウモン属(*Vaglans*)，ダイトウキスジ属(*Algia*)，アフリカビロードタテハ属(*Lachnoptera*)，アフリカウラベニヒョウモン属(*Smerina*)，ギボシドクチョウ属(*Neruda*)，アフリカホソチョウ属(*Bematistes*)，パプアホソチョウ属(*Miyana*)

(5)カバタテハ亜科　ルリカバタテハ属(*Laringa*)，シロシタカバタテハ属(*Mesoxantha*)，ニセコミスジ属(*Neptidopsis*)，シラホシウスズミタテハ属(*Archimestra*)，シロモンカバタテハ属(*Villa*)，シロオビムラサキタテハ属(*Sea*)，テングタテハ属(*Libythina*)，シロイチモンジタテハ属(*Ectimas*)，ベーツタテハ属(*Batesia*)，アカネタテハ属(*Asterope*)，キオビカバタテハ属(*Epiphile*)，モンキムラサキタテハ属(*Bolboneura*)，ウズモンタテハ属(*Lucinia*)，ウラナミカバタテハ属(*Antigonius*)，ホソスジウズマキタテハ属(*Cyclogramma*)，ベニモンウズマキタテハ属(*Paulogramma*)，ムラサキウズマキタテハ属(*Catacore*)，アカモンウラモジタテハ属(*Haematera*)，ウラテンタテハ属(*Mesotaenia*)，ハギレタテハ属(*Orophila*)

(6)ヒオドシチョウ亜科：ルリフタオチョウモドキ属(*Baeotus*)，ウラナミトガリタテハ属(*Pycina*)，ヒメウラナミタテハ属(*Tigridia*)，アフリカアカタテハ属(*Antanartia*)，ルリオビトガリタテハ属(*Napeocles*)，コノハシンジュタテハ属(*Salamis*)，オナガアフリカコノハチョウ属(*Kamilla*)，ジャノメタテハモドキ属(*Catacroptera*)，アフリカコノハチョウ属(*Kallimoides*)，ルリアフリカコノハチョウ属(*Mallika*)，ヒメタテハモドキ属(*Vanessula*)，マメヒョウモンモドキ属(*Microtia*)，ナミモンヒョウモンモドキ属(*Higginsius*)，ナミモンヒメヒョウモンモドキ属(*Antillea*)，ジャマイカヒョウモンモドキ属(*Atlantea*)，ベニモンヒョウモンモドキ属(*Gnathotriche*)，ヒメコヒョウモンモドキ属(*Phystis*)，ホソオビコヒョウモンモドキ属(*Dagon*)，ブラジルコヒョウモンモドキ属(*Ortilia*)，アルゼンチンコヒョウモンモドキ属(*Tisona*)，マダラコヒョウモンモドキ属(*Eresia*)，シロオビコヒョウモンモドキ属(*Janatella*)，カバイロコヒョウモンモドキ属(*Mazia*)，キマダラヒョウモンモドキ属(*Dymasia*)，メキシコヒョウモンモドキ属(*Texola*)

成　虫

1. 体の構造

基本的に幼虫や蛹と同じで外骨格でできており，頭，胸，腹から成り立っている。ただし部分的にはかなり形態や構造が異なる(図136)。

1.1 頭　部

頭部は個眼からなる1対の大きな複眼と長い触角，上唇，ゼンマイ状に巻かれた口吻，下唇鬚などがあり，幼虫と異なって咀嚼する器官は変形する。タテハチョウ科の複眼は大きさや形態が♂♀で異なることがある。

1.2 胸　部

胸部は幼虫同様3節からなり，各節には幼虫同様の脚がある。タテハチョウ科では前脚5節からなる跗節の第1跗小節を残しているだけでそれより先は♂では癒合，♀では5跗節を残すだけで歩行の役は果たさず，感覚器官としての働きがあると考えられている。

前胸は小型，中胸背面に前翅を，後胸背面に後翅を生じ，幼虫との大きな違いとなっている。

1.3 腹　部

幼虫同様10節からなるが第8〜10節は生殖節として変形している。ほかの節では比較的単純で似たような構造であるが胸につながる節では多少変形していることが幼虫との違いである。

生殖節の構造や機能は種の確認に特に重要で分類群によって特色がある。

1.4 内部構造

基本的に幼虫と同じだが摂取食物の違い，生殖や飛翔などの働きのため異なる部分が多いとともに生殖器官は♂と♀で異なる。

2. 翅

部分の名称としては，基部・前縁・外縁・後縁・内縁・翅頂・中室・肛角のほかに，後翅では尾状突起などを使う。また翅脈は図137に示したような名称の1例があり，タテハチョウ科では中室が開くか痕跡脈で閉ざされることが多い。また尾状突起というよりも外縁の凹凸の多い種が多いが，蛹期に周辺部の組織が除去される結果である。前翅背面基部に肩版があるが，種によって形態が異なる。

2.1 働　き

ほかの昆虫と同様に吸蜜・吸汁，配偶，回避，産卵，長距離移動などで飛翔としての働きをする。また発音をして威嚇やコミュニケーションの働きをすると考えられる例もある。

2.2 同種内での変異

♂と♀で大きさや斑紋が異なることがほとんどの種で認められる。また季節型，遺伝型，表現型，地理変異，異常型，雌雄型などの変異がある。それらは遺伝による内因性のものと環境による外因性によるものがある。

翅の色彩や斑紋は種の進化の結果と思われる擬態(ベーツ型とミューラー型，種内，異物)，隠蔽，警戒色，化学防衛，擬死などがある一方で，新熱帯区のチョウに顕著に見られる例は収斂が考えられる。

3. 鱗　粉

翅は鱗粉で覆われている(チョウ目のLepidopteraは「Lepido＝鱗のような」＋ptera/pteron＝つばさ)の意がある。ソケットに鱗粉が差し込まれて配列している。

3.1 種　類

普通鱗のほかに♂に発香鱗(香鱗は袋状をして中に香りの素が入っている)，毛状鱗がある。発香鱗はミスジチョウ属の後翅前縁の光沢部のようなものからヒョウモンチョウ類♂の前翅に黒色鱗をともなう顕著な性標を形成するものまで多様である。このほか，新熱帯区のフタオチョウ亜科に属するものは後翅後縁周辺に剛毛を密生し，またアグリアスやプレポナのように毛束を形成することがあり，生殖活動に有利な働きをすると思われる。

3.2 働　き

翅を彩る重要な働きがあり，種どうしの確認や配偶行動，隠蔽など多様な働きをする。また水を弾き，発香鱗の場合は配偶行動に働くほか，熱を吸収したり反射したりして体温調節に役立つ。

3.3 色

色素によるもの(メラニン系，オモクローム系，プテリン系，フラボノイド系など)と構造色(鱗粉の表面の構造の違いや光の干渉・回折・散乱など)がある。

4. 栄養摂取

訪花による花蜜，樹液や果実，排泄物や腐肉から栄養摂取を行うとともに吸水による化学性物質の吸入がある。タテハチョウ科は樹液や発酵した果実に集まる種が多く，♂は排泄物に飛来することが極めて多い。

幼虫期に摂取した有毒物質のために成虫自身も有毒物質を含んでいることが多い。

5. 配偶行動

♂は一定の空間にテリトリーを張ってそのなかに飛来する♀を待ち伏せて配偶行動に移る。張り出した樹木の葉の先端などを拠点にして空間に侵入した同種の♂やほかの小動物を追跡し，拠点に戻ることを繰り返す。また小高い丘から山頂などに飛来して配偶行動をすることもある(ヒルトッピング)。

オオミスジやドクチョウ類では羽化前の♀を探して飛

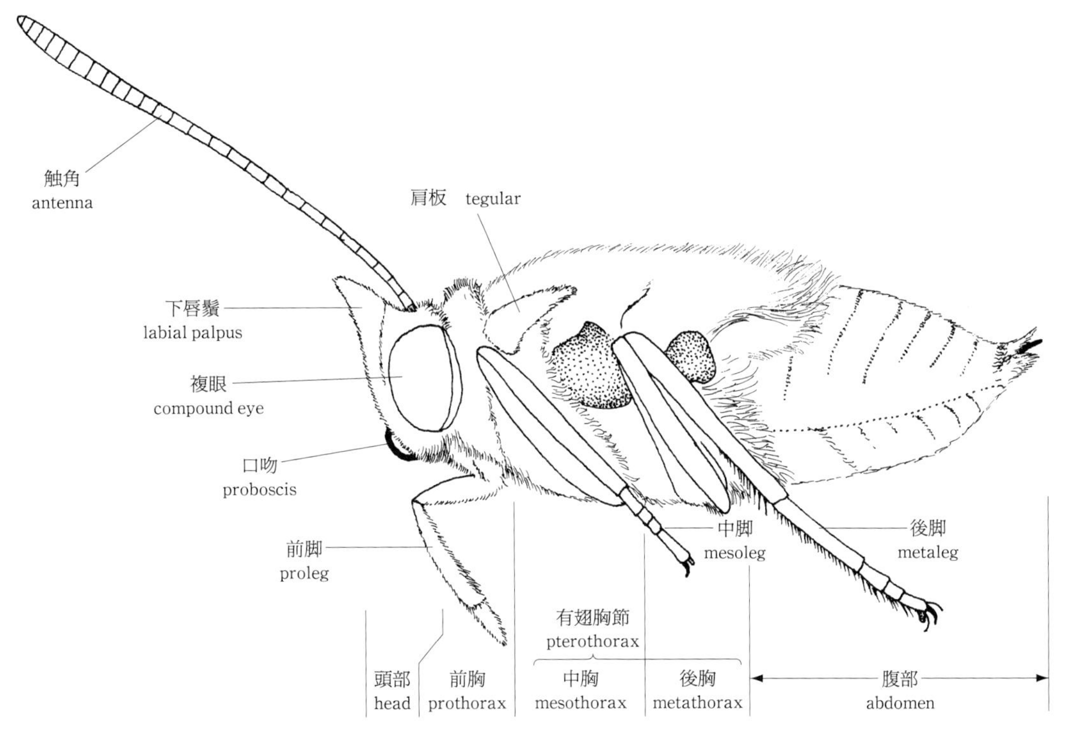

図 136　タテハチョウ科成虫の部分名称（ウラジャノメタテハ *Smyrna blomfildia* ♂）

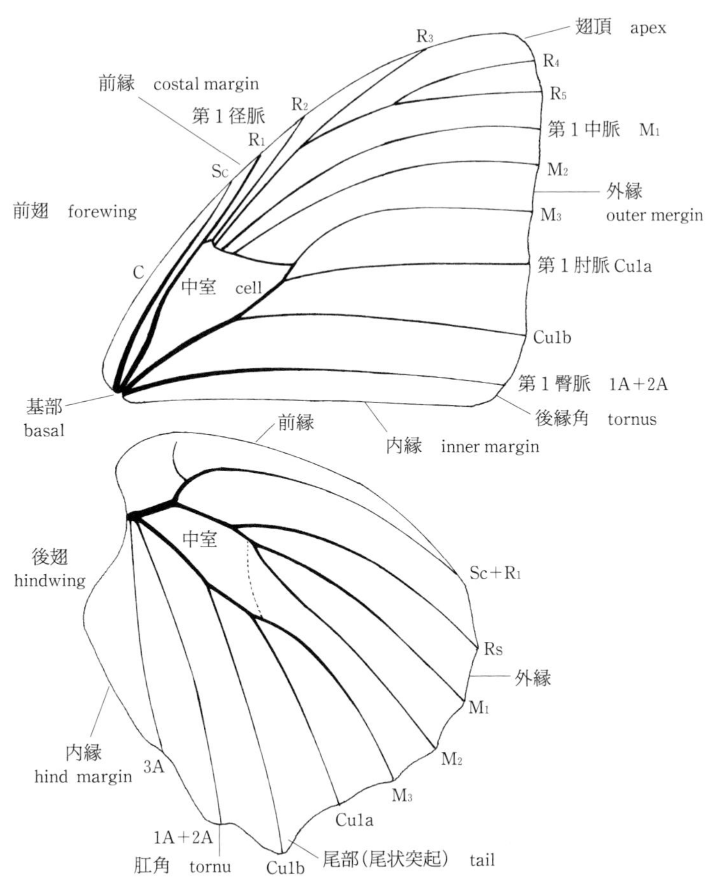

図 137　タテハチョウ科翅の部分名称（ウラジャノメタテハ *Smyrna blomfildia*）（Tillyard 方式）

来し，♀の羽化と同時に交尾をするが，一般には♂が♀を発見し交尾に至るまで特有の行動を示す求愛行動がある。

配偶行動を行う場合，視覚能力は重要である。種ごとに異なる斑紋パターンや黒化度，認識の対象となる色などが判断の指標となる。また紫外線もその対象になる報告があるが，タテハチョウ科の場合は構造色や発香器官が有効に働いていると思われる。

6. 産　　卵

産卵の数，時期，位置・場所，習性など種や分類群によって特色がある。またドクチョウ類の集団産卵やヤエヤマムラサキ♀が産卵後に卵を守るなど特異な行動も観察されている。

7. 休　　眠

発育や繁殖に不適な季節を回避するために休眠することがある。

温帯性のヒオドシチョウ亜族は冬季に，ヒョウモンチョウ類は夏季に休眠する。熱帯では乾季に休眠する例が知られている。日長，温度，湿度・降水などが要因と考えられる。

8. 移　　動

気流などによる以外に自身の能動的な移動があり，しばしば日常の生活圏を逸脱して長距離にわたることがある。生命の維持や分布の拡大，遺伝子の交流などの要因があると考えられる。ヒョウモンチョウ類の夏季における山地帯移動から北米におけるヒメアカタテハの長距離移動までの範囲があるが，オオカバマダラのように1世代の往復は観察されていない。

9. 天敵・病原菌など

ほとんど能動的防衛手段をもたないために天敵や病原菌あるいは不利な環境などから絶えず身の危険に瀕している。原虫やダニ，アリ・ハチ・カマキリなどの昆虫，さらにトカゲやカエル，鳥類，小型哺乳類などに及んでいると思われる。

またウォルバキア属による性比異常や皮膚病・消化器病など細菌によるものと思われる病気で生命をまっとうできない例は多い。

10. 寿　　命

寿命を確認することは難しいが一般に1か月前後の生存期間であると推定される。♀は♂よりも生存期間が若干長いことや羽化後の生存日齢は哺乳類に似ていることが観察されている。越冬性のヒオドシチョウ族は長期にわたり1年弱に及ぶと考えられる。

Ⅵ
解　説　篇
【各論】

TICLIO
LUGAR TURISTICO
4,818 msnm
CRUCE FERROVIARIO MAS ALTO
DEL MUNDO
SINMAC
MTCC
UNIDAD TICLIO

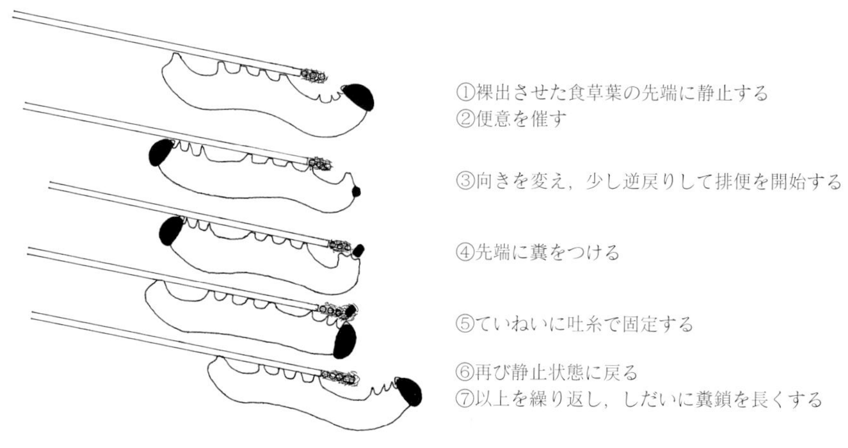

イチモンジチョウ族1～2齢幼虫の糞鎖(frass chain)をつくる過程

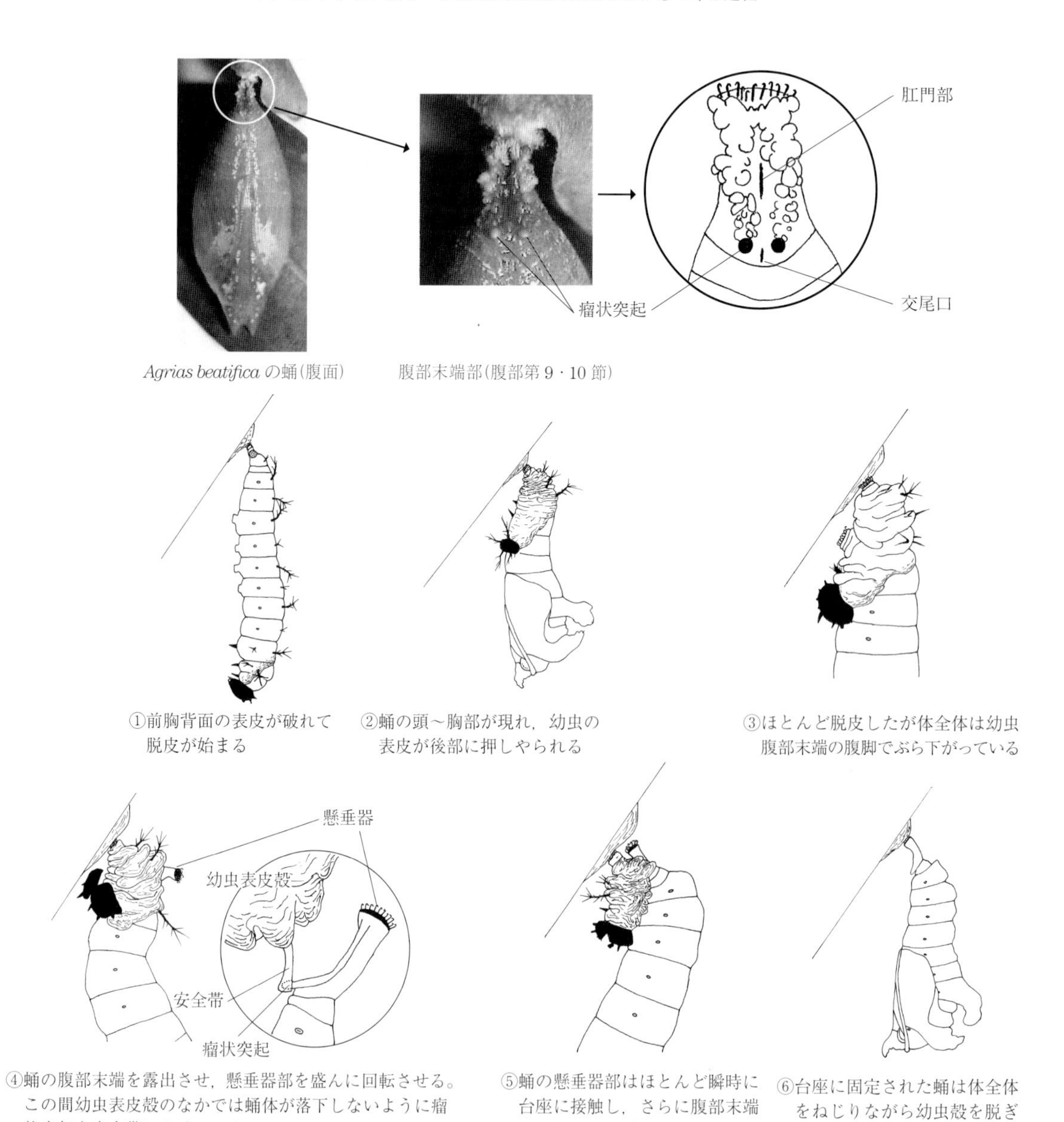

Agrias beatifica の蛹(腹面)　　腹部末端部(腹部第9・10節)

イチモンジチョウ族の垂蛹になる過程

扉：　アンデス越え最高標高位置4,818m地点で(2003年10月)

クビワチョウ亜科
Calinaginae Moore, 1857

【分類学的知見】 本亜科と次のフタオチョウ亜科は近年の分子分類学の研究ではジャノメチョウ分岐群のなかの1群としてとらえられ，Peña & Wahlberg (2008) によるとその系統的な位置はほぼ次のようになる。

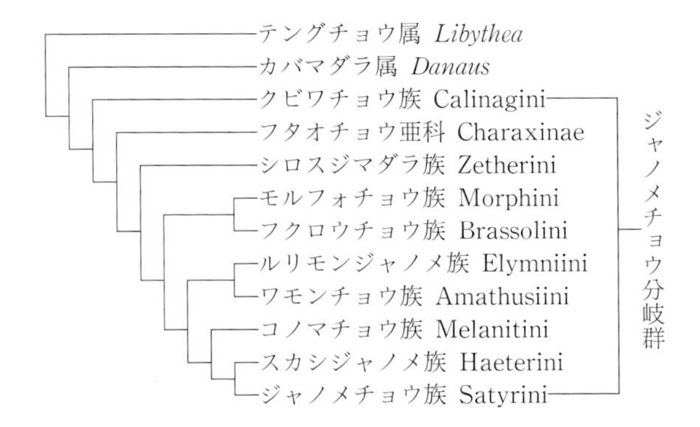

クビワチョウ亜科は1属(*Calinaga*)を含むのみでジャノメチョウ分岐群の最もアウトグループとして位置づけられる。

クビワチョウ属
Genus *Calinaga* Moore, 1857

【成虫】 翅形は丸みをもち，その斑紋とあいまってアゲハチョウ科のカバシタアゲハ属やシロチョウ科のミヤマシロチョウ属に似ているとともに，生きているときはアゲハチョウ科のウスバシロチョウを思わせるものがある。
【卵】 円錐台形，縦条，横条が密に交差している。
【幼虫】 1齢幼虫の頭部は半球状で角状突起はないが，2齢期から頭部に棍紡状の大きな突起を生じる。胴部全体が顆粒状微小突起で覆われて刺毛を有し，尾端には1対の突起があり，一見ジャノメチョウ亜科のコノマチョウ属(*Melanitis*)を想起する。蛹はマダラチョウ科のような強い丸みがあり，尾端の懸垂器が発達する。幼虫・蛹ともにジャノメチョウ亜科内の特色が強く，タテハチョウ科内のジャノメチョウ分岐群に含めるのが妥当である。
【食草】 クワ科のクワ属で，その点では単子葉類のジャノメチョウ亜科とは明らかに異なる。
【分布】 4種程度が中国を中心に分布する。

クビワチョウ p. 3,149
Calinaga buddha Moore, 1857

卵から蛹までを台湾中部の埔里産の亜種 *formosana* Fruhstorfer, 1908 で図示・記載する。
【成虫】 幼生期は形態的にはジャノメチョウ亜科としての特色を有するが，食性や習性はフタオチョウ亜科もしくはコムラサキ亜科などに共通する形質を有する。山麓に生息するチョウで，発生はどの地でも年1化と思われる。
【卵】 円錐台形で白色，縦横に交差する網目状の隆起条がある。卵期は4月下旬で7日程度，孵化前は黒色の頭部が透視できる。
【幼虫】 1齢幼虫は頭部が丸く突起を生じない。胴部は細長く短い刺毛を生じる。この形状はフタオチョウ亜科やコムラサキ亜科などに共通する。葉の先端に吐糸をして静止し，葉縁に丸い孔を開けるようにして食べる。この習性はほかのジャノメチョウ亜科にはない習性である。
2齢幼虫より頭部に長い棍棒状の角状突起を生じ，全体に羽毛状の刺毛を生じる。2～終齢幼虫の形態はほぼ同じで，胴部は円筒形，末端に向かいやや細くなり，尾端には二叉突起が生じる。胴部の色彩は緑色，気門は黒色で目立つ。体表全体に多数の顆粒状の白点を散在するが，この特徴はフタオチョウ亜科，コムラサキ亜科と共通するとともにジャノメチョウ亜科の特色でもある。終齢幼虫は葉の中央に座をつくり，そこを拠点とし，摂食の際にはそこから出掛けて葉縁から不規則に食べる。静止時は葉に前頭部を密着させて伏せている習性があり，スミナガシ亜科やコムラサキ亜科と同様である。また終齢幼虫は台座としている葉を巻いてなかに隠れる習性をもつが，これはフタオチョウ亜科のルリキノハタテハ属やヒイロキノタテハ属にも見られる。
【蛹】 卵形で丸みが強く凹凸がなくなめらか，第10腹節の懸垂器はよく発達して一見マダラチョウ科を思わせる。色彩は緑色から褐色斑紋を装う個体，さらに褐色みの強い個体までの変異がある。気門の周辺は橙褐色で目立つ。
【食草】 以前中国ではクワの害虫とされていたこともある。台湾ではクワ科のシマグワが確認されている。クワも摂食可能で，ほかのクワ属も食性の対象となると思われる。
【分布】 インド北部からミャンマー，タイ北部，中国さらに台湾にかけ帯状に分布する。

ソトグロクビワチョウ p. 149
Calinaga davidis Obertür
【成虫】 やや小型で前後翅とも外縁が広く黒褐色。
【卵】【幼虫】【蛹】【食草】 未解明。
【分布】 中国西部からチベットに分布する。

カバシタクビワチョウ p. 149
Calinaga sudassana Melville, 1893
【成虫】 大型で後翅肛角部が黄橙色。
【卵】【幼虫】【蛹】【食草】 未解明。
【分布】 ミャンマーからタイにかけて分布する。

フタオチョウ亜科
Charaxinae Guenée, 1865

【分類学的知見】 フタオチョウ亜科は6族に分類され，含まれる属や種の数が多く，大きな亜科である。

【成虫】 中～大型で頑丈な体躯をもち，鋭く尖った翅形は敏捷な行動に適する。色彩・斑紋は華麗で，しかもその希少性から収集の対象として古来珍重されていた。♂♀ともに樹液や腐果実のアルコール物質，♂は腐肉や動物の排泄物のアンモニア物質に好んで集まり，これらの人工的なトラップにも飛来する。

【卵】 ほぼ球形で平滑，しばしば上面が平らになることがある。

【幼虫】 一般に幼生期が長く，生活史では属単位で未解明であることが多い。形態は1齢期から明白な相違があり，大きく2分され，高次の分類群で異なるように感じられる。1群は頭部に大型の角状突起を有し，胴部に顕著な突起を生じることはなく，円筒形で末端はしだいに細くなり二叉の突起を生じる(A群)。A群は1齢期より頭部に2齢期以降と相同の角状突起を有する。これはタテハチョウ科においては例がない。角状突起は大型で剛直な感じを与え，2対有する。胴部はコムラサキ亜科またはジャノメチョウ亜科に似ている。もう1つの群は，特に胸部から腹部前半が膨らみ，腹部末端で細くなる(B群)。B群は1齢幼虫の頭部に角状突起がなく，2齢以降1対のやや短い突起を生じるのみである。胴部形態はやや細長く，胸部が細く腹部に至って膨大し，末端はしだいに細くなる。このようにA群とB群は形態的にはまったく異なる。全体的な形態はジャノメチョウ分岐群の範疇にあり，習性とともにスミナガシ，コムラサキなどの亜科にも共通する部分がある。

B群の若齢幼虫は葉の先端に特徴的な糞鎖や暖簾状の食痕をつくり，その先端部に頭部前額を上に向けて静止する特異な習性がある。また静止状態は前者が頭部を上に，後者は頭部を下にする(逆さ)など極端な違いがある。

A群とB群の構成は次のようになる。

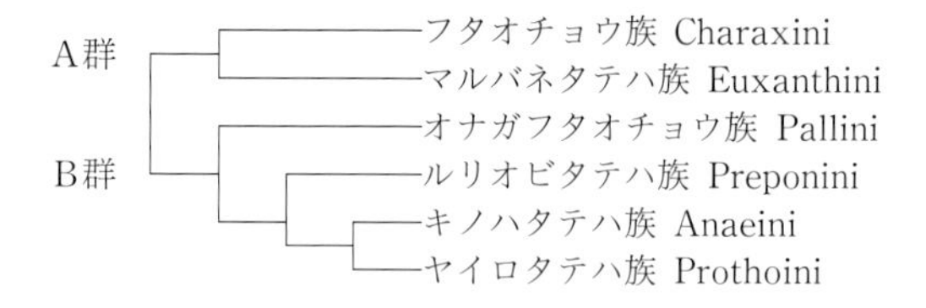

色彩はA群は緑色で背面に種特有の斑紋をもつ。B群は褐色系が主。

【蛹】 形態は両群に共通していて，腹部の中央部が特に膨らみ両端で閉じる形である。

両群の幼虫形態差は大きく，亜科の違いに匹敵するものがあるように思われるが，蛹は比較的似ている。

【食草】 極めて多岐にわたるが例外を除いて双子葉類で，クビワチョウ亜科とともに単子葉類のジャノメチョウ科とは明らかに異なった食性の進化を示している。

【分布】 全世界の亜熱帯から熱帯地方に分布し，アジア，アフリカ，中南アメリカにそれぞれ固有の分類群を産する。

フタオチョウ族
Charaxini Guenée, 1865

【分類学的知見】 アジアからオセアニアに分布するシロフタオチョウ属とユーラシア，オセアニアおよびアフリカの地域に分布する大群チャイロフタオチョウ属に2大別される。幼生期形態から2属を区別することは難しく，前者の幼虫頭部の前面がやや細面で角状突起が長いなどの傾向はあるが決定的な形質ではない。

【成虫】 色彩・斑紋からほぼこの2属を識別することができる。

【卵】 ほぼ球形で目立った条を認められず，色彩は白色から黄色，淡緑色でほかの亜科との識別は容易である。

【幼虫】 1齢時より頭部に大型の角状突起を有することは，ほかのタテハチョウ科のみならず近縁族にも見られない著しい特徴である。腹部末端部は二叉の突起が生じる。こうした形態的特徴はマルバネタテハ族にも共通する。体色は緑色で顆粒状の白点が散在する。

幼虫はつねに葉の中央に座をつくって静止し，摂食時以外はあまり動き回ることはない。1齢幼虫は，ほかの近縁族や亜科に特徴的な食痕をつくったり，そこに静止したりするなどの習性は見られない。

【蛹】 突出が少なく全体的に紡錘形，懸垂器が発達する。

【食草】 極めて多様でイネ科も利用されるが，内容を見るとほかの亜科の対象となる植物と重複する特徴があり，食性の多様化が見られる。

【分布】 シロフタオチョウ属は東洋区からオーストラリア区に，チャイロフタオチョウ属はさらにアフリカに至って分布する。

シロフタオチョウ属
Polyura Billberg, 1820

【成虫】 前翅が弧状に尖り，後翅に2本の尾状突起がある。地色は白色を基調とし，黒色の斑紋を装う。♂と♀の斑紋はほぼ等しく，大きさのみ異なり，♀がはるかに大きい。

【卵】 球形で上面が平らか凹む。

【幼虫】 頭部に角状突起をもち，腹部末端は二叉突起が開く。色彩は緑色で背面に玄月紋を生じる。

【蛹】 色彩は緑色で不明瞭な白色斑を装う。

【食草】 広義のマメ科が多いが，ときに類縁的に離れた植物もその対象とする。

【分布】 熱帯アジアからオーストラリアにかけて21種が分布し，日本にもフタオチョウ1種が分布する。アフリカには一見本属に似たような地色が白い種を産するが，アフリカに産する種はすべてチャイロフタオチョウ属である。コフタオチョウ群に属する種はやや小型。

フタオチョウ(日本産亜種) p. 5
Polyura eudamippus weismanni (Fritze, 1899)

蛹および終齢幼虫を現地観察による沖縄県名護市産で図示・記載する。

日本産亜種は大陸や台湾産亜種と成虫・幼虫ともにかなり異なった形態で，幼虫の食性にも相違がある。種の分布も大陸，台湾，沖縄本島という飛び地的で特異であることから日本産亜種は特有の進化をしたものと考えられる。詳述については手代木(1990)を参照。

フタオチョウ(台湾産亜種)　p. 4,150

Polyura eudamippus formosanus (Rothschild, 1899)

卵から蛹までのすべてを台湾桃園県巴陵産亜種で図示・記載する。

【成虫】 台湾では圓通寺のような丘陵地帯にも生息し，山地に広く生息する。俊敏に飛翔し，♂は樹上の枝の先端を占拠し，近くに飛来したほかのチョウなどを激しく追飛する。成虫は♂♀とも樹液や腐果実に集まり，♂は動物の排泄物などにも飛来し，路上で吸水することも多い。台湾北部の桃園県巴陵では大きなカシ類の樹液にスミナガシやタイワンコムラサキなどとともに飛来・吸汁しているのが観察できた。嗅覚が発達し，バナナやパイナップルのトラップにも敏感に反応し，容易に集めることができる。日本産に比べ大型で黒褐色部が狭い。日本産は蛹で越冬するが，台湾辺りでは周年繰り返して発生すると思われる。ただ幼生期がしばしば長期にわたることがあるので，年間の発生回数はそれほど多いものではないと思われる。

【卵】 上面が裁断されたような球形で淡黄色，卵幅1.84 mm，卵高1.62 mm程度。

【幼虫】 1齢幼虫は頭部に角状突起を有し黒褐色。胴部は暗緑色でやや細長く，末端には黒褐色の二叉の突起を有する。2齢幼虫以降，頭部の色彩はしだいに緑色部を増す。3齢幼虫の腹部末端突起はやや短くなり，第2腹節背面に斑紋を生じる。静止時は頭部を後方に強く倒し，胸部を持ち上げる。やや集合性も認められる。終齢幼虫は全体に濃緑色で背面に灰色の半月状斑紋を生じるが，これは日本産にない特徴である。この特徴は中国やラオスなどの大陸に産する本種に共通する。この点でも日本産亜種 *weismanni* はかなり特化しているといえよう。気門下線は灰白色，気門は淡褐色，尾端の突起は短い。胸部と尾端部を持ち上げて静止するが，これはスミナガシ亜科やほかの近縁な族に共通する。2，3頭が寄り添うようにして静止していることもある。終齢期は長く，50日に及ぶ。

日本産はまったく斑紋をもつことがなく，むしろ台湾産ヒメフタオチョウに似ている。

【蛹】 凹凸の少ないなめらかな紡錘形，緑色で不明瞭な白色の斑紋を有するほかは目立った斑紋はない。

【食草】 台湾で知られたものは，マメ科のムラサキナツフジ(サッコウフジ *Milletia reticulata*)，タマザキゴウカン(*Pithecellobium lucidum*)。日本産亜種の主食草となっているクロウメモドキ科のヤエヤマネコノチチは台湾産亜種の場合，♀は産卵をするものの孵化した幼虫は若干食べた後すべて死亡した。フジで良好に生育する。日本産幼虫はアサ科のリュウキュウエノキも食べる。

【分布】 日本の沖縄島。インド北部からヒマラヤ，インドシナ，マレー半島に及び，台湾を含むがそれよりも以南の島嶼には分布しない。

ヒメフタオチョウ　p. 5,150

Polyura narcaeus (Hewitson, [1864])

卵を台湾台北市圓通寺産，幼虫および蛹を烏来産の台湾産の亜種 *meghaduta* (Fruhstorfer, 1908)で図示・記載する。

【成虫】 台湾では北部の丘陵にある圓通寺，桃園県巴陵で観察，いずれも低山樹林帯に生息し活発に飛翔する。♂は吸水のために湿地に降りることが多く，♂♀ともカシ類の樹液やパインの腐果実などに来集する。

【卵】 卵幅1.56 mm，卵高1.38 mm程度でほぼ球形，孵化後上面がやや凹む。色彩は淡黄色。

【幼虫】 孵化した幼虫は卵殻を食べた後，葉縁に移動して丸い食痕を残しながら食べる。1齢幼虫は頭部と尾端突起が黒褐色だが2齢以降しだいに緑色を加える。終齢幼虫は濃緑色で斑紋をもたない。気門下線は黄色く目立つ。

【蛹】 形態はフタオチョウに似ているが，腹部がより膨らむ。色彩は前種に比べ不規則な黄色い斑紋が多く，特に翅部の後縁部で顕著である。

【食草】 台湾ではアサ科のタイワンエノキ，ウラジロエノキ，マメ科のネムノキ，タマザキゴウカン，コミカンソウ科のマルヤマカンコノキ(*Bridelia ovata*)，バラ科のタカサゴイヌザクラ(*Prunus phaeosticta*)などの記録があり，その食性は広い。人工採卵下ではリュウキュウエノキに産卵した。

【分布】 中国東部を中心にミャンマー，タイ北部から台湾に及ぶ。

ヒロオビコフタオチョウ　p. 6,149

Polyura arja (C. & R. Felder, [1867])

幼虫および蛹をタイ北部Chiang Mai産の名義タイプ亜種 *arja* で図示・記載する。

【分類学的知見】 コフタオチョウ(*Polyura athamas*)にごく近縁で成虫の同定も難しい。代置関係にあって棲み分けているように思われるが，分布が重なるのか，不明な点がある。

【成虫】 低山地の樹林内に生息し，タイ北部での観察では♂が樹林の明るい空き地を活発に飛翔したり，道路にそって1〜2 mの高さの範囲を素早く往来したりするなど，マレーシアのコフタオチョウと似た活動をしていた。♀は樹林内で静止していることが多く，樹液などに飛来し，比較的低い位置に生じる食樹の若葉に産卵する。

【卵】 黄色で球形平滑，アゲハチョウ類の卵に似ている。

【幼虫】 1齢幼虫は頭部が黒褐色で胴部は鈍い黄緑色，加齢とともに全体に緑色みを増すことは前種ヒメフタオチョウに同じである。3齢幼虫までは胴部に目立った斑紋は見られないが，4齢幼虫では胴部背面に斜条斑を生じ，終齢ではさらに各節に斑紋を生じる。図示の個体は発達の悪い例であるが，この斑紋はコフタオチョウにない特徴である。

【蛹】 フタオチョウなどに似ているが小さい。色彩は濃緑色に白色斑が密に分布し，*Polyura athamas* と識別できる。

【食草】 タイ北部では，マメ科の *Parkia javanica* と思われる樹木の葉から卵が発見された。ネムノキで良好な生育をする。

【分布】 北東インドからタイ北部などを経てインドシナまで。それより南部は *Polyura athamas* の生息圏となる。

シロモンコフタオチョウ p. 6,149

Polyura hebe (Butler, [1886])

卵から蛹までのすべてを西マレーシア Tapah 産の亜種 *chersonesus* (Fruhstorfer, 1898) で図示・記載する。

【分類学的知見】 色彩斑紋がよく似た近縁種が多く，特に裏面はコフタオチョウに酷似し，それよりやや大きいためコフタオチョウの♀と誤同定されやすい。翅表は白色部分が多く，2 種の差は明白である。

【成虫】 飛翔は敏捷で，腐果などに来集する性質は他種に同じ。卵は食樹の低い位置にある葉裏に産卵される。

【卵】 淡黄色でほとんど平滑な球形，上面はやや平坦。

【幼虫】 孵化には 7 日程度を要し，熱帯産の種としては長いように思われる。本種の食樹マメ科は，夜間に葉を閉じる習性をもつが，孵化した幼虫はその閉じた葉の重なった部分に潜るようにして静止する。摂食は全幼虫期を通し夜間に行われる。1 齢幼虫は静止場所に近い部分の葉の葉縁から食べるが，2 齢になるとそれよりも離れた部分を食べる。3 齢幼虫は静止場所に執着し，摂食後は必ず同位置に戻る。この期の幼虫の体色は食樹の葉と同様な深緑色である。4 齢になると背面に半月斑が現れ，前種ヒロオビコフタオチョウ終齢の印象をもつ。終齢幼虫は濃淡の明瞭な色彩になり特徴的である。歩行に特異なリズムをもち，日中は台座に静止し，夜間音を立てながら盛んに摂食する。飼育下では夜間，気温の低い日もあったが，全幼虫期は 41 日と長い。この終齢期が長期にわたることはフタオチョウ亜科の特徴の 1 つである。

【蛹】 前種ヒロオビコフタオチョウよりも丸みが強く，緑色と白色の色彩の差が明白。

【食草】 マメ科のネムノキに極めてよく似た植物の葉裏から卵を発見した。この植物はもちろん，ネムノキで問題なく生育した。同科の *Adenanthera pavonia* が食餌植物として確認されている。

【分布】 マレー半島とスマトラ，ボルネオ，ジャワ各島。平地から低山帯に生息するが，局所的で多い種ではない。

ルリオビフタオチョウ p. 7

Polyura schreiber (Godart, [1824])

幼虫はインドネシア・ジャワ島産の名義タイプ亜種 *schreiber* で図示・記載，ほかに西マレーシアでも観察する機会があった。

【成虫】 マレーシアではよく採集されているが，多いものではないようである。♂♀同様な色彩斑紋で，近縁種よりも青色や黒色の部分が多い。

【卵】 未確認。

【幼虫】 終齢幼虫は全体が緑色でほかの近縁種と似た形態であるが，第 3 腹節背面に大きな半月紋がある。

【蛹】 全形はフタオチョウなどに似ているが目立った斑紋はない。

【食草】 寄主植物の 1 つに果樹のムクロジ科のランブータン (*Nephelium lappaceum*) があることから幼生期はよく知られていた。しかし本植物は寄主植物としてはむしろ異例であり，ほかに確認されているマメ科の *Wagatea spicata* やマメモドキ科の *Rourea santaloides* が基本的な食餌の対象と思われる。

【分布】 インドからアッサム，ミャンマー，マレー半島を経てフィリピン，ボルネオ，スマトラ，ジャワ，ニアスなどの各諸島に広く分布する。

クギヌキフタオチョウ p. 150

Polyura dehanii (Westwood, 1850)

【和名に関する知見】 後翅尾状突起は釘抜き状に曲がっているので表記のような和名がついている。

【成虫】 珍種として知られていたが，近年は比較的多く標本を見る。

【卵】 未確認。

【幼虫】 終齢幼虫は緑色で各節に幅広い白帯を装う (向山，2005)。

【蛹】 緑色に縦条様の白色帯が散在する。

【食草】 マメ科の *Peltophorum pterocarpum*，*Parkia javanica* を食べる。

【分布】 スマトラおよびジャワ島に分布する。

ウスイロフタオチョウ p. 150

Polyura dolon (Westwood, 1847)

【成虫】 白色の大型種で♀はさらに大きい。

【卵】【幼虫】【蛹】【食草】 未解明。

【分布】 ネパールから中国西部を経てミャンマー。

フィジーフタオチョウ p. 150

Polyura caphontis (Hewitson, 1863)

【成虫】 黒褐色地に橙色および白色の斑紋をもつ。

【卵】【幼虫】【蛹】【食草】 未解明。

【分布】 フィジー特産。

セレベスクギヌキフタオチョウ p. 8,150

Polyura cognatus Vollenhoven, 1861

卵をインドネシア・スラウェシ島産の名義タイプ亜種 *cognatus* で図示・記載する。

【成虫】 大型種で♀の尾状突起はクギヌキフタオチョウのように曲がっている。♂は路上の獣糞などに飛来する。

【卵】 人工的に絞り出した卵は淡黄色で近縁種に似ている。卵内の発生は進行したようだが孵化に至らなかった。

【幼虫】【蛹】 未解明。

【食草】 2000 年の現地滞在中に本種の食樹であるとして大きな葉の植物を教示されたが，♀が産卵することはなく，本来の寄主植物はマメ科であろうと推定される。

【分布】 インドネシアのスラウェシ島特産種。

モルッカフタオチョウ p. 150,248

Polyura pyrrhus (Linnaeus, 1758)

終齢幼虫および蛹をインドネシア・セラム島産の名義タイプ亜種 *pyrrhus* で図示・記載する。

【成虫】 サゴヤシ酒のトラップによく飛来する。

【卵】 アンボン島でマメ科に属する数種の植物を使って採卵を試みたが，産卵に至らなかった。オーストラリア産は球形で黄色，24 条程度の弱い縦条がある。

【幼虫】 終齢幼虫はタイワンフタオチョウに似て背面に2つの弦月紋がある。頭部角状突起中央の1対はやや短い。
【蛹】 ラグビーボール状で緑色，顕著な白色帯がある。
【食草】 マメ科のネムノキ属，*Acacia*，*Brachychitor*，*Cassia*，アサ科の *Celtis* などを食べる。
【分布】 ティモールからモルッカ諸島を経てオーストラリア北部に広く分布する普通種。

チャイロフタオチョウ属
Charaxes Ochsenheimer, 1816

【分類学的知見】 Henning(1988)は全アフリカ産150種を次のように分類している。本文献によると基本的にアジア産との相違はないように思われる。
① *varanes* グループ。8種。成虫は前翅先端が突出し，後翅尾状突起は1本。♀は♂よりも大きいが形態的な差はない。幼虫は背面にジェット機型の斑紋が2～3個生じる。
② *candiope* グループ。3種。成虫は橙褐色で外半は黒色，外縁に1列の斑紋が並ぶ。♀は♂よりも大きいが色彩斑紋は同じ。後翅の尾状突起は2本。幼虫は背線に円形の斑紋が1～2個とその外側にも小斑紋を生じる。
③ *cynithia* グループ。6種。成虫は雌雄異型の種と同型の種の2タイプがあり，後者の幼虫は単子葉植物のイネ科を食べる。
④ *lucretius* グループ。4種。成虫はほぼ雌雄同型で♀は♂より大きく前後翅を貫く帯が白い。幼虫は背面に1個の白色斑紋を有する。
⑤ *jassius* グループ。20種。成虫は雌雄同型だが♀はかなり大きい。裏面の黒色斑紋の周囲が白く縁取られるので複雑な斑紋に見える。後翅尾状突起は通常2本半生じる。幼虫は背面に顕著な斑紋を1～2個有する。
⑥ *tiridates* グループ。12種。成虫は典型的な雌雄異型で♂は黒色に青色斑紋，♀は前翅に白帯が縦走する。幼虫の頭部突起は短く腹部背面に1～2個の斑紋を生じる。
⑦ *hadrianus* グループ。2種。成虫はアジアのシロフタオチョウ属を思わせるような白色のフタオチョウである。幼虫は背面に大きな白色斑紋を有し，蛹はやや細めであるなど特徴が強い。
⑧ *nobilis* グループ。3種。成虫は前後翅に広く白色斑紋を生じ，裏面は黒色筋状の斑紋で構成されていてシロフタオチョウ属のような印象もある。幼生期は不明である。
⑨ *acraeoides* グループ。2種。成虫はホソチョウ類に擬態した斑紋で大型，♀は♂よりかなり大きい。幼生期は不明である。
⑩ *zingha* グループ。1種。成虫は雌雄同型で後翅の肛角部のみ尾状突起の形となり他群と異なる特徴がある。
⑪ *etesipe* グループ。5種。成虫は小型のグループで雌雄異形，♂は青色斑紋，♀は前後翅を白帯が貫く。蛹は緑色で黄色の顕著な斑紋がある。
⑫ *jahlusa* グループ。1種。成虫は橙色の小型種。幼虫は白色の横帯を有する。
⑬ *eupale* グループ。4種。成虫は小型で黄緑色の特異な斑紋をもつ。幼虫は2個の円弧の斑紋を有する。
⑭ *etheocles* グループ。62種。成虫は小型の群で多数の種を含む。雌雄異形で♂はいろいろな種の斑紋をもつが，♀は前後翅を白帯が貫く。幼虫は斑紋を有しない種から背面に複数の横帯斑紋をもつ種まであるが，頭部突起が褐色であるのが特色である。
⑮ *pleione* グループ。2種。成虫は橙褐色の小型の群で♀はやや淡い色である。幼虫は頭部突起がかなり長く，胴部の側面に長楕円形の顕著な斑紋が配列する。
⑯ *zoolina* グループ。2種。成虫は小型の群で後翅尾状突起が♂は1本，♀は2本で先端が太くなる特異な形態である。幼虫は前 *pleione* グループに似ている。
⑰ *nichetes* グループ。1種。成虫は小型の群で♂は橙褐色，♀の前後翅には黄帯が貫く。幼虫は *etheocles* グループに似ている。
⑱ *laodice* グループ。6種。成虫の雌雄の斑紋はほぼ同じで黒色に青色斑紋を生じる。♀には短い尾状突起があるが♂はそれを欠き，フタオチョウという印象が少ない。幼生期はほとんど知られていないようである。インド・オーストラリア区産の分類については Müller *et al.*(2010)がある。

【成虫】 胴部は筋肉が発達し，太い翅脈と尖った前翅は活動の俊敏さを証明する。後翅には2本の尾状突起を有することにより和名の由来となる。色彩は褐色，白色，黒色，青色を中心にさまざまな色彩を配し，シロフタオチョウ属よりも多彩である。また♂♀で色彩を異にすることが多く，♀は♂よりも著しく大きく前翅に大きな白紋を備えることが多い。♂♀ともに腐果実や樹液などアルコール性物質に強く誘引される。♂はそのほかにも獣糞や動物の死体などのアンモニア性物質や湿地に吸水のために飛来することも多い。比較的明るい場所に生息し，アフリカ産はサバンナ地帯を生息地とする種が多い。
【卵】【幼虫】【蛹】 アフリカ産を含めてかなり判明し，形態や色彩はシロフタオチョウ属に似ている。幼虫は頭部の形態や胴部の斑紋が各グループの特徴をもつことが多いが，僅差である。
【食草】 広義のマメ科が多く，クスノキ科，ムクロジ科，トウダイグサ科，オクナ科，クロウメモドキ科，フトモモ科など，特に種類数の多いアフリカ産では多岐に分かれ，単子葉植物のイネ科に及ぶ。
【分布】 インド・オーストラリア区とエチオピア区に分布し，特に後者に著しく栄える。インド・オーストラリア区には23種，エチオピア区には150種を産する。

セレベスチャイロフタオチョウ p. 7,151
Charaxes affinis Butler, [1866]

卵から蛹までのすべてをインドネシア・スラウェシ島中部 Palolo 産の名義タイプ亜種 *affinis* で図示・記載する。
【分類学的知見】 チャイロフタオチョウに似ているが系統的にはやや矩離があり，オセアニア地区に分布するパプアチャイロフタオチョウと代置関係にあると思われる

(Müller *et al*., 2010)。

【成虫】 樹林内に生息し，腐果や獣糞などに飛来した個体以外に見ることは困難である。

【卵】 黄色でほぼ球形，上面に約20本程度の縦条がある。卵幅1.98 mm，卵高1.96 mm程度。卵期は6日。

【幼虫】 1齢幼虫は全体に黄緑色で頭部は黒褐色，第3腹節背面に1対の白色斑が生じる。孵化した幼虫は葉表に静止し，葉縁より丸く摂食して食痕を広げる。3日後に眠に入る。2齢幼虫は胴部の色彩がより緑色みを増し，背面に弦月形斑紋が生じる。頭部は1齢幼虫に似ている。2齢期は6日程度で眠期は2日。3齢幼虫は頭部がやや黄色みを増し，背面の弦月紋は際立つ。胴部末端突起は黄褐色。3齢幼虫は，胸部を持ち上げて静止することがあり，葉の先端や縁を食べては元の静止位置に戻ってくる。再度摂食する場合は葉の同一部から継続して行われ，無駄がない。齢期はほぼ6日。4齢幼虫は頭部の色彩が緑色を帯び，胴部の色彩も終齢幼虫に似ている。葉の基部を向いて静止，主として夜間に摂食する。摂食量が増し，静止している葉の周辺を食べる。4齢期は4日程度でその後3日ほどの眠期を経て5(終)齢幼虫となる。5(終)齢幼虫は体長6.5 cmほどになり，頭部・胴部とも濃緑色，背面の弦月紋は紫褐色で周囲は黒い。体側に3対の円形紋を生じる。尾端突起は短い。5齢期は20日程度で，ほかの齢期に比較し圧倒的に長い。

【蛹】 紡錘形で特に腹部中央部が太い。

【食草】 スラウェシ島ではクスノキ科のアボカド(*Persea americana*)が知られている。この植物の原産地は中央アメリカであるので，本来の食草はクス科のほかの現地産であろう。トウダイグサ科のタピオカ(*Manihot esculenta*)の記録もあり，食草の範囲は広いものと思われる。

【分布】 インドネシアのスラウェシ島特産。

チャイロフタオチョウ　p. 7,151

Charaxes bernardus (Fabricius, 1793)

幼虫および蛹を中国浙江省産の名義タイプ亜種 *bernardus* で図示・記載する。

【成虫】 チャイロフタオチョウ属のなかでは最も普通に見かけ，路上にある獣糞に飛来したり，吸水したりする。しかしこのような習性は♂のみに見られ，♀を見かけることは少ない。

【卵】 卵幅1.80 mm，卵高1.62 mm程度。色彩はセレベスチャイロフタオチョウと異なり黄褐色を帯びた緑色。

【幼虫】 1齢幼虫から終齢幼虫まで形態・習性ともに前種セレベスチャイロフタオチョウに共通していてやや胴部に生じる斑紋が小さい程度。終齢幼虫は頭部角状突起が前種よりも赤みを帯び，胴部第3腹節背面の斑紋は楕円形で前種よりも小さい。夜間にのみ摂食し，昼間は台座に固執する。

【蛹】 形態は前種よりも前後で細めである。

【食草】 クスノキ科のクスノキ，*Litsea populifolia* をはじめ，ミカン科の *Acronychia*，マメ科のナンバンアカミズキ(*Adenanthera pavonia*)，ネムノキ属などのほか，トウダイグサ科の *Croton macrocarpus* も確認され，セレベスチャイロフタオチョウの食性と似ている。

【分布】 インドから中国を経て，スマトラ，ボルネオ，ジャワ，パラワンの諸島に及ぶ。

キオビフタオチョウ　p. 8,151

Charaxes solon (Fabricius, 1793)

卵から蛹までのすべてをフィリピン・ネグロス島産の亜種 *lampedo* (Hübner, [1823])で図示・記載する。

【成虫】 やや小型のフタオチョウで斑紋も特異である。フィリピンでは村落付近にも比較的普通に生息するが，これは食樹の人為的な植栽によるものと思われる。樹間やより開けた空間を活発に飛翔し，樹液・腐果実などに飛来するなど，ほかのフタオチョウ類と共通する。

【卵】 形態は上面が裁断されたような球形，卵幅1.82 mm，卵高1.78 mm程度。色彩は緑色。食草の葉表から比較的容易に発見できる。

【幼虫】 1齢幼虫は頭部が濃褐色で胴部が黄緑色，末端に向かって黄褐色を帯びる。2齢幼虫は胴部の色がより緑色を増す。終齢幼虫は，頭部角状突起が黒いほかは，胴部を含めて濃緑色。背面に輪状の斑紋をもつが，大小の個体差が多い。葉，もしくは枝の一定した位置に静止し，摂食後再び同じ位置に戻る。

【蛹】 ラグビーボール状，全体に濃緑色で不規則な暗色の斑紋が散在する。

【食草】 ネグロス島ではマメ科のソウシジュ(*Acasia confusa*)を確認した。本種は日本のネムノキに似た花をつける。そのほか，セブ島では同科のキンキジュ(*Pithecellobium dulce*)が知られている。

【分布】 インドから中国，島嶼を含む東南アジアに広く分布する。しかし，どこでも多いチョウではない。

フィリピンチャイロフタオチョウ　p. 8,148

Charaxes amycus C. & R. Felder, 1861

卵をフィリピン・ネグロス島産の名義タイプ亜種 *negrosensis* Schröder & Treadaway, 1982で図示・記載する。

【分類学的知見】 チャイロフタオチョウに似ているが，Müller (2010)の解析によるとオスルリフタオチョウやセレベスフタオチョウ，パプアフタオチョウに近縁である。

【成虫】 ♂は全体に黄褐色で前後翅外縁が幅広く黒色。♀は♂より大きく前翅には白色帯があり，後翅尾状突起の先端が膨らんで丸い。樹林内を敏捷に飛翔し，腐った果実などに飛来する。

【卵】 卵幅1.76 mm，卵高1.64 mm程度でほぼ球形，上面はやや凹む。色彩は淡黄色。現地でネムノキ類を使って人工採卵の5卵を得たが孵化に至らなかった。

【幼虫】【蛹】【食草】 未確認。

【分布】 フィリピン特産。ルソン，ミンドロ，パナイ，ネグロス，ミンダナオなどの各諸島に分布する。

ヨコヅナフタオチョウ　p. 8,152,248

Charaxes eurialus (Cramer, [1775])

卵をインドネシア・アンボン島，終齢幼虫をインドネシア・セラム島産の名義タイプ亜種 *eurialus* で図示・記載。幼虫は2015年9月，セラム島で向山幸男氏により初めて発見された。

【成虫】 大型で配色豊かな豪華な印象があり，アフリカのフタオチョウ類を思わせる。♀は♂より大きく，前翅に黄帯が走る。アンボン島ではサゴヤシ酒に飛来し，個体数は少なくない。
【卵】 淡黄緑色でほぼ球形。
【幼虫】 頭部は緑色で角状突起は褐色，胴部は全体に緑色，背面に2個の半月形で白い縁取りのある淡褐色の斑紋がある。腹部末端突起は褐色。
【蛹】 脱皮殻はセレベスフタオチョウなどに似ている。
【食草】 木本。羽状複葉で葉はやや肉厚。同定中。
【分布】 アンボン，セラム，サパルア各島に分布する。

ホシボシフタオチョウ p. 148
Charaxes durnfordi Distant, 1884
【成虫】 黒褐色地に灰白色斑を散在し，地理的変異が多い。
【卵】【幼虫】【蛹】【食草】 未解明。
【分布】 インド北部からマレー半島およびその近隣のボルネオ，スマトラ，ジャワ各島など。

オスルリフタオチョウ p. 152
Charaxes mars Staudinger, 1885
【成虫】 ♂の前翅には青い幻光，後翅には橙色の斑紋がありその特異な色彩は他種と趣を異にする。♀の斑紋はチャイロフタオチョウに近い。
【卵】【幼虫】【蛹】【食草】 未解明。
【分布】 インドネシアのスラウェシ島特産種。

オスジロフタオチョウ p. 152
Charaxes nitebis (Hewitson, 1859)
【成虫】 ♂はシロフタオチョウ属のような配色だが♀は褐色に小白色斑を散在し，♂♀でまったく斑紋が異なる。♂♀ともに腐ったバナナなどによく飛来する。
【卵】【幼虫】【蛹】【食草】 未解明。
【分布】 スラウェシ島とスーラ島に分布する。

パプアチャイロフタオチョウ p. 152
Charaxes latona Butler, [1866]
【分類学的知見】 近縁のセレベスチャイロフタオチョウと代置関係になっている。
【成虫】 モルッカ諸島からニューギニア，オーストラリア北部に分布する普通種。
【卵】【幼虫】【蛹】【食草】 部分的な記録がある。食草はクスノキ科の *Cryptocarya triplinevis*，マメ科などとされる。
【分布】 ニューギニア島と周辺の島々に広く分布する。

キベリフタオチョウ p. 152
Charaxes orilus Butler, 1869
【成虫】 後翅の外半が黄白色の特異な斑紋をもつ。
【卵】【幼虫】【蛹】【食草】 未解明。
【分布】 ティモールおよび近隣諸島の特産種。

ルリモンフタオチョウ p. 153
Charaxes smaragdalis Butler, [1866]
【成虫】 ♂は黒色に青色斑紋，♀は前翅に太い白帯をもつ。
【卵】【幼虫】【蛹】【食草】 未解明。
【分布】 ナイジェリア，カメルーンから中央アフリカ，コンゴ民主共和国などに広く分布する普通種。

ミカドフタオチョウ p. 148
Charaxes imperialis Butler, 1874
【成虫】 ♀は♂より大きく，前翅に黄色紋を散在する。生息域が限られて少ないとされる。♂，♀ともに樹液や腐果実に飛来するという。
【卵】【幼虫】【蛹】【食草】 未解明。
【分布】 シエラレオネからタンザニア，ルワンダにかけ，アフリカのほぼ中央部に広く分布する。

オウゴンフタオチョウ p. 153
Charaxes fournierae Le Cerf, 1930
【成虫】 *acraeoides* グループに属する大型種で特に♀は巨大，黄金色の斑紋をもつ豪華なチョウである。
【卵】【幼虫】【蛹】【食草】 未解明。
【分布】 熱帯雨林のコンゴ，カメルーン，中央アフリカに分布する珍種。

ツマキヒメフタオチョウ p. 153
Charaxes kahldeni Homeyer & Dewitz, 1882
【成虫】 白と黄褐色の2型があり，♀は2本の尾状突起をもつ。
【卵】【幼虫】【蛹】【食草】 未解明。
【分布】 アンゴラからカメルーンを経てウガンダまで広く分布する。腐果実などに飛来する。

マルオヒメフタオチョウ p. 153
Charaxes zoolina (Westwood, [1850])
【成虫】 ♂は1本，♀は2本のそれぞれ先端が膨らむ特異な尾状突起をもつ。白色と黄褐色の2型がある。
【卵】 球形で上面が平ら，淡黄色(以下アフリカ産幼生期は Henning, 1988 による)。
【幼虫】 胴部の色彩は緑色の地に黒と黄の斜帯が入る。
【蛹】 淡緑色に黄白色の不明瞭な縦条がある。
【食草】 マメ科の *Acacia*。
【分布】 ケニア，ウガンダから南アフリカ，さらにマダガスカル島にかけて分布する。

シロムクフタオチョウ p. 153
Charaxes hadrianus Ward, 1871
【成虫】 シロフタオチョウ属を思わせる白色の優雅なフタオチョウである。
【卵】 未解明。
【幼虫】 終齢幼虫は濃緑色で背面に2個の淡黄色半月紋がある。
【蛹】 ほかの同属よりも細長い形態である。
【食草】 オクナ科の *Ouratea reticulata* など。
【分布】 アフリカの西部からカメルーン，コンゴ，中央アフリカの広い範囲に分布する。

オオフタオチョウ p. 153
Charaxes andranodorus Mabille, 1884
【成虫】 名義タイプ亜種は大型で特に♀は大きい。
【卵】 未解明。

【幼虫】 緑色の地に背面に3個の斑紋を生じる。
【蛹】 黄緑色で翅部に白色の大きな斑紋がある。
【食草】 バンレイシ科の *Annona senegalensis* で飼育されたことがある。
【分布】 マダガスカル島特産種。西部の熱帯雨林内に生息する。

マルバネタテハ族
Euxanthini Rydon, 1971

【分類学的知見】 フタオチョウ族と近縁で，マルバネタテハ属，チャモンマルバネタテハ属の2属とされることもあるが，それぞれをマルバネタテハ属の亜属とするのが妥当と思われる。しかし成虫では，マルバネタテハ属(4種)は白黒の胡麻斑，チャモンマルバネタテハ属(2種)は前翅基部に褐色斑をもつことで容易に識別できるとともに，幼虫や蛹の形態にも若干の違いが確認できる。
【成虫】 前後翅とも強く丸みをもつ特異な形態。
【卵】【幼虫】【蛹】 一部で解明され，おおむねフタオチョウ族に似ている。
【食草】 ムクロジ科。
【分布】 エチオピア区に分布する。

マルバネタテハ属
Euxanthe Hübner, [1819]

【成虫】 翅形は丸みをもち尾状突起はない。
【幼生期】 Henning(1988)による。
【卵】 球形で上面が平らなどの特色はフタオチョウ族と等しい。
【幼虫】 成虫からは判断しにくいが幼生期の形態はフタオチョウ族に極めて近い。頭部突起は同様に発達するが外側の1対が内側のそれよりもはるかに長いことがフタオチョウ族との違いとなっている。
【蛹】 フタオチョウ族よりもやや凹凸がある。
【食草】 知られているもののほとんどがムクロジ科の *Deinbollia*，*Blighia*，*Lecaniodiscus* などで，基本的食性がアフリカ産チャイロフタオチョウ属と異なる。
【分布】 6種を含み，マダガスカル島を含むアフリカ熱帯区に分布する。

マダラマルバネタテハ p. 154
Euxanthe eurinome (Cramer, [1775])
【成虫】 前翅先端はやや尖り黒色の地に白い斑模様が点在する。
【卵】【幼虫】【蛹】 記録はあるが未確認。
【食草】 マメ科の *Afzelia africana* とムクロジ科の *Deinbollia pinnata* の記録がある。マルバネタテハ属の食草はムクロジ科が多いが，本種の記録のマメ科が正しいとするとチャイロフタオチョウ属の食草を共有する部分がある。
【分布】 コートジボワールからカメルーンにかけて分布する。

シロスジマルバネタテハ p. 154
Euxanthe crossleyi (Ward, 1871)
【成虫】 マダラマルバネタテハに似ているが白紋がより大きく，前翅の後縁角が強く張り出す。
【卵】 シロモンマルバネタテハに似ている。
【幼虫】 終齢幼虫はマダラマルバネタテハよりもやや大きく，胴部は黄緑色で側面に波型をしたサーモンピンク色の斑紋が走る。
【蛹】 緑色で翅部に白色斑がある。
【食草】 ムクロジ科の *Deinbollia*。
【分布】 カメルーンからコンゴ民主共和国，中央アフリカにかけて分布する。

シロモンマルバネタテハ p. 130
Euxanthe wakefieldi (Ward, 1873)
終齢幼虫および蛹を Henning(1988)を参考に図示・記載する。
【成虫】 前種よりも白色斑紋が少なく黒っぽく見える。低地の森林に生息し，腐果実などに飛来する。
【幼生期】 Henning(1988)などの文献を引用する。
【卵】 フタオチョウ族に似ている。ほぼ球形，産卵当初は黄色でしだいに褐色みを帯びる。卵期は7〜10日程度。幼生期はかなり早くから知られている。
【幼虫】 全体の形態はフタオチョウ族によく似ている。頭部角状突起の外側の1対が著しく発達しているところにフタオチョウ族との相違がある。終齢幼虫は緑色で，背面に顕著な2個の楕円形の白色の斑紋が存在し目立った特徴になっている。気門下線は黄色で，背面から見たときの外形を限取る。
【蛹】 フタオチョウ族に似ているが凹凸が多く，腹部の背面が突出する。
【食草】 ムクロジ科の *Deinbollia oblongifolia*，*Lecaniodiscus fraxinifolius*。
【分布】 アフリカ・ナタール〜東部アフリカに分布する。

チャモンマルバネタテハ p. 154
Euxanthe trojanus (Ward, 1871)
【分類学的知見】 マルバネタテハ属と別属または別亜属の *Hypomelaena* とされることもある。
【成虫】 マルバネタテハ亜属よりも翅形はかなり丸みをもち，黒色地に白色と褐色斑，♀はさらに後翅に白色斑を生じる。
【卵】 シロモンマルバネタテハに似ている。
【幼虫】 頭部は黄褐色で緑色の筋がある。側面には長大な角状突起が湾曲して伸び，その先端は尖る。胴部は青緑色で側面を黄白色の帯が走り，腹部第3および第5節の背面には卵形をした大小の白色の斑紋がある。
【蛹】 概形は前種に似ているが，腹部の突出が強い。色彩は暗緑色で不明瞭な青白色斑が散在する。
【食草】 シロスジマルバネタテハと同様。
【分布】 カメルーン，コンゴ民主共和国，中央アフリカに分布する。

オナガフタオチョウ族
Pallini Rydon, 1971

【分類学的知見】 フタオチョウ族よりもアジアのヤイロタテハ族や中南米のキノハタテハ族に系統的な関連がある。オナガフタオチョウ属1属のみ。

オナガフタオチョウ属
Palla Hübner, [1819]

【成虫】 後翅に尾状突起を有し裏面は波状紋で特異な色彩である。
【卵】【幼虫】【蛹】 一部が知られ，インド・オーストラリア区のルリオビヤイロタテハなどに似ている。
【食草】 ヒルガオ科の *Bonomia poranoides*, *Calycobolus africanus*, クマツヅラ科の *Clerodendron buchholzii*。このほかホソオビオナガフタオチョウやルリオビオナガフタオチョウの記録があるが，これらの植物が類縁的に離れた関係にあることやフタオチョウ亜科内の食性傾向から考察すると再確認の必要があると思われる。
【分布】 エチオピア区に4種を産する。

オナガフタオチョウ p. 154
Palla publius Staudinger, 1892
【成虫】 ♂♀ほぼ同様な色彩斑紋である。
【卵】【幼虫】【蛹】【食草】 未解明。
【分布】 コートジボワールからガーナにかけて分布する。

ホソオビオナガフタオチョウ p. 154
Palla ussheri (Butler, 1870)
【成虫】 オナガフタオチョウに似ているが前翅の白帯がより細い。♀は♂と色彩斑紋が異なり，全体に黄褐色である。
【卵】 球形で上面は不規則に凹む。色彩は淡黄色。
【幼虫】 幼生期についてはHenning(1988)の図示がある。形態はアジア産のルリオビヤイロタテハ属に似ている。幼虫は褐色で頭部にやや湾曲した角状突起がある。腹部の第3節の側面が膨らみ，末端に向かって膨らみが小さくなり，腹部末端は二叉の突起状である。
【蛹】 頭部先端が丸みをもち，しだいに腹部中央部で膨らむ紡錘形。色彩はくすんだ緑色で腹部側面に濃褐色の線状の斑紋が連なる。
【食草】 ヒルガオ科 *Bonomia poranoides*，ミカン科 *Toddalia asiatica*。
【分布】 カメルーンから中央アフリカ，コンゴ民主共和国にかけて分布する。

ルリオビオナガフタオチョウ p. 154
Palla violinitens (Crowley, 1890)
【成虫】 ♂は白帯の周囲が広く灰青色に縁取られ，♀は中央に太い白帯が貫く。
【卵】【幼虫】【蛹】 未確認。
【食草】 *Bonomia poranoides* と *Clerodendron buchholzii* の記録がある。
【分布】 ガーナからナイジェリアにかけて分布する。

ヤイロタテハ族
Prothoini Roepke, 1938

【分類学的知見】 ルリオビヤイロタテハ属とヤイロタテハ属の2属を含む。成虫や幼虫・蛹の形態，食草などが似ている。こうした特徴は新熱帯区に分布するキノハタテハ族と共通する部分が多い。
【成虫】 後翅の丸みが強く，短い尾状突起をもつ。翅表の色彩はルリオビヤイロタテハ属が黒褐色の地色に白や青色の斑紋をもつのに対し，ヤイロタテハ属は白黄色の地色に黒色斑を装い，どちらも比較的単調な斑紋である。しかし翅裏は赤・黄・白・黒など複雑に交錯した斑紋構成で，和名「八色タテハ」の語源となっている。
【卵】 ほぼ球形。
【幼虫】 オナガフタオチョウ族，キノハタテハ族およびルリオビタテハ族とともに形態がフタオチョウ族およびマルバネタテハ族と大きく異なる。
特徴は以下の通り。①頭部の突起は2本で短い。通常頭部前頭を前方に向けて静止している。②胴部の形態は全体に細長いが，前胸からしだいに膨らみ，第1腹節辺りで大きく膨出・突出する。③腹部末端の二叉突起は痕跡程度で小さい。④若齢幼虫が食樹の主脈を残して糞鎖をつくり，さらに主脈先端の両側の葉を暖簾様に切れ込みを入れて枯れた葉片を主脈に吊す。⑤つねに頭部を下方に向けて逆さに静止する。
【蛹】 褐色系で複雑な凹凸がある。
【食草】 バンレイシ科。
【分布】 マレー半島，フィリピンからインドネシアの島嶼，ニューギニアに分布する。

ルリオビヤイロタテハ属
Prothoe Hübner, [1824]

【成虫】 主に低山地帯に生息し，うす暗い樹林内に生活圏をもつ。林内を軽快に飛翔し，落下した腐果実などに飛来する。
成虫の翅型はフタオチョウ亜科としては後翅の丸みが強く特徴がある。これはエチオピア区に分布する同亜科のオナガフタオチョウ属にも共通する。
幼生期は2種について知られる。
【卵】 ほぼ球形で白色。
【幼虫】 細長く頭部に短い1対の角状突起をもつ。胴部の第1腹節辺りで膨らむ特異な形態で静止している。習性・形態とも新熱帯区のキノハタテハ族と極めてよく似ている。
【蛹】 基本的にフタオチョウ族に似ているが，凹凸が多い。
【食草】 バンレイシ科。
【分布】 インドシナ，マレーの各半島からフィリピン，ニューギニアに至る各諸島に3種を産する。

ルリオビヤイロタテハ　p. 8,155
Prothoe franck (Godart, [1824])

終齢幼虫をマレーシアTapah～Cameron間の12マイルの林内で発見した亜種*uniformis* Butler, 1885で図示・記載する。

【分類学的知見】 フィリピン地区に産するものは別種*P. semperi* Honrath(ミンダナオ，ボホール，サマール産)，または*P. plateni* Semper(ルソン，ミンドロ産)とされることもある。しかし大きな違いはないようで，それぞれを亜種扱いとするのが妥当と思われる。

【成虫】 低山地帯の林内を活発に飛翔する。あまり明るいところには出てこない。林内に落下した果物に飛来したり湿地で吸水したりすることがある。樹幹に止まるときは幼虫同様つねに頭部を下にする。周年発生しているものと思われる。

【卵】 ほぼ球形で褐色みを帯びた白色(五十嵐・福田，1997)。

【幼虫】 同地の樹林下に生じる食樹の地上30 cm程度の位置から4齢幼虫を発見した。この幼虫は食樹の葉の中脈を裸出させ，その位置に頭部を下にして静止していた。5(終)齢幼虫は全体に細長いが腹部の中央部がやや膨らむ。第2腹節の気門線周辺が膨出した特異な形態を形成し，腹部末端にはごく短い1対の突起を生じる。色彩は褐色の地色に黒色や灰褐色のあいまいな斑紋が生じる。

【蛹】 胸部から腹部にかけて突出部が多い(五十嵐・福田，1997)。

【食草】 現地で幼虫が発見された食草はバンレイシ科であることは確実であるが，種名は判明していない。基本的にはヤイロタテハの食樹である同科の*Desmos*に近縁で羽状互生の蔓性，植物群落の空間を縫うように生育している。同科のチェリモヤ(*Annona cherimola*)も食べる。自然状態でもトゲバンレイシ(*Annona muricata*)が確認され，また同じバンレイシ科の*Oxymitra cuneiformis*も記録されている。

【分布】 東南アジアの諸島を含み広く分布する。ミャンマー，タイからインドシナ半島，マレー半島とスマトラ島，ジャワ島，ボルネオ島およびその属島を含む。

モンキヤイロタテハ　p. 130,155
Prothoe australis (Guérin-Meneville, [1831])

幼虫をインドネシアTimika産の亜種*hewitsoni* Wallace, 1869で図示・記載する。

【成虫】 ♂は林内をやや緩やかに飛翔するがすぐに静止し，落果実などに飛来することが多い。翅の白い斑紋が飛翔中もよく目立つ。

【卵】 ほぼ球形で白色(五十嵐・福田，2000)。

【幼虫】 バンレイシ科を食べ，林縁の低い位置の枝から発見された。葉の先端に糞鎖をつくり，そこに頭部を下にして静止している。形態はルリオビヤイロタテハによく似ていて複雑な黒褐色の斑紋をもった褐色である。

【蛹】 ルリオビヤイロタテハよりも突出部が少なく，色彩は全体に緑色(五十嵐・福田，2000)。

【食草】 パプアニューギニアで確認された寄主植物は*Kunema laurina*であるが，Timikaで発見した幼虫が利用していた植物はそれとは異なったバンレイシ科と思われる。

【分布】 ニューギニア島とその周辺の島嶼，ただしインドネシアのアンボン島およびセラム島を除く。

ヤイロタテハ属
Agatasa Moore, [1899]

【分類学的知見】 フィリピン産は別種*A. chrysodonia* Staudingerとされることもあるが，亜種の範囲であり，ヤイロタテハ1種が含まれる。

ルリオビヤイロタテハ属に極めて近く，以前は同属とされていた。成虫がそれより大きいことや色彩斑紋がかなり異なり，また幼生期の形態の違いも明白で別属とするのが妥当である。幼生期形態を含めて新熱帯区のキノハタテハ族と類似点が多い。

ヤイロタテハ　p. 8,155
Agatasa calydonia (Hewitson, [1854])

4齢幼虫をマレーシアTapa産の名義タイプ亜種*calydonia*で図示・記載する。

【成虫】 大型のチョウで特に♀は豪快な姿を誇る。裏面の赤・黄・青・黒・白が混じり合った複雑な色彩は，彩り豊かな「八色タテハ」の名にふさわしい。低山地帯の樹林内部や林縁に生息し，落果に飛来して吸汁したり，♂は獣糞や湿地でも吸汁したりする。

【幼生期】 五十嵐・福田(1997)を参考に図示・記載する。

【卵】 ほぼ球形で黄白色。

【幼虫】 1991年7月にマレーシアのTapahを訪れた際に，個人の飼育場で4齢幼虫を観察した。五十嵐の観察(1986年4月)による1～2齢幼虫の糞鎖をつくる習性や葉片を吊り下げる習性，それが4齢期に消滅することなどは，新熱帯区のフタオチョウ亜科に共通している。

4齢幼虫は頭部にやや長い角状突起を有し，胴部は腹部前方で膨らみ特に第2腹節背面では1対の突起状に発達して隆起する。以降腹部末端に向かって細くなる。基本的にはルリオビヤイロタテハ属および新熱帯区のキノハタテハ族と共通している。頭部の色彩はほとんど褐色で胴部は全体に黄緑色，白～黄褐色の不規則な斑点が散在する。第6腹節側面には大きな白色斑がある。下腹面は褐色みが強い。終齢幼虫は緑色みを失い黒褐色。

【蛹】 ルリオビヤイロタテハに似た形で色彩は黄褐色。

【食草】 五十嵐(1997)による観察ではバンレイシ科の*Desmos chinensis*が確認されている。本植物はモンキヤイロタテハの食樹に似ている。蔓性の木本で，先端の新芽は鉤爪状をなし，それが他物に引っ掛かるようにして上方に伸びる。葉は互生し羽状複葉で光沢がある。新葉にはときどきミカドアゲハ類(*Graphium*)の卵や幼虫がついている。

【分布】 ミャンマー，タイの南部からマレー半島とスマトラ島，ボルネオ島，そしてフィリピン諸島に分布する。

キノハタテハ族
Anaeini Reuter, 1896

【分類学的知見】 キノハタテハ亜族とトガリコノハ亜族の2亜族に分けられる。

Julián&Salazar(2010)などを参考にした系統はほぼ次のようであると考える。

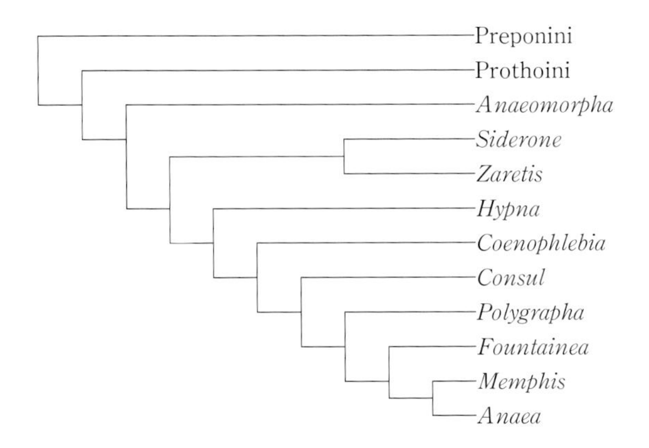

【成虫】 小～中型の大きさで，前翅の先端は尖り後縁部がS字条に湾曲，後翅には尾状突起を備えるなどの個性的な形をしている。裏面が木の葉模様なのでそれに擬態しているように見える。これが実際野外でどの程度の効果があるのかは定かでないにしても，静止時に翅を閉じた状態は擬態の効果が予想される。表面は原色に近い色彩で輝きをもって華麗である。

【卵】 ほとんど変化のない球形。

【幼虫】 幼虫形態はヤイロタテハ族に極めて共通する部分が多い。全体に細長いが，胸部が細く腹部に至って太くなり末端で再び細くなる。胴部末端に二叉突起を有しない。静止時に胸部後半から腹部前半をΩ状に強く湾曲させる特異な姿勢を保持することがある。ただしこのときでも頭部前頭部は静止面に伏せることなく前方を向いている。これはコムラサキ亜科やカバタテハ亜科が静止面に伏せる習性と大きな違いとなっているとともにフタオチョウ亜科の特徴である。食草の先端の中脈に糞を連ねて棒状の糞鎖をつくり，周辺の葉を噛み切って糸で暖簾のように吊るす習性がある。幼虫はこの枯れ葉の付近にいることが多いが，幼虫の形態とこの枯れ葉はよく似ている。これはルリオビタテハ族にも共通する。

【蛹】 卵形～三角形回転体状。

【食草】 キノハタテハ亜族はトウダイグサ科やクスノキ科，コショウ科。トガリコノハ亜族はヤナギ科(イイギリ科)である。

【分布】 新熱帯区に生息する。

キノハタテハ亜族
Anaeina Reuter, 1896

【分類学的知見】 本亜族に含まれる種数は極めて多い。最近は細分されて13属を含むとされることもあるが共通部分が多く，以前はヒイロキノハタテハ属1属にまとめられていた。

【卵】 ほぼ球形で白色。

【幼虫】 頭部の突起が小さく，胴部はほぼ円筒形で極端な膨らみはない。1齢幼虫は糞鎖をつくり，さらに付近の葉を噛み切って暖簾状に吊り下げる。さらに3齢(または4齢)になると残った部分の葉を巻いて巣をつくり，その中に潜むなど近縁族にない習性の特色がある。

【蛹】 卵形で色彩は淡褐色または黄緑色。

【分布】 中南米に広く分布する。

ヒイロキノハタテハ属
Anaea Hüner, 1819

【分類学的知見】 複数の種に分けられていたがLamas(2004)はヒイロキノハタテハ1種にまとめている。

【成虫】 色彩は橙赤色。

【幼虫】 目立った突出部はなく，色彩は緑色系。

【食草】 トウダイグサ科の葉が小さい*Croton*で一年草を含む。

【分布】 北米南部から新熱帯区の北部に偏る。

ヒイロキノハタテハ(アリゾナ州産亜種) p. 9,156

Anaea troglodyta andria Scudder, 1875

卵から蛹までのすべてをアメリカ合衆国アリゾナ州Santa Cruz County産で図示・記載する。

【分類学的知見】 以前は種小名*andria*とされていたが近年はヒイロキノハタテハの亜種とされる。

【成虫】 林縁，樹林の空間からやや開けた綿などの栽培地を軽快に飛翔し，落果，樹液，獣の糞に集まり，湿地で吸水することもある。小枝に静止した際はその裏面の斑紋が枯葉を思わせるが，枯葉に擬態させるような習性は確認されない。成虫を捕獲すると疑死を装うことがあり，次の瞬間に突然生き返ったようにして逃げる習性がある。♂は枝先に静止して占有行動をとる。

年2，3化，越冬は成虫で行われ，翌春交尾をする。

【卵】 卵幅0.99 mm，卵高0.96 mm程度。球形，平滑で色彩は淡黄緑色。

【幼虫】 孵化した幼虫は葉脈を残して先端部分を食べる。その後，葉脈の先端に糞をつないで糞鎖をつくる。この習性は2齢幼虫にも引き継がれる。3齢になるとこの習性は消滅し，葉表の両端を吐糸で巻いて巣をつくりその中に潜む。この巣から出て静止するときは体の前半を屈曲させる。4齢幼虫も同様の習性がある。巣中に潜んでいるときは落ち着いているが，いったん巣から出ると落ち着きを失い，盛んに歩行をしたり摂食活動を行ったりする。摂食後，再び巣に戻るが，巣には後退りして入り，頭部から潜入するようなことはない。やがて巣のなかで眠に入る。5齢幼虫も摂食時以外は巣中生活をする。成長して体が大きくなると，それに匹敵するように複数の葉を使って体に見合った大きさの巣を新しくつくる。巣に他個体が侵入して来たり，巣に振動が加えられたりすると大顎をむき出して威嚇行動をとる。巣から出ると前齢までと異なってほとんど体をまっすぐに伸ばして歩行・摂食活動をする。幼虫の色彩はほとんど褐色を主とするが，小白点を多数散在し，4齢頃より緑色みを帯びる。

【蛹】 淡い緑色，懸垂器の先端と台座をやや離し，その間を多量の吐糸で結びつける。

【食草】 トウダイグサ科の草本性 *Croton* で，*C. texensis*，*C. capitatus*，*C. monanthogynus* など。これらは全草に芳香があり，枯れた後も芳香を保つ。

【分布】 アメリカ合衆国の東南部からメキシコ。

ヒイロキノハタテハ(テキサス州産亜種)　p. 9,156

Anaea troglodyta aidea (Guérin-Méneville, [1844])

終齢幼虫と蛹をアメリカ合衆国テキサス州 Santa Margarita Ranch 産で図示・記載する。

【成虫】 前亜種 *andria* よりも前翅が尖り，特に秋型はこの傾向が強い。亜熱帯に生じるマツや小型のヤシの周辺の藪，樹木の生じる砂漠的な環境に生息する。多化性でアメリカ合衆国フロリダ州やテキサス州南部では1年を通して発生している。習性は前亜種と同じと思われる。

【卵】 前亜種に似ている。

【幼虫】 4齢期までヒイロキノハタテハに似ている。習性も同様に葉を巻いてその中に潜むが，体が大きくなったり食草の葉が小さかったりする場合は，数枚の葉を吐糸でまとめて巣をつくりその中に潜む。巣から出ているときは近縁種のように第1腹節付近を強く屈曲させて静止することもあるが，一般には頭部前頭部を静止面につけるようにして屈曲させていることが多い。幼虫の色彩は4齢までは灰褐色，終齢は黄緑色に褐色斑紋を装う。前亜種に比べ気門下線部の黄白色条は明瞭である。

【蛹】 形態や色彩は前亜種に似ているが，ややくすんだ淡黄緑色で黒褐色斑紋が多い。

【食草】 前亜種同様トウダイグサ科の小型の *Croton* だが，産地により種が異なる。すなわちアメリカ合衆国フロリダ州では *Croton linearis*，プエルト・リコでは *C. humilis*，メキシコでは *C. solinam* が利用されている。飼育下では *C. texensis* で問題なく生育する。

【分布】 アメリカ合衆国では一般には偶発的な発生で，より南部の地域からホンジュラス，大小のアンティル諸島まで。

ウラナミキノハタテハ属
Fountainea Rydon, 1971

【分類学的知見】 ヒイロキノハタテハ属に近縁で，ルリキノハタテハ属に含められることもある。種類数は8種前後と推定されるが種間の差が少なく，検討の余地がある。

【成虫】 翅表の基調色は褐～赤橙色で翅裏は特徴的なさざなみ様の斑紋である。

【卵】【幼虫】【蛹】 形態や習性はヒイロキノハタテハ属に似ている。

【分布】 新熱帯区。

ウラナミキノハタテハ(ベリーズ産亜種)　p. 10

Fountainea eurypyle confusa (Hall, 1929)

3齢幼虫を中米ベリーズ Cayo district 産の亜種 *confusa* で図示する。幼虫・蛹および成虫の形態や習性の地理的変異は軽微であると思われ，ペルー産亜種のなかで記載する。

ウラナミキノハタテハ(ペルー産亜種)　p. 10,140,156

Fountainea eurypyle eurypyle (C. & R. Felder, 1862)

終齢幼虫および蛹をペルー Satipo 産の名義タイプ亜種 *eurypyle* で図示し，幼生期全般を記載する。

【成虫】 やや前翅が尖り後翅には尾状突起を生じる。色彩は褐色で前翅先端が黒い。♀は♂よりもやや大きく色彩が淡い程度。普通種で♂は吸水に訪れるなどでよく見かける。

【卵】 未確認。

【幼虫】 幼虫は路肩の斜面などに生じる食樹の幼木からも発見できる。1齢幼虫は葉の中脈先端を嚙み切って吐糸で葉片を暖簾状につなぎ，さらに中脈先端に糞をつないで糞鎖をつくる。そしてその最も先端部に頭部を前方に向けて静止している。2齢幼虫も同位置に静止し本族特有の姿勢を維持している。3齢幼虫は緑色を帯びた褐色に白色小斑点を生じ，前齢期同様に糞鎖上に静止している。4齢幼虫は灰褐色に黒色斑紋を装い葉表上に静止している。4齢期は約7日で2日間の休眠を経て5(終)齢になる。終齢幼虫は食痕の基部の葉を巻いて巣をつくりその中に潜むが，この習性はほかの近縁種に共通する。巣中では頭部を入り口方向に向けている。摂食のために巣から出てその後再び巣に戻るときは周辺を念入りに確認し，やがて巣の入り口を確かめると前属同様後退しながらなかに潜入する。終齢幼虫は黄緑色地に白色と褐色の縦条が貫き濃褐色の斑紋を生じる。

【蛹】 凹凸が少なく，背面から見ると楕円形。腹部第4節が強く張り出し，末端に向かって急に細くなる。懸垂器は強く下腹部を向く。色彩は黄緑色でほとんど斑紋を欠く。懸垂器のみ黒色で目立つ。

【食草】 トウダイグサ科の *Croton* の *C. reflexifolius*，*C. jalapensis* が記録されている。ペルーで確認した植物は成長すると蔓性となり，二等辺三角形をした大型の葉をもつ。やや開けた空間の斜面などには幼木がよく見られ，幼虫の食痕も発見できる。この植物が *Croton* かどうかは未確認だが，同属の一年草の *C. texensis* も食べることから，姿はまったく異なるこの植物も *Croton* であると推定できる。

【分布】 メキシコからベネズエラ，コロンビアを経てボリビアにかけて分布する。

ベニモンウラナミキノハタテハ　p. 10,140,156

Fountainea nessus (Latreille, [1813])

幼虫および蛹をペルー Satipo の高地 Calabaza 産の名義タイプ亜種 *nessus* (Latreille, [1813])で図示・記載する。

【分類学的知見】 Lamas(2004)は亜種を認めていないが，分布も広く，地理的変異もあるので検討が必要である。

【成虫】 比較的標高の高いところに生息する。前翅には紅紋を装いその周囲は紫色の幻光で彩られる。♂は吸水のために地表に下りてくることが多いが，♀はなかなかその姿を見るのが困難である。
【卵】 未確認。
【幼虫】 幼虫を発見したのは標高1,800 mの渓谷地帯であった。食樹は渓谷ぞいに見られ，その比較的低い位置から食痕をつくっている幼虫が発見できる。3齢幼虫は全体に褐色で背面に4本，側面に1本の明瞭な黄白色の斑紋列がある。頭部はウラナミキノハタテハに似て短い突起がある。4齢幼虫の習性もウラナミキノハタテハと同様に食痕の付近にある残った葉を巻いてその中に潜んでいる。色彩は3齢幼虫よりも色相の差が際立ち，白，黄，褐色の鮮明な配色となる。5(終)齢幼虫は黄色い部分が黄緑色に変じ，側面は広く淡緑色でさらにあざやかな配色になる。頭部は黄褐色に黒色の縞模様を呈し，突起は頭頂の1対が黒色，ほかは鮮黄色。幼虫は高い気温を嫌い，低地で飼育すると多くの個体が死亡に至る。
【蛹】 ウラナミキノハタテハに似ているがやや色彩が濃く，背中線が明瞭であり，腹部背面の突出部分は青緑色と鮮黄色が横切る。腹部末端の懸垂器は黒色。
【食草】 トウダイグサ科の *Croton* と思われる。本種は標高1,800 m以上の高地で見られる。シャクガモドキ属の一種(*Macrosoma* sp.)の幼虫も同じ木から発見された。
【分布】 ベネズエラ，コロンビアからアルゼンチン北部にかけてのアンデス山脈寄りに分布する。

ツマムラサキウラナミキノハタテハ p. 156

Fountainea ryphea (Cramer, [1775])
【成虫】 ウラナミキノハタテハに似ているが，前翅先端の黒色部に紫色の幻光がある。
【卵】【幼虫】【蛹】【食草】 未解明。
【分布】 メキシコからブラジルにかけ広く分布する。

ムラサキウラナミキノハタテハ p. 156

Fountainea nesea (Godart, [1824])
【分類学的知見】 Lamas(2004)はベニモンウラナミキノハタテハに含め，その亜種としても認めていない。しかし，前翅に明瞭な紅紋が現れることはなく，翅形も異なり，全体に紫色の幻光があるなどかなり異質で，本書では従来通りの種として扱う。
【成虫】 ベニモンウラナミキノハタテハに似ているが紅色の斑紋を生じない。
【卵】【幼虫】【蛹】【食草】 未解明。
【分布】 コロンビアからエクアドルにかけての山地に生息する。

ヒメルリキノハタテハ属
Cymatogramma Doubleday, [1849]

【分類学的知見】 ルリキノハタテハ属に含められることもあるが，幼虫や蛹の形態がやや異なるので別属として扱う。10種程度を含む。
【成虫】 一般にルリキノハタテハよりもやや小さく前翅頂は湾曲して尖り，後翅にはやや長い尾状突起がある。色彩は黒色の地に亜外縁に青色斑点，基部は青色でどの種も共通している。
【幼虫】 ルリキノハタテハに似ているが，色彩がかなり異なる。
【蛹】 形態もルリキノハタテハ属との違いが顕著である。
【食草】 トウダイグサ科と思われる。
【分布】 新熱区に分布する。

ヒメルリキノハタテハ p. 10,140,157,222

Cymatogramma pithyusa (R. Felder, 1869)
終齢幼虫および蛹をペルーSatipoのGloriabamba産の名義タイプ亜種*pithyus*a (R. Felder, 1869)で図示・記載する。
【成虫】 ♂は吸水・吸汁のために地表に静止することが多い普通種であるが，♀はこのような習性がない。
【卵】 未確認。
【幼虫】 終齢幼虫の形態はルリキノハタテハ属に似ているが，色彩はまったく異なり，背面は鈍い緑色で第2腹節には2個の黒色斑紋を含んだ白帯が横切る。気門線より下方は灰白色で気門は黒色。
【蛹】 ウラナミキノハタテハ属のような腹部の突出部はなく全体になめらかなラグビーボール状で，尾端は強く下腹部方向に湾曲する。色彩はウラナミキノハタテハ属およびルリキノハタテハ属と異なり灰褐色で腹部後半は黄褐色，腹部背面に黒色帯がある。
【食草】 カキの葉のような形をし，グミの葉のような質感のあるトウダイグサ科，またはクスノキ科と思われる植物。トウダイグサ科の *Croton* という記録がある(DeVries, 1987)。
【分布】 メキシコからコロンビア～ボリビアのアンデス山脈ぞいとフランス領ギアナなどに分布する。

アオモンヒメルリキノハタテハ p. 157

Cymatogramma arginussa (Geyer, 1832)
【成虫】 ヒメルリキノハタテハに似ているが亜外縁に配列する青紋が大きい。
【卵】【幼虫】【蛹】【食草】 未解明。
【分布】 メキシコからブラジルまでの広い範囲に分布する。

ルリキノハタテハ属
Memphis Hübner, 1819

【分類学的知見】 45種以上を含むとされる極めて大きな属である。しかし成虫の同定が困難なこともあって，以前はこの周辺の属がすべてヒイロキノハタテハ属として包含されていた。一方でヒメルリキノハタテハ属をルリキノハタテハ属に帰属させたり，逆に細分したりして分類は一定でない。Lamas(2004)はヒメルリキノハタテハ属や後続する2属を本属に含め，ルリキノハタテハ属を61種としてまとめた。本書では細分した属でとらえてある。
【成虫】 翅形が極めて個性的で前翅のえぐれた曲線は人工的な感じが漂う。色彩の特徴としては一様な青色系で♀は♂よりも淡いか種により橙色斑紋をもつ。一般に♂と♀で若干形態が異なり，♀は♂よりもやや大きく，尾状突起を有することが多い。♂は汚物などを吸汁するために集まるのでよく見かけるが，♀は腐った果物などに飛来する以外は見かける機会が少ない。

【卵】 ほぼ球形で黄白色。

【幼虫】 1齢幼虫が糞鎖をつくり，4齢期になると葉を巻いて巣をつくる習性は近縁種に共通する。形態はヒメルリキノハタテハ属に似ている。

【蛹】 卵形で凹凸が少ない。淡褐色に黒斑が散在する。

【食草】 トウダイグサ科，コショウ科，クスノキ科が多い。

【分布】 メキシコからブラジルまで広く分布する。

ルリキノハタテハ　p. 11,138,157

Memphis acidalia (Hübner, [1819])

卵から蛹までのすべてをペルー Satipo 産の亜種 *arachne* (Cramer, 1775)で図示・記載する。

【分類学的知見】 Lamas(2004)は，従来 *M. arachne* (Cramer, 1775)とされた種を本種に含めている。

【成虫】 色彩には個体変異があり，明るい青色から赤紫色を帯びる個体などさまざまである。♂は，吸水や動物の排泄物などに好んで集まる。♀は樹林内に潜み，腐果実に飛来したり産卵のために食草付近を飛翔したりする以外はあまり見かけない。♀は食草のコショウ科を発見すると，その周辺を取り巻くように飛翔し，やがて食草に止まり葉表に1卵を産下する。このときの飛翔は，本亜科特有のすばやさをもっているが，瞬間的に葉に静止する。

【卵】 白色，ほぼ球形で上面が平らな本亜科の範囲内。人工採卵下でもよく産卵する。

【幼虫】 1齢幼虫の頭幅は0.94 mmで丸く角状突起はない。色彩は黄褐色，短い刺毛を有する。2齢幼虫は頭部に角状突起が生じる。3齢幼虫は全体に褐色みが強くなり側面は黒褐色，油状の光沢がある。頭部の角状突起が顕著になる。4齢幼虫の頭幅は3.36 mm程度で胴部に黄色の斑紋を生じる。刺毛の生じる小突起部分が白色でやや目立つ。5(終)齢幼虫はさらに黄色の斑紋が顕著に現れる。頭幅は4.80 mm程度で，角状突起は頭部全体の大きさに比べて小さく感じる。1齢幼虫は葉の先端部分の葉を嚙み切って葉に切り込みを入れる。その後自分の糞を中脈先端に吐糸でつなぎながら細い糞鎖をつくる。それが終了すると葉の両端部分から中脈に向かって嚙み切りながら葉を切断する。こうして切り取った葉片を吐糸でつないで暖簾様の食痕をつくる。これは2齢期以降にも見られ，枯葉状の食痕が目立つようになる。この習性はスミナガシ亜科および近縁の種にも共通する。幼虫は通常この糞鎖上に静止している。4齢幼虫はこの食痕基部に残された葉の両端に糸をかけ，その両端を縫い合わせるようにして筒状の巣をつくる。通常はこの巣のなかに潜み，終齢期前半までこの習性を継続する。終齢末期になって体が大きくなるとこの巣から出ている。

【蛹】 凹凸が少なく平滑，全体が落花生の実を思わせる形態，懸垂器が発達する。色彩は白色に近い淡い褐色で，黒褐色の不明瞭な斑紋を生じる。全体に油状光沢がある。

【食草】 コショウ科のコショウ属。現地で確認した食草は未同定であるが少なくとも2種以上を選んでおり，比較的小型のコショウ属であった。現地では極めてコショウ科の植物が多いが，幼虫に与えても食べないことがある一方で，ときにカナエタテハなどのほかの同族種の食草となることがある。

【分布】 分布が広くよく見かける普通種。トリニダード島を含み，ベネズエラからアマゾン川流域，さらにブラジル南部を経てアルゼンチン，パラグアイの北部に広く分布する。

ルリモンキノハタテハ　p. 11,140,157

Memphis basilia (Stoll, [1780])

終齢幼虫および蛹をペルー Satipo 産の亜種 *drucei* (Staudinger, 1887)で図示・記載する。

【成虫】 後翅の尾状突起の長さには個体変異や地理的変異が多い。

【卵】 未確認。

【幼虫】 ヒメルリキノハタテハの寄主植物と同種の葉から発見した。終齢幼虫は黒褐色の地に背面には淡青色，気門周辺には淡黄橙色の斑紋を装い，他種との相違は明瞭である。

【蛹】 胸部と翅部が橙色みを帯びた淡黄緑色で腹部は灰白色，濃褐色斑紋が散在する。胸部背面の斑紋は他種に比べて不明瞭。葉の先端に厚く吐糸して蛹化する。

【食草】 トウダイグサ科またはクスノキ科と思われる。

【分布】 ベネズエラ，コロンビアからボリビアにかけたアマゾン川西部に分布する。

オナシルリキノハタテハ　p. 11,140,157

Memphis phantes (Hopffer, 1874)

終齢幼虫および蛹をペルー Satipo 産の亜種 *vicinia* (Staudinger, 1887)で図示・記載する。

【分類学的知見】 以前は *M. vicinia* という種であったが Lamas(2004)はこれを表記の亜種として扱っている。

【成虫】 ♂の後翅の尾状突起はないか痕跡程度で，裏面には前後翅を貫く対角線状の暗色条がある。

【卵】 未解明。

【幼虫】 3齢幼虫は濃灰褐色で側面に黒褐色の斑紋があり，終齢幼虫と若干異なる。4齢幼虫は黒褐色で黄白色の小斑を散在する。近縁種と同様に巣をつくって潜入している。終齢幼虫は濃赤紫色で背面には黄白色の小斑，気門周辺にはそれよりも大きな黄白色の斑紋を多数散在する。頭部は黒褐色に1対の黄色条が入るが，頭頂付近で橙色となるので他種との識別ができる。

【蛹】 濃黄褐色の地色に黒褐色の斑紋を装うが，その間に明瞭な白色斑が入るのが特徴である。

【食草】 トウダイグサ科の *Croton* で，同様の植物をウラナミキノハタテハも利用している。大型蔓性で長心臓形の葉をもつ。

【分布】 ベネズエラからボリビアにかけたアマゾン川流域に分布する。

アオネキノハタテハ　p. 12,140,157

Memphis moruus (Fabricius, 1775)

終齢幼虫および蛹をペルー Satipo 産の亜種 *morpheus* (Staudinger, [1886])で図示・記載する。

【分類学的知見】 Lamas(2004)は種小名を *moruus* としているが，Neild(1996)はスペルの混乱を避けるため従来の種小名 *morvus* を使用している。
【成虫】 ルリモンキノハタテハに似ているが，前翅亜外縁の青紋が発達しない。
【卵】 未確認。
【幼虫】 食草の葉の先端に食痕に静止している1齢幼虫を発見した。9日後に3齢に達した。色彩は灰褐色に黒色斑紋を生じている。4齢幼虫は他種と同様に巣をつくってなかに潜入する。5(終)齢になると巣から出ていることが多くなる。全体に漆黒色で背面と気門線に黄色の小斑点が散在する。
【蛹】 淡灰青色に黒褐色斑紋を装う。蛹化までほぼ1か月を要した。蛹期は10日間。
【食草】 コショウ科。ほかの種が利用するものとは印象のかなり異なった長葉で大型の種類であった。
【分布】 メキシコからパラグアイ，アルゼンチンにかけて広く分布する。

マルバネルリキノハタテハ p. 157
Memphis mora (Druce, 1874)
【成虫】 翅形は全体に丸みが感じられ，基部は広く青藍色。
【卵】【幼虫】【蛹】【食草】 未解明。
【分布】 グアテマラからコロンビア，エクアドル，ペルーに分布する。

オオルリキノハタテハ p. 157
Memphis laura (Druce, 1877)
【成虫】 ルリキノハタテハ属中最も大きく♂♀で翅形や色彩が異なる。
【卵】【幼虫】【蛹】【食草】 未解明。
【分布】 パナマからコロンビアにかけて分布するが標本は少ないようである。

ミヤマルリキノハタテハ？ p. 12
Memphis lyceus (Druce, 1877)
4齢幼虫をペルー Satipo の標高1,800 m の Calabaza で発見したので図示・記載する。種の正確な確認はできなかったが，表記種の名義タイプ亜種 *lyceus* または *Memphis philmena philmena* (Doubleday, [1849])ではないかと思われる(Keith Wolfe 氏私信)。
【成虫】 ♂は尾状突起を欠く。♀は♂よりも明るい青色。
【卵】 未確認。
【幼虫】 幼虫の全形は近縁種同様であるが，色彩は深紅色に黄緑色の小斑点を散在する個性的な配色である。終齢になると鮮紅色が褐色にくすんでくる。近縁種と同様に葉を巻いて巣をつくり，中に潜入している。発見した幼虫を低地(600 m)に運んで飼育したが生育は芳しくなく，その期間10日をもって死亡した。環境，特に気温(日較差)が原因と考えられる。日中は宿泊施設にあった効力の弱い冷蔵庫内で管理したが生育は継続しなかった。
【蛹】 未解明。
【食草】 低木で葉は全縁，先端は尖り互生，葉質は極めて硬い。付近にはこの1本しか見られなかった(p. 230 掲載)。
【分布】 コスタリカからコロンビア，エクアドル，ペルー，ボリビアに分布する。

ベニモンキノハタテハ属
Annagrapha Salazar & Constantino, 2001

【分類学的知見】 従来通りルリキノハタテハ属とされることもあるが，Salazar & Constantino(2001)はルリキノハタテハ属中の *anna*，*elina*，*aureola*，*polyxo*，*dia* の5種は翅形，後翅の性標，ゲニタリアなどに特徴があるとして表記の新属名を設立した。しかし Lamas(2004)は *elina* を *anna* の亜種とし，ほかの *aureola*，*polyxo*，*dia* を含めてすべてルリキノハタテハ属に戻している。本書ではルリキノハタテハ属の亜属として扱った。
【成虫】 標本として *dia* はよく見かけるが *anna* や *elina* などは少ない。
【分布】 グアテマラからブラジルに分布する。

ベニモンキノハタテハ p. 157
Memphis (*Annagrapha*) *anna* (Staudinger, 1897)
【成虫】 前翅に大きな紅紋をもちその周囲は青色に輝く，ルリキノハタテハ属のなかでは優美な配色のチョウである。
【卵】【幼虫】【蛹】【食草】 未解明。
【分布】 コロンビアからペルー北部，ブラジル北西部に分布する。産地では個体数は少なくないと思われるが日本では標本を見る機会が少ない。

ルリヘリキノハタテハ p. 157
Memphis (*Annagrapha*) *polyxo* (Godman & Salvin, [1884])
【成虫】 丸みをもった翅形で前翅亜外縁から後翅外縁にかけて淡青色に縁取られる。ペルーでは♂が吸水に飛来する個体をよく見る。
【卵】【幼虫】【蛹】【食草】 未解明。
【分布】 パナマからボリビアにかけて広く分布する。

トガリルリオビキノハタテハ属
Rydonia Salazar & Constantino, 2001

【分類学的知見】 従来通りルリキノハタテハ属とされることが多いが，Salazar & Constantino(2001)は表記の新属を設立してトガリルリオビキノハタテハおよび *R. pasibula* を所属させた。本書ではルリキノハタテハ属の亜属として扱った。
【成虫】 トガリルリオビキノハタテハは前翅の尖ったルリオビタテハ属のような印象を受ける。

トガリルリオビキノハタテハ p. 158
Memphis (*Rydonia*) *falcata* (Hopffer, 1874)
【成虫】 前翅先端が強く外側に湾曲し，前後翅を青帯が貫く。

【卵】【幼虫】【蛹】【食草】　未解明。
【分布】　コロンビア，エクアドル，ペルーに分布する。

ルリオビキノハタテハ属
Polygrapha Staudinger, [1887]

【分類学的知見】　従来以下のムラサキキノハタテハ属までをルリオビキノハタテハ属の1属に含めていたが，Salazar & Constantino(2001)はそれぞれを独立した属に設定した。それによるとルリオビキノハタテハ属はルリオビキノハタテハ1種を含むのみ。本書ではそれぞれを亜属扱いとした。

ルリオビキノハタテハ　p. 140,158
Polygrapha cyanea (Salvin & Godman, 1868)
【成虫】　濃紺の地色に水色の帯を装い翅型などがアフリカ産のフタオチョウ類を思わせるものがある。ペルーでは♂が明るい空間に現れて動物の排泄物などに飛来する姿をよく見かける普通種であるが，♀は極めてまれである。行動は敏捷で人の気配を敏感に感じ取る。
【卵】【幼虫】【蛹】【食草】　未解明。
【分布】　コロンビア，エクアドル，ペルーに分布する。

オナシキノハタテハ属
Pseudocharaxes Salazar, 2001

【分類学的知見】　オナシキノハタテハ1種からなる。

オナシキノハタテハ　p. 158
Polygrapha (*Pseudocharaxes*) *xenocrates* (Westwood, 1850)
【成虫】　ルリオビキノハタテハ属に似ているが尾状突起はない。♂の青色斑紋は地理的変異が見られる。♀はルリオビキノハタテハのように黄褐色の斑紋である。♂の標本は比較的見かけるが，♀を確認していない。
【卵】【幼虫】【蛹】【食草】　未解明。
【分布】　ベネズエラからアマゾン川流域に分布する。

トガリキノハタテハ属
Zikania Salazar & Constantino, 2001

【分類学的知見】　オナシキノハタテハ属と同じくルリオビキノハタテハ属の亜属と考えられる。トガリキノハタテハ1種からなる。

トガリキノハタテハ　p. 158
Polygrapha (*Zikania*) *suprema* (Schaus, 1920)
【成虫】　前翅先端が著しく尖り，黄褐色の斑紋を装う。プレートに図示した個体はブラジルで撮影したもので，日本では標本が少ない貴重種である。
【卵】【幼虫】【蛹】　未解明。
【食草】　トウダイグサ科の *Croton* という記録がある。
【分布】　ブラジルのMinas Geraisに局所的な分布をしている。

ムラサキキノハタテハ属
Muyshondtia Salazar & Constantino, 2001

【分類学的知見】　属名はトガリキノハタテハ属と同様であり，ムラサキキノハタテハ1種のみが所属する。

ムラサキキノハタテハ　p. 158
Polygrapha (*Muyshondtia*) *tyrianthina* (Salvin & Godman, 1868)
【成虫】　プレートに図示した個体はペルーSatipoの高地Calabaza(標高1,800 m)で採集したものである。珍品に属していたが，近年はよく見かける。♂は赤紫色の珍しい色彩で，♀は♂とほとんど同じ斑紋であるが♂のような紫色の幻光はない。
【卵】【幼虫】【蛹】【食草】　未解明。
【分布】　ペルーからボリビアにかけての高地に生息している。

オオキノハタテハ属
Coenophlebia C. & R. Felder, 1862

【分類学的知見】　以前は次のトガリコノハ亜族に含められていたが，Peña & Wahlberg(2008)の報告のようにキノハタテハ亜族に含めるのが妥当と考える。1種のみからなる。

オオキノハタテハ　p. 160
Coenophlebia archidona (Hewitson, 1860)
【成虫】　大型で前翅先端が著しく尖る個性的な種である。個体数はあまり多くないようである。♀も♂と同形でやや大きい。
【卵】【幼虫】【蛹】【食草】　未解明。
【分布】　コロンビアからペルー，ボリビア，ブラジルにかけて分布する。

カナエタテハ属
Consul Hübner, [1807]

【分類学的知見】　4～6種を含むが亜種または代置種の関係にあると思われる。
【和名に関する知見】　「鼎(かなえ)」とは古代中国の3本足の釜をいうが，カナエタテハの成虫の印象から和名となっている。
【成虫】　翅型は極めて個性的で，どの種も前翅の先端が鳥のくちばしのように尖っている。
【卵】　球形でキノハタテハ族の範囲内。
【幼虫】　形態や習性からルリキノハタテハ属などに近縁と考える。
【蛹】　ルリキノタテハ属に似ている。

【食草】 コショウ科が判明している。
【分布】 中心は南米の北部に偏っている。

カナエタテハ p. 15,140,159

Consul fabius (Cramer, [1775])

幼虫および蛹をペルー Satipo 産の亜種 *divisus* (Butler, 1874) で図示・記載する。

【学名に関する知見】 以前は *Protogonius* Hübner, [1819] という属名，さらに種小名に *hippona* (Fabricius, 1776) などが使用されたことがあった。

【成虫】 翅型は極めて特色があり「鼎(かなえ)」の和名を冠している。翅裏は枯葉模様で偽装効果があるかもしれないが，ドクチョウ類への擬態とも考えられる。♂は動物の排泄物などに飛来しよく見かけるが，♀は樹林内にひっそりとくらし飛翔は緩やかである。

【卵】 未確認。

【幼虫】 頭部は褐色に黒色条があり，短い角状突起を有する。胴部の色彩は暗緑色で背面に濃褐色斑紋を添える。背中線が明瞭である。形態的にはルリキノハタテハ属などに近い。顕著な食痕をつくるので発見は容易である。1齢幼虫は葉の中脈を残してその先端に糞鎖をつくり，さらに両側の葉の部分に切り込みを入れて暖簾状の食痕を形成する。2齢幼虫もこの糞鎖に静止している。3齢幼虫は灰黒褐色に不規則な白色の斑点を散在し，食痕付近の葉表上に静止している。4齢に達すると食痕付近に残された葉の部分を巻いて巣をつくり，その中に潜む。この一連の習性はほかのキノハタテハ類に共通する。5(終)齢幼虫は巣の中に潜むことはなく食痕近くの枝などに静止している。

【蛹】 ウラナミキノハタテハ属などに似ているが腹部の膨らみはさらに強い。色彩は濃黄緑色で，中胸背面に輪状の黒色部分が目立つ程度でほかに斑紋はない。

【食草】 コショウ科コショウ属の数種。

【分布】 メキシコからアルゼンチン北部まで広く分布する。カナエタテハ属のなかでは最も分布が広く，新熱帯区全体に生息している普通種である。

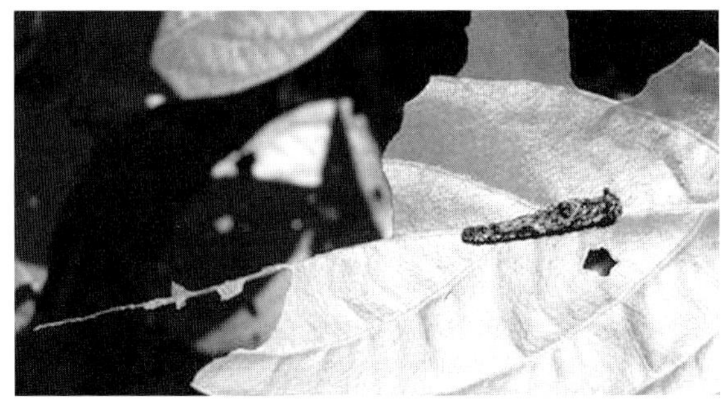

図138 コショウ属の葉の先端に食痕をつくり，その付近に静止するカナエタテハ *Consul fabius divisus* 3齢幼虫(Peru)

ムラサキカナエタテハ p. 159

Consul panariste (Hewitson, 1856)

【成虫】 分布の南部に属する亜種は♂が青紫色の幻光をもつ。

【卵】【蛹】 未確認。

【幼虫】 カナエタテハに形態・色彩ともに似ている。

【食草】 コショウ科コショウ属の *Piper hispidum*, *P. reticulatum* など(University of Nevada Reno, 2011)。

【分布】 メキシコからベネズエラ，コロンビア，エクアドルに分布する。

ツマグロカナエタテハ p. 159

Consul electra (Westwood, 1850)

【成虫】 翅形はムラサキカナエタテハに似ているが，色彩は淡褐色で翅頂は広く黒色である。

【卵】 未確認。

【幼虫】 カナエタテハに似ているが，頭部は緑色を帯びて黄色い筋が入り，突起は黒色であるという(Muyshondt, 1976)。

【蛹】 カナエタテハに似ているが，腹部の膨らみは顕著でない(web サイト Janzen & Hallwachs)。

【食草】 ムラサキカナエタテハ同様コショウ科コショウ属。

【分布】 メキシコからパナマにかけて比較的狭い範囲に分布する。

シロオビカナエタテハ属
Hypna Hübner, [1819]

【分類学的知見】 属の系統的な特徴としては次のトガリコノハ亜族内の形質も見られ，キノハタテハ亜族のなかでは早期に分岐したと推定され，Peña & Wahlberg (2008) の解析が示すように，独立した位置づけが考えられる。形態や習性ではキノハタテハ亜族よりも次のトガリコノハ亜族に共通した部分がある。針状の突起を生じることではフタオチョウ亜科内では例外であり，特異な系統を暗示する。種数については異論があるが，亜種の範囲と考えるのが妥当と思われる。

シロオビカナエタテハ p. 12,140,159

Hypna clytemnestra (Cramer, [1777])

幼虫および蛹をペルー Satipo 産の亜種 *negra* C. & R. Felder, 1862 で図示・記載する。

【成虫】 カナエタテハ同様に前翅端が尖り，色彩は黒褐色地に白色の斜帯をもつ個性的な属である。斑紋は異なるが，翅形などはオオキノハタテハに似ている。割合よく見かけ，♂は動物の排泄物などに，♀は腐果実に飛来する。

【卵】 未確認。

【幼虫】 ウラナミキノハタテハと同所的に生息し，幼虫は同じ植物を食性の対象としている。3齢幼虫は黒褐色に灰白色の不明瞭な斑紋を生じる。亜背線に小さな突起が生じるが，フタオチョウ亜科でこのような突起を有する種はほかにない。胸部から腹部にかけての部分を強く曲げて糞鎖上に静止している。4齢幼虫は濃い褐色で突起の先端は針状に尖る。3齢幼虫同様胴部を強く曲げて静止しているが，ほかのキノハタテハ亜族のように葉を巻いて潜入する習性はないことから分類群は同様ではないと考える。この点でトガリコノハ亜族と共通している。5(終)齢幼虫は濃赤褐色で気門上線にはより淡い色の斑

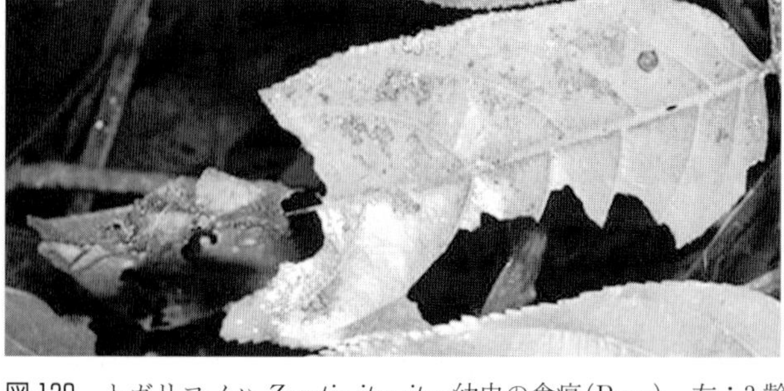

図 139　トガリコノハ *Zaretis itys itys* 幼虫の食痕(Peru)。左：3 齢，右：4 齢

紋があり，背面には小さな黒色斑紋を散在する。亜背線上には節の 1 つおきに針状の棘状突起が配列し，特異な形態を示す。胴部を強く屈曲させ，刺激を与えると体を揺するなどの習性はルリオビタテハ族にも共通する。頭部には 2 対のやや大きな二叉突起が生じ，側面にも数対の突起がある。

【蛹】 緑色で三角形回転体様である。翅部に白色斑が入るが，そのほかにはほとんど斑紋はない。

【食草】 トウダイグサ科の *Croton* sp.。同一個体の本植物からウラナミキノハタテハの幼虫も発見した。本植物はハート型をしたやや大きな葉で芳香がある。与えればウラナミキノハタテハが食べるほかの植物も食べ，2 種は食性を共有している。

【分布】 メキシコからウルグアイ，アルゼンチンにかけて広く分布する。

トガリコノハ亜族
Zaretidina Rydon, 1971

【分類学的知見】 トガリコノハ属，ベニモンコノハ属，ヒスイタテハ属の 3 属を含み，それぞれに所属する種は少ない。形態や習性の形質はキノハタテハ亜族とルリオビタテハ族の中位にある。

【成虫】 前翅先端が尖り，後翅は丸みがある。

【卵】 未確認。

【幼虫】 糞鎖をつくり，付近の葉を嚙み切って綴る習性はこれまでの近縁種同様であるが，キノハタテハ亜族のように葉を巻いて中に潜む習性がない。また静止時に腹部末端を食樹の枝に巻きつけている習性はルリオビタテハ族と共有しているなど，その中位的な分類位置が考えられる。

【蛹】 キノハタテハ亜族に似ているが腹部前方がやや張り出す。色彩は緑色。

【分布】 メキシコからブラジルに分布する。

トガリコノハ属
Zaretis Hübner, [1819]

【分類学的知見】 ベニモンコノハ属と幼生期の習性および形態が極似するが，本属内では多くの種の幼生期が未知のため比較に至らない。5 種を含む。

【成虫】 前翅は弧状に尖り，鱗粉の消失したガラス窓状の斑紋をもつ。

【卵】 未確認。

【幼虫】 頭部に 1 対の突起をもち，腹部前半が膨らむ。色彩は濃褐色で食痕の枯葉に似ている。

【蛹】 ルリキノハタテハ属などに似ているが，腹部前方で強く膨らむ。色彩は淡緑色。

【分布】 新熱帯区の主要な地域に広く分布する。

トガリコノハ　p. 13,140,160
Zaretis itys (Cramer, [1777])

幼虫および蛹をペルー Satipo 産の名義タイプ亜種 *itys* で図示・記載する。

【成虫】 前翅のすかし紋や翅裏の木の葉模様は個体変異が多く，前翅にすかし紋のない個体もある。森林内に生息し，樹液や腐果実に集まる。♂は動物の排泄物などに好んで飛来し吸汁する。

【卵】 未確認。

【幼虫】 2 齢幼虫から 4 齢幼虫までを発見しているが，位置的には地上 20 cm から 2 m の範囲であった。顕著な食痕をつくりその先端に静止している。食痕のつくり方は近縁属に共通する。頭部を葉の先端部に向けて静止するが，その形態・色彩が食痕の枯葉に極似し，偽装効果が高い。しかし，この食痕の枯葉の部分が緑葉のなかでは極めて目立ち，幼虫を発見するのは容易である。終齢末期までこの食痕にこだわり，静止時には必ずこの食痕に戻る。摂食も 1 枚の葉に固執し，継続的に食べ続ける。摂食は主として夜間に行われる。静止時に第 1 腹節部前後を強く屈曲させる習性があり，特異な姿勢である。キノハタテハ亜族のように葉を巻いて中に潜む習性はない。蛹化はこの食痕から離れて行われる。

幼虫の形態はどの齢期を通してもあまり違いがなく，褐色から濃黒褐色の個体変異がある程度である。背面に黒色斑紋をもち，特に第 7 腹節の 1 対，第 9・10 腹節の菱型黒色斑が顕著である。頭部の角状突起は 1 対が左右に開き，本族の特徴にもなっている。胸部は細く第 1 腹節で急に太くなり末端に向かいしだいに細くなる。これらの形態や習性はキノハタテハ亜族とルリオビタテハ族をつなぐものと考えることができる。

【蛹】 腹部の第 4 節が特に膨らむ。色彩はくすんだ黄緑色で顕著な斑紋は生じない。

【食草】 ヤナギ科(新エングラー体系のイイギリ科)の *Casearia*，*Ryanea*，*Laetia* などの記録がある。ペルーの近郊 Satipo では，低～中木からかなりの数とともに

表4　ベニオビコノハ *galanthis* とベニモンコノハ *syntyche* の識別点

	ベニオビコノハ *Siderone galanthis*	ベニモンコノハ *Siderone syntyche*
前翅表の紅紋	分断する。個体により一部連続する	銀杏の形をして切れることはない
前翅の外形	外縁の膨らみは小さい	外縁中央で大きく膨らむ
後翅の外形	外縁が丸みをもつ	外縁はほぼ直線的
後翅裏面中央の明色帯	前縁に向かって狭まる	前縁に向かってほぼ平行

ベニオビコノハ *Siderone galanthis thebais* ♂ (Peru)　　ベニモンコノハ *Siderone syntyche mars* ♂ (Peru)

図140　ベニモンコノハ属2種の成虫

図141　食痕上のベニオビコノハ *Siderone galantis thebasis* 1齢幼虫(Peru)

ベニオビコノハも発見される。また図示中のほかの複数の植物からも幼虫が発見された。同科の *Zuelania quidonia* も問題なく摂食して成長する。

【分布】　メキシコ南部からブラジルにかけてとトリニダード諸島に分布する。本属のなかでは最も分布が広く，中米から南米の熱帯に生息する普通種。

ウスイロトガリコノハ　p. 160

Zaretis isidora (Cramer, [1779])

【成虫】　前種に似ているが，黒色斑紋の発達が弱い。

【卵】【幼虫】【蛹】【食草】　未解明。

【分布】　アマゾン川流域に広く分布する。

チャイロトガリコノハ　p. 160

Zaretis syene (Hewitson, 1856)

【成虫】　褐色で前翅外縁が波状である。

【卵】【幼虫】【蛹】【食草】　未解明。

【分布】　コロンビアからボリビア，ブラジルに分布する。

ベニモンコノハ属
Siderone Hübner, [1823]

【分類学的知見】　従来5種が含まれていたがLamas (2004) はベニオビコノハとベニモンコノハの2種に整理した。本属の種の問題については幼生期を解明することによりさらに明確な判断ができると思われる。

【成虫】　♂の翅表には印象的な鮮紅色の斑紋があり，基本的にベニオビコノハとベニモンコノハで異なるとともに，個体によりまたは亜種によりこの斑紋の現れ方がさまざまである。ベニオビコノハとベニモンコノハの識別点は表1の通りである。

【幼虫】【蛹】　ベニオビコノハ属の形態や習性はトガリコノハ属によく似ている。

【食草】　トガリコノハ属同様にイイギリ科の *Casearia*, *Zuelania* などである。

【分布】　メキシコからブラジルまで分布する。

ベニオビコノハ　p. 13,140,160

Siderone galanthis (Cramer, [1775])

幼虫および蛹をペルー Satipo 産の亜種 *thebais* C. & R. Felder, 1862 で図示・記載する。

【分類学的知見】　形態を含め分類的にはトガリコノハ属同様，キノハタテハ亜族とルリオビタテハ族の中位にある。

【成虫】　翅形および色彩が極めて個性的なチョウである。紅紋の形状や大小は個体変異・地理的変異が多いが，前翅では基部とその外側に2分する。後翅の紅紋の大きさも個体変異が多い。

個体数は多くはないようで，成虫♂はほかの近縁種同様，腐った果物や動物の排泄物などに飛来するので採集できる機会は多いが，♀は樹林内に潜み目撃することも少ない。

【卵】　未解明。

【幼虫】　トガリコノハとは1齢期より極めて似ているが，その違いは以下の通りである。

(1) 1齢期は体色がより黄緑色みが強い褐色。(2) 2齢期は頭部がより大きく，頭部の突起が目立つ。腹部末端はやや広がりを見せる。(3) 3齢期は同様に頭部が大きく前額周辺が黒い。胴部は黄褐色で背面突起の間の黒色斑紋が顕著。(4) 4齢幼虫は第2腹節背面の突起の鋭さが目立つ。胴部の色彩は濃灰褐色で背面突起の間の黒色部が顕著。(5)5(終)齢幼虫は①全体の大きさが大きい，②胸部の側面に小さな白色斑を生じる，③第2腹節背面の突起が大きい，④腹部末端は湾曲することはなく扇形，⑤体表全体に微毛がより顕著，⑥頭部が大きく突起が剛直，などの相違点がある。色彩は胸部が黒褐色で腹部は褐色，トガリコノハよりも斑模様が目立つ。

4齢期までの各齢期は7，8日と比較的長く，終齢期は14日。

習性はトガリコノハ属と異なるところがない。顕著な食痕をつくる。またトガリコノハとは同所的分布をし，同じ食樹から2種の幼虫を発見することがある。1〜2齢期は食痕先端に静止しているが，孤立性が強く他個体が侵入してくると敏感に反応し，避けようとする。頭部を食痕の先端方向に向けて静止しているが，食痕部に強い振動が加わると向きを変えて，葉の基部に移動して姿を隠す。通常は食痕に静止し，胴部をルリオビタテハ族と同様に屈曲させている。特に3，4齢期はこの習性が著しい。終齢になるとあまり食痕にこだわらず，ミイロタテハ属やルリオビタテハ属のように細枝に体を巻きつけるようにして静止している。孤立性が強く，この期に同じ容器に複数の個体を一緒にしておくと淘汰し合って，どちらかの個体が死に至る。

【蛹】 トガリコノハに似ているが，やや黄緑色が強く黒色の斑紋を装うので識別は容易。腹部末端の懸垂器は黒色。

【食草】 現地ではヤナギ科の *Casearia* と思われる樹木より幼虫を発見した。記録としては *C. aculeata* のほか，同科の *Zuelania* がある。

【分布】 メキシコからブラジルにかけて広く分布する。

ベニモンコノハ p. 160

Siderone syntyche Hewitson, [1854]

【成虫】 ベニオビコノハのように紅紋が断続することはなく，銀杏の形をして英名(red-patched leafwing)のようにパッチ状であるので識別は容易である。翅形も若干異なる。習性はベニオビコノハと同様と思われ，♂は汚物などに飛来する。

DeVries(1987)は，本種は翅表の紅色紋の周囲は青紫色と書いている。またD'Abrera(1987)の図示にはこのような個体が掲載されているし，Andrew Neild氏(私信)はエクアドル産のそのような個体を見ているという。Web情報からこのような個体がグアテマラやベリーズなどの中米から記録されていることを確認しているが，これが別種に属する個体群かどうか定かでない。この現象は例えばアエドンミイロタテハなどとの平行現象と考えられ，事実，青色斑紋の広がる亜種 *Agrias aedon rodriguezi* などと同所的分布をする地域の個体は青紫色幻光をともなうと考えられる。

【卵】【幼虫】【蛹】【食草】 未解明。

【分布】 メキシコからエクアドル，ペルー，ブラジルにかけて広く分布する。ベニオビコノハとは同所的に分布するようであるが，低地と山地などの微妙な棲み分けや幼虫の食性の対象の違いなどがあるように感じる。

ヒスイタテハ属
Anaeomorpha Rothschild, 1894

【分類学的知見】 従来はルリオビタテハ族に含められていた。Peña & Wahlberg(2008)の解析では，トガリコノハ亜族の姉妹群を形成するとしている。以下の成虫の特徴から，キノハタテハ族のトガリコノハ亜族に含めるのが適切と思われるが，Ortiz-Acevedo & Willmott(2013)の解析では新族Anaeomorphiniを提唱されている。ここでは幼生期の確証が得られないのでキノハタテハ族に含めておく。ヒスイタテハ1種からなる。

【成虫】 ①ルリオビタテハ族としては全体の大きさが小さい，②翅形はルリキノハタテハ属などに近い，③翅表の斑紋の構成もルリキノハタテハ属に近い，④翅裏の斑紋にはルリオビタテハ族に特徴的な眼状紋がない，⑤♂の後翅性標はキノハタテハ族同様に第3肘脈にそって平均的に生じ，ルリオビタテハ族のような毛束状にならない，などの特徴をもつ。触角は長く，ルリオビタテハ族の特徴もある。

ヒスイタテハ p. 161

Anaeomorpha splendida Rothschild, 1894

【成虫】 従来珍種であったが，近年♂は局地的ながらかなりの個体数が採集され，さらに異なった亜種の記録もある。その翅表の青緑一色の特異な色彩も不思議な印象を与える。♀は♂に似ているが青緑色斑紋は♂のように外側に広がることはない。

【卵】【幼虫】【蛹】【食草】 未解明。

【分布】 ペルーとエクアドルに分布する。

ルリオビタテハ族
Preponini Rydon, 1971

【分類学的知見】 成虫や解明された一部の幼生期の形態や習性から，新熱帯区のキノハタテハ族や東南アジアのルリオビヤイロタテハ属などに近いことがわかる。

【成虫】 世界のチョウのなかでも最も華麗なチョウとされる。その美しさと個体変異の多様さ，しかも個体数が少なくまた敏捷に飛翔して採集するのが困難であるということから，愛好家にとっては垂涎の的となっている。

【卵】 白色，ほぼ球形で本亜科の特徴を備える。

【幼虫】 十分知られていない。頭部角状突起は短く，胴部は第1腹節前後で膨らみ，末端の二叉突起は著しく長く伸びる。色彩は褐色を主に胸部に眼状紋をもち，静止時にこの部分をあたかもヘビの頭のように見せかけている。

【蛹】 頭部がコムラサキ亜科，胴部がフタオチョウ亜科の混合のようである。

【食草】 多様である。

【分布】 新熱帯区のみに分布する。

ヘリボシルリモンタテハ属
Noreppa Rydon, 1971

【分類学的知見】 この属からミイロルリオビタテハ属までの3属は，従来ミイロルリオビタテハ1属にまとめられていた。しかし，成虫の斑紋などからも3属の識別は容易である。本属の一部の幼生期からルリオビタテハ属とは僅差と思われる。1種のみからなる。
【成虫】 ルリオビタテハ属に似ているが，後翅の青色斑紋は円形で外縁に小さな眼状紋を配列する。

ヘリボシルリモンタテハ p. 135,161
Noreppa chromus (Guérin-Ménéville, [1844])
終齢幼虫を Constantino (2000) を参考に図示・記載する。
【分類学的知見】 Lamas (2004) は従来別種とされていた *priene* (Hewitson, 1859) を本種の亜種としている。
【成虫】 ♀も♂とほとんど同じ斑紋である。標本はよく見かける。
【幼生期】 Constantino (2000) を参考に記載する。
【卵】 球形で平滑。
【幼虫】 ルリオビタテハ属に形態・色彩ともに似ている。第1腹節背面突起が発達する。
【蛹】 未確認。
【食草】 クスノキ科の *Aniba perutilis* で飼育した記録がある (Salazar & Constantino, 2001)。
【分布】 ベネズエラ，コロンビアからボリビアにかけて分布する。

ルリオビタテハ属
Archaeoprepona Fruhstorfer, 1915

【分類学的知見】 8種を含むとされる。成虫で見る限りは種間の差は少ないようであるが，幼生期の形態は見かけ以上の差がある。
【成虫】 本属の翅表にはどの種も金属光沢の青帯があり識別が困難であるが，翅裏は種によりかなりの差がある。翅表は緑色みを帯びた青色の帯が前後翅を貫くのみ。そのほかの色彩や斑紋をもたない。翅表裏の眼状紋はミイロルリオビタテハ属のように顕著ではない。♂は後翅表に黒色の毛束状の性標 (androconial tufts) をもつが，ミイロルリオビタテハ属よりもまばらで目立たない。
【卵】 球形で白色～淡黄色。
【幼虫】 一部の種で幼生期が確認されている。次のミイロルリオビタテハ属との違いはキノハタテハ族のように頭部角状突起が左右に離れていることである。静止時に胸部を膨らませ左右の眼状紋を露出させた様子は，ある種の小動物を思わせる。終齢幼虫は細い枝上に静止していることが多い。
【蛹】 キノハタテハ族よりも腹部前方の背面がやや強く張り出す。
【食草】 クス科あるいはそれに近縁の科のようである。
【分布】 中南米の広い地域に分布する。

ウラスジルリオビタテハ p. 14,140,161
Archaeoprepona demophon (Linnaeus, 1758)
卵から蛹までのすべてをペルー Satipo 産の亜種 *muson* (Fruhstorfer, 1905) で図示・記載する。
【成虫】 裏面に変化の少ない淡褐色で破線模様が連続す

ヒスイタテハ
Anaeomorpha splendida splendida (Peru)

マルバネルリキノハタテハ
Memphis mora montana (Peru)

トガリコノハ
Zaretis itys itys (Peru)

ヘリボシルリモンタテハ
Noreppa chromus chromus (Peru)

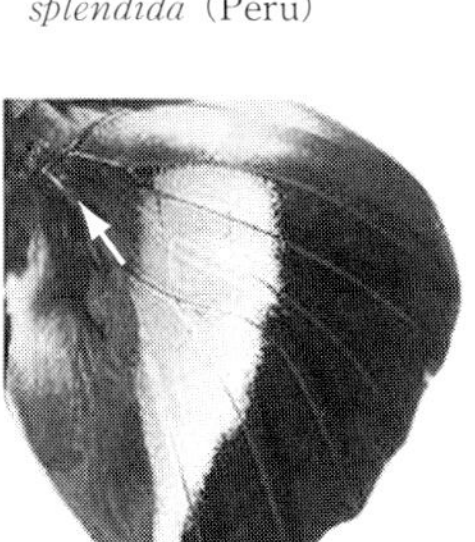
ルリオビタテハ
Archaeoprepona amphimachus symaithus (Peru)

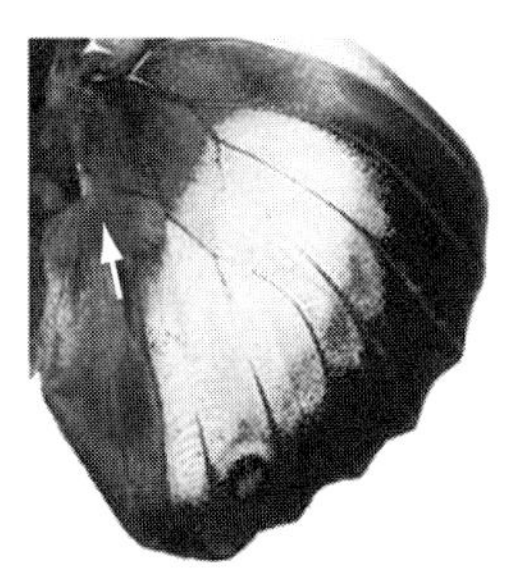
ムラサキルリオビタテハ
Prepona laertes demodice (Peru)

ミイロルリオビタテハ
Prepona praeneste confusa (Peru)

ミイロタテハ
Agrias claudina lugens (Peru)

図142 ルリオビタテハ族の♂後翅性標

る。♂は汚物や動物の糞などに集まる姿をよく見る。飛翔は極めて敏捷で樹間を青い光線が瞬くような感じである。♀は林縁に生じる食樹の近辺を何度も往来し産卵場所を確かめる。やがて位置を決定するとその葉裏に静止し，1卵を産下する。1卵を産み終えると再び飛翔し，食樹の近くに静止する。これを数度にわたって繰り返す。
【卵】 計測に至らなかったがベアタミイロタテハと同程度の大きさがある。ほぼ球形で上面が平坦である。色彩は灰色を帯びた淡黄橙色。4日ほどで卵内の発生が確認できる。卵期は9日間。
【幼虫】 孵化当初は全体が白色で若干の黒色斑紋を生じる。1齢幼虫頭部の形態は丸みのある二等辺三角形で，胴部は胸部後半から腹部前半が膨らむ特異な形。腹部末端に短い二叉の突起がある。体表に生じる刺毛を含め，基本的形態はミイロタテハ属と同様である。孵化後は卵殻のほとんどを食べる。その後，葉の先端に移動して中脈に静止し摂食を開始，やがて糞をするごとに1個ずつつないで糞鎖をつくる。以後の習性はほとんどベアタミイロタテハと同様である。摂食を開始すると幼虫の体色は灰緑色になり，翌日にはさらに体色が濃い色となる。その後，糞鎖上に静止し，体色は暗灰緑色に黒色斑紋を装う。1齢期は8日間。2齢幼虫は頭部に短い突起を生じる。第1腹節の背中線前縁寄りと第2腹節亜背線にある突起が，背面から見ると正三角形の頂点に位置する。この部分は著しく膨らみ，特異な形態を呈する。腹部末端の二叉突起は長さを増す。頭部の色彩は灰黒褐色，胸部と腹部後半は灰褐色で背面は濃黒褐色。刺激を与えると上体を揺する習性がある。2齢期は8日間。3齢幼虫の静止時は体を著しく屈曲させている。胸部から腹部にかけて膨らんでいてさらに背面には3個の突起があり，特異な形態である。腹部の第7節から第10節にかけては細長く伸びていて，末端の突起は尾状に伸長する。色彩は黒褐色で黒色の破線状の小斑紋が散在する。3齢期は10日間。4齢幼虫は形態・色彩ともに3齢幼虫に似ているが，腹部の後半はより細長く伸び，末端の尾状二叉突起はさらに長さを増す。4齢期は24日を要した。この期に幼虫は腹部背面に白色のカビを生じる皮膚病に罹患した。これに人間用のクロマイ軟膏を2度ほど塗布したところこの皮膚病は完治し，その後順調に生育した。また♀が産卵した植物が得られなかったので，モニミア科の *Mollinedia clavigeria* を与えた。このような経過が4齢期を延長させたものと思われる。5(終)齢幼虫の頭部突起は左右に分かれ，ミイロルリオビタテハ属とは大きく異なる。胴部の色彩は前齢までと一変し，背面は広く灰褐色でほかは濃黒褐色である。第1腹節背中線前縁は強く前方に突出し，さらに第2腹節背面の1対の突起の眼状紋は疑うこともなくヘビの頭に擬態する。また腹部末端の尾状二叉突起は細長く，斑模様を呈して，全体としてもヘビそのものに見える。加えて体を揺する動作は行動の擬態のように思える。ほとんど動くことはなく細枝などに静止している。体長は76 mm程度に達する。十分に生育するとしだいに摂食量が落ち前蛹へと進行し，体色が緑色化する。
【蛹】 全体的に前後が尖った卵形で，頭部突起はコムラサキ亜科のようである。色彩は濃緑色に白粉を吹いたような不明瞭な斑紋がある。
【食草】 本種♀が産卵した植物を確認したが，種名については不明である。クスノキ科あるいはその近縁の植物であろう。現地名ではWild Cacaoと呼び，一見，栽培種のカカオに似ている。葉は対生につき，成葉は硬く大型で30〜50 cmの長さがある。樹高は10 mを超えると思われるが樹幹は太くならず，根元付近で数本が枝分かれして広がるようにして上方に伸びている。幼虫の摂食状況は必ずしも良好には見られず，生育も遅いように感じた。あるいは本来の主要な食樹ではないのかもしれない。

クスノキ科のアボカド(*Persea americana*)を少し食べた。*Mollinedia clavigeria* を良好に摂食し順調に成長したが，これはブラジルで本種の食樹として利用されている。記録としてはバンレイシ科の *Annona* やキントラノオ科のアセロラ(*Malpighia glabra*)があるが真偽のほどは不明である。
【分布】 メキシコからアマゾン川流域を経てパラグアイまで広く分布する。

ルリオビタテハ p. 14,140,161

Archaeoprepona amphimachus (Fabricius, 1775)

卵から蛹までのすべてをペルーSatipo産の亜種 *symaithus* (Fruhstorfer, 1916)で図示・記載する。
【成虫】 翅表はウラスジルリオビタテハと極めて似ているが，翅裏は明白に異なる。
【卵】 計測に至らなかったが，ウラスジルリオビタテハまたはベアタミイロタテハとほぼ同様の大きさおよび形態である。色彩は白色。卵は葉裏に産下される。
【幼虫】 幼虫やその食痕を各地で発見できた。形態はウラスジルリオビタテハと相違が多く，成虫の外見以上の種間差があるようである。孵化した幼虫の習性や行動についてはウラスジルリオビタテハとまったく同様であった。葉の先端の中脈を残してその両端を食べる。やがて腹部末端を持ち上げて脱糞をすると，それを口でくわえ中脈の先端につける。その後，付近をなめ回すようにして糸を吐き，ていねいに糞を固定させる。これを繰り返してつないで細い糞鎖をつくる。孵化してから3日を経過するとの糞鎖の基部にある葉に切り込みを入れて3枚

図143 食樹の葉の先端につくった糞鎖上に静止するルリオビタテハ *Archaeoprepona amphimachus symaithus* 3齢幼虫(Peru)

の葉片をつくりそれを中脈に吊り下げた。色彩は孵化当初は白色だが摂食とともに灰色となり，やがて灰褐色となる。形態はウラスジルリオビタテハと同様。1齢期は5日間。2齢幼虫は糞鎖の基部に残る葉に嚙み傷を入れてそれに吐糸をして中脈に吊り下げる行動を継続するなど，ベアタミイロタテハやウラスジルリオビタテハと同様である。2齢期は4日間。3齢幼虫は食痕の端に頭部を下にして静止している。幼虫と食痕に残された枯葉は極めて似ていて，野外ではどちらも枯葉の同一物体として見える。静止時の幼虫の姿勢は極めて特異で，第2腹節部背面を強く前方に押し出すようにし，末端の尾状突起を伸ばしている。爬虫類，またはほかの動物を思わせるこの特異な形態はウラスジルリオビタテハ同様擬態としての効果が極めてあるように感じる。3齢期は4日間。4齢幼虫は飼育ではあまり食痕に静止することにこだわらなくなる。静止時の姿勢などは3齢期に同じで背面の眼状紋が顕著である。4齢期は7日間。5(終)齢幼虫は野外では食痕付近に静止して腹部末端の尾状突起を細枝に巻くようにして静止している。色彩は全体に灰褐色だが，背面から見たその斑紋はヘビに極めて似ている。また側面から見ると枯葉のようでもある。体長90 mm程度。5齢期は19日間，前蛹期2日を経て蛹化する。

【蛹】 全体にラグビーボール様で背面になだらかな稜線をもつ。頭部の突起はコムラサキ類を思わせる。全体に緑色で白粉を吹いたような跡があるが顕著な斑紋はない。蛹期は19日間。

【食草】 クスノキ科の *Cinnamomum* と思われる。種名は不明だが日本のクスノキによく似ていて，葉にはクスノキやクロモジのような芳香がある。6〜7 m程度の比較的大きな木もあるが，幼虫やその食痕は1〜2 mの範囲によく見られる。記録としては *Cinnamomum brenesii*，*Ocotea* sp.があり，いずれもクスノキ科。

【分布】 ペルーSatipoではよく見かける普通種。メキシコからアマゾン川西側地域，さらにブラジルまで広く分布する。

ウラキルリオビタテハ p. 161

Archaeoprepona licomedes (Cramer, [1777])

【成虫】 裏面が黄色で斑紋も特徴があるので同定を間違えることはない。

【卵】【幼虫】【蛹】【食草】 未解明。

【分布】 アマゾン川流域に広く分布し，ペルーでも♂は普通で，地表に吸水に下りている個体をよく見かける。

メキシコルリオビタテハ p. 161

Archaeoprepona phaedra (Godman & Salvin, [1884])

【成虫】 やや小型で，標本は少ない。

【卵】【幼虫】【蛹】【食草】 蛹殻から羽化した成虫の情報を見ることができる(webサイトalamy.com)。

【分布】 メキシコからパナマにかけた中米の特産種。

ミイロルリオビタテハ属
Prepona Boisduval, [1836]

【分類学的知見】 種類数についてはさまざまで，以前は26種を数えたこともあるが，その多くがシノニムや亜種の関係にあると考えられる。検討の余地があり，実際はもっと少ないものと思われる。Lamas(2004)は，① *deiphile*，② *dexamenes*，③ *laertes*，④ *pheridamas*，⑤ *praeneste*，⑥ *pylene*，⑦ *werneri* の7種に整理し，ほかはそれぞれの亜種としている。ブラジルではムラサキルリオビタテハとペリクレスミイロタテハの人工による雑種もつくられて，この2属が近縁であることの証明になっている。成虫の概観はルリオビタテハ属に近いが，幼生期からは次のミイロタテハ属にさらに近縁と考えられる。

【和名に関する知見】 よく知られたチョウで，和名も「プレポナ」で十分知られていて，あえて表記の和名を使う必要性はない。ただルリオビタテハ属を含めることもあり，それを避けるために表記の和名を用いた。

【成虫】 翅表は瑠璃帯のほかに紅紋斑を備える種もあり，また多くの種の♂は地色が青紫色の幻光を放つ。後翅表の♂性標は褐色や黄色でブラシ状に生じて顕著，翅裏にはルリオビタテハ属よりも明瞭な眼状紋がある。

【卵】 球形で白色。

【幼虫】 一部が知られ，形態はミイロタテハ属(*Agrias*)に極めて近い。

【蛹】 ルリオビタテハ属よりもやや突出部が少なく滑らか。

【食草】 マメ科，ブナ科，ムクロジ科，クリソバラナス科などの記録がある。

【分布】 メキシコからブラジルに分布する。

ミイロルリオビタテハ p. 130,162

Prepona deiphile (Godart, [1824])

終齢幼虫および蛹をメキシコ産の亜種 *brooksiana* Godman & Salvin, 1889で図示・記載する。

【分類学的知見】 従来は種または亜種とされていたものが，Lamas(2004)により次の12亜種に整理された。分布の北部(メキシコ)で亜種の分化が著しい。

① ***P. d. deiphile*** **(Godart, [1824])** (図144 ⑪)

名義タイプ亜種。

【成虫】 前翅頂が尖り，裏面の斑紋も種内では最も異なっている。

【分布】 ブラジルの中部に分布する。本種のなかでは分布が南東に偏る。

② ***P. d. brooksiana*** **Godman & Salvin, 1889** (p. 130, 図144 ①)

幼虫と蛹が知られている。比較的よく知られた亜種。

【成虫】 ♀は紫色の幻光がないが前後翅を金属光沢青色帯が貫く。

コラム

新熱帯区の異所的種分化の素因とその地理区分試案

新熱帯区の種または亜種の分布を考察すると，種々の異なった環境条件の下にそれぞれが異所的に種分化をしたと推定される。それらは次のような地理的環境の違いがあり，これらの条件(特に物理的障害となる高い山や気候の違い)が種の生殖的隔離機構として働き，種分化の素因となったものと推定する。

①北米南部からメキシコにかけて気候が移行する地域(温帯～亜熱帯)

②メキシコ(テワンテペク地峡)からパナマ(パナマ地峡)にかけて：熱帯雨林気候で旧北区と新熱帯区が入れ換わる。

③パナマからコロンビアのアンデス山脈の延長(ベネズエラとの国境辺り)に囲まれた地域：アンデス山脈の延長で遮られたコロンビア北西部内での種分化があったと考えられる。

④コロンビア南西からエクアドルにかけたアンデス山脈の西側地域：③と同じ条件下の環境であり，遺伝子の交流は可能と思われる。

⑤ベネズエラのロ・モティロネ山脈とメリダ山脈の間の地域：盆地的な環境内での種分化がある。⑥と生殖的交流は不可能ではないと思われる。

⑥ベネズエラのメリダ山脈とタピラペコ山脈～パカライマ山脈の間の地域：山地で封鎖された区間。

⑦アンデス山脈ぞい東側の山地帯～山麓帯：アマゾン川流域の低地帯と異なった環境である(気温の日較差や湿度および植生などの違い)。高度差および平面空間の緯度差が大きいので環境には多様な変化があり，種分化は単一でなく，さらに細分される。

⑧アマゾン川流域の低地帯：広範囲にわたって同質的環境(標高などの地理的条件や気温，湿度などの気象的条件)と

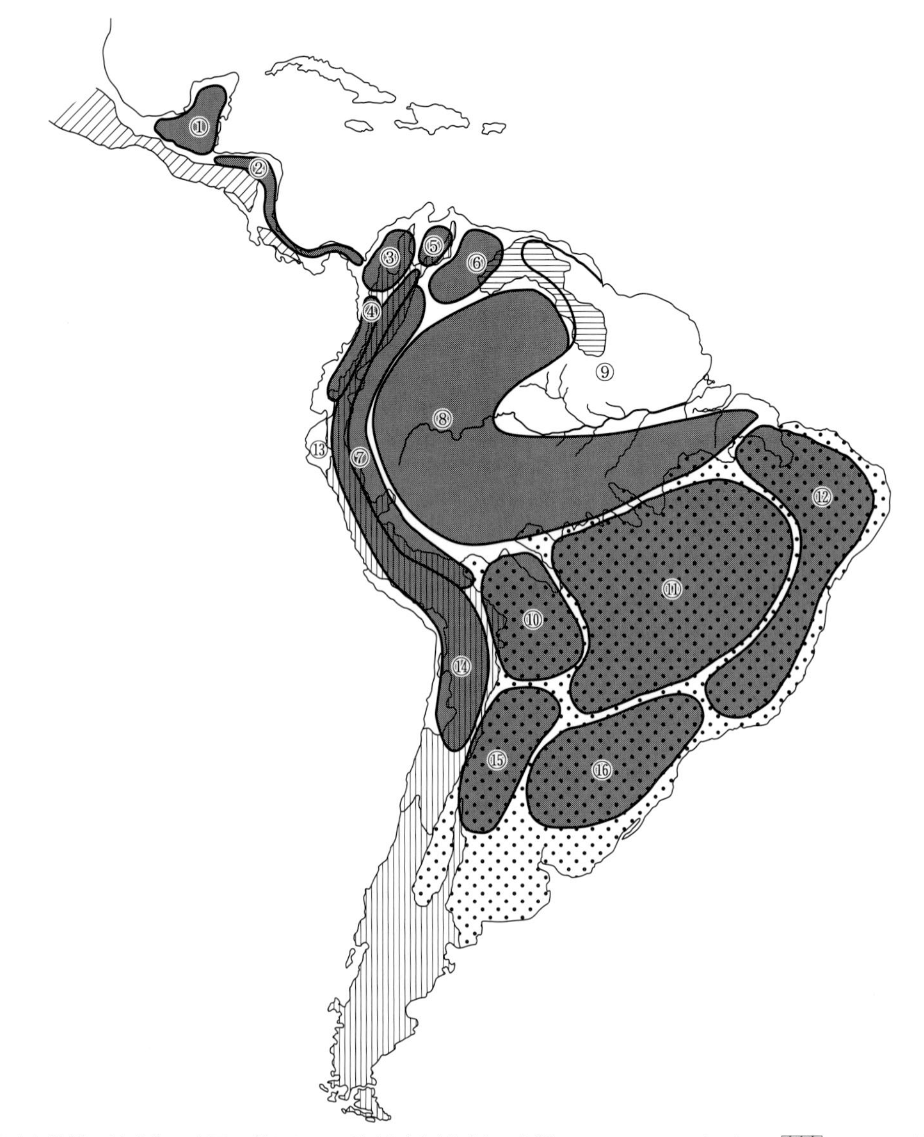

図144　新熱帯区産蝶類の種分化の素因と考えられる地理区分(試案)。空間はクラインでつながる。▨シエラマドレ山脈とその延長，☰ギアナ高地，▥アンデス山脈とその延長，⁘ブラジル高原とその延長

思われるが微妙な差でさらに細分できる。森林内生息種にとってアマゾン川およびその支流も生殖隔離の要素となると思われる。

⑨⑧の範囲と考えられるが，熱帯モンスーンの傾向が見られるアマゾン川中～下流流域のアマゾン川の北側～ギアナ高地：若干季節による気候の変化が見られる。

⑩ボリビア南部～ブラジル南部の気候の移行する地域：⑧に山地的要素や気温の日較差などが加わる。

⑪ブラジル高原の山地帯(サバンナ気候)：明らかな気候条件の違いがある。

⑫ブラジルのアマゾン川の南部～海岸部：⑪と同様のサバンナ気候に属するが海洋の影響が考えられる。海岸ぞいと内陸部でも相違がある。

⑬アンデス山脈の西側・太平洋海岸地域(西岸海洋性気候)：海流や流れ込む川の影響を大きく受ける。

⑭アンデス高地～高山(高山気候)：高地あるいは寒冷地適応種の生息が見られる。

⑮温帯夏雨気候

⑯温帯湿潤パンパ

⑰それ以外の寒冷地

これらは種群によってもっと総合的に，またはさらに細分化された条件で，新熱帯区のチョウの種または亜種の分化が行われたと考える。それを *Morpho rhetenor* の亜種の分布を例にすると理解しやすい。Lamas(2004)は本種を6亜種に分類している。

(1) ①②③④には分布していない。しかし②③④には近縁種の *M. cypris* が生息する。

(2) ⑤⑥には亜種 *M. r. columbianus* が分布する。

(3) ⑦には *M. r. equatenor*, *M. r. helena*, *M. r. cacica* がクライン現象をともなって分布する。

(4) ⑧⑨に名義タイプ亜種 *M. r. rhetenor* が分布する。

(5) ⑩に亜種 *M. r. subtusmurina* が分布する。

上記の17区分試案はミイロタテハ属，ミイロルリオビタテハ属をはじめとした新熱帯区の種の種分化にも共通する。以下(　)内は上記区分番号。

さらに分布はアンデス山脈の造山活動，アマゾン川の形成や氷期などの地史で変遷したと思われる。

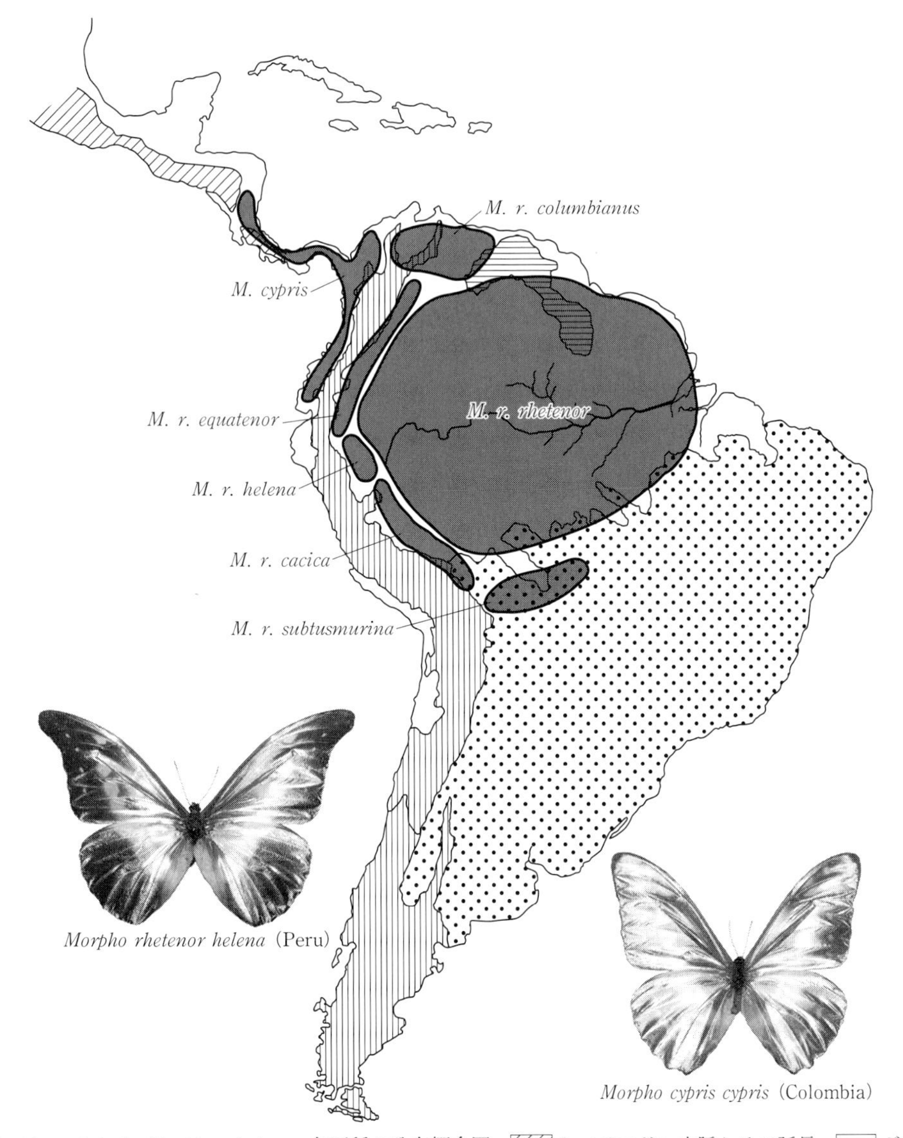

図145　*Morpho cypris* と *Morpho rhetenor* 各亜種の分布概念図。▨シエラマドレ山脈とその延長，▤ギアナ高地，▥アンデス山脈とその延長，⁘ブラジル高原とその延長

【幼虫】 ミイロタテハ属によく似て外形はほぼ同様。色彩は灰褐色で気門周辺より下方には黄橙色の小斑紋が，背面には白色紋が散在する(幼生期は web サイト butterflies of america による)。
【蛹】 形態や色彩・斑紋もミイロタテハ属に似ている。
【食草】 ブナ科の *Quercus germana*，あるいは *Q. glabrenscens* である。
【分布】 メキシコ Veracruz に生息する。

③ *P. d. diaziana* L. D. & J. Y. Miller, 1976 (図 144 ①)
【成虫】 ♂は亜外縁の黄橙色紋列を欠くが，全体に青藍色の幻光が発達する。♀は前後翅に青色帯がある。
【分布】 メキシコ南部の Chiapas に生息する。

④ *P. d. escalantina* Stoffel & Mast, 1973 (図 144 ①)
【成虫】 ♂♀とも前後翅亜外縁の黄橙色紋列が発達する。
【分布】 メキシコ Veracruz から記録されているが *P. d. brooksiana* との分布関係が問題で，互いに別亜種であるなら生殖的な隔離機構が成立していなくてはならない。

⑤ *P. d. ibarra* Beutelspacher, 1982 (図 144 ①)
【成虫】 次の *P. d. lambertoana* との差は僅少である。
【分布】 メキシコの西南部から記録されている。

⑥ *P. d. lambertoana* Llorente, Luis & González, 1992 (図 144 ①)
【成虫】 ♂の前後翅に輝青色帯が貫き，その周囲は青藍色の幻光がある。♀は後翅亜外縁に小青色紋(眼状紋)が並ぶ。標本は少ない。
【分布】 メキシコの Michoacan から記録されている亜種で，種分布の最も北西部にあたる。

⑦ *P. d. salvadora* Llorente, Luis & González, 1992 (図 144 ②)
【成虫】 ♂は前亜種よりも青色帯が狭く，♀後翅外縁の橙色斑紋の発達が弱い。
【分布】 エルサルバドルから記録されている亜種。

⑧ *P. d. lygia* Fruhstorfer, 1904 (図 144 ②)
【成虫】 前亜種同様に♂の青色帯は狭い。
【分布】 コスタリカからパナマに分布する。

⑨ *P. d. neoterpe* Honrath, 1884 (図 144 ⑦)
【成虫】 翅表にほとんど黄橙色眼状紋が現れない。
【分布】 ペルーなどに分布する。

⑩ *P. d. photidia* Fruhstorfer, 1912 (図 144 ③)
【分類学的知見】 *P. d. neoterpe* が種とされていたときには，その亜種とされていた。
【成虫】 未確認。
【分布】 コロンビアなどに分布する。

⑪ *P. d. sphacteria* Fruhstorfer, 1916 (図 144 ⑦)
【分類学的知見】 *P. garleppiana* の亜種として記録されたこともある。
【成虫】 *P. d. neoterpe* に似ている。
【分布】 ペルーに分布する。

⑫ *P. d. xenagolas* Hewitson, 1875 (図 144 ⑦)
【分類学的知見】 同じボリビアの *P. garleppiana* Staudinger, 1898 は表翅の前後を金属光沢の青帯が走り，美しさと珍奇さで著名であるが，Lamas(2004)は *P. d. xenagolas* の個体変異としている。事実，変異の範疇と思われ，♀でも同様の変異個体が存在する。
【成虫】 メキシコの *P. d. brooksiana* と極めて似ている。また同じメキシコ産の *P. d. escalantina* と同じように黄橙色紋が大きな個体もあり，平行的な変異の幅がある。
【分布】 ボリビア。

【成虫】 ♂は翅表に紫色の幻光があり，前後翅に黄橙色の眼状紋が配列する。前後翅を金属光沢のある青色帯が貫く♀または亜種もある。翅裏は濃褐色で白紋が配置されて近縁種との識別となる。得られる標本は少なく，標本価値が高い。
【卵】【幼虫】【蛹】【食草】 亜種 *brooksiana* Godman & Salvin, 1889 で一部が知られている。
【分布】 メキシコからボリビア，ブラジルに分布する。

ムモンルリオビタテハ？　p. 15,163

Prepona pheridamas (Cramer, [1777])

図示の終齢幼虫は web 情報をもとにして作成したものであるが，表記の種ではなく，ブラジル産の *Archaeoprepona demophon thalpius* (Hübner, [1814])ではないかと思われる。
【成虫】 太い青帯が翅表を貫くが，紫色の幻光をもつことはない。また裏面には本属特有の眼状紋がないので，ミイロルリオビタテハ属というよりルリオビタテハ属の印象がある。
【卵】 未解明。
【幼虫】 幼生期は確認されており(Furtado, 2001)，幼虫の頭部形態から明らかにミイロルリオビタテハ属に属するものである。胴部の色彩や斑紋もミイロルリオビタテハ属に似ている。体色は濃褐色で細い気門下線が明瞭，第 2 腹節の背面に顕著な眼状紋がある。背面には不明瞭な黒褐色の斜条や黄白色の斑点が散在する。
【蛹】 ルリオビタテハ属に似ている。
【食草】 クリソバラナス科の *Hirtella gracilipes* を食べるが，この植物は同所的分布をする *Agrias claudina godmani* の寄主植物と同一である。
【分布】 コロンビアからブラジルにかけて分布する。

ムラサキルリオビタテハ　p. 15,163

Prepona laertes (Hübner, [1811])

終齢幼虫および蛹について web サイト(janzen.sas.upenn.edu/caterpillars/database.lasso)の情報をもとに作図する。
【分類学的知見】 従来たくさんの種名あるいは亜種名が使用されていたが，Lamas(2004)によって以下の 4 亜種に整理された。

① *P. l. laertes* (Hübner, [1811]) (図 144 ⑦⑩⑪)
【分類学的知見】 Lamas(2004)はパラグアイ産を指定しているが，そのほかの地域の分布については不明である。*P. laertes* のアンデス山麓帯から南部に分布する個体群と考えることができる。
【成虫】 従来から♂翅表に青紫色幻光を生じない個体群を *P. l. laertes* とする例が多いようである。しかしベネズエラやペルーでは同所的に両方の個体が採集されていることから，♂翅表の幻光の有無は亜種の特色ではなく1つの「型(form)」ではないかと考える。これは日本のコムラサキの2型，ベニモンコノハ♂青色幻光のアエドンミイロタテハにともなう並行現象，*Morpho cypris* や *M. aega* ♀の2型などの例と同じ遺伝的な2型と考える。ただし幻光を有しない個体は前翅翅頂が尖り，翅頂に緑色紋を有する傾向があり，この点では「型」以上の違いとも考えられて結論を得ない。この課題を解決するためには多数の標本の検討が必要で，将来的には遺伝子の解析，累代飼育による遺伝の考察によって事実はより確かになるであろう。

② *P. l. demodice* (Godart, [1824]) (図144⑧⑨)

【分類学的知見】 アマゾン川流域の平地に分布する個体群と考える。

【成虫】 ペルーでも低地のAtalaya産の個体はこのタイプで，青色帯が太くその周囲は青紫色の幻光が輝く。

③ *P. l. louisa* Butler, 1870 (図144⑥)

【分類学的知見】 アンデス山脈とパカライマ山脈に囲まれた地域の個体群と考える。

【成虫】 ♂翅表の紫色幻光が発達し，しばしば青色帯が減退して全体が幻光1色に輝く個体がある。

④ *P. l. octavia* Fruhstorfer, 1905 (図144①②③⑤)

【分類学的知見】 メキシコからパナマを経てコロンビアのアンデス山脈西側に分布する個体群と考える。

【成虫】 やや小型で♂翅表に紫色幻光がある。

【成虫】 青色帯が翅表を貫き，多くの個体がその周囲に青紫色の幻光を放つ。しかし，その形状や翅裏の斑紋と色調の違い，♂後翅表の性標の色彩の違いなどは個体変異が多く亜種を識別するのは容易でない。事実，クラインで連続している個体群が多いと思われる。

【卵】 ペルーSatipoで♀を採集し現地で人工採卵を試みた。1卵を産下し，ほかに死後に絞り出した2卵を得たが，すべて発生の兆候がなかった。

【幼虫】 原地の人の情報ではミイロタテハ属(ミイロタテハまたはベアタミイロタテハ)に似て同様な糞鎖をつくっていたという。

【蛹】 未確認。

【食草】 現地の人の確認(2003年10月)ではマメ科と同定される種。

【分布】 メキシコからブラジルに分布する。

ヒメルリオビタテハ p. 140,163

Prepona dexamenus Hopffer, 1874

【成虫】 裏面が濃淡の2色に分かれているので識別は容易である。ペルーではよく見かけ動物の排泄物などに飛来する。

【卵】【幼虫】【蛹】【食草】 未解明。

【分布】 メキシコからブラジルまでの広い範囲に分布する普通種。

ウラジャノメルリオビタテハ p. 163

Prepona werneri Hering & Hopp, 1925

【成虫】 最近標本を見かけるようになったが数は少ない。裏面が濃褐色で前後翅亜外縁に眼状紋が並ぶ。表翅の帯は濃青藍色または紫色で近縁種とやや異なった印象がある。♀の帯は♂よりも明るい色調で，亜外縁に橙色の眼状紋が並ぶ。

【卵】【幼虫】【蛹】【食草】 未解明。

【分布】 コロンビアからエクアドルに分布する。

コルリオビタテハ p. 164

Prepona pylene Hewitson, 1854

【分類学的知見】 Lamas(2004)によりムラサキルリオビタテハ同様に1種とされ，それぞれが亜種として一括された。

① *P. p. pylene* Hewitson, 1854 (図144⑫)

【分類学的知見】 従来 *P. proschion* とされた個体群も含まれる。

【成虫】 青色帯が数珠状に連なる。

【幼虫】 *proschion* が種とされていたころにブラジルでは幼生期も確認されていて，幼虫は黄褐色でミイロタテハ属に似た形態である(Otero & Marigo, 1990)。

【食草】 フトモモ科を食べると記録されている。

【分布】 ブラジルのSanta Catarina，Espirito Santoなど南東部に分布する。

② *P. p. bahiana* Fruhstorfer, 1897 (図144⑫)

【成虫】 前亜種に似て前翅青色帯は数珠状，前翅先端が尖る。

【分布】 ブラジルのBahia地方一帯に分布する。

③ *P. p. eugenes* Bates, 1865 (図144⑧〜⑨)

【成虫】 ♂の青色帯は直線状。裏面は黄褐色で白色斑が散在する。

【分布】 アマゾン川流域一帯に生息する個体群。

④ *P. p. gnorima* Bates, 1865 (図144③)

【成虫】 ♂の青色帯は前翅ではやや狭く，周囲に弱い幻光がある。

【分布】 コロンビアからギアナにかけて分布する。

⑤ *P. p. jordani* Fruhstorfer, 1905 (図144④)

【成虫】 ♂は青色帯の周囲が青紫色の幻光に輝く。裏面は濃灰褐色。

【分布】 エクアドルのアンデス山脈西部に分布する。

⑥ *P. p. laertides* Staudinger, 1898 (図144⑩⑪)

【成虫】 *P. p. eugenes* に似ている。前翅先端の尖りが強い。後翅裏面基半部は広く白色。

【分布】 ボリビアからパラグアイ，ブラジル南部などに分布する。本種の分布の南部に当たる地域の個体群。

⑦ *P. p. philetas* Fruhstorfer, 1904 (図144②)

【成虫】 ♂♀ともに青色帯が広く，♂はその周囲に青藍色の幻光がある。

【分布】 ホンジュラスからパナマに分布する。

【成虫】 ムラサキルリオビタテハに似ているがやや小型の種。分布の北部産亜種の♂には青藍色幻光をともなう傾向がある。裏面は褐色地に白紋がうろこ雲様に散在する。

【卵】【幼虫】【蛹】【食草】 一部が知られているのみ。

【分布】 ホンジュラスからブラジルの南部まで。

ベニモンルリオビタテハ p. 164

Prepona praeneste Hewitson, 1859

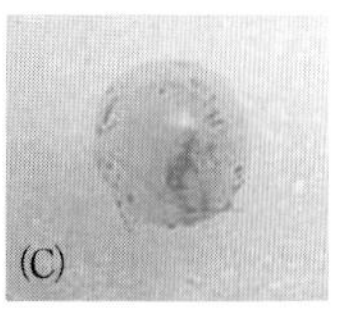

図146　ベニモンルリオビタテハ *Prepona praeneste confusa*。(A)産卵した♀，(B)食樹として提示された植物，(C)卵

【分類学的知見】 7亜種に分類されているが，このなかではペルー産 *P. p. confusa* Niepelt, 1913が最もよく知られている。ボリビア産の亜種 *P. p. buckleyana* Hewitson, 1876は前翅の紅色帯が発達していて，以前は種とされていたこともあるが，Lamas(2004)は本種の亜種としている。

【成虫】 ミイロルリオビタテハに紅色をあしらった魅惑的なチョウである。

【卵】 ペルー Satipoで♀の提供を受け採卵に供したが，ケージ(網)内に6個の卵を産下した。卵(図146 C)はこれまでの近縁種と同程度の大きさで白色であった。結局この卵は孵化しなかった。

【幼虫】 ボリビア産についてIvan Callegari氏私信(Bolivia, 2006)の寄主植物や卵についての情報があるが詳細は不明である。

【蛹】 未解明。

【食草】 現地の採集人が食草だという植物(図146 B)を提示してくれた。尾根のような環境に生じる高木である。この木の枝を使って♀に人工採卵を試みたが特に反応はなかった。寄主植物ではないように思われる。

【分布】 ベネズエラ，コロンビアからペルー，ボリビアにかけてアマゾン川流域セルヴァを取り巻くような特異な分布である。

ミイロタテハ属
Agrias Doubleday, 1844

【分類学的知見】 種類数については識者により意見が分かれるが，Lamas(2004)は① *aedon*，② *narcissus*，③ *claudina*，④ *amydon*，⑤ *hewitsonius* の5種に整理している。これら種間の雑交と考えられる個体があったり，ミイロルリオビタテハ属との種間雑種なども人工的につくられたりしており，種間およびミイロルリオビタテハ属との属間の遺伝的距離は近く，種としての確定は難しい部分がある。種としての成立の不安定さや種分化の新しさなども感じさせる。特に同じ種(亜種)でも色彩斑紋の異なる個体変異が極めて多く，「型」とされることもある。究極的には同じ個体が2つとないという見方もできる。この千変万化の多様性は，恰好な収集対象とされ，古来極めて高く評価され，多くのマニアの垂涎の的となっている。

Ortiz-Acevedo & Willmott(2013)の解析ではすべての種がミイロルリオビタテハ属に含められた。

【和名に関する知見】 ミイロルリオビタテハ属における「プレポナ」同様，最近は広く「アグリアス」の和名が普及している。表記の和名は古くから使われていたものである。

【成虫】 色彩は赤や青を主に，この世にあるすべての色彩をちりばめて，その微妙な配色加減は芸術的ですらある。後翅裏面は渦巻き模様で，翅表の斑紋と合わせてウズマキタテハ属やアカネタテハ属と擬態関係になっていると思われ，どちらも食草が毒性を含む植物であることからミューラー型の擬態といえよう。ただし生態上の擬態としての意義は不明で，収斂であろう。

【食草】 アミドンミイロタテハとミイロタテハの2種について知られている。前者はコカノキ科，後者はオクナ科(新エングラー体系のクィイナ科)，ほかが食樹となっている。従来，本属の食草というとコカノキ科という印象があるがこれがすべてではないようである。ミイロタテハで記録を抜粋するとオクナ科の *Quiina glaziovii*，*Ouratea parviflora*，クリソバラヌス科の *Hirtella hebeclada*，ヒュメリア科の *Vantanea compacta*(以上，ブラジルの亜種 *claudinus*)，クリソバラヌス科の *Hirtella gracilipes*(ブラジルの亜種 *godmani*)などである。著者はペルーのSatipoで現地人が幼虫(ペルーの亜種 *lugens*)を採集・飼育したという食草を見る機会を得た。これは大きな葉の木本で，現地人の同定および果実からの著者による同定ではコカノキ属と思われる。アミドンミイロタテハについてはコカノキ科の *Erythroxylum javanensis*(コスタリカの亜種 *philatelica*)，*Erythroxylum* sp.(ボリビアの亜種 *boliviensis*)，*Erythroxylum* sp.(コロンビアの亜種 *amaryllis*＝亜種 *frontina* に含められた *athenais* の異常型)などのほか，フトモモ科なども記録されている。

2003年に著者自身によりベアタミイロタテハの幼生期が解明された。

ミイロタテハ　p. 15,165
Agrias claudina (Godart, [1824])

卵および1齢幼虫をペルー Satipo産の亜種 *lugens* Staudinger, 1886で図示・記載する。

【分類学的知見】 Lamas(2004)は次の8亜種に分類して

いる。

① *A. c. claudina*　(図 144 ⑨)

【分類学的知見】 *sahlkei*, *ninus*, *biedermanni*, *lecerfi* などと命名された種(亜種)も含められる。

【成虫】 前翅に紅紋がありその周囲と後翅に青色が配置されるタイプ(*ninus*)と，前後翅ともに紅紋だけ，または後翅に青紋を生じるタイプ(*sahlkei*)の2タイプがあり，分布域も異なるので(*ninus* はマナウス周辺，*sahlkei* はそれよりも北東部)異なった亜種群であろう。

【分布】 アマゾン川の中〜下流域に分布するやや小型の亜種。

② *A. c. annetta* (Gray, 1832)　(図 144 ⑪)

【成虫】 前翅に赤紋を生じるが後翅には痕跡程度の赤斑が現れるのみで，青色斑が現れることはない。

【分布】 本種分布の南限であるブラジル南東部に分布する。

③ *A. c. croesus* Staudinger, 1896　(図 144 ⑧南半)

【成虫】 前後翅に紅紋が現れ，後翅には種々に青色斑紋が加味される。ただしこの配色は本亜種特有のものではないので産地の確認は特に重要。

【分布】 アマゾン川の南側に分布する。

④ *A. c. delavillae* Neild, 1996　(図 144 ⑨)

ベネズエラの最南東部の Sierra de Lema で採集された3頭の♀に基づく。

【成虫】 斑紋が黄色いタイプの個体であるという。

⑤ *A. c. godmani* Fruhstorfer, 1895　(図 144 ⑩)

【成虫】 前翅に紅紋を有し，後翅の青紋にほのかに紅色が加わる。

【分布】 ボリビアからブラジルの Mato Grosso にかけて分布する。

⑥ *A. c. lugens* Staudinger, 1886　(図 144 ⑦)

日本では昔からおなじみの亜種である。

【成虫】 前翅に紅紋，後翅に青紋があるが，一般に後翅の青紋は小さい。ペルーの南東部からボリビアの北東部にかけて生息する個体には *godmani* に移行する変異が見られる。

【分布】 ペルーからボリビアにかけて分布する。

⑦ *A. c. patriciae* Attal, 2000　(図 144 ⑥)

ベネズエラから記録されている亜種。詳細は不明である。

⑧ *A. c. sardanapalus* Bates, 1860　(図 144 ⑧北半)

【成虫】 前翅に紅紋がありその周囲は青色斑で縁取られる。後翅には大きな青紋があり，赤と青の占める割合は個体変異が多い。

【分布】 ペルー北部からコロンビア，ブラジル北西部に分布する。

【成虫】 古くからよく知られていたが，近年たくさんの標本が採集されていろいろな亜種や型が知られるようになった。成虫の基本的な色彩は前翅に紅紋，後翅に青紋をもち，紅紋には構造色が加わり，通常真珠光沢をもつ。深い原生林の内部に生息し，通常その姿を見ることはないが，♂は動物の排泄物に好んで飛来するので観察できる機会は多い。しかし警戒心が強く，接近することは容易でない。♀はたまに腐ったバナナなどの果物に飛来するのみでその姿を見かけることはない。

【卵】 死亡した♀より絞り出した1卵に基づくものである。卵幅 2.30 mm，卵高 2.28 mm 程度で大きく，上面はやや平面，色彩は白色。人工下の環境での卵期は7日。

【幼虫】 孵化した幼虫は 6 mm ほどでほぼ白色，黒色の刺毛硬皮板が目立ち，そこに短い黒色の刺毛が生じる。胴部は第1腹節辺りが最も太い。胴部末端の二叉突起は短い。孵化した幼虫にネムノキ科の *Inga*，トウダイグサ科の *Croton*，クスノキ科の *Persea* などを与えたが，いずれもまったく摂食しなかった。人工的に蜂蜜や牛乳を与えると若干吸汁しながら孵化後7日間生命を維持し，その後死亡した。

【蛹】 未解明。

【食草】 オクナ科の *Ouratea parviflora*，*Quiina glaziovii*，クリソバラヌス科の *Hirtella hebeclada*，*Hirtella gracilipes*，ヒュメリア科の *Vantanea compacta* などの記録がある。ペルーの Satipo で 2004 年に現地の人が幼虫を発見し飼育したという植物は，コカノキ科と思われる植物であった。ただしベアタミイロタテハ(*A. beatifica*)の食樹とは別種で，1枚の葉の長さは 50 cm 以上もある大きな種類だった。南ブラジルの亜種 *A. c. annetta*(旧 *claudianus*)の生活史は調べられており，クィイナ科の *Quiina glaziovi* が食樹となっている。1枚の葉はホウノキのような感じで大きい。

【分布】 アマゾン川流域を中心として広い範囲に分布し，ブラジル南部に及ぶ。

アエドンミイロタテハ　p. 166

Agrias aedon Hewitson, 1848

【分類学的知見】 Lamas(2004)は3亜種に分類しているが，最近の平田・宮川(2004)，大木(2007)による発見の亜種の記録が追加されるべきである。

① *A. a. rodriguezi* Schaus, 1918　(図 144 ②)

【成虫】 前翅の紅紋は横が短いが，その周囲から後翅にかけて広く青紫色幻光で覆われる。

【分布】 メキシコ南部の Chiapas 州からコスタリカにかけて分布する。森林伐採で産地が失われつつあるという。

② *A. a. toyodai*　(図 144 ②)

【分類学的知見】 2004 年，平田将士・宮川崇両氏によって発見された亜種。

【成虫】 ♂の前翅の紅紋は *A. a. rodriguezi* よりも大きくその周囲と後翅には青色幻光が広がる。

【分布】 コスタリカ北西部。

③ *A. a. aedon* Hewitson, 1848　(図 144 ③)

【成虫】 翅表斑紋の配色がミイロタテハに似ているが，翅裏で区別できる。

【分布】 コロンビアに分布する。

④ *A. a. pepitoensis* Michael, 1930　(図 144 ④)

【成虫】 *A. a. aedon* に似ているが，前翅の紅紋はやや弧状をなす。

【分布】 コロンビア西部に分布する。

⑤エクアドル産亜種　(図 144 ④)

大木隆氏(2007)がエクアドルで採集，確認された♀個体に基づくもので，翌年同氏により♂も採集された。前翅の紅紋は *A. a. pepitoensis* よりもさらに広がる個体であった。

【分布】　エクアドル。本地域は分布の南限である。

【成虫】　翅裏はナルシスミイロタテハに似て暗褐色で，他種との識別ができる。標本の数が少ない。

【卵】【幼虫】【蛹】【食草】　未解明。

【分布】　小型の種でミイロタテハ属の分布では北に偏る。

ナルシスミイロタテハ　p. 166

Agrias narcissus Staudinger, [1885]

【分類学的知見】　アエドンミイロタテハと同種とされたこともあるが，分布は隔てられる。Lamas(2004)は次の3亜種にまとめている。

① *A. n. narcissus* Staudinger, [1885]　(図 144 ⑨)

【成虫】　前翅に紅色斜帯があり，その周囲と後翅には輝青色斑紋が広がる。♀も同様なタイプだが青色はより明るい。

【分布】　スリナム，フランス領ギアナからブラジルのObidosやMauesなどに分布する。

② *A. n. tapajonus* Fassl, 1921　(図 144 ⑧)

【成虫】　青色斑紋が前亜種に比べやや濃い色で，一般に前翅に現れることはない。♀は♂のようなタイプのほか，前後翅とも青色斑紋が現れることのない*A. claudina croesus*のような個体，前翅の赤色が黄橙色に変化している個体など変異が多い。

【分布】　ブラジルのTapajos川流域に分布する。

③ *A. n. stoffeli* Mast & Descimon, 1972　(図 144 ⑨)

【成虫】　やや小型で前翅の紅色紋が広がる。♀は前翅にのみ赤色斑が広がる。

【分布】　ベネズエラの最東部Lema山脈周辺に分布する。

【成虫】　前翅に紅帯がありその周囲は青色，後翅は広く青色斑がある。♀が黄色い斑紋の型もある。

【卵】【幼虫】【蛹】【食草】　未解明。

【分布】　ベネズエラからブラジルの北東部。

アミドンミイロタテハ　p. 140,167,168

Agrias amydon Hewitson, 1854

【分類学的知見】　地理的な変異にさらに個体変異が加わり，極めて複雑な種群となっている。種または亜種としての位置づけは，研究者により意見の相違が大きい。従来，*amydon*，*pericles*，*phalcidon*がそれぞれ種とされたこともある。Lamas(2004)は，すべてを種*Agrias amydon*内の亜種として扱い，17亜種に整理した。

こうした見解を分類学の定義に照らし合わせて考察すると諸問題を内包し，必ずしも背景に生物学的な配慮があるとは限らないが，そこにミイロタテハ属の趣味的な魅力が内在しているものと思われる。種*Agrias amydon*の亜種の分化は，アンデス山脈やパカライマ山脈，山地帯とアマゾン川流域の平地などの地理的条件に気候の違いなどが加わった隔離機構があったと思われる。本書では，Lamas(2004)を参考としながら，次のように再整理した。①アマゾン川流域を中心としてその周辺部に分布する*amydon*群と，内部に分布する*pericles*群の2群に整理した。②この2群は物理的な生殖隔離による種分化が確定したと判断する。③Lamasが1亜種とした*A. p. phalcidon*から*A. p. furnierae-viola*を分けた。④同じく亜種とは認定していない*A. p. peruviana*と*A. p. mauensis*については，成虫形態の特異性と分布の特徴から亜種としての存在を認めた。以上の結果，本書では，種*Agrias amydon* 2群を種*amydon*(11亜種)と種*pericles*(9亜種)とした(図 147)。

(1) ***amydon*** **群**

アミドンミイロタテハ *Agrias amydon* Hewitson, [1854]　p. 140,167

① *A. a. oaxacata* Kruck, 1931

【成虫】　♂♀同様な色彩で前翅は黄橙色斜帯，後翅には大きな輝青紋を生じる。著名な亜種で標本は少ない。

【分布】　種*Agrias amydon*中で最北端に分布する。

② *A. a. lacandona* R. G. & J. Maza, 1999

【成虫】　前翅は赤橙色を呈し，後翅の斑紋はより濃い青色で*A. a. philaterica*に似ている。

【分布】　メキシコのChiapas辺りに生息する。

③ *A. a. philatelica* DeVries, 1980

【成虫】　*A. a. lacandona*に似ているが，後翅の青紋は*A. a. oaxacata*よりも若干小さい。

【分布】　コスタリカなどに分布する。

④ *A. a. smalli* Miller & Nicolay, 1971

【成虫】　前翅は*A. a. philaterica*と似ているが，後翅の青紋はより小さい。前翅の斑紋は赤橙色と黄橙色の2型がある。後翅の青紋は分布が南下するほど小さくなる傾向がある。

【分布】　パナマに産する。

⑤ *A. a. frontina* Fruhstorfer, 1895

【分類学的知見】　*A. a. smalli*の延長にある亜種群である。従来*a. athenais*や*a. bellatrix*とされた個体群も含まれる。

【成虫】　後翅の青紋はさらに小さくなるなどのクライン現象がある。

【分布】　コロンビアのアンデス山脈西部側に分布する。

⑥ *A. a. bogotana* Fruhstorfer, 1895

【成虫】　後翅青紋を欠く。

【分布】　コロンビア東部(アンデス山脈の東側)からベネズエラにかけて分布する。

⑦ *A. a. amydon*

【成虫】　後翅の青紋は*A. a. frontina*より小さい。

【分布】　*A. a. bogotana*の分布域より南下したコロンビア中部に分布する。

⑧ *A. a. zenodorus* Hewitson, 1870

【成虫】　個体変異が多く，前翅の斑紋は赤橙色から黄橙色までの変異がある。後翅の青紋は名義タイプ亜種に比べかなり大きい。

【分布】　*A. a. amydon*の分布域よりさらに南下したエクアドルからペルー北部に分布する。

⑨ *A. a. amydonius* Staudinger, [1886]

【成虫】　*A. a. aristoxenus*に似ているが後翅青紋は小さい。やや前翅が尖り，後翅外縁に黄色い花火状の斑紋が生じるなどの特徴がある。

【分布】　ペルー北部，ブラジルとの国境一帯に分布。

⑩ *A. a. aristoxenus* Niepelt, 1913

【分類学的知見】　従来は*A. a. tryphon*とされた亜種

図 147　アミドンミイロタテハ *Agrias amydon* 各亜種の分布概念図。◯内は *amydon* 群，◌内は *pericles* 群，▨シエラマドレ山脈とその延長，▤ギアナ高地，▥アンデス山脈とその延長，⁙ブラジル高原とその延長

を含む。

【成虫】　♂の前翅は広く赤橙色紋が広がるが後翅の青紋は小さく，ときに消失する。♀は前翅に黄色の大きな斑紋があるだけである。

【分布】　ペルーに分布する。

⑪ *A. a. boliviensis* Fruhstorfer, 1895

【成虫】　前翅の斑紋は黄橙色で後翅の青紋は大きいなど，*A. a. aristoxenus* と若干異なっている。

【分布】　*A. a. aristoxenus* よりさらに南下したペルーの南部からボリビアに分布する。

(2) ***pericles* 群**

ペリクレスミイロタテハ *Agrias pericles* Bates, 1860
p. 148,167,168

① *A. p. uniformis* Michael, 1929

【成虫】 前翅には橙赤色紋があるが，後翅には斑紋を欠く。
【分布】 ブラジル北部のパカライマ山脈東部に分布。
② *A. p. aurantiaca* Fruhstorfer, 1897
【成虫】 ♂の前翅には銀杏型の赤橙色紋がある。♀は橙色と黄色の2型がある。後翅に青紋を生じることがないが，翅脈にそって黄色鱗粉が現れる。
【分布】 アマゾン川の北東に分布する。
③ *A. p. rubella* Michael, 1930
【成虫】 前翅の基部に紅紋があり，その周囲は広く青紫色で覆われる。
【分布】 アマゾン川の上中流域に分布する。
④ *A. p. ferdinandi* Fruhstorfer, 1895
【成虫】 前翅には銀杏型をした赤紋があり，その周囲と後翅には青紫色斑がある。分布が東部の個体は，後翅の青紋が消失する。
【分布】 南部に偏りボリビアからブラジルの南東部に分布する。
⑤ *A. p. phalcidon* Hewitson, 1855
【分類学的知見】 Lamas(2004)は次の亜種も含めている。本亜種は翅表のほとんどが青紫色で覆われることである。本書では，その表現形質の特徴から *fournierae* を分離した。
【成虫】 ♂♀ともに青～紫色の1色か亜外縁に金緑色帯を現す程度で，赤～黄色の斑紋はほとんど現れることがない(若干のクラインが認められる)。
【分布】 アマゾン川流域の東部に分布する。
⑥ *A. p. fournierae* Fassl, 1921
【成虫】 ♂♀ともに前翅基部に赤～黄色の斑紋を生じる。*viola* Fassl, 1921 を含む。
【分布】 アマゾン川流域の中流に分布する。
⑦ *A. p. excelsior* Lathy, 1924
【成虫】 前翅に黄橙色の三日月形斑紋を生じる。
【分布】 *A. p. fournierae* と離れたアマゾン川のやや上流にあたるブラジル北西部の Tonantins 地方のみに局所的に分布する。

以上のほかにこのどれにも属さないような色彩斑紋の個体変異(型)が標本として多数存在する。そのなかでもペルー南部～ボリビア北部の *A. peruviana* やブラジルのアマゾン中流域の *A. mauensis* とされたものは，成虫形態の安定性と分布域が確定していることから亜種としての存在を認めた。
⑧ *A. p. peruviana* Lathy, 1924
【成虫】 前翅に黄～赤橙色の斑紋と後翅に青藍色の斑紋を生じる。
【分布】 ペルー南部 Cuzco からボリビア北部に分布する。
⑨ *A. p. pericles* Bates, 1860
【分類学的知見】 従来の *A. pericles* Bates (1860)や *A. mauensis* Fassl (1921)，*anaxagoras* Staudinger (1886)および *A. xanthippus* Staudinger (1886)を含む。
【成虫】 前翅に黄橙色紋，後翅に青藍色斑を装い，亜外縁に金緑色がかかることもあり，周囲は青色幻光で覆われる。
【分布】 アマゾン川中流域の Maues から南側の Rio Marau 辺り，およびその東方 Itaituba に生息する。
【成虫】 色彩斑紋を基準にすると，*amydon* は基本的に前翅に黄～橙～赤色，後翅に輝青色の斑紋をもち，*pericles* はその周囲に青紫色幻光や亜外縁に金緑色斑が加わり，後翅の斑紋は *amydon* よりも濃青藍色である。また後翅裏面中室に存在する黒色のY字型斑紋は前者が細字で明瞭であるのに対し，後者では太字で潰れていることで2者の識別は容易である。
【卵】【幼虫】【蛹】 コスタリカ産 *philaterica* で解明されており，ベアタミイロタテハとほとんど異なっているところはないようである(DeVries, 1987 など)。
【食草】 コカノキ科の *Erythroxylum fimbriatum*，*E. havanensis*，*E. anguifugum*，*E. simonis*，*E. macrophyllum* などが記録されている(Ray, 1985)。
【分布】 *amydon* はメキシコからアンデス山脈東側山麓ぞいに，*pericles* はアマゾン川流域を中心とした地域に分布する。

ベアタミイロタテハ p. 16,139,169
Agrias beatifica Hewitson, 1869

卵から蛹までのすべてをメキシコ Rio Venado，ペルー Satipo 産の亜種 *beata* Staudinger, 1886 で図示・記載する。♀より人工採卵したものから4齢初期までを継続観察したものと，終齢後半および蛹の別個体を図示・記載した。
【分類学的知見】 Lamas(2004)は本種をヒューウィトソンミイロタテハの亜種としているが，分布が断続し，斑紋の相違も大きいことから，本書では別種として扱った。
① *A. b. beatifica*
【成虫】 翅表の青紫色が発達する。後翅裏面は黄橙色斑で幅広い。
【分布】 エクアドルからペルーの北西部に分布する。
② *A. b. stuarti* Godman & Salvin, 1882
【成虫】 翅表の青紫色が極めて発達し，後翅裏面は前亜種 *beatifica* 同様幅の広い黄橙色斑である。クライン現象で，翅表が *A. b. beata* に移行するような個体でも，裏面の斑紋は黄橙色である。♀は個体によりほとんど青色斑紋を生じないこともある。
【分布】 ペルー北部を中心に一部がコロンビアとブラジルに及ぶ。
③ *A. b. beata* Staudinger, [1885]
【成虫】 ♂♀ともに翅表の青色斑紋の発達が弱い。外縁は広く灰緑色で縁取られる。後翅裏面基部は赤色の紋で *A. b. beatifica*，*A. b. stuarti* とは異なり，またその面積も小さく後翅基部にとどまる。
【分布】 ペルーの中南部に分布する。ペルー Satipo 近郊では比較的よく見かける。ここにはほかにアミドンミイロタテハ，ミイロタテハを産する。この3種中では最も少ないようである。
【成虫】 表翅に赤～黄色の斑紋が現れることがない。翅表が深青色で外縁に灰～緑色の斑紋をもち，ミイロタテハ属のなかにあっては個性的な色彩のチョウである。♀は♂よりも大きく，色彩は青みが少ない。ペルーを中心に上記3亜種を含み，亜種によりその色彩に差があるが，個体変異を含めて精査すれば全体の亜種がクラインになっている。

習性はアミドンミイロタテハと同様である。通常♂は高所にいるとされるが，民家の庭先にも飛来することがある。トラップで容易に誘引することができる。このようなときは日当たりのよい森林の空間に現れて旋回を繰り返し，辺りを睥睨する。人の気配には敏感で，安易にトラップに飛来することはない。現地では人間の排泄物をトラップとして利用しているが，その効力は大である。飛翔活動は晴の日の午前10時～午後2時頃までで，気温の高い時間帯に限られる。♀もトラップを利用して採集するが，動物の排泄物に飛来するようなことはなく，腐ったバナナなどのアルコール系物質に限られる。アルコール臭に対する♀の反応は極めて敏感で，捕獲された♀でもこれを感じ取ると盛んに口吻を伸ばして吸汁行動をとる。系統的に異なるアカネタテハ属(*Asterope*)が同じ環境に生息しているが，2者の色彩・斑紋はよく似ていて，しかも地域ごとに平行した変異をする。

【卵】 卵幅 2.34 mm，卵高 2.26 mm 程度。産卵当初はほぼ球形だがしだいに上面は平坦となり，さらに時間が経過するとこの部分が凹む。色彩は白色で，大きさとその透明感のある白色は真珠を思わせる。卵期は8日。

【幼虫】 孵化した幼虫は卵殻のほとんどを食べる。その後，葉の先端に移動し葉の中脈の周辺を食べる。やがて自分の糞を口でくわえると葉の中脈先端につけ，入念に糸を吐いてこれを固定する。これを繰り返して棒状の糞鎖をつくる。幼虫はこの糞鎖の先端部分に静止して，頭部を先端に向けている。もし何かの理由で糞鎖が壊れたような場合は再度つくり直す。そのような場合は，体が大きくなっている分，糞も大きくなるので，この糞鎖がやや太い。摂食時以外のほとんどをこの糞鎖上で静止している。他個体の侵入には敏感で接触を極度に嫌い，頭部を振って避けようとする。3日程度を経て糞鎖が完成するとその基部にある葉に切込みを入れて葉片をつくり，中脈に吊り下げる。ただしこの習性は2齢期に継続して行われたり，2齢期から行われたりするなど個体差があるようである。

頭部(頭幅 1.34 mm)は丸みをもった二等辺三角形で，フタオチョウ族と異なり頭部に突起を生じない。胸部から腹部前半が膨らみ，この部分を強く屈曲させる特異な姿勢で静止する。これは近縁種に共通している。腹部末端(第10腹節)には短い二叉突起を生じる。体表に生じる刺毛は黒色で短い。頭部から胴部の全体にかけ色彩は褐色で，目立った斑紋はない。1齢期は6日程度。

2齢幼虫は1齢期同様，糞鎖に静止している。やがて静止している付近の葉を嚙み切り，葉片を中脈に糸を吐いて暖簾様に吊り下げる。葉片の数は3，4枚程度で，それより先は嚙み傷を入れたままで吊るには至らない。周辺に入念に吐糸し，この部分に極めて執着する。通常は1齢期につくった糞鎖上に静止しているので，枯れた葉片が幼虫体に連なる状態になる。幼虫は一見この枯れた葉片に溶け込んでいるようで偽装効果が高い。摂食するときはこの食痕を離れるが，帰巣本能が強く確実に同じ場所に戻る。人為的にこの食痕から遠ざけると幼虫はたちまち落ち着きを失い，盛んに食痕を探そうとする。たいていの場合，彷徨しているうちに食痕にたどりつけず死亡に至ることが多い。またこのような場合，葉の中脈を細く取り残す人工の擬似食痕をつくってそこに幼虫を放すと安心した状態で静止する。振動などの刺激があった場合は，体全体を左右に揺する動作をする。頭部(頭幅 1.82 mm)には融合した短い突起を生じる。胴部の形態は1齢幼虫とほぼ同様だが第2腹節背面の1対の突起が目立ち，末端の二叉突起はやや長さを増す。色彩は全体に褐色で第6腹節気門上線に白色の斑紋を生じる。2齢期は7日程度。

3齢幼虫も同様に糞鎖上に静止している。刺激を与えると体を揺するほか，腹部末端を跳ね上げたりする。摂食時以外はほとんど食痕に静止している。頭部(頭幅 2.38 mm)や腹部末端の突起は2齢幼虫よりも長い。色彩は2齢幼虫よりも濃い褐色。3齢期は8日程度。

4齢幼虫の習性は3齢幼虫と同様で食痕に静止しているが，食痕へのこだわりは弱くなり，離れても特に生育上の問題はない。静止時は胸部後半部と腹部前半部を強く屈曲させ特異な姿勢を保持する。頭部(頭幅 3.44 mm)の突起は3齢幼虫よりもやや長さの比が大きい。第2腹節背面突起が顕著で，腹部末端の突起は著しく長さを増す。色彩は胸部と腹部後半が淡褐色，その中間は3齢よりも濃い赤褐色である。前胸背面に緑色斑紋，腹部後半の気門上線に淡褐色斑を添える。

5(終)齢幼虫の末期は体長 72 mm に及ぶ。頭部(頭幅 5.40 mm)の2本の突起は融合し，前面から見ると鋭い二等辺三角形を呈する。基本的な形態は4齢期までと同様だが，末期にはたっぷりと膨らみを増す。腹部末端突起はS字状に湾曲する。色彩は頭部が褐色，胴部の色彩は4齢期までよりも淡く全体がやや緑色みを帯びた灰黄褐色である。顕著な斑紋は少なく，前胸背面に2個の緑色斑紋，腹部後半の気門上線が白色のほかには若干の不明瞭な黒褐色斑が点在する程度である。気門は灰色でその外環は黒色。通常，食樹の小枝に静止し，頭部前頭部をやや上方に傾け腹部末端の突起を小枝よりも下方に下げた状態でほとんど動くことはない。刺激を与えると上体を左右に揺さ振り，腹部末端の突起を立てる。この状態はヘビの外敵に対する威嚇に似ているが，ルリオビタテハ属などに比較してその色彩・斑紋では擬態の効果は少ないように感じられる。このようなことから別の意味があるのかもしれない。この末端突起は通常閉じているが，周辺に異常を感じたようなときは開くこともある。摂食は昼夜問わず行われ，どの葉でも選ばずにリズミカルに食べる。葉が2枚重なっているような場合は，食べにくいので頭部をその間に入れて隙間を開けようとするが，このような行為は知的判断力にも感じられる。

やがて体色が緑色化する。2日を要して蛹化場所を探

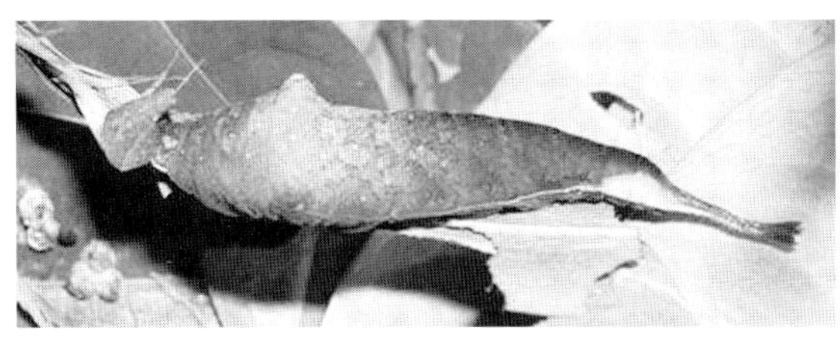

図 148　終齢幼虫(Peru)

す。場所を決定するとそこに大量に吐糸して台座をつくり下垂する。その後2日間の前蛹期間を経て蛹となる。5齢期は1カ月以上を要するものと思われる。

【蛹】 ♀の体長は37 mm程度。頭部にはコムラサキ亜科のような突起を生じる。側面から見ると三角形，背面から見ると菱型，背中線が弱い稜をつくり第4腹節付近が最も高い。フタオチョウ類というよりワモンチョウ，モルフォチョウ，イナズマチョウ類を思わせる。色彩は緑色で腹部背面に白色の斑紋1対があるが，この斑紋のなかに気門(周囲が褐色斑紋)を含むので，一見，動物の眼(または顔)を思わせる。下腹面の翅部にやや大きな淡い褐色の斑紋を添える。蛹期は個体差があり，13～19日であった。

【食草】 未同定だがコカノキ属の1種。Satipo近郊で比較的よく見られ，Bajo Capiro，Rio Venado，Santa Anaなどで多数見ている。実生の幼木からさまざまに生育している状態を観察できるが，太い樹幹の巨木になるようなことはなく，せいぜい幹の直径が10 cm程度である。ただ樹高はかなり高くなり，優に10 mを越すと思われるものも多い。葉は大きくても長さ11 cm程度でやや肉厚，成葉は硬い。葉の基部にある褐色の托葉が顕著で，野外では同定の指標となる。Bajo Capiroではほかに別種のコカノキ属を見たがこれには托葉がなく，栽培種に似ていた。Keith Wolfe氏からの私信では*E. aerolatum*を用いて成虫まで飼育をしたとのことである。

幼虫は食痕から判断して地上から1～2 mの高さの範囲に多いと考えられる。発見した3齢幼虫は地表から120 cm程度の枝に静止していた。

【分布】 総合的な分布圏は図144⑦に該当し，エクアドルからペルーのアンデス山脈の山麓一帯にクラインをともなって上記の3亜種が分布する。

ヒューウィトソンミイロタテハ　p. 169

Agrias hewitsonius Bates, 1860

【分類学的知見】 Lamas(2004)は，本書ではベアタミイロタテハの亜種とした*beatifica*，*stuarti*，*beata*を本種の亜種として扱っている。裏面の斑紋からベアタミイロタテハとは極めて近縁と推察される。しかし以下の理由からベアタミイロタテハとは別種とした。①成虫の翅表には黄橙色紋が存在する，②分布が種として独立していると考えられる状態で，*beatifica*と断続している，③その間に*Agrias pericles excelsior*が分布している，などから明らかな別種と考える。

【成虫】 *Agrias pericles fournierae*とベアタミイロタテハの雑種のような外観をしている。

【卵】【幼虫】【蛹】【食草】 未解明。

【分布】 アマゾン川流域の中上流に位置するTeféやCoariなどの狭い範囲に分布する珍種である。

コムラサキ亜科
Apaturinae Boisduval, 1840

【分類学的知見】 幼虫形態を含めて全体的に亜科としてのまとまりが強く，あえて族として分類することはないように思われる。しかし本書では，幼生期の形態を基に共通する属をグループとしてまとめた試(私)案を提示した。ただし，確実に分けることができなかったり，現在まで幼生期が不明または不確実である属もあり，課題は残されている。ただし，モンキコムラサキ属については，一部写真の報告を基に，またアフリカコムラサキ属とパプアコムラサキ属については，最近の分子系統学の解析(Ohshima *et al.*, 2010)から仮の分類を試みた。

①マドタテハ群(*Dilipa* group)
　マドタテハ属，ヒメマドタテハ属，イチモンジマドタテハ属，アメリカコムラサキ属，モンキコムラサキ属の5属から構成される。幼虫は胴部が太く，頭部角状突起は短い。蛹で越冬する属を含み，本亜科では例外。

②タイワンコムラサキ群(*Chitoria* group)
　タイワンコムラサキ属，キミスジコムラサキ属，イチモンジコムラサキ属，アフリカコムラサキ属の4属からなる。幼虫は静止時に胴部を湾曲させている。蛹はやや細長く体幅がやや大きい。白粉を装うことがなく青藍色の斑紋を有するなどの特徴がある。

③ヒョウマダラ群(*Timelaea* group)
　ヒョウマダラ属とヒメコムラサキ属の2属からなる。この2属はまとめてヒメコムラサキ属1属とされることもある。幼虫の胴部形態が異なるので，本書では2属とする。頭部の角状突起は分枝した突起が先端で開く形で，他属に比べて著しい特徴がある。

④コムラサキ群(*Apatura* group)
　コムラサキ属1属からなる。幼虫は胴部が細長く，頭部角状突起の分枝は発達せず，胴部に生じる突起は小さい。食草はヤナギ科で分布が旧北区に偏る。

⑤ゴマダラチョウ群(*Hestina* group)
　ミスジコムラサキ属，キゴマダラ属，ナンベイコムラサキ属，エグリゴマダラ属，ゴマダラチョウ属，マネシゴマダラ属，オオムラサキ属の7属から構成される。幼虫胴部は太めで，背面には顕著な鱗片状突起を数対生じる。それぞれに異質な形質を含み，系統的には同質の群ではないと思われる。

⑥シロタテハ群(*Helcyra* group)
　シロタテハ属とパプアコムラサキ属の2属からなる。シロタテハ属の幼虫の胴部は中央部が著しく太く，頭部角状突起が長大である。

【成虫】 前翅が尖り，飛翔は極めて力強く敏捷で，ときに滑空を交える。樹液に飛来し吸汁することが多く，♂は獣糞や汚物などにも飛来する。和名の通り紫色の幻光を放つ種があり，古くから愛好家に関心をもたれていた。卵から成虫までの形態と習性はともに共通部分が多く，よくまとまった亜科である。しかし精査すると前述のようにさらに細分してもよいように思われるが，現在のところそのような族カテゴリーの分類はされていない。

【卵】 ほぼ球形で20条前後の縦条が走り，色彩は白，黄，緑色など。
【幼虫】 形態から系統的な関連を考えると，胴部はフタオチョウ亜科やスミナガシ亜科のカバイロスミナガシ属に共通した形質が多く，背部に生じる突起はイチモンジチョウ亜科中のミスジチョウ族と似た形質がある。
【蛹】 扁平で非常に特徴的・個性的で，他亜科に比類がない。接触刺激で腹部を激しく左右に振る。
【食草】 エノキ属を中心に，ニレ属，ナンヨウムクノキ属(*Gironniera*)，ウラジロエノキ属などで，新エングラー分類体系またはクロンキスト分類体系によるニレ科に含まれる植物であり，カラハナソウ属やアサ属(*Cannabis*)をも含むアサ科とするAPG分類体系よりも，本亜科の総合的な寄主植物の科としては適合している。
【分布】 エチオピア区には1属のみだが，全世界的に分布する大きな亜科である。

マドタテハ群
Dilipa group

【分類学的知見】 幼生期の形態に群として独立した特徴がある。
【卵】 白色で球形，20条前後の縦条があるコムラサキ一般型。
【幼虫】 胴部がやや太く，特に頭部突起が短いのが特徴。
【蛹】 体幅に厚みがある。越冬する種では体色が淡褐色である場合もあり，コムラサキ亜科では例外。

マドタテハ属
Dilipa Moore, 1857

【成虫】 黒褐色地に黄～橙色紋が散在する。
【卵】 コムラサキ亜科の一般型で色彩は白色。
【幼虫】 頭部角状突起が短く，胴部が太い。
【蛹】 体幅があり淡褐色。
【食草】 アサ科エノキ属のエゾエノキやコバノチョウセンエノキなど。
【分布】 アジアに2種が分布する。

オウゴンマドタテハ p. 170
Dilipa morgiana (Westwood, [1850])
【成虫】 ♂の翅表には大きな黄色い斑紋があり，♀はその部分が白い。
【卵】【幼虫】【蛹】【食草】 未解明。
【分布】 北部インドから中国にかけて分布するが少ない。

マドタテハ p. 170
Dilipa fenestra (Leech, 1891)
【成虫】 前翅にガラス様の透明な紋がある。
【卵】 球形白色で20条程度の縦条がある。
【幼虫】 頭部角状突起は極めて短いのが特徴。
【蛹】 やや腹部の膨らみが強く淡褐色であるが，緑色が基本である本亜科にあっては珍しい色彩である。蛹越冬という生活史に起因するものと思われる。
【食草】 前記アサ科のエノキ属を食べる。
【分布】 中国の中東部から朝鮮半島にかけて分布する。

イチモンジマドタテハ属
Lelecella Hemmig, 1939

【分類学的知見】 1種のみが含まれ，その色彩斑紋からイチモンジチョウ亜科の仲間とされたこともあるが，幼生期形態を含め，疑いようのないコムラサキ亜科である。

イチモンジマドタテハ p. 170
Lelecella limenitoides (Obertür, 1890)
【成虫】 黒色地に白色一文字様の斑紋からイチモンジチョウの印象がある。
【卵】 未確認。
【幼虫】 形態はマドタテハ属に似ているが，頭部は黒褐色で突起はより長い。体を湾曲させて静止している(若林，1998)。
【蛹】 形態はマドタテハ属に似ているが背面中胸部が広い。背面から見たときの前胸気門が目立ち，擬態のように思える。色彩は淡褐色と緑色の2型がある。
【食草】 ハシバミ科ハシバミ属の *Corylus heterophylla* が判明している。ハシバミ科を食草とするのは，コムラサキ亜科だけではなくタテハチョウ科全体でも例がない。ハシバミ属はAPG植物分類体系ではブナ目カバノキ科に包含され，コムラサキ亜科の通常の食性であるバラ目アサ科とはやや離れた系統にある。
【分布】 中国の中西部に分布し，個体数は少ないようである。

ヒメマドタテハ属
Thaleropis Staudinger, 1871

【分類学的知見】 1種のみを含み本群内の特色をもつ。

ヒメマドタテハ p. 170
Thaleropis ionia (Fischer de Waldheim & Eversmann, 1851)
【成虫】 小型でサカハチチョウのような印象を受け，マドタテハ属やアメリカコムラサキ属に似ている。日本では標本を見ることも難しい。年3回程度の発生をするようである。
【卵】 球形で白色(以下幼生期は五十嵐・福田，2000による)。
【幼虫】 頭部突起はイチモンジマドタテハ属同様に発達しない。若齢幼虫は葉を綴って中に潜む性質がある。
【蛹】 マドタテハ属・イチモンジマドタテハ属よりさらに頭部突起は発達しないが，体幅は同様に厚みがある。色彩は緑色。
【食草】 アサ科のエノキ属の *Celtis tournefortii* を食べる。
【分布】 トルコからイラク周辺にかけて分布する。

モンキコムラサキ属
Euapatura Ebert, 1971

【分類学的知見】 1種のみが含まれ，web情報から本群に属すると考える。

モンキコムラサキ　p. 135,175
Euapatura mirza Ebert, 1971

幼虫および蛹をテキサス州産で図示・記載する。

【成虫】 黒色地に大きな黄紋をもち，♂♀ほぼ同型で♀はやや大きい。生息地は索漠とした岩場の環境で足場が悪く採集すら困難で，地理的変異や個体変異は少ないようである。日本では標本を見ることも難しい希少種。

【卵】 未確認。

【幼虫】 2003年に確認されており，web上に公開されている(URL：http://www.kelebek-turk.com/)。それによると，腹部の中央部が太いマドタテハ群の特徴があり，特にイチモンジマドタテハに似た印象がある。腹部末端の二叉突起はそれよりも短い。

【蛹】 正確さを追究できないが，全形はゴマダラチョウなどに近いようで，頭部突起はマドタテハ属のように広がらない。

【食草】 幼虫の静止している植物はエノキ属と推定される。

【分布】 トルコからイラク西端にかけて極めて局所的な分布を示す。

アメリカコムラサキ属
Asterocampa Röber, 1916

【分類学的知見】 マドタテハ属，イチモンジマドタテハ属，ヒメマドタテハ属とは若干異なった形質をもつがこのグループにかなり近いと考える。Ohshima *et al*.(2010)の解析結果ではタイワンコムラサキ群(*Chitoria* group)に含まれると考えられるが，幼虫と蛹の形態からはマドタテハ群に属すると考えられ，本書では本群に位置づけた。

【成虫】 小型で褐色地に斑紋をもち，紫色の幻光はない。

【卵】 ♀は卵群を産下する。形態は一般的なコムラサキ型。

【幼虫】 胴部が太く頭部角状突起は短い。1齢幼虫はやや刺毛が長い。集団生活を営む。越冬も数頭が集合して行う。越冬態が幼虫であることはマドタテハ群の範疇外。

【蛹】 コムラサキ亜科の大きな特徴である扁平さがなく，分厚い体幅をもつ。このような特徴はタイワンコムラサキ群よりマドタテハ群に共通した特徴で，色彩を含め，タイワンコムラサキ群とはかなり異なる。

【食草】 いずれもエノキ属である。

【分布】 5種が北米中心に，うち1種が中米島嶼に及ぶ。

アメリカコムラサキ(フロリダ州産亜種)　p. 17
Asterocampa clyton flora (Edwards, 1876)

卵から蛹までのすべてをアメリカ合衆国フロリダ州産の亜種*flora*で図示・記載する。

【分類学的知見】 テキサス州産亜種と比較して幼虫の形態に大きな相違があり，特に頭部形態の違いは他種の例に比べると亜種以上の差があるように感じられる。幼虫の形態・習性などはマドタテハ群の形質を共有する。

【成虫】 ほかのアメリカコムラサキ属に極めて似た色彩だが，本種は前翅の斑紋が白色でなく黄色であること，丸い黒色斑紋がないことで識別できる。腐果実，獣の糞から吸汁し，湿地で吸水する。ときに花で吸蜜することもある。オレンジの皮のトラップに多数の個体が飛来した記録を確認している。♂は朝から午後にかけ樹木の先端の葉に静止し，占有行動をとる。同所的分布をするエノキコムラサキと比べるとこの活動の時間が早く，活動する空間が高い位置にある。♀はときに300卵以上にも及ぶ卵群を葉裏に産下する。

一般に多化性だが寒冷地では年1化。

【卵】 卵幅0.67 mm，卵高0.70 mm程度，淡灰緑色で20本程度の縦条がある。

【幼虫】 1齢幼虫は葉裏に集団生活する。この習性は3齢または4齢初めまで続く。越冬は3齢期で行われ，体色が緑色から褐色に変じ，数頭が葉を巻いてその中で行われる。翌春越冬から覚め摂食を開始するが，体色はしだいに黄緑色に変化する。やがて脱皮して4齢になると再び葉を巻いてその中に数頭が集まり静止している。日齢とともに成長して体が大きくなると1頭で葉裏に静止する。5齢幼虫は白，黄色，緑色の太い縦条が貫く体色で変化があり，コムラサキ亜科にあっては胴部がかなり太く感じられ，マドタテハなどに似ている。また葉を大きく巻いてその中に潜む習性はマドタテハ群と同様である。

【蛹】 緑色で黄白色斑を装う。

【食草】 アサ科エノキ属の*Celtis tenuifolia*，*C. occidentalis*，*C. laevigata*など。

【分布】 ジョージア州やフロリダ州など合衆国の東部側。

アメリカコムラサキ(テキサス州産亜種)　p. 17,170
Asterocampa clyton texana (Skinner, 1911)

幼虫および蛹をトルコ産の亜種*texana*で図示・記載する。

【成虫】 前翅外半は濃褐色だがフロリダ州産亜種のような発達した黒色条斑紋はない。習性についてはフロリダ州産亜種同様，産下した卵群が幾何学的な直方体に形成されることもある。

【卵】 フロリダ州産亜種と相違はない。

【幼虫】 フロリダ州産亜種よりも頭部の角状突起が長く，胴部の色彩は全体に緑色で顕著な明色斑を生じないなど相違が大きい。

【蛹】 淡い黄緑色，頭部突起がフロリダ州産亜種に比べて若干短い。

【食草】 フロリダ州産亜種に同じ。

【分布】 テキサス州，アリゾナ州からメキシコの北部。

シロモンアメリカコムラサキ　p. 17
Asterocampa leilia (Edwards, 1874)

1齢幼虫をアメリカ合衆国産の名義タイプ亜種*leilia*で図示・記載する。

【成虫】 前翅に2個の黒色斑紋をもつことで，黒色斑紋が1個のエノキコムラサキ(*A. celtis*)と識別できる。アメリカコムラサキにも似ているが分布が重ならず，食草も微妙に異なる。習性もアメリカコムラサキに似ている。
【卵】 10数卵の卵群で産下され，淡黄色。
【幼虫】 幼虫は孵化後に死亡し，その後の観察に至らなかったが，終齢幼虫はアメリカコムラサキに似て緑色で，淡黄色の縦条を生じるという。
【蛹】 アメリカコムラサキに似ている。
【食草】 アサ科のエノキ属の *Celtis pallida*。
【分布】 アメリカ合衆国の南部のテキサス州，アリゾナ州に分布する。

エノキコムラサキ p. 170
Asterocampa celtis (Boisduval & Le Conte, [1835])
【成虫】 アメリカコムラサキに似ているが，前翅亜外縁後角に眼状紋が生じる。
【卵】 通常1卵ずつ(ときに数卵)産下される。色彩は淡緑色。
【幼虫】 アメリカコムラサキのテキサス産に似ている。胴部はかなり太い。
【蛹】 アメリカコムラサキに似ているが，後胸部がより凹む。
【食草】 アサ科エノキ属の *Celtis occidentalis, C. laevigata* など。
【分布】 アメリカ合衆国の東部からメキシコに分布する。

キオビアメリカコムラサキ p. 170
Asterocampa idyja (Geyer, [1828])
【成虫】 濃褐色地に前翅に黄色斜帯を装う。前翅外半は黒色。
【卵】 未確認。
【幼虫】 アメリカコムラサキのフロリダ産に似ている。
【蛹】 アメリカコムラサキに似ているが頭部の突出は弱い。
【食草】 アサ科エノキ属。
【分布】 アメリカコムラサキ属のなかでは南方の中米に進出した種で，メキシコからベリーズ，さらにキューバ，ハイチ，プエルトリコなどの諸島に分布する。

タイワンコムラサキ群
Chitoria group

【成虫】 ♂♀ほぼ同型で黒地に白ないし黄色の単調な斑紋をもつ。
【卵】 卵群で産下される。
【幼虫】 全形は細長く，他群のように対をなす突起がなく，第4腹節背中線上に小突起が生じる程度。静止時に体をS字状に屈曲させている。特に若齢期の幼虫は群棲する。
【蛹】 腹部体高が低く細長い感じで，他群のように白粉を装うことがない。背中線や翅部の一部に青色が現れることも特徴である。
【分布】 中国から東南アジアに分布する。

タイワンコムラサキ属
Chitoria Moore, [1896]

【成虫】 茶褐色に黒色斑紋を配した地味な色彩である。
【卵】 卵群で産下される。
【幼虫】 全齢期を通し体をくねらせて静止するなどの特徴を有している。
【蛹】 全形は細めで，背中線が黄色，その周辺に青色を装う。
【分布】 6種が中国からラオス，ベトナムの北部地方を中心に分布する。

タイワンコムラサキ p. 18,170
Chitoria chrysolora (Fruhstorfer, 1908)
卵から蛹までのすべてを台湾台北・圓通寺産の名義タイプ亜種 *chrysolora* で図示・記載する。
【成虫】 台湾では低地から山地にかけ普通に見られ，やや明るい樹林内を敏捷に飛翔しながら好んで樹液や腐果実に集まる。ホウライコムラサキとは若干生息地や発生期を異にし，本種はより標高の低い場所で，発生時期がやや遅れる。♂は樹木の葉の先端に静止し，侵入する個体を激しく追尾する。♀は地上2～3 mの位置にある食樹の葉裏に50個前後の卵塊を整然と産下する。冬季にも成虫が観察されることがあり，連続的に発生を繰り返すものと思われる。
【卵】 卵幅0.98 mm，卵高0.86 mm程度，白色で20条程度の縦条がある。
【幼虫】 孵化した幼虫は10～30頭の範囲で群棲し，葉裏生活をする。1齢期は4日程度で2齢に達する。2齢期も群棲しているが，やがてしだいに分散する。冬季は食樹に残った葉裏に集まり，気温の高い日には摂食をしながら少しずつ成長する。3～5齢幼虫の形態はほぼ同様で，黄緑色に亜背線と気門下線に黄色い縦条が走る。第4腹節背面には黄色い小突起が集合するが，他群に見られる鱗片状突起は生じない。頭部は齢が進むにつれて黒褐色が消失してくる。
【蛹】 黄緑色で黄色条斑を生じ，背中線の青色斑はほかのタイワンコムラサキ属に比べると弱い。
【食草】 アサ科のタイワンエノキ。そのほかのエノキ類も対象になると思われる。
【分布】 台湾と中国福建省の一部に分布する。

キオビコムラサキ p. 19,141,170
Chitoria fasciola (Leech, 1890)
卵から蛹までのすべてを中国四川省産の名義タイプ亜種 *fasciola* で図示・記載する。
【成虫】 黒地に太い黄帯が貫く個性的な色彩をもつ。産地が中国の一部に限られているということで以前はかなりの珍種とされていた。習性は基本的にタイワンコムラサキ群の他種と同じである。年1化性と思われる。
【卵】 卵幅0.93 mm，卵高1.01 mm程度で24条前後の縦条が走る。色彩は白色。
【幼虫】 1齢幼虫は強い群居性をもち，葉裏で生活する。全体に黒色で背面に黄色斑を装う。光沢があり，体をS

字状にくねらせている。2齢幼虫は頭部に角状突起をもつ。黒褐色に黄色斑をもち，同様に群居生活をする。越冬は3齢で，葉柄を吐糸でしっかりと枝に結び，その葉のなかに集団で潜入して行う。翌春，摂食を開始するが，同じように数頭が集合している。やがて脱皮して4齢幼虫になり，体色は緑色となる。葉裏では体をくねらせているが，葉表に出ると直線状にしていることが多い。終齢幼虫も4齢と同様に体を伸ばしたりくねらせたりしているが，食樹の葉に大量に吐糸して台座をつくり，摂食時以外はここに静止している。胴部の色彩は濃黄緑色に2本の黒色線が走り，黄色と青色の斑紋が混じる。頭部の黒色条の多少には個体差が多い。
【蛹】 色彩は緑色地に淡黄色条が走る。全体になめらか。
【食草】 アサ科のエノキ，*C. vandervoetiana* が確認されている。タイワンエノキで十分成長する。
【分布】 中国の中部特産である。

シロオビコムラサキ p. 170
Chitoria sordida (Moore, [1866])
【成虫】 濃褐色で前翅に白色斜条がある。
【卵】 100卵前後が2〜3段重ねられた状態で産下される(五十嵐・福田，2000)。
【幼虫】 キオビコムラサキに似て，頭部や胴部の黒色部が若干淡い程度である。群居する習性なども同様である。幼虫には緑色のほかに褐色型もあるという。
【蛹】 キオビコムラサキに似ているが，体高が低く細長い感じである。
【食草】 アサ科のエノキ属。
【分布】 インド北部から中国，ミャンマーにかけて分布。

キミスジコムラサキ属
Herona Doubleday, [1848]

【成虫】 黒褐色地に白〜黄色の斑紋がある。
【卵】 色彩は乳白色。
【幼虫】 緑色の地に黄色斑を生じる。
【蛹】 形態はタイワンコムラサキ属に似ているが，前翅基部に突起を生じる。色彩は鮮緑色に黒色斑をまばらに生じるが，背中線に黄色条を生じることはない。
【食草】 アサ科のエノキ属。
【分布】 2種を含み，インドからマレーシアおよびその周辺の島嶼に分布する。

ウスイロコムラサキ p. 19,170
Herona sumatrana Moore, 1881
卵から蛹までのすべてをマレーシア Cameron Highland 産の亜種 *dusuntua* Corbet, 1937で図示・記載する。
【成虫】 樹林帯に生息するが，個体数は少ないようでなかなか姿を見るのが困難である。ボルネオ島サバ州では，発酵したバナナのトラップに♀が入ってきたことがあった。飛翔はやや緩慢である。
【卵】 卵幅1.26 mm，卵高1.04 mm程度。24本程度の縦条がある。色彩は乳白色で，不規則な黒色斑点を生じる。
【幼虫】 1齢幼虫の胴部は細長く，尾端には長い二叉突起がある。頭部は黄褐色，胴部は背面が黒褐色で下腹部は白色。葉裏に潜み，葉緑を摂食する。2齢幼虫は背面に明色部が現れ，体をS字状にくねらせている。3齢幼虫は背面に明瞭な斑紋が現れ，2齢幼虫同様に体をくねらせている。終齢幼虫は暗緑色の地に黄・鮮緑・青色の斑紋が散在する。体を強くくねらせて静止している。
【蛹】 翅基部の突起が目立つ。色彩は黄緑色で黒色と青色の斑点を生じ，基本的なタイワンコムラサキ群型である。
【食草】 エノキで十分生育する。熱帯地方ではエノキ属を見かけることがなかったが，自然状態で何を食草しているかは興味深い。ほかのニレ科に属するウラジロエノキ属なども確認の余地がある。
【分布】 マレー半島，スマトラ，ボルネオ，ジャワ各島に分布する。

キミスジコムラサキ p. 170
Herona marathus Doubleday, [1848]
【成虫】 ウスイロコムラサキよりも明瞭な黄橙色斑を装う。
【卵】【幼虫】【蛹】 ウスイロコムラサキに似ている。
【食草】 アサ科エノキ属の1種(五十嵐・福田，2000)。
【分布】 北部インドから中国を経てインドシナ半島，さらにアンダマン諸島に分布する普通種。

マレーコムラサキ属
Eulaceura Butler, 1872

【成虫】 黒色地に白色帯が縦走する。
【卵】【幼虫】【蛹】 マレーコムラサキの幼生期が解明されている。
【食草】 アサ科ナンヨウムクノキ属(*Gironniera*)。
【分布】 2種が所属し，*E. manipuriensis* がインドに，マレーコムラサキは後述の地域に分布する。

マレーコムラサキ p. 171
Eulaceura osteria (Westwood, 1850)
【成虫】 ボルネオ島サバ州では，山地の若干開けた場所に生じていた大型イネ科の茎から滲出していた液に♂♀ともに何度も飛来して吸汁していた。
【幼生期】 五十嵐・福田(2000)を参考に記載する。
【卵】 球形で淡黄色。
【幼虫】 頭部の角状突起は短いが，分岐する突起は長い。終齢幼虫は黄緑色で1対の黄色縦条が走る。腹部末端の二叉突起は長い。
【蛹】 形態や色彩はタイワンコムラサキ属に似ているが，全体により突出が少なくなめらか。
【食草】 アサ科ではあるが，多くのコムラサキ亜科に属する種が利用するエノキ属ではなく，ムクノキ類の *Gironniera* で，マレーシアの Templer Park には2種類が生じていた。五十嵐・福田(2000)は *G. hirta* を確認している。
【分布】 マレー半島およびシンガポール，ボルネオ島，ジャワ島などに分布する。

アフリカコムラサキ属
Apaturopsis Aurivillius, 1898

【成虫】 アメリカコムラサキ属などに似ている。森林に生息し個体数は多くないが，果実のトラップに飛来するという。
【卵】【幼虫】【蛹】 幼生期はほとんどわかっていないがOshima *et al*.(2010)の解析結果より，タイワンコムラサキ群に含められるものと思われる。
【食草】 エノキ属。アフリカにもエノキ属が分布する。
【分布】 3種を含み，アフリカ熱帯区特産である。

アフリカコムラサキ p. 135,175
Apaturopsis cleochares (Hewitson, 1873)
終齢幼虫をMolleman(2014)を参考に図示・記載する。
【成虫】 本属のなかでは，標本は比較的よく見かける。
【卵】【蛹】 未解明。
【幼虫】 web上にMolleman(2014)による幼虫の図が公開されている。
【食草】 *Celtis africana* とされる(Molleman, 2014)。
【分布】 コンゴ盆地から中央アフリカ，ウガンダなどに分布する。

ヒョウマダラ群
***Timelaea* group**

【分類学的知見】 ヒョウマダラ属5種とヒメコムラサキ属1種の6種が含まれる。幼生期形態はよく似ているが，ヒョウマダラ属の胴部は中央部が著しく太く特異であることによりヒメコムラサキ属と分けられる。ヒメコムラサキ属の1つの属としてまとめて扱うこともある。
【成虫】 含まれる2属は翅形や斑紋などがかなり異なっている。
【卵】 ほぼ球形で白色。
【幼虫】 頭部には長毛に覆われた掌状角状突起を生じ，胴部中央部が膨らむ特徴的な群である。
【蛹】 細めで腹部第3節背面が突出する。
【食草】 アサ科エノキ属。
【分布】 インドからスンダランドに広く分布する。

ヒョウマダラ属
Timelaea Lucas, 1883

【分類学的知見】 昔はまったく系統の異なるヒョウモンチョウ類の仲間とされていたこともある。
【成虫】 黄褐色地に黒色の豹紋模様を配する特徴のある属である。
【卵】【幼虫】【蛹】【食草】 ヒョウマダラについて知られる。
【分布】 形態のよく似た種5種が，主として中国に分布。

ヒョウマダラ p. 20,171
Timelaea albescens (Obertür, 1886)
卵から蛹までのすべてを台湾北部の圓通寺産の亜種 *formosana* Fruhstorfer, 1908で図示・記載する。
【分類学的知見】 一見コムラサキ亜科とは認め得ないような翅形や斑紋をしているが，幼生期形態や成虫の習性は明らかに本亜科の特性をもつ。
【成虫】 台湾では平地から山地に分布し，♂は路上に降りて吸水をすることもある。♂♀とも樹液や腐果を好み，ヒマから滲出した液を吸汁する個体を観察した。
【卵】 卵幅1.11 mm，卵高1.59 mm程度で23本程度の縦条がある。色彩は白色で黄橙色の不規則な斑点を生じる。卵期は8月で5日程度。
【幼虫】 孵化した幼虫は半透明であるが，摂食とともに緑色を呈する。体表に生じる刺毛はやや長く，頭部に突起は生じない。葉縁を溝状に食べて食痕を残す。2齢幼虫の頭部には角状突起を生じ，胴部中央がやや膨らむ。齢数を重ねるごとに胴部中央の膨らみを増し，終齢では特異な形態となる。目立った斑紋はないが背面と気門下線部の白色縦条がやや顕著。越冬は3齢で行われ，食樹の枝と葉を吐糸でつなぎ，その葉の内側に潜む。全幼虫期を通し，葉裏生活で表に現れることはない。
【蛹】 扁平でやや細身。腹部背面突起は鋭く尖り，食樹の葉に似ている。
【食草】 台湾ではアサ科のタイワンエノキやコバノエノキなど。そのほかエノキやリュウキュウエノキなどで飼育しても生育の大きな差は認められない。
【分布】 中国と台湾に分布する。

チュウゴクヒョウマダラ p. 171
Timelaea maculata (Bremer & Grey, [1852])
【成虫】 ヒョウマダラに似ているが，黒色小斑紋の数や位置に若干の違いがある。
【卵】【幼虫】【蛹】【食草】 未解明。
【分布】 中国に分布する。

ヒメコムラサキ属
Rohana Moore, [1880]

【成虫】 小型で，♂はほとんど黒褐色1色の種が多いが，♀は一般的なコムラサキ型の斑紋をもっている。
【幼虫】 ヒョウマダラ属とよく似ているが，体の膨らみはやや弱い。
【蛹】 基本的にヒョウマダラ属に似ているが，腹部背線は緩やかなカーブを描く。
【分布】 6種がインドからマレー半島，スマトラ，ボルネオ，ジャワ各島，フィリピンに分布する。

ヒメコムラサキ p. 21,171
Rohana parisatis (Westwood, 1850)
2齢幼虫を香港産，ほかを中国広東産の亜種 *staurakius* (Fruhstorfer, 1913)で図示・記載する。

【成虫】 小型で近縁のヒョウマダラ属とはかなり異なった印象を受け，翅形はコムラサキ類を思わせる。♂♀で色彩を異にし，♀はカバタテハ類あるいはスミナガシ亜科のカバイロスミナガシに似ている。飛翔は極めて敏捷で，♂は山間部の路上などで吸水する姿をよく見かける。しかし，♀を見ることは困難である。

【卵】 未確認。

【幼虫】 全幼虫期を通し，形態・習性ともにヒョウマダラに似ている。若齢期には葉裏に静止する性質が強く，葉の天地が逆になるとあわてて裏側に回ろうとする。葉縁に顕著な食痕を残しながら同位置に静止することを繰り返す。特に決まった越冬態はないようで，冬季も摂食を続けながら緩慢に成長する。終齢幼虫はほかのコムラサキ亜科と同様，一定場所に執着して静止し，近くの葉を食べていくが，その行動範囲は狭い。蛹化もその範囲内で行われるようである。香港産の2齢幼虫の黄色い背線は，中央の緑色背中線によって2分されるが，他地域産では顕著な黄色1色で貫かれる。個体によりこのなかに黒色の斑紋を生じる。頭部の黒色斑の表出頻度には個体差がある。

【蛹】 ヒョウマダラに近似し，腹部背面が突出する。

【食草】 香港ではアサ科のコウトウエノキ(*Celtis philippinsis*)。タイワンエノキで十分生育する。

【分布】 スリランカ，インドから中国，インドシナ半島を経てスンダランドに及ぶ。

コムラサキ群
Apatura group

【分類学的知見】 分布および幼生期の形態や食性で特徴がある。コムラサキ属1属を含む。

コムラサキ属
Apatura Fabricius, 1807

【成虫】 ♂は翅表が青紫色の構造色をもち，色彩斑紋に遺伝的な型がある。

【卵】 半球形で20条程度の縦条がある。色彩は緑色。

【幼虫】 胴部は細長く，突起は目立たない。頭部角状突起の分枝はほとんどない。

【蛹】 半円状で体幅は狭い。体色は緑色で白粉様斑紋がある。

【食草】 ヤナギ科でほかの群と著しく異なる。

【分布】 4種がユーラシア大陸の温帯に分布する。

コムラサキ　p. 22

Apatura metis Freyer, 1829

終齢幼虫および蛹を静岡県家山の日本産亜種 *substituta* Butler, 1873で図示・記載する。

手代木(1990)に詳細な解説がある。

【成虫】 色彩・斑紋には遺伝的な2型(黄帯型，白帯型)がある。

【卵】 緑色で半球状。

【幼虫】 終齢幼虫はユーラシアコムラサキによく似ているが，胴部の前半はより濃緑色である。

【蛹】 半月形で黄緑色。

【食草】 ユーラシアコムラサキと同様でヤナギ科のコゴメヤナギ，シダレヤナギ，バッコヤナギなどのほかドロヤナギ，ヤマナラシなども食べる。

【分布】 ヨーロッパ中南部から中央アジア，中国を経てウスリー，アムール，朝鮮半島，日本に分布する。

ユーラシアコムラサキ　p. 21,171

Apatura iris (Linnaeus, 1758)

幼虫および蛹をドイツSchweinfurt産の名義タイプ亜種 *iris* で図示・記載する。

【和名に関する知見】 従来の和名(チョウセンコムラサキ)の用語上の問題を配慮して表記の和名を与えた。

【成虫】 コムラサキ属のなかでは最も特徴があって同定は容易である。やや大柄で深い色調は趣があり，ヘルマン・ヘッセの『少年の日の思い出』に出てくるコムラサキのモデルと考えられている。♂は紫色の構造色をもつ。翅表の斑紋は白色のみで近縁種のような黄色型はないようだが，中国の *A. bieti* Oberthür, 1885は本種の亜種とされることもあり，黄色型である。行動は日本のコムラサキと同様で♂は地表で吸水をし，♀とともに樹液で吸汁する。

【卵】 半球形で淡緑色，12条程度の縦条を有する。

【幼虫】 習性は日本のコムラサキと同様と思われる。3〜4齢幼虫が越冬をする。食樹の枝の分岐点などに静止し，体色を緑色から黄褐色に変じて越冬する。翌春，食樹の萌芽が開始されると冬眠より覚め，日光浴をしながら体色を黄緑色に変化させる。やがて摂食を開始し，葉表に多量の糸を吐いて台座をつくり，そこに静止する。台座への固執は強い。やがて脱皮し終齢となる。頭部の角状突起には近縁属のような小突起の分岐がない。胴部にも突起を生じることはなく細長く，末端の二叉突起は閉じる。色彩は頭部から胴部末端まで一様な緑色だが，末端方部はやや淡い。頭部背面側に淡橙色条があり胸部の黄色縦条につながる。ほかに5本程度の斜条が体側を横切る。

【蛹】 厚みのない半円盤状で突出部はほとんどない。色彩は淡緑色。

【食草】 ヤナギ科の *Salix caprea*，*S. purpurea*，シダレヤナギなどが記録されている。バッコヤナギなども良好な食餌の対象となる。

【分布】 中国〜韓国北部にかけてのアジアとイギリス〜ポルトガルなどのヨーロッパの2地区に断続して分布している。このような分布の型は珍しいが，それは食草ヤナギ属の分布によると思われる。つまりヤナギ属は広葉樹林帯に生じる。広葉樹林帯は中国東部とロシア西部からヨーロッパに分布し，分布が断続する。その間は乾燥帯または針葉樹林帯となっている。本種の分布は広葉樹林帯の分布と一致している(Goodyear & Middleton, 2003)。

同じヤナギ科のヤマナラシ属は針葉樹林帯にも生じるので，それを食草とする *Apatura ilia* はこの断続した地にも分布を広げているものと思われる。

ゴマダラチョウ群
Hestina group

【分類学的知見】 幼生期における形質を基に近似した属をこの群に含めるが，系統的な適正には問題があると思われる。
【成虫】 分類群により多様。
【卵】 一般的なコムラサキ型で群としての特徴は認められない。
【幼虫】 体は太めで，背面には複数対の鱗片状突起を生じる。
【蛹】 側面は弦月状で背線はしばしば鋸歯様。
【食草】 アサ科エノキ属以外ニレ科やブナ科に及ぶ。
【分布】 アジアおよび新熱帯区に分布する。

ミスジコムラサキ属
Mimathyma Moore, [1896]

【成虫】 5種を含み，中～やや大型で，翅表はイチモンジチョウ型の斑紋，3種が紫色の幻光を放つ。翅裏はすべての種が銀白色。
【卵】 卵高がやや高い球形で，18条程度の縦条がある。
【幼虫】 胴部はやや太く，胴部背面に顕著な鱗片状突起をもつ。
【蛹】 側面は半月状で，背線部は鋸のような突起が並ぶ。
【食草】 すべてニレ科ニレ属で，本属の大きな特色となっている。コムラサキ亜科幼虫の食草の共通性から考察すれば，ニレ属をアサ科のエノキ属やムクノキ属と異なった別の科(ニレ科)に所属させるAPG植物分類体系は，ここではやや違和感のあるところである。
【分布】 インド北部から中国東部に分布する。

ミスジコムラサキ p. 22,171
Mimathyma chevana (Moore, [1866])
卵から蛹までのすべてを中国四川省都江堰産の亜種 *leechii* Moore, 1896で図示・記載する。
【成虫】 雌雄同形のミスジ型斑紋，ただし♂は弱い青紫色の幻光を放つ。発生地では年1化性であるというが，飼育下では多化性の性質がある。♂は吸水に集まる。
【卵】 卵幅1.22 mm，卵高1.38 mm程度で色彩は産卵当初は濃緑色。18条前後の縦条とそれをつなぐ弱い横条がある。産卵された翌日には色彩が黒褐色に変化する。
【幼虫】 1齢幼虫は葉の先端部位に静止している。頭部は濃褐色，胴部は筒状で緑色，無色の刺毛を生じる。多数の黒色斑点が確認できる。腹部末端の二叉突起は開く。2齢幼虫の頭部は黒褐色で，短い角状突起が生じる。腹部の第2・4節背面には突起を生じる。腹部末端の突起は同様に開いている。3齢幼虫の頭部は前頭のみ緑色でほかは黒褐色，胴部の第4腹節背面の突起は顕著で，第10腹節の末端突起は閉じ，鋭く尖る。越冬は3または4齢で行われると思われる。越冬は静止していた葉の葉柄を吐糸で枝にくくり，その葉上で行うミスジチョウ型の方法がとられる。終齢幼虫の頭部は緑色で，角状突起は褐色，胴部の第2・4腹節背面には顕著な鱗片状突起が生じる。胴部の色彩は緑色で背面が特に濃い。側面には各体節を横切る黄色の斜条が配列する。腹部末端の突起は閉じて鋭く尖る。
【蛹】 三日月型で扁平，腹部背面は鋭い稜をなし鋸状の突起となる。色彩は緑色で白色粉末状斑に覆われる。
【食草】 ニレ科ニレ属のハルニレ，アキニレなど。
【分布】 インド北部からミャンマー北部を経て中国中南部に分布する。

カグヤコムラサキ p. 148,171
Mimathyma ambica (Kollar, [1844])
【分類学的知見】 ミャンマー北部に産する個体群は後翅外縁部の白点列が不明瞭で，♂の青紫色幻光が白帯周辺に限られることなどの相違があり，別種 *M. bhavana* とされる(増井，2009)。
【和名に関する知見】 極めて特徴的な表翅の色彩から表記の和名を与えた。
【成虫】 ♂の表翅には青紫色の強い幻光がある。
【卵】 ミスジコムラサキとほぼ同じ。
【幼虫】 ミスジコムラサキに似ているが頭部突起がやや短い。
【蛹】 ミスジコムラサキのような腹部背面の鋭い突起を欠き，なめらかな弧状をなす。
【食草】 ミスジコムラサキ同様にニレ科のニレ属を食べる。
【分布】 インド北部からベトナムにかけて分布し，離れてスマトラ島の山地帯にも生息する。カシミール産の名義タイプ亜種 *M. a. ambica* (Kollar, [1844])は巨大で，逆にスマトラ島産亜種 *M. a. martini* (Fruhstorfer, 1906)は最小である。

キゴマダラ属
Sephisa Moore, 1882

【成虫】 雌雄異型で，♂は黄橙色の斑紋を点在し♀は青色の斑紋を加える。♀が食樹の葉の巻いてある部分に産卵する習性は本属の特徴である。
【卵】 白色でほぼ球形，縦条を欠く。
【幼虫】 胴部には白色の斑紋を生じ，その部分は膨出するが突起として強く発達することはない。
【蛹】 腹部の背線は黄色を呈する。
【食草】 ブナ科で，コムラサキ亜科内では例外である。
【分布】 4種がインド北部から中国を経てマレー半島に分布する。

キゴマダラ p. 23,171
Sephisa chandra (Moore, [1858])
終齢幼虫および蛹を台湾産の亜種 *androdamas* Fruhstorfer, 1908で図示・記載する。
【成虫】 ♂は和名のように黄橙色の斑紋であるが，♀は青色の斑紋である。台湾にも生息し♂は吸水や獣糞などに飛来するのをよく見るが，♀はまれである。マレー半島では高地に生息する。年3回以上の発生が繰り返されると思われる。

【卵】 ♀は食樹の葉の巻いた筒状のなかに20個前後の卵を産下する。球形で白色。

【幼虫】 孵化した幼虫は群居性が強く，終齢まで互いに身を寄せ合って静止している。越冬は3または4齢の中齢で行われるようで体色の変化もなく，気温の高いときは摂食を続ける。終齢幼虫の角状突起はやや短めで胴部は太め，2対の白色の斑紋をもつ。この斑紋は明瞭な色彩をしているが突出は弱く，鱗片状である。胴部の色彩は濃緑色でわずかに細い亜背線や側面に斜条が確認できる。

【蛹】 半月形で扁平。色彩は緑色で特に頭部から前半部に強く粉状白色斑に覆われる。腹部背線の前方は褐色を呈する。

【食草】 ブナ科のアラカシ，*Quercus morii* など。

【分布】 飛び地的な分布をする。インド北部からタイ北部にかけて，台湾，マレー半島高地の3地域に生息する。

エグリゴマダラ属
Euripus Doubleday, 1848

【成虫】 顕著な雌雄異型である。♂はゴマダラチョウ類の斑紋であるが，♀はマダラチョウなどに擬態した配色で翅形も異なり多型である。♂の後翅の第4・5脈が突出し，肛角部との間にえぐれる部分があるのでこの和名がある。

【卵】 ほぼ球形で縦条は20条以上で多い。

【幼虫】 胴部に白色の斑紋を有するが多少膨出する程度で突起というほどのものではない。

【蛹】 側面は弦月状で全体になめらか，淡緑色地に緑色斜条が配列する。

【分布】 3種を含み，東南アジアに分布する。

エグリゴマダラ　p. 23,176
Euripus nyctelius (Doubleday, 1845)

卵から蛹までのすべてをマレー半島産の亜種 *euploeoides* C. & R. Felder, [1867]で図示・記載する。

【成虫】 ♂は和名の通り後翅がえぐれた通常のゴマダラチョウ型斑紋であるが，♀は翅形が丸みをもち，マダラチョウ科のルリマダラ類(*Euploea*)に擬態していると考えられる。その色彩は黒褐色から青藍色の光沢をもつものまでの変異があり，さらに無紋から前後翅に種々の白色斑をもつ個体まで極めて多様である。地理的にある程度の共通した傾向はあるが個体変異が多い。飛翔は緩やかで習性的にもマダラチョウ類を思わせる。

♂は樹林内の開けた空間によく現れ，樹木の先端の葉に静止して追尾活動をする。しかし，♀を見かけることは困難で，腐果実などに飛来する個体を見かける程度である。

【卵】 緑色で卵幅1.20 mm，卵高1.18 mm程度。

【幼虫】 1齢幼虫の胴部は緑色，頭部は黒褐色で頭頂がやや突出する。2齢幼虫から頭部に角状突起が生じる。3齢幼虫は背面に1対の白色斑を生じるが，4齢幼虫ではさらに目立つようになる。終齢幼虫は頭部を含めて濃緑色，背面に顕著な白色斑紋が生じ，この部分は多少膨出する程度で近縁種のような突起ではない。この斑紋の生じる程度には個体差があり，図示の個体よりも1対多かったり，また少なかったり，ときに片側が消失していたり不安定である。葉表の両端を引き寄せるようにして念入りに吐糸し，半ば中空の状態にしてその上に静止する。

【蛹】 背中線部が強く湾曲し，側面から見ると1枚の葉によく擬態しているように見える。

【食草】 アサ科のウラジロエノキが知られている。エノキでも十分に成長する。

【分布】 ミャンマー，タイ，中国南部を経て，インドネシアのスラウェシ島を除く島嶼を含めた東南アジアに広く分布する。分布が広く，コムラサキ亜科のなかでは例外的に熱帯の低地や小さな島嶼にも生息する。

アカネエグリゴマダラ　p. 176
Euripus consimilis (Westwood, 1850)

【成虫】 ♀はエグリゴマダラ♀の1つの型に似ているが，♂は後翅肛角部に赤紋を有する。

【幼生期】 五十嵐・福田(2000)を参考に記載する。

【卵】 エグリゴマダラに似ている。

【幼虫】 終齢幼虫はエグリゴマダラに似ているが，背面の斑紋が小さい。

【蛹】 エグリゴマダラによく似ており，体高が若干低い程度。

【食草】 アサ科のエノキ属を食べるほかに，ウラジロエノキ属を食べるというインドの記録もある。

【分布】 インド北部からミャンマー，タイ北部に分布する。

スダレエグリゴマダラ　p. 176
Euripus robustus Wallace, 1869

【成虫】 スラウェシ島特有の大型化した種で，♀は特に大きく，翅形や斑紋が♂と著しく異なる。♂はカカオの腐果実などに飛来するのが観察される。♀は♂とまったく異なったすだれのような斑紋で，♂のように容易に見かけることはない。

【卵】【幼虫】【蛹】【食草】 未解明。

【分布】 インドネシアのスラウェシ島特産種。

ナンベイコムラサキ属
Doxocopa Hübner, [1819]

【分類学的知見】 Ohshima *et al*.(2010)の解析では，本属はコムラサキ属と姉妹群を形成していると判断される。しかし，幼虫の全形・頭部形態や蛹の形態などからキモンコムラサキ群で一部似ているところはあるが，属全体としての明らかな相違がある。さらに地史，分布や幼虫の食性から種分化過程が考えにくいなどの諸問題があり，2者の姉妹群関係については今後の課題とする。

新熱帯区唯一のコムラサキ亜科で，従来は *Chlorippe* という属名で親しまれていた。20 種以上が含まれていたが，Lamas(2004)は 15 種に整理した。

【成虫】 新熱帯区特有のきらびやかな色彩をもつ種を含むとともに，ほとんどの種の♀が同所的分布をするアメリカイチモンジ属に似ている。その擬態的な関係については不明で，単なる収斂現象かもしれない。ミイロタテハ属やミイロルリオビタテハ属などのフタオチョウ亜科が深い森林的環境の内部からその周辺に生息しているのに対し，本属はより開放的な明るい環境に生息し，♂はごく普通に姿を見かける。♂はミイロタテハ属などと同様に人為的な糞尿トラップに飛来し，個体数も多くその紫色，特に青色の金属光沢をもつ種の飛翔は輝かしく圧巻である。山間の路上の水溜りなどでは必ず本属の姿が見られる。しかし♀の姿を見ることはなかなか困難である。♀はけっしてこのような場所に現れることはなく，腐った果物に集まることもないようである。キク科の *Mikania* などの花に飛来することがあるという。♀は食草のエノキ属に産卵に来る個体を見かけることができる。♀が産卵する食樹には好みがあるようで，そのような木からは幼虫も発見される。

【卵】 葉表に産下される。種により大きさや緑色の色彩に若干の違いがある。20 条前後の縦条が存在し，基本的にコムラサキ亜科の範囲にある。

【幼虫】 孵化した幼虫は葉の先端に静止し，その周辺を摂食し中脈を残すが，フタオチョウ亜科，イチモンジチョウ亜科，カバタテハ亜科に見られるような顕著な食痕をつくるような習性はない。摂食は主として夜間に行われるようである。通常は頭部を上方にして静止し，ほとんど動かない。頭部を上方にして静止する習性は新熱帯区産のフタオチョウ亜科と逆である。野外で幼虫が細枝や葉表などに静止している個体もいるが，終齢で葉裏に潜んでいる個体もいる。葉裏に静止する習性はアジア産の一群にも共通している。

幼虫の形態は一見してコムラサキ亜科とわかるが，体表に顕著な突起を生じることはなく，白色の大小異なる斑紋を生じる。その斑紋の形や大きさ，生じる位置などで 3 系統に分けることができる。

しばしば同種内で胴部斑紋の濃淡の差がある多型を生じることがある。

【蛹】 一見してコムラサキ亜科とわかる。幼虫同様系統によって形態は異なり，背面の陵の状態が①鋸状，②竜骨状，③剣状，に 3 分類できる。腹部末端の懸垂器はかなり下腹部方向を向いているので，天井に蛹化したような場合は下垂しないで面とやや平行になる。他物が接触したような場合は体を激しく震わせるが，これなどもコムラサキ亜科の基本的な習性である。

北米には別属のアメリカコムラサキ属が分布するが，これとは習性面・形態面で相違がある。シャクガモドキ属(*Macrosoma*)の幼虫は一見本属を思わせる形態である。

【食草】 アジア産と同じエノキ属である。種名については判明しないが，*Celtis iguanaea* などが該当するよう

表 5　ナンベイコムラサキ属 3 群の特徴

群	終齢幼虫	蛹	成虫
メキシコウラギンコムラサキ(*D. laure*)群	背面に 3 対以上の隆起した白色斑をもつ。	背面に複数の突起を生じる。	♂♀ともにアメリカイチモンジ属(*Adelpha*)型斑紋。裏面は銀白色。
キモンコムラサキ(*D. pavon*)群	頭部に褐色部分がある。体表に 1 対以上の顕著な斑紋を生じる。	背面突起を生じることなく全体が弧を描く。	小型。♂は紫色または青の幻光を放つ。♀は白，橙色などの斜帯をもつ。裏面は濃褐色。
ルリモンコムラサキ(*D. cyane*)群	頭部は全体に緑色で褐色部はない。体表に複数対の複雑な斑紋がある。	背面突起は単数。	♂は青色の金属光沢斑紋。♀はアメリカイチモンジ属(*Adelpha*)型で後翅に灰青色を添える。

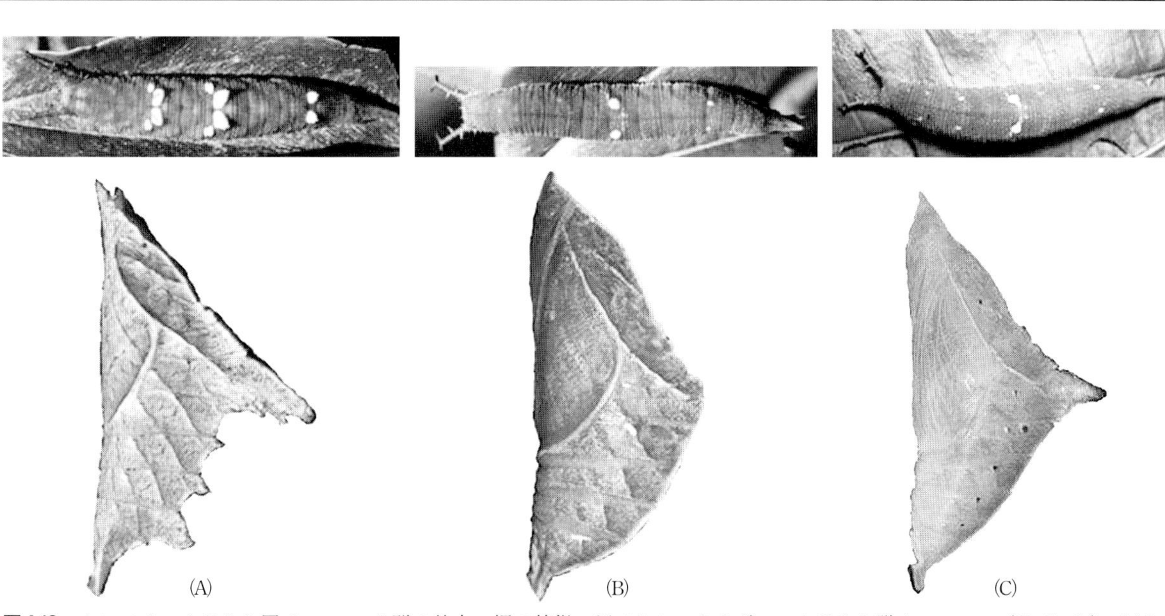

図 149　ナンベイコムラサキ属 *Doxocopa* 3 群の幼虫・蛹の特徴。(A)メキシコウラギンコムラサキ群 *laure* group(*D. linda*)，(B)キモンコムラサキ群 *pavon* group(*D. elis*)，(C)ルリモンコムラサキ群 *cyane* group(*D. laurentia*)

に思う。新熱帯区の本植物の葉はほとんど日本や台湾のエノキ類と変わらないが，樹幹をつくらずに枝分かれし他物を頼りながら10 m程度に伸びている。葉の付け根には2本の鋭い刺が生じる。これは枝分かれすべき部分が枝に成長しないで痕跡として残ったもののようである。その枝はときに枯れ，その後にまた新梢が伸びてくる草本的な性質がある。比較的大きな川が流れている近くの明るい環境に多く，そのような道路ぞいではよく見かける一方，まったく見られない環境もある。結実の時期には多くの木が実をつけている。熟すると橙色に変じ，甘みをもっていて現地ではよく食べられる。種子の発芽率はよく，生育は速い。

【分布】 中南米に広く分布する。

メキシコウラギンコムラサキ群
laure group

ウラギンコムラサキ　p. 24,141,172

Doxocopa linda (C. & R. Felder, 1862)

終齢幼虫および蛹をブラジルCuritiba産の亜種*mileta* (Boisduval, 1870)で図示・記載する。

【成虫】 イチモンジチョウ類のナンベイイチモンジ属に斑紋がよく似ている。また地理的変異と個体変異が判然としないところがあり，種や亜種・型を確定することが困難である。よく似た種にメキシコウラギンコムラサキがいるが，メキシコウラギンコムラサキは前翅先端に黄橙色斑が生じることで識別は容易である。またメキシコウラギンコムラサキでは個体変異あるいは地理的変異の範囲で♂の翅表に紫色幻光を生じる個体もいるが，本種ではそのような例はない。♀もほとんど♂と同様の色彩斑紋である。

【卵】 未確認。

【幼虫】 全体的な形態は本属の特徴を備えるが，終齢幼虫は背面の3対の白色斑紋が顕著でしかもその部分は隆起している。色彩は緑色に明暗の差のある不明瞭な斜条斑紋がある。背面の斑紋は白色で若干褐色部分を含む。

ペルーSatipo産の亜種*carwa* Lamas, 1999も確認した。図示のブラジル産と大きな違いはなかった。ペルー産終齢幼虫の習性で顕著なものは見られないが，脱糞するとそれを口でくわえて放り出すような行動が見られた。

【蛹】 腹部第3腹節背面が剣状に著しく突出する。またそれに続く節でも同様で計4個の突起を生じるが，これはメキシコウラギンコムラサキ群の著しい特徴となっている。色彩は淡い黄緑色で背中線突起先端に黄褐色が縦走する。腹部側面は濃淡のある斜条斑がある。

【食草】 アサ科のエノキ属。ペルー産は，*Celtis iguanaea*？(この食草はほかのナンベイコムラサキ属幼虫に共通する)を食べる。

【分布】 アマゾン川流域～オリノコ川流域を経てブラジルまで広く分布する。

メキシコウラギンコムラサキ　カバー背,p. 172

Doxocopa laure (Drury, [1773])

【分類学的知見】 ペルーなどの亜種*griseldis* (C. & R. Felder, 1862)は大型で，♂の表翅には紫色の幻光が広がり独立の種とされていた。

【成虫】 ウラギンコムラサキに似ているが，前翅の斑紋は連続する。亜種により♂の表翅に紫色の幻光がある。

【卵】 未確認。

【幼虫】【蛹】【食草】 コスタリカ産で確認され，ウラギンコムラサキと極めて似ている。

【分布】 メキシコからパナマを経てアマゾン川上流地方に分布する。

キモンコムラサキ群
pavon group

キモンコムラサキ　p. 25,172

Doxocopa pavon (Latreille, [1809])

卵から蛹までのすべてをアメリカ合衆国テキサス州Hidalgo County産の亜種*theodora* (Lucas, 1857)で図示・記載する。

【成虫】 ♂は暗紫色の光沢をもち前翅に黄色紋がある。♀はアメリカイチモンジ属型の色彩である。

平地から山地の森林に生息し個体数も多い。♂は陽光を受けて樹木の先端の葉などに静止し，占有行動をとる。そして腐果実や獣の糞などで吸汁し，また湿地に下りて吸水する。♀は♂とともにクロトン(トウダイグサ科)などの花を訪れる。

【卵】 卵幅0.96 mm，卵高0.80 mm程度でほぼ球形，24本程度の縦条がある。色彩は黄色に緑色を添える。

【幼虫】 1齢幼虫は胴部が細長く，頭部は丸くやや大きい。2齢幼虫は頭部に角状突起を有し，胴部の背面に1対の白点をもつ。3齢幼虫は第4腹節の白点が目立ち，4齢幼虫はこのなかに褐色を含む。終齢幼虫はさらに大小の白色斑紋を生じるが，その多少には個体変異が大きい。濃黄緑色で第4腹節背面の1対の斑紋は顕著だが突出することはない。腹部末端の二叉突起は閉じている。

【蛹】 コムラサキ亜科にあってはやや厚みがある。側面から見ると外形はなめらかで，第3腹節背面が最も高く腹部は弧を描くような丸みを帯びる。このような形態はゴマダラチョウ群よりもマドタテハ群のアメリカコムラサキ属に近い。

【食草】 アサ科のエノキ属*Celitis pallida*，*C. iguanaea*など。*C. pallida*は低木で樹幹は太くならず多数の枝を分枝する。枝には鋭い棘が生じ葉は小さい。常緑樹で冬の間も葉を落とすことなく，低温に対する耐性もある。

【分布】 メキシコからボリビアに分布する。夏季にアメリカ合衆国南部のテキサス州辺りまで分布を広げる。

ナンベイコムラサキ　p. 24,141,172

Doxocopa agathina (Cramer, [1777])

終齢幼虫および蛹をペルーSatipo産の名義タイプ亜種*agathina*で図示・記載する。

【成虫】 ♂は河床の周囲で吸水したり動物の排泄物などに飛来したりして見かける機会が多い。♀は前翅に橙色斑紋を装いキオビナンベイコムラサキに似ているが，翅形はより丸みをもつ。

【卵】 未確認。

【幼虫】 野外より3齢幼虫を発見した。幼虫の頭部は褐色で，胴部は緑色に1対の白色斑紋を装う。ほとんど葉表に静止していて特に目立った習性はない。4齢幼虫も形態や習性に大きな変化はない。4齢期は5日間，5(終)齢は頭部にかなり緑色を増すが，角状突起は灰褐色で緑色の部分がない。メキシコウラギンコムラサキ，キオビナンベイコムラサキに似ているが，胴部は一様な緑色で濃淡の差がない。3対の斑紋をもち，うち1対が大きく白色で中央部は褐色。5齢期は7日間で，その後1日の前蛹期を経て蛹化した。

【蛹】 キオビナンベイコムラサキによく似ているが，側面から見たときの下腹部の湾曲が顕著である。第4腹節背面に不明瞭な黒色斑紋が現れるが，幼虫期のものと相同であろう。

【食草】 キオビナンベイコムラサキと同じアサ科のエノキ属 *Celtis pallida* も食べる。

【分布】 アンデス山脈の東部側に広く分布する。

キオビナンベイコムラサキ p. 24,172

Doxocopa elis (C. & R. Felder, 1861)

幼虫および蛹をペルー Satipo 産の亜種 *fabaris* Fruhstorfer, 1907 で図示・記載する。

【成虫】 ♂は前翅に橙色の斜帯があり他種との識別は明瞭。地色の紫色幻光は弱い。♀は同所的分布をするナンベイコムラサキ♀に似て前翅に大きな橙色の斜帯がある。

あまり多い種ではないようで特に♀はまれである。♂は近縁種同様動物の排泄物などに飛来するが，♀は食樹エノキに産卵に飛来する個体以外に見る機会は少ない。

【卵】 青緑色で22条程度の弱い縦条がある。卵期は4日程度。

【幼虫】 形態はキモンコムラサキに似ている。孵化した幼虫は葉の先端に移動しその周辺を食べるが，顕著な食痕をつくるようなことはない。5日を経て2齢となり，黒褐色の頭部には1対の角状突起を生じる。3齢幼虫は腹部背面に顕著な1対の白色斑紋を備える。この斑紋が左右で明確に離れているのがキモンコムラサキ群の特徴である。5(終)齢幼虫はキモンコムラサキに似て，濃緑色に種々の白色斑紋をもつ。そのうちの第4腹節に生じる1対が最も大きく，なかに紫褐色を含む。その周囲は黄色い斑紋が存在し，全体が連結されたような斑紋になる。頭部は角状突起から頭頂にかけて褐色であるが，この特徴はキモンコムラサキ群に特有で，ルリモンコムラサキ群との違いである。

【蛹】 キモンコムラサキによく似ている。第3腹節の背面が高く腹部で弧を描く。これはキモンコムラサキ群の顕著な特徴である。色彩は黄緑色に白粉を吹いたような感じで，不明瞭な白色斜条以外に目立った斑紋はない。

【食草】 アサ科のエノキ属の1種，*Celtis pallida* も食べる。

【分布】 コロンビアからベネズエラ，ボリビアにかけて分布する。

マネシナンベイコムラサキ p. 172

Doxocopa zunilda (Godart, [1824])

【分類学的知見】 従来ペルー産などの個体は *felderi* (Godman & Salvin, 1884) という種であったが，Lamas (2004) は表記の亜種としている。

【成虫】 やや小型で♂はナンベイコムラサキに似ている。♀はウラモジタテハ属あるいはウラスジタテハ属を思わせ，裏面もそれへの擬態の過程にあるように思える特異な斑紋である。このような極端な雌雄異形はナンベイコムラサキ属において本種以外に知られていない。

ペルー Satipo において♂は明るい空地などに下りている個体を普通に見るが，♀は極めてまれなようで，唯一，食樹であるエノキに産卵するために飛来したと思われる個体を採集したのみである。

【卵】【幼虫】【蛹】【食草】 未解明。

【分布】 コロンビア，ベネズエラからボリビアにかける分布と，ブラジルからアルゼンチンにかける分布域がある。

ルリモンコムラサキ群
cyane **group**

ルリモンコムラサキ p. 26,141,172

Doxocopa cyane (Latreille, [1813])

幼虫および蛹をペルー Satipo 産の名義タイプ亜種 *cyane* で図示・記載する。

【成虫】 前翅基部と後翅に青紫色の金属斑をもち，間違えることはない。本種のように♂が青色の金属光沢を放つルリモンコムラサキ群近縁種の♀は，どの種も前翅に橙〜白色の，後翅に淡青色を含む白色の帯が横切り，よく似ていて同定は難しい。本種はやや小さく，後翅白帯の周囲に明瞭な青白色鱗が添えられる。

♂は普通種で陽光の下を敏捷に飛翔し，吸水・吸汁のために路上に下りるが，♀は産卵のために食樹を訪れた個体以外に見ていない。

【卵】 ニジコムラサキよりも小さく青緑色，縦条はキオビナンベイコムラサキよりも明瞭である。卵期は4日程度。

【幼虫】 形態や習性はニジコムラサキと極めて似ている。3齢幼虫では背面の左右の白紋が融合し，以降も背中線に向かってつながるような斑紋である。5(終)齢幼虫の斑紋はかなり個体変異があるようで，図示した例のほかに胴部側面の斜条がより発達した個体もある。気門下線には明瞭な白色条が走る。葉裏に静止する終齢幼虫を発見した(図150)。

【蛹】 ニジコムラサキに似ているがやや小さく，色彩は緑色みがより強い。

【食草】 アサ科エノキ属の1種。

【分布】 メキシコから南米のアンデス山脈東部の熱帯圏に広く分布する。

ニジコムラサキ p. 26,141,172

Doxocopa laurentia (Godart, [1824])

卵から蛹までのすべてをペルー Satipo 産の亜種 *cherubina* (C. & R. Felder, 1867) で図示・記載する。

【分類学的知見】 従来 *D. cherubina* (C. & R. Felder,

図150　葉裏に静止するルリモンコムラサキ *Doxocopa cyane cyane* 終齢幼虫（Peru）

1867）とされていたが，最近の研究では *cherubina* は表記の亜種とされる。

【成虫】　♂の前後翅には太い金属光沢に輝く青帯が貫き，その周囲はさらに青紫色の構造色が広がる。標本箱の中ではそれほど気を惹くことはないが，自然の陽光の下で飛翔するさまは金属光沢の青い帯とその周囲の幻光が渾然一体となって輝き，「青い稲妻」を見るような感動を覚える。♀はルリモンコムラサキに似ているがそれよりも大きく，後翅の帯はほとんど白の1色である。しかし橙色の多少など個体変異がある。

♂は好んで動物の排泄物に飛来し，大型で個体数も多いのでよく目につく（図151）。しかし♀は食樹に産卵のために飛来する個体以外を見かけたことがない。

図151　地表で吸水するニジコムラサキ *Doxocopa laurentia cherubina* 成虫（Peru）

【卵】　ルリモンコムラサキよりも大きく，20条程度の縦条がある。色彩は灰緑色。卵期は4日間。

【幼虫】　1齢幼虫の頭部は丸く黒褐色，胴部は円筒形でやや細長く黄緑色，腹部末端突起は開いている。1齢期は3日。2齢幼虫は頭部に角状突起を生じる。腹部背面に白色斑紋を生じる。2齢期は5日間。3齢幼虫は胴部が濃緑色で，腹部の第4節背面に顕著な白色斑紋を生じ，左右のそれは融合する。腹部末端二叉突起は閉じる。3齢期は5日間。4齢幼虫は3齢幼虫同様白色斑紋を散在し，その大小には個体変異がある。頭部背面がルリモンコムラサキよりも明るい色彩で淡褐色。4齢期は5日間。5（終）齢幼虫は体長50 mm程度に達し，頭部を含め全体が濃い緑色である。同様に胴部背面に白色に紫褐色を含んだ3〜4対の斑紋を装うが，その大小や多少は個体変異が多い。その最も大きい1対の斑紋が中央寄りのルリモンコムラサキに対し，本種は左右で離れる。側面には濃緑色の斜条が並ぶが，気門下線の白色条は前種よりも発達が弱い。5齢期は5〜10日で個体差があるようで，生育環境の違い（温度や食草）によるものと思われる。

【蛹】　側面から見れば三角形で背面から見れば紡錘形，腹部第3節の背面が著しく突出する。これはルリモンコムラサキ群の顕著な特徴である。ルリモンコムラサキよりも大きく体幅が広い。色彩はルリモンコムラサキよりも淡い感じで白粉を吹いたような黄緑色，背面突起の稜線が褐色であることと腹部側面の斜条以外に目立った斑紋はない。

【食草】　ルリモンコムラサキ同様にエノキ属。ペルーSatipoではエノキ属植物の1種しか見られないが，ここに分布する8，9種のナンベイコムラサキ属はすべてこの植物を寄主植物としているようである。飼育では *Celtis pallida* も食べる。

【分布】　メキシコから南米のアンデス山脈東部の熱帯圏に広く分布する。

ミイロニジコムラサキ？　p. 25,141,172

Doxocopa lavinia（Butler, 1866）

終齢幼虫をペルーSatipo産の名義タイプ亜種と考えられる *lavinia* で図示・記載する。

【成虫】　やや小型で♂は金属光沢青帯と白色および黄橙色紋をもち，その周囲は青紫色の幻光が強く輝く。白紋と黄橙色斑紋の生じる割合には個体変異がある。ナンベイコムラサキ属のなかでも最も光輝が強く，♂は陽光の下を燦然ときらめきながら飛翔する。♀はニジコムラサキに似ているがそれよりもやや小さい。

♂は吸水や動物の排泄物などで吸汁する姿をよく見かけるが，♀は見ていない。

【卵】　未確認。

【幼虫】　ペルーSatipo，Calabazaで食樹である *Celtis* sp.の枝に静止する4齢幼虫を発見した。その後5齢に達して死亡したが，図示したように全体の形態はルリモンコムラサキやニジコムラサキに似ている。白色斑紋がこれらの種よりもはるかに発達し，明らかにルリモンコムラサキ群に所属するが上記2種とは別種と考えられる。幼虫形態の特徴からミイロニジコムラサキと判断した。

【蛹】　未確認。

【食草】　ニジコムラサキと同じアサ科のエノキ属の1種。

【分布】　コロンビアからボリビア，ブラジルのアマゾナス一帯に広く分布する。

ゴマダラチョウ属
Hestina Westwood, 1850

【分類学的知見】　属名や含まれる種については旧来さまざまな説があるが，4〜5種にまとめられると思われる。

【成虫】　和名のように白と黒のいわゆる「胡麻斑」で，季節型もしくは地理的変異の範疇で白化や黒化現象がある。基本的に多化性である。

【卵】　やや卵高の高い球形。

【幼虫】　胴部は膨らみのある砲弾形をして，顕著な突起を有する。

【蛹】　半円状で白粉を吹いたような感じは鋸歯のある葉

の裏側に似ている。
【食草】 アサ科エノキ属。
【分布】 中国を中心とした地域に分布する。

ゴマダラチョウ p. 27,173

Hestina persimilis (Westwood, 1850)
終齢幼虫および蛹を中国四川省都江堰産の亜種 *chinensis* (Leech, 1890)で図示・記載する。
日本産については手代木(1990)に詳細な記述がある。
【分類学的知見】 従来日本産と韓国産は*Hestina japonica* (C. & R. Felder, 1862)とされ，日本産は名義タイプ亜種 *japonica*，韓国産は亜種 *seoki* Shirôzu, 1955 として扱われてきたが，大陸から朝鮮半島とは連続的な変異(クライン)の範囲と考えられ，近年は標記種 *H. persimilis* に含められることが多い。詳細に見ると本種には *zela*，*chinensis*，*persimilis*，*seoki*，*japonica* の5亜種(対馬産を亜種 *tsushimana* Fujioka, 1981 とすることもある)が存在し，前3亜種はカシミール，タイから中国西部に分布する(*persimilis* 群)。そして広い分布の空白地帯を置いて *japonica* 群の分布圏となる。この分布から *persimilis* と *japonica* はすでに種分化が進行していると考えられ，別種説も有効である。幼虫の形態にも相違があり，*persimilis* 群は明瞭な2本の背線を欠き，4対の突起が発達する。問題は分布の空白地だが，ここにはアカボシゴマダラが分布していることである。近年の日本のアカボシゴマダラの進出と合わせて2種の生活史戦略の動向が伺える。
幼生期形態には日本産，中国産それぞれ若干の相違が見られ，日本産は別種 *japonica* とするのが妥当なのかもしれない。
【成虫】 季節型や地理的変異があり，韓国産では春型においてやや顕著な白化現象が見られる。
【卵】 日本産については手代木(1990)を参照。
【幼虫】 日本産に比べ緑色が濃く明瞭な2本の背中線を欠き，また背面小突起の色がより強い褐色である。
【蛹】 日本産に比べ腹部背線が鋸歯状に突出する。
【食草】 アサ科のエノキ。そのほかのエノキ類も食べるものと思われる。タイワンエノキで十分生育する。
【分布】 北西ヒマラヤから北部タイを経て中国，朝鮮半島，日本まで。ただし，台湾，海南島，インドシナ半島は含まない。

アカボシゴマダラ p. 27,173

Hestina assimilis (Linnaeus, 1758)
終齢幼虫および蛹を中国四川省都江堰産の名義タイプ亜種 *assimilis* で図示・記載する。
日本産については手代木(1990)に詳細な記述がある。
【成虫】 後翅亜外縁に紅紋を配し，特に♀の大きさと悠然と飛翔する様子はゴマダラチョウとは異なった印象を受ける。台湾では平地の丘陵地帯や低山の明るい樹林帯でよく見かけるが，若干の時期の相違でまったく姿を見かけないこともある。♂は樹木の葉に静止し，ほかの個体を追尾して占有行動をとる。♀は葉表に卵群を産下する。日本や朝鮮半島産は冬季に樹幹などで，または地表に下りて落葉裏で越冬するが，より暖地では越冬態勢に違いがあり，体色を茶褐色に変じた個体が越冬休眠に入った後に再び摂食を開始して，体色を緑色に変じたりすることもある。
季節型が若干あり，低温期には著しく白化する傾向がある。特に中国大陸産♀において顕著である。
【卵】 日本産については手代木(1990)を参照。
【幼虫】 形態・習性とも日本産とほぼ同じだが，春型は濃淡差の強い緑色斜条斑が顕著。
【蛹】 日本産とは緑色斜帯が強く現れることや腹部背中線が強く鋸歯様に突出することなどの違いがある。
【食草】 アサ科のエノキ。そのほかのエノキ類も食べるものと思われる。タイワンエノキも良好に摂食する。
【分布】 中国の東部から朝鮮半島を経て台湾と日本の奄美大島(亜美亜種 *shirakii* Shirozu, 1955)に分布する。近年は中国産亜種(名義タイプ亜種)と思われる個体群が日本の関東地方を中心に生息数を増加しており，さらに分布の拡大が予想される。

スジグロゴマダラ p. 173

Hestina nicevillei (Moore, [1896])
【成虫】 シロチョウ科のミヤマシロチョウ属(*Aporia*)などに擬態しているものと思われる珍蝶。♀も♂と似たような斑紋であるが，大きくやや白色部が多い。
【卵】【幼虫】【蛹】【食草】 未解明。
【分布】 インド北部から中国西南部に分布する。

マネシゴマダラ属
Hestinalis Bryk, 1938

【分類学的知見】 ゴマダラチョウ属のなかに含められることもある。しかしカバシタゴマダラの幼生期では属単位での相違が認められ，また食草もイラクサ科で異なっており別属と考える。さらに Ohshima *et al*.(2010)の解析結果からも同属とするほどの近縁性はないと判断した。
【成虫】 アサギマダラ類に似た斑紋をもつ。
【卵】【幼虫】【蛹】【食草】 カバシタゴマダラで確認され(五十嵐・原田，2015)，ゴマダラチョウ属とは異なった形質をもつ。
【分布】 5種程度を含み，熱帯アジアの大陸および島嶼に分布する。

カバシタゴマダラ p. 173

Hestinalis nama (Doubleday, 1845)
【成虫】 アサギマダラやカバシタアゲハに似た斑紋である。
【卵】 ほぼ球形で緑色，16条程度の縦条がある。
【幼虫】 全体の形態は前属同様だが，各節の背面に1対の突起を配列することは本亜科内では異例の形態。
【蛹】 側面はほぼ三角形で腹部の3節背線部で最も高い。
【食草】 イラクサ科の *Archiboehmeria atrata*。
【分布】 インド北部からインドシナ半島にかけて広く分布する。またスマトラ島に飛び地的な分布域がある。この分布はカグヤコムラサキやウスグロイチモンジにも共通する。

ミンダナオゴマダラ p. 173
Hestinalis waterstradti Watkins, 1928
【成虫】 マダラチョウ科の *Parantica* などの擬態と思われる斑紋である。
【卵】【幼虫】【蛹】【食草】 未解明。
【分布】 フィリピン・ミンダナオ島特産種。

ルソンゴマダラ p. 173
Hestinalis dissimilis Hall, 1935
【成虫】 ミンダナオゴマダラのルソン島に置ける代置種と考えられ，斑紋は似ている。
【卵】【幼虫】【蛹】【食草】 未解明。
【分布】 フィリピン・ルソン島の特産種。

セレベスゴマダラ p. 173
Hestinalis divona (Hewitson, 1861)
【成虫】 ♂は動物の糞などに飛来して比較的よく見かけるが，♀は少ない。♀は♂と似たような斑紋でより大きい。
【卵】【幼虫】【蛹】【食草】 未解明。
【分布】 インドネシア・スラウェシ島特産種。

オオムラサキ属
Sasakia Moore, [1896]

【成虫】 本亜科内ではもちろん，タテハチョウ科内でも最大の大きさを誇る属で，2種を含む。2種の成虫の斑紋は著しく異なるが人工的には雑種も生じるので，外観の相違ほどに遺伝的な違いはないと考える。
【卵】 底部が切断された卵形で14～20条の縦条がある。
【幼虫】 ゴマダラチョウ属に似ているがより大きく，背面の4対の突起が顕著。
【蛹】 ゴマダラチョウ属と共通する部分が多く，側面は半月形。
【食草】 アサ科エノキ属。
【分布】 中国が分布の中心と思われる。

オオムラサキ p. 27,174
Sasakia charonda (Hewitson, 1863)
幼虫および蛹を台湾産の亜種 *formosana* Shirôzu, 1963で図示・記載する。
日本産の名義タイプ亜種 *charonda* については手代木(1990)に詳細な記述がある。
【成虫】 習性は日本産の場合と同じ。年1化で5月から7月に発生する。♂♀とも樹液や腐果実に飛来する。
若干の地理的変異があり，台湾産亜種 *formosana* Shirôzu の♂は翅表の紫色光沢が強く，♀では裏面黒色斑が発達する。中国南東部産亜種 *coreana* (Leech, 1887)の♂翅表は紫色光沢がやや弱く黒っぽい印象がある。さらに南部の雲南地方に至ると♂♀とも白色斑が発達し，*yunnanensis* Fruhstorfer, 1913とされてその分布は北部ベトナムに連なる。これらは翅表の白色斑の発達が顕著で後翅肛角の紅紋が大きいが，必ずしもすべてではなく個体変異がある。
【卵】 ♀はすでに6月には産卵を開始し，7月下旬に採集した個体は産卵に至らなかった。
【幼虫】 日本産同様に年内に2化を生じるようなことはない。形態・習性ともに日本産と同様である。越冬に入る時期は日本の場合より遅い。翌春食樹の萌芽とともに摂食を開始し，6齢ないし7齢が終齢となる。終齢幼虫はほかの近縁属に比べ極めて大きい。背面突起は4対で本属の特質である。全体的に目立った斑紋のない濃緑色。
【蛹】 やや細身で，腹部背中線の鋸状突起はほとんどない。
【食草】 台湾ではアサ科のタイワンエノキ，中国ではエノキ，エゾエノキなどが知られている。
【分布】 中国からベトナム北部，さらに朝鮮半島にかけてと日本，台湾北部。日本では平地～低山地に生息するが，台湾では北部の深い山地帯に生息する。

イナズマオオムラサキ p. 28,174
Sasakia funebris (Leech, 1891)
幼虫および蛹を中国四川省都江堰産の名義タイプ亜種 *funebris* で図示・記載する。
【成虫】 斑紋はオオムラサキとは趣を異にする。かつては非常な珍種でマニアには垂涎の的であったが，産地では個体数は少なくなく，標本そのものは今ではかなり普及している。
オオムラサキよりも成虫の発生が1か月程度遅れるが，これは幼虫期の長さにあり，オオムラサキとの時間的な棲み分けかもしれない。低山地の樹林帯に生息する。♂は占有性が強く，午後2時頃山腹の少し開けた空間でテリトリーを張り，そのなかに侵入した個体を追尾したりしばしば数頭の♂が旋回したりする習性がある。♀は林内を縫うようにやや緩やかに飛翔する。
【卵】 オオムラサキと異なり，卵群を産下することはなく，1卵ずつ葉裏に産下する。
【幼虫】 4齢で越冬に入る。オオムラサキが樹幹を下りて落ち葉に潜入するのとは異なり，食樹を下りることはなく，食樹の枝に体を巻きつけるようにして樹上で越冬する。この期の幼虫はオオムラサキに比べより小さい。形態や色彩はオオムラサキに似ているが，後胸～第1腹節背面が明るい黄橙色で目立つ。翌春越冬から覚め，摂食を開始，その後脱皮して5齢となる。体色は一変して黄緑色となることは近縁種に同じである。やがて6齢になると第6腹節と第10腹節の腹脚のみで体を支え，胸部を強く湾曲させて静止している。終齢は7齢で，日中幼虫は台座に静止したままで，摂食は夜間に行う。その後蛹化に入る。オオムラサキはすでにこの期には成虫となっている。終齢幼虫の形態はほぼオオムラサキと同様であるが，体色はより複雑で，黄，紅，灰紫色斑が混じる。飼育下では越冬中に乾燥してしまったり，生育過程に脱皮に失敗したりするなどの例が多いようである。生息地の空中湿度がより高いことによるものと思われる。
【蛹】 オオムラサキよりも体高が高く，側面から見ると大きな弧を描く。腹部背中線前縁に突起があり，鋸様である。色彩はオオムラサキより白色みが強く腹部側面に大きな白色斑を添える。
【食草】 アサ科のエノキが知られている。タイワンエノキで十分生育する。
【分布】 中国の温帯地方，一部がミャンマー北部やベトナム北部に達する。中国雲南省やベトナム産にはオオムラサキ同様の白化現象がある。

シロタテハ群
Helcyra group

【分類学的知見】 Zhang *et al*.(2007)のコムラサキの分子系統の研究では，マドタテハ・グループと姉妹群を形成すると解析されている。しかし，幼虫の頭部の角状突起が著しく長く，腹部背中線にのみ突起を生じることや蛹の形態もかなり相違があるなどでかなり特異な系統と考えられる。Ohshima *et al*.(2010)は，シロタテハ属とパプアコムラサキ属が姉妹群を形成すると解析している。本書ではこの考え方を採用し本群をこの2属とした。

シロタテハ属
Helcyra Felder, 1860

【分類学的知見】 成虫の翅表が白いグループ(5種)と黒褐色のグループ(2種)に分けられることもあるが，系統的に重要な意義はないと思われる。
【成虫】 本亜科では異例の白色で，黒色斑紋を配する。特に裏面は銀白色で光沢があって特徴的である。
【卵】 白色で黄橙色の斑点を生じる。
【幼虫】 胴部中央で著しく膨らむ特異な形で，突起は背中線部にのみ生じる。また頭部角状突起は著しく長いなど本群としての特色が強い。
【蛹】 腹部背面の第3節が突出するが，これは幼虫期の背面突起と相同である。
【食草】 他属と共通したエノキ属ではあるが，かなり限定された種に限るようである。
【分布】 7種を含み，本亜科内では分布が島嶼，オセアニア区に及ぶことで特異。台湾には翅表が白いグループと黒いグループそれぞれ1種ずつ産する。翅表が白いグループはヒマラヤから中国を経て，東南アジア，ニューギニアに及ぶのに対し，翅表が黒いグループは中国から台湾までに限られる。

シロタテハ p. 29,176
Helcyra superba Leech, 1890

幼虫および蛹を台湾中部の埔里産の亜種 *takamukui* Matsumura, 1919 で図示・記載する。
【成虫】 年2化の発生のようだが，生育の速度にはややばらつきがある。山地性で食樹の関係か台湾でも分布が局地的である。飛翔は活発で♂の占有性が強い。♂♀とも腐った果実などに集まる。
【卵】 白色で黄橙色の斑点を生じる。
【幼虫】 1齢幼虫は葉縁に食痕を残し，葉裏の先端に頭部を上にして静止している。3齢で越冬に入る。食樹の葉を吐糸でしっかりと枝にくくりつけそのなかで越冬する。これは日本ではミスジチョウなどの場合と同じである。越冬から覚めると摂食を開始するが，摂食後は再び越冬巣に戻って静止する。やがて脱皮し4齢幼虫となるが，胴部の色彩は背面の突起が黄色いほかは黒褐色で，近縁種のように緑色とならない。5齢幼虫の体色は，①黒褐色型，②黒褐色に緑色斑紋を現す型，③緑色型，の3通りがある。このように終齢の段階で黒褐色(越冬態型)の体色はコムラサキ亜科では例外である。幼虫は葉に大量の吐糸で台座をつくるが，摂食時以外には必ずこの台座に静止しており，台座への固執が強い。
【蛹】 黄緑色で腹部3節の背面が著しく突出する。
【食草】 台湾ではアサ科のコバノエノキ(*Celtis nervosa*)。そのほかコバノチョウセンエノキも知られる。
【分布】 中国と台湾。

アサクラコムラサキ p. 29,176
Helcyra plesseni (Fruhstorfer, 1913)

台湾特産種。幼虫および蛹を台湾中部の埔里産名義タイプ亜種 *plesseni* で図示・記載する。
【成虫】 平地から山地に生息するが個体数は少ない。翅表が黒いグループに属する。シロタテハと異なり，黒地に白の一文字が貫く。年2化性で，分布や習性などシロタテハによく似ている。♂の占有性が強く，♂♀とも腐果実に集まり，♂はさらに小動物の死体などで吸汁することなどもシロタテハと同様。
【卵】 色彩はシロタテハと同様。
【幼虫】 1齢幼虫から終齢幼虫までの形態や習性もシロタテハとほとんど変わるところがない。しかし本種の終齢幼虫はシロタテハと異なりすべて緑色型のようである。第4腹節の突起は黄色でシロタテハよりも小さい。
【蛹】 背面突起はシロタテハより突出が少ない。
【食草】 台湾ではアサ科のコバノエノキを食する。
【分布】 台湾のみ。

セレベスシロタテハ p. 176
Helcyra celebensis Martin, 1913

【成虫】 *H. heminea*(Hewitson, 1864)の代置種と考えられる。個体数は少ないと思われる。
【卵】【幼虫】【蛹】【食草】 未解明。
【分布】 インドネシア・スラウェシ島特産。

パプアコムラサキ属
Apaturina Herrich-Schaeffer, 1864

【分類学的知見】 幼生期の確認が不十分だが，本属(種)のオセアニア区分布という特異性とシロタテハ属がオセアニア区まで分布を広げるということから推考してこの2者間に共有する形質があるのではないかと思われる。
パプアコムラサキのみ1種からなる。

パプアコムラサキ p. 28,175
Apaturina erminia (Cramer, [1779])

卵はインドネシア Papua 産，終齢幼虫は web サイト(2013 BOLD Systems)の情報をもとに図示・記載する。

【成虫】 本亜科では大型で，翅表の色彩は亜種によって若干異なる。アンボン・セラム産(*A. e. erminia*)はやや緑色を帯び，ニューギニア島産(*A. e. papuana*)は青色，ソロモン群島産(*A. e. xanthocera*)は強く緑色を呈する。パプアでは♂が樹液に飛来するというが，アンボン・セラムではサゴヤシ酒に飛来するフタオチョウ類やオジロスミナガシを数多く見ることはあっても，本種が飛来することはなかった。ニューギニアでは果物トラップを使用したが同様であった。

【卵】 Papua, Indonesia 産の♀にタイワンエノキへの強制産卵を試みた。比較的容易に産卵した。しかし植物に直接産卵せずに覆いの網に産下した。多数産卵したがすべて無精卵であった。卵幅 1.40 mm，卵高 1.42 mm 程度。24 本ほどの縦条およびそれをつなぐ弱い横条がある。色彩は黄色。

【幼虫】 アンボン・セラム，さらに 2 度ほどニューギニア島の Timika, Indonesia を訪ねて確認を試みたが，幼生，成虫さらに寄主植物の発見はなしえなかった。

web 上に終齢幼虫と思われる個体が公開されていることを確認したが，これによると頭部突起はシロタテハ属のように長くはなく，胴部はゴマダラチョウに似た形態である。色彩は緑色で背面に黄色い大型の 1 対の斑紋が生じる(2013 BOLD Systems)。

【蛹】 エノキ属の *Celtis latiforia* より発見された記録がある(Parsons, 2002)。ゴマダラチョウなどに似ているという。

【食草】 おそらくアサ科であると推測されるが，コムラサキ亜科の主要食草であるエノキ属を離れてナンヨウエノキ属(*Parasponia*)も考えられる。またウラジロエノキ属やナンヨウムクノキ属なども範囲内にあると考える。

【分布】 オセアニア区に限る。ニューギニア島を中心にその周辺のモルッカ諸島やソロモン諸島に分布する。

スミナガシ亜科

Pseudergolinae Jordan, 1898(＝Dichorraginae)

【分類学的知見】 幼生期形態から下記の 4 属 9 種からなると考える。

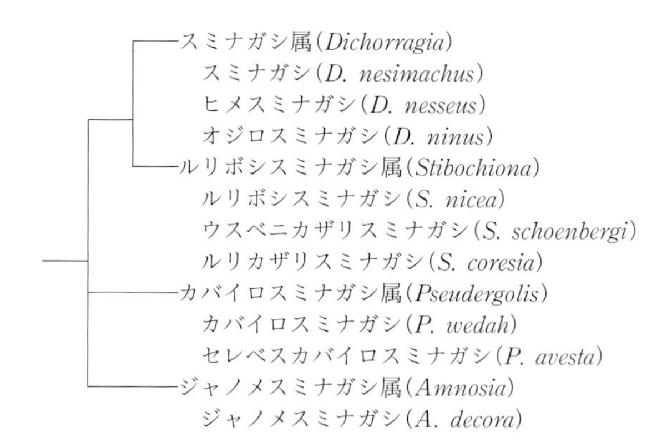

小さな亜科であるが，内容的には変化があり，形態には共通性が少なく過去にはさらに多くの属や種が存在し，現在はその末裔がわずかに存在するだけのように想像される。

成虫の形態からかつてはコムラサキ亜科に含められていたこともあるが，幼生期では明らかに異なり，むしろ次のイシガケチョウ亜科に近く，この 2 つの亜科はイシガケチョウ亜科としてまとめられることもある。しかし分子系統学ではそのような解析をみない。

【和名に関する知見】「カバイロスミナガシ亜科」とすべきであろうが，なじみのある日本産の種の名前をとり表記の名称を与えた。

【成虫】 スミナガシ属とルリボシスミナガシ属は斑紋が似ている。いわゆる「墨流し」様の色彩・斑紋をもち，後翅外縁に青色斑をもつ種がある。活発に飛翔し，樹液や腐果実，さらに♂は動物の排泄物に飛来し，その様子はコムラサキ亜科に通じるものがある。しかし，葉裏に翅を開いて静止することは明らかな違いである。この習性は本亜科とイシガケチョウ亜科に共通する。

カバイロスミナガシ属はカバタテハに似た斑紋で，林縁周辺の明るい場所をやや緩やかに飛翔する。驚くとやはり葉裏に翅を開いて静止する。ジャノメスミナガシ属は 1 属 1 種。深い樹林内に生息し，その丸みをもつ翅形や前翅の青色の斜帯斑は同所に生息するワモンチョウ類を思わせる。スミナガシ同様葉裏に翅を開いて静止する習性がある。

【卵】 4 属とも球形で縦条があり，コムラサキ亜科に似ている。

【幼虫】 頭部に 1 対の長い角状突起をもち，胴部はなめらかで棒状，第 8 腹節にのみ 1 対の短い突起をもつ。外形はスミナガシ属とルリボシスミナガシ属は細長い棒状，カバイロスミナガシ属はまったく異なっていて一見，コムラサキ亜科を思わせ，ジャノメスミナガシ属も個性的で棒状である。

本亜科の幼生期で特徴的なのはその習性である。孵化した幼虫は卵殻の大部分を食べた後，葉の先端に移動し，中脈先端に嚙み切った微細葉片を吐糸で固め，3，4 mm

の棒状の伸長物をつくりそこに静止する。通常この作業は1齢期のみで終了するが，2齢幼虫が何らかの事情でこの部分が破壊されたり，この場から移動したりしてしまったようなときは新しい葉に再度同様な作業を開始する。しかし，葉の中脈を残すだけで葉片をつないで伸長物をつくることはない。この作業が終了すると，葉縁から中脈に向かって垂直に溝状に食痕をつけ，その葉片を吐糸で次々と鎖状に連結していく。幼虫は棒状伸長物または鎖状葉片の近くに静止しているが，いずれの場合も葉の裏側である。これら一連の作業は加齢とともに減少し，摂食行動が多くなる。終齢になるとこれらの習性は消滅し，葉表に静止しているだけである。こうした習性は本亜科，さらに広くフタオチョウ亜科やイチモンジチョウ亜科に関連して見られる。ただし糞をつないでつくるのではないところが異なる。

静止時の姿態も特異で，体を弓なりに曲げて尾端を持ち上げたり頭部を上方に傾けたりする。これは3齢辺りより顕著になり，終齢幼虫は頭部を強く伏せて胴部を湾曲させ，尾端を台座より離して上げる。1齢幼虫は通常頭部前額を前方かやや上向きにしているが，齢を重ねるごとに葉表台座面に伏せるようになる。この齢による習性の変化は進化の過程と関係があるのかもしれない。

【蛹】 各属で異なる。幼虫がスミナガシ属に似ているルリボシスミナガシ属は形態が異なり，ヒオドシチョウ亜科型。カバイロスミナガシ属はややスミナガシ属に似ている。ジャノメスミナガシ属はまったく異なり，枯れ枝状。

【食草】 基本的にはイラクサ科と思われる。クワ科を含み，イシガケチョウ亜科と共有する部分がある一方でやや多様性がある。

【分布】 インド・オーストラリア区に分布し，エチオピア区や新熱帯区には分布しない。

スミナガシ属
Dichorragia Butler, [1869]

【分類学的知見】 スミナガシとオジロスミナガシのほか，中国からヒメスミナガシとされる個体が報告されているが，季節型のようにも感じる。

【成虫】 青～緑色光沢のある黒色地に白色の墨流し様の斑紋。

【卵】 球形で白色，16条程度の縦条があり，コムラサキ亜科に似ている。

【幼虫】 スミナガシとオジロスミナガシの形態はよく似ている。アンボン・セラムでの観察ではオジロスミナガシの習性もスミナガシと同様と思われた。

【蛹】 中胸と腹部第2節でつくる「くぎぬき型」の形態は共通する。

【食草】 スミナガシとオジロスミナガシで異なり，しかも2種とも本亜科内では特異な食性である。

【分布】 アジアとオセアニアに棲み分ける。

スミナガシ p. 30,178
Dichorragia nesimachus (Doyére, [1840])

終齢幼虫および蛹を台湾の桃園県巴陵産の亜種 *formosanus* Fruhstorfer, 1909 で図示・記載する。

日本産については手代木(1990)に詳述されている。

【成虫】 色彩や大きさに若干の地理的変異が認められる。成虫の色彩斑紋はタテハチョウ科のなかでは異例であるが，斑紋異常型にはしばしばこのような流紋型があるとともに，チョウ類の斑紋形成では翅脈によって修飾され，横縞模様になることが考えられているのでチョウ類斑紋の型として特に異例ではないようである。

樹林内に生息し，飛翔は活発・敏捷であり，ものに驚くと葉裏に翅を開いたまま静止する。樹液，腐果実や獣糞に飛来して吸汁する。♂は樹冠で占有行動をとり，午後は山頂に飛来することが多い。♀は若い葉を避け，成葉の裏に1個ずつ産卵する。なお，若い葉はセセリチョウ科アオバセセリ属が利用し，食草を分かち合う棲み分けをしている。

【卵】 白色で縦条がある。

【幼虫】 孵化した幼虫以降の習性は亜科で記載した通りである。1齢幼虫は頭部が丸く角状突起をもたない。胴部は棒状に細長い。2齢幼虫より頭部に突起を生じるようになり，加齢のたびに長さを増す。この角状突起は4齢までは直線状だが，5(終)齢では大きく湾曲する。色彩は4齢までは黄褐色，終齢初期は褐色みが残るがやがて緑色に変化する。

【蛹】 褐色系のみだが，色調や亀裂様斑紋には個体差がある。日本では蛹で越冬するが，台湾の産地では一般に多化性で蛹期も短縮されるものと思われる。日本で観察されている蛹化は，枯葉のついている枝が選ばれ，蛹の擬装効果が高い。

【食草】 本亜科の食草はイラクサ科を基本とすると考えられるが，その点では異例で，アワブキ科のアワブキ属である。日本ではアワブキ，ミヤマハハソ，ヤマビワ，沖縄や台湾ではさらにヤンバルアワブキ，*Meliosma squamulata*(ナンバンアワブキ)など。タイ北部でもヤンバルアワブキを食草としているのが観察された。

【分布】 本亜科中最も広範囲に分布し，日本に及ぶ。インド北部から中国を経て朝鮮半島，日本の本州以南に達する。さらに東南アジアのほとんどに分布圏を広げ，セレベス，マルク諸島に及ぶ。

ヒメスミナガシ p. 178
Dichorragia nesseus (Groth-Smith, 1893)

【分類学的知見】 プレートに図示した個体は中国四川省産である。この地には小型で細い白色墨流し様斑紋が発達する図示のような個体が発見されている。スミナガシの中国産を飼育すると春型にこのような個体が生じることもあるという。中国には，スミナガシのほかに図示のような翅形や斑紋の異なった個体群が生息し，*D. nesseus* という別種にされた経緯がある。これが個体変異，季節型，別亜種，別種のいずれに属するものかについては確認に及んでいないが，Lang(2012)は次のように分類している。

①スミナガシ中国産名義タイプ亜種 *Dichorragia nesimachus nesimachus* (Doyére, [1840])：中国の中南部に広く分布

②ヒメスミナガシ亜種 *Dichorragia nesseus nesseus* (Groth-Smith, 1893)：四川省，湖南省，陝西省

③ヒメスミナガシ亜種 *Dichorragia nesseus ryley* Hall, 1930：雲南省北西部に分布

幼生期の確認が1つの解決になると期待される。

【成虫】 小型で翅形はやや角張り，墨流紋は横長に発達する。

【卵】【幼虫】【蛹】【食草】 未解明。

【分布】 チベット寄りの中国四川省や雲南省など。

オジロスミナガシ　p. 178

Dichorragia ninus (C. & R. Felder, 1859)

【成虫】 スミナガシより大型で後翅外縁が白色である。林内に生息し飛翔はすばやくスミナガシと習性は似ている。サゴヤシ酒などに飛来する。

【卵】 淡緑色で縦条があり，スミナガシに似ている。

【幼虫】 色彩が褐色みが強い程度でスミナガシに似ている。

【蛹】 スミナガシによく似ているが，「くぎぬき型」突起はやや小さい。

【食草】 スミナガシとは異なり，カンラン科の *Canarium* sp.を食べる(五十嵐・福田，1997)とされるが，2015年セラム島における観察では明らかに本種と思われる卵および複数の食痕がアワブキ属植物より発見された。

【分布】 モルッカ諸島からニューギニア島にかけて分布する。

ルリボシスミナガシ属
Stibochiona Butler, [1869]

【分類学的知見】 スミナガシ属に近縁で，それぞれ代置関係にある3種が含まれる。

【成虫】 色彩・斑紋もやや似ているが，後翅外縁は青色や紫色の斑紋で縁取られる。習性もほぼスミナガシと同様である。

【卵】【幼虫】 スミナガシ属と形態や色彩で大きく異なるところがない。中脈を残して食痕をつくる習性は強いが，スミナガシ属に比べて葉片を嚙み切って吐糸で綴る習性は弱い。

【蛹】 スミナガシ属と異なった形態である。

【食草】 クワ科，イラクサ科。

【分布】 マレー半島，ボルネオ島，ジャワ島に分布する。

ルリボシスミナガシ　p. 31,177

Stibochiona nicea (Gray, 1846)

幼虫および蛹をマレーシア・クアラルンプール近郊産の亜種 *subucula* Fruhstorfer, 1898で図示・記載する。

【成虫】 樹林内に生息し，やや低い空間を迅速に飛翔する。マレーシアのGenting Highlandではバナナのトラップに多数が飛来した。♀は葉の裏面に静止して1卵を産下する。

【卵】 球形で白色，スミナガシ属に似ている。

【幼虫】 習性のほとんどを既述した。2齢幼虫は1齢のときにつくった棒状の伸長物に頭を葉の基部に向けて静止しているが，何らかの原因で移動を余儀なくされたときは，新たにこの棒状の食痕をつくる。しかし，1齢幼虫のように念入りにつくることはなく，葉を嚙み切って中脈を残す程度である。静止時の幼虫の姿勢は特徴があり，中齢幼虫は頭部を持ち上げて腹部前方を湾曲させるなど特異である。終齢幼虫は頭部前頭を強く葉面に向けて静止し，しばしば尾端を持ち上げて体をS字型にくねらせている。葉の裏面で蛹化する。

【蛹】 スミナガシとは異なり，胸部と腹部のなかほどが膨らむ。腹部背面に突起が多く土塊の印象がある。

【食草】 マレーシアではクワ科イヌビワ属の *Ficus lepicarpa* で幼虫を発見した。この幼虫はボルネオ産のイラクサ科の木本 *Oreocnide trinervia*(ウスベニカザリスミナガシの通常の食草)を抵抗なく食べて蛹化した。イラクサ科の *Boehmeria macrophylla* も記録されている。このほかに同属の植物を広く利用しているものと思われる。

【分布】 インド北部から中国を経てマレー半島にかけて広く分布する。近縁種と異なり大陸分布型である。

ルリカザリスミナガシ　p. 177

Stibochiona coresia (Hübner, [1826])

【成虫】 ♂の後翅外縁はあざやかな青色である。

【卵】【幼虫】【蛹】【食草】 未解明。

【分布】 スマトラ島，ジャワ島およびニアス島に分布する。

ウスベニカザリスミナガシ　p. 177

Stibochiona schoenbergi Honrath, 1889

【分類学的知見】 ルリカザリスミナガシの亜種とされることもあるが，本書では別種として扱った。

【成虫】 ルリカザリスミナガシとは，♂は一様な黒色，♀の後翅外縁は淡紅橙色である点で異なる。

【卵】 未確認。

【幼虫】 ルリボシスミナガシに似ているが，背面の緑色はより鮮やか(五十嵐・福田，1997)。

【蛹】 ルリボシスミナガシよりも突起は小さく円錐状。後胸〜第1・2腹節の背面に穴と見間違う黒色の斑紋がある。

【食草】 木本のイラクサ科の *Oreocnide trinervia*。ボルネオ島Poringの林内には本種が比較的多く自生しており，葉の先端にかなりの数の食痕を発見したが，幼虫は見つからなかった(1998年7月)。

【分布】 ボルネオ島に分布する。

カバイロスミナガシ属
Pseudergolis Felder & Felder, [1867]

【分類学的知見】 幼虫・蛹・成虫のいずれも個性的な特徴をもつ。幼虫はコムラサキ亜科，蛹はスミナガシ属，成虫はカバタテハ亜科を思わせるなど他亜科との類似性があり，さらに所属種数の少なさ，飛び地的な分布などから，本属が古い時代の遺存的な属であることが推察される。

【成虫】 別亜科であるカバタテハ亜科のカバタテハ属に似ている。
【幼虫】 一見コムラサキ亜科を思わせる形態である。頭部角状突起の先端はコムラサキ亜科のような二叉にならない。
【蛹】 スミナガシ属と共通した部分がある。
【食草】 イラクサ科。
【分布】 大陸に *P. wedah*，インドネシアのスラウェシ島に *P. avesta* のよく似た2種を産する。

カバイロスミナガシ p. 30,177
Pseudergolis wedah (Kollar, 1848)
幼虫および蛹を中国四川省産の亜種 *chinensis* Fruhstorfer, 1912 で図示・記載する。
【成虫】 年2回以上の発生をする。山地に生息し，樹林の周辺の陽地を活発に飛翔する。活動中刺激を与えられると不安定な飛翔をし，葉の裏側に翅を開いて静止する。
【卵】 白色で14条前後の縦条がある。形態はスミナガシに似ている。
【幼虫】 孵化した幼虫は葉の先端部の中脈を残して伸長物をつくり，そこに静止するなどスミナガシと同様の習性をもつ。頭部の色彩は光沢のある黒褐色，胴部は黄緑色で短い刺毛を生じる。2齢幼虫の頭部は光沢のない褐色で，短い1対の突起を生じる。胴部の色彩は1齢幼虫同様。3齢幼虫の頭部突起は著しく長さを増す。4齢幼虫はさらに頭部突起が長くなり，胴部の色彩も濃い緑色となる。越冬は中齢の段階で行われる。越冬期に達した個体は，体色が灰褐色に転じる。この期の齢数は3または4齢と思われるが，4齢の場合では頭部突起は非越冬の個体よりも短く3齢幼虫と同じ程度である。越冬中も気温が高いようなときは摂食を継続するように思われる。気温の上昇とともに活動が活発になるが，越冬前に葉を枯らした越冬巣に執着して静止している。越冬中のすべての幼虫は体色が灰褐色であるが，終齢幼虫はそのままの色彩の個体と緑色に変じる個体とがある。緑色型の幼虫は一見コムラサキ亜科のゴマダラチョウを思わせる形態であるが，①腹部末端に2叉突起を生じないこと，②第2・8腹節背面に1対の小突起を生じていること，③頭部角状突起は先端で2つに分岐しないことなど，基本的なスミナガシ亜科の形態を保持する。
【蛹】 形態はスミナガシのように背面に「くぎぬき型」の突起を生じる。色彩は食草の緑色部に蛹化した個体は淡緑色，枯葉に蛹化した個体は灰褐色となる。
【食草】 イラクサ科のヤナギイチゴ，そのほか同属の *Debregeasi bicolor* が知られている。
【分布】 インド北部から中国南部〜ミャンマー，タイ，ラオス，ベトナムなどの北部に分布する。

セレベスカバイロスミナガシ p. 30,177
Pseudergolis avesta R. Felder, [1867]
卵をインドネシア・スラウェシ島産の名義タイプ亜種 *avesta* で図示・記載する。
【成虫】 林間の空き地などに現れるが，普通に見かけるものではない。
【卵】 淡黄色で卵幅0.82 mm，卵高0.60 mm程度。14〜15本の縦条がある。
【幼虫】 カバイロスミナガシによく似ているが色彩がやや淡い緑色で，第8腹節の背面突起はより発達している（以下，五十嵐・福田，2000による）。
【蛹】 カバイロスミナガシに極めて似ている。しかし背面から見ると輪郭の凹凸の差が大きい。
【食草】 イラクサ科の *Pipturus argenteus* を食べる。
【分布】 インドネシアのスラウェシ島特産種で飛び地的な特異な分布をしている。

ジャノメスミナガシ属
Amnosia Doubleday, 1849

【分類学的知見】 ジャノメスミナガシ1種のみからなり，幼生期形態には特徴がある。
【成虫】 斑紋は本亜科では特異だが，習性は同様。
【卵】 ほぼスミナガシなどに似ている。
【幼虫】 頭部突起の形や，第8腹節背面に1対の突起をもつなど形態は基本的なスミナガシ亜科である。
【蛹】 枯れ枝状で，基本的なスミナガシ亜科の形態とは著しく異なる。

ジャノメスミナガシ p. 31,177
Amnosia decora Doubleday, [1849]
幼虫および蛹をマレーシア・ボルネオ島サバ州Poling産の名義タイプ亜種 *decora* で図示・記載する。
【成虫】 低山帯に産し，樹林内の暗いなかに生息する。樹林内の林床に静止し，刺激に遭遇すると飛び立って敏捷に飛翔し，低位置の葉の裏に翅を開いて止まる。この習性はスミナガシなどと共通する。
【卵】 ほぼ球形で白色，縦条の数は多く26条程度。
【幼虫】 4齢幼虫は葉表の中脈中央に静止し，葉の中脈先端部を残して周りを食べる。動くことはほとんどない。5(終)齢幼虫は食草の葉柄や茎に静止している。摂食は夜間に行われ，日中はほとんど活動することがない。
【蛹】 やや細長く腹部はわずかに半円状に曲がる。黒褐色で凹凸のある朽ちた枯枝様である。
【食草】 イラクサ科のキミズ(*Pellionia scabra*)のみ知られている。草丈50 cm程度の草本植物で，日陰の林床に群生していることが多い。キミズは分布が重なるヒメキミスジ(*Symbrenthia hypselis*)の食草にもなっていて，その幼虫も同時に発見されることがある。
【分布】 スマトラ，ジャワ，ボルネオ，パラワンなどの島嶼に限られるようで，マレー半島からは発見されていない。

イシガケチョウ亜科

Cyrestinae Guenée, 1865(＝Marpesinae)

【分類学的知見】 本亜科は幼虫や成虫の形態・習性・食性などにおいてスミナガシ亜科と共有する形質が多く，亜科のカテゴリーで姉妹群を形成すると考えるが，同様にそれぞれを族のカテゴリーで扱い，この2族をイシガケチョウ亜科に包含する分類(webサイト，wikipedia)を見る。またイチモンジチョウ亜科に含めた分類(Harvey, 1991)もあるが，近年はカバタテハ亜科，さらにヒオドシチョウ亜科と姉妹群を形成するZhang *et al.*(2008)の解析があり，スミナガシ亜科との関連については再考する余地がある。

3属が所属し，イシガケチョウ属22種，ヒメイシガケチョウ属7種，そしてツルギタテハ属17種の3属46種で構成される。

属の構成は次の通りである。幼生期形態の差が大きいのでイシガケチョウ亜族とツルギタテハ亜族を設定することもできると思われる。

イシガケチョウ属 *Cyrestis*
ヒメイシガケチョウ属 *Chersonesia*
ツルギタテハ属 *Marpesia*

【成虫】 中型で，特異な翅型，色彩・斑紋をもち，その特徴から*Cyrestis*が「石崖蝶」または「地図蝶」，*Marpesia*が「剣(ツルギ)タテハ」の和名がある。飛翔はやや緩慢で滑るように樹間をくぐり抜け，空中に紙切れが舞うような印象を受ける。静止するときは両翅を開いたまま，しかも展翅をしたような状態で行う。外界の刺激があった場合にはこのような姿態で葉裏に静止することは，スミナガシ亜科と共通する。睡眠中でも両翅は開いたままで閉じることはない。ツルギタテハ属はこれよりも飛翔は活発で静止するときは翅を閉じることも多い。イシガケチョウ属とヒメイシガケチョウ属の違いは大きくはない。外見的にはイシガケチョウ属は大きく白色または黄～褐色の地色，ヒメイシガケチョウ属は小さく黄褐色の地色をしている。ツルギタテハ属は多様で縦縞紋様や紫色斑紋があったりする。

【卵】 卵型を上下裁断した形で10本前後の縦条を有する。縦条は上面で輪状に融合する。

【幼虫】 形態に特徴があり，背中線にのみ2または4本の突起を生じる。この特徴はジャノメチョウ亜科のフクロウチョウ属にも見られ，未分化ながらコムラサキ亜科のシロタテハ属もこの傾向がある。またカレハガ科(Bombycidae)に属する*Colla*や*Epia*などにもこの形態が収斂している。このようなことからこの突起が系統的にはそれほど重要な意義はないのかもしれない。習性はスミナガシ亜科に似た部分があり，1齢幼虫は葉の中脈を残し，その先端に糞を積み重ねて棒状の糞鎖をつくる。

【蛹】 イシガケチョウ属とヒメイシガケチョウ属は似ていて，枯枝様，ツルギタテハ属はまったく異なり緑色で黒色の突起を生じる。

【食草】 クワ科。

【分布】 アフリカにイシガケチョウ属が1種のみ産するほかは東南アジアを中心にイシガケチョウ属，ヒメイシガケチョウ属が，中南米にツルギタテハ属が特産する。

イシガケチョウ属

Cyrestis Boisduval, 1832

【成虫】 発生期には著しい数を見ることができ，しばしば♂は集団で吸水などを行うが，時期によりほとんどその姿を見ないこともある。樹木が新葉の展開を停止している期間は，成虫のステージで産卵適期まで待機していると思われる。

【卵】 一般的本亜科内の特徴をもつ。

【幼虫】 いずれの種も新葉のみを食べ，硬い葉を食べることはない。熱帯では樹木の新葉展開サイクルが早いため，それに並行して幼虫の成長が促進される。

【蛹】 細長い枯枝状で頭部突起と腹部背面突起が顕著。頭部突起は左右が融合する。

【食草】 クワ科。

【分布】 イシガケチョウが日本で北限となっているほかは，東南アジアが分布の中心である。アフリカイシガケチョウ1種がエチオピア区に分布する。

スジグロイシガケチョウ

p. 32,179

Cyrestis maenalis Erichson, 1834

卵および幼虫をフィリピン・ネグロス島Mambucal産の亜種*negros* Martin, 1903で図示・記載する。

【成虫】 翅表の黒色の筋状模様が太いことで他種と識別できる。東南アジアではイシガケチョウ属が種ごとに生息地を変えている傾向があるが，フィリピンのネグロス島では本種のみよく見られた。飛翔は緩やかで二次林の空き地を滑るように飛び，比較的高所に見られる。突出した枝先に静止するが，そのようなとき以外は葉裏に隠れるように止まる。

【卵】 卵幅0.78 mm，卵高0.74 mm程度，壷型で10条前後の縦状がある。色彩は淡黄色。

【幼虫】 孵化した幼虫は葉の先端に移動し，その先端部両側を食べたり吐き出したりしながら糞を継ぎ足して糞鎖をつくる。頭部の色彩は黒色，胴部は濃緑色で光沢がある。頭部・胴部ともに刺毛を生じるが短く，亜背線のそれは先端に液球を付着させる。胴部は細長く第8腹節末端部が突出する。2齢幼虫も同様な習性がある。頭部に角状突起を有し，胴部の第2および第8腹節の背中線に1本の突起を生じる。3齢幼虫は糞鎖をつくる習性を消滅させ，葉表に静止している。頭部や胴部の突起は2齢期よりもはるかに長い。頭部は黒色，胴部は淡緑色。以降の観察は未完である。

【蛹】 未確認。

【食草】 クワ科のイヌビワ属と思われる。3齢までイヌビワを摂食していたが，その後死亡した。

【分布】 マレー半島とスマトラ，ボルネオ，フィリピンの各諸島。

イシガケチョウ

p. 32

Cyrestis thyodamas Boisduval, 1846

終齢幼虫およおび蛹を奄美大島産亜種 *kumamotensis* Matsumura, 1929 で図示・記載する。
手代木(1990)に詳細な記述がある。
【成虫】 ♂と♀や地域で色彩・斑紋に若干の相違がある。
【卵】 本亜科内の特色をもつ。
【幼虫】 基本的な習性や形態はスジグロイシガケチョウなどに似ている。
【蛹】 色彩は個体変異が多い。
【食草】 クワ科イヌビワ属のイヌビワ，イタビカズラ，イチジクなどを食べる。
【分布】 ヒマラヤからインド北部，中国大陸，マレー半島北部，インドシナ半島を経て台湾，日本にかけて分布する。

ジャノメイシガケチョウ p. 33,179
Cyrestis strigata C. & R. Felder, [1867]
卵から蛹までのすべてをインドネシア・スラウェシ島 Biromaru 産の名義タイプ亜種 *strigata* で図示・記載する。
【成虫】 色彩は褐色に蛇の目紋をもち，白いイシガケチョウのイメージと異なる。平地から低山地に産し，中部の Biromaru 渓谷などでは多産する。ここでは渓流にそって多数の成虫が飛翔するが，ほとんどが♂である。周辺部には食樹を生じ，幼虫や葉裏に下垂する蛹を発見することができる。
【卵】 中央が膨らむ円錐台形で 12 本程度の縦条があり平滑。色彩は淡黄褐色。
【幼虫】 1 齢幼虫は棒状で短い刺毛を有する。色彩は淡黄緑色で下腹部はやや褐色みをもつ。葉の先端部の主脈のみを残して食べ，主脈先端に糞鎖をつくる。2 齢幼虫は頭部に小突起を生じ，葉の中脈に嚙み傷を入れて葉を萎らせる習性がある。3 齢幼虫の頭部突起は顕著になり，胴部背面に 2 本の突起を備える。葉の先端より食べ，同様に中脈に嚙み傷を入れる。4 齢幼虫は色彩が濃黄緑色，黒色斑紋はないが各体節に 3 本の斜条がある。葉縁より順次摂食する。5(終)齢幼虫は緑色で腹部側面に 3 対の黒色斑と顕著な濃緑・白色の斜条をもつ。頭部角状突起は先端のみ黒色であることで，全体が黒いヒロオビイシガケチョウと識別できる。胴部背面の 2 本の突起は長大である。葉表に静止し葉縁を食べる。
【蛹】 食樹の葉裏などで発見される。頭部や背面の突起は長大で特徴があり，色彩は黄褐色で黄金に輝く斑紋がある。
【食草】 クワ科の *Streblus asper* が記録されている。
【分布】 インドネシアのスラウェシ本島とその近隣諸島。

ヒロオビイシガケチョウ p. 33,179
Cyrestis acilia (Godart, [1824])
終齢幼虫および蛹をインドネシア・スラウェシ島 Palu 産の名義タイプ亜種 *acilia* で図示・記載する。
【分類学的知見】 ジャノメイシガケチョウに極めて近縁で，幼生期や成虫の形態は似ている。
【成虫】 ジャノメイシガケチョウに習性的にも同所的で異なるところがないようで，スラウェシ島中部の Biromaru では混生していた。
【卵】 ジャノメイシガケチョウに似ている(五十嵐・福田, 1997)。
【幼虫】 ジャノメイシガケチョウとほとんど識別ができないほど似ている。4 齢幼虫の体側に生じる黒色斑紋はジャノメイシガケチョウが 3 個に対し，本種は 2 個である(1 個が背面突起に連結しているため)。頭部の色彩はジャノメイシガケチョウよりも緑色みが強く，角状突起から前頭を貫く 2 本の黒色条が顕著である。
【蛹】 ジャノメイシガケチョウとかなり異なり黒褐色で，黄金の光沢はほとんどない。頭部突起は直線的に前方に伸びる。
【食草】 幼虫はジャノメイシガケチョウと同じクワ科の植物から発見された。パプアニューギニアでは同じクワ科の *Ficus obscura* が確認されている。
【分布】 インドネシアのスラウェシ島からモルッカ諸島を経てニューギニア，ソロモン諸島に至る。

ヘリグロイシガケチョウ p. 179
Cyrestis paulinus C. & R. Felder, 1860
【成虫】 表翅の外縁は黒色でその内側は弱いさざなみ模様～白色。
【卵】 スラウェシでは渓谷の開けた場所に生じるイヌビワ属の新芽に盛んに産卵する♀の光景が見られた。採集した♀も容易に産卵したが，幼虫が成育するのに十分な新葉が得られなかった。
【幼虫】 終齢幼虫は灰緑～黄褐色で下腹部は黒褐色，背線上突起は第 8 腹節の 1 本のみを生じる。
【蛹】 淡緑色で頭部突起はやや長い。
【食草】 インドネシアのスラウェシ島では，寄主植物としてクワ科の *Streblus ilicifolius* が確認された。
【分布】 フィリピンからスラウェシ島，モルッカ諸島，ワイゲオ島などに分布する。

アフリカイシガケチョウ p. 179
Cyrestis camillus (Fabricius, 1781)
【分類学的知見】 *Azania* Martin, 1903 という亜属とされることもあるが，幼生期を含めて差は少ないと思われる。
【成虫】 アフリカに分布する唯一のイシガケチョウ属で斑紋は特徴がある。
【卵】【蛹】 未確認。
【幼虫】 形態はアジア産のイシガケチョウ属と変わるところがない。すなわち頭部には長い角状突起と背線には湾曲した 2 本の剣状突起が生じる。色彩は黄緑色で側面には 3 本の黒色斜条があり，その間は白色である。
【食草】 クワ科の *Ficus* や *Mors* という報告も見るが，幼虫はクロウメモドキ科の *Zizyphus* から発見されている(web サイト learnaboutbutterflies)。
【分布】 シラレオネからエチオピア，ケニア，タンザニアにかけて広く分布し，またマダガスカル島にも分布する。

ヒメイシガケチョウ属
Chersonesia Distant, 1883

【成虫】 イシガケチョウ属よりも一段と小型で，シジミタテハに極似する種もある。
【卵】 本亜科内の特徴をもつ。
【幼虫】 イシガケチョウ属と大きく異なるところはないが色彩は褐色系。
【蛹】 イシガケチョウ属に似ているが，頭部突起が開く。
【食草】 クワ科の *Ficus*。
【分布】 東南アジアに分布する。

ヒメイシガケチョウ　p. 179
Chersonesia rahria (Moore, [1858])
【成虫】 黄橙色の小型種。
【卵】 未確認。
【幼虫】 イシガケチョウ同様背線に2本の突起を有する。色彩は背線が黄褐色で側面は黒白の縞の斜帯。
【蛹】 頭部突起が長く突き出て湾曲し，背面突起も後方に湾曲する。
【食草】 クワ科の *Ficus racemosa* を食べる。
【分布】 ミャンマーからマレー半島を経てスマトラ，ジャワ，スラウェシなどの島嶼に広く分布する。

ウスイロヒメイシガケチョウ　p. 179
Chersonesia risa (Doubleday, [1848])
【成虫】 前後翅ともやや角張った感じで，乾季に発生する個体は色彩が淡い。
【卵】 半球形で10条程度の縦条がある。
【幼虫】 ヒメイシガケチョウによく似ている。
【蛹】 ヒメイシガケチョウほど前翅基部の突出はない。
【食草】 クワ科の *Ficus racemosa*，*F. ischnopoda*，*F. fistulosa* などを食べる。
【分布】 インド北部からミャンマーを経てインドシナ半島，マレー半島およびボルネオ島に分布する。

オナシヒメイシガケチョウ　p. 179
Chersonesia peraka Distant, 1884
【成虫】 後翅の尾状突起を欠く小型種。
【卵】【幼虫】【蛹】【食草】 未解明。
【分布】 ミャンマーからマレー半島に至る地域とボルネオ，ジャワ，バリ，ニアスなどの島嶼に分布する。

ツルギタテハ属
Marpesia Hübner, 1818

【成虫】 前翅先端が尖り，後翅の細長い尾状突起が和名の由来となっている。色彩はイシガケチョウ属のような波紋のある種から橙，黒，白，さらに紫色などの大胆な斑紋を備える種まで変化が多い。
　吸水や動物の糞などに好んで集まり，産地ではしばしば複数種で大集団をつくる(p. 248)。このようなときを含め，イシガケチョウ属やヒメイシガケチョウ属のようにつねに翅を開いて静止するようなことはなく，両翅は閉じることが多い。
【卵】 本亜科内の特色をもつ。
【幼虫】 イシガケチョウ属とは背線に4本の突起を有することで大きく異なる。
【蛹】 イシガケチョウ属とは形態の違いが著しい。
【食草】 知られているところではほとんどがクワ科の *Ficus*，*Artocarpus* などで，アジア産のイシガケチョウ属と共通している。
【分布】 新熱帯区特産。

ツルギタテハ　p. 34,179
Marpesia petreus (Cramer, [1776])
　卵から蛹までのすべてをメキシコ Naples, Collier County 産の亜種 *damicorum* Brévignon, 2001 で図示・記載する。
【成虫】 色彩は単一な茶褐色だが，その翅形は特異で前翅は鉤状に突出，後翅には細く伸びた尾状突起を有する。野外で飛翔する様子は，一見チャイロドクチョウ類のチャイロドクチョウ属やチャイロウラギンドクチョウ属を思わせるものがある。比較的普通で♂は吸水や汚物で吸汁する個体をよく見る。
【卵】 卵幅0.68 mm，卵高0.52 mm程度，形態や色彩はイチガケチョウ属とほとんど同じである。壷型で10条前後の縦条が走る。色彩は淡黄色で時間の経過とともに紅褐色みを帯びてくる。
【幼虫】 孵化した幼虫は葉の先端に移動し，イシガケチョウ類同様の糞鎖をつくる。頭部の色彩は黄褐色，胴部は細長い円筒形で緑褐色，短い刺毛を生じ胴部亜背線部では先端にイシガケチョウ類同様の液球をつける。2，3齢期の習性はほとんどイシガケチョウ属と変わらない。4齢幼虫の頭部突起は長大で胴部背中線に生じる突起も長い。5(終)齢幼虫は4齢幼虫に似ている。胴部の色彩は多彩で黄〜黄緑色地に黒色や橙，赤褐色などの斑紋を生じ，イシガケチョウ属とはかなり異なった配色である。
【蛹】 イシガケチョウ亜族とかなり異なり，前翅基部および腹部背面に特異な黒色の細い突起を生じ，第2腹節のそれは最長で二叉に開く。色彩は淡い黄緑色。
【食草】 クワ科のイヌビワ属やウルシ科の *Anacardium* などが記録されている。アメリカ合衆国フロリダ州では *Ficus aurea*，*F. citrifolia* を食べていることが知られている。
【分布】 アメリカ合衆国南部から南アメリカの熱帯地方に分布は広い。

ムラサキツルギタテハ　p. 179
Marpesia marcella (C. & R. Felder, 1861)
【成虫】 ♂は前翅に黄橙色紋，後翅に紫色の大きな斑紋を装う。♀は黒褐色で前翅に白色の斜帯がある。♂は吸水・吸汁のため地表に下りときに群集するが，♀を見る機会は少ない。
【卵】【幼虫】【蛹】【食草】 未解明。
【分布】 グアテマラからアンデス山脈東側のペルーまで分布する。

イチモンジチョウ亜科
Limenitidinae Behr, 1864

【分類学的知見】 かなり多様化した亜科で次の5族を含む。ミスジチョウ族，ベニホシイチモンジ族，イチモンジチョウ族，イナズマチョウ族，トラフタテハ族。

アジア産の本亜科全体の幼生期から判断するとドクチョウ亜科との類似点は少なく，イチモンジチョウ亜科とドクチョウ亜科がドクチョウ分岐群を形成するのは疑問をもたれるが，その間にトラフタテハ族やアフリカ産のイチモンジチョウ族をおくとその関連が見えてくるように思われる。

5 族の構成

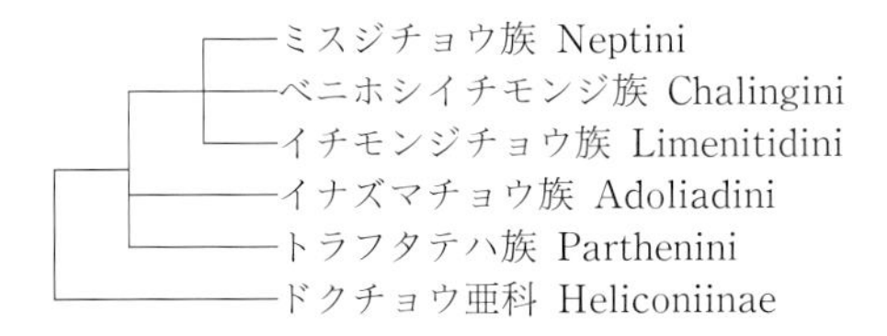

【成虫】 翅は全体に丸みをもち，際立った凹凸がなく尾状突起などもない。色彩は黒色の地色に白色一文字状の斑紋をもつことを基本とし，和名の由来がある。
【卵】 食草の葉の先端部に1卵が産下される。形態は球状～半球状で蜂の巣状，交点より毛状突起を生じることがほとんど例外のない特徴であり，ほかの亜科との明瞭な差にもなっている。
【幼虫】 卵の形態よりもやや多様性がある。全形は体表にコムラサキ亜科のような小突起をもつミスジチョウ族から発達した棘状突起をもつイチモンジチョウ族，独特な羽状突起をもつイナズマチョウ族まで範囲が広い。さらに成虫以上に種・属間の形態に差があることが多く，幼虫形態は分類の指標として有効である。棘状突起の分布の原則ではドクチョウ亜科と共通し，系統上ドクチョウ分岐群を形成すると考える。

ミスジチョウ・イチモンジチョウ族の幼虫はフタオチョウ亜科やスミナガシ亜科，イシガケチョウ亜科，カバタテハ亜科などに共通する棒状の糞鎖をつくったり，付近の葉に切り込みを入れて枯らし，暖簾状の食痕をつくったりする。さらに付近に糞を重ねてダミー(自分の替え玉)をつくるという特異な習性が多い。静止時の幼虫は強く体を屈曲させる。食痕形成の際に枯れた葉を食べる習性もあり，その後も枯れた葉を食べて生育を続けることができる。一方，イナズマチョウ族はこれらの習性とはかなり異なり，その形態も特異である。トラフタテハ族も特徴があり，食性を含めドクチョウ亜科と重なる部分がある。
【蛹】 頭部にウサギの耳を思わせる突起をもち，背面から見ると全体にバイオリンの形状をし，背面には金色に輝く斑紋をもつ種が多い。
【食草】 族ごとに共通性があり，マメ科，ヤナギ科，アカネ科などがあげられるが，食性転換による異例も多い。
【分布】 含まれる種数も著しく多い大きな亜科で，世界に広く分布する。

ミスジチョウ族
Neptini Newman, 1870

【分類学的知見】 従来5属が所属していたが，近年アフリカ産の一部がイチモンジチョウ族から本族に変更された。本書では7属を含むこととする。
【成虫】 黒地に白色または黄色の複数の斑紋列があり，「三筋」の和名の所以がある。飛翔は緩やかで静止時は翅を開く。
【幼虫】 棘状突起はあまり発達せず，種によっては突起を欠く。一方でイチモンジチョウ亜科の原型のように感じられる配列をする種もある。頭部は頭頂に1対の突起のみ顕著で，頭頂側面の突起はイチモンジチョウ族のように発達しない。本亜科特有の習性をもち，葉の中脈を残してその両端の葉片を暖簾状に吐糸で吊り下げる。イチモンジチョウ族のような糞鎖をつくることはなく，若齢のうちはその中脈上に，3齢以降は吊り下げられて枯れた葉片上に静止する。
【蛹】 イチモンジチョウ族よりも頭部耳状突起が発達せず，胴部にも突出部が少なく，特に背面はほとんど平滑である。
【分布】 アフリカからアジアまで広範囲に分布するが，アメリカ大陸では分布を欠く。

ミスジチョウ属
Neptis Fabricius, 1807

【分類学的知見】 150種程度を含み，成虫の形態から属としての特徴がまとまっているといえる反面，種差はわずかで同定はしばしば困難をともなう。幼生期では成虫の見かけ以上の差があるように感じる。
【成虫】 小～中型で黒色地に白色または黄色の斑紋をもつ。
【幼虫】 棘状突起は中・後胸，第2・8腹節で発達し，ほかは未発達か生じない。
【蛹】 背面から見るとバイオリン型で，種による差は小さい。
【食草】 マメ科をはじめとし多岐にわたる。アフリカ産ではトウダイグサ科を食べる種が多いとともにムクロジ科の *Paullinia* なども食べ，カバタテハ亜科と共有しているところがある。
【分布】 アジア，オセアニア，アフリカに広く分布する。

フィリピンミスジ p. 35,180

Neptis mindorana C. & R. Felder, 1863

幼虫および蛹をフィリピン・ネグロス島 Manbucal 産の亜種 *ilocana* C. & R. Felder, 1863 で図示・記載する。
【成虫】 リュウキュウミスジなどに似ているが，裏面が紫褐色なので識別できる。♀は近縁種同様葉の表面先端に産卵する。
【卵】 未確認。
【幼虫】 孵化した幼虫は葉の先端部の両側を溝状に食べ

て中脈を裸出させる。さらに葉片を吐糸で吊り下げ，スミナガシに似た食痕をつくる。中脈は裸出しているが先端の部分のみ舟形に残され，幼虫はそこに静止している。2齢幼虫も同位置に静止している。3齢幼虫になると葉の中脈を嚙み切って葉を萎らせて食べ，幼虫はその枯れた葉の中に潜む。これは偽装効果がある。飼育では硬い葉や枯れかかった葉を好んで食べるが，本亜科の習性によるものであろう。

4齢幼虫は頭部前額を葉面に接するようにして体を屈曲させて静止している。胴部側面の斜帯は灰緑色で明瞭である。終齢幼虫は食痕周辺に静止し，摂食時はそこより移動するがその後は同位置に戻る。胴部の色彩は背面が灰褐色，下腹面は灰緑色，その間を一周する白色条がある。これはミスジチョウ属に共通する。

【蛹】 第1腹節部が最も張り出し，背面から見ると菱形を呈する。色彩は黄褐色で，腹部背面に黒褐色の横条が存在する程度。

【食草】 アサ科のウラジロエノキ属の *Trema orientalis* と思われる。エノキも食べた。マメ科の *Psophocarpus tetragonolobus*，*Mucuna* などの記録もある。

【分布】 フィリピン特産。

フタスジチョウ　p. 35,180

Neptis rivularis (Scopoli, 1763)

卵から蛹までのすべてをモンゴル Tuvaimag, Bazanchandmani sum，Kharganiyam 産の亜種 *magnata* (Heyne, [1895]) で図示・記載する。

日本産については手代木(1990)に詳細な記述がある。

【分類学的知見】 日本産は，①北海道亜種 *bergmanni* Bryk, 1942，②東北地方北部亜種 *shirozui* M. Okano, 1954，③新潟・福島県境に生息する奥只見地方亜種 *tadamiensis* Higuma, 1961，そして④関東地方北部～中部地方に分布する中部地帯亜種 *insularum* Fruhstorfer, 1907 に分けられるが，全世界的に見たときにこれらが亜種というカテゴリー内で同質のタクサかどうか，そのレベルは生物学的には問題を含み，一地域の細分は同一カテゴリー内で不均衡を招くことにもなる。

【成虫】 習性や形態のほとんどは日本産と同様である。モンゴルでは湿地，谷底から乾燥した岩場，崖に至るまでの広範囲に生息する。

【卵】 卵幅 0.84 mm，卵高 0.78 mm 程度，半球状で色彩は灰黄緑色。

【幼虫】 1齢幼虫は葉の先端近くに静止し，その周りと中脈を残し両側を食べる。2齢になると先端に残した葉の部分を巻いて巣をつくり，中に潜む。3齢幼虫もこの中に潜む。この段階で越冬に入るが，一部は齢が進み蛹に至ることもある。1齢期の期間には個体差が大きい。現地ではすべてが終齢に達することなく，越冬に入るものと思われる。幼虫の形態や色彩は日本産と大きな違いはない。終齢幼虫は近縁種に比べて胸部の屈曲が弱い。

【蛹】 近縁種より翅部の広がりが小さい。

【食草】 バラ科のコデマリ，シジミバナ，ユキヤナギなどが日本産の場合だが，現地でも同様または近似の植物と思われる。

【分布】 ヨーロッパの中央からシベリア，モンゴル，中国，朝鮮半島を経て日本まで。

リュウキュウミスジ(日本産亜種)　p. 248

Neptis hylas luculenta Fruhstorfer, 1907

終齢幼虫を沖縄県波照間島産，蛹を鹿児島県奄美大島産で図示・記載する。手代木(1990)を参照。

日本産以外の幼虫や蛹の特に色彩は，地理的変異ある

図152　ミスジチョウ族 Neptini とイチモンジチョウ族 Limenitidini の幼虫の顕著な違い

いは個体変異が多いために同定を戸惑うことが多く，結果的には以下に示した亜種の範囲であった。

リュウキュウミスジ(マレーシア産亜種) p. 36,180
Neptis hylas papaja Moore, [1875]

終齢幼虫および蛹をマレーシア Tapah 産で図示・記載する。

【成虫】 低地に生息し，林縁や林間の開けた明るい空間をやや緩やかに飛翔し，葉上に翅を開いて止まる。人家周辺にも見られる普通種。

【卵】 淡緑色で基本的なイチモンジチョウ亜科内の形態。web サイト(butterflycircle)などに詳細がある。

【幼虫】 3 齢期まで葉の中脈に糞鎖をつくり，そこに静止している。その隣に生じる数枚の葉の基部にも嚙み傷をつけておく。4 齢幼虫は食痕から離れていることが多いが，これは食草の葉が小さいことによるものと思われる。近縁種同様枯れた葉も食べる。幼虫の体色は黄褐色系と灰緑色系の 2 型を確認した。終齢幼虫も同様に 2 つの色彩の型がある。このほかにもいろいろの色彩・斑紋の型があるようで，個体変異が多いと思われる。

【蛹】 淡灰褐色で背面に光沢斑が配列する。ボルネオ産亜種に比べて頭部突起がやや短い。ただしこれは幼虫同様に個体変異の範囲かもしれなく，当初は別種と判断していたが後にリュウキュウミスジ同種と同定した。

【食草】 マメ科の 1 種。本種はコマツナギのような感じで蔓性，細い蔓が草や小木の間を縫うようにして生じ，草地的環境のなかでよく見かける。日本のクズやフジは食べないが植栽のハギの 1 種 *Lespedeza* sp.を好んで食べた。

【分布】 マレー半島およびスマトラ島，バンカ島など。

リュウキュウミスジ(ボルネオ島産亜種) p. 36
Neptis hylas sopatra Fruhstorfer, 1907

幼虫および蛹をマレーシア・ボルネオ島のガヤ島産で図示・記載する。

【成虫】 明るい樹林の空間を軽快に飛翔する。成虫はフィリピンミスジに似ているが，前翅表の中室の三角形白紋は長く伸びる。また翅裏はより赤みが強い。種内では 25 程度の亜種が認められているが差は僅少で，本亜種は白斑がマレー産亜種 *papaja* より幾分狭い程度。

【卵】 本亜種については未確認。

【幼虫】 ボルネオ・コタキナバル沖のガヤ島でウラジロエノキの幼木から 3 齢幼虫を発見したが，特定の木に集中して静止していた。幼虫は前種フィリピンミスジ同様の食痕をつくり，その後の経過も同様である。幼虫の形態や色彩は極めてフィリピンミスジに似ているが，本種はやや褐色みが強い。

【蛹】 フィリピンミスジに似ているが頭部突起が左右に開く。色彩は淡灰黄褐色で背面には金属光沢斑がある。

【食草】 アサ科のウラジロエノキ属。*Celtis formosana* も食べるが途中で死ぬことが多い。

【分布】 ボルネオ島，スーラ島など。

エグリミスジ p. 37,142,180
Neptis leucoporos Fruhstorfer, 1908

終齢幼虫および蛹をマレーシア Templer Park 産の亜種 *cresina* Fruhstorfer, 1908 で図示・記載する。

【成虫】 林道の日が差し込む空間を飛翔するのを観察した以外に十分な観察をしていない。日本のコミスジに似ているが，翅裏が紫褐色なので他種と識別できる。

【卵】 未確認。

【幼虫】 林道脇に生じる 0.7～2 m 程度の大きさの 2 種の植物より 3 齢幼虫を発見した。幼虫はこれらの植物の先端にある新葉に近縁種同様の中脈を残す食痕をつくり，そこに静止していた。終齢幼虫は後胸部をやや高くして屈曲させているがそれより後部はまっすぐに伸ばしており，近縁種のように強く屈曲させることはない。胴部の色彩は灰緑色で体側に黒褐色の顕著な斜条が配列する。

【蛹】 淡灰褐色で背面に光沢のある斑紋がある以外に顕著な特徴はない。

【食草】 アサ科の *Gironniera hirta* が確認されている。幼虫が発見された 2 種の植物の 1 つは葉に微毛を生じ，ほかの 1 つは光沢があってなめらか，前者は *Gironniera hirta*，後者は *G. subaequialis* と判断され，ともにコムラサキ亜科マレーコムラサキ属の *Eulaceura osteria* の食樹でもある。

【分布】 インドシナ半島からマレー半島，スマトラ，ジャワ，ボルネオ各島に分布する。

コミスジ p. 37
Neptis sappho (Pallas, 1771)

終齢幼虫および蛹を福島県会津若松市産の日本産亜種 *intermedia* Pryer, 1877 で図示・記載する。

手代木(1990)に詳細な記述がある。

【成虫】 小型種で前翅中室の白色条が二分される。

【卵】 緑色でほぼ球形。

【幼虫】 終齢幼虫はリュウキュウミスジなどに似ているが色彩は灰褐色みが強い。晩秋 5 齢期を経た幼虫は地表に下りて落ち葉などの間で越冬し，翌春まったく摂食することなく蛹化に至る。

【蛹】 リュウキュウミスジに似ているが頭部突起が小さく，尖る。

【食草】 多岐にわたり，マメ科が多く，ヤブマメ，クズ，ネムノキなどのほかアサ科，クロウメモドキ科，アオイ科などにも及ぶ。

【分布】 アジアの温帯域からヨーロッパ南東部。

ミスジチョウ p. 37
Neptis philyra Ménétriès, 1859

終齢幼虫および蛹を福島県白河市産の日本産亜種 *excellens* Butler, 1878 で図示・記載する。

手代木(1990)に詳細な記述がある。

【成虫】 コミスジより大きく，前翅中室白帯は連続する。

【卵】 コミスジよりも淡い色彩。

【幼虫】 年 1 化性で越冬は 4 齢で行うなど，コミスジと異なった習性がある。黄褐色で，胴部背面の突起はコミスジよりも細長い。

【蛹】 コミスジよりも背面から見た体幅が広い。

【食草】 ムクロジ科のカエデ属に属するいろいろな種類を食べる。またときにカバノキ科の他属に及ぶが，本科はミスジチョウ属内の食草として例外ではない。
【分布】 中国から朝鮮半島，日本，台湾にかけて分布する。

オオミスジ p. 38
Neptis alwina Bremer & Grey, [1852]
終齢幼虫および蛹を福島県白河市産の日本産亜種 *kaempferi* De L'Orza, 1867 で図示・記載する。
手代木(1990)に詳細な記述がある。
【成虫】 やや大型で翅頂が白色。
【卵】 卵高の高い半球形。色彩は黄緑色。
【幼虫】 幼生期の形態や習性では特徴がある。年1化性で色彩は，若齢のうちは褐色や黒色の斑紋が混じり合い食樹の芽に似ているが，越冬後は緑色に変えて新葉に似ている。
【蛹】 褐色で背面から見たときには凹凸が弱い。
【食草】 バラ科のスモモ，ウメ，セイヨウアンズ(*Prunus armeniaca*)などの栽培果樹を好み，成虫もその周辺に見られる。
【分布】 モンゴル，中国から朝鮮半島を経て日本に分布。

ホシミスジ p. 38
Neptis pryeri Butler, 1871
終齢幼虫および蛹を山梨県増富産，蛹を福島県白河市産の名義タイプ亜種 *pryeri* で図示・記載する。
手代木(1990)に詳細な記述がある。
【分類学的知見】 台湾産および韓国産は日本産とは別種とし，前者を *jucundita* Fruhstorfer, 1908，後者を *andetria* Fruhstorfer, 1912 とする説もある(福田ほか, 2008)。
【成虫】 前翅中室白斑が断続する。
【卵】 半球状で淡青緑色。
【幼虫】【蛹】 形態や習性はフタスジチョウによく似ている。
【食草】 バラ科のシジミバナ，ユキヤナギ，シモツケなどの野生の低木種を食べる。
【分布】 中国，ウスリー，アムール，朝鮮半島，日本，台湾に分布する。

ホソスジコミスジ p. 180
Neptis clinia Moore, 1872
【成虫】 コミスジに似ているが，前翅中室の白色斑紋が細長い。
【卵】【幼虫】【蛹】【食草】 未解明。
【分布】 インドから中国南部，インドシナ半島を経てマレー半島まで，さらにフィリピン，ボルネオ，スマトラの各島に広く分布する。

シロモンコミスジ p. 180
Neptis alta Overlaet, 1955
【成虫】 白色の大きな斑紋を配列する。
【卵】 形態や色彩は近縁種に同じで，食草の葉の先端に産下される(web サイト，learnaboutbutterflies)。
【幼虫】 若齢期は食草を巻いた巣の中に潜む。
【蛹】【食草】 未確認。
【分布】 熱帯アフリカ区のコンゴ盆地からタンザニア，モザンビークなどに分布する。

キンミスジ属
Pantoporia Hübner, 1819

【成虫】 17種を含む小型のチョウで，ミスジチョウ属同様に翅表には白色や黄橙色の斑紋がある。
【卵】 ミスジチョウ属と同様の特色をもつ。
【幼虫】 細めで胴部の棘状突起は発達が弱いか生じない。
【蛹】 胴部の突起の発達が弱くなめらかな感じで，末端部が強く腹面側に湾曲する。
【食草】 マメ科が主と思われるが，例外もある。
【分布】 インド・オーストラリア区に広く分布する。

タケミスジ p. 38,142,180
Pantoporia venilia (Linnaeus, 1758)
終齢幼虫および蛹をインドネシア・アンボン島産の名義タイプ亜種 *venilia* で図示・記載する。
【和名に関する知見】「タケミスジ」は幼虫の寄主植物によるが，植物は誤同定と思われる。
【成虫】 翅表に生じる白色や青色の斑紋の変化が多い。名義タイプ亜種は翅表白帯周囲の青色斑が発達する。成虫は林内の木漏れ日の当たる空き地や渓谷に多い。飛翔は弱く静止することが多い。
【卵】 未確認。
【幼虫】 川ぞいに生じる食草から3齢および4齢幼虫を発見した。食草の葉の先端部を食べて中脈を残す食痕をつくりその先端部に頭部を下にし，体をC字状にねじってぶら下がっている(図153)。このときの色彩や形状が枯葉状の食痕の一部のように見える。終齢幼虫の頭部には小さい1対の突起があるが，胴部にはまったく突起を生じない。色彩は灰褐色で背線と気門上線・基線が黒色，濃淡の縦縞模様に見える幼虫は，野外では食草に溶け込んでしまって姿を見失う。体を屈曲する性質は弱くなり葉の中脈に体をまっすぐ伸ばして静止していることが多い。摂食は葉縁を丸く広げるようにして行われる。
【蛹】 キンミスジに似ているが，背面から見ると横幅が広い。色彩は淡褐色で背面斑紋の光沢は弱い。蛹期は8日間であった。

図153 食痕先端に静止する4齢幼虫(Ambon)

【食草】 パプアニューギニアで確認された植物はイネ科の *Isachne albens* と同定されたが，アンボン産およびインドネシアの Timika で確認した植物はショウガ科のような雰囲気もあるイネ目トウツルモドキ科の *Flagellaria* sp. と推定される。
【分布】 ニューギニア島を中心にその周辺のモルッカ諸島，アルー諸島，ビスマルク諸島，さらにオーストラリア北東部に広く分布する。

キンミスジ p. 39,180
Pantoporia hordonia (Stoll, [1790])
幼虫および蛹をタイ Chiang Mai 産の名義タイプ亜種

hordonia で図示・記載する。
【成虫】 黄橙色の斑紋をもつ小型のミスジチョウで，比較的よく見かける。台湾でも特に夏季は個体数を増し，樹林にそった草地などを緩やかに飛翔するのを見る。寄主植物からあまり離れない範囲に生息している。♀は比較的樹林内に入り込んで生息する。
【卵】 半球状で淡黄緑。
【幼虫】 1齢幼虫は中脈を残して先端から食べるが，2齢に達すると中脈の先端部を噛んで萎れさせ，萎れた部分に静止している。幼虫は萎れた葉に極めて似，萎れた部分の葉を食べる。この習性は終齢まで続く。3齢幼虫は全体に褐色で体側に斜条が走る。終齢幼虫は灰褐色で斜条以外の斑紋はほとんどないが，背中線が明瞭である。頭部・胴部ともに突起の発達が弱く，近縁種のように体を強く屈曲させるようなことはない。
【蛹】 全体に凹凸が少なく，上下にやや扁平。色彩は灰褐色で亀裂模様がある程度。背面に鈍い光沢をもった斑紋がある。
【食草】 マメ科のハイクサネムの1種 *Desmanthus* sp.，ツルアカシア(*Acacia intsia*)，ネジレフサマメ(*Parkia speciosa*)など。
【分布】 インドから中国南部を経てボルネオ，スマトラ，ジャワ各島に至る。

キンイチモンジ p. 137
Pantoporia consimilis (Boisduval, 1832)
【成虫】 平地や山地に生息し，明るい林縁のあまり高くない空間を緩やかに飛翔する。黄橙色の単純な斑紋をもつ。
【卵】 ほぼ球状で黄色。
【幼虫】 形態はキンミスジによく似ている。色彩は灰褐～濃褐色で下腹部がより濃色。
【蛹】 キンミスジに似て全体が下腹部方向に湾曲した形である。色彩は濃褐色。
【食草】 マメ科で，数種類を観察している。1つは蔓性で，葉はゴムのような印象のある種，ほかにハギのように1枚の葉が小さい羽状複葉の種の複数がある。幼虫は食草の中肋を噛み切って下垂させ，その部分に静止している。そしてその枯れた葉を好んで食べ，飼育中も枯れ葉を与えて生育が継続する。
　確認されている寄主植物は，マメ科の *Dalbergia*，*Kuntsleria*，*Derris* など。
【分布】 ニューギニアとその周辺の島嶼およびオーストラリアに分布する。

ウラキンミスジ属
Lasippa Moore, 1898

【成虫】 11種を含む小型の属。キンミスジ属に極めて似ており，外見上の相違を見出すのは難しい。黒色地に黄橙色の斑紋を装う。裏面の斑紋が本属では黄橙色帯のみの配列で，キンミスジ属のような不規則な小斑紋を生じることはない。幼生期の形態にも若干の違いがある。
【卵】 未確認。
【幼虫】 形態はキンミスジ属に似ていて後胸部を若干持ち上げ，それより後部はまっすぐに伸ばして静止する。
【蛹】 触角が頭部先端部で強く張り出す特徴がある。
【食草】 十分にはわかっていないが食草にもキンミスジ属との相違があるようである。
【分布】 インドから小スンダ列島にかけて分布し，特にフィリピンに集中する。

ウラキンミスジ p. 39,142,180
Lasippa heliodore (Fabricius, 1787)
　終齢幼虫および蛹をマレーシア Tapah 産の亜種 *dorelia* (Butler, 1879)で図示・記載する。
【成虫】 林縁や樹林内の空き地に生息するが，普遍的でなく野外での観察は容易でないように感じる。
【卵】 未確認。
【幼虫】 林道の傍らの低木より3齢幼虫を発見した。葉の先端の中脈を残す食痕をつくり，基部に静止していた。4齢幼虫は食痕にこだわることはなく，硬い葉を好んで食べる。終齢幼虫は成育が緩慢になり，摂食はするが成長の変化が遅々としている。齢期は10日程度に及び，それまでの齢期に比べ長い。色彩は緑褐色でミスジチョウ族の基本的な斑紋以外に目立った斑紋はない。胴部の棘状突起は第2腹節部のものを欠くという大きな特徴があるが，これはスラウェシ産の *Lasippa neriphus* には生じるのでウラキンミスジ属の特徴とはならない。
【蛹】 触角が頭部先端で突出する特徴はウラキンミスジ属固有のものであろう。さらに腹部末端部が下腹部側に強く湾曲する。色彩は全体に青みを帯びた黄褐色，不規則な黒色斑紋を添える。背面には強い光沢がある。
【食草】 ノボタン科の *Pternandra echinata* と思われる。現地では群生している。近縁種の *Lasippa tiga* の食樹としてオトギリソウ科の *Cratoxylon* が確認されている。この植物はオオイナズマ属の食樹となっている。
【分布】 ミャンマー南部からタイを経てマレー半島，スマトラ，ボルネオ，ジャワ，パラワン各島など。

ウスグロウラキンミスジ p. 180
Lasippa monata (Weyenbergh, 1874)
【分類学的知見】 最初 *Neptis fuliginosa* Moore, 1881 (Trans. ent. Soc. Lond., 1881: 310)として記載されたが，その後 *Pandassana fuliginosa* (Moore, 1898) (Lep. ind., 3-32: 146)と属が変更され，さらに現在は表記のシノニムとして整理された経緯を見る。
【成虫】 鈍い黄橙色の斑紋が密に重なり，♀は前翅先端に白色斑を備える。
【卵】【幼虫】【蛹】【食草】 未解明。
【分布】 ミャンマーからタイを経てインドシナ半島，マレー半島，ボルネオ，スマトラ各島などに分布するが標本は少ない。

シロオビウラキンミスジ p. 180
Lasippa illigera (Eschscholtz, 1821)
【成虫】 前後翅に太い白帯が縦走する。
【卵】【幼虫】【蛹】【食草】 未解明。
【分布】 フィリピンの特産種でルソン，ネグロス，パブヤン島などに分布する。

ミナミオオミスジ属
Phaedyma Felder, 1861

【成虫】 10種を含む。ウラキンミスジ属に似ているが，より大型で後翅の白帯が太く印象を異にする種が多い。
【卵】【幼虫】【蛹】 一部の種で知られている(五十嵐・福田，1997)。ウラキンミスジ属と形態上の大きな違いはないようである。
【食草】 アオギリ科，マメ科，クロウメモドキ科，オトギリソウ科などの記録がある。
【分布】 オーストラリア区に分布が偏る。

モルッカミスジ
p. 180,248
Phaedyma amphion (Linnaeus, 1758)
終齢幼虫をセラム島産の名義タイプ亜種 *amphion* で図示・記載。
【成虫】 表翅の斑紋は薄水色。林間の比較的高所を飛翔する。
【卵】【蛹】 未確認。
【幼虫】 色彩は灰褐色で背面に顕著な4対の突起がある。
【食草】 マメ科。236頁の4に図示。
【分布】 アンボン，セラム，ブル，サパルア各島のマルク(モルッカ)諸島に分布する。

ミナミオオミスジ
p. 180
Phaedyma columella (Cramer, [1780])
【成虫】 低山帯に生息するやや大型の種。
【卵】 未確認。
【幼虫】 黄褐色で下腹部が黒色，コミスジとほぼ同様な形態(五十嵐・福田，1997)。
【蛹】 ミスジチョウ属に似ている。光沢のある斑紋はない。
【食草】 アオギリ科の *Sterculia foetida*，*S. lanceolata*，マメ科の *Pterocarpus indicus*，*P. vidalianus* が確認されている。
【分布】 インドからマレー半島を経てジャワ，スラウェシ，フィリピンの島々などに分布する。

スジグロミスジ属
Aldania Moore, 1896

【成虫】 2種を含む。斑紋はミスジチョウ類を感じさせず，翅脈が黒くミヤマシロチョウやアサギマダラに似ている。
【卵】【幼虫】【蛹】【食草】 一部の種で知られているようだが詳細は不明である。
【分布】 シベリアの東部から中国に分布する。

カバシタミスジ
p. 180
Aldania imitans (Obertür, 1897)
【成虫】 カバシタアゲハやアサギマダラのような斑紋である。♀は♂とほとんど同じ斑紋だがかなり大きい。
【卵】【幼虫】【蛹】 未解明。
【食草】 幼生期は不明だが，成虫♀がヤナギ属に関心を示していたという(増井暁夫氏私信，2012)。
【分布】 中国の雲南省に分布するのみ。

スジグロミスジ
p. 180
Aldania raddei (Bremer, 1861)
【成虫】 おそらくシロチョウ科の *Aporia* などに擬態しているものと思われる。
【卵】【幼虫】【蛹】 確認され，*Neptis* に似ている(Life histories of Korean Butterflies, 2012, 김성수)。
【食草】 ニレ科のニレ属。ほかに *Ulmus prapinqua* を食べるという記録がある(Tuzov, 2000)。
【分布】 シベリア東部のウスリー，アムール地方に分布。

ヒイロタテハ属
Cymothoe Hübner, [1819]

【分類学的知見】 従来はイチモンジチョウ族に所属していたが，Velzen *et al.*(2013)の解析によるとキオビタテハ属とともにミスジチョウ族に含められると考える。幼虫や蛹の形態，そして成虫の緩やかな飛翔の特徴などから，今後さらに検討する余地はあるもののミスジチョウ族に含めることに妥当性を感じる。
【成虫】 70種強を含むアフリカのタテハチョウを代表する属である。♂の翅表は黄色から赤色の範囲，♀はイチモンジ型の色彩である。和名の「緋色」は♂の色彩に基づくが，全体が光沢のない紅色はチョウの色調として珍しい。
【卵】 形態は基本的に本亜科の範囲。
【幼虫】 胴部に発達した棘状突起を生じ，体をまっすぐ伸ばしているのでドクチョウ亜科の基本的形態のように見える。亜背線の棘状突起はかなり発達してミスジチョウ族の印象はなくむしろイチモンジチョウ族を思わせるが，頭部の突起はあまり発達することがない。
【蛹】 全形は突出部が少なくミスジチョウ属に似ている。
【食草】 イイギリ科の *Rawsonia*，*Dovyalis*，*Caloncoba*，*Kiggelaria*，スミレ科の *Rinorea* などを食べる記録が多い。食性からもドクチョウ亜科との共通性が考えられる。
食草であるイイギリ科はAPG植物分類体系ではヤナギ科に包含されるが，新エングラー植物分類体系ではヤナギ科とは異なった分類位置にあるとともに，スミレ科やトケイソウ科に近縁と考えられている(スミレ目)。
【分布】 アフリカの西部から中部の熱帯地方。

ヒイロタテハ
p. 186
Cymothoe coccinata (Hewitson, 1874)
【成虫】 ♂は全体に緋色(紅色)だが♀は外縁が広く褐色。
【卵】【幼虫】【蛹】 未確認。
【食草】 スミレ科の *Rinorea oblongifolio* を食べるという記録がある(web サイト wikipedia)。
【分布】 ナイジェリアから中央アフリカ，コンゴにかけて分布する。

ムモンヒイロタテハ p. 186
Cymothoe euthalioides Kirby, 1889
【成虫】 ♂翅表は濃赤色で斑紋はない。
【卵】【幼虫】【蛹】【食草】 未解明。
【分布】 シエラレオネからナイジェリア，カメルーンにかけて分布する。

シロテンヒイロタテハ p. 186
Cymothoe excelsa Neustetter, 1912
【成虫】 ♂はヒイロタテハなどに似て赤色のタイプだが，後翅前縁に1個の白紋がある。♀は赤色が現れることはなく，外縁に白色斑紋が配列する。
【卵】【幼虫】【蛹】【食草】 未解明。
【分布】 ナイジェリアからコンゴ民主共和国まで分布。

オスジロキイロタテハ p. 186
Cymothoe caenis (Drury, [1773])
【成虫】 ♂は広く黄白色だが♀はイチモンジチョウ型の斑紋である。
【卵】【蛹】 未確認。
【幼虫】 頭部には目立った突起がなく，胴部は円筒形で直線的，黒色の棘状突起を配列し，アジアのイチモンジチョウ類あるいはミスジチョウ類とは印象が異なる。ドクチョウ亜科と形態が似ているところがある。
【食草】 イイギリ科の *Caloncoba* や *Rawsonia* を食べる。ドクチョウ亜科と共有する食性である。
【分布】 アフリカの西部からウガンダまで広く分布する普通種である。

オオキイロタテハ p. 186
Cymothoe fumana (Westwood, 1850)
【成虫】 大型で♂は黄色，♀はイチモンジチョウ型。
【卵】【幼虫】【蛹】【食草】 未解明。
【分布】 ギニアからカメルーン，ガーナ，コンゴ民主共和国にかけて分布する。

オオヒイロタテハ p. 131
Cymothoe lucasii (Doumet, 1859)
　終齢幼虫をKeith Wolfe氏の提供資料で図示・記載する。
【成虫】 ヒイロタテハ属のなかではやや大型，♂は橙色で後翅に黒色斑，♀は黒褐色に白斑や白条を装う。
【卵】【蛹】【食草】 未確認。
【幼虫】 背面が緑色，下腹面が白色で亜背線には発達した黒色の棘状突起，気門下線には不規則な白色の突起を生じる(Keith Wolfe氏からの提供資料による)。
【分布】 ナイジェリアからザイールに分布する。

キイロタテハ p. 131
Cymothoe alcimeda (Godart, [1824])
　蛹をWoodhall(2008)を参考に図示・記載する。
【成虫】 ♂は黄色で♀はイチモンジ型の斑紋。
【卵】【幼虫】【食草】 未確認。
【蛹】 緑色で突出部の少ないミスジチョウ族に似ている(Woodhall, 2008)。
【分布】 モザンビークから南アフリカに分布する。

キオビタテハ属
Harma Doubleday, [1848]

【分類学的知見】 ヒイロタテハ属に近縁で1種を含む。

キオビタテハ p. 186
Harma theobene Doubleday, [1848]
【成虫】 前後翅に♂は黄帯，♀は白帯をもつ。
【卵】【蛹】 未確認。
【幼虫】 ヒイロタテハ属に似て細長い円筒形で，棘状突起を生じる。イチモンジチョウ族特有の特異な姿勢をつくることはない。
【食草】 ヒイロタテハ属同様にイイギリ科の *Buchnerodendron*，*Dovyalis*，スミレ科の *Rinorea* を食べる(Larsen, 1996)。ヒイロタテハ属とともにドクチョウ亜科と食性が共通している。
【分布】 中央アフリカからケニア西部を経てタンザニアまで分布する。

ベニホシイチモンジ族
Chalingini Morishita, 1996

【分類学的知見】 従来はイチモンジチョウ族のなかに含められていたが，成虫の外部形態から本族が設立された(森下，1996)。1属2種からなる。2種は従来それぞれが別属(ホソオビイチモンジ属およびベニホシイチモンジ属)とされていた。全2種の幼生期が解明されており，その特異性から本族の独立性が認められる。

ベニホシイチモンジ属
Chalinga Moore, 1898

【分類学的知見】 所属する2種は同属とされ，近年幼生期が発表された *C. elwesi* も似たような形態・習性である。
【成虫】 オオイチモンジに似た斑紋に紅色斑を加える。
【卵】 イチモンジチョウ亜科独有の針状突起を欠くが，この特徴はアフリカ産のイチモンジチョウ族にも例がある。
【幼虫】 形態はミスジチョウ族とイチモンジチョウ族の両面性をもつ。この傾向はオオイチモンジ属にも見られる。
【蛹】 食樹の枝に擬態したと思われる特異な形態である。
【食草】 マツ科という例外的な食性をもつ。

ベニホシイチモンジ p. 39,181
Chalinga pratti (Leech, 1890)
　終齢幼虫および蛹を中国広西壮族自治区大瑤山産の名義タイプ亜種 *pratti* で図示・記載する。
【分類学的知見】 本種は今まで1属1種で構成される

Seokia Sibatani, 1943とされていた。しかしLang(2010)により♂の外部形態などからホソオビイチモンジと同属の*Chalinga*と判断された。以前は分類的位置や幼虫の食性などが謎めいた種であった。成虫が一見ヒョウモンモドキ類のベニホシヒョウモンモドキ属などに似ていることや食樹がマツ科であることが不思議な印象を与えてきた。しかし,「イチモンジ」という和名に反しない分類上の位置およびマツ科食が事実であったことが原田・市川(1999)によって再確認され,生活史の全容が明らかにされた。

【成虫】 ♂は吸水などで地表に下りるが♀の姿はなかなか見られないようで,風に流されるように飛翔するという。

【卵】 イチモンジ亜科特有の針状突起を欠き例外的形態である。粗面で凹凸がある。色彩は淡黄色(原田・市川,1999)。

【幼虫】 1齢幼虫は頭部が丸く胴部は棒状で黄褐色,一般的なイチモンジチョウ型であるが,体を屈曲させて静止するようなことはない。マツの1枚の葉の中央部を摂食し断続的に食べるので糸鋸の刃状の食痕を残す。2齢幼虫は頭部に小さな1対の突起を生じ,胴部の中・後胸と第4・8腹節背面に突起を生じる。3齢幼虫はさらに胴部の突起が発達する。4齢幼虫も同様,この期の幼虫が食樹マツ類の枝分岐部に静止する様子は擬態の例の典型的なものに思われる。終齢幼虫は赤褐色に濃淡のある黒色斑紋を備え,胴部の棘状突起と合わせて極めてマツの枝に似ている。棘状突起は分岐する小突起が短くミスジチョウ族と同等であるが,分布はイチモンジチョウ族同様で数が多い。また幼虫が糞を固めて置く習性はイチモンジチョウ族の習性である。頭部はミスジチョウ族に類似し,胴部の棘状突起の形態はミスジチョウ型で配列はイチモンジチョウ型である。このように本種はミスジチョウ族とイチモンジチョウ族の中位にあり,形態的には2族の両方の特徴をもつ。

【蛹】 かなり特異な形態だが,頭部突起および胴部背面突起の発達が弱くミスジチョウ族に似ている。全体に凹凸が多く複雑な色彩をともなって食樹であるマツの枝に酷似した特異な形態で,イチモンジチョウ亜科では類似する例がない。腹部末端は強く背面方向に湾曲する。

【食草】 マツ科のチョウセンゴヨウの記録があるが,そのほかのマツ類も食べるという。

【分布】 中国中西部に分布する。

ホソオビイチモンジ　p. 181

Chalinga elwesi (Oberthür, 1883)

【成虫】 小型のオオイチモンジを思わせ,裏面はベニホシイチモンジの印象がある。チョウが見られないような環境の松林で見かけるという。

【卵】【幼虫】【蛹】【食草】 全容について五十嵐・原田(2015)の報告がある。

【分布】 中国の西部,チベットでベニホシイチモンジよりも西方に偏る。

イチモンジチョウ族
Limenitidini Behr, 1864

【分類学的知見】 イチモンジチョウ亜科内のほかの族とは幼生期に明確な差がある。Mullen *et al*.(2010)による解析から所属する属の構成は次のように考えられる。

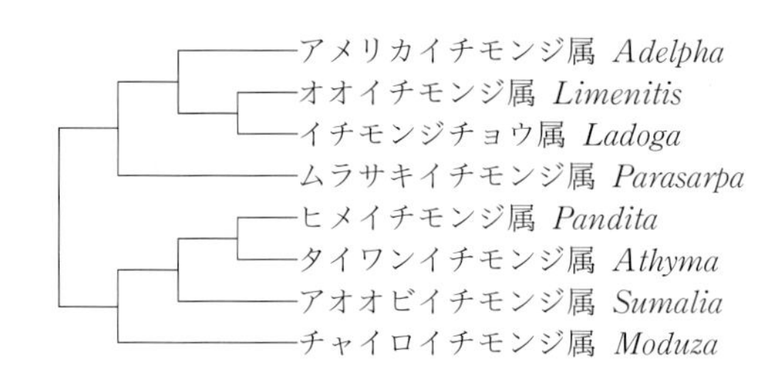

【成虫】 斑紋は翅表を縦に貫く1本の帯が特徴で,基本的に共通している。この帯の特徴が和名の由来となっている。

【卵】 亜科内の特徴をもつ。

【幼虫】 形態の多様化が知られている。ミスジチョウ族よりもよりいっそう棘状突起が発達する。習性的にはミスジチョウ族と同様に顕著な食痕を残すなどの特徴があり,本族ではさらに葉の中脈の先端に糞をつないで糞鎖をつくり,その基部に糞を集めて自分の替え玉をつくる。

【蛹】 背面から見るとバイオリン型で頭部に耳状突起をもち,腹部背面にはしばしば長大な突出物を形成する。

【食草】 アカネ科など本族として共通したところはあるが多様である。

【分布】 15前後の属と280種以上を数える大きな族で,ほぼ全世界に分布する。エチオピア区にも特徴のある多数の属が分布し,他区とはやや異なった形態の種類が生息する。

オオイチモンジ属
Limenitis Fabricius, 1807

【分類学的知見】 従来は,多くの種が広義に解釈されて本属に含められていた。しかし,幼生期形態から比較的容易に本属と定義することができる。幼生期の形態から見ると本属に含められるのはアジアに分布するオオイチモンジなどと北米に分布する4種である。これらの種は幼生期形態が極似するとともに他属との差が明瞭である。本書では,日本産のイチモンジチョウ,アサマイチモンジはイチモンジチョウ属とした。

【成虫】 基本的に黒色地に白色帯が貫くが多様である。

【卵】 ほぼ球形で針状突起を生じる本亜科の特徴内の形態。

【幼虫】 ミスジチョウ族のように棘状突起がやや未発達の状態にある。特に頭部の形態は1対の円錐状突起を有するミスジチョウ族と同様である。

【蛹】 突出部が全体として弱くミスジチョウ族に似ているが,腹部背面に厚みのある円盤状突起を生じる。

【食草】 ヤナギ科,バラ科など。

【分布】 アジアの冷温帯地域と新北区に分布する。

オオイチモンジ p. 40,181

Limenitis populi (Linnaeus, 1758)

終齢幼虫および蛹を北海道札幌市産の日本産亜種 *jezoensis* Matsumura, 1919 で図示・記載する。

手代木(1990)に詳細な記述がある。

【成虫】 やや大型で黒色地に白色帯を装うが，白色帯は一般に名義タイプ亜種の産地であるヨーロッパで狭くなる傾向があり，ロシアなどの個体は広い。

【卵】 形態は本科内の特色で淡黄緑色。

【幼虫】 3齢までは褐～黒色であるが終齢幼虫は全体に緑色に変化する。3齢で越冬態勢に入り，小枝の葉で筒状の巣をつくり，中に潜入して越冬する。頭部の形態はオオミスジなどに似ている。胴部背面に生じる棘状突起が未発達であることなどミスジチョウ族の形質も有している。

【蛹】 頭部突起を欠き，背中線上に突出部を有するほかは全体的な形態がミスジチョウ族に近い。

【食草】 ヤナギ科ヤマナラシ属に属するヤマナラシやドロノキなどで，ヤナギ属は食べない。

【分布】 ヨーロッパから中国を経て日本に至るまで広く分布する。

クロオオイチモンジ p. 181

Limenitis ciocolatina Powjade, 1885

【成虫】 翅表はほとんど黒褐色で♀はやや斑紋が現れる。

【卵】【幼虫】【蛹】【食草】 未解明。

【分布】 中国の西部からチベットに分布する。

アメリカオオイチモンジ p. 40,181

Limenitis archippus (Cramer, [1775])

幼虫および蛹をカナダ産の名義タイプ亜種 *archippus* で図示・記載する。

【成虫】 その地に分布するオオカバマダラ類(*Danaus plexippus*, *D. gilippus*)に擬態する。黄褐色に黒色斑紋を装う色彩はイチモンジチョウ族とは思えない外観である。多化性であるが北部地方では6～7月に1回発生するのみである。花で吸蜜したり樹液で吸汁したりするほかに♂は地表で吸水，または獣糞から吸汁する。

【卵】 淡黄～緑色。

【幼虫】 幼生期の形態は日本のオオイチモンジと大きく異なるところはない。1齢幼虫は葉の先端中脈を残しその周囲を食べた後，糞をつないで糞鎖をつくる。3齢幼虫はその基部に残る葉を巻いて筒状の巣をつくり，その中に潜む。この段階で越冬に入るが，これらの習性はオオイチモンジと変わるところがない。翌春，越冬から覚めた幼虫は摂食を開始し，摂食が終了すると越冬巣に潜入する。体色は黒色で第4・5腹節背面に白色斑を生じ，オオイチモンジに似ている。やがて脱皮をして4齢に達する。中胸の棘状突起が著しく大きくなり，全体に黄褐色みを帯び白色部分が広がる。越冬巣に潜入することはなくなる。5(終)齢幼虫は中胸のみに大型の棘状突起，第2腹節に半円状突起を有し，この形態は本属特有のものである。頭部は1対の突起のみ発達してミスジチョウ類に似ている。色彩は灰色に黒褐色斑を装うが，オオイチモンジのように緑色を加えることはない。静止する際は胸部を強く曲げ，腹部末端を持ち上げる姿勢を保つ。

【蛹】 第2腹節背中線に特異な円盤状の突起をもつがほかに顕著な突起はない。この形態もオオイチモンジ属特有のものである。背面から見ると胸部と腹部の間のくびれがオオイチモンジよりも強い。色彩は濃褐色で腹部中央部が白い。

【食草】 ヤナギ科のヤナギ属，ヤマナラシ属とバラ科のサクラ属，リンゴ属，ナシ属などを広く利用するほか，カバノキ科のカバノキ属やブナ科のコナラ属など，食性は広い。

【分布】 ロッキー山脈より東部のカナダからメキシコに及ぶ。

フトオビオオイチモンジ p. 181

Limenitis weidemeyerii Edwards, 1861

【成虫】 白帯が顕著な大型のアメリカ産のオオイチモンジである。

【幼生期】 webサイト(www.butterfliesandmoths.org/gallery?page=42)を参考に記載する。

【卵】 ほぼ球形で淡緑色。

【幼虫】 アメリカオオイチモンジに形態・色彩ともに似ているが，中胸背面の棘状突起の先端部は膨らまない。

【蛹】 未確認。

【食草】 ヤナギ科の *Salix* sp.。

【分布】 アメリカ合衆国の五大湖より西側のアルバータからニューメキシコ州一帯に分布する。

ツマキオオイチモンジ p. 181

Limenitis lorquini Boisduval, 1852

【成虫】 前翅翅頂が黄橙色で識別は容易である。

【幼生期】 webサイト(www.butterfliesandmoths.org/species/Limenitis-lorquini)を参考に記載する。

【卵】 半球状で淡灰緑色。

【幼虫】 アメリカオオイチモンジに似ているが突起はより小さく，白色部が少ない。

【蛹】 アメリカオオイチモンジに形態・色彩が似ている。背面突起がやや丸みが強い。

【食草】 ヤナギ科の *Salix* sp.。

【分布】 カナダのブリティッシュコロンビアからアメリカ合衆国のカリフォルニア州にかけての北米西部に分布する。

イチモンジチョウ属

Ladoga Moore, [1898]

【分類学的知見】 13種前後を含む(*reducta* などの属を *Azuritis* とする例を見る)。イチモンジチョウ，アサマイチモンジなど，オオイチモンジ属に含められることが多いが，幼虫の形態や食性は明らかに異なり本書では別属とする。むしろ，東南アジアのタイワンイチモンジ属や中南米のアメリカイチモンジ属と形態が似ている。

【成虫】 小～中型で，黒の地色に縦に貫く白色の顕著な一文字模様がある。各種の形態は極めて似ている。

【卵】 本亜科の範囲内の特色をもつ。

【幼虫】 亜背線に大きさの異なる棘状突起列をもち，オオイチモンジ属よりも発達している。
【蛹】 バイオリン型で背面に黄金に輝く斑紋をもつ。
【食草】 スイカズラ科など。
【分布】 東アジアの温帯地方を中心に分布する。

イチモンジチョウ　p. 41

Ladoga camilla (Linnaeus, 1764)

終齢幼虫および蛹を静岡県家山産の日本産亜種 *japonica* (Ménétriès, 1857)で図示・記載する。

手代木(1990)に詳細な記述がある。

【成虫】 日本国内でも白帯の幅には変異があり，新潟県産では狭い個体群がある。
【卵】 半球形で灰緑色。
【幼虫】 食痕をつくったり排泄した糞をダミーとして置いたりする習性など，ほかの近縁種に通じる。終齢幼虫は緑色で背面に赤褐色の棘状突起を生じる。
【蛹】 頭部突起が発達し色彩は緑色から褐色を帯びた色彩まで個体変異がある。
【食草】 スイカズラ科のスイカズラ，キンギンボク，タニウツギなどを食べる。
【分布】 ヨーロッパの中南部から中国，朝鮮半島を経て日本に分布する。

アサマイチモンジ　p. 41

Ladoga glorifica (Fruhstorfer, 1909)

終齢幼虫および蛹を長野県浅間山麓追分ヶ原産の名義タイプ亜種 *glorifica* で図示・記載する。

手代木(1990)に詳細な記述がある。

【成虫】 イチモンジチョウよりも生息地は制限され，その原因は食性の範囲が狭いと考えられる。
【卵】 色彩は黄色でイチモンジチョウと異なる。
【幼虫】 終齢幼虫はイチモンジチョウに比べやや黄色みが強く，第8腹節背面棘状突起が短い。
【蛹】 イチモンジチョウよりも頭部突起が短い。
【食草】 イチモンジチョウと基本的に同じだがスイカズラが主要である。
【分布】 日本特産種とされ本州に分布する。

タイワンホシミスジ　p. 42,181

Ladoga sulpitia (Cramer, [1779])

卵から蛹までのすべてを台湾台北産の亜種 *tricula* (Fruhstorfer, 1908)で図示・記載する。

【分類学的知見】 タイワンイチモンジ属に所属するという説もあるが，幼生期の特徴から本属と考える。
【成虫】 台湾では平地から山地にかけて分布し，年3, 4回の発生と考えられる。林縁の比較的低い位置を飛翔し，その様子は日本のイチモンジチョウと同様である。
【卵】 淡灰緑色で卵幅0.94 mm，卵高0.87 mm程度，0.06 mm程度の毛状突起を生じる。
【幼虫】 孵化した幼虫は食草の葉の先端に移動し，付近の葉縁から中脈に向かって摂食しながら余分な葉片を噛み捨てる。やがて中脈が裸出するとその先端に糞を吐糸で次々とつなぎ，細い棒状の糞鎖を形成する。この習性は2齢期には消滅し，幼虫は通常この糞鎖に静止している。それらの習性的特徴は日本のイチモンジチョウと同様である。飼育下では終齢はすべて5齢で4齢はなかった。色彩の変化についてもイチモンジチョウと同様だが，終齢幼虫はより緑色みが強く，亜背線部の棘状突起は長大である。
【蛹】 体色や形態もイチモンジチョウによく似ている。側面から見ると頭部突起から胸部背面にかけての丸みが強い。
【食草】 台湾ではスイカズラ科のスイカズラ。
【分布】 中国からベトナム北部を経て台湾に分布している。

キボシイチモンジ属
Patsuia Moore, [1898]

【分類学的知見】 1種からなり，オオイチモンジ属に含められることもある。幼生期の形態的特徴から独立した属とした。

キボシイチモンジ　p. 182

Patsuia sinensium (Oberthür, 1876)

【成虫】 斑紋は黄橙色斑紋が点在し，見かけ上はオオイチモンジ属と印象が異なる。
【卵】 未確認。
【幼虫】 胸部から腹部背面の棘状突起は各節で発達する。色彩は灰褐色に白斑と黒斑を装う(静谷，1995)。
【蛹】 形態はイチモンジチョウに似ていて，一様な黒褐色。
【食草】 ヤナギ科の *Salix* sp.。
【分布】 チベットから中国の北〜西部に分布する。

スジグロイチモンジ属
Litinga Moore, [1898]

【分類学的知見】 オオイチモンジ属に含められていたこともある。
【成虫】 一文字というよりは胡麻斑の感じの斑紋をもつ。
【卵】【幼虫】【蛹】 未解明。
【分布】 3種が中国を中心に分布する。

スジグロイチモンジ　p. 182

Litinga mimica (paujade, 1885)

【成虫】 色彩斑紋はミスジチョウ族のスジグロミスジ属に似ていて，ともにシロチョウ科の *Aporia* などへの擬態の意味があると思われる。
【卵】【幼虫】【蛹】【食草】 未解明。
【分布】 中国の北部から中部を経て雲南に分布する。

アオオビイチモンジ属
Sumalia Moore, [1898]

【成虫】 やや小型で前後翅を貫く直線的な一文字斑があ

る。
【卵】【幼虫】【蛹】【食草】 未解明。
【分布】 4種が東南アジアに分布する。

アオオビイチモンジ p. 182
Sumalia daraxa (Doubleday, [1848])
【成虫】 東南アジアでは路上で吸水する♂をよく見かけ，飛翔はすばやい。
【卵】【幼虫】【蛹】【食草】 未解明。
【分布】 インド北東部からインドシナ半島を経てマレー半島，さらにボルネオ島に分布する。

ムラサキイチモンジ属
Parasarpa Moore, 1898

【成虫】 中〜大型でアオオビイチモンジ属よりもさらに顕著な帯が貫く。
【卵】【幼虫】【蛹】【食草】 ムラサキイチモンジおよびシロオビイチモンジ *P. albomaculta* が解明されている(小岩屋，1997)。
【分布】 5種が東南アジアを中心に分布し，個体数の少ない種が多い。

ムラサキイチモンジ p. 41,142,182
Parasarpa dudu (Doubleday, 1848)
終齢幼虫および蛹を台湾産の亜種 *jinamitra* (Fruhstorfer, 1908)で図示・記載する。
【成虫】 陽光の差し込む森林内に生息し，活発に飛翔する。台湾では市街地に近い圓通寺内にも生息し，低山帯に生息の中心があると思われる。成虫の白帯の太さは地理的な変異があり，スマトラ島産の亜種 *bockii* (Moore, 1881)は幅広く顕著である。
【卵】 淡灰緑色で毛状突起を生じる一般的なイチモンジチョウ型である。
【幼虫】 日本のイチモンジチョウ属とはやや異なった形態で，斑紋や突起の発達度などにも違いが見出される。2齢幼虫は褐色で棘状突起を生じる。3齢幼虫は全体が淡褐色で，発達した棘状突起を生じる(図154)。4齢幼虫はさらに突起が発達し，淡褐色に黒褐色斑を装う。5(終)齢幼虫の頭部は紫褐色で，近縁種のように多数の突起を生じる。中胸から第8腹節の亜背線上には棘状突起を生じるが，中・後胸および第2・7・8腹節に生じるものは顕著で，第2および第7腹節のそれはブラシ状を呈する。胴部の色彩は褐色みを帯びた淡黄緑色で基線より下方では褐色，腹部の第4・5節亜背線部には濃紫褐色斑を生じる。棘状突起は分枝が多いが，第2および第7腹節のブラシ状突起は多数の紅紫色をした小突起から成り立ち，その先端は黒〜白色である。腹部末端の肛上板は赤紫色。静止時は食草の小枝に体を巻きつけるようにしていて，何かに擬態させているように見える。行動は緩慢で歩行はイチモンジチョウ亜科特有のリズムがある。
【蛹】 イチモンジチョウ属などよりも頭部および胸部・腹部背面の突起が著しく発達している。色彩は淡灰褐色で濃淡変化のある黒褐色斑紋が散在する。全体に油状の光沢がある。
【食草】 台湾ではスイカズラ科のキダチニンドウ，*Lonicera acuminata* など。スイカズラも食べる。
【分布】 インドの北部からミャンマー，タイ北部にかけてと，さらに台湾とスマトラ島 Battak 山に分布する。

図154 ムラサキイチモンジ *Parasarpa dudu jinamitra* 3齢幼虫(台湾)

キオビムラサキイチモンジ p. 182
Parasarpa houlberti (Oberthür, 1913)
【成虫】 ムラサキイチモンジとはやや趣が異なった黄色帯の大型の種である。
【卵】【幼虫】【蛹】【食草】 未解明。
【分布】 中国の雲南からタイ北部に分布する。

オオキオビムラサキイチモンジ p. 182
Parasarpa zayla (Doubleday, [1848])
【成虫】 キオビムラサキイチモンジに似ているが前翅の帯は白色，後翅は黄色で色彩対比が明瞭である。
【卵】【幼虫】【蛹】【食草】 未解明。
【分布】 シッキムからインド北東部を経て中国の雲南に至る地域に分布する。

チャイロイチモンジ属
Moduza Moore, 1881

【成虫】 色彩は黒，橙褐色の複雑な斑紋のなかを白色の明瞭な縦帯が貫く。陽地を好んで敏捷に飛翔し，♂は吸水活動もする。
【卵】 イチモンジチョウ亜科の範囲。
【幼虫】 一様な黒褐色で，棘状突起先端の小突起が団扇状に広がり特徴的である。
【蛹】 やや平滑で一様な黒褐色，タイワンイチモンジ属などが金属光沢をもつ部分はやや強い光沢がある。
【食草】 アカネ科が中心と思われる。
【分布】 東南アジアに10種前後が分布し，特にフィリピンで発展する。

チャイロイチモンジ p. 43,183
Moduza procris (Cramer, [1777])
卵から蛹までのすべてをマレーシア Tapah 産の亜種 *milonia* Fruhstorfer, 1906 で図示・記載する。
【成虫】 東南アジアではよく見かける普通種，♂♀ほぼ同形，やや♀の翅表白帯が広い。ニアス島亜種では名義タイプ亜種とは斑紋が著しく異なり，後翅の白帯が著しく減退する。♂は樹林の開けた明るい場所を迅速に飛翔し，路上に下りて吸水する。♀は産卵のための食樹を求めて低い位置を旋回し，食樹を発見するとその葉に静止する。触角を葉に触れて確認が終了すると瞬時に滑るようにその先端まで後退して1卵を産下する。
【卵】 卵幅1.08 mm，卵高1.04 mm程度で淡灰緑色。
【幼虫】 1齢幼虫は葉の両端を食べて先端中脈に糞鎖をつくる。2齢幼虫は糞鎖に静止し，さらに中脈を残しながら摂食を続ける。3齢幼虫は食痕の基部に静止し，盛んに糞を寄せ集めて自分の替え玉(ダミー)をつくる。4齢幼虫になると中脈を残す習性はなくなるが，1カ所に糞を集める習性は残る。終齢幼虫はこのような習性が消失し，摂食の仕方も不規則である。近縁種に見られる強く胴部を湾曲させて静止する習性はあまり見られない。
【蛹】 あまり変化のない黒褐色。
【食草】 アカネ科の *Mussaenda frondosa*，*Uncaria longiflora*，*U. lanosa*，*Chasalia curviflora* などのほかシクンシ科，フトモモ科も知られ，食性はかなり広い。
【分布】 インドからインドシナ半島，マレー半島を経てスマトラ・ボルネオ・ジャワの各島とその近隣の諸島およびパラワン島。ニアス島亜種はニアス島に特産。

トラフチャイロイチモンジ p. 183
Moduza jumaloni (Schröder, 1976)
【成虫】 表翅がトラフタテハによく似ている。林内の明るい場所をすばやく飛翔するが数は少ない。
【卵】【幼虫】【蛹】【食草】 未解明。
【分布】 フィリピンのネグロス島およびマスバテ島に特産する。

アミメチャイロイチモンジ p. 183
Moduza nuydai Shirôzu & Saigusa, 1970
【成虫】 表翅の色彩は青色系と赤色系が交じり合い，亜外縁は網目模様が配列する。
【卵】【幼虫】【蛹】【食草】 未解明。
【分布】 フィリピンのルソン島特産で東北部に分布する。

ムモンチャイロイチモンジ p. 183
Moduza lycone (Hewitson, 1859)
【成虫】 ほとんど褐色で斑紋は不明瞭である。
【卵】【幼虫】【蛹】【食草】 未解明。
【分布】 インドネシアのスラウェシ島特産である。

フィリピンチャイロイチモンジ p. 183
Moduza pintuyana (Semper, 1878)
【成虫】 シロオビチャイロイチモンジに似ているが白紋は小さい。
【卵】【幼虫】【蛹】【食草】 未解明。
【分布】 フィリピンのレイテ島，ミンダナオおよびバシラン島に分布する。

シロオビチャイロイチモンジ p. 183
Moduza urdaneta (C. & R. Felder, 1863)
【成虫】 フィリピンチャイロイチモンジの黄帯が白紋に置き換えられている。
【幼生期】 五十嵐・福田(2000)を参考に記載する。
【卵】 半球状で色彩は淡緑色。
【幼虫】 チャイロイチモンジに似ているが，棘状突起が若干長い。その先端は団扇状に小突起が集中することはない。
【蛹】 チャイロイチモンジに極めて似ているが頭部耳状突起はやや開く。
【食草】 アカネ科の *Uncaria velutina*，*Neonauclea orientalis* など。
【分布】 フィリピンのルソンおよびミンダナオ島。

セラムチャイロイチモンジ p. 147
Moduza staudingeri Ribbe, 1889
【分類学的知見】 従来イチモンジチョウ属(*Limenitis*)とされている例が多いが(D'Abrera, 1971など)，成虫の斑紋から明らかにチャイロイチモンジ属(*Moduza*)に分類されるものと思われ，インドネシアのスラウェシ島よりさらに東部に分布の広がった種であると考えられる。
【成虫】 基本的な斑紋はチャイロイチモンジと等しい。林縁や樹林の開けた空間を軽快に飛翔する。
【卵】【幼虫】【蛹】【食草】 未解明。
【分布】 インドネシアのセラム島の2014年5月の探索で1♂1♀が得られたが，普遍的にみられるものではない。アンボン島での分布は疑問視されている。

ヒメチャイロイチモンジ属
Tarattia Moore, 1898

【分類学的知見】 チャイロイチモンジ属の範疇と考えられ，含まれる種は流動的であるが，本書では *T. bruijni* を含めて2種と考える(Vane-Wright & de Jong, 2003)。
【成虫】 形態はタイワンイチモンジ属に極めて似ている。
【卵】【幼虫】【蛹】【食草】 未解明。
【分布】 インドネシアのスラウェシ島とその近隣の島嶼。

ヒメチャイロイチモンジ p. 183
Tarattia lysanias (Hewitson, 1859)
【成虫】 白紋が明瞭な小型種。
【卵】【幼虫】【蛹】【食草】 未解明。
【分布】 インドネシアのスラウェシ島およびスーラ諸島。

セレベスチャイロイチモンジ属
Lamasia Moore, [1898]

【分類学的知見】 チャイロイチモンジ属に近縁であると考えられるが，幼生期が未解明なため結論が言及できない。1種のみが含められる。

セレベスチャイロイチモンジ p. 183
Lamasia lyncides (Hewitson, 1859)
【成虫】 ♂♀ほとんど同じ斑紋で前翅に明瞭な白紋が現れる。♂は明るい林間などでよく見かけるが♀は少ない。
【卵】【幼虫】【蛹】【食草】 未解明。
【分布】 インドネシアのスラウェシ島とバンガイ島。

タイワンイチモンジ属
Athyma Westwood, [1850]

【分類学的知見】 40種程度を含む大きな属である。幼生期からイチモンジチョウ属やチャイロイチモンジ属など近縁属との明確な差を見出すのが困難な種も含まれる。種どうしが重なり合う部分が多く同定が困難な種もあって，今後の検討が必要である。

従来，*A. larymna*，*A. eulimene*，*A. magindana* が所属したオオミナミイチモンジ属 *Tacola* Moore, [1898]，*A. asura* などが所属したナカグロミスジ属 *Tacoraea* Moore, [1898]，*A. punctata* が所属したシロモンイチモンジ属 *Pseudohypolimnas* Moore, [1898] など，属の範囲をやや広義にとらえればいずれもタイワンイチモンジ属の範疇と思われる。

【成虫】 典型的なイチモンジ型で黒地に白色一文字斑を装い，さらに種によって多様な斑紋・色彩が加わる。中～大型の大きさで，飛翔は敏捷である。♂♀が異型の種もあり，多様さが感じられる。

【卵】 イチモンジチョウ亜科の範囲内の形態で，色彩は黄～淡緑色。

【幼虫】 一般的にはイチモンジチョウ属などよりも棘状突起が強く発達する。

【蛹】 背面突起が著しく発達する。体表には強い金属光沢をもつ黄金斑で覆われるなど目立った特徴をもっている。

【食草】 トウダイグサ科やアカネ科など多様である。

【分布】 中国から東南アジアにかけ分布する。

ヤエヤマイチモンジ
p. 43

Athyma selenophora (Kollar, [1844])

終齢幼虫および蛹を石垣島オモト産の日本産亜種 *ishiana* Fruhstorfer, 1899 で図示・記載する。

手代木(1990)に詳細な記述がある。

【成虫】 雌雄異形で♂はイチモンジ型，♀はミスジ型である。

【卵】 卵高の高い卵形で灰緑色。

【幼虫】 終齢幼虫は濃緑色で背面には顕著な濃褐色の棘状突起を有する。

【蛹】 頭部突起がやや湾曲し，胸部・腹部背面突起が発達し全体が黄金色に輝く。

【食草】 アカネ科のヤエヤマコンロンカ，アカミズキなどを食べる。

【分布】 カシミール，ネパールから中国を経てマレー半島，インドシナ半島，スマトラ，ジャワ，バリの各島，さらに台湾と日本の八重山諸島に分布する。

メスグロイチモンジ
p. 44,184

Athyma nefte (Cramer, [1780])

終齢幼虫および蛹をマレーシア・ボルネオ島サラワク州 Kuching 産の亜種 *subrata* Moore, 1858 で図示・記載する。

【成虫】 東南アジアに広く分布している普通種。形態・習性ともにタイワンイチモンジに極めて似ている。

【卵】 半球形で色彩は淡灰緑色。

【幼虫】 タイワンイチモンジに似ているが，背面の黒色斑の形が異なり，本種はほぼ長方形をしている。棘状突起の色はより淡い色である。Kuching で幼虫を発見したが，1頭はコミカンソウ科の *Phyllanthus* と思われる植物より，さらに1頭は明らかに同科のカンコノキ属からであった。いずれもヒラミカンコノキを良好に摂食した。

【蛹】 タイワンイチモンジに似ているが，色彩がやや淡い色で，背面の突起の湾曲が弱い。

【食草】 コミカンソウ科カンコノキ属の *Glochidion eriocarpum*，*G. arborescens*，*G. zeylanicum* などが知られている。

【分布】 インドからミャンマーを経てインドシナ半島，マレー半島とスマトラ，ボルネオ，ジャワ各島まで。

アカスジイチモンジ
p. 44,184

Athyma libnites (Hewitson, 1859)

蛹をインドネシア・スラウェシ島産の名義タイプ亜種 *libnites* で図示・記載する。

【分類学的知見】 ヒメチャイロイチモンジ属に所属する分類もある(Brower，web サイト tolweb.org/Tarattia)。

【成虫】 スラウェシ島の明るい林間でよく見かける普通種。

【卵】【幼虫】 五十嵐(1997)に詳細な記述がある。

【蛹】 金銀の反射光沢をもつ。メスグロイチモンジに似ているが，腹部背面の突起はやや小さい。

【食草】 コミカンソウ科の *Glochidion philippicum* を食べる。

【分布】 スラウェシ島のみに分布する。

セレベスイチモンジ
p. 147

Athyma eulimene (Godart, [1824])

【分類学的知見】 属として *Tacola* が使われることもあるが(Vane-Wright & de Jong, 2003 など)，幼生期からその根拠を把握していない。ただしタイワンイチモンジ属のなかでは大型，属内では分布が東端になるなどの特異性がある。

【成虫】 原始林内の空間や渓谷を敏捷に飛翔する。本属のなかでは最大で，黒色に黄褐色斑紋を散在する。

【卵】【幼虫】【蛹】 未解明。

【食草】 アカネ科より本種と思われる食痕を発見した。

【分布】 インドネシアのスラウェシ，アンボン，セラム各島およびその近隣の島嶼。

シロミスジ
p. 44

Athyma perius (Linnaeus, 1758)

終齢幼虫および蛹を与那国島宇良部産の名義タイプ亜種 *perius* で図示・記載する。

手代木(1990)に詳細な記述がある。

【成虫】 雌雄同形でミスジ型斑紋である。

【卵】 色彩は黄色。

【幼虫】 終齢幼虫はヤエヤマイチモンジよりも黄色みが強く，棘状突起の基部が黒い。

【蛹】 頭部突起は斜め方向を向く。

【食草】 ヤエヤマイチモンジとは異なりコミカンソウ科

カンコノキ属のヒラミカンコノキ(*Glochidion rubrum*)などを食べる。
【分布】 ヤエヤマイチモンジとほぼ同じだが，日本では与那国島に限る。

タイリクイチモンジ　p. 45,184

Athyma ranga Moore, [1858]

終齢幼虫および蛹を中国広東省産の亜種 *obsolescens* (Fruhstorfer, 1906)で図示・記載する。
【成虫】 近縁種に比べ翅表の白色斑紋が顕著で識別は容易。乾季はさらに白化の傾向が強い。
【卵】 ほぼ球状で淡緑色。
【幼虫】 4齢幼虫で越冬するようで，越冬から覚めた幼虫は硬い食樹の葉を食べる。やがて食樹が新葉を展開するようになると5齢になり，以後急速に成長する。やや活動が活発になり彷徨しながら摂食をする。頭部の色彩は淡褐色で胴部は濃緑色，第4・5腹節に白帯が現れ気門下線部も白色，棘状突起は灰白色。第1腹節を持ち上げるようにして静止する。
【蛹】 頭部突起をはじめ胴部の突起も発達する。色彩は黒褐色だが，体表全体が金・銀の金属光沢を有する。
【食草】 モクセイ科。キンモクセイで十分生育する。
【分布】 インド南部からインドシナ半島およびマレー半島にかけて分布する。

タイワンイチモンジ　p. 45,184

Athyma cama Moore, [1858]

幼虫および蛹を台湾産の亜種 *zoroastres* (Butler, 1877)で図示・記載する。
【成虫】 台湾では平地の丘陵から山地帯に生息し，♂はやや低い空間を迅速に飛翔して吸水のため湿地に下りる。♀はやや緩やかに飛び樹木の葉などに止まって休むことを繰り返す。雌雄異型で♂は青色に縁取られた白色一文字紋のイチモンジ型，♀は黄橙色のミスジ型である。
【卵】 ほぼ球形で色彩は黄色。
【幼虫】 1齢幼虫は葉の先端をかじって中脈を残し，その先端に糞をつないで糞鎖をつくる。2齢幼虫も同様の習性がある。また残された中脈の基部に糞を自分の替え玉のように積み重ねて置く。3齢幼虫は糞鎖をつくらないが，糞を積み重ねる習性は2齢同様。4齢幼虫はこれらの習性を消失するが，葉の中脈は残しておく。5(終)齢幼虫はこれらのいずれの習性をも消滅させ，葉表に胴部を屈曲させて静止している。体色は4齢幼虫までは黒褐色，終齢で濃緑色になる。しかし，3齢期には背面に緑色が若干現れ，4齢期にはより強く現れる。終齢期の末期には全体が黄緑色に変じ，黒色斑と青藍色斑が現れてまったく異なった印象の色彩となる。約1日後にはこれらの斑紋が消失し，黄化してやがて前蛹となる。この色彩変容の傾向は他種にも共通する現象である。
【蛹】 濃褐色で黄金斑紋を散りばめ，背面には湾曲した大きな突起を添える。
【食草】 コミカンソウ科カンコノキ属の *Glochidion lanceolatum*，*G. rubrum*，*G. acuminatum* など。
【分布】 インドの北部から中国南部を経てスマトラ島，ボルネオ島の一部に至る。

ナカグロミスジ　p. 147

Athyma asura Moore, [1858]

【分類学的知見】 Lepidoptera Indica(1896)などでは *Tacoraea* が属とされ，『原色台湾蝶類大図鑑』(白水, 1960)ではタイワンイチモンジ属に同属名が与えられ，それが踏襲されていたこともあるが，幼生期から *Athyma* に所属するものと思われる。
【成虫】 黒色の地に白色斑紋を散在する。後翅亜外縁の斑紋列は白色内に黒色小斑がある。
【幼生期】 webサイト(butterflycircle)を参考に記載する。
【卵】 半球形で淡緑色。
【幼虫】 終齢幼虫は緑色で，棘状突起が発達し背面の基部周辺は青色を呈する。また第2腹節のそれは紅色で基部が黒色，色彩の対比が強い。
【蛹】 タイワンイチモンジに似て，胸部背面の突起が発達する。
【食草】 カキノキ科 *Diospyros lanceifolia*，モチノキ科 *Ilex cymosa*。
【分布】 インド北部からインドシナ，マレー半島を経てその周辺の島嶼に広く分布する。

フトオビルソンイチモンジ　p. 184

Athyma saskia Sohröder & Treadaway, 1991

【成虫】 近年ルソン島中東部から発見された種である。Banahawの沢筋には比較的よく見かけるという(北村, 1999)。
【卵】【幼虫】【蛹】【食草】 未解明。
【分布】 フィリピン・ルソン島の特産。

シロモンルソンイチモンジ　p. 184

Athyma arayata C. & R. Felder, 1863

【成虫】 フトオビルソンイチモンジに似ているが前翅の白紋は断続し，後翅肛角部はやや張り出す。
【卵】【幼虫】【蛹】【食草】 未解明。
【分布】 フィリピン・ルソン島の特産である。

シロモンイチモンジ　p. 184

Athyma punctata Leech, 1890

【分類学的知見】 従来シロモンイチモンジ属(*Pseudohypolimnas*)とされていたが，その根拠を幼生期から証明するに至らない。
【成虫】 ♂の翅表はメスアカムラサキ属のリュウキュウムラサキ，あるいはやや系統が異なるムラサキイチモンジ属の *Parasarpa albomaculata* に似ているが，裏面はタイワンイチモンジ属の特徴がある。♀は翅表裏ともタイワンイチモンジ属の斑紋をもつ。
【卵】【幼虫】【蛹】【食草】 未発表の記録はある。
【分布】 中国の西部からチベットにかけて分布する。

ヒメイチモンジ属
Pandita Moore, 1857

【分類学的知見】 幼虫の形態からタイワンイチモンジ属に近縁であることが明瞭である。1種を含むのみ。

ヒメイチモンジ p. 184

Pandita sinope Moore, [1858]

【成虫】 本亜科内では特異な斑紋で3条の橙色斑紋が縦走する。ニアス産亜種 *imitans* Butler, 1883は前翅に大きな白紋を生じる。

【幼生期】 webサイト(www.butterflycircle.com/checklist/showbutterfly/86)を参考に記載する。

【卵】 半球状で色彩は灰緑色。

【幼虫】 タイワンイチモンジ属に極めて似ている。ほぼ全体が緑色で第5腹節背面に濃褐色斑がある。棘状突起は赤褐色。

【蛹】 幼虫と同様にタイワンイチモンジ属に形態・色彩が似ている。背面は黄金色に輝く。

【食草】 アカネ科 *Uncaria* 属を食べる。

【分布】 マレー半島からスマトラ，ジャワ，ボルネオ，ニアス各島などに分布する。

ツマジロイチモンジ属
Lebadea Felder, 1861

【分類学的知見】 トラフタテハ族に含まれていたが(Eliot, 1991)，幼生期の特徴からイチモンジチョウ族に所属するのが妥当と考える。チャイロイチモンジ属などに近いと思われる。

【卵】【幼虫】【蛹】【食草】 ツマジロイチモンジについて知られている(五十嵐・福田，2000)。

【分布】 3種を含み，ミャンマーからマレーシア半島，さらにスマトラ，ボルネオ，ジャワ各島などに分布する。

ツマジロイチモンジ p. 187

Lebadea martha (Fabricius, 1787)

【成虫】 明るい林縁に生息し飛翔は速いがよく見かける普通種である。パラワン産亜種 *paulina* Staudinger, 1889は白帯を生じない。

【幼生期】 五十嵐・福田(2000)を参考に記載する。

【卵】 球形で淡緑色である。

【幼虫】 基本的な形態はタイワンイチモンジ属やチャイロイチモンジ属に似ているが後胸背面の突起が著しく発達し，第8腹節のそれはやや湾曲して先端が膨らむ特異な形態である。色彩は褐色で第3・4腹節側面に顕著な緑色斑がある。

【蛹】 黒褐色で光沢がありチャイロイチモンジ属などに似ている。

【食草】 オトギリソウ科の *Mammea siamesis* やアカネ科の *Ixora finlaysoniara* の記録がある。

【分布】 ネパールからミャンマーを経てマレー半島，さらにボルネオ島，スマトラ島などに広く分布する。

アメリカイチモンジ属
Adelpha Hübner, [1819]

【分類学的知見】 新熱帯区に産する唯一のイチモンジチョウ亜科で，85種を数える大きな属である。幼生期形態はそれぞれに個性があって分類の指標として有効である。Willmott(2003b)は次の6群とさらにいずれにも属さない種に分けている。

①ミズイロアメリカイチモンジ(*serpa*)群
②ミヤマアメリカイチモンジ(*alala*)群
③シロオビアメリカイチモンジ(*iphiclus*)群
④ワイモンアメリカイチモンジ(*capucinus*)群
⑤ベニオビアメリカイチモンジ(*phylaca*)群
⑥ヒメアメリカイチモンジ(*cocala*)群
⑦所属なし

さらにMullen *et al.*(2010)は属内の種の解析を試みているが，これを基にすると本種に掲載した種の系統的な構成は次のようになる。( )内は上記の分類群。アメリカイチモンジは省略。

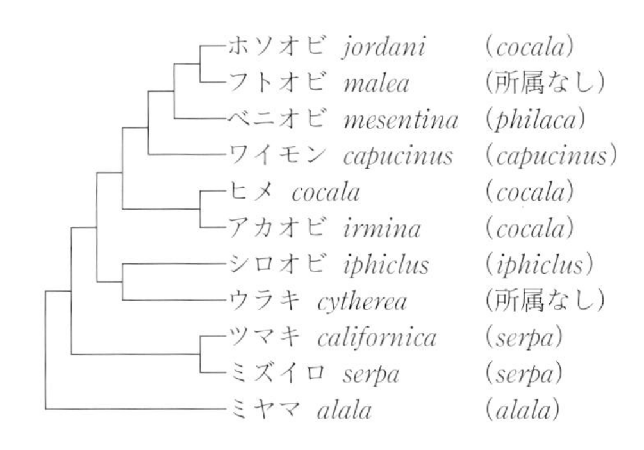

【成虫】 互いに似たような色彩・斑紋であり，さらに個体変異・地域変異などが複雑に絡み合って同定は極めて困難なことがある。翅表の斑紋はそのほとんどが黒地に白色と黄〜橙色の斑紋で構成され，各種に共通する。

【卵】 基本的な形態は本亜科内の特色をもつ。

【幼虫】【蛹】 形態はアジアのムラサキイチモンジ属やタイワンイチモンジ属に似ている。幼生期形態では成虫の見た目以上に種間の差が見られるようである。

【食草】 半数程度の種で確認されている。アカネ科が圧倒的に多く，ほかにクワ科，バラ科などが知られている。

【分布】 新熱帯区特産の属である。

ミヤマアメリカイチモンジ群
alala group

ミヤマアメリカイチモンジ p. 46,185

Adelpha alala (Hewitson, 1847)

幼虫および蛹をペルー Satipoの高地1,800 m前後のCalabaza産の亜種 *negra* (C. & R. Felder, 1862)で図示・記載する。

【分類学的知見】 成虫よりも幼生期形態に顕著な特徴が現れ，ほかのアメリカイチモンジとは別グループに細分できる。Mullen *et al.*(2010)は以下の解析をし，ほかの *Adelpha* 群とは異なった高地性の一群としている。

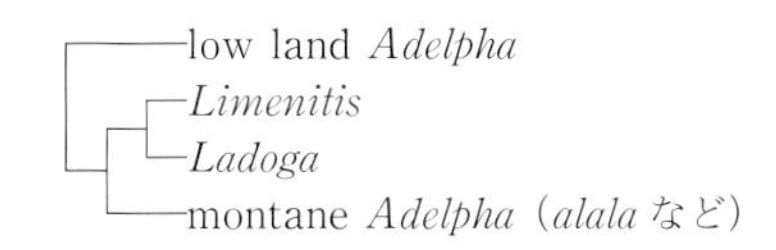

【成虫】 高地の開けた環境に生息する。白色の帯が前後翅を貫き，その外縁寄りに黄橙色斑紋が配列する。前翅の前縁近くに必ず2個の白色斑を現すが，橙色斑紋は亜種により変化がある。

【卵】 本亜科内の形態で色彩は淡い黄色(Otero, 1996)。

【幼虫】 1齢幼虫は近縁種同様に食樹の葉の中脈先端に糞鎖をつくる。2齢幼虫は褐色で痕跡程度の突起を生じる。3齢幼虫もあまり相違がなく全体に黄褐色，側面は黒褐色。気門下線部は白色を帯びる。中・後胸および第7・8腹節背面には棘状突起を生じるが，ほかの近縁種に比べ著しく小さい。標高600 m程度の地における飼育では2齢幼虫が4日後に4齢に達した。4齢幼虫は3齢よりも色彩の濃淡にめりはりがある程度。4齢期は4日間で5齢に達する。5齢初期は背面が濃赤褐色で気門線周辺は白色みを帯びる。中胸に生じる突起が最も大きいが，他種に比べ著しく小型である。この体色はしだいに変化し背面は緑色を帯びてくる。やがて図示のように背面は濃緑色で気門線周辺が黄色になる。棘状突起は橙色で先端が黒，近縁種に比べ著しく発達が弱い。気門は黒色。頭部は楕円形で短い突起が生じる。胴部は全体に棒状で太く，イチモンジチョウ亜科の特徴である全身を屈曲させて静止する習性はない。形態上は著しく特異である。5齢期は4日間。

【蛹】 頭部突起が左右に湾曲して広がり，胸部・腹部背面の突起は近縁種に比べあまり発達しない。色彩は全体に灰黄褐色で目立った斑紋はない。蛹期は12日間。

【食草】 羽状複葉の植物。この形式の葉は近縁種の食性対象となっているアカネ科やノボタン科に見られる特徴である。ベネズエラで確認された食草はスイカズラ科の *Viburnum tinoides* である。

【分布】 コロンビアからボリビアにかけて分布する。

ミズイロアメリカイチモンジ群
serpa group

ミズイロアメリカイチモンジ　p. 46,142,185
Adelpha serpa (Boisduval, [1836])

終齢幼虫および蛹をペルー Satipo 産の亜種 *diadochus* Fruhstorfer, 1915 で図示・記載する。

【分類学的知見】 成虫はほかのアメリカイチモンジ属と大差がないが，幼生期の形態は著しく異なり，別属としてもよいほどに感じる。属の解説で述べたように本属の細分を考える上での好例である。

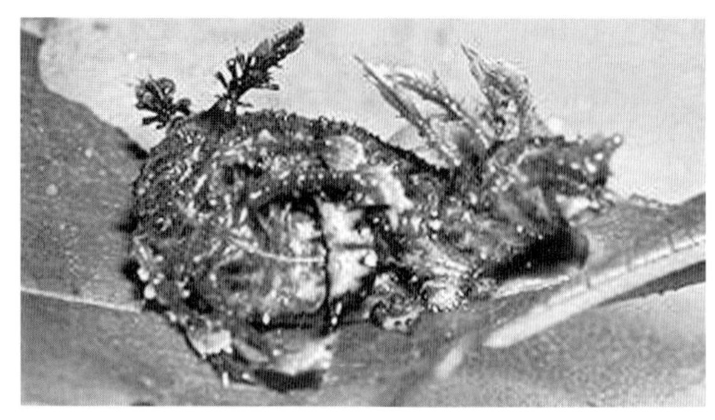

図155 食樹の葉上に静止するミズイロアメリカイチモンジ *Adelpha serpa diadochus* 4齢幼虫(Peru)

【成虫】 前翅に橙色紋があり，前後翅を淡い青緑色の帯が貫く。明るい林間を活発に飛翔し，♀は林縁の日の当たる低い位置の食樹の葉に産卵する。

【卵】 未確認。

【幼虫】 林道の明るい場所に生じた食樹の高さ1 m前後の周辺の葉に食痕が多いが，幼虫がついていることは少ない。終齢幼虫は葉表に静止しわずかの振動などの刺激でも体をC字状に曲げ，刺激から解除されるまでしばらくこの曲げた状態を維持する(図155)。葉の上にある枯葉かゴミのようにも見え，クモに擬態しているようにも見える。摂食のときは体を伸ばすが，わずかの刺激で再び体を曲げ容易にその状態を解くことはない。終齢初期は黄褐色や黒褐色の混じった色彩だが，末期には緑色を強く現すようになり，油状の光沢がある。体を屈曲させる習性も特異だが，体に生じる棘状突起も近縁種と異なり個性的で，一見，東南アジアのチャイロイチモンジ属を思わせるものがある。棘状突起は横に強く張り出し，先端が扇子状で特に第2腹節のそれは黒色で先端は球状に膨らみ，何かの小動物を思わせる。十分に成長すると体を曲げることはなくなりまっすぐに伸ばし，腹部末端を上方に持ち上げて静止している(図156)。

【蛹】 形態はツマキアメリカイチモンジに似て一般的なイチモンジチョウ型だが，全体がプラチナのように燦然と輝く。

【食草】 現地ではノボタン科の *Miconia* と思われる2種より幼虫を発見した。ボンバ科，アカネ科，イラクサ科などの記録がある(Willmott, 2003b)。ノボタン科はイチモンジチョウ亜科内では東南アジアのイナズマチョウ類の食草の1つであり，潜在的な基本食の1つであろう。

【分布】 メキシコから南米の熱帯地方に広く分布する。

ツマキアメリカイチモンジ　p. 47,185
Adelpha californica (Butler, 1865)

卵から蛹までのすべてをアメリカ合衆国カリフォルニア州 Marin County 産の名義タイプ亜種 *californica* で図示・記載する。

【分類学的知見】 従来オオイチモンジ属とされていたが(Scott, 1986)，幼生期形態から明らかにアメリカイチモンジ属である。また *A. bredowii* の亜種とされていたが近年は表記の独立種とされる(Prudic *et al.*, 2008)。

【成虫】 本属にあっては斑紋構成が特徴的で個性的な種である。渓谷の樹林内を軽快に飛翔し，湿地で吸水したり腐果実で吸汁する。まれに花蜜を求める。♂は活動的で，樹木の葉の先端に静止し占有行動を繰り返す。♀は

図156 食樹の小枝上に静止するミズイロアメリカイチモンジ *Adelpha serpa diadochus* 終齢幼虫(Peru)

葉表に静止するとその先端部に産卵する習性をもつが，食樹であるアメリカのコナラ類は葉に棘をもっているためにその棘に産卵されていることが多い。多化性だが地域によって発生回数や発生期は異なる。その経過については日本のイチモンジチョウなどと同様であろう。

【卵】 卵幅 1.62 mm，卵高 1.58 mm 程度，淡緑色でほぼ球形，毛状突起を生じる。卵期は6月で7日程度。

【幼虫】 孵化した幼虫は葉の先端に移動し，摂食を開始するとともに葉脈の先端に糞を棒状に連結させながら糞鎖をつくる。基部には糞を積み重ねて自分のダミーをつくる。この習性はほかの近似種に共通する。2齢になるとこの習性は消滅し，葉縁から不規則に食べ，葉裏に静止する。3齢頃より生育の個体差が大きくなる。原因の1つとして食餌の葉の質が考えられる。柔らかい新葉の場合はスムーズに4齢になり，しかもこの齢期が終齢となる。逆に硬い成葉だと生育が鈍り，終齢が5齢まで進む。このことは日本産のイチモンジチョウと共通している。3，4齢幼虫は胸部を強く屈曲させ，尾端を持ち上げるなど特異な姿勢をとるが，これはスミナガシなどと基本的に同様である。幼虫の形態は基本的にイチモンジチョウ属に似て，中・後胸，第2・8腹節の棘状突起が特に大きい。色彩は3(4)齢幼虫までは褐色，終齢幼虫は背面が濃黄緑色，腹面が茶褐色，棘状突起は紅褐色。

【蛹】 茶褐色で不規則な濃褐色の亀裂斑が多数散在する。背面の一部に鈍い黄金斑がある。形態や色彩がイチモンジチョウ属に極似し，オオイチモンジ属とは異なる。

【食草】 ブナ科のコナラ属。*Quercus agriforia*，*Q. chrysolepis*，*Q. vacciniforia* などで，クヌギやコナラも食べる。

【分布】 アメリカ合衆国の北西部寄りに産地が多く，中米のホンジュラスに至る。

シロオビアメリカイチモンジ群
iphiclus group

シロオビアメリカイチモンジ p. 46,185

Adelpha iphiclus (Linnaeus, 1758)

終齢幼虫および蛹をペルー Satipo 産の名義タイプ *iphiclus* で図示・記載する。

【成虫】 翅表は前後翅を白帯が貫き，前翅に小さな橙色斑紋がある。習性については確かな観察を逸している。

【卵】 未確認。

【幼虫】 陽光の差し込む樹林内の空き地で2齢幼虫を発見した。習性についてはほかの近縁種と同様である。4齢幼虫では，食草を新鮮なものに変えると葉の先端に簡単な棒状の食痕を残してそこに静止し，この位置にこだわる習性が強い。5齢期は7日程度。静止時は体を屈曲させることなくまっすぐに伸ばしていることが多い。全幼虫期を通して体の色彩は濃褐色で，斜条の黒色斑紋を装う程度で大きな変化はない。

【蛹】 黄褐色で背面全体が黄金色に輝く。

【食草】 蔓性で対生の羽状複葉，アカネ科のカギカズラ属と思われる。成葉は濃い緑色で硬く，葉柄の付け根に2本の鉤爪型の刺をもつ。アカネ科の *Calicophyllum*，*Antirrhoea*，*Bathysa* などが記録されている（DeVries, 1987）。

【分布】 メキシコから南米の熱帯地方およびトリニダード諸島に分布する。

ワイモンアメリカイチモンジ群
capucinus group

ワイモンアメリカイチモンジ p. 47,142,185

Adelpha capucinus (Walch, 1775)

終齢幼虫および蛹をペルー Satio 産の名義タイプ亜種 *capucinus* で図示・記載する。

【成虫】 前翅にはY字型の橙色帯，後翅には白帯がくっきりと分けられて生じる。

【卵】 未確認。

【幼虫】 ホソオビアメリカイチモンジと同じ植物から幼虫を発見した。幼虫は全身をC字状に曲げている。これはミズイロアメリカイチモンジにも見られる習性でクモ類などへの擬態，あるいは枯れ葉などへの偽装の効果があると思われる。この習性は終齢期にも継続され，摂食時以外はこの姿勢で静止している。終齢幼虫は黄褐色で白色や黒色の斑紋を点在する。中・後胸に生じる突起は大きく，頭部方向に強く湾曲する。

【蛹】 頭部突起はやや大型で，両端に強く張り出す。色彩は濃褐色で光沢がある。

【食草】 ホソオビアメリカイチモンジの食草と同じ種類の植物。バンレイシ科に似た植物で，葉は互生につく。

【分布】 ベネズエラ，コロンビアからボリビア，ブラジルにかけて分布する。

ベニオビアメリカイチモンジ群
philaca group

ベニオビアメリカイチモンジ p. 48,142,185

Adelpha mesentina (Cramer, [1777])

終齢幼虫および蛹をペルー Satipo 産の名義タイプ亜種 *mesentina* で図示・記載する。

【分類学的知見】 成虫の色彩斑紋や幼生期形態などから別群に属することが明瞭である。

【成虫】 前翅に大きな紅色斑を装い，他種と間違えることはない。♂は敏捷に飛翔し，近縁種同様吸水や動物の排泄物などに飛来するのをよく見かける。

【卵】 未確認。

【幼虫】 産地では食樹が多く，幼虫を発見する機会も多い。1齢幼虫は食樹の葉が大きいため，葉脈の先端であるなら特に中脈に限らずに食痕をつくる対象として選択する。日中は糞鎖上に静止し夜間にそこから離れて摂食する。このとき元の食痕が消失したような場合は，ほかの位置にある葉脈に糞鎖をつくり替える。さらに食痕の基部に葉片を吐糸でつないで残しておく習性があり，終齢期までこの食痕に固執している。体色は4齢期まではほとんど同じような灰褐色で胸部の両側が黒褐色であるが，終齢末期は灰褐色部が緑色みを帯びる。また棘状突起が全体に長くなり，特に胸部の3対は大きくさらにそれらを前方に倒していて特異である。

【蛹】 やや特異で第1腹節の背面突起が著しく大きく発達し，東南アジアのタイワンイチモンジ属を思わせる。色彩は一様な淡い黄褐色で油状の光沢がある。この形態は群内の分類の指標となる。

【食草】 イラクサ科の *Cecropia*，*Pourouma* が記録されている。*Cecropia* は高木で熱帯の伐採地跡にいち早く侵入する先駆樹種で，二次林ではよく見かける。ナマケモノの食餌としてよく知られ，チョウ類の食草としても重要な位置にあり，ほかにもオリオンタテハ属やウラナミタテハ属などの食草の対象となる。

【分布】 アンデス山脈東側のアマゾン川周辺。

ヒメアメリカイチモンジ群
cocala group

ヒメアメリカイチモンジ　p. 48,185
Adelpha cocala (Cramer, [1779])

幼虫および蛹をペルー Satipo 産の名義タイプ亜種 *cocala* で図示・記載する。

【成虫】 本属には極めて似た種が多いが，本種はこのなかでは小型，前翅橙色帯が幅広い特徴があり，後翅には白帯がある。後翅外縁部の半月紋の並びがやや乱れる(特に3室)傾向がある。♂は吸水や動物の排泄物に飛来し普通に見かける。陽光のもとに活発に飛翔し，森林内の空き地や路上などに多い。

【卵】 未確認。

【幼虫】 ペルーの Satipo，Shima の樹林中の 50 cm 程度の小木より3齢幼虫を発見した。中脈を残しその基部に糞塊を残す本科独特の食痕をつくる(図157)。全体に濃褐色で不明瞭な黒色斑紋が生じる。また第7・8腹節の気門下線に本科特有の白色の斑紋を生じる。4齢幼虫もほとんど同様の体色。5(終)齢幼虫は初め濃褐色に黒色や白色の斑紋を装っているが，4日程度を経ると淡い色の部分が緑色を帯び始め，終齢末期は複雑な色・斑紋を呈するようになる。これは枯れかかった食樹の葉に似ている。棘状突起の大きさの変化やその配列，側面の斜状斑紋などの特徴はイチモンジチョウ属やタイワンイチモンジ属などのイチモンジチョウ類と異なるところがない。

【蛹】 頭部突起が外側に強く張り出し，鋭く尖る。背面から見ると翅部の湾曲が強い。色彩は一様な黒褐色でやや光沢がある。

図157　ヒメアメリカイチモンジ *Adelpha cocala cocala* 3齢幼虫(Peru)

【食草】 複数の植物を利用していることを確認。1つは蔓性の明らかにアカネ科と推定される植物で，あるいはこれに2種以上を含むかもしれない。ほかは高木で葉は対生し，1枚の葉が 30 cm 以上にもなるアカネ科 *Pentagonia* sp.。*Calycophyllum*，*Uncaria*，*Pentagonia* などのアカネ科の記録がある(Aiello, 1984)。

【分布】 メキシコから南米の熱帯地方に広く分布する。

アカオビアメリカイチモンジ　p. 48,185
Adelpha irmina (Doubleday, [1848])

終齢幼虫および蛹をペルー Satipo 産の亜種 *tumida* (Butler, 1873)で図示・記載する。

【成虫】 前翅に大きな黄橙色または白色の斜帯があるが後翅には斑紋がなく黒1色，また裏翅の白色条の特徴から同定は容易である。明るい森林の空き地で比較的普通に見られる。斑紋はやや個性的だが幼生期形態ではヒメアメリカイチモンジなどに近い。

【卵】 未確認。

【幼虫】 形態や習性はヒメアメリカイチモンジと大きな違いはない。食樹はかなり大きくなるが，幼虫は通常幼木や低い位置の枝から発見できる。5(終)齢幼虫はヒメアメリカイチモンジやホソオビアメリカイチモンジに極めて似ている。腹部側面の白色斑が顕著で亜背線の棘状突起が強く緑色を帯びるなどの違いが認められる。

【蛹】 頭部突起は外側に向き鋭く尖ることや，濃黒褐色の色彩などほとんどヒメアメリカイチモンジと差がないが，側面から見ると下腹部はより直線状。

【食草】 アカネ科 *Pentagonia* sp.。アカネ科の *Sabicea aspera* が記録されている(Willmott, 2003)。

【分布】 メキシコからコロンビア，ベネズエラ，さらに確実にペルーにも産し，アマゾン川上流域に生息圏があるものと思われる。

ホソオビアメリカイチモンジ　p. 49,185
Adelpha jordani Fruhstorfer, 1913

終齢幼虫および蛹をペルー Satipo 産の名義タイプ亜種 *jordani* で図示・記載する。

【成虫】 山地に生息する。前翅に橙色帯，後翅に白色帯を装い，ヒメアメリカイチモンジに似ている。

【卵】 未確認。

【幼虫】 互生でバンレイシ科のような感じの植物から3齢幼虫を発見した。食痕に静止し，摂食が終わると元の位置に戻る。幼生期の形態には特徴があり，終齢幼虫は筒状で棘状突起が短い。色彩は全体に黒褐色で小白点を散在し，棘状突起の基部周辺は橙色，下腹部は白色みが強い。

【蛹】 頭部突起がやや短く全体にずんぐりした感じである。色彩は淡灰黄褐色で目立った斑紋はないが背面は強く金色に光る。蛹期は9日間であった。

【食草】 バンレイシ科の印象ではあるが属までは不明。イチモンジチョウ族の多くがアカネ科やオトギリソウ科など，葉が対生の植物を食性の対象とするなかで，互生の植物を食べるのは珍しい。

【分布】 エクアドル，ペルー，ボリビア，ブラジルに分布する。

所属未確定群
Position Undetermined group

ウラキアメリカイチモンジ　p. 49,185
Adelpha cytherea (Linnaeus, 1758)

終齢幼虫および蛹をペルー Satipo 産の名義タイプ亜種 *cytherea* で図示・記載する。

【分類学的知見】 成虫の斑紋は特徴があり，幼生期形態も個性的である。

【成虫】 林縁などの明るい空き地に普通に見られる。小型の種で前後翅を太い橙色の帯と細い白色の帯が貫き，裏翅は黄橙色でほかに同定を間違えるような種はいない。橙色斑紋の大小・多少に個体差があるが，♀がやや大きい程度で♂♀間の差はほとんどない。

【卵】 未確認。

【幼虫】 他種に比べ発見される数が多い。暗い樹林内から発見されることはなく，陽光の差し込む明るい環境に見られる。また草叢に生じる食草の低い位置に多い。食草が日本のスイカズラのような感じで生じ，幼生期もイチモンジチョウによく似ている。1，2 齢期に糞をつないで棒状の糞鎖をつくり，3 齢期には糞を重ねてダミーをつくる。4 齢幼虫までは黒褐色みが強いが，5(終)齢になるとやや淡い色に変じ背面が広く灰色みを呈する。腹部側面の後半部に白色斑紋が現れる程度で目立った斑紋はない。

【蛹】 頭部突起が短く全体が黄褐色で背面に黄金斑紋を装う。蛹期は 7 日間。

【食草】 柔らかい葉の蔓性アカネ科の *Sabicea* で，*S. villosa*，*S. panamensis* などが記録されている(Willmott, 2003b)。明るい林縁，伐採跡地などでよく見かけ，草本のような感じで新梢を伸長させる。

【分布】 メキシコから南米の熱帯圏に広く分布する。ほかにトリニダッド島が知られている。

フトオビアメリカイチモンジ　p. 49,142,185
Adelpha malea (C. & R. Felder, 1861)

終齢幼虫および蛹をペルー Satipo 産の亜種 *aethalia* (C. & R. Felder, 1867) で図示・記載する。

【分類学的知見】 成虫は *A. phylaca* に極めて似ており，ヒメアメリカイチモンジにも似ている。しかし幼生期形態から考察すると 2 種とは別のグループに属することがわかる。

【成虫】 前翅前縁で橙色帯は分離して小斑を生じ，裏面では顕著な白色斑を現す。

現地では多数の近縁種が同所的に分布しているようだが，種としての特性を詳しく観察するには至らなかった。

【卵】 半球形で卵高が低い。色彩は淡黄緑色(Freitas, 2006)。

【幼虫】 ペルー Satipo，Shima の樹林下で 2 齢幼虫を発見した。幼虫の形態や習性についてはヒメアメリカイチモンジなどとの大きな違いはない。4 齢幼虫は側面の白色斜条が顕著になる。同様に食痕上に静止し，糞鎖を巻くようにして体をねじっている。3 日を経て 5(終)齢となり，葉表上に静止するようになる。静止時は体の第 1 腹節前後を強く屈曲させる本科特有の習性をもつ。終齢幼虫の色彩は緑色化の変化があり，側面の白色斜条が顕著である。第 2 腹節の亜背線棘状突起が融合しているのが本種の大きな特徴である。5 齢期は 5 日間。

【蛹】 ワイモンアメリカイチモンジに形態は似ている。黄褐色で黒色斑紋を装い，第 1 腹節の背面には黄金色の斑紋がある。

【食草】 近縁種との大きな違いが食草である。232 頁に掲載のような対生，3 出複葉の植物である。この植物はこの個体以外に少し離れたところで 1 本を見つけただけで，ほかの地で発見することはなかった。幼虫の発見および♀の産卵をノウゼンカズラ科の *Arrabidaea mutabis* より記録された(Freitas, 2006)。

【分布】 メキシコからブラジルまで広く分布する。

アメリカイチモンジ属の 1 種①
Adelpha sp. 1　p. 50,142

終齢幼虫をペルー Satipo 産で図示・記載する。

【成虫】【卵】【蛹】【分布】 未解明。

【幼虫】 ペルー Satipo において寄主植物のプレート「アカネ科」の 5 の植物より発見した。終齢幼虫は全体に褐色で中胸，第 2・7 腹節の背面突起が特に大きい。蛹化に至らず種名の確認ができなかった。

【食草】 巨大な草本植物のようで，葉の長さは 30 cm 以上に達し対生する。葉には綿毛が密生する。幼虫は同様にプレート「アカネ科」の 6 も食べた。植物どうしが近縁なのかもしれない。

アメリカイチモンジ属の 1 種②
Adelpha sp. 2　p. 50,142

終齢幼虫をペルー Satipo 産で図示・記載する。

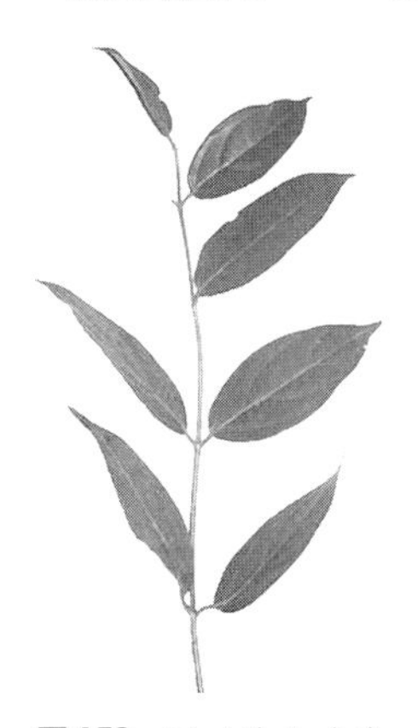

図 158　アメリカイチモンジ属の 1 種② *Adelpha* sp. 2 の食草と考えられるアカネ科の植物

【成虫】【卵】【蛹】【分布】 未確認。

【幼虫】 ペルー Satipo において 246 頁の 6(アカネ科)に示したアカネ科の植物(図 158)より発見した。終齢幼虫はホソオビアメリカイチモンジなどと異なり胴部全体が若干なめらかな感じで，腹部末端は 1 対の二叉突起状になって閉じる。また第 7 節背面突起は円盤状で数本の刺を生じるなど特異な形態である。蛹化に至らず種の確認ができなかった。

【食草】 木本で葉は対生して硬い。

アフリカ産イチモンジチョウ族
Limenitidini Behr, 1864 in Africa

【分類学的知見】 インド・オーストラリア区産とは成虫の色彩・斑紋の構成が異なるとともに幼生期にも相違が

ある。幼虫の形態や食性を考慮するとイチモンジチョウ亜科内の族の関連や本亜科とドクチョウ亜科との関連を推定することができる。ただし幼生期については未知な点が多い。

【卵】【幼虫】【蛹】 卵の形態，幼虫の頭部や胴部の棘状突起の発達程度，胸～腹部の形態や色彩，蛹の形態などがかなりアジア産と隔たりがあり，精査は今後の課題である。

【分布】 スミナガシイチモンジ属，ホソオチョウモドキ属，ミスジチョウモドキ属の3属がエチオピア区に特産する。

スミナガシイチモンジ属
Kumothales Overlaet, 1940

【分類学的知見】 Wahlberg & Brower(2009)はイチモンジチョウ族のなかでも独立した位置づけをしている。かなり稀な種のようで成虫標本も少なく，比較検討が難しい。幼生期も未知で系統などについては不明である。1種を含むのみ。

スミナガシイチモンジ　p. 186
Kumothales inexpectata Overlaet, 1940

【成虫】 ♂♀ほぼ同形である。一見スミナガシを思わせる。類縁的に離れている種の間にこのような類似した斑紋パターンを生じるのは収斂とは異なった奇異さを感じる。しかしこのような墨流し模様はアフリカ産のイチモンジチョウ亜科の特に♀の斑紋構成の共通した特徴で，ほかにも類似した例は見られる。斑紋形成の1つの形式と思われる。

【卵】【幼虫】【蛹】【食草】 未解明。

【分布】 コンゴ民主共和国の東部からウガンダ南西部の狭い範囲に分布する希少種である。

ホソチョウモドキ属
Pseudacraea Westwood, [1850]

【分類学的知見】 従来通りにイチモンジチョウ族に含めるが，分類的な位置は検討が必要である。Wahlberg (2008)はイチモンジチョウ族のなかでも独立した位置づけをしている。

【成虫】 ホソチョウ類やマダラチョウ類に擬態する。

【卵】 基本的な形態はイチモンジチョウ型であるが，毛状突起が短いか有しない。

【幼虫】 種によって違いがある。概観がミスジチョウ族あるいはオオイチモンジ属に似たものからイチモンジチョウ属に似たような形態まで見られる。

【蛹】 ミスジチョウやイチモンジチョウとはまったく異なり，やや湾曲した細長い紡錘形で頭部突起が突出し，トラフタテハ族に似ている部分がある。

【食草】 アカテツ科の *Bequaertiodendron* をはじめとし，*Chrysophyllum*，*Mimusops*，*Manilkara*，*Pachystela*，*Sideroxylon* などがある。

【分布】 19種がエチオピア区から知られる。

シロモンホソチョウモドキ　p. 131,186
Pseudacraea lucretia (Cramer, [1775])

終齢幼虫および蛹をWoodhall(2008)を参考に図示・記載する。

【成虫】 一文字型の斑紋でホソチョウ類アフリカホソオチョウ属の *Bematistes macaria* などに擬態しているものと思われる。

【幼生期】 Woodhall(2008)を参考に図示・記載する。

【卵】 卵形で淡褐色，毛状突起は根跡程度。

【幼虫】 中胸背面と第8腹節の突起が著しく長く，頭部を含めてイチモンジチョウに似ている。腹部末端を跳ね上げて静止する。

【蛹】 緑色系で頭部の突起は融合して長い。

【食草】 アカテツ科の *Chrysophyllum*，*Mimusops* など(Larsen, 1996)。

【分布】 アフリカ中西部のセネガルからナイジェリアに分布する。

マダガスカルホソチョウモドキ　p. 186
Pseudacraea imerina (Hewitson, 1865)

【分類学的知見】 以前は *glaucina* という種小名であった。

【成虫】 やや小型で薄青色の斑紋をもつ。

【卵】【幼虫】【蛹】【食草】 未解明。

【分布】 マダガスカル島とコモロ島に分布する。

ホソチョウモドキ　p. 186
Pseudacraea boisduvali (Doubleday, 1845)

【成虫】 斑紋がホソチョウ類に極めて似ている。

【幼生期】 Van Son & Dickson(1979)を参考に記載する。

【卵】 卵形で底部は平面，表面構造は本亜科の範囲だが毛状突起を欠く。色彩は淡褐色。

【幼虫】 オオイチモンジ属やミスジチョウ属に近い形態で，中・後胸および腹節の第2・7・8節の背面突起が大きい。色彩は黒褐色で第4腹節側面に大きな白色斑があり，色彩的にはオオイチモンジ属に近い。頭部形態はミスジチョウ型である。静止時に腹部末端部を跳ね上げている。

【蛹】 細長いバナナ型でやや湾曲し，頭部突起はシロモンホソチョウモドキのように融合して伸びる。色彩は黄緑色で前翅に黒褐色斑がある。

【食草】 アカテツ科の *Bequaertiodendron magalismontanum*，*Chrysophyllum*，*Mimusops* など。

【分布】 シエラレオネからタンザニア，ケニア，エチオピアに広く分布する。

ヒメホソチョウモドキ　p. 148
Pseudacraea warburgi Aurivillius, 1892

【成虫】 小型の種で，ホソチョウの *Acraea amicitiae* などの印象がある。

【卵】【幼虫】【蛹】【食草】 未解明。

【分布】 リベリアからカメルーンを経てウガンダまで。

ミスジチョウモドキ属
Pseudoneptis Snellen, 1882

【分類学的知見】 幼生期はアジアのイチモンジチョウ族と異なった形態で，特異な分類位置にあると思われる。ミスジチョウモドキ1種を含む。

ミスジチョウモドキ p. 131,186
Pseudoneptis bugandensis Stoneham, 1935

カメルーン産の全ステージが確認されている。終齢幼虫および蛹を Amiet(2002)を参考に図示・記載する。

【成虫】 ミスジチョウ類のような斑紋をもつ。
【幼生期】 卵から蛹までを Amiet(2002)を参考に記載。
【卵】 緑色で基本的形態はイチモンジチョウ亜科内であるが毛状突起を生じない。
【幼虫】 1齢幼虫は比較的長い刺毛を生じる。終齢幼虫の頭部は褐色で胴部は光沢のある緑色，全体に比較的大きな白色斑紋が点在する。胴部の亜背線列には発達した黒色の棘状突起が生じ，特に中・後胸に生じるものは大きい。気門下線列に生じる棘状突起は白色であまり発達しない。これらの形状は東南アジアのトラフタテハ属に共通する部分がある。
【蛹】 胸部と腹部が直交するような感じで反り返る特異な形態。色彩は黄緑色で背面は黄褐色を帯びる。
【食草】 フウチョウボク科の *Ritchiea*，クワ科の *Antiaris*，*Ficus* の記録があるが植物の系統的な面で再確認が必要である(web サイト，learnaboutbutterflies)。
【分布】 シエラレオネから中央アフリカ，コンゴ民主共和国，ウガンダ，ケニアに分布する。

イナズマチョウ族
Adoliadini Doubleday, 1845

【分類学的知見】 インド・オーストラリア区に分布する亜族 Adoliadina(Wahlberg & Brower, 2006)は外部形態(色彩・斑紋，翅脈，生殖器など)の研究視点の違いにより属の設定は一定でない。しかし幼生期が解明されている種は一部であり，現在のところその確証を言及できない。
【成虫】 形態や色彩は多様であるが，属ごとにまとまった特徴がある。一般に♂♀は同じ色彩で♀が大きい。
【卵】 蜂の巣状で毛状突起を生じ，基本的なイチモンジチョウ亜科の特徴をもつ。ただしほかの属に比べて卵高が低い種が多い。
【幼虫】 本族すべてに共通する特徴を有していて族としてのまとまりがよいことがほかの族との大きな違いにもなっている。幼生期の形態では胴部の色彩の違いを除いて種差を識別することは困難である。エチオピア区にも繁栄しており，多くの属と多くの種を含むが，幼生期についての報告は少ない。判明した範囲ではインド・オーストラリア区の種と形態的に大きな相違はない。1齢幼虫は2齢以降に生じる棘状突起と相同の肉質突起を生じ，刺毛が長い。2齢期以後の幼虫は体側に羽状突起を生じ，極めて特徴的な形態である。中脈に静止している幼虫は羽状突起によって立体感を失い，姿を隠蔽する効果があるようにも考えられ，また羽状突起が天敵であるクモに擬態するようにも見える。背線の直線模様は食餌植物の中脈に融合して見え，葉に擬態しているようでもある。
【蛹】 回転体状で緑色，しばしば黄金の輝きをもつ。
【分布】 エチオピア区とインド・オーストラリア区の2地域に分布し，新熱帯区には分布を欠く。

ベニホシイナズマ属
Euthalia Hübner, [1819]

【分類学的知見】 広義でとらえると50種以上を含む。細分については諸説があるが，幼生期を拠りどころとして，① *lubentina* グループ，② *aconthea* グループ，③ *duda* グループ，さらにこのいずれにも属さない④未確定グループと考えることができる。ここでは Brower (2006) (web サイト tolweb.org/Bassarona/70352)の分類による *Bassarona* を別属としたが，Yokochi(2008)は *Bassarona* や *duda* グループを含めて *Limbusa* という亜属を設定するなど，細分については今のところ流動的である。
【成虫】 色彩・斑紋はグループにより異なった特徴をもつ。
【卵】 暗紅褐～緑色まで変化が多く，卵高がやや低い。
【幼虫】 背面の各節に特色のある斑紋を装う。
【蛹】 ほとんど斑紋のないグループから顕著な黄金斑を装うグループまで種間の差がある。
【食草】 オオバヤドリギ科，ウルシ科，ブナ科などがあり，グループによって食性の共通性が見られる。
【分布】 主として東南アジアに分布する。

ベニホシイナズマ p. 51,188
Euthalia lubentina (Cramer, [1777])

卵から蛹までのすべてをフィリピン・ネグロス島産の亜種 *goertzi* Jumalon, 1975 で図示・記載する。

【分類学的知見】 本種を含む *lubentina* グループの特徴として，①♂♀ともに紅色斑紋を散在させ，♀はさらに白色紋を備える，②幼虫は緑色で背面に7，8個の褐色斑を有する，③幼虫の食草はオオバヤドリギ科，④蛹は背面の翅部に黄金斑をもつ，である。
【成虫】 樹林内をすばやく飛翔し，腐果実などに集まる。食草のオオバヤドリギが高木に寄生するため，通常，成虫も高所にいることが多い。そのような習性のため現地ではトラップを木の高い位置に吊るして本種を採集している。
【卵】 卵幅が1.98 mm，卵高が0.60 mm程度で卵高が低い。色彩は汚褐色で六角形凹部の数が少ない。毛状突起の先端は球状に膨らむ。
【幼虫】 孵化した1齢幼虫は淡褐色で葉裏に静止し，葉縁から食べて特徴のある食痕を残す。終齢幼虫は緑色の地色で背面に顕著な褐色の長方形斑紋を生じる。葉表に静止することが多く，硬い葉を食べる。

【蛹】 背面の突出が強く緑色，わずかに黒褐色の斑紋を装うが黄金に輝く斑紋を欠く。
【食草】 フィリピンのネグロス島では同属と思われるオオバヤドリギ科を食べていたが，種名の確認には至っていない。インドではオオバヤドリギ科の *Dendrophthoe falcata* などが確認されている（web サイト，Butterfliesof India）。
【分布】 インドから中国南部を含め，インドシナ半島，マレーシア半島，スマトラ，ボルネオ，ジャワ，フィリピンの各島嶼にかけて広く分布する。低地の原始林を生息地とするため，近年生息地が減少している。

セレベスイナズマチョウ p. 148
Euthalia amanda (Hewitson, 1861)
【成虫】 ♀は大きな白色紋や赤色紋を配する。村落周囲にも生息し，発酵したカカオの実などに飛来することがある。
【卵】【幼虫】【蛹】【食草】 幼虫と蛹はベニホシイナズマに似ている（五十嵐・福田，1996）。村落周辺のヤドリギをかなり探索したが幼虫は発見に至らなかった。
【食草】 上記文献ではオオバヤドリギ科の *Scurrula parasitica*。
【分布】 インドネシアのスラウェシ島およびその近隣の島嶼，フィリピンのパラワン島。

タカサゴイチモンジ p. 52,188
Euthalia formosana Fruhstorfer, 1908
卵から蛹までのすべてを台湾北部巴陵産の名義タイプ亜種 *formosana* で図示・記載する。
【分類学的知見】 本種や次種スギタニイチモンジを含む *duda* グループの特徴として，①成虫は光沢のある濃褐色地に黄白色帯をもつ，②幼虫は背中線に細い帯が貫き，知られている食草にブナ科がある，③蛹は背面に小さな黄金斑をもつ，がある。
【成虫】 早い個体はすでに4月に見られることもあり，10月末頃まで活動を続ける。その間半年にも及ぶが，7，8月頃に♀を採集して人工採卵を試みてもまったく産卵をしない。卵巣が成熟していないのである。しかし，10月頃に同様に人工採卵を試みると♀は産卵する。このことは本種の化性が年1化という裏づけになると思われる。これはスギタニイチモンジやオスアカミスジにも共通する。成虫は樹梢を軽快に飛翔し，パイナップルなどの腐果実には敏感に反応し，直ちに飛来して吸汁する。♀は♂よりも低い林道の空間などを飛翔する。
【卵】 卵幅 0.90 mm，卵高 1.10 mm 程度，暗緑色。
【幼虫】 孵化した幼虫は集合性があり，葉の先端の中脈を残すように摂食する。頭部は黒い。2齢幼虫は背中線を貫く白帯が目立つようになる。3齢幼虫は緑色の地にあざやかな黄帯が走り，胴部の大きさに対し羽状突起が長い。年内に4齢に達し，気温の高い日には食樹の硬い葉を少しずつ食べて成長を続ける。翌春5齢に達し，さらに6齢で終齢となる。羽状突起には密に針状突起が分枝し，胴部の体幅が広くなる。体色は濃緑色を呈し，背中線には黄緑色に紫褐色斑を添えた細い条が走る。生育の個体差が大きいが，これは発生期のずれに関連するものと思われる。
【蛹】 下腹部がやや強く膨らんだ三角形回転体様で緑色。
【食草】 台湾でトウダイグサ科のクスノハアカメガシワ（*Mallotus philippensis*）が確認されている。そのほかブナ科のカシ類も確認され，飼育の際もアラカシなどで問題なく生育する。
【分布】 台湾特産で中部山地に多い。

スギタニイチモンジ p. 53,188
Euthalia thibetana (Poujade, 1885)
卵から蛹までのすべてを台湾北部巴陵産の亜種 *insulae* Hall, 1930 で図示・記載する。
【成虫】 タカサゴイチモンジと生活圏を同じくし，形態的にも似ているが個体数はやや少ない。後翅の黄白色帯が直線状であることでタカサゴイチモンジと識別できる。習性などはタカサゴイチモンジと同様。タカサゴイチモンジで記したことと同様の理由で年1化と思われる。♂は樹上を活発に飛翔し，ほかの小動物を追い払っては定位置に静止する占有行動を続ける。♀は樹間をくぐるように飛翔するのを見るが，やや行動は緩い。♂♀ともパイナップルなどの腐果実に飛来する習性が強い。
【卵】 卵幅 0.91 mm，卵高 1.15 mm 程度。タカサゴイチモンジとほぼ同じだが色彩は乳白色で異なる。
【幼虫】 孵化した幼虫は卵底の付着部のみを残してほとんどの卵殻を食べる。孵化当初は黄白色だが，摂食とともに緑色を帯びてくる。葉裏に体をC字状に曲げて集団で静止し，硬い葉の葉縁から食べ始める。刺毛にたくさんの糞を付着させている。タカサゴイチモンジと異なり，頭部の色は黄褐色である。1齢期約7日くらいで2齢に達する。同様に集合性があるが1齢期よりは弱くなる。葉の1カ所から中脈に向かって食い込むようにして摂食する。その間7，8日で3齢に達する。その後低温期を迎えると生育は緩慢になり年内に4齢になり，冬季も摂食を続けながら成長を続ける。越冬中に5齢になる。翌春脱皮して終(6)齢になる。新葉も食べるが，硬い葉をより好む。胴部の色彩はタカサゴイチモンジに似ているが背中線を貫く帯がより細く，各体節前縁でやや膨らんで藤紫色を呈する。
【蛹】 タカサゴイチモンジよりも下腹部の膨らみが弱い。
【食草】 ブナ科のイチイガシ，ナガバシラカシ（*Quercus longinux*）などが確認されている。飼育の際もタカサゴイチモンジ同様アラカシなどで問題なく生育する。
【分布】 中国の西部から台湾に分布する。

ニジオビイナズマ p. 188
Euthalia duda (Staudinger, 1855)
【成虫】 後翅の白帯外側に虹色が広がる。基本的な斑紋はこの点を除けばタカサゴイチモンジなどと同じである。標本は多くない。
【卵】【幼虫】【蛹】【食草】 未解明。
【分布】 シッキム，アッサムから中国の雲南，ミャンマー西北部に分布する。

クロイナズマ p. 54,188
Euthalia alpheda (Godart, 1824)

卵から蛹までのすべてをフィリピン・ネグロス島Manbucal産の亜種 *liaoi* Schröder & Treadaway, 1982で図示・記載する。
【分類学的知見】 本種を含む *aconthea* グループの特徴として，①成虫♂は前翅端が尖り敏捷な飛翔を思わせるが♀はより丸みをもつ，②ほとんど黒褐色1色で白色以外の目立った斑紋はないか♂の後翅外縁に青色斑を備える，③幼生期も共通し，幼虫には黄色い背線が貫く，③食草はウルシ科のマンゴー類である，④蛹は緑色で頭部突起と背中線に黄金斑をもつ，がある。
【成虫】 ♂はほとんど目立った斑紋のない黒褐色であるが，♀は地色がより淡く白色の斑紋が目立つ。食樹であるマンゴーの栽培に影響を受け，低地の村落周辺でよく見かける。樹間を敏捷に飛翔し，腐果実などに集まる。
【卵】 近縁種同様葉表先端に産下される。卵幅1.84 mm，卵高1.44 mm程度。暗緑色で毛状突起の先端は二叉に分かれる。
【幼虫】 1齢幼虫は淡緑色，食痕の習性などは近似のほかの種に共通する。2齢幼虫から背線を貫く黄色の線が目立ってくる。終齢幼虫は緑色で，背中線を貫く黄色の線は顕著で橙色みを加味する。羽状突起は長く，食樹の中脈に静止しているとその姿を隠蔽する効果が高い。つねに葉または枝の定位置に静止し，近辺の葉を摂食した後は元の位置に戻る。
【蛹】 緑色で黄金斑は小さく数も少ない。
【食草】 フィリピン・ネグロス島ではウルシ科の *Mangifera indica* である。現地ではIndian Mangoと称され食用として植栽されている。
【分布】 インド北東部からインドシナ半島，マレー半島を経てフィリピン，インドネシアのジャワ各島に及ぶ。広く分布するがフィリピン以外では一般に少ない。フィリピン・ネグロス島では低地の村落周辺でよく見かけ，マンゴーから卵や幼虫が容易に発見された。

ヤシイナズマ p. 54,189

Euthalia kardama (Moore, 1859)

幼虫および蛹を中国四川省都江堰産の名義タイプ亜種 *kardama* で図示・記載する。
【分類学的知見】 成虫の斑紋，幼生期形態にも相違があり，以上の3グループとは異質で別なグループに所属するものと思われる。幼虫胴部の棘状突起がスギタニイチモンジなどに比べ著しく短く，蛹の頭部突起が発達していることなど，別群としての特徴が認められる。
【成虫】 緑褐色の地色にやや不明瞭な白と黒の斑紋を装う。
【卵】 未確認。
【幼虫】 越冬態は3齢幼虫で，葉裏の中脈に頭部を上にして静止している。冬でも気温の高い日は摂食を継続し少しずつ成長する。摂食は夜間に行われる。頭部を含めて全体に黄緑色，背中線を太い白帯が走る。棘状突起は他種に比べて短い。やがて4齢に達すると活動が活発になり，盛んに葉緑を食べ摂食量を増す。その後10日程度を経て5(終)齢になる。葉表中脈に頭部を上にして静止しているが，胴部の色彩が葉に同調して隠蔽の効果がある。またはある種のクモを連想させる。葉の先端から無駄なく食べ続ける。5齢期の生育は極めて緩慢で50日に及ぶことがある。
【蛹】 色彩は緑色で銀白色斑紋を添える。
【食草】 ヤシ科のシュロまたはその近縁種。食性が単子葉植物(ツユクサ類)という例はアフリカのトラフボカシタテハ属などにも見られ，イナズマチョウ族としての食性の特性が感じられる。
【分布】 中国の中～西部に分布する。

インドイナズマ属
Symphaedra Hübner, 1818

【分類学的知見】 インドイナズマ1種からなり，ベニホシイナズマ属に含められることもある(Smart, 1977)。
【成虫】 斑紋色彩は個性的であるが，斑紋構成は基本的にはオスアカミスジ属と同様である。

インドイナズマ p. 190

Symphaedra nais (Forster, 1771)
【成虫】 黄褐色をしたやや小型種で，イナズマチョウの印象が少ない。
【卵】【蛹】【食草】 未解明。
【幼虫】 形態はイナズマチョウ族の範囲で，体色は暗緑色で紫色の斑紋があり，カキノキ科カキノキ属やフタバガキ科の *Shorea* などを食べるという(webサイト，learnaboutbutterflies)。
【分布】 シッキムからインド南部およびスリランカのセイロン島に分布する。

シロオビイナズマ属
Bassarona Moore, [1897]

【分類学的知見】 幼生期が未知で本族内の位置を定めることができない。Brower(2006)により *dunya*，*durga*，*iva*，*labotas*，*piratica*，*recta*，*teuta*，さらに *byakko* を加えて本属とされたが，確証は今後の課題である。
【成虫】 黒褐色地に白～黄色の斑紋が帯状に縦走する。
【卵】【幼虫】【蛹】【食草】 未解明。
【分布】 中国～東南アジアに分布する。

シロオビイナズマ p. 189

Bassarona teuta (Doubleday, [1848])
【成虫】 前後翅を顕著な白帯が貫く。
【卵】【幼虫】【蛹】【食草】 未解明。
【分布】 アッサムからタイにかけて，さらにアンダマン諸島やスンダランドに分布する。

オオルリオビイナズマ p. 189

Bassarona durga (Moore, [1858])
【成虫】 大型種で白帯外側に青色斑を装う。
【卵】【幼虫】【蛹】【食草】 未解明。
【分布】 シッキムからアッサム，ミャンマーの狭い範囲に分布する。

トビイロイナズマ属

Dophla Moore, [1880]

【分類学的知見】 成虫の深紅色の斑紋，卵や幼虫の形態・色彩などベニホシイナズマ属と共有する部分がある。1種のみを含む。

トビイロイナズマ　p. 55,142,189

Dophla evelina (Stoll, [1790])

卵から蛹までのすべてをマレーシア・ボルネオ島サラワク産の亜種 *magama* Fruhstorfer, 1913で図示・記載する。

【成虫】 比較的暗い樹林内を好み，樹間を縫うようにすばやく飛翔する。腐果実や樹液に飛来する。

【卵】 卵幅2.24 mm，卵高1.24 mm程度。ベニホシイナズマ属のように卵高が低く，六角形凹部の数が少ない。毛状突起の先端は同じく球状。色彩は，産卵当初は純緑色でしだいに黄褐色みを帯びてくる。

【幼虫】 1齢幼虫は特異な色彩の白色で，体を逆C字状にくねらせて静止している。葉縁より食べ始め，内側に向かって半円状の食痕を残すなど，ベニホシイナズマ属と同様の習性がある。2齢幼虫も同様な食痕を残しながら摂食し，通常は葉の表に静止している。体の色は緑色が強くなり，背面に黒褐色斑を生じる。3齢幼虫はこの斑紋がさらに明瞭になる。終齢幼虫は緑色の地色で背面に大きな濃褐色の斑紋をもつ。羽状突起は先端が黒い。終齢末期には胴部がかなり肥大し，羽状突起がやや短く感じられる。

【蛹】 腹部背面が突出した三角形回転体様，淡緑色で銀色斑を装う。

【食草】 従来記録されているものとしてはカキノキ科カキノキ属，ウルシ科，ブナ科の *Lithocarpus farconeri*，トウダイグサ科の *Antidesma salicinum* などがある。カキノキを使って人工採卵をしたが，孵化した幼虫は良好に摂食して大きな蛹となった。

【分布】 スリランカ・セイロン島からインド，インドシナ，マレー半島，さらにインドネシアのスラウェシ島を含む東南アジアに広く分布する。

コイナズマ属

Tanaecia Butler, 1869

【分類学的知見】 29種程度の種を含む。前翅先端が鉤型に曲がり，胸部・腹部が細身の7種(*cocytina*, *flora*, *semperi*, *gadarti*, *iapis*, *lepidea*, *cocytus*)を *Cynitia* Snellen, 1895として別属に含めることもあり，この7種については幼生期形態でも若干の特徴が認められる。本書では亜属として扱った。そのほかの種の細分についてはさらに検討が必要である。

【成虫】 やや小型の種が多い。♂は後翅外縁に青色斑紋を装うことが多く，♀は褐色地に白色斑紋を散在する。

【卵】【幼虫】【蛹】【食草】 一部で解明されて，その形態などの特徴は属としてのまとまりがある。

【分布】 東南アジアに広く分布する。

ルリヘリコイナズマ　p. 56,189

Tanaecia (*Cynitia*) *cocytina* (Moore, [1858])

卵から蛹までのすべてを西マレーシアTapah産の亜種 *puseda* (Moore, 1858)で図示・記載する。

【成虫】 ♂は後翅外縁が青藍色で縁取られ，産地では比較的普通に見られる。食草であるノボタンの多い明るい林縁を軽快に飛翔し，日当たりのある樹木の葉などに静止する。♀は葉表の中脈先端に1卵を産下する。

【卵】 卵幅1.68 mm，卵高1.30 mm程度で濃緑色，イナズマチョウ族のなかでは卵高が高い。また網目条はやや細かく褐色みを帯びる。

【幼虫】 1齢幼虫はやや透明感のある緑色で他種同様，各体節に10対の突起を生じる。2齢幼虫は緑色で背面に輪状の白色斑をもつ。棘状突起は長いが，分枝の数は少ない。3齢幼虫よりしだいに背面の輪状斑紋が明瞭になり，4〜5(終)齢幼虫では白く縁取られた褐色の斑紋が顕著である。このような斑紋形成はコイナズマ属の特徴と考えられる。他種と同様な食痕を残す習性があり，葉縁より食べ始めて円弧のような食痕を残す。蛹化は食草の葉裏で行われる。

【蛹】 黄緑色で顕著な黄金斑を生じる。

【食草】 ノボタン科の *Melastoma melabathricum* を利用するのをよく見かける。そのほかノボタン科の *Astronia macrophylla* やツバキ科の *Eurya acuminata*，トウダイグサ科の *Mallotus subpelatus* なども記録があり(五十嵐・福田, 1997)，食性の範囲はやや広く植物間に必ずしも近縁性がない。

【分布】 マレー半島からスマトラ，ボルネオ，ジャワさらにパラワンの各島に分布する。

キベリコイナズマ　p. 57,189

Tanaecia (*Cynitia*) *lepidea* (Butler, 1868)

終齢幼虫および蛹をベトナムDambri，Falls，Bao Lak産の亜種 *cognata* (Moore, [1897])で図示・記載する。

【成虫】 色彩はやや異なるがルリヘリコイナズマに似ている。活動なども同様と思われる。

【卵】 ルリヘリコイナズマ同様，成虫の大きさに比べて大きく半球形，色彩は暗灰緑色。

【幼虫】 卵殻のほとんどを食べると葉の先端に達し，溝をつけるようにして食べる。摂食が終了すると葉裏に回って静止する。2日ほどで眠に入り2日の眠期を経て2齢になる。形態はルリヘリコイナズマ同様で著しく長い突起を生じる。突起に分枝する小突起の数は少ない。葉裏に静止して葉縁に切り込みを入れるようにして摂食する。静止時は体をC字状に曲げている。色彩は全体に淡緑色で背面に菱形斑紋が並ぶ。3齢幼虫の棘状突起はより分枝が増加するが，そのほかの形態・習性は2齢幼虫と同様である。4齢幼虫は3齢幼虫よりも胴部背面の斑紋が明瞭になる。摂食は夜間に行われ，日中はほとんど活動をしない。5(終)齢幼虫の胴部は黄緑色で，腹部の第1〜8節の背面には8個のクジャクの羽の蛇目紋のような斑紋を有する。この形態と色彩はルリヘリコイナズマと極めて似ていてやや小さい程度で，差を見出すのが困難である。

【蛹】 ルリヘリコイナズマに極めて似ており，背面から見たときにやや幅広い程度で，識別が困難。
【食草】 現地での食草については未確認。飼育下ではツバキ科のツバキなどや，ナツツバキなどで♀が産卵し幼虫の摂食も良好であった。
【分布】 インドからミャンマー，タイ，カンボジアを経てマレー半島に分布する。

トガリルリヘリコイナズマ p. 189
Tanaecia (*Cynitia*) *godartii* (Gray, 1846)
【成虫】 ルリヘリコイナズマに似ているが，前翅翅頂はさらに尖る。♂は前後翅外縁に幅広い青紋を生じ，♀は褐色に白色斑を散在する。
【卵】【幼虫】【蛹】【食草】 未解明。
【分布】 マレー半島とスマトラ，ジャワ，ボルネオの各島に分布する。

ルリオビコイナズマ p. 189
Tanaecia calliphorus (C. & R. Felder, 1861)
【成虫】 やや大型で前翅に黄緑色，後翅に青色の帯を生じ同定を誤ることはない。
【卵】【蛹】 未解明。
【幼虫】【食草】 北村(2000, TSU・I・SO)によると幼虫はルリヘリコイナズマに似ている。食草はアカテツ科 *Polaguium*。
【分布】 フィリピンにのみ分布する。

シロモンコイナズマ p. 189
Tanaecia howarthi Jumalon, 1975
【成虫】 本属中最大の種である。低山地に生息し，地表からあまり高くない位置を滑るように飛翔する。♂♀同様の色彩・斑紋で前翅に大きな白色斑をもつ。
【卵】【幼虫】【蛹】【食草】 未解明。
【分布】 フィリピン・ネグロス島の特産種。

オスアカミスジ属
Abrota Moore, 1857

【分類学的知見】 1種を含むのみ。幼生期の解明によりイナズマチョウ族に含まれることが明らか。

オスアカミスジ p. 190
Abrota ganga Moore, 1857
【成虫】 ♂は黄褐色で♀は白色帯のイチモンジ型の斑紋である。台湾の中部辺りの低山帯ではよく見かけ，腐果実などに飛来する。年1化。飼育下では晩夏に産卵することがあるが，その場合には孵化に至らず，自然の状態では秋季になってから受精卵を産下するものと思われる。
【幼生期】 五十嵐・福田(2000)を参考に記載する。
【卵】 卵群で産下され，ほぼ球形で淡緑色。
【幼虫】 緑色で背中線に淡紅色紋が並ぶ。
【蛹】 緑色で黒および紅色で囲まれた黄金斑が散在する。
【食草】 マンサク科の *Eustigma oblongifolium* を食べることが確認されている。
【分布】 シッキム，ミャンマー，タイを経て中国，さらに台湾に分布する。

ヒョウモンイナズマ属
Neurosigma Butler, [1869]

【分類学的知見】 1種のみからなる。斑紋は特異だが，基本的にはコイナズマ属などに共通する。幼生期が解明されればその分類位置は明白になる。

ヒョウモンイナズマ p. 190
Neurosigma siva (Westwood, [1850])
【成虫】 豹紋模様の特異な斑紋で♀は白色部が多い。
【卵】【幼虫】【蛹】 未解明。
【食草】 カシ類の樹木から羽化したばかりの成虫が落下したという観察者の話を聴く。
【分布】 シッキムからミャンマー，タイ東北部の狭い範囲に分布する。

ウスグロイチモンジ属
Auzakia Moore, [1898]

【分類学的知見】 1種のみからなる。従来イチモンジチョウ族に含められていた。Lang(2010)は，♂成虫の外部形態から判断してイナズマチョウ族に変更した。しかし分類学的な結論を得るのはやや時期尚早の感は否めず，幼生期の解明を待って再検討する必要がある。

ウスグロイチモンジ p. 182
Auzakia danava (Moore, [1858])
【成虫】 一見♂はベニホシイナズマ属のような雰囲気をもつが，♀はムラサキイチモンジに似ている。色彩の地理的な変異が多く，スマトラ産の亜種 *albomarginata* (Weymer, 1887)♂には後翅外縁に強く白色部が現れる。
【卵】【幼虫】【蛹】【食草】 未解明。
【分布】 チベット，中国西部からミャンマーにかけて，さらにスマトラ島に飛び地的に分布する。

モンキオオイナズマ属
Euthaliopsis Neervoort van de Poll, 1896

【分類学的知見】 1種のみからなり，オオイナズマ属に含められることもある(Lewis, 1974)。幼生期形態は若干相違がある。

モンキオオイナズマ p. 190
Euthaliopsis aetion (Hewitson, 1862)
【成虫】 前後翅に白色の紋を生じるだけで他種との識別は容易。樹林内をやや緩やかに飛翔し，落果実に飛来する個体をよく見る。
【幼生期】 五十嵐・福田(2000)を参考に記載する。
【卵】 ベニホシイナズマなどに似て卵高が低い。色彩は褐色。

【幼虫】 淡緑色で背中線に黄白色の縦条が貫く。羽毛状の棘状突起は分枝がまばらでオオイナズマ属と若干異なる。
【蛹】 オオイナズマ属よりも全体に丸みが強い。
【食草】 オトギリソウ科の *Calophillum* sp. から発見された。
【分布】 モルッカ諸島からニューギニア島に分布する。

オオイナズマ属
Lexias Boisduval, 1832

【成虫】 イナズマチョウ族最大の大きさを誇る。基本的に黒色の地色に白色斑点もしくは白帯をもち，種により青色などの斑紋を装う。
【卵】【幼虫】【蛹】【食草】 幼生期について知られているのはわずかの種であるが，本族内の特徴をもつ。
【分布】 15 種程度の種を含み，島嶼を含め，東南アジアに分布する。

ルリヘリオオイナズマ　p. 191
Lexias aegle Doherty, 1891
【成虫】 基本的な斑紋はサトオオイナズマなどに似ているが後翅外縁が青色である。
【卵】【幼虫】【蛹】【食草】 未解明。
【分布】 スンバ，ロンボク，スンバワ，フローレスなどの島嶼に分布する。

ダイオウイナズマ　p. 190
Lexias satrapes C. & R. Felder, 1861
【成虫】 フィリピン諸島の島ごとに変異を示し，ネグロス島産の亜種 *amlana* は最も大きく，♀は特に巨大である。前翅には白紋，後翅には太い青帯を配し，その大胆な斑紋は極めて個性的である。木漏れ日のある林内の地表に近い範囲を滑るように飛翔し，高所を飛ぶことはない。採集した♀は 1 か月以上も生存し，腹部に卵の成熟を観察できたが産卵に至らなかった。
【卵】【幼虫】【蛹】 未解明。
【食草】 幼虫の食樹も高木ではないと推測して探したが，発見に至らなかった。
【分布】 フィリピン特産種。

サトオオイナズマ　p. 57,142,191
Lexias pardalis (Moore, 1878)
幼虫および蛹をタイ Chiang Mai の亜種 *jadeitina* (Fruhstorfer, 1913) で図示・記載する。
【成虫】 ヤマオオイナズマと極めて似ていて識別が難しい。成虫の触角先端部が本種では黄色になるところが識別点の 1 つである。樹林内の木漏れ日が差し込むような空間に生息し，林床から低い位置を敏捷に飛翔する。樹林帯の途切れた路上などでもよく見かける。
【卵】 ヤマオオイナズマに極めて似て卵高が低い。
【幼虫】 野外で葉表に静止し葉縁を粗く摂食中の 4 齢幼虫を発見した (p. 142)。終齢幼虫も同様で，葉表中脈上に静止している (図 159)。胴部の色彩はヤマオオイナズマに極めて似ていて識別が困難である。胴部がやや褐色みが強い。

図 159　小さな食樹葉上のサトオオイナズマ *Lexias pardalis jadeitina* の 4 齢幼虫 (Malaysia)

【蛹】 同様にヤマオオイナズマに酷似するが本種はやや体幅が大きく，背面から見ると菱形を呈する。色彩も極めて似ている。
【食草】 幼虫はオトギリソウ科の *Cratoxylon* と思われる植物から発見された。この植物は低木でタイでは密生する場所もあったが，マレーシアではヤマオオイナズマの食樹と混生するような地もある。ヤマオオイナズマの食樹と似ているがやや葉が小さい。
【分布】 インド東部からインドシナ半島，マレー半島を経て，スマトラ，ボルネオ，ジャワ，パラワンの各諸島。

ヤマオオイナズマ　p. 58,191
Lexias dirtea (Fabricius, 1793)
卵から蛹までのすべてをマレーシア・ペナン産の亜種 *merguia* Tytler, 1926 で図示・記載する。
【成虫】 マレー半島やペナン島の山地でよく見かける。木漏れ日のある樹林下の地表近くを軽快に飛翔し，地上の落ち葉や草の葉上に静止する。飛翔してはすぐに静止するが，人の気配には敏感で容易に近づけない。好んで腐果実に集まり，アルコール臭のするトラップで容易に集めることができる。産卵は通常の生息地を離れたやや明るいところに生じる食樹の 1〜1.5 m 程度の葉裏に行われる。
【卵】 卵幅 2.02 mm，卵高 0.97 mm 程度で色彩は灰褐色。
【幼虫】 孵化まで約 4 日を要する。孵化した幼虫は葉裏に静止し，葉の先端に切り込みを入れる食痕を残す。2 齢幼虫は体側に長い 10 対の羽状突起を生じる。各突起はほとんど無色で 5 対程度の小突起がついている。通常葉裏に静止している。3 齢幼虫は淡緑色，背面に 2 本の細い線が走る。羽状突起の先端は黄橙色で目立つ。4 齢幼虫は 3 齢幼虫に似ている。2 本の背線以外に目立った斑紋はない。葉表に現れることが多くなり，食草の葉縁から内部を粗雑に食べる。5 齢，ときに 6 齢で終齢幼虫となる。蛹化の際は口中より粘着液をつけてその場所に吐糸して台座とする。
【蛹】 ほかの属よりも体高が低く，やや前後に長い紡錘形である。
【食草】 オトギリソウ科の *Cratoxylon maingayi*，ほか

に同科のマンゴスチン(*Garcinia laterifolia*)も確認されている。

【分布】 ミャンマーからインドシナ半島，マレー半島を経てジャワ，ボルネオ，パラワンの各島に至る。サトオオイナズマとは微妙に棲み分けているようである。

チャイロオオイナズマ p. 191

Lexias aeetes (Hewitson, 1861)

【成虫】 スラウェシ南部では平地の明るい林内に生息し，近縁種同様地表の低い位置を飛翔する。生息地にヤマオオイナズマなどの食草となるオトギリソウ科の *Cratoxylon* が生じていたので本種の寄主植物と推定して採卵を試みたが，産卵に至らなかった。

【卵】【幼虫】【蛹】【食草】 未解明。

【分布】 インドネシア・スラウェシ島を中心にバンガイ，ブトン島に分布。

キオビオオイナズマ p. 190

Lexias aeropa (Linnaeus, 1758)

【成虫】 ♂は黄色。♀は白色の帯をもつ。珍しい種ではないと思われるが8月下旬のアンボンおよびセラム島では発見できなかった。ニューギニアの Timika では♀が腐果実を使った人工トラップに飛来した。

【卵】【幼虫】【蛹】 未解明。目次扉頁(iii)③に未確定の蛹を示す。

【食草】 オトギリソウ科の *Calophillum* を食べるという報告がある(web サイト wikipedia)。

【分布】 モルッカ諸島からニューギニアなどにかけて分布する。

ヒカルゲンジオオイナズマ p. 191

Lexias hikarugenzi Tsukada & Nishiyama, 1980

【成虫】 メリハリのある斑紋をもつ大型種。♀も同様な斑紋でさらに大きい。

【卵】【幼虫】【蛹】【食草】 未解明。

【分布】 フィリピン特産。

クロオオイナズマ p. 191

Lexias albopunctata (Crowley, 1895)

【成虫】 ヤマオオイナズマなどの黒化異常型を思わせる色彩斑紋である。

【卵】【幼虫】【蛹】【食草】 未発表だが飼育は行われたようである。

【分布】 中国南部からタイ，インドシナ半島に分布する。

アフリカ産イナズマチョウ族
Adoliadini Doubleday, 1845 in Africa

【分類学的知見】 本地域産をボカシタテハ亜族(Bebearina)とすることもある(web サイト tolweb.org/Adoliadini/70200)。15前後の属を含むが分類的な位置について未確定で，今後分子系統や幼生期の解明が待たれる。

【成虫】 東南アジア産とはかなり異なった斑紋をもち個性的な種が多い。「ボカシタテハ」の和名が示すように輪郭のあいまいな斑紋をもったり，あるいはホソチョウ類・マダラチョウ類に擬態したりするような斑紋をもつ。

【卵】【幼虫】【蛹】 幼生期は一部の種で解明されているが東南アジア産の属と同様，幼虫は羽状突起を有する。

【食草】 アカテツ科やヤシ科など，東南アジア産と共通な部分がある。

ホシボシアフリカイナズマ属
Hamanumida Hübner, [1819]

【分類学的知見】 1種のみを含む。成虫からは推し量れないが，幼生期からはイナズマチョウ族に属することが明らかである。

ホシボシアフリカイナズマ p. 192

Hamanumida daedalus (Fabricius, 1775)

【成虫】 灰褐色の地に白色の斑紋が散在する特異な色彩で，ほかに例がない。♂♀の斑紋の差はない。低地からかなり高地の樹林地帯に生息し，明るい空き地を飛翔し，地表に降りて両翅を開いて静止する。

【幼生期】 Woodhall (2008) を参考に記載する。

【卵】 淡緑色で一般的なイチモンジチョウ型。

【幼虫】 東南アジアのイナズマチョウ族と異なるところはない。終齢幼虫は浅緑色，背中線は橙色で黒点が配列する。羽状突起は緑色。

【蛹】 東南アジアの近縁種に比べ突出部が少なくやや長めに感じられる。色彩は緑色または灰褐色で，細く黄色い背線と黄色い斑点が散在する。

【食草】 シクンシ科の *Combretum* のほか，バンレイシ科，クマツヅラ科などである。

【分布】 アフリカの中〜南部にかけてかなり広い範囲。

シロモンアフリカイナズマ属
Aterica Boisduval, 1833

【成虫】 黒色または褐色の地色に白色の大きな斑紋を装う。熱帯雨林内に生息し，つねに地表近くを飛翔し，腐った果実などに集まる。習性は東南アジアのオオイナズマ類と同様と思われる。

【卵】【幼虫】【蛹】【食草】 若干が知られている。

【分布】 2種がアフリカに分布する。

シロモンアフリカイナズマ p. 132,192

Aterica galene (Brown, 1776)

終齢幼虫を Keith Wolfe 氏提供による資料(A Celebration Chronicle Books, 1992)を参考に図示・記載する。

【成虫】 ♀には白色の斑紋のタイプと黄〜橙色の斑紋のタイプの2型がある。

【卵】【蛹】 未確認。

【幼虫】 終齢幼虫はホシボシアフリカイナズマ属によく似ていて灰緑色に「ハ」型の黒点列がある。羽状突起は淡緑色。

【食草】 シクンシ科の *Quisqualis indica*, *Terminalia*, イイギリ科の *Scotellia* の記録がある（web サイト learnaboutbutterflies）。
【分布】 セネガル，カメルーンからエチオピア，アンゴラにかけて分布する。

シロモンマダガスカルイナズマ p. 192
Aterica rabena Boisduval, 1833
【成虫】 後翅に白色の斑紋はなく全体が褐色である。
【卵】【幼虫】【蛹】【食草】 未解明。
【分布】 マダガスカル島特産種。

アミメイナズマ属
Catuna Kirby, 1871

【成虫】 前翅はやや横長で斑紋が融合しあって網目のような特色があり，後翅には白色や橙色の大きな斑紋がある。
【卵】【幼虫】【蛹】 未解明。
【食草】 アミメイナズマについての報告がある。
【分布】 5種がアフリカから知られる。

アミメイナズマ p. 192
Catuna crithea (Drury, [1773])
【成虫】 アフリカ熱帯雨林の山地帯に生息し，地表近くを飛翔し，落ち葉などに静止する。
【卵】【幼虫】【蛹】 未確認。
【食草】 メリアンタ科の *Bersama abyssinica*, アカテツ科の *Aningueria*, *Malacantha*, *Bequaertiodendron* などが知られている（Larsen, 1996）。
【分布】 シエラレオネからカメルーン，ウガンダ，タンザニアにかけて分布する。

ルリアミメイナズマ属
Cynandra Schatz, [1887]

【成虫】 基本的な斑紋パターンはアミメイナズマと同じで，色彩は青藍色。
【分布】 1種のみがアフリカに分布する。

ルリアミメイナズマ p. 192
Cynandra opis (Drury, [1773])
【成虫】 ♂は青色の幻光があるが♀はアミメイナズマ属のような斑紋である。日本で標本を見かけることは少ない。
【卵】【幼虫】【蛹】 未確認。
【食草】 ノボタン科の *Dissotis* sp. を食べるという（web サイト learnaboutbutterflies）。
【分布】 シエラレオネ，カメルーンからウガンダにかけて分布する。

ニセヒョウモン属
Pseudargynnis Karsch, 1892

【分類学的知見】 一見ヒョウモンチョウ類を思わせる斑紋をもち，分類的位置の判断は困難であるが，一部が明らかにされた幼生期からは明らかにイナズマチョウ族に所属するものである。1種のみを含む。

ニセヒョウモン p. 132,192
Pseudargynnis hegemone (Godart, 1819)
終齢幼虫および蛹を ABRI（2007）を参考に図示・記載する。
【成虫】 山地帯の明るい渓流の周囲，林縁，洪水跡などに現れるという。日本ではほとんど標本を見ることはなく，情報も少ない。
【幼生期】 ABRI（2007）を参考に記載する。
【卵】 イチモンジチョウ亜科の基本形で半球形，色彩は褐色。
【幼虫】 終齢幼虫の形態もイナズマチョウ族の範疇で，体色は黄緑色。
【蛹】 ほかのイナズマチョウ族同様の形態で，色彩はほとんど斑紋のない黄緑色である。
【食草】 ノボタン科の *Antherotoma naudinii*, *Dissotis denticulata* が報告されている（web サイト wikipedia）。
【分布】 カメルーン，ブルンジ，アンゴラ，タンザニア，ウガンダ，ケニアにかけて分布は広い。

アフリカイチモンジ属
Euptera Staudinger, 1891

【成虫】 ♂は後翅の肛角部が尖り，色彩は一般的なイチモンジ型。
【卵】【幼虫】【蛹】 未確認。
【食草】 *E. kinugnana* がアカテツ科の *Bequaertiodendron natalense* を食べるという報告（Larsen, 1996）がある。
【分布】 アフリカの熱帯雨林に生息し，10種程度を含む。

アフリカイチモンジ p. 192
Euptera ituriensis Libert, 1998
【分類学的知見】 最近発見されて記載された種である。
【成虫】 明瞭な白色帯が縦走するイチモンジチョウ型の斑紋である。
【卵】【幼虫】【蛹】【食草】 未解明。
【分布】 コンゴ民主共和国。

アフリカヒロオビイチモンジ属
Pseudathyma Staudinger, [1891]

【成虫】 幅広い白帯が前後翅を貫く。本属の標本も日本では少ない。
【卵】【幼虫】【蛹】 十分知られていない。

【食草】 *P. neptidina* がアカテツ科の *Chrysophyllum oblanceolatum* を食べるとされる(web サイト wikipedia)。
【分布】 5種がアフリカに分布する。種によって分布がそれぞれ狭い範囲にあるのが特徴。

アフリカヒロオビイチモンジ p. 192
Pseudathyma plutonica Butler, 1902
【成虫】 東南アジアのタイワンイチモンジ属に似た斑紋で，前後翅に大きな白色紋を有する。
【卵】【幼虫】【蛹】【食草】 未解明。
【分布】 ザイール東部からウガンダ，ケニア西部にかけて分布する。

トラフボカシタテハ属
Bebearia Hemming, 1960

【分類学的知見】 60種を含む大きな属である。*Apectinaria* と *Bebearia* の2亜属に細分される(Hecq, 1999)。
【成虫】 斑紋は虎斑模様が多く，ボカシタテハ属に似たようなぼかし模様の種もある。
【卵】【幼虫】【蛹】 ほとんど明らかでない。
【食草】 ヤシ科の *Borassus*，*Cocos*，*Hyphaene*，*Phoenix*，クズウコン科の *Marantochloa*，キョウチクトウ科の *Landolphia* などの記録がある(Larsen, 1996)。
【分布】 アフリカから知られる。

ツマグロトラフボカシタテハ p. 193
Bebearia (*Apectinaria*) *plistonax* (Hewitson, 1874)
【成虫】 赤褐色の地に前翅翅頂が広く黒色で，そのなかに小白色斑をもつ。
【卵】【幼虫】【蛹】【食草】 未解明。
【分布】 ナイジェリア，カメルーンからウガンダまで分布する。

ヒョウマダラボカシタテハ p. 193
Bebearia (*Apectinaria*) *sophus* (Fabricius, 1793)
【成虫】 ♂は黄褐色に豹紋を備えるが，♀はまったく異なった色彩でボカシタテハ属に似ている。
【卵】【幼虫】【蛹】 未確認。
【食草】 キョウチクトウ科の *Landolphia*，アカテツ科の *Chrysophyllum* を食べるという記録がある(Larsen, 1996)。
【分布】 シエラレオネからケニア，アンゴラにかけて広く分布する。

ナミヘリトラフボカシタテハ p. 193
Bebearia (*Apectinaria*) *cocalia* (Fabricius, 1793)
【成虫】 *Bebearia mardania* に極めて似て同定は困難であるが，前後翅とも外縁の凹凸が多いことや後翅の肛角近くで突出するなどの若干の相違がある。
【卵】【幼虫】【蛹】 未確認。
【食草】 ヤシ科の *Borassus*，*Cocos*，*Hyphaene*，*Phoenix* などの記載を見る程度で幼生期の食草は不明である。
【分布】 アフリカ熱帯に広く分布する。

セネガルトラフボカシタテハ p. 193
Bebearia (*Apectinaria*) *senegalensis* (Herrich-Schäffer, 1850)
【成虫】 ナミヘリボカシタテハに似ている。
【卵】【幼虫】【蛹】【食草】 未解明。
【分布】 セネガル，ギニアに分布する。

ボカシタテハ属
Euphaedra Hübner, [1819]

【分類学的知見】 トラフボカシタテハ属に近縁で74種前後を含む大きな属である。*Proteuphaedra*，*Medoniana*，*Gausapia*，*Xypetana*，*Radia*，*Euphaedra*，*Euphaedrana*，*Neophronia* の8亜属に細分されることもある(Hecq, 1999)。
【和名に関する知見】 グラデーション様の斑紋からボカシタテハといわれる。
【成虫】 黒地に青～紫色の光沢部があり，これに黄～橙色の斑紋が加わる。
【卵】 半球状で一般的なイナズマチョウ族の特徴をもつ。
【幼虫】【蛹】 幼生期は若干知られており，アジアのベニホシイナズマ属と異なるところがない。すなわち10対の羽毛状突起を平面状に配列し，色彩は緑色系，背線には菱形の斑紋を並べる。蛹もよく似ていて緑色に金・銀の斑紋を装う。
【食草】 ムクロジ科の *Deinbollia*，*Philodiscus*，*Paullinia*，*Allophylus*，*Blighia*，*Phialodiscus* などのほかフェニックス属(*Phoenix*)などのヤシ科に及ぶ(Larsen, 1996)。
【分布】 アフリカに分布する。

フタエシロモンボカシタテハ p. 193
Euphaedra (*Radia*) *imitans* Holland, 1893
【成虫】 前翅に二重の白紋列があるのが特徴である。
【卵】【幼虫】【蛹】【食草】 未解明。
【分布】 カメルーン，ガボン，ウガンダ西部に分布する。

シロモンボカシタテハ p. 194
Euphaedra (*Xypetana*) *hewitsoni* Hecq, 1974
【成虫】 斑紋パターンの似た種が多いが，青緑色地で前翅に顕著な白帯を生じるのが特徴。
【卵】【幼虫】【蛹】【食草】 未解明。
【分布】 ナイジェリアからケニアまでの範囲に分布する。

ルリオビボカシタテハ p. 193
Euphaedra (*Euphaedrana*) *harpalyce* (Cramer, [1777])
【成虫】 後翅に青帯が走る特徴的な色彩である。
【卵】【幼虫】【蛹】 未確認。
【食草】 ムクロジ科の *Allophylus*，*Deinbollia*，*Paullinia* を食べる(Larsen, 1996)。
【分布】 セネガル，カメルーン，中央アフリカ，ウガンダ，ルワンダなどに分布する。

アカモンボカシタテハ p. 193

Euphaedra（*Euphaedrana*）*themis*（Hübner, [1807]）

【成虫】 前翅の基部に赤紋が生じる。

【卵】【幼虫】【蛹】【食草】 未解明。

【分布】 シエラレオネからナイジェリアに分布する。

ヘリモンボカシタテハ p. 193

Euphaedra（*Euphaedrana*）*ruspina* Hewitson, 1865

【成虫】 フタエシロモンボカシタテハと同様な斑紋タイプだが，前翅の白紋が小さいのが特徴である。

【卵】【幼虫】【蛹】【食草】 未解明。

【分布】 ナイジェリア，カメルーン，アンゴラを経てウガンダとタンザニアの西側にかけて分布する。

コガネボカシタテハ p. 194

Euphaedra（*Euphaedrana*）*adonina*（Hewitson, 1865）

【成虫】 黄金色の斑紋でチャイロフタオチョウ属の *Charaxes fournierae* と斑紋パターンが似ている。

【卵】【幼虫】【蛹】【食草】 未解明。

【分布】 ナイジェリア東部からザイール南西部にかけて分布する。

ウスアオコガネボカシタテハ p. 194

Euphaedra（*Euphaedrana*）*piriformis* Hecq, 1982

【成虫】 コガネボカシタテハに似た斑紋だが，青みが強く現れるのが特徴。

【卵】【幼虫】【蛹】【食草】 未解明。

【分布】 カメルーン，ガボン，コンゴ共和国に分布する。

キオビボカシタテハ p. 194

Euphaedra（*Euphaedrana*）*losinga*（Hewitson, 1864）

【成虫】 ♂と♀はほぼ同様な色彩斑紋で，前翅に黄色の斜帯がある。

【卵】【幼虫】【蛹】【食草】 未確認。

【分布】 ナイジェリアからコンゴ民主共和国にかけて分布する。

ナマリボカシタテハ p. 194

Euphaedra（*Euphaedrana*）*albofasciata* Berger, 1981

【成虫】 全体が鉛青色で前翅にかすかに黄色の斜帯がある。

【卵】【幼虫】【蛹】【食草】 未解明。

【分布】 中央アフリカ，コンゴ民主共和国からウガンダ西部に分布する。

キオビルリボカシタテハ p. 132

Euphaedra（*Neophronia*）*neophron*（Hopffer, 1855）

終齢幼虫および蛹を複数のインターネット投稿およびWoodhall (2008) を参考に図示・記載する。

【成虫】 翅表は淡青色地に太い黄橙色の斜帯がある。

【卵】 半球状で淡緑色。

【幼虫】 灰緑色で各節に黒色と黄色の輪紋が配される。

【蛹】 トビイロイナズマに全形や色彩が似て黄緑色に白銀色の大きな斑紋が散在する。

【食草】 ムクロジ科の *Deinbollia*，*Philodiscus*，*Paullinia*，*Allophylus* などを食べる (Larsen, 1996)。

【分布】 ケニア，タンザニアから南アフリカなどにかけるアフリカの南東部に分布する。

ヒメボカシタテハ属
Euriphene Boisduval, 1847

【成虫】 ♂は光沢のある青紫色や褐色で，♀はカバマダラのような斑紋をもつ種が多い。

【卵】【幼虫】【蛹】【食草】 一部が知られ，本族の範囲内。

【分布】 56種を含む大属で，アフリカに分布する。

ヒメボカシタテハ p. 194

Euriphene atossa（Hewitson, 1865）

【成虫】 後翅外縁が波状を呈するのが特徴である。

【卵】【幼虫】【蛹】【食草】 未解明。

【分布】 リベリア，カメルーン，ウガンダなどの範囲に分布する。

オナガボカシタテハ属
Euryphaedra Staudinger, 1891

【分類学的知見】 翅形や色彩斑紋が特異で1種のみを含む。分類や系統などの情報が少ない。

オナガボカシタテハ p. 194

Euryphaedra thauma Staudinger, 1891

【成虫】 近縁属のなかでは後翅肛角部が突出するのが特徴である。日本における標本の保有については未知である。翅表は光沢のある黄〜緑色に黒色斑紋をもつ。

【卵】【幼虫】【蛹】【食草】 未解明。

【分布】 ガボン，カメルーン，コンゴ民主共和国西部に分布する。

ミヤビボカシタテハ属
Harmilla Aurivillius, 1892

【分類学的知見】 前属オナガボカシタテハ属同様詳細な情報が得られない。1種のみを含む。

ミヤビボカシタテハ p. 194

Harmilla elegans Aurivillius, 1892

【成虫】 光沢のある青藍色に黄橙色の大きな斑紋をもつ。日本での標本の存在は不明であるが，ネット上のオークションで出品されたことがある。

【卵】【幼虫】【蛹】【食草】 未解明。

【分布】 ナイジェリア東部からコンゴ民主共和国西部に分布する。

トガリボカシタテハ属
Euryphura Staudinger, [1891]

【成虫】 前翅端が突出する。色彩は多様でほかの近縁種と同様な型やホソチョウに似ているなど種によって異なる。本属の標本は日本では少ないものと思われる。
【卵】【幼虫】【蛹】 未確認。
【食草】 ムクロジ科の *Deinbollia*，アカテツ科の *Chrysophyllum* などが知られている(Larsen, 1996)。
【分布】 13種がアフリカに分布する。

トガリボカシタテハ p. 194
Euryphura achlys (Hopffer, 1855)
【成虫】 比較的低地に生息し，地表に下りて静止したり腐果実に飛来したりする。
【卵】【幼虫】【蛹】 未確認。
【食草】 ムクロジ科の *Deinbollia* を食べるという記録がある(Larsen, 1996)。
【分布】 ケニアからモザンビークにかけて分布する。

フジイロボカシタテハ属
Crenidomimas Karsch, 1894

【分類学的知見】 1種のみからなる。特異な色彩の種で，表記の属とされているが，トガリボカシタテハ属に所属されることもある(Williams, 2008, web サイト atbutterflies.com/index.htm)。幼生期に関する知見がなく，分類的位置について言及するに至らない。

フジイロボカシタテハ p. 194
Crenidomimas concordia (Hopffer, 1855)
【成虫】 翅表は珍しい色彩の褐色みのある藤色で，カバタテハ亜科スミレタテハ属の *Sallya benguelae* に似ている。比較的低山帯に生息しタンザニア西部地方では普通に見られるが，そのほかでは一般にまれであるという。
【卵】【幼虫】【蛹】【食草】 未解明。
【分布】 タンザニア南部からマラウィ，モザンビーク，ザンビア，アンゴラなどアフリカの南部に分布域がある。

トラフタテハ族
Parthenini Reuter, 1896

【分類学的知見】 トラフタテハ属とヒカゲタテハ属2属が含まれる。2属については幼虫や蛹の形態は似ている。しかしヒカゲタテハ属については再確認が必要である。
【卵】 イチモンジチョウ亜科の範囲。
【幼虫】 基本的にはイチモンジチョウ族に似ているが，1齢幼虫を含め異なる部分がある。
【蛹】 アフリカ産のイチモンジチョウであるホソチョウモドキ属に似た部分があるが一般的なイチモンジチョウ族とはかなり異なる。
【食草】 トケイソウ科であり，ドクチョウ亜科との関連も考えられる。

トラフタテハ属
Parthenos Hübner, [1819]

【分類学的知見】 イチモンジチョウ亜科は，分子系統学ではドクチョウ亜科とクラスターを形成している。しかし幼生期形態では異質な部分が多い。一方で両者の間にこのトラフタテハ属をおくことによって，その掛け橋的存在になるように思われる。すなわち，多くの点ではイチモンジチョウ亜科と特徴を共有するが，1齢幼虫の刺毛配列や2齢期以降の幼虫の形態，幼虫の食性はドクチョウ亜科との接点がかなり感じられる。
【成虫】 褐色の地に黒色の虎斑紋様を装う。活発に飛翔する。
【卵】 典型的なイチモンジチョウ亜科の形態である。
【幼虫】 頭部や胴部の突起はイチモンジチョウ族の範囲にある。イチモンジチョウ族のような糞鎖をつくったり糞塊をダミーとする習性はない。
【蛹】 イチモンジチョウ亜科とはかなり異なり，緑色でコムラサキ亜科やフタオチョウ亜科またはアフリカ産のホソチョウモドキ属を思わせる。
【食草】 トケイソウ科で本亜科のなかでは特異である。
【分布】 3種が東南アジアからオセアニアに分布する。

トラフタテハ p. 50,187
Parthenos sylla (Donovan, 1798)
卵から蛹までのすべてをボルネオ島産の亜種 *lilacinus* Butler, 1879 で図示・記載する。幼生期はすでに詳しく報告されている(五十嵐・福田，2000)。
【分類学的知見】 従来トラフタテハの種小名は *sylvia* として知られている。この命名の経緯を調べてみると記載当時すでに *Papilio sylvia* (Fabricius, 1775) (現在 *Appias sylvia*) が存在し，本種 *Papilio sylvia* (Cramer, [1776]) はホモニムとなり，命名規約上無効となる。結果的に記載のあるなかで有効な *sylla* (Donovan, 1798) が本種に与えられたことから，種名を *Parthenos sylla* とすべきと考える。
【成虫】 東南アジアに普通に分布し，和名の「虎斑」のように黒縞模様をまとい力強く飛翔する。♂は吸水のために地表に静止するが，♀は高所の花で短時間吸蜜する程度である。食草付近を離れず，♂は♀を探索し，♀は何度も旋回して食草にたどりつき産卵する。産卵は食草にこだわらず隣接する他物体にも産下する。
【卵】 卵幅 1.28 mm，卵 1.26 mm 程度でほぼ球形。蜂の巣状で針状突起を有することは，イチモンジチョウ亜科の範疇内である。色彩は黄色。卵期は3日程度で短い。
【幼虫】 1齢幼虫は黒褐色で長い刺毛が生じる。その配列は特異で L_1・L_2 に複数本を生じ，ヒョウモンチョウ族と共通する部分がある。孵化後葉裏先端に静止し，左右交互に切れ込みを入れながら進む。2齢幼虫もほぼ同様であるが，3齢に達するとこの習性はやや薄れ葉縁を大きく食べる。4齢幼虫の胴部の色彩は黄褐色に黒色縦条が走る。葉表に頭部前頭を葉面に接触させて静止している。この間の生育速度は極めて速く，どの齢期も2日程度である。終齢幼虫の胴部は緑色みを帯びた黄褐色で，胴部には長短変化のある棘状突起を生じる。胸部と腹部第7・8節では特に長く，紅色を帯びる。背面を黄帯が貫き，黒い背中線がそれを2分する。気門下線列は黄白色でニードル状突起が各節に2〜4本生じる。

【蛹】 形態はこの亜科にあっては特異である。全体がなめらかで突起などは生じない。コムラサキ亜科の蛹を背面から圧縮したような感じである。しかし色彩を除けば基本的形態はイチモンジチョウ亜科中のミスジチョウ属に共通しているといえる。

【食草】 トケイソウ科の*Adenia heterophylla*，*A. palmata*，*Passiflora perakensis*などで，ドクチョウ亜科のハレギチョウ属やチャイロタテハ属などと共通する。

【分布】 インド南部からビルマ，タイ，インドシナ半島，マレー半島を経てニューギニア島までの多くの島嶼を含む。

ソトグロトラフタテハ　p. 187

Parthenos aspila Honrath, 1888

【成虫】 翅形が丸みを帯び外縁が広く黒色である。

【卵】【幼虫】【蛹】【食草】 一部が知られている（web サイト projectnoah. org）。

【分布】 イリアン西部からニューギニア北西部にかけて分布する。

パプアトラフタテハ　p. 133,148

Parthenos tigrina Vollenhoven, 1866

幼虫および蛹をインドネシア Timika，Papua 産の亜種 *cynailurus* Fruhstorfer, 1915 で図示・記載する。

【成虫】 ニューギニア島のインドネシア Timika では樹林帯のどこにも個体数が多い。♂は明るい林内の空間を活発に飛翔し，追尾行動や占有行動をとる。ほかのチョウが活動しない朝の時間帯や曇天の日でも活動する。♀は食草の周りを飛翔して葉に静止したり，落果実に飛来したりしていることが多い。

【卵】 トラフタテハに似ている。

【幼虫】 5月にはあらゆるステージの幼虫が発見され，その経過はトラフタテハとほとんど同じである。4齢期までは全体が黒色で光沢があるが，終齢は全体が褐色で背面は黄色，棘状突起の周辺は橙色である。頭部の色彩が黄色になるので前齢の幼虫との識別は容易である。

【蛹】 形態はトラフタテハに似ている。色彩は緑色系と褐色系の2型がある。

【食草】 トケイソウ科の *Adenia* の植物で林内の空き地に多い。

【分布】 ニューギニア島およびワイゲオ，サラワティ，ミソールの諸島。

ヒカゲタテハ属

Bhagadatta Moore, [1898]

【分類学的知見】 族の解説で述べたようにトラフタテハ族とは異なった説もある。幼生期の一部については森下(1998)があり，これによると幼虫，蛹ともにトラフタテハ属に近縁であると考えられる。

ヒカゲタテハ　p. 187

Bhagadatta austenia (Moore, 1872)

【成虫】 黒褐色で濃淡のある複雑な斑紋でトラフタテハ属とは異質な感じを受ける。薄暗い森林内に生息し，吸水のために地表に下りる。

【幼生期】 五十嵐・福田(2000)を参考に記載する。

【卵】 未確認。

【幼虫】 全体の形態はトラフタテハに似ている。亜背線にほぼ同等の棘状突起列がある。頭部や胴部の気門下線列にもニードル様突起を多数確認できる。頭部は褐色，胴部は緑色地に黄色の横条が配列する。棘状突起は黄褐色。

【蛹】 同様に全形がトラフタテハに似ている。色彩は黄緑色で背線および前翅後縁部に顕著な赤橙色の筋状紋を装う。

【食草】 クスノキ科の *Alseodaphne petiolaris* を食べる。

【分布】 アッサムから北部ミャンマーに分布する。

ドクチョウ(ヒョウモンチョウ)亜科
Heliconiinae Swainson, 1822 (=Argynninae)

形態，習性ともにかなり異質のものを含んでいる大きな亜科である。

【分類学的知見】 分子系統上はイチモンジチョウ亜科と姉妹群を形成する。幼生期の形態からは，どの段階においても姉妹群としての共通性は認識しにくい。しかし幼虫の棘状突起の分布が，原則として背中線に分布しないということで完全に一致する。幼虫や蛹は一見ヒオドシチョウ亜科に似ているが，系統的には相似と考えられる。ドクチョウ族やホソチョウ族は，以前は科として独立していた。

本亜科内の属の構成は異なった説があり，Wahlberg (2010)は，ハレギチョウ属をホソチョウ族に含め，Silva-Brandão *et al*.(2008)はヒョウモンホソチョウ属をヒョウモンチョウ族に含めている。

各族とも幼生期においては明確な共通性をもち，幼生期を分類の基準とすると本亜科はわかりやすい。具体的には次のようである。

【卵】 ①卵幅より卵高がはるかに高い。②縦条と横条がともに明瞭で互いに交差し，網状である。

【幼虫】 歩行性が優れ広い範囲を行動するが，特異な習性は見られない。棘状突起が発達し，その特徴として①背中線列を欠く，②前胸背板に1対を生じる，③中・後胸気門線上に生じるものは各節のかなり前寄りになり，節間膜(intersegmental membrane)に分布する，④どの位置でも発達度の差がない，がある。

【蛹】 ①基本的にはヒオドシチョウ亜科に似ている。②鋭い突起を生じ，しばしば長大になる。

【食草】 スミレ科，イイギリ科，トケイソウ科などの新エングラー植物分類体系によるスミレ目が基本的食草となっている。

以上の本亜科に共通的な特徴は基本的な棘状突起分布を除いてイチモンジチョウ亜科にはほとんど見られない特徴である。

本書では本亜科の系統については幼生期の特徴を基に次のように考える。

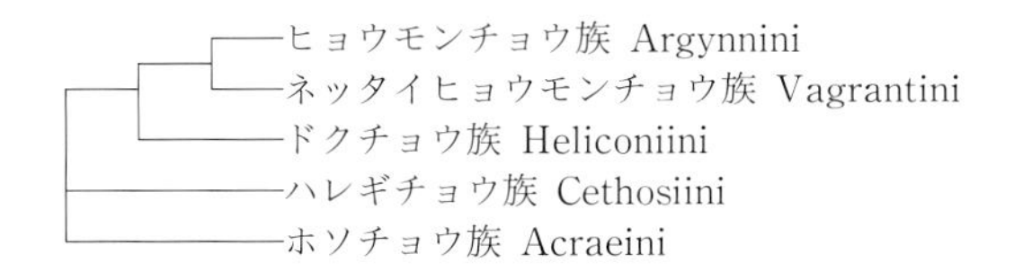

ヒョウモンチョウ族
Argynnini Swainson, 1833

【分類学的知見】 成虫は和名となる豹紋型斑紋で小～中型，一見似ていて同定は容易ではない。幼生期の形態は共通し，本亜科の特徴をもつ。亜族は分布の地域を異にし，それぞれに特色がある。

【成虫】 基本的にはヒョウモンチョウ型の斑紋で草原性の陽地に生息する。年1化性が多い。

【卵】 円錐台形で黄色。縦条と横条が密に交差し，縦条は上面でほかの条と融合する。

【幼虫】 棘状突起が発達し，地表性のスミレ属を食草として盛んに歩行する。幼虫で越冬する種が多い。

【蛹】 全体に突起が多いが著しく長いということはない。金色の斑紋を有する種が多い。

【食草】 スミレ科のスミレ属が多い。

【分布】 亜族により旧北区，新北区，さらにエチオピア区や新熱区に分かれて分布する。

含まれる亜属の構成は次のようである。

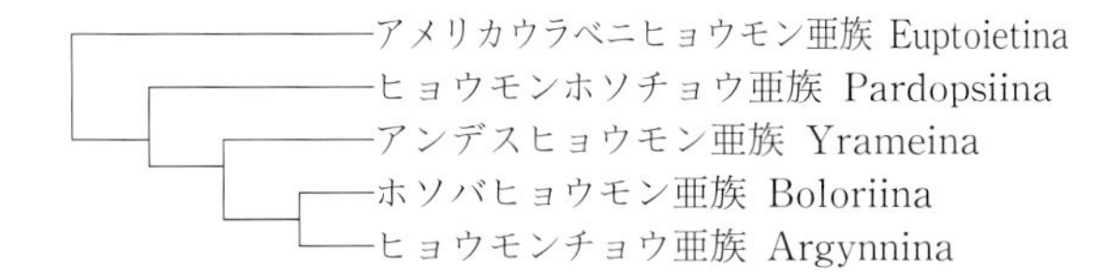

ヒョウモンチョウ亜族
Argynnina Butler, 1867

【分類学的知見】 本書では Simonsen *et al*.(2006)を参考に幼生期を考慮して以下のような構成と考えた。Simonsen *et al*. はミドリヒョウモン類をすべて *Argynnis* に含めている。

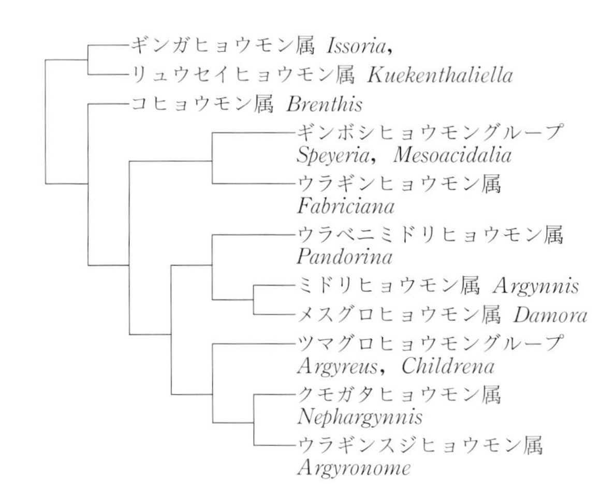

幼虫・成虫の形態は一見似ていて，外観の差は少ない。しかし，成虫の斑紋や幼虫の形態などの細部や習性面の形質では種間の分化が進んでいると推定される。

【成虫】 小～中大型の大きさで，ほぼ雌雄同形，♀は前翅端に三角形の白色小斑紋を有する。数種においては雌雄異形で♀は擬態と思われる斑紋である。翅表は和名のような豹紋模様をしており全種に共通する。

【卵】 卵高の高い卵形もしくは円錐台形。色彩は黄色。

【幼虫】 形態も特徴的で，しかも各属が共通している。1齢幼虫の亜背線各節に2本の刺毛を生じる種があり，2齢以降の幼虫の棘状突起の分布は既述のように特徴がある。

【蛹】 頭部や胴部背面に突出部が多い。

【食草】 スミレ科のスミレ属が多く，そのほかバラ科など。
【分布】 主として旧北区および新北区の冷～温帯を中心に分布し，一部が新熱帯区の北部や高山に飛地的分布をする。日本にはこのなかの8属を産し，日本の蝶相を特徴づけている。

ギンガヒョウモン属
Issoria Hübner, [1819]

【分類学的知見】 幼虫の形態および食草がスミレ科のスミレ属であることなど，ヒョウモンチョウ亜族の範疇内である。
【成虫】 翅表はヒョウモンチョウ型であるが裏面の銀紋が大きい。
【卵】【幼虫】【蛹】【食草】 ギンガヒョウモンで解明されている(Zobar & Genc, 2008)。
【分布】 主としてアフリカを中心に生息し，5種を含む。

ギンガヒョウモン(スペインヒョウモン)　p. 195
Issoria lathonia (Linnaeus, 1758)
【成虫】 小型のヒョウモンで翅裏は大きな銀白色の斑紋で構成され，銀河を連想させる。
【幼生期】 Zobar & Genc(2008)を参考に記載する。
【卵】 円錐形で淡黄色。
【幼虫】 黒色で，気門周辺の棘状突起の周辺は褐色，背線部には白色紋が配列する。棘状突起は黄褐色。
【蛹】 頭部が丸く，腹部の背面に顕著な白色斑を生じる。
【食草】 スミレ科の *Viola paulustris*, *V. tricolor* などを食べる。
【分布】 ヨーロッパから中央アジアを経て中国の西部に分布する。

リュウセイヒョウモン属
Kuekenthaliella Reuss, 1921

【分類学的知見】 ギンガヒョウモンに近縁で同属とされることもある。5種を含む。
【成虫】 ギンガヒョウモン同様翅裏には白銀色の斑紋が散在するが，斑紋は流星のように流れる。
【卵】【幼虫】【蛹】【食草】 未解明。
【分布】 ヒマラヤ山脈の近隣の高地帯に生息する。

リュウセイヒョウモン　p. 195
Kuekenthaliella gemmata (Butler, 1881)
【成虫】 やや大きめで，後翅裏面の外縁に並ぶ銀紋は三角形である。
【卵】【幼虫】【蛹】【食草】 未解明。
【分布】 シッキムからチベットの比較的狭い範囲である。

ミドリリュウセイヒョウモン　p. 195
Kuekenthaliella mackinnonii (de Nicéville, 1891)
【成虫】 後翅裏面は緑色を帯びる。
【卵】【幼虫】【蛹】【食草】 未解明。
【分布】 ネパールなどの狭い範囲に分布する。

ヒメリュウセイヒョウモン　p. 195
Kuekenthaliella eugenia (Eversmann, 1847)
【成虫】 後翅裏面の外縁に並ぶ銀紋が丸いことで識別できる。
【卵】【幼虫】【蛹】【食草】 未解明。
【分布】 チベットから中国西部，モンゴル，シベリア南部に分布する。

コヒョウモン属
Brenthis Hübner, 1819

【成虫】 中型のヒョウモンチョウで，形態は次の大型のヒョウモンと同様だが習性に違いがある。
【卵】【幼虫】【蛹】 基本的な形態は本亜族の範囲内。
【食草】 バラ科。
【分布】 3種を含み，2種が日本にも産する。

ヒョウモンチョウ　p. 59
Brenthis daphne (Bergsträsser, 1780)
終齢幼虫および蛹を長野県野辺山産亜種 *rabdia* (Butler, 1877)で図示・記載する。
手代木(1990)に詳細な記述がある。
【分類学的知見】 日本産は，北海道～本州北部に分布する亜種 *iwatensis*(M. Okano, 1951)と関東～中部地方に分布する亜種 *rabdia*(Butler, 1877)に分類される。
【成虫】 やや乾燥した明るい草原に生息する。周年経過はほかのヒョウモン類と同じで，夏季に産卵する。
【卵】 卵態で越冬し，翌春孵化する。
【幼虫】 終齢幼虫は黒褐色に細い灰褐色条斑があり，気門下線に顕著な白色条が走る。
【蛹】 灰黄褐色で背面の突起が発達し，黄金色に光る。
【食草】 バラ科のワレモコウ類ナガボノシロワレモコウ，ワレモコウなどのほか，コヒョウモンの主要食草であるシモツケ類のオニシモツケ，シモツケソウなども食べる。
【分布】 ヨーロッパから中国を経て朝鮮半島，日本に分布する。

コヒョウモン　p. 59,195
Brenthis ino(Rottemburg, 1775)
終齢幼虫および蛹を北海道小樽市産亜種 *mashuensis* (Kono, 1931)で図示・記載する。
手代木(1990)に詳細な記述がある。
【分類学的知見】 日本産は，北海道に分布する亜種 *mashuensis*(Kono, 1931)，本州中部に分布する亜種 *tigroides*(Fruhstorfer, 1907)に分類される。谷川岳に生息するものは亜種 *tanigawensis*(Nakahara, 1941)とする見解もある。
【成虫】 湿原や渓流の明るい環境に生息し，日本ではヒョウモンチョウとやや棲み分ける傾向がある。
【卵】 形態はヒョウモンチョウと同じ円錐形で淡黄色。
【幼虫】 終齢幼虫はヒョウモンチョウに似ているが，気門下線の白帯はやや黄色みを帯びる。

【蛹】 ヒョウモンチョウに極めて似て識別はやや難しいが，背面の突起がより発達する。
【食草】 ヒョウモンチョウと重なるが，主としてシモツケ類のオニシモツケを利用していることが多く，そのほかシモツケソウや園芸種のキョウガノコ(*Filipendula purpurea*)も食べる。
【分布】 ヨーロッパからアジアの温帯を中心とした地域に広く分布する。

ウラベニミドリヒョウモン属
Pandoriana Warren, 1942

【分類学的知見】 1種のみからなる。ミドリヒョウモン属に近縁で，同属とされることが多いが，前述の系統が示すように同属にするほどの近縁性はないと思われる。

ウラベニミドリヒョウモン　p. 197
Pandoriana pandora ([Schiffermüller], 1775)
【成虫】 表裏翅の斑紋がミドリヒョウモンによく似ていて，♂♀の色彩差もミドリヒョウモンと平行している。
【幼生期】 web サイト(ukbutterflies)を参考に記載する。
【卵】 円錐台形で黄白色。
【幼虫】 灰褐色で背面に灰白色で囲まれた黒色斑が配列する。
【蛹】 頭部は丸みがあり，腹部の突起は短い。色彩は灰褐〜黒褐色。
【食草】 スミレ属のニオイスミレなど。
【分布】 イベリア半島やカナリア諸島，北アフリカ，南ヨーロッパからロシア南部まで分布する。

ミドリヒョウモン属
Argynnis Fabricius, 1807

【分類学的知見】 ウラベニミドリヒョウモンやメスグロヒョウモンに近い。1種のみからなる。

ミドリヒョウモン　p. 59,197
Argynnis paphia (Linnaeus, 1758)
　終齢幼虫および蛹を福島県白河市産の日本産亜種 *geisha* Hemming, 1934 で図示・記載する。
　手代木(1990)に詳細な記述がある。
【分類学的知見】 対馬産は亜種 *tsushimana* Fruhstorfer, 1906 とされることがあるが，日本産亜種のシノニムと考えられる。
【成虫】 ♀の翅表は♂よりもかなり黒化の傾向があり，メスグロヒョウモンやダイアナオオヒョウモンなどと同様の平行現象と考えられる。夏季は山地に生息し，晩夏に低標高地に下りてきてしばしば都市郊外でも見る。
【卵】 円錐形で黄色。
【幼虫】 前胸背面の棘状突起が著しく発達して長く，静止時には頭部の角状突起に見える。
【蛹】 第3腹節背面突起も発達する。
【食草】 スミレ科のいろいろな種を食べるが，特にタチツボスミレを好む傾向がある。
【分布】 アフリカのアルジェリアからヨーロッパを経てアジアの温帯地域，さらに日本や台湾まで広く分布する。

メスグロヒョウモン属
Damora Nordmann, 1851

【分類学的知見】 1種のみからなる。ミドリヒョウモン属に極めて近い。

メスグロヒョウモン　p. 60,195
Damora sagana (Doubleday, [1847])
　終齢幼虫および蛹を埼玉県秩父市横瀬産の日本産亜種 *liane* (Fruhstorfer, 1907)で図示・記載する。
　手代木(1990)に詳細な記述がある。
【成虫】 典型的な雌雄異型種である。その理由については不明であるがミドリヒョウモン同様の系統的な傾斜と思われる。
【卵】 ミドリヒョウモンと同様。
【幼虫】 終齢幼虫はミドリヒョウモンと同様に前胸背面の棘状突起が著しく長く暗黒褐色，背面には不明瞭な2本の背線が走る。
【蛹】 第3腹節背面の突起が著しく発達する。
【食草】 近縁種同様にスミレ科のタチツボスミレ，エイザンスミレ，ツボスミレなど多くの種類を食べる。
【分布】 モンゴル，中国からシベリアの南東部を経て日本まで分布する。

オオヤマヒョウモン属
Childrena Hemming, 1943

【成虫】 ♀は黒化の傾向があり，裏面の斑紋はツマグロヒョウモンに似ている。
【卵】【幼虫】【蛹】【食草】 オオヤマヒョウモンについて詳しく知られている。
【分布】 2種がインド北部から中国に分布する。

オオヤマヒョウモン　p. 60,197
Childrena childreni (Gray, 1831)
　終齢幼虫および蛹を中国広西省大瑶山産の名義タイプ亜種 *childreni* で図示・記載する。
【成虫】 大型種で，♀は♂よりもさらに大きく，後翅外縁の青黒色部が広がる。幼虫の越冬態勢などは気温などに影響を受けて個体差があり，日本のヒョウモンチョウ類のような1化性は確定されてはいないように思える。しかし，8月に採集された♀は10月に産卵したという例から自然状態では年1化と推定される。
【卵】 未確認。
【幼虫】 孵化した幼虫はそのまま成長し，年内に3齢に達する。その後越冬に入る幼虫や，動き回って摂食を続け，さらに人工的に加温をすることによってそのまま終齢に達する個体もある。若齢幼虫はわずかの刺激で食草から落下する。休眠するときは葉裏や根元の落ち葉などの陰に隠れて行われる。越冬した個体は4月下旬に終齢となり，特に夜間盛んに摂食し，5月に蛹化する。越冬齢数を含め個体の生育差が大きいため，終齢の齢数は確かでないが6齢と考える。幼虫の形態や色彩は日本のツマグロヒョウモンに似，終齢幼虫は背中線を太い黄帯が貫く。
【蛹】 形態・色彩は幼虫と同様ツマグロヒョウモンに似ている。蛹期が長く，5月で24，25日に及ぶ。
【食草】 スミレ科スミレ属の各種と思われる。飼育下ではパピリオスミレ(*Viola papilionacea*)やパンジー(*V. wittrockiana*)で十分生育する。
【分布】 インド北部から中国を経てミャンマー，タイの北部に分布する。

ツマグロヒョウモン属
Argyreus Scopoli, 1777

【分類学的知見】 オオヤマヒョウモン属に近縁で，1種のみからなる。成虫の習性や分布は本族内では特異で本属の特性と考えられる。

ツマグロヒョウモン　p. 60,196
Argyreus hyperbius (Linnaeus, 1763)
　終齢幼虫および蛹を鹿児島県奄美大島産の名義タイプ亜種 *hyperbius* で図示・記載する。
　手代木(1990)に詳細な記述がある。
【成虫】 ♀は顕著なカバマダラなどへの擬態の好例になっているが，♂と同じ斑紋の型もある。化性も多化性で特異，ほとんど間断なしに発生が繰り返される。日本では近年分布の北進が顕著であり，しかもほとんどチョウが現れないような住宅地環境などでも姿を見せる特異性がある。今後の消長が注目される。
【卵】 円錐形で色彩は淡黄色。
【幼虫】 終齢幼虫は黒色で明瞭な橙色の背中線が貫き，オオヤマヒョウモン属の特色と共通する。
【蛹】 褐色で頭部・胴部に鋭い突起を生じる。
【食草】 スミレ属であるがその範囲は広く，特に近年栽培が広がっている園芸植物のパンジー類や野性化したパピリオスミレにまで拡大している。
【分布】 ヒマラヤから中国，セイロンや日本，さらにオーストラリアやパプアニューギニアの一部，エチオピアなどに飛び地的な分布がある。分布には特異性があり，局地的な分布やオーストラリアのように絶滅したと思われる地方がある一方で，日本のように分布が拡大している地域もある。

ウラギンスジヒョウモン属
Argyronome Hübner, [1819]

【成虫】 どの種も表裏翅の斑紋がよく似ていて，後翅裏面には筋状の銀紋が縦走する。
【卵】【食草】 近縁属に共通する。
【幼虫】 背線に顕著な2本の黄色の縦条が走る。
【蛹】 頭部突起は短いが，腹部背面の突起は発達する。
【分布】 3種が広くユーラシアに分布するが，それぞれの生息域は限られている。

ウラギンスジヒョウモン　p. 61,196
Argyronome laodice (Pallas, 1771)
　終齢幼虫を山形県山形市産，蛹を山梨県河口湖産の日本産亜種 *japonica* (Ménétriès, 1857)で図示・記載する。
　手代木(1990)に詳細な記述がある。
【成虫】 山間の明るい草原的環境に生息し，オオウラギンスジヒョウモンのように秋季に低地に下りることはない。
【卵】 円錐形で黄色。
【幼虫】 終齢幼虫は灰褐色で，顕著な2本の黄色い背線が走る。
【蛹】 頭部突起は短い。
【食草】 スミレ科のタチツボスミレ，エゾノタチツボスミレ，オオタチツボスミレなどを食べる。
【分布】 分断しており，①ヨーロッパからコーカサス，②中国西部からアッサムを経てミャンマー北部，③アムールからウスリーと日本の3地域に分かれる。

オオウラギンスジヒョウモン　p. 61
Argyronome ruslana (Motschulsky, 1866)
　終齢幼虫および蛹を山梨県山中湖産の日本産亜種 *lysippe* (Janson, 1877)で図示・記載する。
　手代木(1990)に詳細な記述がある。
【成虫】 ウラギンスジヒョウモンよりも大型で夏季は高原の草地的環境に生息するが，秋季には都市近郊の低地に下りてきてアザミ類やシオンで吸蜜する姿がよく見られる。
【卵】 円錐台形で黄色。
【幼虫】【蛹】 終齢幼虫や蛹はウラギンスジヒョウモンに似ているがより大きい。
【食草】 ほぼウラギンスジヒョウモンと同様。
【分布】 アムールから朝鮮半島，日本に分布しその範囲は近縁種に比べ狭い。

クモガタヒョウモン属
Nephargynnis Shirozu & Saigusa, 1973

【分類学的知見】 1種のみからなり，ウラギンスジヒョウモン属に近縁で，成虫の斑紋や幼生期に共通した形質が見られる。

クモガタヒョウモン　p. 61,196
Nephargynnis anadyomene C. & R. Felder, 1862
　終齢幼虫および蛹を埼玉県秩父市横瀬産の日本産亜種 *midas* Butler, 1866 で図示・記載する。
　手代木(1990)に詳細な記述がある。
【成虫】 形態は近縁種と若干の差がある。発生は近縁種のなかで最も早く，夏季は山地の草地的環境に生息しているが，晩夏にはオオウラギンスジヒョウモン，メスグロヒョウモン，ミドリヒョウモンと同様都市近郊の低地に現れてくる。♀は発生後しばしば長期にわたり産卵せず，11 月末に初めて産卵に至ることもある。
【卵】 円錐台形で黄色。
【幼虫】 形態は近縁種と若干の差がある。終齢幼虫は黒褐色で細かい網目様の斑紋があり，背中線を黄橙色の 1 本の縦条が貫く。胴部に生じる棘状突起は近縁種のなかで最も短い。
【蛹】 頭部突起は長く突き出る。
【食草】 スミレ科のタチツボスミレ，エゾノタチツボスミレ，ノジスミレなどを食べる。
【分布】 アムール，ウスリー，中国から朝鮮半島および日本に分布する。

ウラギンヒョウモン属
Fabriciana Reuss, 1920

【分類学的知見】 系統的にはアメリカギンボシヒョウモン属に近く，成虫の後翅裏面の銀紋は散在する。
【成虫】 後翅裏面の亜外縁に褐色紋が配列するが，この特徴は次のアメリカギンボシヒョウモン属にはない。
【卵】 近縁属同様。
【幼虫】 灰黒褐色で背中線に明瞭な 1 本の縦条が走る。
【蛹】 頭部突起や腹部の突起の発達が悪い。
【分布】 日本に生息する 2 種を含め，11 種が広くユーラシアに分布するが，数種は分布域が狭い。

インドウラギンヒョウモン p. 195
Fabriciana kamala (Moore, 1857)
【成虫】 後翅裏面の銀紋が連続する。
【卵】【幼虫】【蛹】【食草】 未解明。
【分布】 カシミールからインド北西部の狭い範囲に分布する。

ウラギンヒョウモン p. 62,195
Fabriciana adippe ([Schiffermüller], 1775)
終齢幼虫および蛹を群馬県鹿沢産の日本産亜種 *pallescens* (Butler, 1873) で図示・記載する。
手代木(1990)に詳細な記述がある。
【成虫】 草原的環境を好み，夏季はより標高の高い地に多い。
【卵】 円錐形で黄色。卵高がやや高い。
【幼虫】 黒褐色で不明瞭な縦筋があり，背中線を細い灰白色条が走る。
【蛹】 頭部に突起がなく丸みをもつ。腹部背面に 1 対の黒色斑を有する。
【食草】 スミレ科スミレ属の各種を食べる。
【分布】 ヨーロッパからアジアの冷温帯にかけて広く分布する。

ヒメウラギンヒョウモン p. 195
Fabriciana niobe (Linnaeus, 1758)
【成虫】 やや小型で前後翅外縁の黒色斑紋が発達している。
【卵】【幼虫】【蛹】 未確認だがウラギンヒョウモンなどに近似しているものと思われる。
【食草】 スミレ属の *Viola canina*，*V. riviniana* などが記録されている(Seppänen, 1970)。
【分布】 ヨーロッパからアジアに分布するが，産地は分断していて飛び地的な分布である。

マダラウラギンヒョウモン p. 195
Fabriciana argyrospilata (Kotzsch, 1938)
【成虫】 小型で後翅裏面の銀紋が散在する。
【卵】【幼虫】【蛹】【食草】 未解明。
【分布】 パミール高原西部，アフガニスタン，パキスタン，インド北西部に分布する。

オオウラギンヒョウモン p. 62,195
Fabriciana nerippe (C. & R. Felder, 1862)
終齢幼虫および蛹を兵庫県幼父(やぶ)郡関の原町産の日本産名義タイプ亜種 *nerippe* で図示・記載する。
手代木(1990)に詳細な記述がある。
【成虫】 本属のなかではやや大型種，草地的環境を好む。
【卵】 形態はウラギンヒョウモン同様だが，やや卵高は低い。
【幼虫】 終齢幼虫はウラギンヒョウモンより背面の縦条が顕著で黄色である。
【蛹】 頭部にウラギンヒョウモンよりもやや目立つ突起の痕跡がある。
【食草】 スミレ科であるが，無茎種を好むようでスミレ，フモトスミレ，ノジスミレなど。
【分布】 チベットから中国を経て朝鮮半島，日本に分布するが，日本では近年産地が減少している。

アメリカギンボシヒョウモン属
Speyeria Scudder, 1872

【成虫】 中型の種が多いが，数種のものはかなり大型となる。翅表は橙色地に黒紋のいわゆる典型的な豹紋模様をもち，裏面は和名のように銀白色の紋が星のように輝く。♂と♀で若干色彩を異にするが，数種においてはかなり顕著な差がある。年 1 化性。生息環境も日本のようにしだいに狭められつつあり，特に大型種の減少が憂慮される。
【卵】 ウラギンヒョウモン属などと同様の形態。
【幼虫】 黒色で気門下線の棘状突起基部が赤橙色でやや目立つ。幼生期形態はどの種も似ている。1 齢幼虫で越冬する。飼育下では越冬しないまま 2 化に至ることがある。
【蛹】 濃黒褐色で腹部が内側にやや強く湾曲する。
【食草】 例外なくスミレ科のスミレ属。
【分布】 北米の蝶相を代表する群で，この地域だけでも 15 種程度を含む。

アメリカオオヒョウモン p. 63,196
Speyeria cybele (Fabricius, 1775)
卵から蛹までのすべてをアメリカ合衆国カリフォルニ

ア州 Tuolumne County 産の亜種 *leto*（Behr, 1862）で図示・記載する。

【成虫】 北米の代表的な大型ヒョウモンチョウで，大型種のなかでは比較的よく見かける種である。♂は橙色で♀はより白色みが強く，基部は黒褐色。これらには地理的な変異がある。年1化で，6月から9月に発生し，発生の末期に産卵する。花を訪れて吸蜜し，ときに獣糞などで吸汁することもある。

【卵】 卵幅 0.81 mm，卵高 0.77 mm 程度でやや黄色みを帯びた白色，卵高が低い。

【幼虫】 産卵後2〜4週間で孵化し，幼虫は摂食することなく越冬に入る。翌春摂食を開始し2齢に達する。この期の幼虫は振動などの刺激があると体を丸めて落下する。しばらくするとすばやく歩いて葉裏に移動する。その後，齢が進行するが，特に特徴的な習性はない。終齢は6齢であった。終齢幼虫は昼夜を問わず盛んに摂食活動を行う。

【蛹】 頭部を含め突起は発達しない。体色は濃黒褐色で目立った斑紋はない。

【食草】 スミレ科スミレ属で，パピリオスミレ，*Viola rotundifolia*，*V. palustris* など。

【分布】 北米の中央部。

ウラベニアメリカオオヒョウモン　p. 64,196

Speyeria nokomis（Edwards, 1862）

卵および1齢幼虫をアメリカ合衆国カリフォルニア州 Mono County 産の亜種 *apacheana*（Skinner, 1918）で図示・記載する。

【成虫】 アメリカオオヒョウモンよりもやや小ぶりで，♀の翅表はさらに黒化の傾向が強い。前翅裏の基部には赤色部が広がる。山地の渓流ぞいや湿地帯に生息し，年1回7〜9月にかけて発生する。

【卵】 卵幅 0.82 mm，卵高 0.98 mm 程度でほぼ円錐台形，色彩は淡黄色でしだいに褐色化する。卵期は7日程度。

【幼虫】 孵化した幼虫は1カ所に集合して静止する。現地ではこのまま越冬に入るものと思われる。飼育下では20日くらいの間に各個体が分散した。この後食草のスミレの葉を入れると2時間くらいの間にすべての幼虫が葉に移動した。なかには摂食を開始し2齢に達した個体もあった。その後越冬が不可能であった。1齢幼虫の形態はヒョウモンチョウ族の基本的な特徴をもつ。終齢幼虫は黄褐色で棘状突起周辺に黒色紋が配列する（Scott, 1986）。

【蛹】 形態はアメリカオオヒョウモンに似ているが，色彩は黄褐色の斑紋が加わる。

【食草】 スミレ科スミレ属の *Viola nephrophylla*，*V. sororia* など。パピリオスミレでも十分飼育可能と思われる。

【分布】 アメリカ合衆国中部のロッキー山脈西側に局地的な分布をする。

ウスムラサキアメリカヒョウモン　p. 64,196

Speyeria hydaspe（Boisduval, 1869）

終齢幼虫および蛹をアメリカ合衆国カリフォルニア州 Mariposa County産の亜種 *purpurascens*（Edwards, 1877）で図示・記載する。

【成虫】 中型のヒョウモンチョウで，翅裏は濃い褐色地に藤色がかかる。樹林帯の湿地に生息し，年1回7，8月に発生，産地では普通に見かける。

【卵】 形態や色彩はウラベニアメリカオオヒョウモン同様。

【幼虫】 夏季に捕獲した♀を約2カ月間冷蔵庫内で保管し，その後採卵に供した。孵化した幼虫は摂食を開始し，越冬態勢に入ることなく2齢へと進んだ。3齢幼虫は巻いた食草の葉の中に潜むことが多く，葉の外縁から食べる。色彩はほとんど黒褐色で背線に2本の白い線が走る。その後は生育の個体差が大きく，ほとんど生育を停止する個体から終齢に進行する個体までさまざまであった。摂食は不定で，放浪しながら行うようである。明るい場所を避け食草の茂みに潜んでいる。その後の過程は個体差が大きく，年内に羽化まで至る個体からそのまま越冬してしまう個体まであったが，越冬態勢に入った個体のすべては死亡した。5(終)齢幼虫は全身ほとんど黒褐色で亜背線棘状突起の周囲のみ黒色，棘状突起の色彩は気門下線部が淡褐色のほかはすべて黒色。

【蛹】 形態はアメリカオオヒョウモンに似て，色彩は暗黄色に黒色斑紋を装う。

【食草】 スミレ科スミレ属の *Viola glabella*，*V. orbiculata*，*V. nuttallii* など。パピリオスミレで十分生育する。

【分布】 ロッキー山脈の東部にあたるアメリカ合衆国からカナダにかけて分布する。

ダイアナオオヒョウモン　p. 196

Speyeria diana（Cramer, [1777]）

【成虫】 雌雄異型の大型な種。7月頃発生し，ガガイモ属の花などで吸蜜する。♀は全体に黒色で青と白の斑紋を有し，ジャコウアゲハ類（*Battus*）などへの擬態と考えられる。

【幼生期】 卵は観察を基に，ほかは web サイト（butterfliesofamerica）を参考に記載する。

【卵】 一般的なヒョウモンチョウ型。

【幼虫】 アメリカオオヒョウモンなどに似ている。黒色で棘状突起の基部が橙色，先端は黒色で基部の橙色が目立つ。

【蛹】 明るい褐色地に黒褐色の斑紋が散在する。

【食草】 スミレ科スミレ属のパピリオスミレ，*V. cucullata* など（Scott, 1986）。

【分布】 アメリカ合衆国のアパラチア山脈を中心とした地域に分布するが，その生息地は狭められつつある。

ギンボシヒョウモン属

Mesoacidalia Reuss, 1926

【分類学的知見】 前属のアメリカギンボシヒョウモン属に包含されることが多いが，分布が明確に異なり，習性などにも特性があることから本書では独立の属として扱う。

【成虫】 基本的な特徴についてはアメリカギンボシヒョ

ウモン属との差が少ない。習性や生理的な面での特徴がある。

【卵】【幼虫】【蛹】【食草】 ギンボシヒョウモンについて知られている(手代木, 1990)。

【分布】 日本のギンボシヒョウモンを含む4種がユーラシアに分布する。

ギンボシヒョウモン p. 64,196

Mesoacidalia aglaja (Linnaeus, 1758)

終齢幼虫を山梨県甲斐大泉産,蛹を長野県信濃追分産の本州産亜種*fortuna*(Janson, 1877)で図示・記載する。

手代木(1990)に詳細な記述がある。

【分類学的知見】 日本産は,北海道に分布する亜種*basalis*(Matsumura, 1915)と本州に分布する亜種*fortuna*(Janson, 1877)に分類される。

【成虫】 日本では北海道や東北地方では平地〜山地に生息するが,関東以南では山地,高原に多く見られる。

【卵】 円錐台形で淡黄色。

【幼虫】 黒色で気門下線棘状突起基部に橙色斑紋が現れることはアメリカギンボシヒョウモン属と同じ。終齢は6齢と思われる。

【蛹】 腹部末端が強く湾曲するなどの特異な形態は,アメリカギンボシヒョウモン属と同様である。日本産のものでは飼育下でもほぼ完全年1化性であることや蛹化前に枯葉などを集めて巣状にしてそのなかで蛹化するなど,生理や習性面での違いがある。

【食草】 スミレ属を食べるが,タデ科クリンユキフデも食草として記録され,ヨーロッパでも同様である。タデ科はヒョウモンチョウ族の食性の対象として例外ではない。

【分布】 ヨーロッパからイラン,シベリア,中国,朝鮮半島および日本に分布する。

ヒメヒョウモン亜族
Boloriina Warren *et al.*, 1946

【分類学的知見】 1齢幼虫の刺毛配列や食草はヒョウモンチョウ亜族と異なる部分がある。習性面でも通常4齢幼虫で越冬すること,産卵期や成虫の寿命が異なるなどの違いがある。

3属の系統上の構成は次のようである。

```
  ┌──┬─シベリアホソバヒョウモン属 Proclossiana
  │  └─ヒメヒョウモン属 Boloria
  └────ホソバヒョウモン属 Clossiana
```

【成虫】 小型で生活圏はヒョウモンチョウ亜族よりも低位置で空間も狭い。

【卵】【幼虫】【蛹】【食草】 基本的にはヒョウモンチョウ亜族と同様である。

【分布】 3属を含み,冷〜温帯や高地に生息地がある。

ホソバヒョウモン属
Clossiana Reuss, 1920

【分類学的知見】 29種を含む。従来,北米産はすべてヒメヒョウモン属に含められていた(Scott, 1986)が,これらは本属に所属し,分布や幼生期の違いからヒメヒョウモン属と別属とするのが適切と考える。

【成虫】 小型種である。山地ときに高山に生息する。自然界では年1化。

【卵】 円錐台形で色彩は白〜黄色。

【幼虫】 黒褐色地にさまざまな斑紋を装うが,背線を貫く明瞭な斑紋はない。

【蛹】 基本的にはドクチョウ亜科の特徴をもつが細身である。腹部背面に金属光沢の突起を有する。

【食草】 スミレ科スミレ属。

【分布】 アジア,ヨーロッパと北米のやや寒冷な地方に限られる。

ロッキーホソバヒョウモン p. 65,198

Clossiana epithore (Edwards, 1864)

卵から蛹までのすべてをアメリカ合衆国カリフォルニア州Plumas county産の名義タイプ亜種*epithore*で図示・記載する。

【成虫】 年1回5〜7月,湿原などに発生する。翅形はやや丸みを帯び,褐色みが強い。

【卵】 卵幅0.78 mm,卵高0.76 mm程度,円錐台形で30条程度の不規則な縦条があり,密な横条が連結する。色彩は白色。卵期は約7日。

【幼虫】 孵化した幼虫は摂食を開始するが特に目立った習性は認められない。盛夏までに3齢に達する。しだいに摂食量を減らし,ついには摂食を中止して食草より離れる。その後はまったく摂食することなく体節を縮め越冬体勢に入る。越冬が4齢という報告もある。翌春越冬から覚めると摂食を開始し15日程度で4齢になる。5(終)齢幼虫は胴部がやや太めで,黒褐色地に不明瞭な白色や黄色の斑紋を装う。

【蛹】 黒褐色で黒色の亀裂模様を生じる。背面に黄金斑を添える。これはヒメヒョウモン属にはないホソバヒョウモン属の特徴である。腹部末端はアメリカギンボシヒョウモン属のように腹部側に湾曲することはない。

【食草】 スミレ科スミレ属の*Viola ocellata*,*V. glabella*,*V. sempervirens*など。

【分布】 北米の太平洋側(アメリカ合衆国のロッキー山脈西部)の高地帯に局所的に分布をする。

カナダホソバヒョウモン p. 65,143,198

Clossiana bellona (Fabricius, 1775)

終齢幼虫および蛹をアメリカ合衆国バージニア州Markhan Fauquier county産の名義タイプ亜種*bellona*で図示・記載する。

【成虫】 ロッキーホソバヒョウモンに似ているが,前翅先端はやや角張っている。前種同様に湿原に生息し,5〜9月にかけて1〜3回発生する。

【卵】 枯れ枝や草の茎などに産下され,色彩や形態はロッキーホソバヒョウモンとほとんど同じである。

【幼虫】 終齢幼虫は灰褐色で，背線および亜背線に黒色斑紋がある。棘状突起は先端が尖らず鈍頭で，色彩は淡黄褐色。主として夜間に摂食し，日中は食草から離れた場所に静止して動かない。

【蛹】 形態はロッキーホソバヒョウモンと似ているが，色彩はかなり淡く黄褐色である。胸部〜腹部前方の背面には黄金斑がある。3，4齢幼虫で越冬するが，飼育下では越冬態勢に入ることなく連続的に世代を繰り返す。

【食草】 スミレ科スミレ属の *Viola sororia*, *V. pallens* など。

【分布】 太平洋側を除いたアメリカ合衆国の北部からカナダに分布する。

ミヤマヒョウモン　p. 66

Clossiana euphrosyne (Linnaeus, 1758)

幼虫をモンゴル Tuvaimag Bazanchandmani sum, Kharganiyam 産の亜種 *umbra* (Seitz, [1909]) で図示・記載する。

【成虫】 カラフトヒョウモンなどによく似ている。

【卵】 カナダホソバヒョウモンなどに似ている。

【幼虫】 1齢幼虫頭部の色彩は黒褐色で，胴部は黄緑みを帯びた褐色，各節が1つおきに黒褐色を強く帯びる。この色彩はホソバヒョウモン属の基本色である。2日程度で齢が進行し，孵化後10日程度で4齢に達する。2齢幼虫の体色は全体に黒色で，摂食と休止を繰り返す。3齢幼虫も同様で摂食時以外は葉の巻いたなかに潜んでいる。何かの刺激があるとすばやく移動をし，安全な場所を探して再び葉裏に身を隠す。4齢当初は盛んに摂食をするが3日くらいを経るとしだいに摂食量が減り，やがて摂食を停止する。その後はまったく摂食することはなく枯葉などの間で休眠する。眠はかなり深いようであるが，人為的な刺激に合うとすばやく移動して再び身を隠す。越冬体勢に入ったものと思うが，その後の観察をなしえなかった。終齢幼虫は黒色で棘状突起基部のみ黄色である (Mazzei，web サイト leps.it/indexjs.htm?SpeciesPages/ClossiEuph.htm)。

【蛹】 前種などに似て色彩は一様な黒褐色。

【食草】 飼育下ではスミレ科スミレ属のアリアケスミレやパピリオスミレを良好に摂食した。現地でもスミレ属の各種を食べているものと思われる。

【分布】 ヨーロッパ東部からアジアにかけてのユーラシア大陸の中北部全域に広く分布する。

ヨーロッパホソバヒョウモン　p. 198

Clossiana selene ([Schiffermüller], 1775)

【成虫】 後翅裏面の銀紋斑は散在する。

【幼生期】 web サイト (ukbutterflies) を参考に記載する。

【卵】 初期は淡黄褐色で，しだいに灰色に変化する。

【幼虫】 カラフトヒョウモンなどに似た色彩・斑紋。頭部は黒色で棘状突起は黄褐色や黒色で，個体変異がある。

【蛹】 頭部突起は発達しない。腹部末端はやや下腹面に曲がる。色彩は濃褐色。

【食草】 スミレ科スミレ属の *Viola palustris*, *V. riviniana* などを食べる (web サイト ukbutterflies.co.uk/subgenus.php?name=Clossiana)。

【分布】 ヨーロッパからシベリア北部，さらにアムール，ウスリー，サハリンに分布する。

ハクトウヒメヒョウモン　p. 198

Clossiana angarensis (Erschoff, 1870)

成虫標本は北朝鮮産亜種 *hakutozana* (Matsumura, 1927) であり，種として扱われることもある。

【成虫】 高地の林縁や明るい沼沢地に生息する。

【卵】【幼虫】【蛹】 未確認。

【食草】 ツツジ科の *Vaccinium* sp. という記録がある (web サイト rusinsects.com/nymph/n-c-anga.htm)。

【分布】 ヨーロッパ東部からシベリアを経てアムール，ウスリー，北朝鮮に分布する。

アムールヒョウモン　p. 198

Clossiana selenis (Eversmann, 1837)

【成虫】 ハクトウヒメヒョウモンに似ているがそれよりも小型。

【卵】【幼虫】【蛹】 未確認。

【食草】 スミレ科スミレ属を食べることが確認されている (web サイト ftp.funet.fi/index/Tree_of_life/insecta/lepidoptera/ditrysia/papilionoidea/nymphalidae/heliconiinae/clossiana/)。

【分布】 シベリアからアムール地方まで広く分布する。

アサヒヒョウモン　p. 65

Clossiana freija (Thunberg, 1791)

終齢幼虫および蛹を北海道大雪山黒岳産の日本産亜種 *asahidakeana* (Matsumura, 1926) で図示・記載する。

手代木(1990)に詳細な記述がある。本種は国の天然記念物に指定されている。筆者は1960年，文化庁と環境庁に申請し，許可を得た。

【分類学的知見】 1齢幼虫の刺毛配列や蛹の形態はヒメヒョウモン属に共通する部分があり，属名を *Boloria* とすべきと考えるが，Simonsen *et al.* (2010) の解析ではミヤマヒョウモンに近縁である。

【成虫】 大雪山では高山のハイマツ地帯のお花畑に生息し，晴天時のみ活発に飛翔する。

幼生期は卵から蛹までカラフトヒョウモンやホソバヒョウモンとはやや形態を異にする。

【卵】 ホソバヒョウモンとは異なり，卵形で多くの弱い縦条がある。色彩は乳白色。

【幼虫】 1齢幼虫の刺毛配列はカラフトヒョウモンやホソバヒョウモンとは異なり，大型ヒョウモンと同様である。2〜4齢幼虫はほとんど黒色。5(終)齢幼虫は亜背線に灰白色の縦条が生じ，棘状突起は黄色である。野外では夏季の終わりまでに終齢末期まで成育し，そのまま越冬に入り翌春まったく摂食することなく蛹化するという (福田ほか，1983)。

【蛹】 濃褐色で腹部末端が著しく下腹部方向に屈曲する。この蛹の形態はギンボシヒョウモンと同様に地表で蛹化する種に共通するようである。

【食草】 ツツジ科のキバナシャクナゲ，コケモモ，ガンコウラン。

【分布】 ユーラシア大陸の周極部や北米大陸のカナダ，

ロッキー山脈に分布し，日本では北海道大雪山にのみ分布する。

カラフトヒョウモン p. 66

Clossiana iphigenia Graeser, 1888

終齢幼虫および蛹を北海道紋別郡遠軽町産の日本産亜種 *sachaliensis* (Matsumura, 1911)で図示・記載する。

手代木(1990)に詳細な記述がある。

【成虫】 比較的低標高地の渓谷や森林内の明るく開けた環境に生息する。

【卵】 形態は近縁種同様で色彩は淡黄緑色。

【幼虫】 終齢幼虫はほとんど黒色で，背線や気門下線に弱い灰色の縦条が貫く程度で斑紋はない。年1化で2〜4齢幼虫で越冬する。

【蛹】 大型ヒョウモンチョウ類よりも細身で色彩は淡灰褐色，著しい斑紋はない。

【食草】 スミレ科で北海道ではミヤマスミレが主要である。

【分布】 アムール，ウスリーから朝鮮半島を経て日本では北海道にかけて分布する。

ホソバ(ヒメカラフト)ヒョウモン p. 66

Clossiana thore (Hübner, [1803-1804])

終齢幼虫および蛹を北海道層雲峡産の日本産亜種 *jezoensis* (Matsumura, 1919)で図示・記載する。

手代木(1990)に詳細な記述がある。

【成虫】 カラフトヒョウモンに似ている。より高標高地に生息する。

【卵】 カラフトヒョウモンに似ている。

【幼虫】 終齢幼虫はカラフトヒョウモンよりも明確な斑紋があり識別は容易。

【蛹】 カラフトヒョウモンによく似ている。通常年1化だが飼育下では継続的な累代も可能で，カラフトヒョウモンよりも化性には柔軟性がある。

【食草】 カラフトヒョウモンと同じ。

【分布】 ヨーロッパからロシアを経て朝鮮半島，北海道にかけて分布する。

ヒメヒョウモン属
Boloria Moore, 1900

【分類学的知見】 ホソバヒョウモン属に近縁で，10種程度を含む。

【卵】 円錐台形で淡黄褐色。

【幼虫】 ホソバヒョウモン属に比較すると背線が明瞭。

【蛹】 頭部を含めて突起が少なく，腹部末端は下腹部方向に曲がる。色彩は褐〜黒褐色で黄金斑はない，などホソバヒョウモン属との違いが見られる。

【食草】 スミレ科スミレ属およびツツジ科コケモモ属，タデ科タデ属。

【分布】 アジアの中西部〜ヨーロッパが分布の中心である。

ヒメヒョウモン p. 198

Boloria pales ([Schiffermüller], 1775)

【成虫】 前翅はやや細め。標高2,000 m以上の草原を活発に飛翔し，黄〜橙色の花で吸蜜する。

【幼生期】 webサイト(www.pyrgus.de/Boloria_pales_en.html)を参考に記載する。

【卵】 円錐形で頂部は丸い。色彩は淡黄褐色。

【幼虫】 全体に黒褐色で黄橙色の明瞭な縦条が走る。

【蛹】 腹部の突起は痕跡程度で腹部末端は下腹部を向く。色彩は灰褐色で不明瞭な黒色紋を散在する。

【食草】 スミレ科スミレ属を食べる(webサイト，treknature)。

【分布】 ピレネーからアルプス山脈およびコーカサスから中国西部にかけて分布する。

ウスイロヒメヒョウモン p. 198

Boloria napaea (Hoffmannsegg, 1804)

【成虫】 ♂は黄褐色で♀は汚黄褐色。

【幼生期】 webサイト(pyrgus)を参考に記載する。

【卵】 未確認。

【幼虫】 黒褐色に灰褐色の複雑な条紋を装い，淡褐色の縦条が背線を貫く。棘状突起は橙色。

【蛹】 全体に突起は目立たなく，色彩は黒褐色でヒメヒョウモン属の特徴をもつ。

【食草】 スミレ科スミレ属のキバナノコマノツメ，タデ科タデ属のムカゴトラノオなど。

【分布】 ピレネーとアルプスの2山脈，さらにユーラシアの北西部に広く分布する。

シベリアホソバヒョウモン属
Proclossiana Reuss, 1926

【分類学的知見】 ヒメヒョウモン属に近縁で，1種のみからなる。

シベリアホソバヒョウモン p. 198

Proclossiana eunomia (Esper, 1800)

【成虫】 ヒメヒョウモン属などに似ているが，後翅裏面の亜外縁に配列する紋が円形なことで識別できる。小木の生じる沼沢地などに発生し，その期間は2週間程度である。

【幼生期】 webサイト(flicker)を参考に記載する。

【卵】 形態は卵高がやや高い半球形で，色彩は乳白色。

【幼虫】 1齢幼虫の刺毛配列はミドリヒョウモン属やアサヒヒョウモンと同様で亜背線列各節に2×2本生じる。

中齢幼虫は全体が濃褐色で光沢があり，棘状突起は黒色で基部の橙色が目立つ。終齢幼虫は全体が濃褐色で灰白色の網状紋に覆われる。黄橙色の2本の縦条が背線を貫く。個体変異があり斑紋を欠くこともある。棘状突起は橙色。

【蛹】 形態はヒメヒョウモン属に似ている。色彩は褐色で目立った斑紋はなく，黄金斑も欠く。

【食草】 タデ科の *Polygonum bistorta* を食べる。

【分布】 広くヨーロッパ南部からシベリアを経てアラス

カ，カナダなど北極の周辺に生息する。

アンデスヒョウモン亜族
Yrameina Reuss, 1926

【分類学的知見】 1属のみからなり，新熱帯区の高山帯で特化したと考えられる。

アンデスヒョウモン属
Yramea Reuss, 1920

【成虫】 小型でヒメヒョウモン亜族に似た形態である。
【卵】【幼虫】【蛹】 未解明。
【食草】 食草と推測されるスミレ科は新熱帯区の高山帯にも分布し，葉茎が多肉化するなどの特化した種が見られる。
【分布】 アンデス山脈の高地やチリに，5種が分布する。

アンデスヒョウモン p. 195
Yramea cytheris (Drury, [1773])
【分類学的知見】 チリ産の亜種 *siga* は以前は独立種 *Y. anna* とされていた(D'Abrera, 2001)。
【成虫】 産地によって大きさが異なる。
【卵】【幼虫】【蛹】【食草】 未解明。
【分布】 チリに分布する。

ホソバアンデスヒョウモン p. 195
Yramea lathonioides (Blanchard, 1852)
【成虫】 アンデスヒョウモンに似ているが，前翅の黒色斑紋が連続している。
【卵】【幼虫】【蛹】【食草】 未解明。
【分布】 チリ，アルゼンチンに分布する。

ヒョウモンホソチョウ亜族
Pardopsina

【分類学的知見】 1属1種からなる。幼虫では気門上線列の棘状突起を欠く。このことの系統上の重要性については，ほかに例がないので判断しにくいが，背中線列の棘状突起を欠くクジャクチョウがヒオドシチョウ族内のヒオドシチョウ亜族に位置づけられている例と同質であろう。遺伝子解析の結果も独立族を立てるほどの重要性がないことを支持している。

従来はホソチョウ族に所属していたが，Silva-Brandão *et al.*(2008)による遺伝子解析ではヒョウモンチョウ族と考えられる。本書ではこの解析を重視したが，それによるとその分類的カテゴリーとしてヒョウモンホソチョウ亜族が設けられることになる。しかし，Van Son & Dickson(1979)の図に示された特異な幼虫形態や細長い蛹の形態から考察すると，本族に含めることには疑問が残り，成虫の大きさや翅形・斑紋は，ホソチョウ族としての特徴も感じられる。また Simonsen *et al.* (2006)のヒョウモンチョウ族の系統解析には本種が除外されていて確証が得られない。

ヒョウモンホソチョウ属
Pardopsis Trimen, 1887

【分類学的知見】 亜族の解説のように正しい分類学的な位置は今後の課題である。特に幼生期形態の再確認が重要である。1種のみからなる。

ヒョウモンホソチョウ p. 199
Pardopsis punctatissima (Boisduval, 1833)
【成虫】 小型で♂♀同形。黄褐色の地に黒色小斑紋を散在する個性的な配色である。
【幼生期】 Van Son & Dickson(1979)を参考に記載する。
【卵】 基本的な形態はヒョウモンチョウ族の範囲内である。
【幼虫】 前胸背面の棘状突起が著しく長い。気門上線列の棘状突起を欠く。
【蛹】 全体に細長く，腹部の突起は発達しない。
【食草】 スミレ科の *Hybanthus capensis* が確認されている。*Hybanthus* は草本で，スミレとやや異なった形態だが，花は似ているところがある。本属はホソチョウ属の *Acraea neobule* やアメリカウラベニヒョウモン属のオオアメリカウラベニヒョウモンの食草として利用される。
【分布】 アフリカの東南部とマダガスカル島に分布する。

アメリカウラベニヒョウモン亜族
Euptoietina Simonsen, 2006

【分類学的知見】 形態や習性，分布などがかなり特徴があり，1属のみからなる。

アメリカウラベニヒョウモン属
Euptoieta Doubleday, 1848

【成虫】 ウラベニヒョウモンのような色彩斑紋である。
【卵】 形態はヒョウモンチョウ属の範囲で円錐台形，色彩は白色。
【幼虫】 前胸背面の突起が著しく長い。赤褐色の地に白色と黒色の斑紋が配列する。
【蛹】 各節の突起が発達し，全体にメタリックな光沢がある。
【食草】 スミレ科，トゥルネラ科(スミレ科とトケイソウ科の中間のような植物で APG 植物分類体系ではトケイソウ科に含められる)，トケイソウ科に及び，ネッタイヒョウモン族やドクチョウ族と共有する形質ももつ。
【分布】 南北米に8種程度を産する。

アメリカウラベニヒョウモン p. 67,138,198

Euptoieta claudia (Cramer, [1775])

卵から蛹までのすべてをアメリカ合衆国テキサス州産の亜種 *daunius* (Herbst, 1798)で図示・記載する。

【成虫】 ヒョウモンチョウとしてはやや特異な斑紋で，♂♀ほぼ同じである。多化性で，暖かい地方では連続的に発生する。明るい草原のような環境を好み，♂は日中活発に飛翔する。♀は特にニオイスミレに好んで産卵する。

【卵】 卵幅 0.64 mm，卵高 0.56 mm 程度でヒョウモンチョウ属としては卵高が低い。20 条前後の縦条とそれをつなぐ横条が交差する。色彩は灰白色で卵期は 5，6 日。

【幼虫】 1 齢幼虫は緑色を帯びた黒褐色で長い刺毛を生じる。葉の表面をなめるようにして葉肉を食べる。2 日程度で 2 齢に達するが生育の個体差はしだいに大きくなる。2 齢幼虫は黒褐色で黒色の棘状突起を有する。主として葉肉を食べる。3 齢幼虫は濃い黄褐色になる。光沢があり白色の斑紋を散在する。4 齢幼虫はさらに白色斑紋が明瞭に現れる。5，6 個体が集合していることが多い。5(終)齢幼虫は黄褐色で，各突起列の周囲に黒褐色で囲まれた白色斑紋が配列する。前胸の棘状突起は最も長く，あたかも頭部突起のように前方に伸びる。胴部の棘状突起は先端がやや膨らみ，黒色で青色の光沢がある。幼虫期の期間は個体差が大きい。

【蛹】 青白〜淡褐色で濃淡の個体差がある。円錐状の突起を多数生じ，それらは黄金色に輝く。ほかに若干の黒色小斑紋が散在する。

【食草】 スミレ科スミレ属でパピリオスミレ，*V. fimbriatula*，*V. rafinesquii* などいろいろな種類を食べる。飼育下では園芸種のパンジーなどでも問題なく生育した。しかし記録のあるトケイソウ科の *Passiflora edulis*，オオバコ科のオオバコ，ヒルガオ科のサツマイモなどは食べなかった。

【分布】 アメリカ合衆国の南部からアルゼンチンに及ぶ広い地域に分布する。

オオアメリカウラベニヒョウモン p. 67,198

Euptoieta hegesia (Cramer, [1779])

卵および幼虫をメキシコ Gomez Farias，Tamaulipas 産の亜種 *meridiania* Stichel, 1938 で図示・記載する。

【成虫】 ウラベニヒョウモンのような斑紋で，平地から山地にかけて生息する。開放的な明るい草地などを好み，飛翔は速く早朝から午後遅くまで陽光の下に活動を続ける。♂♀ともにランタナや食草の花で吸蜜する。

【卵】 卵幅 0.76 mm，卵高 0.70 mm 程度。円錐台形で 30 条程度の縦条とそれを連結する横条からなり，本亜科の基本的な特徴を備える。色彩は白色。

【幼虫】 孵化した幼虫は葉裏に潜み，葉に孔を開けるようにして食べる。頭部は黒色，胴部は紅褐色で光沢がある。胴部に生じる刺毛は長く，配列はネッタイヒョウモン族の範囲内である。2 齢幼虫は葉縁から食べる。胴部は黒紅色で，背中線と気門下線部に淡青色斑紋を生じる。ヒョウモンチョウ族と同様な配列の棘状突起を生じるが，前胸に生じるものは最も長い。3 齢幼虫は体色が濃赤褐色で背中線の青色斑紋，気門下線の白帯が明瞭である。4 齢幼虫の前胸棘状突起は著しく長く，その先端は丸みをもつ。第 9・10 腹節に生じる棘状突起がやや短いほかはほぼ同じ長さ。胴部の色彩は紅褐色で背中線と気門下線には明瞭な白帯が走る。5(終)齢幼虫は黒色と紅褐色の縦縞に白色斑紋列を配する。

【蛹】 アメリカウラベニヒョウモンに似ていて光沢のある褐色で，円錐状突起は黄金色に輝く。

【食草】 トゥルネラ科(トケイソウ科)の *Turnera ulmiforia*，トケイソウ科の *Passiflora foetida*。スミレ科のパピリオスミレは 4 齢初期まで食べたが，その後まったく食べなくなった。*T. ulmiforia* の葉は中裂の羽状をし，黄色い花をつけ観賞価値が高い。スミレ科もこの 2 つの科に近い。食性の対象とする植物間に類縁関係があることは興味深い。

【分布】 アメリカ合衆国南部から中米，西インド諸島にかけて分布する。

ネッタイヒョウモン族
Vagrantini Pinratana & Eliot, 1996

【分類学的知見】 幼生期が未知な属が多いために検証は不十分であるが，Simonsen *et al*.(2006)による属の構成はほぼ次のようである。

【成虫】 色彩斑紋は多様で，必ずしも豹紋型の斑紋でない種も多い。

【幼虫】 幼生期形態は共通し，ヒョウモンチョウ族よりも長い棘状突起を生じる種が多い。

【蛹】 原色のあざやかな色彩だったり種々の長い突起を有していたり，この族内の特色がある。

【食草】 スミレ科，イイギリ科(ヤナギ科)，トケイソウ科などで，いずれも新エングラー植物分類体系のスミレ目に属し，ドクチョウ亜科内の食草である。

【分布】 東南アジア〜オセアニア，アフリカに分布する。

タイワンキマダラ属
Cupha Billberg, 1820

【成虫】 どの種も黄褐色に黒色と黄色の斑紋を生じて似たような色彩である。

【卵】 卵高の高い半球形で色彩は黄色。

【幼虫】 長い棘状突起を生じる。

【蛹】 腹部に長い突起を生じ，緑，赤，黒色の極めてあざやかな色調で，さらに黄金に輝く斑紋を生じる。
【食草】 ヤナギ科のイイギリ類。
【分布】 東南アジアに9種を産する。

タイワンキマダラ p. 68
Cupha erymanthis (Drury, [1773])
終齢幼虫および蛹を西表島浦内産の日本産名義タイプ亜種 *erymanthis* で図示・記載した。
手代木(1990)に詳細な記述がある。
【成虫】 明るい林内に普通に見られ，林縁の陽地を軽快に飛翔する。
【卵】 円錐台形で黄色。
【幼虫】 終齢幼虫は黒褐色で胸部や腹部末端は黄褐色。長い棘状突起を生じる。
【蛹】 黄緑色で胸部や腹部背面に長い突起を生じる。基部が黄金色に輝き，真紅そして黒色の斑紋を配する飾り物のような配色である。
【食草】 イイギリ科の *Scolopia oldhamii* や *Xylosma* などを食べる。
【分布】 インド，スリランカ，ヒマラヤを経て中国南部，台湾，マレー半島，インドシナ半島，さらにボルネオ，スマトラ，ジャワ，スラウェシなどに分布する。日本では西表島で発生が継続している。

セレベスキマダラ p. 199
Cupha arias C. & R. Felder [1867]
【成虫】 橙褐色の地色で前翅に黄色い斜帯がある。スラウェシでは明るい林縁などに普通に見られる。
【卵】【幼虫】【蛹】【食草】 未解明。
【分布】 フィリピン，ボルネオ，スラウェシの各島に分布する。

モルッカキマダラ p. 199
Cupha lampetia (Linnaeus, 1764)
【成虫】 セレベスキマダラよりも黄帯が明瞭である。アンボンでは明るい林内に普通である。
【卵】【幼虫】【蛹】【食草】 未解明。
【分布】 モルッカ諸島に分布する。

ハルマヘラキマダラ p. 199
Cupha myronides Felder, 1860
【成虫】 地色全体が黄褐色で外縁が黒色，セレベスキマダラ，モルッカキマダラとの識別は容易である。
【卵】【幼虫】【蛹】【食草】 未解明。
【分布】 インドネシアのハルマヘラ，バチャン，オビ島。

ツマグロネッタイヒョウモン属
Cirrochroa Doubleday, [1847]

【成虫】 色彩は黄褐色で前翅頂が黒い。さらに外縁の黒色部が広がり，青藍色の光沢をもつ種もある。
【卵】 基本的な本族の形態で色彩は白～黄色。
【幼虫】 棘状突起の配列は本族内だが著しく長く，まばらに小突起が分枝する。色彩は背面が褐～黒色で下腹面は白色。
【蛹】 タイワンキマダラ属に似て背面に長い突起を有する。色彩は白色を基調色とする。
【食草】 イイギリ科。
【分布】 東南アジアからオセアニアに至る熱帯に16種を産する。

ルリヘリネッタイヒョウモン p. 199
Cirrochroa semiramis C. & R. Felder, [1867]
【成虫】 ミイロネッタイヒョウモンに似た斑紋で，翅表の外半が黒色で青色斑紋を装う。♀は♂よりも淡い色の型と黒化した型がある。林縁の明るい空間で見られる。
【卵】【幼虫】【蛹】【食草】 未解明。
【分布】 インドネシア・スラウェシ島特産種。

ミイロネッタイヒョウモン p. 199
Cirrochroa regina C. & R. Felder, [1867]
【成虫】 ルリヘリネッタイヒョウモンの代置種と考えられるが，さらにメリハリのある斑紋が特徴である。♂は太陽が高くなる時間帯に盛んに樹林の空間を飛翔し，追尾行動や占有行動を行う。
【幼生期】 五十嵐・福田(2000)を参考に記載する。
【卵】 未確認。
【幼虫】 黒色で気門下線に白色斑紋を配する。黒色の長い棘状突起を有する。
【蛹】 タイワンキマダラに似ているが地色が白色である。胸部～腹部背面に長大な突起を生じ，先端は黒色で基部は橙色である。
【食草】 イイギリ科の *Flacourtia ryparosa*，ベニノキ科の *Hydonocarpus wightiana* の記録がある。
【分布】 インドネシアのニューギニア島とその近隣のオビ，バチャン，ハルマヘラなどの島嶼に分布する。

チャイロネッタイヒョウモン p. 199
Cirrochroa tyche C. & R. Felder, 1861
【成虫】 黄褐色で前翅翅頂が黒色，黒色斑紋が点在するのみ。日当たりのよい樹林の空間に普通に見かける。
【幼生期】 五十嵐・福田(2000)を参考に記載する。
【卵】 半球形で灰白色。
【幼虫】 ミイロネッタイヒョウモンに似ているが，背線部は色彩が淡い。
【蛹】 地色が白色で棘起基部は橙色。
【食草】 イイギリ科の *Flacourtia rukam*，*Hydnocarpus heterophylla* などを食べる。
【分布】 シッキム，ブータン，アッサムからミャンマーにかけて，さらにフィリピンとマレー半島，ボルネオ島に分布する。

ツマグロネッタイヒョウモン p. 199
Cirrochroa orissa C. & R. Felder, 1860
【成虫】 マレーシアの山地では普通に見られる。
【幼生期】 補説をwebサイト(butterflycircle)を参考に加え記載する。
【卵】 ♀が未同定の植物に産卵行動をとるのを確認して人工採卵をした。白色で一般的な本族内の形態である。

【幼虫】 多数の卵を産下し孵化に至ったが，幼虫はその植物を食べることはなかった。孵化した幼虫は盛んに歩行した。中齢と思われる幼虫は黄褐色に濃褐色斑があり，棘状突起は黒色。
【蛹】 チャイロネッタイヒョウモンによく似て白色に黒色の斑紋と褐色の長い突起を有する。
【食草】 イイギリ科 *Hydnocarpus* の記録がある(web サイト，learnaboutbutterfly)。
【分布】 タイからインドシナ半島，マレー半島を経てスマトラ，ボルネオの各島に分布する。

ホソバツマグロネッタイヒョウモン p. 199
Cirrochroa emalea (Guérin-Méneville, 1843)
【成虫】 ツマグロネッタイヒョウモンに似ているが，前翅はやや細めである。
【卵】【幼虫】【蛹】【食草】 未解明。
【分布】 タイ南部からマレー半島，スマトラ，ボルネオ，ジャワ，ニアスの各島に分布する。

ルリネッタイヒョウモン p. 199
Cirrochroa imperatrix Grose-Smith, 1894
【成虫】 翅表全体が青藍色の金属光沢に輝き，ネッタイヒョウモンのなかでは特異な色彩である。
【卵】【幼虫】【蛹】【食草】 未解明。
【分布】 インドネシアのビア島 Biak にのみ分布する。

ソロモンキマダラ属
Algiachroa Parsons, 1989

【分類学的知見】 従来はタイワンキマダラ属に含められていたが，Simonsen *et al*.(2006)による解析では，それほど近縁ではないようである。1種のみを含む。

ソロモンキマダラ p. 199
Algiachroa woodfordi (Godman & Salvin, 1888)
【成虫】 タイワンキマダラ属よりも大きく，前翅には幅広い白色帯，後翅には黒色円形紋を配列する個性的な斑紋である。日本では標本が少ない。
【卵】【幼虫】【蛹】【食草】 未解明。
【分布】 ブーゲンビル，ショートランド，サンタイサベル島に分布する。

ウラベニヒョウモン属
Phalanta Horsfield, [1829]

【成虫】 小型で，形態はいずれも豹紋型で特徴的。
【卵】 円錐台形で色彩は白色。
【幼虫】 やや長い棘状突起をもつ。
【蛹】 色彩はタイワンキマダラ属に似て緑色の地に真紅色および輝く黄金の斑紋をもつが，突起はかなり短い。
【食草】 新エングラー体系によるヤナギ科とイイギリ科が利用されるが，この2科は APG 体系ではヤナギ科としてまとめられる。期せずしてこのウラベニヒョウモン属が，寄主植物の分子系統が近縁であることを証明していることになる。
【分布】 亜熱帯～熱帯のアジアおよびアフリカに分布し，6種程度を含む。

ウラベニヒョウモン p. 68,200
Phalanta phalantha (Drury, [1773])
終齢幼虫および蛹をフィリピン・ネグロス島産の亜種 *luzonica* Fruhstorfer, 1906 で図示・記載する。
【成虫】 明るい空き地を軽快に飛翔するが，食樹の周辺を離れず，食樹への固執が強い。♂も♀の羽化するのを求めて絶えず食樹にまとわりつく。発生サイクルが早く，連続的に発生は繰り返されると思われる。
【卵】 円錐台形で黄色。
【幼虫】 食樹の下方の新葉から幼虫が発見されるが，どの齢期でも柔らかい新葉のみを利用し，食樹の萌芽サイクルに影響を受けて化性を変えたり，食草を変えたりするものと思われる。3齢くらいまでは幼虫は淡黄褐色，棘状突起は黒色。終齢幼虫はそれよりも黒褐色の部分が多くなり，気門下線に明白な白色斑が生じる。棘状突起はヒョウモンチョウ族に比べ極めて長い。食樹の新葉を求めてすばやく動き回る。
【蛹】 あざやかな黄緑色に真紅色と黄金に輝く突起を備え，装飾品を思わせる。
【食草】 ネグロス島ではイイギリ科の *Flacourtia jangomas* を食する。現地では Governor's plum といわれ，果実は食用とされる。この若い果実は大変渋みが強い。かなりの高木になるが，成虫は下方の若葉を探して産卵する。日本ではイイギリ科のトゲイヌツゲ(*Scolopia oldhamii*)や，ヤナギ属も主要な寄主植物となっている。
【分布】 マダガスカル島を含め，インドからインドシナ半島，マレー半島，大スンダ列島，オーストラリア北部にかけて広く分布する。日本にも一時発生した時期があったが，東南アジアではよく見かけるチョウである。

クロスジウラベニヒョウモン p. 200
Phalanta alcippe (Stoll, [1782])
【成虫】 ウラベニヒョウモンに似ているが，黒色条が明瞭に現れる。
【幼生期】 web サイト(butterfliesofindia)を参考に記載する。
【卵】 ほぼ半球形で色彩は白色。
【幼虫】 緑褐色地に白色と黒色の斑紋が縦走する。頭部は黄褐色で明瞭な黒条斑がある。
【蛹】 ウラベニヒョウモンに似ているが，背面の突起は小型。
【食草】 スミレ科の *Alsodeia zeylanica* を食べる。本植物は *Rinorea wallichiana*(スミレ科)のシノニムとされるという。
【分布】 シッキム，アッサム，ミャンマーからマレー半島にかけてと，フィリピン，スマトラ，ボルネオ，モルッカの各諸島に分布する。

マダガスカルウラベニヒョウモン p. 200
Phalanta madagascariensis (Mabille, 1887)

【成虫】 ウラベニヒョウモンに似ているが，後翅外縁の黒色条は3本が平行に並ぶ。
【卵】【幼虫】【蛹】【食草】 未解明。
【分布】 マダガスカル島特産種。

アフリカウラベニヒョウモン p. 200
Phalanta eurytis (Doubleday, [1847])
【成虫】 ウラベニヒョウモンによく似ている。
【幼生期】 Van Son & Dickson(1979)を参考に記載する。
【卵】 ウラベニヒョウモンに似ているが，やや卵高が高い。
【幼虫】 白色と黒褐色の縦縞模様。
【蛹】 ウラベニヒョウモンに極めて似ている。
【食草】 イイギリ科の *Dovyalis* のほかにヤナギ科の *Populus* や *Salix* も食べ，ウラベニヒョウモンと同様である。
【分布】 熱帯アフリカの全域からエチオピアやスーダンに及ぶ。

オナガヒョウモン属
Vagrans Hemming, 1934

【分類学的知見】 タイワンキマダラ属に近縁で，1種からなる。

オナガヒョウモン p. 200
Vagrans egista (Cramer, [1780])
【成虫】 黄橙色に黒色の斑紋をもち，後翅に尾状突起がある。
【幼生期】 webサイト(projectnoah. org)を参考に記載する。
【卵】 未確認。
【幼虫】 形態はタイワンキマダラなどに似ている。色彩は，頭部は橙色，胴部は背面が黒褐色で下腹面は灰緑色，気門下線は白色。
【蛹】 形態・色彩ともにタイワンキマダラに似ている。
【食草】 オーストラリアではイイギリ科の *Flacourtia*, *Xylosma* や *Homalium* が確認されている。
【分布】 インドからマレー半島にかけて，およびフィリピンからオーストラリアに至る広い地域に分布する。

ダイトウキスジ属
Algia Herrich-Schäffer, 1864

【分類学的知見】 従来の *Paduca* やツマグロネッタイヒョウモン属とされていた3種を含む。
【分布】 東南アジアからニューギニアに分布する。

ダイトウキスジ p. 200
Algia fasciata (C. & R. Felder, 1860)
【分類学的知見】 従来はツマグロネッタイヒョウモン属とされており，後に *Paduca* に変更され，さらに近年はダイトウキスジ属とされている。
【成虫】 黄色の縦筋が入りネッタイヒョウモンチョウ族のなかでは異例の斑紋である。
【卵】【幼虫】【蛹】【食草】 未解明。
【分布】 ミャンマーからマレー半島，さらにフィリピン，スマトラ，ジャワの各島に分布する。

パプアキスジ p. 200
Algia felderi (Kirsch, 1877)
【分類学的知見】 従来ツマグロネッタイヒョウモン属に含められていたが，現在はダイトウキスジ属とされる。
【成虫】 翅表を白帯が貫く。これは本属の特徴としての基本的な斑紋である。
【卵】【幼虫】【蛹】【食草】 未解明。
【分布】 パプアニューギニアに分布。

チャイロタテハ属
Vindula Hemming, 1934

【成虫】 明るい樹林のなかを軽快に飛翔するこの属は，その色合いからも日本のヒョウモンチョウ類を思わせる。色彩は豹紋型で尾状突起をもつ。
【卵】 基本的にはヒョウモンチョウ族の形態で，卵高はやや高い。
【幼虫】 種により個性的な色彩をしている。他属に比べ幼虫の棘状突起の分枝が少ないことが共通した形態である。
【蛹】 不要の長物とも思えるほどの長大な突起を備えていることが共通した形態である。
【食草】 トケイソウ科の *Adenia*。
【分布】 東南アジアに4〜5種が分布する。

ヒメチャイロタテハ p. 69,143,200
Vindula dejone (Erichson, 1834)
幼虫および蛹を西マレーシアTapah近郊産の亜種 *erotella* (Butler, 1879)で図示・記載する。
【成虫】 低地の二次林などに多く，明るい樹林帯の開けた空間を活発に飛翔する。チャイロタテハによく似ている。♂♀ともランタナなどの花で吸蜜する。
【卵】 卵形で色彩は淡黄色。
【幼虫】 3齢幼虫の頭部は黒色，胴部は淡褐色で前・中胸と第6腹節に白色斑があり，一見キシタアゲハまたはジャコウアゲハの類の幼虫を思わせる。葉裏に静止するが，何らかの刺激を受けるとすばやく動いて移動する。4齢幼虫も同様である。5(終)齢幼虫の頭部は濃褐色で黒色の長い角状突起を備える。胴部の色彩は淡紫褐色で，胸部に白色斑を有する以外はほとんど斑紋がない。胴部に生じる棘状突起の配列は本亜科として例外ではないが，その形態は分岐する小突起が少なく他属と異なる。食草を求めて極めて活発に歩行する。
【蛹】 2対の長く突出した翼状の突起をもち極めて特異である。ときに折れたり曲がったりする。この形態が生活史戦略においてどのような意味をもつのかは不明。色彩は黄褐色に亀裂模様を生じる。腹部背面に3対の黄緑色斑紋をもつが，翼状突起と関連のある斑紋であろうと推定される。
【食草】 マレーシアではトケイソウ科の大型の蔓性 *Adenia* を本種に与えて飼育した。
【分布】 マレー半島からスマトラ，ボルネオ，フィリピン，スラウェシの各島とその近隣の島嶼。

チャイロタテハ p. 200
Vindula erota (Fabricius, 1793)
【成虫】 ヒメチャイロタテハに似ているが本種の方が♂♀ともに一般に大きいことで識別できる。しかし個体によっては後翅尾状突起がヒメチャイロタテハに比べて必ずしも短いとは限らなかったり，斑紋の違いが微妙だったりして識別が容易でない場合がある。精査すれば♂の前翅中央の縦条斑はヒメチャイロタテハがI字型で直線的，本種はC字型で波状，亜外縁の2列目はその逆である。♀は本種がヒメチャイロタテハよりも前翅の白色部が外側に広がる。
【卵】【蛹】【食草】 未解明。
【幼虫】 ヒメチャイロタテハとはまったく異なった黄色と黒色の色彩である(五十嵐・福田, 1997)。
【分布】 スリランカからシッキム，アッサム，ミャンマーを経てマレー半島，スマトラ，ボルネオ，スラウェシの各島，フィリピンなどに分布する。

オオチャイロタテハ p. 200
Vindula arsinoe (Cramer, [1777])
【成虫】 地理的な変異が顕著である。アンボン島では渓流の中洲など開けたところに♂が好んで集まってきて追尾活動をする。ニューギニアの Timika では♂がカエルの死体に飛来するのを観察した。
【幼生期】 web サイト(butterflyhouse)を参考に記載する。
【卵】 細い枝状のものに複数卵が産下される。卵形で白色。
【幼虫】 形態は本属内の特徴があるが，色彩は黒色で白黄色の小斑点が多数散在する。気門下線部には顕著な白色条が走る。
【蛹】 同様に本属内の特徴をもつ。後胸〜腹部第1・2節背面に黄金斑を有する。
【食草】 未解明。
【分布】 モルッカやソロモン群島を含めたニューギニア島の周辺からオーストラリアの北部まで分布する。

ソロモンオオチャイロタテハ p. 200
Vindula sapor (Godman & Salvin, 1888)
【分類学的知見】 オオチャイロタテハの亜種とされることもある(D'Abrea, 2001)。
【成虫】 大型の種類でオオチャイロタテハに似ているが，♂は後翅に白色斑を備える。
【卵】【幼虫】【蛹】【食草】 未解明。
【分布】 ソロモン諸島に分布する。

チャイロタテハ属の1種 p. 69
Vindula sp.
4齢幼虫をインドネシア・スラウェシ島中部 Biromaru の谷から発見した個体で図示・記載する。
【幼虫】 黒色の地にたくさんの白色斑点が散在する。
チャイロタテハ属の幼虫であることは確かで，その色彩斑紋から *V. arsioe* と判断したが，本種はスラウェシ島には分布しない。とりあえずチャイロタテハ属の1種とした。

ビロードタテハ属
Terinos Boisduval, [1836]

【成虫】 いずれの♂♀もビロード様紫色の光沢をもち，生息地の暗い林床下で不思議な幻光を放つ。
【卵】 基本的な本族の範囲。
【幼虫】 習性・形態ともに特徴がある。頭部に角状突起を有し，色彩は淡い緑色を地色とする。歩行活動が活発で，新葉のみを食べて移動する。
【蛹】 色彩・形態がウラベニヒョウモン属やタイワンキマダラ属に似ている。
【食草】 イイギリ科。
【分布】 8種がインド・オーストラリア区に分布する。

ビロードタテハ p. 70,201
Terinos terpander Hewitson, 1862
卵から蛹までのすべてを西マレーシア Tapah 産の亜種 *robertsia* (Butler, 1867)で図示・記載する。
マレー半島などでは最も普通に見かける。
【成虫】 暗い樹林下を活発に飛翔し，葉上などに静止するが，直ちに飛び去ってしまう。♂は午後，地上2，3 m の空間を互いに追尾しあう。♀は食樹の新葉の裏に止まり，1〜3個を産卵すると直ちに飛び立つ。産卵は新葉のみに限られる。
【卵】 卵幅 0.78 mm，卵高 0.74 mm 程度で白色，形態は一般的なヒョウモンチョウ型。卵期は3日。
【幼虫】 孵化した幼虫は淡黄緑色で長い黒色の刺毛が生じる。葉裏に静止し，新葉のみの葉縁を丸く食べる。盛んに歩行し，わずかの刺激で落下する。2日程度で2齢になり，1齢時に残した部分を継続して食べる。色彩は淡緑色で黒色の棘状突起を生じる。3日程度で3齢に達する。目立った行動はない。同様に3，4日程度で齢を重ね，終齢となる。5(終)齢幼虫も葉裏に潜み，盛んに新葉を食べる。この齢期もけっして硬い成葉を食べることはない。胴部の色彩はかなり変化し，淡緑〜青色地に黒褐色の縦条が走る。気門下線は淡黄色。頭部は黄褐色で副前頭と個眼周辺に黒色斑が生じ，長い黒色の角状突起を有する。
【蛹】 亜背線上に真紅色の長い突起を有し，緑色の地色や輝く黄金斑など，タイワンキマダラ属などに共通する特徴をもつ。
【食草】 イイギリ科の *Homalium foetidum*，*Hydnocarpus gracilis*，*H. nana* が確認されている。記録としてはスミレ科の *Rinorea anguifera* やトウダイグサ科のヤマヒハツ属(*Antidesma*)がある(五十嵐・福田, 1997)。
【分布】 マレー半島からスマトラ，ボルネオ，ジャワの各島。

ロミオビロードタテハ p. 201

Terinos romeo Schroder & Treadaway, 1984

【成虫】 青紫色の強い幻光と後翅肛角部の白紋が引き立つ個性的な色彩をもつ。

【卵】【幼虫】【蛹】 未確認。

【食草】 イイギリ科の *Casearia grewiaefolia* を食べることが確認されている（北村實氏私信，p. 232 掲載）。

【分布】 フィリピンのパナイ島特産種。

カバシタビロードタテハ p. 201

Terinos clarissa Boisduval, 1836

【成虫】 後翅肛角部が橙褐色で色彩・斑紋は地理的な変異が大きい。

【卵】【幼虫】【蛹】【食草】 未解明。

【分布】 インドシナ半島からマレー半島さらにスンダランドおよびフィリピンに分布する。

クロビロードタテハ p. 201

Terinos taxiles Hewitson, 1862

【成虫】 一般に翅表に幻光を生じることがなく一様な黒褐色の種であるが，スラウェシ産♂では近縁種のような紫色幻光がある。

【卵】【幼虫】【蛹】【食草】 未解明。

【分布】 スラウェシ，バチャン，ハルマヘラ，ワイゲオなどの島嶼に分布する。

アフリカビロードタテハ属
Lachnoptera Doubleday, [1847]

【分類学的知見】 アジアのツマグロネッタイヒョウモン属などに近縁とされる。

【成虫】 色彩は♂♀ともチャイロタテハ属などに似ている。

【卵】【幼虫】【蛹】【食草】 Van Son（1979）による *L. ayresii* の記録があり，幼虫は棘状突起を有し，特に胸部のそれは長く，また蛹は淡紅色で突起が多い。食草はイイギリ科 *Rawsonia lucida*，*Vismia* とされる。

【分布】 アフリカの熱帯に 2 種を産する。

アフリカビロードタテハ p. 201

Lachnoptera anticlia (Hübner, [1819])

【分類学的知見】 従来 *L. jole* とされていた（Lewis, 1974）。

【成虫】 光沢のある橙褐色の斑紋で，♂は後翅前縁に顕著な性標をもつ。♀は白色斑が現れアジアのチャイロタテハ属などと同様の斑紋形式である。

【卵】【幼虫】【蛹】 未確認。

【食草】 イイギリ科の *Rawsonia lucida*，*Scotellia chevalieri* の記録がある（web サイト wikipedia）。

【分布】 シエラレオネからコンゴ民主共和国を経て東部アフリカに分布する。

アフリカヘリグロヒョウモン属
Smerina Hewitson, 1874

【分類学的知見】 Simonsen *et al*.（2006）の解析では独立した 1 属のようであるが，標本の検討も困難で詳細は未知である。

アフリカヘリグロヒョウモン p. 201

Smerina manoro (Ward, 1871)

【成虫】 標本の確認をしていない。褐色に黒色の外縁および黒色斑紋を備えるだけである。

【卵】【幼虫】【蛹】【食草】 未解明。

【分布】 マダガスカル島のみに分布する。

ドクチョウ族
Heliconiini Swainson, 1822

【分類学的知見】 10 属の大族で多数の種を含む。以前は独立した科とされていたこともあった。しかし現在はヒョウモンチョウ族やホソチョウ族を含んだドクチョウ亜科の一族と位置づけられ，幼生期もそれを支持する。

Simonsen *et al*.（2006）の解析を基にした 10 属の構成は次のようである。

【成虫】 ほとんど凹凸の変化のない細長い翅をもち，黒色地に赤，橙，黄，青，白などの大胆な斑紋を配してあざやかで，警戒色と思われる。体内に有毒物質を蓄積している。ドクチョウ属中のベニモンドクチョウとフタモンドクチョウのように地理的に顕著な変化をし，互いに酷似した斑紋を示す典型的なミューラー型ミミクリーを示す例があり，種の同定はときに困難である。

【卵】 卵高が卵幅に比べて著しく高いことも本族の特徴である。

【幼虫】 基本形態はドクチョウ亜科の範囲だが，前胸棘状突起を欠く（または未発達）ことは本亜科では例外である。

【蛹】 突起が発達している。

【食草】 例外なくトケイソウ科のトケイソウ属（*Passiflora*）。

【分布】 新大陸特産で北米カリフォルニア州辺りから南米に広く分布する。

ウラギンドクチョウ属
Agraulis Boisduval & Le Conte, [1835]

【分類学的知見】 1種のみからなる。成虫の斑紋はドクチョウ族とヒョウモンチョウ族の中間的要素をもつようだが，幼虫は前胸背面の棘状突起を欠き，これは明らかにドクチョウ族に所属することの特徴である。

ウラギンドクチョウ p. 71,202
Agraulis vanillae (Linnaeus, 1758)

卵から蛹までのすべてをアメリカ合衆国カリフォルニア産の亜種 *incarnata* (Riley, 1926)で図示・記載する。

【成虫】 色彩・斑紋や行動にヒョウモンチョウ族の印象があり，やや低い位置をすばやく飛翔し，赤色もしくは白色の花を訪れて吸蜜する。♂は湿地に下りて吸水もする。♂は♀を発見すると翅を半開きにして近づき，その後，翅を開閉しながら♀のアンテナに触れた後に交尾をする。成虫は多化性でアメリカ合衆国フロリダ州辺りでは1年中見られる。

【卵】 白色で卵幅0.86 mm，卵高1.40 mm程度。卵高が高い。卵期は気温に左右され，1週間から2週間以上とかなり差がある。

【幼虫】 赤褐色と黒色の縞模様をもつ。孵化した幼虫は葉裏に潜み，孔を開けるようにして摂食し，葉表の表皮を残す。2齢幼虫は頭部に角状突起をもつ。葉裏に潜む。3齢幼虫頃より胴部の色彩は明瞭な橙褐色に黒色の縦条が走り，終齢幼虫は赤橙色に黒帯の目立つ色彩となる。

【蛹】 細長くやや湾曲する。他属に比べ，突起がほとんどなく，ドクチョウ族中では特異な形態である。

【食草】 トケイソウ科トケイソウ属(*Passiflora*)であるが，範囲はかなり広い。*P. caerulea*，*P. incarnata*，*P. lutea*，*P. edulis* など多くの種類が記録されている。

【分布】 北米にも進出し，中米から南米のアルゼンチン，パラグアイに及ぶ。また，その近隣の島々，さらにガラパゴス諸島やハワイ諸島にも生息が確認されている。ドクチョウ族の食草はトケイソウ科ではあるが，種により対象が限定されていることが多い。本種は範囲が広く，分布が拡大される要因と考えられる。

チャイロウラギンドクチョウ属
Dione Hübner, [1819]

【分類学的知見】 幼虫は前胸背面にも棘状突起を生じ，ドクチョウ族とヒョウモンチョウ族の系統を関連づける証拠と考えられる。

【成虫】 色彩は黄橙色で翅脈が筋状に黒色になる。

【卵】 長卵形で黄色，複数で産卵される。

【幼虫】 棘状突起は短く，前胸背面にも生じる。黒色の地に黄橙色〜褐色の斑紋を装う。

【蛹】 目立った突起を生じないが，これはアメリカウラベニヒョウモン属と共通する特徴である。側面から見るとS字状の形態である。色彩は褐色。

【食草】 トケイソウ科のトケイソウ属(*Passiflora*)。

【分布】 メキシコ〜ブラジルに3種が分布する。

チャイロウラギンドクチョウ p. 72,143,202
Dione juno (Cramer, [1779])

終齢幼虫および蛹をペルーSatipo産の亜種 *miraculosa* Hering, 1926で図示・記載する。

【成虫】 樹林の明るい空間を緩やかに飛翔し，栽培種の食草の関係から民家近くにも飛来する普通種である。スジグロチャイロドクチョウと同様に裏面に銀色の斑紋をもち，表翅はヒメドクチョウ属のような斑紋構成である。

♀は食草の葉裏に100卵前後の卵群を産下する。

【卵】 長卵形で淡黄色。

【幼虫】 ペルーSatipoの植物園に栽培されていたクダモノトケイソウ(*Passiflora edulis*)から2齢幼虫の群棲を発見した。この植物園にはよく産卵に飛来するようである。幼虫は1カ所に固まって静止しているが，摂食の際は行動をともにし，葉縁に並んで食べ始める。

5(終)齢幼虫は黒褐色に赤褐色の小斑紋を装い，棘状突起は黒色。同様に集合して静止している。頭部の突起は極めて短く，前胸背面にも棘状突起を生じることは本属の特徴であり，ドクチョウ族のなかでは例外となっている。飼育のため幼虫の群落から隔離するとそれが少数の場合は摂食を中止して死亡に至る。また通気の悪いような容器で飼うと間もなくこれも死亡する。本種の集合性は生存上不可欠の要素の1つと考えられる。この飼育幼虫は蛹化に至らなかった。

【蛹】 野外より採集した蛹は頭部に短い突起があり，側面から見るとS字状で基本的なドクチョウ型である。目立った突起はなく痕跡程度。色彩は灰褐色で不明瞭な黒褐色の斑紋を散在する。

【食草】 トケイソウ科の栽培種 *Passiflora edulis* が確認されており，同属のほかの植物も食べるものと思われる。

【分布】 中米からアルゼンチン，ウルグアイにかけて広く分布する。

スジグロチャイロドクチョウ p. 202
Dione moneta Hübner, [1825]

【成虫】 チャイロウラギンドクチョウに似ているが，翅脈に黒色の筋が入る。

【幼生期】 webサイト(butterfliesofamerica)を参考に記載する。

【卵】 長卵形で3〜10卵程度で産卵される。

【幼虫】 チャイロウラギンドクチョウに似て黒褐色で橙色の斑点が散在，あるいは気門線に淡緑色帯を備える。

【蛹】 チャイロウラギンドクチョウに極めて似ている。

【食草】 トケイソウ科の *Passiflora edulis* など。

【分布】 アメリカ合衆国の南部から中南米に広く分布する。

タカネドクチョウ属
Podotricha Michener, 1942

【成虫】 2種を含み，翅形は異なるが色彩・斑紋は黒色地に白と橙赤色の斑紋を配して同じである。

【分布】 2種が同所的分布をしている。高地に生息する。ペルーでは標高1,800 mより高い山地に生息する。

タカネドクチョウ？ p. 72,143,202

Podotricha telesiphe (Hewitson, 1867)

終齢幼虫をペルー産の名義タイプ亜種 *telesiphe* で図示・記載する。

【成虫】 山道で吸水する個体をよく見かけるが，山道の脇の崖から水が染み出る場所に引き寄せられて集団で吸水行動をとることがある(図160)。また食草となっているトケイソウの花で吸蜜する個体も多い。

【卵】 未確認。

【幼虫】 細い葉のトケイソウの1種から1齢幼虫を発見した(図161)。翌日は2齢になった。色彩は全体に黒褐色。2日後に3齢に達し，背面には汚黄色の縦条が現れる。さらに2日後4齢に達し，黄色の縦縞はより顕著になる。4齢期は5日間を要しやや長い。5齢は黒褐色の地色に背面と気門上線に色彩対比の強い黄橙色の斑紋が生じる。頭部突起は短い。その後蛹化に至らないで死亡してしまったが，1齢幼虫を発見した場所(高地)に生息する主要な種が表記のタカネドクチョウであったので，現段階ではこの幼虫と考える。ただしPenz(1995)の報告に照合すると，以上の判断は誤認のようである。ちなみに同属別種の *P. judith* の幼虫は頭部は黄褐色で胴部は淡青色に黄色の縦条紋が走る。

【蛹】 頭部突起は長く，先端が開いて丸い。色彩は灰白色に黒褐色斑がある(webサイト，Parasitoid-Caterpillar-Plant)。

【食草】 webサイト(tolweb.org/Heliconius_telesiphe/72929)では表記の種はトケイソウ属の亜属 *Plectostemma* をその対象とするとある。幼虫がついていたトケイソウは細葉の種類であった。ほかに同地に生じているトケイソウも食べる。飼育では *Passiflora viflora* なども食べるが，いずれも蛹化までには至らなかった。

【分布】 エクアドル〜ペルーに分布する。高地性と思われる。

図160　集団で岸壁から吸水するタカネドクチョウ *Podotricha telesiphe telesiphe* 成虫(Peru)

図161　細い葉のトケイソウ科の葉上に静止するタカネドクチョウ *Podotricha telesiphe telesiphe* 1齢幼虫(Peru)

アサギドクチョウ属
Philaethria Billberg, 1820

【成虫】 黄緑色の独特な斑紋をもつ。

【卵】 未解明。

【幼虫】【蛹】【食草】 アサギドクチョウについての知見がある。

【分布】 7種がメキシコ〜ブラジル北部に分布する。

アサギドクチョウ p. 202

Philaethria dido (Linnaeus, 1763)

【成虫】 大型で浅葱色(あさぎいろ)(淡黄緑色)の斑紋の個性的な種で，明るい林間や渓流によく見られる。

【幼生期】 webサイト(reimangardens)を参考に記載する。

【卵】 未確認。

【幼虫】 白色の地に黒色斑点が散在し，棘状突起の基部は広く橙色。

【蛹】 形態や色彩はチャイロドクチョウ属に似ている。腹部背面突起がより発達する。

【食草】 トケイソウ科の *Passiflora vitiforia* や *P. edulis* を食べるという記録がある。

【分布】 メキシコからアマゾン川流域に分布する。

チャイロドクチョウ属
Dryas Hübner, [1807]

【分類学的知見】 幼虫の色彩はかなり特異で1種のみを含む。

チャイロドクチョウ p. 72,143,202

Dryas iulia (Fabricius, 1775)

幼虫を中米ベリーズ産の亜種 *moderata* (Riley, 1926)，蛹をペルーSatipo産の亜種 *alcionea* (Cramer, 1779)で図示・記載する。

【成虫】 斑紋がほとんどない橙色。林内の開けた明るい空間を緩やかに飛翔し，よく目につく。現地では似た種を数多く見かけるが，本種はやや大きいので飛翔中でも識別ができる。ほかの近縁種の食草にもなっている *Passiflora vitifolia* の赤い大きな花に吸蜜に訪れるのをよく見かける。♀は樹林内の明るい環境に生じる食草の茂みに入り産卵する。

【卵】 食草の巻きひげなどに産下され，長卵形で黄色。

【幼虫】 終齢幼虫の頭部は褐色に黒色斑があり，胴部は白・黒・橙色の縞模様で，黒色の長い棘状突起が生じる。色彩の個体変異や地理的変異が多いようである。地表に生じるトケイソウの1種(モンキドクチョウの食草と同じ)

に4，5齢幼虫が潜んでいた。静止時，胸部の棘状突起を前方向の1点に集中させている(図167)。このような習性は本種固有のものである。

【蛹】 チャイロウラギンドクチョウなどに似ているが，頭部突起はほとんど痕跡程度。腹部背面の突起も小さい。色彩は淡褐色に不明瞭な黒褐色斑が散在する。胸部から腹部前方の背面には金属光沢斑がある。

【食草】 現地で産卵したのは *Passiflora viflora* と思われる。幼虫が発見された種は不明のトケイソウ属。

【分布】 新熱帯区の寒冷地を除くほとんどの地に分布する。

フトオビドクチョウ属
Dryadula Michener, 1942

【分類学的知見】 1種のみからなり，チャイロドクチョウ属に近縁である。

フトオビドクチョウ p. 202
Dryadula phaetusa (Linnaeus, 1758)

【成虫】 ドクチョウ族としては前後翅ともやや広がりがあり，橙色と黒色の縞模様である。

【幼生期】 【卵】は Silva *et al*.(2008，web サイト scielo.br/scielo.php?script=sci_arttext&pid=S0085-56262008000400003)，【幼虫】は web サイト(pbase. com)，【蛹】は web サイト(flickr)を参考に記載する。

【卵】 長卵形で黄色。

【幼虫】 胴部は紫褐色で斑紋はなく，頭部は黄褐色，黒色の長い角状突起や棘状突起を有する。

【蛹】 チャイロドクチョウ属に形態や色彩が似ている。頭部突起が発達し，腹部背面には金属斑を有する。

【食草】 トケイソウ科の *Passiflora capsularis* など多数。

【分布】 メキシコからブラジルまで広く分布する。

ヒメドクチョウ属
Eueides Hübner, 1816

【分類学的知見】 12種を含みドクチョウ属に近縁で，*aliphera* グループ，*viblia* グループ，*lybia* グループの3群に分けられる。

【成虫】 斑紋はチャイロドクチョウ属やドクチョウ属に似ている。小型の種が多く，腹部や触角がやや短い。

【卵】 チャイロドクチョウ属に似ているが卵高が低い。

【幼虫】 形態はチャイロドクチョウ属やドクチョウ属とやや異なる。色彩は白色に紅色と黒色を配して目立つ。

【蛹】 形態はチャイロドクチョウ属やドクチョウ属とやや異なる。背面には2対の長い突起がある。

【食草】 トケイソウ属(*Passiflora*)。

【分布】 メキシコから熱帯南米に12種が知られる。

キマダラヒメドクチョウ p. 73,143,203
Eueides isabella (Stoll, [1781])

卵から蛹までのすべてを中米ベリーズ産の亜種 *eva* (Fabricius, 1793)で図示・記載する。

【成虫】 低地から山地の原始林や二次林内に生息し，ときに林縁や明るい空き地に現れ，よく見かける。♂♀とも草本から樹木に至る範囲の花で吸蜜し，庭先の花にも来集する。ドクチョウ属やマダラチョウ科の *Oleria* などによく似ている。

【卵】 卵幅0.84 mm，卵高0.86 mm程度。近縁種に比べ，卵高が低い。表面は粗い凹点で構成され色彩は白色。

【幼虫】 孵化した幼虫は葉裏に回り，小さい孔をいくつも開けて摂食する。胴部の色彩は濃緑色で長い刺毛を有する。齢期の末期には黒みを増す。2齢幼虫は背面が黒く，摂食の習性は1齢期と同様である。3齢幼虫の胴部末端部は黄色，腹脚部には橙色斑を生じる。4齢になると背面の白と黒の縞模様が目立ってくる。5齢幼虫は末端の黄色部に赤みを増す。終齢は6齢で，初めは5齢幼虫に似た黒みの強い縞模様だが，しだいに背面の黒色に赤みを増し，末期は深紅色を呈し，気門線部の黄色とあざやかな対比をなす。白と黒の長い棘状突起を生じ，特に頭部に生じるそれは著しく長い。葉裏生活をし，主として夜間に摂食する。

【蛹】 頭部と腹部第3・4節に長い突起を有して特異である。背面のそれはX字状に開く。色彩は灰褐色に不明瞭な黄白色斑が生じる。

【食草】 トケイソウ科の *Passiflora platyloba*，*P. ambigua* など。

【分布】 メキシコからアマゾン川流域および西インド諸島に広く分布する。

アカオビヒメドクチョウ p. 73,138,203
Eueides aliphera (Godart, 1819)

終齢幼虫および蛹をペルー Satipo 産名義タイプ亜種 *aliphera* で図示・記載する。

【成虫】 樹林の開けた明るい空間を緩やかに飛翔し，特に食草に飛来すると執拗に取りついてそこから離れようとしない。普通に見かけ，食草周辺を訪れた♀につきまとう♂を多数見ることがある。

【卵】 キマダラヒメドクチョウに似ている。

【幼虫】 食草の葉の間に静止し，わずかの刺激ですばやく移動したり食草から落下したりする。キマダラヒメドクチョウの成虫と色彩・斑紋はかなり異なるが，幼生期はよく似ている。4齢期までは光沢のある黒色だが，5(終)齢になると黒色に白色の縞模様となる。そして5齢末期には黒色部分が図示のような濃紅色に変化する。この変化はキマダラヒメドクチョウと同じ傾向であり，斑紋もよく似ている。

【蛹】 形態はキマダラヒメドクチョウとほとんど同様，2対のX字形突起もこの属の特徴を現す。色彩はやや異なり，淡褐色に黒色斑紋を装いややドクチョウ属に似ている。

【食草】 トケイソウ科の *Passiflora vitifolia* に多くの個体が産卵に飛来する。この植物はジャングルのなかの開けたところにしばしば生じ，見事な赤橙色の大きな花を咲かせている。この花を本種やドクチョウ属が盛んに吸蜜のために飛来する。また栽培もされるクダモノトケイソウ(*P. edulis*)からも幼虫が発見できる。

【分布】 メキシコからブラジルにかけて広く分布する。

メキシコヒメドクチョウ　p. 203

Eueides lineata Salvin & Godman, 1868

【成虫】 アカオビヒメドクチョウによく似ているが黒条がやや広い。

【幼生期】 Mallet & Longino(1982)を参考に記載する。

【卵】 淡緑色でドーム型。

【幼虫】 アカオビヒメドクチョウによく似ている。

【蛹】 アカオビヒメドクチョウに似ているが背面突起が短い。

【食草】 トケイソウ科の *Passiflora* sp.。

【分布】 メキシコからパナマにかけて分布し，その分布域は狭い。

ドクチョウ属
Heliconius Kluk, 1802

【分類学的知見】 40種を含む大きな属である。

Helmuth & Holzinger(1994)は1属1種のホソスジドクチョウ属を含め，全体を下記の3亜属7群に分けている。

(1)ホソスジドクチョウ亜属

① *doris* 群：*doris*

② *hecuba* 群：*xanthocles*，*hierax*，*hecuba*

③ *wallacei* 群：*burneyi*，*egeria*，*astrea*，*wallacei*

(2)ベニモンドクチョウ亜属

④ *nattereri* 群：*nattereri*

⑤ *numata* 群：*hecale*，*ethilla*，*atthis*，*pardalinus*，*numata*，*ismenius*，*elevatus*，*luciana*，*besckei*，*melpomene*，*timaleta*，*heurippa*，*cydno*，*pachinus*

(3)ドクチョウ亜属

⑥ *hecalesia* 群：*hecalesia*，*erato*，*hermathena*

⑦ *charitonia* 群：*charithonia*，*clysonymus*，*hortense*，*telesiphe*，*ricini*，*demeter*，*sara*，*leucadia*，*antiochus*，*congener*，*sapho*，*eleuchina*，*hewitsoni*

成虫の同定はまぎらわしいが，幼虫や蛹の形態・色彩はそれぞれの分類群で特徴が認められる。

【成虫】 黒色の地色に白，黄，橙，赤，青色などの大きな斑紋を配し個性的なチョウで，新熱帯区を象徴するチョウでもある。地表で吸水や汚物から吸汁することが多く，さらに各種の花を訪れる。飛翔も緩やかで最も目につく属である。近縁種どうしが擬態し合うミューラー型ミミクリーを示し，しばしば同定を混迷させる。

【卵】 基本的にはヒョウモンチョウ亜科内の形態だが，卵高が著しく高い。

【幼虫】 やや単調な色彩で黒色の長い棘状突起を生じる。幼虫の特徴的な習性は認められず，成長は極めて早い。

【蛹】 特異な鳩胸型で，細長い突起が多い。

【食草】 トケイソウ科のトケイソウ属(*Passiflora*)。

【分布】 中南米に広く分布する。

ベニモンドクチョウ　p. 74,203

Heliconius melpomene (Linnaeus, 1758)

イギリスが産地国から輸入したものと思われる個体の情報をもとに卵から蛹までのすべてを同一個体で図示する。産地名については不詳である。羽化した個体も特異な斑紋構成である。

【成虫】 斑紋の表現に多くの型があるため，亜種や近縁種との間の関係が複雑である。樹林帯に生息するが暗い環境を好まず，明るい空き地，伐採地跡，山道，樹冠の空間などに多い。♂は吸水のために路上に下り，日が高くなると低木の樹冠で占有行動を続ける。

【卵】 卵幅0.82 mm，卵高1.28 mm程度で著しく卵高が高い。色彩は淡黄色でこの特徴は本属の特有なもの。卵期は6日。

【幼虫】 孵化した幼虫は葉裏に静止し，若い葉の縁を食べる。色彩は濃褐色で比較的長い刺毛を生じる。1齢期は3日。2齢幼虫も葉縁を食べるが，特に際立った習性は見られない。頭部に短い突起を生じ，胴部は黄褐色で黒色の棘状突起を生じる。3齢幼虫は頭部が黄褐色で胴部は強く白色みを帯びる。5(終)齢幼虫は頭部が黄褐色で黒色の長い角状突起を有する。胴部は白色で黒色斑紋を散在する。下腹部は黄褐色。棘状突起は黒色で，それより分枝する小突起は極めて短い。5齢期までの各齢期は1，2日であることが多く，生育は極めて早い。

【蛹】 全体に細長く側面から見るとS状を呈する。第3腹節背面の1対の突起は円盤状でほかの節にも小突起を生じるが，触覚に配列する小突起は特徴的でドクチョウ族の特徴がある。色彩は黄褐色で黒色の不規則な斑紋を装う。後胸・第1・2腹節の背面には銀箔斑紋を生じる。

【食草】 トケイソウ科の *Passiflora oerstedii*，*P. menispermiforia* などの記録がある(DeVries, 1987)。栽培種の *P. caerulea* も食べるが好適ではないようである。

【分布】 メキシコからブラジルまで広く分布する。

チャマダラドクチョウ　p. 74,203

Heliconius hecale (Fabricius, 1775)

図示・記載した個体の産地名は不明である。

【成虫】 翅表は橙色と黄色の斑模様でその配色加減が多様，たくさんの亜種に分けられている。

【卵】 食草の巻きひげなどに複数卵が産下される。長卵形で淡黄色。

【幼虫】 終齢幼虫はシロモンドクチョウに極めて似ているが，頭部突起がやや短い。胴部の色彩はまったく斑紋を欠き，全体が乳白色である。

【蛹】 シロモンドクチョウに似ているがやや体幅が広い。色彩は灰褐色，腹部側面には橙色斑紋がある。黒褐色の濃淡のある斑紋が散在する。

【食草】 トケイソウ科の *Passiflora oerstedii*，*P. vitifolia*，*P. auriculata*，*P. platyloba* などの記録がある(DeVries, 1987)。終齢幼虫は栽培種の *P. caerulea* を食べて蛹に至った。

【分布】 メキシコからエクアドル，ペルー，ボリビアにかけて分布する。

シロモンドクチョウ　p. 75,203

Heliconius wallacei Reakirt, 1866

幼虫および蛹をペルー Satipo産の亜種 *flavescens*

Weymer, 1891で図示・記載する。

【成虫】 若干の個体変異や地理的変異があるが，基本的には藍色光沢のある黒色地に大きな白色斑紋がある。明るい林内でよく見かける。

【卵】 食草の新芽に3卵が産下されていたが，また同じ新芽に2齢幼虫3頭も静止していたことから，複数の♀が継続的に産卵しているものと思われる(図162)。

【幼虫】 各齢期の進行は速く，2日程度で終了する。1，2齢幼虫は褐色であるが，3齢になるとかなり黒みが強くなり光沢があり棘状突起は黒色である。4齢幼虫は濃い褐色で，頭部突起を含め棘状突起のすべてが黄色に変じる。5(終)齢幼虫の色彩は濃黒紅色，すべての棘状突起は鮮黄色で色彩の対比が強い。この色彩は次のチャマダラドクチョウのように白色に黒色斑紋を装うグループとは系統が若干違うことがわかる。3日を経て蛹化する。

【蛹】 下腹部が強く反る鳩胸型で，背面に長い突起を生じる。色彩は淡い褐色地に黒褐色斑紋を装う。後胸と第1腹節背面に金属光沢斑紋を生じる。蛹期は10日間。

【食草】 卵や幼虫はトケイソウ科の *Passiflora vitifolia* についていた。幼虫は *P. edulis* も食べて順調に成育した。

【分布】 南米の北部からブラジルにかけて分布する。

図162 1つのトケイソウの新芽についているシロモンドクチョウ *Heliconius wallacei flavescens* 幼虫と卵群(Peru)。複数の♀による産卵と思われる。

モンキドクチョウ　p. 75,143,203

Heliconius sara (Fabricius, 1793)

終齢幼虫および蛹をペルー Satipo 産の名義タイプ亜種 *sara* で図示・記載する。

【成虫】 色彩斑紋はそれほど変化がなく，青色光沢のある黒色地に黄紋を配する。シロモンドクチョウに似ていて同所的分布をするが，より小型である。

【卵】 一般的なドクチョウ型で色彩は黄色。10卵以上の卵群で産下される。

【幼虫】 集合性があり葉の表に固まっている。ただし4齢になるとこの習性が弱くなり，終齢幼虫は単独で生活している。終齢幼虫は葡萄酒色に黒色棘状突起をもつ。この色彩はシロモンドクチョウに似ているが，突起の色が異なる。

【蛹】 シロモンドクチョウに似ているが頭部突起はより長く，側面から見たときの翅部の膨らみは小さい。色彩は褐色みをもつ白色に黒色斑点を散在した一般的なドクチョウ属型。蛹期は8日間であった。

【食草】 トケイソウ科。地表を這うトケイソウ属からは，本種のほかにチャイロドクチョウの幼虫も発見した。また樹木に絡みついているトケイソウ属の葉からも幼虫群を発見した。

【分布】 グアテマラからアマゾン川流域のブラジルを経てボリビアまで広く分布する。

フタモンドクチョウ　p. 76,203

Heliconius erato (Linnaeus, 1764)

終齢幼虫および蛹をペルー産亜種 *phyllis* (Fabricius, 1775)で図示・記載する。

【成虫】 ベニモンドクチョウ同様極めて変異の多い種で，いろいろな色彩斑紋の表現型がある。ペルー Satipo 産の個体は前翅に2個の大きな赤橙色の斑紋をもつ。成虫の行動はベニモンドクチョウと同じようで，ペルーでは最もよく見かける。♀は疎林の環境に生じる食草に産卵する。

【卵】 食草の新芽などに30卵以上の卵群で産下される。長卵形で黄色。

【幼虫】 本種と思われる幼虫はかなりの数を発見し飼育したが途中で死亡する個体が多く，種の確認ができないことが多かった。3齢幼虫は褐色みを帯びた白色で黒色斑点が散在する。食草の新葉表に静止し，特に目立った習性は見られない。4齢幼虫はより白色みが強くなる。5(終)齢幼虫は頭部を含めて青色みをもった白色で，気門上線は黄褐色を帯びる。背線から気門線の間にはまばらに黒色斑点を散在する。基線より下の部分は黒褐色，棘状突起は黒色。この配色様式は一般的なドクチョウ属の型である。

【蛹】 形態も色彩もドクチョウ属としてはかなり異なった部分がある。すなわち頭部突起が著しく長く前方方向に突出する。しかし腹部に生じる突起はほかの種よりもかなり短い。色彩も灰褐色で白色型のほかの種とは異なっている。後胸〜腹部前方の背面には黄金斑がある。

【食草】 トケイソウ科。ペルー Satipo では楕円形をした葉をもつ *Passiflora* からよく幼虫が見つかる。また園芸種と思われる斑入りの *Passiflora* からも幼虫を発見した。

【分布】 パナマからアマゾン川流域のブラジルを経てボリビアまで広く分布する。

アカスジドクチョウ　p. 203

Heliconius xanthocles Bates, 1862

【成虫】 キボシドクチョウと似た斑紋で，また同様な変異の幅がある。前翅の黄紋の間の黒色部がキボシドクチョウよりも狭い。

【幼生期】 webサイト(benthebutterflyguy)を参考に図示・記載する。産地は不明。

【卵】 モンキドクチョウ同様の形態で10〜40卵の卵群で産下される。

【幼虫】 終齢幼虫の頭部は黒色，胴部は黄色で黒色の横条を散在し，棘状突起は黒色。

【蛹】 形態や色彩はモンキドクチョウに似ている。

【食草】 トケイソウ科の *Passiflora granadilla*。

【分布】 ギアナからエクアドル，ペルーにかけて分布。

ウスグロドクチョウ　p. 203

Heliconius hecalesia Hewitson, 1854

【成虫】 黒色地に白色と橙色の斑紋を生じるが変異が極めて多い。

【幼生期】 Brown & Benson(1975，webサイト http://images.peabody.yale.edu/lepsoc/jls/1970s/1975/1975-29(4)

199-Brown.pdf) を参考に記載する。
【卵】 長卵形で黄色。食草の茎などに2〜10卵を産下する。
【幼虫】 緑色を帯びた暗褐色で黒色の棘状突起をもつ。
【蛹】 青灰色で黒色斑点を散在する。形態は近縁種同様で頭部突起は長い。
【食草】 トケイソウ科 *Tryphostemmatoides*, *Plectostemma* など。
【分布】 メキシコからコロンビア，エクアドルの南米北部地域に分布する。

イチモンジドクチョウ　p. 203

Heliconius telesiphe Doubleday, [1847]
【成虫】 斑紋はトガリドクチョウ属の *Podtricha telesiphe* に似ていて，種小名が同じである。
【卵】【幼虫】【蛹】【食草】 未解明。
【分布】 ペルーとボリビアに分布する。生息地は *P. telesiphe* と同所でミューラー型ミミクリーの典型例と思われる。

ドクチョウ属の1種　p. 143

Heliconius sp.
4齢幼虫の生態写真を143頁に掲載した。4齢で死亡したため同定が不可能であったが，全形や色彩と斑紋からドクチョウ属に所属すると判断される。
【卵】 未解明。
【幼虫】 4齢幼虫は頭部が淡緑色で胴部は白色，黒色小斑紋を散在する。
【食草】 トケイソウ科の *Passiflora* sp.。

キボシドクチョウ属
Neruda Turner, 1976

【分類学的知見】 ドクチョウ属に近縁で3種を含む。幼生期が未解明で属の根拠については追究できない。
【成虫】【分布】 キボシドクチョウの解説を参照。
【卵】【幼虫】【蛹】【食草】 未解明。

キボシドクチョウ　p. 203

Neruda aoede (Hübner, [1813])
【成虫】 後翅に橙色の筋が入る個体変異がある。
【卵】【幼虫】【蛹】【食草】 未解明。
【分布】 アマゾン川流域とその周辺にあたるギアナ，ベネズエラ，ボリビアに分布が至る。

ホソスジドクチョウ属
Laparus Billberg, 1820

【分類学的知見】 1属1種で成虫は小型，斑紋の色彩の変化が多い。幼虫や蛹の形態にドクチョウ属などと相違が見られる。ただし Beltrán *et al.*(2007) の解析結果から判断すると別属とする根拠は十分でないように思われる。

ホソスジドクチョウ　p. 203

Laparus doris (Linnaeus, 1771)
【成虫】 やや小型の種で斑紋と色彩には変異が多い。
【幼生期】【卵】【幼虫】は web サイト (majikphil. blogspot. jp)，【蛹】は web サイト (utexas. edu) を参考に記載する。
【卵】 長卵形で黄色，50卵前後の卵群で産下される。
【幼虫】 黄白色で黒色横条が各節中央部を取り巻き，胴部に生じる棘状突起は黒色。頭部は黒色で角状突起は著しく短い。集合生活をする。
【蛹】 黒褐色でほかの近縁種のような突起を欠く。しばしば木の幹などからたくさんの蛹化個体が発見される。
【食草】 トケイソウ科 *Passiflora seemannii* などの成葉を食べる。
【分布】 中央アメリカからアマゾン川流域にかけて普通に分布する。

ハレギチョウ族
Cethosiini Harvey, 1991

【分類学的知見】 ハレギチョウ属のみからなる。分類的位置については問題があるが，最近の研究からも独立した族のカテゴリーと考えられる (Müller & Beheregaray, 2010)。ほかの族との著しい違いとして，1齢幼虫の前胸に突起をもつことがあげられる。

ハレギチョウ属
Cethosia Fabricius, 1807

【成虫】 特に後翅が切れ込み，黒地に赤橙色と白のあざやかな斑紋をもち，和名「晴れ着」の由来となっている。
【卵】 卵群で産下される。形態は基本的に本族内の特徴をもつ。
【幼虫】 集合性がある。体色は黒地にあざやかな紅色紋や黄紋をもつが，これは体内に毒をもっているという警戒色であろう。
【蛹】 形態は新熱帯区のドクチョウ族のように顕著な突起をもつ。
【食草】 トケイソウ科，特に *Adenia* で，*Passiflora* は食べないことが多い。
【分布】 13種前後が東洋区に分布する。

ハレギチョウ　p. 77,204

Cethosia biblis (Drury, [1773])
卵から蛹までのすべてをマレーシア Tapah 産の亜種 *perakana* Fruhstorfer, 1902 で図示・記載する。
【成虫】 山地に比較的普通に見られる。♂♀とも陽光の降り注ぐ樹林の周辺を緩やかに飛翔し，あまり高所を飛ぶことはない。♀は食草の葉裏に卵群を産下するが，飼育下では覆いの網などにも産卵する。
【卵】 卵幅 0.78 mm，卵高 1.26 mm 程度。淡黄白色。卵群で産下される。
卵期は7日くらいを要し，比較的長い。

【幼虫】 孵化した幼虫は集合性があり，葉裏に潜む。孵化後2日程度摂食した後1日ほど休眠し，2齢となる。以後はほぼこのようなサイクルで齢が進行する。3齢幼虫も集合性が強く，摂食や休眠など同一行動をとる。起眠後，幼虫は脱皮殻を食べるが，ほかの個体の脱皮殻も食べることもある。集合性は終齢になっても継続される。若齢のうちはほとんど斑紋のない白色に近い色彩だが，3齢期頃より黒色の斑紋が現れ，終齢では図示のような黒白の縞馬模様となる。本地域産では近縁種のような紅色斑を現すことはないが，地域変異があり白色部分が紅色や黄色などに置き換えられる。
【蛹】 食草またはその近辺から発見されている。体表に複雑な突起が多く，特に背面で発達する。色彩は乳白色に褐～黒褐色の斑紋が複雑に散在する。
【食草】 トケイソウ科のクサトケイソウ(*Passiflora foetida*)，同属のクダモノトケイソウ，*Adenia* の *A. heterophylla*，*A. macrophylla* などが確認されている。飼育下ではトケイソウ科の *Adenia* で通常に生育するが，栽培種の *Passiflora* で飼育すると生育が緩慢となり終齢に至らず死亡した。これはハレギチョウ属のほかの種にも共通する。
【分布】 インド北部から島嶼を含めた東南アジア。

シロモンハレギチョウ p. 76,143,205
Cethosia cydippe (Linnaeus, 1767)
終齢幼虫および蛹をオーストラリア Cairns 産の亜種 *chrysippe* (Fabricius, 1775)で図示・記載する。
【分類学的知見】 オセアニア区に広く分布し，多数の亜種に分けられ，特に島嶼で分化している。
【成虫】 ♂，♀ほとんど同じ色彩斑紋で地色は赤橙色，翅頂近くに大きな白紋がある。アンボン・セラム島の名義タイプ亜種 *cydippe* は大型，ブル島産亜種 *iphigenia* Fruhstorfer, 1902 は表翅がくすんだ黄褐色，カイ諸島産亜種 *insulata* Butler, 1873 は前翅頂に大きな白色斑が現れる。近縁種同様に林縁の陽光の下を軽快に飛翔し，ランタナなどの花を訪れる。♀は食草の葉裏に卵群を産下する。
【卵】 卵群で産下される。
【幼虫】 終齢幼虫は黒褐色と黄色の縞模様斑紋で，色彩の対比が鮮烈である。黒色の縞模様の多少には地理的な変異があり，オーストラリア産は黄色の間にある黒色の帯が狭い。通常は食草の茎などに静止しているが，しばしば群棲によって食草が不足することがあり，食餌を求めて彷徨したり，太い食草の茎を執拗にかじっていたりすることがある。
【蛹】 1つの食草の近辺から集団で発見される。蛹の寄生率は高く，野外から採集した蛹の多くが寄生されている。毒蝶ではあっても，寄生種に対する防御効果は低いようである。くすんだ黄褐色に黒色や褐色の斑紋が点在し，背面には黄金班を装う。
【食草】 トケイソウ科の *Adenia heterophylla* や *Hollrungia* が知られている。
【分布】 ニューギニア島を中心にブル，モルッカ，ケイ，アルーなどの諸島とオーストラリアの北東部に分布する。

キオビハレギチョウ p. 78,204
Cethosia hypsea Doubleday, [1847]
卵から蛹までのすべてをマレーシア・ペナン島産の亜種 *hypsina* C. & R. Felder, [1867]で図示・記載する。
【成虫】 同所性のハレギチョウよりも標高の低い場所に生息する。色彩や斑紋が似た種が多いが，前翅に大きな白紋があり黒色部が広がることが特徴である。森林内の明るい場所に多く，林道などにも飛翔して来るのでよく見かける。各種の花を訪れ，♀は食草の葉裏に卵群を産下する。
【卵】 卵幅 0.98 mm，卵高 1.48 mm 程度。卵高が高くほぼ円錐形で上面は半球状，蜂の巣様の凹凸からなる。色彩は淡黄色。食草の細い茎などに産下される。
【幼虫】 孵化した幼虫は葉裏で群居生活を営み，各個体が並んで葉縁を食べる。頭部は黒色，前胸背板には突起を生じる。胴部の色彩は褐色で第4腹節に白色斑が入る。ほとんど1日中摂食活動を継続した後，眠に入る。2齢幼虫は頭部と胴部に突起を生じる。色彩は1齢幼虫よりも褐色と白色の色彩の対比が明瞭になる。1齢同様に群居生活をするがしだいに葉裏から離れ，茎などに体を寄せ合って静止する。5(終)齢幼虫の頭部は光沢のある黒色で，長い角状突起を有する。胴部は紅色で下腹部は暗紅色，第4腹節は白色でその目立った配色は警戒色になると思われる。胴部に生じる棘状突起に生じる分枝突起は発達が弱い。
【蛹】 ハレギチョウによく似ているがやや褐色みを帯び，第4腹節の突起がより長い。
【食草】 トケイソウ科の *Adenia cordiforia*，*A. macrophylla* などが記録されている。*Passiflora* 属の園芸種 *P. caerulea* などでは短期間しか飼育することができない。
【分布】 マレー半島からスマトラ，ジャワ，ボルネオ，パラワンの各島にかけて分布する。

ヒメハレギチョウ p. 204
Cethosia penthesilea (Cramer, [1777])
【成虫】 キオビハレギチョウに近縁で形態は似ているが，亜外縁の白色楔形斑紋がより不明瞭である。林縁の明るい環境を軽快に飛翔する。
【幼生期】 web サイト(lepidoptera.butterflyhouse.com.au/nymp/penthes.html)を参考に記載する。
【卵】 白色で卵高が高く縦条・横条が顕著。食草の葉柄などに卵群で産下される。
【幼虫】 褐色で白色斑があり，黒色の棘状突起を生じるという記載を見る。
【蛹】 キオビハレギチョウに似ている。全体に淡灰褐色で黒色・褐色の斑紋が散在する。
【食草】 トケイソウ科 *Adenia heterophylla*。
【分布】 ミャンマーからマレーシア，オーストラリア北部に至る。

メスキハレギチョウ p. 78,204
Cethosia cyane (Drury, [1773])
卵および幼虫をタイ Chiang Mai 産の亜種 *euanthes* Fruhstorfer, 1912 で図示・記載する。
【成虫】 明るい草地から木漏れ日の当たる二次林内を緩

やかに飛翔し，一見カバマダラ類を思わせる。植栽された花や草地に咲く花などへ吸蜜のためによく訪れ，♀は食草の葉裏に止まり，20個程度の卵群を産下する。

【卵】 卵幅0.85 mm，卵高1.32 mm程度。形態や色彩はキオビハレギチョウと同様。

【幼虫】 孵化した幼虫は葉裏に潜み，行動はキオビハレギチョウと同じ。1齢幼虫の形態もキオビハレギチョウと同様だが，胴部の色彩は黄緑色，白色および褐色の縞模様を呈する。2齢幼虫は地色に黒みを増し，さらに縞模様の色彩の対比が強くなる。3齢幼虫では褐色部が紅色を帯びる。以後，黒色，赤色，白色の明瞭な縞模様の幼虫になる。食草の不適合のためか終齢は6齢に達した。終齢幼虫は黒・黄・紅色の3色の配列で，色彩の対比は極めてあざやかである。この幼虫はその後摂食を中止し，蛹に至らなかった。

【蛹】 形態はキオビハレギチョウに似ていて灰白色地に黄褐色と黒色の斑紋が複雑に散在する(webサイトbutterflycircle)。

【食草】 トケイソウ科の*Adenia*と思われ，産卵，摂食活動が順調に行われた。*Passiflora*の*P. caerulea*，*P. viflora*などでは蛹まで育てられなかった。

【分布】 インドからインドシナ半島にかけて分布し，キオビハレギチョウとは棲み分ける。

アカガネハレギチョウ　p. 204

Cethosia luzonica C. & R. Felder, 1863

【成虫】 キオビハレギチョウによく似ているが，後翅に黒色斑紋を欠く。

【卵】【幼虫】【蛹】【食草】 未解明。

【分布】 フィリピン諸島の特産種で，ネグロス島では明るい林縁などでよく見かける。

ムラサキハレギチョウ　p. 204,205

Cethosia myrina C. & R. Felder, [1867]

【成虫】 スラウェシ本島産♂は赤紫色，ペレン島産は強い青紫色光沢がある。♀は大きいが幻光を欠く。スラウェシの現地では日の当たる林の空間などを飛翔するのを見る。

【卵】 未確認。

【幼虫】 黒色地に背中線・気門線に顕著な黄帯が走り，背面の棘状突起基部は紅色で，極めて色相の対比が際立つ(五十嵐・福田，2000)。

【蛹】 シロモンハレギチョウなどに似ている(五十嵐・福田，2000)。

【食草】 トケイソウ科の*Adenia heterophylla*で飼育される。現地の人はトケイソウ科の*Passiflora foetida*が食草であるというが，試みても産卵することはなかった。またこの植物から幼虫を発見することもできなかった。

【分布】 スラウェシ島とブトン島，ペレン島に分布する。

ルリハレギチョウ　p. 205

Cethosia lamarcki Godart, 1819

【成虫】 翅表が青紫色の幻光に輝き，後翅基部は黄橙色，色相の対比が明瞭な斑紋である。

【卵】【幼虫】【蛹】【食草】 未解明。

【分布】 ティモール島，ウェタル島などに分布する。

キベリハレギチョウ　p. 205

Cethosia leschenaultii Godart, [1824]

【成虫】 前後翅外縁が黄色の特異な斑紋をもち，同島の*Charaxes orilus*と平行変異をしているような印象を受ける。

【卵】【幼虫】【蛹】【食草】 未解明。

【分布】 ティモール島周辺の特産種で，ティモールとウェタルの2島に分布している。ルリハレギチョウとともに本属のなかでは特異な斑紋の2種が同所的に分布している。

シロオビハレギチョウ　p. 205

Cethosia obscura Guérin-Méneville, [1830]

【成虫】 前後翅を白色斑が貫く特異な斑紋で知られる。ニューブリテン産の亜種*antippe* Grose-Smith & Kirby, 1889に比べアドミラルティ諸島産亜種*gabrielis* Rothschild, 1898は亜外縁の白紋が小さい。

【卵】【幼虫】【蛹】【食草】 未解明。

【分布】 ニューブリテンなどのビスマルク諸島特産種。

ホソチョウ族
Acraeini Boisduval, 1833

【分類学的知見】 ドクチョウ族同様，以前は「科」のカテゴリーで分類されていたが，現在はドクチョウ亜科内の1族とされる。成虫や幼生期の習性を含めて本亜科内ではかなり特徴もあるが，幼生期形態ではドクチョウ亜科として異例ではない。

Silva-Brandão *et al*.(2008)による解析を基にした本族の構成の概要は次のようである。

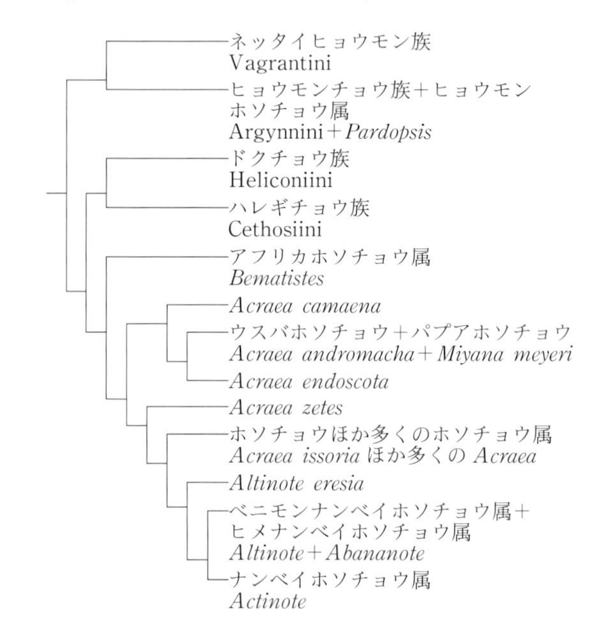

これによると必ずしも従来の分類が反映されていない部分がある。

従来は，ホソチョウ属，ナンベイホソチョウ属，アフリカホソチョウ属，パプアホソチョウ属の4属とされていた。しかし，Lamas(2004)により，ナンベイホソチョウ属がヒメナンベイホソチョウ属，ベニスジナンベイホソチョウ属，ベニモンナンベイホソチョウ属の3属に分けられた。形態のほか習性でも若干の違いが伺え，本書でもこの見解に従った。

また，前述したように1種のみからなるヒョウモンホソチョウ属は従来，本族に所属していたが，上記および Silva-Brandão *et al*.(2008)による遺伝子解析からヒョウモンチョウ族の1亜族に含めるのが妥当とされた。本書ではこの見解に従った。

【成虫】 翅形はドクチョウ族とほぼ同様で，和名は細長い前後翅からの由来である。色彩・斑紋は一般に橙褐色地に黒色と白色の斑紋を散在する程度で一様であるが，その配列によって千変万化の様相がある。

【卵】 長卵形で本亜科内の特徴を有する。卵群で産下される。

【幼虫】 形態は本亜科内で共通し，アジア，アフリカ，南米と飛び地的な生息地にあってもなお平行した共通点をもつ。幼虫は群棲し，形態はハレギチョウ族同様だが頭部に突起をもつことはない。

【蛹】 ドクチョウ族のように強い湾曲部は少ない。種々に突起を有する。色彩は白色に黒色斑点を散在する。

【食草】 トケイソウ科やキク科などが知られていて，基本的にはドクチョウ亜科内の特徴である。

【分布】 熱帯アフリカ区に多くの種を産し，一部がインド・オーストラリア区に，さらに新熱帯区に属を異にして多数が分布する。

ホソチョウ属
Acraea Fabricius, 1807

【成虫】 色彩や斑紋が似たような種が多く，その多くは茶褐色地に黒色斑紋が散在する。一般に明るい草原に生息し，緩やかに飛翔する。アフリカ熱帯区に特に繁栄する。

【卵】 食草の葉裏に卵群で産下される。産下された卵はリュウキュウムラサキ同様にウォルバキアに感染して，♂になるべき卵の発生が阻止される例が報告されている。形態は長卵形で本亜科の範囲内。

【幼虫】 集合性があり，1カ所に群居しているが，終齢には個体間の空間が開く。形態はドクチョウ族とほとんど同じである。

【蛹】 蛹化も狭い範囲に集中する。形態はドクチョウに似ているが細身で一般に突起の発達は弱い。

【食草】 トケイソウ科が多く，そのほかヤナギ科(イイギリ科)やスミレ科などヒョウモンチョウ亜科内の範囲にある。イラクサ科，キク科，シナノキ科などにも及ぶ。

【分布】 182種が，特にアフリカに多く分布する。

ホソチョウ p. 79,138,206
Acraea issoria (Hübner, [1819])

卵から蛹までのすべてを台湾・埔里産の亜種 *formosana* (Fruhstorfer, 1912)で図示・記載する。

【成虫】 ♂♀ほとんど同形で，台湾の山地渓谷に普通に見られる。明るい渓谷の低木付近を比較的緩やかに飛翔し，静止時は翅を開く。♀は産卵する葉を決めると葉裏に回り，頭部を葉の先端に向けて静止し産卵を始める。卵は重なることもなく等間隔に並列に卵群で産下される。その間♀は風や振動などに動じることもなく産卵を継続する。

【卵】 卵幅0.60 mm，卵高0.78 mm程度。卵高がやや高く28条前後の縦条とそれを連結する横条が密に交差する。色彩は淡黄色。

【幼虫】 孵化した幼虫は葉裏に群居して潜み，葉脈のみを残して網状に食べる。頭部は黒褐色で胴部は緑褐色，長い刺毛を生じるがその配列はヒオドシチョウ亜科に似ている。2齢幼虫は胴部に棘状突起を生じる。その配列はヒョウモンチョウ亜科の範疇内である。頭部の色彩は黒色，胴部は黄褐色で目立った斑紋はない。3齢幼虫は胴部に白色と黒色の縦に連なる斑紋を生じる。4齢幼虫はさらに斑紋が顕著になり，黒褐色と乳白色の縞模様となる。葉の中脈を残して食べるようになる。終齢は6齢であった(p. 138)。頭部は褐色で，胴部は黒色と白色の断続した縦条が貫く。棘状突起は長く，黄褐色で先端部が黒い。胸脚や腹脚が発達し盛んに歩行する。群居性は弱くなるが数頭が1カ所にいることが多い。越冬は3，4齢で行われるようで，ひとたび摂食を中止して越冬態勢に入った個体はまったく摂食をすることはなく，枯れた葉の周囲にまとわりついたり内側に潜んだりする。この間若干移動することもある。翌春食草の萌芽とともに摂食を開始する。

【蛹】 白色に橙色と黒色の斑紋を装い特異な色彩であるが，ホソチョウ族の基本的な色彩である。腹部背面に短い突起を生じる。

【食草】 イラクサ科の *Boehmeria formosana*，*B. densiflora* などのカラムシ類のほかヤナギイチゴ属，ウワバミソウ属，ミズ属など。

【分布】 インド北部から中国，台湾を経てスマトラ島，ジャワ島に及ぶ。ただし，マレー半島では分布を欠く。

ウスバホソチョウ p. 77,206
Acraea andromacha (Fabricius, 1775)

終齢幼虫および蛹をオーストラリアCairns産の名義タイプ亜種 *andromacha* で図示・記載する。

【成虫】 ♂♀ともに翅がやや半透明で黒色斑があり，後翅の色彩が♂は黄色，♀は白色である。林縁にそう開けた草地的環境に生息し，ランタナなどの花で吸蜜し，飛翔はホソチョウに比べ速い。♀は交尾後腹部末端下方に円錐様の交尾嚢をつけている。産卵は葉の裏に行われ，70卵前後の卵群を産下する。産下後は腹部が凹んでしまうが，その後1，2日吸蜜をして体力が回復するとその間に卵巣が成熟し，再び同数程度の卵群を産下する。これを数回繰り返すようであり，一見した成虫のひ弱さとは相反した生命の逞しさを感じる。

【卵】 黄白色で卵期は6日程度。

【幼虫】 やや時間差をおいて孵化し，孵化後は卵殻のほとんどを食べる。その後集団で葉縁に移動し摂食を開始，葉縁や葉裏の葉肉を食べる。摂食する部分は集中し，集団で同じ行動をとる。頭部は黒色，胴部は灰褐色で黒色の長い刺毛を生じる。1齢末期には個体間の間隔をやや広げた状態で摂食する。2齢幼虫も集団で葉裏に潜み，葉肉を食べる。胴部には黒色の棘状突起を生じる。3齢幼虫の色彩は黄緑褐色で棘状突起は黒色，摂食は葉縁から行われる。しだいに集合性が弱くなる。4齢幼虫も3齢期と同様。5(終)齢幼虫は黄褐色で棘状突起の基部は広く黒褐色，棘状突起は黒色で強い光沢をもち，まばらに小突起が分岐する。幼虫期に通常の食草でない *Passiflora caerulea* を用いて飼育したことにより，成育期間が延長したり個体の成育差が大きかったりしたと思われる(最も早い個体で孵化後から蛹化まで32日を要した)。

【蛹】　ホソチョウに比べ頭部の突起がやや鋭いが，胴部背面の突起を欠く。色彩はホソチョウに似ている。

幼生期形態の多くがアジア大陸産の *Acraea violu* に酷似している。

飼育により羽化した9頭はすべてが♀であった。これは食草の不適正による結果であり，♀の生存力の強さにあるのかもしれない。しかし食草の不適性によって引き起こされる成虫の小型化は認められず，羽化した♀の大きさは一般的であることから，リュウキュウムラサキと同様に *Wolbachia* 細菌の寄生によって引き起こされた単性化(異常性比)の可能性もあると考えられる。

【食草】　トケイソウ科の *Adenia heterophilla* や *Passiflora* の *P. cinnabarina*, *P. herbertiana*, そのほかの *Passiflora* 栽培種，さらにスミレ科の *Hybanthus aurantiacus*, *H. enneaspernus* などの記録もある。飼育では *Passiflora* は好適でないように感じられた。

【分布】　オセアニア区に分布する。オーストラリア北部からパプア，ニューギニアおよびその周辺の島々。

キシタヒメホソチョウ　p. 206
Acraea circeis (Drury, 1782)

【成虫】　小型種で前翅はほとんど無紋だが後翅は黄橙色。

【卵】【幼虫】【蛹】【食草】　未解明。

【分布】　シエラレオネからナイジェリア，アンゴラにかけて分布する。

ホソバクロホシホソチョウ　p. 206
Acraea niobe Sharpe, 1893

【成虫】　前翅はやや細め，全体が薄黒く黒色の小斑紋が散在する。

【卵】【幼虫】【蛹】【食草】　未解明。

【分布】　アフリカの孤島 São Thomé 特産種。

クロホシホソチョウ　p. 206
Acraea medea (Cramer, [1775])

【成虫】　ホソバクロホシホソチョウより大きく前翅は丸みをもつ。

【卵】【幼虫】【蛹】【食草】　未解明。

【分布】　アフリカの Principe 特産種。

パプアホソチョウ属
Miyana Fruhstorfer, [1914]

【分類学的知見】　Silva-Brandão *et al*.(2008)による解析では独立属に設定するほどの根拠がないように感じるが，習性や分布はホソチョウ属とかなり異なる。幼生期が解明されれば分類の位置は明白になろう。

【成虫】　熱帯雨林地帯中の乾燥した環境に生息するようである。

【卵】【幼虫】【蛹】【食草】　未解明。

【分布】　インドネシアのスラウェシ島およびニューギニア島とその近隣の島嶼に2種が分布する。

パプアホソチョウ　p. 206
Miyana meyeri (Kirsch, 1877)

【成虫】　黒っぽいホソチョウだが後翅には顕著な黄帯がある。

【卵】【幼虫】【蛹】【食草】　Parsons(2002)に一部の記載がある。

【分布】　ニューギニア島全域に分布し，道路脇などにも現れる。低地湿潤のインドネシア Timika には生息が確認できなかった。

モルッカホソチョウ　p. 206
Miyana moluccana (Felder, 1860)

【成虫】　パプアホソチョウよりも黒みが少ない。スラウェシ産は他種同様に大型である。

【卵】【幼虫】【蛹】【食草】　未解明。

【分布】　インドネシアのモルッカ諸島，スラウェシ島，ブーゲンビル島などに分布し，乾燥した環境に生息する。

ヒメナンベイホソチョウ属
Abananote Potts, 1943

【分類学的知見】　Lamas(2004)によりナンベイホソチョウ属から分けられた。5種を含む。

【成虫】　小型で前翅に白〜橙色の帯があり，裏面は筋状の黒い線が密に流れる。木陰の湿地で見られることが多い。吸水では大集団をつくる。飛翔も緩慢で発生期には普通に見かける。

【卵】【幼虫】【蛹】【食草】　未解明。

【分布】　アマゾン川流域を中心に分布する。

ヒメナンベイホソチョウ　p. 206
Abananote erinome (C & R. Felder, 1861)

【成虫】　小型で前翅に橙色紋を装う。木漏れ日の射すような湿地で吸水していることが多い。

【卵】【幼虫】【蛹】【食草】　未解明。

【分布】　エクアドルからペルー，ボリビアに分布する。

ベニモンナンベイホソチョウ属
Altinote Potts, 1943

【分類学的知見】 Lamas(2004)によりナンベイホソチョウ属から分けられた。15種以上からなる。
【成虫】 翅表は黒色の地に橙色紋を生じ，種により青紫色の鈍い金属光沢をもつ。吸水では大集団をつくる。やや湿度の高い環境に生息する。飛翔も緩慢で発生期には普通に見かける。
【卵】 長卵形で白色，平面上に100卵以上が産下される。
【幼虫】 アジアのホソチョウ類と同様集合性が強く，食草の茎のみを残して葉を食べ尽くす。体の基調色は背面が黒褐色で下腹面が淡褐色。
【蛹】 アジアのホソチョウ類と異なり，腹部背面に5対の鋭い突起をもつ。ただし種間差が少なく互いに極めて似ている。灰白色に特徴的な黒色の斑紋を装うのが本属の基本的な色彩パターンで，種の同定は難しい。
【食草】 キク科が知られている。
【分布】 アマゾン川流域を中心に分布する。

ベニモンナンベイホソチョウ　p. 80,206
Altinote dicaeus (Latreille, [1817])
終齢幼虫および蛹をペルー Satipo 産の亜種 *callianira* (Geyer, 1837)で図示・記載する。
【分類学的知見】 従来は *Actinote callianira* (Lewis, 1974)とされていたが，Lamas(2004)は表記種の亜種として扱っている。
【成虫】 森林内からやや林縁寄りの開けた空間に生息し，緩やかに飛翔する。特に♂の吸水性が強く，しばしば山道を横切る川の流れにはベニスジナンベイホソチョウとともに大集団がつくられる。♀は単独で生活し分散している。
【卵】 未確認。
【幼虫】 終齢幼虫は葉裏に潜み，群がって生活する。食草の葉を食べ尽くすと移動を始め，新しい食草を探して彷徨する。このような光景は産地で比較的見られ，道路上や木の幹などにたくさんの幼虫を発見することがある。終齢幼虫の頭部は一様な黒褐色で，まばらに黄褐色の刺毛を生じる。胴部の色彩は背面黒褐色で，黄橙色を帯びた部分と灰色を帯びた部分に二分される。下腹部は灰黄緑色，気門下線列の黄色い帯が顕著。胴部突起は長く黒褐色だが，そこより分枝する針状突起は地色と同じで全体に黄褐色と白色の混じったぼけた色彩に見える。
【蛹】 灰白色に特徴的な黒色の斑紋を装う。前・中胸亜背線の突起の発達がよい。蛹化の際は分散するが，その付近の樹木の幹や小枝で多数が発見される。
【食草】 キク科の1種 *Munnozia* sp. と思われる。70 cm〜1 m 程度の大きさで，黄色い小さな花をつける。
【分布】 ベネズエラ，コロンビアからペルーにかけての南米北部。

アオツヤホソチョウ　p. 206
Altinote ozomene (Godart, 1819)
【成虫】 ホソチョウ族のなかでは異例の青色光沢があり，基部は橙色でドクチョウなどとのミューラー型ミミクリーと思われる。
【卵】 コスタリカで幼生期が確認されている(Chacón & Montero, 2007)。平面に多数が産下される。
【幼虫】 孵化した幼虫は葉表の葉肉を食べる。3齢までは一塊になって群居するが，4齢になると20数頭の小グループに分かれる。終齢幼虫は全体が一様な黒色で気門下線に黄色帯が配列する。1集団はさらに縮小し10数頭になり，並んで葉縁から食草を食べる(Velez *et al.*, 2011)。
【蛹】 ベニモンナンベイホソチョウに似ている(web サイト，www.butterfliesofamerica.com/L/altinote_ozomene_nox_immatures.htm)。
【食草】 キク科の *Erato vulcania*，*Munnozia senecionidis* などを食べる。
【分布】 コロンビアとエクアドルに分布する。

ベニスジナンベイホソチョウ　p. 80,143,206
Altinote negra (C. & R. Felder, 1862)
終齢幼虫および蛹をペルー Satipo 産の亜種 *demonica* (Hopffer, 1874)で図示・記載する。
【分類学的知見】 従来は *Acraea demonica* Hopffer, 1874とされていたが，Lamas(2004)により表記の亜種とされた。
【成虫】 ベニモンナンベイホソチョウと同所的分布をして，2種が同じ場所で吸水に群がることも多い。♂の集団のなかに♀の個体が混じることもある。詳細に見るとベニモンナンベイホソチョウよりもやや乾燥気味の斜面などを発生地とする。これは食草の分布の違いによるようである。♀は葉裏に静止して100卵に及ぶ卵群を産下する。
【卵】 葉裏に100卵に及ぶ卵群を産下する。形態は長卵形で乳白色。
【幼虫】 生活様式はベニモンナンベイホソチョウと同じであるが，食草の棲み分けをしている。終齢幼虫は背面が一様な灰黒色で下腹面は淡黄色，気門下線列の黄橙色が目立つ。棘状突起は黒色でそれより分枝する針状突起は先端部で黒色，ほかは白色(無色透明)である。
【蛹】 ベニモンナンベイホソチョウに極めて似ている。やや黒色斑紋の発達が弱いが個体差がある。明らかな違いは，前胸および中胸の突起がより小さいことである。
【食草】 キク科の1種。やや排水のよい斜面のより開放的な場所に多く生じる。葉は三角形で *Mikania* と思われる。花は黄色でその形とあいまって日本のキクイモなどを思わせる。伐採地跡などに生じる先駆植物で，空き地ではよく見られる。
【分布】 エクアドル，ペルー，ボリビアのアンデス東麓に分布する。

ナンベイホソチョウ属
Actinote Hübner, [1819]

【分類学的知見】 Lamas(2004)が従来のナンベイホソチョウ属を細分したときの1つのグループで，26種以上からなる。

【成虫】 翅表は黄褐色の斑紋が主で後翅は流紋状，比較的大型の種が多い。吸水では大集団をつくる。陽光地に多く見られる。飛翔も緩慢で発生期には普通に見かける。

【卵】 長卵形で多数の卵群で産下される。

【幼虫】 アジアのホソチョウ類と同様集合性が強く，食草の茎のみを残して葉を食べ尽くす。斑様の斑紋はベニモンナンベイホソチョウ属と異なった色彩で，やや大きい。

【蛹】 ベニモンナンベイホソチョウ属と大きく異なるところはない。後胸および第1腹節背面に痕跡程度の突起を有する。

【食草】 キク科の *Mikania* や *Austroeupatrium* などの記録がある(Francini & Freitas, 2010)。

【分布】 アマゾン川流域を中心に分布する。

キマダラナンベイホソチョウ　p. 80,206

Actinote pellenea Hübner, [1821]

終齢幼虫および蛹をペルー Kubiriaqui，Satipo 産の亜種 *equatoria* (Bates, 1864)で図示・記載する。

【成虫】 明るい草地的環境を好み，林間の開けた場所を緩やかに飛翔する。

【卵】 長卵形で黄白色，葉裏に多数の卵群で産下される(Francini & Freitas, 2010)。

【幼虫】 蛹化のために彷徨する終齢幼虫を発見した。ベニモンナンベイホソチョウ，ベニスジナンベイホソチョウとはまったく異なった色彩である。黒褐色で棘状突起基部に黄褐色の輪状斑を装う。体側は広く黒褐色。棘状突起は胸部と気門上線部が黒色，ほかは黄褐色である。

【蛹】 ベニモンナンベイホソチョウなどに似ている。明らかな違いは後胸と第1腹節背面にも小さい突起を生じることである。全体にベニモンナンベイホソチョウなどより大きい。

【食草】 キク科の1種。この植物の群落の近辺で終齢幼虫を発見した。またこの植物に4齢幼虫が静止していたことから食草と推定したが，確定ではない。花は青紫色。

【分布】 南米の北部からアルゼンチンにかけた広い地域に分布する。

オオキイロナンベイホソチョウ　p. 206

Actinote thalia (Linnaeus, 1758)

【成虫】 やや大型で斑紋の地理的変異が多く，Lamas (2004)により図示のペルー産は表記の亜種 *anteas* (Doubleday, [1847])とされた。

【卵】【幼虫】【蛹】 未確認。

【食草】 キク科の *Mikania* などを食べる(Zhi-gang *et al*., 2004)。

【分布】 メキシコからベネズエラにかけての南米北部に分布の中心がある。

アフリカホソチョウ属
Bematistes Hemming, 1935

【分類学的知見】 ホソチョウ族の最もアウトグループに位置する。蛹はナンベイホソチョウ属に極似し，ホソチョウ属とは異なり，系統の違いがうかがえる。

【成虫】 ホソチョウ属に比較して樹林内のやや暗い場所に生息し，時々樹冠を浮遊するように飛翔する。色彩はパプアホソチョウ属より黒っぽいのも生息環境の違いによるものと思われる。

【卵】【幼虫】【蛹】【食草】 一部解明されている。

【分布】 アフリカに25種が分布する。

チャマダラアフリカホソチョウ　p. 206

Bematistes excisa (Butler, 1874)

【成虫】 黄褐色に黒褐色の斑紋をもつやや大型種。

【卵】【幼虫】【蛹】【食草】 未解明。

【分布】 カメルーンからコンゴ民主共和国の西部にかけて分布する。

コゲチャマダラアフリカホソチョウ　p. 206

Bematistes umbra (Drury, 1782)

【成虫】 チャマダラアフリカホソチョウよりも地色が暗色である。

【卵】【幼虫】【蛹】【食草】 未解明。

【分布】 ギニア，シエラレオネからナイジェリア，カメルーン，ガボン，コンゴ民主共和国にかけて分布する。

ヘリグロアフリカホソチョウ　p. 133

Bematistes vestalis (C. & R. Felder, 1865)

終齢幼虫および蛹を Woodhall (2008)を参考に図示・記載する。

【成虫】 コゲチャマダラアフリカホソチョウに似ているがより暗い配色で，後翅の外縁は広く黒色で縁取られる。

【卵】 未確認。

【幼虫】 淡い灰褐色に黒褐色の斑点を散在し，長い棘状突起を生じ，群生する(Woodhall, 2008)。

【蛹】 白色に長い突起を生じ，新熱帯区のナンベイホソチョウ属と極めて似ている(Woodhall, 2008)。

【食草】 トケイソウ科の *Adenia cisampelloides* など(web サイト wikipedia)。

【分布】 ナイジェリア，カメルーンからコンゴにかけて分布する。

カバタテハ亜科
Biblidinae Boisduval, 1833（＝Ariadnae＝Eulytelinae）

【分類学的知見】 外見は多様であるが，幼生期の形態・習性は多くの点で共通し，よくまとまった亜科である。またそれがほかの亜科との相違でもある。

タテハチョウ科のなかでの系統的な位置は諸説があるが，亜科のカテゴリーではイチモンジチョウ亜科やイシガケチョウ亜科はもとより，ヒオドシチョウ亜科とは異なった独立した亜科と考えられ，幼生期も固有の特徴がある。次の6族を含む。

①カバタテハ族(Biblidini)，
②アケボノタテハ族(Epicaliini)，
③カスリタテハ族(Ageroniini)，
④キオビカバタテハ族(Epiphilini)，
⑤ウラニシキタテハ族(Eubagini)，
⑥ウズマキタテハ族(Callicorini)

Min *et al*.(2008)による解析を属のカテゴリーに置き換えると次のような亜科内の構成を考えることができる。

一部に適正と思える結果を見るが，属の位置の確定のためにさらに解析の累積が必要と思われる。幼生期からの判断も時期尚早である。

【成虫】 小〜中型の大きさで，色彩は極彩色の種が多く，特に中南米に産する種はその極みに達する。

【卵】 分類群によって多様であるがそれぞれに強い特徴をもつ。毛状突起で覆われたり，表面に複雑なレリーフ様の模様や上面に王冠様装飾が施されたりする。

【幼虫】 棘状突起の形状およびその配列に特色がある。すなわち，以下の特徴をもつ。

①背中線列に生じる棘状突起の分布は本科特有で，第7・8腹節では後縁寄りに生じる。②第9腹節に生じることはない。③亜背線より下腹部では発達が悪かったり数や配列が不規則であったりする。④棘状突起の小突起は，主軸の先端にロゼット状に分枝して生じる。⑤頭部には長大な角状突起が，頭頂側面には数対の円錐状突起が生じる。

幼虫は前頭部を葉表面に伏せて静止し，コムラサキ類と共通する。幼虫の習性はイチモンジチョウ亜科に似ているところがあり，若齢期に食草の中脈先端に糞を口でくわえて継ぎたし，糞鎖をつくる。ただしイチモンジチョウ亜科のような糞塊を残す習性はない。

【蛹】 背面に顕著な突起物は生じない。腹部末端の懸垂器は台座部分と半ば直交する構造をしている。

【食草】 トウダイグサ科が圧倒的に多く，この植物は一般に毒性が強い。一部にムクロジ科があり，これも有毒植物である。このため擬態する種の間にはミューラー型ミミクリーが成立する。

【分布】 全世界の熱帯に分布し，特にエチオピア区と新熱帯区で著しく発展している。

カバタテハ族
Biblidini Boisduval, 1833

【分類学的知見】 10属を含む。アカヘリタテハ属とそのほかの属を別族に分け，前者をアカヘリタテハ族 Biblidini Boisduval, 1833，後者をアフリカカバタテハ族 Eulytelini Doubleday, 1845とする考えもある。特に蛹の形態の違いが大きいようだが，そのほかでは本族の特徴を共有している。

【成虫】 色彩は本亜科にあっては地味である。

【卵】 毛状突起で覆われる。この特徴は本亜科内ではほかの族にない形態である。

【幼虫】 背中線棘状突起の分布は第7・8腹節に限る。糞鎖をつくらないことが顕著な本族の特色である。

【蛹】 突出部が少ない。

【食草】 トウダイグサ科。

【分布】 東南アジア，アフリカ，中南米の3地域に分布する。

アカヘリタテハ属
Biblis Fabricius, 1807

【成虫】 前後翅とも黒褐色で後翅外縁に赤色斑紋を装う。その発現の程度に差があるが，亜種の差と考えられる。

【卵】 毛状突起を生じる。

【幼虫】 基本的な形態は本族内である。1齢幼虫が糞鎖をつくらない。

【蛹】 突起が多く特徴のある形態で，本族内では特異で独立した別族とする意義がある。

【分布】 1種のみが，メキシコからアマゾン川一帯と西インド諸島に分布する。

アカヘリタテハ p. 81,144,207

Biblis hyperia (Cramer, [1779])

卵から蛹までのすべてをメキシコ Xilitla, San Luis Potosi 産の亜種 *aganisa* Boisduval, 1836で図示・記載する。

【分類学的知見】 図示した亜種は以前別種とされ，後翅赤色帯が細い。名義タイプ亜種 *hyperia* とは後翅外縁の斑紋にかなり相違が見られ，別種として扱うのが妥当かもしれないが，ペルーで確認した幼生期の個体とほとんど差がない。

【成虫】 ♂♀ほぼ同形で，黒褐色地に後翅外縁に赤帯を装う個性的な色彩である。林縁や山道など明るい空間を活発に飛翔し，訪花したり地上に降りて吸水したりする。

【卵】 卵幅0.80 mm，卵高0.82 mm程度，長い毛状突起を生じる。色彩は淡黄色。

【幼虫】 孵化した幼虫は葉裏に潜み，孔を開けるようにして摂食する。摂食後の孔はしだいに拡大され，やがて葉脈だけが残る。幼虫の胴部は円筒形で長い刺毛を生じる。頭部の色彩は黄褐色，胴部は緑色で後胸，第3腹節，第7・8腹節が濃褐色を呈する。2齢幼虫も同様に葉裏生活をし，葉縁から食べ始め太い葉脈だけを残す。眠期には食草から離れていることが多い。頭部に0.46 mm程度の短い突起を生じる。胴部の色彩は緑色を帯びた黄褐色と黒褐色の斑紋である。3齢幼虫は頭部突起が1.60 mm程度で前齢よりも格段に長く，その先端は球状をなす。胴部の色彩は黒褐色で第4・5腹節背面に黄褐色斑紋を生じ，体側の白線につながる。4齢幼虫は葉表に現れ，葉縁から食べる。第4腹節背面に白色斑紋があり，各体節側面の白色斜条に連結する。頭部角状突起は6.3 mm程度でさらに長くなる。5(終)齢幼虫は全身が黒褐色で灰～黄褐色の斜条斑を配列する。頭部突起は著しく長く，ジグザグ状で左右に開く。
【蛹】 中胸が膨出し背面から見ると鉤状に左右に張り出して特異な形態である。色彩は褐色に不規則な黒色斑紋が散在する。
【食草】 トウダイグサ科の *Tragia volubilis* が記録されている。*T. glanduligera* でも十分生育する。この植物の葉や茎に触れると強い痒みを生じるが，トウダイグサ科にはこの傾向のある種類が多い。ペルーでは *Tragia* または *Dalechampia* と思われる植物から幼虫を発見した。
【分布】 メキシコからアマゾン川流域一帯と西インド諸島。

ウスズミタテハ属
Mestra Hübner, [1825]

【分類学的知見】 以前は7種を数えたが，Lamas(2004)が1種に整理した。

ウスズミタテハ　p. 83,207
Mestra dorcas (Fabricius, 1775)

幼虫および蛹をアメリカ合衆国テキサス州Cameron County産の亜種 *amymone* (Ménétriès, 1857)で図示・記載する。
【分類学的知見】 図示の個体は *M. amymone* とされていたが，Lamas(2004)は表記の亜種としている。
【成虫】 灰色地に白色と黄橙色の斑紋を添える。成虫は林縁や道路など明るいところに現れ，ランタナなどの花で吸蜜したりヒョウモンモドキ類とともに吸水行動などをしたりする。
【卵】 淡黄色で，アジアのカバタテハ属同様の毛状突起を生じる。卵期は7日間。
【幼虫】 孵化した幼虫は卵殻すべてを食べることはなく，ほどなくして葉の縁を食べる。糞鎖をつくることはなく，本族内の特色を有する。頭部は丸く，胴部には長い刺毛を生じる。2齢幼虫は葉裏に潜み，頭部に短い突起を生じる。胴部の色彩は褐色で背面が黄白色，褐～黒色の棘状突起を生じる。3齢幼虫は葉裏に潜み，頭部の角状突起は著しく長くなり，胴部の色彩は黄緑色に変じる。4齢幼虫も同様葉裏に潜み，胴部背面の色彩は緑色を増し側面は黒褐色になる。5齢幼虫は頭部前額に黄橙色を現す。終齢幼虫は6齢であったが，これが通常の齢数かどうかは不確実である。頭幅2.40 mm程度，頭部角状突起は著しく長く，前額に1対の橙色斑紋を装う。胴部の色彩は黒褐色で背面には緑色斑紋を，側面にはアカヘリタテハのような灰白色の斜条が生じる。体表全体に小斑点を散在する。胴部の棘状突起は短く先端で小突起が分岐，色彩は紅色と緑色である。葉表に静止し，静止時は近縁種同様に胸部末端付近を屈曲させ腹部末端部を持ち上げている。
【蛹】 特に目立った突出部をもたない本族内の形態で，色彩は背面が濃緑色，下腹部は淡緑色。
【食草】 トウダイグサ科の *Tragia volubilis*，*T. ramosa* など。*Dalechampia scandens* でも問題なく生育する。
【分布】 アメリカ合衆国南部から中米にかけて分布する。

シロホシウスズミタテハ属
Archimestra Munroe, 1949

【分類学的知見】 ウスズミタテハ属に近縁と思われる。特異な斑紋で1種のみを含む。

シロホシウスズミタテハ　p. 207
Archimestra teleboas (Ménétriés, 1832)

【成虫】 アフリカのニセコミスジ属に似た特異な斑紋で，黒色に白色紋を配する。ハイチでは広く普通に生息しているようである。
【卵】【幼虫】【蛹】【食草】 Wetherbee(1987)の報告があるが，詳細は不明である。
【分布】 イスパニオラ島の特産種。

カバタテハ属
Ariadne Horsfield, [1829]

【成虫】 それぞれの種の斑紋は極めて似ており，茶褐色の地色に細い黒色線が微妙に翅表を貫き，種の同定は難しい。多くの種の成虫は陽光の当たる暑い原野を軽快に飛翔する。一般に多数の個体が同一箇所に生息し，食草の自生地から遠く離れることはない。
【卵】 多数の毛状突起を生じ，カバタテハ族の特徴をもつ。
【幼虫】 1齢幼虫には長い刺毛が生じる。2齢以降は体表に棘状突起を有するが，背中線上の分布は第7・8腹節のみで本族の範囲内の特色である。色彩は種により特徴がある。幼虫は糞鎖をつくらない。
【蛹】 一般的な本亜科の範疇内にある。
【食草】 トウダイグサ科のヒマ属や *Dalechampia* など。
【分布】 14種を含み，インド・オーストラリア区，エチオピア区に分布する。

ヒマカバタテハ p. 82, 207

Ariadne merione（Cramer, [1777]）

卵および幼虫をタイ Chiang Mai 産の亜種 *tapestrina*（Moore, 1884）で図示・記載する。

【成虫】 平地から低山地の渓谷や路傍に生じる大型のヒマ群落周辺に生息し，しばしば多数の個体が食草の周辺をゆっくり飛翔する光景を見る。また樹木の刈り払われた草地を低く飛ぶことも多い。♀は食草に止まると葉裏に回り1個ずつ産卵する。

【卵】 卵幅 0.66 mm，卵高 0.60 mm，毛状突起 0.22 mm 程度。色彩は白色，20 条程度の毛状突起列がある。

【幼虫】 孵化した幼虫は葉裏に潜み，葉に孔を開けるように食べる。したがって葉には点々と小さな食痕が残っている。1齢幼虫の頭部は褐色で胴部は白色に緑色斑，黒色斑を添える。黒褐色の長い刺毛を生じる。2齢幼虫も葉に孔を開けるようにして摂食する。頭部は黒色で角状突起が生じる。3齢幼虫は葉縁から食べる。胴部は灰緑色に白色および黒色の斑紋を生じ，背面の斑紋が黄白色で目立つようになる。棘状突起は白色と黒色である。その後の観察をするに至らなかった。終齢幼虫は灰緑色で黄色い背線が貫く（五十嵐・福田，1997）。

【蛹】 カバタテハに似ているが，褐色型のほか緑色型もある。

【食草】 トウダイグサ科のヒマ（トウゴマ *Ricinus communis*）。現地のそれは3mに及ぶような大型種であった。

【分布】 インドから中国南部を経てスマトラ，ジャワ，ボルネオ，スラウェシの島嶼に分布する。

カバタテハ p. 82, 207

Ariadne ariadne（Linnaeus, 1763）

幼虫および蛹をマレーシア Tapah 産の名義タイプ亜種 *ariadne* で図示・記載する。

【分類学的知見】 日本にも産するが，台湾と同じ亜種の *pallidior*（Fruhstorfer, 1899）とされる。日本産については手代木（1990）に詳述されている。

【成虫】 二次林の周辺の明るい草地に生息し，♂は♀を求めて，♀は産卵植物を求めてそれぞれ低い位置を緩やかに飛翔する。西マレーシアの Tapah 近郊では，樹木を伐採した跡の空き地の最も樹林帯に近い草地の一角に生息するのを観察した。産卵期の♀はほとんど地表に近い位置の草本の間を縫うように飛翔し，産卵すべき植物を探していた。やがて対象の植物を発見するとその植物の先端に1卵を産下し，再び飛び立ち次の産卵場所を探した。その産卵植物を確認すると，発芽して間もないトウダイグサ科の *Cnesmone javanica* であった。

【卵】 形態はヒマカバタテハ同様で，色彩は黄緑色。

【幼虫】 孵化した幼虫はヒマカバタテハ同様に葉裏から孔を開けるようにして食べる。胴部の色彩は白色に黒色斑を装う。2齢幼虫は頭部に短い角状突起を生じる。胴部には棘状突起を生じ，胴部全体の色彩は1齢幼虫に似ている。3齢幼虫は葉表に静止し，あまり動くことはない。胴部の色彩は黒色部が多くなり背線は黄褐色である。4齢幼虫も葉表に静止し，葉縁から食べる。胴部の色彩は黒色で側面に白色の斜条斑が配列する。終齢幼虫の胴部の色彩は4齢幼虫とほぼ同様，日本産との差もほとんどない。背中線の白色斑の大小は個体変異がある。日中はほとんど摂食することはなく葉表に静止したままであるが，振動などの刺激で容易に落下する。

【蛹】 褐色に黒色の亀裂模様が不規則に生じる。形態・色彩とも日本産とほとんど相違がない。

【食草】 西マレーシアでは前記トウダイグサ科の *Cnesmone javanica*。この植物は手に触れると痒みを生じる。同科の中南米産 *Dalechampia scandens* でもある程度飼育することができる。日本産は同科のヒマ（トウゴマ）を食べる。

【分布】 インドからタイ，マレーシアまでとその近隣の島嶼を含む。

ハイイロカバタテハ p. 207

Ariadne enotrea（Cramer, [1779]）

【成虫】 全体が不明瞭な灰黒色の種である。

【卵】【幼虫】【蛹】 未確認。

【食草】 トウダイグサ科の *Tragia* や *Dalechampia* が知られている（Larsen, 1996）。

【分布】 シエラレオネ，ナイジェリア，カメルーン，ウガンダ，タンザニアなどに分布する。

ルリカバタテハ属
Laringa Moore, 1901

【成虫】 ルリカバタテハとウスグロカバタテハの2種が知られているが，クラインでつながっているような中間的な個体もある。

【分布】 ミャンマーの南部からスンダランドまで2種を産する。

ルリカバタテハ p. 207

Laringa castelnaui（C. & R. Felder, 1860）

【成虫】 ♂表翅は特色のある青色，♀は褐色でウスグロカバタテハに似ている。やや標高の高い（1,000 m 程度）山地帯樹林内の空間などに生息し，♂は地表から2，3 m の高さを軽快に飛翔する。

【卵】【幼虫】【蛹】【食草】 未解明。

【分布】 ミャンマーからマレー半島にかけて，さらにボルネオ，ジャワ，パラワンの島嶼にも分布する。

ウスグロカバタテハ p. 207

Laringa horsfieldii（Boisduval, 1833）

【成虫】 ルリカバタテハと色彩は異なるが，基本的に斑紋は同じである。

【卵】【幼虫】【蛹】【食草】 未解明。

【分布】 ルリカバタテハよりも大陸内部まで分布し，インドからインドシナ半島，マレー半島，さらにインドネシアのジャワ，スマトラ，ニアス各島，インド・アンダマンの島嶼にも分布が及ぶ。

アフリカカバタテハ属
Eurytela Boisduval, 1833

【成虫】 黒色の地色で亜外縁に橙色や白色の帯が走る。
【卵】 カバタテハに似ている。
【幼虫】 カバタテハ同様に長い頭部角状突起をもち，胴部の棘状突起の分布も同じ。
【蛹】 緑色と褐色の2型があり，背面から見ると翅部が広がって静止したコウモリを思わせる。
【食草】 カバタテハと同様にトウダイグサ科の *Tragia* や *Dalechampia*，*Ricinus* など。
【分布】 4種がアフリカの熱帯雨林地帯に分布する。

イチモンジアフリカカバタテハ p. 207
Eurytela hiarbas (Drury, 1770)
【成虫】 ♀はやや淡い色である。
【幼生期】 Woodhall (2008) を参考に記載する。
【卵】 カバタテハに似ている。
【幼虫】 色彩は緑色と褐色の2型があるが，基本的な形態はカバタテハと異なるところがない。
【蛹】 形態は背面から見ると腹部が扇状に広がり，アカヘリタテハ属に似ている。色彩は褐色と緑色の2型がある。
【食草】 トウダイグサ科の *Dalechampia* や *Tragia*，*Ricinus* を食べる。
【分布】 シエラレオネからウガンダやタンザニアにかけて分布する。

キオビアフリカカバタテハ p. 207
Eurytela dryope (Cramer, [1775])
【成虫】 表翅の外半が広く黄橙色である。
【幼生期】 web サイト (en.wikipedia.org/wiki/Eurytela_dryope) を参考に記載する。
【卵】 カバタテハに似ている。
【幼虫】 形態はイチモンジアフリカカバタテハに似ている。
【蛹】 イチモンジアフリカカバタテハに似て前翅外縁周辺が広がった形で，胸部背面が強く突出する。色彩は緑色。
【食草】 トウダイグサ科の *Tragia glabrata*，*Dalechampia capensis*，ヒマを食べる。
【分布】 シエラレオネからエチオピア，アフリカ南部およびマダガスカル島に分布する。

ニセコミスジ属
Neptidopsis Aurivillius, 1898

【成虫】 斑紋はコミスジ類の異常型のような感じである。
【卵】【幼虫】【蛹】 未確認。
【食草】 トウダイグサ科の *Tragia* など。
【分布】 アフリカの熱帯に2種を産する。

ニセコミスジ p. 207
Neptidopsis ophione (Cramer, 1777)
【成虫】 コミスジのような斑紋である。
【卵】【幼虫】【蛹】 未確認。
【食草】 トウダイグサ科の *Tragia benthami*，*T. brevipes* などを食べるとされる (web サイト JUCN Red List；Larsen, 1996)。
【分布】 シエラレオネからエチオピア，モザンビークにかけて分布する。

ハギレニセコミスジ p. 207
Neptidopsis fulgurata (Boisduval, 1833)
【成虫】 前後翅外縁が波型に切れ，白色斑紋も異常型のようである。
【卵】【幼虫】【蛹】 未確認。
【食草】 トウダイグサ科の *Dalechampia*，*Tragia* を食べる (Larsen, 1996)。
【分布】 ケニア，タンザニアなどアフリカの東部から南アフリカにかけて，さらにマダガスカル島に分布する。

キマダラカバタテハ属
Byblia Hübner, [1819]

【成虫】 黒色に黄橙色の斑紋を散在する。
【卵】【幼虫】【蛹】 2種とも知られ，ともに本族内の種に似ている。
【食草】 トウダイグサ科の *Tragia* や *Dalechampia*，ヒマ類を食べる。
【分布】 2種がアフリカ～インドさらにマダガスカル島の熱帯に分布する。

キマダラカバタテハ p. 207
Byblia anvatara (Boisduval, 1833)
【成虫】 黒色と黄橙色の斑紋で構成される個性的な色彩である。
【幼生期】 Woodhall (2006) を参考に記載する。
【卵】 基本的なカバタテハの形態。
【幼虫】 カバタテハに似る。緑色と褐色の2型がある。
【蛹】 カバタテハに似ている。
【食草】 トウダイグサ科の *Dalechampia* や *Tragia* を食べる。
【分布】 シエラレオネからスーダン，エチオピア，南アフリカ，さらにマダガスカル島，コモロ島に分布する。

ヒメキマダラカバタテハ p. 207
Byblia ilithyia (Drury, [1773])
【成虫】 キマダラカバタテハに似ているがやや小さい。
【幼生期】 Woodhall (2006) を参考に記載する。
【卵】 キマダラカバタテハ同様。
【幼虫】 カバタテハやウスズミタテハ属などに似ている。全体に黒色の斜条を多数装う。色彩は同様に2型がある。
【蛹】 キマダラカバタテハに似ているが背面の突出がやや強い。
【食草】 キマダラカバタテハ同様である。

【分布】 飛び地的に分断されている。すなわちナイジェリアを中心とした地域とモザンビークを中心にした地域，さらにインドからスリランカに分かれて分布する。この分布はインド亜大陸の成立経過を実証する1例となる。

シロシタカバタテハ属
Mesoxantha Aurivillius, 1898

【分類学的知見】 *M. ethosea* のほかに *M. katera* がウガンダに生息するとされるが詳細は不明である。

シロシタカバタテハ p. 207
Mesoxantha ethosea（Drury, [1782]）
【成虫】 翅形は丸みをもち，黒色の地に黄白色の大きな紋がある。日本では標本が少ないと思われ，標本を未確認である。
【卵】【幼虫】【蛹】 未確認。
【食草】 トウダイグサ科の *Tragia brevipes*，*Malacantha alnifolia* を食べるとされる（web サイト wikipedia）。
【分布】 シエラレオネからカメルーンを経てウガンダに分布する。

シロモンカバタテハ属
Vila Kirby, 1871

【成虫】 前翅が細長く黒色地に黄または白色の斑紋を装う。草地的環境の上を飛翔する姿を普通に見かけ，♀は樹林内の明るい場所を緩やかに飛ぶ。
【卵】【幼虫】【蛹】【食草】 未解明。
【分布】 3種が新熱帯区に分布する。

シロモンカバタテハ p. 207
Vila emilia（Cramer, [1779]）
【成虫】 林縁などの明るい空間に生息している。
【卵】【幼虫】【蛹】【食草】 全ステージの報文があり（Fratas & Brown, 2008），アカヘリタテハなどに近似している。ペルーの現地でトウダイグサ科の *Dalechampia* sp. を使って♀に強制採卵を試みたが，産卵に至らなかった。
【分布】 ギアナからアマゾン川流域に分布する。

ミツボシタテハ族
Epicaliini Guenee, 1865

【学名に関する知見】 本族名 Epicaliini はミツボシタテハ属が *Epicalia* Doubleday, 1844 とされていたことによる。その後 *Epicalia* はシノニムとなり無効となった。
【成虫】 中型で橙色や青〜紫色斑紋を装う。
【卵】 表面に縦条や彫刻模様が施されている。
【幼虫】 背線における棘状突起の分布は第1〜8節のすべてに及ぶ例が多い。色彩は緑色をはじめとしたあざやかな色彩で斑紋は装飾的な構成である。葉の中脈先端に顕著な糞鎖をつくる。
【蛹】 頭部を含めあまり発達した突起をもたない。
【食草】 トウダイグサ科。属によって偏る傾向がある。
【分布】 一部にアフリカ産を含むがほとんどが中南米産。

ミツボシタテハ属
Catonephele Hübner, [1819]

【成虫】 ♂が和名のように黒地に大柄な橙色紋を配した「三ツ星」模様だが，♀は黄白色斑紋をあしらうミスジチョウ型が多い。
【卵】 卵型で白〜淡黄色。
【幼虫】 食草の先端に糞鎖をつくる。4齢期と終齢期で色彩が異なる。
【蛹】 背面から見るとバイオリン型で色彩は緑色。
【食草】 トウダイグサ科の *Alchornea* など。
【分布】 11種が中南米に分布する。

メキシコミツボシタテハ p. 84,208
Catonephele mexicana Jenkins & Maza, 1985
　幼虫および蛹を中米ベリーズ Cayo Distrit 産の名義タイプ亜種 *mexicana* で図示・記載する。
【成虫】 ♂は太い橙色帯をもち，♀は典型的なミスジ型。平地から山地の森林地帯さらに二次林を生息圏とし，生息環境は他種に比べてかなり広い。そのために分布地域ではよく見かける。♂は明るい空間に生じる樹木の先端に静止して占有行動をとる。♀は樹林の低い空間を飛翔し，♂♀とも腐った果物に集まる。
【卵】 未確認。
【幼虫】 習性についてはほかの近縁種と異なるところがない。1齢幼虫は食草の先端に糞鎖をつくり，そこに執着する。3齢幼虫は食痕にこだわる習性が消滅し，葉表に静止し葉縁から摂食する。4齢幼虫，5(終)齢幼虫ともほとんど同じ形態で，胴部は変化のない緑色，背中線列にも棘状突起を生じる。
【蛹】 色彩は一様に緑色で微小黒点を多数散在する。
【食草】 トウダイグサ科の *Alchornea latifolia*，*Dalechampia triphylla*，*D. scandens* などが確認されている。*D. scandens* で良好な生育をする。
【分布】 メキシコからコスタリカまでの中米の限られた範囲に分布する。

マルバネミツボシタテハ p. 84,144,145,208
Catonephele acontius（Linnaeus, 1771）
　幼虫および蛹をペルー Satipo 産の名義タイプ亜種 *acontius* で図示・記載する。
【成虫】 色彩や斑紋は近縁種と同様だが，♂の前翅後縁が強く丸みをもち特徴的な翅形である。♂は森林の開けた空間を活発に飛翔し，地表に降りて吸水や吸汁をする。♀は樹林内に生息し腐果実などに静止している以外にあまり姿を見かけることがない。
【卵】 円錐台形で白色。
【幼虫】 1齢幼虫は葉の中脈先端に棒状の糞鎖をつくり，

図163　葉表上のマルバネミツボシタテハ *Catonephele acontius acontius* 4齢幼虫(Peru)

図164　マルバネミツボシタテハ *Catonephele acontius acontius* 終齢末期の幼虫(Peru)

その下面に静止している。頭部は黄橙色で丸く，胴部は黒褐色，極めて短い刺毛を生じる。2齢幼虫は頭部に短い角状突起を有する。同様に糞鎖に静止している。3齢幼虫は葉表上に静止し体をS字状に曲げている。頭部の角状突起は長大，胴部の色彩は黒褐色で背面中央が白色。4齢幼虫(図163)も葉表に静止し体を伸ばしていることが多く，外敵が近づいたりすると頭部を葉に叩きつけて音を出す。頭部は黒みが薄れ，胴部は黒褐色と青緑色の対比の強い色彩となる。また気門線は幅広く黄白色で葉表の幼虫はよく目立つ。亜背線上の棘状突起はよく発達し，後胸部に生じるものが最大。5(終)齢幼虫(図164)は4齢期までの細めの幼虫とは異なり，胴部は太くなり印象が異なる。葉表上に腹脚を伸ばして空中に浮くような姿勢で静止している。頭部は黄褐色，角状突起は黒色で著しく長い。胴部の色彩は鮮青緑色で棘状突起の橙色と強い色相の対比をなす。

【蛹】 緑色で腹部は黄色みが強く胸部背面は濃緑色，わずかに黒褐色斑紋が散在する。

【食草】 マメ科やクスノキ科の記録があるが，トウダイグサ科と推定される植物より多数の幼虫を発見した。*Alchornea* と思われる。ペルー Satipo では伐採地後などの明るい環境でよく見かける。

【分布】 アマゾン川流域，ベネズエラ，ギアナからブラジル南部に広く分布する。

ミツボシタテハ　p. 85,144,145,208

Catonephele numilia (Cramer, [1775])

幼虫および蛹をペルー Satipo 産の亜種 *esite*(R. Felder, 1869)で図示・記載する。

図165　葉の先端に糞鎖をつくるミツボシタテハ *Catonephele numilia esite* 2齢幼虫(Peru)

【成虫】 林縁の明るい場所を軽快に飛翔し，♂は汚物などに飛来するのでよく見かける。♂♀の色彩斑紋はまったく異なり，また♀はマルバネミツボシタテハとは異なり前翅に大きな白紋を添えるだけなので，近縁種との識別は容易である。♀は後翅に褐色の斑紋を生じる型もある。

古くからよく知られた種で♂の3個の橙色斑紋と後翅の藤紫色斑紋は個性的な配色である。

【卵】 卵形で白色。

【幼虫】 現地より2齢幼虫を発見する(図165)。マルバネミツボシタテハに似ているが背面の黒色部が少ない。4齢幼虫も黒色斑紋が少なく全体に黄緑色，マルバネミツボシタテハは水色なので識別がつく。また頭部の角状突起は先端にも4本の小突起がある(マルバネミツボシタテハは消滅する)。5齢幼虫は胴部の色彩を一変する。全体に濃黄緑色で輝く白色の小斑点を多数散在する。棘状突起は緑色で基部は赤褐色。頭部の前額部付近は赤橙色で目立ち，警戒色となっているものと思われる。

【蛹】 マルバネミツボシタテハに似ているが頭部突起が短く，中胸背面の突出が弱い。色彩はマルバネミツボシタテハよりも黄緑色みが強い。

【食草】 マルバネミツボシタテハの寄主植物とよく似ているが，やや小ぶりで葉柄が赤いので識別がつく。ペルー Satipo では渓流のほとりなどに生じるがあまり多くは見なかった。トウダイグサ科の *Alchornea* と思われる。記録では *A. triplinervia*(Trinidad)，*A. costaricensis*，*A. latifolia*(Costa Rica)などがある。

【分布】 メキシコから南米の熱帯圏に広く分布する。

トガリミツボシタテハ　p. 208

Catonephele chromis (Doubleday, 1848)

【成虫】 前翅先端が突出する。

【卵】【蛹】 未確認。

【幼虫】 終齢幼虫は緑色に白色小斑点を多数散在する。頭部前頭は紅色で全体にミツボシタテハに似ている(web サイト，flickr)。

【食草】 近縁種同様の食性でトウダイグサ科の *Alchornea poasana* を食べるとされる(DeVries, 1987)。

【分布】 ホンジュラスからボリビアにかけてアマゾン川流域の西側に分布する。

アケボノタテハ属
Nessaea Hübner, [1819]

【分類学的知見】 ミツボシタテハ属に近縁で4種を含む。
【成虫】 ♂の翅表にはどの種にも金属光沢のない水色の斑紋が存在する。この色彩は金属光沢に輝く新熱帯区産チョウ類にあっては特異な発色である。また後翅に橙色の丸い斑紋があり，和名「曙」の由来となっている。♂は吸水するために路上に下りるが，あまり個体数は多くないようである。
【卵】 卵型で白〜白黄色。
【幼虫】 終齢幼虫は濃緑色で白色の小斑点が散在する。棘状突起は白色。
【蛹】 ミツボシタテハ属に似た形態で全体に緑色。
【食草】 トウダイグサ科の *Plukenetia* である。
【分布】 南米の比較的北部に偏る。

ミズイロタテハ？ p. 83,144,208
Nessaea hewitsonii（C. & R. Felder, 1859）
終齢幼虫をペルー Satipo で発見した名義タイプ亜種 *hewitsonii* で図示・記載する。
【成虫】 ♂♀ともに翅表に水色の斑紋をもつが，♀は後翅にそれを欠く。翅裏はアケボノタテハ属固有の緑色。♂は吸水や吸汁のため地表に下りてくるが，♀を見かける機会は少ない。
【卵】【蛹】 未確認。
【幼虫】 本幼虫は途中で死亡したので種の最終的な確認をなしえなかったが，すでにコスタリカでその幼生期が知られている *N. aglaura* と形態が近似していること，Satipo で得られたアケボノタテハ属の成虫はミズイロタテハであったことから表記の種と判断した。その後食草を頼りに同地をかなり探索したが，本種幼虫を再発見することはできなかった。Satipo では本種が少ないようである。
終齢幼虫は頭部に湾曲した黒色の長い角状突起を生じ，前頭は紅色でその側方は黒色，さらに前胸側は白色である。胴部は濃緑色で青白色の輝斑点を散在し，宝石を嵌め込んだようで動くたびに輝く。全身に発達した棘状突起が生じ，気門線周辺に円錐状突起が密に分布する。これらの形態はミツボシタテハ属同様で，2属の類似性を立証している。棘状突起は緑色みを帯びた白色で先端は黒色，分枝は少ない。終齢幼虫は葉表に静止し葉縁を順次に摂食してゆくが，若齢幼虫は近縁種同様食痕をつくるものと思われる。
【食草】 トウダイグサ科と推定される図示の植物より終齢幼虫を発見した。蔓性の草本的植物で葉は柔らかい。*Plukenetia* と思われ，*Alchornea* の記録もあるが *Alchornea* とはかなり異なる。
【分布】 コロンビアからボリビアにかけてのアマゾン川流域に分布する。

アケボノタテハ p. 208
Nessaea obrinus（Linnaeus, 1758）
【成虫】 前翅に水色紋，後翅に曙のような橙色紋をもつ。標本としては最もよく見かけ，♀には白紋が生じる型と生じない型がある。
【卵】【幼虫】【蛹】【食草】 未解明。
【分布】 ブラジルに分布する。

シロオビムラサキタテハ属
Sea Hayward, 1950

【分類学的知見】 1種のみからなるがルリミスジ属に含められることが多い。

シロオビムラサキタテハ p. 2,208
Sea sophronia（Godart, [1824]）
【成虫】 ♂は濃藍色で前翅に白紋をもつ。♀はより淡い色。
【卵】 未確認。
【幼虫】 褐色に黒色斑を散在し，黒色の棘状突起を有する。頭部突起が短い特色がある(Freitas *et al*., 1997)。
【蛹】 黄褐色で中胸と第3腹節の背面は突起状に突出する(Otero, 1994)。
【食草】 トウダイグサ科の *Plukenetia penninervia* を食べる(Otero, 1994)。
【分布】 コロンビア，ベネズエラからブラジルにかけて分布する。日本では標本が少ない。

ヨツボシタテハ属
Cybdelis Boisduval, [1836]

2種の幼生期が知られ，棘状突起の形態や配列に特色がある。ブラジルで確認されたヨツボシタテハ *C. phaesyla* の幼生期を要約する(町村，1991)。
【成虫】 メスアカムラサキのような斑紋をもつ。
【卵】 白色で12条程度の明瞭な縦条がある。
【幼虫】 2齢になると頭部に角状突起を生じ，胴部の第8腹節後縁寄りに大きな突起を有する。この突起は齢数を経るごとに顕著になり，本属の特色となっている。
【蛹】 胸部背面が突出するが，ほかは凹凸が少ない。色彩は黄緑色。
【食草】 トウダイグサ科の *Tragia* 属で近縁種に共通する。
【分布】 3種が，ベネズエラからペルー，ボリビア，ブラジル南部，アルゼンチンにかけて分布する。

ルリモンヨツボシタテハ p. 2,209
Cybdelis mnasylus Doubleday, [1844]
【成虫】 前翅に4，5個の白い斑紋，後翅には輝青色紋をもつ。
【幼生期】 【幼虫】【蛹】【食草】を Freitas *et al*.(1997) を参考に記載する。
【卵】 未確認。
【幼虫】 終齢幼虫は頭部に長い角状突起を有しており，胴部の突起は第8腹節背線上のみ顕著でほかは目立たない。

【蛹】 ヨツボシタテハに似ている。色彩は同様に緑色だが，白斑を生じる。
【食草】 *Tragia volubilis* など。
【分布】 ベネズエラからエクアドル，ペルーに分布する。

ジャノメタテハ属
Eunica Hübner, [1819]

【成虫】 ♂は青～紫色の幻光を放ち，裏面には蛇の目紋を配列する。♂は汚物などに飛来する習性が強くよく見かけるが，密に集まることはなく各個体間にはある程度の距離差がある。♀は樹林内に生息し，姿を見かけることが少ない。
【卵】 円錐台形で縦条がある。色彩は白色。
【幼虫】 ミツボシタテハ属などに似ている。種によって色彩・斑紋は著しく異なる。
【蛹】 ミツボシタテハ属より細めで頭部突起は種によって発達度が異なる。
【食草】 トウダイグサ科が主のようであるが，新葉のみを利用する習性がある。
【分布】 40種を含む大きな属で，アメリカ合衆国南部から南米に広く分布する。

ヒメジャノメタテハ　p. 85,145,209
Eunica monima (Stoll, [1782])

終齢幼虫および蛹をアメリカ合衆国フロリダ州産の亜種 *modesta* Bates, 1864 で図示・記載する。
【成虫】 北米の南部まで分布を広げる小型種。♂の翅表は分布の北部では無光沢の黒褐色だが，ペルー産では若干紫色の幻光がある。亜熱帯～熱帯の森林帯に生息し，成虫は腐った果物や獣糞で吸汁し，ときに花に飛来して吸蜜する。樹幹に静止することが多く，そのときは裏面の斑紋が保護色の役を果たしているようである。また藪の茂みのなかに潜り込んで敵から逃れる習性がある。ときに多数の個体が集合することがある。♀は30卵程度の卵群を産下する。多化生で一部がテキサス州辺りまで飛来し，普通に見ることがある。
【卵】 卵群で産下される。
【幼虫】 集合生活をする。終齢幼虫の頭部は黄褐色で，胴部は黄緑色を帯びた黄橙色。背中線には黒褐色条が貫き，気門下線には白色条が走る。

本種幼虫の形態上の大きな特徴は棘状突起の退化現象である。第8腹節のみわずかに大きいが，ほかの節では痕跡程度である。これは幼虫が集合して生活することへの適応と思われる。
【蛹】 クロジャノメタテハに似ているが，頭部突起が顕著である。色彩は緑色で斑紋はない。
【食草】 ミカン科の *Zanthoxylum pentamon* という記録があるが(Dyar, 1912)，誤りだと思われる。確認されたのはカンラン科の *Bursera simaruba* で，アメリカ合衆国フロリダ州辺りでは森林帯の主要な樹種となっている。
【分布】 アメリカ合衆国テキサス州では一時的な発生でフロリダ州では土着している。さらに中米を経て南米の熱帯までとバハマ諸島，大アンティル諸島を含む。

クロジャノメタテハ　p. 86,144,209
Eunica malvina Bates, 1864

卵から蛹までのすべてをペルー SatipoのAlto Capiro産の名義タイプ亜種 *malvina* で図示・記載する。
【成虫】 ♂の翅表は黒色で本属特有の青～紫色の幻光を発しない。♀は褐色の地に白色斑紋を備える。ほかの近縁種に比べて目立たないためかあまり見かけることはないが，普通種のようである。♀は新芽に産卵する。
【卵】 卵幅0.92 mm，卵高0.82 mm程度，白色で円錐台形，上面は蜂の巣状で側面に12条程度の縦条があり，それをつなぐ弱い横条も観察できる。
【幼虫】 2齢幼虫は頭部が黒色で短い角状突起を有し，胴部は緑褐色。食樹の新葉の先端に本族特有の糞鎖をつくる。3齢幼虫の角状突起は近縁種同様長大となる。頭部を含め全体に黒色だが，腹部末端第7・8腹節は黄褐色。4齢幼虫も同様の色彩だが糞鎖にこだわる習性はなく，葉裏に静止している。5齢幼虫は体色が一変し，頭部は黄褐色で胴部は黒褐色1色，棘状突起は鮮黄色となる。頭部の突起はミツボシタテハ属よりも短い。胴部の各節をやや縮めて葉裏に静止していることが多い。食樹の新葉を食べることが近縁属との大きな違いであるとともに本属の特色で，新葉の成長が早いので各齢とも2，3日と早めに進行する。
【蛹】 顕著な突起を欠き全体に細長い。色彩は緑色で背面は濃く下腹面は淡い。目立った斑紋はない。蛹期は7日程度。野外で複数の蛹を発見したが，すべて寄生されていた。
【食草】 現地で幼虫が発見された植物は樹高が3～4 m程度の低木で一斉に萌芽する。葉は互生でヤナギのように細長く，枝葉を折るとイチジク属のような白色の乳液を出す。トウダイグサ科と思われる。*Mabea* という報告がある(DeVries, 1987)。
【分布】 メキシコから南米の熱帯圏に広く分布する。

ウラマダラジャノメタテハ　p. 86,144,145,209
Eunica chlororhoa Salvin, 1869

終齢幼虫および蛹をペルー Satipo産の名義タイプ亜種 *chlororhoa* で図示・記載する。
【学名に関する知見】 Lamas(2004)は種小名を従来使われていた *chlorochroa* から *chlororhoa* へと変更しているが，*chlorochroa* は誤引用による綴りとされる。
【成虫】 翅の表裏とも個性的な配色で，他種との識別は容易である。♂の翅表には本属特有の青色幻光を生じないが，後翅外縁の鉛緑色はほかに例がない。裏面は鈍黄緑色に黒色と黄橙色の特異な斑紋である。♂は吸水・吸汁のために地表に下りることが多く，よく見かける。
【卵】 白色で新しく萌芽したばかりの食樹の葉に産卵される。
【幼虫】 孵化した幼虫は柔らかい新葉のみを食べ，中脈先端に糞鎖をつくる。この食痕は目立つ。3齢幼虫は頭部が黒色で長い角状突起をもつ。胴部の色彩は濃褐色で，後胸および腹部第7・8節の亜背線に黒色の大きな棘状突起を生じる。ほかの節にはそれよりも小さな突起を生じるが，背中線には第8腹節に生じるのみ。4齢幼虫は葉表に静止している。頭部は黒色，胴部は紅褐色で背線を2本の黄色の縦条が貫く。気門下線にも黄白色の縦条が走る。若い葉を盛んに摂食する。5(終)齢幼虫は頭部が黒色，剛直な2本の角状突起をもつ。胴部の色彩は牡丹色で背線および気門下線には黄色の縦条が走り，その色彩の対比はあざやかである。摂食活動は極めて盛んで，新葉のみを食べる種にはその摂食速度が生存上の必要条件となる。各齢期は2日間でその生育は速く，若葉の展開〜硬化に順応している。

【蛹】 頭部突起が著しく長くほかに例がなく，背面から見ると長菱形をしている。色彩は全体に淡緑色で腹部背面に2本の白線のほか白色の不明瞭な斑紋が散在するが，それ以外に顕著な斑紋はない。蛹期は6日間。

【食草】 低木で林縁に生じる。トウダイグサ科と思われる。2005年6月のペルーでは新葉の萌芽期にあたり，幼虫の食痕が多数発見された。

【分布】 ニカラグアからペルーにかけて分布する。

コジャノメタテハ p. 87,144,145,209

Eunica clytia（Hewitson, 1852）

終齢幼虫および蛹をペルー Satipo 産の名義タイプ亜種 *clytia* で図示・記載する。

【成虫】 ウラマダラジャノメタテハと同所的分布をし，食性も同様である。標本で見ると黒の1色にしか見えないが，野外では紫色の幻光が感じられる。小型の種で，林床でよく見かける。

【卵】 未確認。

【幼虫】 習性はウラマダラジャノメタテハと同様。2齢幼虫は頭部が黒色で短い角状突起を有する。胴部は灰緑色で，棘状突起は小さく痕跡程度。糞鎖をつくるが，葉以外に葉柄につくることもある。振動などの刺激に敏感に反応し，すばやく動き回る。3齢幼虫は頭部・胴部の突起の発達が目立つ。本種は背中線にもそれを生じる。4齢幼虫は，頭部は黒色，胴部は灰黄褐色で黄白色小斑点を散在する。背中線はより濃い色をして目立つ。静止時は葉裏に潜んでいる。5齢幼虫の頭部は褐色，胴部の色彩は個体変異と日齢の変化がある。初めは濃赤褐色で背中線がより濃い色で明瞭，全体に黄色の小斑点が散在する。日齢を経るとしだいに背面の緑色みが強くなる。黄土色みの強い個体もある。気門線周辺は黄褐色でそれより下方は淡緑色。棘状突起は小さいが腹部のすべての背中線にも生じる。末期は全体に緑色が強くなる。

【蛹】 全体になめらかでクロジャノメタテハなどに似ている。一様な緑色で腹部側面に白線を生じる程度。

【食草】 ウラマダラジャノメタテハと同様の植物。トウダイグサ科と思われる。ほかに別種と思われる植物も確認した。2種は新葉に生じる托葉の有無の違いがあるが，いずれも葉柄を折ると白い乳液が出ることで共通する。

【分布】 ペルー周辺のアマゾン川流域。

ムラサキジャノメタテハ p. 87,144,209

Eunica orphise（Cramer, [1775]）

幼虫および蛹をペルー Satipo 産の名義タイプ亜種 *orphise* で図示・記載する。

【成虫】 ♂は本属特有の青紫色の幻光があり，♀は青色に白色斑点を生じる。あまり多い種ではないようで集落の近くにあるような浅い山地帯に生息する。

【卵】 黄白色で円錐台形，縦条と上面に彫刻模様がある。若い葉の表・基部に産下されている。

【幼虫】 孵化した幼虫は新葉の中脈先端に糞鎖をつくる。4齢幼虫は頭部と腹部後方が橙褐色でほかは一様な黒褐色，光沢がある。棘状突起は黒色。背中線での分布は特異で，腹部の第1〜4節に生じる棘状突起は発達度に個体差があるとともに，第5・6節ではそれを欠く。5(終)齢幼虫の頭部は黄橙緑色で角状突起は黒色，その先端は青緑色。胴部は当初は4齢と似たような色彩だが，しだいに淡色化しやがて全体が淡灰青緑色となる。胸部や腹部末端は黄橙色を帯びる。5齢期は3日間。

【蛹】 クロジャノメタテハなどに似ているが，やや頭部突起の突出が目立つ。色彩は目立った斑紋はなく背面は一様な濃緑色，翅部や下腹面はそれよりもかなり淡い。蛹期は6日間。

【食草】 2〜5 m 程度の木本，葉は3裂する。トウダイグサ科と思われる。幼虫は柔らかい新葉のみを食べる。

【分布】 ギアナ，コロンビアからボリビアにかけたアマゾン川流域。

ネオンジャノメタテハ p. 209

Eunica alcmena（Doubleday, [1847]）

【成虫】 ペルーでは林間の渓流ぞいに現れて吸水行動をとる個体など，比較的普通に見かける。輝水色から濃藍色グラデーションの変化に富んだ配色である。

【卵】【幼虫】【蛹】【食草】 未解明。

【分布】 メキシコからペルーまでのアマゾン川流域西側に分布する。

トガリムラサキジャノメタテハ p. 209

Eunica sydonia（godart, [1824]）

【成虫】 前翅先端が突出し，紫色の幻光を放つやや大型種。

【卵】【幼虫】【蛹】【食草】 未解明。

【分布】 グアテマラからペルーにかけてのアマゾン川流域西側の地域に分布する。

ジャノメタテハ属の1種 p. 87,144,145

Eunica sp.

終齢幼虫および蛹をペルー Satipo 産で図示・記載する。

【卵】 未確認。

【幼虫】 食草の葉先端の食痕に静止している2，3齢幼虫を発見した。2齢幼虫は黒褐色に黒色の棘状突起が生じる。棘状突起は腹部背中線のどの節にも生じる。新葉のみを食べ葉裏に潜んでいる。4齢幼虫の頭部は赤褐色，胴部は黒褐色で背面の2本の黄白色線および気門下線の橙色が際立つ。4齢期は3日間。5(終)齢幼虫(図166)は頭部と胴部が赤褐色で胴部には青緑色の縦条が配列し，気門線周辺は橙色で色相差の際立つ配色である。終齢期4日を経て蛹化した。

【蛹】 頭部突起が閉じる。色彩は一様な淡黄緑色，多少

図 166　食草上に静止するジャノメタテハ属の 1 種 *Eunica* sp. 終齢幼虫(Peru)

の濃淡がある程度で斑紋はない。この蛹は羽化に至らず種の確認をなしえなかった。複数の個体を飼育したがどれも中途で死亡した。

【食草】 成木は高木になる。一定の時期に新葉を生じ，その期間に幼虫はその葉に依存する。新葉の展開は速く，萌芽数日の後には 30 cm にも伸長して硬化が始まる。葉は対生につく。

テングタテハ属
Libythina Godart, 1819

【分類学的知見】 1 種からなる。Lamas(2004)はジャノメタテハ属に含めているが，成虫の頭部下唇鬚(ひげ)や後翅の形からは明らかに別属であることを感じる。ただし *Eunica bechina* および *E. tatila* と姉妹群を形成するという報告もあり(Jenkins, 1990)，それが事実だとすると本属名は無効である。

テングタテハ　p. 209
Libythina cuvierii Godart, 1819

【成虫】 後翅肛角が突出し，属和名のように頭部の下唇鬚が長い。♂は紫色のかすかな幻光がある。

【卵】【幼虫】【蛹】【食草】 未解明。

【分布】 アマゾン川流域に広く生息地があるようだが数は少ないようで，日本にはあまり標本がないように思われる。

ルリミスジ属
Myscelia Doubleday, 1844

【成虫】 ミスジチョウ型の斑紋で♂はしばしば青藍色の輝きをもつ。多くの種はそのなかに白色斑や青色斑が点在する。♀はやや青色金属光沢部分が少ない。

【卵】 白色で側面に縦条があり，上面で融合して種々の彫刻模様を形成する。

【幼虫】 基本的な形態はアケボノタテハ族内であり，背中線列にも突起列を生じる。

【蛹】 ミツボシタテハ属に似ている。

【食草】 トウダイグサ科の *Adelia* など。

【分布】 新熱帯区に 9 種を産する。中米が本属の中心分布となり，一部がブラジルまで進出する。

シラホシルリミスジ　p. 88,209
Myscelia cyaniris Doubleday, [1848]

卵から蛹までのすべてをメキシコ EL. Nacimiento, Tam 産の名義タイプ亜種 *cyaniris* で図示・記載する。

【成虫】 中型で♂は紫色地に白色斑を装うが，♀は紫色の光沢がない。平地から山地にかけて生息し，♂は林縁や樹間の地上 5〜6 m の位置をやや緩やかに飛翔する。♀は真昼時に活動が活発になり，♂♀とも食樹の近辺を離れない。静止するときは上翅を下翅にすっぽりと重ねて二等辺三角形をつくる。♂♀とも腐果実などに集まり，しばしば♂は湿地に下りて吸水をする。♀は食樹の新葉に 1 卵ずつ産卵する。

【卵】 卵幅 0.72 mm，卵高 0.52 mm 程度でかなり小さい。上面に彫り物模様や蜂の巣状の凹部がある。

【幼虫】 孵化した幼虫は食樹の葉の中脈を残してその周りを食べる。さらに残された中脈の先端に糞をつないで糞鎖をつくる。幼虫は緑色で強い光沢がある。刺毛は短い。2 齢幼虫は頭部と胴部に短い突起をもつ。1 齢期につくった糞鎖に執着する。3 齢幼虫は著しく頭部突起が長くなり，胴部の突起も顕著になる。糞鎖にこだわることがなくなり，硬い葉も食べる。4 齢幼虫は気門線より背面側が黒褐色を帯びる。背面突起は橙色で目立つ。5(終)齢幼虫は色彩変化があり，背面は濃い緑色で小白色斑紋が点在，顕著な紅橙色の突起が生じる。気門線には黄色条が縦走しそれより下腹部は緑色がやや淡い。しかしこの体色の濃淡には個体差が多い。終齢がときに 6 齢の場合もある。

【蛹】 形態や色彩はミツボシタテハなどに似ている。中胸背面突起がより突出している。

【食草】 トウダイグサ科の *Adelia vaseyi*，*A. triloba*。同科の *Dalechampia* も記録があるが(DeVries, 1987)，飼育下では食べなかった。これらの 2 属はまったく異なった植物のように見える。

【分布】 メキシコからベネズエラに分布する。

ルリミスジ　p. 89,144,145,209
Myscelia ethusa (Doyère, [1840])

卵から蛹までのすべてをアメリカ合衆国テキサス州 Arroyo Colorado，Harlingen，Cameron County 産の名義タイプ亜種 *ethusa* で図示・記載する。

【成虫】 黒色の地に金属光沢の青色筋が入り，♀は♂よりも光沢が弱く白色斑が多い。分布の中心は中米の亜熱帯地域だが北米アメリカ合衆国のテキサス州辺りまで生息地を広げている。

発生地では年間を通して見られ，成虫は腐った果物などに飛来して吸汁，♂は湿地で吸水する。♂♀ともに樹幹に翅を閉じて静止することが多く，翅裏の斑紋が樹肌に見える。

【卵】 卵幅 0.86 mm，卵高 0.85 mm 程度で，形態はシラホシルリミスジに似ていて 12 条程度の縦条が上面で隆起する。色彩は白色。

【幼虫】 1 齢幼虫は頭幅 0.58 mm 程度，淡黄緑色で短い刺毛を生じる。胴部は黄緑色で同様に短い刺毛が生じる。孵化した幼虫は葉の先端に静止して中脈を残してその周囲を食べ，糞鎖をつくる。しばしば糞を体に付着させている。2齢幼虫の頭部は黒褐色で短い角状突起を生じる。胴部は黄緑色，短い棘状突起を生じる。1齢期同様に糞鎖にこだわりそこに静止している。3齢幼虫の頭部角状突起は著しく長い。胴部は背面が黄橙色を帯びた黄緑色，棘状突起が顕著になる。この期にはあまり食痕にこだわる習性がなくなる。4齢幼虫の形態や習性は3齢期とほとんど同様。終齢になると葉表に静止して摂食が主要な行動になる。終齢幼虫は一様な緑色で，微小白色斑点を散在する以外に斑紋はほとんどない。頭部突起は長大で先端は青緑色，頭頂に至り淡褐色となる。胴部に生じる棘状突起はミツボシタテハ属と同様の配列だが，それよりも小さい。緑色の型のほか黄褐色型があり，頭部の黒色部分が多く，胴部背面はより黄褐色みを帯びる。図示の頭部は黄褐色型のものである。やがて1日強の摂食中止期間をおいて枝などに台座をつくり，前蛹となる。その後1日以内で蛹化する。

【蛹】 色彩や形態は基本的にミツボシタテハ属と同様である。中胸背面が濃緑色のほかは淡緑色，微細な亀裂模様が刻まれる。腹部末端は下腹部に曲がり，垂直な下垂面と20度程度の角度を維持する。幼虫同様に色彩にはやや個体変異があり，より黄褐色を帯びる個体もある。

【食草】 トウダイグサ科の *Adelia vaseyi*。本植物は倒披針形の小葉が互生しほかのトウダイグサ科とはかなり形状が異なる。

【分布】 中米メキシコが主要分布地で，秋季には一部がアメリカ合衆国テキサス州辺りまで進出する。別亜種 *chiapensis* Jenkins, 1984 がメキシコ南部からグアテマラにかけて分布するが名義タイプ亜種と大きな差はないようである。

ルリツヤミスジ p. 209

Myscelia orsis（Drury, [1782]）

【成虫】 ♂は表翅全体が光沢のある青藍色，♀は近縁種のようにミスジ型の斑紋である。

【卵】【蛹】 未確認。

【幼虫】 ルリミスジに似ているが頭部角状突起の先端は瘤状(町村，1991)。

【食草】 トウダイグサ科の *Dalechampia* を食べる。

【分布】 ブラジルに分布する。

スミレタテハ属
Sallya Hemming, 1964

【学名に関する知見】 *Sevenia* Kocak, 1996 という属名が使われることもあるがシノニムである。

【成虫】 ♂は淡い紫色や金属光沢をもった濃藤色など，チョウの色彩としては珍しい色調である。ただし黄褐色をした種も多い。

【幼生期】 web サイト(wikimedia.org/Sevenia boisduvali)を参考に記載する。

【卵】 黄色で縦条と上面に彫刻様模様がある。

【幼虫】 1齢から終齢幼虫までの形態はルリミスジ属に似ているが頭部角状突起が短い。

【蛹】 形態は基本的にカバタテハに似ている。

【食草】 トウダイグサ科の *Sapium* のほか，*Excoecaria*，*Maprounea*，*Macaranga* などがある。

【分布】 アフリカに14種を産する。

ウスグロスミレタテハ p. 208

Sallya amazoula（Mabille, 1880）

【成虫】 斑紋のない薄黒い小型の種。

【卵】【幼虫】【蛹】【食草】 未解明。

【分布】 マダガスカル島に特産する。

ツマグロスミレタテハ p. 208

Sallya madagascariensis（Boisduval, 1833）

【成虫】 褐色で前翅翅頂が黒い。

【卵】【幼虫】【蛹】【食草】 未解明。

【分布】 マダガスカル島特産種。

スミレタテハ p. 208

Sallya pechueli（Dewitz, 1879）

【成虫】 淡い菫色の特異な色彩で，♀は黒色斑紋が多い。

【卵】【幼虫】【蛹】 未確認。

【食草】 トウダイグサ科の *Maprouna africana*, *Sapium ellipticum* を食べるという(web サイト wikipedia)。

【分布】 カメルーンからコンゴ民主共和国を経てタンザニア，マラウィにかけて分布する。

クロスミレタテハ p. 208

Sallya occidentalium（Mabille, 1876）

【成虫】 黒色で後翅外縁が灰青色，裏面は濃褐色である。

【卵】【幼虫】【蛹】 未確認。

【食草】 トウダイグサ科の *Sapium*，*Excoecaria* などを食べるとされる(Larsen, 1996)。

【分布】 シエラレオネからカメルーンを経てエチオピア，ケニア，アンゴラの広い地域に分布する。

ムラサキスミレタテハ p. 208

Sallya amulia（Cramer, 1777）

【成虫】 金属光沢の強い赤紫色の特異な色彩である。

【卵】【幼虫】【蛹】 未確認。

【食草】 トウダイグサ科の *Maprouna membranacea*, *Sapium* を食べるという(web サイト wikipedia)。

【分布】 シエラレオネからガボン，コンゴ民主共和国，アンゴラなどにかけて分布する。

カスリタテハ族
Ageroniini Doubleday, 1847

【分類学的知見】 成虫からは判断しにくいが，*Hamadryas*，*Ectima*，*Batesia*，*Panacea* の4属が含まれる。

Murillo-Hiller(2012)の解析から4属の系統を次のように考えるが，属内で未確定な部分がある。

【学名に関する知見】 族名 Ageroniini はカスリタテハ属の旧属名が *Ageronia* であったことに因する。

【成虫】 比較的大型で，それぞれに特異な色彩・斑紋である。

【卵】【幼虫】【蛹】【食草】 *Hamadryas* で比較的判明している以外は断片的で，族としての共有する形質を把握しにくい。

【分布】 新熱帯区に 4 属を産する。

カスリタテハ属

Hamadryas Hübner, 1806

【学名に関する知見】 以前は *Ageronia* Hübner, [1819] という属名で知られていたがシノニムである。

【成虫】 その翅表の更紗模様または絣模様と飛翔時に音を発するということで古くから有名なチョウであり，和名カスリタテハ(英名 Calico butterflies)はその翅模様からきている。一方飛翔中にカチカチという音を出すことで英名では Cracker butterflies と称される。♂は占有性が強く，激しく侵入者を追い払う。このクリック音は前翅と後翅をこすり合わせて音を出すのではなく，それぞれの翅が発音することができるという(Yack *et al*., 2000)。発音する意義は仲間のコミュニケーションをとったり，外敵を威嚇したりすると考えられている。

昆虫のセミやキリギリスは音による社会生活を営んでいるために聴覚器官がよく発達している。チョウ目のなかの夜間活動するガ類には胸部に聴覚器官を備えている仲間があり，超音波を感じ取って逃避行動に有利に働く。しかし昼間活動をするチョウには一般にこの器官がない。

カスリタテハ類の前翅裏面の付け根にはフォーゲル器官がある。そのなかには鼓膜があってそこに感覚細胞が集まっている。この器官は低周波を感知するだけで，超音波を感じ取ることはできないが，クリック音には低周波も含まれ，この音を出すことによって仲間どうしのコミュニケーションを図るには効果があると考えられている。

腐果実や獣糞などに飛来し，産地ではよく見かけるチョウである。

【卵】 1 個または複数個が数珠つなぎで産下される。形態は凹凸の多い半球形で白色。

【幼虫】 棘状突起が発達する。習性はほかの属に等しい。

【蛹】 頭部の耳状突起が著しく発達する。

【食草】 トウダイグサ科の *Dalechampia*。

【分布】 中米から南米にかけ 20 種程度を産する。

コケムシカスリタテハ　p. 90,210

Hamadryas februa (Hübner, [1823])

卵から蛹までのすべてを中米ベリーズ Cayo District 産の亜種 *ferentina* (Godart, [1824])で図示・記載する。

【成虫】 苔生した樹幹のような斑紋で，♂♀ほぼ同形，♀はやや大きい。平地から山地にかけ普通に産し，1 年を通して見られる。

【卵】 卵幅 0.98 mm，卵高 0.74 mm 程度，白色で，ねじれたような不定形の凹凸がある。

【幼虫】 孵化した幼虫は葉裏に移動し，食草に密生した綿毛を盛んに食べる。付近の綿毛を食べ終えると，葉縁に達し葉を食べ始める。中脈を残しながら糞鎖をつくり，自分の糞を体につける動作を繰り返す。色彩は濃褐色で刺毛は短い。2 齢幼虫は頭部に短い角状突起を生じる。葉裏に静止し，摂食の際はその周辺の葉の綿毛をていねいに刈り取るように食べてから葉を丸く食べる。同様に体に糞や噛み切った葉片を付着させている。3 齢幼虫も葉裏生活をする。葉縁から中脈に向かって食べながら食痕を広げ，その後は葉の中央付近に静止する。4 齢幼虫は葉表に現れ，体を S 字状にくねらせて静止しているが，特徴的な習性は見られない。終齢幼虫は頭部が褐色で黒色の長い角状突起を有する。胴部は赤褐色，黒褐色，黄色の縦縞模様で，棘状突起は胸部や背中線後方に生じるものが著しく長い。

【蛹】 黄褐色で頭部に長い耳状突起をもつが，2 本は融合している。

【食草】 トウダイグサ科の *Dalechampia scandens*，そのほかの同属も利用されているものと思われる。

【分布】 メキシコからアルゼンチンやパラグアイ，ウルグアイの北部まで。エクアドルより南部に名義タイプ亜種 *februa* が分布する。

ウラベニカスリタテハ　p. 90,210

Hamadryas amphinome (Linnaeus, 1767)

終齢幼虫および蛹を中米ベリーズ Cayo District 産の亜種 *mexicana* (Lucas, 1853)で図示・記載する。

【成虫】 翅表はメリハリのあるかすり模様で裏面は赤い。♀の翅表の白帯は太く明瞭で♂よりも大きい。カスリタテハと同様な環境に生息し，特に雨期に数を増す。

【卵】 ♀は数珠のように積み重ねて産下する。

【幼虫】 4 齢幼虫は集合性があり，摂食など行動が同一である。終齢幼虫もやや集合性がある。昼夜を問わず摂食する。4 齢幼虫まで頭部は赤褐色であるが終齢幼虫のそれは黒い。本種はカスリタテハ同様，背中線に生じる棘状突起は腹部第 7・8 節に限られる。胴部の色彩はビロード様黒色で，中央付近に黄色の複雑な斑紋を装う。気門下線から腹脚にかけては紅褐色で著しく目立つ。

【蛹】 黒色に緑色を添える。頭部耳状突起は開く。

【食草】 トウダイグサ科の *Dalechampia scandens*，*D. triphylla* など。

【分布】 メキシコからアマゾン川流域に分布する。

カスリタテハ　p. 91,138,210

Hamadryas iphthime (Bates, 1864)

幼虫および蛹をペルー Satipo 産の名義タイプ亜種 *iphthime* で図示・記載する。

【成虫】 コケムシカスリタテハを含めた数種に極めて似ていて同定が難しい。本種は後翅外縁の眼状紋が灰青色の2重になっているので識別できる。♂♀同形で♀はやや大きい。

森林内に生息するが，多くのタテハチョウ科が動物の排泄物などに集まるのに対し，本種はそのような習性が見られず，樹林内の空間を飛翔したり樹液で吸汁したりする個体以外を見かけることがない。♂は比較的明るい空間を好んで活発に飛翔し，2頭が出会ったようなときは鋭く発音する。食草は開けた草地的環境に生じるので産卵期の♀はその周辺を敏捷に旋回するように飛翔する。やがて食草を発見するとすばやく食草に静止し，葉裏に1卵を産下する。

【卵】 形態はコケムシカスリタテハに似ている。

【幼虫】 孵化した幼虫の色彩は暗緑色で刺毛は短い。胸部をくねらせて静止し，刺毛に糞を付着させている。2齢幼虫はほとんど黒色で頭部に短い角状突起を有する。3齢幼虫もほとんど黒色で，背面にいくぶん赤みをもった斑紋が生じる。頭部の角状突起は著しく長い。4齢幼虫は葉表に静止し体をS字状にくねらせている（p. 138）。同様に黒褐色に不明瞭な汚褐色斑を装う。胴部に生じる突起は黒色。5（終）齢幼虫は体色が一変して黄褐色の鱗様大小の斑紋が生じ，背面を明るい汚黄色の斑紋が貫く。頭部は一様な赤褐色。胴部の棘状突起は特異で後胸，第2・7・8腹節に生じるそれはブラシ状である。コケムシカスリタテハと異なり第1〜6腹節の背中線には突起を欠く。

【蛹】 黒褐色で背中線，気門下線に明色線が走る以外目立った斑紋はない。頭部の突起は強く外側に湾曲する。

【食草】 トウダイグサ科の *Dalechampia* 数種が確認されている（DeVries, 1987）。*D. scandens* と思われる植物より幼虫を発見した。

【分布】 アメリカ合衆国テキサス州南部からブラジル南部まで分布が広い。しかし東部のアマゾン川流域では分布を欠くようである。

ルリモンカスリタテハ　p. 91,144,145,210

Hamadryas laodamia（Cramer, [1777]）

終齢幼虫および蛹をペルー Satipo 産の名義タイプ亜種 *laodamia* で図示・記載する。

【成虫】 確認ができなかったが，過去の記録から表記の種と思われる。成虫は樹林内に生息し樹幹などに静止する。

【卵】 半球形で彫刻のような隆起模様がある。色彩は白色（web サイト butterfliesofamerica）。

【幼虫】 葉上に静止していた終齢幼虫を発見した。形態はウラベニカスリタテハなどの同属に似ているが色彩はまったく異なり，赤褐色の地色に背線および気門線を太い緑色の縦条が走る。この赤と緑の色彩対比は極めてあざやかである。頭部突起および棘状突起の配列や大きさは本属内の特色をもつ。背中線は黒色で明瞭。

【蛹】 ウラベニカスリタテハなどに似ている。頭部突起は長大であるが背面・側面とも突出が少なく比較的なめらかである。色彩は灰黄褐色で若干の亀裂模様がある程度で目立った斑紋はない。

図示は蛹化時に折れ曲がっていたものを修正して表現したものだが，折れ曲がっているのが正常態なのかもしれない。

【食草】 トウダイグサ科の *Dalechampia triphylla* と思われる。

【分布】 ギアナ，アマゾン川流域からアルゼンチンに至る範囲。

ルリカスリタテハ　p. 210

Hamadryas velutina（Bates, 1865）

【分類学的知見】 ルリモンカスリタテハと近縁である（Murillo-Hiller, 2012）。

【成虫】 表翅は青紫色の幻光を発するが，翅裏はさらに強い幻光が輝く。♀は前翅に白帯をもつ。

【卵】【幼虫】【蛹】【食草】 未解明。

【分布】 アマゾン川流域に分布する。

ヒメカスリタテハ　p. 210

Hamadryas chloe（Stoll, [1787]）

【成虫】 やや小型で暗色の絣模様の種である。

【卵】【幼虫】【蛹】【食草】 未解明。

【分布】 ペルーとブラジルに分布する。

メキシコカスリタテハ　p. 210

Hamadryas atlantis（Bates, 1864）

【成虫】 濃灰色で斑紋はあいまいだが，後翅亜外縁の眼状紋が顕著である。

【卵】【幼虫】【蛹】【食草】 未解明。

【分布】 メキシコからグアテマラにかけての比較的狭い範囲に分布する。

シロイチモンジタテハ属
Ectima Doubleday, [1848]

【成虫】 小型で翅表は黒色，前翅に白帯が斜めに入る。

【卵】 白色で新葉に1卵ずつ産下される。

【幼虫】 一部が知られている。*E. lirides* は，胴部が黒色で黒色の棘状突起を生じる（web サイト learnaboutbutterflies）。

【蛹】 成虫からは考えにくいが，*E. erycinoides* は頭部突起が長く，カスリタテハ属に似た形態をしていて本属がカスリタテハ族の一員であることの妥当性を理解できる（web サイト janzencaterpillarsdatabase）。

【食草】 トウダイグサ科の *Dalechampia* 類を食べる。

【分布】 4種が中米から南米に分布する。

シロイチモンジタテハ　p. 210

Ectima thecla（Fabricius, 1796）

【成虫】 前翅先端に比較的明瞭な眼状紋が生じることで近縁種との識別ができる。

【卵】【幼虫】【蛹】【食草】 未解明。

【分布】 パナマ〜ペルー，ボリビア，ブラジル，アルゼンチンに分布する。

ウラベニタテハ属
Panacea Godman & Salvin, [1883]

【成虫】 翅表は青～緑色と黒色の波状の斑紋をもち，後翅裏面は紅色で個性的な配色である。♂は吸水や汚物吸汁のため地表に下り普遍的にその姿が見られるが，♀を見ることは困難である。
【卵】 未確認。
【幼虫】 幼生期については一部が知られる。同族とされるカスリタテハ属とはやや異なった形態である。終齢幼虫は前胸前半が白色である以外は褐色で，黒色の棘状突起を生じる。頭部は黒色で長い角状突起を生じる。
【蛹】 頭部を含め突出部が少なくなめらかな形態，色彩は淡黄色で黒色の斑点を散在する。
【食草】 トウダイグサ科の *Caryodendron*。
【分布】 3種が中米～南米に分布する。

ウラベニタテハ　p. 92,144,210
Panacea prola (Doubleday, [1848])
終齢幼虫および蛹をペルー Satipo 産の亜種 *amazonica* Fruhstorfer, 1915 で図示・記載する。
【成虫】 ♂は吸水，特に動物の排泄物などの吸汁のため地表に下り，ときに多数の個体が群がることがある。また夜間の灯火に現れたりもする。しかし♀を見ることはなく，採集品のほとんどが♂である。裏面の赤色は目立つが警戒色としての意義があるのかもしれない。
【卵】 未確認。
【幼虫】 蛹化のために食草を離れて地表や付近の草木を彷徨するかなりの個体を発見した。この様子から幼虫は群居生活をして同一行動をとる習性があることが予想され，次のベーツタテハと同様と思われる。幼虫は淡褐色で胸部と腹部末端が青白色である。若干の黒色斑点を散在するほかに斑紋はない。頭部の角状突起および胴部の棘状突起は太く剛直な印象を与え，黒色で青藍色の光沢がある。棘状突起は腹部の背線列を含め基本的な位置のすべてに生じている。
【蛹】 頭部突起は極めて短く，胸部や腹部に突起を生じることもなく全体になめらかである。色彩は全体が淡褐色で黒色斑紋が配列する。
【食草】 寄主植物を離れていたので確認が不可能であった。近縁種の *P. procilla* はトウダイグサ科の *Caryodendron angustifolium* が確認されており，またベーツタテハも同属を食べることから，本種も同種または同属の1種を食べているものと思われる。
【分布】 中米からアマゾン川の西部に広く分布する。

ベーツタテハ属
Batesia C. & R. Felder, 1862

【分類学的知見】 幼虫や蛹の形態からウラベニタテハ属に近縁と考えられ，1種のみを含む。

図 167　川原で吸水するベーツタテハ *Batesia hypochlora hypochlora* (Peru)

ベーツタテハ　p. 210
Batesia hypochlora C. & R. Felder, 1862
【成虫】 翅表は黒色の地に青藍色と紅色の色相対比の強い配色の斑紋をもち，後翅裏は黄金色で極めてあざやかである。♂は路上の水溜り，川原，渓流の岩場などに現れ，陽光の下で翅を開く(図 167)。♀は開けた環境に進出することはなく，森林内にいることが多い。
ウラベニタテハ属よりはるかに数が少ないが，ペルー Satipo の Gloria Bamba では水の枯れた河床に飛来する♂をよく見かける。
【幼生期】 エクアドル産の名義タイプ亜種 *hypochlora* については DeVries *et al.* (2000) を参考に記載する。
【卵】 乳白色で 16 本の縦条がある。
【幼虫】 1齢幼虫の頭部は濃褐色，胴部は緑色みのある橙色で長い黒褐色の刺毛を生じる。2齢幼虫は頭部に突起を生じる。終齢幼虫の頭部は黒色で1対の長い角状突起を有する。胴部は緑色がかる橙色で目立った斑紋はない。黒色の棘状突起を生じ，その配列はウラベニタテハに同じ。
【蛹】 顕著な突起を欠き，ウラベニタテハに似ている。色彩は一様な淡黄色で黒色の斑点や縦縞が散在する。
【食草】 トウダイグサ科の *Caryodendron orinocensis* を食べる。
【分布】 アマゾン川上流地域のエクアドルからペルーに分布する。

キオビカバタテハ族
Epiphilini Jenkins, 1987

【成虫】 小～中型で形態・色彩は属により多様である。
【卵】 円錐台形で縦条がある。色彩は白色。
【幼虫】 形態は属によりさまざまだが，背中線列の棘状突起は腹節の第7・8節にのみ生じ，しばしば大型化する。
【蛹】 比較的凹凸がなくなめらか，頭部突起は明瞭である。
【食草】 ムクロジ科で，これまでの属との大きな相違である。そのなかでも *Serjania*，*Urvillea*，*Cardiospermum*，*Allophylus*，*Paullinia* などの各属が重要である。これらの植物は麻酔性のあるアルカロイドを含み，現地ではこれらの植物の毒成分を採み出し，川に流して魚を獲ったり，毒矢に使用したりしたという(DeVries, 1987)。
【分布】 8属を含みすべて新熱帯区に分布する。

アカネタテハ属
Asterope Hübner, 1819

【学名に関する知見】 *Callithea* Feisthamel, 1835という属名で親しまれたがシノニムとされた。
【成虫】 翅表は青〜紫色で種により紅色や橙色の斑紋を加え，あたかもミイロタテハ属 *Agrias* のミイロタテハやベアタミイロタテハを思わせる色調である。翅裏は基部が橙色，外側は金属光沢のある黄緑色で黒点が配列する。
【卵】【幼虫】【蛹】【食草】 幼生期についてはアカネタテハの報告(Hill, 2003)を見る程度。モンシロタテハ属に似ているところが多い。
【分布】 7種を含み，新熱帯区のアマゾン川流域に集中する。

ムラサキアカネタテハ p. 211
Asterope batesii（Hewitson, 1850）
【成虫】 ♂の表翅は紫色で基部が黄橙色，♀は前翅外縁に広く灰緑色斑が生じる。
【卵】【幼虫】【蛹】【食草】 未解明。
【分布】 アマゾン川上流地域のエクアドルなどに分布する。

アカネタテハ p. 2,211
Asterope markii Hewitson, 1857
【成虫】 ムラサキアカネタテハよりも青色みが強く，基部が図示のように紅色の個体もある。
【幼生期】 Hill(2003)を参考に記載する。
【卵】 未確認。
【幼虫】 形態はモンシロタテハ属に似て，橙色と黒色の太い縞模様に青色光沢の黒色棘状突起を生じる。
【蛹】 頭部に突起を欠き，胸部背面が隆起する。腹部末端はやや下腹面に曲がり，腹部に4対の突起を生じる。明るい橙色に黒色斑がある。
【食草】 ムクロジ科の *Paullinia* を食べる。
【分布】 コロンビアなどのアマゾン川上流地域に分布する。

ルリアカネタテハ p. 211
Asterope degandii（Hewitson, 1858）
【成虫】 全体に金属光沢の青藍色で，個体によってより強く外縁に金灰緑色が現れる。
【卵】【幼虫】【蛹】【食草】 未解明。
【分布】 アマゾン川上流の地域に分布する。

サファイアアカネタテハ p. 211
Asterope sapphira（Hübner, [1816]）
【成虫】 ♂の翅表は全体に強い青藍色に輝き，♀は前翅に太い橙色帯をもつ華麗な種。
【卵】【幼虫】【蛹】【食草】 未解明。
【分布】 アマゾン川の下流に分布する。

オオルリアカネタテハ p. 211
Asterope leprieuri（Feisthamel, 1835）
【成虫】 近縁種よりやや大型である。翅表の青色および外縁に現れる灰緑色と翅裏の赤橙色斑紋は，同所的分布をするベアタミイロタテハと平行的な変異を示す。♀も同様に同じ地域に分布するベアタミイロタテハの♀に似ている。ペルーでは♂が地表で吸水する光景を見かける。
【卵】【幼虫】【蛹】【食草】 未解明。
【分布】 エクアドル，ペルー，ボリビア，ブラジルなどのアマゾン川流域に分布する。

モンシロタテハ属
Pyrrhogyra Hübner, [1819]

【成虫】 成虫は黒色地に大きな白紋を配し，わずかに赤色を添える特色のある色彩である。互いに似たような色彩・斑紋で種差はわずかである。普通に見かけるが地域により種が棲み分けているようである。

幼生期についてはあまり知られていないが，ペルーSatipoで種不明の本属(図168)がムクロジ科の大きな葉をもつ *Paullinia*(図169)，または近縁属の新芽に産卵するのを観察した。萌芽期が限定されるので1個の新梢に複数の個体が集中的に産卵するようである。
【卵】 淡黄色で円錐台形，18条前後の縦条があり上面で融合し，やがて消滅する。
【幼虫】 孵化した幼虫は十分に展開していない葉の先端に移動し，糞鎖をつくる。一般に本亜科は成葉を食性の対象とするが本種は未成熟な葉であるところが異なり，

図168 モンシロタテハ属の種不明 *Pyrrhogyra* sp.の3齢幼虫(Peru)

図169 *Paullinia* の新梢に産卵されている(Peru)

食草の選択による棲み分けと思われる。2齢になると頭部に短い角状突起を生じ3齢ではそれが長大となるなど，本亜科として特に異なったところはない。胴部の色彩は黄褐色で黒色の棘状突起を生じる。この幼虫は3齢で死亡し，種の確認をなしえなかった。*P. otolais* の終齢幼虫の形態は *P. neaerea* に似ているが色彩は紅色の部分が黒色である(web サイト，caterpillars.lifedesks.org)。
【蛹】 *P. neaerea* 参照。*P. crameri* の記録がある(DeVries, 1987)。
【食草】 ムクロジ科の *Paullinia*。
【分布】 6種がメキシコからブラジルに分布する。

モンシロタテハ　p. 93,211
Pyrrhogyra neaerea (Linnaeus, 1758)
終齢幼虫および蛹をメキシコ産の亜種 *hypsenor* Godman & Salvin, [1884]で図示・記載する。
【成虫】 翅表の白帯が他種に比べやや狭い。産地では普通に見かけ，林縁などの明るい場所を活発に飛翔する。♂♀ともに腐った果物に集まり，♂は吸水や動物の糞などにも好んで飛来する。
【卵】 未確認。
【幼虫】 終齢幼虫は頭部に長い角状突起を有し，胴部には黒色の棘状突起を生じる。棘状突起は第1腹節では小さく，背中線に生じる部位は腹節の第7・8節に限る。これらの棘状突起の分枝数は少ない。頭部の色彩は褐色で角状突起は黒色，胴部は黄緑色にあざやかな紅色斑を装う。気門下線列は黄色，それより下腹部は黄褐色である。
【蛹】 やや太めで丸みをもち，中胸背面に鉤状の突起を生じる。色彩は濃い緑色で褐色の縁取りがあり，腹部末端は黒色。
【食草】 ムクロジ科の *Paullinia cupana* の報告がある(Wolfe, K. 私信)。
【分布】 メキシコからアマゾナス。新熱帯区の北部に偏る。

ヒメモンシロタテハ　p. 211
Pyrrhogyra crameri Aurivillius, 1882
【成虫】 やや小型で白紋が大きい。
【幼生期】 DeVries(1987)を参考に記載する。
【卵】 白色で円錐台形。
【幼虫】 若齢は糞鎖をつくる。終齢は鈍赤色で黒色の棘状突起を有する。長い頭部角状突起をもつ。
【蛹】 緑色に褐色斑を装い頭部に突起を生じ，胸部背面は突出する。
【食草】 ムクロジ科の *Paullinia*。
【分布】 中米からアマゾン川の西部に分布する。

キオビカバタテハ属
Epiphile Doubleday, 1844

【成虫】 どの種も黒色地に黄褐色の斜帯を配するが，さらに青紫色の幻光をもつ種もいる。
【幼生期】 一部の種の幼生期について知られている(DeVries, 1987)。
【卵】 未確認。
【幼虫】 基本的にはヒメツマグロカバタテハ属やクロカバタテハ属に似た形態で一部の棘状突起のみ発達し，ほかは目立たない。
【蛹】 頭部に突起を生じ，ツマグロカバタテハ属やヒメツマグロカバタテハ属に似ている。
【食草】 ムクロジ科の *Serjania*，*Paullinia* など。
【分布】 14種が中米〜ブラジルに分布する。

ツマグロキオビカバタテハ　p. 211
Epiphile lampethusa Doubleday, [1848]
【成虫】 表翅は黄色で翅頂が黒い。
【卵】【幼虫】【蛹】【食草】 未解明。
【分布】 コロンビアからボリビアに分布する。

ルリモンキオビカバタテハ　p. 2,211
Epiphile orea (Hübner, [1823])
【成虫】 後翅は広く金属光沢のある青藍色。♂は地表に下りたり葉上に静止したりして地表近くで活動する。
【卵】【幼虫】【蛹】【食草】 若干知られている(web サイト，projectnoah.org)。
【分布】 エクアドルからペルー，ボリビアを経てパラグアイまで広く分布する。

ミスジキオビカバタテハ　p. 211
Epiphile boliviana Röber, 1914
【分類学的知見】 *E. latifasciata* とは別種と考えられる。
【成虫】 前後翅を貫く顕著な橙色帯をもつ。
【卵】【幼虫】【蛹】【食草】 未解明。
【分布】 ペルーからボリビアにかけて分布する。

モンキムラサキタテハ属
Bolboneura Godman & Salvin, 1877

【分類学的知見】 やや小型でキオビカバタテハ属に近縁と思われる。1種のみを含む。

モンキムラサキタテハ　p. 211
Bolboneura sylphis (Bates, 1864)
【成虫】 キオビカバタテハ属よりも小型で表翅は特異な色彩の藤色。日本ではあまり標本を見かけない。
【卵】【幼虫】【蛹】【食草】 未解明。
【分布】 メキシコ〜グアテマラに分布する。

ツマグロカバタテハ属
Temenis Hübner, 1819

【成虫】 前翅頂が尖る。色彩はツマグロカバタテハは黄褐色，ベニオビツマグロカバタテハはウズマキタテハ属に似ている。
【卵】 円錐台形で白色。
【幼虫】 ツマグロカバタテハが知られている。棘状突起の形態や配列に特色がある。
【蛹】 頭部の突起は発達するが全体になめらか。
【食草】 ムクロジ科の *Serjania* など。
【分布】 3種が中米〜ブラジルに分布する。

ツマグロカバタテハ p. 92,144,145,211
Temenis laothoe（Cramer, [1777]）
幼虫および蛹をペルー Satipo 産の名義タイプ亜種 *laothoe* で図示・記載する。
【成虫】 黄褐色をした小型の普通種。
【卵】 未確認。
【幼虫】 本種の幼生期はかなり以前より知られ，*Temenis agato* として図示もされていた(Müller, 1886)。路上に近い低い位置に生じる食草の葉からしばしば発見できるが，寄生される確率は極めて高い。2齢幼虫は白と黒の2色で，糞鎖上に静止している。3齢幼虫の頭部突起は著しく長くなり，白色・褐色・黒色が混じった斑紋である。4齢幼虫もこれに似ているが，後胸亜背線突起は大きく膨らんで特徴がある。葉裏に静止し，摂食のときは葉表に現れる。5(終)齢幼虫は頭部前額を葉表に接触させた状態で静止している。胴部全体は細長く，後胸亜背線と第7・8腹節の背中線の棘状突起は先端が球状に膨らみ，全体として特徴のある形態をしている。後胸亜背線と第7・8腹節の背中線の棘状突起が大型化するのは本族の特徴である。色彩は背面が黄緑色で気門下線部に白色斑紋が現れる。
【蛹】 頭部突起が鉤状に伸びる。色彩は淡い黄緑色に濃緑色や黒褐色の斑紋を装う。蛹期は7日間。
【食草】 ムクロジ科の *Serjania* と思われる。ほかに *Urvillea*，*Cardiospermum*，*Paullinia* などの記録がある(DeVries, 1987)。
【分布】 南米の熱帯圏に広く分布する。ほかにトリニダード島。

ベニオビツマグロカバタテハ p. 211
Temenis pulchra（Hewitson, 1861）
【成虫】 翅表の斑紋は赤色で♂は地表で吸水することが多い。
【卵】【幼虫】【蛹】【食草】 未解明。
【分布】 コスタリカからアマゾン川流域に分布する。

図170 葉表に鎮座するツマグロカバタテハ *Temenis laothoe laothoe* の終齢幼虫(Peru)

ヒメツマグロカバタテハ属
Nica Hübner, [1826]

【分類学的知見】 幼生期や成虫の形態・習性などはツマグロカバタテハ属に極めて似ていて近縁と考えられる。1種のみを含む。

ヒメツマグロカバタテハ p. 93,144,211
Nica flavilla（Godart, [1824]）
終齢幼虫および蛹をペルー Satipo 産の亜種 *sylvestris* Bates, 1864 で図示・記載する。
【成虫】 黄橙色で前翅先端が黒い。形態はツマグロカバタテハ属に似ているがそれよりも小さい。習性も同様であろうと推測されるが野外での観察は十分でない。目立たないせいか標本を見かけることが少ない。
【卵】 未確認。
【幼虫】 ツマグロカバタテハの幼虫と同所に静止していた2齢幼虫を発見した。食痕先端に頭部を前方にして静止している。頭部突起は短く体色も全体に黒色で，ツマグロカバタテハとあまり差がない。3齢に達するとほかの近縁種と同様に頭部突起が著しく長くなる。胴部の色彩は全体に黒色で白色の不明瞭な斑点がある。棘状突起は小さいが，その配列や数はツマグロカバタテハとまったく同様で，背線に生じるそれは第7・8腹節のみ。静止時には体をS字状に曲げているがこの習性もツマグロカバタテハと同じである。飼育下でほかの個体と接触すると互いに頭部突起を振り合って接触を避けようとする。5(終)齢幼虫の頭部は黄褐色で角状突起は極めて長い。胴部は黄緑色で亜背線に黄色と黒緑色の縦条が貫く。後胸と第5腹節背面には顕著な黒色斑紋を生じる。胴部に生じる棘状突起はツマグロカバタテハに比べ小さい。
【蛹】 ツマグロカバタテハに比べ頭部突起は短いが中胸背面突出は突出する。色彩は淡緑色で，頭部突起から前翅後縁にかけて淡褐色の斑紋が連続する。
【食草】 ムクロジ科の *Serjania* と思われ，ツマグロカバタテハと同種の植物。同科の *Cardiospermum* や *Paullinia* なども記録されている(DeVries, 1987)。
【分布】 メキシコからパラグアイにかけて広く分布する。

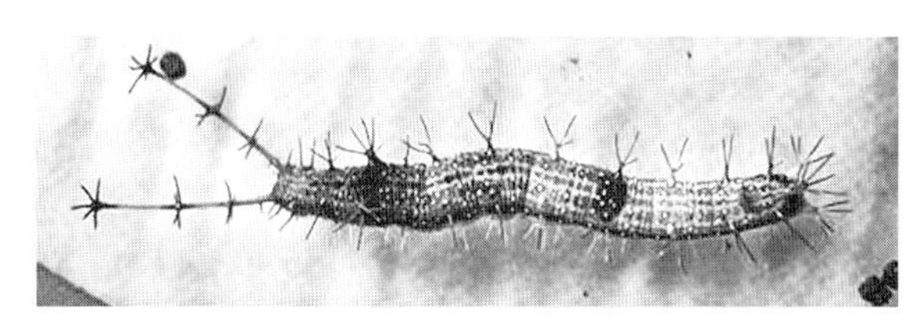

図171 食草葉上のヒメツマグロカバタテハ *Nica flavilla sylvestris* の4齢幼虫(Peru)

クロカバタテハ属
Peria Kirby, 1871

【分類学的知見】 小型の1種のみを含み，ヒメツマグロカバタテハ属に近縁と考える。

クロカバタテハ p. 93,144,145,211

Peria lamis（Cramer, [1779]）

終齢幼虫および蛹をペルー Satipo 産の名義タイプ亜種 *lamis* で図示・記載する。

【成虫】 翅表は黒色，翅裏は黄橙色。習性などはあまり知られていない。地味で小さいためかあまり採集されないようで標本を見る機会が少ない。コレクションにおいても小さいのでシジミタテハなどと混同されていることがある。

【卵】 未確認。

【幼虫】 野外で4齢幼虫を発見した。2日後に5(終)齢幼虫になる。頭部は濃褐色で胴部は濃緑色，後胸と第5・7腹節の背面には顕著な黒色斑紋がある。気門周辺には複雑な白色網目状斑紋が配列し，全体に白色小斑点を散在する。棘状突起の分布はツマグロカバタテハやヒメツマグロカバタテハに同じ。5齢期は5日間。

【蛹】 ひょうたん型でやや扁平である。色彩は背面が濃緑色で翅部後縁付近は灰紫色の不明瞭な斑紋が生じる。下腹部は色彩が淡い。

【食草】 ムクロジ科の *Allophylus* と思われる。

【分布】 ベネズエラ，ギアナ，コロンビアからボリビアのアマゾン川流域。

ウズモンタテハ属
Lucinia Hübner, [1823]

【分類学的知見】 成虫の斑紋は特徴がある。分布が限定され，情報も少ないので分類的位置が推定しにくい。

ウズモンタテハ p. 211

Lucinia cadma（Drury, 1773）

【分類学的知見】 亜種 *sida* Hübner, [1823]は種とされることもある。

【成虫】 後翅裏面に渦巻き様の斑紋をもつ。日本では標本は少ないものと思われる。

【卵】【幼虫】【蛹】【食草】 未解明。

【分布】 ジャマイカ，バハマ，キューバ，ハイチなどに分布する。

ウラニシキタテハ族
Eubagini Burmeister, 1878

【学名に関する知見】 本族名 Eubagini はウラニシキタテハ属が *Eubagis* Boisduval, [1832]とされていたことによる。

【分類学的知見】 ウラニシキタテハ1属が新熱区に分布する。幼虫は1齢期の刺毛や2齢期以降の棘状突起先端に粘着性のある液球が滲出している。その液球にはアリの忌避物質を含むと思われるが，糞が付着していて護身的な効果もあると思われる。1齢幼虫は糞鎖をつくらない。頭部に本亜科特有の角状突起を有しないことは，幼虫が食草の花穂にシジミチョウ科の幼虫のように頭を突っ込んで食べる習性があるため，本亜科の形質が退行化現象をともなって進化した結果と思われる。以上のような特色は本族特有で，固有な族を構成する。

ウラニシキタテハ属
Dynamine Hübner, [1819]

【成虫】 小型の種が多い。♂の翅表は白色またはミドリシジミ類のような光沢のある緑色が多い。翅裏はオセアニア区に生息するニシキシジミ属のような錦模様をもつ特異な属である。♀はミスジチョウ型の斑紋で，翅裏の斑紋は♂と同じである。

【卵】 円錐形で縦条がある。色彩は白色。

【幼虫】 頭部に角状突起を欠くことが本属の大きな特色。胴部には棘状突起を生じ色彩は緑色，顕著な斑紋はない。

【蛹】 中胸と第2腹節の背面が突出する。色彩は緑色と褐色の2型がある。

【分布】 39種程度が南米の熱帯地方に分布する。

ヒメウラニシキタテハ p. 94,145,212

Dynamine artemisia（Fabricius, 1793）

卵から蛹までのすべてをペルー Satipo 産の亜種 *glauce*（Bates, 1865）で図示・記載する。

【成虫】 本属のなかでもさらに小型の種である。♂は光沢のある黄緑色，♀は他種よりも白色斑の数が少ないので識別は容易。♂は地表に降りて吸水や吸汁をする。♀は森林内をやや緩やかに飛翔し，食草を発見するとその周辺を往来する。やがて食草に静止するがかなり低い位置を選択して新しい葉の裏に1個ずつ産卵する。ときには地表際の葉に産卵することもある。

【卵】 ミドリウラニシキタテハに似ているが，縦条の数が多く16条程度。

【幼虫】 孵化した幼虫は黄白色で，ミドリウラニシキタテハ同様に刺毛先端には液球が付着している。葉裏に静止し孔を開けるようにして食べる。3日程度で2齢となり，ミドリウラニシキタテハ同様に葉裏に静止して孔を開けるようにして摂食を繰り返す。胴部の色彩は淡緑色で棘状突起は白色。その後3，4日程度で各齢期を経過するが，以後の経過についてはミドリウラニシキタテハとほぼ同じである。5(終)齢幼虫は緑色で棘状突起は淡緑色，濃淡の変化はあるが目立った斑紋はない。

【蛹】 ミドリウラニシキタテハよりも背面の突起が小さい。色彩は緑色系，褐色系，およびその中間の3通りがある。この出現の要因についてはミドリウラニシキタテハの場合と同じであろう。

【食草】 トウダイグサ科の *Dalechampia* および *Tragia* の2属が報告されている。

【分布】 南米の主要な熱帯地方およびトリニダード島。

オオウラニシキタテハ p. 94,212

Dynamine aerata（Butler, 1877）

終齢幼虫および蛹をペルー Satipo 産の名義タイプ亜種 *aerata* で図示・記載する。

【成虫】 ヒメウラニシキタテハに表裏とも色彩斑紋が似

ているが，本種はより大きい。ヒメウラニシキタテハと同所的分布をしているが，現地での観察から発生場所などで微妙な棲み分けをしているように感じられた。

【卵】 未確認。

【幼虫】 ヒメウラニシキタテハと同種の食草から齢期の異なる4頭の幼虫を発見したが，ヒメウラニシキタテハよりもやや明るい空間，やや高い位置であった。終齢幼虫は濃緑色で棘状突起は白色，その先端には本属特有の粘着質の液球が付着し，多数の糞をまとっている。

【蛹】 ヒメウラニシキタテハよりも背面突起が目立ち，特に第2腹節の突起は突出して後方に伸びる。色彩は他種同様緑色系と褐色系およびそれらの移行型がある。緑色の個体では背線が褐色を呈する。蛹期は7日程度。

【食草】 ヒメウラニシキタテハと同種のトウダイグサ科の *Dalechampia triphylla* と推定される植物。

【分布】 アマゾナスからパラグアイにかけて広く分布する。

ミドリウラニシキタテハ p. 95,212

Dynamine postverta（Cramer, [1780]）

卵から蛹までのすべてを中米ベリーズ Cayo district 産の亜種 *mexicana* d'Almeida, 1952 で図示・記載する。

【分類学的知見】 本種名は，従来 *Dynamine mylitta*（Cramer, 1782）が使われたがシノニムである。

【成虫】 ♂は翅表がミドリシジミのような色彩と光沢をもつ。♂は吸水や吸汁のため地表に降り，♀とともにキク科などの花で吸蜜する。♀は主として花の包に産卵する。

【卵】 白色，卵幅 0.60 mm，卵高 0.45 mm 程度でかなり小さい。円錐に近い形で10条前後の縦条がある。

【幼虫】 1齢幼虫は淡い黄緑色で長い刺毛を有し，その先端には粘着性のある液球が付着している。これは本属の特徴である。花の基部の「包」内に潜む。2齢幼虫は淡緑色で棘状突起を生じる。個々の棘状突起は短く，針状の小突起数本が分岐する。突起の先端には1齢幼虫の刺毛同様，粘着質の液球が付着する。前胸背板に生じる刺毛は長い。葉裏に潜み孔を開けるようにして摂食する。3齢幼虫もほぼ同様で，背面の黄色い縦条が目立つ程度。歩行などの行動は緩慢である。4齢幼虫は各体節が伸びて全体に長めになり，棘状突起も長さを増す。葉裏に潜み，丸い孔を開けるようにして摂食する習性は同様である。他個体との接触を極度に嫌い，互いに避け合うようにして離れる。5(終)齢幼虫は当初は黄緑色をしているが，やがて図示のような灰白色と黒色の体色に変じる。頭部は平滑で突起をもたない。胴部の棘状突起は軸の先端部から小突起が開くカバタテハ亜科の特徴をもつ。前胸には棘状突起がなく，背板上に黒色の刺毛を有する。この特徴も本亜科のなかでは特異である。図示した個体の胴部の色彩については個体変異の範疇かどうかは観察個体数が少なく追試の余地がある。習性は前齢と同様である。

【蛹】 中胸背面に突起を生じ，第2腹節背面が膨出する。この形態は本属の特徴である。色彩は緑色をした植物体で蛹化した場合は図示のような緑色の個体になるが，そこから放れた場合は黄褐色の体色となる。体長 12 mm 程度。

【食草】 トウダイグサ科の *Dalechampia*。*D. scandens* で良好に生育する。

【分布】 メキシコから南米の主要な熱帯地方およびトリニダード・トバゴに広く分布する普通種。低地から 1,400 m 程度の山地に生息する。

シロウラニシキタテハ p. 95,212

Dynamine agacles（Dalman, 1823）

終齢幼虫および蛹をペルー Satipo 産の名義タイプ亜種 *agacles* で図示・記載する。

【成虫】 翅表が白色の小さな種である。♂♀ともにやや開けた草地的環境に生息し，陽光の下を活発に飛翔する。このような環境には寄主植物が生じ，成虫はその周辺を離れることはない。産卵期の♀は食草を発見するとその周辺を往来し，食草の葉に静止する。その後先端の花穂(芽)にたどりついて基部に1卵を産下する。

【卵】 白色で球形，13条程度の縦条がある。卵期は7日間。

【幼虫】 孵化した幼虫は花穂に孔を開けるようにして摂食する。色彩は淡黄色で刺毛は無色半透明。2，3日を経て2齢に達する。棘状突起には本属特有の液球が付着している。同様な日齢を経て3齢になる。体色は淡黄色で摂食の習性も同じである。4齢幼虫はやや緑色を帯び，花穂に頭を突っ込んで摂食をするが，このような形態や習性はシジミチョウ科を思わせるものがあり，本亜科の顕著な特色である頭部角状突起を欠くことの有利さが伺える。5(終)齢幼虫はより緑色が強くなり，特に各節の亜背線周辺は濃緑色斑紋が現れ，日齢を経るごとに顕著になる。棘状突起はオオウラニシキタテハなどよりも短く基部から分枝している。幼虫期は約14日間。前蛹になると体色が灰褐色に変じ，やがて蛹化する。

【蛹】 オオウラニシキタテハなどに比べ背面の突出が顕著でなく，頭部突起も短い。色彩は淡い褐色であるが，同様に緑色型の蛹もあるものと思われる。

【食草】 オオウラニシキタテハと同種のトウダイグサ科の *Dalechampia triphylla* と思われる。

【分布】 コスタリカからベネズエラ，トリニダード諸島を含みアルゼンチンまで広く分布する。

オオシロウラニシキタテハ p. 212

Dynamine myrrhina（Doubleday, 1849）

【成虫】 やや大きな白色の種，後翅外縁の黒色部の多少は地理的変異がある。

【卵】【幼虫】【蛹】【食草】 未解明。

【分布】 ブラジル，アルゼンチン，パラグアイなど南米の南部に分布する。

ウスアオウラニシキタテハ p. 212

Dynamine tithia（Hübner, [1823]）

【成虫】 小型で翅表は淡青緑色。

【卵】【幼虫】【蛹】 未確認。

【食草】 トウダイグサ科の *Dalechampia triphylla* を食べるとされる(DeVries, 1987)。

【分布】 コスタリカからブラジルにかけて分布する。

ルリウラニシキタテハ p. 212
Dynamine gisella（Hewitson, 1857）
【成虫】 翅表は一様な輝青藍色で本属では特異な色彩。
【卵】【幼虫】【蛹】【食草】 未解明。
【分布】 パナマ，コロンビア，アマゾン川流域からボリビアに分布する。

ウズマキタテハ族
Callicorini Orfila, 1952

【分類学的知見】 本族名として Catagrammini Butler, 1872 が使用されたこともあるが，Pelham J. は属タイプ *Callicore* Hübner, [1819] が *Catagramma* Boisduval, 1836 に対して上位同名異物(シニアシノニム)であることや Callicorini が普及していたことにより，本族名を表記として訂正した。
【成虫】 小〜中型。翅表は原色の斑紋を大胆に配し，翅裏は複雑なデザインが施されている。
【幼生期】 判明していない種が多い。
【卵】 複雑多様で，ある種の彫刻作品を思わせる。
【幼虫】 細長く頭部の角状突起のみ著しく発達するが，ほかの亜族と異なり胴部に生じる棘状突起は発達しない。
【蛹】 基本的に本亜科内の特徴であるとともに個性的な突起などがなく，形態の変化は少ない。
【食草】 ムクロジ科が主流であり，本族の特色となっている。
【分布】 10 属からなり多数の種がメキシコからアルゼンチンに分布する。

ミツモンタテハ属
Antigonis Felder, 1861

【分類学的知見】 斑紋はほかに例がない特色のある属で，1 種を含むのみ。

ミツモンタテハ p. 212
Antigonis pharsalia（Hewitson, 1852）
【成虫】 翅表は黒褐色で青紫色の幻光があり，翅裏はさざなみ状の斑紋である。
【卵】【幼虫】【蛹】【食草】 未解明。
【分布】 アマゾン川流域に分布があるが，日本で標本を見かけることは少なく情報もえられない。

ベニモンウズマキタテハ属
Paulogramma Dillon, 1948

【分類学的知見】 ムラサキウズマキタテハ属などに近縁と思われる。2 種を含むとされていたが Lamas (2004) は同種内の亜種として扱っている。

ベニモンウズマキタテハ p. 212
Paulogramma pyracmon（Godart, [1824]）
【分類学的知見】 南米の北部に亜種 *peristera* (Hewitson, 1853)，南部に名義タイプ亜種 *pyracmon* (Godart, [1824]) の 2 亜種が分布するが，クライン現象をともなって分布の両端では斑紋がかなり異なり，以前はそれぞれが種として認められていた。
【成虫】 黒色地に鮮やかな紅色斑を装う。
【卵】【幼虫】【蛹】【食草】 未解明。
【分布】 ギアナからブラジルにかけて広く分布する。

ムラサキウズマキタテハ属
Catacore Dillon, 1948

【分類学的知見】 1 種のみを含み，ベニモンウズマキタテハ属やウズマキタテハ属に近縁と思われる。

ムラサキウズマキタテハ p. 212
Catacore kolyma（Hewitson, 1851）
【成虫】 前翅に鮮紅色斑紋，後翅には青藍色紋を生じる。前翅の紅色紋は地理的変異または個体変異があって，大きく出現する個体からまったく欠く個体までクライン現象がある。♂はウズマキタテハ属などとともに吸水することが多く普遍的に見られる。
【卵】【幼虫】【蛹】【食草】 未解明。
【分布】 ギアナからアマゾン川流域の西側に分布する。

ウズマキタテハ属
Callicore Hübner, [1819]

【分類学的知見】 古くから有名なチョウで，以前は 50 種を数える大属であったが，Lamas (2004) は 20 種にまとめている。以前は *Catagramma* Boisduval, 1836 という属名で親しまれていたが，シノニムで無効となった。
従来「種」とされた個体群を含めて分類すると，属内の分類は次のようになる (web サイト wikipedia)。

① hydaspes group
hydaspes，*brome*，*maronensis*，および *lyca* の亜種群と考えられる *lyca*・*aegina*・*mengeli*・*mionina*・*transversa*
幼虫は緑色で背面に 3 個の黄白斑紋を生じる。

② atacama group
hesperis，*felderi*，および *atacama* の亜種 *atacama*・*faustina*・*manova*
C. atacama の幼虫は緑色で下腹面は淡緑色，亜背線の棘状突起は比較的発達する。亜背線列は黄色で棘状突起の基部は橙色。

③ pygas group
pygas の亜種 *pygas*・*cyllene*・*eucale*・*aphidna*
幼虫は濃緑色で目立った斑紋はない。

④ hydarnis group
hydarnis
幼生期不明。

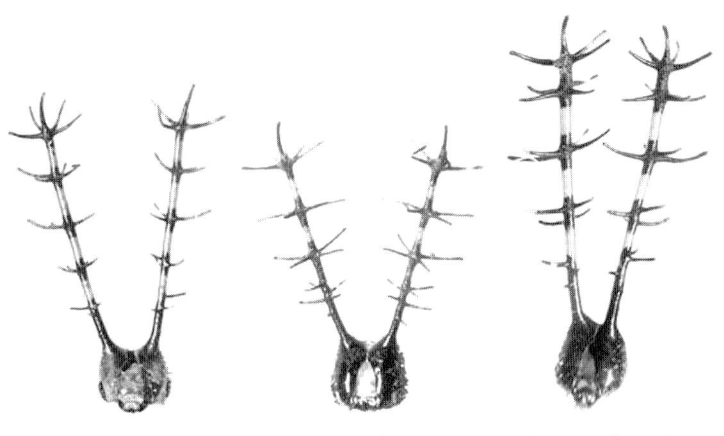

図 172　3 属の頭部形態

⑤ tolima group

eunomia，*hystaspes*，およびその亜種 *discrepans*，*tolima* の亜種 *tolima*・*denina*・*guatemalena*・*pacifica*・*peralta*・*levi*

C. tolima の幼虫はやや細長く棘状突起は腹部末端の 1 対のみ，色彩は緑色で斑紋はなく外観は *Diaethria* に似ている。

⑥ texa group

texa の亜種 *texa*・*maximilla*・*titania*・*maimura*・*aretas*

幼虫は中央部が膨らみ緑色で白色の斜条斑を生じる。頭部角状突起に刺毛が多い。

⑦ cynosura group

cynosura，*ines*，*astarte* の亜種 *astarte*・*selima*・*patelina*・*casta*・*codomannus*，*excelsior* の亜種 *excelsior*・*michaeli*・*coruscans*・*arirambae*，*sorana* および亜種 *oculata*

幼虫は黄緑～緑色で輝小白点を散布し，背面に黒色や褐色斑を生じる。角状突起は刺毛で覆われる。

⑧ pitheas group

pitheas，*cyclops*

幼虫は頭部角状突起を含め全体の形態は前グループに似ている。色彩は緑色で背面を太い黄色条が貫く。

【成虫】 翅表は黒褐色に紅，橙，黄色の大きな斑紋，さらに青や紫色の幻光を放ち華麗な配色である。翅裏は特徴的な「渦巻き模様」で和名の由来となっている。一見小型のミイロタテハ属を思わせ，それぞれ *A. claudina*，*A. amydon*，*A. pericles* などに似ている。現地ではウラモジタテハ属よりも個体数が少ないが，♂は吸水や汚物の吸汁に飛来するので普遍的に見られる。♀は樹林内の陽光が差し込むような場所を単独で生活している。

幼生期は若干の種について知られている。

【卵】 白色で彫刻模様が施される。

【幼虫】 ウラモジタテハ属よりも棘状突起が発達する。

【蛹】 背面から見るとバイオリン型で中胸と第 2 腹節の背面が突出する。

【食草】 ムクロジ科の *Serjania* など。

【分布】 メキシコからパラグアイ，アルゼンチンにかけて分布する。

ベニオビウズマキタテハ　p. 96,145,212

Callicore cynosura(Doubleday, [1847])

幼虫および蛹をペルー Satipo 産の名義タイプ亜種 *cynosura* で図示・記載する。

【成虫】 ♂は赤色，♀は橙色の斑紋でほかに似た種があるが，後翅裏面の前縁に黄橙色斑が入るので識別ができる。♂は吸水や吸汁のために地表に下りるため見かける機会が多いが，♀は林縁や明るい樹林の空き地に生息しあまり姿を見かけない。

【卵】 黄白色で円錐台形，側面を縦条が走る。葉表の先端に産下されていることが多い。

【幼虫】 幼虫の頭部角状突起は著しく発達し，その周囲

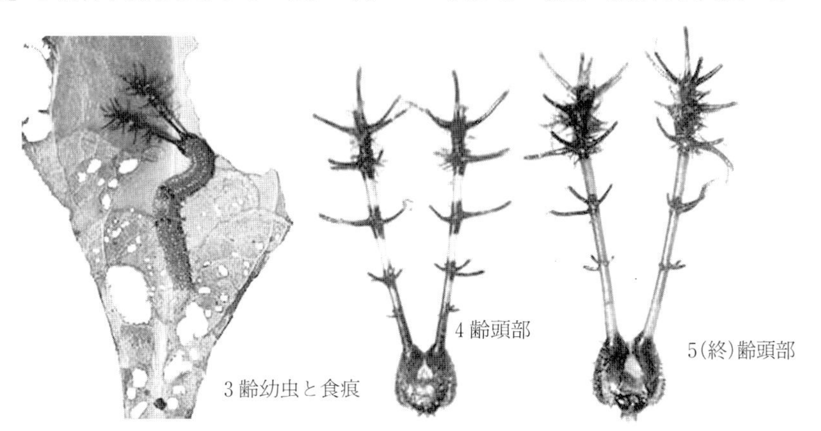

図 173　ベニオビウズマキタテハ *Callicore cynosura cynosura* の幼虫(Peru)

に顕著な微毛を密生するが，これは *cynosura* グループの特色と思われる。孵化した幼虫は葉の中脈先端に糞鎖をつくる。頭部は丸く角状突起はない。2齢幼虫は糞鎖の周辺の葉肉を食べ，順次葉の基部方向に向かって網目状に食痕を残す。頭部には短い角状突起を有する。3齢幼虫も同様に網目状の食痕を残すが，その孔はしだいに大きくなる。頭部は黒色で角状突起は極めて大きい。角状突起の周囲は微毛に覆われる。胴部は黄緑色で亜背線上には極めて短い棘状突起を生じる。第3・5腹節背面には黒色，第4腹節は淡黄褐色の斑紋がある。体をS字状に強く曲げている。4齢幼虫は3齢幼虫よりもやや緑色みが強くなるが形態や習性は同様である。5(終)齢幼虫の頭部突起は極めて長大で周囲は毛束のような微毛に覆われる。胴部は濃緑色で青白い微小斑点が輝いている。亜背線には比較的明瞭な棘状突起を生じているが，背中線では未発達の状態である。ただし第8腹節での存在は明確である。胴部の下方部と末端部は黄色でその周囲には針状の突起が配列する。葉縁から不規則に食べ，移動するときは頭部を盛んに振る習性がある。

【蛹】 頭部に突起がなく丸い。背面から見ると中胸の張り出しが強い。色彩は淡緑色，頭部から第2腹節に至る背面が黒褐色で，斑紋はわずかに亀裂模様が入る程度である。

【食草】 現地ではムクロジ科 *Serjania* の大型の葉をもつ蔓性植物1種類のみを食草とし，ほかに極めて近いと思われる植物を与えても食べない。

【分布】 コロンビアからボリビア，ブラジルに至るアマゾン川上流域に分布する。

ルリモンウズマキタテハ p. 96,145,213

Callicore lyca (Doubleday, [1847])

終齢幼虫および蛹をペルー Shima 産の亜種 *aegina* (C. & R. Felder, 1861)で図示・記載する。

【分類学的知見】 従来ペルー産は *C. aegina* (C. & R. Felder, 1861)として扱われていたが，Lamas(2004)は *aegina* を *C. lyca* の亜種としている。前翅の黄紋，後翅の青紋および裏面の斑紋の地理的変異のある個体群は，広くみれば亜種の関係であることは確かであろう。本種の分類学的扱いについては今後の研究に委ねて，ここでは *C. lyca* として扱う Lamas(2004)に従う。

【成虫】 ♂は陽光の差し込む林縁や林道で見られ，吸水のために地表に下りていることがある。♀は林内に生息し，短い距離を飛翔しながら食草を探す。食草を発見するとその葉に静止し葉表に1卵を産下した。その後食草を確認したが，ほかに1，3，5齢幼虫を同時に発見できた。

【卵】 未確認。

【幼虫】 5(終)齢幼虫の頭部は黒色で，ベニオビウズマキタテハ同様長大な角状突起を生じ微毛を生じるが，ベニオビウズマキタテハほど顕著ではない。胴部はベニオビウズマキタテハよりも太めで全体に濃緑色，白色微小斑点を散在する。亜背線にはやや目立った棘状突起を生じるが，背中線には一部に痕跡程度のものが認められるのみである。腹部第2・4・6節の背面には白紋があり，しばしば顕著な個体がある。

近縁種の *C. brome* もよく似た形態・色彩である。

【蛹】 ベニオビウズマキタテハよりも頭部両端が突出し，背面から見た腹部の張り出しが強い。また第2腹節背面が強く突出する。色彩は鈍い緑色で腹部背面に3個の白色斑紋があるが，これは幼虫期と相同の斑紋である。蛹化初期は特に顕著である。

【食草】 ムクロジ科の *Serjania* の1種と思われる。ベニオビウズマキタテハの食草とはかなり異なった感じで，葉は小さく軟質である。

【分布】 メキシコからパナマを経てボリビアに至るアマゾン川流域に分布する。

ヒメアオシタウズマキタテハ p. 212

Callicore hystaspes (Fabricius, 1781)

【成虫】 前翅に紅紋，後翅肛角に金青色斑を備えるやや小型種。

【卵】【幼虫】【蛹】【食草】 未解明。

【分布】 エクアドルなどアマゾン川上流地域に分布する。

ベニオビルリウズマキタテハ p. 212

Callicore hesperis (Guérin-Méneville, [1844])

【成虫】 前翅に深紅色，後翅に金青色のあざやかな斑紋を有し，ミイロタテハ属などと同様な斑紋形式である。ペルーでは林縁などで比較的よく姿を見かけ，♂は吸水のため地表に下りる。

【卵】【幼虫】【蛹】【食草】 未解明。

【分布】 コロンビアからペルー，ボリビアにかけて分布する。

コウズマキタテハ p. 212

Callicore hydaspes (Drury, 1782)

【成虫】 最も小型の種で斑紋はヒメベニモンウズマキタテハによく似ている。

【卵】【幼虫】【蛹】【食草】 未解明。

【分布】 ブラジルからパラグアイにかけた南米の南部に分布する。

ベニオオモンウズマキタテハ p. 213

Callicore texa (Hewitson, 1855)

【成虫】 前翅に大きな紅紋を備える。

【幼生期】 【幼虫】【蛹】【食草】についてwebサイト(butterfliesofamerica)を参考に記載する。

【卵】 未確認。

【幼虫】 頭部に長大な角状突起を有し，胴部は黄緑色で腹部には各節ごとに白色の斜条斑が入る。体の棘状突起はほとんど目立たないが第8腹節背線に顕著なそれを生じる。

【蛹】 本亜科特有の形態で背面から見ると凹凸の少ない長楕円形，胸部背面はやや突出する。色彩は濃緑色で気門線に明瞭な黄色縦条が走る。

【食草】 ムクロジ科の *Serjania schieana*。

【分布】 メキシコからコロンビアなどのアマゾン川上流地方に分布する。

フトベニオビウズマキタテハ p. 213

Callicore felderi（Hewitson, 1864）

【成虫】 前翅に幅広い紅帯を備える。

【卵】【幼虫】【蛹】【食草】 未解明。

【分布】 エクアドルとペルーに分布する。

ハガタウズマキタテハ p. 2,213

Callicore sorana（Godart, 1832）

【成虫】 黒色地に明瞭な紅帯を配する。しばしば紫色の幻光をもつ個体もある。♀は♂よりも色彩が淡く，青色斑紋を生じる。

【幼生期】 Dias *et al.*(2014，web サイト oxfordjornals.org)を参考に記載する。

【卵】 未確認。

【幼虫】 胴部は緑色みを帯びた黄褐色で白色の小斑点を多数散在し，背面に黒色斑を生じる。背面の棘状突起はやや発達し，色彩は腹部第 3・5 節が黒色でほかは橙色。頭部突起はベニオビウズマキタテハに似ている。体を S 字状に曲げて静止している(web サイト flickr)。

【蛹】 外形はベニオビウズマキタテハに似ている。色彩は胸部～腹部背面が濃緑色でほかは灰緑色である。

【食草】 ムクロジ科の *Serjania* または *Paullinia* と思われる。

【分布】 ボリビア，ブラジル，パラグアイに分布する。

ヒメベニウズマキタテハ p. 1,96,213

Callicore pygas（Godart, [1824]）

卵および幼虫を Dias *et al.*(2014)を参考に図示・記載する。

【成虫】 地理的変異の多い種である。ペルー産亜種 *cyllene*(Doubleday, [1847])は後翅に金青紋が現れることがないが，ブラジル産亜種 *concolor*(Talbot, 1928)は表翅全体に青色の幻光が広がり，ミイロタテハのような斑紋を示す。さらに分布の南限に産する亜種 *thamyras*(Ménétriès, 1857)は再び青色の輝きが少なくなる。

【幼生期】 Dias *et al.*(2014)を参考に記載する(web サイト，oxfordjornals.org)。

【卵】 白色で縦条と複雑な彫刻模様がある。

【幼虫】 ブラジルで幼生期が確認され，頭部に黒色の角状突起をもち，胴部の色彩は濃緑色で顕著な棘状突起は有しない。

【蛹】 中胸背面が突出する。色彩は頭部から腹部にかけて背面が濃緑色でほかは淡青緑色。

【食草】 ムクロジ科の *Allophylus* を食べ，ペルーでは幼木～2，3 m の木から多くの幼虫の糞鎖を発見できた。

【分布】 コロンビア，エクアドルからボリビア，ブラジル，チリにかけて広く分布する。

キモンウズマキタテハ p. 213

Callicore eunomia（Hewitson, 1853）

【成虫】 前翅の基部には黄橙色の斑紋が広がる。

【卵】【幼虫】【蛹】【食草】 未解明。

【分布】 エクアドルとペルーに分布する。

アカオビウズマキタテハ p. 212

Callicore astarte（Cramer, [1779]）

【成虫】 ベニオビウズマキタテハに似ているが，後翅裏面に赤橙色斑が入ることがない。

【卵】【幼虫】【蛹】【食草】 未解明。

【分布】 スリナムからエクアドルにかけてアマゾン川上流地域に分布する。

モンキムラサキウズマキタテハ p. 213

Callicore casta（Salvin, 1869）

【分類学的知見】 Lamas(2004)はミイロウズマキタテハとともにこれらをアカオビウズマキタテハの亜種としている。成虫の形態(色彩と斑紋)の違いは大きく，従来は各々が種として扱われていた。ただし裏面の斑紋は類似しているので近縁であることは確かであろう。幼生期が不明で確証がないので本書では従来通り別種として扱う。

【成虫】 翅表は青紫一色で前翅先端に黄色い紋を現すのみであるが裏面には紅色紋がある。

【卵】【幼虫】【蛹】【食草】 未解明。

【分布】 メキシコのみに分布する。

ミイロウズマキタテハ p. 213

Callicore patelina（Hewitson, 1853）

【分類学的知見】 Lamas(2004)はモンキムラサキウズマキタテハとともにアカオビウズマキタテハの亜種としているが，地理的に比較的限られた範囲に生息する著しく異なった形態(色彩・斑紋など)の個体群は種分化後の遺伝的距離がかなり離れていると考えられ，カテゴリーとしてはそれぞれを別種とするのが妥当と考え，本書では従来通り独立種として扱った。

【成虫】 前翅には真紅の斑紋を配し，その周辺から後翅にかけて青藍色がグラデーションをともなって広がる華麗な色彩で，同地に生息するアエドンミイロタテハ *Agrias aedon rodoriguezi* と平行的な斑紋である。♀は♂よりも明るい色。

【卵】【幼虫】【蛹】【食草】 未解明。

【分布】 メキシコからコスタリカにかけて分布する。

キオビムラサキウズマキタテハ p. 213

Callicore excelsior（Hewitson, 1858）

【成虫】 光輝のある紫色の地に前翅には黄橙色の斜帯がある。地理的変異が多く地色の青紫色の光沢の強さ，黄橙色帯の色彩変化や太さの違いはさまざまで多くの亜種がある。亜種 *michaeli*（Staudinger, 1890)は翅表の青紫色幻光がよく発達し，ブラジルに分布する。亜種 *pastazza*（Staudinger, 1886)はペルーに分布し，前翅に大きな黄橙色の斜帯，後翅に輝青色斑がある。アカネタテハ同様にその地に分布するミイロタテハ属と平行した斑紋の表現があり，本種はペリクレスミイロタテハ亜種 *Agrias pericles excelsior* と一致する。

【卵】【幼虫】【蛹】【食草】 未解明。

【分布】 コロンビア，エクアドル，ペルーなどのアマゾン川上流域に分布する。

オオアカネウズマキタテハ p. 213

Callicore arirambae（Dücke, 1913）

【分類学的知見】 Lamas(2004)はキオビムラサキウズマ

キタテハの亜種としているが，まったく別種に見える。本書では従来通り独立種として扱った。

【成虫】 大型の種で特に♀は本属中最大である。黒色の地に鮮紅色の斑紋は極めて印象的で♂は一般にその周囲に青紫色の幻光を放つ。個体によってはそれが強く現れる。同所的分布をするペリクレスミイロタテハ *Agrias pericles rubella* と平行した斑紋である。

【卵】【幼虫】【蛹】【食草】 未解明。

【分布】 ブラジルのアマゾン川中流域に分布する。

ウラモジタテハ属
Diaethria Billberg, 1820

【学名に関する知見】 以前属名に *Callicore* が使われたこともあったが誤使用またはその引用である。

【分類学的知見】 10種程度を含み成虫の斑紋はどれも似ていて同定が困難な種がある。

【成虫】 裏面の斑紋に「88」あるいは「89」といった数字が現れていることで古くから有名なチョウで，現地でも数字名で呼ばれている。翅表はどの種も黒色地に金緑色の斑紋を装い，青色の幻光を添えることがあってもウズマキタテハ属のように紅色斑紋が生じることはない。しかし翅裏には必ず紅色斑紋を装い，さらに白色の地色に上記の数字模様を備える。

【卵】 円錐台形で縦条が彫刻模様のように配列される。色彩は緑色，ウズマキタテハ属は白いのでほぼ識別はできる。

【幼虫】 頭部角状突起が発達し，4本に分岐する4対の小突起を備える。しかし胴部の突起は痕跡程度でウズマキタテハ属よりも発達せず，静止時は一見細長い形のコムラサキ亜科の幼虫を思わせるものがある。

【蛹】 緑色と褐色の2型があって，全体がなめらかで著しい突出部が少ない。

【食草】 ムクロジ科，ニレ科など。

【分布】 メキシコからパラグアイ，アルゼンチンにかけて分布する。

ウラモジタテハ　p. 97,145,214
Diaethria clymena (Cramer, [1775])

終齢幼虫および蛹をペルー Satipo 産の亜種 *peruviana* (Guenée, 1872)で図示・記載する。

【成虫】 ヒロオビウラモジタテハなどによく似ているが，通常後翅裏面の黒色文字模様が太い。♂は吸水行動などで普通に見かける。♀は食樹を発見するとその付近をまとわりつくように飛翔しながら食樹の葉に静止し，葉表中脈先端に1卵を産下する。卵や幼虫は幼木に多く，比較的高い木の場合は下枝から発見できる。

【卵】 緑色，円錐台形で20条程度の縦条がある。

【幼虫】 1齢幼虫は頭部が丸く突起をもたない。葉の先端中脈を残すようにしてその両側の葉を食べ，中脈先端に糞をつないで棒状の糞鎖をつくる。2齢幼虫は頭部に短い角状突起を有する。糞鎖の先端に頭部を前方に向けて静止している。3齢幼虫は頭部突起が著しく発達し長大となる。同様に糞鎖に静止している。4齢幼虫は葉表に静止している。5(終)齢幼虫は葉表中央に静止し，やや胴部を弓なりに曲げている。胴部は濃緑色で気門下線は白色，背面の亜背線は淡く，縦条が走っているように見える。しかし終齢末期にはこの部分の色は消失し，目立った斑紋は確認できなくなる。ただし気門下線の黄色い縦条は明瞭で，ヒロオビウラモジタテハとの差となる。胴部の突起は黄色，第10腹節以外は小さいが背中線にも生じている。

【蛹】 中胸背面が円錐状に突出し，腹部は末端に向かって円錐状にすぼむ。色彩は褐色系の個体を図示したが，緑色の個体もある。

【食草】 ニレ科のウラジロエノキ属 *Trema*。種名については未確認である。本種は伐採地跡に最初に侵入する先駆樹種の1種で，明るい空間に幼木が多い。陽光の当たる環境ならたいていの場所に自生し，個体数も多いが密林内で見かけることはない。記録としてはアオギリ科の *Theobroma* があるが真偽のほどは不明である。

【分布】 アマゾン川流域からトリニダード島を含みパラグアイまで広く分布する。

ヒロオビウラモジタテハ　p. 97,214
Diaethria neglecta (Salvin, 1869)

終齢幼虫および蛹をペルー Satipo 産の名義タイプ亜種 *neglecta* で図示・記載する。

【成虫】 ウラモジタテハに似ているが，後翅表亜外縁の緑色帯の外側に灰青色帯がある。また精査すると裏面の斑紋にも違いが見られる。♂は湿地や動物の排泄物に飛来するが，野外ではウラモジタテハと同定が困難で，本種の行動については確かな観察に至らなかった。

【卵】 未確認。

【幼虫】 1本の食草より2，3齢幼虫3頭を発見した。幼虫は葉の中脈に食痕をつくりその糞鎖上に静止している。幼虫の習性についてはウラモジタテハとの違いはない。終齢幼虫は極めてウラモジタテハと似ているが，気門下線部を含めてほとんど色彩変化のない緑色である。

【蛹】 形態も極めてウラモジタテハに似ている。中胸背面の突出部がより大きく，背面から見ると翅部の湾曲が強い。色彩は緑色の個体を図示してあるが，褐色の個体もあると思われる。

【食草】 ムクロジ科の *Serjania*，あるいはその近縁属と思われる。本種は大型で3または5出葉，葉も大きく厚手である。

【分布】 メキシコからベネズエラ，コロンビアを経てペルーに分布する。

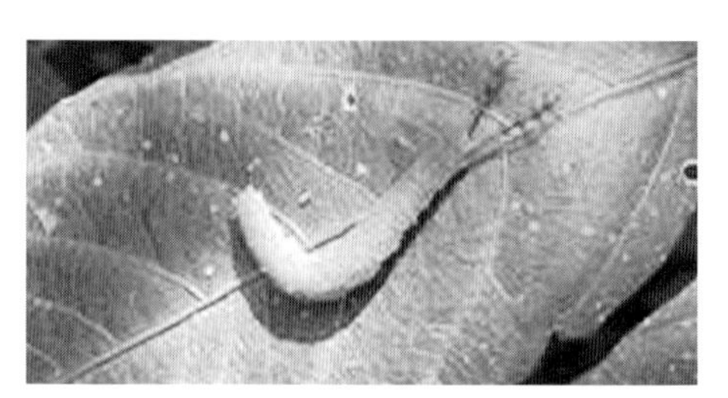

図174　葉表に静止するヒロオビウラモジタテハ *Diaethria neglecta neglecta* の終齢幼虫(Peru)

ブラジルウラモジタテハ カバー背,p. 98,214

Diaethria candrena（Godart, [1824]）

幼虫をブラジル Curitiba 産の名義タイプ亜種 *candrena* で図示・記載する。

【成虫】 新熱帯区の南部に進出したウラモジタテハで普通に見かける。表裏ともウラモジタテハ属のなかでは特異な色彩で，翅表は金緑色帯が外側にずれ，基部に青紫色斑紋を添える。

【卵】 卵幅 0.74 mm，卵高 0.64 mm 程度。15，16 本の長短差のある縦条を生じる。色彩は緑色。

【幼虫】 1 齢幼虫の頭部は丸い。胴部は細長い筒状で短い刺毛を生じる。孵化した幼虫は葉裏に静止し，葉の先端に達すると中脈に糞鎖をつくる。その後は葉の両側に不規則な噛み傷を入れ，糞鎖先端に頭を前方に向けて静止する。2 齢幼虫は葉表に移動し葉縁を食べる。その後中脈先端の糞鎖に移動し，再び糞を口でくわえてその先端に次々とつなぐ。頭部には短い突起を生じ，頭部前額部をやや下方に向けて静止する。3 齢幼虫は食痕のある中脈を残してその両端を食べるが，糞をつなぐ習性は消滅する。頭部の角状突起は著しく長い。頭部は黒褐色，胴部は緑色である。4 齢幼虫は葉表に静止し摂食時は定位置を離れるが，摂食後は再びもとの位置に戻る。頭部の色彩は黒褐色で長い角状突起を有する。角状突起にはロゼット状に分枝する小突起を 3，4 対生じる。胴部には第 10 腹節の 1 対を除き，棘状突起を生じない。

この後幼虫が死亡したため継続観察をなしえなかったが，Dias *et al.*(2012)によると終齢幼虫は全体に緑色で目立った斑紋はない。頭部は 4 齢よりも明るく褐色である。

【蛹】 ウラモジタテハに似ている。全体に緑色で頭部突起から体側部に黄色条が走り，下腹面は淡い(Freitas *et al.*, 2012)。

【食草】 ムクロジ科。現地では *Allophylus edulis* が一般的で *Serjania brachycarpa* も食べる。

【分布】 ブラジルの Mato Grosso からウルグアイ，アルゼンチン北部まで。

ムラサキウラモジタテハ p. 214

Diaethria eluina（Hewitson, 1855）

【成虫】 翅表の金緑色帯が太く全体に青紫色の幻光があるので識別は容易である。

【卵】【幼虫】【蛹】【食草】 未解明。

【分布】 ベネズエラからペルー，ボリビア，ブラジルにかけて広く分布する。

ウラモジタテハ属の 1 種 p. 145

Diaethria sp.

4 齢幼虫を 145 頁に掲載した。4 齢で死亡したため同定が不可能であったが，頭部角状突起や胴部の形態から表記の属と判断される。

【卵】 未解明。

【幼虫】 4 齢幼虫の形態は同属の *D. clymena* などに似ている。頭部突起は長く，胴部に顕著な棘状突起列がないが腹部末端にのみ 1 対のそれを有するなどウラモジタテハ属の特色がある。

【食草】 ムクロジ科の *Serjania* sp. より幼虫を発見した。

アカオビウラモジタテハ属

Cyclogramma Doubleday, 1849

【分類学的知見】 *C. bacchis*（Doubleday, 1849）とアカオビウラモジタテハの 2 種からなる。Lamas(2004)はウラモジタテハ属に含めているが幼生期が不明のため言及できない。

【成虫】 翅表は黒褐色に橙色または白色の斑紋をもち，翅裏は細い線の渦巻き模様でウラモジタテハ属と異なった斑紋である。

【分布】 メキシコからパナマに分布する。

アカオビウラモジタテハ p. 212

Cyclogramma pandama Doubleday, [1848]

【成虫】 ウラモジタテハ属の金緑色帯を黄橙色に置き換えたような斑紋だが，裏面の斑紋はそれとは異なり個性的である。

【卵】【幼虫】【蛹】 未確認。

【食草】 ムクロジ科の *Serjania* を食べるという(DeVries, 1987)。

【分布】 メキシコからパナマにかけた中米に分布する。

ウラスジタテハ属

Perisama Doubleday, [1849]

【成虫】 翅表は黒色地に金緑色の斑紋をもち，ウラモジタテハ属を思わせるが翅裏はまったく異なり，白または黄色地に細い筋模様と小黒点が並ぶ。成虫♂はウラモジタテハ属などとともに吸水に現れ普通に見かける。

【卵】【幼虫】【蛹】 解明された種は極少であるが，ともにウラモジタテハ属に極めて似ていて属の違いを見出すのが困難である。幼虫の頭部角状突起に微毛を生じ，腹部末端の突起の形態が異なる。蛹もよく似ている。

【食草】 ムクロジ科の *Serjania* を食べる。

【分布】 31 種程度を含む大きな属で，やや南米の北西部に偏る。

ムラサキウラスジタテハ？ p. 97,138,145,214

Perisama philinus Doubleday, [1849]

表記の種という判断のもとに終齢幼虫をペルー Satipo の高地 Calabaza 産の亜種 *descimoni* Mast de Maeght, 1995 で図示・記載する。

【成虫】 ペルーでは標高が 1,800 m 程度の高地で見られ，翅表は青紫，翅裏は黄色で表裏の対比が鮮烈である。陽光の注ぐ山道などで見られ，橋のある周辺では個体数が多く，路上に下りて吸水などをしている。

【卵】 未確認。

【幼虫】 山道の両側に生じる食草より 1〜5 齢幼虫を発見した。1 齢幼虫は近縁種同様葉の先端に糞鎖をつくり発見は容易である。日齢が同じと思われる個体が複数いることから，♀は同じ食草に複数個の卵を産下するのであろう。3齢幼虫の頭部は黒色，胴部は黄緑色で腹部末端は黄褐色，末端の棘状突起1対を除いて目立った突起はない。採集した幼虫はどの個体も数日後には死亡した。平地(標高600 m)との気温(日較)差が原因と思われる。後日終齢幼虫を発見した。幼虫は葉表に吐糸して，その上に胴部をやや弓状に曲げて静止している(p. 138)。頭部は黒褐色で長い角状突起を有する。この突起からは刺毛を生じるが，分枝突起からは特に長い刺毛を生じてウラモジタテハ属やウズマキタテハ属と識別できる特徴となる。胴部は鈍黄緑色で下腹部はそれよりもかなり淡い。背面に顕著な突起を生じることなく，第10腹節にはウラモジタテハ属よりも長い1対を有する。気門線から基線にかけては小突起が生じる。本幼虫も採集3日後に死亡し蛹の観察および種の確認をなしえなかったが，採集地周辺に生息する種から表記の種と判定した。

【蛹】 未確認。

【食草】 ムクロジ科の *Serjania* 属と思われる。

【分布】 エクアドルからボリビアに分布する。

オオウラスジタテハ p. 214

Perisama bomplandii (Guérin-Méneville, [1844])

【分類学的知見】 地理的な変異が多く，以前は別種とされていた種を Lamas(2004)は1種にまとめている。

【成虫】 やや大型種。翅表はどの亜種も基本的には同じ斑紋である。後翅の裏面はボリビア産では黄色に2本の細い黒色条が入るが，ペルー産ではまったく異なった純白の1色で，以前は別種 *P. albipennis* Butler, 1873 とされていた。

【卵】【幼虫】【蛹】【食草】 未解明。

【分布】 ベネズエラからコロンビア，エクアドル，ペルーなどアマゾン川流域の周辺に分布する。

キウラスジタテハ p. 214

Perisama oppelii (Latreille, [1809])

【成虫】 前翅表のみに金緑色帯が現れ，裏面は黄色で後翅に2本の明瞭な黒色条が走る。

【幼生期】 【幼虫】【蛹】【食草】について Greeney *et al.* (2010)を参考に記載する。

【卵】 未確認。

【幼虫】 1，2齢幼虫は糞鎖をつくる。2齢幼虫は短い頭部突起を生じる。終齢幼虫はムラサキウラスジタテハに似ている。細長い円筒形で全体が濃緑色に黄色い小斑点を多数散在する以外に目立った斑紋はない。頭部角状突起は長く，全体に顕著な刺毛を生じることや胴部の棘状突起は腹部末端の1対が顕著で黒色，4本に分枝し，うち1本のみ長いなど本属の特色を有する。

【蛹】 形態はウラモジタテハに似ている。色彩は濃緑色で黄色小斑点が散在し，翅部や背面に白斑がある。

【食草】 ムクロジ科の *Paullinia* sp.。

【分布】 コロンビアからペルーにかけて分布する。

ナミウラスジタテハ p. 214

Perisama morona (Hewitson, 1868)

【成虫】 後翅裏面は褐色で不明瞭な波条紋がある。

【卵】【幼虫】【蛹】【食草】 未解明。

【分布】 ペルー，ボリビアに分布する。

フタウラスジタテハ p. 214

Perisama comnena (Hewitson, 1868)

【成虫】 後翅裏面は黄色で2本の明瞭な黒色条が存在する。

【卵】【幼虫】【蛹】【食草】 未解明。

【分布】 ベネズエラ，コロンビアからボリビアにかけて分布する。

ウラテンタテハ属
Mesotaenia Kirby, 1871

【分類学的知見】 ウラスジタテハ属に近縁で，2種 *M. barnesi* (Schaus, 1913)とウラテンタテハを含む。DeVries(1987)などでは属名を *Perisama* とすることが多かった。

【成虫】 裏面後翅は筋様斑紋ではなく，白色または褐色のなかに黒点が並ぶ。

【卵】【幼虫】【蛹】【食草】 未解明。

【分布】 コスタリカからボリビアにかけて南米の西側に分布する。

ウラテンタテハ p. 214

Mesotaenia vaninka (Hewitson, 1855)

【成虫】 後翅裏面は白色で6個の黒点が並ぶので同定は容易である。ペルーでは山地の路上などで多数の個体が吸水する光景をよく見かける。

【卵】【幼虫】【蛹】【食草】 未解明。

【分布】 ベネズエラ，コロンビアからペルーにかけて分布する。

ハギレタテハ属
Orophila Staudinger, [1886]

【分類学的知見】 ウラスジタテハ属に近縁で2種 *O. cardases* (Hewitson, 1869)とハギレタテハを含む。

【成虫】 前後翅の外縁は波状の凹凸があるのが特徴。

【卵】【幼虫】【蛹】【食草】 未解明。

【分布】 ベネズエラからコロンビア～ペルーのアンデス山ぞいに分布する。

ハギレタテハ p. 214

Orophila diotima (Hewitson, 1852)

【成虫】 翅表の青紋，翅裏の赤色紋の表出程度には地理的な変異が多い。路上で吸水個体をよく見かける。

【卵】【幼虫】【蛹】【食草】 未解明。

【分布】 コロンビア，エクアドル，ペルー，ボリビアに分布する。

アカモンタテハ属
Haematera Doubleday, [1849]

【分類学的知見】 以前は *Callidula* Hübner, [1819]という属名が使用されたこともあったが，本属名はベニイカリモンガに与えられて同名(ホモニム)となり無効となった。1種のみからなる。

アカモンタテハ p. 214
Haematera pyrame (Hübner, [1819])
【成虫】 翅表には大きな赤紋をもつが，ほかの近縁種のように翅裏に文字模様を現さない。山道の傍らなどに下りて吸水する個体を見ることが多い。そのようなとき♂の後翅には紫の幻光が見える。
【卵】【幼虫】【蛹】 未解明。
【食草】 ムクロジ科の *Urvillea ulmacea* という記録がある(DeVries, 1987)。
【分布】 ニカラグアからエクアドル，アマゾン川流域に分布する。

ヒオドシチョウ亜科
Nymphalinae Rafinesque, 1815

【分類学的知見】 本亜科を「タテハチョウ亜科」とする場合が多いが，「タテハチョウ」とは科という広義の呼称の場合にのみ用い，その下位にある亜科および族・亜族には語源に基づく属名である *Nymphalis*(ヒオドシチョウ属)の「ヒオドシチョウ」を使用して区別し，合わせて「タテハチョウ」の語頭に「真正」を付けて「真正タテハチョウ亜科(または族)」という名称を避ける。

多様な属を含み，成虫の翅の形や斑紋は統一性がなく，共通した特徴を見出すのは困難である。しかし生活・行動には共通した形質があり，特に幼生期の形態ではまとまりがある。

本亜科の幼生期から考察すれば亜科内の構成は次のように考えられる。ただし流動的であり，また研究者により同一でない。

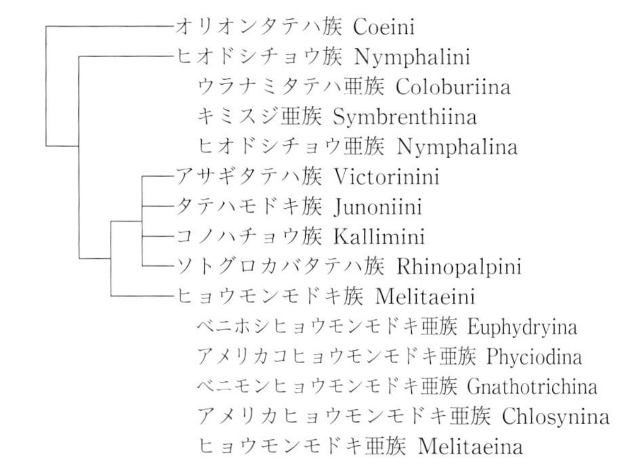

オリオンタテハ族については後述したように問題がある。

ヒオドシチョウ族とコノハチョウ族グループ(アサギタテハ族＋タテハモドキ族＋コノハチョウ族＋ソトグロカバタテハ族)は習性や幼生期の形態などに違いがある。ヒョウモンモドキ族はヒオドシチョウ族，コノハチョウ族グループと成虫の形態や習性では大きく異なっているが，幼生期形態ではむしろコノハチョウ族と共通する形質が認められ，分子系統学でも支持されている側面と思われる。
【成虫】 翅形や斑紋は多様多彩である。
【卵】 卵は球状で明瞭な縦条があり，横条はそれよりも不明瞭。この形態はコムラサキ亜科にも共通するが，本亜科はそれよりも卵高が高く縦条の数が少ない。
【幼虫】 1齢幼虫は長い刺毛をもつ。2齢期以降の幼虫は多くの棘状突起をもち，それは背中線にも生じることで共通し，その数や配列は各族で異なり，分類の明白な指標となる。
【蛹】 やや細長く多数の突起をもつ。
【食草】 多様であるが，分類群により特色がある。
【分布】 全世界的に分布するが，分類群により傾向がある。

オリオンタテハ族
Coeini Scudder, 1893

【分類学的知見】 成虫は一見フタオチョウ亜科を思わせるが，一部の幼生期形態などから見ると系統的な関係はなく，カバタテハ亜科やヒオドシチョウ亜科に共通する部分があり，最近はヒオドシチョウ亜科に含められる(Lamas, 2004など)。ただし含まれる属については確定しておらず，Wahlberg & Brower(2007)は従来の分類体系を次の2系統に分けてまったく別な位置に置いている(webサイト tolweb.org/Nymphalinae)。

オリオンタテハ族
　ルリフタオチョウモドキ属 *Baeotus*
　オリオンタテハ属 *Historis*
ヒオドシチョウ族
　ウラジャノメタテハ属 *Smyrna*
　ウラナミトガリタテハ属 *Pycina*
　ウラナミタテハ属 *Colobura*
　ヒメウラナミタテハ属 *Tigridia*

一方Lamas(2004)は，旧来の分類同様に，以上のすべてをオリオンタテハ族内として扱っている。

これらに所属する属はそれぞれの習性や形態が多様だが，それを断定できるほど幼生期からの判断は十分でなく，分類的位置を決定するのが困難である。

このように本族の分類的位置の検討は今後の課題であるが，幼生期が判明している属の特質から，本書では上記Wahlberg & Brower(2007)の報告を採用し，ヒオドシチョウ族に含められている4属をウラナミタテハ亜族として扱う。

【成虫】 翅形や色彩，またその力強い飛翔は一見フタオチョウ類のある種を思わせるものがある。
【卵】 球形で縦条のあるヒオドシチョウ亜科内の形態。
【幼虫】 判明した幼生期形態の一部からはカバタテハ亜科にもヒオドシチョウ亜科にも共有する形質がある一方で，族としての特徴が把握しにくい。
【蛹】 ほかの族に見られない形態である。
【食草】 イラクサ科の *Cecropia* などと考えられる。
【分布】 新熱帯区に広く分布する。

ルリフタオチョウモドキ属
Baeotus Hemming, 1939

【成虫】 翅形が一見フタオチョウ類によく似ている。また飛翔の様子や吸水の習性などもそれを思わせるものがある。♂は汚物などに吸汁のために下りるのでしばしばその姿を見かける。
【卵】【幼虫】 未確認。
【蛹】 形態はオリオンタテハ属に似ている。
【食草】 イラクサ科の *Cecropia* であろうとされる。
【分布】 4種が新熱帯区に分布する。

ルリフタオチョウモドキ　p. 215
Baeotus baeotus (Doubleday, [1849])

【成虫】 ペルーでは渓流などがある開けたところに吸水に飛来する個体をよく見かけるが，人の気配を敏感に感じ取って逃げ去ることが多い。静止して吸水する姿などは一見フタオチョウ類を思わせる。
【卵】【幼虫】【食草】 未確認。
【蛹】 コスタリカで確認されている。全体的にオリオンタテハに似ている。色彩は白色で黒色斑が散在し，特に背面棘状突起基部に顕著。頭部突起は短く淡紅色，腹部末端も同じく淡紅色(webサイト，butterfliesofamerica)。
【分布】 コスタリカからコロンビアを経てアマゾン川流域一帯に分布する。

オリオンタテハ属
Historis Hübner, [1819]

【成虫】 色彩や翅形，またその筋肉質的体躯が極めてフタオチョウ類に似ている。
【卵】 *H. odius* が確認されている。
【幼虫】 2種とも確認されている。カバタテハ亜科内の特徴をもつが，棘状突起の配列などには異なった部分もあり，第9腹節に突起を生じることはヒオドシチョウ亜科に共通する。
【蛹】 ヒオドシチョウ亜科の特徴はない。
【食草】 イラクサ科の *Cecropia*。
【分布】 2種を含み，メキシコ〜ブラジルに分布する。

オリオンタテハ　p. 98,146,215
Historis odius (Fabricius, 1775)

4齢幼虫および蛹をペルーSatipo産の名義タイプ亜種 *odius* で図示・記載する。

【学名に関する知見】 本種は *Papilio orion* Fabricius, 1775と記載された。そのために古くから表記和名で呼ばれて親しまれていた。しかしすでに *Papilio orion* Pallas, 1771(現在のシジミチョウ科ヒメシジミ族 *Scolitantides orion*)が記載されていてホモニムとなり，現在は「オリオン」という響きのよい名は亜種名にも用いられない。ペルーの現地の人は日本人の影響下と思われる「オリオン」と呼称している。
【成虫】 大型であるが新熱帯区にあっては地味な色彩のチョウである。♂は林内の明るい空間を力強く飛翔し汚物などに飛来するので普通に見られるが，用心深く，近づくのはなかなか困難である。♀を見かけることは少ない。幼生期については古くから知られている。
【卵】 球形で淡褐色，23条程度の縦条がある(Muyshondt *et al.*, 1979)。
【幼虫】 4齢幼虫が伐採地跡に生じる食樹の大きな成葉上に静止していた。頭部には短い1対の突起を生じる。頭部から腹部第6節までは黒褐色で，それより後半には黄褐色の横縞が入る。肛上板は黒色。胴部棘状突起は黄褐色。棘状突起の配列が特異で数もヒオドシチョウ族に比べて多い。当初は盛んに摂食していたが4日後に死亡し，それ以降の記録を欠く。記録では終齢幼虫は全体が黄褐色に変じ，末期はさらに緑色を呈するようである。蛹化の際は食樹よりかなり移動して行われるようで，発見した1個体の周囲には食樹の *Cecropia* はなかった。
【蛹】 形態は特異で背中線に幼虫期と相同の棘状突起を生じ，そのほかの形質でも特異な点が多い。
【食草】 イラクサ科 *Cecropia*。本植物は数多く見るが幼虫の発見は1度限りであった。*C. mexicana* など。
【分布】 寒冷な地を除いた新熱帯区に広く分布する。

ヒメオリオンタテハ p. 215
Historis acheronta (Fabricius, 1775)
【成虫】 オリオンタテハよりもかなり小ぶりで後翅に尾状突起をもつ。発生期には川原などに無数の♂が下りてきて集団で吸水する姿を見る。
【幼生期】 【幼虫】【蛹】【食草】について Muyshondt *et al.* (1979) を参考に記載する。
【卵】 未確認。
【幼虫】 形態はオリオンタテハに似ているが色彩は黒褐色で，腹部の第2・4・6節背面に黄色斑がある。
【蛹】 基本的な形態はオリオンタテハに似ているが，頭部突起が短く左右に開く。
【食草】 イラクサ科の *Cecropia mexicana*。
【分布】 メキシコからアマゾン川流域，さらに西インド諸島に分布する。

ヒオドシチョウ族
Nymphalini Rafinesque, 1815

【分類学的知見】 従来オリオンタテハ族に含められていた4属をウラナミタテハ亜族として仮配置する。

それを除いたヒオドシチョウ亜族は，幼生期形態や習性の相違からキミスジ・グループとヒオドシチョウ・グループに分けられる。これらが従来亜族として区分されることはなかったが，亜族としての細分は妥当と考える。それぞれの属に若干の種を含む構成である。
【成虫】 翅形や色彩は多様だが亜族によって特色がある。
【卵】 球〜卵形で縦条がある。色彩は緑色。
【幼虫】 族としての特徴があり，棘状突起の配列で後述のコノハチョウ族グループと明白な識別ができる。
【蛹】 族としての特徴がある。
【食草】 イラクサ科が多い。
【分布】 旧北区に分布が集中している特色がある。

ウラナミタテハ亜族
Coloburiina

【分類学的知見】 暫定的な配置である。ここに含まれる属の系統は同質ではなく，キミスジ亜族やヒオドシチョウ亜族とは異なった分類群に属すると思われウラナミタテハ亜族を設立する。

ウラナミトガリタテハ属
Pycina Doubleday, [1849]

【分類学的知見】 分類的位置については確定していないようで，1種のみを含む。

ウラナミトガリタテハ p. 215
Pycina zamba Doubleday, [1849]
【成虫】 ヒメオリオンタテハに似ているが後翅外縁は波状で，斑紋は個性的である。日本ではあまり標本を見かけない。
【卵】【幼虫】【蛹】 DeVries (1987) によると，卵は葉裏に1個ずつ産下され，色彩は淡緑色。幼虫は背中線の棘状突起を欠き，体色は白色と黒色の縞模様，棘状突起の基部は橙色で目立つ。蛹はキタテハなどに似ている (web サイト caterpillars. myspecies. info)。
【食草】 イラクサ科の *Urera* を食べるとされる (DeVries, 1987)。
【分布】 メキシコからベネズエラ，コロンビアを経てペルーに分布する。

ウラナミタテハ属
Colobura Billberg, 1820

【分類学的知見】 2種を含む。成虫の外見からの識別はやや困難であるが，幼生期は明らかな相違がある。幼生期ではほかの近縁属との形態差が大きい。
【卵】 球形で緑色，縦条がある。
【幼虫】 背中線に突起列を欠き，第8腹節後縁に痕跡程度の棘瘤を有するのみで，ヒオドシチョウ族内では異例の配列である。
【蛹】 形態に著しい特徴があり，他属との関連が把握しにくい。
【食草】 イラクサ科の *Cecropia*。
【分布】 メキシコから南米に広く分布する。

ウラナミタテハ p. 99,146,215
Colobura dirce (Linnaeus, 1758)

終齢幼虫および蛹を中米ベリーズ Cayo district 産の名義タイプ亜種 *dirce* で図示・記載する。産地による幼生期の形態・習性の差はない。
【成虫】 ♂♀はほとんど同形，翅表は黒地に白帯，翅裏は特徴的な波状紋である。普通種で♂は吸水に訪れたりするのでよく見かける。飛翔は活発で♂♀とも腐敗した果物などに集まる。産卵は幼木の低い位置に行われることが多く，新葉を利用している。
【卵】 ペルー Satipo 産の名義タイプ亜種で記載する。葉裏に数卵からときに10卵程度の卵群で産下される。やや卵高が低い球形で明瞭な14条程度の縦条がある。色彩は濃緑色，色彩や外形は明らかにヒオドシチョウ族内である。
【幼虫】 孵化した幼虫は葉の先端部に移動し，並んで摂食を開始する。そして糞をつないで糞鎖をつくるが，こ

図175　ウラナミタテハ *Colobus dirce dirce* 終齢幼虫(Peru)

のような習性はヒオドシチョウ族には見られず，カバタテハ亜科と共通する。2齢幼虫はこの糞鎖の先端に静止している。3齢幼虫は頭部・胴部の突起が2齢のときよりも長さの比が大きくなる。3齢期までの幼虫の色彩は一様な黒色である。3齢期の幼虫は糞鎖を離れ葉表に静止し，摂食は同じ部分を継続して行う。一般に他個体との接触を嫌うが，ときに数頭が一カ所に集合していることがある。このようなときは葉裏に潜んでいる。4齢幼虫は棘状突起が白色みを帯びる。5(終)齢幼虫は一様な黒色で棘状突起は黄白色。頭部突起の分枝した小突起は数が少ない。

【蛹】 形態は極めて特異。カバタテハ亜族やヒオドシチョウ亜科とまったく異なる。枯れ枝状で突起を生じる。一見アゲハチョウ科のシボリアゲハ属 *Bhutanitis* やマネシアゲハ属 *Chilasa* を思わせる。

【食草】 イラクサ科の *Cecropia*。複数の種がその対象になっている。

【分布】 寒冷な地を除いた新熱帯区に広く分布する。

オオウラナミタテハ　p. 99,138,146,215

Colobura annulata Willmot, Constantino & Hall, 2001

幼虫および蛹をペルー Satipo 産の名義タイプ亜種 *annulata* で図示・記載する。

【分類学的知見】 ウラナミタテハから最近分けられた種で，ウラナミタテハに極めて似ているが，特に幼生期では明白な相違が見られ，明らかな別種である。

【成虫】 ウラナミタテハに比べて，①やや大きい，②翅表の黒みが強い，③翅裏の外縁にそう黒色波状紋列が三角形状にならずほぼ平行である，などが差異となっている。

図176　吸水するオオウラナミタテハ *Colobura annulata annulata* ♂(Peru)

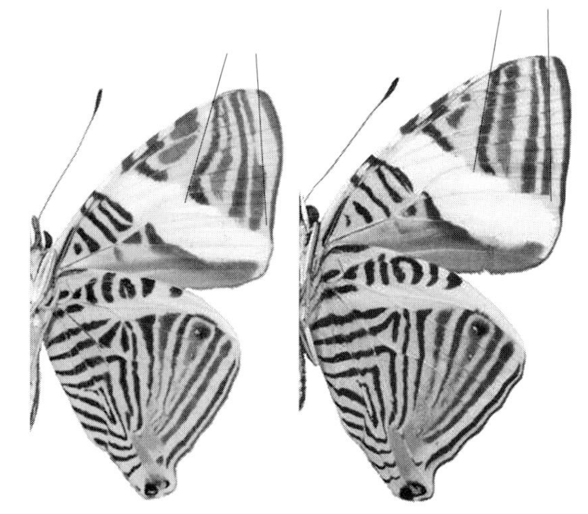

図177　ウラナミタテハ *Colobura dirce*(左，4本の黒色条は前縁に向かって狭まる)とオオウラナミタテハ *Colobura annulata*(右，4本の黒色条はほぼ平行)

ペルーではウラナミタテハとほとんど同所的に分布していて，路上に下りて吸水するなどであまり差がないようであるが，幼生期では生活上の棲み分けが見られる。

【卵】 白色で70卵程度の卵群で産下される(Wahlberg, 2009，web サイト tolweb.org/Colobura_annulata/77174)。

【幼虫】 ペルー Satipo の低地川原の周囲に生じる食草の *Cecropia* から4齢幼虫を発見した。幼虫は約50頭でコロニーをつくり，葉裏に静止していた。突起を含め全身が黒色であるが腹部の各節後縁寄りに顕著な淡黄色の斑紋を生じることでウラナミタテハと異なる。眠に入ると幼虫は食樹の葉裏に集合して静止している。終齢幼虫は黒色地に4齢期同様の顕著な黄色みを帯びた白色斑紋を配列する。さらに頭部角状突起と胴部の棘状突起はすべて濃黄色となり，極めて目立つ配色となる。終齢末期の個体は，同時に飼育していたウラナミタテハに比較すると明らかに大きい。5齢期は6日程度。幼虫の色彩斑紋と大きさ，さらに幼虫は成葉を食べて集団生活をするなど，ウラナミタテハとかなり異なった部分がある。

【蛹】 ウラナミタテハに極めて似ているが頭部突起がやや発達する，第5腹節背面の突起が顕著などの特徴がある。色彩は個体変異を加味すると2種に大きな相違はないようで，幼虫に見られるような明白な識別点が少ない。

【食草】 イラクサ科の *Cecropia*。ウラナミタテハとほぼ同様の植物と思われるが林内に生じる成木であり，また硬い成葉を好むように感じる。

【分布】 メキシコからアマゾン川流域，ボリビアにかけて広く分布する。ウラナミタテハと同所的分布と思われるが，空間的・時間的な棲み分けがあるのかもしれない。

ウラジャノメタテハ属
Smyrna Hübner, [1823]

【分類学的知見】 幼生期からは分類の位置を明確に定めることができない中間的な形質をもつ。2種を含む。

【成虫】 翅裏に蛇の目模様をもつ。たくさんの個体が吸水のために集まる。

【卵】 2種とも幼生期が確認されている。
【幼虫】 棘状突起の配列はヒオドシチョウ族とコノハチョウ族の中間である。
【蛹】 突起がなく丸みをもち特異。
【分布】 中・南米の熱帯域に分布する。

ウラジャノメタテハ p. 100,215
Smyrna blomfildia (Fabricius, 1781)
蛹をメキシコXilitla産の亜種 *datis* Fruhstorfer, 1908で図示・記載する。
【成虫】 翅表は黄褐色で翅頂が黒い。♀はややくすんだ色彩。裏面は複雑な模様で蛇の目紋が加わる。成虫は普通に見かけ，人工的なトラップにも容易に引き寄せられる。
【卵】 球形で底部は平ら，10条程度の縦条がある。色彩は淡緑色。
【幼虫】 黒色の地に白色の斑紋を装う。背中線を含め，白色の棘状突起を生じる。その配列はヒオドシチョウ族に共通するが，第8腹節の背中線の前後に2本を生じる(コノハチョウ族の特徴)など異質な部分もある。
【蛹】 近縁の属と共通するところがなく，全体に突出部が少なく丸みをもち，タテハモドキ類の蛹を思わせる。色彩は褐色に黒色の不規則な斑紋が散在する。
【食草】 イラクサ科の *Urera baccifera*，*Urticastrum* など。前者は林縁の明るい場所でよく見かける。1m以上に生育する大型のイラクサで，通年を通したくさんの実をつけている。茎や葉には大きく鋭い棘を生じる。
【分布】 メキシコから中・南米の熱帯域に広く分布する。

メキシコウラジャノメタテハ p. 215
Smyrna karwinskii Geyer, [1833]
【成虫】 形態はウラジャノメタテハに似ている。物置などの人工物のなかで多くの個体が集団越冬をする記録がある(webサイト，butterfliesofamerica)。
【幼生期】 Muyshondt & Muyshondt(1978b)を参考に記載する。
【卵】 ウラジャノメタテハに似ている。
【幼虫】 4齢幼虫は黒色地に淡黄色斑を多数散在するが，終齢になると一変して不規則な黒色の霜降り模様となる。
【蛹】 ウラジャノメタテハよりも突起が顕著で色彩は淡褐色。
【食草】 イラクサ科の *Urticastrum mexicanum*，*Urera caracasana* など。
【分布】 メキシコ〜ニカラグアなど北部に偏り，ウラジャノメタテハと代置関係になっている。

ヒメウラナミタテハ属
Tigridia Hübner, [1819]

【分類学的知見】 1種のみを含む。ウラナミタテハ属などに近い。

ヒメウラナミタテハ p. 215
Tigridia acesta (Linnaeus, 1758)
【成虫】 ウラナミタテハ亜族内では小型で異質の感じを受ける。翅表はウラジャノメタテハ属に似た斑紋であるが，翅裏は波状の斑紋があり個性的である。開けた林間などの河床で吸水する個体をよく見かける。
【幼生期】 webサイト(butterfliesofamerica)を参考に記載する。
【卵】 未確認。
【幼虫】 頭部に長い角状突起を有し，第9腹節に棘状突起を欠くことなどカバタテハ亜科の特徴をもつ。色彩は褐色地に黒色と白色の斑紋を散在する。頭部突起，胴部の棘状突起はともに長く，黒色である。
【蛹】 色彩や形態はウラナミタテハ属に似ている。頭部突起は長く，左右で閉じる。
【食草】 イラクサ科の *Cecropia* などを食べる。
【分布】 コスタリカからアマゾン川流域に分布する。

キミスジ亜族
Symbrenthiina

【分類学的知見】 3属を含み，幼生期に特色があり，後述するヒオドシチョウ亜族と明確に分けることができる。本書では，キミスジ亜族を設立する。
【成虫】 属により，それぞれが一見かなり異なった印象がある。
【卵】 卵群で産下される。ときに数珠状に積み重ねられる。
【幼虫】 群生する。腹部第9節に棘状突起を欠き，ヒオドシチョウ亜族との大きな違いとなっており，亜族としてのカテゴリーの基本的な特徴となっている。
【蛹】 ヒオドシチョウ亜族より細めで突起が発達する。
【食草】 イラクサ科。
【分布】 ユーラシア大陸からオーストラリア大陸まで分布する。3属の分布はサカハチチョウ属が旧北区に，キミスジ属が東洋区に，カザリタテハ属がオセアニア区で，明瞭な棲み分けが見られる。

サカハチチョウ属
Araschnia Hübner, 1819

【成虫】 年2化が一般的で，♂♀とも斑紋の相違が顕著な季節型を生じる。
【卵】 数珠状に積み重ねて産下される。
【幼虫】 群生する。形態的にはキミスジ亜族のほかの2属と異なるところがない。
【蛹】 細身で背面の突起が顕著。蛹で越冬する。
【食草】 イラクサ科。
【分布】 ユーラシア大陸の温〜冷帯地方に8種が分布する。

サカハチチョウ p. 100,216
Araschnia burejana (Bremer, 1861)
終齢幼虫および蛹を福島県会津若松市産の日本産亜種

strigosa Butler, 1866 で図示・記載する。
手代木(1990)に詳細な記述がある。
【成虫】 通常年2回の発生で顕著な季節型を生じる。林間の渓谷に生じる低い草木上を飛翔したり静止したりする行動を繰り返す。
【卵】 卵高の高い卵形で14条程度の縦条がある。
【幼虫】 終齢幼虫は黒褐色で頭部には長い角状突起を生じる。
【蛹】 細長く頭部や前翅基部，胸部背面などに突起を生じる。全体に黒褐色で斑紋は黄金色に輝く。
【食草】 イラクサ科のコアカソを主に，アカソ，ヤブマオ，ホソバイラクサ，ムカゴイラクサなども食べる。
【分布】 チベットから中国，アムール川流域，朝鮮半島を経て日本まで分布する。

アカマダラ　p. 100

Araschnia levana (Linnaeus, 1758)
終齢幼虫および蛹を北海道旭川市産の日本産亜種 *obscura* Fenton, 1882 で図示・記載する。
手代木(1990)に詳細な記述がある。
【成虫】 サカハチチョウよりも小型で，習性はほとんど同じ。
【卵】 丸みのある円柱形で14，15条の縦条がある。
【幼虫】 終齢幼虫は黒褐色で頭部の角状突起はサカハチチョウよりもかなり短い。
【蛹】 サカハチチョウよりも突起の発達が弱い。
【食草】 イラクサ科のホソバイラクサ，エゾイラクサなどでサカハチチョウよりもその範囲は狭い。
【分布】 ヨーロッパから中国，ウスリー，アムール川流域を経て朝鮮半島，日本の北海道にかけて分布する。

オオサカハチチョウ　p. 216

Araschnia davidis Poujade, 1885
【成虫】 サカハチチョウよりも大型で斑紋構成も明瞭である。
【卵】【幼虫】【蛹】【食草】 未解明。
【分布】 チベットから中国中部にかけて分布する。

キミスジ属
Symbrenthia Hübner, 1819

【成虫】 黄橙色の三筋型斑紋で，この特徴が和名となっているが，ミスジチョウの仲間ではない。サカハチチョウ属よりも飛翔などの行動が活発である。
【卵】【幼虫】【蛹】 幼生期の基本的な形態はサカハチチョウ属と異なるところがない。
【食草】 近縁属と同様にイラクサ科である。
【分布】 アジアの亜熱帯～熱帯地方に15種を産する。

キミスジ　p. 101,216

Symbrenthia lilaea (Hewitson, 1864)
卵から蛹までのすべてを台湾圓通寺産の亜種 *formosana* Fruhstorfer, 1908 で図示・記載する。
【成虫】 山道などの日の当たるところを活発に飛ぶのをよく見かける。また，路上に吸水に下りていることも多く，これらの習性がキミスジ属に共通している。ヒメキミスジのように湿潤な地に局限されることはない。これは幼虫の食草に起因しているものと思われる。
♀は1卵ずつ産下し，卵群をつくることはない。
【卵】 卵幅0.80 mm，卵高0.88 mm程度で10本前後の縦条が走る。色彩は淡黄緑色。
【幼虫】 1齢幼虫は黒褐色で光沢があり，葉裏に潜み，通常体をCまたはJ字状に曲げている。葉裏から表に向かって丸い孔を開けるようにして摂食する。4齢までは葉裏生活をするが，5(終)齢になると葉表に静止している。同様に胴部をCまたはJ字状に曲げている。頭部の色彩が褐色となり胴部にも橙色の小斑紋を生じる。
【蛹】 頭部突起がやや長く内側を向く。全体に細身で背面から見ると翅部の湾曲が強い。背面にわずかに光る黄金斑をもつ。
【食草】 台湾ではイラクサ科のヤナギイチゴ，キダチマオウ(*Ephedrasinica*)，カラムシなど，そのほかの地域でも同属の種やイラクサ科のハドノキ属なども確認され，食草の範囲はかなり広い。アオカラムシやエゾイラクサで十分成長する。
【分布】 北部インドから中国，台湾，マレー半島にかけて分布する。

ヒメキミスジ　p. 102,216

Symbrenthia hypselis (Godart, [1824])
卵から蛹までのすべてを西マレーシアTapah産の亜種 *sinis* de Nicéville, 1891 で図示・記載する。
【成虫】 西マレーシアでは小さな渓流のある湿潤な一角に見られた。ここは原生林内の木漏れ日が当たるところで，少量の水の流れがあり，食草のウワバミソウ属が生じていた。ときおり現れ，陽光の差し込む葉上や岩上に静止したり，再び飛翔を繰り返したりという行動をとる。このような環境は現地でも限定され，本種が局所的な分布をする要因になっているものと思われる。
【卵】 卵幅0.67 mm，卵高0.78 mm程度でキミスジより若干小さい。10本の縦条があるが横条は確認しがたい。色彩はキミスジと異なり，産卵当初より強く褐色を帯びる。
【幼虫】 1齢幼虫は色彩が淡い黄緑色で葉裏に潜み，葉に孔を開けるようにして摂食する。静止時には体をC字状に曲げている。2齢になると体色がより濃い緑色を呈し，棘状突起を生じる。3齢幼虫は濃緑色で黒色と白色の棘状突起を有する。同様に葉裏生活をし，葉縁から食べる。4齢幼虫は背面や気門下線に顕著な白色斑紋を生じ，葉表にも現れる。5(終)齢幼虫は葉表生活となり，葉を不規則に摂食する。胴部の色彩にはいくつかの型があるとともに黄白色斑紋の多少に個体差がある。すなわち，①背面・側面に顕著な黄白色斑紋を生じる，②背面に黄白色斑紋を生じるが側面にそれを欠く，③背面に斑紋を欠き，側面にのみ顕著な黄白色斑紋を生じる，などである。図示の個体は③の場合である。これは1頭の♀から同一条件下で生じたもので，何らかの遺伝的なメカニズムが働いているものと思われる。頭部にはキミスジよりも明確な角状突起を有する。

【蛹】 灰褐色で頭部の突起はキミスジより短い。
【食草】 西マレーシアではイラクサ科のウワバミソウ属。これは日本のウワバミソウに近似する。幼虫はウワバミソウで問題なく生育する。ボルネオではジャノメスミナガシと食草を同じくし，イラクサ科サンショウソウ属(ウワバミソウ属とされることもある)の *Pellionia scabra* から幼虫を発見した。そのほか同科の *Pouzolzia elegans* など。
【分布】 インド北部から中国南部を経てインドシナ半島，マレー半島，スマトラ，ボルネオ，ジャワの各島および台湾，パラワンの各諸島。台湾ではキミスジより個体数が少ない。

モルッカキミスジ p. 102,146,216
Symbrenthia hippoclus (Cramer, [1779])
終齢幼虫および蛹をインドネシア・アンボン島産の名義タイプ亜種 *hippoclus* で図示・記載する。
【成虫】 小型のキミスジで♂は林縁や林内の伐採地などの明るいところに現れ活発に飛翔する。台湾のキミスジとよく似ているが裏面の後翅の斑紋が若干異なる。
【卵】 未確認。
【幼虫】 周辺が伐採されて明るい環境に生じるオオイワガネの1種の葉裏に潜む3齢幼虫群を発見した。翌日は4齢になり，さらに2日後に5(終)齢になった。終齢期まで幼虫は個体どうしが密に接している。幼虫の頭部に突起を欠く。食樹の葉に密着して静止するため胴部は扁平な印象を受ける。頭部前額部をつねに上にして静止する。胴部の色彩は濃灰褐色でわずかに白紋と小白点が散在する程度で，ほかに目立った斑紋はない。棘状突起は気門下線が黄色で，ほかはすべて黒褐色。5齢期は2日間でその後蛹化した。
【蛹】 蛹期は8日間。形態はヒメキミスジに似ている。色彩は濃褐色で顕著な斑紋を欠く。背面に弱い光沢のある斑紋を生じる。
【食草】 イラクサ科 *Pipturus argenteus*。
【分布】 スンダランド，フィリピンからスラウェシの各島を経てモルッカ，ニューギニア近隣諸島に広く分布。

オナガキミスジ p. 216
Symbrenthia intricata Fruhstorfer, 1897
【成虫】 後翅に長い尾状突起を備える。2000年7月末，スラウェシ(Palu)のやや二次林の混じる樹林帯の渓流ぞいで2♂を採集した。当時は珍しい種とされていた。
【卵】【幼虫】【蛹】【食草】 未解明。
【分布】 インドネシアのスラウェシ島中部特産の種。

ゴシキキミスジ p. 216
Symbrenthia hippalus (C. & R. Felder, [1867])
【成虫】 キミスジ属内では異例の色彩斑紋で，翅表の白色と裏面の多彩な配色などはキミスジ属というよりも近縁属のカザリタテハ属を思わせる。
【卵】【幼虫】【蛹】【食草】 未解明。
【分布】 インドネシアのスラウェシ島特産種。

カザリタテハ属
Mynes Boisduval, [1832]

【成虫】 翅表は白色で翅裏は赤・黄・青などの色が混じり合い，シロチョウ科のカザリシロチョウ属 *Delias* に似ていて擬態関係になっているのかもしれない。
幼生期については一部が知られる。
【卵】 卵群で産下される。
【幼虫】 群居生活をする。第9腹節の棘状突起を欠き，キミスジ亜族として幼生期の習性も共通している。
【蛹】 全形が細めであることはキミスジ亜族の特徴。
【食草】 イラクサ科の *Dendrocnide*，*Pipturus* など。
【分布】 オセアニア地方に10種程度が分布する。

ハルマヘラカザリタテハ p. 216
Mynes plateni Staudinger, 1887
【成虫】 翅表は青色光沢のある黒色部が多い。翅裏は個体変異が多く，後翅の黄色紋を消失する個体もある。
【卵】【幼虫】【蛹】【食草】 未解明。
【分布】 ハルマヘラ，バチャン，モロタイなどインドネシアの北マルク諸島に分布する。

パプアカザリタテハ p. 134,216
Mynes geoffroyi (Guérin-Méneville, 1830)
4齢幼虫と蛹をwebサイト(lepidoptera.butterflyhouse.com.au/nymp/geoffr.html)を参考に図示する。
【成虫】 やや小型で翅表はハルマヘラカザリタテハよりも白色部が多いが翅裏はそれよりも集約された斑紋である。葉表に卵群を産下する。
【幼生期】 webサイト(lepidoptera.butterflyhouse.com.au/nymp/geoffr.html)を参考に記載する。
【卵】 球形で緑色，12条前後の顕著な縦条がある。
【幼虫】 4齢幼虫は黒色で白色の小斑点を散在し，淡紅色の棘状突起を生じる。5(終)齢幼虫は灰褐色で白色小斑点を散在する。
【蛹】 突起の発達が弱く全体が細め，色彩は灰色や赤みの強い個体など，変異がある。
【食草】 イラクサ科の *Pipturus argenteus* や *Dendrocnide moroides* などを食べる。
【分布】 ニューギニアからオーストラリア北部にかけて分布する。

ヒオドシチョウ亜族
Nymphalina

【分類学的知見】 キミスジ亜族との相違はキミスジ亜族の解説で記した通りで，本書ではヒオドシチョウ亜族を設立する。本亜族内の属には，特に形態や生活史上にそれぞれの個性があり，成虫は属ごとに明確な特徴をもつ。各属内の種数は少ない。幼生期から考察した属の系統的な構成は次のように考える。

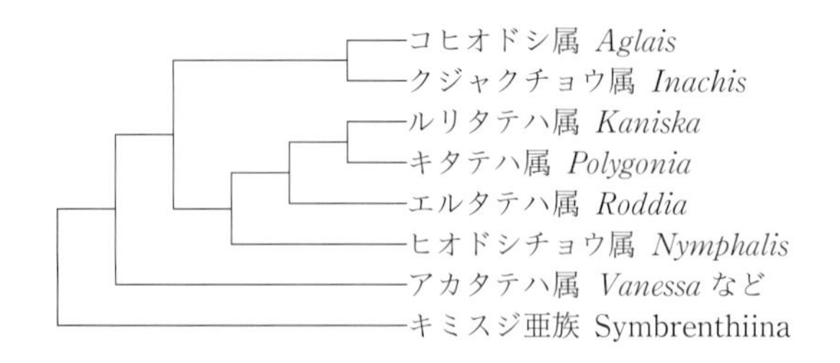

含まれる種すべてをヒオドシチョウ属1属として扱い，このなかの *Nymphalis*，*Euvanessa*，*Aglais*，*Inachis*，*Roddia*，*Polygonia*，*Kaniska* を亜属として扱う考えもある(Belicek, 2013)。

【成虫】 前後翅外縁の凹凸が顕著で，ギザギザタテハ＝Tortoiseshells または Anglewing butterflies(外縁に角張った切り込みのあるチョウ)と別称され，斑紋は多様である。成虫で越冬する。

【卵】 やや卵高が高い半球形で顕著な縦条がある。

【幼虫】 棘状突起の配列は共通するが，背線列では一部を欠く，または消滅する属がある。

【蛹】 キミスジ亜族よりもやや太めで体表の突起は発達する種が多い。

【食草】 アサ科，イラクサ科が主。

【分布】 旧北区に多様化した一群があり，一部が熱帯アジア，さらにアフリカ熱帯区と新熱帯区に特色のある属が分布する。

ヒオドシチョウ属
Nymphalis Kluk, 1780

【分類学的知見】 さらにヒオドシチョウ亜属 *Nymphalis* およびキベリタテハ亜属 *Euvanessa* に細分され，前者に3種，後者に2種が含まれる。

【成虫】 中型で，*Nymphalis* 亜属は橙褐色，*Euvanessa* は黒褐色を基調色とする。卵群を産下する。

【卵】 卵形で縦条は10条程度で少ない。

【幼虫】 群生する。棘状突起は背中線列で消滅する部位がある。

【蛹】 中胸背面が強く突出する。色彩は白色粉を吹いたようである。

【食草】 イラクサ科を離れて多様で，ヤナギ科やアサ科などの木本植物である。

【分布】 全北区に分布する。

ヒオドシチョウ　p. 103
Nymphalis (*Nymphalis*) *xanthomelas* (Esper, 1781)

終齢幼虫および蛹を愛知県名古屋市産の日本産亜種 *japonica* (stichel, 1902)で図示・記載する。

手代木(1990)に詳細な記述がある。

【成虫】 年1化で食樹の萌芽する春に♀が産卵し，初夏に成虫が現れる。その後しばらくの間は活発に活動するが盛夏から冬に至るまでの活動は鈍く観察の機会が少ない。成虫で越冬し，早春には活動を開始する。この季には平地にも現れて陽光の下を盛んに飛翔する。

【卵】 卵塊で産下される。色彩は緑色。

【幼虫】 集合生活をする。終齢幼虫は黒褐色に淡黄色の小斑紋を散在する。棘状突起は分枝が少なく，背中線では腹部の後半にのみ生じる。蛹化時も集合性が失われず比較的狭い範囲で行われ，同一箇所で複数の個体が発見される。

【蛹】 頭部や胴部に鋭い突起を生じる。色彩は赤褐色みを帯びた灰色で，胸部の突起が金属光沢をもつことはない。

【食草】 主としてアサ科でエノキを利用することが多いが，そのほかニレ科のニレ属やケヤキ属，ヤナギ科のいろいろなヤナギ属などにも及ぶ。エノキ属とヤナギ属という食性はコムラサキ亜科内のそれと共通する。

【分布】 ヨーロッパ西部から中国を経て朝鮮半島，日本，台湾にかけて分布する。

キベリタテハ　p. 103,216
Nymphalis (*Euvanessa*) *antiopa* (Linnaeus, 1758)

終齢幼虫および蛹を栃木県日光市産の日本産亜種 *asopos* (Fruhstorfer, 1909)で図示・記載する。

手代木(1990)に詳細な記述がある。

【分類学的知見】 ヒオドシチョウ亜属と成虫の色彩斑紋が著しく異なるが，幼生期は共通する。

【成虫】 個性的な色彩斑紋で，ヒオドシチョウとは異質な感があり，稀種として著名なメキシコ〜エルサルバドルに分布する *N. cyanomelas* (Doubleday, [1848])とともに表記の亜属名を使われることもある。生息地はヒオドシチョウよりも標高が高く，寄主植物の生じる1,000 m以上の地である。産卵はかなり遅く6月以降で，成虫の発生は7月下旬を過ぎる。しばらく羽化した場所を生活圏としているが，晩夏以降には低標高地にも現れ，崖や川原，さらに果樹園などで姿を見る。

【卵】 卵塊で産下される。色彩は金茶色で強い光沢がある。

【幼虫】 集合生活をする。終齢幼虫は黒色で背線に橙褐色の斑紋が配列する。棘状突起は分枝がほとんどない。

【蛹】 ヒオドシチョウに似ているがやや灰色みが少なく，淡褐色で金属光沢の斑紋はない。

【食草】 カバノキ科のダケカンバ，ウダイカンバのほかヤナギ科のドロノキ，バッコヤナギも食べる。♀が産卵する食樹は毎年ほぼ同一木で，空間に枝が張り出したような木が選ばれる。海外ではこれよりも食草の範囲が広く，ニレ科，バラ科などに及ぶ。

【分布】 日本では局所的な分布だが，世界的にはユーラシア大陸から北米を経てメキシコに分布が及び，普通に見られる地域もあり，食性に関する要因と思われる。

エルタテハ属
Roddia Korshunov, 1995

【分類学的知見】 エルタテハ(*j-album* とされる亜種を含めて)1種からなる。エルタテハは一般にヒオドシチョウ属に含められることが多いが，幼生期ではヒオドシチョウ属とキタテハ属の中間的形質を所有し，形態はキタテハ属に，生活史はヒオドシチョウ属に似ているという特徴がある。

エルタテハ p. 103,216

Roddia l-album (Esper, 1781)

終齢幼虫および蛹を山形県天元台産の日本産亜種 *samurai* (Fruhstorfer, 1907) で図示・記載する。

手代木(1990)に詳細な記述がある。

【分類学的知見】 種小名を *vau-album* とすることもあり(川副・若林，1976など)，異論のあるところだが，本書では白水(2006)を採用した。しかし *N. vau-album* ([Denis & Schiffermüller], 1775)を考慮するとシノニムの問題が考えられる。所属する属名(*Nymphalis*，*Roddia*，*Polygonia*)とともに課題が残る。

【成虫】 年1化で習性はキベリタテハと共通する。

【卵】 卵高の高い半球形で緑色。

【幼虫】 終齢幼虫は黒色で，背面に顕著な白色斑紋が配列する。頭部にはキタテハ属に特徴的な短い角状突起が生じる。

【蛹】 キタテハ属に共通し，胴部背面に金属光沢のある斑紋を有する。

【食草】 2極化の傾向があり，ニレ科のニレ属かカバノキ科のカバノキ属である。ハルニレ，ダケカンバ，さらにヤナギ科のバッコヤナギなども含まれる。

【分布】 東ヨーロッパからアジアを経て日本に分布する。

コヒオドシ属
Aglais Dalman, 1816

【分類学的知見】 5，6種を含み，高地寒冷地に残されたレリック的存在である。

【成虫】 斑紋はヒオドシチョウに似ているが小型。

【卵】 卵高が著しく高く，9本程度の鋭い縦条がある。

【幼虫】 群棲する。棘状突起の配列はヒオドシチョウ亜族の範囲内。

【蛹】 突起は小型で強い光沢のある黄金色。

【食草】 イラクサ科のイラクサ属など。

【分布】 ヨーロッパからアジアの冷温帯，高地。

コヒオドシ(ヒメヒオドシ) p. 104,217

Aglais urticae (Linnaeus, 1758)

終齢幼虫および蛹を北海道旭川市産の亜種 *connexa* (Butler, [1882]) で図示・記載する。

手代木(1990)に詳細な記述がある。

【分類学的知見】 北海道産は亜種 *connexa* (Butler, [1882])，本州産は亜種 *esakii* Kurosawa & Fujioka, 1975 とされる。

【成虫】 日本では年1回7，8月に発生するが，7月にすでに産卵したと思われる卵塊を発見することもあり(北海道層雲峡)，多化性の性質をもっているようである。ヨーロッパでは複数回の発生がある。成虫は渓谷や山道などを活発に飛翔したり訪花したりする。

【卵】 卵塊で産下される。卵高が著しく高く，9本程度の鋭い縦条がある。

【幼虫】 群居生活をする。終齢幼虫は黒色に淡黄色の小斑紋を散在し，特に気門周辺に顕著に生じる。

【蛹】 淡黄褐色で全体が黄金色の光沢をもつ。

【食草】 イラクサ科のイラクサ，エゾイラクサ，ホソバイラクサなどを食べる。

【分布】 ヨーロッパからアジアの冷温帯，シベリア，朝鮮半島を経て日本まで広く分布するが，日本では北海道の低地から高地までと本州中部の高山帯のみに分布する。

コルシカコヒオドシ p. 217

Aglais ichnusa (Hübner, [1823-1824])

【分類学的知見】 コヒオドシとの関係はキアゲハ *Papilio machaon* と *P. hospiton* と同様と推定される。図示の個体はやや異常型のようである。

【成虫】 コヒオドシに似ている。標本は少ない。

【卵】【幼虫】【蛹】【食草】 未解明。

【分布】 フランス領コルス島とイタリアのサルデーニャ島にのみ分布する。

ヒマラヤコヒオドシ p. 217

Aglais ladakensis (Moore, 1878)

【成虫】 外縁の切れ込みが少なく全体に丸みをもち，黒色斑は融合している。

【卵】【幼虫】【蛹】【食草】 未解明。

【分布】 ヒマラヤ西部からチベットに分布する。

クジャクチョウ属
Inachis Hübner, [1819]

【分類学的知見】 クジャクチョウ1種のみからなり，やや広義で分類すればコヒオドシ属に含める考えもあるが，幼生期の形態では属としての特性がある。

【成虫】 斑紋は特異でほかの属には類例がない。

クジャクチョウ p. 104,217

Inachis io (Linnaeus, 1758)

終齢幼虫および蛹を福島県白河市産の日本産亜種 *geisha* (Stichel, 1908) で図示・記載する。

手代木(1990)に詳細な記述がある。

【成虫】 前後翅に大きな眼状紋を備える特異な斑紋をもつ。通常年2回発生するが顕著な季節型はない。早春の暖かい日には低地の田畑などにも現れて活発に飛翔する。

【卵】 卵塊で産下される。

【幼虫】 集合生活をする。終齢幼虫は漆黒色でわずかに白色の小斑紋を点在する。胴部に生じる棘状突起は大型であるが，背中線および胸部・第1腹節気門上線部で欠いていることが大きな特色である。幼虫の棘状突起の数が少なく，特に背中線上に欠くことはヒオドシチョウ亜族の特色内と考えることができる。このことは系統性を意味するものではなく，単に退行化現象にともなう極性で，幼虫の集合性に関わる二次的な適合性と考える。

【蛹】 やや細身で淡黄緑〜黄褐色である。

【食草】 アサ科のカラハナソウを利用することが多く，そのほかイラクサ科のイラクサ，エゾイラクサ，ホソバイラクサなどを食べる。

【分布】 ヨーロッパからアジアの冷・温帯を経て日本まで広く分布する。

キタテハ属
Polygonia Hübner, [1819]

【成虫】 形態はエルタテハ属などの近縁属と大きな違いはないが，属内ではまとまっている。
【卵】 ヒオドシチョウ亜族の範囲内である。
【幼虫】 黒褐色に白～黄色の網目模様を有し，黄色の棘状突起を生じる。1齢幼虫の刺毛配列では2次刺毛を加えるのも本属の特色である。
【蛹】 基本的形態はヒオドシチョウ亜族の特徴があり，さらに背面に黄金斑を装う。
【食草】 クワ科やニレ科。
【分布】 全北区に14種を産し，特に北米に多い。

キタテハ　p. 105
Polygonia c-aureum (Linnaeus, 1758)
終齢幼虫および蛹を福島県白河市産の日本産名義タイプ亜種 *c-aureum* で図示・記載する。
手代木(1990)に詳細な記述がある。
【成虫】 年2～4回発生を繰り返し，夏季と秋季にそれぞれの季節型が現れ，秋型が越冬する。翌早春に再び活発に活動を始め，芽生えたばかりの食草に産卵する。
【卵】 底面が平らな卵型で色彩は黄緑色。
【幼虫】 終齢幼虫は食草の葉を綴って中に潜み，通常は体の節を縮めてやや膨らんだ形状をしている。黒褐色に白～黄色の網目様の斑紋があり，棘状突起は黄色で分枝は黒色である。
【蛹】 黄褐色で黄金色の斑紋がある。
【食草】 アサ科のカナムグラを食べるため，都会の空き地にも発生することがある。そのほかカラハナソウも食べる。
【分布】 インドシナ半島東部から中国，アムール川流域，朝鮮半島を経て日本，台湾に分布する。台湾では分布が限られる。

シータテハ　p. 105
Polygonia c-album (Linaeus, 1758)
終齢幼虫および蛹を山梨県大和村初鹿野産亜種 *hamigera* (Butler, 1877)で図示・記載する。
手代木(1990)に詳細な記述がある。
【分類学的知見】 日本産は，北海道に分布する亜種 *hokkaidensis* Nomura, 1937と本州に分布する亜種 *hamigera* (Butler, 1877)に分類される。
【成虫】 活動は活発で，樹液に飛来したり花で吸蜜したりすることが多い。日本では年2化あるいは寒冷地では1化で，2化が生じる地域ではキタテハ同様に季節型が生じる。
【卵】 キタテハよりも卵高が高く，色彩は濃緑色。
【幼虫】 終齢幼虫はキタテハに似ているが，気門線より背面の棘状突起や斑紋は白色で，それより下方は黄褐色である。
【蛹】 キタテハに似ているが，頭部突起が内側に湾曲し中胸背面の突起はやや小さい。色彩は灰褐色で同様に黄金斑紋をもつ。
【食草】 アサ科であるが，キタテハの主食草であるカナムグラを利用することはなく，カラハナソウ，あるいはエノキ，ニレ科のハルニレ，アキニレ，イラクサ科のホソバイラクサなどを利用する。
【分布】 キタテハよりも広くヨーロッパ，アフリカ北部に及び，インド北部を経て中国，朝鮮半島，日本，台湾に及ぶ。キタテハが平地性なのに対し，本種は山地性である。台湾では高地に生息している。

コガネキタテハ　p. 106,217
Polygonia satyrus (Edwards, 1869)
卵から蛹までのすべてをアメリカ合衆国カリフォルニア州 Alameda county 産の名義タイプ亜種 *satyrus* で図示・記載する。
【成虫】 小型のキタテハで，翅表は他種より黄金色みが強い。山地の渓谷や谷底のような環境に生息し，年数回の発生をする。成虫で越冬し，翌春交尾する。♂♀とも花で吸蜜したり，路上で吸水したりするなど日本のシータテハなどと同様である。
【卵】 卵幅0.74 mm，卵高0.76 mm程度。斑点混じりの黄緑色で日本産のキタテハによく似ている。10条前後の鋭い縦条がある。
【幼虫】 1齢幼虫の頭部は黒色，胴部は緑褐色で直線状の長い刺毛を生じる。気門下線のそれは本属特有の2次刺毛を生じる。日齢を経ると2齢期の棘状突起部が白くなる。葉裏に静止し，葉裏から孔を開けて摂食，しだいにそれを大きくしながら食べ続ける。4日後に2齢となる。白色と黒色の棘状突起を生じる。さらに4日後に3齢となる。葉裏に静止し体をC(またはその逆)字状に曲げている。葉の重なった部分に糸を張ってその中に潜ることがある。背面の棘状突起は3対が白色，ほかは黒色，気門下線部に白色の縦条が現れ，棘状突起も同様に白色。4齢幼虫は葉裏に潜み葉縁から食べる。背面棘状突起はすべて白色となり背面の白色部が拡大する。3日ほどで5(終)齢に達し，同様に葉裏生活をする。日齢を経るごとに胴部の白色斑紋は拡大し，齢末期には白色みの強い色彩となる。頭部は黒色で顕著な1対の突起を生じる。第8腹節の背線棘状突起は前縁寄りに1本を生じ，後縁のそれはイボ状で小さいが，これはヒオドシチョウ族の特色である。下腹部には長い刺毛が多い。5日後に蛹化する。
【蛹】 中胸背面や腹部各節の突起が目立つ基本的な本族の形態である。色彩は黄褐色で背面に3対の黄金斑が生じる。
【食草】 イラクサ科の *Urtica dioica*，アサ科のカラハナソウが現地の主食餌植物となっている。カラハナソウでは順調に生育するが，同属のカナムグラでは完全に育てられない。アサ科のエノキで育つこともある。ハルニレも食べる。
【分布】 カナダの南部からアメリカ合衆国の北部，西部。

クエスチョンマークキタテハ p. 106,146,217

Polygonia interrogationis (Fabricius, 1798)

終齢幼虫および蛹をアメリカ合衆国ワシントン州産の名義タイプ亜種 *interrogationis* で図示・記載する。

【成虫】 キタテハ属のなかでは大型で，後翅の長い尾状突起とその周辺の藤色が特徴のアメリカ合衆国を代表するタテハチョウである。後翅裏面の斑紋が「？」に似ていることからアメリカ合衆国では「Question Mark」と呼ばれ，日本のＣタテハやＬタテハと同様の呼称である。季節型があり夏型は黒化し後翅がほとんど黒色になるが，秋型は黄橙色～赤褐色で尾状突起周辺は灰青紫色に彩られる。湿地で吸水したり獣糞や腐果で吸汁したりする。♂は午後に活発な配偶行動をとる。

【卵】 卵高の高い半球形で緑色。1卵または数卵が積み重ねられて産下される。

【幼虫】 孵化した幼虫は葉裏に潜み，摂食して丸い孔をたくさん残す。3齢幼虫は体をＣ字状に曲げて静止している。4齢幼虫も同様にＣ字状に体を曲げて静止しているが，逆Ｃのときもある。頭部は黒色。胴部は黒褐色の個体と褐色の個体の2型があり，前者の棘状突起は橙色，後者は黄色である。ここまでの各齢期は3，4日と早いものから，かなりの日数を要するものまで個体差が大きい。5(終)齢幼虫も4齢期と同様に体色の個体差がある。コガネキタテハとはかなり異なった色彩である。

【蛹】 形はコガネキタテハに似ているが色彩は灰褐色で，背面の黄金斑紋は光沢が弱い。蛹期は11日を要したが，季節により異なると思われる。11，12月の飼育であったが，羽化した個体はすべて夏型であり，その要因は人工下の日長によるものと思われる。

【食草】 ニレ科のニレ属，アサ科のエノキ属が多く，そのほかキタテハ属の一般的な食草である草本のアサ科カラハナソウ属やイラクサ科なども利用される。

【分布】 アメリカ合衆国大西洋側，さらにメキシコまで。

オオキタテハ p. 217

Polygonia gigantea (Leech, 1890)

【成虫】 本属では最大級の大きさで，翅形や斑紋が剛直な印象を受ける。現在のところ日本では成虫標本は少ない。

【卵】【幼虫】【蛹】【食草】 幼生期は一部が知られている(小岩屋，2012，TSU・I・SO)。

【分布】 チベットから中国中部にかけて分布する。

ルリタテハ属
Kaniska Moore, [1899]

【分布】 1種のみからなり，旧北区が主要な分布の近縁属のなかでは唯一熱帯地方にまで分布を広げている。幼虫の食性が広義のユリ科で単子葉食という極めて異例の属であるが，しかし幼生期形態では本亜族の例外ではなく，しばしばキタテハ属に含められることもある。この単子葉食という食性進化については推定が困難だが，ユリ科への食性転換ではワモンチョウ類の *Faunis eumeus*，シジミチョウ科の *Eooxylides* や *Loxura* などでも認められていて特例ではない。

ルリタテハ p. 107,146,217

Kaniska canace (Linnaeus, 1763)

終齢幼虫および蛹を台湾六亀郷二集団産の亜種 *drilon* (Fruhstorfer, 1908)で図示・記載する。

日本産については手代木(1990)に詳細な記述がある。

【分類学的知見】 日本産は，北海道～種子島・屋久島に分布する亜種 *no-japonicum* (Von Siebold, 1824)とトカラ列島以南の南西諸島に分布する亜種 *ishima* (Fruhstorfer, 1899)に分類される。

【成虫】 前翅端の白または青色の斑紋と前後翅を貫く青帯の形状に多くの地理的変異があり，特に島嶼には特色のある個性的な亜種が分布する。日本では成虫越冬であるが，さらに気温の高い地方では通年を通して発生するものと思われる。台湾ではカシ類の樹液に集まり吸汁する個体を多く見かけるが，マレーシアでは標高の高いGenting Highlandなどでたまに見かける。

【卵】 卵高の高い半球形で緑色，台湾産では卵群で産下されることがある。

【幼虫】 習性・形態ともに日本産とほとんど同様である。2，3齢幼虫は葉裏に静止し，体をＣ字状に曲げている。4齢幼虫の棘状突起は黄白色(日本産は黒色)になるが，個体変異の範疇かもしれない。5(終)齢幼虫は葉表に静止し体をＣ字状に曲げていることもあるが，この習性はやや弱くなり，まっすぐに伸ばしていることも多い。頭部および胴部の体色は日本産と変わらない。

【蛹】 頭部突起が日本産は著しく内側に湾曲し釘抜き状となるが，インド産では左右に開くなどの地理的変異が多い。

【食草】 ユリ科，サルトリイバラ科やMelanthaceae。ほかの科はほとんど食べない。その多くはユリ属，サンキライ属およびホトトギス属である。

【分布】 アジアに広く分布し，ヒマラヤ地方から中国，日本を経てマレー半島まで，さらにフィリピン，ボルネオ，スラウェシ，セイロンなどの島嶼に及び，それぞれが亜種として特化している。

アカタテハ属
Vanessa Fabricius, 1807

【分類学的知見】 *Pyrameis* という属名が用いられたり，モンキアカタテハ属，ヒメアカタテハ属をすべてアカタテハ属に含めたりする考えもあり，分類は流動的である。またアフリカに生息する *Antanartia abyssinica* を本属に変更する報告もある(Nakanishi, 1997)。

アカタテハ属および近縁の属を含む残りのヒオドシチョウ亜族の系統の概略は次のように考えられる(Wahlberg *et al*., 2005 参考)。

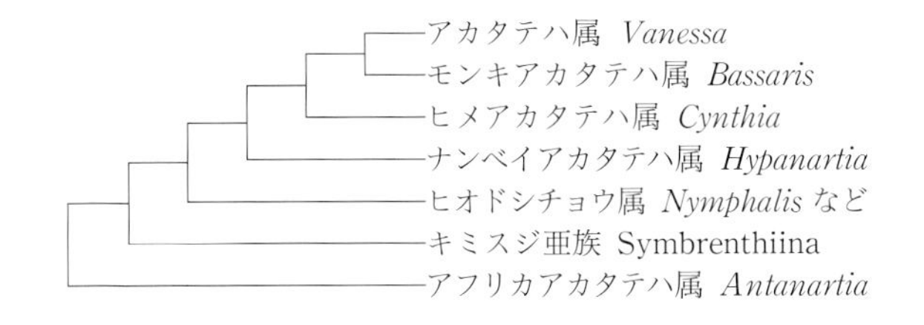

【成虫】 どの種もよく似た斑紋形式で大きな赤い斑紋を配する。
【卵】 卵高の高い半球形で本亜属の範囲。
【幼虫】 食草の両端を綴って巣をつくる習性がある。気門線に明瞭な縦条が走るがほかに顕著な斑紋はなく黄白色の小斑点を密に散在する。体表に生じる刺毛は短い。
【蛹】 鋭い突起を欠き体表はほぼなめらか。白粉を吹いたようで目立った斑紋はない。
【食草】 イラクサ科。
【分布】 全北区の温帯地方から熱帯地方に8，9種が分布する。

アカタテハ p. 107
Vanessa indica (Herbst, 1794)
終齢幼虫および蛹を福島県南会津郡湯の上産の日本産名義タイプ亜種 *indica* で図示・記載する。
手代木(1990)に詳細な記述がある。
【成虫】 山地から平地に生息し都市近郊でも見られることがある。年数回発生する。
【卵】 卵高の高い半球形で10条前後の縦条がある。
【幼虫】 葉の表を内側にして綴り合わせた巣をつくり，中に潜む。終齢幼虫は黒褐色に黄白色の斑紋を散在させ，気門下線には明瞭な縦条が走る。
【蛹】 全体に突起の発達が弱く丸みをもつ。色彩は灰褐色で白粉を吹いたような色調である。
【食草】 イラクサ科のイラクサ属，カラムシ属を食べるほか，日本の都市近郊では最近ニレ科のケヤキの幼木に依存する多くの例を見る。
【分布】 インド北部から中国を経てインドシナ半島，朝鮮半島，日本，台湾などに分布する。

ハワイアカタテハ p. 136,218
Vanessa tameamea (Eschscholtz, 1821)
終齢幼虫および蛹をハワイ島産で図示・記載する。
【分類学的知見】 分子系統学の解析では *Vanessa atalanta* に近いとされる。
【成虫】 アカタテハより大きく，赤色斑は大胆に配置される。山地の森林内に生息し，花で吸蜜したり樹液を吸汁したりする。年間を通して見られる(Scott, 1986)。
【卵】 アカタテハに似て，縦条も10条程度。
【幼虫】 アカタテハなどとはかなり印象が異なり，淡緑色で気門下線を白色の縦条が貫く。また棘状突起は赤褐色で先端が黒色，全体に小さく，背線列を欠くが腹部末端(第10腹節)に生じるそれは著しく大きい。4齢期まではアカタテハ同様の巣をつくる。
【蛹】 アカタテハなどに似ている。淡褐色で黒色斑点が散在する。
【食草】 イラクサ科の *Pipturus albidus* などを食べる。
【分布】 ハワイ島特産種として有名である。

ヨーロッパアカタテハ p. 218
Vanessa atalanta (Linnaeus, 1758)
【成虫】 赤橙色の帯が明瞭である。
【幼生期】 webサイト(bugguide.net/node/view/448)を参考に記載する。
【卵】 アカタテハに似ている。10条前後の明瞭な縦条を有する。
【幼虫】 アカタテハとよく似ている。地色の濃淡は個体変異が多いが気門下線は明瞭な黄白色，体表全体に黄白色小斑点を多数散在する。
【蛹】 アカタテハに似ている。色彩は黄褐色や灰黄色などの変化がある。
【食草】 イラクサ科の *Urtica dioica*，*U. urens* など。
【分布】 ヨーロッパからイラン辺りまでの地域と北米からグアテマラにかけての2地域に飛び地的な分布をし，さらにニュージーランドとハワイ諸島にも分布する。

ジャワアカタテハ p. 218
Vanessa dejeani Godart, [1824]
【成虫】 斑紋は近縁種のような赤色系でなく白と黄色である。
【卵】【幼虫】【蛹】【食草】 未解明。
【分布】 ジャワ，バリ，ロンボクなどの島嶼に分布する。個体数は少ない。

スマトラアカタテハ p. 218
Vanessa samani (Hagen, 1895)
【成虫】 やや小型，橙色紋が広がる個性的な配色である。
【卵】【幼虫】【蛹】【食草】 未解明。
【分布】 スマトラ島特産種で個体数は少ない。

ヒメアフリカアカタテハ p. 218
Vanessa abyssinica (C. & R. Felder, [1867])
【分類学的知見】 従来はアフリカアカタテハ属に分類されていたが，Nakanishi(1989)により幼生期形態からアカタテハ属とされた。
【成虫】 尾状突起がなく，斑紋はアカタテハやアフリカアカタテハに似ている。
【幼生期】 Nakanishi(1989)を参考に記載する。
【卵】 樽型で10，11条の縦条がある。色彩は緑色。
【幼虫】 終齢幼虫は頭部が黒く2本の明褐色の線がある。胴部は黒色で気門下線に白色の縦条が走る。全体に白色の小斑点が散在する。体表に生じる棘状突起は背中線で腹節の第1～3節を欠く。さらに終齢では前胸と第9腹節で消失するという特色がある。
【蛹】 形態はアカタテハに似ている。突起の発達は弱い。色彩は淡褐色で銀色の光沢がある。
【食草】 イラクサ科の *Urtica massaica*。
【分布】 コンゴ民主共和国，ウガンダ，エチオピア，ケニアに分布する。

アフリカアカタテハ p. 218
Vanessa hippomene (Hübner, [1823])
【分類学的知見】 従来はアフリカアカタテハ属とされていが，Wahlberg & Rubinoff(2011)によりアカタテハ属とされた。よって和名の変更が必要である。
【成虫】 ヒメアフリカアカタテハに似ているがそれよりもやや大きい。
【卵】 裁断されたラグビーボール状淡緑色で縦条が著しく発達する(Van Son & Dickson, 1979)。

【幼虫】 Woodhall(2008)と web サイト(www.lepiforum.de/lepiwiki.pl?Antanartia_Borbonica)を参考に記載する。アカタテハなどに似ている。黒色に褐色の斑紋が散在し，気門下線に黄色縦条が走る。体表には刺毛が多い。
【蛹】 淡黒褐色で腹部背面に突起列を生じる点でアカタテハ属と異なる(web サイト，inpn.mnhn.fr/espece/cd_nom/458472)。
【食草】 イラクサ科の *Fleurya*，イラクサ属など。
【分布】 アフリカの南部およびマダガスカル島に分布。

モンキアカタテハ属
Bassaris Hübner, 1821

【分類学的知見】 2種のみからなり，アカタテハ属に近縁で同属とされることもあるが(Smart, 1977など)，幼生期では蛹の形態が異なり，別属として認められる。
【成虫】 斑紋がかなり特異な属である。
【卵】【幼虫】【蛹】 2種とも幼生期は判明し，ほぼ共通している。幼虫はアカタテハ属に似ているが，蛹は異なり，キタテハ属に似ている。
【食草】 イラクサ科。
【分布】 オーストラリア大陸の中南部とニュージーランドおよびその近隣諸島にのみ分布する。

モンキアカタテハ　p. 136,218
Bassaris itea (Fabricius, 1775)
蛹を web サイト(www.sabutterflies.org.au/nymp/itea_la.htm)を参考に図示する。
【成虫】 前翅に大きな黄紋を配する斑紋が特徴的で，アジアのアカタテハ類とは異なった印象がある。
【幼生期】 web サイト(www.sabutterflies.org.au/nymp/itea_la.htm)を参考に記載する。
【卵】 樽型で9条前後の顕著な縦条がある。色彩は緑色。
【幼虫】 終齢幼虫は地色が黒褐色で背面は灰褐色，亜背線や気門下線に縦条が走る。全体に黄白色の小斑点を散在する。個体変異があり，黒色みの強い個体もある。終齢は数枚の葉を綴じて巣をつくり，中に潜む。
【蛹】 アカタテハ属よりも突起が発達し全体に凹凸が多い。背面にはキタテハ属のような黄金斑がある。色彩の個体変異が多い。
【食草】 イラクサ科の *Urtica incia*，*U. urens*，*U. ferox, Parietaria debilis* などを食べる。
【分布】 オーストラリアとニュージーランドに分布する。

ヒメアカタテハ属
Cynthia Fabricius, 1807

【分類学的知見】 10種を含み，アカタテハ属に含められることもあるが(D'Abrera, 2001など)，幼生期などに異なった部分が見られる。
【成虫】 モンキアカタテハ属よりやや小型。赤紋は分散し，後翅に眼状紋を有する。
【卵】 アカタテハ族より縦条の数が若干多い。
【幼虫】 種によって斑紋は多様で体表に生じる刺毛が長く顕著。数枚の葉を粗く綴って巣をつくる。
【蛹】 アカタテハ属より細身で突起は発達しない。
【食草】 キク科，アオイ科など，やや多様である。
【分布】 南極を除くほとんどの地域に分布するが，南米やオーストラリアでの分布は例外的。

ヒメアカタテハ　p. 108
Cynthia cardui (Linnaeus, 1758)
終齢幼虫および蛹を埼玉県新座市産の名義タイプ亜種 *cardui* で図示・記載する。
手代木(1990)に詳細な記述がある。
【成虫】 やや小型で変異は少ない。訪花性が強く，気温の上昇につれて北上する。
【卵】 アカタテハに似ているが縦条の数が多く，16条程度。
【幼虫】 葉を綴って巣をつくり中に潜む。終齢幼虫は黒褐色でアカタテハに似た斑紋で体全体に微毛が密生する。
【蛹】 アカタテハに似ているが色彩は白色みを帯びることなく黄褐色で全体に光沢をもつ。
【食草】 アカタテハ属と異なりキク科のヨモギ属，ハハコグサ属が主である。さらにイラクサ科，アオイ科，オオバコ科に及び多様。
【分布】 新熱帯区を除き全世界的に分布している。日本ではどこにでもいるというチョウではなく秋季に数を増したり年によって個体数が異なったりするなどの特徴がある。アメリカ合衆国のカリフォルニア州では春にアリゾナ州やメキシコから多数の個体が北上するのが観察され，オオカバマダラの移動に似ている。ただし南下はあまり見られないという。ヨーロッパでも移動が観察されているが日本では大きな移動の報告はない。地域による個体群の習性は同じではないようで，汎世界種ということでは再検討の余地がある。

カリフォルニアヒメアカタテハ　p. 136
Cynthia annabella (Field, 1971)
蛹をアメリカ合衆国カリフォルニア州産で図示・記載。
【成虫】 ヒメアカタテハに似ているが白紋が黄橙色に置き換わる。
【卵】 緑色でやや卵高が高く，12本程度の縦条がある。
【幼虫】 前種などに似ているが，黒色の背中線をはさむ黄色の斑紋は断続する。食草の葉を綴って中に潜む。
【蛹】 全体に黄褐色で顕著な斑紋はない。腹部背面に小

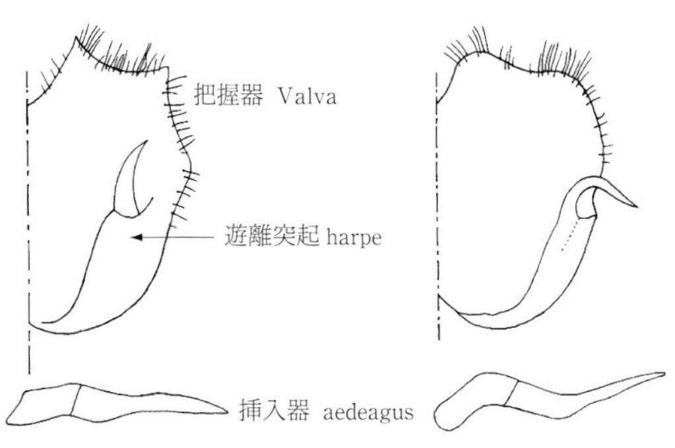

図178 ヒメアカタテハ *Cynthia cardui* の交尾器。左：日本，右：San Diego (USA)

さな突起が並ぶ。
【食草】 アオイ科の *Malva parviflora*，イラクサ科など。
【分布】 カナダからアメリカ合衆国の西部に限られる。

ブラジルヒメアカタテハ　p. 218
Cynthia braziliensis (Moore, 1883)
【成虫】 後翅の眼状紋は2個である。
【卵】【幼虫】【蛹】【食草】 一部が知られ，卵は白く，幼虫は黒色で黄色の縦条がある。棘状突起は短く，黒色である(web サイト treknature)。
【分布】 ブラジルを中心とした地域に普通に分布する。

ナンベイアカタテハ属
Hypanartia Hübner, [1821]

【分類学的知見】 新熱帯区で分化・特化したアカタテハの近縁属と考えられる。14種を含む。
【成虫】 キミスジ属に似ているが幼虫の形態や習性ではアカタテハ属の形質をもつ。
【卵】 形態はアカタテハ属に似ていて11条前後の縦条がある。
【幼虫】 基本的にはヒオドシチョウ亜族内の形態である。食草の葉を綴って中に潜む習性はアカタテハ属の習性を共有する。
【蛹】 アカタテハ属に似た形態で，種により突起が発達する。
【食草】 イラクサ科，セクロピア科など。
【分布】 新熱帯区。

ナンベイアカタテハ　p. 108,146,218
Hypanartia lethe (Fabricius, 1793)
　幼虫および蛹をペルー Satipo 産の名義タイプ亜種 *lethe* で図示・記載する。
【成虫】 一見キミスジに似た形・斑紋をしている。♂は吸水や動物の排泄物に飛来し普通に見かける。♀は渓流に生じる食草の付近に生息し，♂とともにキク科などの花で吸蜜する。
【卵】 白色で葉表上に1個ずつ産下される(DeVries, 1987)。
【幼虫】 孵化した幼虫は未熟な葉を選び，その両側を吐糸で綴じ合わせて巣をつくり，その中に潜む(図114)。この習性は終齢まで継続され，葉の大きさも成長に合わせて順次大きくなる。終齢では袋状の巣となり発見しやすいが，この習性は日本のアカタテハと同じである。摂食の際は巣から出て付近の葉を食べるが，これが終了すると再び巣に戻る。1齢幼虫は黒っぽいがしだいに黄白色の縞模様を呈する。3齢幼虫はくすんだ黄白色に黒褐色の横縞模様で終齢まで大きな違いはなく，終齢では黄白色部が鮮明になる程度。棘状突起は黒色でその配列はアカタテハと異なるところがない。終齢幼虫には図示の個体のほかに胴部がやや太く頭部は黄緑色，胴部の体色は黄白色に黒色横縞，棘状突起は図示の1例の黄橙色型の個体があった。別種かと推定していたが羽化した成虫は本種であったので，本種の幼虫には2型(あるいはそれ以上)あることになる。頭部頭頂には小さい1対の角状突起を生じる。
【蛹】 淡黄緑色で白粉をふいたような色彩に亀裂模様が配され，基本的な形態を含めてアカタテハなどに似ている。同様に後胸～第2腹節背面に黄金斑が生じる。
【食草】 現地では2種のまったく異なった植物が確認された。1つは大型のイラクサ科のヤブマオ属である。この植物は2，3m程度に達し，渓谷付近や樹林内の陽光の当たる湿地性土壌に密集して生じる。もう1つはウラモジタテハと同じ食草であるアサ科のウラジロエノキ属である。やや乾燥した土壌に生じる。本種の食草が環境の違うところ(一次林内と二次林内)に生じていることは，本種の生息環境の二面性の根拠になる。
【分布】 メキシコからブラジルにかけて広く分布する。

マルマドナンベイアカタテハ　p. 218
Hypanartia celestia Lamas, Willmott & Hall, 2001
【成虫】 前翅が突出し中央に半透明の丸い斑紋がある。一見異常型のような斑紋形式である。
【卵】【幼虫】【蛹】【食草】 未解明。
【分布】 ペルー北部から発見された珍種である。

タカネナンベイアカタテハ　p. 218
Hypanartia dione (Latreille, [1813])
【成虫】 ツルギタテハのような形態である。
【幼生期】 Gamboa & Montero(2007)を参考に記載する。
【卵】 球形で11条前後の明瞭な縦条がある。
【幼虫】 終齢は全体に黒色で背面に網状の黄色い斑紋がある。棘状突起は黄色で背線列に分布を欠く。ナンベイアカタテハ同様葉を綴じて巣をつくり，中に潜む。
【蛹】 頭部および背面の突起が発達する。色彩は黄緑色で突起は基部が紅色，先端は黒色である。
【食草】 Greeney & Aguirre(2002，web サイト yanayacu.org/CASA/Publicaciones/Greeney%20%26%20Chicaiza%202009_hypanartia.pdf)によるとイラクサ科の *Cecropia litoralis*，*Boehmeria caudata*，*B. ulmifolia*。
【分布】 山地性の種でメキシコからアルゼンチンにかけたアンデス山脈の山岳帯に生息する。

アフリカアカタテハ属
Antanartia Rothschild & Jordan, 1903

【分類学的知見】 アフリカに進出した属で，従来5，6種を含むとされていた。成虫はアカタテハに似ているが，アカタテハ属 *Vanessa* とはかなり離れた系統という解析(Wahlberg *et al.*, 2005)もある。幼虫の第9腹節の突起を欠くこと，蛹の全体に突起が多いことでかなり異なることからも，そのことが証明されているように感じる。ヒメアフリカアカタテハ *abyssinica* が Nakanishi(1989)により本属からアカタテハ属に変更されたが，同様の指摘が Wahlberg & Rubinoff(2011)でもなされている。Wahlberg & Rubinoff(2011)では，本属に含められるのはモーリシャスアカタテハ *borbonica*，オナガアフリカタテハ *delius*，*schaeneia* (Trimen, 1879)の3種とされる。これまで本属とされていた，アフリカアカタテハ

hippomene，ヒメアフリカアカタテハ *abyssinica*, *dimorphica* Howarth, 1966，の3種はアカタテハ属に含められている。

【成虫】 アカタテハに尾状突起をつけたような感じである。

【幼生期】 一部が知られている。【卵】を Van Son & Dickson(1979)，【幼虫】【蛹】を web サイト (Cést ma nature)を参考に記載する。

【卵】 半球形で縦条が顕著。

【幼虫】 アカタテハやヒメアカタテハに似ているが，第9腹節の棘状突起を欠くことでヒオドシチョウ亜族では異例であり，キミスジ亜族と共通する。

【蛹】 頭部および背面の突起がよく発達してアカタテハ属やヒメアカタテハ属とかなり異なる。

【食草】 イラクサ科の *Australina*，*Pouzolzia*，*Boehmeria*，*Urtica*，*Obetia* やキク科の *Carduus* など(web サイト，butterfliesofafrica)。

【分布】 アフリカに分布する。

モーリシャスアカタテハ p. 136

Antanartia borbonica (Oberthür, 1879)

終齢幼虫および蛹を web サイト(Cést ma nature)を参考に図示する。

【成虫】 尾状突起のあるヨーロッパアカタテハのような形態で，♂は♀を探して林縁を飛翔する。通常翅を半開きにして静止するが，気温の低い時間帯には翅を全開して日光浴をする。ランタナなどの花で吸蜜する。

【幼生期】 【幼虫】【蛹】を web サイト(Cést ma nature)を参考に記載する。

【卵】 未確認。

【幼虫】 若齢のうちは体色が黒褐色で棘状突起は黄色，葉を綴って底部に潜む。終齢は黒色で基部が赤橙色，先端部が黄色の顕著な棘状突起を有する。ただし第9腹節の部位を欠くことでアカタテハ属やキタテハ属と異なる。

【蛹】 頭部および体表背面部の突起が著しく発達し，アカタテハ属とは相違が大きく，ルリタテハなどに似ているが胸部背面の円盤状突起が顕著である。色彩は淡褐色で不規則な黒色斑紋が散在する。後胸～第1・2腹節背面にはキタテハ属と同様の金属光沢斑がある。

【食草】 イラクサ科の *Boehmeria macrophylla, M. stipularis, Pouzolzia, Obetia* が記録されている。

【分布】 モーリシャス島(亜種 *mauritiana* Manders, 1908)およびレユニオン島(名義タイプ亜種 *borbonica*)から記録されている。

オナガアフリカアカタテハ p. 218

Antanartia delius (Drury, [1782])

【成虫】 尾状突起があり，翅形や斑紋がヒメアフリカアカタテハ，アフリカアカタテハとは若干異なる。

【卵】【幼虫】【蛹】 未確認。

【食草】 イラクサ科の *Australina*，イラクサ属などを食べる(Larsen, 1996)。

【分布】 セネガル，シエラレオネ，アンゴラ，コンゴ民主共和国，ウガンダ，ザイールなどに分布する。

コノハチョウ族グループ
Kallimini group

【分類学的知見】 本グループは前項のヒオドシチョウ族と姉妹群を形成する一群で，多様な分類群を含む「族」の統合である。

Wahlberg(2006)の解析をもとに幼生期を考慮に入れた本グループの構成を次のように考える。

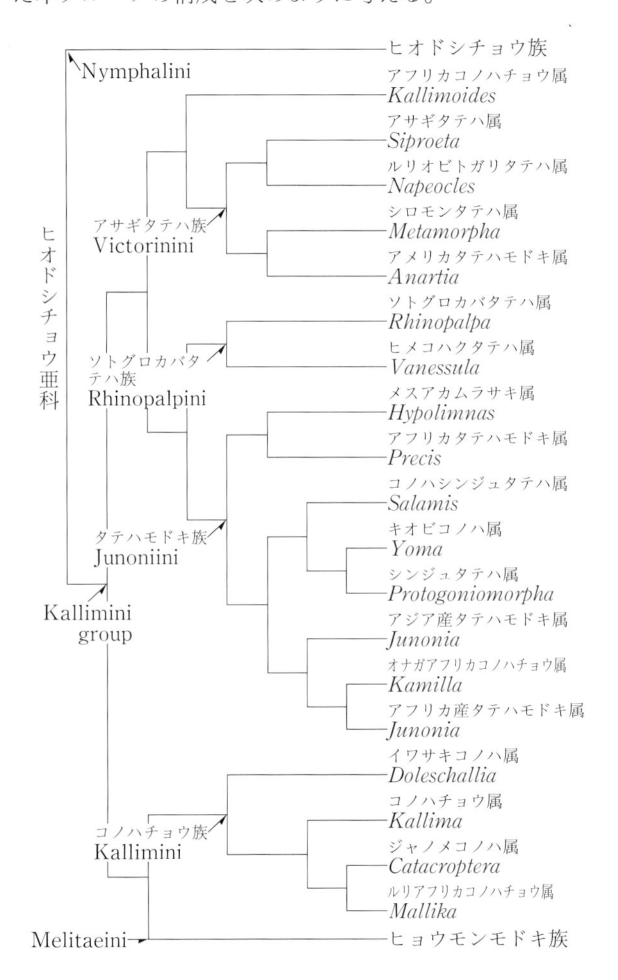

しかし，①特にアフリカ産の種については幼生期の生活史が不明であり，幼生期からの検討ができないこと，②ソトグロカバタテハの幼生期に特異性があること，③タテハモドキ族とコノハチョウ族の識別形質に未解決な問題があること，④さらに特異な形質を所有するヒョウモンモドキ族がコノハチョウ族と姉妹群を形成すること，など本書で重視している幼生期から結論を出すのは時期尚早のところがあり，上記の構成はヒオドシチョウ亜科の冒頭で記したものとは一部異なるところがある(ヒョウモンモドキ族の位置)。

【成虫】 中～大型で多様な種を含む。翅の裏面がしばしば枯葉模様を呈し，擬態の好例とされることもある。しかしその真偽は定かでない。

【卵】 ヒオドシチョウ族よりも卵高はやや低めの卵形を半裁した形，縦条は12条前後。

【幼虫】 頭部の角状突起は短い種から長い種まで多様であるが，胴部に生じる棘状突起はすべて共通し，ヒオドシチョウ族との高次分類上重要な指標となっている。すなわち背中線列の第8腹節に2本を生じること，第3〜6腹節の基線列に2本ずつを生じることである。
【蛹】 基本的な形態はヒオドシチョウ族と同じで，幼虫期と相同な位置に突起を生じる。
【食草】 キツネノマゴ科，イラクサ科など。
【分布】 主として熱帯地方を分布の中心とし，全世界に産する。

アサギタテハ族
Victorinini Scudder, 1893

【分類学的知見】 斑紋は族としての統一性を欠くが，幼生期は極めて共通している。4属を含む。
【成虫】 属により多様だが後翅外縁の凹凸が著しい。
【卵】 半球で卵高・卵幅の長さがほぼ等しく10〜16条程度の縦条がある。
【幼虫】 棘状突起の配列は本グループの範囲である。頭部に長い角状突起を有する。
【蛹】 緑色でほかの族では類例がない。
【食草】 キツネノマゴ科であり，広義のコノハチョウ族の範囲内。
【分布】 新熱帯区の特産。

アサギタテハ属
Siproeta Hübner, 1823

【分類学的知見】 3種を含み，うち2種の色彩は黒褐色に白一文字斑が横切る斑紋形式，ほかの1種は淡青緑色で特異だが分類的な差ではない。
【成虫】 やや大型のチョウで前後翅の前縁の凹凸が多い。地表で吸水する姿をよく見かける。
【卵】 半球形で16条前後の縦条がある。色彩は緑色。
【幼虫】 コノハチョウ属に色彩や斑紋，全形が似ているが系統的な類似性ではないと思われる。
【蛹】 形はコノハチョウ属などとはかなり異なり，なめらかな体表に突起を生じ，色彩も緑色である。腹部末端の懸垂器が細長い。
【分布】 新熱帯区に分布する。

アサギタテハ p. 109,219
Siproeta stelenes (Linnaeus, 1758)
　卵から蛹までのすべてをアメリカ合衆国フロリダ州産の亜種 *biplagiata* (Fruhstorfer, 1907) で図示・記載する。
【和名についての知見】 成虫の色彩が淡青緑色(あさぎ色)であることによる。
【成虫】 斑紋の特徴はアサギドクチョウ属の *Philaethria dido* に擬態していると考えられる。やや開けた空間を活発に飛翔するが，かなり不規則な感じの飛び方である。♂は路上で吸水する。
【卵】 卵幅1.20 mm，卵高1.16 mm程度，色彩は黄緑色で16条程度の縦条が走る。
【幼虫】 孵化した幼虫は花の包に潜んだり葉裏に静止したりする。色彩は黒褐色で長い1次刺毛を有しアサギタテハ族の特徴を備える。2齢幼虫は頭部に角状突起を，胴部に棘状突起を生じる。色彩は黒褐色で末端部は黄褐色，棘状突起の基部が黄橙色を帯びる。葉裏に静止し葉縁を食べるが，やや硬いようなときは葉肉のみを食べて表皮を残す。3齢幼虫は黒褐色の地色に亜背線部棘状突起基部があざやかな橙色になる。この色彩はコノハチョウなどとまったく同じである。頭部の角状突起は著しく長い。4齢幼虫も葉裏に静止し葉縁を食べる。胴部の色彩は3齢期と同様だが，地色と棘状突起基部の色彩の対比があざやか。5(終)齢幼虫の頭部は黒色で，紅色を帯びた長大な角状突起を有する。胴部の色彩は漆黒色で亜背線上棘状突起の濃橙色が目立つ。ほかの棘状突起は黒紅色。腹部末端(第10腹節)の肛上板部は突出する。
【蛹】 東南アジアの近縁種とは若干形態が異なる。すなわち全体に凹凸が少なく平滑な感じで，わずかに小突起が生じる。腹部末端の懸垂器が棒状であることも相違である。色彩は淡緑色で腹部背面突起が黄橙色，わずかに黒色の小斑紋を点在する以外目立った斑紋はない。懸垂器部分は黒色。
【食草】 キツネノマゴ科の *Blechum brownei*，*B. pyramidatum*，*Ruellia*，*Justicia* などの報告がある(DeVries, 1987など)。飼育ではオギノツメを良好に摂食し，オオバコ科のオオバコでも育てられるなど食草がアジアのタテハモドキ類に共通するところがある。
【分布】 アメリカ合衆国南部からカリブ海諸島を含みブラジルまで普通に分布する。

シロスジタテハ p. 109,146,219
Siproeta epaphus (Latreille, [1813])
　幼虫および蛹をペルー Satipo の Calabaza 産の名義タイプ亜種 *epaphus* で図示・記載する。
【成虫】 アサギタテハの成虫の色彩・斑紋と著しく異なるが，幼生期は極めて似ている。♂♀がほとんど同じ色彩で，♀はやや翅形が丸みをもつ程度である。大型で軽快に飛翔し，♂は地表や汚物から吸汁するためよく目につく。産卵期の♀は食草の存在に気づくとその周辺を落ち着きなく飛翔をする。やがて食草を確認すると静止し，その先端にある新芽に1卵を産下する。産卵が終わると再び飛翔を繰り返し新たな食草を探す。神経質に食草の存在を確かめながら何度も往来を繰り返し，食草を発見した後に再び産卵を繰り返す。1つの新芽に複数個の卵が産下されていることもある。ここは標高が1,800 m程度で低地とチョウ相も若干異なっている。本種が必ずこのような比較的高地に産卵に移動するのかは定かでない。
【卵】 緑色で縦条があり，アサギタテハ同様でほとんど差がない。卵期は3日程度で早い。
【幼虫】 1，2齢幼虫は葉裏に数頭が集合して静止している。3齢幼虫までは頭部を含め全体に黒色で，腹部末端部のみ黄色みを帯びる。4齢幼虫は胴部の棘状突起が黄色に変じる。5(終)齢も同様で亜背線突起列の基部の黄色が著しく目立つが，アサギタテハよりも赤みが少ない。
【蛹】 形や色彩もアサギタテハに極めて似ており，その違いを見つけるのが難しい。頭部突起がやや内側を向く程度である。

【食草】 キツネノマゴ科の草本。スズムシソウなどに似ていて，小さいものから2mくらいまで成長したものまでさまざまである。*Pseuderanthemum* と思われる。*Blechum brownei* やマレーシア産の *Strobilanthes* も食べるが，園芸種の *Pseuderanthemum* は食べなかった。

【分布】 メキシコからブラジル南部まで普通に分布する。

シロモンタテハ属
Metamorpha Hübner, [1819]

【分類学的知見】 1種のみからなる。以前はアサギタテハ属に含められていた(D'Abrera, 2001 など)。しかし成虫は小型で，幼虫の色彩や蛹の形態にも差が見られ，別属とするのが妥当である。

シロモンタテハ p. 118,146,219
Metamorpha elissa Hübner, [1819]

終齢幼虫および蛹をペルー Satipo 産の亜種 *pulsitia* Fox & Forbes, 1971 で図示・記載する。

【成虫】 アサギタテハ属よりも小型で，斑紋も黒色地に大きな白紋を配し，異なった印象を受ける。成虫♂は吸水のため路上に降りることが多い。♀は樹林内の地上2m前後の位置を飛翔しながら食草を探す。食草を発見するとその葉や茎に静止し，茎を伝って下降する。やがて根際に達し，その付近にある枯葉・枯枝などに1卵ずつ産下する。この習性はアメリカタテハモドキ属も同様である。

【卵】 半球形で緑色。

【幼虫】 終齢幼虫は葉裏に潜む(図179)。頭部はくすんだ青緑色で長い角状突起を有する。胴部の色彩は青緑色でアサギタテハ属とは異なる。棘状突起は基部が淡青緑色，先端に向かって黄橙色を呈する。背中線に黒色斑点を配列するが，それ以外に斑紋はない。気門は黒色，気門下線部は白色でそれより下腹部は灰黄緑色。

【蛹】 アサギタテハ属と形態が若干異なる。第3・4腹節背面が突出する以外まったく突起を欠く。色彩は一様な淡緑色で斑紋を欠く。腹部末端の第10腹節は棒状に突出する。

【食草】 キツネノマゴ科 *Sanchezia peruviana*。現地で確認した種は2m以上に及ぶ大型草本。葉は厚手で柔らかい。幼虫は高さが30cm程度の小さい個体に静止していた(図179)。

【分布】 ベネズエラ，ギアナ，コロンビアからペルーに分布する。

図179 食草の大きな葉の下に潜むシロモンタテハ *Metamorpha elissa pulsitia* の終齢幼虫(Peru)

ルリオビトガリタテハ属
Napeocles Bates, 1864

【分類学的知見】 成虫の形態は特異でほかに例がなく，1種のみからなる。

ルリオビトガリタテハ p. 137,219
Napeocles jucunda (Hübner, [1808])

【成虫】 ♂は吸水や吸汁する姿をよく見かけるが，♀を見ることはない。ペルーでは原始林の周辺に多く，行動は敏捷である。個性的な翅形・斑紋で，アジアやアフリカのコノハチョウ類に似た印象がある。

【卵】【幼虫】【蛹】【食草】 未解明。

【分布】 アマゾン川流域全域に分布する。

アメリカタテハモドキ属
Anartia Hübner, [1819]

【分類学的知見】 小型の属で5種を含み，習性はアジアやアフリカのタテハモドキ類に似ている。

【成虫】 ルリオビトガリタテハ属などと翅形が異なり，後翅肛角部付近がやや突出する。明るい草地的環境に多く，よく見かける。

【卵】 半球形で黄白色。

【幼虫】 形態は本族の特徴を備える。頭部角状突起は長くその先端が膨らむ。

【蛹】 緑色で懸垂器が長く伸びるが，この特徴は本族の特徴である。アサギタテハ属と似ているところが多い。

【食草】 キツネノマゴ科。

【分布】 新熱帯区のみ。

ウスイロアメリカタテハモドキ p. 110,219
Anartia jatrophae (Linnaeus, 1763)

卵から蛹までのすべてをアメリカ合衆国テキサス州の Hidalgo County 産の亜種 *luteipicta* Fruhstorfer, 1907 で図示・記載する。

【成虫】 ほかの近縁種と異なって淡い灰紫色で，東南アジアのウスイロタテハモドキに似た印象を受ける。

平地から山地にかけ，ベニモンアメリカタテハモドキと同じ地域に生息するが，より開けた環境を好み，道路ぞいや日光が直射する空き地をやや緩やかに飛翔する。

幼生期などもウスイロタテハモドキと共通する部分が多い。

【卵】 卵幅0.60mm，卵高0.65mm程度，淡い黄白色で11条程度の縦条がある。

【幼虫】 孵化した幼虫は葉裏に移動し，表皮を残して葉肉のみを食べる。2齢幼虫は頭部に0.6mm程度の角状突起をもつ。3齢幼虫も葉裏に静止するが，特定の部分を食べることはなく，どの部分も選ばずに食べる。終齢幼虫は頭部に長い角状突起を有し，その先端は球状に膨らむ。胴部の色彩は一様な黒褐色で，気門下線の棘状突起の基部は暗紅色，全体に小白点を多数散在する。この発現の頻度には個体差が多い。
【蛹】 紡錘形で突起を生じることはなく，末端の懸垂器が長い。色彩は一様な黄緑色でわずかに小黒点が散在する。
【食草】 キツネノマゴ科の *Blechum brownei*，*Ruellia* など。そのほかクマツヅラ科やゴマノハグサ科などの記録がある(Scott, 1986)。オオバコ科のオオバコで問題なく生育するなど，日本のタテハモドキに共通するところがある。
【分布】 アメリカ合衆国の南部から南米にかけ広く分布する。

ベニモンアメリカタテハモドキ　p. 110,219
Anartia fatima (Fabricius, 1793)
終齢幼虫および蛹をメキシコの Tamaulipas 産の名義タイプ亜種 *fatima* で図示・記載する。
【成虫】 黒地に鮮紅色の斑紋をもつ。♂♀ほぼ同型で，♀はやや大きく地色が♂よりも淡い。この紅紋は鮮烈で自然界では何かの効果を発揮しているのかもしれない。
【幼生期】 幼生期の形態・習性ともにウスイロアメリカタテハモドキに似ている。
【卵】 産卵当初は淡緑色だがやがて白色みを帯びてくる。
【幼虫】 1齢幼虫は黒緑色で黒褐色の長い刺毛を生じる。2齢幼虫はほぼ黒色で葉に孔を開けるようにして食べるが，3齢に達すると葉縁から食べる。わずかの刺激にも反応して食草から落下する。終齢幼虫は一様な黒褐色，わずかに気門上〜下線に灰色の縦条が確認できる程度のほか，ウスイロアメリカタテハモドキ同様に白点を散在する。
【蛹】 ウスイロアメリカタテハモドキに似て，若干黒点が目立つ程度。
【食草】 キツネノマゴ科の *Blechum brownei*，*Justicia*，*Ruellia* 属などが記録されている(DeVries, 1987)。オギノツメで良好に生育する。
【分布】 メキシコからパナマの中米。産地では普通種だが分布は限定されている。

ベニオビアメリカタテハモドキ　p. 137,219
Anartia amathea (Linnaeus, 1758)
終齢幼虫をペルー Satipo 産の名義タイプ亜種 *amathea* の生態写真で示す。
【成虫】 黒褐色地に橙紅色の斑紋がある。♂♀の差はベニモンアメリカタテハモドキと同じ。平地から山地にかけて生息する普通種。日中陽光の下を盛んに活動し，食草の生じる湿潤な草原を好み，人家に咲くキバナコスモスなどの栽培種の花を訪れることも多い。♂は草地の一角を占有し，他個体を盛んに追飛する。産卵期の♀は食草の周りを飛翔しながら食草を発見するとその葉に静止する。しかしそこですぐに産卵するようなことはなく，葉から茎を伝って地表の根際に達し，その付近の枯れ草・枯れ枝・土塊などに1卵ずつ産卵する。
【卵】【幼虫】【蛹】 形態・習性ともにベニモンアメリカタテハモドキに似ている。
【食草】 キツネノマゴ科の *Blechum*，*Justicia*，*Ruellia* などと考えられる。オギノツメで良好に生育する。ペルー Satipo ではオギノツメによく似た図示の植物および *Blechum* sp.(多分，*B. pyramidatum*)を利用する。キツネノマゴ科のそのほかの種類を与えても食べないことが多かった。
【分布】 中米から北部アルゼンチンまでの広い範囲に分布する。

アフリカコノハチョウ属
Kallimoides Shirôzu & Nakanishi, 1984

【分類学的知見】 本属は幼生期が不明で確定的な言及はできないが，アサギタテハ族との姉妹群関係は再検討が必要であると思われる。暫定的にここに配置する。

アフリカコノハチョウ　p. 226
Kallimoides rumia (Westwood, 1850)
【分類学的知見】 *Kallima rumia* Doubleday, 1849 として記載され，コノハチョウ属として扱われていたが(Lewis, 1974 など)，Wahlberg(2006)は新熱帯区のアサギタテハ族とクラスターを形成すると解析しシノニムとして妥当であるとした。アサギタテハ族は族内の形質を共有し，分布も新熱区である。
【成虫】 ♂は淡紫紅色の斑紋をもち，♀は褐色で白〜黄色の斑紋をもつ。山地に生息し場所によっては普通に見られ，落下した果物などに飛来する。木の葉の上に翅を閉じて静止する姿は枯葉に擬態するといわれる。驚くと飛び立つが再び葉の下に隠れるようにして静止する(Kielland, 1990)。
【卵】【幼虫】【蛹】 未確認。
【食草】 キツネノマゴ科 *Brillantaisa* sp.(web サイト wikipedia)。
【分布】 シエラレオネからカメルーン，ウガンダなどにかけて分布する。

タテハモドキ族
Junoniini Reuter, 1896

【分類学的知見】 多数の個性的な属(7属)や種を含む。種の分布が東洋区とエチオピア区に2大別されるが，系統的には2区間でやや異質な部分があるように思われる。
【成虫】 比較的開かれた樹林の空間やよりオープンランド的な開放的な草原を好み，活発に飛翔する。
【卵】 半球形で10〜15条程度の縦条がある。
【幼虫】 基本的な形態はどの属も同様で，習性なども特異なものはない。幼虫の最終齢数が6齢(以上)の場合が多いのはヒオドシチョウ族などと異なるところで，これはタテハモドキ族の遺伝的なものと思われる。
【食草】 キツネノマゴ科かイラクサ科のどちらかで，そのほか一部にオオバコ科などへの食性転換が見られる。
【分布】 全世界の主として熱帯圏に分布するが中心はインド・オーストラリア区とエチオピア区である。

タテハモドキ属
Junonia Hübner, [1819]

【分類学的知見】 以前はアフリカタテハモドキ属に含められていた(Smart, 1976 など)。しかしやや系統は異なり，またアジア産とアフリカ産でも遺伝的な隔りがあるようである。

【成虫】 小型で翅表に眼状紋をもち，♂♀異型の種もあり，アフリカタテハモドキ属とともに典型的な季節型(雨季型，乾季型)を生じる種が多い。開けた明るい草地などを軽快に飛翔する。

【卵】 ほぼ半球形で 15 条前後の縦条がある。

【幼虫】 一般に頭部の突起が短く，いずれの種も色彩は黒褐色で差が少ない。

【蛹】 あまり突起の発達が見られないなどの特徴がある。

【食草】 キツネノマゴ科が中心で一部に食性の転換がある。

【分布】 29 種のほとんどが東南アジア〜オセアニアとアフリカに分布し，若干の種が北米の南部から南米に生息する。東南アジアにはかなり広域にわたって分布する種が多いが，一部かなり局所的な分布をする種もある。

タテハモドキ p. 111
Junonia almana (Linnaeus, 1758)

終齢幼虫および蛹を奄美大島産の名義タイプ亜種 *almana* で図示・記載する。

手代木(1990)に詳細な記述がある。

【成虫】 海岸から平地の林内の明るいところなどの草地の上を飛翔する。しばしば日照の強い場所も厭わずに活動するのを見かける。

【卵】 底部が平らな球形で緑色。

【幼虫】 近縁種と同様。終齢は 6 齢に達する。5 齢期までは棘状突起基部が黄色をしているが，終齢になるとその色が消失する。

【蛹】 褐色に白色や黒色の複雑な斑紋を生じる。

【食草】 基本的にキツネノマゴ科でオギノツメ，*Strobilanthes*，*Ruellia* などである。クマツヅラ科のイワダレソウやゴマノハグサ科のスズメノトウガラシ，オオバコ科のオオバコなどでも正常に成長する。

【分布】 インドから島嶼を含めた東南アジアに広く分布する。日本では南西諸島や九州南部に分布し，名義タイプ亜種に含まれる。

ウスイロタテハモドキ p. 112,220
Junonia atlites (Linnaeus, 1763)

卵から蛹までのすべてをフィリピン・ネグロス島北部産の名義タイプ亜種 *atlites* で図示・記載する。

【成虫】 東南アジアではよく見かける種で，平地の草原，耕地などの低い位置を活発に飛翔する。好んで明るい場所を選び木陰などで見ることはない。ランタナなどの花で吸蜜をする。

【卵】 卵幅 0.64 mm，卵高 0.60 mm 程度で小さい。暗緑色で 16 条程度の縦条がある。

【幼虫】 孵化した幼虫は新葉の先端部分を好んで食べる。3 齢幼虫は黒褐色で，体表に微毛を生じる。終齢幼虫も黒褐色で気門下線より下腹部側が黄褐色，体表に顕著な刺毛を生じることが特徴である。摂食と休息を繰り返すほかは特に目立った習性をもたない。これは草本植物を食べる種に共通した性質のようで，食草を求めて歩行と休息の 2 行動が生活の中核になっていることによると思われる。

【蛹】 頭部突起がやや発達し，背面突起も他種に比べ発達している。色彩は一様な灰褐色。

【食草】 飼育下ではキツネノマゴ科のオギノツメに容易に産卵し，またよく摂食する。アメリカ産の *Blechum brownei* などでも十分に生育する。

【分布】 インド，ミャンマーから中国を経て島嶼を含めた東南アジアに広く分布する。

アオタテハモドキ p. 111,220
Junonia orithya (Linnaeus, 1758)

終齢幼虫および蛹をマレーシア Ipoh 産の亜種 *wallacei* Distant, 1883 で図示・記載する。

手代木(1990)に日本産の詳細な記述がある。

【成虫】 ♂は翅表に青藍色の斑紋をもち特徴的，♀の地色は黄橙色から青色までのいろいろな変化がある。これは地理的，季節的な要因も加味された個体変異によるものと思われ，同じ母蝶からいろいろな型が生じる。やや乾燥した開けた草地の低い位置をすばやく飛翔する。♂は占有性があり，一定の空間を巡回する。

【卵】 半球形で青緑色。

【幼虫】 習性はウスイロタテハモドキとほぼ同じ。終齢幼虫は頭部，前胸と腹脚が黄橙色で目立つほかは全体的に紫黒色。ウスイロタテハモドキのように体表に顕著な刺毛はない。

【蛹】 突起が小さく，色彩は黄褐色の地に白・黒の斑紋をあしらう。

【食草】 キツネノマゴ科のオギノツメや *Blechum brownei*，またはキツネノマゴで十分生育する。自然界ではこれらに近縁のキツネノマゴ科を広く利用しているものと思われる。

【分布】 アフリカを経て東南アジア，オセアニアに広く分布する。

クロタテハモドキ p. 111,220
Junonia iphita (Cramer, [1779])

卵から蛹までのすべてをマレーシア・クアラルンプール近郊産の亜種 *horsfieldi* Moore, [1899]で図示・記載する。

【成虫】 和名のように特に目立った斑紋のない黒褐色で，♂♀同型。アオタテハモドキなどと異なり，あまり開けた明るい場所を好まず，陽光の差し込むような樹林内の空き地，林縁などに生息する。

【卵】 卵幅 0.78 mm，卵高 0.72 mm 程度，灰褐色で 12 本程度の縦条がある。

【幼虫】 樹林内の食草から発見される。終齢幼虫は頭部が黄橙色のほかは一様な黒褐色，ウスムラサキタテハモドキのように体表に刺毛を密生する。

【蛹】 腹部中央が最も太い。色彩はアオタテハモドキなどよりも白っぽい印象を受ける。
【食草】 マレーシア・ペナン島でキツネノマゴ科の *Strobilanthes collinus* から終齢幼虫を発見した。オギノツメで十分生育する。
【分布】 インドから中国の南部と台湾を経てボルネオ，ジャワ，スマトラの各島を含めた東南アジア。

ジャノメタテハモドキ p. 112,220

Junonia lemonias (Linnaeus, 1758)

卵から蛹までのすべてをタイ Chiang Mai 産の名義タイプ亜種 *lemonias* で図示・記載する。
【成虫】 濃褐色地に前後翅とも蛇の目紋があり，♂♀同型。樹林の周辺や草地などを活発に飛翔し，特に♂は敏捷である。クロタテハモドキと混生することもあるが，より明るい場所を好むようで，林内でも日光の射す範囲で活動する。しかし，ウスムラサキタテハモドキやアオタテハモドキのようにオープンランド的な環境には出てこない。
【卵】 青緑色，13 本前後の縦条がある。
【幼虫】 習性は特にほかの同属との違いがない。終齢幼虫は一様な黒褐色で微毛の生じる基部が微小白点として散在する。
【蛹】 白，黒，褐色などが混じり合っているが，同属他種より白紋が顕著である。
【食草】 キツネノマゴ科のウロコマリ（*Lepidagathis formosensis*）が確認されている（福田ほか，1983）が，そのほかのキツネノマゴ科も利用しているものと思われる。人工的にはオギノツメに容易に産卵し，幼虫はこの植物で問題なく生育する。
【分布】 インドから中国，インドシナ半島，マレー半島，台湾などに広く分布する。

アメリカタテハモドキ p. 113,220

Junonia coenia Hübner, [1822]

卵から蛹までのすべてをアメリカ合衆国カリフォルニア州の Contra Costa County 産の名義タイプ亜種 *coenia* で図示・記載する。
【成虫】 習性・形態ともにアオタテハモドキに最も似ている。ただし，♂の翅表に青色が現れない。多化性で季節型を生じ，秋季気温の低下とともに成虫は生息圏を南部に転じる。
【卵】 卵幅 0.71 mm，卵高 0.62 mm 程度で緑色，17 条前後の縦条がある。
【幼虫】 1 齢幼虫は黒褐色で光沢があり，長い刺毛を有する。1 齢期 5 日を経て 2 齢となる。3 齢幼虫は亜背線に白色の縦条が現れる。終齢幼虫はさらに黄白色の斑紋を増す。特に気門下線のそれは顕著，腹脚部の橙色斑とともにアオタテハモドキの斑紋パターンである。
【蛹】 形や色彩もアオタテハモドキによく似ている。
【食草】 オオバコ科・ゴマノハグサ科・キツネノマゴ科など非常に範囲は広い。オオバコで良好に生育する。
【分布】 アメリカ合衆国からメキシコ，キューバ，バハマ諸島に及ぶ。夏季はアメリカ合衆国の北部まで生息圏を広げる。

マングローブタテハモドキ p. 113,220

Junonia genoveva (Cramer, 1780)

終齢幼虫および蛹を中米ベリーズ Cayo District 産亜種 *neildi* Brévignon, 2004 で図示・記載する。
【成虫】 アメリカタテハモドキよりもやや黒く，橙色斑紋が強く現れる。海岸のマングローブ林を好んで生息する。多化性で各種の花で吸蜜する。そのほかの習性は近似種に同じと考える。
【卵】 未確認。
【幼虫】 形態はアメリカタテハモドキに極めて似ている。終齢幼虫はアメリカタテハモドキよりも黄白色紋の発達が弱いが，棘状突起の基部の橙色斑が顕著で目立つ。
【蛹】 アメリカタテハモドキによく似ている。若干突起の発達が良い。
【食草】 クマツヅラ科の *Avicennia germinans*，*Lippia nodiflora* など。オオバコ科のヘラオオバコで良好に生育する。
【分布】 アメリカ合衆国のフロリダ州南部，バハマ，アンティル諸島，メキシコ東海岸まで。

シロモンタテハモドキ p. 220

Junonia erigone (Cramer, [1775])

【成虫】 前翅先端に白紋が散在する。
【卵】【幼虫】【蛹】【食草】 未解明。
【分布】 インドネシアのジャワ，バリ，ロンボクからティモール，ニューギニアの各島に分布する。

イワサキタテハモドキ p. 138,220

Junonia hedonia (Linnaeus, 1764)

【成虫】 *J. iphita* に似ているが，翅表の外縁に黄橙色の丸い斑紋が配列する。アンボンでは草原的環境に生息し，草の上や地表に下りて静止する姿をよく見かける。
【卵】 半球形で 12 条程度の縦条がある。色彩は緑色。
【幼虫】 終齢幼虫は黒褐色で亜背線列棘状突起の基部が黄色以外に目立った斑紋はない。
【蛹】 タテハモドキなどに外形や色彩が似ている。
【食草】 キツネノマゴ科の *Hemigraphis reptans*，*Ruellia repens* など。
【分布】 マレー半島からニューギニア，オーストラリアに分布する。

ルリボシタテハモドキ p. 220

Junonia hierta (Fabricius, 1798)

【成虫】 後翅に顕著な金青紋を生じる。タイ北部では林間の開けた環境に生息し，すばやい飛翔と静止を繰り返し，アオタテハモドキなどと同様の行動が見られた。
【卵】 未確認。
【幼虫】 終齢幼虫はアオタテハモドキによく似て体表全体が紫黒色，前胸のみ黄色，亜背線下部に小さい白色斑を配列する以外に目立った斑紋はない。
【蛹】 アオタテハモドキによく似ている（web サイト flickr）。
【食草】 キツネノマゴ科の *Barleria prionitis*，*Dipterocanthus aculata*，*Ruellia tuberosa* など。
【分布】 インドからインドシナ半島およびアンダマン諸

島，さらにアフリカ全域，アラビア半島，マダガスカル島に広く分布する。

キオビタテハモドキ p. 220
Junonia terea (Drury, 1773)
【成虫】 前後翅を太い黄色の帯が貫く。
【卵】【幼虫】【蛹】 未確認。
【食草】 キツネノマゴ科の *Asystasia* や *Barleria* を食べる(Larsen, 1996)。
【分布】 シエラレオネからソマリア，アンゴラにかけて分布する。

クロモンタテハモドキ p. 220
Junonia goudoti (Boisduval, 1833)
【成虫】 濃褐色地に黒色斑紋が点在する。
【卵】【幼虫】【蛹】【食草】 未解明。
【分布】 マダガスカル島特産種。

クロスジタテハモドキ p. 220
Junonia stygia (Aurivillius, 1894)
【成虫】 全体が黒褐色で黒色条が多数走る斑紋をもつ。
【卵】【幼虫】【蛹】 未確認。
【食草】 キツネノマゴ科の *Hygrophila*，*Paulowilhelmia*，*Phaulopsis* などを食べる(web サイト wikipedia)。
【分布】 セネガルからアンゴラにかけた大西洋側の地域に分布する。

ルリモンタテハモドキ p. 220
Junonia oenone (Linnaeus, 1758)
【成虫】 後翅に大きな金青紋を生じる。♀のそれはやや紫色を帯びる。
【卵】 半球形で 12 条程度の縦条があり，色彩は濃緑色(Woodhall, 2008)。
【幼虫】 濃色で背線が黒色，気門下線に褐色の縦条がある以外にほとんど斑紋はない(Woodhall, 2008)。
【蛹】 未確認。
【食草】 キツネノマゴ科の *Asystasia* や *Isoglossa*，*Justicia*，*Ruellia* を食べる(web サイト wikipedia)。
【分布】 熱帯アフリカ全域およびマダガスカル島に分布する。

アンデスタテハモドキ p. 220
Junonia vestina C. & R. Felder, [1867]

図 180 ペルー・アンデスの高山帯(標高 4,000 m)のアンデスタテハモドキ *Junonia vestina vestina* の生息地(Peru)

【成虫】 高山の草地的環境を活発に飛翔したり地表に静止したりする。
【卵】【幼虫】【蛹】【食草】 未解明。♀に人工採卵を試みたが産卵に至らなかった。
【分布】 ペルー，ボリビアのアンデス高山帯に生息する。

オナガタテハモドキ属
Kamilla Collins & Larsen, 1991

【分類学的知見】 タテハモドキ属に近縁で Kodandaramaiah & Wahlberg(2007)はタテハモドキ属に含めている。2 種を含む。
【成虫】 後翅肛角が尾状突起のように伸びる。翅表はオナガタテハモドキがコノハチョウ型斑紋，*K. ansorgei* が一様な青緑色である。
【卵】【幼虫】【蛹】【食草】 未解明。
【分布】 熱帯アフリカに分布する。

オナガタテハモドキ p. 224
Kamilla cymodoce (Cramer, 1777)
【成虫】 コノハチョウのような翅形と色彩で，裏面は枯葉のようである。
【卵】【幼虫】【蛹】【食草】 未解明。
【分布】 ギニア湾に面したカメルーン，コンゴ民主共和国西部，アンゴラなどにかけて分布する。

アフリカタテハモドキ属
Precis Hübner, 1819

【分類学的知見】 Kodandaramaiah(2009)の解析ではタテハモドキ属よりもメスアカムラサキ属に近縁とされ，幼生期でも妥当性を感じる。
【成虫】 小型でタテハモドキ属に極似する。成虫で属を識別するのは確実ではない。雨季と乾季で典型的な季節型を生じる。
【卵】 タテハモドキ属と大きく異なるところはない。
【幼虫】 頭部には発達した角状突起，腹部背面にはタテハモドキ属よりも発達した突起を生じ，メスアカムラサキ属に似ている。
【蛹】 明らかにタテハモドキ属と異なり，体表に多数の突起が生じ識別の指標となる。
【食草】 タテハモドキ属のキツネノマゴ科と異なり，シソ科の *Coleus*，*Plectranthus*，*Plastostema*，*Pycnostachys*，*Solenostemon* などを含む。
【分布】 エチオピア区にのみ 14 種を産する。

トガリアフリカタテハモドキ p. 220
Precis pelarga (Fabricius, 1775)
【成虫】 前翅先端は尖り後翅には尾状突起を有する。前後翅を黄帯が貫く。
【卵】【幼虫】【蛹】 未確認。
【食草】 シソ科の *Coleus*，*Solenostemon* などを食べる(Larsen, 1996)。

【分布】 セネガルからコンゴ民主共和国を経てエチオピア，ケニア，ウガンダに広く分布する。

ヘンシンタテハモドキ p. 134,220

Precis octavia (Cramer, [1777])

終齢幼虫および蛹を Woodhall(2008)を参考に図示・記載する。

【成虫】 典型的な季節型があることでよく知られている。図示のような橙色の個体は乾季に発生する型で，雨季にはまったく異なった青藍色斑紋をもつ型となる。

【幼生期】 Woodhall(2008)を参考に記載する。

【卵】 半球形で黄色，12 条前後の縦条がある。

【幼虫】 頭部に長い角状突起を有し，胴部の色彩は黒色と黄橙色の縞模様ないしは黒 1 色。

【蛹】 アジアのメスアカムラサキ属に似て，腹部背面に突起列が生じる。色彩は黄褐色か黒褐色である。

【食草】 シソ科の *Coleus*，*Plectranthus*，*Pycnostachys* などを食べる。

【分布】 シエラレオネからコンゴ民主共和国，さらにエチオピア，ケニア，アンゴラ，スワジランドにかけて広く分布する。

コウモリタテハモドキ p. 220

Precis eurodoce (Westwood, 1850)

【成虫】 タテハモドキ類は乾季になると翅形が突出する傾向があるが，本種はその典型である。乾季型は前翅先端が突出して丸く膨らみコウモリのようである。

【卵】【幼虫】【蛹】【食草】 未解明。

【分布】 マダガスカル島特産である。

メスアカムラサキ属
Hypolimnas Hübner, [1819]

【分類学的知見】 29 種程度を含み，Kodandaramaiah (2009)による解析の概略を記す。(　　)は分布域。

ルリスジムラサキ *salmacis*，シロスジムラサキ *monteironis*
オオシロモンムラサキ *usambara* など(アフリカ)
anthedon(アフリカ)
メスアカムラサキ *misippus*(アジア〜アフリカ)
リュウキュウムラサキ *bolina*
(アジア〜オセアニア広域)
ルリオビムラサキ *alimena*，セレベスムラサキ *diomena*，ミイロムラサキ *pandarus*
モルッカムラサキ *antilope* など(オセアニア狭域)
アフリカタテハモドキ属 *Precis*

これによると大局的な地理的隔離による種分化の過程が推測できる。

【成虫】 大柄で鮮麗な斑紋を配し，しばしばマダラチョウ科などに似ている。ヤエヤマムラサキ・モルッカムラサキは産卵した♀がしばらくの間その場所に静止したまま卵を保護する。一方，リュウキュウムラサキの場合は食草以外に放任的な産卵をする。この習性の例からも多様な内容を含む 1 属であることが伺える。

【卵】 卵形を裁断した形で 12 条前後の縦条がある。色彩はしばしば濃淡の差がある 2 系統がある。

【幼虫】 卵群で産下される場合は幼虫が集合性をもつ。頭部の角状突起は発達して長い。胴部は一様な黒色で顕著な斑紋は少ない。

【蛹】 太めで突起が発達し，タテハモドキ属よりも剛直な印象がある。

【食草】 基本的にイラクサ科と考えられ，食性はコノハチョウ亜科ではなくヒオドシチョウ亜科と共通する。

【分布】 エチオピア区とインド・オーストラリア区に分布するが，両区にまたがるのはメスアカムラサキのみで，ほかはそれぞれの区に分かれて特徴のある種を産する。

メスアカムラサキ p. 114

Hypolimnas misippus (Linnaeus, 1764)

終齢幼虫および蛹を八重山諸島波照間島産の名義タイプ亜種 *misippus* で図示・記載する。

手代木(1990)に詳細な記述がある。

【成虫】 人家周辺の明るい空間などでよく見られ，♂は一定の広さのある範囲で占有行動をとる。顕著な雌雄異型で♀はカバマダラなどへの擬態と思われる。

【卵】 半球形で青緑色もしくは淡青色。

【幼虫】 ほかのメスアカムラサキ属によく似ており，黒褐色で気門下線に橙色の斑紋列が走る。

【蛹】 褐色で目立った斑紋はない。

【食草】 スベリヒユ科のスベリヒユを主食草とし，ほかに多岐にわたる。

【分布】 アフリカ，インドからオーストラリア，さらに北米南部・西インド諸島に広く分布する。

ヤエヤマムラサキ p. 114

Hypolimnas anomala (Wallace, 1869)

終齢幼虫および蛹を八重山諸島石垣島産の名義タイプ亜種 *anomala* で図示・記載する。

手代木(1990)に詳細な記述がある。

【成虫】 フィリピン・ネグロス島では林縁などに現れ，緩やかに飛翔するのが観察された。

【卵】 卵群で産下され，メスアカムラサキよりも若干小さく，色彩は黄色。

【幼虫】 黒色で黄色の目立った棘状突起を有する。

【蛹】 灰褐色に鋭い突起が生じる。

【食草】 イラクサ科のオオイワガネ(*Pipturus arborescens*)を食べる。

【分布】 マレー半島からスマトラ，ボルネオ，ジャワ，スラウェシ，フィリピン，スンバワなどの各島に分布する。日本では八重山諸島にのみフィリピン北部亜種 *truenthus* Fruhstorfer, 1913 が分布する。

モルッカムラサキ p. 138,148

Hypolimnas antilope (Cramer, [1777])

【成虫】 ♀は紫色の幻光をもつことなく黒褐色の 1 色，♂はそれよりも淡い色でその濃淡に個体変異がある。アンボンでは明るい林間や道ぞいの草木の間を飛翔し，リュウキュウムラサキや擬態のモデルと考えられるルリマダラ類 *Euploea* と混生する。♀は葉表上に卵群を産下するとそれを保護するような姿勢でじっと静止している。この習性はヤエヤマムラサキと同じである。

【卵】 ヤエヤマムラサキに極似する。

【幼虫】 未確認。

【蛹】 蛹化は幼虫期とかなり離れた場所で行われるようで，食樹の見られない暗い林内でしかも集中的に発見できる。形態はヤエヤマムラサキとほとんど同じだが色彩はより明るい黄色である。

【食草】 イラクサ科の木本 *Pipturus argenteus* を食べる。モルッカキミスジの食樹でもある。

【分布】 ヤエヤマムラサキのオセアニア区における代置種で，モルッカ諸島，ニューギニア島，ソロモン群島，オーストラリアに分布する。

パプアムラサキ p. 147

Hypolimnas pithoeka Kirsch, 1877

【成虫】 モルッカムラサキに似ているがより小型で全体は黒褐色，後翅裏面の亜外縁に白色小斑紋が配列することで識別できる。♀は翅表亜外縁に白色小斑紋を配する。

【卵】【幼虫】【蛹】【食草】 未解明。

【分布】 ニューギニア本島とビア，アドミラルティ，ガダルカナルなどの島嶼。

リュウキュウムラサキ p. 115,221

Hypolimnas bolina (Linnaeus, 1758)

卵から蛹までのすべてをマレーシア・ボルネオ島サバ州産の名義タイプ亜種 *bolina* で図示・記載する。

手代木(1990)に詳細な記述がある。

【成虫】 やや緩やかに飛翔し，花で吸蜜する。♀は地表に下りて産卵するが，腹端を曲げて歩きながら食草以外の枯葉や草などに産下することが多い。一般に開けた環境でよく見かけるが，地方によりやや樹林帯寄りに進出する場合がある。台湾やフィリピン・マレーシアなどではやや樹林帯に見られ，スラウェシやアンボン・セラムでは樹林内にある開けた空き地や疎林内で見かけられた。これは♀の斑紋型に関係するもののようで，前者は森林寄りのルリマダラ類に，後者は草原寄りのカバマダラ類に擬態するためと考えられ，そのモデルとなるマダラチョウ類の活動場所に同調した結果と思われる。ただメスアカムラサキのように擬態としての完成度の高い斑紋ではない。むしろ擬態関係とは思われないシロモンコムラサキなどと同一の斑紋の型もある。この♀の斑紋型は地方によってまとまった傾向があるので，本来は亜種の違いによるものだったのかもしれない。しかし，現在はどの地域でも複雑に交雑し合って地域型(亜種)では片づけられないところがある。代表的な型としては，①前翅表に白帯を欠き，紫斑紋を装う♂と同型の台湾型 *kezia* (Butler, 1877)，②前翅表に白帯を現し，紫色幻光のないフィリピン型 *philippensis* (Butler, 1874)，③白帯や紫色幻光を欠き，前後翅外縁に白点を現す大陸型 *jacintha* (Drury, 1773)，④前翅表に白帯，橙紋，青藍鱗を現すパラオ型 *bolina* (Linnaeus, 1758)，⑤大型で濃褐色に黄褐色斑紋を現すモルッカ型 *lisianassa* (Cramer, 1779)，⑥翅表全体が一様な橙褐色で顕著な斑紋を欠く南太平洋型(ミクロネシアの *rarik* (Eschscholtz, 1821)，西ポリネシアの *otaheitae* Felder, 1862 など)に分けられる。分布のかなり東端に位置するトンガ産の個体は小型で色素が抜けたような色調で，なかには黄白色1色の個体もある。多くの現地では一般にこれらが選択淘汰された，あるいは混合した型の個体が多い。

本種は習性や形態でほかの種と異なったいろいろな特徴をもつが，その1つに♂と♀の個体数の違いがある。まず野外では台湾のように♂を普通に見かけるところとフィリピンのようになかなか♂が見かけられないところがある。また♀から採卵して飼育してみるとまったく♂が生じないことが多い。これについてはすでに研究されており(Mitsuhashi *et al*., 2004)，細菌のウォルバキア属(*Wolbachia*)による性比異常を起こした結果で，♂になるべき個体が死亡してしまうことによる。これも地方や時期によって微妙な相違があるようである。そのほか間性，幼虫の食性，成虫の斑紋の遺伝など研究課題が多い。

また，羽化後産卵までかなりの時間を要することがあるが，ひとたび卵巣が成熟してくると次々と産卵し産卵期が長期にわたることがある。

【卵】 卵数は極めて多く，1,000卵以上に及ぶ場合があると思われる。

卵幅 0.76 mm，卵高 0.64 mm と成虫の大きさに比べてかなり小さい。これは産卵数が極めて多いことによる相対的な結果と思われる。色彩は青色系と黄緑系の2通りがある。

【幼虫】 孵化した幼虫は葉裏に移動し，丸い孔を開けて摂食する。特に集合性はないようで，そのほか特徴的な習性も見られない。全幼虫期を通し黒褐色で，終齢期で若干黄橙色斑紋が目立つようになる程度。

【蛹】 腹部がやや膨らみ鋭い突起を生じる。

【食草】 本種の特性の1つに幼虫の食性が極めて多岐に分かれていることが挙げられる。その対象は各科各属にわたる。植物間には系統的な関連があるようではなく，その対象に共有する形質を見つけることが困難である。従来日本ではヒルガオ科のサツマイモが代表のように思われ，飼育下ではよく摂食するが本来の食草ではないようである。そのほかヨウサイ，ヒユ科のツルノゲイトウ，アオイ科のキンゴジカなどが日本ではよく知られている。東南アジアやオーストラリアではキツネノマゴ科の *Asystasia* 属なども重要である。スラウェシではキク科と思われる草本を確認した。アンボン産の3頭を，サツマイモを使って採卵を試みたが，いずれもまったく産卵することはなかった(ウォルバキアに感染した個体群だったのかもしれない)。ニューギニア産の個体はヒユ科のイノコズチに産卵し，幼虫の摂食も良好であった。アオイ科のタチアオイなども好適な食草として知られ，飼育下でもよく摂食して正常に生育する。本種の食性の広がりや基本食性，食性転換などに関する問題は今後も継続して検討を必要とする。

【分布】 マダガスカル島からインドを経て南太平洋の各島嶼までアジアの熱帯圏に広く分布する。

ルリオビムラサキ p. 115,146,222

Hypolimnas alimena (Linnaeus, 1758)

卵から蛹までのすべてをインドネシア Papua の Manokwari 産の亜種 *eremita* Butler, 1883 で図示・記載する。

【成虫】 近縁種に比べやや小型，♂は黒色の地色に青藍色の帯が貫き，ときに紫色幻光が浮き出る。♀は♂とほぼ同形の型，後翅外縁部が広く黄褐色を呈する型のほかいくつかあるが，セレベスムラサキ同様の地理的変異または個体変異があるように思われる。成虫♂は林縁の明るい環境で静止と飛翔を繰り返している。

【卵】 卵幅 0.81 mm，卵高 0.70 mm 程度で形態はセレベスムラサキに似ている。色彩は淡黄緑色。

【幼虫】 孵化した幼虫は葉裏に潜み，食草に丸い孔を開けるようにして食べる。2 齢幼虫は頭部に短い突起を生じる。3 齢期までは葉裏に潜み 1 齢幼虫と同様に孔を開けるような食べ方をする。4 齢幼虫は頭部が黄褐色で胴部はほぼ黒色，葉縁から食べるようになる。終齢は 6 齢でほぼここまで各齢期が 3，4 日で進行する。終齢幼虫の頭部は褐色で頭頂に黒色斑を生じ，やや長い黒色の角状突起を有する。胴部の色彩は黒褐色で亜背線部に不明瞭な黄褐色条を生じ，気門下線部は黄色である。そのほかにも各節に輪状斑が並び，セレベスムラサキよりも複雑な色彩である。棘状突起は黄褐色。

【蛹】 セレベスムラサキに似ているが頭部突起がより発達する。

【食草】 オーストラリアではキツネノマゴ科の *Asystasia gangetica*，*Pseuderanthemum variabile*，*Graptophyllum pictum* など。飼育ではリュウキュウムラサキで記録されたヒユ科のイノコズチを好んで摂食し，問題なく生育する。またキツネノマゴ科のベニツツバナ(*Odontonema strictum*)でも飼育できるという。

【分布】 ニューギニア島とその近隣の諸島，ソロモン群島。

セレベスムラサキ　p. 116,222

Hypolimnas diomea (Hewitson, 1861)

卵から蛹までのすべてをインドネシア・スラウェシ島 Palopo 産の名義タイプ亜種 *diomea* で図示・記載する。

【成虫】 スラウェシ島特産の大型種。リュウキュウムラサキに似た色彩斑紋をし，♂は同様に紫色の幻光を放つ。♂♀とも無紋型と白紋型の 2 型がある。樹林帯の開けた空間を緩やかに飛翔する。

【卵】 卵幅 0.92 mm，卵高 0.81 mm 程度，黄緑色で 10 条程度の縦条がある。卵期は 5 日。

【幼虫】 孵化した幼虫はすばやく動き回り，やがて食草の葉裏に集合して静止する。葉裏の葉肉を食べ，周囲にある糞を神経質そうにくわえては弾き出すことを繰り返す。3 日ほどで 2 齢になり，同様に葉裏に静止し，葉縁より食べる。集合性がやや薄れ，1 コロニーの個体数が少なくなる。3 齢になるとさらに集合性が薄れる。糞をくわえて弾き出す習性は終齢まで続く。終齢は 6 齢の個体と 7 齢の個体がある。摂食量の多少が原因かどうかは定かではないが，早く成長した個体は 6 齢で，遅れた個体は 7 齢で終齢となる。摂食や休眠などの行動が一斉に行われ，お互いに行動が促されているように感じられる。幼虫は 1 齢よりほとんど黒褐色で，3 齢頃より棘状突起の基部に橙色が現れてくる。終齢幼虫はリュウキュウムラサキに似ているが，図示のように棘状突起の基部がよりあざやかな橙色で，体長も 64 mm 程度とはるかに大きい。

【蛹】 鋭い突起を有し，形態・色彩ともほかの近縁種に似ている。体長 28 mm 程度。

【食草】 確実な野外観察によるものではないが，飼育実験よりイラクサ科の *Elatostema lineolatum*，*E. sessile* と考える。現地にはこれらのイラクサ科が林床にたくさん生じ，日本のサンショウソウ属やウワバミソウ属を思わせるが，それよりはるかに巨大である。

【分布】 インドネシアのスラウェシ島特産。

ジャノメムラサキ　p. 114,222

Hypolimnas deois (Hewitson, 1858)

終齢幼虫および蛹をインドネシア Manokwari, Papua 産の亜種 *panopion* Grose-Smith, 1894 で図示・記載する。

【成虫】 ♂は後翅に白色(または青色)と橙色の斑紋を生じ，♀は前後翅に大きな白色斑紋を配するが，その大小には地理的変異や個体変異が多い。習性はルリオビムラサキと同様で，♂は樹林内のやや開けた空間に見られ，活発に占有行動をとる。♀は樹林内の空間に現れ，地表近くを飛びながら食草を探す。

【卵】 ルリオビムラサキによく似ている。

【幼虫】 孵化した幼虫は集合性があり葉裏に潜む。葉に孔を開けるようにして食べる。頭部は黒色で胴部は黒褐色。2 齢幼虫は頭部に角状突起を生じ全体に黒褐色。習性は 1 齢幼虫と同様。2 齢期は 2 日程度で生育速度は速い。3 齢幼虫は葉の外縁から食べるようになり，葉表に静止し集合性も弱くなる。胴部の色彩はほぼ全身黒色で光沢がある。その後各齢期を 3 日程度で進行し，終齢は 6 齢である。終齢幼虫はルリオビムラサキに似ているが，棘状突起は汚黄褐色でルリオビムラサキのように目立たない。胴部の色彩は気門下線列に橙色が走る程度でほとんど斑紋のない黒褐色。

【蛹】 ルリオビムラサキに極めて似ている。明色斑が目立つ程度である。

【食草】 イラクサ科の *Elatostema integrifolia* などのウワバミソウ属のみを食べるようである。

【分布】 インドネシアのハルマヘラ島およびニューギニア島とその近隣諸島。

スンバワムラサキ　p. 222

Hypolimnas sumbawana Pagenstecher, 1898

【分類学的知見】 本種の分類については次のような例を見る。

①種とする。

H. sumbawana Pagentecher, 1898 / Ent. Nachr. 24.

②亜種とする。

②-1　*H. pithoeka sumbawana* / Natural History Museum.

②-2　*H. anomala sumbawana* / D'Abrera, 1982.

以上が同一のタクソンに与えられた命名か未確認だが，標本を見た限りでは *H. pithoeka* や *H. anomala* とは別種のように感じる。

【成虫】 図示の個体はフローレス産の亜種 *takizawai* で基本的にはヤエヤマムラサキの斑紋であるが，後翅にはリュウキュウムラサキのような大きな青色斑があり，明らかにヤエヤマムラサキ亜種とは考え難い。
【卵】【幼虫】【蛹】【食草】 未解明。
【分布】 インドネシア・スンバワ島およびフローレス島の特産種と考える。

ミイロムラサキ p. 117, 146, 223
Hypolimnas pandarus（Linnaeus, 1758）
卵から蛹までのすべてをインドネシア・セラム島産の名義タイプ亜種 *pandarus* で図示・記載する。
【成虫】 大型種で♂は橙・白・紫色の大胆な配色の斑紋をもつ。豪華な感じのチョウで，♀は特に大きく，後翅の橙色紋が広がる。樹林内の明るい空間からより広い草原的な環境に生息し，地表の低いところから 3，4 m の高さの空間を雄大に飛翔する。継続的に発生を繰り返しているものと思われる。
【卵】 卵幅 1.04 mm，卵高 0.90 mm 程度で淡黄緑色，13，14 程度の縦条がある。弱い横条も認められる。卵期は 4 日間。
【幼虫】 孵化した幼虫は葉裏に移動し 3～5 頭が集合して静止している。摂食は葉縁から行われる。頭部は丸く胴部は円筒状，黒色の長い刺毛を生じ，それらは前方に強く湾曲する。5 日を経て 2 齢に達する。2 齢幼虫の頭部には角状突起を生じる。頭部を含め全体が黒褐色である。葉裏に複数個体が集合しているなど習性は 1 齢期と同様である。3，4 齢幼虫もほぼ同様の形態や習性である。孵化後 21 日で 5 齢に達する。頭部から胴部全体が黒色で，体表に生じる棘状突起の基部の橙色が目立つ程度。葉裏に潜む性質は消滅してつねに葉表に静止している。5 日後に 6(終)齢になる。頭部突起は長大で黒色，胸部から腹部全体もビロード状の黒色で斑紋はない。胴部に生じる棘状突起は基部が橙色で先端は黒く，その配列はタテハモドキ族の範疇内である。終齢期は 6 日前後，前蛹期 1 日を経て蛹化する。
【蛹】 濃褐色で白色や灰褐色の不明瞭な斑紋がある程度。頭部突起を含め腹部背面に円錐状の突起を多数有する。蛹期の 1 例は 12 日間であった。
【食草】 現地で幼虫を発見していないので確認はできていないが，セレベスムラサキ同様にイラクサ科，特にウワバミソウ属であることはほぼ間違いないと思われる。飼育下では♀が産卵し，孵化した幼虫の摂食も良好であった。写真の現地産ウワバミソウは日本のそれとは比較にならない巨大なもので，林床の至るところに生じている。若干葉の質の異なるものがあるので複数の種類があると思われる。またこれに近似したサンショウソウ属(＝ウワバミソウ属)などのイラクサ科も見られ，これらも食草として利用されている可能性がある。そのほか大型のカラムシ属(ヤブマオ)やオオイワガネ属(*Pipturus*)に属する植物も見られ，自然界での食性を限定するに至らなかった。
【分布】 モルッカ諸島のセラム，アンボン，スパルアとブル，カイの島嶼に 3 亜種が分布する。

オオシロモンムラサキ p. 223
Hypolimnas usambara（Ward, 1872）
【成虫】 大きな白紋と後翅肛角に橙色紋を配する大型稀種。
【卵】【幼虫】【蛹】 未確認。
【食草】 イラクサ科の *Urera hypselodendron*，*Fleurya* やイラクサ属を食べる(Larsen, 1996)。
【分布】 ケニアおよびタンザニアの東部地方に分布する。

ルリスジムラサキ p. 223
Hypolimnas salmacis（Drury, 1773）
【成虫】 紺色の地に明青色の流紋がある。図示の亜種は白紋を欠く。
【卵】【幼虫】【蛹】 未確認。
【食草】 イラクサ科の *Fleurya* や *Urera*，イラクサ属を食べる(Larsen, 1996)。
【分布】 シエラレオネからカメルーン，コンゴ民主共和国，エチオピアにかけて分布する。

シロモンムラサキ p. 223
Hypolimnas dinarcha（Hewitson, 1865）
【成虫】 青紋や後翅の褐色斑紋の表出程度には個体変異が多い。
【卵】【幼虫】【蛹】 未確認。
【食草】 イラクサ科の *Fleurya* などを食べる(Larsen, 1996)。
【分布】 シエラレオネからカメルーン，ガボンにかけて分布する。

オオルリオビムラサキ p. 223
Hypolimnas antevorta（Distant, [1880]）
【成虫】 大型種で紺色の地に白色と明青色の帯が貫く。
【卵】【幼虫】【蛹】 未確認。
【食草】 イラクサ科の *Urera hypselodendron* を食べる(web サイト wikipedia)。
【分布】 タンザニア北東部の標高 1,000 m 程度の山地帯のみに生息する珍種である。

ハガタムラサキ p. 223
Hypolimnas dexithea（Hewitson, 1863）
【成虫】 その大柄なデザインの斑紋は古来有名な大型種である。♂♀同じ斑紋だが♀はより大きい。
【卵】【幼虫】【蛹】【食草】 未解明。
【分布】 マダガスカル島特産。

シロスジムラサキ p. 223
Hypolimnas monteironis（Druce, 1874）
【成虫】 ルリスジムラサキに似ているが前翅頂に白色斑を欠く。♀には青色光沢がない。
【卵】【幼虫】【蛹】 未確認。
【食草】 イラクサ科の *Fleurya* などを食べる(Larsen, 1996)。
【分布】 ナイジェリア東部からタンザニアにかけて分布する。

キオビコノハ属
Yoma Doherty, 1886

【分類学的知見】 2種を含み，幼生期形態がメスアカムラサキ属などと若干異なる。
【成虫】 前後翅を黄色の帯が貫く。
【卵】 ほぼ球形で緑色，12条程度の縦条がある。
【幼虫】 基本的な形態はタテハモドキ族内。
【蛹】 腹部の突起は2対のみ発達し，背面に光沢のある斑紋を生じる。
【食草】 キツネノマゴ科。
【分布】 インド・オーストラリア区。

キオビコノハ　p. 224
Yoma sabina (Cramer, [1780])
【成虫】 タイやスラウェシでは林縁の明るい場所に現れて植物の葉などに静止したり渓流の周囲の地表に下りて吸水したりする個体を見る。
【幼生期】 五十嵐・福田(2000)を参考に記載する。
【卵】 球形で緑色，12条の縦条がある。
【幼虫】 黒褐色地に白色と橙色紋を配する。
【蛹】 パプアキオビコノハに似ている。
【食草】 キツネノマゴ科の *Blechum*，*Hemigraphis*，*Ruellia*，*Dipteracanthus* などを食べる。
【分布】 ミャンマー，タイ，台湾，スンダランド，モルッカ，ニューギニア，オーストラリア北部などに分布する。

パプアキオビコノハ　p. 137,224
Yoma algina (Boisduval, 1832)
【成虫】 ♂は前後翅を黄橙色の，♀は白色の帯が貫く。森林のやや開けた空き地に生息し，静止していることが多い。
【卵】 ほぼ球形で緑色。
【幼虫】 1m弱のキツネノマゴ科の葉裏から発見される。終齢幼虫は全体が黒褐色で白色の明瞭な気門下線が走り，その部位の棘状突起基部周辺は橙色である。
【蛹】 基本的にリュウキュウムラサキなどに似ているが背面の突起は鋭さを欠き，後胸背面に金属光沢のある斑紋をもつ。地色は黄褐色でリュウキュウムラサキ類のような複雑な黒色斑紋はない。
【食草】 キツネノマゴ科。50cm程度で林床に生じ白色の花をつける。*Hemigraphis* sp.と思われる。
【分布】 ワイゲオ，ニューギニアからビスマルク諸島，ブーゲンビルなどに分布する。

コノハシンジュタテハ属
Salamis Boisduval, 1833

【成虫】 翅表は紫色の幻光を放ち，翅裏は木の葉模様である。
【卵】【幼虫】【蛹】 幼生期については一部が知られている。
【食草】 イラクサ科。
【分布】 エチオピア区に3，4種を産する。

ムラサキコノハシンジュタテハ　p. 224
Salamis cacta (Fabricius, 1793)
【成虫】 ♂は♀より紫色幻光が強い。
【卵】【幼虫】【蛹】 未確認。
【食草】 イラクサ科の *Urera hypselodendron*，*U. trinervis* などを食べるという(webサイトwikipedia)。
【分布】 シエラレオネからコンゴ民主共和国を経てウガンダ，ケニア西部などに分布する。

キベリコノハシンジュタテハ　p. 224
Salamis augustina Boisduval, 1833
【成虫】 ♂は黒褐色で紫色の幻光があり，後翅外縁は黄白色である。
【幼生期】 【幼虫】【蛹】【食草】をwebサイト(Rhopalocères de la Réunion)を参考に記載する。
【卵】 未解明。
【幼虫】 黒褐色で体表には微毛が密生する。
【蛹】 パプアキオビコノハに似ていて，全体に黄褐色，第2腹節背面突起が白色で目立つ。
【食草】 イラクサ科の木本 *Obetia ficifolia*。葉は三裂している。Réunion島でも現在食樹が減少にあるという。
【分布】 モーリシャスとレユニオンの孤島にのみ分布する稀種。
【付記】 モーリシャス島産の亜種 *vinsoni* Le Cerf, 1922は1929年以来採集されておらず絶滅したといわれる。その原因は食草である *Obetia ficifolia* を外来種の巨大なアフリカマイマイが食べ尽くしたことによるという。モーリシャス島ではただ1頭採集されたというテングチョウ *Libythea cyniras* の記録がある。そして鳥類のドードーが同様の運命にあったことは広く知られ，歴史的な動物の絶滅が続いている。

シンジュタテハ属
Protogoniomorpha Wallengren, 1857

【分類学的知見】 コノハシンジュタテハ属と近縁で以前は同属であった(Lewis, 1974など)。
【成虫】 翅表は青藍色または白色で真珠様の光沢がある。
【卵】【幼虫】【蛹】 幼生期は数種が知られる。メスアカムラサキ属に似ている。
【食草】 キツネノマゴ科で *Asystasia*，*Mellera*，*Isogloss*，*Pawlowilhelmia*，*Justicia*，*Mimulopsis* など。
【分布】 エチオピア区に5種を産する。

ルリシンジュタテハ　p. 224
Protogoniomorpha temora C. & R. Felder, [1867]
【成虫】 ♂は全体に青紫色幻光が強い。低地の深い森林に多く，地表近くや灌木の上を飛翔し，翅を開いて静止する。
【卵】 未確認。
【幼虫】 Keith Wolfe氏の私信では，頭部の角状突起が黒色である以外は全体が白色で棘状突起も白い。気門は黒色で目立つ。

【蛹】 未確認。

【食草】 キツネノマゴ科の *Asystasia*, *Mellera*, *Justicia* などを食べる(Larsen, 1996)。

【分布】 ナイジェリアからカメルーンを経てエチオピア，ケニアにかけて分布する。

シンジュタテハ p. 224

Protogoniomorpha anacardii (Linnaeus, 1758)

【成虫】 前後翅とも外縁の黒色部が多い。マダガスカル島産亜種 *duprei*(Vinson, 1863)は黒色斑紋が少ない。

【卵】【幼虫】【蛹】 未確認。

【食草】 キツネノマゴ科の *Asystasia* などを食べる(Larsen, 1996)。

【分布】 シエラレオネからアフリカの東部を経てマダガスカル島に分布する。

オオシンジュタテハ p. 134,224

Protogoniomorpha parhassus (Druce, 1782)

終齢幼虫を Woodhall(2008)を参考に図示・記載する。

【成虫】 大型種で翅表は真珠色の光沢がある。低地から標高 2,000 m 程度の範囲に生息する極めて普通種。

【卵】 未確認。

【幼虫】 色彩は黒色で背面に橙赤色の斑紋を配列する。頭部は黒色で長い角状突起が生じる(Woodhall, 2008)。

【蛹】 褐色でリュウキュウムラサキなどに似ている(Woodhall, 2008)。

【食草】 キツネノマゴ科の *Asystasia*, *Isoglossa* などを食べる(web サイト wikipedia)。

【分布】 熱帯アフリカの全域に分布する。

ソトグロカバタテハ族
Rhinopalpini

【分類学的知見】 Wahlberg *et al*. (2005)によるとヒメタテハモドキ属とソトグロカバタテハ属は近縁と考えられ，幼生期の判明している後者の特色から，本書ではソトグロカバタテハ族を設定した。

ソトグロカバタテハ属
Rhinopalpa C. & R. Felder, 1860

【分類学的知見】 1種のみからなる。本属以外のタテハモドキ族とは1齢幼虫期より前胸背部に突起をもつことで大きく異なる。さらに1齢幼虫は胴部の各節にも突起を生じて特異でほかに例がなく，まったく系統の異なるイナズマチョウ族と類似した形態で，タテハモドキ族とは別族にされるものと考える。蛹もこれまでのタテハモドキ族と異なる形態である。そのほかの基本的な幼生期形態はタテハモドキ族の範囲内である。

ソトグロカバタテハ p. 118,226

Rhinopalpa polynice (Cramer, [1779])

卵および幼虫をフィリピン・ネグロス島産の亜種 *stratonice*(C. & R. Felder, [1867])で図示・記載する。

【成虫】 森林性であるが明るい環境を好み，平地の開けた場所にも飛来する。吸水にも訪れよく見かけるチョウである。♂は樹林内の空間を極めてすばやく飛翔する。♀は♂よりも地色が淡く行動はより緩慢である。

【卵】 卵幅 1.82 mm，卵高 1.78 mm 程度で比較的大きく色彩は緑色，13 条前後の縦条があるが横条は不明瞭。

【幼虫】 孵化した幼虫は葉裏に体をＳ字状にくねらせて静止し，葉縁を丸く摂食する。その後食べかけた部分を継続して食べ続けしだいに食痕を大きくする。1齢幼虫の形態は極めて特徴がある。すなわち前胸背面に1対の突起を有し，これはほかの近縁種にない特異な形態であり，ヒョウモンチョウ亜科の2齢期以降の形態に一致する。またほかの体節の亜背線にも突起を生じるがこのような例はイチモンジチョウ亜科のイナズマチョウ族特有のものである。特に第8腹節では最大である。また第9腹節の気門上線に生じる突起はほかの節よりも大きいが，以上のような突起の配列はほかに例がない。頭部は黒色，胸部は白色，腹部は黒褐色と淡褐色である。2齢幼虫は頭部に長大な角状突起を有する。また前胸背面にも1対の棘状突起を生じ，本種の特異な特徴となっているが，それを除いた棘状突起の配列はタテハモドキ族の範疇内。色彩は褐～黒褐色。

【蛹】 腹部背面に湾曲した突起を生じるなど特異な形態である(五十嵐・福田, 2000)。

【食草】 イラクサ科の木本種である *Poikilospermum acuminatum*, *Dendrocnide sinuata* など(五十嵐・福田, 1997)。イラクサ科の *Boehmeria* などはしばらくの間は食べるが蛹まで成育させることはできない。

【分布】 ミャンマーからインドシナ半島，マレー半島を経てスマトラ島，ジャワ島，ボルネオ島，スラウェシ島，フィリピン諸島。

ヒメコハクタテハ属
Vanessula Dewitz, 1887

【分類学的知見】 成虫は大きさや斑紋などがタテハモドキ族にあっては特異で，分類的位置が推し量りにくい。Wahlberg *et al*. (2005)はソトグロカバタテハ属に近いという解析をし，タテハモドキ族とクラスターを形成しているので仮にここに位置づける。1種を含む。

ヒメコハクタテハ p. 226

Vanessula milca (Hewitson, 1873)

【成虫】 小型で黒褐色地に橙色帯をもつ。♀は♂に似ているが色彩が淡い。草地などの低い位置を緩慢に飛翔し，ときどき木の葉などに止まる。

【卵】【幼虫】【蛹】【食草】 未解明。

【分布】 ナイジェリア，カメルーン，コンゴ共和国，ウガンダなどに分布する。

コノハチョウ族
Kallimini Doherty, 1886

【分類学的知見】 Wahlberg *et al*. (2005)はタテハモドキ族よりもヒョウモンモドキ族に近縁で，ヒョウモンモドキ族とクラスターを形成するという解析をしている。しかし幼生期の形態や習性からその妥当性は必ずしも肯定できるものではない。

【成虫】 タテハモドキ族が比較的明るい樹林内の空き地や草地的環境に生息しているのに対し，本族はより内部の樹林内に生息地がある。

【卵】【幼虫】【蛹】 幼生期の形態ではタテハモドキ族との大きな差は見出し難く，棘状突起の配列も同様，習性も本族として特有の目立った差はない。

【食草】 タテハモドキ族ではイラクサ科も重要であったが，本族はキツネノマゴ科に集中している。

【分布】 インド・オーストラリア区とアフリカ熱帯区。

コノハチョウ属
Kallima Doubleday, [1849]

【成虫】 翅裏の斑紋が細部に至るまで「木の葉」模様で古来有名なチョウである。翅頂が尖る特徴があるが，殊に♀において著しい。翅表は淡青から青紫色で，種により白色や橙色の帯が入る。

【卵】 球形で14条前後の縦条があり，色彩は濃緑色。

【幼虫】 頭部に長い角状突起を有する。胴部はほとんど斑紋を欠き黒色。

【蛹】 メスアカムラサキ属などに比べて外形の凹凸が弱い。

【食草】 キツネノマゴ科。

【分布】 東南アジアを中心に10種が分布する。

ムラサキコノハチョウ　p. 119,225
Kallima limborgii Moore, [1879]

卵から蛹までのすべてをマレーシア Tapah 産の亜種 *amplirufa* Fruhstorfer, 1898 で図示・記載する。

【成虫】 日本にも産するコノハチョウとは若干異なるが，幼生期は極めて似ている。成虫の前翅端はより尖り，翅表の紫色光沢がやや強い。渓谷の深い樹林帯に生息し，腐果実などのアルコール臭には敏感に反応し，直ちに来集する。♂は樹林の空間の陽地を占有する習性をもち，樹木の先端の葉に頭部を下にし，翅を開いて静止，盛んに追尾活動をする。♀は樹林下の食草を探して地上の低い位置を不規則に飛ぶ。

【卵】 濃緑色で卵幅1.16 mm，卵高1.30 mm程度，14本程度の縦条がある。

【幼虫】 1齢幼虫は光沢のある黒褐色だが，3齢辺りで亜背線上棘状突起の基部が黄色で目立つようになる。しかし，終齢になるとこの黄色斑は消失し，全体がややビロード様光沢のある黒褐色の1色になる。頭部には長い角状突起を有する。全幼虫期を通して目立った習性はなく，食草を求めて盛んに歩き回る。

【蛹】 濃褐色で濃淡の変化のある複雑な斑紋を散在する。

【食草】 キツネノマゴ科の *Strobilanthes collinis*，*S. pedunculosa*，*Gendarusa vulgaris* など。飼育下ではキツネノマゴ科のオギノツメや *Blechum brownei* などで十分に生育する。

【分布】 ミャンマーからマレー半島，スマトラ，ボルネオ各島。

コノハチョウ　p. 119
Kallima inachus (Boisduval, 1846)

終齢幼虫および蛹を沖縄本島本部半島で観察した日本産亜種 *eucerca* Fruhstorfer, 1898 で図示・記載する。

手代木(1990)に詳細な記述がある。

【成虫】 森林内から林縁に生息し，樹液やアルコール臭のする腐果実に好んで飛来する。♂は樹上の葉の先端に静止して占有行動をとる。

【卵】 ほぼ球形で13，14条の縦条がある。

【幼虫】 3，4齢幼虫は黒色で棘状突起の基部の黄色が目立つが，終齢になると黄色い部分は消滅し棘状突起は紅色に変化する。

【蛹】 メスアカムラサキ属よりも頭部の突起が発達する。

【食草】 キツネノマゴ科のスズムシソウ類が主であるが，オギノツメでも十分に生育する。

【分布】 インド北部から中国南部を経てインドシナ半島，マレー半島，台湾に分布する。日本では沖縄本島，八重山諸島に分布する。

メスシロオビコノハチョウ　p. 225
Kallima paralekta (Horsfield, [1829])

【成虫】 ♂はムラサキコノハチョウに似ているが，前翅の斜帯はより黄色みが強い。♀の斜帯は白色。

【卵】【蛹】 未確認。

【幼虫】 3齢幼虫は頭部に長い角状突起を有し，体色は全体が黒色で光沢がある(向山，2005a)。

【食草】 キツネノマゴ科の *Strobilanthes* や *Pseuderanthemum* などを食べる(Feltwell, 1993, webサイト ftp.funet.fi/index/Tree_of_life/insecta/lepidoptera/ditrysia/papilionoidea/nymphalidae/nymphalinae/kallima/#R16)。

【分布】 ジャワとスマトラの各島に分布する。

アオオビコノハチョウ　p. 225
Kallima spiridiva Grose-Smith, 1885

【成虫】 斜帯は淡青色で♀はより白色みが強い。

【卵】【幼虫】【蛹】【食草】 未解明。

【分布】 スマトラ島特産種。

ウスアオコノハチョウ　p. 225
Kallima philarchus (Westwood, 1848)

【成虫】 翅表は淡青色で翅頂は黒色，斜帯は白色。

【卵】【幼虫】【蛹】 未確認。

【食草】 キツネノマゴ科 *Strobilanthes* (Wynter-Blyth, 1982)。

【分布】 インド南部とスリランカに分布する。

ルリアフリカコノハチョウ属
Mallika Collins & Larsen, 1991

【分類学的知見】 ジャノメコノハ属に近縁で，以前はコノハチョウ属に含められていた(Smart, 1976 など)。1種のみが含まれる。

ルリアフリカコノハチョウ p. 226
Mallika jacksoni (Sharpe, 1896)

【成虫】 翅表は青藍色で特に♂の光沢は強い。
【卵】【幼虫】【蛹】【食草】 未解明。
【分布】 スーダン南部からウガンダ，ケニア西部，ウガンダなどに分布する少ない種。

ジャノメコノハ属
Catacroptera Karsch, 1894

【分類学的知見】 成虫はタテハモドキ属に似ているが，系統的には異なってコノハチョウ族に所属する。1種のみを含む。

ジャノメコノハ p. 226
Catacroptera cloanthe (Stoll, [1781])

【成虫】 山地帯の森林の空き地，サバンナなどに生息する普通種。
【幼生期】 Woodhall(2008)を参考に記載する。
【卵】 淡緑色で12～14条の縦条がある。
【幼虫】 頭部に長い角状突起をもちその先端は瘤状に膨らむ。胴部は黄橙色と黒色の横帯が交互に配列する個性的な配色で，黒色の棘状突起を生じる。
【蛹】 コノハチョウ属などに似ているが腹部の突起の発達は弱い。
【食草】 キツネノマゴ科の *Barleria stuhlmanni*，*Justicia*，*Ruellia* など。
【分布】 アフリカ東部から南部にかけて広く分布する。

イワサキコノハ属
Doleschallia C. & R. Felder, 1860

【分類学的知見】 幼生期形態はコノハチョウ族のなかではやや特異。属内では共通するが他属とは相違がある。10種を含む。
【成虫】 前翅端が尖り，橙褐色または灰青色で翅端が黒い。
【卵】 縦条が弱くほぼ球形に見えることは著しい特徴。
【幼虫】 形態は他属と同じ。
【蛹】 褐色味を帯びた白色，体表の突起を欠くことも特異で，ほかの属と相違する。
【食草】 キツネノマゴ科。
【分布】 アジアの熱帯地方～オセアニア地方。

セラムコノハ p. 120,146,226
Doleschallia hexophthalmos (Gmelin, 1790)

終齢幼虫および蛹をインドネシア・セラム島産の名義タイプ亜種 *hexophthalmos* で図示・記載する。

【成虫】 イワサキコノハとは後翅外縁が広く黒色なので識別は容易。♀は黒色部分が少ない。森林内に生息するがあまり見かけない。幼虫が発見された範囲が比較的限定されていたことから♀は卵群を産下するものと思われる。
【卵】 未確認。
【幼虫】 山道の傍らに生じる大型のキツネノマゴ科から群生する3～終齢幼虫を発見した。3齢幼虫から終齢幼虫の大きな違いはない。終齢幼虫の頭部は黒色で剛直な角状突起を有する。胴部は黒褐色で亜背線と気門下線には白色縦条が走る。気門下線列の棘状突起基部は黄橙色だがイワサキコノハより目立たない。イワサキコノハ同様，黒色の棘状突起の基部は強く青藍色に輝き全体が宝石を散りばめたようである。
【蛹】 イワサキコノハ同様短い頭部突起のほかに胸部・腹部ともに突起を欠く。色彩は灰白色で胸部背線と腹部気門線に黒色条，前翅，腹部背面に若干の黒色斑紋，前翅後縁に黄橙色斑がある程度。
【食草】 キツネノマゴ科の *Pseuderanthemum* と思われる。2 m以上に生育する大型草本植物である。幼虫はかなりの量を摂食するので荒々しい食い痕が確認できる。
【分布】 モルッカ諸島からニューギニアにかけて広く分布する。

イワサキコノハ p. 120,226
Doleschallia bisaltide (Cramer, [1777])

卵から蛹までのすべてをマレーシア Tapah 産の亜種 *pratipa* C. & R. Felder, 1860 で図示・記載する。

【成虫】 樹林帯のやや木漏れ日のあるような渓谷に多く，よく見かける普通種。いろいろな吸蜜源を求めて栽培植物の花に集まることも多い。♂は占有行動をとる。スラウェシでは成虫の活動する渓谷樹林下から容易に多くの蛹が発見されたがすべて寄生されていた。
【卵】 卵幅1.00 mm，卵高1.14 mm程度。光沢のある白色で縦条は弱い。
【幼虫】 孵化した幼虫は葉裏に潜み，孔を開けて摂食する。やや集合性がある。2齢幼虫は頭部に角状突起を生じる。ほぼ黒色で目立った斑紋はないが，3齢期辺りより白色斑紋が現れてくる。4齢幼虫は棘状突起の生じる位置に白色斑があり，棘状突起は黒色で青い光沢がある。5(終)齢幼虫もほぼ同様，棘状突起は青い光沢があって目立つ。
【蛹】 淡い褐色で黒色小斑紋が点在する。蛹化は食草より離れて，付近の植物の葉や枝で行われる。
【食草】 キツネノマゴ科の *Pseuderanthemum* が知られている。マレー半島でもこの植物を使って採卵し，幼虫も良好に摂食した。同科のオギノツメでは生育しない場合がある。
【分布】 インドからフィリピン，ボルネオ，ジャワ，スラウェシの各島まで。

モルッカコノハ p. 226

Doleschallia melana Staudinger, 1886

【成虫】 前後翅の外半が広く黒色，前翅亜外縁に白色小斑点が散在するのみでセラムコノハなどと識別できる。裏面は白色斑がない。森林内の明るい空間に生息する。

【卵】【幼虫】【蛹】【食草】 未解明。目次扉頁(iii)②に本種と思われる終齢幼虫を図示した。

【分布】 モルッカ諸島。

ヒョウモンモドキ族
Melitaeini Newman, 1870

【分類学的知見】 Wahlberg(2006)などの最近の分子系統学ではコノハチョウ族との近縁度の高さを証明している。特に幼生期では形態・生活史に固有の形質が認められ，個性的な一族を形成する。よってコノハチョウグループのなかではアウトグループに思えるが，幼生期の外観は必ずしも系統を正しく判断する指標になるものではないかもしれない。日本には3種のみだが，世界的には非常に多くの属と種を含む大きな族である。旧北区では年1化性から亜熱帯や熱帯地方産では多くが多化性。

所属する種の系統は従来から流動的であったが，Wahlberg & Zimmermann(2000)による解析から次のような亜族の構成が考えられる。

ベニホシヒョウモンモドキ亜族 Euphydryina
アメリカコヒョウモンモドキ亜族 Phyciodina
アメリカヒョウモンモドキ亜族 Chlosynina
ヒョウモンモドキ亜族 Melitaeina

しかし Wahlberg(2006)の解析はこれとは若干異なり，次のような構成と考えられる。

ベニホシヒョウモンモドキ亜族 Euphydryina
アメリカヒョウモンモドキ亜族 Chlosynina
ヒョウモンモドキ亜族 Melitaeina
アメリカコヒョウモンモドキ亜族 Phyciodina

幼生期は前者に一致する部分が多い。web サイト RIKEN scinets(2009)の報告によるそれぞれの亜族に含まれる属の分類は次のようである。

Euphydryina (*Euphydryas*)
Phyciodina (*Phystis*, *Ortila*, *Dagon*, *Mazia*, *Janatella*, *Telenassa*, *Phyciodes*, *Anthanassa*, *Eresia*, *Tegosa*, *Castilia*)
Gnathotrichina (*Higginsius*, *Gnathotriche*)
Chlosynina (*Antillea*, *Microtia*, *Dymasia*, *Poladryas*, *Texola*, *Chlosyne*)
Melitaeina (*Melitaea*)

属間の系統については Wahlberg & Freitas(2007)の解析があるが，未確定な部分が見られる。

ヒオドシチョウ亜科にあっては成虫の斑紋や幼生期形態からは推測できない内面的な多様性が感じられ，生息環境，幼虫・成虫の習性・行動が族としての特異な分化を促したのではないかと感じられる。

【成虫】 豹紋模様で，そのため従来の図鑑などにはヒョウモンチョウ亜科と並列して図示されていたが，類縁的にはかなり遠い関係にある。旧北区の種は和名のような豹紋模様であるが，新熱帯区にはマダラチョウやドクチョウの類に擬態しているような種も多い。小型で斑紋構成も似ていて，収集対象にもなっていないようで，全体を掌握できにくい族である。

幼生期についてはアジアや北米産の一部の種について知られるだけである。幼生期の基本的な形態は極めてコノハチョウ族に似ていて棘状突起の配列や蛹の形態など共通な部分が多く，分子系統学ではコノハチョウ族に最も近縁とされる。ただ形態の質的な面や成虫・幼虫の習性を含めると必ずしもコノハチョウ族と同質ではない部分も多い。

【卵】 卵群で産下される。樽型で淡黄色，縦条は弱い。

【幼虫】 集合性がある。棘状突起の配列はコノハチョウ族と同様。ただし形状はかなり異なり，円錐形で肉質状，全体に針状刺毛が多数分枝する。

幼虫形態の相違は軽微ではあるが棘状突起の分布にそれぞれの特徴が若干見られる。

【蛹】 白色の地に黒色斑点を散在する分類群と，褐色で亀裂模様が存在する分類群がある。

【食草】 キク科やゴマノハグサ科，キツネノマゴ科が多いようである。幼虫の食草であるオオバコ科やゴマノハグサ科にはイリノイド配糖体が含まれ，幼虫や成虫の体内に有毒物質が蓄積している。このことが本族の食性転換に関連すると考えられている。

【分布】 ヨーロッパからアジアにかけての温帯地方と南北米に分布し，草原を生息地とする。

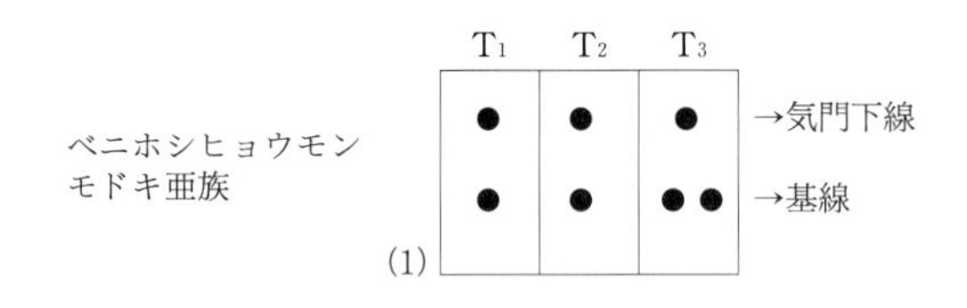

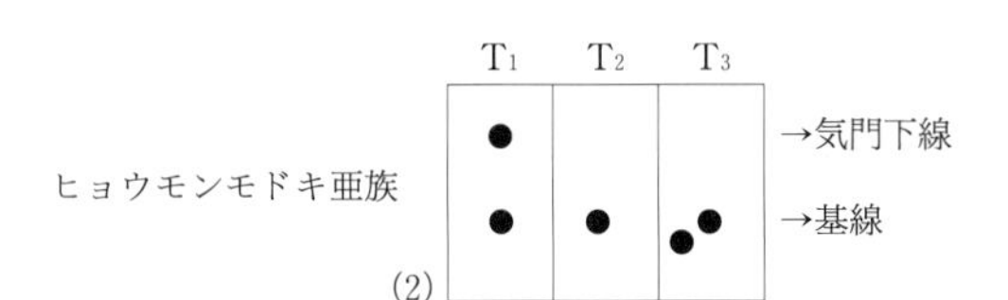

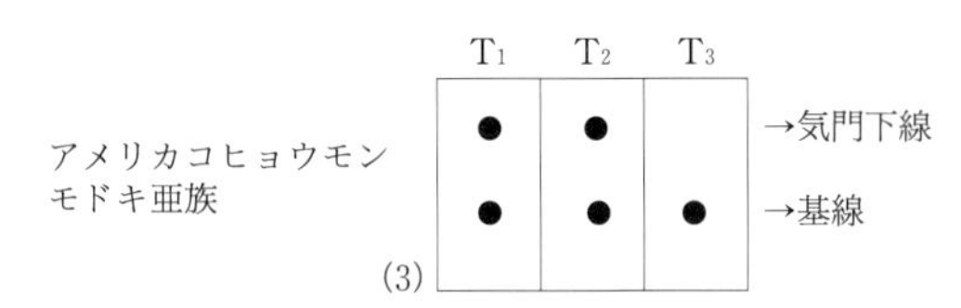

図181　胸部3節の気門下線と基線に分布する棘状突起の位置と数。

ベニホシヒョウモンモドキ亜族
Euphydryina Higgins, 1978

【分類学的知見】 ベニホシヒョウモンモドキ属1属からなる。これを，さらに *Euphydryas*, *Hypodryas*, *Occidryas*, *Eurodryas* の4属に細分する考えもある(Higgins, 1981)。幼生期で比較検討すると属間の違いは僅差である。しかし生息地がそれぞれ隔離されていることを考慮すると，地理的隔離による種分化がかなり進行しているものと思われる。幼虫や蛹は本亜族固有の特徴を有し，アメリカコヒョウモンモドキ亜族，アメリカヒョウモンモドキ亜族，ヒョウモンモドキ亜族との違いは比較的明瞭である。

ベニホシヒョウモンモドキ属
Euphydryas Scudder, 1872

【成虫】 黒色の地色に白色斑点を散在し紅色斑紋を装うなどの顕著な特色がある。
【卵】 卵高の高い半球形で弱い縦条がある。色彩は白色。
【幼虫】 体色は黒色，背中線列の棘状突起は橙色でほかは黒色。
【蛹】 色彩はヒョウモンモドキ亜族に似ているが，腹部の懸垂器付近が強く曲がる。
【食草】 ゴマノハグサ科やオオバコ科。
【分布】 13種が，旧北区の温帯から寒冷地または高地に分布する。

シロモンベニホシヒョウモンモドキ p. 121,146,227
Euphydryas (*Occidryas*) *chalcedona* (Doubleday, [1847])

卵から3齢幼虫までをアメリカ合衆国カリフォルニア州Marin County産，終齢幼虫・蛹を同州San Mateo County産の名義タイプ亜種*chalcedona*で図示・記載する。
【成虫】 翅表は黒色で顕著な白色斑紋が点在し，外縁に橙色の斑点を配列する。比較的乾燥した草原や灌木内の空き地に生息する。年1回5〜7月に発生するが，産地の南部では複数の化性を示すようである。
【卵】 卵幅0.84 mm，卵高1.00 mm程度で24条くらいの縦条が走る。色彩は白色。5月下旬の卵期は11日程度で孵化は一斉に行われる。
【幼虫】 孵化した幼虫は卵殻を食べ，その後は集団で行動する。まず静止場所周囲に吐糸し，それが終了すると集団で移動し葉の1カ所から食べ始める。摂食が終了すると集団でもとの位置に移動する。振動などの刺激に対しては極めて敏感で，体を左右に激しく振る。1齢幼虫の頭部の色彩は黒色，胴部は濃褐色で光沢があり長い刺毛が生じる。2齢幼虫も1齢幼虫と同様の集団行動をする。全体に黒褐色で白点を散在し，胴部には棘状突起を有する。2齢期は5日程度。3齢幼虫は胴部背中線の棘状突起とその基部が黄橙色で目立つ。刺激で体を振る習性は弱くなる。3齢期は8日程度。3齢期終了までは孵化後約20日を経過している。その後脱皮して4齢に達するが，摂食を中止し集団で休眠に入る。数日を経て一部の個体が摂食を開始する。表皮を残して食べたり，葉縁から食べたりするが摂食は積極的ではない。4齢期16日間を経過後5齢に達する個体があり，摂食を続けた。しかしこのような経過をたどった個体はすべて死亡した。現地では3，4齢期の幼虫が越冬するようである。後年改めて終齢幼虫を観察する機会を得た。終齢幼虫は全体に黒色で，背中線を除いた背面に微小な白色斑点を多数散在し，肉眼ではその部分が不明瞭な灰色に見える。背中線列と基線列の棘状突起は黄橙色でその部分のみ目立つ。全体に多数の刺毛に覆われる。
【蛹】 淡灰青色で黒色の斑紋を添える。突起は橙色。腹部懸垂器は強く下腹面に曲がる。
【食草】 ゴマノハグサ科の*Besseya*，*Castilleja*，*Collinsia*の各属，オオバコ科の*Penstemon*，ハエドクソウ科のミゾホオズキ属など多様な種類が対象となっている。園芸種やミゾホオズキ属を除きほかは日本に自生しない植物である。オオバコ科のオオバコ類も利用されるほか数科にわたっており食性の範囲は広い。記載した終齢幼虫は*Scrophularia californica*と*Penstemon heterophyllus*から発見されたが，園芸種で淡紅色の花をつける*Penstemon*はあまり好まなかった。一見奇異にも思われるこの嗜好差のある食性は，ベニホシヒョウモンモドキ属に共通している(同属不適性・異属適性)。
【分布】 カナダからアメリカ合衆国にかけての太平洋側。

キマダラベニホシヒョウモンモドキ p. 121,227
Euphydryas (*Occidryas*) *editha* (Boisduval, 1852)

終齢幼虫および蛹をアメリカ合衆国カリフォルニア州Saddlebag Lake産の亜種*quino* (Behr, 1863)で図示・記載する。
【成虫】 シロモンベニホシヒョウモンモドキよりも小型で翅表は黄橙色が基調色となっている。多数の亜種に分かれるが識別は容易でない。山地の開けた草原に生息し，通常年1回の発生である。環境の変化に対する適応力は弱い。
【卵】 緑色みのある淡黄色。20〜350卵程度の卵塊で産下される。
【幼虫】 終齢幼虫の棘状突起の配列や色彩はシロモンベニホシヒョウモンモドキと同様。頭部を含め全体が黒色で，背面と側面に白色の大小斑紋が散在する。背中線棘状突起のみ黄橙色でほかはすべて黒色である。胸部を食草などに巻きつけるようにして静止し，休息と摂食を繰り返す。
【蛹】 斑紋は基本的に灰白色に黒色および黄橙色の斑紋を添え，ヒョウモンモドキ亜族と同じだが腹部末端部が著しく下腹部の方に曲がり，全体に細めである。蛹期は8日程度。
【食草】 シロモンベニホシヒョウモンモドキに似ている。ゴマノハグサ科の*Castillea nana*，*C. pilosa*，*C. foliolosa*や*Collinsia childii*，*C. callosa*，*C. parviflora*，オオバコ科の*Plantago lanceolata*，*Penstemon heterodoxus*，*P. speciosus*，*P. pusilla*など極めて多彩である。オオバコ科の園芸植物である*Penstemon*(前出と同種のピンク系の花)で良好に生育する。
【分布】 アメリカ合衆国の西部地方。

マダラベニホシヒョウモンモドキ p. 227
Euphydryas (*Hypodryas*) *maturna* (Linnaeus, 1758)

【成虫】 濃褐色地に白色と橙色の小斑紋を散在する。♀は翅が丸みを帯びやや大きい。

【幼生期】【幼虫】【蛹】【食草】を web サイト（www.pyrgus.de/Euphydryas_maturna_en.html）を参考に記載する。
【卵】 未確認。
【幼虫】 終齢幼虫は黒色の地色に亜背線部と気門線部に黄色斑が配列する。棘状突起はすべて黒色。
【蛹】 キマダラベニホシヒョウモンモドキに似ている。白色の地色に黒色斑が散在し，突起は黄色で痕跡程度。
【食草】 モクセイ科トネリコ属，オオバコ科クワガタソウ属，スイカズラ科スイカズラ属など多岐にわたる。
【分布】 モンゴル，中国北西部，シベリアなどに分布する。

クロテンベニホシヒョウモンモドキ p. 227
Euphydryas（*Eurodryas*）*aurinia*（Rottemburg, 1775）
【成虫】 赤い斑紋は目立たず全体が黄褐色で後翅亜外縁に黒点が並ぶ。
【幼生期】 web サイト（www.pyrgus.de/Euphydryas_aurinia_en.html）を参考に記載する。
【卵】 樽型，淡黄色で弱い縦条がある。100 卵以上の卵塊で産下される。
【幼虫】 終齢幼虫は全体が黒色で白色の小斑点が多数散在する。棘状突起もすべて黒色。
【蛹】 マダラベニホシヒョウモンモドキなどに似ているが黒色斑は数が少ない。
【食草】 マツムシソウ科の *Succisa pratesis*，オオバコ科オオバコ属やクワガタソウ属など多様な植物を食べる。
【分布】 モンゴル，中国北西部からヤクーツクにかけて分布する。

ベニホシヒョウモンモドキ p. 227
Euphydryas（*Euphydryas*）*phaeton*（Drury, [1773]）
【成虫】 前後翅亜外縁に明瞭な赤色紋を配する。斑紋の表出程度に個体変異や地理的変異が顕著に見られる。
【幼生期】 web サイト（www.naba.org/chapters/nabambc/construct-species-page-inframe.asp?sp=baltimore-checkerspot）を参考に記載する。
【卵】 近縁種同様に卵塊で産下され，樽型で黄色。
【幼虫】 終齢は橙色と黒色の横縞模様，胸部や腹部末端は黒色，棘状突起もすべて黒色。
【蛹】 クロテンベニホシヒョウモンモドキなどに似ているが黒色斑は翅部中央で大きいほかはすべて小さい。
【食草】 ゴマノハグサ科の *Chelone* を食べる。特に越冬前の幼虫はこの植物に依存する傾向が強い。オオバコなどでは生育しないようであるが，越冬後には食性を広げてオオバコも食べるとされる。
【分布】 北米の北東部に分布する。

アメリカコヒョウモンモドキ亜族
Phyciodina Higgins, 1981

【成虫】 小型な種が多い。褐色に黒色斑紋をもつ本族の基本的な斑紋パターンから，ドクチョウやナンベイホソチョウに擬態する種まで翅型も色彩も多様である。
幼生期についての情報は少ない。
【卵】 底部が平らな卵型で縦条は弱く不明瞭，色彩は淡黄色。
【幼虫】 ヒョウモンモドキ亜族と大きな相違はなく，一般に黒褐色に白色縦条が貫き体表全体に白色小斑点を散在する。
【蛹】 色彩はベニホシヒョウモンモドキ亜族やヒョウモンモドキ亜族と異なり，全体に褐色で亀裂模様を装う。
【食草】 キツネノマゴ科，キク科，イラクサ科など多くの科にわたる。
【分布】 多数の種を含むが，すべて南北アメリカのみに分布する。

ナミモンヒメヒョウモンモドキ属
Antillea Higgins, [1959]

【分類学的知見】 web サイト RIKEN scinets（2009）は Chlosynina に含めているが，Wahlberg & Freitas（2007）の解析では Phyciodina に分類されると考えられる。
【成虫】 黄褐色地に黒色小斑紋を配する。タテハチョウ科では最小級の大きさである。
【卵】【幼虫】【蛹】【食草】 未確認。
【分布】 2 種が西インド諸島に分布する。

ナミモンヒメヒョウモンモドキ p. 228
Antillea pelops（Drury, [1773]）
【成虫】 図示標本はドミニカ産で日本での保有は僅少と思われる。♀も同じ斑紋だが橙色斑がやや淡い。
【卵】【幼虫】【蛹】 未確認。
【食草】 キツネノマゴ科の *Blechum pyramidatun* や *Justicia comata* などを食べるという記録がある（Fernández, 2004）。
【分布】 ジャマイカ，キューバ，ドミニカに分布する。

アメリカコヒョウモンモドキ属
Phyciodes Hübner, 1819

【成虫】 黄褐色地に黒色の斑紋を配し，どの種も極めて似ている。
【卵】 卵塊で産下され，樽型で不明瞭な縦条がある。
【幼虫】 黒褐色の地に亜背線および気門下線列に縦条が走る以外は微小な黄白色斑点が多数散在する程度の斑紋構成。
【蛹】 だるま型で褐色，不規則な黒色斑・黒色条以外に目立った斑紋はない。
【食草】 キク科やキツネノマゴ科が多い。
【分布】 一部の種がメキシコ辺りまで分布を広げるがほとんどが北米に分布し，北米の蝶相を特徴づけている。11 種ほどが知られている。

アメリカコヒョウモンモドキ p. 122,229
Phyciodes mylitta（Edwards, 1861）
卵から蛹までのすべてをアメリカ合衆国カリフォルニ

ア州 Marin county 産の名義タイプ亜種 *mylitta* で図示・記載する。

【分類学的知見】 カリフォルニア州産は *Melitaea collina* Behr, 1863 とされ，以後 *collina* はこの地の亜種名にされたが，Lamas (2004) によって名義タイプ亜種に変更された。

【成虫】 小型で黄褐色に小さな黒色斑紋が点在する。多化性で南部の暖地では 2 月から 11 月まで発生する。

【卵】 100 卵に及ぶ卵塊で産下され，卵幅 0.59 mm，卵高 0.71 mm 程度。色彩は緑色を帯びた白色。卵期は夏季で 8 日くらい。

【幼虫】 孵化した幼虫は集合して生活し，葉裏に糸を張って巣をつくる。7 日程度で 2 齢になり葉に孔を開けるようにして摂食する。その後 5 日程度の期間を経て齢が進むが，生育速度の個体差が大きい。4 齢幼虫までは葉裏に潜んで葉肉のみを食べ表皮を残すが，5 (終) 齢幼虫は葉縁から食べる。1 齢幼虫の色彩はほとんど黒褐色だが，2 齢に達すると棘状突起の周囲に汚黄色の斑紋を生じる。3 齢幼虫はさらに気門下線部が幅広く黄褐色縦条が走る。終齢幼虫は背面や気門下線部に広く黄・褐色斑紋を配列し，棘状突起は気門下線部のみ黄白色でほかは黒色，体表全体に黄白色の微小斑点が散在する。頭幅は 1.80 mm 程度で全体が黒色。

【蛹】 凹凸が少なく色彩は灰色地に黒褐色の小斑紋を多数散在する。

【食草】 キク科アザミ族の *Cirsium* が一般的で表記種は「アザミヒョウモンモドキ」という意味の英名がある。*C. occidentale*，*C. proteanum*，*C. californicum*，*C. vulgare*，*C. breweri* などが知られている。そのほか *Silybum marianum*，*Carduus pycnocephalus* が記録されている (Scott, 1986)。

【分布】 主として山地に生息するがやや開放的な人工的環境にも進出する。

フチグロコヒョウモンモドキ　p. 122,229

Phyciodes cocyta (Cramer, [1777])

終齢幼虫および蛹をアメリカ合衆国ニューハンプシャー州 Coos county 産の亜種 *selenis* (Kirby, 1837) で図示・記載する。

【分類学的知見】 似た種が多く分類が難しい種群である。亜種 *selenis* を独立種とすることもある (Scott, 1986)。

【成虫】 北部または山地寄りで，湿原や渓流のそばなどの湿地に生息するが産地は局限される。年 1 化，5〜7 月に発生する。

【卵】 40 卵程度の卵塊で産下される。色彩は淡緑色。

【幼虫】 孵化した幼虫はアメリカコヒョウモンモドキ同様に集合性があるが，巣はつくらないようである。7 月頃には 3 齢に達しやがて摂食を中止して越冬に入る。越冬から覚めた幼虫は葉裏に静止し，孔を開けるように葉を食べる。終齢幼虫も同様に葉裏に静止しているがあまり 1 カ所にこだわることなく移動する。終齢幼虫の色彩はアメリカコヒョウモンモドキに似ているが棘状突起はすべて淡黄褐色である。

【蛹】 アメリカコヒョウモンモドキに比べやや腹部後方が太めである。色彩は一様な黄褐色地に不明瞭な黒色斑紋や亀裂模様が配列する。

【食草】 キク科のシオン属の *Aster chilensis*，*A. laevis*，*A. umbellatus*，*A. simplex* など。

【分布】 アメリカ合衆国の北部からカナダ。

キマダラアメリカコヒョウモンモドキ　p. 123,229

Phyciodes graphica (R. Felder, 1869)

終齢幼虫および蛹をアメリカ合衆国テキサス州 Santa Margarita 産の亜種 *vesta* (Edwards, 1869) で図示・記載する。

【分類学的知見】 亜種 *vesta* は *Melitaea vesta* Edwards, 1869 として記載され，種として扱われることが多かったが (Scott, 1986；D'Abrera, 2001 など)，Lamas (2004) は表記の亜種としている。

【成虫】 小型種。♂♀の色彩はほとんど同じで黄橙色に細かい黒色の斑様斑紋をもつ。開けた草原に生息し暖かい地方では連続的に発生を繰り返す。

【卵】 樽型で白色，食草の葉裏に 10〜60 卵程度の卵群で産下される。

【幼虫】 集合して生活する。絶えず摂食を続け生育は速い。終齢幼虫の背面はほとんど斑紋のない濃褐色で白色小斑紋を点在する。気門線は淡い色で不規則な白色の斑紋がある。下腹部は淡褐色。気門下線より下方の棘状突起は淡褐色でほかは黒色。

【蛹】 灰褐色で黒色の小さく不規則な斑紋を多数散在する。

【食草】 アメリカ合衆国ではキツネノマゴ科の *Siphonoglossa pilosella* が記録されている (Scott, 1986；web サイト Berry's Butterfly Photos)。スズムシソウ類で問題なく成育する。

【分布】 アメリカ合衆国南部からグアテマラまで。ときにアメリカ合衆国の内陸部に生息地を広げる。

ヒメコヒョウモンモドキ属
Phystis Higgins, 1981

【分類学的知見】 Phiciodina のなかではアウトグループになる。1 種のみを含む。

ヒメコヒョウモンモドキ　p. 229

Phystis simois (Hewitson, 1864)

【成虫】 黒褐色地に黄色の豹紋模様を配する。翅裏は黄色で前翅に大きな黒褐色斑がある。小型のため採集されることが少ないのか標本は希少である。

【卵】【幼虫】【蛹】【食草】 未解明。

【分布】 ペルー，ボリビア，ブラジル，アルゼンチンに分布する。

ムモンヒメコヒョウモンモドキ　p. 229

Phystis sp.

【成虫】 図示の個体は従来知られているヒメコヒョウモンモドキとはかなり異なった斑紋である。個体変異でなかったら新種の可能性もある。

【分布】 ペルーで採集された。

キマダラコヒョウモンモドキ属
Anthanassa Scudder, 1875

【分類学的知見】 ホソオビコヒョウモンモドキ属やナミスジコヒョウモンモドキ属に近縁で，16種ほどを含む。
【成虫】 前翅はやや細長く，白または黄色の斑紋が散在する。花で吸蜜し，地表で吸水する。
【卵】 葉裏に卵群で産下され，ほぼ球形で白色。
【幼虫】 全体に灰褐色で背線に黒色，亜背線と気門下線に黄白色条が連なる。棘状突起は短いが長い刺毛が分枝。
【蛹】 くびれの弱いだるま型。色彩は黒褐色で目立った斑紋はない。
【食草】 キツネノマゴ科の *Dicliptera* など。
【分布】 メキシコからアルゼンチンまで分布するが，中米から南米北部に分布の中心がある。

キマダラコヒョウモンモドキ　p. 123,146,229
Anthanassa texana (Edwards, 1863)
　終齢幼虫および蛹をアメリカ合衆国テキサス州 Santa Margarita 産の名義タイプ亜種 *texana* で図示・記載。
【成虫】 横長の翅形に不規則な黄斑模様を装う。♂♀同じ色彩斑紋だが，♀は♂よりはるかに大きい。疎林や乾燥した草地に生息する。
【卵】 卵塊で産下され，ほぼ球形で白色。
【幼虫】 集合して生活する。絶えず摂食を続ける程度で顕著な習性は見られない。背面はほとんど斑紋のない濃褐色で白色小斑紋を点在する。気門線は淡い色で不規則な白色の斑紋がある。下腹部は淡褐色。気門下線より下方の棘状突起は淡褐色でほかは黒色。
【蛹】 灰褐色で黒色の小さく不規則な斑紋を多数散在する。突起は小さい。
【食草】 アメリカ合衆国ではキツネノマゴ科の *Dicliptera brachiata*，*Jacobinia carnea*，*Ruellia carolinensis*，*Justicia ovata* などが記録されている(web サイト butterfliesofamerica)。スズムシソウ類の *Strobilanthes collinus* で問題なく成育する。
【分布】 アメリカ合衆国の南部からグアテマラまで。ときにアメリカ合衆国の内陸部に迷蝶として入り込むことがある。

ナミスジマダラコヒョウモンモドキ　p. 229
Anthanassa frisia (Poey, 1832)
【成虫】 黄褐色地に黒色波状線が入る。
【幼生期】 【幼虫】【蛹】【食草】を web サイト(bugguide.net/node/view/6291)を参考に記載する。
【卵】 未確認。
【幼虫】 数頭が集合して生活する。形態や色彩はキマダラコヒョウモンモドキに似ている。背面は濃褐色，気門下線は広く黄白色，下腹部は白色である。
【蛹】 キマダラコヒョウモンモドキによく似ているが色彩はより明るい。
【食草】 キツネノマゴ科の *Beloperone* などを食べる。
【分布】 アメリカ合衆国のテキサス州〜フロリダ州〜バハマ，ジャマイカ，キューバ，プエルトリコの諸島を含めてペルー西部まで分布する。

ホソオビコヒョウモンモドキ属
Dagon Higgins, 1981

【分類学的知見】 キマダラコヒョウモンモドキ属に近縁で成虫の斑紋も似ている。3種を含む。
【成虫】 小型で黒色地に白色一文字斑がある。
【分布】 ペルー，ボリビアの高地。

キホソオビコヒョウモンモドキ　p. 229
Dagon catula (Hopffer, 1874)
【成虫】 前後翅がやや幅広く後翅の細帯は黄色。
【卵】【幼虫】【蛹】【食草】 未解明。
【分布】 ペルー，ボリビア，アルゼンチン西部に分布。

ホソオビコヒョウモンモドキ　p. 229
Dagon pusilla (Salvin, 1869)
【成虫】 キホソオビコヒョウモンモドキよりも翅が細めで一文字型の白色斑紋である。ペルーでは地表で吸水する♂個体が見られた。
【卵】【幼虫】【蛹】【食草】 未解明。
【分布】 ペルー，ボリビアに分布する。

ブラジルコヒョウモンモドキ属
Ortilia Higgins, 1981

【分類学的知見】 系統的には2系があり，*gentina* や *liriope* などの南米の北部寄りに分布するグループと *velica* や *dicoma* のように南部寄りに分布するグループで構成され，Wahlberg & Freitas(2007)の解析ではやや異質のグループと感じられる。9種を含む。
【成虫】 翅形や色彩斑紋などは多彩でほかの属に見られる型を含み，属内としてのまとまった特徴はない。
【分布】 南米に分布し，その中心はブラジルからウルグアイ，アルゼンチンにある。

ツマグロブラジルコヒョウモンモドキ　p. 248
Ortilia liriope (Cramer, [1775])
　名義タイプ亜種 *liriope* の終齢幼虫を Silva *et al*. (2011)を参考に図示・記載。
【成虫】 キコヒョウモンモドキに似た色彩斑紋で，より黒色斑紋が広い。草地に生息し，キク科などを訪花する。
【幼生期】 Silva *et al*. (2011)で解説する。
【卵】 卵型で上面が突出する。色彩は淡黄色。30〜60卵の卵群で産下される。
【幼虫】 終齢は濃褐色で亜背線は灰白色の線が連なり，気門下線部は広く淡褐色。下腹部は白色。
【蛹】 形態や色彩はキコヒョウモンモドキ属などに似ている。
【食草】 キツネノマゴ科の *Justicia adlibitum*，*J. brasiliana* で飼育された。
【分布】 ガイアナ，スリナムからブラジル北部。

ブラジルコヒョウモンモドキ p. 229
Ortilia orthia (Hewitson, 1864)
【成虫】 白色一文字型の斑紋をもつ。
【卵】【幼虫】【蛹】【食草】 未解明。
【分布】 ブラジル，パラグアイに分布する。

キブラジルコヒョウモンモドキ p. 229
Ortilia dicoma (Hewitson, 1864)
【成虫】 斑紋は黄橙色でその大小の表出程度は個体変異が多い。
【卵】【幼虫】【蛹】【食草】 未解明。
【分布】 ブラジル南部からパラグアイ，アルゼンチンに分布する。

キコヒョウモンモドキ属
Tegosa Higgins, 1981

【分類学的知見】 *Phyciodes* などに近縁で14種程度が含まれる。似た種が多い。
【成虫】 翅表は黄橙色で外縁が黒い。小型のチョウで新熱帯区の草原的環境に普通に見かける。
【卵】【幼虫】【蛹】【食草】 キコヒョウモンモドキで確認している。
【分布】 中米から南米に広く分布する。

キコヒョウモンモドキ p. 124,230
Tegosa claudina (Eschscholtz, 1821)
幼虫および蛹をペルー Satipo 産の名義タイプ亜種 *claudina* で図示・記載する。
【成虫】 原始林内の開けた空間から伐採地跡などの明るい草原を好んで生息する。しかし人工的な新しい環境には進出しない。低い草地の上を飛び交い，花で吸蜜し♂は地表で吸水・吸汁する。♂は♀を探して草原の上を低く飛翔し一定の範囲を往来する。♀を発見するとその付近に静止し，♀を追尾することを繰り返す。産卵期に入った♀は食草の周辺に静止し，食草にたどりつくと食草の茎を伝って根際近くまで下降する。その後地表近くの葉裏に回り産卵を始め，20〜50個の卵群を産下する。
【卵】 ラグビーボール様白色で，卵期は5日程度。
【幼虫】 孵化した幼虫は葉裏に潜み葉肉をなめるように食べ表皮を残す。色彩は濃黒褐色で光沢があり長い刺毛が生じる。5日を経て2齢幼虫に達する。体色は濃緑色。同様に葉裏に潜み，横隊一列になって摂食活動をする。葉裏の葉肉のみを食べ葉表の表皮を残す。3日後に3齢に達し個体群はやや分散する。2日後には4齢になる。色彩は背面が灰黒褐色，腹面が黄褐色で亜背線に黄褐色，気門下線に黄白色の縦条が走る。棘状突起は黒色。その後の成長はやや緩慢になり4齢期は8日に及んだ。終齢幼虫の頭部は汚黄褐色，胴部背面は灰黒褐色，下腹部は黄緑色を帯びた黒褐色，亜背線と気門下線部は黄白色条が走る。その後12日を要して蛹化した。
【蛹】 全体が一様な濃褐色で多数の黒色小斑紋が散在する。中胸亜背線の突起のみやや突出している以外は全体に突起の発達は弱い。
【食草】 図示したものはキツネノマゴ科。本種は伐採地跡の草原のなかに生じ，日本のハグロソウのような感じを受ける。草原的環境に普通に見られる。ほかに食草を確認しえなかったが，食性は意外に限定されているようで，同じキツネノマゴ科でもベニオビアメリカタテハモドキが食べる食草はまったく食べなかった。シロモンタテハの食草の大型種は食べたが個体による嗜好が異なるようだった。そのほか現地のキツネノマゴ科と思われる種をいくつか試してみても食べない種が多かった。
【分布】 メキシコからベネズエラ，トリニダード島を含みパラグアイ，アルゼンチンの北部まで広範囲に分布する。

マダラキコヒョウモンモドキ p. 230
Tegosa orobia (Hewitson, 1864)
【成虫】 キコヒョウモンモドキに比べ黒色斑紋が多く，キマダラコヒョウモンモドキ属などに似ている。
【卵】【幼虫】【蛹】【食草】 未解明。
【分布】 ブラジル，パラグアイ，アルゼンチンに分布。

アルゼンチンコヒョウモンモドキ属
Tisona Higgins, 1981

【分類学的知見】 本属のアルゼンチンコヒョウモンモドキは成虫の斑紋とゲニタリアの特色から *Phyciodes* に属する新種 *P. saladillensis* Giacomelli, 1911 として記載された。その後 Higgins により2亜種を含むことと新属であることが確認された。系統については Wahlberg, Freitas, Zimmermann らの解析から本属は漏れており，詳細は不明であるがアメリカヒョウモンモドキ亜族に属することは妥当と考える。

アルゼンチンコヒョウモンモドキ p. 230
Tisona saladillensis (Giacomelli, 1911)
【成虫】 やや大型で明るい橙色にモザイク様の黒色紋斑がある。キコヒョウモンモドキ属やキマダラコヒョウモンモドキ属のなかに似ている種があるので同定は注意が必要である。
【卵】【幼虫】【蛹】【食草】 未解明。
【分布】 ボリビアからアルゼンチン北部の狭い範囲に分布する。

マダラコヒョウモンモドキ属
Eresia Boisduval, [1836]

【分類学的知見】 20種前後の種を含む比較的大きな属で，多様な種を含み，擬態に関連して色彩斑紋の変化が多い。Wahlberg & Freitas (2007) による解析から属内の形質はまとまりがあると判断できる。
【成虫】 細長い翅をもち，ヒョウモンモドキ族にあっては比較的大型の種が多い。大胆な斑紋構成でドクチョウ類やマダラチョウ類に似ている。
【分布】 メキシコからブラジルに分布する。

トンボマダラコヒョウモンモドキ　図版なし

Eresia ithomioides alsina Hewitson, 1869

【成虫】 ドクチョウまたはトンボマダラ類に似た翅形および斑紋をしている。亜種によりさらに黒色部が広がる変異がある。

【幼生期】 DeVries(1987)を参考に記載する。図版はなし。なおこの論文では亜種 *alsina* を種として扱っている。

【卵】 30〜70卵の卵塊で産下される。洋ナシ型で淡黄色。

【幼虫】 終齢は暗緑色で，多数の白点が散在する。棘状突起は橙色，頭部も橙色。幼虫は集合して食草の葉と一体化する。刺激にあうと体を丸めて落下し，棘状突起で防御する。

【蛹】 緑褐色で翅部に淡褐色の斑紋があり，光沢がある。

【食草】 イラクサ科 *Pilea pittieri*。本属の食草としてはそのほかキツネノマゴ科のキツネノマゴ属や *Fittonia* などがある。

【分布】 ニカラグアからエクアドルに分布する。

マダラコヒョウモンモドキ　p. 230

Eresia datis Hewitson, 1864

【分類学的知見】 図示の個体は従来，種 *E. phaedima* Salvin & Godman, 1868として記載されていたが，Lamas(2004)は表記の亜種として扱っている。地理的変異が多い。

【成虫】 マダラチョウに擬態していると思われる。

【卵】【幼虫】【蛹】【食草】 未解明。

【分布】 コロンビア，エクアドル，ペルー，ボリビアに分布する。

シロボシコヒョウモンモドキ　p. 230

Eresia polina Hewitson, 1852

【成虫】 黒色に前後翅を白色一文字が貫く斑紋が特徴で，ほかの種との識別は容易である。

【卵】【幼虫】【蛹】【食草】 未解明。

【分布】 コロンビア，エクアドル，ペルー，ボリビアに分布する。

ホソバコヒョウモンモドキ　p. 230

Eresia lansdorfi (Godart, 1819)

【成虫】 前翅が特に細長く黄橙色斑を備える。

【卵】【幼虫】【蛹】【食草】 未解明。

【分布】 ブラジルからアルゼンチン北部，パラグアイ，ウルグアイに分布する。

ナンベイホソチョウモドキ　p. 230

Eresia actinote Salvin, 1869

【成虫】 ナンベイホソチョウによく似ている種である。

【卵】【幼虫】【蛹】【食草】 未解明。

【分布】 エクアドル，ペルー，ボリビアに分布する。

イチモンジコヒョウモンモドキ属
Castilia Higgins, 1981

【分類学的知見】 前後の属に近縁で13種程度を含む。

【成虫】 黒地に大きな白色や橙色紋があり，翅脈にそって黒色の筋がある種と黒地に白色の一文字状斑が生じる種の2タイプがある。低地の熱帯雨林地方から高山地帯まで生息する。花蜜を求めて緩やかに飛翔する。

【卵】 25卵以上の卵群で産下される。卵型で白色。

【幼虫】 頭部は橙褐色，胴部は黒褐色で種により亜背線や気門下線部に灰白色条が走る。

【蛹】 なだらかなだるま型で側面はS字状にカーブする。色彩は褐色で不規則な黒色斑がある。

【食草】 キツネノマゴ科。

【分布】 中米から南米北部に分布する。

イチモンジコヒョウモンモドキ　p. 124,230

Castilia myia (Hewitson, 1864)

終齢幼虫および蛹を中米ベリーズ Cayo District 産の名義タイプ亜種 *myia* で図示・記載する。

【成虫】 中米に分布する亜熱帯性のヒョウモンモドキで翅形は細長く，イチモンジチョウのような斑紋をもつ。低地から標高1,000 mくらいまでの原始林あるいは二次林に広く生息し，比較的普通に見られる。

【卵】 未確認。

【幼虫】 4齢幼虫はほとんど集合性がなく，葉裏に潜み葉縁から中脈に向かって丸く摂食していく。終齢幼虫もほとんど同様，わずかの刺激で容易に落下し，体を丸めて擬死を装う。このほかは，あまり特徴のある習性はない。体色は黒褐色で気門下線部に白色斑が存在するがほかに目立った斑紋はない。

【蛹】 褐色で黒色の不規則な斑紋がある。形態的には，アメリカコヒョウモンモドキ属と極めて似ている。蛹期は短く5日程度である。

【食草】 キツネノマゴ科のキツネノマゴ属が知られている。同科のサンゴバナ(*Justicia carnea*)や *Blechum brownei* で十分生育する。

【分布】 メキシコ，ホンジュラス，ニカラグア，グアテマラに分布する。

ホソバイチモンジコヒョウモンモドキ　p. 125,146,230

Castilia angusta (Hewitson, 1868)

終齢幼虫および蛹をペルー Shima，Satipo 産の名義タイプ亜種 *angusta* で図示・記載する。

【成虫】 ♂は地表で吸水をする姿をよく見かける。♀は林縁の開けた明るい場所を緩やかに飛翔する。

【卵】 未確認。

【幼虫】 同地の原始林内のやや陽光の当たるところに生じる大型のキツネノマゴ科葉裏より終齢幼虫を発見した。胴部の色彩は，背面は黒褐色，下腹部は黄褐色である。幼虫は葉裏に潜み葉縁を食べる。終齢末期の幼虫は背面が濃灰褐色，下腹面が暗黄緑色，亜背線と気門下線に白色縦条が走る。棘状突起は背面が黄褐色，気門上線部が黒褐色，気門より下方のものは白色である。頭部は長楕円形で頭幅 1.76 mm 程度，色彩は黄橙色に黒色斑を生じる。体表全体に白点を散在する。
【蛹】 イチモンジコヒョウモンモドキに形態も色彩もよく似ている。
【食草】 キツネノマゴ科。キモンナミスジコヒョウモンモドキの食草と同種。
【分布】 コロンビアからボリビアにかけてのアンデス東部，さらにブラジルの Mato Grosso を経てアルゼンチン北部に分布する。

マネシコヒョウモンモドキ p. 230
Castilia perilla (Hewitson, 1852)
【分類学的知見】 従来，*Eresia acraeina* Hewitson, 1852 や *E. aricilla* Hopffer, 1874 などと記載された例が多数存在し，本種の変異の多様さを証明するが，Lamas(2004)は表記種のシノニムとして整理した。
【成虫】 ♂と♀，あるいは個体によって変異の多い種である。同種かどうかは確定していないが，それぞれがドクチョウ属やナンベイホソオチョウ属などに擬態していると思われる斑紋である。
【卵】【幼虫】【蛹】【食草】 未解明。
【分布】 エクアドル，ペルー東部からブラジルに分布する。

ナミスジコヒョウモンモドキ属
Telenassa Higgins, 1981

【分類学的知見】 *Castilia* にごく近縁で(Wahlberg & Zimmermann, 2000)，8 種を含む。
【成虫】 翅表の斑紋は近縁種に似たいろいろな型があるが，後翅亜外縁には波型の細い筋状紋を有する種が多い。
【卵】【幼虫】【蛹】【食草】 キモンナミスジコヒョウモンモドキで一部が判明。
【分布】 アルゼンチンの北部までの南米に分布する。

キモンナミスジコヒョウモンモドキ p. 125,146,229
Telenassa teletusa (Godart, [1824])
終齢幼虫および蛹をペルー Shima，Satipo 産の亜種 *burchelli* (Moulten, 1909)で図示・記載する。
【成虫】 ♂，♀とも表翅に大きな橙色の斑紋がある。原始林の周辺，あるいはそのなかの空き地に生息し，♂は地表に下りて吸水あるいは動物の排泄物から吸汁する。
【卵】 未確認。
【幼虫】 林縁に生じる食草の葉裏に 3 頭の 3 齢幼虫が集合して静止していた。2 日後に 4 齢になり，さらに 2 日後には終齢になった。終齢期は 4〜6 日である。終齢幼虫は濃灰褐色で亜背線と気門下線に灰白色の縦条がある程度で目立った斑紋はない。気門周辺は淡褐色。棘状突起は中胸背面に生じるものが最も大きく黄橙色，ほかは黒色・褐色・灰白色。
【蛹】 形態は近縁種に似ているがやや細めで，中胸背面突起が大きい。色彩は一様な灰褐色で黒褐色の不規則な斑紋が生じる。蛹期は 5 日。
【食草】 図示の食草はキツネノマゴ科であるが未同定。渓流ぞいや林中に光が差し込むような環境に生じる。2，3 m の大型草本で葉や茎には微毛を生じる。十分に成長すると先端に淡紅色の花をつける。個体数は多いが局所的傾向がある。
【分布】 ペルーからブラジルのアマゾン川流域，さらにブラジル南部にかけて分布する。

モンキナミスジコヒョウモンモドキ p. 229
Telenassa jana (C. & R. Felder, [1867])
【成虫】 前翅に大きな黄橙色の斑紋があり，後翅は 3 本の波すじ斑紋がある。
【卵】【幼虫】【蛹】【食草】 未解明。
【分布】 コロンビアからエクアドルを経てペルー，ボリビアのアンデス山脈ぞいに分布する。

シロオビコヒョウモンモドキ属
Janatella Higgins, 1981

【分類学的知見】 イチモンジコヒョウモンモドキ属やマダラコヒョウモンモドキ属に近縁で 3 種を含む。
【成虫】 翅表斑紋はイチモンジチョウの類を思わせる。
【卵】【幼虫】【蛹】【食草】 シロオビコヒョウモンモドキで一部が判明している。
【分布】 中米から南米北部に 3 種を産する。

シロオビコヒョウモンモドキ p. 230
Janatella leucodesma (C. & R. Felder, 1861)
【成虫】 特徴的な斑紋で同定は容易，標本をあまり見かけない。
【幼生期】 【幼虫】【蛹】【食草】を web サイト(smithsonian-tropicalresearchinstitute)を参考に記載する。
【卵】 未確認。
【幼虫】 終齢は全体に褐色で目立った斑紋はない。小白点が多数散在する。
【蛹】 色彩や形態はキコヒョウモンモドキ属に似ている。褐色で黒色の亀裂紋が散在する程度。
【食草】 キツネノマゴ科と思われる。
【分布】 ニカラグアからパナマ，さらにコロンビア，ベネズエラに分布する。

カバイロコヒョウモンモドキ属
Mazia Higgins, 1981

【分類学的知見】 アメリカコヒョウモンモドキ亜族のなかではややアウトグループに位置し，1 種のみを含む。

カバイロコヒョウモンモドキ p. 230
Mazia amazonica (Bates, 1864)
【成虫】 個性的な色彩斑紋で黄褐色に複雑な黒色斑が散在，外縁部で黒色になる。翅形は丸みをもつ。シロオビコヒョウモンモドキ同様標本数が少ない。
【卵】【幼虫】【蛹】【食草】 未解明。
【分布】 エクアドルからペルー東部を経てブラジルに分

布する。

【分布】 パナマ，コロンビア西部〜エクアドル，ペルーにかけて分布する。

ベニモンヒョウモンモドキ亜族
Gnathotrichina Kons, 2000

【分類学的知見】 Wahlberg & Freitas(2007)によると次のベニモンヒョウモンモドキ属とナミモンヒョウモンモドキ属は姉妹群を形成するがPhiciodinaのなかでは最もアウトグループになり，ほかのPhiciodinaに含まれる諸属とさらに姉妹群を形成する。このことからこの2属に表記の亜族が設けられるのは妥当と考える。

ベニモンヒョウモンモドキ属
Gnathotriche C. & R. Felder, 1862

【分類学的知見】 かつてはホソチョウに似ているのでホソチョウ属，または近縁属の *Phyciodes* や *Eresia* が使われたことがあった(Mitt. Münch. Ent. Ver. 1など)。2種を含む。
【成虫】 黒色の地色に紅紋や白紋を配したり翅表が青色光沢をもつ種もいる。近縁種やホソチョウ属に似ているので同定は注意を要する。
【卵】【幼虫】【蛹】【食草】 未解明。
【分布】 南米北部地方に分布する。

イチモンジヒョウモンモドキ p. 228
Gnathotriche exclamationis (Kollar, [1849])
【成虫】 イチモンジチョウに似た一文字型の斑紋で別種 *G. mundina* とかなり異なる。
【卵】【幼虫】【蛹】【食草】 未解明。
【分布】 ベネズエラ，コロンビアに分布する。

ナミモンヒョウモンモドキ属
Higginsius Hemming, 1964

【分類学的知見】 Lamas(2004)はアメリカヒョウモンモドキ亜族に含めているが，分類的見解は本亜族の解説で述べた通りである。2種を含み，*fasciata* は *Melitaea*，*miriam* は *Phyciodes* として記載された経緯がある。
【成虫】 黒褐色地に波状の黄色紋や後翅に大きな斑紋がある。♂が地表で吸水している程度の情報しか得られていない。
【卵】【幼虫】【蛹】【食草】 未解明。
【分布】 2種がパナマ，コロンビア，エクアドルなど南米北部に限定されて分布する。

ナミモンヒョウモンモドキ p. 228
Higginsius fasciata (Hopffer, 1874)
【成虫】 後翅に黄帯がある特徴的な種。日本で標本を見る機会は少ない。
【卵】【幼虫】【蛹】【食草】 未解明。

アメリカヒョウモンモドキ亜族
Chlosynina Kons, 2000

【分類学的知見】 ユーラシアのヒョウモンモドキ亜族とは祖先種を同一とし，新大陸に生息地を求めたグループの1つと考えられる。
Wahlberg & Freitas(2007)の解析から亜族内の構成は次のように考えられる。

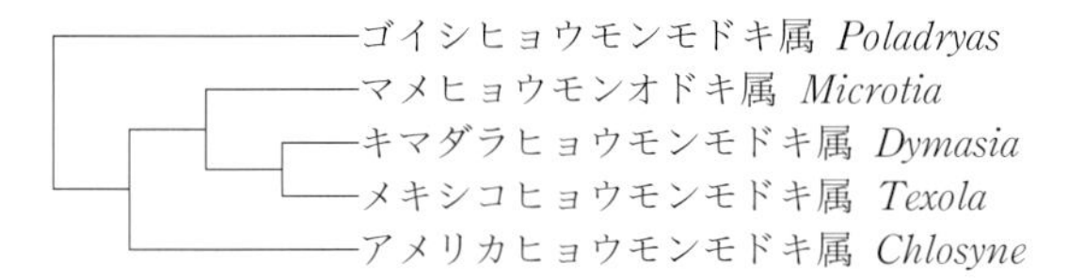

【成虫】 ヒョウモンモドキ亜族と同様に草地的環境に生息する。豹紋型斑紋に白色紋や橙色紋が加わる種がある。
幼生期の形態はヒョウモンモドキ亜族と共通する。
【卵】 壷型で卵高がやや高く，縦条は上面で合流し輪状になる。
【幼虫】 色彩はやや多様，基本的には黒褐色に白色や橙色の斑紋を散在する。
【蛹】 いずれも白色地に黒色斑紋を装う。
【分布】 アメリカ大陸に分布する。

ジャマイカヒョウモンモドキ属
Atlantea Higgins, [1959]

【分類学的知見】 位置づけは流動的でWahlberg & Brower(2006)はPhyciodinaに含めている。RIKEN scinets(2009)では本属が漏れている。幼生期，特に蛹の形態は明らかにChlosyninaに一致する。4種を含む。
【成虫】 本亜族のなかでは大型，前翅先端が突出し，黒褐色地に橙色の大きな紋を配列する。
【分布】 大アンティル諸島に分布する。

プエルトリコヒョウモンモドキ p. 248
Atlantea tulita (Dewitz, 1877)
名義タイプ亜種 *tulita* の終齢幼虫を下記webサイトを参考に図示・記載する。
【成虫】 ジャマイカヒョウモンモドキなどに斑紋が似ている。♀は黒色部が多い。
【幼生期】 【卵】【幼虫】【食草】をwebサイト(butterfliesofamerica)，【蛹】をwebサイト(uprm-invcol-project.tumblr.com/page/2)を参考に記載する。
【卵】 卵群で産下され，壷型をして上面が突出する。色彩は白黄色。
【幼虫】 終齢幼虫は頭部が黒色，長毛が密生する。胴部は黄褐色で背線に黒色条が走る。棘状突起は黒色。
【蛹】 アメリカヒョウモンモドキ属のように細身で，白色，黄色，黒色の斑模様を配し，ヒメアメリカヒョウモンモドキ属に似た色彩である。
【食草】 キツネノマゴ科の *Oplonia armata*, *O. spinosa* を食べる。
【分布】 プエルトリコに分布する。

キューバヒョウモンモドキ p. 228
Atlantea perezi (Herrich-Schäffer, 1862)
【成虫】 産地の特殊性で標本は希少である。
【卵】【幼虫】【蛹】【食草】 未解明。
【分布】 キューバの特産種。

ゴイシヒョウモンモドキ属
Poladryas Bauer, 1975

【分類学的知見】 Wahlberg & Zimmermann (2000) ではヒョウモンモドキ亜族のなかとして, Wahlberg & Freitas (2007) ではアメリカヒョウモンモドキ亜族のなかに含められると考える。分布の特徴から後者の分類に妥当性を感じる。1種が含まれる。

ゴイシヒョウモンモドキ p. 126,227
Poladryas minuta (Edwards, 1861)
終齢幼虫および蛹をアメリカ合衆国ネヴァダ州産の亜種 *arachne* (Edwards, 1869) で図示・記載する。
【分類学的知見】 ヒョウモンモドキ属や *Thessalia* に似ているが, 幼生期はやや特徴がある。本種は *Melitaea arachne* Edwards, 1869 として記載され (Trans. amer. ent. Soc. 2), 以来 *arachne* は本種の種小名のように扱われる例を多く見るが (Wahlberg & Zimmermann, 2000 など), 表記種のシノニムとなり, コロラド産の亜種に与えられた。
【成虫】 裏翅の後翅に特徴的な黒色の碁石模様が散らばる。
【卵】 壷型で縦条は上面で輪状になる。色彩は淡緑色。
【幼虫】 終齢幼虫は食草の葉を巻いて中に潜む習性をもつ。亜背線突起とその基部が広く黄褐色で目立つ。気門線列は白色。頭部は黄褐色。
【蛹】 形態・色彩ともにアメリカヒョウモンモドキ属に似ている。全体に灰白色で黒色斑紋を散在し, 突起部は黄橙色である。
【食草】 オオバコ科の *Penstemon centranthifolius*, *P. cobaea*, *P. albidus*, *P. dasyphyllus* など。*Penstemon* でも園芸種で葉が銀色の光沢があり花が青い種類は食べない。
【分布】 アメリカ合衆国の中南部地方。

アメリカヒョウモンモドキ属
Chlosyne Butler, 1870

【分類学的知見】 Wahlberg & Freitas (2007) による本属内に含まれる一部の種を対象にした属内の種の構成は次のように考えられる。

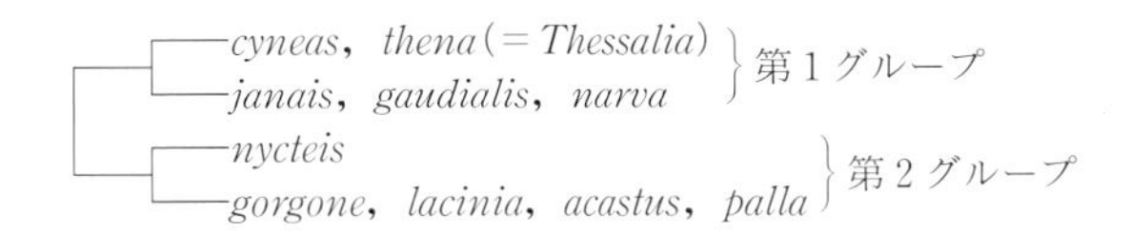

本属のなかの一群を *Charidryas* Scudder, 1872 として分けた例 (Ronald, 1983) もあるが, 一部に上記解析と一致しない種がある (web サイト nic.funet.fi/pub/sci/bio/life/insecta/lepidoptera/ditrysia/papilionoidea/nymphalidae/nymphalinae/chlosyne/#nycteis)。26 種を含む。
【成虫】 *Charidryas* とされる種 (ほぼ第2グループ) は黄褐色に黒色の斑紋だけを備え, 主として北米に分布する。第1グループとされる種のなかには黒地に白, 橙赤色の大柄な紋を配し, ヒョウモンモドキ族では個性的な色彩で, 北米の南部から中米を分布の中心とし, さらに南米中北部まで分布を広げる。
【卵】 壷型で縦条は上面で融合する。色彩は白〜淡緑色。
【幼虫】 種によって多様で, 黒褐色に白や橙色の小斑を散在させたり, 黄または白と黒の縞模様だったりする。
【蛹】 基本的には白色地に黒色と橙色の斑紋を複雑に装う。
【食草】 キク科が多い。
【分布】 アメリカ合衆国からアルゼンチンにかけて分布するが, 北米から中米に分布の中心がある。

アメリカヒョウモンモドキ p. 228
Chlosyne gabbii (Behr. 1863)
【成虫】 褐色地に黒色の斑様斑紋の基本的な豹紋型。
【幼生期】 観察 (途中死亡) と web サイト (butterfliesofamerica) を参考に記載する。
【卵】 壷型で淡緑色。葉裏に 100 卵以上に及ぶ卵群で産下される。
【幼虫】 越冬前は集合生活をする。夏季の終わりに摂食量が減り越冬態勢に入る。全体が黒褐色で背線は黒色, 気門下線が灰白色である以外に目立った斑紋はない。
【蛹】 淡褐色で黒褐色の微細な斑紋に覆われる。突起は橙色。
【食草】 キク科の *Corethrogyne filagrinifolia*, *Erigeron leiomeris*, *Solidago multiradiata* などを食べる。
【分布】 アメリカ合衆国のカリフォルニア州など太平洋側に分布する。

フチグロアメリカヒョウモンモドキ p. 127
Chlosyne nycteis (Dubleday, [1847])
卵から蛹までのすべてをアメリカ合衆国バージニア州西部の Pendleton County 産の名義タイプ亜種 *nycteis* で図示・記載する。
【成虫】 黒褐色地に黄橙色斑紋をもち, ♀は黄橙色部が幅広い。寒地では年1化で, アメリカ合衆国テキサス州辺りでは数化に及ぶ。渓流ぞい, 湿地の草原, 樹林内の開けたところに発生し, ♂♀とも各種の花で吸蜜する。
【卵】 卵幅 0.29 mm, 卵高 0.44 mm 程度で淡緑色。50 卵程度の卵塊で産下される。8日程度の卵期を経て孵化する。
【幼虫】 孵化は一斉に行われ, 摂食を含め幼虫の行動は同一である。振動などの刺激に対しては敏感で一斉に上体を左右にくねらせる。2齢幼虫は葉の1カ所に孔を開けて食べ, しだいに孔を丸く大きく広げていく。その後

4，5日の齢期を重ねて生育するが，4齢になるとやや集合性が薄れる。終齢幼虫は単独でいることが多い。幼虫の胴部の色彩は棘状突起を含めてほとんど黒色，4齢期頃から気門下線部に黄褐色の縦条が生じる。終齢幼虫は背面が黒色，下腹面が褐色で気門下線には橙色縦条が走る。気門周辺には黄白色斑点が散在する。頭部は黒色，頭幅は2.16 mm程度，棘状突起もすべて黒色。
【蛹】 白色の地色に黄橙色や黒色の大小さまざまな斑紋が点在する。この特徴は日本のヒョウモンモドキなどと共通する。顕著な突起はない。
【食草】 キク科。ハンゴンソウ属の *Rudbeckia laciniata*，シオン属の *Aster puniceus*，*A. umbellatus*，キクイモ属の *Helianthus divaricatus*，キクイモ(*H. tuberosus*)，*H. strumosus*，ヒマワリ(*H. annuus*)，*H. decapetalus* など。
【分布】 アメリカ合衆国の東部。

メスグロアメリカヒョウモンモドキ　p. 127,228

Chlosyne palla (Boisduval, 1852)

終齢幼虫および蛹をアメリカ合衆国カリフォルニア州Sonoma County産の亜種 *australomontana* Emmel & Mattoon, 1998で図示・記載する。
【成虫】 ♂は日本のヒョウモンモドキなどに似ているが，♀は黒褐色地に白色斑紋が点在する。海岸部の低木の生じる草地から山地樹林内の開けたところに生息する。年1化で4〜6月に発生する。♂♀とも花で吸蜜し，♂は地表で吸水をする。♀は葉裏に80卵以上の卵塊を産下する。
【卵】 淡青緑色で卵形，卵期は7日程度。
【幼虫】 孵化した幼虫は葉裏に移動し，葉裏の表面をなめるように食べる。フチグロアメリカヒョウモンモドキと同様に幼虫に刺激を与えると胸部を左右に盛んに振る。1齢期は約4日，2齢幼虫も葉裏で生活する。3齢幼虫は成育が緩慢になり摂食を中止し，初秋には集団で越冬態勢に入る。その後はまったく摂食することはない。3月中旬には越冬より覚め，摂食を開始する。始めは葉裏に静止して葉の表面をなめるようにして食べているが，やがて葉に丸い孔を開けるようにして食べる。この期はまだ集合性が強い。4齢幼虫も葉裏に静止し葉縁から食べる。集合性はやや薄れる。わずかの刺激で葉裏から落下し，しばらく擬死を装う。その後の生育進度の個体差は大きい。5齢幼虫は日中葉から離れ，数頭が集合して休息している。幼虫の胴部の色彩はほとんど黒色，終齢幼虫が背中線や気門上線に橙色の斑紋を生じる程度である。
【蛹】 フチグロアメリカヒョウモンモドキよりも黄褐色みが強い。
【食草】 キク科シオン属の *Aster radulinus*，*A. occidentalis*，*A. conspicuus*，キオン属，アキノキリンソウ属，ムカシヨモギ属など。
【分布】 アメリカ合衆国，ロッキー山脈の西側北部。

キモンアメリカヒョウモンモドキ　p. 128,228

Chlosyne lacinia (Geyer, 1837)

終齢幼虫および蛹をアメリカ合衆国テキサス州Santa Margarita Ranch産の亜種 *adjutrix* (Scudder, 1875)で図示・記載する。
【成虫】 アメリカ合衆国の南西部産は亜種 *crocale* とされ，翅表に幅広い黄橙色斑紋がなくほとんど白色の斑紋である。アメリカ合衆国テキサス州近辺産は亜種 *adjutrix* とされ，前後翅を太い黄橙色の帯が貫く。これが中米産になるとさらに変化し，後翅の黄橙色の帯は大きな斑紋になるなどかなり地理変異の大きい種である。亜熱帯にあたる地方に多く，やや乾燥した土地に生じるマツやカシ類の疎林などを生息圏とする。多化性でアメリカ合衆国カリフォルニア州辺りでは3〜10月にかけて発生する。♂♀とも花で吸蜜するが，白または黄色の花を好む。♂は路上で吸水し，カリオンなどの動物の糞から吸汁することも多い。♀は食草の葉裏に100個以上の卵塊を産下する。
【卵】 長卵形で黄色。
【幼虫】 孵化した幼虫はそのままの集団で葉裏生活をする。3齢幼虫までは葉裏に静止し，葉裏の葉肉のみを食べ表皮を残す。その後生育の個体差がしだいに大きくなるが，このときは低温期だったので気温への適応度の違いのように感じられた。しかし個体の大きさに関係なく1つの集団として生活する。摂食の仕方は3齢期に同じ。摂食後は食草から離れていることもある。5(終)齢幼虫は葉縁から食べる。幼虫の体色は3齢期まではほとんど黒褐色だが，4齢になると黄褐色になり棘状突起のみ黒色。終齢幼虫は黄褐色に黒色の縞模様となるが，黒色の混じる割合に個体差が多く，3型程度に分けられる。
【蛹】 白色に黒色の斑紋を装い，腹部背面は広く褐色。
【食草】 キク科で多岐にわたる。日本産との共通の属ではブタクサ属，オナモミ属，フジバカマ(ヒヨドリバナ)属，キクイモ属などが挙げられる。このほか日本に分布しないキク科の属も多い。この属に所属する日本産の植物でも十分生育するものと思われる。
【分布】 アメリカ合衆国南部からボリビア，ペルーにかけて。中米を中心に分布し，アメリカ合衆国テキサス州辺りでは土着しているようである。

キオビアメリカヒョウモンモドキ　p. 128,228

Chlosyne californica (Wright, 1905)

卵から蛹までのすべてをアメリカ合衆国カリフォルニア州Riverside County産の名義タイプ亜種 *californica* で図示・記載する。
【成虫】 キモンアメリカヒョウモンモドキに似ているがやや小ぶりで，前後翅の外縁に黄橙色紋が並ぶ。比較的低地に生息し，多化性で3〜11月に発生する。朝から午後2時くらいまでの間に活動する。
【卵】 卵幅0.59 mm，卵高0.71 mm程度，壷状で乳白色，不明瞭な20条以上の縦条が認められる。夏季で卵期は7日程度。
【幼虫】 孵化した幼虫は葉裏に集合して葉肉のみ食べ表皮を残す。頭部の色彩は黒褐色で胴部は褐色，長い刺毛を生じる。その後の生育はフチグロアメリカヒョウモンモドキよりも早く，このことが発生回数に関係するものと思われる。3齢幼虫はフチグロアメリカヒョウモンモドキより濃い色で胴部の棘状突起はすべて黒い。4齢幼虫は葉に孔を開けるようにして食べる。齢期は2，3日で早い。5(終)齢幼虫は盛んに摂食活動を続け，行動も敏捷で盛んに歩行する。頭幅 2.06 mm で色彩は黒色，胴部は黒色で目立った斑紋はないが黄白色の小点を多数散在する。キモンアメリカヒョウモンモドキとはまったく異なった色彩である。5齢期は5日程度。

【蛹】 形態や色彩はキモンアメリカヒョウモンモドキによく似て中胸背面の黒色斑紋が異なる程度。蛹期は5日。

【食草】 キク科の *Viguiera deltoidea*。キクイモ属のヒマワリやキクイモでも十分生育する。

【分布】 アメリカ合衆国のカリフォルニア州を中心とした地域。

ベニモンアメリカヒョウモンモドキ p. 128,228

Chlosyne janais (Drury, [1782])

終齢幼虫および蛹を web サイト(www.thedauphins.net/crimson_patch_life_cycle_study.html)を参考に名義タイプ亜種 *janais* で図示し，【卵】【幼虫】【蛹】【食草】について記載する。

【成虫】 黒色の地色で前翅に白色小斑紋を散在させ，後翅には大きな橙色紋がある。その特色から和名同様英名でも Crimson Patch と称される。低地の林内草地に生息し，各種の花で吸蜜する。♂はときに集団で地表に下りて吸水することがある。テキサス州では7月から11月まで数回発生する。

【卵】 食草の葉裏に卵塊で産下される。やや卵高が高い卵型で不明瞭な縦条があり，色彩は淡黄色。

【幼虫】 終齢幼虫は白色で各節の中ほどに黒色の横条を配列する。頭部は黄褐色，棘状突起は黒色。

【蛹】 やや細めで白黄色に近縁種同様の黒色斑紋が散在する。突起は極めて短い。

【食草】 キツネノマゴ科 *Anisacanthus wrightii*，*Odontonema callistachus, Carlowrightia parviflora*。

【分布】 アメリカ合衆国テキサス州南部からコロンビアにかけて分布する。

クロヒョウモンモドキ p. 228

Chlosyne hippodrome (Geyer, 1837)

【成虫】 全体が黒褐色で前翅に白色斑が点在する。

【卵】【幼虫】【蛹】 未確認。

【食草】 キク科の *Melanthera aspera* (DeVries, 1987)。

【分布】 メキシコからコロンビアにかけて分布する。

ヒメアメリカヒョウモンモドキ属
Thessalia Scudder, 1875

【分類学的知見】 *Chlosyne* として扱われる例が多いが，Higgins (1981) のレビジョンでは表記の属として設立され，3種を含む。幼生期形態はアメリカヒョウモンモドキ属と異なったところがあり，本属名には有意性があると考えられる。Wahlberg & Freitas (2007) の解析もほぼ以上の事実を証明している。3種を含む。

【成虫】 小型で褐色もしくは黒色の地に白色や黒色の斑紋で構成される。

【卵】【幼虫】【蛹】【食草】 ヒメアメリカヒョウモンモドキで確認されている。

【分布】 北米の南部から中米にかけて分布する。

ヒメアメリカヒョウモンモドキ p. 126,227

Thessalia theona (Ménétriès, 1855)

終齢幼虫および蛹をアメリカ合衆国テキサス州 Santa Margarita 産の亜種 *thekla* (Edwards, 1870) で図示・記載する。

【分類学的知見】 アメリカヒョウモンモドキ属とは幼虫，蛹，成虫の形態に若干の相違があり，独立属として扱うのが妥当と思われる。

【成虫】 小型の種である。マツやカシワの生じる疎林のなかの草地的環境に生息する。

【卵】 壷型で淡緑色，葉裏に50卵以上の卵群で産下される。

【幼虫】 11月に採集した幼虫はすでに越冬態勢に入り，摂食することはなかった。2か月後の1月初めに脱皮し，枯れた食草を食べ始めた。その後オオイヌノフグリを与えたところ摂食を続け，成長を開始した。成長に個体差があった。10日を経て一部が終齢に達した。日中は食草を離れて静止したままであるが，夜間食草に移動して摂食を始める。成育の個体差が大きく，さらに脱皮して6齢に至る個体もあった。終齢幼虫は頭部が橙褐色で，胴部は黒色に白色斑点を散在する。気門周辺は黄褐色。白色斑点はアメリカヒョウモンモドキ属よりも大きくまばらに散在する。棘状突起は黒色で青色の光沢がある。

【蛹】 アメリカヒョウモンモドキ属よりも細長い。色彩は白色に黒色斑紋を装う基本的なヒョウモンモドキ族の範疇にあるが，アメリカヒョウモンモドキ属に比べ単純な斑紋構成になっている。

【食草】 ゴマノハグサ科の *Castilleja lanata*，*Leucophyllum texanum*，*L. frutescens* など。オオバコ科のオオイヌノフグリで飼育可能である。

【分布】 アメリカ合衆国のアリゾナ，テキサス各州からメキシコにかけて中米を中心に分布する。

マメヒョウモンモドキ属
Microtia Bates, 1864

【分類学的知見】 キマダラヒョウモンモドキ属やメキシコヒョウモンモドキ属と姉妹群になり，ヒメアメリカヒョウモンモドキ属に近縁である。1種を含む。

マメヒョウモンモドキ p. 228

Microtia elva Bates, 1864

【成虫】 前後翅に大きな黄橙色の斑紋がある特徴的な色彩である。♀は♂よりやや大きく翅形が丸みをもつ。アメリカ合衆国アリゾナ州からメキシコ北部産の名義タイプ亜種は橙色帯が細いがメキシコ南部の亜種 *horni* は幅が広い。

【幼生期】 【幼虫】【食草】を web サイト(butterfliesofamerica)を参考に記載する。

【卵】 未確認。

【幼虫】　頭部は黄褐色，胴部は黒色で背面に白色小斑紋，気門下線に白色帯を配する。棘状突起は胸部が黒色，腹部が黄褐色である。
【蛹】　未確認。
【食草】　キツネノマゴ科の *Tetramerium nervosum* を食べる。
【分布】　アメリカ合衆国の南部からコスタリカまで分布する。

キマダラヒョウモンモドキ属
Dymasia Higgins, 1960

【分類学的知見】　マメヒョウモンモドキ属に近縁で同属とされたこともある(Smart, 1976 など)。1 種を含む。

キマダラヒョウモンモドキ　p. 228
Dymasia dymas (Edwards, 1877)
【成虫】　淡黄褐色に白紋と黒筋状紋の特徴的な色彩。花に群集することが多い。
【幼生期】　【卵】を web サイト(butterfliesofamerica)，【幼虫】【蛹】を web サイト(Berry's Butterfly Photos)を参考に記載する。
【卵】　卵型で不明瞭な縦条がある。色彩は黄白色。
【幼虫】　マメヒョウモンモドキに似ているが，頭部は黒褐色で白色の紋がある。
【蛹】　外形はアメリカヒョウモンモドキ属などに似ている。全体が灰白色で胸部背面に黒色斑がある程度，突起は痕跡程度で橙黄色。
【食草】　マメヒョウモンモドキと同様。
【分布】　アメリカ合衆国のテキサス州からメキシコに分布し，その範囲は狭い。

メキシコヒョウモンモドキ属
Texola Higgins, [1959]

【分類学的知見】　マメヒョウモンモドキ属に最も近く，2 種を含む。
【成虫】　小型で，2 種の斑紋形式は異なるが，本亜族内である。
【卵】【幼虫】【蛹】【食草】　メキシコヒョウモンモドキについて一部確認されている。
【分布】　2 種がアメリカ合衆国南部からメキシコにかけて分布する。

メキシコヒョウモンモドキ　p. 228
Texola elada (Hewitson, 1868)
【成虫】　翅表は黄褐色に黒色斑紋を生じる極めて小型な種。
【幼生期】　【幼虫】【蛹】【食草】を web サイト(butterfliesofamerica)を参考に記載する。
【卵】　未確認。
【幼虫】　キマダラヒョウモンモドキなどに似ている。胴部は黒色で亜背線と気門下線部は広く白色斑が配列する。棘状突起の基部は黄橙色。
【蛹】　形態や色彩はキマダラヒョウモンモドキに似ている。全体が淡灰褐色で目立った斑紋はない。
【食草】　キツネノマゴ科の *Anisacanthus wrightii*。
【分布】　アメリカ合衆国のアリゾナ州からメキシコにかけて分布する。

ヒョウモンモドキ亜族
Melitaeina Newman, 1870

【分類学的知見】　Wahlberg & Zimmermann(2000)によるとアメリカヒョウモンモドキ亜族とクラスターを形成し，幼生期と一致するところがある。これによる亜族の構成は次のように考えられる。

【成虫】　黄褐色の地色に黒色の豹紋紋様で似た種が多い。
【卵】　卵型で縦条は弱い。色彩は白色。
【幼虫】　黒褐色に白・黄・橙色の小斑紋を散在し，多様である。
【蛹】　アメリカヒョウモンモドキ亜族に似ている。白〜淡褐色に黒および橙色の斑紋を装うが，腹部末端が屈曲することはない。
【食草】　キク科，ゴマノハグサ科など。
【分布】　主としてユーラシア大陸に，一部がアフリカ北部に分布する。草地的環境に生息し，分布が局限されることが多く，産地の減少がみられる。

ヒョウモンモドキ属
Melitaea Fabricius, 1807

【分類学的知見】　従来の日本の多くの文献ではコヒョウモンモドキ属とヒョウモンモドキ属は分けられていたが，Wahlberg & Zimmermann(2000)の解析では最も近縁でイングループになり，ヒョウモンモドキ属内で細分される属がそれよりもアウトグループになっている。したがってコヒョウモンモドキ属がヒョウモンモドキ属と同属とされる判断は妥当で，近年はヒョウモンモドキ属に含められる例を多く見る(白水，2006 など)。一方ヒョウモンモドキ属とされたなかでは *Didymaeformis* Verity, 1950 や *Cinclidia* Hübner, [1819]を属名とした種もあるが，一般にヒョウモンモドキ属のシノニムとして扱われる(Leneveu & Wahlberg, 2009 など)。ただし分子系統学からの検討(Wahlberg & Zimmermann, 2000)では属名として有効であると考える。幼生期での確証は未定であるのでここでは *Melitaea* 属に含め，亜属として扱う。87 種程度が含まれる。
【成虫】　黄褐色に豹紋模様を配し，形態が似た種類が多く同定は容易でない。年 1 化。

【卵】 卵型で弱い縦条がある。色彩は白色系。
【幼虫】 集団で越冬巣をつくって群居生活をする。色彩や斑紋は種により多様。
【蛹】 白色の地色に黒色斑を装い，突起は橙色。
【食草】 ゴマノハグサ科，キク科，オオバコ科など多岐にわたる。
【分布】 ヨーロッパからアジアに広く分布する。

ヨーロッパコヒョウモンモドキ p. 227
Melitaea（*Mellicta*）*athalia*（Rottemburg, 1775）
【成虫】 日本のコヒョウモンモドキに似ているが，橙色斑が大きく，橙色斑は角張って連続する傾向がある。
【幼生期】 web サイト（en.wikipedia.org/wiki/Heath_fritillary）を参考に記載する。
【卵】 卵型で淡黄色。80～150 卵の卵塊で産下される。
【幼虫】 黒色地に小白色斑が多数散在し，棘状突起は橙色。
【蛹】 褐色斑が多い。突起は小さい。
【食草】 ゴマノハグサ科の *Melampyrum pratense*，オオバコ科のヘラオオバコなど。
【分布】 ヨーロッパからアジアに広く分布する。

コヒョウモンモドキ p. 129,227
Melitaea（*Mellicta*）*ambigua*（Ménétriès, 1859）
終齢幼虫および蛹を八ヶ岳野辺山高原産の日本亜種 *niphona*（Butler, 1878）で図示・記載する。
手代木（1990）に詳細な記述がある。
【分類学的知見】 ヨーロッパコヒョウモンモドキよりもやや大きい。従来日本産の本種の種小名には *athalia* が使用されていたが（川副・若林，1976 など），正しくは *ambigua* に属することが判明した。斑紋の相違は個体変異があって微妙だが，橙色斑が散らばる傾向がある。幼虫と蛹の形態の違いは明白である。
【成虫】 年 1 回，山地の明るい林の空間や草原的環境に生息し，日本では近年急速に生息地が狭められている。
【卵】 壷型で弱い縦条がある。卵塊で産下される。
【幼虫】 集合生活をする。晩夏に幼虫は 4 齢に達し，葉に糸を吐いて巣をつくりそのなかで秋季から翌春まで越冬状態で過ごす。亜背線に黄橙色縦条が走り，ヨーロッパコヒョウモンモドキとは明らかに異なる。
【蛹】 白色の地色に黒色斑を装う。
【食草】 ♀はオオバコ科のクガイソウに産卵することが多く，越冬前の幼虫は主としてそれに依存する。越冬後は食性を広げ，ゴマノハグサ科のツシマママコナ，ヒキヨモギ，オオバコ科やキク科も対象となる。
【分布】 西ヨーロッパからロシアを経てアムール川流域，朝鮮半島，日本に分布する。

ウスイロヒョウモンモドキ p. 129
Melitaea（*Cinclidia*）*protomedia*（Ménétriès, 1858）
終齢幼虫および蛹を兵庫県産の日本産名義タイプ亜種 *protomedia* で図示・記載する。
手代木（1990）に詳細な記述がある。
【分類学的知見】 コヒョウモンモドキ同様種小名の変更があり，従来は *diamina* が使用されていたが（川副・若林，1975 など），正しくは記載の表記であることが判明した（白水，2006 など）。
【成虫】 火山性草原などに生息し周年経過などはコヒョウモンモドキに似ている。
【卵】 卵型で縦条は弱い。
【幼虫】 全体に黒褐色で，微小な白点を散在する以外に斑紋はない。
【蛹】 近縁種と同様の形態・斑紋だが突起の突出はほとんどなくなめらか。
【食草】 オミナエシ科のカノコソウ，オミナエシなどを食べる。
【分布】 ヨーロッパの南部から中東部，中国北東部さらにウスリー川流域，朝鮮半島，日本に分布する。日本では近畿や中国地方の一部に生息するだけである。

ウスグロヒョウモンモドキ p. 227
Melitaea（*Cinclidia*）*diamina*（Lang, 1789）
【成虫】 ウスイロヒョウモンモドキよりも黄橙色紋が小さく，全体に黒っぽい印象があり，識別は容易である。
【幼生期】【卵】を Wahlberg（1997），【幼虫】【蛹】【食草】を web サイト（www.lepiforum.de/lepiwiki.pl?Melitaea_Diamina）を参考に記載する。
【卵】 樽型で 22 本程度の縦条がある。色彩は黄緑色。
【幼虫】 黒色の地色に白色の顕著な小斑点を多数散在し，棘状突起は橙色でウスイロヒョウモンモドキとかなり異なる。
【蛹】 ウスイロヒョウモンモドキに似ている。腹部の突起は若干発達する。
【食草】 オミナエシ科のカノコソウなどで食性はウスイロヒョウモンモドキに似ている。そのほかオオバコ科のヘラオオバコやクワガタソウ属など。
【分布】 ヨーロッパ西部から中国東部まで広く分布する。

ヒョウモンモドキ p. 129,227
Melitaea（*Cinclidia*）*scotosia* Butler, 1878
終齢幼虫および蛹を広島県産の日本産名義タイプ亜種 *scotosia* で図示・記載する。
手代木（1990）に詳細な記述がある。
【成虫】 やや大型の種類で，生息環境や周年経過についてはほぼウスイロヒョウモンモドキと同様である。樹林内の明るい草地や湿性草原に生息し各種の花で吸蜜する。
【卵】 ウスグロヒョウモンモドキ同様で卵型で白色。
【幼虫】 黒褐色で背面には黄色の小斑点，気門周辺には黄～橙色の帯状斑が縦走する。
【蛹】 ウスグロヒョウモンモドキよりも凹凸の変化があり，褐色斑が多い。
【食草】 キク科のアザミ属やタムラソウを食べる。
【分布】 ヨーロッパ北部から中国を経てウスリー川流域，朝鮮半島，日本に分布する。日本では中部地方にも産地が多かったが近年は中国地方の限られた地域のみに生息地が減少している。

フチグロヒョウモンモドキ p. 227
Melitaea（*Didymaeformis*）*didyma*（Esper, [1778]）
【成虫】 ゴマヒョウモンモドキに似ているが，前後翅の

外縁が黒く，後翅の基部が広く黒色である。また前翅の基部後縁寄りに黒色斑を生じることで識別できる。
【幼生期】【卵】をwebサイト(fleetingwoders)，【蛹】をwebサイト(ukbutterflies)を参考に記載する。
【卵】 卵型で隆起条はほとんどない。色彩は淡灰緑色。
【幼虫】 黒色の地色に白色斑を敷き詰めたような斑紋である。棘状突起は橙色。
【蛹】 白色の地に黒色斑を散在し，突起は橙色でやや発達する。
【食草】 ゴマノハグサ科の *Phlomis*，*Linaria* やオオバコ科の *Plantago*。
【分布】 アフリカ北部，スペインからヨーロッパを経て中国北西部に分布する。

ゴマヒョウモンモドキ p. 227

Melitaea (*Didymaeformis*) *persea* Kollar, [1850]
【成虫】 ♀は♂よりやや大きく色彩が淡い。花で吸蜜したり，がれ場で休止したりする。
【卵】【幼虫】【蛹】【食草】 未解明。
【分布】 レバノン，シリア，イラン，アフガニスタン，ティエンシャン西部などに分布している。

参考文献

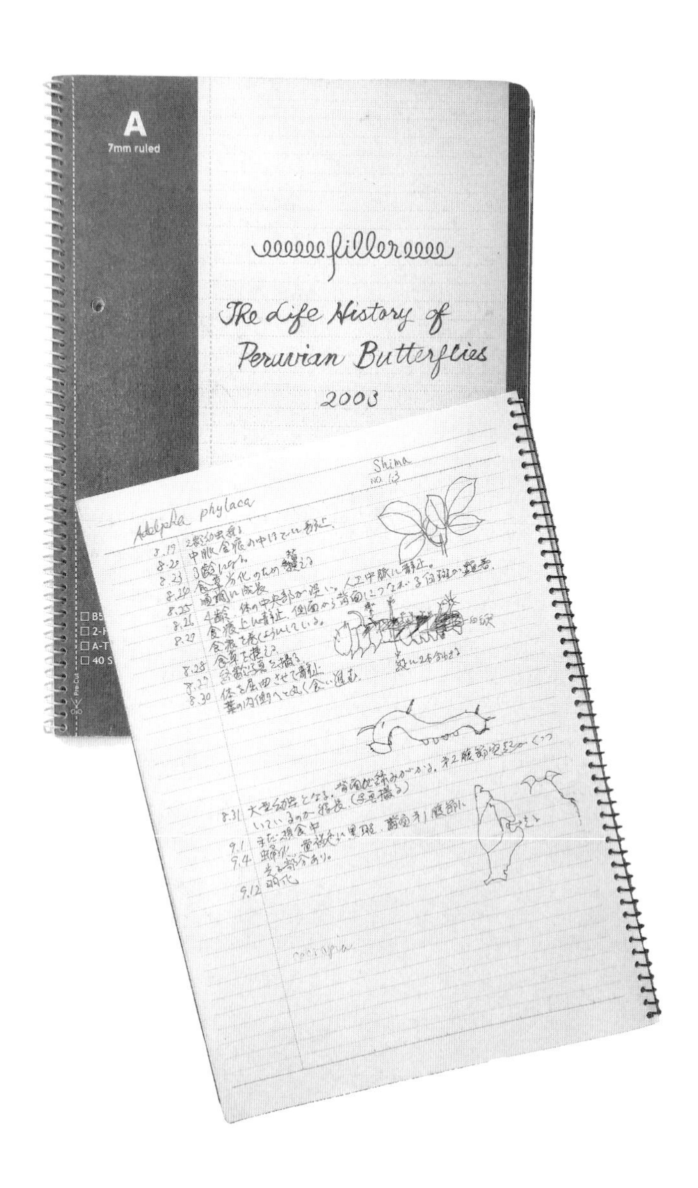
A
7mm ruled
filler
The Life History of
Peruvian Butterflies
2003
Shima
Adelpha phylaca

[和文文献]

阿江茂(1981). チョウの幼虫の見分け方. グリーン・ブックス 2. ニュー・サイエンス社, 東京. 90 pp.
阿江茂(1986). アゲハチョウの生物学. たたら書房, 鳥取. 118 pp.
相賀徹夫(1966). 日本百科大事典　原色植物図鑑. 小学館, 東京. 475 pp.
尼川大録・長田武正(1988a). 検索入門　樹木①. 保育社, 大阪. 207 pp.
尼川大録・長田武正(1988b). 検索入門　樹木②. 保育社, 大阪. 206 pp.
張保信(1972). 台湾産蝶類若干の食草と幼生期. 蝶と蛾, 23(1)：19-23. 日本鱗翅学会, 大阪.
藤岡知夫(1973a). 蝶の紋. 河出書房, 東京. 233 pp.
藤岡知夫(1973b). 日本産蝶類大図鑑. 講談社, 東京. 603 pp.
藤岡知夫(1975). 検索図鑑　日本の蝶. 主婦と生活社, 東京. 180 pp.
福田晴夫(1975). 蝶の履歴書. 誠文堂新光社, 東京. 272 pp.
福田晴夫(1976). チョウの生態観察法. グリーンブックス 19. ニュー・サイエンス社, 東京. 100 pp.
福田晴夫(2000a). タテハチョウ科ゲジゲジ型幼虫の隠蔽と威嚇. Butterflies, 25：28-31. 日本蝶類学会, 東京.
福田晴夫(2000b). 蝶の蛹は蛹化時になぜ落ちないか？―シュタラルネッカーの研究紹介と若干の補足. Butterflies, 27：54-63. 日本蝶類学会, 東京.
福田晴夫(2001). タテハチョウ科幼虫の行動の比較―中脈タテハ雑感. 昆虫と自然, 36(9)：6-10. ニュー・サイエンス社, 東京.
福田晴夫(2011). リュウキュウムラサキの今後の課題. やどりが, (231)：6-11. 日本鱗翅学会, 東京.
福田晴夫・高橋真弓(1988). 蝶の生態と観察. 築地書館, 東京. 236 pp.
福田晴夫・五十嵐邁(1997). チャイロスミナガシの幼生期について. Butterflies, 17：18-21. 日本蝶類学会, 東京.
福田晴夫ほか(1972). 原色日本昆虫生態図鑑(Ⅲ). 保育社, 大阪. 278 pp.
福田晴夫ほか(1982). 原色日本蝶類生態図鑑(Ⅰ). 保育社, 大阪. 277 pp.
福田晴夫ほか(1983). 原色日本蝶類生態図鑑(Ⅱ). 保育社, 大阪. 325 pp.
福田晴夫ほか(1984a). 原色日本蝶類生態図鑑(Ⅲ). 保育社, 大阪. 373 pp.
福田晴夫ほか(1984b). 原色日本蝶類生態図鑑(Ⅳ). 保育社, 大阪. 373 pp.
福田晴夫ほか(2005). 日本産幼虫図鑑. 学習研究社, 東京. 336 pp.
福田晴男・美ノ谷憲久(2007). 台湾のホシミスジ―日本産との比較. Butterflies, 45：36-42. 日本蝶類学会, 東京.
福田晴男・美ノ谷憲久・新川勉(2008). 台湾産ホシミスジの分類学的位置づけについて. Butterflies, 50：4-12. 日本蝶類学会, 東京.
舟橋彰男(2006). 北ベトナム・チョウの宝箱. やどりが, 208：33-39. 日本鱗翅学会, 東京.
原田基弘(1997). 中国産カバイロスミナガシの幼生期. Butterflies, 17：15-17. 日本蝶類学会, 東京.
原田基弘(2009). メギを喰う2種のイチモンジチョウ. Butterflies, 52：19-22. 日本蝶類学会, 東京.
原田基弘・五十嵐邁(1993). アジア産タテハチョウ類の越冬状態. Butterflies, 6：11-18. 日本蝶類学会, 東京.
原田基弘・建石敏光(1995). 中国産蝶類の幼生期生態メモ. Butterflies, 10：22-35. 日本蝶類学会, 東京.
原田基弘・市川辰男(1999). ベニホシイチモンジの幼生期. Butterflies, 22：4-8. 日本蝶類学会, 東京.
原田基弘・大島良美・吉田良和・王敏(2010). 広東省南嶺地域における幼生期の調査(2). 蝶と蛾, 61(1)：58-67. 日本鱗翅学会, 東京.
原田基弘・大島良美・吉田良和・王敏(2011). 広東省南嶺地域における幼生期の調査(3). 蝶と蛾, 62(1)：1-11. 日本鱗翅学会, 東京.
鳩山邦夫(1996). チョウを飼う日々. 講談社, 東京. 321 pp.
林弥栄(1983). 山溪カラー名鑑　日本の野草. 山と溪谷社, 東京. 719 pp.
日高敏隆(1975). チョウはなぜ飛ぶか. 岩波科学の本 16. 岩波書店, 東京. 184 pp.
日高敏隆・石井実(1991). ボルネオの生きものたち. 科学のとびら 12. 東京科学同人, 東京. 247 pp.
平田将士・宮川崇(2004). A new subspecies of *Agrias aedon* Hewitson (Lepidoptera, Nymphalidae) from Costa Rica. 蝶と蛾, 55(4)：256-260. 日本鱗翅学会, 東京.
平嶋義宏(1999). 新版チョウの学名. 九州大学出版会, 福岡. 714 pp.＋8 pls.
平嶋義宏(2002). 生物学名概論. 東京大学出版会, 東京. 2492 pp.
平嶋義宏(2007). 生物学名辞典. 東京大学出版会, 東京. 1292 pp.
平嶋義宏・森本桂・多田内修(1989). 昆虫分類学. 川島書店, 東京. 598 pp.
蛭川憲男(1985). クロシジミ. 文一総合出版, 東京. 145 pp.
日浦勇(1978). 蝶のきた道. 蒼樹書房, 東京. 230 pp.
本田計一・加藤義臣(2005). チョウの生物学. 東京大学出版会, 東京. 626 pp.
市田忠夫(2010). トラフドクチョウとその'擬態クラブ'. やどりが, 227：6-15. 日本鱗翅学会, 東京.
五十嵐邁(1979). 世界のアゲハチョウ. 講談社, 東京. 608 pp.
五十嵐邁(1992). ルリオビヤイロタテハの逆さの生涯. Butterflies, 2：1-2. 日本蝶類学会, 東京.
五十嵐邁(1994). 台湾産オスアカミスジの生活史とその分類学的位置. Butterflies, 9：47-55. 日本蝶類学会, 東京.
五十嵐邁(1996a). 綱渡り. Butterflies, 13：1-2. 日本蝶類学会, 東京.
五十嵐邁(1996b). 擬態の新手　脱け殻疑惑. Butterflies, 14：1-2. 日本蝶類学会, 東京.
五十嵐邁(1996c). 死んだふりをする蛹たち. Butterflies, 15：1-2. 日本蝶類学会, 東京.
五十嵐邁(1997). シロモンアカミスジ *Moduza libnitis* は *Athyma* に移すべきである. Butterflies, 17：11-14. 日本蝶類学会, 東京.
五十嵐邁・張連浩(1994). オスアカミスジの生活史とその分類学的位置. Butterflies, 9：47-55. 日本蝶類学会, 東京.
五十嵐邁・福田晴夫(1997). アジア産蝶類生活史図鑑Ⅰ. 東海大学出版会, 東京. 572 pp.
五十嵐邁・福田晴夫(2000). アジア産蝶類生活史図鑑Ⅱ. 東海大学出版会, 東京. 742 pp.
五十嵐邁・原田基弘(2015). 続アジア産蝶類生活史図鑑. 私家版, 東京. 355 pp.
五十嵐由里(2001). 中央モンゴルの蝶. 飼育の会 STAGE, 東京. 191 pp.
池田比呂志(1995). 風蝶記. やどりが, 161：17-20. 日本鱗翅学会, 大阪.
今森光彦ほか(1979). 学研の図鑑　世界のチョウ. 学習研究社, 東京. 142 pp.
今森光彦ほか(1984). 世界のチョウ. 小学館の学習百科図鑑 43. 小学館, 東京. 158 pp.
今森光彦ほか(1994). 世界昆虫記. 福音館, 東京. 334 pp.
猪又敏男(1985). 日本のチョウ. パーフェクトシリーズ 18. 講談社, 東京. 56 pp.
猪又敏男・松本克臣(1995). 蝶. 山溪フィールドブックス⑪. 山と溪谷社, 東京. 255 pp.
井上寛・白水隆(1959). 原色昆虫大図鑑Ⅰ　蝶蛾篇. 北隆館, 東京. 575 pp.
井上武夫(1996). ペルーにペアータ・アグリアスを求めて. やどりが, 167：2-12. 日本鱗翅学会, 大阪.
井上武夫(1998). ペルー・ベサイダに雌ペアータを求めて. やどりが, 176：20-28. 日本鱗翅学会, 東京.
刈谷啓三(1998). アカネタテハとその近縁種. やどりが, 177：2-25. 日本鱗翅学会, 東京.
刈谷啓三(2006). 一新亜種の記載を含む *Callicore astarte* の再検討. 蝶と蛾, 57(2)：127-131. 日本鱗翅学会, 東京.
加藤義臣(2002). コムラサキ幼虫の体色変化. Butterflies, 32：48-50. 日本蝶類学会, 東京.
加藤義臣(2007). アカボシゴマダラ白化の謎を探る. Butterflies, 45：12-19. 日本蝶類学会, 東京.
勝山礼一朗・矢田脩(2008). フィリピン群島における *Charaxes* 属2種の斑紋にみられる形質置換の可能性. Butterflies, 49：57-66. 日本蝶類学会, 東京.
川村俊一(2002). 昆虫採集の魅惑. 光文社, 東京. 235 pp.
川村俊一(2009). 虫に追われて. 河出書房新社, 東京. 237 pp.
川副昭人・若林守人(1976). 原色日本蝶類図鑑. 保育社, 大阪. 422 pp.
北村實(1999). バナハウ山南西斜面の蝶類(1) タテハチョウ科. Butterflies, 22：9-24. 日本蝶類学会, 東京.
小岩屋敏(1989). 中国蝶類研究　第一巻. ヘキサポーダ, 東京. 239 pp.
小岩屋敏(1993). 中国蝶類研究　第二巻. ヘキサポーダ, 東京. 113 pp.
小岩屋敏(1996). 中国蝶類研究　第三巻. ヘキサポーダ, 東京. 285 pp.
小岩屋敏(1997). 中国産蝶類7種の幼生期について. Butterflies, 17：4-10. 日本蝶類学会, 東京.
小岩屋敏(1999). ラオス産蝶類の幼生期(2). Butterflies, 23：36-41. 日本蝶類学会, 東京.
小岩屋敏(2006). 中国産タテハチョウの幼生期について(1). Butterflies, 42：16-27. 日本蝶類学会, 東京.
小岩屋敏(2007). 四川省から得られたオオイチモンジ属の1新種.

Butterflies, 45：4-7. 日本蝶類学会, 東京.
小岩屋敏・原田基弘(1996). 北ラオス産蝶類の幼生期について. Butterflies, 15：3-17. 日本蝶類学会, 東京.
小岩屋敏・若原弘之(1998). ラオス産蝶類の幼生期(1). Butterflies, 19：4-17. 日本蝶類学会, 東京.
久保快哉(1987a). チョウのはなしⅠ. 技報堂出版, 東京. 245 pp.
久保快哉(1987b). チョウのはなしⅡ. 技報堂出版, 東京. 222 pp.
久保快哉ほか(1993). 日中共同研究「クロオオムラサキの生態調査」. やどりが, 153：2-11. 日本鱗翅学会, 大阪.
栗山定(2006). ベトナム南部, 10月の蝶. やどりが, 208：20-27. 日本鱗翅学会, 東京.
町村忠良(1991). 南ブラジルの蝶(遺稿). 日本制作社, 東京. 160 pp.
牧林功(1978). チョウの形態. グリーンブックス 45. ニュー・サイエンス社, 東京. 83 pp.
牧林功(1980). チョウの幼虫の形態. グリーンブックス 70. ニュー・サイエンス社, 東京. 88 pp.
正木新三(1974). 昆虫の生活史と進化. 中央公論社, 東京. 208 pp.
増井暁夫(1999). パプアコムラサキの種名およびビスマルク諸島産亜種名について. 蝶と蛾, 50(3)：165-168. 日本鱗翅学会, 東京.
増井暁夫(2005). コムラサキ亜科の多型現象 雌に固有な白帯型と黄帯型について. Butterflies, 39：12-18. 日本蝶類学会, 東京.
増井暁夫(2006). カリブ海の謎のコムラサキ *Doxocopa thoe*. Butterflies, 43：56-57. 日本蝶類学会, 東京.
増井暁夫(2008). 北米のコムラサキ. Butterflies, 48：25-35. 日本蝶類学会, 東京.
増井暁夫(2009). 忘れられていたバヴァナコムラサキ ミャンマー北部からの再発見. Butterflies, 52：8-18. 日本蝶類学会, 東京.
増井暁夫・猪又敏男(1990). 世界のコムラサキ(1). やどりが, 143：2-10. 日本鱗翅学会, 大阪.
増井暁夫・猪又敏男(1991). 世界のコムラサキ(2). やどりが, 146：2-14. 日本鱗翅学会, 大阪.
増井暁夫・猪又敏男(1992a). 世界のコムラサキ(3). やどりが, 148：2-12. 日本鱗翅学会, 大阪.
増井暁夫・猪又敏男(1992b). 世界のコムラサキ(4). やどりが, 151：11-22. 日本鱗翅学会, 大阪.
増井暁夫・猪又敏男(1993). 世界のコムラサキ(5). やどりが, 155：2-11. 日本鱗翅学会, 大阪.
増井暁夫・猪又敏男(1995). 世界のコムラサキ(6). やどりが, 157：2-12. 日本鱗翅学会, 大阪.
増井暁夫・猪又敏男(1996). 世界のコムラサキ(7). やどりが, 160：2-16. 日本鱗翅学会, 大阪.
増井暁夫・猪又敏男(1997). 世界のコムラサキ(8). やどりが, 170：7-23. 日本鱗翅学会, 大阪.
松香宏隆(1994). 蝶. カラーハンドブック 地球博物館Ⅰ. PHP研究所, 東京. 215 pp.
三橋淳(2003). 昆虫学大事典. 朝倉書店, 東京. 1200 pp.
三橋渡(2011). リュウキュウムラサキ *Hypolimnas bolina* とその共生細菌ボルバキア(*Wolbachia*), の関係でわかったこと. やどりが, 231：12-18. 日本鱗翅学会, 東京.
美ノ谷憲久・福田晴男(2009). 台湾東部石灰岩地域に分布するフチグロホシミスジ *Neptis jucundita* の1新亜種. Butterflies, 53：4-10. 日本蝶類学会, 東京.
美ノ谷憲久・福田晴男(2010). 韓国江原道産ホシミスジ *Neptis pryeri* およびウラグロホシミスジ *Neptis andetria* の幼生期について. Butterflies, 56：12-14. 日本蝶類学会, 東京.
宮川崇(2010). ボリビアのチョウと自然. やどりが, 227：2-5. 日本鱗翅学会, 大阪.
宮内紀雄・原田基弘(1992). 飼育による2化, 3化のヒョウモン類の記録. Butterflies, 3：56. 日本蝶類学会, 東京.
宮崎茂穂・斉藤太増光・斉藤光太郎(2006). 南ベトナムの蝶相(2). やどりが, 209：15-34. 日本鱗翅学会, 東京.
毛利秀雄ほか(2002). チョウの分子分類. 昆虫と自然, 37(10)：10-13. ニュー・サイエンス社, 東京.
森下和彦(1974). ルリタテハ. やどりが, 79：13-19. 日本鱗翅学会, 大阪.
森下和彦(1976a). リュウキュウムラサキ. やどりが, 85・86：3-22. 日本鱗翅学会, 大阪.
森下和彦(1976b). ヤエヤマイチモンジ. やどりが, 87・88：23-34. 日本鱗翅学会, 大阪.
森下和彦(1977a). コノハチョウ. やどりが, 89・90：3-16. 日本鱗翅学会, 大阪.
森下和彦(1977b). フタオチョウ. やどりが, 91・92：3-13. 日本鱗翅学会, 大阪.
森下和彦(1987a). 世界最大のシータテハ. やどりが, 128：2-10. 日本鱗翅学会, 大阪.
森下和彦(1987b). イナズマチョウ図説(Ⅰ). やどりが, 130：2-11. 日本鱗翅学会, 大阪.
森下和彦(1988a). イナズマチョウ図説(Ⅱ). やどりが, 132：12-20. 日本鱗翅学会, 大阪.
森下和彦(1988b). イナズマチョウ図説(Ⅲ). やどりが, 134：2-12. 日本鱗翅学会, 大阪.
森下和彦(1988c). イナズマチョウ図説(Ⅳ). やどりが, 135：14-20. 日本鱗翅学会, 大阪.
森下和彦(1989). イナズマチョウ図説(Ⅴ). やどりが, 138：2-9. 日本鱗翅学会, 大阪.
森下和彦(1990). イナズマチョウ図説(Ⅵ). やどりが, 141：2-11. 日本鱗翅学会, 大阪.
森下和彦(1991a). イナズマチョウ図説(Ⅶ). やどりが, 144：2-12. 日本鱗翅学会, 大阪.
森下和彦(1991b). イナズマチョウ図説(Ⅷ). やどりが, 147：2-11. 日本鱗翅学会, 大阪.
森下和彦(1992a). ゴマダライチモンジ. Butterflies, 1：26-28. 日本蝶類学会, 東京.
森下和彦(1992b). 世界のヒオドシチョウ属. Butterflies, 3：36-45. 日本蝶類学会, 東京.
森下和彦(1994a). イチモンジマドタテハ. Butterflies, 8：34-37. 日本蝶類学会, 東京.
森下和彦(1994b). イチモンジチョウと近縁種. Butterlies, 9：25-34. 日本蝶類学会, 東京.
森下和彦(1994c). 中国・ヒマラヤ系タテハチョウ2種とその分類学的位置. Butterflies, 10：41-46. 日本蝶類学会, 東京.
森下和彦(1996). ベニホシイチモンジとエルウェスイチモンジ. Butterflies, 13：35-42. 日本蝶類学会, 東京.
森下和彦(1998). ヒカゲタテハの幼生期. Butterflies, 19：30-32. 日本蝶類学会, 東京.
森下和彦・Wong Min(1997). アカホシゴマダラ, ゴマダラチョウとの近縁種. Butterflies, 16：34-44. 日本蝶類学会, 東京.
素木得一(1968). 昆虫学辞典. 北隆館, 東京. 1098 pp.+52 pls.
素木得一(1969). 幼虫の検索. 北隆館, 東京. 127 pp.
向山幸男(2005a). ハリムン山塊(西ジャワ)の蝶. Butterflies, 39：53-60. 日本蝶類学会, 東京.
向山幸男(2005b). 西ジャワの蝶Ⅱ. Butterflies, 40：42-49. 日本蝶類学会, 東京.
村田泰隆(1998a). 蝶の進化過程の一端と化石(Ⅰ). Butterflies, 20：4-17. 日本蝶類学会, 東京.
村田泰隆(1998b). 蝶の進化過程の一端と化石(Ⅱ). Butterflies, 21：27-40. 日本蝶類学会, 東京.
永盛拓行ほか(1986). 北海道の蝶. 北海道新聞社, 北海道. 301 pp.
長岡求(2006). 最新科学情報1 APGⅡ2003による被子植物の分類. 花葉, 25：2-6. 花葉会, 千葉.
中原和郎・黒沢良彦(1958). 原色圖鑑 世界の蝶. 北隆館, 東京. 321 pp.
中村正直(1985). あなたはマーガレット フォンティーンを知っていますか. やどりが, 119・120：23-25. 日本鱗翅学会, 大阪.
中西明徳(1988). タテハチョウ亜科の幼生期の研究(蝶類学の最近の進歩). 日本鱗翅学会, 大阪. 83-99.
中筋房夫(1988). 進化と生活史戦略. 昆虫学セミナーⅠ. 冬樹社, 東京. 254 pp.
仁平勲(2004). 日本産蝶類幼虫食草一覧. 私家版, 東京. 102 pp.
日本鱗翅学会(1967). 中華民国台湾蝶類生態調査隊報告書(日本鱗翅学会特別報告 第3号). 日本鱗翅学会, 大阪. 154 pp.
日本鱗翅学会(1988). 蝶類学の最近の進歩(日本鱗翅学会特別報告 第6号). 日本鱗翅学会, 大阪. 566 pp.
二町一成(2011). リュウキュウムラサキ再考. やどりが, 231：19-29. 日本鱗翅学会, 東京.
西村正賢(1994). インドシナにおけるヘリグロホソチョウ *Acraea violae* の確認情況. 蝶と蛾, 45(3)：200-202. 日本鱗翅学会, 大阪.
岡田朝雄(2009).「少年の日の思い出」と「クジャクヤママユ」. Butterflies, 53：46-48. 日本蝶類学会, 東京.
岡野磨瑳郎・大蔵丈三郎(1959). 原色台湾産蝶類図譜. 谷口書店, 東京. 153 pp.
大木隆(2001). 新熱帯区蝶類採集記録. 私家版, 神奈川. 51 pp.
大木隆(2007). 2006年8月のエクアドル採集記 珍種 *Agrias aedon* の記録ならびに全採集リスト. Butterflies, 46：46-55. 日本蝶類学会, 東京.

奥本大三郎(1995). 楽しき熱帯. 集英社, 東京. 235 pp.
奥本大三郎(1997). 赤い捕虫網 三大陸オデュッセイア. 集英社, 東京. 155 pp.
尾本惠市ほか(1988). 中国大陸, 台湾のオオムラサキ. やどりが, 133：2-12. 日本鱗翅学会, 大阪.
尾本惠市・舟橋彰男(2006). ベトナム北部のニセビルゴマダラに関する新たな発見. Butterflies, 44：7-40. 日本蝶類学会, 東京.
大島康宏(2009). ウスグロイチモンジ属 *Auzakia* Moore, 1898(鱗翅目：タテハチョウ科)の分類学的再検討. 昆虫と自然, 44(13)：25-26. ニューサイエンス社, 東京.
大津昌昭(1981). アカエリトリバネチョウ. 築地書館, 東京. 187 pp.
大塚一壽(1967). 蓬莱採蝶記. やどりが, 51・52：2-15. 日本鱗翅学会, 大阪.
大塚一壽(1996). 分布から見たボルネオの蝶. 藤村女子高等学校研究紀要, 12：1-52. 藤村女子高等学校, 東京.
大塚一壽(2001). (A Field Guide to the) Butterflies of Borneo and South East Asia. Hornbill Books, Sabah Malaysia. 224 pp. [日本語版]
三枝豊平(2001a). タテハチョウ科の範囲をどのように決めるか. 昆虫と自然, 36(9)：2-5. ニュー・サイエンス社, 東京.
三枝豊平(2001b). 分子系統から見たヒョウモンチョウ類. 昆虫と自然, 36(9)：24-26. ニュー・サイエンス社, 東京.
斎藤秀昭(1993). アマゾンに蝶を追って. 私家版, 神奈川. 39 pp.
斉藤光太郎(2006). *Athyma minensis* Yoshino, 1997(仮名ニセヤエヤマイチモンジ)について. やどりが, 208：28-32. 日本鱗翅学会, 東京.
斉藤光太郎(2009). 八重山で採集されたキミスジの飛来源の推測. やどりが, 219：2-8. 日本鱗翅学会, 東京.
斉藤光太郎(2011). サイクロプスの開眼(ミラクルファインダー). Butterflies, 58：2-3. 日本蝶類学会, 東京.
斉藤光太郎・稲好豊(2009). コケムシイナズマの隠蔽種(鱗翅目：タテハチョウ科). Butterflies, 53：11-19. 日本蝶類学会, 東京.
阪口浩平(1979). 図説世界の昆虫 1 東南アジア編 I. 保育社, 大阪. 259 pp.
阪口浩平(1980). 図説世界の昆虫 3 南北アメリカ編 I. 保育社, 大阪. 259 pp.
阪口浩平(1981a). 図説世界の昆虫 2 東南アジア編 II. 保育社, 大阪. 259 pp.
阪口浩平(1981b). 図説世界の昆虫 5 ユーラシア編. 保育社, 大阪. 259 pp.
阪口浩平(1982). 図説世界の昆虫 6 アフリカ編. 保育社, 大阪. 259 pp.
阪口浩平(1983). 図説世界の昆虫 4 南北アメリカ編 II. 保育社, 大阪. 262 pp.
指田春喜(1987). 台湾におけるシロタテハの生態および食樹について. やどりが, 129：18-19. 日本鱗翅学会, 大阪.
指田春喜ほか(1996). ラオスの蝶に関する覚え書き(I). Butterflies, 13：30-34. 日本蝶類学会, 東京.
清邦彦(1988). 富士山にすめなかった蝶たち. 築地書館, 東京. 180 pp.
白水隆(1960). 原色台湾蝶類大図鑑. 保育社, 大阪. 479 pp.
白水隆(1989). タテハチョウ科幼虫の食性の進化. やどりが, 136：2-8 pp. 日本鱗翅学会, 大阪.
白水隆(2006). 日本産蝶類標準図鑑. 学習研究社, 東京. 336 pp.
白水隆・原　章(1960). 原色日本蝶類幼虫大図鑑 〈1〉. 保育社, 大阪. 142 pp.
白水隆・原　章(1962). 原色日本蝶類幼虫大図鑑 〈2〉. 保育社, 大阪. 132 pp.
静谷英夫(1995). キボシイチモンジとガオミドリシジミの幼生期雑感. Butterflies, 10：36-37. 日本蝶類学会, 東京.
反町康司(1998). 入門編・アグリアス図鑑. アポロ, 埼玉. 176 pp.
田所輝夫(2009). *Argynnis coredippe* の正体. やどりが, 221：9-17. 日本鱗翅学会, 東京.
高橋真弓(1979). チョウ―富士川から日本列島へ. 築地書館, 東京. 243 pp.
田中蕃(1980). 森の蝶・ゼフィルス. 築地書館, 東京. 215 pp.
手代木求(1990). 日本産蝶類幼虫・成虫図鑑 I タテハチョウ科. 東海大学出版会, 東京. 199 pp.
手代木求(1997). 日本産蝶類幼虫・成虫図鑑 II シジミチョウ科. 東海大学出版会, 東京. 138 pp.
手代木求(2001). スラウェシ産蝶類 2 種の幼生期. Butterflies, 29：54-57. 日本蝶類学会, 東京.
手代木求(2003). アマゾン源流にタテハチョウ科の幼生期を尋ねて. Butterflies, 37：21-45. 日本蝶類学会, 東京.
手代木求(2004). *Agrias beatifica beata* Staudinger, 1886 (Lepidoptera, Nymphalidae)の幼生期. 蝶と蛾, 55(3)：134-146. 日本鱗翅学会, 東京.
手代木求(2005a). *Doxocopa* の幼生期. Butterflies, 39：4-11. 日本蝶類学会, 東京.
手代木求(2005b). ペルー産フタオチョウ亜科 3 種の幼生期. Butterflies, 40：4-9. 日本蝶類学会, 東京.
手代木求(2005c). *Doxocopa* 後日談. Butterflies, 41：37-44. 日本蝶類学会, 東京.
手代木求(2006). セラム島産タテハチョウ科の幼生期調査. Butterflies, 44：31-36. 日本蝶類学会, 東京.
手代木求(2007). 新熱帯区の華麗なる一族. Buttterflies, 47：30-44. 日本蝶類学会, 東京.
手代木求(2008). *Colobura* は 2 種から成る. Buttterflies, 50：53-58. 日本蝶類学会, 東京.
手代木求(2010). パプアコムラサキはどこに(1). Buttterflies, 54：30-36. 日本蝶類学会, 東京.
手代木求(2011). パプアコムラサキはどこに(2). Buttterflies, 57：48-54. 日本蝶類学会, 東京.
徳永威久(2007). 北米産ギンボシヒョウモン属大型種の採集・観察・飼育記録―ダイアナとイダリアを中心に. Butterflies, 47：16-24. 日本蝶類学会, 東京.
塚田悦造(1985a). 図鑑 東南アジア島嶼の蝶 第 4 巻 タテハチョウ編(上). プラパック, 東京. 558 pp.
塚田悦造(1985b). 図鑑 東南アジア島嶼の蝶 第 5 巻 タテハチョウ編(下). プラパック, 東京. 576 pp.
内田春夫(1988). ランタナの花咲く中を行く―台湾の蝶と自然と人と. 私家版, 静岡. 183 pp.
内田春夫(1991). 常夏の島フォルモサは招く―台湾の蝶と自然と人と. 私家版, 静岡. 215 pp.
植松黎(1997). 毒草の誘惑. 講談社, 東京. 111 pp.
海野和男(1987). アグリアスを求めてアマゾンへ. やどりが, 128：20-23. 日本鱗翅学会, 大阪.
海野和男(1994). 大昆虫記. データハウス, 東京. 263 pp.
海野和男・青山潤三(1981). 日本のチョウ. 自然観察シリーズ 12 〈生態編〉. 小学館, 東京. 190 pp.
宇野正紘(1984). 蝶の飼育法. グリーンブックス 111. ニュー・サイエンス社, 東京. 130 pp.
若林増樹(1993). ウンナンコムラサキの幼生期. Butterflies, 4：41-45. 日本蝶類学会, 東京.
若林増樹(1995). ニレ科を食草とする中国秦嶺山産 2 種の幼生期. Butterflies, 10：38-40. 日本蝶類学会, 東京.
若林増樹(1998). ハシバミから発見されたイチモンジマドタテハの幼虫. Butterflies, 21：57-63. 日本蝶類学会, 東京
若原弘之・宮本龍夫・二村正行(2011). ラオス産ビャッコイナズマの幼生期. 蝶と蛾, 62(3)：118-120. 日本鱗翅学会, 東京.
渡辺隆(2008). ダイアナヒョウモン採集記(米国バージニア州). Butterflies, 48：22-24. 日本蝶類学会, 東京
渡辺康之(1993). 中国の蝶と自然. 宝文社, 大阪. 263 pp.
渡辺康之(1998). 中国の蝶. トンボ出版, 大阪. 255 pp.
矢田脩(2002). チョウの分類学と近年の動向. 昆虫と自然, 37(10)：10-13. ニュー・サイエンス社, 東京.
矢崎康幸(2001). モンゴルの蝶類 第 2 巻 タテハチョウ科. 私家版, 北海道. 140 pp.
矢崎康幸・有賀俊司(2006). ペルーの蝶類 vol. 1. 私家版, 北海道. 196 pp.
横地隆(1999). インド・オーストラリア区におけるルベンチーナグループ(*Euthalia*)の再検討(3). Butterflies, 24：25-36. 日本蝶類学会, 東京.
横地隆(2009). ミャンマー・カチン州から記録された *Euthalia* の 2 新亜種. Butterflies, 53：20-27. 日本蝶類学会, 東京.
吉本浩(1999). アジア域ロシアの蝶の新種・新亜種とエルタテハの学名. やどりが, 181：21-22. 日本鱗翅学会, 東京.
吉本浩(2001). ギザギザタテハの属と亜種. Butterflies, 28：40-46. 日本蝶類学会, 東京.

[欧文文献]

ABRI (2007). Butterfly fauna of the Eastern Arc Mountains and Coastal Forests of Kenya and Tanzania. *The Arc Journal issue*, 20: 12-13.
Ackery, P. R., Smith, C. R. & Vane-Wright, R. I. (1995). *Carcasson's*

African Butterflies. Csiro Publishing, London. 816 pp.
Aduse-Poku, K., Vingerhoedt, E. & Wahlberg, N. (2009). Out-of-Africa again: a phylogenetic hypothesis of the genus *Charaxes* (Lepidoptera: Nymphalidae) based on five gene regions. *Molecular Phylogenetics and Evolution*, 53: 463-478.
Aiello, A. (1984). *Adelpha* (Nymphalidae): deception on the wing. *Psyche*, 91: 1-45.
Alexander, B. K. (1951). A field guide to the butterflies of North America, East of the Great Plains. *Journal of the Lepidopterist's Society*, 36(4): 310-314.
Allen, T. J. (1997). *The Butterflies of West Virginia and Their Caterpillars*. University of Pittsburgh Press, Pittsburgh. 388 pp.
Allen, T. J., Jim, P. B. & Jeffrey, G. (2005). *Caterpillars in the Field and Garden*. Oxford University Press, New York. 232 pp.
Amiet, J. L. (2002). A propos des premiers etats de *Pseudoneptis bugandensis* Stoneham, 1935 (Lepidoptera, Nymphalidae). *Bulletin de la Société Entomologique de France*, 107(3): 231-242.
Amnuay, P. E. K. (2006). *Butterflies of Thailand*. Amarin Printing and Publishing, Bangkok. 867 pp.＋288 pls.
Attal, S. & Crosson du Cormier, A. (1996). *The genus* Perisama. Sciences Naturales, Compiègne. 149 pp.
Barbsa, E. P., Kaminski, L. A. & Freitas, A. V. L. (2010). Immature stages of the butterfly *Diaethria clymena janeira* (Lepidoptera: Nymphalidae: Biblidinae). *ZOOLOGIA*, 27(5): 696-702.
Barcant, M. (1970). *Butterflies of Trinidad and Tobago*. Collins, London. 314 pp.＋28 pls.
Barselou, P. E. (1983). *The Genus* Agrias*: A taxonomic and identification guide* (*Lepidoptera, Nymphalidae*). Science Naturales, Compiègne. 96 pp.＋15 pls.
Beccaloni, G. W., Hall, S. K., Viloria, A. L. & Robinson, G. S. (2008). *Host-plants of the Neotropical Butterflies: A Catalogue: Catálogo de las Plantas Huésped de las Mariposas Neotropicales*, S. E. A., RIBESCYTED The Natural History Museum, Instituto Venezolano de Investigaciones Científicas. 536 pp.
Belicek, J. (2013). The names proposed for taxa in the genus Nymphalis KLUK [1780] sensulato. 11 pp.(web サイト：http://www.butterfliesofamerica.com/docs/Nymphalis-names-f3.pdf)
Beltrán, M., Jiggins, C. D., Brower, A. V. Z., Bermingham, E. & Mallet, J. (2007). Do pollen feeding, pupal-mating and larval gregariousness have a single origin in *Heliconius* butterflies? Inferences from multilocus DNA sequence data. *Biological Journal of the Linnean Society*, 92: 221-239＋4 figs.
Blandin, P. (1988). *The genus* Morpho. *Part1. The sub-genera* Iphimedeia *and* Schwartzia. Hillside Books, Online Bookstore. 42 pp.＋6 maps＋20 pls.
Blandin, P. (1993). *The genus* Morpho. *Part 2. The Subgenera* Iphixibia, Cytheritis, Balachowskyna *and* Cypritis. Hillside Books, Online Bookstore. 98 pp.＋8 maps＋16 pls.
Blum, M. J., Bermingham, E. & Dasmahapatra, K. (2002). A molecular phylogency of the neotropical butterfly genus *Anartia* (Lepidoptera: Nymphalidae). *Molecular Phylogenetics and Evolution*, 26: 46-55.
Bodi, E. (1985). *The Caterpillars of European Butterflies*. Science Naturales, Compiègne. 47 pp.＋14 pls.
Brower, A. V. Z. (1994a). Phylogency of *Heliconius* butterflies inferred from mitochondrial DNA sequences (Lepidoptera: Nymphalidae). *Molecular Phylogenetics and Evolution*, 3: 159-174.
Brower, A. V. Z. (1994b). Rapid morphological radiation and convergence among races of butterfly *Heliconius erato* inferred from patterns of mithochondorial DNA evolution. *Proceedings of the National Academy of Sciences USA*, 91: 6491-6495.
Brower, A. V. Z. (2000). Phylogenetic relationships among the Nymphalidae (Lepidoptera) inferred from partial sequences of the *wingless* gene. *Proceedings of the Royal Society of London Series B*, 267: 1201-1211.
Brower, A. V. Z. & DeSalle, R. (1998). Patterns of mithocondorial versus nuclear DNA sequence divergence among nymphalid butterflies: the utility of wingless as a source of characters for phylogenetic inference. *Insect Molecular Biology*, 7: 73-82.
Camara, M. D. (1997). A recent host range expansion in *Junonia coenia* Hübner (Nymphalidae): oviposition preference, survival, growth, and chemical defence. *Evolution*, 51: 873-884.
Carolyns, M. B., Robin, v. V. & Torben, B. L. (2009). Allopatric origin cryptic butterflies species that were discovered feeding on distinct host plants in Sympatry. *Molecular Ecology*, 18: 3639-3651.
Casagrande, M. M. & Mielke, H. H. O. (1985). Estágios imaturos de *Agrias claudina claudianus* Staudinger (Lepidoptera, Nymphalidae, Charaxinae). *Revista Brasileira de Entomologia*, 29(1): 139-142.
Chacón, I. G. & Montero, J. (2007). *Mariposas de Costa Rica: an article from revista de biología tropical*. Editorial INBio, Precio no indicado. 366 pp.
Common, I. F. B. & Waterhouse, D. F. (1981). *Butterflies of Australia*. Angus & Robertson, Sydney. xiv＋682 pp.＋49 pls.
Comstock, W. P. (1961). Butterflies of the American tropics: the genus Anaea (Lepidoptera, Nymphalidae). *The Florida Entomologist*, 45(1): 1-214＋30 pls.
Constantino, L. M. (1996). Butterfly life history studies, diversity, ranching and conservation in the Choco rain forest of western Colombia. *Shilap Rev. Lepid*., 25 (100): 1-30.
Corbet, A. S. & Pendlebury, H. M. (1992). *The Butterflies of the Malay Peninsula*. Malayan Nature Society, Kuala Lumpur. 595 pp.＋69 pls.
Córdoba-Alfaro, J. & Murillo-Hiller, L. R. (2014). Early stages and natural history of *Memphis perenna lankesteri* butterfly (Nymphalidae, Charaxinae) from Costa Rica with the first published female pictures. *Annual Research & Review in Biology*, 4(1): 154-162. Sciencedomain international.
D'Abrera, B. L. (1971). *Butterflies of the Australian Reg*. Hill House, Victoria. 415 pp.
D'Abrera, B. L. (1984). *Butterflies of South America*. Hill House, Victoria. 255 pp.
D'Abrera, B. L. (1987a). *Butterflies of the Neotropical Region*, Part III. Hill House, Victoria. pp. 385-525.
D'Abrera, B. L. (1987b). *Butterflies of the Neotropical Region*, Part IV. Hill House, Victoria. pp. 526-678.
D'Abrera, B. L. (1988). *Butterflies of the Neotropical Region*, Part V. Hill House, Victoria. pp. 679-878.
D'Abrera, B. L. (2001). *Butterflies of the World*. Hill House, Victoria. 353 pp.
D'Abrera, B. L. (2004). *Butterflies of the Afrotropical Region*, Part2 (2nd ed.). Hill House, Victoria. 282 pp.
Danesch, O. & Dierl, W. (1965). *Schmetterlinge, Band 1: Tagfalter*. Chr. Belser Veriag, Stuttgart. 254 pp.
da Silva, D. S., Kaminski, L. A., Dell'Erba, R. & Moreira, G. R. P. (2008): Morfologia externa dos estágios imaturos de heliconíneos neotropicais VII. *Dryadula phaetusa* (Linnaeus) (Lepidoptera, Nymphalidae, Heliconiinae). *Revista Brasileira de Entomologia*, 52(4): 500-509.
DeVries, P. J. (1980). The genus *Agrias* in Costa Rica. *Brenesia*, 17: 295-302.
DeVries, P. J. (1986). Hostplant records and natural history notes on Costa Rican butterflies (Papilionidae, Pieridae, & Nymphalidae). *Journal of Research on the Lepidoptera*, 24: 290-333.
DeVries, P. J. (1987). *Butterflies of Costa Rica and Their Natural History. Papilionidae, Pieridae, Nymphalidae*. Princeton University Press, Princeton. 327 pp.＋50 pls.
DeVries, P. J., Kitching, I. J. & Vane-Wright, R. I. (1985). The systematic position of *Antirrhea* and *Caerois*, with comments on the classification of the Nymphalidae (Lepidoptera). *Systematic Entomology*, 10: 11-32.
DeVries, P. J., Penz, C. M. & Walla, T. R. (2000). The biology of *Batesia hypochlora* in an Ecuadorian rainforest (Lepidoptera: Nymphalidae). *Tropical Lepidoptera*, 10(2): 43-46.
De Wilde, W. J. (1972). Flora Malesiana Series I: Passifloraceae. *Spermatophyta*, 7: 405-434.
Dias, F. M. S., Casagrande, M. M. & Mielke, O. H. H. (2010a). External morphology and ultra-structure of eggs and first instar of *Prepona laertes laertes* (Hübner, [1811]), with notes on host plant use and taxonomy. *Journal of Insect Science*, 11: *Article* 100.

Dias, F. M. S., Casagrande, M. M. & Mielke, O. H. H. (2010b). Aspectos Biológicos e Morfologia Externa dos Imaturos de *Memphis moruus stheno* (Prittwitz) (Lepidoptera: Nymphalidae). *Neotropical Entomology*, 39(3): 400-413.

Dias, F. M. S., Carneiro, E., Casagrande, M. M. & Mielke, O. H. H. (2012). Biology and external morphology of immature stages of the butterfly, *Diaethria candrena candrena*. *Journal of Insect Science*, 12(9): 1-11.

Emmel, T. C. (1975). *Butterflies*. A Borzoi Book, New York. 224 pp.

Emmel, T. C. (ed.) (1998). *Systematics of Western North American Butterflies*. Mariposa Press, Santa Fe, NM. 878 pp.

Esper, E. J. C. (1829). *Die Schmetterlinge in Abbildungen nach der Natur*. Universität, Heidelberg. 441 pp.

Evert, G. [Hrsg] (2003). Die Scmetterlinge *Banden-Wünttemberg Band 1: Togtalteri*. Ulmer, Stuttgart. 552 pp.

Fernández, D. M. (2004). New range extensions, larval hostplant records and natural history observations of Cuban butterflies. *Journal of the Lepidopterists' Society*, 58(1): 48-50.

Finegan, B. (1996). Notes on the natural history of *Doxocopa excelsa* (Nymphalidae: Apaturinae) in Turrialba, Costa Rica. *Journal of the Lepidopterists' Society*, 50(2): 141-144.

Francini, R. B. & Freitas, A. V. L. (2010). Aggregated oviposition in *Actinote pellenea pellenea* Hübner (Lepidoptera: Nymphalidae). *Journal of Research on the Lepidoptera*, 42: 74-78.

Francini, R. B., Barbosa, E. P. B. & Freitas, A. V. L. (2011). Immature stages of *Actinote zikani* (Nymphalidae, Heliconiinae), a critically endangered butterfly from Southeastern Brazil. *Tropical Lepidoptera Research*, 21(1): 20-26.

Freitas, A. V. L. (1997). Juvenile stages of *Cybdelis*: a key genus uniting the diverse branches of the Eurytelinae (Nymphalidae). *Tropical Lepidoptera*, 8(1): 29-34.

Freitas, A. V. L. (2006). Immature stages of *Adelpha melea goyama* Schaus (Lepidoptera: Nymphalidae, Limenitidinae). *Neotropi. Entomol.*, 35(5): 625-628.

Freitas, A. V. L. & Brown, K. S. J. (2004). Phylogency of the Nymphalidae (Lepidoptera). *Society of systematic Biologists*, 53 (3): 363-383.

Freitas, A. V. L. & Brown, K. S. J. (2008). Immature stages of *Vila emilla* (Lepidoptera: Nymphalidae, Biblidinae). *Tropical Lepidoptera Research*, 18(2): 74-77.

Fric, Z., Konvicka, M. & Zerzavy, J. (2004). Red & black or black & white? Phylogeny of the *Araschnia* butterfly (Lepidoptera: Nymphalidae) and evolution of seasonal polyphenium. *Journal of Evolutionary Biology*, 17: 265-278.

Friedlander, T. P. (1986). Taxonomy, Phylogeny, and Biogeography of *Asterocampa* Röber. *Journal of Research on Lepidoptera*, 25(4): 234-328.

Furtado, E. (1984). Contribuição ao conhecimento dos Lepidoptera brasileiros I, Biologia de *Agrias amydon ferdinandi* Fruhstorfer (Nymphalidae, Charaxinae). *Revista Brasileira de Entomologia*, 28(3): 289-294.

Furtado, E. (2000). A hybrid between *Agrias amydon* and *Prepona "omphale" rhenea* (Lepidoptera, Nymphalidae, Charaxinae). *Lambillionea, C, 4, Décembre 2000*: 550-554.

Furtado, E. (2001). *Prepona pheridamas* (Cramer) e seus estágios imaturos (Lepidoptera, Nymphalidae, Charaxinae). *Revista Brasileira de Zoologia*, 18(3): 689-694.

Furtado, E. (2008). Intergeneric hybridism between *Prepona* and *Agrias* (Lepidoptera: Nymphalidae, Charaxinae). *Tropical Lepidoptera*, 18(1): 5-6.

Gamboa, I. C. & Montero, J. (2007). Mariposas de Costa Rica Editorial INBio. 366 pp.

Gláucia, M. (2008). Análise Cladística de Charaxinae Guenée (Lepidoptera, Nymphalidae). Universidade Sán Paulo. 180 pp.

Goodyear, L. & Middleton, A. (2003). *The Hertfordshire, Purple Emperor* Apatura iris. The Hertfordshire Natural History Society, London. 121 pp.

Greeney, H. F. & Aguirre, C. C. (2009). The life history of *Hypanartia dione dione* (Lepidoptera: Nymphalidae) in northeastern Ecuador. *Journal of Research on the Lepidoptera*, 41: 1-4.

Greeney, H. F., Dyer, L. A., DeVries, P. J., Walla, T. R., Salazar, L. V., Simnaña, W. & Salagaje, L. (2010). Early stages and natural history of *Perisama oppelii* (Latreille, 1811) (Nymphalidae, Lepidoptera) in East Ecuador. *Kempffiana*, 6(1): 16-30.

Guillermet, C. (2003). Endémisme des Lépidoptères de La Réunion. *Insectes*, 128: 9-10.

Hancock, D. L. (1992). The *Bebearia mardania* complex (Nymphalidae). *Journal of the Lepidopterists' Society*, 46(1): 54-69.

Harold, F. G. & Nicole, M. G. (2001). Description of the immature stages and ovipostion behavior of *Pyrrhogyra otolais* (Nymphalidae). *Journal of the Lepidopterist' Society*, 34(3): 88-90.

Harold, F. G., Lee, A. D., Philip, J. D., Thomas, R. W., Lucía, S. V., Wilmer, S. & Luis, S. (2010). Early stages and natural history of *Perisama oppelii* (Latreille, 1811) (Nymphalidae, Lepidoptera) in Eastern Ecuador. *Kempffiana*, 6(1), 16-30.

Harvey, D. J. (1991). Appendix B, Higher classification of the Nymphalidae, 2 tabs. *In*: Nijhout, H. F. (ed.), *The Development and Evolution of Butterflies Wing Patterns*. Smithsonian Institution Press, Washington, D. C. and London. pp. 255-273.

Häuser, C. L., Schulze, C. H. & Fiedler, K. (1997). The Butterflies species of Kinabalu Park, Sabah. *The Paffles Bulletin of Zoology*, 45(2): 281-304.

Hecq, J. (1997). *Euphaedra*. Lambillionea, Tervuren. 117 pp. + 48 pls.

Hecq, J. (1999). *Butterflies of the world, part 4 Nymphalidae 3, Euphaedra*. Goeke & Evers. Kaltern, Germany. 9 pp. + 16 pls.

Hecq, J. (2000). *Butterflies of the world, part4 Nymphalidae4, Bebearia*. Goeke & Evers. Kaltern, Germany. 8 pp. + 32 pls.

Helmuth, H. & Holzinger, R. (1994). *Heliconius* and related genera. Sciences Naturales, Comiègne. 328 pp. + 41 maps + 51 pls.

Henning, S. F. (1988). *The Charaxinae Butterflies of Africa*. Aloe Books, Frandsen. 457 pp.

Heppner, J. B. (1998). Classification of Lepidoptera. *Holarctic Lepidoptera*, 5(1): 1-154 + supplement 1.

Higgins, L. G. (1981). A revision of *Phyciodes* Hübner and related genera, with a review of the classification of the Melitaeinae (Lepidoptera: Nymphalidae). *Entomology series*, 43(3): 77-243.

Hill, R. I. (2003). Notes on the life history of *Asterope markii* Hewitson, 1857 (Nymphalidae). *Journal of the Lepidopterists' Society*, 57(1): 68-71.

Howe, W. H. (1975). *The Butterflies of North America*. Doubleday and Co., Garden City. 633 pp.

Io, C. (1998). *Classification and identification of Chinese Butterflies*. Shannxi Scientific and Technological Education Publishing House, Zhengzhou. 349 pp. + 90 pls. [In Chinese]

Jaret, C.D., Ernesto, R. J. & Court, W. (2008). The Biology and Immature stages of *Panacea procilla*, Lysimache (Lepidoptera: Nymphalidae) from Costa Rica, with the report of a new Locality record. *Tropical Lepidoptera Research*, 18(2): 80-83.

Jeffrey, C. M. (1995). *Caterpillars of Pacific Northwest Forests and Woodlands*. Northern Prairie Wildlife Research Center. Jamestown, North Dakota. 80 pp.

Jeffrey, C. M., Daniel, H. J. & Winifred, H. (2006). *100 Caterpillars*. The Belknap Press of Harvard University Press, London. 264 pp.

Jenkins, D. W. (1983). Neotropical Nymphalidae I. Revision of *Hamadryas*. *Bulletin of the Allyn Museum*, 81: 1-146 + 209 figs. + 2 tabs.

Jenkins, D. W. (1984). Neotropical Nymphalidae II. Revision of *Myscelia*. *Bulletin of the Allyn Museum*, 87: 1-64 + 108 figs.

Jenkins, D. W. (1985a). Neotropical Nymphalidae III. Revision of *Catonephele*. *Bulletin of the Allyn Museum*, 92: 1-65 + 103 figs. + 1 tab.

Jenkins, D. W. (1985b). Neotropical Nymphalidae IV. Revision of *Ectima*. *Bulletin of the Allyn Museum*, 95: 1-30 + 43 figs.

Jenkins, D. W. (1986). Neotropical Nymphalidae V. Revision of *Epiphile*. *Bulletin of the Allyn Museum*, 101: 1-70 + 119 figs. + 2 tabs.

Jenkins, D. W. (1987). Neotropical Nymphalidae VI. Revision of *Asterope*. *Bulletin of the Allyn Museum*, 114: 1-66. 90 + 1 fig. + 5 tabs.

Jenkins, D. W. (1989). Neotropical Nymphalidae VII. Revision of *Nessaea*. *Bulletin of the Allyn Museum*, 125: 1-38 + 61 figs. + 2 tabs.

Jenkins, D. W. (1990). Neotropical Nymphalidae VIII. Revision of *Eunica*. *Bulletin of the Allyn Museum*, 131: 1-177+380 figs.+4 tabs.

Jiggins, C. D., McMillan, W. O. & Mallet, J. (1997). Host plant adaptation has not played a role in the recent speciation of *Heliconius himera* and *Heliconius erato*. *Ecological Entomology*, 22: 361-365.

John, G. W. (1971). *A Field Guide to the Butterflies of Africa*. Collins, London. 238 pp.+24 pls.

Johnston, G. & Johnston, B. (1980). *This is Hong Kong Butterflies*. Hong Kong Government Publications, Hong Kong. 252 pp.

Julián, A. & Salazar, E (2010). Notes on the systematic status and distribution of the Neotropical butterfly *Anaeomorpha splendid* Rothschild, 1894 (Lepidoptera: Charaxidae). *Bol. Cient. Mus. Hist. Nat.*, 15 (1): 188-205.

Kamalanathana, V. & Mohanraj, P. (2012). The life cycle and immature stages of *Kallima albofasciata*, the endemic Oakleaf, in the Andaman Islands (Indian Ocean, Bay of Bengal). *Journal of Insect Science*, 12(66): 1-7.

Kato, Y. & Hasegawa, Y. (1984). Photoperiodic regulation of larval diapause and development in the nymphalid butterfly, *Sasakia charonda* (Lepidoptera, Nymphalidae). *Kontyû*, 52: 363-369.

Kesselring, J. (1989). *Agrias*, a rainha das borboletas. *Giência Hoje*, Rio de Janeiro, 10: 40-48.

Kesselring, J. (1993). *Agrias*, roides papillons. *Bulletin de la Sociëtë Sciences Naturelles*, 77: 29-33.

Kielland, J. (1990). *The Butterflies of Tanzania*. Hill House, Melbourne. 447 pp.

Klockars, G. K., Bowers, M. D. & Cooney, B. (1993). Leaf variation in iridoid glycoside content of *Plantago lanceolata* (Plantaginaceae) and oviposition of the buckeye, *Junonia coenia* (Nymphalidae). *Chemoecology*, 4: 72-78.

Kodandaramaiah, U. (2009). Eyespot evolution: phylogenetic insights from *Junonia* and related butterfly genera (Nymphalidae: Junoniini). *Evolution & Development*, 11(5): 489-497.

Kodandaramaiah, U. & Wahlberg, N. (2007). Out-of-Africa origin and dispersal-mediated diversification of the butterfly genus *Junonia* (Nymphalidae: Nymphalinae). *Journal Compilation, European Society for Evolutionary Biology*, 20: 2181-2191.

Kondla, N. (2005). Status of Weidemeyer's Admiral (*Limenitis weidemeyerii*) in Alberta. *Alberta wildlife Status Report*, 58: 13 pp.

Kwaku Aduse-Poku, K., Vingerhoedt, E. & Wahlberg, N. (2009. Out-of-Africa again: A phylogenetic hypothesis of the genus *Charaxes* (Lepidoptera: Nymphalidae) based on five gene regions. *Molecular Phylogenetics and Evolution*, 53: 463-478.

Lamas, G. (ed.) (2004). Checklist Part 4A: Hesperioidea-Papilionoidea. *In*: Heppner, J. B. (ed.), *Atlas of Neotropical Lepidoptera. Volume 5A*. Association for Tropical Lepidoptera, Scientific Publishers, Gainesville, Florida. 439 pp.

Lang, S. Y. (2010). Study on the trive Chalingini Morishita, 1996 (Lepidoptera, Nymphalidae, Limenitidinae). *Far Eastern Entomologist.*, 218: 1-7.

Lang, S. Y. (2012). *The Nymphalidae of China (Lepidoptera, Rhopalocera), Part 1*. Tshikolovets Publications, 456 pp., 41+4+28 pls.

Larsen, T. B. (1996). *The Butterflies of Kenya and their natural history* (2nd ed.). Oxford University Press, Oxford. 500 pp.+64 pls.

Larsen, T. B. (2005). *Butterflies of West Africa*. Apollo Books, Svendborg, Denmark. 595 pp.+270 pls.

Lee, J. Y. & Wang, H. Y. (1997). *Illustrations of Butterflies in Taiwan*. Taiwan Museum, Taipei. 317 pp.

Leite, L. A. R., Casagrande, M. M., Mielke, O. H. H. & Freitas, A. V. L. (2011). Immature stages of the Neotropical butterfly. *Dynamine agacles agacles*. *Journal of Insect Science*, 12(Article 37): 1-12.

Leite, L. A. R., Dias, F. M. S., Casagrande, M. & Mielke, O. H. H. (2012). Immature stages of the Neotropical Cracker butterfly, *Hamadryas epinome*. *Journal of Insect Science*, 12: 1-12.

Leneveu, J., Chichvarkhin, A. & Wahlberg, N. (2009). Varying rates of diversification in the genus *Melitaea* (Lepidoptera: Nymphalidae) during the past 20 million years. *Biological Journal of the Linnean Society*, 97: 346-361+3 figs.

Lewis, H. L. (1974). *Butterflies of the world*. George G. Harrap & Co. Ltd., London. xvi+312 pp.+208 pls.

Libert, M. & Amiet, J. L. (2006). Genitalia males des *Euryphura*, *Euryphene* et genres allies (Lepidoptera, Nymphalidae, Limenitinae). *Lambillionea*, 106 (3) (Tome I): 487-500.

Li-Lil, T., Xiao-Yan, S., Meil, C., Yong-Hua, G., Jia-Sheng, H. & Qun, Y. (2012). Complete mitochondrial genome of the Five-dot Sergeant *Parathyma sulpitia* (Nymphalidae: Limenitidinae) and its phylogenetic implications. *Zoological Research*, 33(2): 133-143.

Luis, A. R. L., Fernando, M. S. D., Eduardo, C., Mirna, M. C. & Olaf, H. H. M. (2011). Immature stages of the Neotropical cracker butterfly, *Hamadryas epinome*. *Journal of Insect Science*, 12(Article 74): 1-12.

Makris, C. (2003). *Butterflies of Cyprus*. Bank of Cyprus Cultural Foundation, Nicosia. 327 pp.

Mallet, J. & Gilbert, L. E. (1995). Why are there so many mimicry rings? Correlations between habitat, behaviour, and mimicry in *Heliconius* butterflies. *Biological Journal of the Linnean Society*, 55: 159-180.

Mallet, J. L. B. & Longino, J. T. (1982). Hostplant records and descriptions of juvenile stages for two rare species of *Eueides* (Nymphalidae). *Jornal of the Lepidopterist' Society*, 36(2), 136-144.

Marc, C. M., Jerry, F. B. & Donald, W. H. (2005). *Florida butterfly Caterpillars and Their Host Plants*. University Press of Florida, Gainesville. 341 pp.

Mavárez, J., Salazar, C. A., Bermingham, E., Salcedo, C., Jiggins, C. D. & Linares, M. (2006). Speciation by hybridization in *Heliconius* butterflies. *Nature*, 441: 868-871.

Maza, R. G. de la & Turret, R. (1985). *Mexican Lepidoptera, Eurytelinae*. I. Sociedad Mexicana de Lepidopterología AC, México. 44 pp.+43 maps+19 pls. (8 in color).

Meerman, J. C. (1996). *Checklist-Flora of Slate Creek Preserve*. Belize Tropical Forest Studies. Belmopan, Belize. 8 pp.

Meerman, J. C. (1997). *Checklist-Lepidoptera of Slate Creek Preserve*. Belize Tropical Forest Studies, Belmopan, Belize. 3 pp.

Michael, F. B. (2000). *Butterflies of Australia*. Csiro Publishing, Melbourne. 352 pp.

Min, Z., Tianwen, C., Rui, Z., Yaping, G., Yihao, D. & Enbo, M. (2007). Phylogeny of Apaturinae butterflies (Lepidoptera: Nymphalidae) based on mitochondrial cytochrome oxidase I gene. *Journal of Genetics and Genomics*, 34(9): 812-823.

Min, Z., Tianwen, C., Ke, J., ZhuMei, R., Yaping, G., Jing, S., Yang, Z. & Enbo, M. (2008). Estimating divergence times among subfamilies in Nymphalidae. *Chinese Science Bulletin*, 53(17): 2652-2658.

Minno, E. T. C. (1993). *Butterflies of Florida Keys*. Scientific Publishers, Gainesville, Florida. 168 pp.

Mitsuhashi, W., Fukuda, H., Nicho, K. & Murakami, R. (2004). Male-killing *Wolbachia* in the butterfly *Hypolimnas bolina*. *The Netherlands Entomological Society Entomologia Experimentalis et Applicata*, 112: 57-64.

Molleman, F. (2014). Butterfly Rutooro Feb0902. http://www.researchgate.net/publication/256463980_Butterfly_Guide_Rutooro_ Feb0902

Morrell, R. (1960). *Common Malayan Butterflies*. Longmans, London. 64 pp.

Mullen, S. P., Savage, W. K., Wahlberg, N. & Willmott, K. R. (2010). Rapid diversification and not clade age explains high diversity in neotropical *Adelpha* butterflies. *Proc. R. Soc. B* doi: 10.1098/rspb, 2010, 2140.

Müller, C. J. & Beheregaray, L. B. (2010). Palaeo island-affinities revisited-Biogeography and systematics of the Indo-Pacific genus *Cethosia* Fabricius (Lepidoptera: Nymphalidae). *Molecular Phylogenetics and Evolution*, 57: 314-326.

Müller, C. J., Wahlberg, N. & Beheregaray, L. (2010). 'After Africa': the evolutionary history and systematics of the genus *Charaxes* Ochsenheimer (Lepidoptera: Nymphalidae) in the Indo-Pacific region. *Biological Journal of the Linnean Society*, 100:

457-481＋4 figs.
Müller, W. (1886). Südamerikanische Nymphalidenraupen: Versuch eines natürlichen Systems der Nymphaliden. *Zoologische Jahrbücher (Systematik)*, 1(3/4): 417-678＋4 pls.＋3 figs.
Murillo-Hiller, L. R. (2012). Phylogenetic analysis of the subtribe Ageroniina with special emphasis *Hamadryas* (Lepidoptera, Nymphalidae) with an identification key to the species of *Hamadryas*. *ISRN Zoology*, 2012 (ID 635096): 1-17.
Muyshondt, A. Jr. & Muyshondt, A. (1976). Notes on the life cycle and natural history of butterflies of El Salvador. IC.-*Colobura dirce* L. (Nymphalidae-Coloburinae). *Journal of the New York entomological Society*, 84(1): 23-33＋11 figs.
Muyshondt, A. Jr. & Muyshondt, A. (1978a). Notes on the life cycle and natural history of butterflies of El Salbador. I. B. :*Hamadryas februa*(Nymphalidae). *Journal of the New York Entomological Society*, 83(3): 157-169.
Muyshondt, A. Jr. & Muyshondt, A. (1978b). Notes on the life cycle and natural history of butterflies of El Salvador. IIC. *Smyrna blomfildia* and *S. karwinskii* (Nymphalidae: Coloburini). *Journal of the Lepidopterists' Society*, 32(3): 160-174＋31 figs.
Muyshondt, A. Jr. & Muyshondt, A. (1979). Notes on the life cycle and natural history of butterflies of El Salvador. IIIC. *Historis odius* and *Coea acheronta* (Nymphalidae-Coloburinae). *Journal of the Lepidopterists' Society*, 33(2): 112-123＋20 figs.
Nafus, D. M. & Schreiner, I. H. (1988). Parental care in a tropical butterfly *Hypolimnas anomala*. *Animal Behaviour*, 36(5): 1425-1431.
Nakanishi, A. (1989). Immature Stages of *Antanartia abyssinica* (Felder) (Lepidoptera; Nymphalidae). *Japanese Journal of Entomology*, 77(4): 712-719.
Nakanishi, A. (1997). Immature stages of *Pseudergolis wedah* (Kollar, 1844) (Lepidoptera, Nymphalidae). *Nature and Human Activities*, 2: 91-102.
Neild, A. F. E. (1996). *The Butterflies of Venezuela No.1*. Meridian Publication, Greenwich, London. 144 pp.＋32 pls.
Neild, A. F. E. (2008). *The Butterflies of Venezuela, No.2*. Meridian Publications, Greenwich, London. 272 pp.＋84 pls.
Neve, G., Barascud, B., Hughes, R., Aubert, J., Descimon, H., Lebrun, P. & Baguette, M. (2003). Dispersal, colonization power and metapopulation structure in the vulnerable butterfly *Proclossiana eunomia* (Lepidoptera: Nymphalidae). *Journal of Applied Ecology*, 33(1): 14-22.
Noret, N., Josens, G., Escaarre, J., Lefe, B., Panichelli, S. & Meeris, P. (2007). Development of *Issoria lathonia* (Lepidoptera: Nymphalidae) on zincaccumulating and nonaccumulating *Viola* species (Violaceae). *Environmental Toxicology and Chemistry*. 26(3): 565-571.
Nylin, S. & Wahlberg, N. (2005). Phylogenetic relationships and historical biogeography of tribes and genera in the subfamily Nymphalinae (Lepidoptera: Nymphalidae). *Biological Journal of the Linnean Society*, 86: 227-251＋5 figs.
Nylin, S., Nyblom, K., Ronquist, F., Janz, N., Belicek, J. & Kallersjo, M. (2001). Phylogency of *Polygonia*, *Nymphalis* and related butterflies (Lepidoptera: Nymphalidae): total-evidence analysis. *Zoological Journal of the Linnean Society*, 132: 441-468.
Ohshima, I., Tanikawa-Dodo, Y., Saigusa, T., Nishiyama, T., Kitani, M., Hasebe, M. & Mohri, H. (2010). Phylogeny, biogeography, and host-plant association in the subfamily Apaturinae (Insecta, Lepidoptera: Nymphalidae) inferred from eight nuclear and seven mitochondrial genes. *Molecular Phylogenetics and Evolution*, 57: 1026-1036.
Ômura, H., Honda, K. & Hayashi, N. (2000). Identification of feeding attractants in oak sap for adults of two nymphalid butterflies, *Kaniska canace* and *Vanessa indica*. *Physiological Entomology*, 25: 281-287.
Ortiz-Acevedo, E. & Willmott, K. (2013). Molecular systematics of the butterfly tribe Preponini (Nymphalidae: Charaxinae). *Systematic Entomology*, 38(2): 440-449.
Otero, L. D. (1994). Early stages and natural history of *Sea sophronia* (Lepidoptera: Nymphalidae: Eurytelinae). *Tropical Lepidoptera Research*, 5(1): 25-27.
Otero, L. S. (1971). *Brazilian insects and their surrounding*. Insectos brasileiros e seu meio. Koyo Shoin, Tokyo. 181 pp.＋23 figs. [In Japanese].
Otero, L. S. (1996). Descriptions of the immature stages of *Adelpha alala* (Nymphalidae). *Journal of the Lepidopterists' Society*, 50(4): 329-336.
Otero, L. S. & Marigo, L. C. (1990). *Butterflies: Beauty and Behavior of Brazilian Species*. Marigo Comunicacao Visual, Rio de Janeiro. 128 pp.
Paluch, M., Casagrande, M. M. & Mielke, O. H. H. (2006). Três espécies e duas subespécies novas de *Actinote* Hübner (Nymphalidae, Heliconiinae, Acraeini). *Revista Brasileira de Zoologia*, 23 (3): 764-778.
Pamperis, L. N. (1997). *The Butterflies of Greece*. Bastas-Plessas Publications, Athens. 559 pp.
Parsons, M. (2002). *The Butterflies of Papua New Guinea: their systimatics and biology*. Academic Press, London. 928 pp.＋200 pls.
Peña, C. & Wahlberg, N. (2008). Prehistorical climate change Increased diversification of a group of Butterflies. *Biology Letters*, 4(3): 274-278.
Peña, C., Wahlberg, N., Weingartner, E., Kodandaramaiah, U., Nylin, S., Freitas, A. V. L. & Brower, V. Z. B. (2006). Higher level phylogency of Satyrinae butterflies (Lepidoptera: Nymphalidae) based on DNA sequence data. *Molecular Phylogenetics and Evolution*, 40: 29-49.
Penz, C. M. (1995). Description of the early stages of *Podotricha telesiphe* (Nymphalidae: Heliconiinae). *Journal of Lepidopterists' society*, 49(3): 246-250.
Pinratana, B. A. (1996). *Butterflies in Thailand* vol.3 Nymphalidae. Viratham Press, Thailand. 140 pp.＋84 pls.
Prudic, K. L., Warren, A. D. & Lorente-Bousquets, J. (2008). Molecular and morphological evidence reveals three species within the California sister butterfly, *Adelpha bredowii* (Lepidoptera: Nymphalidae: Limenitidinae). *Zootaxa*, 1819: 1-24
Ray T. S. (1985). The host plant, *Erythroxylum* (Erythroxylaceae), of *Agrias* (Nymphalidae). *Journal of the Lepidopterists' Society*, 39(4): 266-267.
Riley, N. D. (1975). *A Field Guide to the Butterflies of the West Indies*. Collins, London. 224 pp.＋24 pls.＋29 figs.
Rodriguez, A. P. (1993). Systematics of *Serjania* (Sapindaceae). *Memoirs of the New York Botanical Garden*, 67: 61-61.
Salzar, J. A. & Constantino, L. M. (2001). Synthesis of the Colombian Charaxidae and description of new genera for South America: *Ridonia*, *Annagrapha*, *Pseudocharaxes*, *Muyshondtia*, *Zikania* (Lepidoptera, Nymphaloidea). *Lambillionea, 101. Suppl*. 2: 344-369.
Samson, C. (1986). The *Hypolimnas octocula* Complex, with notes on *H. inopinata*. Tyôtoga, 37(1)：15-43.
Scoble, M. J. (1995). *The Lepidoptera, Form; Function and Diversity*. Oxford University Press, Natural History Museum. 416 pp.
Scott, J. A. (1986). *Butterflies of North America: Natural History and Field Guide*. Standford University Press, California. 583 pp.＋64 pls.
Seitz, A. (1924). *The Macrolepidoptera of the World: American Rhopalocera*. Vol. 5. Alfred Kernen, Stuttgart. vi＋738 pp.＋143 pls.
Sheppard, P. M., Turner, J. R. G., Brown, K. S., Benson, W. W. & Singer, M. (1985). Genetics and evolution of Müllerian mimicry in *Heliconius* butterflies. *Philosophical Transactions of the Royal Society of London B*., 308: 433-613.
Silva, P. L., Oliveira, N. P., Barbosa, E. P., Okada, Y., Kaminski, L. A. & Freitas, A. V. L. (2011). Immature stages of the Brazilian crescent butterfly *Ortilia liriope* (Cramer) (Lepidoptera: Nymphalidae). *Neotrop Entomol, Sociedade Entomológica do Brasil*., 40(3): 322-327.
Silva-Brandão, K. L., Wahlberg, N., Francini, R. B., Azeredo-Espin, A. M. L., Brown, K. S. Jr., Paluch, M., Lees, D. C. & Freitas, A. V. L. (2008). Phylogenetic relationships of butterflies of the tribe Acraeini (Lepidoptera, Nymphalidae, Heliconiinae) and the evolution of host plant use. *Molecular Phylogenetics and Evolution*, 46: 515-531.
Simonsen, T. J., Wahlberg, N., Brower, A. V. Z. & Rienk, de Jong

(2006). Morphology, molecules and fritillaries: approaching a stable phylogeny for Argynnini (Lepidoptera: Nymphalidae). *Insect Systematics and Evolution*, 37(4): 406-418.

Simonsen, T. J., Wahlberg, N., Warren, A. D. & Sperling, F. H. (2010). The evolutionary history of *Boloria* (Lepidoptera: Nymphalidae): phylogeny, zoogeography and larval-foodplant relationships. *Systematics and Biodiversity*, 8(4): 513-529.

Smart, P. F. (1977). *Encyclopedia of the Butterfly World*. Salamander Books, London. 275 pp.

Smedley, S. R., Schroeder, F. C., Weibel, D. B., Meinwald, J., Lafleur, K. A., Renwick, J. A. , Rutowski, R. & Eisner, T. (2002). Mayolenes: Labile defensive lipids from the glandular hairs of a caterpillar (*Pieris rapae*). *PNAS*, 99(10): 6822-6827.

Smiley, J. (1978). Plant chemistry and the evolution of host specificity: new evidence from *Heliconius* and *Passiflora*. *Science*, 201: 745-747.

Smith, D. S. , Miller, L. D. & Miller, J. (1994). *The Butterflies of the West Indies and South Florida*. Oxford University Press, Oxford. x+264 pp.+32 pls.

Soren, N., Freitas, A. V. L. & Brown, K. S. Jr. (2001). Phylogeny of *Polygonia*, *Nymphalis* and related butterflies (Lepidoptera; Nymphalidae); *A totalevidence analysis*. *Zoological Journal of the Linnean Society*, 132: 441-468.

South, R. (1962). *The Butterflies of the British Isles*. Frederick Warne, London. 212 pp.

Späth, M. (1999). *Butterflies of the world, part 2 Nymphalidae I. Agrias*. Goeke & Evers, Kaltern, Germany. 11 pp.+20 pls.

Starnecker, G. (1998). A safety band prevents falling of the suspended pupa of the butterfly *Inachis io* (Nymphalidae) during moult, a comparison with the girdled pupa of *Pieris brassicae* (Pieridae). *Zoomorphology*, 118: 120-136.

Swanepoel, D. A. (1953). *Butterflies of South Africa*. Maskew Miller Limited, Cape Town. 320 pp.+17 pls.

Tennent, W. J. (2002). *Butterflies of Solomon Islands*. Pereham, Norfolk. 413 pp.+90 pls.

Tennent, W. J. & Rawlins, A, (2008). A review of *Cethosia cydippe* (Linnaeus, 1767) (Lepidoptera: Nymphalidae) in the Moluccan islands. *Butterflies*, 49: 67-81.

Tuzov, V. K. (ed.) (2000). *Guide to the Butterflies of Russia and Adjacent Territories*. Pensoft, Moscow. 580 pp.

Van Son, G. & Dickson, C. G. C. (1979). *The Butterflies of Southern Africa. Vol. 4: Nymphalidae: Nymphalinae*. Transvaal Museum Memoir 22. Pretoria, South Africa. x+286 pp.+76 pls.

Vane-Wright, R. I. & de Jong, R. (2003). The butterflies of Sulawesi: annotated checklist for a critical island faunda. *Zool. Verh. Leiden*, 343: 3-268, pl. 1-16.

Vane-Wright, R. I., Ackery, P. R. & Smiles, R. L. (1977). The polymorphism, mimicry, and host plant relationship of *Hypolimnas* butterflies. *Biological Journal of the Linnean Society*, 9: 285-297.

Velez, P. D., Montoya, H. H. V. & Wolff, M. (2011). Immature stages and natural history of the Andean butterfly *Altinote ozomene* (Nymphalidae: Heliconiinae: Acraeini). *Zoologia*, 28(5): 593-602.

Velzen, R. (2006). *Evolution of Host-Plant use in* Cymothoe (*Nymphalidae*) *Feeding on* Rinorea (*Violaceae*). Wageningen University, Netherlands. 68 pp.

Velzen, R. V. (2013). *Evolution of associations between* Cymothoe *butterflies and their* Rinorea *host plants in tropical Africa*. Wageningen University, Wageningen, NL. 248 pp.

Velzen, R. V., Wahlberg, N., Sosef, M. S. M. & Bakker, F. T. (2013). Effects of changing climate on species diversification in tropical forest butterflies of genus *Cymothoe* (Lepidoptera: Nymphalidae). *Biological Journal of the Linnean Society*, 108: 546-564+3 figs.

Wagner, D. L. (2005). *Caterpillars of Eastern North America*. Princeton University Press, Princeton. 512 pp.

Wagner, D. L., Giles, V., Reardon, R. C. & McManus, M. L. (1977). *Caterpillars of Eastern Forests*. United States Department of Agriculture, Forest Service, Forest Health Technology Enterprise Team, Morgantown, West Virginia. 113 pp.

Wahlberg, N. (1997). The life history and ecology of *Melitaea diamina* (Nymphalidae) in Finland. *Nora lepid.*, 20(1/2): 70-81.

Wahlberg, N. (2001). The phylogenetics and biochemistry of host-plant specialization in melitaeine butterflies (Lepidoptera: Nymphalidae). *Evolution*, 55: 522-537.

Wahlberg, N. (2005). *The higher classification of Nymphalidae*. http://www.nymphalidae.net/Classification/Higher class.htm.

Wahlberg, N. (2006). That Awkward Age for Butterflies: Insight from the Age of the Butterfly Subfamily Nymphalinae (Lepidoptera, Nymphalidae). *Society of Systematic Biologists*, 55(5): 703-714.

Wahlberg, N. (2010). *Genus level phylogeny of Nymphalidae*. http://www.nymphalidae.net/Phylogeny/All_genera.htm.

Wahlberg, N. & Zimmermann, M. (2000). Pattern of phylogenetic relationships among members of the tribe Melitaeini (Lepidoptera: Nymphalidae) inferred from mtDNA sequences. *Cladistics*, 16: 347-363.

Wahlberg, N. & Nylin, S. (2003). Morphology versus molecules: resolution of the positions of *Nymphalis*, *Polygonia*, and related genera (Lepidoptera: Nymphalidae). *Cladistics*, 19: 213-223.

Wahlberg, N. & Freitas, A. V. L. (2007). Colonization of and radiation in South America by butterflies in the subtribe Phyciodina (Lepidoptera: Nymphalidae). *Molecular Phylogenetics and Evolution*, 44: 1257-1272.

Wahlberg, N. & Rubnoff, D. (2011). Vagility across *Vanessa* (Lepidoptera: Nymphalidae): mobility in butterfly species does not inhibit the formation and persistence of isolated sister taxa. *Systematic Entomology*, 36(2): 362-370.

Wahlberg, N., Oliveira, R. & Scott, D. A. (2003a). Phylogenetic relationships of *Phyciodes* butterfly species (Lepidoptera: Nymphalidae): complex mtDNA variation and species delimitations. *Systematic Entomology*, 28: 257-273.

Wahlberg, N., Weingartner, E. & Nylin, S. (2003b). Toward a better understanding of the higher systematics of Nymphalidae (Lepidoptera: Papilionoidea). *Molecuar Phylogenetics and Evolution*, 28: 473-484.

Wahlberg, N., Brower, A. V. Z. & Nylin, S. (2005). Phylogenetis relationships and historical biogeography of tribe and genera in the subfamily Nymphalinae (Lepidoptera; Nymphalidae). *Biological of Linnean Society*, 86: 227-251.

Wahlberg, N., Leneveu, J., Kodandaramaiah, U., Peña, C., Nylin, S., Freitas, A. V. L. & Brower, A. V. Z. (2009). Nymphalid butterflies diversify following near demise at the cretaceous/tertiary boundary. *Proc. R. Soc. B doi.*, 10: 1-8.

Weingartner, E., Wahlberg, N. & Nylin, S. (2006). Dynamics of host plant use and species diversity in *Polygonia* butterflies (Nymphalidae). *Journal of Evolutionary Biology*, 19: 483-491.

Wetherbee, D. K. (1987). Life-stages of *Archimestra teleboas and Dynamine egaea* (*Papilionoidea, Nymphalidae*): *early lepidopterology of Haiti*. Online library catalog of the London (UK) Natural History Museum. 48 pp.

Willmott, K. R. (2003a). Cladistic analysis of the Neotropical Butterfly genus *Adelpha* (Lepidoptera: Nymphalidae), with comments on the subtribal classification of Limenitidini. *Systematic Entomology*, 28: 1-43.

Willmott, K. R. (2003b). *The Genus* Adelpha: *Its Systematics, Biology and Biogeography* (*Lepidoptera: Nymphalidae: Limenitidini*). Scientific Publishers, Gainesville. viii+322 pp.

Willmott, K. R. & Hall, J. P. (2010). A new species of *Dynamine* Hübner, [1819] from northwestern Ecuador (Lepidoptera: Nymphalidae: Biblidinae). *Tropical Lepidoptera Research*, 20(1): 23-27.

Willmott, K. R., Constantino, L. M. & Hall, J. P. W. (2001). A review of *Colobura* (Lepidoptera: Nymphalidae) with comments on larval and adult ecology and description of a sibling species. *Annals of the Entomological Society of America*, 94(2): 185-196.

Wolfe, K. V. (1996). Notes on the early stages of *Zethera mushides* (Lepidoptera, Nymphalidae, Satyrinae). *Tropical Lepidoptera Research*, 7: 147-150.

Woodhall, S. (2005). *Field guide to Butterflies of South Africa*. South African National Biodiversity Institute, Pretoria, South Africa. 437 pp.

Woodhall, S. (2008). *What's the Butterfly? A starter's guide to but-*

terflies of South Africa. Random House Struik, Cape Town, South Africa. 144 pp.

Wynter-Blyth, M. A. (1982). *Butterflies of the Indian Region*. Today & Tomorrow Printers & Publishers, New Delhi. 523 pp.

Yack, J., Otero, L. D., Dawson, J. W., Surlykke, A. & Fullard, J. H. (2000). Sound production and hearing in the blue cracker Butterfly *Hamadryas feronia* (Lepidoptera, Nymphalidae) from Venezuela. *The Journal of Experimental Biology*, 203: 3689-3702.

Yago, M., Yokochi, T., Kondo, M., Braby, M. B., Yahya, B., Peggie, D., Wang, M., Wollams, M., Morita, S. & Ueshima, P. (2012). Revision of the *Euthalia phemius* complex (Lepidoptera: Nymphalidae) based on morphology and molecular analysis. *Zoological Journal Society*, 164: 304-327+27 figs.

Yokochi, T. (2010). Revision of the Subgenus *Limbusa* Moore, [1897] (Lepidoptera, Nymphalidae, Adoliadini) Part 1. Systematic arrangement and taxonomic list (In *Bulletin of the Kitakyushu Museum of Natural History and Human History A Natural History*-No. 8).

Zhang, M., Cao, T., Zhang, R., Guo, Y., Duan, Y. & Ma, E.(2007). Phylogeny of Apaturinae butterflies (Lepidoptera: Nymphalidae) based on mitochondrial cytochrome oxidase I gene. *Journal of genetics and genomics*, 34(9): 812-823.

Zhi-gang, L., Shi-chou, H., Ming-fang, G., Li-fen, L., Wen-hui, L., Tong-xu, P. & Li-ying, L. (2004). Biology and host specificity of *Actinote anteas*, a biocontrol agent for controlling *Mikania micrantha*. *Chinese Journal of Biological Control*, 20(3): 170-173.

Zimmermann, M. & Wahlberg, N. (2000). Pattern of phylogenetic relationships among members of the Tribe Melitaeini (Lepidoptera: Nymphalidae): inferred from mitochondrial DNA sequences. *Cladistics*, 16: 347-363.

Zimmermann, M., Wahlberg, N. & Descimon, H. (2000). Phylogeny of *Euphydryas* checkerspot butterflies (Lepidoptera: Nymphalidae) based on mitochondrial DNA sequence data. *Annals of the Entomological Society of America*, 93(3): 347-355.

Zobar, D. & Genc, H. (2008). Biology of the queen of Spain Fritillary, *Issoria lathonia* (Lepidoptera, Nymphalidae). *Florida Entomologist*, 91(2): 237-240.

Zulka, K. P. & Gatschnegg, T. (2001). Proboscis morphology and food preferences in Nymphalid butterflies (Lepidoptera: Nymphalidae). *Journal of Zoology (London)*, 254: 17-26.

和 名 索 引

太数字はカラー頁，細数字は解説頁

【カ行】

【サ行】

【タ行】

【ナ行】

【ハ行】

【マ行】

【ヤ行】

【ラ行】

【ワ行】

学名索引

太数字はカラー頁，細数字は解説頁

【B】

【C】

【D】

【E】

【F】

【G】

【H】

【N】

【R】

【S】

【Y】

【Z】

世界のタテハチョウ図鑑
——卵・幼虫・蛹・成虫・食草——

Nymphalid Butterflies of the World
——Eggs, Larvae, Pupae, Adults and Host Plants——

発　行
2016年1月25日　第1刷©

著　者
手代木　求（てしろぎ　もとむ）
1941年　福島県生
1964年　福島大学学芸学部卒業
1964～2002年　福島県，埼玉県，千葉県で教職に当たる
現　在　東京大学総合研究博物館事業協力者
著書など
『日本産蝶類幼虫・成虫図鑑Ⅰ　タテハチョウ科』（東海大学出版会，1990）
『日本産蝶類幼虫・成虫図鑑Ⅱ　シジミチョウ科』（東海大学出版会，1997）
日本鱗翅学会，日本蝶類学会などに報文多数。
なお本書の発展的内容は自刊情報誌「せるば」に詳しい。

発行者
櫻井義秀

発行所
北海道大学出版会
〒060-0809　札幌市北区北9条西8丁目 北海道大学構内
Tel.011(747)2308/Fax.011(736)8605・郵便振替02730-1-17011
http://www.hup.gr.jp/

図書設計
須田照生

印刷所
株式会社 アイワード

製　本
石田製本 株式会社

ISBN978-4-8329-3223-9